北京高等教育精品教材

# 有限单元法

# FINITE ELEMENT METHOD

王勖成 编著



清华大学出版社
北 京

## 内容简介

本书系统地阐述了有限单元法的基本原理、数值方法、计算机实现和它在固体力学领域各类问题中的应用。

全书分为两篇共17章。第1篇(第1～7章)为基本部分，包括有限单元法的理论基础——加权余量法和变分原理；弹性力学问题有限单元法的一般原理和表达格式，单元和插值函数的构造，等参元和数值积分，有限单元法应用中的若干实际考虑，线性代数方程组的解法，有限单元法的计算机程序。第2篇(第8～17章)为专题部分，包括(杆、板、壳)结构力学问题，场和动力学问题，以及(材料、几何、接触)非线性问题3个部分。

本书反映了有限单元法在学科上和应用方面的发展水平，凝聚了作者本人和所在教研组长期教学实践的经验。书中每章附有复习思考题和练习题。书末还附有用于求解不同类型线弹性问题计算机实践的教学程序。

本书可作为力学、机械、动力、航空航天、土木、水利等专业本科生和研究生的教材，也可作为上述专业教师和工程技术及科研开发人员的参考书。



**图书在版编目(CIP)数据**

有限单元法/王勖成编著. —北京：清华大学出版社，2003.7（2024.3重印）
ISBN 978-7-302-06462-6

Ⅰ. 有…　Ⅱ. 王…　Ⅲ. 有限单元法—高等学校—教材　Ⅳ. O241.82

中国版本图书馆CIP数据核字(2003)第019427号

**责任编辑**：金文织
**责任印制**：刘海龙

**出版发行**：清华大学出版社
网　　址：https://www.tup.com.cn，https://www.wqxuetang.com
地　　址：北京清华大学学研大厦A座　　邮　　编：100084
社 总 机：010-83470000　　邮　　购：010-62786544
投稿与读者服务：010-62776969，c-service@tup.tsinghua.edu.cn
质 量 反 馈：010-62772015，zhiliang@tup.tsinghua.edu.cn

**印 装 者**：三河市龙大印装有限公司
**经　　销**：全国新华书店
**开　　本**：185mm×230mm　　**印　张**：49.25　　**字　　数**：1016千字
**版　　次**：2003年7月第1版　　**印　　次**：2024年3月第24次印刷
**定　　价**：128.00元

---

产品编号：006462-09/O

# 前　言

有限单元法是在当今技术科学发展和工程分析中获得最广泛应用的数值方法。由于它的通用性和有效性，受到工程技术界的高度重视。伴随着计算机科学和技术的快速发展，现已成为计算机辅助工程和数值仿真的重要组成部分。

有限单元法不仅被普遍地列为工科专业本科生和研究生的学位课程，而且是相关工程技术人员和教师继续学习的重要内容。本书是为学习有限单元法提供一本符合教学特点和规律，并反映学科发展水平和适应工程应用发展要求的教材。

本书是作者在总结所在教研组近年来教学和科研实践的经验，调研有限单元法在学科上和应用方面的进展，并分析现有国内外教材状况的基础上，对已出版的《有限单元法的基本原理和数值方法》(王勖成、邵敏编著，清华大学出版社，1997)进行修订、更新、扩充而完成的。其主要特点是：

(1) 以深入理解和掌握有限单元法的基本原理(加权余量法和变分原理)，$C_0$ 和 $C_1$ 两类单元构造，平衡、特征值和传播三类问题解法为主线组织全书内容。突出原理、方法和关键概念的阐述。

(2) 适应学科和工程应用的发展，增加了不可压缩材料和蠕变材料的结构分析，流固耦合分析，稳定和屈曲分析以及接触和碰撞分析等基本内容，并删去了一些现已较少应用的内容。

(3) 加强练习和实践环节。全书每一章附有概念讨论型的复习题和推导计算型的练习题。还提供对不同类型线弹性问题计算机实践进行计算分析的教学程序。

本书编写过程中得到多方面的支持、鼓励和帮助。本书列入清华大学重点教材建设计划并得到基金的支持。清华大学工程力学系牛丽莎、刘应华副教授多次参与本书内容的讨论，并提出了很多宝贵的意见。中国地震局地球物理研究所张之立研究员对本书的定稿付出了辛勤的努力。徐刚博士和研究生刘波为教学程序(FEATP)的编写进行了有特色的工作。作者在此向他(她)们表示衷心的感谢。

本书的出版始终得到清华大学出版社的支持。责任编辑金文织悉心完成了本书的审定和编辑，全部插图由绘图人员精心绘制。作者对她们表示深切的谢意。

由于水平限制，本书肯定存在不足和不妥之处，热忱地希望读者和同行专家提出批评和指正。

作 者

2002 年 5 月于北京清华园

# 目　录

# 第2篇　专题部分

# 第0章 绪 论

## 0.1 有限元法的要点和特性

有限单元法(或称有限元法)是在当今工程分析中获得最广泛应用的数值计算方法。由于它的通用性和有效性,受到工程技术界的高度重视。伴随着计算机科学和技术的快速发展,现已成为计算机辅助设计(CAD)和计算机辅助制造(CAM)的重要组成部分。

### 0.1.1 有限元法要点

在工程或物理问题的数学模型(基本变量、基本方程、求解域和边界条件等)确定以后,有限元法作为对其进行分析的数值计算方法的要点可归纳如下:

(1) 将一个表示结构或连续体的求解域离散为若干个子域(单元),并通过它们边界上的结点相互联结成为组合体。图 0.1 表示将一个二维多连通求解域离散为若干个单元的组合体。图 0.1(a)和(b)分别表示采用四边形和三角形单元离散的图形。各个单元通过它们的角结点相互联结。

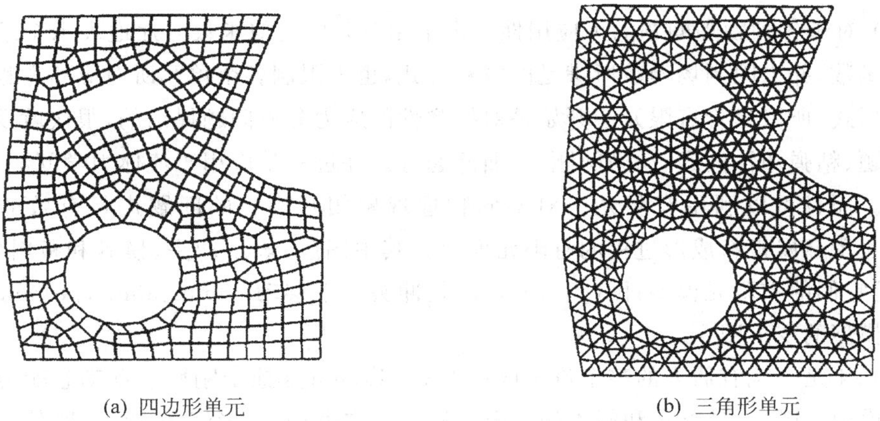

(a) 四边形单元 (b) 三角形单元

图 0.1 二维多连通域的有限元离散

(2) 用每个单元内所假设的近似函数来分片地表示全求解域内待求的未知场变量。而每个单元内的近似函数由未知场函数(或及其导数,为叙述方便,后面略去此加注)在单元各个结点上的数值和与其对应的插值函数来表达(此表达式通常表示为矩阵形式)。由于在联结相邻单元的结点上,场函数应具有相同的数值,因而将它们用作数值求解的基本未知量。这样一来,求解原来待求场函数的无穷多自由度问题转换为求解场函数结点值的有限自由度问题。

(3) 通过和原问题数学模型(基本方程、边界条件)等效的变分原理或加权余量法,建立求解基本未知量(场函数的结点值)的代数方程组或常微分方程组。此方程组称为有限元求解方程,并表示成规范化的矩阵形式。接着用数值方法求解此方程,从而得到问题的解答。

### 0.1.2 有限元法特性

从有限元法的上述要点可以理解它所固有的以下特性。

(1) 对于复杂几何构形的适应性。由于单元在空间可以是一维、二维或三维的,而且每一种单元可以有不同的形状,例如三维单元可以是四面体、五面体或六面体,同时各种单元之间可以采用不同的联结方式,例如两个面之间可以是场函数保持连续,可以是场函数的导数也保持连续,还可以仅是场函数的法向分量保持连续。这样一来,工程实际中遇到的非常复杂的结构或构造都可能离散为由单元组合体表示的有限元模型。图0.2所示是一水轮机转轮的有限元模型。转轮由上冠、下环和13个叶片组成,分别用三维块体单元和壳体单元离散。叶片之间的水用三维流体单元离散[1]。

(2) 对于各种物理问题的可应用性。由于用单元内近似函数分片地表示全求解域的未知场函数,并未限制场函数所满足的方程形式,也未限制各个单元所对应的方程必须是相同的形式,所以尽管有限元法开始是对线弹性的应力分析问题提出的,很快就发展到弹塑性问题、粘弹塑性问题、动力问题、屈曲问题等。并进一步应用于流体力学问题、热传导问题等。而且可以利用有限元法对不同物理现象相互耦合的问题进行有效的分析。图0.3表示金属板料成形过程的有限元模拟。其中图(a)表示冲头、模具和板料的图形;图(b)是它们的有限元模型;图(c),(d),(e)是冲头向下移动20mm、30mm、40mm时板料有限元模型的变形图[2]。

图0.4是一载有假人的整个汽车以速度$v=1.56$m/s撞击刚性墙壁动态响应过程的有限元模拟。图(a)是整车和假人的有限元模型。它由16 000个壳体单元、刚体、弹簧、阻尼器以及特殊联结件组成。图(b)和(c)分别是$t=40$ms和70ms时汽车和假人的变形图。[3]

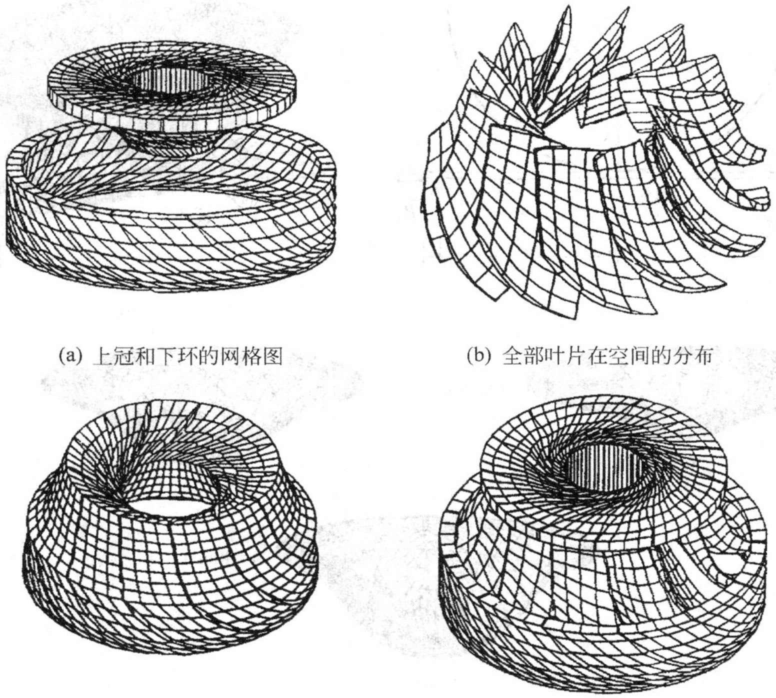

(a) 上冠和下环的网格图　　(b) 全部叶片在空间的分布

(c) 全部流体网格图　　(d) 水轮机转轮网格图（俯视图）

图 0.2　水轮机转轮的有限元模型

（3）建立于严格理论基础上的可靠性。因为用于建立有限元方程的变分原理或加权余量法在数学上已证明是微分方程和边界条件的等效积分形式。只要原问题的数学模型是正确的，同时用来求解有限元方程的算法是稳定、可靠的，则随着单元数目的增加，即单元尺寸的缩小，或者随着单元自由度数目的增加及插值函数阶次的提高，有限元解的近似程度将不断地被改进。如果单元是满足收敛准则的，则近似解最后收敛于原数学模型的精确解。

（4）适合计算机实现的高效性。由于有限元分析的各个步骤可以表达成规范化的矩阵形式，最后导致求解方程可以统一为标准的矩阵代数问题，特别适合计算机的编程和执行。随着计算机软硬件技术的高速发展，以及新的数值计算方法的不断出现，大型复杂问题的有限元分析已成为工程技术领域的常规工作。

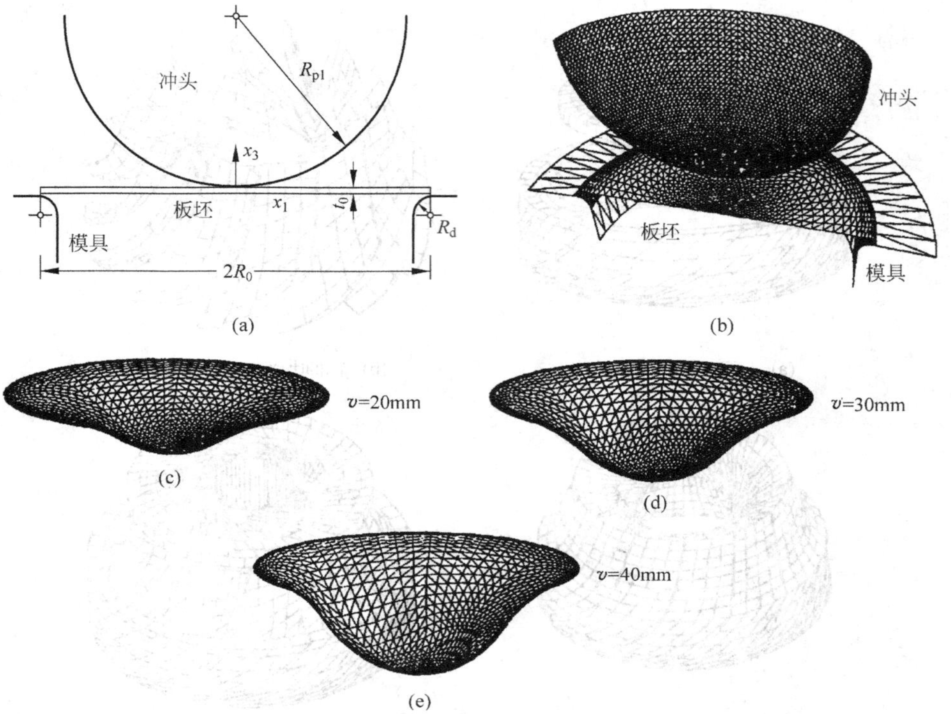


图 0.3 金属板料成形过程的有限元模拟

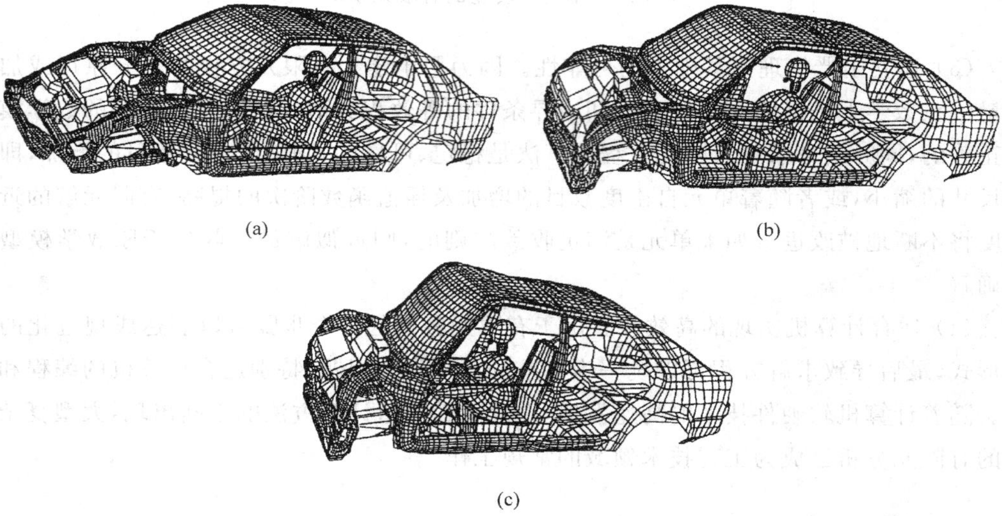


图 0.4 载有假人的汽车撞击刚性墙壁的有限元模拟

# 0.2 有限元法的发展、现状和未来

## 0.2.1 有限元法的早期工作

从应用数学的角度考虑,有限元法的基本思想可以追溯到 Courant[4] 在 1943 年的工作。他首先尝试应用在一系列三角形区域上定义的分片连续函数和最小位能原理相结合,来求解 St. Venant 扭转问题。此后,不少应用数学家、物理学家和工程师分别从不同角度对有限元法的离散理论、方法及应用进行了研究。有限元法的实际应用是随着电子计算机的出现而开始的。首先是 Turner,Clough 等人[5] 于 1956 年将刚架分析中的位移法推广到弹性力学平面问题,并用于飞机结构的分析。他们首次给出了用三角形单元求解平面应力问题的正确解答。三角形单元的特性矩阵和结构的求解方程是由弹性理论的方程通过直接刚度法确定的。他们的研究工作开始了利用电子计算机求解复杂弹性力学问题的新阶段。1960 年 Clough[6] 进一步求解了平面弹性问题,并第一次提出了"有限单元法"的名称,使人们更清楚地认识到有限单元法的特性和功效。

## 0.2.2 有限元法的发展和现状

近 30 多年来,伴随着电子计算机科学和技术的快速发展,有限元法作为工程分析的有效方法,在理论、方法的研究、计算机程序的开发以及应用领域的开拓诸方面均取得了根本性的发展。这里仅就其中发展比较成熟,并已广泛应用于实际分析的主要方面进行简要的概括。

(1) 单元的类型和形式

为了扩大有限元法的应用领域,新的单元类型和形式不断涌现。例如等参元采用和位移插值相同的表示方法,将形状规则的单元变换为边界为曲线(二维)或曲面(三维)的单元,从而可以更精确地对形状复杂的求解域(或结构)进行有限元离散。再如在构造结点参数中同时包含有位移和位移导数的梁、板、壳单元,以满足分析工程实际问题中大量遇到该类结构的需要。构造以多个场变量(例如位移、应变、应力)为结点参数的混合型单元,以克服分析不可压缩介质以及板壳分析中遇到的数值上的困难。构造包括多种材料构成的复合单元,用来分析复合材料、夹层材料、混凝土等组成的结构。

(2) 有限元法的理论基础和离散格式

在提出新的单元类型,扩展新的应用领域和应用条件的同时,为了给新单元和新应用提供可靠的理论基础,研究工作的进展包括将 Hellinger-Reissner 原理、Hu-Washizu 原理等多场变量的变分原理用于有限元分析,发展了混合型(单元内包括多个场变量)、杂交型(某些场变量仅在单元交界面定义)的有限元表达格式,并研究了各自的收敛性条件;将与微分方程等效的积分形式——加权余量法，用于建立有限元的表达格式，从而将有限元的应用扩展到不存在泛函或泛函尚未建立的物理问题；有限元解的后验误差估计和应力磨平方法的研究进展，不仅改进了有限元解的精度，更重要的是为发展满足规定精度的要求，以细分单元网格或提高插值函数阶次为手段的自适应分析方法提供了基础。

(3) 有限元方程的解法

现在用于大型复杂工程问题的有限元分析，自由度达几十万个甚至上百万个已是经常的情况，这是与计算机软、硬件发展相配合的大型方程组解法的研究进展密不可分。有限元求解的问题从性质上可以归结为三类，即

① 独立于时间的平衡问题(或稳态问题)。最后归结为求解系数矩阵元素在对角线附近稀疏分布的线性代数方程组。对于常见的结构应力分析问题，求解的是对应给定载荷的结构位移和应力。此类问题至今主要是采用直接解法，先后发展了循序消去法、三角分解法、波前法等。近年来，为了适应求解大型、特大型方程时减少计算机存储和提高计算速度的需要，迭代解法特别是预条件共轭梯度法受到更多的重视，并已成功地应用。

② 特征值问题。它对应求解的是齐次方程。解答是使方程存在非零解的特征值和与之对应的特征模态。在实际应用中，它们代表的可能是振动的固有频率和振型，或是结构屈曲的临界载荷和屈曲模态等。针对求解经数值离散所导致的大型矩阵特征值问题，先后发展了幂迭代法、同步迭代法、子空间迭代法等。近10多年来，里兹(Ritz)向量直接叠加法和Laczos向量直接叠加法由于具有更高的计算效率而受到广泛的重视和应用。

③ 依赖于时间的瞬态问题。由于这类问题的方程是结点自由度对于时间的一阶、二阶导数的常微分方程组，求解的是在随时间变化的载荷作用下的结构内位移和应力的动态响应，或是波动在介质中的传播、反射等，所以此类问题的求解主要是采用对常微分方程组直接进行数值积分的时间逐步积分法。依据所导致的代数方程组是否需要联立求解，可区分为时间步长只受求解精度限制的隐式算法(如以Newmark法为代表)，以及时间步长受算法稳定限制的显式算法(如以中心差分法为代表)。为了有效地求解不同刚度的介质、材料或单元尺寸在同一问题中耦合作用所形成的方程，常采用隐式-显式相结合的算法。还需指出，动力子结构法(又称模态综合法)是动力分析中经常采用的非常有效的方法。它依靠先求解各子结构的特征值问题，然后只取其对结构响应起主要作用的振动模态进入结构的总体响应分析，从而可以大幅度缩减总体分析的自由度和计算工作量。

上述三类问题，从方程自身性质考虑，还存在对应的非线性情形。非线性可以是由材料性质、变形状态和边界接触条件引起的，分别称为材料、几何、边界非线性。求解非线性有限元问题的算法研究主要有以下几种。

① 采用Newton-Raphson方法或修正Newton-Raphson方法等将非线性方程转化为一系列线性方程进行迭代求解，并结合加速方法提高迭代收敛的速度。

② 采用预测-校正法或广义中心法等对材料非线性本构方程进行积分，决定加载过

程中材料的应力应变的演化过程。

③ 采用广义弧长法等时间步长控制方法和临界点搜索、识别方法，对非线性载荷-位移的全路径进行追踪。

④ 采用拉格朗日(Lagrange)乘子法、罚函数法或直接引入法，将接触面条件引入泛函，求解接触和碰撞问题。

最后应指出，由于有限元法解题的规模越来越大，为了缩短解题的周期，基于并行计算机和并行计算软件系统的有限元并行算法，近年来得到很大发展。

(4) 有限元法的计算机软件

由于有限元法是通过计算机实现的，因此它的软件研发工作一直是和它的理论、单元形式和算法的研究以及计算环境的演变平行发展的。从20世纪50年代以来，软件的发展按目的和用途可以区分如下。

① 专用软件：在有限元发展的早期(20世纪50～60年代)，专用软件是为一定结构类型的应力分析(例如平面问题、轴对称问题、板壳问题)而编制的程序。而后，专用软件更多的是为研究和发展新的离散方案、单元形式、材料模型、算法方案、结构失效评定和优化等而编制的程序。

② 大型通用商业软件：从20世纪70年代开始，基于有限元法在结构线性分析方面已经成熟并被工程界广泛采用，一批由专业软件公司研制的大型通用商业软件(如NASTRAN，ASKA，SAP，ANSYS，MARC，ABAQUS，JIFEX等)公开发行和被应用。它包含众多的单元型式、材料模型及分析功能，并具有网格自动划分、结果分析和显示等前后处理功能。近30年来，大型通用软件的功能由线性扩展到非线性，由结构扩展到非结构(流体、热……)，由分析计算扩展到优化设计、完整性评估，并引入基于计算机技术发展的面向对象技术、并行计算和可视化技术等。现在大型通用软件已为工程技术界广泛应用，并成为CAD/CAM系统不可缺少的组成部分。

## 0.2.3 有限元法的未来

经过近50年特别是近30年的发展，有限元法的基础理论和方法已经比较成熟，已成为当今工程技术领域中应用最为广泛，成效最为显著的数值分析方法。但是面对21世纪全球在经济和科技领域的激烈竞争，基础产业(例如汽车、船舶和飞机等)的产品设计和制造需要引入重大的技术创新，高新技术产业(例如宇宙飞船、空间站、微机电系统和纳米器件等)更需要发展新的设计理论和制造方法。而这一切都为以有限元法为代表的计算力学提供广阔驰骋的天地，并提出了一系列新的课题。

(1) 为了真实地模拟新材料和新结构的行为，需要发展新的材料本构模型和单元型式。例如对于特种合金、复合材料、陶瓷材料、机敏材料、智能材料、生物材料以及纳米材料等，建立能真实地描述它们各自的力学、物理性质和特征行为，并适合数值计算的本构模型和相应的单元型式，以及优化设计材料性能的计算方法。这方面现在是，未来仍将继续是一个重要的研究课题，因为这是计算分析和优化它们自身性能及由它们所组成的结构在不同环境中的响应分析的前提。

（2）为了分析和模拟各种类型和形式的结构在复杂载荷工况和环境作用下的全寿命过程的响应，需要发展新的数值分析方案。例如常见的下述情况：

① 高温结构在随时间变化的载荷和环境的作用下，从损伤的孕育、萌生到其成长、集聚、扩展，直至最后失效和破坏的全寿命过程的数值模拟。其中包括损伤和应力及环境的相互作用，不同性质和形式的损伤彼此之间的相互作用。

② 汽车在碰撞或重物压击作用下，其失稳、过屈曲直至压溃或破裂的全过程的数值模拟。从失稳到破坏可能在很短的时间内发生，其中还涉及变形过程和材料性能以及载荷的相互作用。

其他更为复杂的情况，如空间飞行运载系统和推进系统在飞行状态下响应的模拟，核反应堆在事故工况下响应的模拟等。这将涉及材料、结构和流体动力、传热燃烧、化学作用、核裂变和辐射等多种作用的相互耦合。

为实现上述分析和模拟，需要研究和发展以下数值方法。

① 多重非线性（材料、几何、边界等）相耦合的分析方法。

② 多场（结构、流体、热、电、化学）耦合作用的分析方法。

③ 跨时间/空间多尺度，例如（年到 $10^{-12}$ 秒）/（10 米到 $10^{-10}$ 米）的分析方法。

④ 非确定性（随机/模糊）的分析方法。

⑤ 分析结果评估和自适应的分析方法。

（3）有限元软件和 CAD/CAM/CAE 等软件系统共同集成完整的虚拟产品发展（VPD）系统。这是从 1990 年开始的技术方向。VPD 系统是计算力学、计算数学以及相关的计算物理、计算工程科学和现代计算机科学技术、信息技术（IT）、知识工程（KBE）相结合而形成的集成化、网络化和智能化的信息处理系统。并通过网络将科学家、设计工程师、制造商、供应商及有关咨询顾问连结起来协同工作。它强烈地影响着未来工程系统的设计、制造和运行，主要表现在：

① 它能提供对所设计的工程系统从加工制造到运行，直至失效和破坏的全寿命过程的更深入认识，从而能更好地识别它的属性和特征。

② 它能够鉴定和评估所设计对象的性能和质量，并允许以最低的费用在设计过程中就对所设计的对象进行修改和优化。

③ 它能显著地缩短工程对象设计和投产的周期，降低生产成本，提高市场竞争力。

# 0.3 本书概述

## 0.3.1 本书目的

从20世纪70年代后期以来，有限元法开始进入我国大学工科专业的课堂。随着有限元法日益广泛地应用，它在教学计划中的地位也在不断提升，被普遍列为工科专业本科的必修课和研究生的学位课。同时相当多的工程技术人员和教学研究人员通过继续教育也在学习有限元法。学习有限元法的目的大致可分为两类：

(1) 应用有限元法，特别是运用已有的通用或专用软件求解实际工程技术问题。

(2) 在有限元法的理论和方法方面作进一步的研究工作，以提高它的有效性和扩大它的应用领域。

虽然在数量上前者占大多数，但两者不能截然划分。因为在应用过程中常常会遇到新的问题和新的要求，同时，实际分析者的兴趣和能力不断提高，从而也有可能开展理论和方法的研究。另一方面，以研究为目的者也常常借助于现有软件提供的支持，并将应用作为研究成果的检验依据和最后目标。

应用有限元软件进行工程分析时需要做以下工作。

(1) 理解和把握该分析的目标和需要回答的问题，并确定能正确回答该问题的力学、数学模型。

(2) 建立有限元离散模型和选择合适的计算方案。

(3) 对计算结果作出分析和评估，决定是否需要修改有限元模型和计算方案进行重分析；是否需要修改力学数学模型；是否需要修改原设计方案。例如一个简单的弹性力学应力分析问题，如果计算精度不够，则需要细分网格或提高单元阶次或改进计算方案；如果局部应力超过材料屈服限，则需要改用弹塑性分析；如果变形或总体应力水平超过设计规定，则需要修改原设计构形或改用新的材料。

上述(1)和(3)项中的后一部分工作需要分析者具有必要的力学和工程方面的知识和经验，以及必要时的专家咨询。而(2)和(3)项中的前一部分工作则需要分析者对于有限元的基本原理和离散方法，常用单元形式和求解方法的特点和应用条件，以及计算结果的检查和评估等，有较清晰的理解和综合应用的能力。这是成功应用现有软件，特别是大型通用软件进行工程分析，包括必要时将新的单元或材料的程序模块接入现有软件，以适应特殊应用需求的前提条件。

对于以有限元法的理论和方法做进一步研究的科技工作者来说，显然仅掌握上述以应用为目的的工程分析人员所要求的知识和能力是不够的，还应阅读和参考反映有限元研究状况和成果的大量文献和专著。但是扎实地掌握有限元法的基本原理和数值方法仍是前进的基石。

本书的目的是为上述两类人员提供一本学习有限元法的理论基础、单元构造、数值方法和计算机实现诸方面基本内容的教材。具体目的是：

（1）通过本书的学习，理解和掌握有限元法的基本原理和方法方面的如下内容：

① 有限元法的理论基础——加权余量法和变分原理，以及通过它们建立有限元方程的基本步骤。

② 有限元法中的两种基本单元型式——$C_0$ 型单元和 $C_1$ 型单元的构造方法和特点。

③ 有限元法中的三类基本问题——平衡、特征值、瞬态问题方程的特点和求解方法。

（2）通过本书的学习和利用教学训练程序进行的计算机实践，在有限元法计算实现方面的下述能力得到初步的训练和提高。

① 对于给定的力学模型，应用已有程序完成有限元分析全过程的能力。

② 按照给定的要求，完成对已有程序进行修改和功能扩充的能力。

## 0.3.2 内容简介

从上述目的出发，遵循“循序渐进”及“理论和实际相结合”的原则，具体选择和安排全书的内容。全书分为两篇，共 17 章。第 1 篇 7 章（第 1～7 章）为基础部分，第 2 篇 10 章（第 8～17 章）为专题部分。

第 1 章阐明有限元法的理论基础——加权余量法和变分法；并讨论弹性力学的两个基本变分原理——最小位能原理和最小余能原理的建立途径和属性。

第 2 章以弹性力学二维问题和三角形单元为例，阐明以最小位能原理为基础建立有限元求解方程的步骤；并讨论方程的特点和有限元解的收敛准则。

通过以上两章，形成对有限元法的原理、特点和求解步骤的完整认识。

第 3、4 章讨论构造规则形状，不同阶次单元插值函数的通用方法，和通过等参变换方法将它们转换为非规则形状单元（等参元）；并讨论形成此单元特性矩阵的标准化步骤。为一般非规则域连续介质问题的离散和求解提供有效的单元形式。

第 5 章讨论有限元法应用中的若干实际考虑。其中节 5.3.1 的应力近似解的性质和节 5.3.2 的等参元的最佳应力点，这两小节对计算结果的分析和利用具有指导意义。其余内容主要是为了提高计算效率和精度，在模型建立和结果处理方面可能采用的若干方法和建议（但未包括计算方法这一重要方面的内容）。

第 6 章讨论线性代数方程组的解法。有限元法中的线性代数方程组具有大型、稀疏、对称的特点。本章重点讨论当前仍占主导地位的直接解法，并适当讨论当前在大型和超大型问题中更多采用的迭代解法。

第 7 章讨论有限元计算程序的构架和组成。目的是为了达到对有限元法计算执行过程的认识和理解。并给出一个弹性力学二维线性有限元分析教学程序(FEATP)。利用它进行上机实践,以达到训练和提高前面所述在计算实现方面的两项能力。

第 2 篇由第 8 章有限元法的进一步基础和各为 3 章的 3 个专题组成。

第 8 章将第 1 章中的要求场函数事先满足约束条件的自然变分原理扩展为不要求场函数事先满足约束条件的广义变分原理。从而为以后多变量单元的构造和多场耦合问题的求解提供理论依据。

第 9、10、11 章讨论在工程实际中广泛应用的杆(梁)、板、壳类结构问题的有限元法。其中关键是 $C_1$ 型单元的构造,和利用广义变分原理由 $C_1$ 型单元转换得到的多变量的 $C_0$ 型单元的构造。

第 12、13、14 章讨论热传导、动力学、流固耦合问题的有限元法。从问题的性质考虑,它们属于特征值问题和瞬态响应问题(除稳态热传导属于平衡问题外),除讨论它们方程的形成和特点而外,重点是讨论大型矩阵特征值问题和大型常微分方程组的有效求解方法。

第 15、16、17 章讨论材料、几何、边界(接触和碰撞)3 类非线性问题的有限元法。首先是这 3 类非线性问题属于连续力学范畴的力学数学的正确表述,和在此基础上有限元方程的建立。重点是非线性方程组的求解方法。由于非线性的复杂性(特别是几重非线性的耦合)和计算工作量的庞大(特别是要追踪非线性响应的全过程),所以中心问题是保证非线性解的可靠性和尽可能追求解的高效性。

### 0.3.3 关于学习本书的建议

本书的目的主要是满足有限元法应用的需要,同时适当兼顾进一步研究工作的要求。此外,由于各院校设置此课程的专业性质和要求不同,故提出以下建议供参考。

(1) 第 1 篇的主要内容,即第 1,2,3(3.1～3.4),4,5(5.1,5.2,5.3.1～5.3.3),6(6.1～6.3),7 章可组成为本科生或未系统学习过有限元法的研究生的“有限元法基础”课程的教材。如果时间允许,可根据需要选学本篇中的其余部分内容或第 2 篇中的部分内容。

(2) 第 2 篇的主要内容可作为研究生进一步学习“有限元法”课程的教材。除第 8 章外,其余 3 个专题可按专业性质的要求有不同的侧重,每一章中除问题的基本理论和方法以外的内容也可有所选择。

(3) 第 7 章中所给出的有限元分析教学程序(FEATP)中,单元包括 Mindlin 板单元,分析的功能包括特征值问题和动力响应问题,这些都是第 2 篇的内容。将此章放在第 1 篇是为了在学习了前 6 章的基本内容以后,能尽快形成对有限元分析计算执行过程的完整认识，并付诸实践，在第 2 篇的学习中仍将继续使用此程序。上机实践包括本书目的中所述的两个方面，分别称之为应用题和研究题。前者应是课程学习所必需的，后者则根据不同要求适当选择。上机实践是学习有限元法的重要环节，通过实践不仅可以加深对理论和方法的理解，而且可以加强对实际综合能力的培养，激发进一步应用和研究的兴趣，增强开拓进取的信心。

# 第1篇 基本部分

## 第1章 有限元法的理论基础——加权余量法和变分原理

**本章要点**

- 微分方程的等效积分形式及其“弱”形式的实质和构造方法，任意函数和场函数应满足的条件。
- 不同形式加权余量法中权函数的形式和近似解的求解步骤，以及伽辽金(Galerkin)方法的特点。
- 线性自伴随微分方程变分原理的构造方法和泛函的性质，以及自然边界条件和强制边界条件的区别。
- 经典里兹(Ritz)方法的求解步骤、收敛条件及其局限性。
- 两种形式的虚功原理(虚位移原理和虚应力原理)的实质和构造方法。
- 从虚功原理导出最小位能原理和最小余能原理的途径和各自的性质，以及场函数事先应满足的条件。

### 1.1 引言

在工程和科技领域内，对于许多力学问题和物理问题，人们可以给出它们的数学模型，即应遵循的基本方程(常微分方程或偏微分方程)和相应的定解条件。但能用解析方法求出精确解的只是少数方程性质比较简单，且几何形状相当规则的情况。对于大多数问题，由于方程的非线性性质，或由于求解域的几何形状比较复杂，则只能采用数值方法求解。20世纪60年代以来，随着电子计算机的出现，特别是近20年来软、硬件技术的飞速发展和广泛应用，数值分析方法已成为求解科学技术问题功能强大的有力工具。

已经发展的偏微分方程数值分析方法可以分为两大类。一类以有限差分法为代表，其特点是直接求解基本方程和相应定解条件的近似解。一个问题的有限差分法的求解步骤归纳为：首先将求解域划分为网格，然后在网格的结点上用差分方程来近似微分方程。当采用较密的网格，即较多的结点时，近似解的精度可以得到改进。借助于有限差分法，能够求解相当复杂的问题，特别是求解方程建立于固结在空间的坐标系（欧拉（Euler）坐标系）的流体力学问题，有限差分法有自身的优势。因此在流体力学领域内，至今仍占支配地位。但是对于固体结构问题，由于方程通常建立于固结在物体上的坐标系（拉格朗日（Lagrange）坐标系）和形状复杂，则采用另一类数值分析方法——有限元法则更为适合。

有限元法的要点和特性已在节0.1中阐明。从方法的建立途径方面考虑，它区别于有限差分法，即不是直接从问题的微分方程和相应的定解条件出发，而是从与其等效的积分形式出发。等效积分的一般形式是加权余量法，它适用于普遍的方程形式。利用加权余量法的原理，可以建立多种近似解法，例如配点法、最小二乘法、伽辽金法、力矩法等都属于这一类数值分析方法。如果原问题的方程具有某些特定的性质，则它的等效积分形式的伽辽金法可以归结为某个泛函的变分。相应的近似解法实际上是求解泛函的驻值问题。里兹法就是属于这一类近似解法。

有限元法区别于传统的加权余量法和求解泛函驻值的变分法，该法不是在整个求解域上假设近似函数，而是在各个单元上分片假设近似函数。这样就克服了在全域上假设近似函数所遇到的困难，是近代工程数值分析方法领域的重大突破。

本章1.2，1.3节分别讨论作为有限元法理论基础的加权余量法和变分原理，以及建立于它们基础上的数值计算方法。1.4节扼要地引述作为今后主要分析对象的弹性力学问题的基本方程和与其等效的两个变分原理——最小位能原理和最小余能原理。

## 1.2 微分方程的等效积分形式和加权余量法

### 1.2.1 微分方程的等效积分形式

工程或物理学中的许多问题，通常是以未知场函数应满足的微分方程和边界条件的形式提出来的，可以一般地表示为未知函数 $\boldsymbol{u}$ 应满足微分方程组

$$\mathbf{A}(\boldsymbol{u}) = \begin{Bmatrix} \mathrm{A}_1(\boldsymbol{u}) \\ \mathrm{A}_2(\boldsymbol{u}) \\ \vdots \end{Bmatrix} = \mathbf{0} \quad (\text{在 } \Omega \text{ 内}) \tag{1.2.1}$$

域 $\Omega$ 可以是体积域、面积域等，如图1.1所示。同时未知函数 $\boldsymbol{u}$ 还应满足边界条件

$$\mathbf{B}(\boldsymbol{u})=\begin{Bmatrix}\mathrm{B}_1(\boldsymbol{u})\\ \mathrm{B}_2(\boldsymbol{u})\\ \vdots\end{Bmatrix}=\mathbf{0}\quad（在\ \Gamma\ 上）\tag{1.2.2}$$

$\Gamma$ 是域 $\Omega$ 的边界 *。

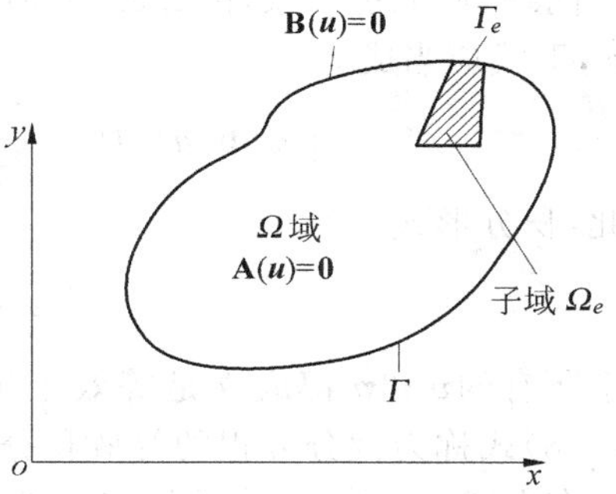


图 1.1　域 $\Omega$ 和边界 $\Gamma$

要求解的未知函数 $\boldsymbol{u}$ 可以是标量场（例如温度），也可以是几个变量组成的向量场（例如位移、应变、应力等）。$\mathbf{A}$，$\mathbf{B}$ 是表示对于独立变量（例如空间坐标、时间坐标等）的微分算子。微分方程数应和未知场函数的数目相对应，因此，上述微分方程可以是单个的方程，也可以是一组方程。所以在式（1.2.1）和式（1.2.2）中采用了矩阵形式。

下面给出一个典型的微分方程，以后还要寻求它的解答。

**例 1.1**　二维稳态热传导方程

$$\mathbf{A}(\phi)=\frac{\partial}{\partial x}\left(k\frac{\partial\phi}{\partial x}\right)+\frac{\partial}{\partial y}\left(k\frac{\partial\phi}{\partial y}\right)+Q=0\qquad（在\ \Omega\ 内）\tag{1.2.3}$$

$$\mathbf{B}(\phi)=\begin{cases}\phi-\bar{\phi}=0 & （在\ \Gamma_\phi\ 上）\\ k\dfrac{\partial\phi}{\partial n}-\bar{q}=0 & （在\ \Gamma_q\ 上）\end{cases}\tag{1.2.4}$$

这里 $\phi$ 表示温度；$k$ 是热传导系数；$\bar{\phi}$ 和 $\bar{q}$ 分别是边界 $\Gamma_\phi$ 和 $\Gamma_q$ 上温度和热流的给定值；$n$ 是有关边界 $\Gamma$ 的外法线方向；$Q$ 是热源密度。

在上述问题中，若 $k$ 和 $Q$ 只是空间位置的函数时，问题是线性的。若 $k$ 和 $Q$ 亦是 $\phi$ 或及其导数的函数时，问题就是非线性的了。

由于微分方程组（1.2.1）在域 $\Omega$ 中每一点都必须为零，因此就有

$$\int_\Omega \boldsymbol{v}^{\mathrm{T}}\mathbf{A}(\boldsymbol{u})\mathrm{d}\Omega\equiv\int_\Omega(v_1\mathrm{A}_1(\boldsymbol{u})+v_2\mathrm{A}_2(\boldsymbol{u})+\cdots)\mathrm{d}\Omega\equiv 0\tag{1.2.5}$$

其中

$$\boldsymbol{v}=\begin{Bmatrix}v_1\\ v_2\\ \vdots\end{Bmatrix}\tag{1.2.6}$$

是函数向量，它是一组和微分方程个数相等的任意函数。

（1.2.5）式是与微分方程组（1.2.1）完全等效的积分形式。可以断言，若积分方程

---

* 对于未知函数依赖于时间的瞬态问题，还应有初始条件 $\boldsymbol{I}_1(\boldsymbol{u})=\mathbf{0}$，$\boldsymbol{I}_2(\boldsymbol{u})=\mathbf{0}$，…。为讨论方便，对此情况，可以认为这里的边界条件中就包含有初始条件。

(1.2.5)对于任意的$\boldsymbol{v}$都能成立，则微分方程(1.2.1)必然在域内任一点都得到满足。这个结论的证明是显然的，假如微分方程$\mathbf{A}(\boldsymbol{u})$在域内某些点或一部分子域中不满足，即出现$\mathbf{A}(\boldsymbol{u})\neq 0$，马上可以找到适当的函数$\boldsymbol{v}$使积分方程(1.2.5)亦不等于零。因此上述结论得到证明。

同理，假如边界条件(1.2.2)亦同时在边界上每一点都得到满足，则对于一组任意函数$\bar{\boldsymbol{v}}$，下式应当成立。

$$\int_\Gamma \bar{\boldsymbol{v}}^{\mathrm{T}}\mathbf{B}(\boldsymbol{u})\mathrm{d}\Gamma \equiv \int_\Gamma (\overline{v_1}\mathrm{B}_1(\boldsymbol{u}) + \overline{v_2}\mathrm{B}_2(\boldsymbol{u}) + \cdots)\mathrm{d}\Gamma \equiv 0 \tag{1.2.7}$$

因此，积分形式

$$\int_\Omega \boldsymbol{v}^{\mathrm{T}}\mathbf{A}(\boldsymbol{u})\mathrm{d}\Omega + \int_\Gamma \bar{\boldsymbol{v}}^{\mathrm{T}}\mathbf{B}(\boldsymbol{u})\mathrm{d}\Gamma = 0 \tag{1.2.8}$$

对于所有的$\boldsymbol{v}$和$\bar{\boldsymbol{v}}$都成立是等效于满足微分方程(1.2.1)和边界条件(1.2.2)。我们将(1.2.8)式称为微分方程的等效积分形式。

在上述讨论中，隐含地假定(1.2.8)式的积分是能够进行计算的。这就对函数$\boldsymbol{v}$，$\bar{\boldsymbol{v}}$和$\boldsymbol{u}$能够选取的函数族提出了一定的要求和限制，以避免积分中任何项出现无穷大的情况。

在(1.2.8)式中，$\boldsymbol{v}$和$\bar{\boldsymbol{v}}$只是以函数自身的形式出现在积分中，因此对$\boldsymbol{v}$及$\bar{\boldsymbol{v}}$的选择只需是单值的，并分别在$\Omega$内和$\Gamma$上可积的函数即可。这种限制并不影响上述“微分方程的等效积分形式”提法的有效性。$\boldsymbol{u}$在积分中还将以导数或偏导数的形式出现，它的选择将取决于微分算子$\mathbf{A}$或$\mathbf{B}$中微分运算的最高阶次。例如有一个连续函数，它在$x$方向有一个斜率不连续点如图1.2所示。设想在一个很小的区间$\Delta$中用一个连续变化来代替这个不连续。可以很容易地看出，在不连续点附近，函数的一阶导数是不定的，但是一阶导数是可积的，即一阶导数的积分是存在的。而在不连续点附近，函数的二阶导数趋于无穷，使积分不能进行。如果在微分算子$\mathbf{A}$中仅出现函数的一阶导数(边界条件的算子$\mathbf{B}$中导数的最高阶数总是低于微分方程的算子$\mathbf{A}$中导数的最高阶数)，上述函数对于$\boldsymbol{u}$将是一个合适的选择。一个函数在域内其本身连续，它的一阶导数具有有限个不连续点但在域内可积，这样的函数称之为具有$C_0$连续性的函数。可以类推地看到，如果在微分算子$\mathbf{A}$出现的最高阶导数是$n$阶，则要求函数$\boldsymbol{u}$必须具有连续的$n-1$阶导数，即函数应

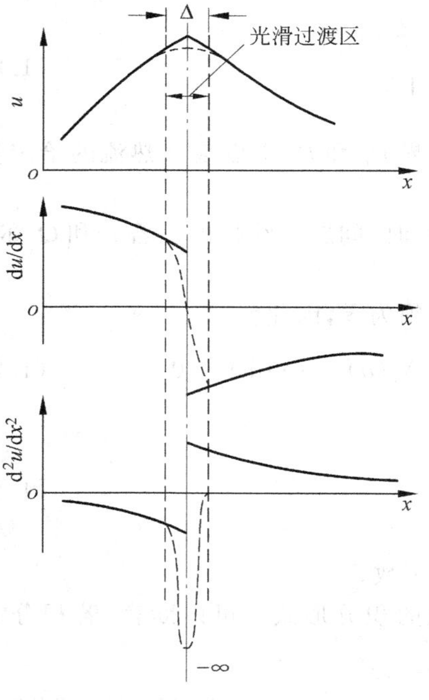

图1.2 具有$C_0$连续性的函数

具有 $C_{n-1}$ 连续性。一个函数在域内函数本身(即它的零阶导数)直至它的 $n-1$ 阶导数连续,它的第 $n$ 阶导数具有有限个不连续点但在域内可积,这样的函数称之为具有 $C_{n-1}$ 连续性的函数。具有 $C_{n-1}$ 连续性的函数将使包含函数直至它的 $n$ 阶导数的积分成为可积。

## 1.2.2　等效积分的"弱"形式

在很多情况下可以对(1.2.8)式进行分部积分得到另一种形式

$$\int_\Omega \mathbf{C}^{\mathrm{T}}(\boldsymbol{v})\mathbf{D}(\boldsymbol{u})\mathrm{d}\Omega + \int_\Gamma \mathbf{E}^{\mathrm{T}}(\bar{\boldsymbol{v}})\mathbf{F}(\boldsymbol{u})\mathrm{d}\Gamma = 0 \tag{1.2.9}$$

其中 **C**,**D**,**E**,**F** 是微分算子,它们中所包含的导数的阶数较(1.2.8)式的 **A** 低,这样对函数 $\boldsymbol{u}$ 只需要求较低阶的连续性就可以了。在(1.2.9)式中降低 $\boldsymbol{u}$ 的连续性要求是以提高 $\boldsymbol{v}$ 及 $\bar{\boldsymbol{v}}$ 的连续性要求为代价的,由于原来对 $\boldsymbol{v}$ 及 $\bar{\boldsymbol{v}}$ 在(1.2.8)式中并无连续性要求。但是适当提高对其连续性的要求并不困难,因为它们是可以选择的已知函数。这种通过适当提高对任意函数 $\boldsymbol{v}$ 和 $\bar{\boldsymbol{v}}$ 的连续性要求,以降低对微分方程场函数 $\boldsymbol{u}$ 的连续性要求所建立的等效积分形式称为微分方程的等效积分"弱"形式。它在近似计算中,尤其是在有限单元法中是十分重要的。值得指出的是,从形式上看"弱"形式对函数 $\boldsymbol{u}$ 的连续性要求降低了,但对实际的物理问题却常常较原始的微分方程更逼近真正解,因为原始微分方程往往对解提出了过分"平滑"的要求。

**例 1.2**　仍以前面已提出的例 1.1 中的二维热传导方程为例,写出它们的等效积分形式和等效积分"弱"形式。由例 1.1 中二维稳态热传导方程(1.2.3)和边界条件(1.2.4)式,可以写出相当于(1.2.8)式的等效积分形式为

$$\int_\Omega v\left[\frac{\partial}{\partial x}\left(k\frac{\partial\phi}{\partial x}\right)+\frac{\partial}{\partial y}\left(k\frac{\partial\phi}{\partial y}\right)+Q\right]\mathrm{d}x\mathrm{d}y + \int_{\Gamma_q}\bar{v}\left[k\frac{\partial\phi}{\partial n}-\bar{q}\right]\mathrm{d}\Gamma = 0 \tag{1.2.10}$$

其中 $v$ 和 $\bar{v}$ 是任意的标量函数,并假设 $\Gamma_\phi$ 上的边界条件

$$\phi - \bar{\phi} = 0$$

在选择函数 $\phi$ 时已事先满足,这种边界条件称为**强制边界条件**。

对(1.2.10)式进行分部积分可以得到相当于(1.2.9)式的等效积分"弱"形式。利用格林公式对(1.2.10)式中第一个积分的前两项进行分部积分,即

$$\left.\begin{aligned}\int_\Omega v\frac{\partial}{\partial x}\left(k\frac{\partial\phi}{\partial x}\right)\mathrm{d}x\mathrm{d}y &= -\int_\Omega \frac{\partial v}{\partial x}\left(k\frac{\partial\phi}{\partial x}\right)\mathrm{d}x\mathrm{d}y + \oint_\Gamma v\left(k\frac{\partial\phi}{\partial x}\right)n_x\mathrm{d}\Gamma\\ \int_\Omega v\frac{\partial}{\partial y}\left(k\frac{\partial\phi}{\partial y}\right)\mathrm{d}x\mathrm{d}y &= -\int_\Omega \frac{\partial v}{\partial y}\left(k\frac{\partial\phi}{\partial y}\right)\mathrm{d}x\mathrm{d}y + \oint_\Gamma v\left(k\frac{\partial\phi}{\partial y}\right)n_y\mathrm{d}\Gamma\end{aligned}\right\} \tag{1.2.11}$$

于是(1.2.10)式成为

$$-\int_\Omega\left(\frac{\partial v}{\partial x}k\frac{\partial\phi}{\partial x}+\frac{\partial v}{\partial y}k\frac{\partial\phi}{\partial y}-vQ\right)\mathrm{d}x\mathrm{d}y + \oint_\Gamma vk\left(\frac{\partial\phi}{\partial x}n_x+\frac{\partial\phi}{\partial y}n_y\right)\mathrm{d}\Gamma + \int_{\Gamma_q}\bar{v}\left(k\frac{\partial\phi}{\partial n}-\bar{q}\right)\mathrm{d}\Gamma = 0 \tag{1.2.12}$$

式中 $n_x$,$n_y$ 为边界外法线的方向余弦。在边界上场函数 $\phi$ 的法向导数是

$$\frac{\partial\phi}{\partial n}\equiv\frac{\partial\phi}{\partial x}n_x+\frac{\partial\phi}{\partial y}n_y \tag{1.2.13}$$

并且对于任意函数 $v$ 和 $\bar{v}$,可以不失一般性地假定在 $\Gamma_q$ 上

$$\bar{v}=-v|_{\Gamma_q} \tag{1.2.14}$$

这样,(1.2.10)式可以表示为

$$\int_\Omega \nabla^{\mathrm{T}} vk\nabla\phi\mathrm{d}\Omega-\int_\Omega vQ\mathrm{d}\Omega-\int_{\Gamma_q} v\bar{q}\mathrm{d}\Gamma-\int_{\Gamma_\phi} vk\frac{\partial\phi}{\partial n}\mathrm{d}\Gamma=0 \tag{1.2.15}$$

其中算子 $\nabla$ 是

$$\nabla=\begin{Bmatrix}\dfrac{\partial}{\partial x}\\ \dfrac{\partial}{\partial y}\end{Bmatrix}$$

(1.2.15)式就是二维稳态热传导问题与微分方程(1.2.3)和边界条件(1.2.4)相等效的积分"弱"形式。在式中 $k$ 以其自身出现,而场函数 $\phi$(温度)则以一阶导数的形式出现,因此它允许在域内热传导系数 $k$ 以及温度 $\phi$ 的一阶导数出现不连续,而这种实际可能性在微分方程中是不允许的。

对(1.2.15)式,还应指出以下两点。

(1) 场变量 $\phi$ 不出现在沿 $\Gamma_q$ 的边界积分中。$\Gamma_q$ 边界上的边界条件

$$\mathrm{B}(\phi)=k\frac{\partial\phi}{\partial n}-\bar{q}=0$$

在 $\Gamma_q$ 的边界上自动得到满足。这种边界条件称为**自然边界条件**。

(2) 若在选择场函数 $\phi$ 时,已满足强制边界条件,即在 $\Gamma_\phi$ 边界上满足 $\phi-\bar{\phi}=0$,则可以通过适当选择 $v$,使在 $\Gamma_\phi$ 边界上 $v=0$ 而略去(1.2.15)式中沿 $\Gamma_\phi$ 边界积分项,使相应的积分"弱"形式取得更简洁的表达式。

### 1.2.3 基于等效积分形式的近似方法——加权余量法

在求解域 $\Omega$ 中,若场函数 $\boldsymbol{u}$ 是精确解,则在域 $\Omega$ 中任一点都满足微分方程(1.2.1)式,同时在边界 $\Gamma$ 上任一点都满足边界条件(1.2.2)式,此时等效积分形式(1.2.8)式或其弱形式(1.2.9)式必然严格地得到满足。但是对于复杂的实际问题,这样的精确解往往是很难找到的,因此人们需要设法找到具有一定精度的近似解。

对于微分方程(1.2.1)式和边界条件(1.2.2)式所表达的物理问题,假设未知场函数 $\boldsymbol{u}$ 可以采用近似函数来表示。近似函数是一族带有待定参数的已知函数,一般形式是

$$\boldsymbol{u}\approx\tilde{\boldsymbol{u}}=\sum_{i=1}^{n}\boldsymbol{N}_i\boldsymbol{a}_i=\boldsymbol{N}\boldsymbol{a} \tag{1.2.16}$$

其中 $\boldsymbol{a}_i$ 是待定参数；$\boldsymbol{N}_i$ 是称之为试探函数(或基函数、形函数)的已知函数，它取自完全的函数序列，是线性独立的。所谓完全的函数系列是指任一函数都可以用此序列表示。近似解通常选择使之满足强制边界条件和连续性的要求。例如当未知函数 $\boldsymbol{u}$ 是三维力学问题的位移时，可取近似解

$$u = N_1u_1 + N_2u_2 + \cdots + N_nu_n = \sum_{i=1}^{n} N_iu_i$$

$$v = N_1v_1 + N_2v_2 + \cdots + N_nv_n = \sum_{i=1}^{n} N_iv_i$$

$$w = N_1w_1 + N_2w_2 + \cdots + N_nw_n = \sum_{i=1}^{n} N_iw_i$$

则有

$$\boldsymbol{a}_i = \begin{Bmatrix} u_i \\ v_i \\ w_i \end{Bmatrix}$$

其中 $u_i, v_i, w_i$ 是待定参数，共 $3\times n$ 个；$\boldsymbol{N}_i = \boldsymbol{I}N_i$ 是函数矩阵，$\boldsymbol{I}$ 是 $3\times 3$ 单位矩阵，$N_i$ 是坐标的独立函数。

显然，在通常 $n$ 取有限项数的情况下近似解是不能精确满足微分方程(1.2.1)式和全部边界条件(1.2.2)式的，它们将产生残差 $\boldsymbol{R}$ 及 $\overline{\boldsymbol{R}}$，即

$$\mathbf{A}(\boldsymbol{Na}) = \boldsymbol{R}; \qquad \mathbf{B}(\boldsymbol{Na}) = \overline{\boldsymbol{R}} \tag{1.2.17}$$

残差 $\boldsymbol{R}$ 及 $\overline{\boldsymbol{R}}$ 亦称为余量。在(1.2.8)式中用 $n$ 个规定的函数来代替任意函数 $\boldsymbol{v}$ 及 $\overline{\boldsymbol{v}}$，即

$$\boldsymbol{v} = \boldsymbol{W}_j; \qquad \overline{\boldsymbol{v}} = \overline{\boldsymbol{W}}_j \qquad (j = 1 \sim n) \tag{1.2.18}$$

就可以得到近似的等效积分形式

$$\int_\Omega \boldsymbol{W}_j^{\mathrm{T}}\mathbf{A}(\boldsymbol{Na})\,\mathrm{d}\Omega + \int_\Gamma \overline{\boldsymbol{W}}_j^{\mathrm{T}}\mathbf{B}(\boldsymbol{Na})\,\mathrm{d}\Gamma = \mathbf{0} \quad (j = 1 \sim n) \tag{1.2.19}$$

亦可以写成余量的形式

$$\int_\Omega \boldsymbol{W}_j^{\mathrm{T}}\boldsymbol{R}\,\mathrm{d}\Omega + \int_\Gamma \overline{\boldsymbol{W}}_j^{\mathrm{T}}\overline{\boldsymbol{R}}\,\mathrm{d}\Gamma = \mathbf{0} \quad (j = 1 \sim n) \tag{1.2.20}$$

(1.2.19)式或(1.2.20)式的意义是通过选择待定系数 $\boldsymbol{a}_i$，强迫余量在某种平均意义上等于零。$\boldsymbol{W}_j$ 和 $\overline{\boldsymbol{W}}_j$ 称为权函数。余量的加权积分为零就得到了一组求解方程，用以求解近似解的待定系数 $\boldsymbol{a}$，从而得到原问题的近似解答。求解方程(1.2.19)的展开形式是

$$\int_\Omega \boldsymbol{W}_1^{\mathrm{T}}\mathbf{A}(\boldsymbol{Na})\,\mathrm{d}\Omega + \int_\Gamma \overline{\boldsymbol{W}}_1^{\mathrm{T}}\mathbf{B}(\boldsymbol{Na})\,\mathrm{d}\Gamma = \mathbf{0}$$

$$\int_\Omega \boldsymbol{W}_2^{\mathrm{T}}\mathbf{A}(\boldsymbol{Na})\,\mathrm{d}\Omega + \int_\Gamma \overline{\boldsymbol{W}}_2^{\mathrm{T}}\mathbf{B}(\boldsymbol{Na})\,\mathrm{d}\Gamma = \mathbf{0}$$

……

$$\int_\Omega \boldsymbol{W}_n^{\mathrm{T}}\mathbf{A}(\boldsymbol{Na})\,\mathrm{d}\Omega + \int_\Gamma \overline{\boldsymbol{W}}_n^{\mathrm{T}}\mathbf{B}(\boldsymbol{Na})\,\mathrm{d}\Gamma = \mathbf{0}$$

其中若微分方程组 $\mathbf{A}$ 的个数为 $m_1$，边界条件 $\mathbf{B}$ 的个数为 $m_2$，则权函数 $\boldsymbol{W}_j\ (j=1,\cdots,n)$ 是 $m_1$ 阶的函数列阵，$\overline{\boldsymbol{W}}_j\ (j=1,\cdots,n)$ 是 $m_2$ 阶的函数列阵。

近似函数所取试探函数的项数 $n$ 越多，近似解的精度将越高。当项数 $n$ 趋于无穷时，近似解将收敛于精确解。

对应于等效积分“弱”形式(1.2.9)式，同样可以得到它的近似形式为

$$\int_\Omega \mathbf{C}^{\mathrm{T}}(\boldsymbol{W}_j)\mathbf{D}(\boldsymbol{Na})\mathrm{d}\Omega + \int_\Gamma \mathbf{E}^{\mathrm{T}}(\overline{\boldsymbol{W}}_j)\mathbf{F}(\boldsymbol{Na})\mathrm{d}\Gamma = \mathbf{0} \quad (j=1,\cdots,n) \tag{1.2.21}$$

**采用使余量的加权积分为零来求得微分方程近似解的方法称为加权余量法**(weighted residual method, WRM)。加权余量法是求微分方程近似解的一种有效方法。显然，任何独立的完全函数集都可以用来作为权函数。按照对权函数的不同选择就得到不同的加权余量的计算方法并赋予不同的名称。常用的权函数的选择有以下几种*：

(1) 配点法

$$\boldsymbol{W}_j = \delta(\boldsymbol{x}-\boldsymbol{x}_j)$$

若 $\Omega$ 域是独立坐标 $\boldsymbol{x}$ 的函数，$\delta(\boldsymbol{x}-\boldsymbol{x}_j)$ 则有如下性质：当 $\boldsymbol{x}\neq\boldsymbol{x}_j$ 时 $\boldsymbol{W}_j=\mathbf{0}$，但有

$$\int_\Omega \boldsymbol{W}_j\mathrm{d}\Omega = \boldsymbol{I} \quad (j=1,\cdots,n)$$

这种方法相当于简单地强迫余量在域内 $n$ 个点上等于零。

(2) 子域法

在 $n$ 个子域 $\Omega_j$ 内 $\boldsymbol{W}_j=\boldsymbol{I}$，在子域 $\Omega_j$ 以外 $\boldsymbol{W}_j=\mathbf{0}$。此方法的实质是强迫余量在 $n$ 个子域 $\Omega_j$ 的积分为零。

(3) 最小二乘法

当近似解取为 $\tilde{\boldsymbol{u}} = \sum_{i=1}^{n}\boldsymbol{N}_i\boldsymbol{a}_i$ 时，权函数 $\boldsymbol{W}_j = \dfrac{\partial}{\partial\boldsymbol{a}_j}\mathbf{A}\left(\sum_{i=1}^{n}\boldsymbol{N}_i\boldsymbol{a}_i\right)$

此方法的实质是使得函数

$$\boldsymbol{I}(\boldsymbol{a}_i) = \int_\Omega \mathbf{A}^{\mathrm{T}}\left(\sum_{i=1}^{n}\boldsymbol{N}_i\boldsymbol{a}_i\right)\mathbf{A}\left(\sum_{i=1}^{n}\boldsymbol{N}_i\boldsymbol{a}_i\right)\mathrm{d}\Omega$$

取最小值。即要求 $\dfrac{\partial I}{\partial\boldsymbol{a}_i}=0 \quad (i=1,2,\cdots,n)$。

(4) 力矩法

以一维问题为例，微分方程 $\mathrm{A}(u)=0$，取近似解 $\tilde{u}$ 并假定已满足边界条件。令

$$W_j = 1, x, x^2, \cdots$$

则得到

$$\int_\Omega \mathrm{A}(\tilde{u})\mathrm{d}x = 0, \quad \int_\Omega x\mathrm{A}(\tilde{u})\mathrm{d}x = 0, \quad \int_\Omega x^2\mathrm{A}(\tilde{u})\mathrm{d}x = 0, \quad \cdots$$

---

* 为表述方便，在以下方法(1)～(4)中，假设近似函数已事先满足边界条件。

此方法是强迫余量的各次矩等于零。通常又称此法为积分法。对于二维问题，$W_j = 1, x, y, x^2, xy, y^2, \cdots$。

(5) 伽辽金法

取 $\boldsymbol{W}_j = \boldsymbol{N}_j$，在边界上 $\overline{\boldsymbol{W}}_j = -\boldsymbol{W}_j = -\boldsymbol{N}_j$。即简单地利用近似解的试探函数序列作为权函数。近似积分形式(1.2.19)式可写成

$$\int_\Omega \boldsymbol{N}_j^{\mathrm{T}} \mathbf{A}\Big(\sum_{i=1}^n \boldsymbol{N}_i \boldsymbol{a}_i\Big) \mathrm{d}\Omega - \int_\Gamma \boldsymbol{N}_j^{\mathrm{T}} \mathbf{B}\Big(\sum_{i=1}^n \boldsymbol{N}_i \boldsymbol{a}_i\Big) \mathrm{d}\Gamma = \mathbf{0} \quad (j = 1, 2, \cdots, n) \tag{1.2.22}$$

由(1.2.16)式，可以定义近似解 $\tilde{\boldsymbol{u}}$ 的变分 $\delta\tilde{\boldsymbol{u}}$ 为

$$\delta\tilde{\boldsymbol{u}} = \boldsymbol{N}_1 \delta \boldsymbol{a}_1 + \boldsymbol{N}_2 \delta \boldsymbol{a}_2 + \cdots + \boldsymbol{N}_n \delta \boldsymbol{a}_n \tag{1.2.23}$$

其中 $\delta\boldsymbol{a}_i$ 是完全任意的。由此(1.2.22)式可更简洁地表示为

$$\int_\Omega \delta\tilde{\boldsymbol{u}}^{\mathrm{T}} \mathbf{A}(\tilde{\boldsymbol{u}}) \mathrm{d}\Omega - \int_\Gamma \delta\tilde{\boldsymbol{u}}^{\mathrm{T}} \mathbf{B}(\tilde{\boldsymbol{u}}) \mathrm{d}\Gamma = \mathbf{0} \tag{1.2.24}$$

对于近似积分的“弱”形式(1.2.21)式则有

$$\int_\Omega \mathbf{C}^{\mathrm{T}}(\delta\tilde{\boldsymbol{u}}) \mathbf{D}(\tilde{\boldsymbol{u}}) \mathrm{d}\Omega - \int_\Gamma \mathbf{E}^{\mathrm{T}}(\delta\tilde{\boldsymbol{u}}) \mathbf{F}(\tilde{\boldsymbol{u}}) \mathrm{d}\Gamma = \mathbf{0} \tag{1.2.25}$$

将会看到，如果算子 $\mathbf{A}$ 是 $2m$ 阶的线性自伴随的(见 1.3.1 节)，采用伽辽金法得到的求解方程的系数矩阵是对称的，这是在用加权余量法建立有限元格式时几乎毫无例外地采用伽辽金法的主要原因，而且当微分方程存在相应的泛函时，伽辽金法与变分法往往导致同样的结果。

下面将用例题说明加权余量法用不同权函数的解题过程和结果比较。

**例 1.3**　求解二阶常微分方程

$$\frac{\mathrm{d}^2 u}{\mathrm{d}x^2} + u + x = 0 \qquad (0 \leqslant x \leqslant 1) \tag{①}$$

边界条件：

$$\begin{cases} 当\ x = 0\ 时,\ u = 0 \\ 当\ x = 1\ 时,\ u = 0 \end{cases} \tag{②}$$

取近似解为

$$u = x(1-x)(a_1 + a_2 x + \cdots) \tag{③}$$

其中，$a_1, a_2, \cdots$为待定参数，试探函数 $N_1 = x(1-x)$，$N_2 = x(1-x)x$，…显然，近似解满足边界条件②，但不满足微分方程①，在域内将产生余量 $R$。余量的加权积分为零

$$\int_0^1 W_i R \, \mathrm{d}x = 0 \tag{④}$$

近似解可取③式中一项、两项或 $n$ 项，项数取得越多，计算精度就越高。为方便起见，只讨论一项和两项近似解。

一项近似解：$n=1$

$$\tilde{u}_1 = a_1 x(1-x) \tag{⑤}$$

代入①式，余量为

$$R_1(x) = x + a_1(-2 + x - x^2) \qquad ⑥$$

两项近似解：$n=2$

$$\tilde{u}_2 = x(1-x)(a_1 + a_2 x) \qquad ⑦$$

余量为

$$R_2(x) = x + a_1(-2 + x - x^2) + a_2(2 - 6x + x^2 - x^3) \qquad ⑧$$

(1) 配点法

一项近似解：取 $x=1/2$ 作为配点，得到

$$R\left(\frac{1}{2}\right) = \frac{1}{2} - \frac{7}{4}a_1 = 0$$

解得 $a_1 = 2/7$

所以求得一项近似解为 $\tilde{u}_1 = \frac{2}{7}x(1-x)$

两项近似解：取三分点 $x=1/3$ 及 $x=2/3$ 作为配点，得到

$$R\left(\frac{1}{3}\right) = \frac{1}{3} - \frac{16}{9}a_1 + \frac{2}{27}a_2 = 0$$

$$R\left(\frac{2}{3}\right) = \frac{2}{3} - \frac{16}{9}a_1 - \frac{50}{27}a_2 = 0$$

解得 $a_1 = 0.194\,8$，$a_2 = 0.173\,1$

所以两项近似解为 $\tilde{u}_2 = x(1-x)(0.194\,8 + 0.173\,1x)$

(2) 子域法

一项近似解：子域取全域，即 $W_1 = 1$，当 $0 \leqslant x \leqslant 1$。由④式可得

$$\int_0^1 R_1(x)\mathrm{d}x = \int_0^1 [x + a_1(-2 + x - x^2)]\mathrm{d}x = \frac{1}{2} - \frac{11}{6}a_1 = 0$$

解得 $a_1 = 3/11$

求得一项近似解为 $\tilde{u}_1 = \frac{3}{11}x(1-x)$

两项近似解：

取 $W_1 = 1$ 当 $0 \leqslant x \leqslant \frac{1}{2}$ $(\Omega_1)$

$W_2 = 1$ 当 $\frac{1}{2} < x \leqslant 1$ $(\Omega_2)$

由④式得到

$$\int_0^{1/2} R_2(x)\mathrm{d}x = \int_0^{1/2} [x + a_1(-2 + x - x^2) + a_2(2 - 6x + x^2 - x^3)]\mathrm{d}x$$

$$= \frac{1}{8} - \frac{11}{12}a_1 + \frac{53}{192}a_2 = 0$$

$$\int_{\frac{1}{2}}^{1} R_2(x)\mathrm{d}x = \frac{3}{8} - \frac{11}{12}a_1 - \frac{229}{192}a_2 = 0$$

解得　$a_1 = \frac{291}{1\ 551} = 0.187\ 6$，　$a_2 = \frac{24}{141} = 0.170\ 2$

两项近似解为　$\tilde{u}_2 = x(1-x)(0.187\ 6 + 0.170\ 2x)$

(3) 最小二乘法

将余量的二次方 $R^2$ 在域 $\Omega$ 中积分

$$I = \int_{\Omega} R^2 \mathrm{d}\Omega \qquad ⑨$$

选择近似解的待定系数 $a_i$,使余量在全域的积分值 $I$ 达到极小。为此必须有

$$\frac{\partial I}{\partial a_i} = 0 \qquad (i = 1,2,\cdots,n)$$

用⑨式对 $a_i$ 求导数得到

$$\int_{\Omega} R\ \frac{\partial R}{\partial a_i}\mathrm{d}\Omega = 0 \qquad (i = 1,2,\cdots,n) \qquad ⑩$$

由此得到 $n$ 个方程,用以求解 $n$ 个待定参数 $a_i$。将⑩式与④式比较可知,最小二乘法的权函数选择为

$$W_i = \frac{\partial R}{\partial a_i} \qquad (i = 1,2,\cdots,n)$$

一项近似解:

$$R_1(x) = x + a_1(-2 + x - x^2) \qquad ⑪$$

$$\frac{\partial R_1}{\partial a_1} = -2 + x - x^2$$

代入⑩式得到

$$\int_0^1 R_1\ \frac{\partial R_1}{\partial a_1}\mathrm{d}x = \int_0^1 [x + a_1(-2 + x - x^2)](-2 + x - x^2)\mathrm{d}x = 0$$

解得　$a_1 = 0.272\ 3$

一项近似解:$\tilde{u}_1 = 0.272\ 3x(1-x)$

两项近似解:

$$R_2(x) = x + a_1(-2 + x - x^2) + a_2(2 - 6x + x^2 - x^3)$$

$$W_1 = \frac{\partial R_2}{\partial a_1} = -2 + x - x^2$$

$$W_2 = \frac{\partial R_2}{\partial a_2} = 2 - 6x + x^2 - x^3$$

代入⑩式后得到两个方程,即

$$\int_0^1 R_2\ \frac{\partial R_2}{\partial a_1}\mathrm{d}x = \int_0^1 [x + a_1(-2 + x - x^2) + a_2(2 - 6x + x^2 - x^3)] \times$$

$$(-2+x-x^2)\mathrm{d}x=0$$

$$\int_0^1 R_2\frac{\partial R_2}{\partial a_2}\mathrm{d}x=\int_0^1[x+a_1(-2+x-x^2)+a_2(2-6x+x^2-x^3)]\times$$

$$(2-6x+x^2-x^3)\mathrm{d}x=0$$

解得 $a_1=0.1875$，$a_2=0.1695$

两项近似解：$\tilde{u}_2=x(1-x)(0.1875+0.1695x)$

(4) 力矩法

一项近似解：取 $W_1=1$，由④式得到

$$\int_0^1 1\cdot R_1(x)\mathrm{d}x=\int_0^1[x+a_1(-2+x-x^2)]\mathrm{d}x=0$$

解得 $a_1=\dfrac{3}{11}$

一项近似解：$\tilde{u}_1=\dfrac{3}{11}x(1-x)$

此结果与子域法的结果相同。

两项近似解：取 $W_1=1$，$W_2=x$。由④式得

$$\int_0^1 R_2(x)\mathrm{d}x=\int_0^1[x+a_1(-2+x-x^2)+a_2(2-6x+x^2-x^3)]\mathrm{d}x=0$$

$$\int_0^1 xR_2(x)\mathrm{d}x=\int_0^1[x^2+a_1(-2x+x^2-x^3)+a_2(2x-6x^2+x^3-x^4)]\mathrm{d}x=0$$

解得 $a_1=0.1880$，$a_2=0.1695$

两项近似解为 $\tilde{u}_2=x(1-x)(0.1880+0.1695x)$

(5) 伽辽金法

取近似函数作为权函数。

一项近似解：$\tilde{u}_1=N_1a_1=a_1x(1-x)$

取权函数 $W_1=N_1=x(1-x)$

由④式得到

$$\int_0^1 N_1R_1(x)\mathrm{d}x=\int_0^1 x(1-x)[x+a_1(-2+x-x^2)]\mathrm{d}x=0$$

解得 $a_1=\dfrac{5}{18}$

一项近似解：$\tilde{u}_1=\dfrac{5}{18}x(1-x)$

两项近似解：

$$\tilde{u}_2=N_1a_1+N_2a_2=a_1x(1-x)+a_2x^2(1-x)$$

取权函数为

$$W_1 = N_1 = x(1-x),\quad W_2 = N_2 = x^2(1-x)$$

代入④式得到

$$\int_0^1 x(1-x)[x + a_1(-2+x-x^2) + a_2(2-6x+x^2-x^3)]\mathrm{d}x = 0$$

$$\int_0^1 x^2(1-x)[x + a_1(-2+x-x^2) + a_2(2-6x+x^2-x^3)]\mathrm{d}x = 0$$

解得　$a_1 = 0.192\ 4$，　$a_2 = 0.170\ 7$

两项近似解为　$\tilde{u}_2 = x(1-x)(0.192\ 4 + 0.170\ 7x)$

这个问题的精确解是

$$u = \frac{\sin x}{\sin 1} - x$$

用加权余量的几种方法得到的近似解与精确解的比较见表 1.1。由表可见，在此具体问题中取两项近似解已能得到较好的近似结果，各种方法得到的近似解误差均在 3% 以内，其中伽辽金法的精度尤其高，误差小于 0.5%。

**表 1.1　不同加权余量方法的近似解与精确解结果比较**

| 精确解 $u=\frac{\sin x}{\sin 1}-x$ | | $x=0.25$<br>$u=0.044\ 01$ | | $x=0.5$<br>$u=0.069\ 75$ | | $x=0.75$<br>$u=0.060\ 06$ | |
|---|---|---|---|---|---|---|---|
| 近　似　解 | | 值 | 误差/% | 值 | 误差/% | 值 | 误差/% |
| 一项近似解 | $\tilde{u}_1 = a_1x(1-x)$ | | | | | | |
| | 1. 配点：$\tilde{u}_1 = \frac{2}{7}x(1-x)$ | 0.053 57 | 21.7 | 0.071 43 | 2.4 | 0.053 57 | −10.8 |
| | 2. 子域：$\tilde{u}_1 = \frac{3}{11}x(1-x)$ | 0.051 14 | 16.2 | 0.068 18 | −2.3 | 0.051 14 | −14.9 |
| | 3. 最小二乘：$\tilde{u}_1 = 0.272\ 3x(1-x)$ | 0.051 06 | 16.0 | 0.068 08 | −2.4 | 0.051 06 | −15.0 |
| | 4. 力矩：$\tilde{u}_1 = \frac{3}{11}x(1-x)$ | 0.051 14 | 16.2 | 0.068 18 | −2.3 | 0.051 14 | −14.9 |
| | 5. 伽辽金：$\tilde{u}_1 = \frac{5}{18}x(1-x)$ | 0.052 08 | 18.3 | 0.069 44 | −0.4 | 0.052 08 | −13.3 |
| 两项近似解 | $\tilde{u}_2 = x(1-x)(a_1+a_2x)$ | | | | | | |
| | 1. 配点：$\tilde{u}_2 = x(1-x)(0.194\ 8+0.173\ 1x)$ | 0.044 64 | 1.4 | 0.070 34 | 0.8 | 0.060 87 | 1.3 |
| | 2. 子域：$\tilde{u}_2 = x(1-x)(0.187\ 6+0.170\ 2x)$ | 0.043 15 | −2.0 | 0.068 18 | −2.3 | 0.059 11 | −1.6 |
| | 3. 最小二乘：$\tilde{u}_2 = x(1-x)(0.187\ 5+0.169\ 5x)$ | 0.043 10 | −2.1 | 0.068 06 | −2.4 | 0.058 99 | −1.8 |
| | 4. 力矩：$\tilde{u}_2 = x(1-x)(0.188\ 0+0.169\ 5x)$ | 0.043 20 | −1.8 | 0.068 19 | −2.2 | 0.059 09 | −1.6 |
| | 5. 伽辽金：$\tilde{u}_2 = x(1-x)(0.192\ 4+0.170\ 7x)$ | 0.044 08 | 0.2 | 0.069 44 | −0.4 | 0.060 08 | 0.03 |

显然若增加近似解的项数，精度将进一步提高。

**例 1.4** 一维热传导问题，如果热传导系数取1，则微分方程为

$$A(\phi)=\frac{\mathrm{d}^2\phi}{\mathrm{d}x^2}+Q(x)=0 \quad (0\leqslant x\leqslant L) \tag{1.2.26}$$

其中

$$Q(x)=\begin{cases}1 & \text{当 } 0\leqslant x\leqslant L/2 \quad ①\\ 0 & \text{当 } L/2< x\leqslant L \quad ②\end{cases}$$

边界条件是在 $x=0$ 和 $x=L$ 时，$\phi=0$

取傅里叶级数作为近似解，即

$$\phi\approx\tilde{\phi}=\sum_{i=1}^{n}a_i\sin\frac{i\pi x}{L} \qquad ③$$

其中 $a_i$ 为待定参数，试探函数 $N_i=\sin\dfrac{i\pi x}{L}$。近似解满足给定的边界条件，因此在边界上不产生余量，并因为此近似解在域内具有任意阶的连续性，因此可直接用近似积分形式(1.2.19)式进行加权余量各种方法的计算。对本例题(1.2.19)式可以简单地表示为

$$\int_0^L W_j\left[\frac{\mathrm{d}^2}{\mathrm{d}x^2}\left(\sum_{i=1}^{n}N_ia_i\right)+Q\right]\mathrm{d}x=0 \qquad ④$$

现在分别利用配点法、子域法和伽辽金法进行求解，近似解分别取一项解($n=1$)及两项解($n=2$)。采用配点法时，一项解配点取 $x=L/2$，$Q(L/2)$取两边的平均值1/2。两项解的配点取 $x=L/4$ 及 $x=3L/4$。子域法中子域取两个半域 $0\leqslant x<L/2$ 及 $L/2\leqslant x\leqslant L$。在图1.3(a)、(b)中分别表示了一项近似解和两项近似解所选取的权函数和解答。为了便于比较，图上还给出了精确解。求解过程留给读者作为练习。

由例题的结果比较可以看到伽辽金法的精度较其他两种方法要好，这个结论和例1.3是一致的。

值得指出的是：采用伽辽金法时，因为权函数 $W_j=N_j$ 是连续的，并在两端有 $N_i=0$。可以对④式进行分部积分，得到相当于(1.2.21)式的近似积分"弱"形式

$$\int_0^L\left[\frac{\mathrm{d}W_j}{\mathrm{d}x}\frac{\mathrm{d}}{\mathrm{d}x}\left(\sum N_ia_i\right)-W_jQ\right]\mathrm{d}x=0 \qquad (j=1,2,\cdots,n) \qquad ⑤$$

上式可改写成

$$\boldsymbol{Ka}-\boldsymbol{P}=\boldsymbol{0} \qquad ⑥$$

其中

$$\boldsymbol{P}=[P_1\quad P_2\quad\cdots\quad P_n]^{\mathrm{T}} \qquad \boldsymbol{a}=[a_1\quad a_2\quad\cdots\quad a_n]^{\mathrm{T}}$$

$$K_{ij}=\int_0^L\frac{\mathrm{d}W_i}{\mathrm{d}x}\frac{\mathrm{d}N_j}{\mathrm{d}x}\mathrm{d}x \qquad P_i=\int_0^L W_iQ\,\mathrm{d}x \qquad ⑦$$

可以看到当取 $W_i=N_i$ 时，将有 $K_{ij}=K_{ji}$，也就是说采用伽辽金法求解待定参数 $a_i$ 的代

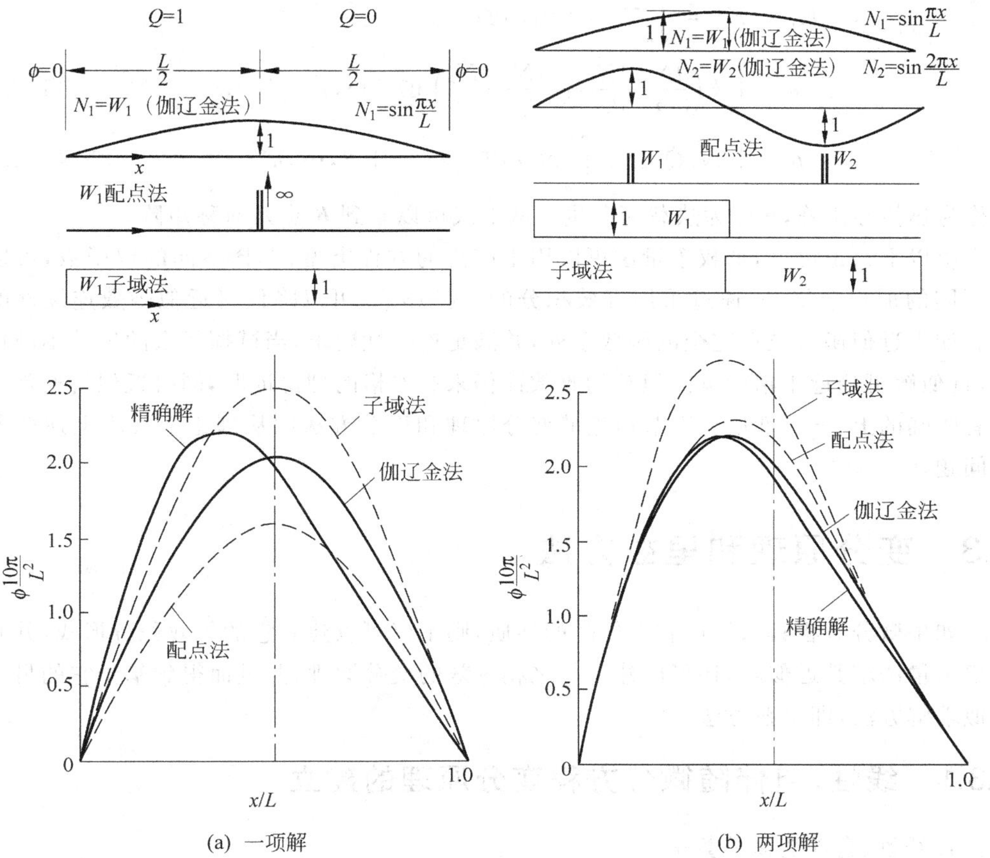


图 1.3　一维热传导问题(稳态)各种解法的比较

数方程组的系数矩阵 $\boldsymbol{K}$ 是对称的，当方程阶数很高时，这种对称性将给计算带来很大方便。

**例 1.5**　求解二维热传导问题的伽辽金法。

我们已经在 1.2.1 节中导出了二维稳态热传导问题的等效积分"弱"形式(1.2.15)式。采用加权余量法求解时，近似解取 $\tilde{\phi}=\sum_{i=1}^{n} N_i a_i$，并设 $\tilde{\phi}$ 已事先满足 $\Gamma_\phi$ 边界上的边界条件。任意函数取 $\delta\tilde{\phi}$，并在 $\Gamma_\phi$ 边界上 $\delta\tilde{\phi}=0$。在此情况下，从(1.2.15)式可以得到如下方程

$$\boldsymbol{Ka}=\boldsymbol{p} \tag{1.2.27}$$

其中矩阵 $\boldsymbol{K}$ 和向量 $\boldsymbol{p}$ 的元素如下式表示：

$$K_{ji} = K_{ij} = \int_{\Omega} \nabla^{\mathrm{T}} N_j k \nabla N_i \mathrm{d}\Omega$$

$$= \int_{\Omega} k \left( \frac{\partial N_j}{\partial x} \frac{\partial N_i}{\partial x} + \frac{\partial N_j}{\partial y} \frac{\partial N_i}{\partial y} \right) \mathrm{d}\Omega \quad (i, j = 1, 2, \cdots, n) \tag{1.2.28}$$

$$p_i = \int_{\Omega} N_i Q \mathrm{d}\Omega + \int_{\Gamma_q} N_i \bar{q} \mathrm{d}\Gamma \quad (i = 1, 2, \cdots, n) \tag{1.2.29}$$

**K** 称为热传导矩阵，**p** 称为热载荷向量。从上式可以看到 **K** 也是对称矩阵。

由以上讨论可见，加权余量法可以用于广泛的方程类型；选择不同的权函数，可以产生不同的加权余量法；通过采用等效积分的“弱”形式，可以降低对近似函数连续性的要求。如果近似函数取自完全的函数系列，并满足连续性要求，当试探函数的项数不断增加时，近似解可趋近于精确解。但解的收敛性仍未有严格的理论证明，同时近似解通常也不具有明确的上、下界性质。下节讨论的变分原理和里兹方法则从理论上解决上述两方面的问题。

## 1.3 变分原理和里兹方法

如果微分方程具有线性和自伴随的性质，则不仅可以建立它的等效积分形式，并利用加权余量法求其近似解，还可以建立与之相等效的变分原理，并进而得到基于它的另一种近似求解方法，即里兹方法。

### 1.3.1 线性、自伴随微分方程变分原理的建立

1. 线性、自伴随微分算子

若有微分方程

$$\mathrm{L}(u) + b = 0 \quad (\text{在 } \Omega \text{ 域内}) \tag{1.3.1}$$

其中微分算子 L 具有如下性质

$$\mathrm{L}(\alpha u_1 + \beta u_2) = \alpha \mathrm{L}(u_1) + \beta \mathrm{L}(u_2) \tag{1.3.2}$$

则称 L 为线性算子，方程(1.3.1)为线性微分方程。其中 $\alpha$ 和 $\beta$ 是两个常数。

现定义 L($u$)和任意函数的内积为

$$\int_{\Omega} \mathrm{L}(u) v \mathrm{d}\Omega \tag{1.3.3}$$

有时内积也表示为 $\langle \mathrm{L}(u), v \rangle$。对上式进行分部积分直至 $u$ 的导数消失，这样就可以得到转化后的内积并伴随有边界项。结果可表示如下：

$$\int_{\Omega} \mathrm{L}(u) v \mathrm{d}\Omega = \int_{\Omega} u \mathrm{L}^{*}(v) \mathrm{d}\Omega + \mathrm{b.t.}(u, v) \tag{1.3.4}$$

上式右端 b. t. $(u,v)$表示在 $\Omega$ 的边界 $\Gamma$ 上由 $u$ 和 $v$ 及其导数组成的积分项。算子 $\mathrm{L}^*$ 称为 L 的伴随算子。若 $\mathrm{L}^*=\mathrm{L}$，则称算子是自伴随的。称原方程(1.3.1)为线性、自伴随的微分方程。

**例 1.6**　证明算子 $\mathrm{L}(\ )=-\dfrac{\mathrm{d}^2(\ )}{\mathrm{d}x^2}$ 是自伴随的。

构造内积，并进行分部积分

$$\int_{x_1}^{x_2}\mathrm{L}(u)v\mathrm{d}x=\int_{x_1}^{x_2}\left(-\frac{\mathrm{d}^2u}{\mathrm{d}x^2}\right)v\mathrm{d}x=\int_{x_1}^{x_2}\frac{\mathrm{d}u}{\mathrm{d}x}\frac{\mathrm{d}v}{\mathrm{d}x}\mathrm{d}x-\left(\frac{\mathrm{d}u}{\mathrm{d}x}v\right)\Big|_{x_1}^{x_2}$$
$$=\int_{x_1}^{x_2}\left(-\frac{\mathrm{d}^2v}{\mathrm{d}x^2}\right)u\mathrm{d}x+\left(u\frac{\mathrm{d}v}{\mathrm{d}x}\right)\Big|_{x_1}^{x_2}-\left(\frac{\mathrm{d}u}{\mathrm{d}x}v\right)\Big|_{x_1}^{x_2}$$

从上式可以看到 $\mathrm{L}=\mathrm{L}^*$，因此 L 是自伴随算子。

2. 泛函的构造

原问题的微分方程和边界条件表达如下

$$\begin{aligned}&\mathbf{A}(\boldsymbol{u})\equiv\mathbf{L}(\boldsymbol{u})+\boldsymbol{f}=\mathbf{0}\quad(\text{在 }\Omega\text{ 内})\\&\mathbf{B}(\boldsymbol{u})=\mathbf{0}\qquad\qquad\qquad(\text{在 }\Gamma\text{ 上})\end{aligned}\tag{1.3.5}$$

和以上微分方程及边界条件相等效的伽辽金提法可表示如下

$$\int_\Omega\delta\boldsymbol{u}^{\mathrm{T}}[\mathbf{L}(\boldsymbol{u})+\boldsymbol{f}]\mathrm{d}\Omega-\int_\Gamma\delta\boldsymbol{u}^{\mathrm{T}}\mathbf{B}(\boldsymbol{u})\mathrm{d}\Gamma=0\tag{1.3.6}$$

利用算子是线性、自伴随的，可以导出以下关系式

$$\begin{aligned}\int_\Omega\delta\boldsymbol{u}^{\mathrm{T}}\mathbf{L}(\boldsymbol{u})\mathrm{d}\Omega&=\int_\Omega\left[\frac{1}{2}\delta\boldsymbol{u}^{\mathrm{T}}\mathbf{L}(\boldsymbol{u})+\frac{1}{2}\delta\boldsymbol{u}^{\mathrm{T}}\mathbf{L}(\boldsymbol{u})\right]\mathrm{d}\Omega\\&=\int_\Omega\left[\frac{1}{2}\delta\boldsymbol{u}^{\mathrm{T}}\mathbf{L}(\boldsymbol{u})+\frac{1}{2}\boldsymbol{u}^{\mathrm{T}}\mathbf{L}(\delta\boldsymbol{u})\right]\mathrm{d}\Omega+\mathrm{b.\,t.}(\delta\boldsymbol{u},\boldsymbol{u})\\&=\int_\Omega\left[\frac{1}{2}\delta\boldsymbol{u}^{\mathrm{T}}\mathbf{L}(\boldsymbol{u})+\frac{1}{2}\boldsymbol{u}^{\mathrm{T}}\delta\mathbf{L}(\boldsymbol{u})\right]\mathrm{d}\Omega+\mathrm{b.\,t.}(\delta\boldsymbol{u},\boldsymbol{u})\\&=\delta\int_\Omega\frac{1}{2}\boldsymbol{u}^{\mathrm{T}}\mathbf{L}(\boldsymbol{u})\mathrm{d}\Omega+\mathrm{b.\,t.}(\delta\boldsymbol{u},\boldsymbol{u})\end{aligned}\tag{1.3.7}$$

将上式代入(1.3.6)式，就可得到原问题的变分原理

$$\delta\Pi(\boldsymbol{u})=0\tag{1.3.8}$$

其中

$$\Pi(\boldsymbol{u})=\int_\Omega\left[\frac{1}{2}\boldsymbol{u}^{\mathrm{T}}\mathbf{L}(\boldsymbol{u})+\boldsymbol{u}^{\mathrm{T}}\boldsymbol{f}\right]\mathrm{d}\Omega+\mathrm{b.\,t.}(\boldsymbol{u})$$

是原问题的泛函，因为此泛函中 $\boldsymbol{u}$(包括 $\boldsymbol{u}$ 的导数)的最高次为二次，所以称为二次泛函。上式右端 b. t. $(\boldsymbol{u})$是由(1.3.7)式中的 b. t. $(\delta\boldsymbol{u},\boldsymbol{u})$项和(1.3.6)式中的边界积分项两部分组成。如果场函数 $\boldsymbol{u}$ 及其变分 $\delta\boldsymbol{u}$ 满足一定条件，则两部分合成后，能够形成一个全变分(即变分号提到边界积分项之外)，从而得到泛函的变分。这在后面将具体讨论。

由以上讨论可见，原问题的微分方程和边界条件的等效积分的伽辽金提法等效于它的变分原理，即原问题的微分方程和边界条件等效于泛函的变分等于零，亦即泛函取驻值。反之，如果泛函取驻值则等效于满足问题的微分方程和边界条件。而泛函可以通过原问题的等效积分的伽辽金提法而得到。并称这样得到的变分原理为**自然变分原理**。

3. 泛函的极值性

如果线性自伴随算子 L 是偶数($2m$)阶的；在利用伽辽金方法构造问题的泛函时，假设近似函数 $\tilde{\boldsymbol{u}}$ 事先满足强制边界条件，对应于自然边界条件的任意函数 $\boldsymbol{W}$ 按一定的方法选取，则可以得到泛函的变分。同时所构造的二次泛函不仅取驻值，而且是极值。现对此条件加以阐述和讨论。

对于 $2m$ 阶微分方程，含 $0\sim m-1$ 阶导数的边界条件称为强制边界条件，近似函数应事先满足。含 $m\sim 2m-1$ 阶导数的边界条件称为自然边界条件，近似函数不必事先满足。在伽辽金提法中对应于此类边界条件，从含 $2m-1$ 阶导数的边界条件开始，任意函数 $W$ 依次取 $-\delta\tilde{\boldsymbol{u}}, \delta\dfrac{\partial\tilde{\boldsymbol{u}}}{\partial n}, -\delta\dfrac{\partial^2\tilde{\boldsymbol{u}}}{\partial n^2}, \cdots$ 在此情况下，对原问题的伽辽金提法进行 $m$ 次分部积分后，通常得到如下形式的变分原理，即

$$\delta\Pi(\boldsymbol{u}) = 0 \tag{1.3.9}$$

其中

$$\Pi(\boldsymbol{u}) = \int_\Omega [(-1)^m \mathbf{C}^{\mathrm{T}}(\boldsymbol{u})\mathbf{C}(\boldsymbol{u}) + \boldsymbol{u}^{\mathrm{T}}\boldsymbol{f}]\mathrm{d}\Omega + \mathrm{b.\,t.}(\boldsymbol{u}) \tag{1.3.10}$$

$\mathbf{C}(\boldsymbol{u})$是 $m$ 阶的线性算子，$\mathrm{b.\,t.}(\boldsymbol{u})$是在自然边界上的积分项。

从上式可见，此时泛函中包括两部分，一是完全平方项$\mathbf{C}^{\mathrm{T}}(\boldsymbol{u})\mathbf{C}(\boldsymbol{u})$，另一是 $\boldsymbol{u}$ 的线性项，所以这二次泛函具有极值性。现还可进一步验证。

设近似场函数 $\tilde{\boldsymbol{u}}=\boldsymbol{u}+\delta\boldsymbol{u}$，其中 $\boldsymbol{u}$ 表示问题的真正解，$\delta\boldsymbol{u}$ 是它的变分。将此近似函数代入(1.3.10)式，就得到

$$\Pi(\tilde{\boldsymbol{u}}) = \Pi(\boldsymbol{u}+\delta\boldsymbol{u}) = \Pi(\boldsymbol{u}) + \delta\Pi(\boldsymbol{u}) + \frac{1}{2}\delta^2\Pi(\boldsymbol{u}) \tag{1.3.11}$$

其中，$\Pi(\boldsymbol{u})$是真正解的泛函；$\delta\Pi(\boldsymbol{u})$是原问题微分方程和边界条件的等效积分伽辽金提法的弱形式，应有

$$\delta\Pi(\boldsymbol{u}) = 0$$

$$\frac{1}{2}\delta^2\Pi(\boldsymbol{u}) = \frac{1}{2}\int_\Omega (-1)^m \mathbf{C}^{\mathrm{T}}(\delta\boldsymbol{u})\mathbf{C}(\delta\boldsymbol{u})\mathrm{d}\Omega \tag{1.3.12}$$

除非 $\delta\boldsymbol{u}=\mathbf{0}$，即 $\tilde{\boldsymbol{u}}=\boldsymbol{u}$，亦即近似函数取问题的真正解，恒有$\delta^2\Pi>0$($m$ 为偶数)或恒有 $\delta^2\Pi<0$($m$ 为奇数)。所以真正解使泛函取极值。

泛函的极值性对判断解的近似性质有意义，利用它可以对解的上下界作出估计。

**例 1.7**　二维热传导问题的微分方程和边界条件已在(1.2.3)式和(1.2.4)式中给出。现建立它的泛函,并研究它的极值性。

问题的伽辽金提法在 $\phi$ 已事先满足 $\Gamma_\phi$ 上强制条件情况下,可以表示如下

$$\int_\Omega \delta\phi\left(k\frac{\partial^2\phi}{\partial x^2}+k\frac{\partial^2\phi}{\partial y^2}+Q\right)\mathrm{d}\Omega-\int_{\Gamma_q}\delta\phi\left(k\frac{\partial\phi}{\partial n}-\bar{q}\right)\mathrm{d}\Gamma=0 \tag{1.3.13}$$

经分部积分,得到它的弱形式,并注意到在 $\Gamma_\phi$上 $\delta\phi=0$,则有

$$\int_\Omega\left(-k\frac{\partial\delta\phi}{\partial x}\frac{\partial\phi}{\partial x}-k\frac{\partial\delta\phi}{\partial y}\frac{\partial\phi}{\partial y}+\delta\phi Q\right)\mathrm{d}\Omega+\int_{\Gamma_q}\delta\phi\bar{q}\,\mathrm{d}\Gamma=0 \tag{1.3.14}$$

从上式可以得到二维热传导问题的变分原理

$$\delta\Pi(\phi)=0 \tag{1.3.15}$$

其中 $\Pi(\phi)$是问题的泛函

$$\Pi(\phi)=\int_\Omega\left[\frac{1}{2}k\left(\frac{\partial\phi}{\partial x}\right)^2+\frac{1}{2}k\left(\frac{\partial\phi}{\partial y}\right)^2-\phi Q\right]\mathrm{d}\Omega-\int_{\Gamma_q}\phi\bar{q}\,\mathrm{d}\Gamma \tag{1.3.16}$$

如以 $\tilde{\phi}=\phi+\delta\phi$ 代入上式,则得到

$$\Pi(\tilde{\phi})=\Pi(\phi)+\delta\Pi(\phi)+\frac{1}{2}\delta^2\Pi(\phi) \tag{1.3.17}$$

其中,$\Pi(\phi)$和 $\delta\Pi(\phi)$即是(1.3.16)式和(1.3.14)式表示的原问题精确解的泛函和它的变分(亦即伽辽金提法的弱形式)。分别等于一确定的值和零。而二次变分项

$$\delta^2\Pi(\phi)=\int_\Omega\left[k\left(\frac{\partial\delta\phi}{\partial x}\right)^2+k\left(\frac{\partial\delta\phi}{\partial y}\right)^2\right]\mathrm{d}\Omega\geqslant 0 \tag{1.3.18}$$

上式只有在 $\delta\phi\equiv 0$ 时,$\delta^2\Pi(\phi)=0$。因此原问题的精确解使泛函取极值(从(1.3.14)式得到的泛函的二次项前为负号,实际应用时,改为正号使泛函如(1.3.16)式)。

再次指出,对于 $2m$ 阶线性、自伴随微分方程,通过伽辽金弱形式建立的变分原理,只有在近似场函数事先满足强制边界条件的情况下,才可能使泛函具有极值性。否则,只能使泛函取驻值而非极值。表现为泛函的二次变分不恒大(或小)于等于零。这将在第 8 章关于约束变分原理的讨论中进行阐述。

## 1.3.2　里兹方法

对于线性、自伴随微分方程在得到与它相等效的变分原理以后,可以用来建立求近似解的标准过程——里兹方法。具体步骤是:未知函数的近似解仍由一族带有待定参数的试探函数来近似表示,即

$$\boldsymbol{u}\approx\tilde{\boldsymbol{u}}=\sum_{i=1}^{n}\boldsymbol{N}_i\boldsymbol{a}_i=\boldsymbol{N}\boldsymbol{a} \tag{1.3.19}$$

其中 $\boldsymbol{a}$ 是待定参数;$\boldsymbol{N}$ 是取自完全系列的已知函数。将(1.3.19)式代入问题的泛函 $\Pi$,得

到用试探函数和待定参数表示的泛函表达式。泛函的变分为零相当于将泛函对所包含的待定参数进行全微分，并令所得的方程等于零，即

$$\delta\Pi = \frac{\partial\Pi}{\partial \boldsymbol{a}_1}\delta \boldsymbol{a}_1 + \frac{\partial\Pi}{\partial \boldsymbol{a}_2}\delta \boldsymbol{a}_2 + \cdots + \frac{\partial\Pi}{\partial \boldsymbol{a}_n}\delta \boldsymbol{a}_n = 0 \tag{1.3.20}$$

由于 $\delta\boldsymbol{a}_1, \delta\boldsymbol{a}_2, \cdots$ 是任意的，满足上式时必然有 $\frac{\partial\Pi}{\partial\boldsymbol{a}_1}, \frac{\partial\Pi}{\partial\boldsymbol{a}_2}, \cdots$ 都等于零。因此可以得到一组方程为

$$\frac{\partial\Pi}{\partial\boldsymbol{a}} = \begin{Bmatrix} \frac{\partial\Pi}{\partial\boldsymbol{a}_1} \\ \frac{\partial\Pi}{\partial\boldsymbol{a}_2} \\ \vdots \\ \frac{\partial\Pi}{\partial\boldsymbol{a}_n} \end{Bmatrix} = \boldsymbol{0} \tag{1.3.21}$$

这是与待定参数 $\boldsymbol{a}$ 的个数相等的方程组，用以求解 $\boldsymbol{a}$。这种求近似解的经典方法叫做里兹法。

如果在泛函 $\Pi$ 中 $\boldsymbol{u}$ 和它的导数的最高方次为二次，则称泛函 $\Pi$ 为二次泛函。大量的工程和物理问题中的泛函都属于二次泛函，因此应予以特别注意。对于二次泛函，(1.3.21)式退化为一组线性方程

$$\frac{\partial\Pi}{\partial\boldsymbol{a}} \equiv \boldsymbol{Ka} - \boldsymbol{P} = \boldsymbol{0} \tag{1.3.22}$$

很容易证明矩阵 $\boldsymbol{K}$ 是对称的。考虑向量 $\frac{\partial\Pi}{\partial\boldsymbol{a}}$ 的变分可以得到

$$\delta\left(\frac{\partial\Pi}{\partial\boldsymbol{a}}\right) = \begin{bmatrix} \frac{\partial}{\partial\boldsymbol{a}_1}\left(\frac{\partial\Pi}{\partial\boldsymbol{a}_1}\right)\delta\boldsymbol{a}_1 + \frac{\partial}{\partial\boldsymbol{a}_2}\left(\frac{\partial\Pi}{\partial\boldsymbol{a}_1}\right)\delta\boldsymbol{a}_2 + \cdots \\ \cdots\cdots \\ \frac{\partial}{\partial\boldsymbol{a}_1}\left(\frac{\partial\Pi}{\partial\boldsymbol{a}_n}\right)\delta\boldsymbol{a}_1 + \frac{\partial}{\partial\boldsymbol{a}_2}\left(\frac{\partial\Pi}{\partial\ \boldsymbol{a}_n}\right)\delta\boldsymbol{a}_2 + \cdots \end{bmatrix} \equiv \boldsymbol{K}_A\delta\boldsymbol{a} \tag{1.3.23}$$

很容易看出矩阵 $\boldsymbol{K}_A$ 的子矩阵为

$$\begin{aligned} \boldsymbol{K}_{Aij} &= \frac{\partial^2\Pi}{\partial\boldsymbol{a}_i\partial\boldsymbol{a}_j} \\ \boldsymbol{K}_{Aji} &= \frac{\partial^2\Pi}{\partial\boldsymbol{a}_j\partial\boldsymbol{a}_i} \end{aligned} \tag{1.3.24}$$

因此有

$$\boldsymbol{K}_{Aij} = \boldsymbol{K}_{Aji}^{\mathrm{T}} \tag{1.3.25}$$

这就证明了矩阵 $\boldsymbol{K}_A$ 是对称矩阵。

对于二次泛函，由(1.3.22)式可以得到

$$\delta\left(\frac{\partial \Pi}{\partial \boldsymbol{a}}\right)=\boldsymbol{K}\delta\boldsymbol{a} \tag{1.3.26}$$

与(1.3.23)式比较就得到

$$\boldsymbol{K}=\boldsymbol{K}_A \tag{1.3.27}$$

因此 $\boldsymbol{K}$ 矩阵亦是对称矩阵。

由变分得到求解方程系数矩阵的对称性是一个极为重要的特性，它将为有限元法计算带来很大的方便。

对于二次泛函，根据(1.3.22)式可以将近似泛函表示为

$$\Pi=\frac{1}{2}\boldsymbol{a}^{\mathrm{T}}\boldsymbol{K}\boldsymbol{a}-\boldsymbol{a}^{\mathrm{T}}\boldsymbol{P} \tag{1.3.28}$$

上式的正确性用简单求导就可以证明。取上式泛函的变分

$$\delta\Pi=\frac{1}{2}\delta\boldsymbol{a}^{\mathrm{T}}\boldsymbol{K}\boldsymbol{a}+\frac{1}{2}\boldsymbol{a}^{\mathrm{T}}\boldsymbol{K}\delta\boldsymbol{a}-\delta\boldsymbol{a}^{\mathrm{T}}\boldsymbol{P} \tag{1.3.29}$$

由于矩阵 $\boldsymbol{K}$ 的对称性，就有

$$\delta\boldsymbol{a}^{\mathrm{T}}\boldsymbol{K}\boldsymbol{a}=\boldsymbol{a}^{\mathrm{T}}\boldsymbol{K}\delta\boldsymbol{a} \tag{1.3.30}$$

因此

$$\delta\Pi=\delta\boldsymbol{a}^{\mathrm{T}}(\boldsymbol{K}\boldsymbol{a}-\boldsymbol{P})=\boldsymbol{0} \tag{1.3.31}$$

因为 $\delta\boldsymbol{a}$ 是任意的，这样就得到(1.3.22)式($\boldsymbol{K}\boldsymbol{a}-\boldsymbol{P}=\boldsymbol{0}$)

里兹法的实质是从一族假定解中寻求满足泛函变分的“最好的”解。显然，近似解的精度与试探函数的选择有关。如果知道所求解的一般性质，那么可以通过选择反映此性质的试探函数来改进近似解，提高近似解的精度。若精确解恰巧包含在试探函数族中，则里兹法将得到精确解。

**例 1.8** 用里兹法求解例 1.3，并作简单的讨论。问题的微分方程是

$$\frac{\mathrm{d}^2 u}{\mathrm{d}x^2}+u+x=0 \quad (0\leqslant x\leqslant 1) \tag{①}$$

边界条件是

$$\begin{cases}\text{当 } x=0 \text{ 时，} & u=0\\ \text{当 } x=1 \text{ 时，} & u=0\end{cases} \tag{②}$$

此为强制边界条件。

由于算子是线性自伴随的，可以立即利用 1.3.1 节的方法建立的变分原理。得到泛函为

$$\Pi=\int_0^1\left[-\frac{1}{2}\left(\frac{\mathrm{d}u}{\mathrm{d}x}\right)^2+\frac{1}{2}u^2+ux\right]\mathrm{d}x \tag{③}$$

具体过程由读者自己完成。

选取两种试探函数形式，用里兹法求解。

(1) 选取满足边界条件②的一项多项式近似解(与加权余量法中选取的一项解相同)

$$\tilde{u} = a_1 x(1-x)$$

则有

$$\frac{d\tilde{u}}{dx} = a_1 - 2a_1 x \quad ④$$

代入③式得到用待定参数 $a_1$ 表示的泛函为

$$\Pi = \int_0^1 \left[ -\frac{1}{2}a_1^2(1-2x)^2 + \frac{1}{2}a_1^2 x^2(1-x)^2 + a_1 x^2(1-x) \right] dx$$

$$= -\frac{1}{2}\left(\frac{3}{10}\right)a_1^2 + \frac{1}{12}a_1 \quad ⑤$$

由泛函变分为零

$$\frac{\partial \Pi}{\partial a_1} = 0$$

解得

$$a_1 = \frac{5}{18} \quad ⑥$$

近似解为

$$\tilde{u} = \frac{5}{18}x(1-x) \quad ⑦$$

与伽辽金法求解的结果相同。证实了1.3.1节中的结论：当问题存在自然变分原理时，里兹法和伽辽金法所得的结果是相同的。

(2) 取近似解为

$$\tilde{u} = a_1 \sin x + a_2 x \quad ⑧$$

满足 $x=0$ 时，$\tilde{u}=0$；但还要求 $x=1$ 时，$\tilde{u}=0$，则应有

$$a_1 \sin 1 + a_2 = 0,\ a_2 = -a_1 \sin 1 \quad ⑨$$

近似解为

$$\tilde{u} = a_1(\sin x - x\sin 1) \quad ⑩$$

一阶导数为

$$\frac{d\tilde{u}}{dx} = a_1(\cos x - \sin 1) \quad ⑪$$

代入③式得到

$$\Pi = \int_0^1 \Big[ -\frac{1}{2}a_1^2(\cos^2 x - 2\sin 1\cos x + \sin^2 1) + \frac{1}{2}a_1^2(\sin^2 x - 2\sin 1 \cdot x \cdot \sin x + x^2\sin^2 1) + a_1 x(\sin x - x\sin 1) \Big] dx$$

$$=-\frac{1}{2}a_1^2\sin 1\left(\frac{2}{3}\sin 1-\cos 1\right)+a_1\left(\frac{2}{3}\sin 1-\cos 1\right) \qquad ⑫$$

$$\frac{\partial \Pi}{\partial a_1}=\left(\frac{2}{3}\sin 1-\cos 1\right)(-a_1\sin 1+1)=0$$

解得

$$a_1=\frac{1}{\sin 1} \qquad ⑬$$

近似解为

$$\tilde{u}=\frac{\sin x}{\sin 1}-x \qquad ⑭$$

由于所选用的试探函数族正好包含了问题的精确解，因此现在的里兹解就是精确解，即 $\tilde{u}=u$。

一般地说，采用里兹法求解，当试探函数族的范围扩大以及待定参数的数目增多时，近似解的精度将会得到提高。

现在简要地介绍一下有关里兹法收敛性在理论上的结论。为便于讨论，假设未知场函数只是标量场 $\phi$，此时泛函 $\Pi(\phi)$ 有如下形式

$$\Pi(\phi)=\int_\Omega \mathrm{F}\left(\phi,\frac{\partial \phi}{\partial x},\frac{\partial \phi}{\partial y},\cdots\right)\mathrm{d}\Omega+\int_\Gamma \mathrm{E}\left(\phi,\frac{\partial \phi}{\partial x},\frac{\partial \phi}{\partial y},\cdots\right)\mathrm{d}\Gamma \qquad (1.3.32)$$

近似函数为

$$\phi\approx\tilde{\phi}=\sum_{i=1}^{n}N_i a_i$$

当 $n$ 趋于无穷时，近似解 $\tilde{\phi}$ 收敛于微分方程精确解的条件如下。

(1) 试探函数 $N_1,N_2,\cdots,N_n$ 应取自完备函数系列。满足此要求的试探函数称为是完备的。

(2) 试探函数 $N_1,N_2,\cdots,N_n$ 应满足 $C_{m-1}$ 连续性要求，即(1.3.32)式表示的泛函 $\Pi(\phi)$ 中场函数最高的微分阶数是 $m$ 时，试探函数的 $0\sim m-1$ 阶导数应是连续的，以保证泛函中的积分存在。满足此要求的试探函数称为是协调的。

若试探函数满足上述完备性和连续性的要求，则当 $n\to\infty$ 时，$\tilde{\phi}\to\phi$，并且 $\Pi(\tilde{\phi})$ 单调地收敛于 $\Pi(\phi)$，即泛函具有极值性。

由于里兹法以变分原理为基础，其收敛性有严格的理论基础；得到的求解方程的系数矩阵是对称的；而且在场函数事先满足强制边界条件（此条件通常不难实现）情况下，解通常具有明确的上、下界等性质。长期以来，在物理和力学的微分方程的近似解法中占有很重要的位置，得到广泛的应用。但是由于它是在全求解域中定义试探函数，实际应用中会遇到两方面的困难，即

(1) 在求解域比较复杂的情况下，选取满足边界条件的试探函数，往往会产生难以克服的困难。

(2) 为了提高近似解的精度，需要增加待定参数，即增加试探函数的项数，这就增加了求解的繁杂性。而且由于试探函数定义于全域，因此不可能根据问题的要求在求解域的不同部位对试探函数提出不同精度的要求，往往由于局部精度的要求使整个问题的求解增加许多困难。

而同样是建立于变分原理基础上的有限元法，虽然在本质上和里兹法是类似的，但由于近似函数在子域(单元上)定义，因此可以克服上述两方面的困难；并和现代计算机技术相结合，成为对物理、力学以及其他广泛科学技术和工程领域实际问题进行分析和求解的有效工具，并得到愈来愈广泛的应用。

## 1.4 弹性力学的基本方程和变分原理

在有限元法中经常要用到弹性力学的基本方程和与之等效的变分原理，现将它们连同相应的矩阵表达形式和张量表达形式综合引述于后。关于它们的详细推导可从弹性力学的有关教材中查到。

### 1.4.1 弹性力学基本方程的矩阵形式

弹性体在载荷作用下，体内任意一点的应力状态可由6个应力分量 $\sigma_x,\sigma_y,\sigma_z,\tau_{xy},\tau_{yz},\tau_{zx}$ 来表示。其中 $\sigma_x,\sigma_y,\sigma_z$ 为正应力；$\tau_{xy},\tau_{yz},\tau_{zx}$ 为剪应力。应力分量的正负号规定如下：如果某一个面的外法线方向与坐标轴的正方向一致，这个面上的应力分量就以沿坐标轴正方向为正，与坐标轴反向为负；相反，如果某一个面的外法线方向与坐标轴的负方向一致，这个面上的应力分量就以沿坐标轴负方向为正，与坐标轴同向为负。应力分量及其正方向见图1.4。

应力分量的矩阵表示称为应力列阵或应力向量，即

$$\boldsymbol{\sigma}=\begin{Bmatrix}\sigma_x\\ \sigma_y\\ \sigma_z\\ \tau_{xy}\\ \tau_{yz}\\ \tau_{zx}\end{Bmatrix}=\begin{bmatrix}\sigma_x & \sigma_y & \sigma_z & \tau_{xy} & \tau_{yz} & \tau_{zx}\end{bmatrix}^{\mathrm{T}}$$

弹性体在载荷作用下，还将产生位移和变形，即弹性体位置的移动和形状的改变。

弹性体内任一点的位移可由沿直角坐标轴方向的3个位移分量 $u,v,w$ 来表示。它的矩阵形式是

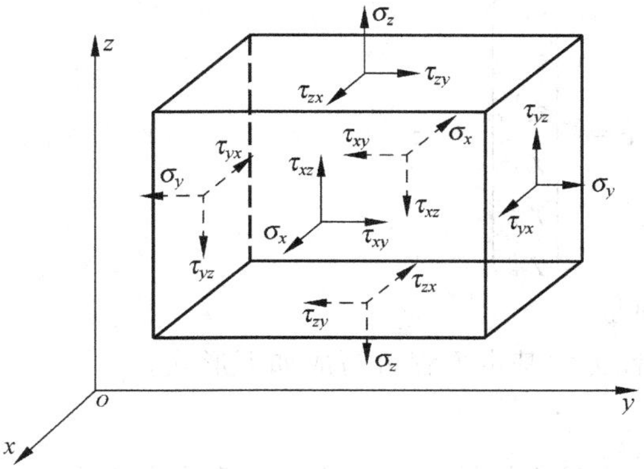


图 1.4　应力分量

$$\boldsymbol{u}=\begin{pmatrix}u\\v\\w\end{pmatrix}=[u\ v\ w]^{\mathrm{T}}$$

称作位移列阵或位移向量。

弹性体内任意一点的应变，可以由 6 个应变分量 $\varepsilon_x,\varepsilon_y,\varepsilon_z,\gamma_{xy},\gamma_{yz},\gamma_{zx}$ 来表示。其中 $\varepsilon_x,\varepsilon_y,\varepsilon_z$ 为正应变；$\gamma_{xy},\gamma_{yz},\gamma_{zx}$ 为剪应变。应变的正负号与应力的正负号相对应，即应变以伸长时为正，缩短为负；剪应变是以两个沿坐标轴正方向的线段组成的直角变小为正，反之为负。图 1.5 的(a)，(b)分别为正的 $\varepsilon_x$ 和 $\gamma_{xy}$ 应变状态。

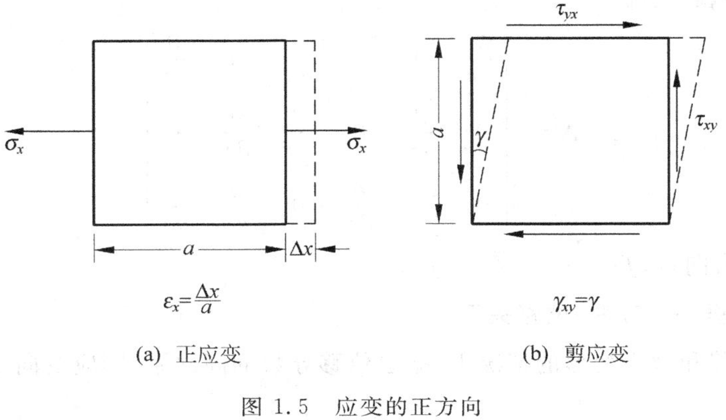


图 1.5　应变的正方向

应变的矩阵形式是

$$\boldsymbol{\varepsilon}=\begin{Bmatrix}\varepsilon_x\\ \varepsilon_y\\ \varepsilon_z\\ \gamma_{xy}\\ \gamma_{yz}\\ \gamma_{zx}\end{Bmatrix}=[\varepsilon_x\quad \varepsilon_y\quad \varepsilon_z\quad \gamma_{xy}\quad \gamma_{yz}\quad \gamma_{zx}]^{\mathrm{T}}$$

称作应变列阵或应变向量。

对于三维问题，弹性力学基本方程可写成如下形式。

1. 平衡方程

弹性体 $V$ 域内任一点沿坐标轴 $x,y,z$ 方向的平衡方程为

$$\begin{aligned}&\frac{\partial\sigma_x}{\partial x}+\frac{\partial\tau_{yx}}{\partial y}+\frac{\partial\tau_{zx}}{\partial z}+\bar{f}_x=0\\&\frac{\partial\tau_{xy}}{\partial x}+\frac{\partial\sigma_y}{\partial y}+\frac{\partial\tau_{zy}}{\partial z}+\bar{f}_y=0\\&\frac{\partial\tau_{xz}}{\partial x}+\frac{\partial\tau_{yz}}{\partial y}+\frac{\partial\sigma_z}{\partial z}+\bar{f}_z=0\end{aligned}\tag{1.4.1}$$

其中 $\bar{f}_x,\bar{f}_y,\bar{f}_z$ 为单位体积的体积力在 $x,y,z$ 方向的分量。且有 $\tau_{xy}=\tau_{yx}$，$\tau_{yz}=\tau_{zy}$，$\tau_{zx}=\tau_{xz}$。

平衡方程的矩阵形式为

$$\mathbf{A}\boldsymbol{\sigma}+\bar{\boldsymbol{f}}=\mathbf{0}\quad(\text{在 } V \text{ 内})\tag{1.4.2}$$

其中，$\mathbf{A}$ 是微分算子，即

$$\mathbf{A}=\begin{bmatrix}\frac{\partial}{\partial x}&0&0&\frac{\partial}{\partial y}&0&\frac{\partial}{\partial z}\\0&\frac{\partial}{\partial y}&0&\frac{\partial}{\partial x}&\frac{\partial}{\partial z}&0\\0&0&\frac{\partial}{\partial z}&0&\frac{\partial}{\partial y}&\frac{\partial}{\partial x}\end{bmatrix}\tag{1.4.3}$$

$\bar{\boldsymbol{f}}$ 是体积力向量，$\bar{\boldsymbol{f}}=[\bar{f}_x\quad \bar{f}_y\quad \bar{f}_z]^{\mathrm{T}}$

2. 几何方程——应变-位移关系

在微小位移和微小变形的情况下，略去位移导数的高次幂，则应变向量和位移向量间的几何关系为

$$\begin{aligned}&\varepsilon_x=\frac{\partial u}{\partial x}\quad \varepsilon_y=\frac{\partial v}{\partial y}\quad \varepsilon_z=\frac{\partial w}{\partial z}\quad \gamma_{xy}=\frac{\partial u}{\partial y}+\frac{\partial v}{\partial x}=\gamma_{yx}\\&\gamma_{yz}=\frac{\partial v}{\partial z}+\frac{\partial w}{\partial y}=\gamma_{zy}\qquad \gamma_{zx}=\frac{\partial u}{\partial z}+\frac{\partial w}{\partial x}=\gamma_{xz}\end{aligned}\tag{1.4.4}$$

几何方程的矩阵形式为

$$\boldsymbol{\varepsilon} = \mathbf{L}\boldsymbol{u} \qquad (\text{在 } V \text{ 内}) \tag{1.4.5}$$

其中 **L** 为微分算子，即

$$\mathbf{L} = \begin{bmatrix} \frac{\partial}{\partial x} & 0 & 0 \\ 0 & \frac{\partial}{\partial y} & 0 \\ 0 & 0 & \frac{\partial}{\partial z} \\ \frac{\partial}{\partial y} & \frac{\partial}{\partial x} & 0 \\ 0 & \frac{\partial}{\partial z} & \frac{\partial}{\partial y} \\ \frac{\partial}{\partial z} & 0 & \frac{\partial}{\partial x} \end{bmatrix} = \mathbf{A}^{\mathrm{T}} \tag{1.4.6}$$

3. 物理方程——应力-应变关系

弹性力学中应力-应变之间的转换关系也称弹性关系。对于各向同性的线弹性材料，应力通过应变的表达式可用矩阵形式表示为

$$\boldsymbol{\sigma} = \boldsymbol{D}\boldsymbol{\varepsilon} \tag{1.4.7}$$

其中

$$\boldsymbol{D} = \frac{E(1-\nu)}{(1+\nu)(1-2\nu)} \begin{bmatrix} 1 & \frac{\nu}{1-\nu} & \frac{\nu}{1-\nu} & 0 & 0 & 0 \\ & 1 & \frac{\nu}{1-\nu} & 0 & 0 & 0 \\ & & 1 & 0 & 0 & 0 \\ & \text{对} & & \frac{1-2\nu}{2(1-\nu)} & 0 & 0 \\ & & \text{称} & & \frac{1-2\nu}{2(1-\nu)} & 0 \\ & & & & & \frac{1-2\nu}{2(1-\nu)} \end{bmatrix} \tag{1.4.8}$$

**D** 称为弹性矩阵。它完全取决于弹性体材料的弹性模量 $E$ 和泊桑比 $\nu$。

表征弹性体的弹性，也可以采用拉梅(Lamé)常数 $G$ 和 $\lambda$，它们和 $E$，$\nu$ 的关系如下

$$G = \frac{E}{2(1+\nu)} \qquad \lambda = \frac{E\nu}{(1+\nu)(1-2\nu)} \tag{1.4.9}$$

$G$ 也称为剪切弹性模量。注意到

$$\lambda + 2G = \frac{E(1-\nu)}{(1+\nu)(1-2\nu)} \tag{1.4.10}$$

物理方程中的弹性矩阵 $\boldsymbol{D}$ 亦可表示为

$$\boldsymbol{D} = \begin{bmatrix} \lambda+2G & \lambda & \lambda & 0 & 0 & 0 \\ & \lambda+2G & \lambda & 0 & 0 & 0 \\ & \text{对} & \lambda+2G & 0 & 0 & 0 \\ & & & G & 0 & 0 \\ & & \text{称} & & G & 0 \\ & & & & & G \end{bmatrix} \tag{1.4.11}$$

物理方程的另一种形式是

$$\boldsymbol{\varepsilon} = \boldsymbol{C\sigma} \tag{1.4.12}$$

其中,$\boldsymbol{C}$ 是柔度矩阵。$\boldsymbol{C}=\boldsymbol{D}^{-1}$,它和弹性矩阵是互逆关系。

弹性体 $V$ 的全部边界为 $S$。一部分边界上已知外力 $\overline{T}_x,\overline{T}_y,\overline{T}_z$ 称为力的边界条件,这部分边界用 $S_\sigma$ 表示;另一部分边界上已知位移 $\overline{u},\overline{v},\overline{w}$,称为几何边界条件或位移边界条件,这部分边界用 $S_u$ 表示。这两部分边界构成弹性体的全部边界,即

$$S_\sigma + S_u = S \tag{1.4.13}$$

4. 力的边界条件

弹性体在边界上单位面积的内力为 $T_x,T_y,T_z$,在边界 $S_\sigma$ 上已知弹性体单位面积上作用的面积力为 $\overline{T}_x,\overline{T}_y,\overline{T}_z$,根据平衡应有

$$T_x = \overline{T}_x \quad T_y = \overline{T}_y \quad T_z = \overline{T}_z \tag{1.4.14}$$

设边界外法线的方向余弦为 $n_x,n_y,n_z$,则边界上弹性体的内力可由下式确定

$$\begin{aligned} T_x &= n_x\sigma_x + n_y\tau_{yx} + n_z\tau_{zx} \\ T_y &= n_x\tau_{xy} + n_y\sigma_y + n_z\tau_{zy} \\ T_z &= n_x\tau_{xz} + n_y\tau_{yz} + n_z\sigma_z \end{aligned} \tag{1.4.15}$$

(1.4.14)式的矩阵形式为

$$\boldsymbol{T} = \overline{\boldsymbol{T}} \quad (\text{在 } S_\sigma \text{ 上}) \tag{1.4.16}$$

其中

$$\boldsymbol{T} = \boldsymbol{n\sigma} \tag{1.4.17}$$

$$\boldsymbol{n} = \begin{bmatrix} n_x & 0 & 0 & n_y & 0 & n_z \\ 0 & n_y & 0 & n_x & n_z & 0 \\ 0 & 0 & n_z & 0 & n_y & n_x \end{bmatrix} \tag{1.4.18}$$

5. 几何边界条件

在 $S_u$ 上弹性体的位移已知为 $\overline{u},\overline{v},\overline{w}$,即有

$$u = \overline{u} \quad v = \overline{v} \quad w = \overline{w} \tag{1.4.19}$$

用矩阵形式表示

$$\boldsymbol{u} = \overline{\boldsymbol{u}} \quad (\text{在 } S_u \text{ 上}) \tag{1.4.20}$$

以上是三维弹性力学问题中的一组基本方程和边界条件。同样，对于平面问题，轴对称问题等也可以得到类似的方程和边界条件。

把弹性力学方程记作一般形式，它们是：

$$\begin{aligned} &\text{平衡方程} && \mathbf{A}\boldsymbol{\sigma} + \overline{\boldsymbol{f}} = \mathbf{0} && (\text{在 } V \text{ 内}) \\ &\text{几何方程} && \boldsymbol{\varepsilon} = \mathbf{L}\boldsymbol{u} && (\text{在 } V \text{ 内}) \\ &\text{物理方程} && \boldsymbol{\sigma} = \boldsymbol{D}\boldsymbol{\varepsilon} && (\text{在 } V \text{ 内}) \\ &\text{边界条件} && \boldsymbol{n}\boldsymbol{\sigma} = \overline{\boldsymbol{T}} && (\text{在 } S_\sigma \text{ 上}) \\ & && \boldsymbol{u} = \overline{\boldsymbol{u}} && (\text{在 } S_u \text{ 上}) \end{aligned} \tag{1.4.21}$$

并有 $S_\sigma + S_u = S$，$S$ 为弹性体全部边界。

对于不同类型问题，几何方程和物理方程的有关矩阵符号的意义汇集于表 1.2。板与壳的基本方程将分别在本书有关章节中给出。

6. 弹性体的应变能和余能

单位体积的应变能(应变能密度)为

$$U(\boldsymbol{\varepsilon}) = \frac{1}{2}\boldsymbol{\varepsilon}^{\mathrm{T}}\boldsymbol{D}\boldsymbol{\varepsilon} \tag{1.4.22}$$

应变能是个正定函数，只有当弹性体内所有的点都没有应变时($\boldsymbol{\varepsilon} \equiv 0$)，应变能才为零。

单位体积的余能(余能密度)为

$$V(\boldsymbol{\sigma}) = \frac{1}{2}\boldsymbol{\sigma}^{\mathrm{T}}\boldsymbol{C}\boldsymbol{\sigma} \tag{1.4.23}$$

余能也是个正定函数。在线性弹性力学中弹性体的应变能等于余能。

## 1.4.2　弹性力学基本方程的张量形式

弹性力学基本方程亦可用笛卡儿张量符号来表示，使用附标求和的约定可以得到十分简练的方程表达形式。

在直角坐标系 $x_1, x_2, x_3$ 中，应力张量和应变张量都是对称的二阶张量，分别用 $\sigma_{ij}$ 和 $\varepsilon_{ij}$ 表示，且有 $\sigma_{ij} = \sigma_{ji}$ 和 $\varepsilon_{ij} = \varepsilon_{ji}$。其他位移张量、体积力张量、面积力张量等都是一阶张量，用 $u_i, \overline{f}_i, \overline{T}_i$ 等表示。下面将分别给出弹性力学基本方程及边界条件的张量形式和张量形式的展开式。

1. 平衡方程

$$\sigma_{ij,j} + \overline{f}_i = 0 \quad (\text{在 } V \text{ 内}) \quad (i = 1,2,3) \tag{1.4.24}$$

式中下标“$,j$”表示对独立坐标 $x_j$ 求偏导数。式中 $\sigma_{ij,j}$ 项中的下标“$j$”重复出现两次，表示该项在该指标的取值范围(1,2,3)内遍历求和。该重复指标称为哑指标。(1.4.24)式的展开形式是

**表 1.2 各类弹性力学问题的有关矩阵符号**

| 矩阵符号 | 杆 | 梁 | 平面问题 | 轴对称问题 | 三维问题 |
|---|---|---|---|---|---|
| 位移 $\boldsymbol{u}^{\mathrm{T}}$ | $[u]$ | $[w]$ | $[u\ v]$ | $[u\ w]$ | $[u\ v\ w]$ |
| 应变 $\boldsymbol{\varepsilon}^{\mathrm{T}}$ | $[\varepsilon_x]$ | $[\kappa_x]$ | $[\varepsilon_x\ \varepsilon_y\ \gamma_{xy}]$ | $[\varepsilon_r\ \varepsilon_z\ \gamma_{rz}\ \varepsilon_\theta]$ | $[\varepsilon_x\ \varepsilon_y\ \varepsilon_z\ \gamma_{xy}\ \gamma_{yz}\ \gamma_{zx}]$ |
| 应力 $\boldsymbol{\sigma}^{\mathrm{T}}$ | $[N_x]$ | $[M_x]$ | $[\sigma_x\ \sigma_y\ \tau_{xy}]$ | $[\sigma_r\ \sigma_z\ \tau_{rz}\ \sigma_\theta]$ | $[\sigma_x\ \sigma_y\ \sigma_z\ \tau_{xy}\ \tau_{yz}\ \tau_{zx}]$ |
| 微分算子 **L** | $\left[\frac{\mathrm{d}}{\mathrm{d}x}\right]$ | $\left[\frac{\mathrm{d}^2}{\mathrm{d}x^2}\right]$ | $\begin{bmatrix}\frac{\partial}{\partial x} & 0\\ 0 & \frac{\partial}{\partial y}\\ \frac{\partial}{\partial y} & \frac{\partial}{\partial x}\end{bmatrix}$ | $\begin{bmatrix}\frac{\partial}{\partial r} & 0\\ 0 & \frac{\partial}{\partial z}\\ \frac{\partial}{\partial z} & \frac{\partial}{\partial r}\\ \frac{1}{r} & 0\end{bmatrix}$ | $\begin{bmatrix}\frac{\partial}{\partial x} & 0 & 0\\ 0 & \frac{\partial}{\partial y} & 0\\ 0 & 0 & \frac{\partial}{\partial z}\\ \frac{\partial}{\partial y} & \frac{\partial}{\partial x} & 0\\ 0 & \frac{\partial}{\partial z} & \frac{\partial}{\partial y}\\ \frac{\partial}{\partial z} & 0 & \frac{\partial}{\partial x}\end{bmatrix}$ |
| 弹性矩阵 **D** | $EA$ | $EI$ | $D_0\begin{bmatrix}1 & \nu_0 & 0\\ \text{对} & 1 & 0\\ & \text{称} & \frac{1-\nu_0}{2}\end{bmatrix}$<br>$D_0=\frac{E_0}{1-\nu_0^2}$<br>平面应力<br>$E_0=E;\ \nu_0=\nu$<br>平面应变：<br>$E_0=\frac{E}{1-\nu^2};\nu_0=\frac{\nu}{1-\nu}$ | $D_0\begin{bmatrix}1 & \frac{\nu}{1-\nu} & 0 & \frac{\nu}{1-\nu}\\ \text{对} & 1 & 0 & \frac{\nu}{1-\nu}\\ & \text{称} & \frac{1-2\nu}{2(1-\nu)} & 0\\ & & & 1\end{bmatrix}$<br>$D_0=\frac{E(1-\nu)}{(1+\nu)(1-2\nu)}$ | $D_0\begin{bmatrix}1 & \frac{\nu}{1-\nu} & \frac{\nu}{1-\nu} & 0 & 0 & 0\\ & 1 & \frac{\nu}{1-\nu} & 0 & 0 & 0\\ & & 1 & 0 & 0 & 0\\ & \text{对} & & \frac{1-2\nu}{2(1-\nu)} & 0 & 0\\ & & & & \frac{1-2\nu}{2(1-\nu)} & 0\\ & & & \text{称} & & \frac{1-2\nu}{2(1-\nu)}\end{bmatrix}$<br>$D_0=\frac{E(1-\nu)}{(1+\nu)(1-2\nu)}$ |

$$
\begin{aligned}
\frac{\partial \sigma_{11}}{\partial x_1}+\frac{\partial \sigma_{12}}{\partial x_2}+\frac{\partial \sigma_{13}}{\partial x_3}+\bar{f}_1=0 \\
\frac{\partial \sigma_{21}}{\partial x_1}+\frac{\partial \sigma_{22}}{\partial x_2}+\frac{\partial \sigma_{23}}{\partial x_3}+\bar{f}_2=0 \\
\frac{\partial \sigma_{31}}{\partial x_1}+\frac{\partial \sigma_{32}}{\partial x_2}+\frac{\partial \sigma_{33}}{\partial x_3}+\bar{f}_3=0
\end{aligned} \tag{1.4.25}
$$

坐标及应力张量见图 1.6。和(1.4.1)式比较可见，当 $x_1, x_2, x_3$ 是笛卡儿坐标时，则

$$\sigma_{11}=\sigma_x;\ \sigma_{22}=\sigma_y;\ \sigma_{33}=\sigma_z;\ \sigma_{12}=\sigma_{21}=\tau_{xy};\ \sigma_{23}=\sigma_{32}=\tau_{yz};\sigma_{31}=\sigma_{13}=\tau_{zx}$$

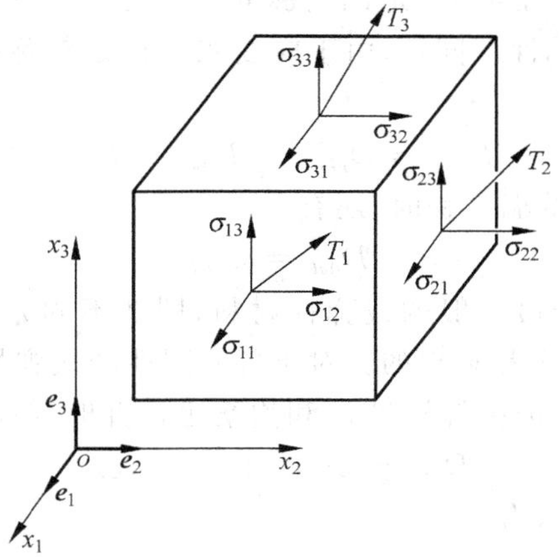


图 1.6　应力张量及其分量

2. 几何方程

$$\varepsilon_{ij}=\frac{1}{2}(u_{i,j}+u_{j,i}) \qquad (\text{在 } V \text{ 内}) \quad (i,j=1,2,3) \tag{1.4.26}$$

其展开形式是

$$
\left.
\begin{aligned}
\varepsilon_{11} &= \frac{\partial u_1}{\partial x_1} \\
\varepsilon_{22} &= \frac{\partial u_2}{\partial x_2} \\
\varepsilon_{33} &= \frac{\partial u_3}{\partial x_3} \\
\varepsilon_{12} &= \frac{1}{2}\left(\frac{\partial u_1}{\partial x_2}+\frac{\partial u_2}{\partial x_1}\right)=\varepsilon_{21} \\
\varepsilon_{23} &= \frac{1}{2}\left(\frac{\partial u_2}{\partial x_3}+\frac{\partial u_3}{\partial x_2}\right)=\varepsilon_{32} \\
\varepsilon_{31} &= \frac{1}{2}\left(\frac{\partial u_3}{\partial x_1}+\frac{\partial u_1}{\partial x_3}\right)=\varepsilon_{13}
\end{aligned}
\right\} \tag{1.4.27}
$$

与(1.4.4)式比较可见,当 $x_1, x_2, x_3$ 是笛卡儿坐标时,则

$$\varepsilon_{11}=\varepsilon_x;\ \varepsilon_{22}=\varepsilon_y;\ \varepsilon_{33}=\varepsilon_z;\ \varepsilon_{12}=\frac{1}{2}\gamma_{xy};\ \varepsilon_{23}=\frac{1}{2}\gamma_{yz};\ \varepsilon_{31}=\frac{1}{2}\gamma_{zx}$$

3. 物理方程

广义虎克定律假定每个应力分量与各个应变分量成比例。广义虎克定律可以用张量符号表示为

$$\sigma_{ij} = D_{ijkl}\varepsilon_{kl} \quad (\text{在 } V \text{ 内}) \quad (i,j,k,l = 1,2,3) \tag{1.4.28}$$

81个比例常数 $D_{ijkl}$ 称为弹性常数,是四阶张量。由于应力张量是对称张量,因此张量 $D_{ijkl}$ 的二个前指标具有对称性。同理,由于应变张量也是对称张量,$D_{ijkl}$ 的二个后指标也具有对称性,即有

$$D_{ijkl} = D_{jikl} \qquad D_{ijkl} = D_{ijlk}$$

当变形过程是绝热或等温过程时,还有

$$D_{ijkl} = D_{klij}$$

考虑了上述对称性后,对于最一般的线弹性材料,即在不同方向具有不同弹性性质的材料,81个弹性常数中有21个是独立的。对于各向同性的线弹性材料,独立的弹性常数只有两个,即拉梅常数 $G$ 和 $\lambda$ 或弹性模量 $E$ 和泊桑比 $\nu$,此时弹性张量可以简化为

$$D_{ijkl} = 2G\delta_{ik}\delta_{jl} + \lambda\delta_{ij}\delta_{kl} \tag{1.4.29}$$

此时广义虎克定律可以表示为

$$\sigma_{ij} = 2G\varepsilon_{ij} + \lambda\delta_{ij}\varepsilon_{kk} \tag{1.4.30}$$

其中

$$\delta_{ij} = \begin{cases} 1 & \text{当 } i = j \\ 0 & \text{当 } i \neq j \end{cases}$$

(1.4.30)式的展开形式为

$$\begin{aligned} \sigma_{11} &= 2G\varepsilon_{11} + \lambda(\varepsilon_{11} + \varepsilon_{22} + \varepsilon_{33}) \\ \sigma_{22} &= 2G\varepsilon_{22} + \lambda(\varepsilon_{11} + \varepsilon_{22} + \varepsilon_{33}) \\ \sigma_{33} &= 2G\varepsilon_{33} + \lambda(\varepsilon_{11} + \varepsilon_{22} + \varepsilon_{33}) \\ \sigma_{12} &= 2G\varepsilon_{12} \quad \sigma_{23} = 2G\varepsilon_{23} \quad \sigma_{31} = 2G\varepsilon_{31} \end{aligned} \tag{1.4.31}$$

上面两式中拉梅常数 $G$,$\lambda$ 与弹性模量 $E$ 和泊桑比 $\nu$ 的关系见(1.4.9)式。

物理方程的另一种形式为

$$\varepsilon_{ij} = C_{ijkl}\sigma_{kl} \tag{1.4.32}$$

其中 $C_{ijkl}$ 是柔度张量,它和刚度张量 $D_{ijkl}$ 有互逆关系。

4. 力的边界条件

$$T_i = \overline{T}_i \quad (\text{在 } S_\sigma \text{ 上}) \quad (i = 1,2,3) \tag{1.4.33}$$

其中

$$T_i = \sigma_{ij}n_j \tag{1.4.34}$$

$n_j$ 是边界外法线 $n$ 的三个方向余弦。

将(1.4.34)式代入(1.4.33)式后，它的展开形式有

$$\begin{aligned}\sigma_{11}n_1+\sigma_{12}n_2+\sigma_{13}n_3&=\overline{T}_1\\ \sigma_{21}n_1+\sigma_{22}n_2+\sigma_{23}n_3&=\overline{T}_2\qquad(\text{在 } S_\sigma \text{ 上})\\ \sigma_{31}n_1+\sigma_{32}n_2+\sigma_{33}n_3&=\overline{T}_3\end{aligned}\tag{1.4.35}$$

5. 位移边界条件

$$u_i=\overline{u}_i\qquad(\text{在 } S_u \text{ 上})\qquad(i=1,2,3)\tag{1.4.36}$$

6. 应变能和余能

单位体积应变能

$$U(\varepsilon_{mn})=\frac{1}{2}D_{ijkl}\varepsilon_{ij}\varepsilon_{kl}\tag{1.4.37}$$

单位体积余能

$$V(\sigma_{mn})=\frac{1}{2}C_{ijkl}\sigma_{ij}\sigma_{kl}\tag{1.4.38}$$

### 1.4.3 平衡方程和几何方程的等效积分“弱”形式——虚功原理

变形体的虚功原理可以叙述如下：变形体中任意满足平衡的力系在任意满足协调条件的变形状态上作的虚功等于零，即体系外力的虚功与内力的虚功之和等于零。

虚功原理是虚位移原理和虚应力原理的总称。它们都可以认为是与某些控制方程相等效的积分“弱”形式。虚位移原理是平衡方程和力的边界条件的等效积分“弱”形式；虚应力原理则是几何方程和位移边界条件的等效积分“弱”形式。

为了方便，我们使用张量符号推演，并将给出结果的矩阵表达形式。

1. 虚位移原理

首先考虑平衡方程

$$\sigma_{ij,j}+\overline{f}_i=0\qquad(\text{在 } V \text{ 内})\qquad(i=1,2,3)\tag{1.4.24}$$

以及力的边界条件

$$\sigma_{ij}n_j-\overline{T}_i=0\qquad(\text{在 } S_\sigma \text{ 上})\qquad(i=1,2,3)\tag{1.4.33}$$

可以利用(1.2.8)式建立与它们等效的积分形式，现在平衡方程相当于 $\mathbf{A}(\boldsymbol{u})=\mathbf{0}$；力的边界条件相当于 $\mathbf{B}(\boldsymbol{u})=\mathbf{0}$。权函数可不失一般地分别取真实位移的变分 $\delta u_i$ 及其边界值(取负值)。这样就可以得到与(1.2.8)式相当的等效积分

$$\int_V\delta u_i(\sigma_{ij,j}+\overline{f}_i)\mathrm{d}V-\int_{S_\sigma}\delta u_i(\sigma_{ij}n_j-\overline{T}_i)\mathrm{d}S=0\tag{1.4.39}$$

$\delta u_i$是真实位移的变分，就意味着它是连续可导的，同时在给定位移的边界 $S_u$ 上 $\delta u_i=0$。

对上式体积分中的第1项进行分部积分，并注意到应力张量是对称张量，则可以得到

$$\int_V \delta u_i \sigma_{ij,j} \mathrm{d}V = \int_V (\delta u_i \sigma_{ij})_{,j} \mathrm{d}V - \int_V \frac{1}{2}(\delta u_{i,j} + \delta u_{j,i})\sigma_{ij} \mathrm{d}V$$

$$= -\int_V \frac{1}{2}(\delta u_{i,j} + \delta u_{j,i})\sigma_{ij} \mathrm{d}V + \int_{S_\sigma} \delta u_i \sigma_{ij} n_j \mathrm{d}S \quad (1.4.40)$$

通过几何方程(1.4.26)式可见，式中$\frac{1}{2}(\delta u_{i,j} + \delta u_{j,i})$表示的正是应变的变分，即虚应变$\delta\varepsilon_{ij}$。以此表示代入，并将上式代回(1.4.39)式，就得到它经分部积分后的“弱”形式

$$\int_V (-\delta\varepsilon_{ij}\sigma_{ij} + \delta u_i \overline{f}_i) \mathrm{d}V + \int_{S_\sigma} \delta u_i \overline{T}_i \mathrm{d}S = 0 \quad (1.4.41)$$

上式体积分中的第一项是变形体内的应力在虚应变上所作之功，即内力的虚功；体积分中的第二项及面积分分别是体积力和面积力在虚位移上所做之功，即外力的虚功。外力的虚功和内力的虚功的总和为零，这就是虚功原理。现在的虚功是外力和内力分别在虚位移和与之相对应的虚应变上所作之功，所以得到的是虚功原理中的虚位移原理。它是平衡方程和力的边界条件的等效积分“弱”形式。它的矩阵形式是

$$\int_V (\delta\boldsymbol{\varepsilon}^{\mathrm{T}}\boldsymbol{\sigma} - \delta\boldsymbol{u}^{\mathrm{T}}\overline{\boldsymbol{f}}) \mathrm{d}V - \int_{S_\sigma} \delta\boldsymbol{u}^{\mathrm{T}}\overline{\boldsymbol{T}} \mathrm{d}S = 0 \quad (1.4.42)$$

虚位移原理的力学意义是：**如果力系(包括内力$\boldsymbol{\sigma}$和外力$\overline{\boldsymbol{f}}$及$\overline{\boldsymbol{T}}$)是平衡的(即在内部满足平衡方程$\sigma_{ij,j} + \overline{f}_i = 0$，在给定外力边界$S_\sigma$上满足$\sigma_{ij}n_j = \overline{T}_i$)，则它们在虚位移(在给定位移边界$S_u$上满足$\delta u_i = 0$)和虚应变(与虚位移相对应，即它们之间服从几何方程$\delta\varepsilon_{ij} = \frac{1}{2}(\delta u_{i,j} + \delta u_{j,i})$)上所作之功的总和为零。反之，如果力系在虚位移(及虚应变)上所作之功的和等于零，则它们一定是满足平衡的。所以虚位移原理表述了力系平衡的必要而充分的条件。**

应该指出，作为平衡方程和力边界条件的等效积分“弱”形式——虚位移原理的建立是以选择在内部连续可导(因而可以通过几何关系，将其导数表示为应变)和在$S_u$上满足位移边界条件的任意函数为条件的。如果任意函数不是连续可导的，尽管平衡方程和力边界条件的等效积分形式仍可建立，但不能通过分部积分建立其等效积分的“弱”形式。再如任意函数在$S_u$上不满足位移边界条件(现在的情况，即$S_u$上$\delta u_i \neq 0$)，则总虚功应包括$S_u$上约束反力在$\delta u_i$上所作的虚功。

**还应指出，在导出虚位移原理的过程中，未涉及物理方程(应力-应变关系)，所以虚位移原理不仅可以用于线弹性问题，而且可以用于非线性弹性及弹塑性等非线性问题。**

2. 虚应力原理

现在考虑几何方程(1.4.26)式和位移边界条件(1.4.36)式

$$\varepsilon_{ij} = \frac{1}{2}(u_{i,j} + u_{j,i}) \quad (1.4.26)$$

$$u_i = \bar{u}_i \tag{1.4.36}$$

它们分别相当于 $\mathbf{A}(\boldsymbol{u})=\mathbf{0}$ 和 $\mathbf{B}(\boldsymbol{u})=\mathbf{0}$。权函数可以分别取真实应力的变分 $\delta\sigma_{ij}$ 及其相应的边界值 $\delta T_i$，$\delta T_i=\delta\sigma_{ij}n_j$，在边界 $S_\sigma$ 上有 $\delta T_i=0$。这样构成与(1.2.8)式相当的等效积分是

$$\int_V \delta\sigma_{ij}\left[\varepsilon_{ij}-\frac{1}{2}(u_{i,j}+u_{j,i})\right]\mathrm{d}V+\int_{S_u}\delta T_i(u_i-\bar{u}_i)\mathrm{d}S=0 \tag{1.4.43}$$

对上式进行分部积分后可得

$$\int_V(\delta\sigma_{ij}\varepsilon_{ij}+u_i\delta\sigma_{ij,j})\mathrm{d}V-\int_S\delta\sigma_{ij}n_ju_i\mathrm{d}S+\int_{S_u}\delta T_i(u_i-\bar{u}_i)\mathrm{d}S=0 \tag{1.4.44}$$

由于 $\delta\sigma_{ij}$ 是真实应力的变分，它应满足平衡方程，即 $\delta\sigma_{ij,j}=0$，并考虑到边界上 $\delta\sigma_{ij}n_j=\delta T_i$，且在给定力边界 $S_\sigma$ 上 $\delta T_i=0$，所以上式可简化为

$$\int_V\delta\sigma_{ij}\varepsilon_{ij}\mathrm{d}V-\int_{S_u}\delta T_i\bar{u}_i\mathrm{d}S=0 \tag{1.4.45}$$

上式第一项代表虚应力在应变上所作的虚功(相差一负号)，第二项代表虚边界约束反力在给定位移上所作的虚功。为和前述内力和给定外力在虚应变和虚位移上所作的虚功相区别，这两项虚功，从力学意义上更准确地说应称之为余虚功。因此(1.4.45)式称之为余虚功原理，或虚应力原理。它的矩阵表达式形式是

$$\int_V\delta\boldsymbol{\sigma}^{\mathrm{T}}\boldsymbol{\varepsilon}\mathrm{d}V-\int_{S_u}\delta\boldsymbol{T}^{\mathrm{T}}\bar{\boldsymbol{u}}\mathrm{d}S=0 \tag{1.4.46}$$

虚应力原理的力学意义是：**如果位移是协调的(即在内部连续可导，因此满足几何方程，并在给定位移的边界 $S_u$ 上等于给定位移)，则虚应力(在内部满足平衡方程，在给定外力边界 $S_\sigma$ 上满足力的边界条件)和虚边界约束反力在它们上面所作之功的总和为零。反之，如果上述虚力系在它们上面所作之功的和为零，则它们一定是满足协调的。所以，虚应力原理表述了位移协调的必要而充分的条件。**

和虚位移原理类似，虚应力原理的建立是以选择虚应力(在内部和力边界条件上分别满足平衡方程和力边界条件)作为等效积分形式的任意函数为条件的。否则作为几何方程和位移边界条件的等效积分形式在形式上应和现在导出的虚应力原理有所不同，这是应予注意的。

和虚位移原理相同，**在导出虚应力原理过程中，同样未涉及物理方程，因此，虚应力原理同样可以应用于线弹性以及非线性弹性和弹塑性等不同的力学问题。**但是应指出，无论是虚位移原理和虚应力原理，它们所依赖的几何方程和平衡方程都是基于小变形理论的，所以它们不能直接应用于基于大变形理论的力学问题。

## 1.4.4　线弹性力学的变分原理

弹性力学变分原理包括基于自然变分原理的最小位能原理和最小余能原理，以及基于约束变分原理的胡海昌-鹫津久广义变分原理和 Hellinger-Reissner 混合变分原理等。

本章只讨论最小位能原理和最小余能原理。其余变分原理将在第8章中进行讨论。

1. 最小位能原理

最小位能原理的建立可以从上节已建立的虚位移原理出发。后者的表达式是

$$\int_V (\delta\varepsilon_{ij}\sigma_{ij} - \delta u_i \bar{f}_i)\mathrm{d}V - \int_{S_\sigma} \delta u_i \bar{T}_i \mathrm{d}S = 0 \tag{1.4.41}$$

其中的应力张量 $\sigma_{ij}$，如利用弹性力学的物理方程(1.4.28)式代入，则可得到

$$\int_V (\delta\varepsilon_{ij} D_{ijkl}\varepsilon_{kl} - \delta u_i \bar{f}_i)\mathrm{d}V - \int_{S_\sigma} \delta u_i \bar{T}_i \mathrm{d}S = 0 \tag{1.4.47}$$

因为 $D_{ijkl}$ 是对称张量，并利用(1.4.37)式，则有

$$(\delta\varepsilon_{ij})D_{ijkl}\varepsilon_{kl} = \delta\left(\frac{1}{2}D_{ijkl}\varepsilon_{ij}\varepsilon_{kl}\right) = \delta U(\varepsilon_{mn}) \tag{1.4.48}$$

由此可见(1.4.47)式中体积分的第一项就是单位体积应变能的变分。

在线弹性力学中，假定体积力 $\bar{f}_i$ 和边界上面力 $\bar{T}_i$ 的大小和方向都是不变的，即可从位势函数 $\phi(u_i)$ 和 $\psi(u_i)$ 导出，则有

$$-\delta\phi(u_i) = \bar{f}_i \delta u_i \qquad -\delta\psi(u_i) = \bar{T}_i \delta u_i \tag{1.4.49}$$

将(1.4.48)式和(1.4.49)式代入(1.4.47)式，就得到

$$\delta\Pi_\mathrm{p} = 0 \tag{1.4.50}$$

其中

$$\begin{aligned}\Pi_\mathrm{p} = \Pi_\mathrm{p}(u_i) &= \int_V [U(\varepsilon_{ij}) + \phi(u_i)]\mathrm{d}V + \int_{S_\sigma} \psi(u_i)\mathrm{d}S \\ &= \int_V \left(\frac{1}{2}D_{ijkl}\varepsilon_{ij}\varepsilon_{kl} - \bar{f}_i u_i\right)\mathrm{d}V - \int_{S_\sigma} \bar{T}_i u_i \mathrm{d}S\end{aligned} \tag{1.4.51}$$

$\Pi_\mathrm{p}$ 是系统的总位能，它是弹性体变形位能和外力位能之和。(1.4.50)式表明：在所有区域内连续可导的(注：连续可导意指 $U(\varepsilon_{ij})$ 中的 $\varepsilon_{ij}$ 能够通过几何方程(1.4.27)式用 $u_i$ 的导数表示)并在边界上满足给定位移条件(1.4.36)式的可能位移中，真实位移使系统的总位能取驻值。还可以进一步证明在所有可能位移中，真实位移使系统总位能取最小值，因此(1.4.50)式所表述的称为最小位能原理。

证明最小位能原理是很方便的，以 $u_i$ 表示真实位移，$u_i^*$ 表示可能位移并令

$$u_i^* = u_i + \delta u_i \tag{1.4.52}$$

将它们分别代入总位能表达式(1.4.51)，则有

$$\Pi_\mathrm{p}(u_i) = \int_V [U(\varepsilon_{ij}) - \bar{f}_i u_i]\mathrm{d}V - \int_{S_\sigma} \bar{T}_i u_i \mathrm{d}S \tag{1.4.53}$$

和

$$\Pi_\mathrm{p}(u_i^*) = \int_V [U(\varepsilon_{ij}^*) - \bar{f}_i u_i^*]\mathrm{d}V - \int_{S_\sigma} \bar{T}_i u_i^* \mathrm{d}S$$

$$=\Pi_{\mathrm{p}}(u_i)+\delta\Pi_{\mathrm{p}}+\frac{1}{2}\delta^2\Pi_{\mathrm{p}} \tag{1.4.54}$$

其中 $\delta\Pi_{\mathrm{p}}$ 和 $\delta^2\Pi_{\mathrm{p}}$ 分别是总位能的一阶和二阶变分。它们的具体表达式如下

$$\begin{aligned}\delta\Pi_{\mathrm{p}}&=\int_V[\delta U(\varepsilon_{ij})-\bar{f}_i\delta u_i]\mathrm{d}V-\int_{S_\sigma}\bar{T}_i\delta u_i\mathrm{d}S\\ \frac{1}{2}\delta^2\Pi_{\mathrm{p}}&=\int_V U(\delta\varepsilon_{ij})\mathrm{d}V=\int_V\frac{1}{2}D_{ijkl}(\delta\varepsilon_{ij})(\delta\varepsilon_{kl})\mathrm{d}V\end{aligned} \tag{1.4.55}$$

由于 $u_i$ 是真实位移，根据(1.4.50)式知道，$\Pi_{\mathrm{p}}$ 的一阶变分 $\delta\Pi_{\mathrm{p}}$ 应为 0。二阶变分 $\delta^2\Pi_{\mathrm{p}}$(1.4.55)式中只出现应变能函数。由于应变能是正定的，除非 $\delta u_i\equiv 0$，则恒有

$$\delta^2\Pi_{\mathrm{p}}>0 \tag{1.4.56}$$

因此有

$$\Pi_{\mathrm{p}}(u_i^*)\geqslant\Pi_{\mathrm{p}}(u_i) \tag{1.4.57}$$

上述等号只有当 $\delta u_i\equiv 0$ 时，即可能位移就是真实位移时才成立。当 $\delta u_i\neq 0$，即可能位移不是真实位移时，系统总位能总是大于取真实位移时系统的总位能。这就证明了最小位能原理。

2. 最小余能原理

最小余能原理的推导步骤和最小位能原理的推导类似，只是现在是从虚应力原理出发，作为几何方程和位移边界条件的等效积分“弱”形式的虚应力原理在 1.4.3 节中已经得到，表达如下

$$\int_V\delta\sigma_{ij}\varepsilon_{ij}\mathrm{d}V-\int_{S_u}\delta T_i\bar{u}_i\mathrm{d}S=0 \tag{1.4.45}$$

将线弹性物理方程(1.4.32)式代入上式，即可得到

$$\int_V\delta\sigma_{ij}C_{ijkl}\sigma_{kl}\mathrm{d}V-\int_{S_u}\delta T_i\bar{u}_i\mathrm{d}S=0 \tag{1.4.58}$$

同样 $C_{ijkl}$ 也是对称张量，并已知余能表达式(1.4.38)式，所以上式体积分内被积函数就是余能的变分。这是因为

$$\delta\sigma_{ij}C_{ijkl}\sigma_{kl}=\delta\left(\frac{1}{2}C_{ijkl}\sigma_{ij}\sigma_{kl}\right)=\delta V(\sigma_{mn}) \tag{1.4.59}$$

而(1.4.58)式面积分内被积函数，在给定位移 $\bar{u}_i$ 保持不变情况下是外力的余能。这样一来，(1.4.58)式可以表示为

$$\delta\Pi_{\mathrm{c}}=0 \tag{1.4.60}$$

其中

$$\begin{aligned}\Pi_{\mathrm{c}}=\Pi_{\mathrm{c}}(\sigma_{ij})&=\int_V V(\sigma_{mn})\mathrm{d}V-\int_{S_u}T_i\bar{u}_i\mathrm{d}S\\ &=\int_V\frac{1}{2}C_{ijkl}\sigma_{ij}\sigma_{kl}\mathrm{d}V-\int_{S_u}T_i\bar{u}_i\mathrm{d}S\end{aligned} \tag{1.4.61}$$

它是弹性体余能和外力余能的总和，即系统的总余能。(1.4.60)式表明，在所有在弹性体内满足平衡方程，在边界上满足力的边界条件的可能应力中，真实的应力使系统的总余能取驻值。还可以用与证明真实位移使系统总位能取最小值类同的步骤，证明在所有可能的应力中，真实应力使系统总余能取最小值，因此(1.4.60)式表述的是最小余能原理。

3. 弹性力学变分原理的能量上、下界

由于最小位能原理和最小余能原理都是极值原理，它们可以给出能量的上界或下界，这对估计近似解的特性是有重要意义的。

将(1.4.51)和(1.4.61)式相加得到

$$
\begin{aligned}
&\Pi_{\mathrm{p}}(u_i)+\Pi_{\mathrm{c}}(\sigma_{ij}) \\
&=\int_V\left[\frac{1}{2}D_{ijkl}\varepsilon_{ij}\varepsilon_{kl}+\frac{1}{2}C_{ijkl}\sigma_{ij}\sigma_{kl}\right]\mathrm{d}V-\int_V\bar{f}_i u_i\,\mathrm{d}V-\int_{S_\sigma}\bar{T}_i u_i\,\mathrm{d}S-\int_{S_u}T_i\bar{u}_i\,\mathrm{d}S \\
&=\int_V\sigma_{ij}\varepsilon_{ij}\,\mathrm{d}V-\int_V\bar{f}_i u_i\,\mathrm{d}V-\int_{S_\sigma}\bar{T}_i u_i\,\mathrm{d}S-\int_{S_u}T_i\bar{u}_i\,\mathrm{d}S=0
\end{aligned}
\tag{1.4.62}
$$

式中第一项体积分等于应变能的2倍，后三项积分(不包括负号)之和是外力功的2倍。根据能量平衡，应变能应等于外力功，因此得到弹性系统的总位能与总余能之和为零。现在用 $\Pi_{\mathrm{p}}$，$\Pi_{\mathrm{c}}$ 表示取精确解时系统的总位能和总余能；$\Pi_{\mathrm{p}}^*$，$\Pi_{\mathrm{c}}^*$ 表示取近似解时系统的总位能和总余能，假定在几何边界 $S_u$ 上给定位移 $\bar{u}_i=0$，可以推得

$$
\Pi_{\mathrm{c}}=\int_V\frac{1}{2}C_{ijkl}\sigma_{ij}\sigma_{kl}\,\mathrm{d}V=\int_V V(\sigma_{ij})\,\mathrm{d}V \tag{1.4.63}
$$

$$
\Pi_{\mathrm{p}}=\int_V\frac{1}{2}D_{ijkl}\varepsilon_{ij}\varepsilon_{kl}\,\mathrm{d}V-\int_V\bar{f}_i u_i\,\mathrm{d}V-\int_{S_\sigma}\bar{T}_i u_i\,\mathrm{d}S \tag{1.4.64}
$$

上式后两项积分(不包括负号)此时是外力功的2倍，因此总位能数值上等于弹性体系的总应变能，取负号，即

$$
\Pi_{\mathrm{p}}=-\int_V\frac{1}{2}D_{ijkl}\varepsilon_{ij}\varepsilon_{kl}\,\mathrm{d}V=-\int_V U(\varepsilon_{ij})\,\mathrm{d}V
$$

由最小位能原理知道

$$
\Pi_{\mathrm{p}}^*\geqslant\Pi_{\mathrm{p}}
$$

则有

$$
\int_V U(\varepsilon_{ij}^*)\,\mathrm{d}V\leqslant\int_V U(\varepsilon_{ij})\,\mathrm{d}V \tag{1.4.65}
$$

由最小余能原理

$$
\Pi_{\mathrm{c}}^*\geqslant\Pi_{\mathrm{c}}
$$

则有

$$
\int_V V(\sigma_{ij}^*)\,\mathrm{d}V\geqslant\int_V V(\sigma_{ij})\,\mathrm{d}V \tag{1.4.66}
$$

上两式中 $\varepsilon_{ij}^*$，$\sigma_{ij}^*$ 分别为取近似解时的应变场和应力场函数。

由(1.4.65)及(1.4.66)式可见，**利用最小位能原理求得位移近似解的弹性变形能是精确解变形能的下界，即近似的位移场在总体上偏小，也就是说结构的计算模型显得偏于刚硬；而利用最小余能原理得到的应力近似解的弹性余能是精确解余能的上界，即近似的应力解在总体上偏大，结构的计算模型偏于柔软。**当分别利用这两个极值原理求解同一问题时，我们将获得这个问题的上界和下界，可以较准确地估计所得近似解的误差，这对于工程计算具有实际意义。

## 1.5　小结

本章 1.2 节简要地介绍了微分方程的等效积分形式以及基于它的近似方法——加权余量法。由于任意函数(权函数)可以采用不同的函数形式，由此可以建立不同的加权余量格式。1.2 节给出的仅是常见的几种，实际上还可以根据所分析问题的类型和特点，发展其他形式的加权余量格式。

等效积分形式可以通过分部积分得到它的“弱”形式，这样一来，可以利用提高权函数的连续性要求来降低待求场函数的连续性要求，从而可以在更广泛的范围内选择试探函数。今后将看到，被有限元法经常利用为理论基础的正是等效积分的伽辽金“弱”形式。这样做不仅降低了对试探函数连续性的要求，而且还可以得到系数矩阵对称的求解方程，从而给计算分析带来很大的方便。

对于线性自伴随微分方程，它的伽辽金形式等价于某个二次泛函的变分。当原方程的微分算子为 $2m$ 阶的情况，如试探函数事先满足强制边界条件，则此二次泛函具有极值性质。这对于建立近似解的上下界是有意义的。

作为弹性力学微分方程的等效积分形式，虚位移原理和虚应力原理分别是平衡方程与力的边界条件和几何方程与位移边界条件的等效积分形式。在导出它们的过程中都未涉及物理方程，所以它们不仅可以用于线弹性问题，而且可以用于非线性弹性以及弹塑性等非线性问题。

将物理方程引入虚位移原理和虚应力原理可以分别导出最小位能原理和最小余能原理。它们本质上和等效积分的伽辽金“弱”形式相一致。这是建立弹性力学有限元方程的理论基础。

本章 1.3 节所讨论的变分原理以及 1.4 节所讨论的弹性力学最小位能原理和最小余能原理都属于自然变分原理。在自然变分原理中试探函数事先应满足规定的条件。例如最小位能原理中试探函数——位移，应事先满足几何方程和给定的位移边界条件；最小余能原理中试探函数——应力，应事先满足平衡方程和给定的外力边界条件。如果这些条件未事先满足，则需要利用一定的方法将它们引入泛函。这类变分原理称为约束变分原理，或广义变分原理。利用广义变分原理可以扩大选择试探函数的范围，从而提高利用变分原理求解数学物理问题的能力。广义变分原理作为有限元法的进一步理论基础将在本书第2篇的开始——第8章中进行讨论。

## 关键概念

| | | |
|---|---|---|
| 等效积分形式 | 等效积分"弱"形式 | $C_{n-1}$连续性 |
| 加权余量法 | 伽辽金方法 | 线性、自伴随算子 |
| 泛函和变分原理 | 二次泛函 | 强制边界条件 |
| 自然边界条件 | 泛函的驻值和极值 | 里兹方法 |
| 虚位移原理 | 虚应力原理 | 最小位能原理 |
| 最小余能原理 | | |

## 复习题

**1.1** 已知一个数学微分方程，如何建立它的等效积分形式？如何证明两者是等效的？

**1.2** 等效积分形式和等效积分"弱"形式的区别何在？为什么后者在数值分析中得到更多的应用？

**1.3** 不同形式的加权余量法之间的区别何在？除书中已列举的几种方法以外，你还能提出其他形式的加权余量法吗？如能，分析新方法有什么特点。

**1.4** 什么是加权余量的伽辽金方法？它有什么特点？

**1.5** 如何识别一个微分算子是线性、自伴随的？识别它的意义何在？

**1.6** 如何建立与线性、自伴随微分方程相等效的泛函和变分原理？如何证明它和加权余量的伽辽金方法之间的等效性？

**1.7** 自然边界条件和强制边界条件的区别何在？为什么这样命名？对于一个给定的微分方程，如何区分这两类边界条件？

**1.8** 泛函在什么条件下具有极值性？了解泛函是否具有极值性的意义何在？

**1.9** 什么是里兹方法？通过它建立的求解方法有什么特点？里兹方法收敛性的定义是什么？收敛的条件是什么？

**1.10** 里兹方法的优缺点是什么？你能举例加以说明吗？

**1.11** 虚功原理有哪两种不同形式？各和弹性力学的什么方程相等效？你能准确地表述它们吗？能举例说明如何应用它们吗？

**1.12** 什么是最小位能原理？它是如何导出的？场函数是什么？它事先应满足什么条件？对场函数的试探函数有什么要求？

**1.13**　如何利用最小位能原理建立数值解的求解方程？方程有何特点？解的收敛性和极值性的条件是什么？

**1.14**　什么是最小余能原理？它是如何导出的？场函数是什么？它事先应满足什么条件？对场函数的试探函数有什么要求？

**1.15**　如何利用最小余能原理建立数值解的求解方程？方程有何特点？解的收敛性和极值性的条件是什么？

**1.16**　为什么最小位能原理的近似解的应变能取下界，即解总体偏于“刚硬”？而最小余能原理的近似解的应变能取上界，即解总体偏于“柔软”？你能从力学意义上作进一步解释吗？

## 练习题

**1.1**　一维热传导问题微分方程由(1.2.26)式给出，按 1.2.2 节例 1.4 给定的近似解及权函数用加权余量的配点法、子域法及伽辽金法求解并用图 1.3 进行校核。

**1.2**　仍是习题 1.1 的一维热传导问题。但是边界条件改为：(1)$\phi=0$ 在 $x=0$；$\phi=1$ 在 $x=L$；(2)$\phi=0$，在 $x=0$；$\dfrac{\mathrm{d}\phi}{\mathrm{d}x}=10$，在 $x=L$。现近似函数给定为 $\phi=a_0+a_1x+a_2x^2+a_3x^3$，仍如习题 1.1 用配点法、子域法及伽辽金法对上述两种边界条件情况求解，并检查各自的收敛性。

**1.3**　某问题的微分方程是

$$\frac{\partial^2\phi}{\partial x^2}+\frac{\partial^2\phi}{\partial y^2}+c\phi+Q=0 \qquad 在\ \Omega\ 内$$

边界条件是　$\phi=\bar{\phi}$　（在 $\Gamma_1$ 上）

$$\frac{\partial\phi}{\partial n}=\bar{q} \quad （在\ \Gamma_2\ 上）$$

其中 $c$ 和 $Q$ 仅是坐标的函数，试证明此方程的微分算子是自伴随的，并建立相应的自然变分原理。

**1.4**　在习题 1.3 给出的微分方程中，如令 $c=0$，$Q=2$，并令在全部边界上 $\phi=0$，则表示求解杆件自由扭转的应力函数问题，截面的扭矩 $T=2\iint\phi\mathrm{d}x\mathrm{d}y$ 。现有一 $4\times6$ 的矩形截面杆，给定近似函数为

$$\tilde{\phi}=\sum_{i=1}^{3}a_iN_i=a_1\cos\frac{\pi x}{6}\cos\frac{\pi y}{4}+a_2\cos\frac{3\pi x}{6}\cos\frac{\pi y}{4}+a_3\cos\frac{\pi x}{6}\cos\frac{3\pi y}{4}$$

试用里兹法求解，并算出截面扭矩。

**1.5** 如有一问题的泛函为 $\Pi(w)=\int_0^L\left[\frac{EI}{2}\left(\frac{\mathrm{d}^2w}{\mathrm{d}x^2}\right)^2+\frac{kw^2}{2}+qw\right]\mathrm{d}x$，其中 $E,I,k$ 是常数，$q$ 是给定函数，$w$ 是未知函数，试导出原问题的微分方程和边界条件。

**1.6** 将上题用于两端简支弹性基础上梁受均布载荷 $q$ 的情况，式中 $E$ 是弹性模量，$I$ 是截面惯性矩，$k$ 是基础的弹性常数，$w$ 是梁的挠度，试用里兹方法求解梁中点的最大挠度。试探函数可用三角级数和幂级数，并对不同试探函数解的精度进行比较。

**1.7** 问题的泛函为

$$\Pi(\phi)=\int_\Omega\left[\frac{k}{2}\left(\frac{\partial\phi}{\partial x}\right)^2+\frac{k}{2}\left(\frac{\partial\phi}{\partial y}\right)^2-Q\phi\right]\mathrm{d}\Omega-\int_{\Gamma_q}\left(\frac{\alpha}{2}\phi^2-\bar{q}\phi\right)\mathrm{d}\Gamma$$

其中 $k,Q,\alpha,\bar{q}$ 仅是坐标的函数，试决定欧拉方程，并识别 $\Gamma_q$ 上的自然边界条件和 $\Gamma-\Gamma_q$ 上的强制边界条件。

**1.8** 弹性薄板挠度 $w$ 的微分方程是

$$\frac{\partial^4 w}{\partial x^4}+2\frac{\partial^4 w}{\partial x^2\partial y^2}+\frac{\partial^4 w}{\partial y^4}=\frac{q(x,y)}{D}$$

其中 $q(x,y)$ 是分布载荷，$D$ 是弯曲刚度，试建立对应于周边固支$\left(w=\frac{\partial w}{\partial n}=0，n\text{ 是边界外法线方向}\right)$问题的自然变分原理。

# 第2章 弹性力学问题有限元方法的一般原理和表达格式

**本章要点**

通过弹性力学平面问题和三角形单元阐明：

- 构造广义坐标有限元并建立其位移插值函数的步骤，以及插值函数的基本性质。
- 基于弹性力学最小位能原理，建立有限元求解方程的基本步骤。其中包括单元刚度矩阵和载荷向量的形成，结构刚度矩阵和载荷向量的集成，以及它们各自的特性。
- 有限元方程求解前引入位移(强制)边界条件的必要性和方法。
- 有限元方法作为一种数值方法的收敛准则。
- 有限元方法求解弹性力学问题的一般原理和基本步骤，以及在求解轴对称弹性力学问题中的推广应用。

## 2.1 引言

本章将讨论通过弹性力学变分原理建立弹性力学问题有限元方法表达格式的基本步骤。最小位能原理的未知场变量是位移，以结点位移为基本未知量，并以最小位能原理为基础建立的有限单元为位移元。它是有限元方法中应用最为普遍的单元，也是本书主要讨论的单元。

对于一个力学或物理问题，在建立其数学模型以后，用有限元方法对它进行分析的首要步骤是选择单元形式。平面问题3结点三角形单元是有限元方法最早采用，而且至今仍经常采用的单元形式。我们将以它作为典型，讨论如何应用广义坐标建立单元位移模式与位移插值函数，以及如何根据最小位能原理建立有限元求解方程的原理、方法与步骤，并进而引出弹性力学问题有限元方法的一般表达格式。对于前一问题，着重讨论选择广义坐标和有限元位移模式的一般原则和建立其位移插值函数的一般步骤。对于后一问题，着重讨论单元刚度矩阵和单元载荷向量的形成，总体刚度矩阵和总体载荷向量集成的原理和方法，以及它们各自的特性。

作为一种数值方法，有限元解的收敛性无疑是十分重要的问题，本章2.4节将讨论解的收敛准则及其物理意义，所阐明的原则在以后各章中还将得到进一步的应用和具体化。

在建立了有限元法的一般表达格式以后，原则上可以将它推广到平面问题以外的其他弹性力学问题和采用任何形式的单元。轴对称问题具有很广泛的应用领域，轴对称问题3结点三角形单元的表达格式可以看作是平面问题此种单元表达格式的直接推广，本章2.5节将对它进行专门的讨论。

## 2.2 弹性力学平面问题的有限元格式

3结点三角形单元是有限元方法中最早提出，并且至今仍广泛应用的单元，由于三角形单元对复杂边界有较强的适应能力，因此很容易将一个二维域离散成有限个三角形单元，如图2.1所示。在边界上以若干段直线近似原来的曲线边界，随着单元增多，这种拟合将趋于精确。本书在讨论如何应用有限元方法分析各类具体问题的开始，将以平面问题3结点三角形单元为例来阐明弹性力学问题有限元分析的表达格式和一般步骤。

### 2.2.1 单元位移模式及插值函数的构造

典型的3结点三角形单元结点编码为 $i,j,m$，以逆时针方向编码为正向。每个结点有2个位移分量如图2.2所示。

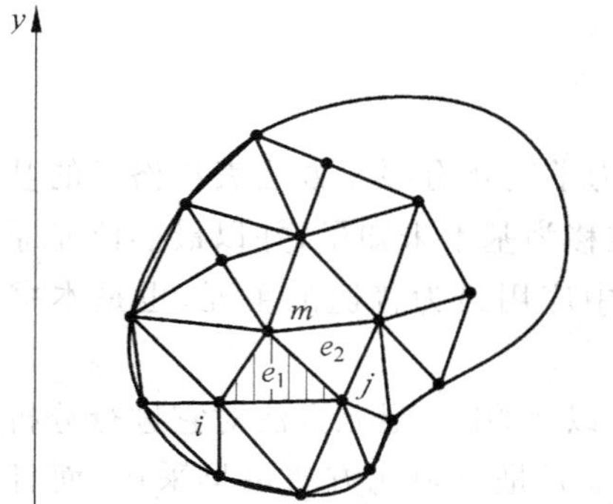


图2.1 二维域离散

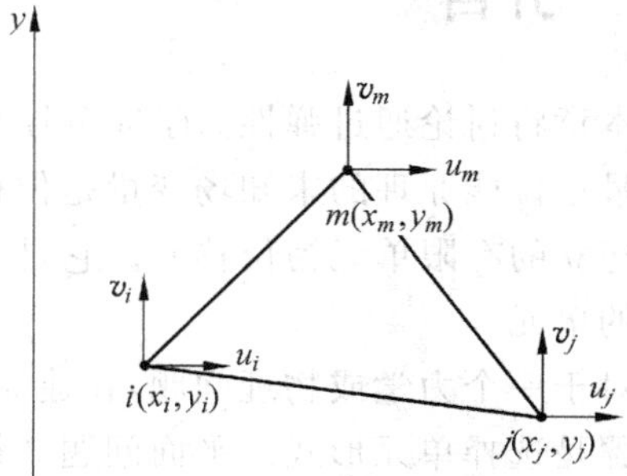


图2.2 3结点三角形单元

$$\boldsymbol{a}_i = \begin{Bmatrix} u_i \\ v_i \end{Bmatrix} \qquad (i,j,m)$$

每个单元有 6 个结点位移即 6 个结点自由度，亦即

$$\boldsymbol{a}^e = \begin{Bmatrix} \boldsymbol{a}_i \\ \boldsymbol{a}_j \\ \boldsymbol{a}_m \end{Bmatrix} = [u_i \quad v_i \quad u_j \quad v_j \quad u_m \quad v_m]^{\mathrm{T}}$$

1. 单元的位移模式和广义坐标

在有限元方法中单元的位移模式或称位移函数一般采用多项式作为近似函数，因为多项式运算简便，并且随着项数的增多，可以逼近任何一段光滑的函数曲线。多项式的选取应由低次到高次。

3 结点三角形单元位移模式选取一次多项式

$$\begin{aligned} u &= \beta_1 + \beta_2 x + \beta_3 y \\ v &= \beta_4 + \beta_5 x + \beta_6 y \end{aligned} \tag{2.2.1}$$

它的矩阵表示是

$$\boldsymbol{u} = \boldsymbol{\phi}\boldsymbol{\beta} \tag{2.2.2}$$

其中

$$\boldsymbol{u} = \begin{Bmatrix} u \\ v \end{Bmatrix} \qquad \boldsymbol{\phi} = \begin{bmatrix} \boldsymbol{\varphi} & 0 \\ 0 & \boldsymbol{\varphi} \end{bmatrix}$$

$$\boldsymbol{\varphi} = [1 \quad x \quad y] \quad \boldsymbol{\beta} = [\beta_1 \quad \beta_2 \quad \cdots \quad \beta_6]^{\mathrm{T}}$$

$\boldsymbol{\phi}$ 称为位移模式，它表示位移作为坐标 $x,y$ 的函数中所包含的项次。对于现在的情况，单元内的位移是坐标 $x,y$ 的线性函数；$\beta_1 \sim \beta_6$ 是待定系数，称之为**广义坐标。**6 个广义坐标可由单元的 6 个结点位移来表示。在(2.2.1)的 1 式中代入结点 $i$ 的坐标$(x_i,y_i)$可得到结点 $i$ 在 $x$ 方向的位移 $u_i$，同理可得 $u_j$ 和 $u_m$。它们表示为

$$\begin{aligned} u_i &= \beta_1 + \beta_2 x_i + \beta_3 y_i \\ u_j &= \beta_1 + \beta_2 x_j + \beta_3 y_j \\ u_m &= \beta_1 + \beta_2 x_m + \beta_3 y_m \end{aligned} \tag{2.2.3}$$

解(2.2.3)式可以得到广义坐标由结点位移表示的表达式。上式的系数行列式是

$$D = \begin{vmatrix} 1 & x_i & y_i \\ 1 & x_j & y_j \\ 1 & x_m & y_m \end{vmatrix} = 2A \tag{2.2.4}$$

其中 $A$ 是三角形单元的面积。

广义坐标 $\beta_1 \sim \beta_3$ 为

$$\beta_1 = \frac{1}{D}\begin{vmatrix} u_i & x_i & y_i \\ u_j & x_j & y_j \\ u_m & x_m & y_m \end{vmatrix} = \frac{1}{2A}(a_i u_i + a_j u_j + a_m u_m)$$

$$\beta_2 = \frac{1}{D}\begin{vmatrix} 1 & u_i & y_i \\ 1 & u_j & y_j \\ 1 & u_m & y_m \end{vmatrix} = \frac{1}{2A}(b_i u_i + b_j u_j + b_m u_m) \tag{2.2.5}$$

$$\beta_3 = \frac{1}{D}\begin{vmatrix} 1 & x_i & u_i \\ 1 & x_j & u_j \\ 1 & x_m & u_m \end{vmatrix} = \frac{1}{2A}(c_i u_i + c_j u_j + c_m u_m)$$

同理，利用 3 个结点 $y$ 方向的位移，即(2.2.1)式的第 2 式可求得

$$\beta_4 = \frac{1}{2A}(a_i v_i + a_j v_j + a_m v_m)$$

$$\beta_5 = \frac{1}{2A}(b_i v_i + b_j v_j + b_m v_m) \tag{2.2.6}$$

$$\beta_6 = \frac{1}{2A}(c_i v_i + c_j v_j + c_m v_m)$$

在(2.2.5)式和(2.2.6)式中

$$a_i = \begin{vmatrix} x_j & y_j \\ x_m & y_m \end{vmatrix} = x_j y_m - x_m y_j$$

$$b_i = -\begin{vmatrix} 1 & y_j \\ 1 & y_m \end{vmatrix} = y_j - y_m \qquad (i,j,m) \tag{2.2.7}$$

$$c_i = \begin{vmatrix} 1 & x_j \\ 1 & x_m \end{vmatrix} = -x_j + x_m$$

上式$(i,j,m)$表示下标轮换，如 $i\to j, j\to m, m\to i$。以下同此。

2. 位移插值函数

将求得的广义坐标 $\beta_1 \sim \beta_6$ 代入(2.2.1)式，可将位移函数表示成结点位移的函数，即

$$\begin{aligned} u &= N_i u_i + N_j u_j + N_m u_m \\ v &= N_i v_i + N_j v_j + N_m v_m \end{aligned} \tag{2.2.8}$$

其中

$$N_i = \frac{1}{2A}(a_i + b_i x + c_i y) \qquad (i,j,m) \tag{2.2.9}$$

$N_i, N_j, N_m$ 称为**单元的插值函数**或**形函数**，对于当前情况，它是坐标 $x$、$y$ 的一次函数。其中的 $a_i, b_i, c_i, \cdots, c_m$ 是常数，取决于单元的 3 个结点坐标。

(2.2.9)式中的单元面积 $A$ 可通过(2.2.7)式的系数表示为

$$A = \frac{1}{2}D = \frac{1}{2}(a_i + a_j + a_m) = \frac{1}{2}(b_i c_j - b_j c_i) \tag{2.2.10}$$

(2.2.8)式的矩阵形式是

$$\begin{aligned}\boldsymbol{u} = \begin{Bmatrix} u \\ v \end{Bmatrix} &= \begin{bmatrix} N_i & 0 & N_j & 0 & N_m & 0 \\ 0 & N_i & 0 & N_j & 0 & N_m \end{bmatrix} \begin{Bmatrix} u_i \\ v_i \\ u_j \\ v_j \\ u_m \\ v_m \end{Bmatrix} \\ &= [\boldsymbol{I}N_i \quad \boldsymbol{I}N_j \quad \boldsymbol{I}N_m] \begin{Bmatrix} \boldsymbol{a}_i \\ \boldsymbol{a}_j \\ \boldsymbol{a}_m \end{Bmatrix} \\ &= [\boldsymbol{N}_i \quad \boldsymbol{N}_j \quad \boldsymbol{N}_m]\boldsymbol{a}^e = \boldsymbol{N}\boldsymbol{a}^e \end{aligned} \tag{2.2.11}$$

$\boldsymbol{N}$ 称为**插值函数矩阵**或**形函数矩阵**，$\boldsymbol{a}^e$ 称为**单元结点位移列阵**。

插值函数具有如下性质。

(1) 在结点上插值函数的值有

$$N_i(x_j, y_j) = \delta_{ij} = \begin{cases} 1 & \text{当} \quad j = i \\ 0 & \text{当} \quad j \neq i \end{cases} \quad (i,j,m) \tag{2.2.12}$$

即有 $N_i(x_i, y_i)=1$，$N_i(x_j, y_j)=N_i(x_m, y_m)=0$。也就是说在 $i$ 结点上 $N_i=1$，在 $j,m$ 结点上 $N_i=0$。由(2.2.8)式可见，当 $x=x_i, y=y_i$ 即在结点 $i$，应有 $u=u_i$，因此也必然要求 $N_i=1, N_j=N_m=0$。其他两个形函数也具有同样的性质。此性质称为 Kronecker delta 性质。

(2) 在单元中任一点各插值函数之和应等于 1，即

$$N_i + N_j + N_m = 1 \tag{2.2.13}$$

因为若单元发生刚体位移，如 $x$ 方向有刚体位移 $u_0$，则单元内(包括结点上)到处应有位移 $u_0$，即 $u_i=u_j=u_m=u_0$，又由(2.2.8)式得到

$$u = N_i u_i + N_j u_j + N_m u_m = (N_i + N_j + N_m)u_0 = u_0$$

因此必然要求 $N_i+N_j+N_m=1$。若插值函数不满足此要求，则不能反映单元的刚体位移，用以求解必然得不到正确的结果。单元的各个结点位移插值函数之和等于 1 的性质称为规一性。

(3) 对于现在的单元，插值函数是线性的，在单元内部及单元的边界上位移也是线性的，可由结点上的位移值惟一地确定。由于相邻单元公共结点的结点位移是相等的，因此保证了相邻单元在公共边界上位移的连续性。

3. 应变矩阵和应力矩阵

确定了单元位移后，可以很方便地利用几何方程和物理方程求得单元的应变和应力。在(1.4.21)式的几何方程中，位移用(2.2.11)式代入，得到单元应变为

$$\boldsymbol{\varepsilon}=\begin{Bmatrix}\varepsilon_x\\ \varepsilon_y\\ \gamma_{xy}\end{Bmatrix}=\mathbf{L}\boldsymbol{u}=\mathbf{L}\boldsymbol{N}\boldsymbol{a}^e=\mathbf{L}[\boldsymbol{N}_i\quad \boldsymbol{N}_j\quad \boldsymbol{N}_m]\boldsymbol{a}^e$$
$$=[\boldsymbol{B}_i\quad \boldsymbol{B}_j\quad \boldsymbol{B}_m]\boldsymbol{a}^e=\boldsymbol{B}\boldsymbol{a}^e \tag{2.2.14}$$

$\boldsymbol{B}$ 称为**应变矩阵**，$\mathbf{L}$ 是平面问题的微分算子，见表1.2。

应变矩阵 $\boldsymbol{B}$ 的分块子矩阵是

$$\boldsymbol{B}_i=\mathbf{L}\boldsymbol{N}_i=\begin{bmatrix}\frac{\partial}{\partial x} & 0\\ 0 & \frac{\partial}{\partial y}\\ \frac{\partial}{\partial y} & \frac{\partial}{\partial x}\end{bmatrix}\begin{bmatrix}N_i & 0\\ 0 & N_i\end{bmatrix}=\begin{bmatrix}\frac{\partial N_i}{\partial x} & 0\\ 0 & \frac{\partial N_i}{\partial y}\\ \frac{\partial N_i}{\partial y} & \frac{\partial N_i}{\partial x}\end{bmatrix}\quad (i,j,m) \tag{2.2.15}$$

对(2.2.9)式求导可得

$$\frac{\partial N_i}{\partial x}=\frac{1}{2A}b_i\qquad \frac{\partial N_i}{\partial y}=\frac{1}{2A}c_i \tag{2.2.16}$$

代入(2.2.15)式得到

$$\boldsymbol{B}_i=\frac{1}{2A}\begin{bmatrix}b_i & 0\\ 0 & c_i\\ c_i & b_i\end{bmatrix}\quad (i,j,m) \tag{2.2.17}$$

3结点单元的应变矩阵是

$$\boldsymbol{B}=[\boldsymbol{B}_i\quad \boldsymbol{B}_j\quad \boldsymbol{B}_m]=\frac{1}{2A}\begin{bmatrix}b_i & 0 & b_j & 0 & b_m & 0\\ 0 & c_i & 0 & c_j & 0 & c_m\\ c_i & b_i & c_j & b_j & c_m & b_m\end{bmatrix} \tag{2.2.18}$$

式中 $b_i,b_j,b_m,c_i,c_j,c_m$ 由(2.2.7)式确定，它们是单元形状的参数。当单元的结点坐标确定后，这些参数都是常量(与坐标变量 $x,y$ 无关)，因此 $\boldsymbol{B}$ 是常量阵。当单元的结点位移 $\boldsymbol{a}^e$ 确定后，由 $\boldsymbol{B}$ 转换求得的单元应变都是常量，也就是说在载荷作用下单元中各点具有同样的 $\varepsilon_x$ 值、$\varepsilon_y$ 值及 $\gamma_{xy}$ 值。因此3结点三角形单元称为常应变单元。在应变梯度较大(也即应力梯度较大)的部位，单元划分应适当密集，否则将不能反映应变的真实变化而导致较大的误差。

单元应力可以根据物理方程求得，即在(1.4.21)的物理方程中代入(2.2.14)式可以得到

$$\boldsymbol{\sigma}=\begin{Bmatrix}\sigma_x\\ \sigma_y\\ \tau_{xy}\end{Bmatrix}=\boldsymbol{D\varepsilon}=\boldsymbol{DBa}^e=\boldsymbol{Sa}^e \tag{2.2.19}$$

其中

$$\begin{aligned}\boldsymbol{S}&=\boldsymbol{DB}=\boldsymbol{D}[\boldsymbol{B}_i\quad \boldsymbol{B}_j\quad \boldsymbol{B}_m]\\ &=[\boldsymbol{S}_i\quad \boldsymbol{S}_j\quad \boldsymbol{S}_m]\end{aligned} \tag{2.2.20}$$

$\boldsymbol{S}$ 称为**应力矩阵**。将平面应力或平面应变的弹性矩阵(见表 1.2)及(2.2.18)式代入(2.2.20)式,可以得到计算平面应力或平面应变问题的单元应力矩阵。$\boldsymbol{S}$ 的分块矩阵为

$$\boldsymbol{S}_i=\boldsymbol{DB}_i=\frac{E_0}{2(1-\nu_0^2)A}\begin{bmatrix}b_i & \nu_0 c_i\\ \nu_0 b_i & c_i\\ \frac{1-\nu_0}{2}c_i & \frac{1-\nu_0}{2}b_i\end{bmatrix}\quad (i,j,m) \tag{2.2.21}$$

其中 $E_0,\nu_0$ 为材料常数。

对于平面应力问题

$$E_0=E\qquad \nu_0=\nu \tag{2.2.22}$$

对于平面应变问题

$$E_0=\frac{E}{1-\nu^2}\qquad \nu_0=\frac{\nu}{1-\nu} \tag{2.2.23}$$

与应变矩阵 $\boldsymbol{B}$ 相同,应力矩阵 $\boldsymbol{S}$ 也是常量阵,即 3 结点单元中各点的应力是相同的。在很多情况下,不单独定义应力矩阵 $\boldsymbol{S}$,而直接用 $\boldsymbol{DB}$ 进行应力计算。

### 2.2.2 利用最小位能原理建立有限元方程

最小位能原理的泛函总位能 $\Pi_{\mathrm{p}}$ 的表达式(1.4.51),在平面问题中的矩阵表达形式为

$$\Pi_{\mathrm{p}}=\int_\Omega \frac{1}{2}\boldsymbol{\varepsilon}^{\mathrm{T}}\boldsymbol{D\varepsilon}t\,\mathrm{d}x\mathrm{d}y-\int_\Omega \boldsymbol{u}^{\mathrm{T}}\boldsymbol{f}t\,\mathrm{d}x\mathrm{d}y-\int_{S_\sigma}\boldsymbol{u}^{\mathrm{T}}\boldsymbol{T}t\,\mathrm{d}S \tag{2.2.24}$$

其中,$t$ 是二维体厚度;$\boldsymbol{f}$ 是作用在二维体内的体积力;$\boldsymbol{T}$ 是作用在二维体边界上的面积力。

对于离散模型,系统位能是各单元位能的和,利用(2.2.24)式并代入(2.2.11)及(2.2.14)式,即得到离散模型的总位能为

$$\begin{aligned}\Pi_{\mathrm{p}}=\sum_e \Pi_{\mathrm{p}}^e=&\sum_e\left(\boldsymbol{a}^{e\mathrm{T}}\int_{\Omega_e}\frac{1}{2}\boldsymbol{B}^{\mathrm{T}}\boldsymbol{DB}t\,\mathrm{d}x\mathrm{d}y\,\boldsymbol{a}^e\right)-\\ &\sum_e\left(\boldsymbol{a}^{e\mathrm{T}}\int_{\Omega_e}\boldsymbol{N}^{\mathrm{T}}\boldsymbol{f}t\,\mathrm{d}x\mathrm{d}y\right)-\sum_e\left(\boldsymbol{a}^{e\mathrm{T}}\int_{S_\sigma^e}\boldsymbol{N}^{\mathrm{T}}\boldsymbol{T}t\,\mathrm{d}S\right)\end{aligned} \tag{2.2.25}$$

将结构总位能的各项矩阵表达成各个单元总位能的各对应项矩阵之和,隐含着要求单元各项矩阵的阶数(即单元的结点自由度数)和结构各项矩阵的阶数(即结构的结点自

由度数)相同。为此需要引入单元结点自由度和结构结点自由度的转换矩阵 $\boldsymbol{G}$,从而将单元结点位移列阵 $\boldsymbol{a}^e$ 用结构结点位移列阵 $\boldsymbol{a}$ 表示,即

$$\boldsymbol{a}^e = \boldsymbol{G}\boldsymbol{a} \tag{2.2.26}$$

其中

$$\boldsymbol{a} = [u_1 \quad v_1 \quad u_2 \quad v_2 \quad \cdots \quad u_i \quad v_i \quad \cdots \quad u_n \quad v_n]^{\mathrm{T}}$$

$$\boldsymbol{G}_{6\times 2n} = \begin{array}{c} \begin{array}{cccccccccccccc} 1 & 2 & \cdots & 2i-1 & 2i & \cdots & 2m-1 & 2m & \cdots & 2j-1 & 2j & \cdots & 2n \end{array} \\ \left[\begin{array}{cccccccccccccc} 0 & 0 & \cdots & 1 & 0 & \cdots & 0 & 0 & \cdots & 0 & 0 & \cdots & 0 \\ 0 & 0 & \cdots & 0 & 1 & \cdots & 0 & 0 & \cdots & 0 & 0 & \cdots & 0 \\ 0 & 0 & \cdots & 0 & 0 & \cdots & 0 & 0 & \cdots & 1 & 0 & \cdots & 0 \\ 0 & 0 & \cdots & 0 & 0 & \cdots & 0 & 0 & \cdots & 0 & 1 & \cdots & 0 \\ 0 & 0 & \cdots & 0 & 0 & \cdots & 1 & 0 & \cdots & 0 & 0 & \cdots & 0 \\ 0 & 0 & \cdots & 0 & 0 & \cdots & 0 & 1 & \cdots & 0 & 0 & \cdots & 0 \end{array}\right] \end{array} \tag{2.2.27}$$

其中 $n$ 为结构的结点数。令

$$\begin{aligned} \boldsymbol{K}^e &= \int_{\Omega^e} \boldsymbol{B}^{\mathrm{T}}\boldsymbol{D}\boldsymbol{B}t\,\mathrm{d}x\mathrm{d}y \quad \boldsymbol{P}_f^e = \int_{\Omega^e} \boldsymbol{N}^{\mathrm{T}}\boldsymbol{f}t\,\mathrm{d}x\mathrm{d}y \\ \boldsymbol{P}_S^e &= \int_{S_\sigma^e} \boldsymbol{N}^{\mathrm{T}}\ \boldsymbol{T}t\,\mathrm{d}S \qquad \boldsymbol{P}^e = \boldsymbol{P}_f^e + \boldsymbol{P}_S^e \end{aligned} \tag{2.2.28}$$

$\boldsymbol{K}^e$ 和 $\boldsymbol{P}^e$ 分别称之为**单元刚度矩阵**和**单元等效结点载荷列阵**。将(2.2.26)～(2.2.28)式一并代入(2.2.25)式,则离散形式的总位能可表示为

$$\Pi_{\mathrm{p}} = \boldsymbol{a}^{\mathrm{T}}\ \frac{1}{2}\sum_e(\boldsymbol{G}^{\mathrm{T}}\boldsymbol{K}^e\boldsymbol{G})\boldsymbol{a} - \boldsymbol{a}^{\mathrm{T}}\sum_e(\boldsymbol{G}^{\mathrm{T}}\boldsymbol{P}^e) \tag{2.2.29}$$

并令

$$\boldsymbol{K} = \sum_e \boldsymbol{G}^{\mathrm{T}}\boldsymbol{K}^e\boldsymbol{G} \qquad \boldsymbol{P} = \sum_e \boldsymbol{G}^{\mathrm{T}}\boldsymbol{P}^e \tag{2.2.30}$$

$\boldsymbol{K}$ 和 $\boldsymbol{P}$ 分别称之为**结构整体刚度矩阵**和**结构结点载荷列阵**。这样一来,(2.2.29)式就可以表示为

$$\Pi_{\mathrm{p}} = \frac{1}{2}\boldsymbol{a}^{\mathrm{T}}\boldsymbol{K}\boldsymbol{a} - \boldsymbol{a}^{\mathrm{T}}\boldsymbol{P} \tag{2.2.31}$$

由于离散形式的总位能 $\Pi_{\mathrm{p}}$ 的未知变量是结构的结点位移 $\boldsymbol{a}$,根据变分原理,泛函 $\Pi_{\mathrm{p}}$ 取驻值的条件是它的一次变分为零,$\delta\Pi_{\mathrm{p}}=0$,即

$$\frac{\partial \Pi_{\mathrm{p}}}{\partial \boldsymbol{a}} = 0 \tag{2.2.32}$$

这样就得到有限元的求解方程

$$\boldsymbol{K}\boldsymbol{a} = \boldsymbol{P} \tag{2.2.33}$$

其中 $\boldsymbol{K}$ 和 $\boldsymbol{P}$ 由(2.2.30)式给出。由(2.2.30)式可以看出结构整体刚度矩阵 $\boldsymbol{K}$ 和结构结点载荷列阵 $\boldsymbol{P}$ 都是由单元刚度矩阵 $\boldsymbol{K}^e$ 和单元等效结点载荷列阵 $\boldsymbol{P}^e$ 集合而成。

以上表述的是基于弹性力学最小位能原理形成有限元求解方程的一般原理。在具体计算时涉及单元刚度矩阵的形成，单元等效结点载荷列阵的形成，以及集合单元刚度矩阵和单元等效结点载荷列阵形成结构刚度矩阵和结构等效结点载荷列阵，还有给定位移边界条件的引入等问题。这些将在以下各小节分别给予讨论。

## 2.2.3 单元刚度矩阵

### 1. 单元刚度矩阵的形成

由(2.2.28)式定义的单元刚度矩阵，由于应变矩阵 $\boldsymbol{B}$ 对于 3 结点三角形单元是常量阵，因此有

$$\boldsymbol{K}^e = \boldsymbol{B}^{\mathrm{T}}\boldsymbol{D}\boldsymbol{B}tA = \begin{bmatrix} \boldsymbol{K}_{ii} & \boldsymbol{K}_{ij} & \boldsymbol{K}_{im} \\ \boldsymbol{K}_{ji} & \boldsymbol{K}_{jj} & \boldsymbol{K}_{jm} \\ \boldsymbol{K}_{mi} & \boldsymbol{K}_{mj} & \boldsymbol{K}_{mm} \end{bmatrix} \tag{2.2.34}$$

代入弹性矩阵 $\boldsymbol{D}$ 和应变矩阵 $\boldsymbol{B}$ 后，它的任一分块矩阵可表示成

$$\boldsymbol{K}_{rs} = \boldsymbol{B}_r^{\mathrm{T}}\boldsymbol{D}\boldsymbol{B}_s tA = \frac{E_0 t}{4(1-\nu_0^2)A}\begin{bmatrix} K_1 & K_3 \\ K_2 & K_4 \end{bmatrix} \quad (r,s = i,j,m) \tag{2.2.35}$$

其中

$$\begin{aligned} K_1 &= b_r b_s + \frac{1-\nu_0}{2}c_r c_s \\ K_2 &= \nu_0 c_r b_s + \frac{1-\nu_0}{2}b_r c_s \\ K_3 &= \nu_0 b_r c_s + \frac{1-\nu_0}{2}c_r b_s \\ K_4 &= c_r c_s + \frac{1-\nu_0}{2}b_r b_s \end{aligned} \tag{2.2.36}$$

由(2.2.35)式立即可以得到

$$(\boldsymbol{K}_{sr})^{\mathrm{T}} = \boldsymbol{K}_{rs} \tag{2.2.37}$$

由此可见单元刚度矩阵是对称矩阵。

### 2. 单元刚度矩阵的力学意义和性质

为了进一步理解单元刚度矩阵的物理意义，同样可以利用最小位能原理建立一个单元的求解方程，从而得到

$$\boldsymbol{K}^e\boldsymbol{a}^e = \boldsymbol{P}^e + \boldsymbol{F}^e \tag{2.2.38}$$

$\boldsymbol{P}^e$ 是单元等效结点载荷，$\boldsymbol{F}^e$ 是其他相邻单元对该单元的作用力，$\boldsymbol{P}^e$ 和 $\boldsymbol{F}^e$ 统称为结点力。$\boldsymbol{a}^e$、$\boldsymbol{P}^e$ 和 $\boldsymbol{F}^e$ 依次表示为

$$\begin{aligned}
\boldsymbol{a}^e &= [u_i \quad v_i \quad u_j \quad v_j \quad u_m \quad v_m]^{\mathrm{T}} \\
&= [a_1 \quad a_2 \quad a_3 \quad \cdots \quad a_6]^{\mathrm{T}} \\
\boldsymbol{P}^e &= [P_{ix} \quad P_{iy} \quad P_{jx} \quad P_{jy} \quad P_{mx} \quad P_{my}]^{\mathrm{T}} \\
&= [P_1 \quad P_2 \quad P_3 \quad \cdots \quad P_6]^{\mathrm{T}} \\
\boldsymbol{F}^e &= [F_{ix} \quad F_{iy} \quad F_{jx} \quad F_{jy} \quad F_{mx} \quad F_{my}]^{\mathrm{T}} \\
&= [F_1 \quad F_2 \quad F_3 \quad F_4 \quad F_5 \quad F_6]^{\mathrm{T}}
\end{aligned} \tag{2.2.39}$$

(2.2.38)式的展开形式是

$$\begin{bmatrix} K_{11} & K_{12} & \cdots & K_{16} \\ K_{21} & K_{22} & \cdots & K_{26} \\ \cdots\cdots & & & \\ \cdots\cdots & & & \\ \cdots\cdots & & & \\ K_{61} & K_{62} & \cdots & K_{66} \end{bmatrix} \begin{Bmatrix} a_1 \\ a_2 \\ a_3 \\ a_4 \\ a_5 \\ a_6 \end{Bmatrix} = \begin{Bmatrix} P_1 \\ P_2 \\ P_3 \\ P_4 \\ P_5 \\ P_6 \end{Bmatrix} + \begin{Bmatrix} F_1 \\ F_2 \\ F_3 \\ F_4 \\ F_5 \\ F_6 \end{Bmatrix} \tag{2.2.40}$$

这是单元结点平衡方程，每个结点在 $x$ 和 $y$ 方向上各有一个平衡方程，3 个结点共有 6 个平衡方程。方程左端是通过单元结点位移表示的单元结点内力，方程右端是单元结点力(外载荷和相邻单元的作用力之和)。

令 $a_1=1(u_i=1)$，$a_2=a_3=\cdots=a_6=0$，由(2.2.40)式可以得到

$$\begin{Bmatrix} K_{11} \\ K_{21} \\ \vdots \\ K_{61} \end{Bmatrix}_{a_1=1} = \begin{Bmatrix} P_1 \\ P_2 \\ \vdots \\ P_6 \end{Bmatrix} + \begin{Bmatrix} F_1 \\ F_2 \\ \vdots \\ F_6 \end{Bmatrix} \tag{2.2.41}$$

(2.2.41)式表明，单元刚度矩阵第 1 列元素的物理意义是：当 $a_1=1$，其他结点位移都为零时，需要在单元各结点位移方向上施加结点力的大小。当然，单元在这些结点力作用下应处于平衡，因此在 $x$ 和 $y$ 方向上结点力之和应为零，即

$$\begin{aligned}
&\text{在 } x \text{ 方向} \qquad K_{11}+K_{31}+K_{51}=0 \\
&\text{在 } y \text{ 方向} \qquad K_{21}+K_{41}+K_{61}=0
\end{aligned} \tag{2.2.42}$$

对于单元刚度矩阵中其他列的元素也可用同样的方法得到它们的物理解释。因此单元刚度矩阵中任一元素 $K_{ij}$ 的物理意义为：当单元的第 $j$ 个结点位移为单位位移而其他结点位移为零时，需在单元第 $i$ 个结点位移方向上施加的结点力的大小。单元刚度大，则使结点产生单位位移所需施加的结点力就大。因此单元刚度矩阵中的每个元素反映了单元

刚度的大小，称为刚度系数。

单元刚度矩阵的特性可以归纳如下。

（1）**对称性**

对称性已由(2.2.37)式表明。其实，不仅 3 结点三角形单元，而且各种形式的单元都普遍具有这种对称性质。这在前一章关于伽辽金形式的加权余量法和基于变分原理的里兹方法的讨论中已一再阐明，而现在所讨论的基于最小位能原理的有限元方法本质上是和它们一致的。

（2）**奇异性**

前面已述及，当 $a_1=1$，其他结点位移都为零时，考虑单元在结点力作用下，$x$ 方向和 $y$ 方向应处于平衡，从而得到刚度系数之间的关系式(2.2.42)式。类似地，当 $a_j=1(j=2,3,\cdots,6)$，其他结点位移都为零时，可以得到相应的关系式，如再考虑到刚度矩阵的对称性，则对于刚度矩阵的每一列(行)元素应有

$$\begin{gathered}K_{1j}+K_{3j}+K_{5j}=K_{j1}+K_{j3}+K_{j5}=0\\K_{2j}+K_{4j}+K_{6j}=K_{j2}+K_{j4}+K_{j6}=0\\(j=1,2,\cdots,6)\end{gathered}\tag{2.2.43}$$

如考虑单元在结点力作用下在转动方向也应处于平衡，还可以得到刚度系数之间的另一关系式。只是此关系式与单元形状有关，将随单元形状的变化而不同，此处就不具体列出。总结刚度系数之间的上述各个关系式，结论是 3 结点三角形单元 6×6 阶的刚度矩阵只有 3 行(列)是独立的。因而矩阵是奇异的，亦即它的系数行列式 $|\boldsymbol{K}^e|=0$。在此情况下，虽然在任意给定位移条件下，可以从方程(2.2.40)式计算出作用于单元的结点力，并且它们是满足平衡(两个方向力的平衡和绕任一点力矩的平衡)的；反之，如果给定结点载荷，即使它们满足平衡，却不能由该方程确定单元结点位移 $\boldsymbol{a}^e$。这是因为单元还可以有任意的刚体位移(平面问题的这种刚体位移是两个方向的移动和一个面内的转动)。

（3）**主元恒正**

$$\boldsymbol{K}_{ii}>0\tag{2.2.44}$$

分块矩阵 $\boldsymbol{K}_{rs}$ 当 $r=s=i,j,m$ 时，它的对角元素 $K_1,K_4$ 即为主元，由(2.2.35)及(2.2.36)式可见它们是恒正的。

$\boldsymbol{K}_{ii}$ 恒正的物理意义是要使结点位移 $a_i=1$，施加在 $a_i$ 方向的结点力必须与位移 $a_i$ 同向。这是结构处于稳定的必然要求。

最后应该指出，以上在讨论一个单元的平衡条件及单元刚度矩阵的物理意义时，为概念清晰起见，引入了相邻单元对该单元的作用力 $\boldsymbol{F}^e$。但是在讨论结构平衡条件时，它们变成内力，故不出现在集成后的结构平衡方程(2.2.33)式中。

**例 2.1** 给定3结点三角形如图2.3所示。边长 $a=3$，$b=4$，$c=5$，厚度 $t=1$，材料常数为 $E=2\times10^5$ MPa，$\nu=0.2$。计算单元的刚度矩阵，并验证矩阵的对称性、奇异性和主元恒正。

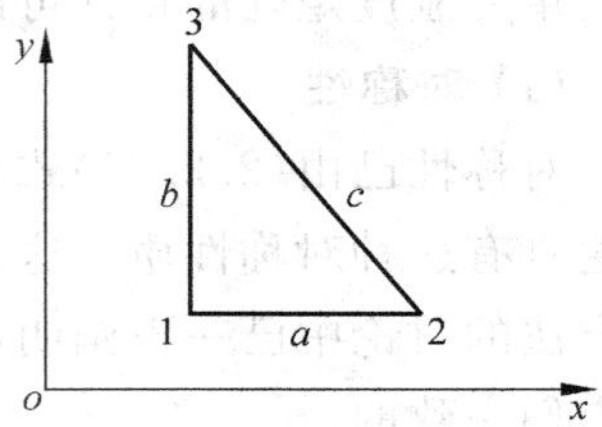


图 2.3 3结点三角形单元

**解** 按(2.2.7)式计算，得到

$$a_1=12 \quad a_2=0 \quad a_3=0$$
$$b_1=-4 \quad b_2=4 \quad b_3=0$$
$$c_1=-3 \quad c_2=0 \quad c_3=3$$

再按(2.2.34)式～(2.2.36)式计算，得到

$$\boldsymbol{K}^e=8\,681\begin{bmatrix} 19.6 & 7.2 & -16 & -4.8 & -3.6 & -2.4 \\ 7.2 & 15.4 & -2.4 & -6.4 & -4.8 & -9 \\ -16 & -2.4 & 16 & 0 & 0 & 2.4 \\ -4.8 & -6.4 & 0 & 6.4 & 4.8 & 0 \\ -3.6 & -4.8 & 0 & 4.8 & 3.6 & 0 \\ -2.4 & -9 & 2.4 & 0 & 0 & 9 \end{bmatrix}$$

经检查可证实单元刚度矩阵具有(1)对称性；(2)奇异性：因为①行(列)+③行(列)+⑤行(列)=0，②行(列)+④行(列)+⑥行(列)=0，并且3×④行(列)−4×⑤行(列)=0，即存在3个线性相关的关系，亦即此矩阵的元素只有3行(列)是独立的；(3)主元 $K_{ii}>0$。

## 2.2.4 单元等效结点载荷列阵

由(2.2.28)式得到单元等效结点载荷是

$$\boldsymbol{P}^e=\boldsymbol{P}^e_f+\boldsymbol{P}^e_S$$
$$\boldsymbol{P}^e_f=\int_{\Omega^e}\boldsymbol{N}^{\mathrm{T}}\boldsymbol{f}t\,\mathrm{d}x\mathrm{d}y$$
$$\boldsymbol{P}^e_S=\int_{S^e_\sigma}\boldsymbol{N}^{\mathrm{T}}\boldsymbol{T}t\,\mathrm{d}S$$

计算几种常见载荷如下。

### 1. 均质等厚单元的自重

单元的单位体积重量为 $\rho g$，坐标方向如图2.4所示。按照(2.2.28)式，应有

$$\boldsymbol{f}=\begin{Bmatrix}0\\-\rho g\end{Bmatrix}$$

$$\boldsymbol{P}^e_\rho=\begin{Bmatrix}\boldsymbol{P}_i\\\boldsymbol{P}_j\\\boldsymbol{P}_m\end{Bmatrix}_\rho=\int_{\Omega_e}\begin{bmatrix}\boldsymbol{N}_i\\\boldsymbol{N}_j\\\boldsymbol{N}_m\end{bmatrix}\begin{Bmatrix}0\\-\rho g\end{Bmatrix}t\,\mathrm{d}x\mathrm{d}y \tag{2.2.45}$$

其中，每个结点的等效结点载荷是

$$\boldsymbol{P}_{i\rho}=\begin{Bmatrix}P_{ix}\\P_{iy}\end{Bmatrix}_{\rho}=\int_{\Omega_e}\begin{bmatrix}N_i & 0\\0 & N_i\end{bmatrix}\begin{Bmatrix}0\\-\rho g\end{Bmatrix}t\,\mathrm{d}x\mathrm{d}y$$

$$=\begin{Bmatrix}0\\-\int_{\Omega_e}N_i\rho t\,\mathrm{d}x\mathrm{d}y\end{Bmatrix}=\begin{Bmatrix}0\\-\frac{1}{3}\rho gtA\end{Bmatrix}\quad(i,j,m)\qquad(2.2.46)^{*}$$

自重的等效结点载荷是

$$\boldsymbol{P}_{\rho}=-\frac{1}{3}\rho gtA[0\quad1\quad0\quad1\quad0\quad1]^{\mathrm{T}}\qquad(2.2.47)$$

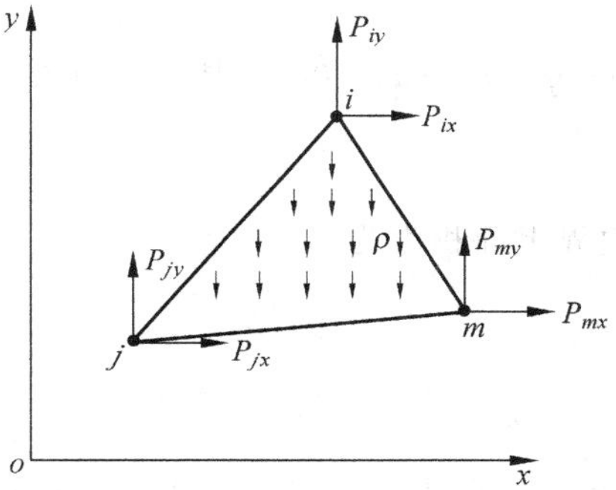


图 2.4　三角形单元作用体积力

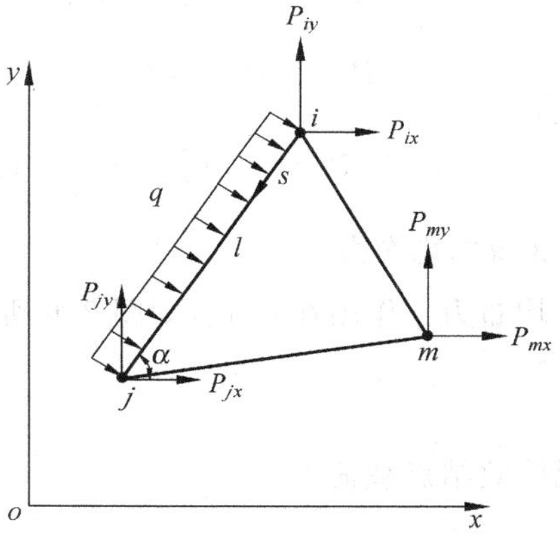


图 2.5　单元边上作用均布侧压

### 2. 均布侧压

侧压 $q$ 作用在 $ij$ 边，$q$ 以压为正，如图 2.5 所示。设 $ij$ 边长为 $l$，与 $x$ 轴的夹角为 $\alpha$。侧压 $q$ 在 $x$ 和 $y$ 方向的分量 $q_x$ 和 $q_y$ 为

$$q_x=q\sin\alpha=\frac{q}{l}(y_i-y_j)$$

$$q_y=-q\cos\alpha=\frac{q}{l}(x_j-x_i)$$

作用在单元边界上的面积力为

$$\boldsymbol{T}=\begin{bmatrix}q_x\\q_y\end{bmatrix}=\frac{q}{l}\begin{bmatrix}y_i-y_j\\x_j-x_i\end{bmatrix}\qquad(2.2.48)$$

在单元边界上可取局部坐标 $s$（见图 2.5），沿 $ij$ 边插值函数可写作

* 积分计算参看第 4 章 4.4 节。

$$N_i = 1 - \frac{s}{l} \qquad N_j = \frac{s}{l} \qquad N_m = 0 \tag{2.2.49}$$

将(2.2.48)及(2.2.49)式代入(2.2.28)式,便可求得侧压作用下的单元等效结点载荷

$$P_{ix} = \int_l N_i q_x t \,\mathrm{d}s = \int_l \left(1 - \frac{s}{l}\right) q_x t \,\mathrm{d}s = \frac{t}{2} q(y_i - y_j)$$

$$P_{iy} = \frac{t}{2} q(x_j - x_i)$$

$$P_{jx} = \int_l N_j q_x t \,\mathrm{d}s = \int_l \frac{s}{l} q_x t \,\mathrm{d}s = \frac{t}{2} q(y_i - y_j)$$

$$P_{jy} = \frac{t}{2} q(x_j - x_i)$$

$$P_{mx} = P_{my} = 0$$

因此

$$\boldsymbol{P}_q = \frac{1}{2} qt [y_i - y_j \quad x_j - x_i \quad y_i - y_j \quad x_j - x_i \quad 0 \quad 0]^{\mathrm{T}} \tag{2.2.50}$$

3. x向均布力

均布力 $q$ 作用在 $ij$ 边,如图 2.6 所示。这时边界上面积力为

$$\boldsymbol{T} = \begin{bmatrix} q \\ 0 \end{bmatrix}$$

单元等效结点载荷为

$$\boldsymbol{P}^e = \frac{1}{2} qlt [1 \quad 0 \quad 1 \quad 0 \quad 0 \quad 0]^{\mathrm{T}} \tag{2.2.51}$$

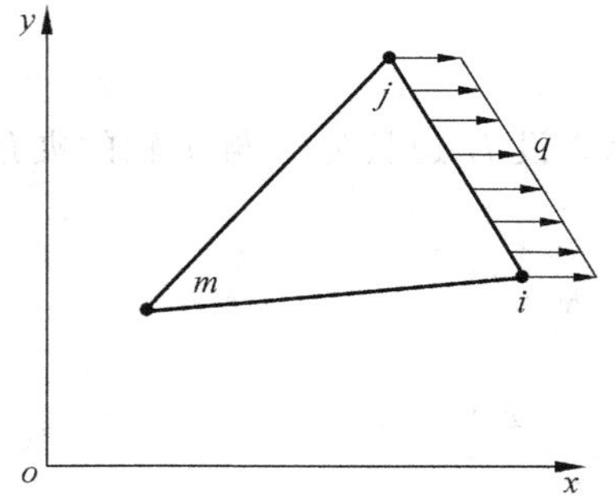


图 2.6 单元边上作用 $x$ 方向均布力

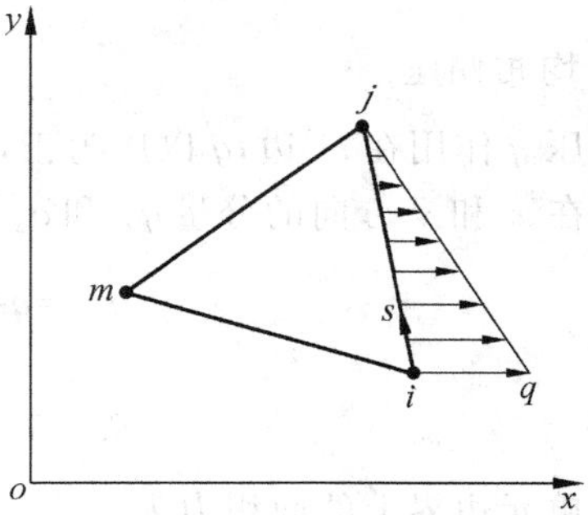


图 2.7 单元边上作用 $x$ 方向三角形分布载荷

4. x方向三角形分布载荷

载荷作用在 $ij$ 边,如图 2.7 所示。这时边界上面积力写作局部坐标 $s$ 的函数,即

$$\boldsymbol{T}=\begin{Bmatrix}\left(1-\dfrac{s}{l}\right)q\\0\end{Bmatrix}$$

则单元等效结点载荷为

$$\boldsymbol{P}^{e}=\frac{1}{2}qlt\begin{bmatrix}\dfrac{2}{3} & 0 & \dfrac{1}{3} & 0 & 0 & 0\end{bmatrix}^{\mathrm{T}} \tag{2.2.52}$$

## 2.2.5 结构刚度矩阵和结构结点载荷列阵的集成

(2.2.30)式给出了结构刚度矩阵和结构结点载荷列阵由单元刚度矩阵和单元等效结点载荷列阵集成的表达式。集成是通过单元结点自由度转换矩阵 $\boldsymbol{G}$ 实现的。现在讨论它们的转换和集成。

1. 单元刚度矩阵的转换

刚度矩阵的转换表示为

$$\boldsymbol{G}^{\mathrm{T}}\boldsymbol{K}^{e}\boldsymbol{G}=\begin{matrix}1\\\vdots\\i\\\vdots\\\vdots\\j\\\vdots\\m\\\vdots\\n\end{matrix}\begin{bmatrix}0 & 0 & 0\\\vdots & \vdots & \vdots\\\boldsymbol{I} & \vdots & \vdots\\0 & 0 & \vdots\\\vdots & \boldsymbol{I} & \vdots\\\vdots & 0 & \vdots\\\vdots & \vdots & 0\\\vdots & \vdots & \boldsymbol{I}\\0 & 0 & 0\\\vdots & \vdots & \vdots\end{bmatrix}\begin{bmatrix}\boldsymbol{K}_{ii} & \boldsymbol{K}_{ij} & \boldsymbol{K}_{im}\\\boldsymbol{K}_{ji} & \boldsymbol{K}_{jj} & \boldsymbol{K}_{jm}\\\boldsymbol{K}_{mi} & \boldsymbol{K}_{mj} & \boldsymbol{K}_{mm}\end{bmatrix}\overset{\begin{matrix}1 & \cdots & i & \cdots & j & \cdots & m & \cdots & n\end{matrix}}{\begin{bmatrix}0 & \cdots & 0 & \boldsymbol{I} & 0 & \cdots & \cdots\cdots & \cdots & \cdots\cdots & \cdots & 0\\0 & \cdots & \cdots\cdots & \cdots & 0 & \boldsymbol{I} & 0 & \cdots & \cdots\cdots & \cdots & 0\\0 & \cdots & \cdots\cdots & \cdots & \cdots\cdots & \cdots & 0 & \boldsymbol{I} & 0 & \cdots & 0\end{bmatrix}}$$

$$=\begin{matrix}0\\1\\\vdots\\i\\\vdots\\j\\\vdots\\m\\\vdots\\n\end{matrix}\overset{\begin{matrix}1 & \cdots & i & \cdots & j & \cdots & m & \cdots & n\end{matrix}}{\begin{bmatrix}0 & \cdots & 0 & \cdots & 0 & \cdots & 0 & \cdots & 0\\\vdots & & \vdots & & \vdots & & \vdots & & \vdots\\0 & \cdots & \boldsymbol{K}_{ii} & \cdots & \boldsymbol{K}_{ij} & \cdots & \boldsymbol{K}_{im} & \cdots & 0\\\vdots & & \vdots & & \vdots & & \vdots & & \vdots\\0 & \cdots & \boldsymbol{K}_{ji} & \cdots & \boldsymbol{K}_{jj} & \cdots & \boldsymbol{K}_{jm} & \cdots & 0\\\vdots & & \vdots & & \vdots & & \vdots & & \vdots\\0 & \cdots & \boldsymbol{K}_{mi} & \cdots & \boldsymbol{K}_{mj} & \cdots & \boldsymbol{K}_{mm} & \cdots & 0\\\vdots & & \vdots & & \vdots & & \vdots & & \vdots\\0 & \cdots & 0 & \cdots & 0 & \cdots & 0 & \cdots & 0\end{bmatrix}} \tag{2.2.53}$$

其中 $n$ 为结构结点总数；$i,j,m$ 为单元结点码。所得到的(2.2.53)式中除标明的 9

个子块外，其他皆是零元素。

单元刚度矩阵的这个变换起到两个作用：

(1) 将单元刚度矩阵 $\boldsymbol{K}^e$ 扩大到与结构刚度矩阵同阶，以便进行矩阵相加。

(2) 将单元刚度矩阵中的各子块按照单元结点的实际编码安放在扩大的矩阵中，它的物理意义是该单元对结构刚度矩阵 $\boldsymbol{K}$ 的那些刚度系数有贡献。

2. 单元等效结点载荷列阵的转换

单元等效结点载荷列阵的转换表示为

$$\boldsymbol{G}^{\mathrm{T}}\boldsymbol{P}^e = \begin{matrix} 1 \\ \vdots \\ \vdots \\ i \\ \vdots \\ \vdots \\ \vdots \\ j \\ \vdots \\ \vdots \\ \vdots \\ m \\ \vdots \\ \vdots \\ n \end{matrix} \begin{bmatrix} 0 & 0 & 0 \\ \vdots & \vdots & \vdots \\ 0 & \vdots & \vdots \\ \boldsymbol{I} & \vdots & \vdots \\ 0 & \vdots & \vdots \\ \vdots & \vdots & \vdots \\ \vdots & 0 & \vdots \\ \vdots & \boldsymbol{I} & \vdots \\ \vdots & 0 & \vdots \\ \vdots & \vdots & \vdots \\ \vdots & \vdots & 0 \\ \vdots & \vdots & \boldsymbol{I} \\ \vdots & \vdots & 0 \\ \vdots & \vdots & \vdots \\ 0 & 0 & 0 \end{bmatrix} \begin{Bmatrix} \boldsymbol{P}_i^e \\ \boldsymbol{P}_j^e \\ \boldsymbol{P}_m^e \end{Bmatrix} = \begin{matrix} 1 \\ \vdots \\ \vdots \\ i \\ \vdots \\ \vdots \\ \vdots \\ j \\ \vdots \\ \vdots \\ \vdots \\ m \\ \vdots \\ \vdots \\ n \end{matrix} \begin{Bmatrix} 0 \\ \vdots \\ 0 \\ \boldsymbol{P}_i^e \\ 0 \\ \vdots \\ 0 \\ \boldsymbol{P}_j^e \\ 0 \\ \vdots \\ 0 \\ \boldsymbol{P}_m^e \\ 0 \\ \vdots \\ 0 \end{Bmatrix} \tag{2.2.54}$$

单元等效结点载荷 $\boldsymbol{P}^e$ 包括体积力及面积力等的等效结点载荷。由(2.2.54)式可见单元等效结点载荷列阵的转换是将单元结点载荷列阵的阶数扩大到与结构结点载荷列阵同阶，并将单元结点载荷按结点自由度顺序入位。它的物理意义是该单元的等效结点载荷对整个结构载荷列阵 $\boldsymbol{P}$ 的贡献。

3. 结构刚度矩阵和结构结点载荷列阵的集成

经过前述的转换，就可以叠加相关的扩大后的矩阵得到的结构刚度矩阵 $\boldsymbol{K}$ 和结点载荷列阵 $\boldsymbol{P}$，即(2.2.30)式。

在实际编程计算的过程中这个集成过程不是采用上述的矩阵相乘法进行的，在计算得到 $\boldsymbol{K}^e$，$\boldsymbol{P}^e$ 的各元素后，只需按照单元的结点自由度编码，“对号入座”地叠加到结构刚度矩阵和结构载荷列阵的相应位置上即可实现。

我们举例说明集成过程，设有单元 $e$，它的单元刚度矩阵和等效结点载荷阵分别为

$$\boldsymbol{K}^e=\begin{bmatrix}\boldsymbol{K}_{ii} & \boldsymbol{K}_{ij} & \boldsymbol{K}_{im}\\ \boldsymbol{K}_{ji} & \boldsymbol{K}_{jj} & \boldsymbol{K}_{jm}\\ \boldsymbol{K}_{mi} & \boldsymbol{K}_{mj} & \boldsymbol{K}_{mm}\end{bmatrix}\qquad \boldsymbol{P}^e=\begin{bmatrix}\boldsymbol{P}_i^e\\ \boldsymbol{P}_j^e\\ \boldsymbol{P}_m^e\end{bmatrix}$$

设该单元的结点码 $i,j,m$ 分别为 3,8,2。根据(2.2.53)及(2.2.54)式，扩大后的单元刚度矩阵和结点载荷列阵分别为

$$\boldsymbol{G}^{\mathrm{T}}\boldsymbol{K}^e\boldsymbol{G}=\begin{array}{c}\\1\\2\\3\\\vdots\\8\\\vdots\\n\end{array}\begin{array}{c}\begin{array}{ccccc}1 & 2 & 3\cdots & 8\cdots n\end{array}\\ \left[\begin{array}{ccccc}\\ & \boldsymbol{K}_{mm}^e & \boldsymbol{K}_{mi}^e & \boldsymbol{K}_{mj}^e & \vdots\\ & \boldsymbol{K}_{im}^e & \boldsymbol{K}_{ii}^e & \boldsymbol{K}_{ij}^e & \vdots\\ & \vdots & \vdots & \vdots & \vdots\\ & \boldsymbol{K}_{jm}^e & \boldsymbol{K}_{ji}^e & \boldsymbol{K}_{jj}^e & \vdots\\ & \vdots & \vdots & \vdots & \vdots\end{array}\right]\end{array}\qquad \boldsymbol{G}^{\mathrm{T}}\boldsymbol{P}^e=\begin{array}{c}1\\2\\3\\\vdots\\8\\\vdots\\n\end{array}\begin{pmatrix}0\\ \boldsymbol{P}_m^e\\ \boldsymbol{P}_i^e\\ 0\\ \vdots\\ 0\\ \boldsymbol{P}_j^e\\ 0\\ \vdots\\ 0\end{pmatrix}$$

它们仅显示了该单元矩阵对结构整体矩阵的贡献。计算中的集成只需在计算了单元矩阵元素后直接“对号入座”地叠加到结构刚度矩阵及结构载荷列阵中即可。例如

$$\boldsymbol{K}:\begin{bmatrix}\boldsymbol{K}_{11} & \boldsymbol{K}_{12} & \boldsymbol{K}_{13} & \cdots\cdots & \boldsymbol{K}_{18} & \cdots & \boldsymbol{K}_{1n}\\ \boldsymbol{K}_{21} & \boldsymbol{K}_{22}+\boldsymbol{K}_{mm}^e & \boldsymbol{K}_{23}+\boldsymbol{K}_{mi}^e & \cdots\cdots & \boldsymbol{K}_{28}+\boldsymbol{K}_{mj}^e & \cdots & \boldsymbol{K}_{2n}\\ \boldsymbol{K}_{31} & \boldsymbol{K}_{32}+\boldsymbol{K}_{im}^e & \boldsymbol{K}_{33}+\boldsymbol{K}_{ii}^e & \cdots\cdots & \boldsymbol{K}_{38}+\boldsymbol{K}_{ij}^e & \cdots & \boldsymbol{K}_{3n}\\ \cdots & \cdots\cdots & & & & & \\ \cdots & \cdots\cdots & & & & & \\ \boldsymbol{K}_{81} & \boldsymbol{K}_{82}+\boldsymbol{K}_{jm}^e & \boldsymbol{K}_{83}+\boldsymbol{K}_{ji}^e & \cdots\cdots & \boldsymbol{K}_{88}+\boldsymbol{K}_{jj}^e & \cdots & \boldsymbol{K}_{8n}\\ \cdots & \cdots\cdots & & & & & \vdots\\ \boldsymbol{K}_{n1} & \boldsymbol{K}_{n2} & \cdots\cdots & \cdots\cdots & \cdots\cdots & \cdots & \boldsymbol{K}_{nn}\end{bmatrix}$$

$$\boldsymbol{P}:\begin{pmatrix}\boldsymbol{P}_1\\ \boldsymbol{P}_2+\boldsymbol{P}_m^e\\ \boldsymbol{P}_3+\boldsymbol{P}_i^e\\ \vdots\\ \boldsymbol{P}_8+\boldsymbol{P}_j^e\\ \vdots\\ \boldsymbol{P}_n\end{pmatrix}$$

当全部单元依次计算和集成后，即可得到结构刚度矩阵 $\boldsymbol{K}$ 和结构结点载荷列阵 $\boldsymbol{P}$。至此可以指出，因为将单元刚度矩阵和单元等效结点载荷列阵集成为结构刚度矩阵和结构等效载荷列阵时，实际执行并不是如(2.2.30)式所示需通过转换矩阵 $\boldsymbol{G}$ 的运算，而是将单

元矩阵或列阵的元素直接“对号入座”，叠加到结构矩阵或列阵而成。为了表述方便，今后将(2.2.30)式简化并表示成

$$\boldsymbol{K} = \sum_e \boldsymbol{K}^e \qquad \boldsymbol{P} = \sum_e \boldsymbol{P}^e \tag{2.2.30}$$

只是对上式中 $\sum_e$ 的理解不是简单的叠加而是集成。

4. 结构刚度矩阵的性质和特点

由前面的讨论可知，结构的刚度矩阵 $\boldsymbol{K}$ 是由单元刚度矩阵集合而成，它与单元刚度矩阵类同，也具有明显的物理意义。有限元的求解方程(2.2.33)式是结构离散后每个结点的平衡方程。也就是说，有限元解在每个结点上是满足平衡条件的。结构刚度矩阵 $\boldsymbol{K}$ 的任一元素 $K_{ij}$ 的物理意义是：结构第 $j$ 个结点位移为单位值而其他结点位移皆为零时，需在第 $i$ 个结点位移方向上施加的结点力的大小。与单元不同之处在于结构是单元的集合体，每个单元都对结构起一定的作用。由于单元刚度矩阵是对称和奇异的，由它们集成的结构刚度矩阵 $\boldsymbol{K}$ 也是对称和奇异的。

前面关于单元刚度矩阵的奇异性力学意义的讨论同样适用于结构刚度矩阵 $\boldsymbol{K}$，即任意给定结构的结点位移所得到的结构结点力总体上是满足力和力矩的平衡的。反之，给定任意满足力和力矩平衡的结点载荷 $\boldsymbol{P}$，由于 $\boldsymbol{K}$ 的奇异性却不能解得结构的位移 $\boldsymbol{a}$，这是因为结构仍可能发生任意的刚体位移。为消除 $\boldsymbol{K}$ 的奇异性，结构至少需给出能限制刚体位移的约束条件，才能由(2.2.33)式解得结点位移。

另外，从图2.1还可以看到，当连续体离散为有限个单元体时，每个结点的相关单元只是围绕在该结点周围为数甚少的几个，一个结点通过相关单元与之发生关系的相关结点也只是它周围的少数几个，因此虽然总体单元数和结点数很多，结构刚度矩阵的阶数很高，但刚度系数中非零系数却很少，这就是刚度矩阵的大型和稀疏性。只要结点编号是合理的，这些稀疏的非零元素将集中在以主对角线为中心的一条带状区域内，即具有带状分布的特点。如图2.8所示。

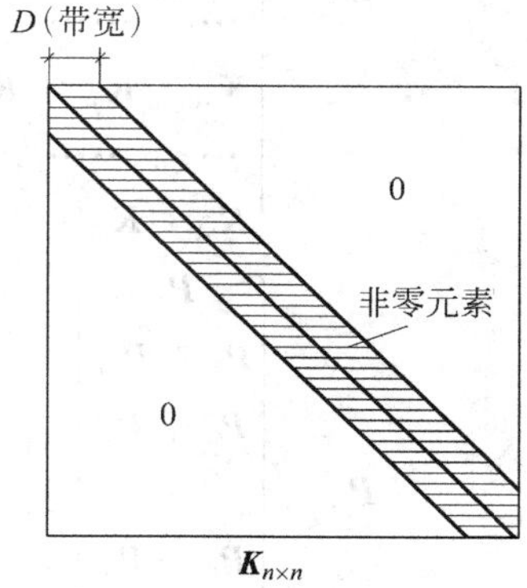


图 2.8 结构刚度矩阵的带状分布

综上所述，有限单元法最后建立的方程组的大型系数矩阵 $\boldsymbol{K}$ 具有以下性质：(1)对称性；(2)奇异性；(3)稀疏性；(4)非零元素呈带状分布。由于方程组是大型的，在求解时，除引入位移边界条件使奇异性消失外，其他特点都应该予以充分的考虑和应用，从而提高解题的效率。

## 2.2.6 引入位移边界条件

最小位能变分原理是具有附加条件的变分原理，它要求场函数 $\boldsymbol{u}$ 满足几何方程和位移边界条件(见 1.4.4 节)。现在离散模型的近似场函数在单元内部满足几何方程，因此由离散模型近似的连续体内几何方程也是满足的。但是在选择场函数的试探函数(多项式)时，却没有提出在边界上满足位移边界条件的要求，因此必须将这个条件引入有限元方程，使之得到满足。

在有限单元法中通常几何边界条件(变分问题中就是强制边界条件)的形式是在若干个结点上给定场函数的值，即

$$a_j = \bar{a}_j \qquad (j = c_1, c_2, \cdots, c_l)$$

$\bar{a}_j$ 可以是零值或非零值。

对于求解位移场的问题时，至少要提出足以约束系统刚体位移的几何边界条件，以消除结构刚度矩阵的奇异性。

可以采用以下方法引入强制边界条件。

1. 直接代入法

在方程组(2.2.33)中将已知结点位移的自由度消去，得到一组修正方程，用以求解其他待定的结点位移。其原理是按结点位移已知和待定重新组合方程

$$\begin{bmatrix} \boldsymbol{K}_{aa} & \boldsymbol{K}_{ab} \\ \boldsymbol{K}_{ba} & \boldsymbol{K}_{bb} \end{bmatrix} \begin{Bmatrix} \boldsymbol{a}_a \\ \boldsymbol{a}_b \end{Bmatrix} = \begin{Bmatrix} \boldsymbol{P}_a \\ \boldsymbol{P}_b \end{Bmatrix} \tag{2.2.55}$$

其中，$\boldsymbol{a}_a$ 为待定结点位移，$\boldsymbol{a}_b$ 为已知结点位移，$\boldsymbol{a}_b^{\mathrm{T}} = [\bar{a}_{c1} \quad \bar{a}_{c2} \quad \cdots \quad \bar{a}_{cl}]$；而且 $\boldsymbol{K}_{aa}$，$\boldsymbol{K}_{ab}$，$\boldsymbol{K}_{ba}$，$\boldsymbol{K}_{bb}$，$\boldsymbol{P}_a$，$\boldsymbol{P}_b$ 等为与其相应的刚度矩阵和载荷列阵的分块矩阵。由刚度矩阵的对称性可知 $\boldsymbol{K}_{ba} = \boldsymbol{K}_{ab}^{\mathrm{T}}$。

由(2.2.55)式的上式可得

$$\boldsymbol{K}_{aa}\boldsymbol{a}_a + \boldsymbol{K}_{ab}\boldsymbol{a}_b = \boldsymbol{P}_a \tag{2.2.56}$$

由于 $\boldsymbol{a}_b$ 为已知，最后的求解方程可写为

$$\boldsymbol{K}^*\boldsymbol{a}^* = \boldsymbol{P}^* \tag{2.2.57}$$

其中

$$\boldsymbol{K}^* = \boldsymbol{K}_{aa} \qquad \boldsymbol{a}^* = \boldsymbol{a}_a \qquad \boldsymbol{P}^* = \boldsymbol{P}_a - \boldsymbol{K}_{ab}\boldsymbol{a}_b \tag{2.2.58}$$

若总体结点位移为 $n$ 个，其中有已知结点位移 $m$ 个，则得到一组求解 $n-m$ 个待定结点位移的修正方程组，$\boldsymbol{K}^*$ 为 $n-m$ 阶方阵。修正方程组的意义是在原来 $n$ 个方程中，只保留与待定(未知的)结点位移相应的 $n-m$ 个方程，并将方程中左端的已知位移和相应刚度系数的乘积(是已知值)移至方程右端作为载荷修正项。

这种方法要重新组合方程，组成的新方程阶数降低了，但结点位移的顺序性已被破

坏，这给编制程序带来一些麻烦。

2. 对角元素改1法

当给定位移值是零位移时，例如无移动的铰支座、链杆支座等。可以在系数矩阵 $\boldsymbol{K}$ 中与零结点位移相对应的行列中，将主对角元素改为1，其他元素改为0；在载荷列阵中将与零结点位移相对应的元素改为0即可。例如有 $a_j=0$，则对方程系数矩阵 $\boldsymbol{K}$ 的第 $j$ 行、$j$ 列及载荷阵第 $j$ 个元素作如下修改

$$\begin{array}{c} \\ 1 \\ 2 \\ \vdots \\ j \\ \vdots \\ n \end{array}\begin{array}{c} \begin{array}{ccccccc} 1 & 2 & \cdots & j & \cdots & n \end{array} \\ \begin{bmatrix} K_{11} & K_{12} & \cdots & 0 & \cdots & K_{1n} \\ K_{21} & K_{22} & & 0 & & \\ & & & \vdots & & \\ 0 & \cdots & 0 & 1 & 0 & \cdots\ 0 \\ & & & 0 & & \\ & & & \vdots & & \\ K_{n1} & K_{n2} & \cdots & 0 & \cdots & K_{nn} \end{bmatrix} \end{array}\begin{bmatrix} a_1 \\ a_2 \\ \vdots \\ a_j \\ \vdots \\ a_n \end{bmatrix}=\begin{bmatrix} p_1 \\ p_2 \\ \vdots \\ 0 \\ \vdots \\ p_n \end{bmatrix} \tag{2.2.59}$$

这样修正后，解方程则可得 $a_j=0$。对多个给定零位移则依次修正，全都修正完毕后再求解。用这种方法引入强制边界条件比较简单，不改变原来方程的阶数和结点未知量的顺序编号。但这种方法只能用于给定零位移。

3. 对角元素乘大数法

当有结点位移为给定值 $a_j=\bar{a}_j$ 时，第 $j$ 个方程作如下修改：对角元素 $K_{jj}$ 乘以大数 $\alpha$（$\alpha$ 可取 $10^{10}$ 左右量级），并将 $P_j$ 用 $\alpha K_{jj}\bar{a}_j$ 取代，即

$$\begin{bmatrix} K_{11} & K_{12} & \cdots & & & K_{1n} \\ K_{21} & K_{22} & \cdots & & & K_{2n} \\ \cdots & \cdots & & & & \\ K_{j1} & K_{j2} & \cdots & \boxed{\alpha K_{jj}} & \cdots & K_{jn} \\ \cdots & \cdots & & & & \\ K_{n1} & K_{n2} & \cdots & & & K_{nn} \end{bmatrix}\begin{bmatrix} a_1 \\ a_2 \\ \vdots \\ a_j \\ \vdots \\ a_n \end{bmatrix}=\begin{bmatrix} p_1 \\ p_2 \\ \vdots \\ \boxed{\alpha K_{jj}\bar{a}_j} \\ \vdots \\ p_n \end{bmatrix} \tag{2.2.60}$$

经过修改后的第 $j$ 个方程为

$$K_{j1}a_1+K_{j2}a_2+\cdots+\alpha K_{jj}a_j+\cdots+K_{jn}a_n=\alpha K_{jj}\bar{a}_j$$

由于 $\alpha K_{jj}\gg K_{ji}(i\neq j)$，方程左端的 $\alpha K_{jj}a_j$ 项较其他项要大得多，因此近似得到

$$\alpha K_{jj}a_j\approx\alpha K_{jj}\bar{a}_j$$

则有

$$a_j=\bar{a}_j$$

对于多个给定位移（$j=c_1,c_2,\cdots,c_l$）时，则按序将每个给定位移都作上述修正，得

到全部进行修正后的 $\boldsymbol{K}$ 和 $\boldsymbol{P}$，然后解方程即可得到包括给定位移在内的全部结点位移值。

这个方法使用简单，对任何给定位移（零值或非零值）都适用。采用这种方法引入强制边界条件时方程阶数不变，结点位移顺序不变，编制程序十分方便，因此在有限元法中经常采用。

从变分意义上讲，最小位能原理要求场函数满足几何方程和位移边界条件，但有限元法选择场函数时未考虑满足位移边界条件的要求，因此必须将此约束条件（$a_j=\bar{a}_j, j=c_1, c_2, \cdots, c_l$）引入泛函，建立相应的约束变分原理使之得到满足。如采用罚函数法引入位移边界条件并经过适当变化，就可得到对角元素乘大数法（约束变分原理见 8.2 节）。

## 2.2.7　线性代数方程组的求解及应力计算

有限元求解方程（2.2.33）式在引入位移边界条件、消除了 $\boldsymbol{K}$ 矩阵的奇异性后，就可以从它解得结构的结点位移 $\boldsymbol{a}$。并进一步回到单元中，用已知的位移，按（2.2.14）式和（2.2.19）式求得各个单元的应变和应力。

需要指出的是，求解（2.2.33）式所表示的线性代数方程组，在有限元分析中占据很大计算工作量。充分利用系数矩阵的对称、稀疏特点以及经过结点的适当编号可以得到非零元素带状分布的特点，现已发展了若干有效的求解方法，本书将在第 6 章进行专门的讨论。

另外，在求得结构的结点位移 $\boldsymbol{a}$ 以后，按（2.2.14）式和（ 2.2.19）式求得的单元应变和应力，由于导数运算的结果，精度低于位移。表现在单元交界面上应力不连续，力的边界条件也不能精确满足。特别是对于 3 结点三角形单元，由于它是常应力单元，相邻单元的应力会出现明显的跳跃现象。为了合理地应用应力的结果，需要对它作必要的处理，这将作为一个专门问题，在本书第 5 章中给予讨论。

**例 2.2**　中心具有圆孔的方板，上下两边受 $y$ 方向均匀拉伸载荷，如图 2.9 所示。方板边长 $L=8\text{cm}$，圆孔半径 $r=1\text{cm}$，板厚 $t=0.1\text{cm}$。载荷集度 $q=10\text{MPa}$。材料常数 $E=2.0\times10^5\text{MPa}$，$\nu=0.3$。现采用有限元法进行应力分析，目的是得到孔边的应力集中系数。

**解**　由于问题的对称性，取板的 1/4 建立有限元模型。边界条件是：$x=0$ 边界上，$u=0$；$y=0$ 边界上，$v=0$；$y=4\text{cm}$ 边界上，有沿 $y$ 方向的均布载荷作用。此问题无解析解，为得到接近于真实的解答，采用逐步加密网格的方法进行多次计算。图 2.9 所示的是结点数为 11×10 的有限元网格图。

图 2.10(a)，(b)所示是用 11×10 结点数的网格计算得到的 $\sigma_y$（沿 $y=0$ 边）和 $\sigma_x$（沿 $x=0$ 边）的分布图。图中还给出了具有中心小圆孔无穷大板及无孔板的理论解，以便比较。从图 2.10 可见，在 $x=1\text{cm}, y=0$ 和 $x=0, y=1\text{cm}$ 的孔边，$\sigma_y$ 和 $\sigma_x$ 比中心圆孔无穷大板有更大的应力集中系数。但在远离孔边处，$y=0$ 边界上的 $\sigma_y$ 小于后者，而且 $x=0$

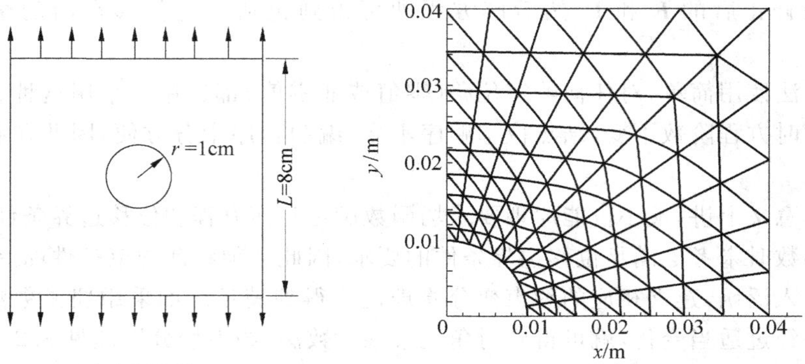


(a) 几何形状 (b) 有限元网格

图 2.9 中心圆孔方板受均匀拉伸

边界上的 $\sigma_x$ 还出现了和孔边附近 $\sigma_x$ 相反方向的拉应力。这是由于作用于计算模型边界上的外力必须满足总体平衡条件(即 $x$ 方向和 $y$ 方向的主向量为零,和绕平面上任一点主力矩为零)的结果。

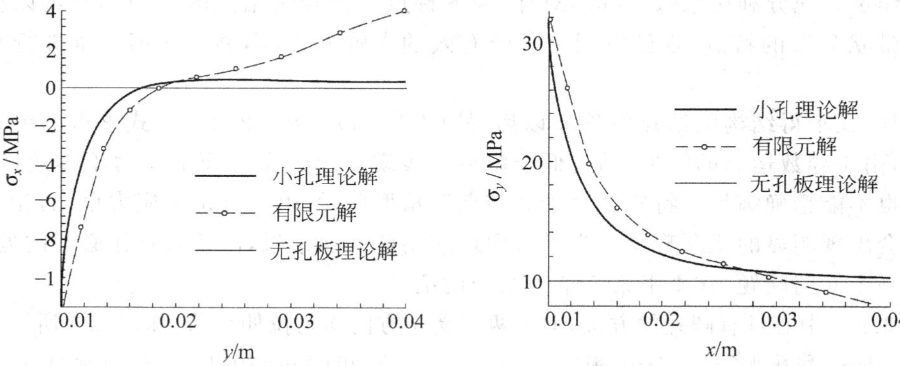


(a) $\sigma_x$沿 $y$ 轴分布 (b) $\sigma_y$沿 $x$ 轴分布

图 2.10 应力沿坐标轴的分布

采用不同密度网格计算得到的 $x=1\text{cm}, y=0$ 孔边 $\sigma_y$ 的应力集中系数列表如下:

| 网格结点数 | 11×10 | 21×22 | 31×34 | 41×45 |
|---|---|---|---|---|
| 应力集中系数 $k$ | 3.257 | 3.544 | 3.566 | 3.568 |

由表可见,随着网格的加密,计算得到的应力集中系数 $k$ 逐渐加大,而加密到一定密度以后,$k$ 的数值趋于稳定。

需要指出的是，由于分析中采用的 3 结点三角形单元是常应力单元，计算得到的应力代表单元中心的应力，而且此应力在相邻单元之间常出现明显的跳跃。为了得到单元边界和结点的应力仍需要进行适当的处理。此例中采用的处理方法是将组成四边形的两个相邻三角形单元的应力加以平均后，作为四边形形心处的应力，然后再利用此平均应力值进行插值外推或用最小二乘拟合得到单元边界和结点的应力。

## 2.3　广义坐标有限元法的一般格式

2.2 节的讨论是针对 3 结点三角形单元，但所建立的弹性力学平面问题的有限元格式，实际上体现了利用广义坐标有限元对弹性力学问题进行有限元分析的一般格式和步骤。它包含了单元位移模式和插值函数的构造，以及利用已选定的单元对弹性力学问题进行分析的执行步骤这两个部分。以下分别对它们加以总结和进一步阐述。

### 2.3.1　广义坐标有限元位移模式的选择和插值函数的构造

将二维或三维连续体离散为有限个单元的集合体时，通常要求单元具有简单而规则的几何形状以便于计算。常用的二维单元有三角形或矩形，常用的三维单元有四面体（四角锥）、五面体或平行六面体。同样形状的单元还可有不同的单元结点数，如二维三角单元除 3 结点外还可有 6 结点、10 结点的三角形单元，因此单元种类繁多。图 2.11 中列举了一些二、三维问题中常用的单元形式。如何选择合适的单元进行计算，涉及求解问题的类型、对计算精度的要求以及经济性等多方面的因素。这一节要讨论的是：选择广义坐标有限元位移模式的一般原则，以及建立单元位移插值函数的一般步骤。

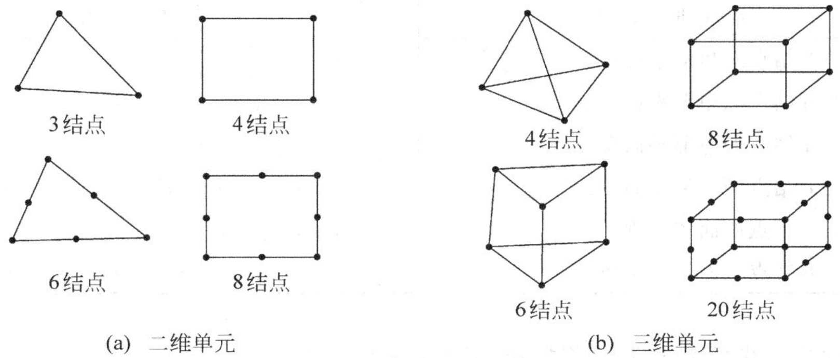


图 2.11　二、三维常用单元举例

1. 选择广义坐标有限元位移模式的一般原则

单元中的位移模式一般采用以广义坐标 $\beta$ 为待定参数的有限项多项式作为近似函数，如 3 结点三角形单元的(2.2.1)式。有限项多项式选取的原则应考虑以下几点：

(1) 广义坐标是由结点场变量确定的，因此它的个数应与结点自由度数相等。如 3 结点三角形单元有 6 个结点自由度(结点位移)，广义坐标个数应取 6 个，因此两个方向的位移 $u$ 和 $v$ 各取三项多项式。对于 4 结点的矩形单元，广义坐标数为 8，位移函数可取四项多项式作为近似函数。

(2) 选取多项式时，常数项和坐标的一次项必须完备。位移模式中的常数项和一次项反映了单元刚体位移和常应变的特性。当划分的单元数趋于无穷时，单元缩小趋于一点，此时单元应变应趋于常应变。

为了保证单元这两种最基本的特性能得到满足，因此要求位移模式中一定要有常数项和完备的一次项。3 结点三角形单元的位移模式正好满足这个基本要求。

(3) 多项式的选取应由低阶到高阶，尽量选取完全多项式以提高单元的精度。一般来说，对于单元边每边具有两个端结点的应保证一次完全多项式，如图 2.11 中的二维 3 结点、4 结点单元或三维 4 结点、6 结点单元及 8 结点单元。每边有 3 个结点时应取二次完全多项式，如图中的二维 6 结点、8 结点单元和三维 20 结点单元。若由于项数限制不能选取完全多项式时，选择的多项式应具有坐标的对称性。并且一个坐标方向的次数不应超过完全多项式的次数，以保证相邻单元交界面(线)上位移的协调性。

基于上述一般原则，现将几种常见单元的位移模式作为示例列于表 2.1 中。

**表 2.1 不同形式广义坐标有限元的位移模式**

| 单元形式 | 位移模式 |
|---|---|
| 3 结点三角形平面单元 | $1 \quad x \quad y$ |
| 6 结点三角形平面单元 | $1 \quad x \quad y \quad x^2 \quad xy \quad y^2$ |
| 4 结点四边形平面单元 | $1 \quad x \quad y \quad xy$ |
| 8 结点四边形平面单元 | $1 \quad x \quad y \quad x^2 \quad xy \quad y^2 \quad x^2y \quad xy^2$ |
| 4 结点四面体三维单元 | $1 \quad x \quad y \quad z$ |
| 8 结点六面体三维单元 | $1 \quad x \quad y \quad z \quad xy \quad yz \quad zx \quad xyz$ |

2. 建立广义坐标有限元位移插值函数的一般步骤

在选定了广义坐标有限元的位移模式以后，在利用它进行具体问题的分析以前，重要的步骤是建立单元位移场的插值函数表达式。现以二维问题为例，结合在 2.2 节已讨论过的 3 结点三角形单元的相应步骤和表达式，给出广义坐标有限元的一般步骤和表达式，以便读者掌握和应用。竖线右侧以三角形常应变单元为对照。

（1）以广义坐标$\boldsymbol{\beta}$为待定参数，给出单元内位移 $\boldsymbol{u}$

$$\boldsymbol{u} = \boldsymbol{\Phi}\boldsymbol{\beta} \tag{2.3.1}$$

对于二维问题

$$\boldsymbol{u} = \begin{Bmatrix} u \\ v \end{Bmatrix}$$

$$\boldsymbol{\beta} = [\beta_1 \quad \beta_2 \quad \cdots]^{\mathrm{T}}$$

$$\boldsymbol{\Phi} = \begin{bmatrix} \boldsymbol{\varphi} & 0 \\ 0 & \boldsymbol{\varphi} \end{bmatrix}$$

以三角形常应变单元为例

（局部结点编码 $i,j,m$ 用 1,2,3 代替）

$$u = \beta_1 + \beta_2 x + \beta_3 y$$

$$v = \beta_4 + \beta_5 x + \beta_6 y$$

$$\boldsymbol{\beta} = [\beta_1 \quad \beta_2 \quad \cdots \quad \beta_6]^{\mathrm{T}}$$

$$\boldsymbol{\varphi} = [1 \quad x \quad y]$$

（2）用单元结点位移 $\tilde{\boldsymbol{a}}^e$ 表示广义坐标$\boldsymbol{\beta}$

惯用的单元结点位移排列是

$$\boldsymbol{a}^e = [u_1 \quad v_1 \quad u_2 \quad v_2 \quad \cdots]^{\mathrm{T}}$$

为便于求解广义坐标$\boldsymbol{\beta}$，可采用另一表示方法，如

$$\tilde{\boldsymbol{a}}^e = [u_1 \quad u_2 \quad \cdots \quad v_1 \quad v_2 \quad \cdots]^{\mathrm{T}}$$

（2.3.1）式中代入单元结点坐标得到

$$\tilde{\boldsymbol{a}}^e = \boldsymbol{A}\boldsymbol{\beta} \tag{2.3.2}$$

对于二维问题，则有

$$\boldsymbol{A} = \begin{bmatrix} \tilde{\mathbf{A}} & 0 \\ 0 & \tilde{\mathbf{A}} \end{bmatrix}$$

由（2.3.2）式解出 $\boldsymbol{\beta}$

$$\tilde{\boldsymbol{a}}^e = [u_1 \quad u_2 \quad u_3 \quad v_1 \quad v_2 \quad v_3]^{\mathrm{T}}$$

$$\tilde{\mathbf{A}} = \begin{bmatrix} 1 & x_1 & y_1 \\ 1 & x_2 & y_2 \\ 1 & x_3 & y_3 \end{bmatrix}$$

$$\boldsymbol{\beta} = \boldsymbol{A}^{-1}\tilde{a}^e \tag{2.3.3}$$

对于二维问题，则有

$$\boldsymbol{A}^{-1} = \begin{bmatrix} \tilde{\boldsymbol{A}}^{-1} & 0 \\ 0 & \tilde{\boldsymbol{A}}^{-1} \end{bmatrix}$$

$$\tilde{\mathbf{A}}^{-1} = \frac{1}{\det\tilde{\mathbf{A}}} \begin{bmatrix} a_1 & a_2 & a_3 \\ b_1 & b_2 & b_3 \\ c_1 & c_2 & c_3 \end{bmatrix}$$

其中
$$\det\tilde{\mathbf{A}} = |\tilde{\mathbf{A}}| = 2A = a_1 + a_2 + a_3 = b_2 c_3 - b_3 c_2$$

(3) 以单元结点位移 $\boldsymbol{a}^e$ 表示单元位移函数 $\boldsymbol{u}$，得到单元插值函数矩阵 $\boldsymbol{N}$。将(2.3.3)式代入(2.3.1)式，则有

$$\boldsymbol{u} = \boldsymbol{\Phi A}^{-1}\tilde{\boldsymbol{a}}^e = \tilde{\boldsymbol{N}}\tilde{\boldsymbol{a}}^e \tag{2.3.4}$$

对于二维问题，则有

$$\tilde{\boldsymbol{N}} = \begin{bmatrix} \boldsymbol{N}^* & 0 \\ 0 & \boldsymbol{N}^* \end{bmatrix}$$

$$\boldsymbol{N}^* = \boldsymbol{\phi}\tilde{\boldsymbol{A}}^{-1} = [N_1 \quad N_2 \quad \cdots]$$

$$\boldsymbol{N}^* = \boldsymbol{\phi}_{1\times 3}\tilde{\boldsymbol{A}}^{-1}_{3\times 3} = [N_1 \quad N_2 \quad N_3]$$

$$N_i = \frac{1}{2A}(a_i + b_i x + c_i y) \quad (i = 1,2,3)$$

$$\tilde{\boldsymbol{N}} = \begin{bmatrix} N_1 & N_2 & N_3 & 0 & 0 & 0 \\ 0 & 0 & 0 & N_1 & N_2 & N_3 \end{bmatrix}$$

将结点位移 $\tilde{\boldsymbol{a}}^e$ 改为一般排列顺序 $\boldsymbol{a}^e$，则有

$$\boldsymbol{u} = \boldsymbol{N}\boldsymbol{a}^e \tag{2.3.5}$$

其中 $\boldsymbol{N} = [\boldsymbol{N}_1 \quad \boldsymbol{N}_2 \quad \boldsymbol{N}_3 \quad \cdots]$

$$\boldsymbol{N} = [\boldsymbol{N}_1 \quad \boldsymbol{N}_2 \quad \boldsymbol{N}_3]$$

$$\boldsymbol{N}_i = \boldsymbol{I}N_i \quad (i = 1,2,3)$$

(4) 以单元结点位移 $\boldsymbol{a}^e$ 表示单元应变，并得到应变矩阵 $\boldsymbol{B}$

$$\boldsymbol{\varepsilon} = \mathbf{L}\boldsymbol{u} = \boldsymbol{B}\boldsymbol{a}^e \tag{2.3.6}$$

对于二维问题，则有

$$\boldsymbol{\varepsilon} = [\varepsilon_x \quad \varepsilon_y \quad \gamma_{xy}]^{\mathrm{T}}$$

$$\mathbf{L} = \begin{bmatrix} \dfrac{\partial}{\partial x} & 0 & \dfrac{\partial}{\partial y} \\ 0 & \dfrac{\partial}{\partial y} & \dfrac{\partial}{\partial x} \end{bmatrix}^{\mathrm{T}}$$

$$\boldsymbol{B} = \mathbf{L}\boldsymbol{N}$$

$$\boldsymbol{B} = [B_i \quad B_j \quad B_m]$$

$$\boldsymbol{B}_i = \frac{1}{2A}\begin{bmatrix} b_i & 0 \\ 0 & c_i \\ c_i & b_i \end{bmatrix} \quad (i,j,m)$$

## 2.3.2 弹性力学问题有限元分析的执行步骤

在根据问题的类型和性质选定了单元的形式并构造了它的插值函数以后，可按以下步骤对问题进行有限元分析：

(1) 对结构进行离散。按问题的几何特点和精度要求等因素划分单元并形成网格，即将原来的连续体离散为在结点处相互联结的有限单元组合体。

(2) 形成单元的刚度矩阵和等效结点载荷列阵。参照(2.2.28)第1式，单元刚度矩阵的一般表达式为

$$\boldsymbol{K}^e = \int_{V_e} \boldsymbol{B}^{\mathrm{T}}\boldsymbol{D}\boldsymbol{B}\,\mathrm{d}V \tag{2.3.7}$$

其中，$\boldsymbol{B}$ 是应变矩阵，$\boldsymbol{D}$ 是材料弹性矩阵(参见第1章表1.2)，$V_e$ 是单元体积。

参照(2.2.28)后3式，并考虑单元存在初应力和初应变情况，单元等效结点载荷列阵

的一般表达式为

$$\boldsymbol{P}^e=\boldsymbol{P}_f^e+\boldsymbol{P}_S^e+\boldsymbol{P}_{\sigma_0}^e+\boldsymbol{P}_{\varepsilon_0}^e \tag{2.3.8}$$

其中，$\boldsymbol{P}_f^e$，$\boldsymbol{P}_s^e$，$\boldsymbol{P}_{\sigma_0}^e$，$\boldsymbol{P}_{\varepsilon_0}^e$ 分别是和作用于单元的体积力 $\boldsymbol{f}$、边界分布力 $\boldsymbol{T}$、单元内的初应力 $\boldsymbol{\sigma}_0$、初应变 $\boldsymbol{\varepsilon}_0$ 等效的结点载荷列阵。它们分别为

$$\begin{aligned}&\boldsymbol{P}_f^e=\int_{V_e}\boldsymbol{N}^{\mathrm{T}}\boldsymbol{f}\mathrm{d}V \qquad \boldsymbol{P}_S^e=\int_{S_\sigma^e}\boldsymbol{N}^{\mathrm{T}}\boldsymbol{T}\mathrm{d}S\\&\boldsymbol{P}_{\sigma_0}^e=-\int_{V_e}\boldsymbol{B}^{\mathrm{T}}\boldsymbol{\sigma}_0\mathrm{d}V \quad \boldsymbol{P}_{\varepsilon_0}^e=\int_{V_e}\boldsymbol{B}^{\mathrm{T}}\boldsymbol{D}\boldsymbol{\varepsilon}_0\mathrm{d}V\end{aligned} \tag{2.3.9}$$

(3) 集成结构的刚度矩阵和等效结点载荷列阵。

$$\boldsymbol{K}=\sum_e\boldsymbol{K}^e=\sum_e\int_{V_e}\boldsymbol{B}^{\mathrm{T}}\boldsymbol{D}\boldsymbol{B}\mathrm{d}V \tag{2.3.10}$$

$$\begin{aligned}\boldsymbol{P}&=\boldsymbol{P}_f+\boldsymbol{P}_S+\boldsymbol{P}_{\sigma_0}+\boldsymbol{P}_{\varepsilon_0}+\boldsymbol{P}_F\\&=\sum_e(\boldsymbol{P}_f^e+\boldsymbol{P}_S^e+\boldsymbol{P}_{\sigma_0}^e+\boldsymbol{P}_{\varepsilon_0}^e)+\boldsymbol{P}_F\end{aligned} \tag{2.3.11}$$

其中 $\boldsymbol{P}_F$ 是直接作用于结点的集中力。

(4) 引入强制(给定位移)边界条件。

(5) 求解有限元求解方程(线性代数方程组)，得到结点位移 $\boldsymbol{a}$。

$$\boldsymbol{K}\boldsymbol{a}=\boldsymbol{P} \tag{2.3.12}$$

(6) 计算单元应变和应力。

$$\begin{aligned}\boldsymbol{\varepsilon}&=\boldsymbol{B}\boldsymbol{a}^e\\\boldsymbol{\sigma}&=\boldsymbol{D}(\boldsymbol{\varepsilon}-\boldsymbol{\varepsilon}_0)+\boldsymbol{\sigma}_0=\boldsymbol{D}\boldsymbol{B}\boldsymbol{a}^e-\boldsymbol{D}\boldsymbol{\varepsilon}_0+\boldsymbol{\sigma}_0\end{aligned} \tag{2.3.13}$$

(7) 进行必要的后处理。

由以上讨论可见，基于最小位能原理，利用位移有限元对弹性力学问题进行分析，只要选定单元模式，划分好网格，其计算执行的步骤是完全标准化了的。这是有限元法得到广泛应用的重要原因。我们可以方便地将它应用于各类弹性力学问题。本章 2.5 节以经常遇到的轴对称问题为例介绍它的一种应用。

当然，以上给出的有限元分析的执行步骤仍属于总体框架性质的，环绕着精度和效率这两个总命题，每一步骤中仍有相当多的理论性和技术性的问题需要研究，这将在本书以后的有关章节中予以讨论。

还应指出的是，从 2.3.1 节关于广义坐标有限元插值函数的构造过程可以看到，当用单元结点位移 $\boldsymbol{a}^e$ 表示广义坐标 $\boldsymbol{\beta}$ 时，需要对由结点坐标组成的矩阵 $\boldsymbol{A}$ 求逆(参见(2.3.3)式)，这不仅有计算上的麻烦，而且由于单元形状的各异，可能出现因 $\boldsymbol{A}$ 奇异而求逆失败的情况。如果进一步考虑单元刚度矩阵和等效结点载荷列阵的形成，将会涉及体积分和面积分的计算，对于广义坐标有限元，积分域随单元而异，特别是形状不规则的情况，将使计算复杂化。因此，本书第 3、4 两章将着重讨论单元插值函数建立于标准化的局部坐标

系(自然坐标系)并经过变换到总体坐标系(物理坐标系)的等参变换单元。此类单元可以避免广义坐标有限元的上述两个缺点。

## 2.4 有限元解的性质和收敛准则

### 2.4.1 有限元解的收敛准则

将这一章前面讨论的内容与第1章比较可以看出,有限元法作为求解微分方程的一种数值方法可以认为是里兹法的一种特殊形式,不同之处在于有限元法的试探函数是定义于单元(子域)而不是全域。因此有限元解的收敛性可以与里兹法的收敛性对比进行讨论。里兹法的收敛条件是要求试探函数具有完备性和连续性(见1.3.2节),即如果试探函数满足完备性和连续性要求,当试探函数的项数 $n\rightarrow\infty$ 时,则里兹法的近似解将趋近于微分方程的精确解。现在要研究什么是有限元解的收敛性提法,收敛的条件又是什么。

在有限元法中,场函数的总体泛函是由单元泛函集成的。如果采用完全多项式作为单元的插值函数(即试探函数),则有限元解在一个有限尺寸的单元内可以精确地和精确解一致。但是实际上有限元的试探函数只能取有限项多项式,因此有限元解只能是精确解的一个近似解答。有限元解的收敛准则需要回答的是,在什么条件下当单元尺寸趋于零时,有限元解趋于精确解。

下面仍以含有一个待求的标量场函数为例,微分方程是

$$\mathrm{A}(\phi)=\mathrm{L}(\phi)+b=0 \tag{2.4.1}$$

相应的泛函是

$$\Pi=\int_{\Omega}\left[\frac{1}{2}C(\phi)C(\phi)+\phi b\right]\mathrm{d}\Omega+\mathrm{b.\,t} \tag{2.4.2}$$

假定泛函 $\Pi$ 中包含 $\phi$ 和它的直至 $m$ 阶的各阶导数,若 $m$ 阶导数是非零的,则近似函数 $\tilde{\phi}$ 至少必须是 $m$ 次多项式。若取 $p$ 次完全多项式为试探函数,则必须满足 $p\geqslant m$。假设 $\phi$ 仅是 $x$ 的函数,则 $\tilde{\phi}$ 及其各阶导数在一个单元内的表达式如下:

$$\begin{aligned}
&\tilde{\phi}=\beta_0+\beta_1 x+\beta_2 x^2+\beta_3 x^3+\cdots+\beta_p x^p\\
&\frac{\mathrm{d}\tilde{\phi}}{\mathrm{d}x}=\beta_1+2\beta_2 x+3\beta_3 x^2+\cdots+p\beta_p x^{p-1}\\
&\frac{\mathrm{d}^2\tilde{\phi}}{\mathrm{d}x^2}=2\beta_2+6\beta_3 x+\cdots+p(p-1)\beta_p x^{p-2}\\
&\cdots\cdots\\
&\frac{\mathrm{d}^m\tilde{\phi}}{\mathrm{d}x^m}=m!\beta_m+(m+1)!\beta_{m+1}x+\cdots+\frac{p!}{(p-m)!}\beta_p x^{p-m}
\end{aligned} \tag{2.4.3}$$

由上式可见，因为 $\tilde{\phi}$ 是 $p$ 次完全多项式，所以它的直至 $m$ 阶导数的表达式中都包含有常数项。当单元尺寸趋于零时，在每一单元内 $\tilde{\phi}$ 及其直至 $m$ 阶导数将趋于它的精确值，即趋于常数。因此，每一个单元的泛函有可能趋于它的精确值。如果试探函数还满足连续性要求，那么整个系统的泛函将趋于它的精确值。有限元解就趋于精确解，也就是说解是收敛的。

从上述讨论可以得到下列收敛准则。

**准则 1**　完备性要求。如果出现在泛函中场函数的最高阶导数是 $m$ 阶，则有限元解收敛的条件之一是单元内场函数的试探函数至少是 $m$ 次完全多项式。或者说试探函数中必须包括本身和直至 $m$ 阶导数为常数的项。

当单元的插值函数满足上述要求时，称这样的单元是完备的。

至于连续性的要求，当试探函数是多项式的情况下，单元内部函数的连续性显然是满足的，如试探函数是 $m$ 次多项式，则单元内部满足 $C_{m-1}$ 连续性要求。因此需要特别注意的是单元交界面上的连续性，这就提出了另一个收敛准则。

**准则 2**　协调性要求。如果出现在泛函中的最高阶导数是 $m$ 阶，则试探函数在单元交界面上必须具有 $C_{m-1}$ 连续性，即在相邻单元的交界面上函数应有直至 $m-1$ 阶的连续导数。

当单元的插值函数满足上述要求时，称这样的单元是协调的。

简单地说，当选取的单元既完备又协调时，有限元解是收敛的，即当单元尺寸趋于零时，有限元解趋于精确解。

需要补充说明的是，关于前面所述有限元解收敛于微分方程精确解的进一步含义。因为微分方程的精确解往往不一定能够得到，甚至问题的微分方程并未建立(例如对于复杂形式的结构)。同时有限元解中通常包含多种误差。因此，在更严格的意义上说，有限元解收敛于精确解是指有限元解的离散误差趋于零。所谓离散误差是指一个连续的求解域被划分成有限个子域(单元)时，由单元的试探函数近似整体域的场函数所引起的误差。

另一主要误差是计算机有限的有效位数(字长)所引起的，它包含舍入(四舍五入)误差和截断(原来的实际位数被截取为计算机允许的有限位数)误差。前者带有概率的性质，主要靠增加有效位数(如采用双精度计算)和减少运算次数(如采用有效的计算方法和合理的程序结构)来控制。后者除与有效位数直接有关外，还与结构(最终表现为刚度矩阵)的性质有密切关系。例如结构在不同方向的刚度相差过于悬殊，可能使最后的代数方程组成为病态，从而使解答的误差很大，甚至导致求解失败。

### 2.4.2　收敛准则的物理意义

为了从物理意义上加深对收敛准则的理解，下面以平面问题为例加以说明。

在平面问题中，泛函 $\Pi_p$ 中出现的是位移 $u$ 和 $v$ 的一次导数，即 $\varepsilon_x, \varepsilon_y, \gamma_{xy}$，因此 $m=1$。

收敛准则1要求插值函数或位移函数至少是 $x,y$ 的一次完全多项式。我们知道位移及其一阶导数为常数的项是代表与单元的刚体位移和常应变状态相应的位移模式。实际分析中，各单元的变形往往包含着刚体位移，同时当单元尺寸趋于无穷小时，各单元的应变也总是趋于常应变。所以完备性要求由插值函数所构成的有限元解必须能反映单元的刚体位移和常应变状态。若不能满足上述要求，那么赋予结点以单元刚体位移（零应变）或常应变的位移值时，在单元内部将产生非零或非常值的应变，这样有限元解将不可能收敛于精确解。

应该指出，在 Bazeley 等人开始提出上述收敛准则时，是要求在单元尺寸趋于零的极限情况下满足完备性收敛准则。如果将此收敛准则用于有限尺寸的单元，将使解的精度得到改进。

对于平面问题，协调性要求是 $C_0$ 连续性，即要求位移函数 $u,v$ 的零阶导数，也就是位移函数自身在单元交界面上是连续的。如果在单元交界面上位移不连续，表现为当结构变形时将在相邻单元间产生缝隙或重叠，这意味着将引起无限大的应变，这时应该将发生在交界面上的附加应变能补充到系统的应变能中去。但在建立泛函 $\Pi_p$ 时，没有考虑到这种情况，只考虑了产生于各个单元内部的应变能。因此，当边界上位移不连续时，则有限元解就不可能收敛于精确解。

可以看出，最简单的3结点三角形单元的插值函数既满足完备性要求，也满足协调性要求。因此采用此种单元，解是收敛的。

应当指出，对于二、三维弹性力学问题，泛函中出现的导数是一阶（$m=1$）。对近似的位移函数的连续性要求仅是 $C_0$ 连续性，这种只要求函数自身在单元边界连续的要求很容易得到满足。

需要指出的是，当泛函中出现的导数高于一阶（例如板壳问题，泛函中出现的导数是2阶）时，则要求试探函数在单元交界面上具有连续的一阶或高于一阶的导数，即具有 $C_1$ 或更高的连续性，这时构造单元的插值函数比较困难。在某些情况下，可以放松对协调性的要求，只要这种单元能通过分片试验，有限元解仍然可以收敛于正确的解答。这种单元称为非协调元，将在第5章以及板壳有限元中分别加以讨论。

### 2.4.3 位移元解的下限性质

以位移为基本未知量，并基于最小位能原理建立的有限元称之为位移元。通过系统总位能的变分过程，可以分析位移元的近似解与精确解偏离的下限性质。

系统总位能的离散形式为

$$\Pi_p = \frac{1}{2}\boldsymbol{a}^T \boldsymbol{K}\boldsymbol{a} - \boldsymbol{a}^T \boldsymbol{P} \tag{2.4.4}$$

由变分 $\delta\Pi_p=0$ 得到有限元求解方程

$$\boldsymbol{K a} = \boldsymbol{P} \tag{2.3.12}$$

将(2.3.12)式代入(2.4.4)式得到

$$\Pi_{\mathrm{p}} = \frac{1}{2}\boldsymbol{a}^{\mathrm{T}}\boldsymbol{K a} - \boldsymbol{a}^{\mathrm{T}}\boldsymbol{K a} = -\frac{1}{2}\boldsymbol{a}^{\mathrm{T}}\boldsymbol{K a} = -U \tag{2.4.5}$$

在平衡情况下，系统总位能等于负的应变能。因此 $\Pi_{\mathrm{p}} \Rightarrow \Pi_{\mathrm{pmin}}$，则 $U \Rightarrow U_{\max}$。

在有限元解中，由于假定的近似位移模式一般来说总是与精确解有差别，因此得到的系统总位能总会比真正的总位能要大。我们将有限元解的总位能、应变能、刚度矩阵和结点位移用 $\tilde{\Pi}_{\mathrm{p}}, \tilde{U}, \tilde{\boldsymbol{K}}, \tilde{\boldsymbol{a}}$ 表示，相应的精确解的有关量用 $\Pi_{\mathrm{p}}, U, \boldsymbol{K}, \boldsymbol{a}$ 表示。由于 $\tilde{\Pi}_{\mathrm{p}} \geqslant \Pi_{\mathrm{p}}$，则有 $\tilde{U} \leqslant U$，即

$$\tilde{\boldsymbol{a}}^{\mathrm{T}}\tilde{\boldsymbol{K}}\tilde{\boldsymbol{a}} \leqslant \boldsymbol{a}^{\mathrm{T}}\boldsymbol{K a} \tag{2.4.6}$$

对于精确解有 $\boldsymbol{K a} = \boldsymbol{P}$

对于近似解有 $\tilde{\boldsymbol{K}}\tilde{\boldsymbol{a}} = \boldsymbol{P}$ (2.4.7)

将(2.4.7)式代入(2.4.6)式得到

$$\tilde{\boldsymbol{a}}^{\mathrm{T}}\boldsymbol{P} \leqslant \boldsymbol{a}^{\mathrm{T}}\boldsymbol{P} \tag{2.4.8}$$

由(2.4.8)式看出，近似解应变能小于精确解应变能的原因是由于近似解的位移 $\tilde{\boldsymbol{a}}$ 总体上要小于精确解的位移 $\boldsymbol{a}$。故位移元得到的位移解总体上不大于精确解，即解具有下限性质。

位移解的下限性质可以解释如下：单元原是连续体的一部分，具有无限多个自由度。在假定了单元的位移函数后，自由度限制为只有以结点位移表示的有限自由度，即位移函数对单元的变形进行了约束和限制，使单元的刚度较实际连续体加强了，因此连续体的整体刚度随之增加，离散后的 $\tilde{\boldsymbol{K}}$ 较实际的 $\boldsymbol{K}$ 为大，因此求得的位移近似解总体上(而不是每一点)将小于精确解。

## 2.5 轴对称问题的有限元格式

作为弹性力学问题有限元分析一般格式的直接应用，本节将讨论工程中经常遇到的一类实际结构问题，即它们的几何形状、约束条件以及作用的载荷都对称于某一固定轴，我们称它为对称轴，则在载荷作用下产生的位移、应变和应力也对称于此轴。这种问题称为轴对称问题。

在轴对称问题中，通常采用圆柱坐标系$(r,\theta,z)$。以对称轴作为 $z$ 轴，所有应力、应变和位移都与 $\theta$ 方向无关，只是 $r$ 和 $z$ 的函数。任一点的位移只有两个方向的分量，即沿 $r$ 方向的径向位移 $u$ 和沿 $z$ 方向的轴向位移 $w$。由于轴对称，$\theta$ 方向的位移 $v$ 等于零。因此

轴对称问题是二维问题。

离散轴对称体时，采用的单元是一些圆环。这些圆环单元与 $rz$ 平面正交的截面可以有不同的形状，例如3结点三角形、6结点三角形、4结点四边形、8结点四边形等。单元的结点是圆周状的铰链，并且各单元在 $rz$ 平面内形成网格。图2.12所示为3结点三角形环状单元。

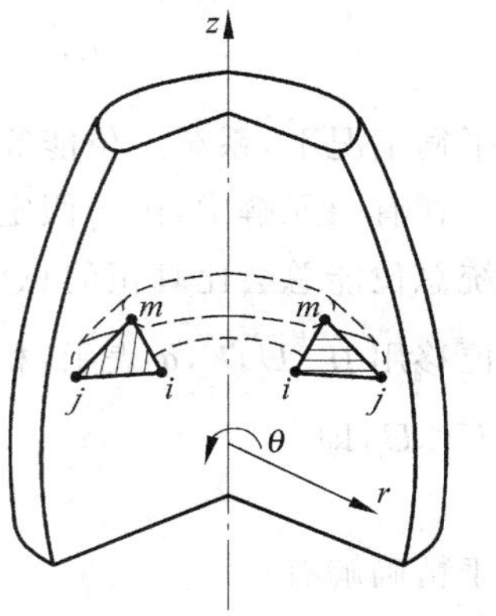

图 2.12 三角形环状单元

对轴对称问题进行计算时，只需取出一个截面进行网格划分和分析，但应注意到单元是圆环状的，所有的结点载荷都应理解为作用在单元结点所在的圆周上。

本节仍主要以3结点三角形环状单元为例进行讨论。这种单元适应性好、计算简单，是一种常用的最简单的单元。其他单元有限元格式的建立，途径是一样的。而另一类常用的等参元，将在第4章集中进行讨论。

## 2.5.1 3结点三角形环状单元的插值函数及应力应变矩阵

1. 位移模式和插值函数

取出环状单元的一个截面 $ijm$ 如图2.13所示。单元结点位移为

$$\boldsymbol{a}^e = \begin{bmatrix} \boldsymbol{a}_i \\ \boldsymbol{a}_j \\ \boldsymbol{a}_m \end{bmatrix} = \begin{Bmatrix} u_i \\ w_i \\ u_j \\ w_j \\ u_m \\ w_m \end{Bmatrix}$$

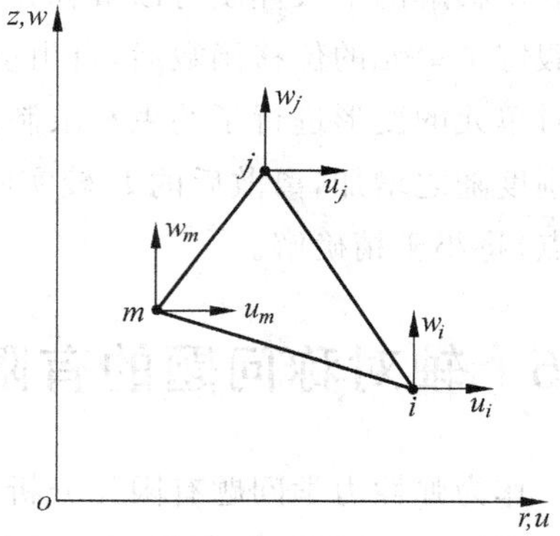

图 2.13 3结点三角形环状单元的 $rz$ 截面

选择线性位移模式

$$\boldsymbol{u} = \begin{bmatrix} u \\ w \end{bmatrix} = \boldsymbol{\Phi\beta} \qquad (2.5.1)$$

其中

$$\boldsymbol{\Phi} = \begin{bmatrix} \boldsymbol{\phi} & 0 \\ 0 & \boldsymbol{\phi} \end{bmatrix} \qquad \boldsymbol{\phi} = [1 \quad r \quad z]$$

$$\boldsymbol{\beta} = [\beta_1 \quad \beta_2 \quad \cdots \quad \beta_6]^{\mathrm{T}}$$

与平面问题类同，可以用6个结点位移表示6个广义坐标 $\beta_1 \sim \beta_6$，代回(2.5.1)式可以得到与平面问题类似的表达式，即

$$
\begin{aligned}
u &= N_i u_i + N_j u_j + N_m u_m \\
w &= N_i w_i + N_j w_j + N_m w_m
\end{aligned} \tag{2.5.2}
$$

式中 $N_i, N_j, N_m$ 为插值函数。

$$
N_i = \frac{1}{2A}(a_i + b_i r + c_i z) \quad (i,j,m) \tag{2.5.3}
$$

其中 $A$ 是三角形环状单元的截面积，并且有

$$
2A = \begin{vmatrix} 1 & r_i & z_i \\ 1 & r_j & z_j \\ 1 & r_m & z_m \end{vmatrix}
$$

以及

$$
a_i = r_j z_m - r_m z_j \qquad b_i = z_j - z_m \qquad c_i = -(r_j - r_m) \tag{2.5.4}
$$

(2.5.2)式的矩阵表达式是

$$
\boldsymbol{u} = \begin{bmatrix} u \\ w \end{bmatrix} = \boldsymbol{N}\boldsymbol{a}^e = \begin{bmatrix} N_i & 0 & N_j & 0 & N_m & 0 \\ 0 & N_i & 0 & N_j & 0 & N_m \end{bmatrix} \boldsymbol{a}^e \tag{2.5.5}
$$

2. 单元应变和应力

将位移(2.5.5)式代入几何关系则得到单元应变

$$
\boldsymbol{\varepsilon} = \begin{bmatrix} \varepsilon_r \\ \varepsilon_z \\ \gamma_{rz} \\ \varepsilon_\theta \end{bmatrix} = \begin{Bmatrix} \dfrac{\partial u}{\partial r} \\ \dfrac{\partial w}{\partial z} \\ \dfrac{\partial u}{\partial z} + \dfrac{\partial w}{\partial r} \\ \dfrac{u}{r} \end{Bmatrix} = \boldsymbol{B}\boldsymbol{a}^e
$$

$$
= [\boldsymbol{B}_i \quad \boldsymbol{B}_j \quad \boldsymbol{B}_m]\boldsymbol{a}^e \tag{2.5.6}
$$

其中

$$
\boldsymbol{B}_i = \frac{1}{2A}\begin{bmatrix} b_i & 0 \\ 0 & c_i \\ c_i & b_i \\ f_i & 0 \end{bmatrix} \quad (i,j,m) \tag{2.5.7}
$$

$$
f_i = \frac{a_i}{r} + b_i + \frac{c_i z}{r} \quad (i,j,m) \tag{2.5.8}
$$

由以上二式可见，单元中的应变分量 $\varepsilon_r, \varepsilon_z, \gamma_{rz}$ 都是常量；但环向应变 $\varepsilon_\theta$ 不是常量，$f_i$，$f_j$，$f_m$ 与单元中各点的位置$(r,z)$有关。特别是结构包含对称轴$(r=0)$在内的情况时 $f_i$ 是奇异的，这将给数值计算带来麻烦。

单元应力可用应变代入弹性关系得到，即

$$\boldsymbol{\sigma} = \begin{Bmatrix} \sigma_r \\ \sigma_z \\ \tau_{rz} \\ \sigma_\theta \end{Bmatrix} = \boldsymbol{D\varepsilon} = \boldsymbol{DBa}^e = \boldsymbol{Sa}^e = [\boldsymbol{S}_i \quad \boldsymbol{S}_j \quad \boldsymbol{S}_m]\boldsymbol{a}^e \tag{2.5.9}$$

式中的弹性矩阵 $\boldsymbol{D}$ 可参见第1章表1.2。

轴对称体的应力分量如图2.14所示。$\boldsymbol{S}$ 为应力矩阵，它的每个分块 $\boldsymbol{S}_i,\boldsymbol{S}_j,\boldsymbol{S}_m$ 可表示成

$$\boldsymbol{S}_i = \frac{E(1-\nu)}{2A(1+\nu)(1-2\nu)}\begin{bmatrix} b_i + A_1 f_i & A_1 c_i \\ A_1(b_i + f_i) & c_i \\ A_2 c_i & A_2 b_i \\ A_1 b_i + f_i & A_1 c_i \end{bmatrix} \quad (i,j,m) \tag{2.5.10}$$

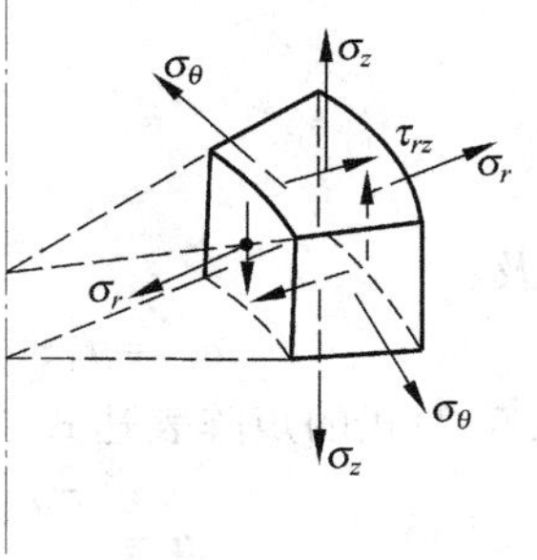

图2.14 应力分量

其中

$$A_1 = \frac{\nu}{1-\nu} \qquad A_2 = \frac{1-2\nu}{2(1-\nu)} \tag{2.5.11}$$

由(2.5.10)式可见，单元中除剪应力 $\tau_{rz}$ 外其他应力并不是常量。

## 2.5.2 3结点环状单元的单元刚度矩阵

单元刚度矩阵可参见(2.3.7)普遍公式，在轴对称的情况下有

$$\begin{aligned}\boldsymbol{K}^e &= \iiint_{V_e} \boldsymbol{B}^{\mathrm{T}} \boldsymbol{DB} r\,\mathrm{d}\theta \mathrm{d}r \mathrm{d}z \\ &= 2\pi \iint_{\Omega_e} \boldsymbol{B}^{\mathrm{T}} \boldsymbol{DB} r\,\mathrm{d}r \mathrm{d}z \end{aligned} \tag{2.5.12}$$

为了简化计算和消除在对称轴上 $r=0$ 所引起的麻烦，在计算上式被积函数中的 $r$ 和 $\boldsymbol{B}$ 中所包含的 $f_i$ 时，将单元中随点而变化的 $r,z$ 用单元截面形心处的坐标 $\bar{r}$ 和 $\bar{z}$ 来近似，即

$$\begin{aligned} r \approx \bar{r} &= \frac{1}{3}(r_i + r_j + r_m) \\ z \approx \bar{z} &= \frac{1}{3}(z_i + z_j + z_m) \end{aligned} \tag{2.5.13}$$

这样(2.5.8)式就近似为

$$f_i \approx \bar{f}_i = \frac{a_i}{\bar{r}} + b_i + \frac{c_i \bar{z}}{\bar{r}} \qquad (i,j,m)$$

作了这样的近似后，应变矩阵 $\boldsymbol{B}$ 和应力矩阵 $\boldsymbol{S}$ 都成了常量阵，根据(2.5.12)式很快

可以积出单元刚度矩阵的显式，即

$$\boldsymbol{K}^e = 2\pi\bar{r}\boldsymbol{B}^{\mathrm{T}}\boldsymbol{D}\boldsymbol{B}A = \begin{bmatrix} \boldsymbol{K}_{ii} & \boldsymbol{K}_{ij} & \boldsymbol{K}_{im} \\ \boldsymbol{K}_{ji} & \boldsymbol{K}_{jj} & \boldsymbol{K}_{jm} \\ \boldsymbol{K}_{mi} & \boldsymbol{K}_{mj} & \boldsymbol{K}_{mm} \end{bmatrix} \tag{2.5.14}$$

式中 $A$ 是三角形环状单元的截面积。对于(2.5.14)式中每一子块

$$\boldsymbol{K}_{rs} = 2\pi\bar{r}\boldsymbol{B}_r^{\mathrm{T}}\boldsymbol{D}\boldsymbol{B}_s A \tag{2.5.15}$$

代入 $\boldsymbol{B}$ 和 $\boldsymbol{D}$ 后可以得到

$$\boldsymbol{K}_{rs} = \frac{\pi E(1-\nu)\bar{r}}{2A(1+\nu)(1-2\nu)}\begin{bmatrix} K_1 & K_3 \\ K_2 & K_4 \end{bmatrix} \quad (r,s = i,j,m) \tag{2.5.16}$$

其中

$$\begin{aligned} K_1 &= b_r b_s + f_r f_s + A_1(b_r f_s + f_r b_s) + A_2 c_r c_s \\ K_2 &= A_1 c_r(b_s + f_s) + A_2 b_r c_s \\ K_3 &= A_1 c_s(b_r + f_r) + A_2 c_r b_s \\ K_4 &= c_r c_s + A_2 b_r b_s \end{aligned} \tag{2.5.17}$$

实际计算表明，只要在对称轴附近网格较细，采用上述近似计算方法，不仅计算方便，而且精度也是令人满意的。

## 2.5.3　3 结点环状单元的等效结点载荷

等效结点载荷仍参看(2.3.11)及(2.3.9)普遍公式。现在的等效结点力是由作用在环状单元上的体积力、分布面力等引起的。对于轴对称问题(2.3.9)式可以写成

$$\begin{aligned} \boldsymbol{P}_f^e &= 2\pi\iint_{\Omega_e}\boldsymbol{N}^{\mathrm{T}}\boldsymbol{f}r\,\mathrm{d}r\mathrm{d}z \\ \boldsymbol{P}_s^e &= 2\pi\int_{S_\sigma^e}\boldsymbol{N}^{\mathrm{T}}\boldsymbol{T}r\,\mathrm{d}s \\ \boldsymbol{P}_{\sigma_0}^e &= -2\pi\iint_{\Omega_e}\boldsymbol{B}^{\mathrm{T}}\boldsymbol{\sigma}_0 r\,\mathrm{d}r\mathrm{d}z \\ \boldsymbol{P}_{\varepsilon_0}^e &= 2\pi\iint_{\Omega_e}\boldsymbol{B}^{\mathrm{T}}\boldsymbol{D}\boldsymbol{\varepsilon}_0 r\,\mathrm{d}r\mathrm{d}z \\ \boldsymbol{P}_F &= 2\pi\boldsymbol{F} \end{aligned} \tag{2.5.18}$$

其中

$$\boldsymbol{F} = \begin{bmatrix} r_1\boldsymbol{F}_1 \\ r_2\boldsymbol{F}_2 \\ \vdots \\ r_n\boldsymbol{F}_n \end{bmatrix} \qquad \boldsymbol{F}_i = \begin{bmatrix} F_{ir} \\ F_{iz} \end{bmatrix} \qquad (i = 1,2,\cdots,n)$$

集中力应是作用在一圈结点上集中力的总量。式中 $r_i$ 是结点 $i$ 的 $r$ 坐标，$F_{ir}$，$F_{iz}$ 是作用在结点 $i$ 圆周每单位长度上的集中载荷在 $r$ 和 $z$ 方向的分量。

下面推导几种常见载荷的等效结点载荷。

1. 自重

若旋转对称轴 $z$ 垂直于地面，此时重力只有 $z$ 方向的分量。设单位体积的重量为 $\rho g$，则体积力为

$$\boldsymbol{f}=\begin{bmatrix} f_r \\ f_z \end{bmatrix}=\begin{bmatrix} 0 \\ -\rho g \end{bmatrix}$$

代入(2.5.18)式的第一式

$$\boldsymbol{P}_f^e=2\pi\iint_{\Omega_e}\boldsymbol{N}^{\mathrm{T}}\begin{bmatrix} 0 \\ -\rho g \end{bmatrix}r\,\mathrm{d}r\mathrm{d}z$$

对于结点 $i$ 上有

$$\boldsymbol{P}_{if}^e=2\pi\iint_{\Omega_e}N_i\begin{bmatrix} 0 \\ -\rho g \end{bmatrix}r\,\mathrm{d}r\mathrm{d}z \qquad (i,j,m) \tag{2.5.19}$$

其中

$$N_i=\frac{1}{2A}(a_i+b_ir+c_iz)$$

对于以上积分可有几种方案：(1)采用近似积分，即用单元中心的坐标 $\bar{r}$，$\bar{z}$ 代替变量 $r$，$z$；(2)在 $r$，$z$ 坐标内精确积分，但比较麻烦；(3)采用面积坐标(参见第4章4.4节)既精确又相当方便，这正是这里所采用的。此时

$$\begin{gathered} L_i=N_i \quad (i,j,m) \\ r=r_iL_i+r_jL_j+r_mL_m \end{gathered} \tag{2.5.20}$$

则有

$$\iint_{\Omega_e}N_ir\,\mathrm{d}r\mathrm{d}z=\iint_{\Omega_e}L_i(r_iL_i+r_jL_j+r_mL_m)\mathrm{d}r\mathrm{d}z \tag{2.5.21}$$

利用面积坐标的积分公式(4.4.11)式可以计算(2.5.21)式的积分，并表示为

$$\iint_{\Omega_e}N_ir\,\mathrm{d}r\mathrm{d}z=\frac{A}{12}(2r_i+r_j+r_m)=\frac{A}{12}(3\bar{r}+r_i) \qquad (i,j,m) \tag{2.5.22}$$

代入(2.5.19)式即得到

$$\boldsymbol{P}_{if}^e=\begin{bmatrix} P_{ir} \\ P_{iz} \end{bmatrix}=\begin{bmatrix} 0 \\ -\dfrac{1}{6}\pi\rho A(3\bar{r}+r_i) \end{bmatrix} \qquad (i,j,m) \tag{2.5.23}$$

2. 旋转机械的离心力

若旋转机械绕 $z$ 轴旋转的角速度为 $\omega$，则离心力载荷

$$\boldsymbol{f}=\begin{bmatrix}f_r\\f_z\end{bmatrix}=\begin{bmatrix}\rho\omega^2 r\\0\end{bmatrix}$$

$$\boldsymbol{P}_{if}^e=\begin{bmatrix}P_{ir}\\P_{iz}\end{bmatrix}=2\pi\iint_{\Omega_e}N_i\begin{bmatrix}\rho\omega^2 r\\0\end{bmatrix}r\mathrm{d}r\mathrm{d}z\quad(i,j,m)\tag{2.5.24}$$

式中积分可表示为

$$\begin{aligned}\iint_{\Omega_e}N_i r^2\mathrm{d}r\mathrm{d}z&=\iint_{\Omega_e}L_i(r_iL_i+r_jL_j+r_mL_m)^2\mathrm{d}r\mathrm{d}z\\&=\frac{A}{30}[(r_i+r_j+r_m)^2+2r_i^2-r_jr_m]\\&=\frac{A}{30}[9\bar{r}^2+2r_i^2-r_jr_m]\quad(i,j,m)\end{aligned}\tag{2.5.25}$$

代入(2.5.24)式得到离心力的等效结点载荷为

$$\boldsymbol{P}_{if}^e=\begin{bmatrix}P_{ir}\\P_{iz}\end{bmatrix}=\begin{bmatrix}\dfrac{\pi\rho\omega^2A}{15}(9\bar{r}^2+2r_i^2-r_jr_m)\\0\end{bmatrix}\quad(i,j,m)\tag{2.5.26}$$

3. 均布侧压

假设单元的 $im$ 边作用有均布侧压 $q$，以压向单元边界为正，如图 2.15 所示。面积力为

$$\boldsymbol{T}=\begin{bmatrix}T_r\\T_z\end{bmatrix}=\begin{bmatrix}q\sin\alpha\\-q\cos\alpha\end{bmatrix}=\begin{bmatrix}q\dfrac{z_m-z_i}{l_{im}}\\q\dfrac{r_i-r_m}{l_{im}}\end{bmatrix}\tag{2.5.27}$$

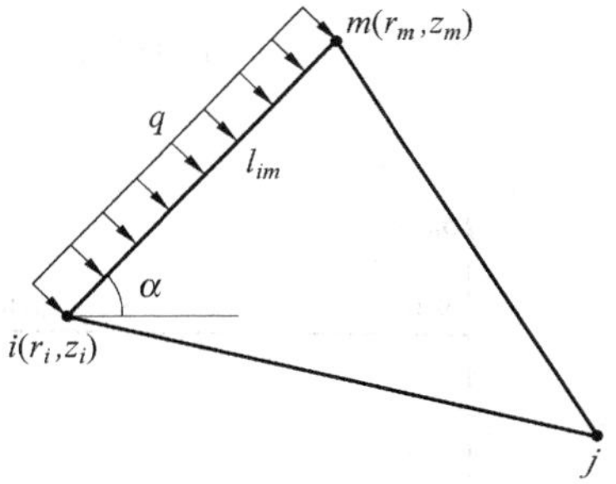

图 2.15　均布侧压载荷

式中 $r_i,z_i,r_m,z_m$ 为结点 $i$ 和结点 $m$ 的坐标，$l_{im}$ 为 $im$ 边的边长。根据(2.5.18)式的第二式可以有

$$\boldsymbol{P}_s^e=\begin{bmatrix}\boldsymbol{P}_{is}\\\boldsymbol{P}_{js}\\\boldsymbol{P}_{ms}\end{bmatrix}=2\pi\int\boldsymbol{N}^{\mathrm{T}}\begin{bmatrix}T_r\\T_z\end{bmatrix}r\mathrm{d}s$$

其中

$$\boldsymbol{P}_{is}^e=2\pi\int N_i\begin{bmatrix}q\dfrac{z_m-z_i}{l_{im}}\\q\dfrac{r_i-r_m}{l_{im}}\end{bmatrix}r\mathrm{d}s\tag{2.5.28}$$

式中积分可以表示为

$$\int N_ir\mathrm{d}s=\int L_i(r_iL_i+r_jL_j+r_mL_m)\mathrm{d}s$$

注意到沿边界 $im$ 积分时 $L_j=0$，上式积分有

$$\int N_i r \mathrm{d}s = \frac{1}{6}(2r_i + r_m)l_{im} \tag{2.5.29}$$

代入(2.5.28)式得到

$$\boldsymbol{P}_{is}^{e} = \begin{bmatrix} P_{ir} \\ P_{iz} \end{bmatrix} = \frac{1}{3}\pi q(2r_i + r_m)\begin{bmatrix} z_m - z_i \\ r_i - r_m \end{bmatrix} \tag{2.5.30}$$

同理可得

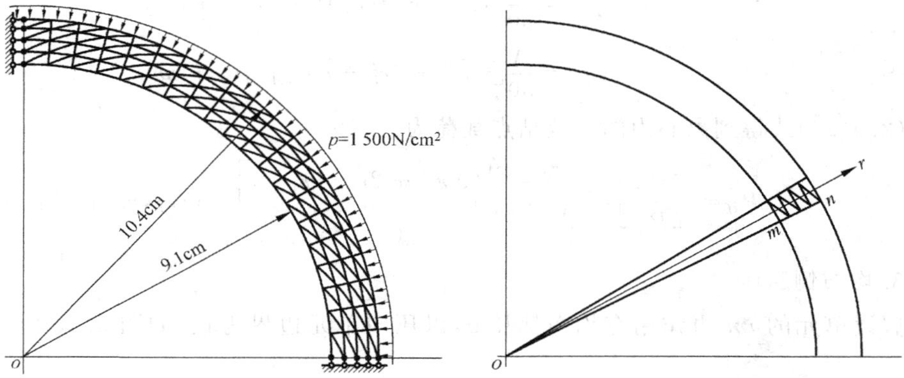


(a) 网络划分　　(b) 单元条

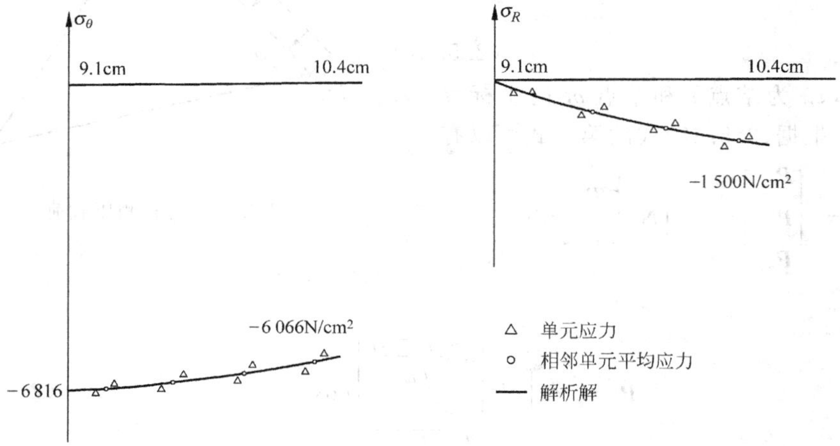


(c) 应力计算结果与解析解比较

图 2.16　厚壁球壳受外压作用

$$\boldsymbol{P}_{ms}^{e}=\begin{bmatrix}P_{mr}\\P_{mz}\end{bmatrix}=\frac{1}{3}\pi q(r_i+2r_m)\begin{bmatrix}z_m-z_i\\r_i-r_m\end{bmatrix} \tag{2.5.31}$$

由于沿 $im$ 边 $L_j=0$，所以 $\boldsymbol{P}_{js}^{e}=\boldsymbol{0}$。

**例 2.3**　厚壁圆球受外压作用。圆球外壁半径 $R_o=10.4\text{cm}$，内壁半径 $R_i=9.1\text{cm}$。外压 $p=1\,500\text{N/cm}^2$。此问题是球对称问题，现将它作为轴对称问题进行求解，分析可在 $rz$ 平面进行。由于对 $r$ 轴的对称性，可取其 1/4 划分网格，如图 2.16(a)所示。每一分割线均沿球的径向 $R$。边界条件是在 $r=0$ 的截面上，$u=0$；在 $z=0$ 的截面上，$w=0$；外壁受均匀压力作用。

此问题的解析解为

$$\sigma_\theta=-4\,544[1+0.5(R_i/R)^3]$$
$$\sigma_R=-4\,544[1-(R_i/R)^3]$$

式中 $\sigma_\theta$ 和 $\sigma_R$ 分别是球的环向和径向应力。

由于应力仅是 $R$ 的函数，因此有限元网格中每一个沿 $R$ 方向的单元条中，$\sigma_\theta$ 与 $\sigma_R$ 是相同的。现取出一个单元条如图 2.16(b)所示。由于相邻单元的应力出现跳跃，故取组成四边形的两个相邻单元应力的平均值作为该四边形形心处的应力，如图 2.16(c)所示。和解析解比较，主要应力 $\sigma_\theta$ 相差不超过 2%。利用四边形形心处的应力进行插值外推或最小二乘拟合得到内外边界的应力值。

## 2.6　小结

本章以弹性力学静力分析问题为例讨论了有限元法的基本原理和表达格式，其基本点可以归纳如下。

(1) 建立有限元法的原理和选择单元的类型。本章所采用的最小位能原理和基于它的以结点位移为基本未知量的位移元是固体力学有限元法中应用最为广泛，也是最成熟的一种选择。现行的有限元法的通用程序几乎无例外地都以位移元作为它最主要的单元形式。

(2) 建立有限元的计算模型。这里包括单元形式的选择、有限元网格的划分和边界条件的设置。本章着重讨论了平面问题 3 结点的三角形单元，它是在有限元法中最早采用，而且至今仍有广泛应用的一种单元。通过它可以更好地了解有限元的概念以及表达格式的形成。实际上，平面或轴对称的高阶三角形单元和矩形单元以及空间的四面体单元和长方形单元实际上都可以看成是平面 3 结点三角形单元的推广。至于平面或空间的任意形状单元的插值函数和特性矩阵的形成将在第 3、4 章中详细讨论。关于有限元网格划分和边界条件设置的一般原则通过本章的讨论可以有个基本的认识，在第 5 章中将给予进一步的讨论。

(3) 建立有限元的特性矩阵和求解方程。单元特性矩阵包括插值函数矩阵、应变矩阵,但最终要建立的是单元刚度矩阵和载荷向量,并用以形成有限元法的求解方程。本章给出的广义坐标有限元法的表达格式具有普遍意义。在以后各章的讨论中将可以看出,对于静力学问题如采用现今更为广泛应用的等参元,所不同的只是一些具体计算方法,而基本格式是一致的。对于后面要讲到的动力学问题,只是单元特性矩阵中增加了质量矩阵和阻尼矩阵,以及结点位移不再独立于时间。因此掌握本章所讨论的有限元法的基本表达格式是至关重要的,其中,对单元刚度矩阵的特性、单元矩阵集成为系统矩阵的过程和对求解方程的特点的认识和把握是进一步选择求解方法和编制计算程序的依据,需要给予足够的注意。

(4) 选择计算方法和求解有限元方程。关于线性方程组的求解方法以及编制有限元计算程序的若干实际问题将在第6、7章中进行详细的讨论。

(5) 关于有限元方法解的收敛准则。对单元的位移插值函数提出了必须包含刚体运动和常应变位移模式的完备性要求,同时在单元交界面上必须保持位移连续的协调性要求。本章重点讨论的3结点三角形单元以及其他高阶单元或空间单元是满足上述要求的。这是由于它们都是 $C_0$ 型单元,同时应变是用直角坐标描述的。对于今后遇到的 $C_1$ 型单元(如板壳单元),如果应变又是用曲线坐标描述的情况,满足上述收敛准则常是相当棘手的问题,这将在今后有关章节讨论。对于上述收敛准则,读者在今后的学习和应用中需要给予充分的注意,因为对任何收敛准则的违背,都将可能使解的精度受到损害,甚至使求解失败。

### 关键概念

| | |
|---|---|
| 广义坐标 | 位移模式 |
| 位移插值函数 | 单元刚度矩阵及刚度系数 |
| 单元刚度矩阵的对称性和奇异性 | 单元结点载荷列阵 |
| 结构刚度矩阵的集成 | 有限元解的收敛准则 |
| 位移元的完备性和协调性 | 位移元解的下限性质 |
| 轴对称问题 | |

## 复习题

**2.1** 什么是广义坐标有限元?什么是广义坐标?什么是位移模式?两者之间有什么关系?

**2.2** 选择位移模式的原则是什么?以8结点四边形单元为例,如何选择体现所述原则的位移模式?

**2.3**　什么是位移插值函数？它有什么性质？如何建立广义坐标有限元的位移插值函数？建立过程中可能遇到什么困难？

**2.4**　如何通过最小位能原理建立有限元求解方程？有限元分析的基本步骤是什么？

**2.5**　计算单元刚度矩阵和单元结点载荷列阵的标准步骤是什么？

**2.6**　单元刚度矩阵每一个元素的力学意义是什么？矩阵具有什么性质？这些性质的力学意义是什么？

**2.7**　什么是单元结点自由度和结构结点自由度之间的转换矩阵？它在实际计算执行中有什么作用？

**2.8**　结构刚度矩阵和载荷列阵的集成实际是如何进行的？

**2.9**　结构刚度矩阵有什么性质和特点？在计算中如何利用它们？

**2.10**　什么是有限元解的收敛性？什么是解的收敛准则？为什么必须满足这些准则，有限元解才能收敛于微分方程的精确解？

**2.11**　为什么位移元解具有下限性？力学上如何解释？

**2.12**　为什么位移有限元的应力结果精度低于位移结果？应力结果表现出哪些特点？有什么能改进应力结果的方法？

**2.13**　和平面问题有限元分析相比较，轴对称问题有限元分析有什么相同点和不同点？

## 练习题

**2.1**　验证 3 结点三角形单元的位移插值函数满足 $N_i(x_j, y_j)=\delta_{ij}$ 及 $N_i+N_j+N_m=1$。

**2.2**　如图 2.17 所示的 3 结点三角形单元，厚度 $t=1\text{cm}$，弹性模量 $E=2.0\times10^5\,\text{MPa}$，泊桑比 $\nu=0.3$。试求插值函数矩阵 $\boldsymbol{N}$，应变矩阵 $\boldsymbol{B}$，应力矩阵 $\boldsymbol{S}$，单元刚度矩阵 $\boldsymbol{K}^e$，并验证 $\boldsymbol{K}^e$ 的奇异性。

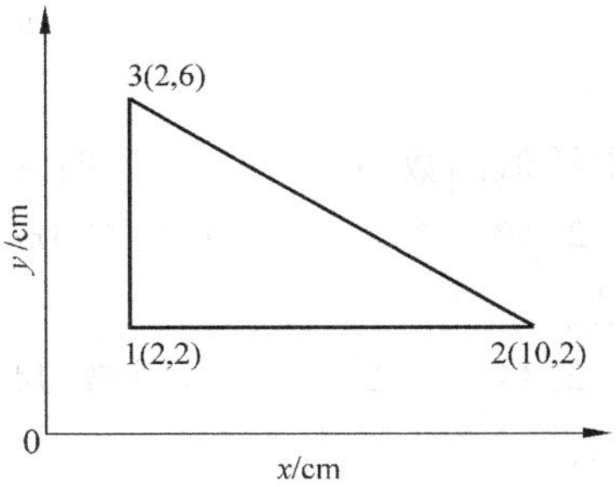

图　2.17

**2.3**　试求图 2.18 所示三角形单元的插值函数矩阵 $\boldsymbol{N}$ 和应变矩阵 $\boldsymbol{B}$。

**2.4**　对于图 2.18 所示三角形单元，$u_1=2.0\text{mm}$，$v_1=1.2\text{mm}$，$u_2=2.4\text{mm}$，$v_2=1.2\text{mm}$，$u_3=2.1\text{mm}$，$v_3=1.4\text{mm}$。试求单元内的应变和应力，并求出主应力及其方向。

**2.5**　对于上题的单元及位移状态，试求单元各结点的结点力，并验证它们是否满足平衡条件？

**2.6** 验证3结点三角形单元发生刚度位移时，单元中不产生应力，即赋予结点在单元作平移和转动时相应的结点位移，单元中的应力为零。

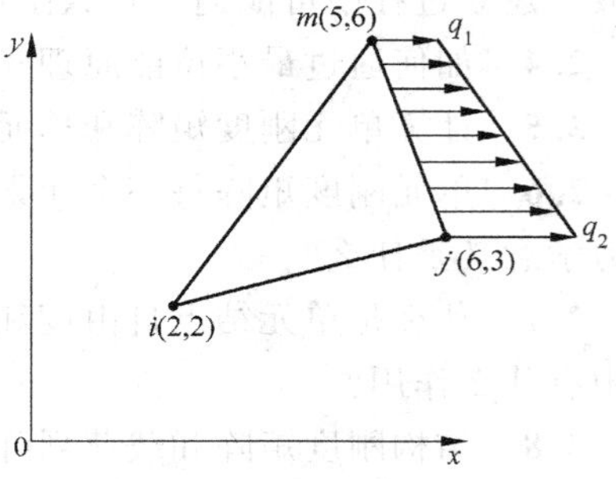


图 2.18

**2.7** 二维单元在 $x,y$ 坐标内平面平移到不同位置，单元刚度矩阵相同吗？在平面旋转时怎样？单元旋转180°后怎样？单元作上述变化时，应力矩阵 $\boldsymbol{S}$ 如何变化？

**2.8** 图2.19中两个三角形单元组成平行四边形，已知单元①按局部编码 $i,j,m$ 的单元刚度矩阵 $\boldsymbol{K}^{①}$ 和应力矩阵 $\boldsymbol{S}^{①}$ 是

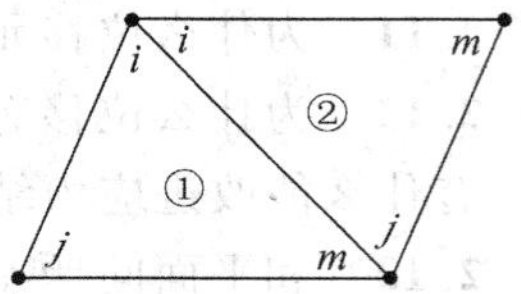


图 2.19

$$\boldsymbol{K}^{①}=\begin{bmatrix} 8 & 0 & -6 & -6 & -2 & 6 \\ & 16 & 0 & -12 & 0 & -4 \\ & & 13.5 & 4.5 & -7.5 & -4.5 \\ \text{对} & & & 13.5 & 1.5 & -1.5 \\ & & & & 9.5 & -1.5 \\ & & \text{称} & & & 5.5 \end{bmatrix}$$

$$\boldsymbol{S}^{①}=\begin{bmatrix} 0 & 0 & -3 & 0 & 3 & 0 \\ 0 & 4 & 0 & -3 & 0 & -1 \\ 2 & 0 & -1.5 & -1.5 & -0.5 & 1.5 \end{bmatrix}$$

按图示单元②的局部编码写出 $\boldsymbol{K}^{②},\boldsymbol{S}^{②}$。

**2.9** 4结点矩形元的位移函数可取

$$u=\beta_1+\beta_2\xi+\beta_3\eta+\beta_4\xi\eta$$
$$v=\beta_5+\beta_6\xi+\beta_7\eta+\beta_8\xi\eta$$

试求插值函数 $N_1\sim N_4$，并证明它们满足插值函数的基本要求。

**2.10** 图2.18中单元在 $jm$ 边作用有线性分布的面载荷（$x$ 方向），试求结点载荷向量。

**2.11** 图2.20所示网格，尺寸 $a=4\text{cm}$，单元厚度和材料常数同题2.2。回答下述问题：

(1) 结点如何编号才能使结构刚度矩阵带宽最小？

(2) 如何设置位移边界条件才能约束结构的刚体移动？

(3) 形成单元刚度矩阵，并集成结构刚度矩阵。

(4) 如果给予一定载荷，拟定求解步骤。

**2.12**　一长方形薄板如图 2.21 所示。其两端受均匀拉伸 $p$。板长 12cm，宽 4cm，厚 1cm。材料 $E=2.0\times10^5$ MPa，$\nu=0.3$。均匀拉力 $p=5$MPa。试用有限元法求解板内应力，并和精确解比较(提示：可利用结构对称性，并用 2 个三角形单元对结构进行离散)。

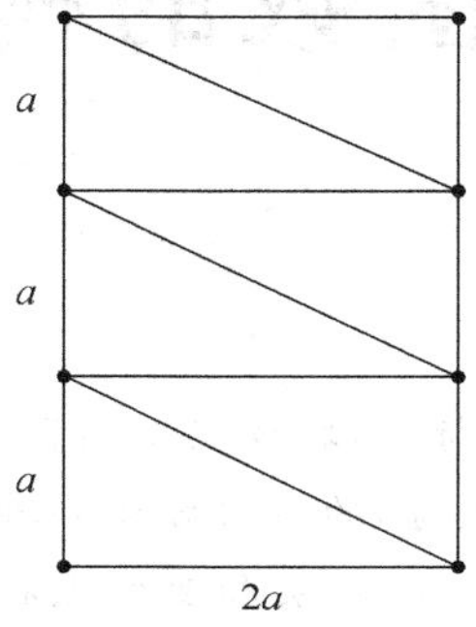


图　2.20

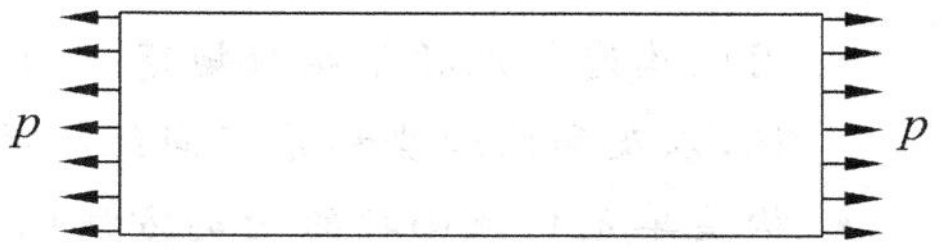


图　2.21

# 第3章　单元和插值函数的构造

**本章要点**

- 用以构造单元插值函数规范化形式的两类自然坐标(和物理坐标系同维的曲线坐标,以及和物理坐标系不同维的面积坐标及体积坐标)的建立方法和特点。
- 构造单元插值函数的两类方法(广义拉格朗日插值函数法和变结点插值函数法)的步骤和特点,以及它们的结合应用。
- 阶谱单元的基本概念和特点,以及它的插值函数的构造方法和意义。

## 3.1　引言

前两章讨论了通过变分法(或加权余量法的伽辽金提法)建立有限元方程的途径。首先是将场函数的总体泛函或总体求解域上的位能积分看成是由子域(单元)的泛函或位能积分所集成。至于有限元分析的其余步骤,原则上和传统的里兹法或伽辽金法是相类同的。因此在一个给定问题的分析中,决定性的步骤之一是选择适当的单元和插值函数。

在前一章的讨论中已经了解到广义坐标有限元方法的特点,即首先将场函数表示为多项式的形式,然后利用结点条件,将多项式中的待定参数表示成场函数的结点值和单元几何的函数,从而将场函数表示成由其结点值插值形式的表达式。正如2.3节已经指出的,上述过程不仅麻烦,而且有时会遇到困难((2.3.3)式中$\boldsymbol{A}^{-1}$不存在),同时广义坐标有限元的单元矩阵的积分也比较复杂,因此本章的目的就是着重系统地讨论利用适合不同单元类型的局部坐标系(自然坐标系)建立各自单元插值函数的方法。这样做不仅可以避免矩阵求逆的麻烦,而且将在下一章中进一步看到,单元矩阵的积分也可以在规范域采用标准化的步骤进行。

一般说来,单元类型和形状的选择依赖于结构或总体求解域的几何特点和方程的类型以及求解所希望的精度等因素,而有限元的插值函数则取决于单元的形状、结点的类型和数目等因素。

从单元的几何形状上区别,可以分一维、二维和三维单元。例如在图3.1中,一个二维域可利用一系列三角形或四边形单元进行离散,即将总体求解域理想化为由很多子域

（单元）所组成。

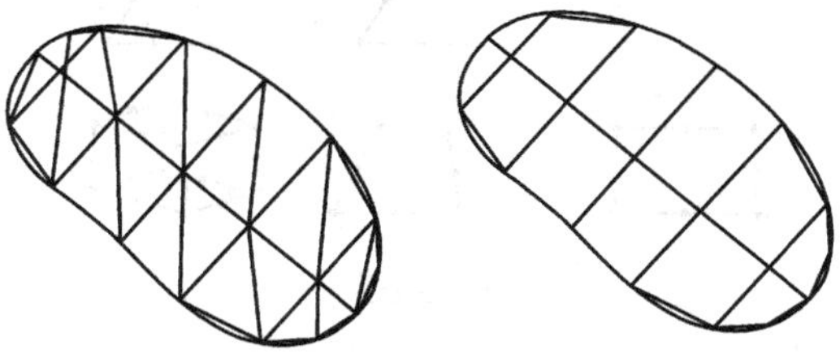

(a) 三角形单元　　(b) 四边形单元

图 3.1　二维域的有限元离散

在一般情况下，总体域也可能是一维、二维或三维的。图 3.2 和图 3.3 中分别给出只具有端结点或角结点的和同时具有边内结点的一维、二维和三维单元的几种可能形式。一维单元可以简单地是一直线，也可以是一曲线。二维单元可以是三角形、矩形或四边形。三维单元可以是四面体、五面体、长方体或一般六面体。具有轴对称几何形状和轴对称物理性质的三维域能用二维单元绕对称轴旋转形成的三维环单元进行离散。

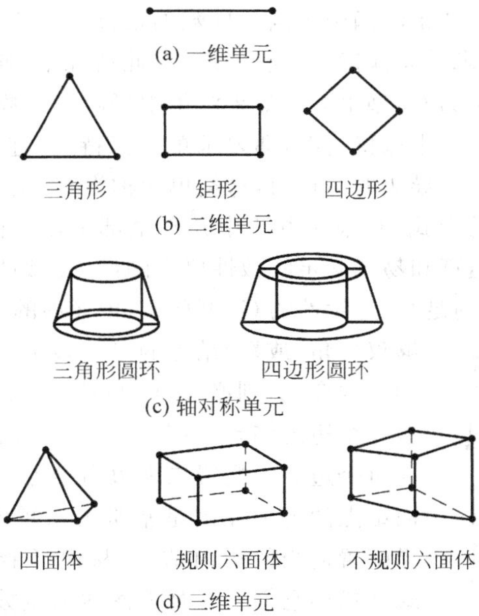


图 3.2　各种形状只有角结点的单元

从结点参数的类型上区别，它们可以是只包含场函数的结点值，也可能同时包含场函

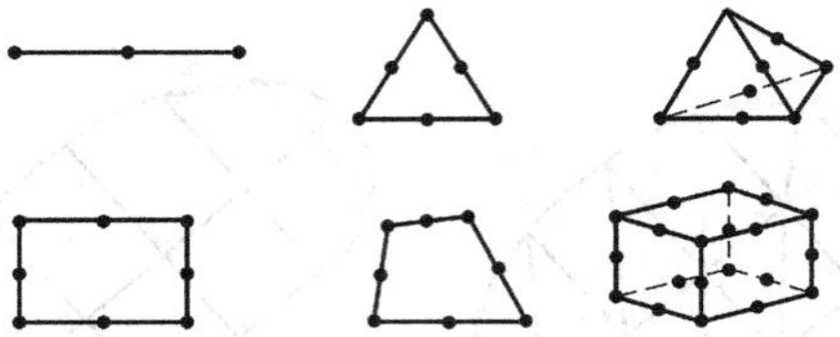

(a) 直线边

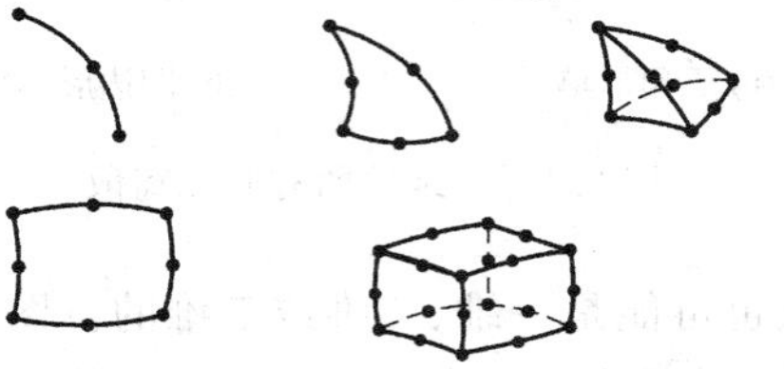

(b) 曲线边

图 3.3 二次单元

数导数的结点值。这主要取决于单元交界面上的连续性要求，而后者又由泛函中场函数导数的最高阶次所决定。如果泛函中场函数导数的最高阶为1次，则单元交界面上只要求函数值保持连续，即要求单元保持 $C_0$ 连续性。在此情况下，通常结点参数只包含场函数的结点值。这类单元称为 $C_0$ 型单元。如果泛函中场函数导数最高阶为2次，则要求场函数的一阶导数在交界面上也保持连续，即要求单元保持 $C_1$ 连续性，这时结点参数中必须同时包含场函数及其一阶导数的结点值，这类单元称为 $C_1$ 型单元。

关于单元插值函数的形式，有限元方法中几乎全部采用不同阶次幂函数的多项式。这是因为它们具有便于运算和易于满足收敛性要求的优点。如果采用幂函数多项式作为单元的插值函数，对于只满足 $C_0$ 连续性的 $C_0$ 型单元，单元内的未知场函数的线性变化能够仅用角(或端)结点的参数表示(如图 3.2 所示)。对于它的二次变化，则必须在角(或端)结点之间的边界上适当配置一个边内结点(如图 3.3 所示)。它的三次变化，则必须在每个边界上配置二个边内结点(如图 3.4 所示)。配置边内结点的另一原因是常常要求单元的边界是曲线的，沿边界配置适当的边内结点，从而可能构成二次或更高次多项式来描述它们。有时为使插值函数保持为一定阶次的完全多项式，可能还需要在单元内部配置结点。然而这些内部结点除非是所考虑的具体情况绝对必需，否则是不希望的，因为这些结点的存在将增加表达格式和计算上的复杂性。

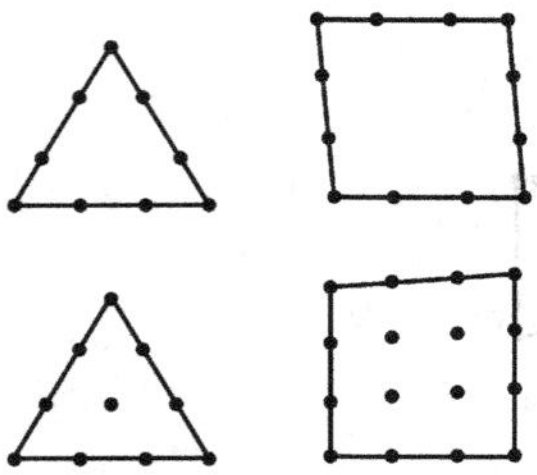

图 3.4 三次或高次单元

本章将首先通过一维单元讨论有限元法经常使用的拉格朗日插值函数和 Hermite 插值函数。在二维单元的讨论中着重阐述构造单元和插值函数的一般方法。在三维单元的讨论中将进一步看到应用上述方法建立各种单元的可能性。

在本章的讨论中，重点是放在一些常用的 $C_0$ 型单元。很多适合于各种专门用途的单元暂时不准备涉及。$C_1$ 型单元将在以后结合杆、板、壳问题的有限元法着重讨论，本章只初步涉及它的个别的基本形式。

另外，本章将对阶谱单元的基本概念和它的阶谱函数的构造方法作一扼要的介绍。这是考虑到阶谱单元是自适应有限元分析的组成部分。而后者是当前有限元方法发展中具有重要理论和实际意义的问题之一。

## 3.2 一维单元

一维单元可以分为两类。一类是单元的结点参数中只包含场函数 $\phi$ 的结点值的 $C_0$ 型单元。另一类是单元的结点参数中，除场函数的结点值外，还包含场函数导数 $\mathrm{d}\phi/\mathrm{d}x$ 的结点值的 $C_1$ 型单元。这两类单元就是以下将讨论的拉格朗日单元和 Hermite 单元。现对它们的一般形式进行讨论。

### 3.2.1 拉格朗日单元

1. 总体坐标内的位移插值函数

对于具有 $n$ 个结点的一维单元，如果它的结点参数中只含有场函数的结点值，则单元内的场函数可插值表示为

$$\phi = \sum_{i=1}^{n} N_i \phi_i \tag{3.2.1}$$

其中插值函数 $N_i(x)$ 具有下列性质

$$N_i(x_j) = \delta_{ij} \qquad \sum_{i=1}^{n} N_i(x) = 1 \tag{3.2.2}$$

式内 $\delta_{ij}$ 是 Kronecker dalta。

上述第一个性质是插值函数自身性质所要求。因为在(3.2.1)式的右端用结点 $j$ 的坐标 $x_j$ 代入，左端函数 $\phi$ 应取结点 $j$ 的函数值 $\phi_j$，因此必须具有 $N_i(x_j)=\delta_{ij}$ 的性质。上述第二个性质是插值函数完备性要求决定的。因为(3.2.1)式右端各个结点值 $\phi_i$ 取相同的常数 $C$，则左端的场函数 $\phi$ 也应等于常数 $C$，所以插值函数必须具有 $\sum_{i=1}^{n} N_i(x)=1$ 的性质。当然单是此性质还不是完备性要求的全部。因为完备性还要求 $C_0$ 型单元场函数的一阶导数应包含常数项。这点将在下面具体讨论。

关于插值函数 $N_i(x)$的构造，为避免繁琐的推导，不必按第2章中所述步骤进行，而是直接采用熟知的拉格朗日插值多项式。对于 $n$ 个结点的一维单元，$N_i(x)$可采用 $n-1$ 次拉格朗日插值多项式 $l_i^{(n-1)}(x)$，即令

$$N_i(x)=l_i^{(n-1)}(x)=\prod_{j=1,j\neq i}^{n}\frac{x-x_j}{x_i-x_j}$$

$$=\frac{(x-x_1)(x-x_2)\cdots(x-x_{i-1})(x-x_{i+1})\cdots(x-x_n)}{(x_i-x_1)(x_i-x_2)\cdots(x_i-x_{i-1})(x_i-x_{i+1})\cdots(x_i-x_n)}\quad(i=1,2,\cdots,n)\tag{3.2.3}$$

其中 $l_i^{(n-1)}(x)$的上标$(n-1)$表示拉格朗日插值多项式的次数，$\prod$ 表示二项式在 $j$ 的范围内$(j=1,2,\cdots,i-1,i+1,\cdots,n)$的乘积，$n$ 是单元的结点数，$x_1,x_2,\cdots,x_n$ 是 $n$ 个结点的坐标。可以检验，取拉格朗日插值多项式作为插值函数，除满足插值函数所要求的性质(3.2.2)式，同时由于拉格朗日多项式包含着常数项和 $x$ 的一次项，因此也是满足插值函数完备性要求的。

如果 $n=2$，函数 $\phi$ 的插值表示如下：

$$\phi=\sum_{i=1}^{2}l_i^{(1)}(x)\phi_i\tag{3.2.4}$$

其中

$$l_1^{(1)}(x)=\frac{x-x_2}{x_1-x_2}\qquad l_2^{(1)}(x)=\frac{x-x_1}{x_2-x_1}$$

如令 $x_1=0$，$x_2=l$，则 $l_1^{(1)}(x)=1-x/l$，$l_2^{(1)}=x/l$。

2. 自然坐标内的位移插值函数

现引入无量纲的局部坐标

$$\xi=\frac{x-x_1}{x_n-x_1}=\frac{x-x_1}{l}\qquad(0\leqslant\xi\leqslant 1)\tag{3.2.5}$$

其中 $l$ 代表单元长度，此时 $\xi$ 的区间为(0,1)。利用上式定义的局部坐标 $\xi$，则(3.2.3)式可表示为

$$l_i^{(n-1)}(\xi)=\prod_{j=1,j\neq i}^{n}\frac{\xi-\xi_j}{\xi_i-\xi_j}\tag{3.2.6}$$

当 $n=2$，且 $\xi_1=0,\xi_2=1$ 时，则有：

$$l_1^{(1)}=\frac{\xi-\xi_2}{\xi_1-\xi_2}=1-\xi\qquad l_2^{(1)}=\frac{\xi-\xi_1}{\xi_2-\xi_1}=\xi\tag{3.2.7}$$

当 $n=3$，且 $x_2=(x_1+x_3)/2$ 时，$\xi_1=0,\xi_2=1/2$，$\xi_3=1$，则有

$$l_1^{(2)}=\frac{(\xi-\xi_2)(\xi-\xi_3)}{(\xi_1-\xi_2)(\xi_1-\xi_3)}=2\left(\xi-\frac{1}{2}\right)(\xi-1)$$

$$l_2^{(2)}=\frac{(\xi-\xi_1)(\xi-\xi_3)}{(\xi_2-\xi_1)(\xi_2-\xi_3)}=-4\xi(\xi-1)\tag{3.2.8}$$

$$l_3^{(2)}=\frac{(\xi-\xi_1)(\xi-\xi_2)}{(\xi_3-\xi_1)(\xi_3-\xi_2)}=2\xi\left(\xi-\frac{1}{2}\right)$$

如果无量纲坐标采用另一种形式

$$\xi=2\,\frac{x-x_c}{x_n-x_1}=\frac{2x-(x_1+x_n)}{x_n-x_1}\qquad(-1\leqslant\xi\leqslant 1)\tag{3.2.9}$$

其中 $x_c=(x_1+x_n)/2$ 是单元中心的坐标，此时 $\xi$ 的区间为 $(-1,1)$。利用上式定义的局部坐标系，则对于 $n=2$，有

$$l_1^{(1)}=\frac{1}{2}(1-\xi)\qquad l_2^{(1)}=\frac{1}{2}(1+\xi)\tag{3.2.10}$$

对于 $n=3$，且 $\xi_2=0$，有：

$$l_1^{(2)}=\frac{1}{2}\xi(\xi-1)\qquad l_2^{(2)}=1-\xi^2\qquad l_3^{(2)}=\frac{1}{2}\xi(\xi+1)\tag{3.2.11}$$

上述两种无量纲表示，即(3.2.5)和(3.2.9)式，都是今后常用的。在这里可称为长度坐标，更一般化的可称为自然坐标。在上述两种表达式中，分别有 $0\leqslant\xi\leqslant 1$，和 $-1\leqslant\xi\leqslant 1$。

3. 拉格朗日插值函数的广义表达式

为今后构造其他形式的拉格朗日单元方便，在此还可将(3.2.6)式改写成

$$N_i=l_i^{(n-1)}=\prod_{j=1,j\neq i}^{n}\frac{f_j(\xi)}{f_j(\xi_i)}\tag{3.2.12}$$

其中 $f_j(\xi)=\xi-\xi_j$ 表示任一点 $\xi$ 至点 $\xi_j$ 的距离，也是 $j$ 点坐标 $\xi=\xi_j$ 表示成方程形式 $f_j(\xi)=\xi-\xi_j=0$ 的左端项。显然可见：$f_j(\xi_j)=0$。$N_i=l_i^{(n-1)}$ 的展开式中包含了除 $f_i(\xi)$ 以外的所有 $f_j(\xi)(j=1,2,\cdots,i-1,i+1,\cdots,n)$ 的因子，从而保证了 $N_i(\xi_j)=0(j\neq i)$ 这一要求的满足。$f_j(\xi_i)=\xi_i-\xi_j$ 是点 $i$ 的坐标代入 $f_j(\xi)$ 后得到的数值，这一因子引入 $l_i^{(n-1)}$ 的分母，是为了保证满足 $N_i(\xi_i)=1$ 这一要求。理解 $f_j(\xi)$ 和 $f_j(\xi_i)$ 的意义，对今后构造其他形式拉格朗日单元的插值函数是有帮助的。

还应指出：$\phi=\sum_{i=1}^{n}N_i(\xi)\phi_i=\sum_{i=1}^{n}l_i^{(n-1)}(\xi)\phi_i$ 仍是 $\xi$ 的 $n-1$ 次完全多项式。它的项数和结点数相同且包含常数项，这样构成的场函数模式是满足收敛准则的。特别是，如令 $\phi_i=1(i=1,2,\cdots,n)$，则可从(3.2.1)式得到

$$\sum_{i=1}^{n}N_i(\xi)=\sum_{i=1}^{n}l_i^{(n-1)}(\xi)=1$$

这是一个很重要的性质。由于上式的成立，通过坐标变换将直线单元转换为曲线单元，单元的场函数仍满足收敛准则(见 4.3.2 节)。

### 3.2.2 Hermite 单元

如果希望在单元间的公共结点上还保持场函数导数的连续性，则结点参数中还应包含场函数导数的结点值。这时可以方便地采用 Hermite 多项式作为单元的插值函数。

对于只有两个端结点的一维单元，函数 $\phi$ 采用 Hermite 多项式的插值表达式可写成

$$\phi(\xi) = \sum_{i=1}^{2} H_i^{(0)}(\xi)\phi_i + \sum_{i=1}^{2} H_i^{(1)}(\xi)\left(\frac{d\phi}{d\xi}\right)_i \tag{3.2.13}$$

或

$$\phi(\xi) = \sum_{i=1}^{4} N_i(\xi)Q_i \tag{3.2.14}$$

其中 Hermite 多项式具有以下性质

$$\begin{aligned} &H_i^{(0)}(\xi_j) = \delta_{ij} \qquad \left.\frac{dH_i^{(0)}(\xi)}{d\xi}\right|_{\xi_j} = 0 \\ &H_i^{(1)}(\xi_j) = 0 \qquad \left.\frac{dH_i^{(1)}(\xi)}{d\xi}\right|_{\xi_j} = \delta_{ij} \end{aligned} \quad (i,j = 1,2) \tag{3.2.15}$$

采用 $0 \leqslant \xi \leqslant 1$ 的局部无量纲坐标时，$\xi_1 = 0$，$\xi_2 = 1$。这时 $H_i^{(0)}(\xi)$ 和 $H_i^{(1)}(\xi)$ 是以下形式的三次多项式(参见图 3.5)。

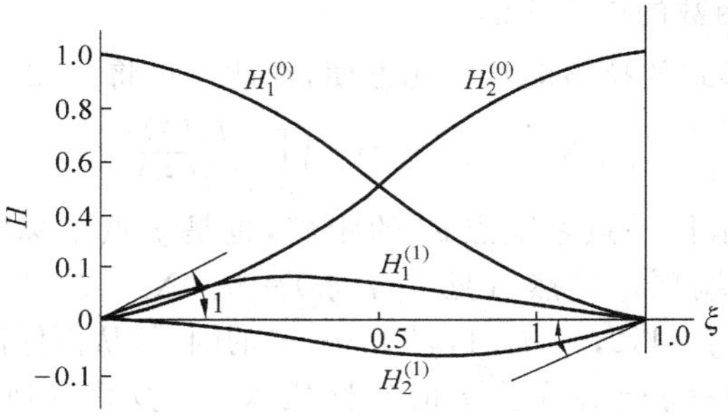


图 3.5 一阶 Hermite 插值函数

$$\begin{aligned} N_1 &= H_1^{(0)}(\xi) = 1 - 3\xi^2 + 2\xi^3 \\ N_2 &= H_2^{(0)}(\xi) = 3\xi^2 - 2\xi^3 \\ N_3 &= H_1^{(1)}(\xi) = \xi - 2\xi^2 + \xi^3 \\ N_4 &= H_2^{(1)}(\xi) = \xi^3 - \xi^2 \end{aligned} \tag{3.2.16}$$

并且

$$Q_1 = \phi_1, \quad Q_2 = \phi_2, \quad Q_3 = \left(\frac{d\phi}{d\xi}\right)_1, \quad Q_4 = \left(\frac{d\phi}{d\xi}\right)_2 \tag{3.2.17}$$

以上在端部结点最高保持场函数的一阶导数连续性的 Hermite 多项式称为一阶 Hermite 多项式。在两个结点的情况下，它是自变量 $\xi$ 的三次多项式。零阶 Hermite 多项式即拉格朗日多项式。推而广之，在结点上保持至函数的 $n$ 阶导数连续性的 Hermite 多项式称为 $n$ 阶 Hermite 多项式。在两个结点的情况下，它是 $\xi$ 的 $2n+1$ 次多项式。函

数 $\phi$ 的二阶 Hermite 多项式插值表示如下

$$\phi(\xi)=\sum_{i=1}^{2}H_i^{(0)}(\xi)\phi_i+\sum_{i=1}^{2}H_i^{(1)}(\xi)\left(\frac{\mathrm{d}\phi}{\mathrm{d}\xi}\right)_i+\sum_{i=1}^{2}H_i^{(2)}(\xi)\left(\frac{\mathrm{d}^2\phi}{\mathrm{d}\xi^2}\right)_i \tag{3.2.18}$$

或写成

$$\phi(\xi)=\sum_{i=1}^{6}N_iQ_i$$

其中

$$N_1=H_1^{(0)}(\xi)=1-10\xi^3+15\xi^4-6\xi^5$$
$$N_2=H_2^{(0)}(\xi)=10\xi^3-15\xi^4+6\xi^5$$
$$N_3=H_1^{(1)}(\xi)=\xi-6\xi^3+8\xi^4-3\xi^5$$
$$N_4=H_2^{(1)}(\xi)=-4\xi^3+7\xi^4-3\xi^5$$
$$N_5=H_1^{(2)}(\xi)=\frac{1}{2}(\xi^2-3\xi^3+3\xi^4-\xi^5)$$
$$N_6=H_2^{(2)}(\xi)=\frac{1}{2}(\xi^3-2\xi^4+\xi^5)$$
$$Q_1=\phi_1\qquad Q_2=\phi_2$$
$$Q_3=\left(\frac{\mathrm{d}\phi}{\mathrm{d}\xi}\right)_1\quad Q_4=\left(\frac{\mathrm{d}\phi}{\mathrm{d}\xi}\right)_2\quad Q_5=\left(\frac{\mathrm{d}^2\phi}{\mathrm{d}\xi^2}\right)_1\quad Q_6=\left(\frac{\mathrm{d}^2\phi}{\mathrm{d}\xi^2}\right)_2$$

## 3.3　二维单元

### 3.3.1　三角形单元

如同一维单元的情形，可以利用总体笛卡儿坐标，也可以利用无量纲的局部的自然坐标以构造三角形单元的插值函数。利用总体笛卡儿坐标构造 3 结点三角形单元的插值函数在第 2 章已经讨论过。更普遍的是采用局部的自然坐标来直接构造一般三角形单元的插值函数，这时运算比较简单。

1. 三角形域的自然坐标——面积坐标

(1) 面积坐标的定义

三角形中任一点 $P$ 与其 3 个角点相连形成 3 个子三角形，见图 3.6。以原三角形边所对的角码来命名此 3 个子三角形的面积，即△$Pjm$ 面积为 $A_i$，△$Pmi$ 面积为 $A_j$，△$Pij$ 面积为 $A_m$。$P$ 点的位置可由 3 个比值来确定，即

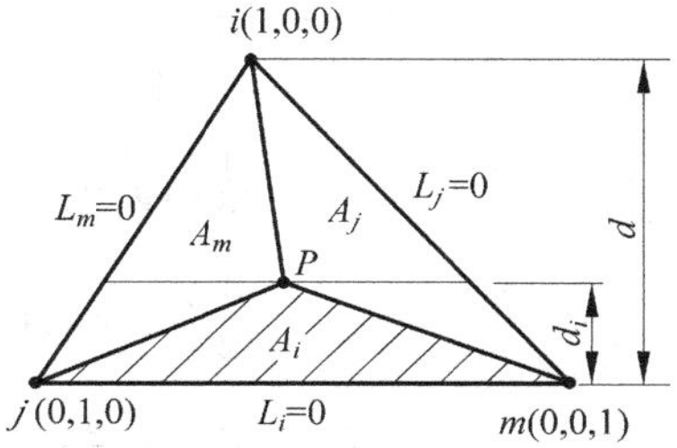


图 3.6　三角形单元的面积坐标

$$P(L_i,L_j,L_m)$$

其中

$$L_i = A_i / A$$
$$L_j = A_j / A \qquad (3.3.1)$$
$$L_m = A_m / A$$

$A$ 是三角形面积(见(2.2.4)式),因此有

$$A_i + A_j + A_m = A \qquad (3.3.2)$$

称 $L_i, L_j, L_m$ 为面积坐标。

面积坐标的特点有:

(i) 三角形内与结点 $i$ 的对边 $j$-$m$ 平行的直线上的诸点有相同的 $L_i$ 坐标。

三角形 3 个角点的面积坐标为 $i(1,0,0)$, $j(0,1,0)$, $m(0,0,1)$。

三角形 3 条边的边方程是:在 $j$-$m$ 边,$L_i=0$;在 $m$-$i$ 边,$L_j=0$;在 $i$-$j$ 边,$L_m=0$。

(ii) 3 个面积坐标并不相互独立,由于(3.3.2)式,3 个面积坐标间必然满足

$$L_i + L_j + L_m = 1 \qquad (3.3.3)$$

从上式可见 3 个面积坐标中只有 2 个是独立的。

由于三角形的面积坐标与该三角形的具体形状及其在总体坐标 $x, y$ 中的位置无关,因此它是三角形的一种自然坐标。

(2) 面积坐标与直角坐标的转换关系

三角形的 3 个角点在直角坐标系中的位置是 $i(x_i, y_i)$, $j(x_j, y_j)$, $m(x_m, y_m)$,其中任一点 $P$ 在直角坐标中的位置为 $P(x, y)$,见图 3.7。将 $A$, $A_i, A_j, A_m$ 等用直角坐标表示,就可以建立面积坐标和直角坐标的转换关系。

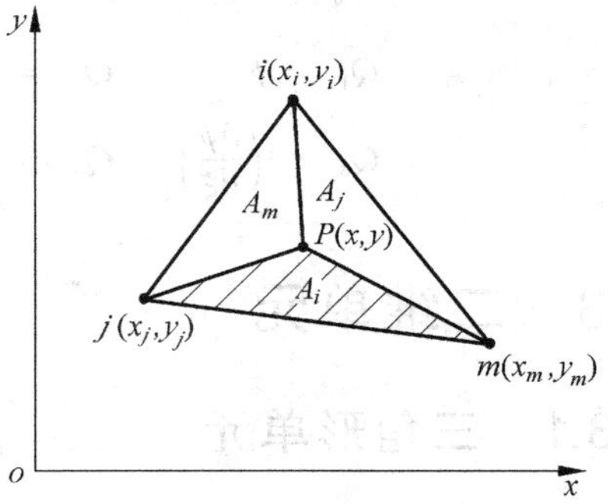


图 3.7 面积坐标与直角坐标的关系

$$A_i = \frac{1}{2}\begin{vmatrix} 1 & x & y \\ 1 & x_j & y_j \\ 1 & x_m & y_m \end{vmatrix}$$
$$= \frac{1}{2}[(x_j y_m - y_j x_m) + (y_j - y_m)x + (x_m - x_j)y]$$
$$= \frac{1}{2}(a_i + b_i x + c_i y) \qquad (3.3.4)$$

$$L_i = \frac{A_i}{A} = \frac{1}{2A}(a_i + b_i x + c_i y) \qquad (i,j,m) \qquad (3.3.5)$$

式中 $a_i, b_i, c_i, a_j, \cdots, c_m$ 见(2.2.7)式。由(3.3.5)式可见,面积坐标 $L_i, L_j, L_m$ 与 3 结点三

角形单元的插值函数 $N_i, N_j, N_m$ 完全相同。这也表明 3 结点三角形单元的位移插值函数如用面积坐标表示，可以简单地表示为

$$N_i = L_j \qquad (i,j,m) \tag{3.3.6}$$

将 $L_i, L_j, L_m$ 分别乘以 $x_i, x_j, x_m$，然后相加，可以得到 $x$ 的表达式，同理也可得到 $y$ 的表达式，即

$$\begin{aligned} x &= x_i L_i + x_j L_j + x_m L_m \\ y &= y_i L_i + y_j L_j + y_m L_m \end{aligned} \tag{3.3.7}$$

从上式可见，由面积坐标转换成直角坐标的表达式，实际上是由结点坐标插值得到域内坐标的表达式，其中面积坐标 $L_i, L_j, L_m$ 扮演了插值函数的角色。此表达式和由结点位移插值得到域内位移的表达式(2.2.8)式相同。也就是说，域内坐标和位移可以通过相同的插值函数分别由结点坐标和结点位移得到。这正是下一章开始讨论的等参变换的概念，同时也说明 3 结点三角形单元在采用面积坐标以后，也可以归入等参单元类型。关于这一点可结合下一章内容进一步理解。

(3) 面积坐标的微分运算

面积坐标表示的函数对直角坐标求导时，采用一般的复合函数求导法则，并得到

$$\begin{aligned} \frac{\partial}{\partial x} &= \frac{\partial}{\partial L_i}\frac{\partial L_i}{\partial x} + \frac{\partial}{\partial L_j}\frac{\partial L_j}{\partial x} + \frac{\partial}{\partial L_m}\frac{\partial L_m}{\partial x} \\ &= \frac{1}{2A}\left(b_i \frac{\partial}{\partial L_i} + b_j \frac{\partial}{\partial L_j} + b_m \frac{\partial}{\partial L_m}\right) \\ \frac{\partial}{\partial y} &= \frac{1}{2A}\left(c_i \frac{\partial}{\partial L_i} + c_j \frac{\partial}{\partial L_j} + c_m \frac{\partial}{\partial L_m}\right) \end{aligned} \tag{3.3.8}$$

在复合求导中用到(3.3.5)式，即

$$\left.\begin{aligned} \frac{\partial L_i}{\partial x} &= \frac{1}{2A} b_i \\ \frac{\partial L_i}{\partial y} &= \frac{1}{2A} c_i \end{aligned}\right. \qquad (i,j,m)$$

**2. 用面积坐标给出的三角形单元的插值函数**

用面积坐标作为三角形单元的自然坐标时，可以直接得到用面积坐标表示的插值函数而不必经过先求解广义坐标，然后再由广义坐标得到单元插值函数的冗长计算过程。

(1) 线性单元

如图 3.8 所示，线性单元有 3 个结点。插值函数由一个线性函数构成。对于每个角点，可通过其他两个角点的直线方程的左端项的线性函数来构成。例如对于结点 1，可用 2—3 边的方程构成它的插值函数，即

$$N_1 = L_1$$

其他两个结点也类似，因此有

$$N_i = L_i \quad (i=1,2,3) \tag{3.3.9}$$

即线性单元的3个插值函数就是三角形的3个面积坐标。此结论已在(3.3.6)式得到过。

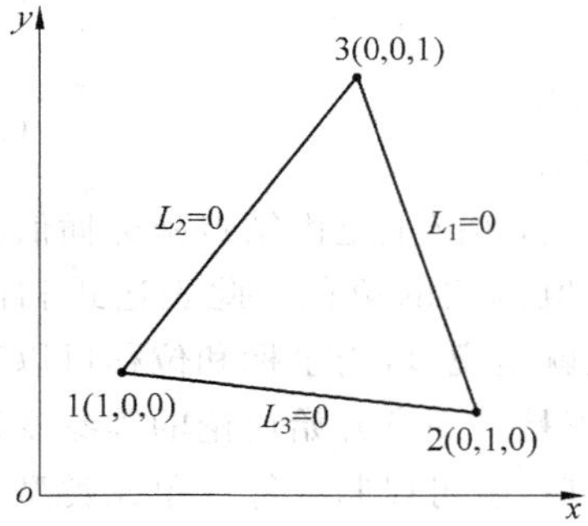


图3.8 面积坐标内三角形单元(线性变化)

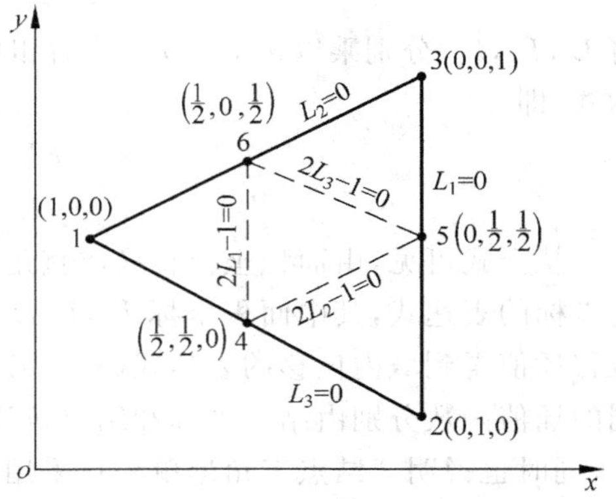


图3.9 面积坐标内三角形单元(二次变化)

(2) 二次单元

如图3.9所示,二次单元有6个结点,各结点的面积坐标分别标注在括号内。参照(3.2.12)式,现将需要构造的插值函数表示为

$$N_i = \prod_{j=1}^{2} \frac{f_j^{(i)}(L_1,L_2,L_3)}{f_j^{(i)}(L_{1i},L_{2i},L_{3i})} \tag{3.3.10}$$

但其中的 $f_j^{(i)}(L_1,L_2,L_3)$, $f_j^{(i)}(L_{1i},L_{2i},L_{3i})$ 赋予了和三角形单元相对应的几何意义。

$f_j^{(i)}(L_1,L_2,L_3)(j=1,2)$ 是通过除结点 $i$ 以外所有结点的两根直线的方程 $f_j^{(i)}(L_1,L_2,L_3)=0$ 的左端项。例如当 $i=1$ 时,$f_j^{(1)}$ 分别是通过结点4,6的直线方程 $f_1^{(1)}(L_1,L_2,L_3)=L_1-1/2=0$ 和通过结点2,5,3的直线方程 $f_2^{(1)}(L_1,L_2,L_3)=L_1=0$ 的左端项。$f_j^{(i)}(L_{1i},L_{2i},L_{3i})$ 中的 $L_{1i}$, $L_{2i}$, $L_{3i}$ 是结点 $i$ 的面积坐标。所以得到

$$N_1 = \frac{L_1-1/2}{1/2} \cdot \frac{L_1}{1} = (2L_1-1)L_1 \tag{3.3.11}$$

通过类似的分析步骤,可以得到:

$$\begin{aligned}
N_2 &= \frac{L_2-1/2}{1/2}\frac{L_2}{1} = (2L_2-1)L_2 \\
N_3 &= \frac{L_3-1/2}{1/2}\frac{L_3}{1} = (2L_3-1)L_3 \\
N_4 &= \frac{L_1}{1/2} \cdot \frac{L_2}{1/2} = 4L_1L_2 \\
N_5 &= \frac{L_2}{1/2} \cdot \frac{L_3}{1/2} = 4L_2L_3
\end{aligned} \tag{3.3.12}$$

$$N_6 = \frac{L_3}{1/2} \cdot \frac{L_1}{1/2} = 4L_3L_1$$

为叙述方便，今后可以形象地将这种利用类似(3.3.10)式所表示的构造单元插值函数的方法称为划线法。

(3) 三次单元

为保证二维域三次多项式的完备性，三次单元应有 10 个结点，如图 3.10 所示，可根据和二次单元相同的步骤，按划线法构造它的插值函数。

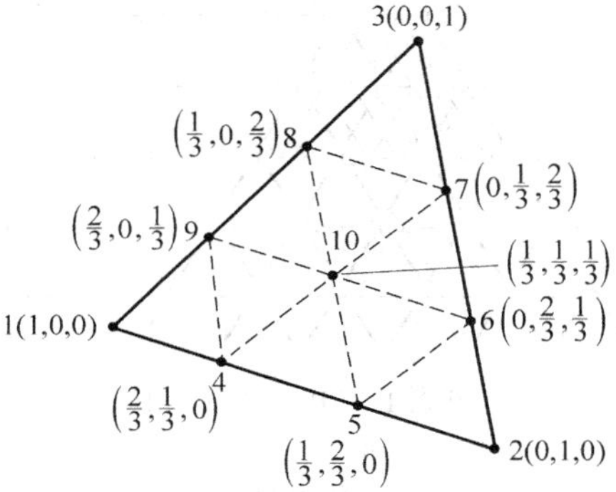


图 3.10　自然坐标内的三角形单元(三次变化)

对于角结点，有

$$N_i = \frac{L_i - 2/3}{1/3} \cdot \frac{L_i - 1/3}{2/3} \cdot \frac{L_i}{1} = \frac{1}{2}(3L_i - 1)(3L_i - 2)L_i \qquad (i = 1,2,3) \tag{3.3.13}$$

对于边内结点，有

$$\begin{aligned}
N_4 &= \frac{L_1}{2/3} \cdot \frac{L_2}{1/3} \cdot \frac{L_1 - 1/3}{1/3} = \frac{9}{2}L_1L_2(3L_1 - 1) \\
N_5 &= \frac{L_1}{1/3} \cdot \frac{L_2}{2/3} \cdot \frac{L_2 - 1/3}{1/3} = \frac{9}{2}L_1L_2(3L_2 - 1) \\
N_6 &= \frac{L_2}{2/3} \cdot \frac{L_3}{1/3} \cdot \frac{L_2 - 1/3}{1/3} = \frac{9}{2}L_2L_3(3L_2 - 1) \\
N_7 &= \frac{L_2}{1/3} \cdot \frac{L_3}{2/3} \cdot \frac{L_3 - 1/3}{1/3} = \frac{9}{2}L_2L_3(3L_3 - 1) \\
N_8 &= \frac{L_1}{1/3} \cdot \frac{L_3}{2/3} \cdot \frac{L_3 - 1/3}{1/3} = \frac{9}{2}L_1L_3(3L_3 - 1) \\
N_9 &= \frac{L_1}{2/3} \cdot \frac{L_3}{1/3} \cdot \frac{L_1 - 1/3}{1/3} = \frac{9}{2}L_1L_3(3L_1 - 1)
\end{aligned} \tag{3.3.14}$$

对于中心结点,有

$$N_{10}=\frac{L_1}{1/3}\cdot\frac{L_2}{1/3}\cdot\frac{L_3}{1/3}=27L_1L_2L_3 \tag{3.3.15}$$

如有需要,可以构造更高次的三角形单元,其步骤是:

① 按二维域内各次完全多项式的要求确定结点的数目($n$)和位置。此要求可表示如Pascal三角形(如图3.11)。例如按此要求,四次三角形结点数应为15,并配置如图3.12。

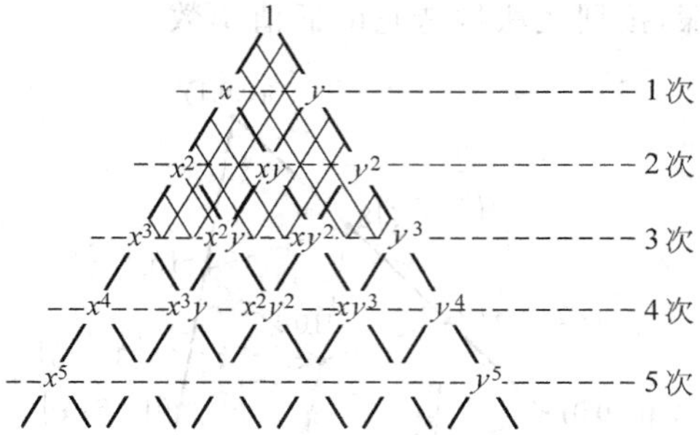


图 3.11 Pascal三角形

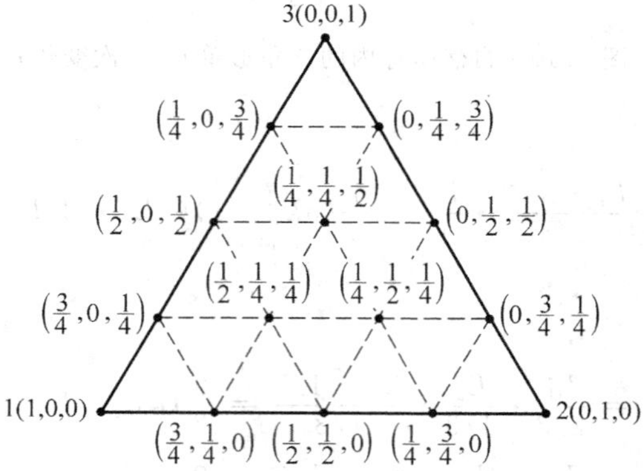


图 3.12 自然坐标三角形单元(四次变化)

② 按广义的拉格朗日插值公式构造插值函数,即

$$N_i=\prod_{j=1}^{p}\frac{f_j^{(i)}(L_1,L_2,L_3)}{f_j^{(i)}(L_{1i},L_{2i},L_{3i})} \tag{3.3.16}$$

其中 $p$ 为插值函数的次数。显然,按上式构造的插值函数满足 $N_i(L_{1j}, L_{2j}, L_{3j})=\delta_{ij}$ 这一基本要求。

另外,由于 $N_i$ 的上述性质,以及结点的数目和配置符合Pascal三角形的要求,可以证明这种单元场函数是满足收敛准则的，当然 $\sum_{i=1}^{n} N_i = 1$ 这一要求也是恒被满足的。

## 3.3.2　拉格朗日矩形单元和 Hermite 矩形单元

通常情况下，采用矩形单元比三角形单元更为方便而有效。现在来讨论如何利用自然坐标直接建立插值函数。方法是将一维自然坐标内的拉格朗日单元和 Hermite 单元加以推广，用来构造二维的拉格朗日矩形单元和 Hermite 矩形单元。二维矩形单元采用的自然坐标是直角坐标系 $\xi$、$\eta$。其中 $-1 \leqslant \xi \leqslant 1$，$-1 \leqslant \eta \leqslant 1$，或 $0 \leqslant \xi \leqslant 1$，$0 \leqslant \eta \leqslant 1$。

### 1. 拉格朗日矩形单元

构造任意的拉格朗日矩形单元插值函数的一个简便而系统的方法是利用两个坐标方向适当方次拉格朗日多项式的乘积。现考虑图 3.13 所示单元。

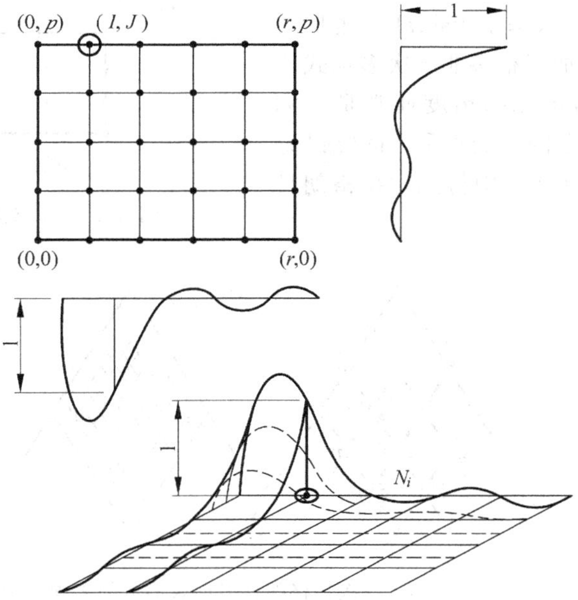


图 3.13　拉格朗日矩形单元的一个典型插值函数($r=5$，$p=4$，$I=1$，$J=4$)

该单元中，一系列结点是布置在 $r+1$ 列，$p+1$ 行的规则网格上。现在需要构造和布置在 $I$ 列 $J$ 行结点 $i$(用⊙表示)相应的插值函数 $N_i$。已知拉格朗日多项式

$$l_I^{(r)}(\xi) = \frac{(\xi-\xi_0)(\xi-\xi_1)\cdots(\xi-\xi_{I-1})(\xi-\xi_{I+1})\cdots(\xi-\xi_r)}{(\xi_I-\xi_0)(\xi_I-\xi_1)\cdots(\xi_I-\xi_{I-1})(\xi_I-\xi_{I+1})\cdots(\xi_I-\xi_r)}$$

在第 $I$ 列结点上等于 1，而在其他列结点上等于 0。同理

$$l_J^{(p)}(\eta)=\frac{(\eta-\eta_0)(\eta-\eta_1)\cdots(\eta-\eta_{J-1})(\eta-\eta_{J+1})\cdots(\eta-\eta_p)}{(\eta_J-\eta_0)(\eta_J-\eta_1)\cdots(\eta_J-\eta_{J-1})(\eta_J-\eta_{J+1})\cdots(\eta_J-\eta_p)}$$

在第 $J$ 行结点上等于 1，而在其他行结点上等于 0。从以上分析可见，所需要构造的插值函数应是

$$N_i=N_{IJ}=l_I^{(r)}(\xi)l_J^{(p)}(\eta) \tag{3.3.17}$$

$N_i$ 在结点 $i$ 上等于 1，而在其余所有结点上等于 0。这种单元每一边界上的结点数和函数在边界上的变化是协调的。因而也保证了单元之间函数的协调性。

在图 3.14 所示为 3 种形式的拉格朗日矩形单元。虽然构造它们的插值函数是很容易的，但是这种类型的单元存在一定缺点，主要是出现了随插值函数方次增高而增加的内结点，从而增加了单元的自由度数，而这些自由度的增加通常并不能提高单元的精度。如果考察 $r=p$ 的情况，从基于 Pascal 三角形的图 3.15 可以看出增加了很多非 $r$ 次多项式所必要的高次项，因为单元的精度通常是由完全多项式的方次决定的，因此后面将要讨论的 Serendipity 单元在实际中得到比拉格朗日单元更多的应用。

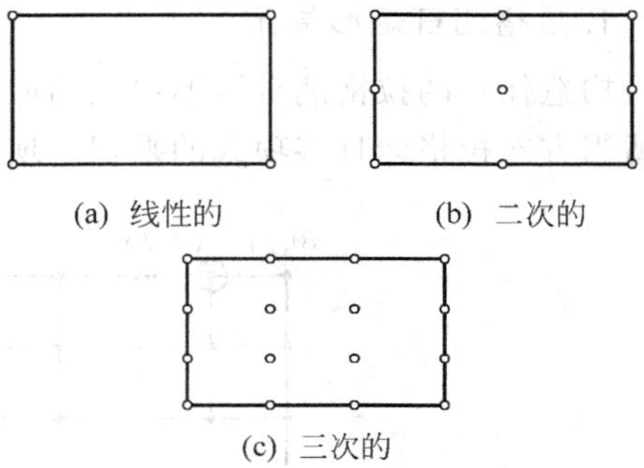

图 3.14 拉格朗日矩形单式

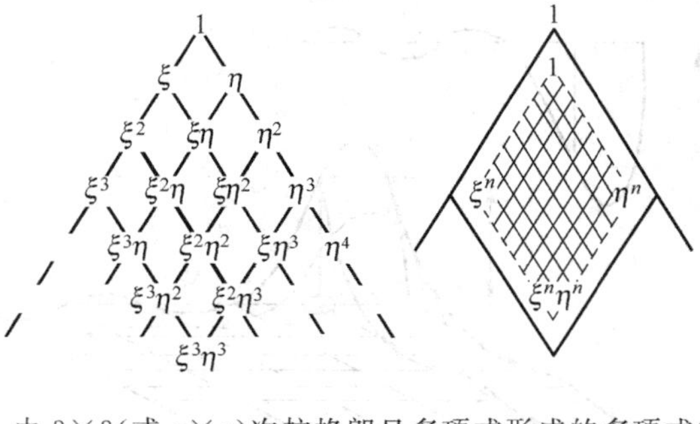

图 3.15 由 3×3(或 $n\times n$)次拉格朗日多项式形成的多项式中的项次

2. Hermite 矩形单元

一维的 Hermite 多项式，也可以用和构造拉格朗日单元相类似的方法，用来构造 Hermite 矩形单元的插值函数。对于双一阶（三次）Hermite 多项式，可有（参看图 3.16）

$$\phi=\sum_{i=1}^{16}N_iQ_i \tag{3.3.18}$$

其中

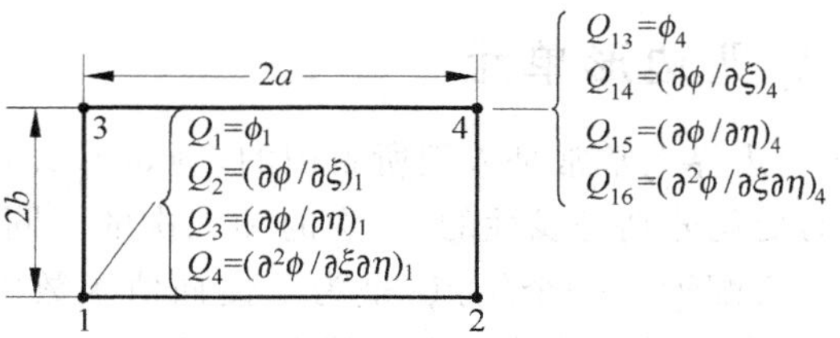


图 3.16　双一阶 Hermite 矩形单元

$$
\begin{array}{ll}
N_1=H_1^{(0)}(\xi)H_1^{(0)}(\eta) & N_2=H_1^{(1)}(\xi)H_1^{(0)}(\eta) \\
N_3=H_1^{(0)}(\xi)H_1^{(1)}(\eta) & N_4=H_1^{(1)}(\xi)H_1^{(1)}(\eta) \\
N_5=H_2^{(0)}(\xi)H_1^{(0)}(\eta) & N_6=H_2^{(1)}(\xi)H_1^{(0)}(\eta) \\
N_7=H_2^{(0)}(\xi)H_1^{(1)}(\eta) & N_8=H_2^{(1)}(\xi)H_1^{(1)}(\eta) \\
N_9=H_1^{(0)}(\xi)H_2^{(0)}(\eta) & N_{10}=H_1^{(1)}(\xi)H_2^{(0)}(\eta) \\
N_{11}=H_1^{(0)}(\xi)H_2^{(1)}(\eta) & N_{12}=H_1^{(1)}(\xi)H_2^{(1)}(\eta) \\
N_{13}=H_2^{(0)}(\xi)H_2^{(0)}(\eta) & N_{14}=H_2^{(1)}(\xi)H_2^{(0)}(\eta) \\
N_{15}=H_2^{(0)}(\xi)H_2^{(1)}(\eta) & N_{16}=H_2^{(1)}(\xi)H_2^{(1)}(\eta)
\end{array}
$$

和

$$
\begin{array}{llll}
Q_1=\phi_1 & Q_2=\left(\dfrac{\partial\phi}{\partial\xi}\right)_1 & Q_3=\left(\dfrac{\partial\phi}{\partial\eta}\right)_1 & Q_4=\left(\dfrac{\partial^2\phi}{\partial\xi\partial\eta}\right)_1 \\
Q_5=\phi_2 & Q_6=\left(\dfrac{\partial\phi}{\partial\xi}\right)_2 & Q_7=\left(\dfrac{\partial\phi}{\partial\eta}\right)_2 & Q_8=\left(\dfrac{\partial^2\phi}{\partial\xi\partial\eta}\right)_2 \\
Q_9=\phi_3 & Q_{10}=\left(\dfrac{\partial\phi}{\partial\xi}\right)_3 & Q_{11}=\left(\dfrac{\partial\phi}{\partial\eta}\right)_3 & Q_{12}=\left(\dfrac{\partial^2\phi}{\partial\xi\partial\eta}\right)_3 \\
Q_{13}=\phi_4 & Q_{14}=\left(\dfrac{\partial\phi}{\partial\xi}\right)_4 & Q_{15}=\left(\dfrac{\partial\phi}{\partial\eta}\right)_4 & Q_{16}=\left(\dfrac{\partial^2\phi}{\partial\xi\partial\eta}\right)_4
\end{array}
$$

以及

$$
\begin{array}{ll}
H_1^{(0)}(\xi)=1-3\xi^2+2\xi^3 & H_1^{(0)}(\eta)=1-3\eta^2+2\eta^3 \\
H_2^{(0)}(\xi)=3\xi^2-2\xi^3 & H_2^{(0)}(\eta)=3\eta^2-2\eta^3 \\
H_1^{(1)}(\xi)=\xi-2\xi^2+\xi^3 & H_1^{(1)}(\eta)=\eta-2\eta^2+\eta^3 \\
H_2^{(1)}(\xi)=\xi^3-\xi^2 & H_2^{(1)}(\eta)=\eta^3-\eta^2
\end{array}
$$

应该指出：由于 Hermite 矩形单元的插值函数是利用两个坐标方向的一维 Hermite 多项式的乘积而得到的，二阶混合导数的结点值也必须包含在结点参数当中。

如有需要，可以用类似的步骤得到更高阶的 Hermite 矩形单元的插值函数。

### 3.3.3 Serendipity四边形单元

结点仅配置在单元的边界上常常是人们所希望的，例如图3.17(a)，(b)，(c)所示的3个单元，函数在边界上的变化分别是线性的、二次的和三次的。同一图(d)所示是四次的Serendipity单元，单元中心配置了一个结点，是为了使插值函数中的四次多项式是完全的。Serendipity按照字的原意是意外的发现。其实，至少在构造它的插值函数时仍是有一般规律可循的。我们首先来讨论变结点数的Serendipity单元。一方面由于在实际应用中有时希望同一单元的不同边界有不同数目的结点，这样可以实现不同阶次单元之间的过渡，从而可能在求解的不同区域采用不同精度的单元。另一方面通过它阐述构造Serendipity单元插值函数的一般方法。

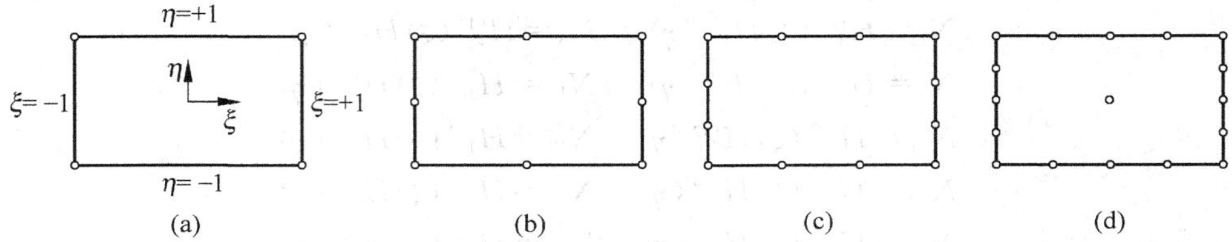


图3.17 Serendipity单元族

图3.18所示为一个二次单元。假定开始只有4个角结点，对应这些结点的插值函数可利用双一次拉格朗日多项式构造，即

$$\hat{N}_i = \frac{1}{4}(1+\xi_0)(1+\eta_0) \quad (i=1,2,3,4) \tag{3.3.19}$$

其中

$$\xi_0 = \xi_i \xi \qquad \eta_0 = \eta_i \eta$$

如果增加边内结点，则和它对应的插值函数可以按划线法构造，或直接表示成$\xi$(或$\eta$)方向二次和$\eta$(或$\xi$)方向一次拉格朗日多项式的乘积。例如增加结点5，则

$$N_5 = \frac{1}{2}(1-\xi^2)(1-\eta) \tag{3.3.20}$$

需要指出的是，对于现在5个结点的情况，$N_5$满足$N_{5j}=\delta_{5j}\,(j=1,2,\cdots,5)$要求，而$\hat{N}_i$ $(i=1,2,3,4)$不再满足$\hat{N}_{i5}=\delta_{i5}=0\,(i=1,2)$的要求了。为满足此要求，$\hat{N}_1$，$\hat{N}_2$需要修正为

$$N_1 = \hat{N}_1 - \frac{1}{2}N_5 \qquad N_2 = \hat{N}_2 - \frac{1}{2}N_5$$

式中系数1/2是$\hat{N}_1$，$\hat{N}_2$在结点5的取值，因为$\hat{N}_1(\xi_5,\eta_5)=\hat{N}_2(\xi_5,\eta_5)=1/2$。

类似地，可以讨论增加边内结点6,7,8的情况，所以最后得到4～8结点单元的插值函数

$$N_1=\hat{N}_1-\frac{1}{2}N_5-\frac{1}{2}N_8 \qquad N_2=\hat{N}_2-\frac{1}{2}N_5-\frac{1}{2}N_6$$

$$N_3=\hat{N}_3-\frac{1}{2}N_6-\frac{1}{2}N_7 \qquad N_4=\hat{N}_4-\frac{1}{2}N_7-\frac{1}{2}N_8$$

$$N_5=\frac{1}{2}(1-\xi^2)(1-\eta) \qquad N_6=\frac{1}{2}(1-\eta^2)(1+\xi) \tag{3.3.21}$$

$$N_7=\frac{1}{2}(1-\xi^2)(1+\eta) \qquad N_8=\frac{1}{2}(1-\eta^2)(1-\xi)$$

（如 5,6,7,8 结点中任一个不存在，则对应的插值函数为 0）

其中

$$\hat{N}_i=\frac{1}{4}(1+\xi_0)(1+\eta_0) \quad (i=1,2,3,4)$$

$$\xi_0=\xi_i\xi \qquad \eta_0=\eta_i\eta$$

上述构造插值函数的一般化步骤，以 $N_1$ 为例表示于图 3.18。可以证明这样构造的插值函数是满足 $N_{ij}=\delta_{ij}$ 和 $\sum_{i=1}^{n}N_i=1$ 这些基本要求的。

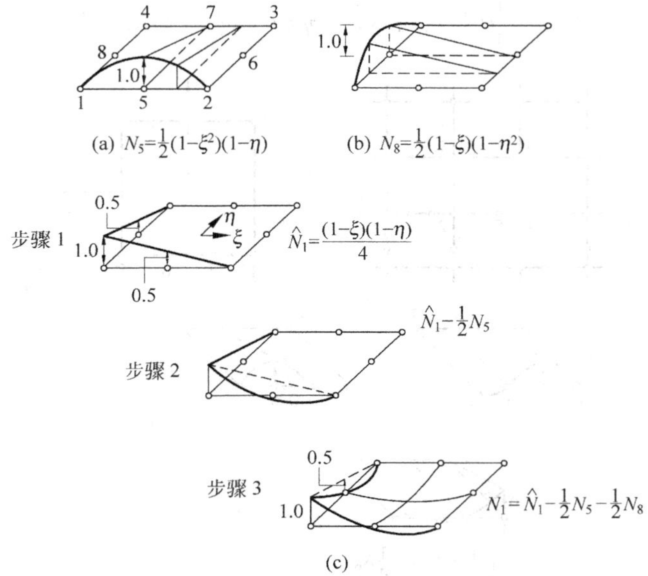


图 3.18　构造 Serendipity 单元插值函数的一般方法

显然，对于高次的 Serendipity 单元，可用同样的方法构造它的插值函数。例如对于 $p$ 次单元的边内结点，它的插值函数可表示成 $\xi$（或 $\eta$）方向 $p$ 次和 $\eta$（或 $\xi$）方向一次拉格朗日多项式的乘积，而对于角结点，则其插值函数可表示成一双线性函数和用适当分数分别乘以相邻两个边界上的各个边内结点插值函数之和，以保证它在边内结点上的值也为 0。因为角结点插值函数中除双线性函数之外的附加项可随相邻边界上的边内结点的增减而变化，所以边内结点数是灵活的，这对于构造变结点数的过渡单元是很适合的。图 3.19 给出了三次/一次过渡单元应用的实例。此过渡单元的插值函数，依据上述构造变结点单元插值函数的方法可以表示如下：

$$\begin{aligned}
N_1 &= \hat{N}_1 - \frac{2}{3}N_5 - \frac{1}{3}N_6 \\
N_2 &= \hat{N}_2 - \frac{1}{3}N_5 - \frac{2}{3}N_6 \\
N_3 &= \hat{N}_3 \\
N_4 &= \hat{N}_4 \\
N_5 &= \frac{9}{32}(1-\xi^2)(1-3\xi)(1-\eta) \\
N_6 &= \frac{9}{32}(1-\xi^2)(1+3\xi)(1-\eta)
\end{aligned} \tag{3.3.22}$$

其中

$$\hat{N}_i = \frac{1}{4}(1+\xi_i\xi)(1+\eta_i\eta) \quad (i=1,2,3,4)$$

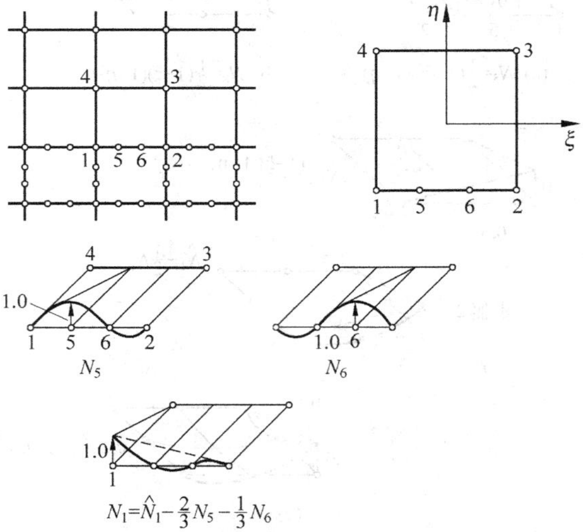


图 3.19 三次/一次过渡单元及其插值函数

分析上述构造 Serendipity 单元插值函数的一般方法，可以看到只有边界结点的单元插值函数中包含的项次包含在如图 3.20 中阴影所覆盖的区域内。如果与图 3.15 所表示的各次拉格朗日单元插值函数所包含的项次比较，显然，Serendipity 单元中完全多项式以外的高次项要少得多。但是也可看到，对于四次及其以上的 Serendipity 单元必须增加单元内部的结点，才能保持相应次多项式的完备性。

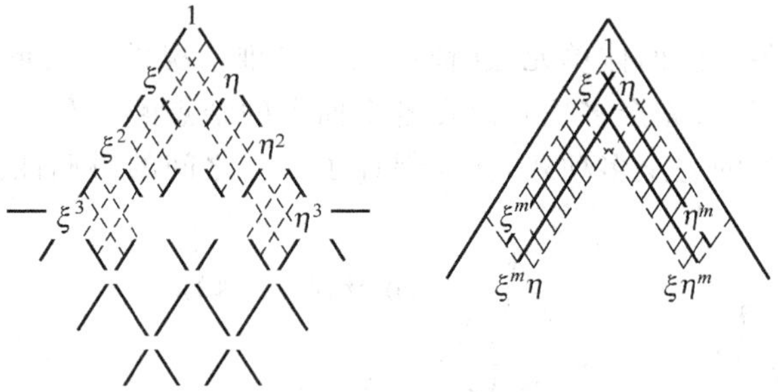


图 3.20　只有边界结点的 Serendipity 单元插值函数中的项次

关于上述构造变结点数单元插值函数的方法，我们可以指出：在实际应用中它具有更广泛的一般性，前面讨论的二维三角形单元和拉格朗日单元的插值函数也可以利用此方法进行构造。例如图 3.9 所示三角形二次单元的插值函数，利用变结点数单元的方法可以表示如下：

$$
\begin{aligned}
N_1 &= \hat{N}_1 - \frac{1}{2}N_4 - \frac{1}{2}N_6 \qquad & N_2 &= \hat{N}_2 - \frac{1}{2}N_4 - \frac{1}{2}N_5 \\
N_3 &= \hat{N}_3 - \frac{1}{2}N_5 - \frac{1}{2}N_6 \qquad & N_4 &= 4L_1L_2 \\
N_5 &= 4L_2L_3 \qquad & N_6 &= 4L_3L_1
\end{aligned}
\tag{3.3.23}
$$

其中

$$\hat{N}_i = L_i \quad (i = 1,2,3)$$

可以验证，上式表示的 $N_1$，$N_2$，$N_3$ 和(3.3.13)、(3.3.14)式给出的结果是一致的。

同样，对于拉格朗日单元，利用变结点单元的方法构造出的插值函数，和利用两个方向一维拉格朗日插值函数相乘的方法[(3.3.17)式]得到的结果也是完全一致的，读者可以作为练习加以验证。

通过以上讨论可以看出，在构造单元插值函数的意义上，三角形单元和四边形单元，拉格朗日单元和 Serendipity 单元的差别消失了。而且这种构造单元插值函数方法可以方便地推广用于三维情况。

## 3.4　三维单元

三维单元可能有的几何形状比二维单元要多得多，现在只讨论几种常用的形状，又因为构造其插值函数的方法只是前节所述方法的推广，所以基本上只给出具体结果，而不再重复其过程。

## 3.4.1 四面体单元

图 3.21 表示出各次四面体单元，这种单元和二维情况的三角形单元相类似，插值函数是在三维坐标内的各次完全多项式。在各个面上的结点配置和同次的二维三角形单元相同，函数是相应二维的完全多项式，从而保证了单元之间的协调性。

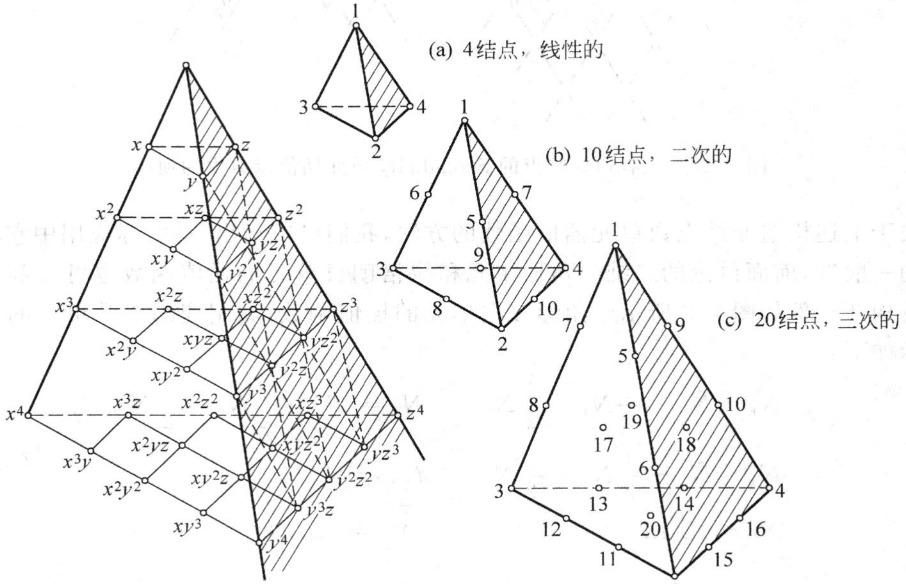


图 3.21 四面体单元

根据三维四面体单元的几何特点，引进的自然坐标是体积坐标，如图 3.22 所示，单元内任一点 $P$ 的体积坐标是

$$L_1=\frac{\mathrm{vol}(P234)}{\mathrm{vol}(1\,234)}\qquad L_2=\frac{\mathrm{vol}(P341)}{\mathrm{vol}(1\,234)}$$

$$L_3=\frac{\mathrm{vol}(P412)}{\mathrm{vol}(1\,234)}\qquad L_4=\frac{\mathrm{vol}(P123)}{\mathrm{vol}(1\,234)}\tag{3.4.1}$$

并且满足

$$L_1+L_2+L_3+L_4=1$$

当引入体积坐标以后，各次四面体单元的插值

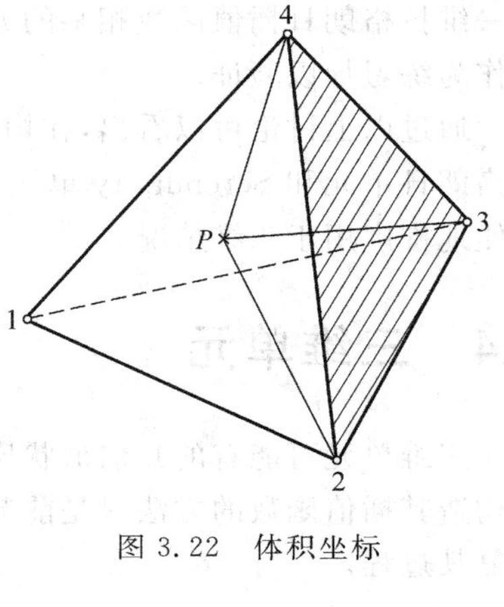


图 3.22 体积坐标

函数可以仿照二维三角形单元的构造方法得到。

(1) 线性单元

$$N_i = L_i \qquad (i=1,2,3,4) \tag{3.4.2}$$

(2) 二次单元

$$\left.\begin{aligned} &\text{角结点：} && N_i = (2L_i - 1)L_i \quad (i=1,2,3,4) \\ &\text{棱内结点：} && N_5 = 4L_1L_2 \quad N_6 = 4L_1L_3 \\ & && N_7 = 4L_1L_4 \quad N_8 = 4L_2L_3 \\ & && N_9 = 4L_3L_4 \quad N_{10} = 4L_2L_4 \end{aligned}\right\} \tag{3.4.3}$$

(3) 三次单元

$$\begin{aligned} &\text{角结点：} && N_i = \frac{1}{2}(3L_i - 1)(3L_i - 2)L_i \quad (i=1,2,3,4) \\ &\text{棱内结点：} && N_5 = \frac{9}{2}L_1L_2(3L_1 - 1) \quad \text{等} \\ &\text{面内结点：} && N_{17} = 27L_1L_2L_3 \quad \text{等} \end{aligned} \tag{3.4.4}$$

## 3.4.2 Serendipity 六面体单元

图 3.23 所示的各个单元和图 3.17 所示的二维 Serendipity 单元是相当的。现在引入 3 个自然坐标 $\xi,\eta,\zeta(-1\leqslant\xi,\eta,\zeta\leqslant 1)$ 和符号 $\xi_0=\xi_i\xi$，$\eta_0=\eta_i\eta$，$\zeta_0=\zeta_i\zeta$，则仿照二维单元插值函数构造方法可以得到三维 Serendipity 单元的插值函数。

(1) 线性单元(8 结点)

$$N_i = \frac{1}{8}(1+\xi_0)(1+\eta_0)(1+\zeta_0) \tag{3.4.5}$$

其中

$$\xi_0 = \xi_i\xi \qquad \eta_0 = \eta_i\eta \qquad \zeta_0 = \zeta_i\zeta$$

对于二次、三次单元的插值函数可以方便地利用变结点单元的方法构造，以下是给出经过整理后的结果，读者可作为练习验证其正确性。

(2) 二次单元(20 结点)

角结点：
$$N_i = \frac{1}{8}(1+\xi_0)(1+\eta_0)(1+\zeta_0)(\xi_0+\eta_0+\zeta_0-2) \tag{3.4.6}$$

典型的棱内结点($\xi_i=0$，　$\eta_i=\pm 1$，　$\zeta_i=\pm 1$)：

$$N_i = \frac{1}{4}(1-\xi^2)(1+\eta_0)(1+\zeta_0)$$

(3) 三次单元(32 结点)

角结点：
$$N_i = \frac{1}{64}(1+\xi_0)(1+\eta_0)(1+\zeta_0)[9(\xi^2+\eta^2+\zeta^2)-19] \tag{3.4.7}$$

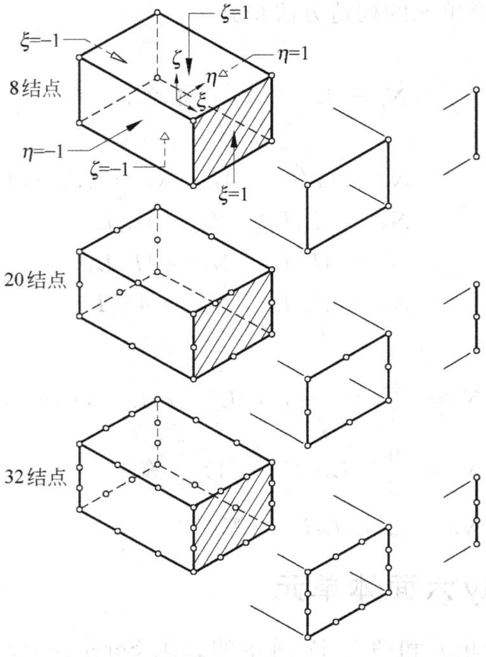


图 3.23 三维 Serendipity 单元及相应的二维和一维单元

典型的棱内结点 $\left(\xi_i=\pm\dfrac{1}{3},\quad \eta_i=\pm1,\quad \zeta_i=\pm1\right)$：

$$N_i=\frac{9}{64}(1-\xi^2)(1+9\xi_0)(1+\eta_0)(1+\zeta_0)$$

可以指出：在(3.4.5)～(3.4.7)式中，如令 $\zeta=\zeta_0=1$，则它们分别减缩为相应的各次二维单元的插值公式。如进一步在二维单元的各式中令 $\eta=\eta_0=1$，则它们又分别减缩为相应的各次一维单元的插值公式。所以这种形式的三维单元如和相应次的平面或线单元相联结(如图 3.23 所示)是能保证协调的。

还应指出，如果仿照二维变结点过渡单元插值函数的构造方法，同样能构造三维的变结点数的过渡单元。

### 3.4.3 拉格朗日六面体单元

图 3.24 所示是三维拉格朗日单元，它的插值函数可直接表示成三个坐标方向拉格朗日多项式的乘积，例如

$$N_i=N_{IJK}=l_I^{(n)}l_J^{(m)}l_K^{(p)} \tag{3.4.8}$$

其中 $m,n,p$ 分别代表每一坐标方向的行列数减 1，也即每一坐标方向拉格朗日多项式的次数，$I,J,K$ 表示结点 $i$ 在每一坐标方向的行列号。

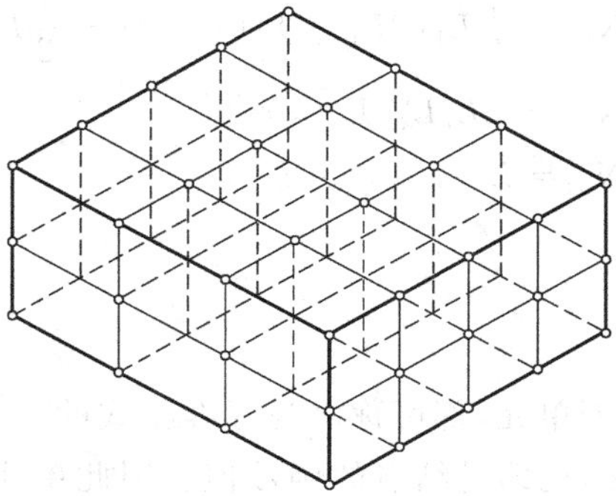

图 3.24　三维拉格朗日单元

## 3.4.4　三角形棱柱单元(五面体单元)

为了更方便地离散形状复杂的三维求解域，在某些边界区域采用三角形棱柱单元常常是必要的。此单元如图 3.25 所示，依据矩形面上的结点配置特点，也可区分为 Serendipity 棱柱单元和拉格朗日棱柱单元。这种单元的插值函数可以通过结合二维的三角形单元和 Serendipity(或拉格朗日)单元的插值函数而得到。例如对于图 3.25(b)所示的二次单元，则有

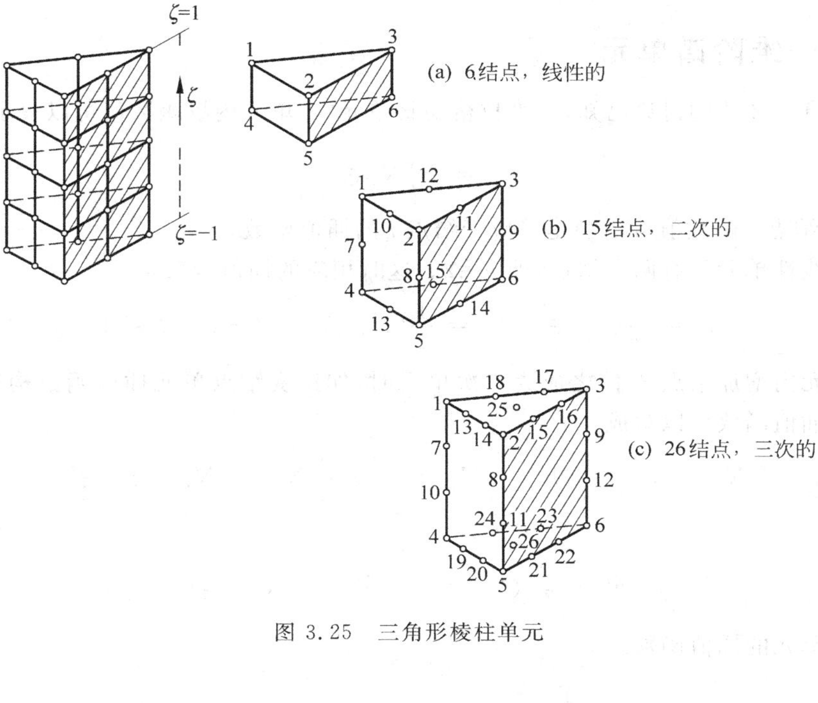


图 3.25　三角形棱柱单元

$$\left.\begin{aligned}&\text{角结点：} && N_1 = \frac{1}{2}L_1(2L_1-1)(1+\zeta) - \frac{1}{2}L_1(1-\zeta^2)\ \text{等}\\&\text{三角形的边内结点：} && N_{10} = 2L_1L_2(1+\zeta)\ \text{等}\\&\text{矩形的边内结点：} && N_7 = L_1(1-\zeta^2)\ \text{等}\end{aligned}\right\} \tag{3.4.9}$$

# 3.5 阶谱单元

以前各节所讨论的 $C_0$ 型单元，都可称之为标准型式的 $C_0$ 型单元。它们的各个结点参数都具有相同的物理意义，也即是结点的函数值。因此单元的插值函数具有熟知的性质，即每个插值函数在自己所对应的结点上等于1，而在其他结点上等于零；同时所有插值函数之和等于1。但是这类单元也有一固有的缺点，即当低阶单元升为高阶单元时，低阶单元的各个插值函数也都随之变化。这将为通用程序的编制带来不便，特别是不适合用于自适应有限元的分析。因为在自适应有限元分析中，当发现利用较低阶单元对一问题进行分析的精度不满足给定的要求时，可能需要在单元网格划分不变的条件下提高单元的阶次。这时希望已形成的低阶单元的刚度等特性矩阵保持不变地仍被利用。显然如果采用的单元是标准型式的单元是不可能实现上述希望的。因为这时低阶单元的插值函数已经改变，则相应的单元刚度等特性矩阵需要重新形成。而本节所讨论的阶谱单元(hierachical element)则可以实现上述目的。

## 3.5.1 一维阶谱单元

从本章3.2节的讨论已知，一维拉格朗日单元中，单元内场函数值可以表示为

$$\phi = \sum_{i=1}^{n} N_i(\xi)\phi_i \tag{3.5.1}$$

其中 $\phi_i$ 是结点 $i$ 函数值，$N_i(\xi)$是对应于结点 $i$ 的插值函数。

一维线性单元具有两个结点，即 $n=2$。这时相应的插值函数是

$$N_1 = \frac{1}{2}(1-\xi),\ N_2 = \frac{1}{2}(1+\xi) \qquad (-1 \leqslant \xi \leqslant 1) \tag{3.5.2}$$

当单元内增加结点3，使之成为二次单元时，如按变结点单元插值函数构造方法，则它的各个插值函数可以写成

$$N_1 = \hat{N}_1 - \frac{1}{2}N_3 \qquad N_2 = \hat{N}_2 - \frac{1}{2}N_3 \qquad N_3 = 1-\xi^2 \tag{3.5.3}$$

其中

$$\hat{N}_1 = \frac{1}{2}(1-\xi) \qquad \hat{N}_2 = \frac{1}{2}(1+\xi) \tag{3.5.4}$$

是原线性单元的插值函数。

现将(3.5.3)、(3.5.4)式代入(3.5.1)式(其中 $n=3$),并按 $\hat{N}_1$, $\hat{N}_2$ 和 $N_3$ 将表达式重新排列,则可以将单元内场函数表示为

$$\phi = \hat{N}_1\phi_1 + \hat{N}_2\phi_2 + N_3\left(\phi_3 - \frac{\phi_1+\phi_2}{2}\right) \tag{3.5.5}$$

还可以将上式进一步改写成

$$\phi = \sum_{p=1}^{3} H_p(\xi)a_p \tag{3.5.6}$$

其中

$$\begin{aligned} &H_1(\xi) = \hat{N}_1 \qquad H_2(\xi) = \hat{N}_2 \qquad H_3(\xi) = N_3 \\ &a_1 = \phi_1 \qquad a_2 = \phi_2 \qquad a_3 = \phi_3 - \frac{\phi_1+\phi_2}{2} \end{aligned} \tag{3.5.7}$$

$H_1$,$H_2$ 即原来线性单元的插值函数,$a_1$, $a_2$ 即原来线性单元的结点参数(结点函数值),$H_3$ 是在结点 1,2 为 0,在结点 3 等于 1 的二次函数,$a_3$ 不再是结点 3 的函数值,而是它和原线性单元在结点 3 函数值的差。这样一来,当单元从线性升阶为二次单元时,原线性单元的插值函数保持不变。这将意味着在进一步形成二次单元的各个特性矩阵时,原线性单元的相应部分可以保持不变地而被继续使用,从而达到节省程序编制和运算的时间。这就是阶谱单元的基本概念。

需要指出,在阶谱单元中,由于结点参数不一定都具有结点函数值的物理意义,因而原来标准型 $C_0$ 型单元插值函数所具有的性质现在也不再保持了。例如从(3.5.7)式可见,$H_1$,$H_2$ 在单元中点($\xi=0$)不再等于 0,同时 $H_1+H_2+H_3$ 也不再等于 1。正因为现在的 $H_1$,$H_2$,$H_3$ 不再具有标准型的 $C_0$ 型单元插值函数所具有的性质,为区别起见,今后称它们为阶谱函数,并用符号 $H$ 表示。但是应该指出,单元的收敛性质并未改变,因为现在只是重新定义了第 3 个结点参数的意义为 $a_3\left(=\phi_3-\frac{1}{2}(\phi_1+\phi_2)\right)$,而单元内函数 $\phi$ 的插值表示的实质并未改变。

需要指出的另一点是,阶谱函数 $H_3$ 在以上的讨论中采用了 $1-\xi^2$ 的形式,但这并非是惟一可能的选择。实际上只要是在结点 1、2 保持为零的任一二次函数都是可能的选择。当然这样一来结点参数 $a_3$ 的意义也将相应地改变。而且在实际分析中,对结点参数的理解也不一定非要和某个结点的具体物理量相联系不可。

循上述思路继续前进,如果将一维二次单元升阶为三次单元。在标准型一维单元中,将增加结点 4,通常还要调整结点 3 的位置,并重新构造插值函数 $N_1$, $N_2$, $N_3$。而在阶谱单元中,保持阶谱函数 $H_1$, $H_2$, $H_3$ 不变,当然结点 3 的位置也保持不变,只要求新增加的 $H_4$ 是在结点 1、2 等于零的一个三次函数。例如将 $H_4$ 表示为

$$H_4(\xi) = \xi(1-\xi^2) \tag{3.5.8}$$

这时

$$H_4(-1) = H_4(1) = 0$$

并且

$$H_4(0) = 0 \qquad \left.\frac{\mathrm{d}H_4(\xi)}{\mathrm{d}\xi}\right|_{\xi=0} = 1$$

如将单元的函数 $\phi$ 用阶谱函数表示

$$\phi(\xi) = \sum_{p=1}^{4} H_p(\xi) a_p \tag{3.5.9}$$

则可识别新增加的参数 $a_4$ 的物理意义为

$$a_4 = \left(\frac{\mathrm{d}\phi}{\mathrm{d}\xi}\right)_{\xi=0} - \frac{1}{2}(\phi_2 - \phi_1) \tag{3.5.10}$$

即函数在单元中点($\xi=0$)的斜率 $\left(\frac{\mathrm{d}\phi}{\mathrm{d}\xi}\right)_{\xi=0}$ 和线性单元的斜率 $\frac{1}{2}(\phi_2-\phi_1)$ 之差。此时它的物理意义就比 $a_3$ 更加不那么明显。因此正如前面所说，对于阶谱单元的各个“结点”(其实并不一定和某个具体结点相联系)参数不一定要通过某个具体结点的物理量去理解它。

如按上述思路继续下去，可以构造更高阶的阶谱函数。例如

$$H_5 = \xi^2(1-\xi^2), \quad H_6 = \xi^3(1-\xi^2), \cdots \tag{3.5.11}$$

不过此时与之对应的参数 $a_5, a_6$ 的物理意义更不易识别，虽然这种识别不一定是必要的。

正如前面已经指出，阶谱函数的形式不是惟一的，另一种方便的形式可以表示如下

$$H_p(\xi) = \begin{cases} \dfrac{1}{(p-1)!}(\xi^{p-1} - 1) & (p = 3,5,\cdots) \\ \dfrac{1}{(p-1)!}(\xi^{p-1} - \xi) & (p = 4,6,\cdots) \end{cases} \tag{3.5.12}$$

从上式可以得到

$$\begin{aligned} &H_3 = \frac{1}{2}(\xi^2 - 1) \qquad H_4 = \frac{1}{6}(\xi^3 - \xi) \\ &H_5 = \frac{1}{24}(\xi^4 - 1) \qquad H_6 = \frac{1}{120}(\xi^5 - \xi) \text{ 等} \end{aligned} \tag{3.5.13}$$

和以前形式的阶谱函数相比较，$H_3, H_4$ 只相差一系数，$H_5$ 及其更高阶的 $H_6, H_7$ 等则有所区别。现在的阶谱函数具有以下性质

$$\left.\frac{\mathrm{d}^j H_p}{\mathrm{d}\xi^j}\right|_{\xi=0} = \begin{matrix} 0 & (j = 2,3,\cdots,p-2) \\ 1 & (j = p-1) \end{matrix} \tag{3.5.14}$$

这样一来，$a_p(p\geqslant 3)$就被赋予了简单的物理意义(并非一定必要)，即

$$a_p = \left.\frac{\mathrm{d}^{p-1}\phi}{\mathrm{d}\xi^{p-1}}\right|_{\xi=0} \quad (p \geqslant 3) \tag{3.5.15}$$

从此也更便于理解，当阶谱单元用于二维、三维情况时，在单元交界面上，如有共同的参数，则自动满足了单元间 $C_0$ 连续性的要求。

在本节开始已指出，阶谱单元的优点之一是用于自适应分析时，可以节省程序编制和计算的时间，现在再进一步加以阐述。如果问题采用二结点的线性单元进行分析，当计算结果的误差被估计不满足精度要求时，在网格保持不变的情况下，可以采用高阶的阶谱单元进行重分析(即提高 $p$ 的数值，这种自适应的重分析，叫做 $p$ 方案)。线性单元的刚度矩阵可以表示成

$$\boldsymbol{K}^{(2)}=\begin{bmatrix} K_{11}^{(2)} & K_{12}^{(2)} \\ K_{21}^{(2)} & K_{22}^{(2)} \end{bmatrix} \tag{3.5.16}$$

当用二次或三次单元进行重分析时，考虑到阶谱单元的特性，它们的单元刚度矩阵可以分别表示为

$$\boldsymbol{K}^{(3)}=\begin{bmatrix} K_{11}^{(2)} & K_{12}^{(2)} & K_{13}^{(3)} \\ K_{21}^{(2)} & K_{22}^{(2)} & K_{23}^{(3)} \\ K_{31}^{(3)} & K_{32}^{(3)} & K_{33}^{(3)} \end{bmatrix} \tag{3.5.17}$$

$$\boldsymbol{K}^{(4)}=\begin{bmatrix} K_{11}^{(2)} & K_{12}^{(2)} & K_{13}^{(3)} & K_{14}^{(4)} \\ K_{21}^{(2)} & K_{22}^{(2)} & K_{23}^{(3)} & K_{24}^{(4)} \\ K_{31}^{(3)} & K_{32}^{(3)} & K_{33}^{(3)} & K_{34}^{(4)} \\ K_{41}^{(4)} & K_{42}^{(4)} & K_{43}^{(4)} & K_{44}^{(4)} \end{bmatrix} \tag{3.5.18}$$

从上式可见，当形成高阶单元的刚度矩阵时，低阶单元的刚度矩阵可以保持不变地被利用。并且还可根据阶谱函数形式不存在惟一性的特点，进一步考虑选择一种优化的形式，使刚度的非对角项消失(即使高低阶函数之间不耦合)，即

$$K_{ij}=K_{ji}=0 \quad (i\neq j \text{ 且 } i \text{ 或 } j\geqslant 3) \tag{3.5.19}$$

对于一维弹性力学问题

$$K_{ij}=K_{ji}=\int_l k\frac{\mathrm{d}H_i}{\mathrm{d}x}\frac{\mathrm{d}H_j}{\mathrm{d}x}\mathrm{d}x=\frac{2}{l}\int_{-1}^{1}\frac{\mathrm{d}H_i}{\mathrm{d}\xi}\frac{\mathrm{d}H_j}{\mathrm{d}\xi}\mathrm{d}\xi \tag{3.5.20}$$

其中，$k$ 是截面刚性系数，$l$ 是单元长度。

上式说明，为使 $K_{ij}=K_{ji}=0$，$\dfrac{\mathrm{d}H_i}{\mathrm{d}\xi}$和$\dfrac{\mathrm{d}H_j}{\mathrm{d}\xi}$应在 $-1\leqslant\xi\leqslant 1$ 区间内满足正交性条件。已知 Legendre 多项式

$$P_p(\xi)=\frac{1}{(p-1)!}\frac{1}{2^{p-1}}\frac{\mathrm{d}^p}{\mathrm{d}\xi^p}[(\xi^2-1)^p] \tag{3.5.21}$$

是满足此条件的一种多项式函数，因此可以通过对它的积分获得需要的阶谱函数

$$H_{p+2}=\int P_p(\xi)\mathrm{d}\xi=\frac{1}{(p-1)!2^{p-1}}\frac{\mathrm{d}^{p-1}}{\mathrm{d}\xi^{p-1}}[(\xi^2-1)^p]$$

或

$$H_p=\int P_{p-2}(\xi)\mathrm{d}\xi=\frac{1}{(p-3)!2^{p-3}}\frac{\mathrm{d}^{p-3}}{\mathrm{d}\xi^{p-3}}[(\xi^2-1)^{p-2}] \tag{3.5.22}$$

从上式可以得

$$H_3 = \xi^2 - 1 \quad H_4 = 2(\xi^3 - \xi) \text{ 等} \tag{3.5.23}$$

和前面得到的另一种阶谱函数(3.5.12)、(3.5.13)式比较，对于 $H_3$ 和 $H_4$，两类函数也仅相差一系数，而对于 $H_5$ 及其以后的阶谱函数两者是不同的。

从本小节的讨论可以看到，一维阶谱单元阶谱函数的构造方法是，首先利用线性插值函数构造分别与单元两端结点相联系的线性项 $H_1$ 和 $H_2$。而后 $H_3$，$H_4$，$H_5$ 等高阶阶谱函数是在两端点取零值并依次为二次、三次、四次等的任意函数。和一维变结点单元插值函数的构造方法相比，$H_3$，$H_4$，$H_5$ 等的具体形式不像 $N_3$，$N_4$，$N_5$ 等那样只有惟一的选择，而且对应的"结点"参数不一定和某个结点的具体物理量相联系；另一方面最重要的是，当单元阶次增加时，已形成的低阶阶谱函数不需要修改或重新构造。认识上述特点，可以方便或比较方便地构造二维、三维阶谱单元的阶谱函数。

## 3.5.2 二维、三维阶谱单元

对于图 3.26 所示二维四边形单元，1，2，3，4 是角结点，用符号"∘"表示。5，6，7，8 是各边中点所在位置，用符号"‖"表示，以示和结点的区别，因为和它们相联系的"结点"参数不一定是一个，而是依赖于阶谱单元的阶次。当单元为线性单元时，阶谱函数仅有 $H_1$，$H_2$，$H_3$，$H_4$ 四个，它们和双线性拉格朗日单元相同，即

$$H_i = N_i = \frac{1}{4}(1 + \xi_i\xi)(1 + \eta_i\eta) \tag{3.5.24}$$

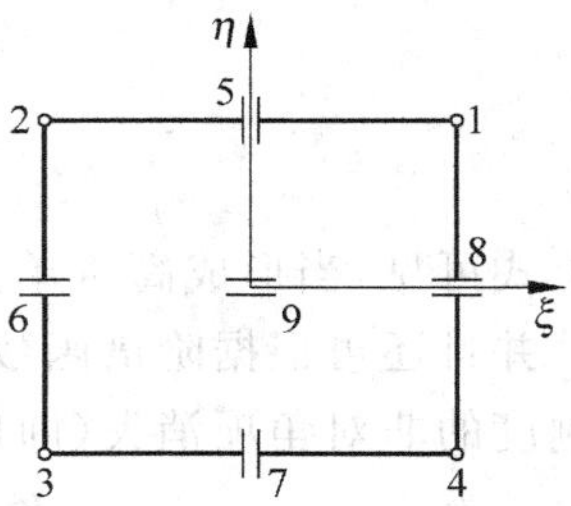

图 3.26　二维四边形单元

当单元升阶为类似 Serendipity 型二次单元时，阶谱函数 $H_5$，$H_6$，$H_7$，$H_8$ 的构造原则是，它们应分别是在除自身所在的 3 个边取 0 值的二次函数，例如采取以下形式：

$$\begin{aligned} H_5 &= \frac{1}{4}(1 - \xi^2)(1 + \eta) \qquad H_6 = \frac{1}{4}(1 - \xi)(1 - \eta^2) \\ H_7 &= \frac{1}{4}(1 - \xi^2)(1 - \eta) \qquad H_8 = \frac{1}{4}(1 + \xi)(1 - \eta^2) \end{aligned} \tag{3.5.25}$$

如果希望构造类似于拉格朗日型的二次单元，则再增加 $H_9$，它的表示式可取如下形式

$$H_9 = \frac{1}{4}(1 - \xi^2)(1 - \eta^2) \tag{3.5.26}$$

从形式看 $H_5$，$H_6$，$H_7$，$H_8$ 和 $H_9$ 分别与 Serendipity 二次单元及拉格朗日二次单元的 $N_5$，$N_6$，$N_7$，$N_8$ 和 $N_9$ 相同，但现在 $H_1$，$H_2$，$H_3$，$H_4$ 仍保持线性单元的形式而不必修改。如果要求单元升阶为类似 Serendipity 型或拉格朗日型的三次或更高次单元，需要增加的阶谱函数可用类似的方法构造。正如在一维阶谱单元的讨论中所见，从二次阶谱函数开始，其形式有多种可能的选择，包括使之满足一定正交性的选择，以达到单元刚度矩

阵中各个阶次之间不相耦合，从而达到计算简化的目的。例如利用(3.5.12)式给出的一维阶谱函数，可以构造二维 Serendipity 型的阶谱单元，它的二阶以上阶谱函数可以表示如下：

$$
\begin{aligned}
H_{5,p} &= \begin{cases} \dfrac{1}{2\times p!}(\xi^p-1)(1+\eta) & (p=2,4,\cdots) \\ \dfrac{1}{2\times p!}(\xi^p-\xi)(1+\eta) & (p=3,5,\cdots) \end{cases} \\
H_{6,p} &= \begin{cases} \dfrac{1}{2\times p!}(\eta^p-1)(1-\xi) & (p=2,4,\cdots) \\ \dfrac{1}{2\times p!}(\eta^p-\eta)(1-\xi) & (p=3,5,\cdots) \end{cases} \\
H_{7,p} &= \begin{cases} \dfrac{1}{2\times p!}(\xi^p-1)(1-\eta) & (p=2,4,\cdots) \\ \dfrac{1}{2\times p!}(\xi^p-\xi)(1-\eta) & (p=3,5,\cdots) \end{cases} \\
H_{8,p} &= \begin{cases} \dfrac{1}{2\times p!}(\eta^p-1)(1+\xi) & (p=2,4,\cdots) \\ \dfrac{1}{2\times p!}(\eta^p-\eta)(1+\xi) & (p=3,5,\cdots) \end{cases}
\end{aligned}
\qquad (3.5.27)
$$

式中“$p$”代表阶次。当 $p=2$ 时，从上式就得到类似(3.5.25)式给出的二阶阶谱函数。

依据阶谱单元的基本概念以及构造阶谱函数的一般原则，不难构造出二维三角形以及三维四面体、五面体、六面体等形状的阶谱单元及其阶谱函数，这里就不一一列举。必要时读者可查阅其他文献(例如 A4，A5)。

## 3.6　小结

为了使构造的各种形式单元的插值函数具有规范化的形式，本章先后引入了两种类型的自然坐标，即和物理坐标系同维的曲线坐标和与物理坐标系不同维的面积坐标及体积坐标。前者适合于一维单元、二维四边形单元和三维六面体单元；后者适合于二维三角形单元和三维四面体单元。前者本质上只是长度的变换，而后者分别是面积变换和体积变换，且使维数分别比物理坐标系的二维和三维增加了一维，造成了它们的各个坐标不完全独立的性质。这在应用时尤其是对其运算时应予以特别的注意。

本章着重讨论了标准型 $C_0$ 型单元及其插值函数的构造方法，其中包括二维三角形单元、四边形的拉格朗日单元和 Serendipity 单元，三维四面体单元、五面体和六面体的拉格朗日单元和 Serendipity 单元。它们插值函数的构造方法都可以归纳如下：对于三角形单元和四面体单元一般可以直接利用广义的拉格朗日插值函数法(即划线法)构造它们的插值函数；而对于四边形单元和六面体单元等一般可以利用变结点单元的方法构造它们的插值函数，即首先利用双线性或三线性拉格朗日函数表示它们角结点的插值函数，然后根据实际结点设置的需要利用划线法构造它们边内或面内结点的插值函数，并对已形成的角结点插值函数作相应的修正。当然这种方法也可用于三角形单元和四面体单元插值函数的构造。以上两种方法构造出的插值函数都能够满足插值函数的基本要求。即在自身的结点等于1，而在其他结点等于0，并且所有插值函数之和恒等于1。

阶谱单元是适合用于自适应分析的另一类单元。变结点单元插值函数构造方法的原理可以推广用于阶谱单元，并且更为简单。这是因为2阶及其以上各阶的边内或面内的"结点"变量不一定要求代表具体的函数值，因而它们所对应的阶谱函数可以有非惟一的选择，并且单元升阶时已形成的低阶阶谱函数和单元刚度矩阵不必进行修正或重新构造。

最后应该指出，本章所讨论的单元都是建立于自然坐标内的规范化的单元。在实际分析中，为适合一般几何形状的要求，通常首先需要通过坐标变换将它们变换到物理坐标(例如笛卡儿坐标、圆柱坐标等)内。变换的方法及相应的数值运算技巧将在下一章中进行讨论。

### 关键概念

| | | |
|---|---|---|
| 自然坐标 | 面积坐标 | 体积坐标 |
| 广义拉格朗日法 | 变结点法 | 拉格朗日单元 |
| Serendipity 单元 | 阶谱单元 | |

## 复习题

**3.1** 从几何形状和连续性要求上区别，有限元法中各有哪几种类型的单元？

**3.2** 有限元的插值函数为什么通常采用坐标的幂函数形式？

**3.3** 什么是自然坐标？为什么通常要在自然坐标内建立插值函数？

**3.4** 如何定义面积坐标和体积坐标？采用它们有什么方便之处和应注意之处？

**3.5** 什么是构造单元插值函数的广义拉格朗日法？用它构造插值函数的具体步骤是什么？

**3.6** 什么是构造单元插值函数的变结点法？用它构造插值函数的具体步骤是什么？

**3.7** 比较上述两种方法的优缺点，如何根据单元的具体情况选择采用它们？

**3.8** 什么是拉格朗日单元？什么是 Serendipity 单元？比较两种单元的各自特点。

**3.9** 什么是阶谱单元？它的结点变量和插值函数相对于通用的标准型单元有什么特点？

**3.10** 如何在有限元分析中采用阶谱单元？相对于通用的标准型单元有何好处？

## 练习题

**3.1**　证明一维拉格朗日单元的插值函数满足 $\sum_{i=1}^{n} N_i = 1$ 的要求($n$ 是结点数)。

**3.2**　利用构造变结点数单元插值函数的方法，构造图 3.27 中 9 结点单元的插值函数，并和利用构造二维拉格朗日单元插值函数方法得到的结果进行比较。

**3.3**　利用构造变结点数单元插值函数的方法，构造图 3.28 所示三次三角形单元的插值函数，并和(3.3.13)～(3.3.15)式的结果进行比较。

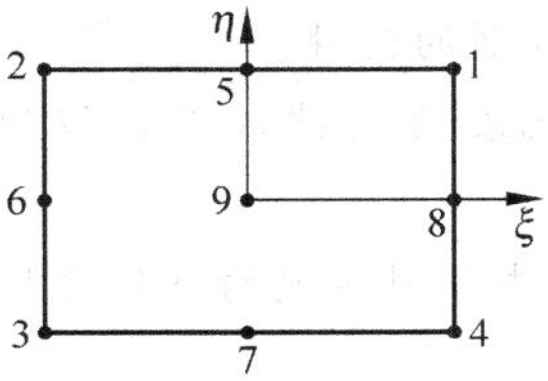


图　3.27

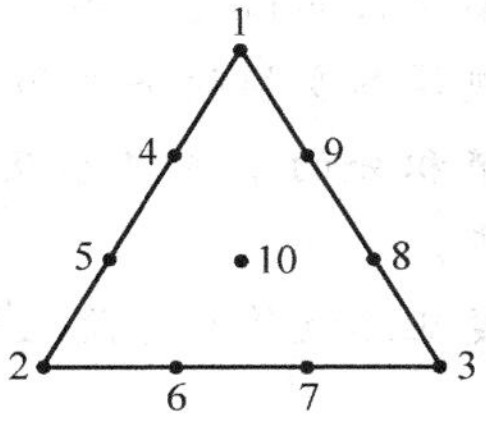


图　3.28

**3.4**　利用广义拉格朗日法，构造四面体三次单元的全部插值函数(参见(3.4.4)式)。

**3.5**　按照变结点法构造六面体二次单元和三次 Serendipity 单元的全部插值函数，并和(3.4.6)式和(3.4.7)式进行比较。

**3.6**　利用构造变结点单元插值函数的方法构造图 3.25(b)所示五面体单元的插值函数，并验证它们是否符合插值函数的性质。

**3.7**　在(−1, 1)区域内构造 1 阶 Hermite 单元的插值函数，并讨论所构造函数的性质。

**3.8**　有一物理问题的方程是 $\frac{d^2\phi}{dx^2}-\phi=0$，端点条件是：$\phi=0$，在 $x=0$；$\phi=1$ 在 $x=1$。现在用标准型和阶谱型的线性和二次单元求解，导出它们的单元刚度矩阵，并比较二类单元的特点。

# 第 4 章　等参元和数值积分

**本章要点**

- 等参变换的概念和实现单元特性矩阵变换的内容和方法。
- 实现等参变换的条件和等参元满足有限元收敛准则的条件。
- 数值积分的基本思想及以高斯(Gauss)积分为代表的几种常用数值积分方法的特点。
- 刚度矩阵数值积分阶次选择的原则,以及保证这些原则实现的具体方案。

## 4.1　引言

前一章讨论了建立于局部的自然坐标内各类常用的单元及其插值函数的构造方法,目的是使单元及其插值函数的构造规范化。为了将它们用于实际工程问题和物理问题的分析,需要研究寻找适当的方法,将上一章讨论的规则形状的单元转化为其边界为曲线或曲面的相应单元。在有限元法中最普遍采用的变换方法是等参变换,即单元的几何形状和单元内的场函数采用相同数目的结点参数及相同的插值函数进行变换。采用等参变换的单元称之为等参元。借助于等参元可以对于一般的任意几何形状的工程问题和物理问题方便地进行有限元离散。因此,等参元的提出为有限元法成为现代工程实际领域最有效的数值分析方法迈出了重要的一步。

为了使实际问题物理坐标系内的单元刚度、质量、阻尼、载荷等特性矩阵的计算也能在局部的自然坐标表示的规则域内进行计算,还需要研究这些矩阵积分式内被积函数中所涉及的导数、体积微元、面积微元、线段微元的变换以及积分限的置换。实现了这种变换和置换,则不管各个积分式中的被积函数如何复杂,都可以方便地采用标准化的数值积分方法进行计算,从而使各类不同工程实际问题的有限元分析纳入统一的通用化的程序。

数值积分方法在有限元的单元特性矩阵的计算中扮演了最主要的角色。我们不仅对常用的数值积分,特别是有限元法中应用最广泛的高斯积分方法及其特点要有比较充分的了解,还需要对实际计算中如何选择它的阶次有比较深刻的认识。因为它不仅涉及计算工作量的大小,而且对整个分析结果的精度和可靠性有重要的影响。

本章 4.2,4.3,4.4 节依次讨论等参变换的概念和单元矩阵的变换,等参变换实现的条件和等参元的收敛性条件,等参元用于分析弹性力学问题的一般格式。4.5,4.6 节讨论数值积分的方法及计算等参元刚度矩阵时数值积分阶次的选择。

## 4.2　等参变换的概念和单元矩阵的变换

### 4.2.1　等参变换

为了将局部(自然)坐标中几何形状规则的单元转换成总体(笛卡儿)坐标中几何形状扭曲的单元,以满足对一般形状求解域进行离散化的需要,必须建立一个坐标变换。即

$$\begin{Bmatrix} x \\ y \\ z \end{Bmatrix} = f\left(\begin{Bmatrix} \xi \\ \eta \\ \zeta \end{Bmatrix}\right) \text{或} f\left(\begin{Bmatrix} L_1 \\ L_2 \\ L_3 \\ L_4 \end{Bmatrix}\right) \tag{4.2.1}$$

图 4.1 和图 4.2 所示就是这种变换的某些例子。

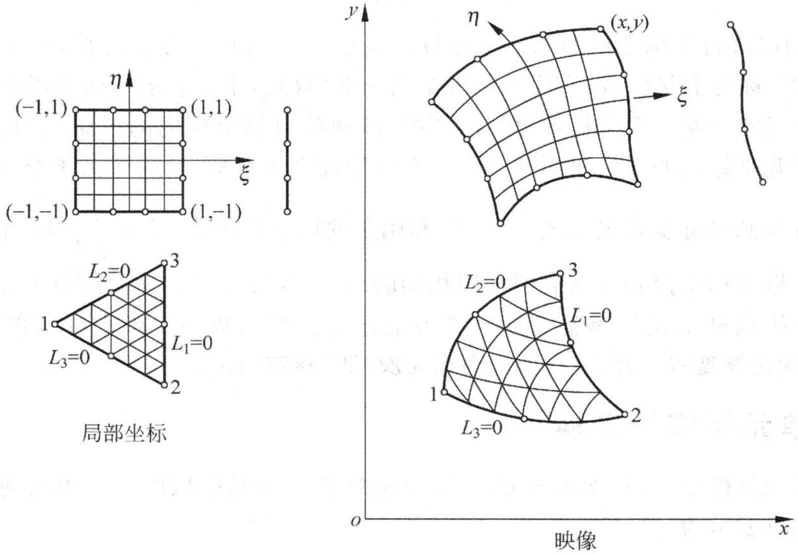


图 4.1　某些二维单元的变换

为建立前面所述的变换,最方便的方法是将(4.2.1)式也表示成插值函数的形式,即

$$x = \sum_{i=1}^{m} N'_i x_i \qquad y = \sum_{i=1}^{m} N'_i y_i \qquad z = \sum_{i=1}^{m} N'_i z_i \tag{4.2.2}$$

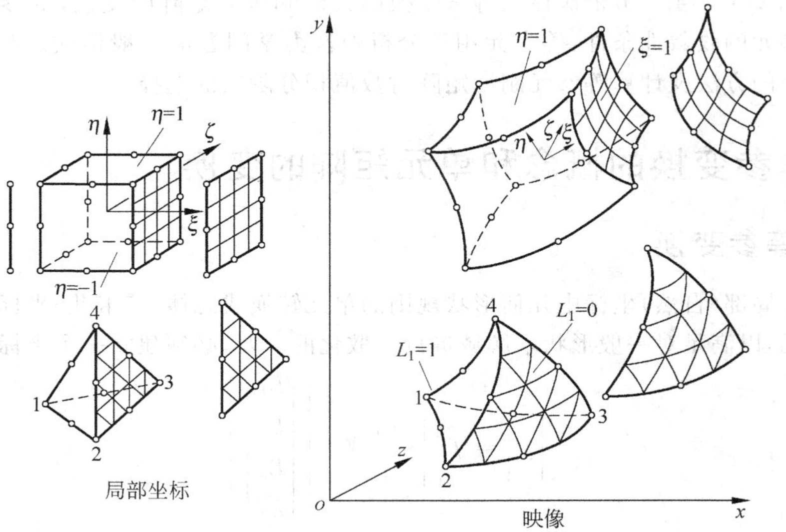


图 4.2 某些三维单元的变换

其中 $m$ 是用以进行坐标变换的单元结点数，$x_i$，$y_i$，$z_i$ 是这些结点在总体（笛卡儿）坐标内的坐标值，$N_i'$ 称为形状函数，实际上它也是用局部（自然）坐标表示的插值函数。

通过上式建立起两个坐标系之间的变换，从而将自然坐标内的形状规则的单元变换为总体笛卡儿坐标内的形状扭曲的单元。今后称前者为母单元，后者为子单元。

还可以看到坐标变换关系式(4.2.2)和函数的插值表示式：$\phi=\sum_{i=1}^{n}N_i\phi_i$ 在形式上是相同的。如果坐标变换和函数插值采用相同的结点，并且采用相同的插值函数，即 $m=n$，$N_i'=N_i$，则称这种变换为**等参变换**。如果坐标变换结点数多于函数插值的结点数，即 $m>n$ 则称为**超参变换**。反之，$m<n$，则称为**次(亚)参变换**。

## 4.2.2 单元矩阵的变换

在有限元分析中，为建立求解方程，需要进行各个单元体积内和面积内的积分，它们的一般形式可表示为

$$\int_{V_e} G\,\mathrm{d}V=\iiint_{V_e} G(x,y,z)\,\mathrm{d}x\mathrm{d}y\mathrm{d}z \tag{4.2.3}$$

$$\int_{S_e} g\,\mathrm{d}S=\iint_{S_e} g(x,y,z)\,\mathrm{d}S \tag{4.2.4}$$

而 $G$ 和 $g$ 中还常包含着场函数对于总体坐标 $x$，$y$，$z$ 的导数。

由于在现在的情况下，场函数是用自然坐标表述的，又因为在自然坐标内的积分限是

规格化的，因此希望能在自然坐标内按规格化的数值积分方法进行上述积分。为此需要建立两个坐标系内导数、体积微元、面积微元之间的变换关系。

1. 导数之间的变换

按照通常的偏微分规则，函数 $N_i$ 对 $\xi$ 的偏导数可表示成

$$\frac{\partial N_i}{\partial \xi}=\frac{\partial N_i}{\partial x}\frac{\partial x}{\partial \xi}+\frac{\partial N_i}{\partial y}\frac{\partial y}{\partial \xi}+\frac{\partial N_i}{\partial z}\frac{\partial z}{\partial \xi}$$

对于其他两个坐标($\eta,\zeta$)，可写出类似的表达式。将它们集合成矩阵形式，则有

$$\begin{Bmatrix}\dfrac{\partial N_i}{\partial \xi}\\ \dfrac{\partial N_i}{\partial \eta}\\ \dfrac{\partial N_i}{\partial \zeta}\end{Bmatrix}=\begin{bmatrix}\dfrac{\partial x}{\partial \xi} & \dfrac{\partial y}{\partial \xi} & \dfrac{\partial z}{\partial \xi}\\ \dfrac{\partial x}{\partial \eta} & \dfrac{\partial y}{\partial \eta} & \dfrac{\partial z}{\partial \eta}\\ \dfrac{\partial x}{\partial \zeta} & \dfrac{\partial y}{\partial \zeta} & \dfrac{\partial z}{\partial \zeta}\end{bmatrix}\begin{Bmatrix}\dfrac{\partial N_i}{\partial x}\\ \dfrac{\partial N_i}{\partial y}\\ \dfrac{\partial N_i}{\partial z}\end{Bmatrix}=\boldsymbol{J}\begin{Bmatrix}\dfrac{\partial N_i}{\partial x}\\ \dfrac{\partial N_i}{\partial y}\\ \dfrac{\partial N_i}{\partial z}\end{Bmatrix} \tag{4.2.5}$$

式中 $\boldsymbol{J}$ 称为雅可比矩阵，可记作$\partial(x,y,z)/\partial(\xi,\eta,\zeta)$。利用(4.2.2)式，$\boldsymbol{J}$ 可以显式地表示为自然坐标的函数，即

$$\boldsymbol{J}\equiv\frac{\partial(x,y,z)}{\partial(\xi,\eta,\zeta)}=\begin{bmatrix}\sum_{i=1}^{m}\dfrac{\partial N_i'}{\partial \xi}x_i & \sum_{i=1}^{m}\dfrac{\partial N_i'}{\partial \xi}y_i & \sum_{i=1}^{m}\dfrac{\partial N_i'}{\partial \xi}z_i\\ \sum_{i=1}^{m}\dfrac{\partial N_i'}{\partial \eta}x_i & \sum_{i=1}^{m}\dfrac{\partial N_i'}{\partial \eta}y_i & \sum_{i=1}^{m}\dfrac{\partial N_i'}{\partial \eta}z_i\\ \sum_{i=1}^{m}\dfrac{\partial N_i'}{\partial \zeta}x_i & \sum_{i=1}^{m}\dfrac{\partial N_i'}{\partial \zeta}y_i & \sum_{i=1}^{m}\dfrac{\partial N_i'}{\partial \zeta}z_i\end{bmatrix}$$

$$=\begin{bmatrix}\dfrac{\partial N_1'}{\partial \xi} & \dfrac{\partial N_2'}{\partial \xi} & \cdots & \dfrac{\partial N_m'}{\partial \xi}\\ \dfrac{\partial N_1'}{\partial \eta} & \dfrac{\partial N_2'}{\partial \eta} & \cdots & \dfrac{\partial N_m'}{\partial \eta}\\ \dfrac{\partial N_1'}{\partial \zeta} & \dfrac{\partial N_2'}{\partial \zeta} & \cdots & \dfrac{\partial N_m'}{\partial \zeta}\end{bmatrix}\begin{bmatrix}x_1 & y_1 & z_1\\ x_2 & y_2 & z_2\\ \vdots & \vdots & \vdots\\ x_m & y_m & z_m\end{bmatrix} \tag{4.2.6}$$

这样一来，$N_i$ 对于 $x,y,z$ 的偏导数可用自然坐标显式地表示为

$$\begin{Bmatrix}\dfrac{\partial N_i}{\partial x}\\ \dfrac{\partial N_i}{\partial y}\\ \dfrac{\partial N_i}{\partial z}\end{Bmatrix}=\boldsymbol{J}^{-1}\begin{Bmatrix}\dfrac{\partial N_i}{\partial \xi}\\ \dfrac{\partial N_i}{\partial \eta}\\ \dfrac{\partial N_i}{\partial \zeta}\end{Bmatrix} \tag{4.2.7}$$

其中 $\boldsymbol{J}^{-1}$ 是 $\boldsymbol{J}$ 的逆矩阵，它可按下式计算得到

$$\boldsymbol{J}^{-1}=\frac{1}{|\boldsymbol{J}|}\boldsymbol{J}^{*} \tag{4.2.8}$$

$|\boldsymbol{J}|$是$\boldsymbol{J}$的行列式，称为雅可比行列式。$\boldsymbol{J}^{*}$是$\boldsymbol{J}$的伴随矩阵，它的元素$J_{ij}^{*}$是$\boldsymbol{J}$的元素$J_{ji}$的代数余子式。

2. 体积微元、面积微元的变换

从图4.2可以看到$\mathrm{d}\boldsymbol{\xi}$，$\mathrm{d}\boldsymbol{\eta}$，$\mathrm{d}\boldsymbol{\zeta}$在笛卡儿坐标系内所形成的体积微元是

$$\mathrm{d}V=\mathrm{d}\boldsymbol{\xi}\cdot(\mathrm{d}\boldsymbol{\eta}\times\mathrm{d}\boldsymbol{\zeta}) \tag{4.2.9}$$

其中

$$\begin{aligned}
\mathrm{d}\boldsymbol{\xi}&=\frac{\partial x}{\partial \xi}\mathrm{d}\xi\boldsymbol{i}+\frac{\partial y}{\partial \xi}\mathrm{d}\xi\boldsymbol{j}+\frac{\partial z}{\partial \xi}\mathrm{d}\xi\boldsymbol{k}\\
\mathrm{d}\boldsymbol{\eta}&=\frac{\partial x}{\partial \eta}\mathrm{d}\eta\boldsymbol{i}+\frac{\partial y}{\partial \eta}\mathrm{d}\eta\boldsymbol{j}+\frac{\partial z}{\partial \eta}\mathrm{d}\eta\boldsymbol{k}\\
\mathrm{d}\boldsymbol{\zeta}&=\frac{\partial x}{\partial \zeta}\mathrm{d}\zeta\boldsymbol{i}+\frac{\partial y}{\partial \zeta}\mathrm{d}\zeta\boldsymbol{j}+\frac{\partial z}{\partial \zeta}\mathrm{d}\zeta\boldsymbol{k}
\end{aligned} \tag{4.2.10}$$

式中$\boldsymbol{i}$，$\boldsymbol{j}$和$\boldsymbol{k}$是笛卡儿坐标$x$，$y$和$z$方向的单位向量。将(4.2.10)式代入(4.2.9)式，得到

$$\mathrm{d}V=\begin{vmatrix}\dfrac{\partial x}{\partial \xi}&\dfrac{\partial y}{\partial \xi}&\dfrac{\partial z}{\partial \xi}\\[2mm]\dfrac{\partial x}{\partial \eta}&\dfrac{\partial y}{\partial \eta}&\dfrac{\partial z}{\partial \eta}\\[2mm]\dfrac{\partial x}{\partial \zeta}&\dfrac{\partial y}{\partial \zeta}&\dfrac{\partial z}{\partial \zeta}\end{vmatrix}\mathrm{d}\xi\mathrm{d}\eta\mathrm{d}\zeta=|\boldsymbol{J}|\,\mathrm{d}\xi\mathrm{d}\eta\mathrm{d}\zeta \tag{4.2.11}$$

关于面积微元，例如在$\xi=$常数($c$)的面上有

$$\begin{aligned}
\mathrm{d}A&=|\,\mathrm{d}\boldsymbol{\eta}\times\mathrm{d}\boldsymbol{\zeta}\,|_{\xi=c}\\
&=\left[\left(\frac{\partial y}{\partial \eta}\frac{\partial z}{\partial \zeta}-\frac{\partial y}{\partial \zeta}\frac{\partial z}{\partial \eta}\right)^2+\left(\frac{\partial z}{\partial \eta}\frac{\partial x}{\partial \zeta}-\frac{\partial z}{\partial \zeta}\frac{\partial x}{\partial \eta}\right)^2+\right.\\
&\quad\left.\left(\frac{\partial x}{\partial \eta}\frac{\partial y}{\partial \zeta}-\frac{\partial x}{\partial \zeta}\frac{\partial y}{\partial \eta}\right)^2\right]^{1/2}\mathrm{d}\eta\mathrm{d}\zeta=A\mathrm{d}\eta\mathrm{d}\zeta
\end{aligned} \tag{4.2.12}$$

其他面上的$\mathrm{d}A$可以通过轮换$\xi$，$\eta$，$\zeta$得到。

在有了以上几种坐标变换关系式以后，积分(4.2.3)和(4.2.4)式最终可以变换到自然坐标系的规则化域内进行，它们可分别表示为

$$\int_{-1}^{1}\int_{-1}^{1}\int_{-1}^{1}G^{*}(\xi,\eta,\zeta)\,\mathrm{d}\xi\mathrm{d}\eta\mathrm{d}\zeta \tag{4.2.13}$$

$$\int_{-1}^{1}\int_{-1}^{1}g^{*}(c,\eta,\zeta)\,\mathrm{d}\eta\mathrm{d}\zeta\ \text{等} \tag{4.2.14}$$

($\xi=\pm1$的面上，$c=\pm1$)

其中

$$G^*(\xi,\eta,\zeta) = G(x(\xi,\eta,\zeta),y(\xi,\eta,\zeta),z(\xi,\eta,\zeta))\,|\,\boldsymbol{J}\,|$$
$$g^*(c,\eta,\zeta) = g(x(c,\eta,\zeta),y(c,\eta,\zeta),z(c,\eta,\zeta))A$$

对于二维情况，以上各式将相应蜕化，这时雅可比矩阵是

$$\boldsymbol{J} = \frac{\partial(x,\ y)}{\partial(\xi,\eta)} = \begin{bmatrix} \sum_{i=1}^{m} \frac{\partial N_i'}{\partial \xi}x_i & \sum_{i=1}^{m} \frac{\partial N_i'}{\partial \xi}y_i \\ \sum_{i=1}^{m} \frac{\partial N_i'}{\partial \eta}x_i & \sum_{i=1}^{m} \frac{\partial N_i'}{\partial \eta}y_i \end{bmatrix}$$

$$= \begin{bmatrix} \frac{\partial N_1'}{\partial \xi} & \frac{\partial N_2'}{\partial \xi} & \cdots & \frac{\partial N_m'}{\partial \xi} \\ \frac{\partial N_1'}{\partial \eta} & \frac{\partial N_2'}{\partial \eta} & \cdots & \frac{\partial N_m'}{\partial \eta} \end{bmatrix} \begin{bmatrix} x_1 & y_1 \\ x_2 & y_2 \\ \vdots & \vdots \\ x_m & y_m \end{bmatrix} \tag{4.2.15}$$

两个坐标之间的偏导数关系是

$$\begin{Bmatrix} \frac{\partial N_i}{\partial x} \\ \frac{\partial N_i}{\partial y} \end{Bmatrix} = \boldsymbol{J}^{-1} \begin{Bmatrix} \frac{\partial N_i}{\partial \xi} \\ \frac{\partial N_i}{\partial \eta} \end{Bmatrix} \tag{4.2.16}$$

$\mathrm{d}\boldsymbol{\xi}$ 和 $\mathrm{d}\boldsymbol{\eta}$ 在笛卡儿坐标内形成的面积微元是

$$\mathrm{d}A = |\,\boldsymbol{J}\,|\,\mathrm{d}\xi\mathrm{d}\eta \tag{4.2.17}$$

在 $\xi=c$ 的曲线上，$\mathrm{d}\boldsymbol{\eta}$ 在笛卡儿坐标内的线段微元的长度是

$$\mathrm{d}s = \left[\left(\frac{\partial x}{\partial \eta}\right)^2 + \left(\frac{\partial y}{\partial \eta}\right)^2\right]^{1/2}\mathrm{d}\eta = s\mathrm{d}\eta \tag{4.2.18}$$

3. 自然坐标为面积(或体积)坐标时的变换公式

以上关于 $\boldsymbol{J}$，$\mathrm{d}V$，$\mathrm{d}A$，$\mathrm{d}s$ 等的公式原则上对于任何坐标和笛卡儿坐标之间的变换都是适用的。但是当自然坐标是面积或体积坐标时要注意两点：

(1) 面积或体积坐标都不是完全独立的，分别存在关系式：$L_1+L_2+L_3=1$ 和 $L_1+L_2+L_3+L_4=1$。因此可以重新定义新的自然坐标，例如对于三维情况，可令 $L_1$，$L_2$，$L_3$ 为相当于 $\xi$，$\eta$，$\zeta$ 的独立变量，即令

$$L_1 = \xi \qquad L_2 = \eta \qquad L_3 = \zeta \tag{4.2.19}$$

并有

$$L_4 = 1-L_1-L_2-L_3 = 1-\xi-\eta-\zeta$$

这样一来，(4.2.5)～(4.2.12)式形式上都保持不变，$N_i$ 也仍保持它的原来形式，只是它对 $\xi$，$\eta$，$\zeta$ 的导数应作如下替换，即

$$\frac{\partial N_i}{\partial \xi} = \frac{\partial N_i}{\partial L_1}\frac{\partial L_1}{\partial \xi} + \frac{\partial N_i}{\partial L_2}\frac{\partial L_2}{\partial \xi} + \frac{\partial N_i}{\partial L_3}\frac{\partial L_3}{\partial \xi} + \frac{\partial N_i}{\partial L_4}\frac{\partial L_4}{\partial \xi} = \frac{\partial N_i}{\partial L_1} - \frac{\partial N_i}{\partial L_4}$$

$$\frac{\partial N_i}{\partial \eta}=\frac{\partial N_i}{\partial L_2}-\frac{\partial N_i}{\partial L_4} \tag{4.2.20}$$

$$\frac{\partial N_i}{\partial \zeta}=\frac{\partial N_i}{\partial L_3}-\frac{\partial N_i}{\partial L_4}$$

对于二维情况，则因为可令

$$L_1=\xi \qquad L_2=\eta \qquad L_3=1-\xi-\eta \tag{4.2.21}$$

所以有

$$\frac{\partial N_i}{\partial \xi}=\frac{\partial N_i}{\partial L_1}-\frac{\partial N_i}{\partial L_3} \qquad \frac{\partial N_i}{\partial \eta}=\frac{\partial N_i}{\partial L_2}-\frac{\partial N_i}{\partial L_3} \tag{4.2.22}$$

(2) (4.2.13),(4.2.14)等式的积分限应根据体积坐标和面积坐标特点，作必要的改变，这样一来，上述各式将成为

$$\int_0^1\int_0^{1-L_3}\int_0^{1-L_2-L_3} G^*(L_1,L_2,L_3)\mathrm{d}L_1\mathrm{d}L_2\mathrm{d}L_3 \tag{4.2.23}$$

$$\int_0^1\int_0^{1-L_3} g^*(0,L_2,L_3)\mathrm{d}L_2\mathrm{d}L_3 \tag{4.2.24}$$

等，(4.2.24)式适用于 $L_1=0$ 的表面。类似地可以得到用于 $L_2=0$，$L_3=0$ 和 $L_4=0$ 表面的表达式。应注意的是，由于 $L_4$ 可以不以显式出现，对于 $L_4=0$ 面上的积分，可以表示成

$$\int_0^1\int_0^{1-L_3} g^*(1-L_2-L_3,L_2,L_3)\mathrm{d}L_2\mathrm{d}L_3 \tag{4.2.25}$$

## 4.3 等参变换的条件和等参单元的收敛性

### 4.3.1 等参变换的条件

从微积分学知识已知，两个坐标之间一对一变换的条件是雅可比行列式 $|\boldsymbol{J}|$ 不得为零，等参变换作为一种坐标变换也必须服从此条件。这点从上节各个关系式中的意义也可清楚地看出。首先从(4.2.11)和(4.2.17)式可见，如 $|\boldsymbol{J}|=0$，则表明笛卡儿坐标中体积微元(或面积微元)为零，即在自然坐标中的体积微元 $\mathrm{d}\xi\mathrm{d}\eta\mathrm{d}\zeta$(或面积微元 $\mathrm{d}\xi\mathrm{d}\eta$)对应笛卡儿坐标中的一个点，这种变换显然不是一一对应的。另外，因为 $|\boldsymbol{J}|=0$，$\boldsymbol{J}^{-1}$ 将不成立，所以两个坐标之间偏导数的变换(4.2.7)和(4.2.16)式就不可能实现。

现在着重研究在有限元分析的实际中如何防止出现 $|\boldsymbol{J}|=0$ 的情况。为简单起见，先讨论二维情况，从(4.2.17)式已知 $\mathrm{d}A=|\boldsymbol{J}|\mathrm{d}\xi\mathrm{d}\eta$，另一方面笛卡儿坐标中的面积微元可直接表示为

$$\mathrm{d}A=|\mathrm{d}\boldsymbol{\xi}\times\mathrm{d}\boldsymbol{\eta}|=|\mathrm{d}\boldsymbol{\xi}|\ |\mathrm{d}\boldsymbol{\eta}|\sin(\mathrm{d}\boldsymbol{\xi},\mathrm{d}\boldsymbol{\eta})^* \tag{4.3.1}$$

---

* $|\mathrm{d}\xi\times\mathrm{d}\eta|$ 表示 $\mathrm{d}\xi\times\mathrm{d}\eta$ 的模；$|\mathrm{d}\xi|$，$|\mathrm{d}\eta|$ 表示 $\mathrm{d}\xi$，$\mathrm{d}\eta$ 的长度。

所以从上式和(4.2.17)式可得

$$|\boldsymbol{J}| = \frac{|\mathrm{d}\boldsymbol{\xi}|\ |\mathrm{d}\boldsymbol{\eta}|\ \sin(\mathrm{d}\boldsymbol{\xi},\mathrm{d}\boldsymbol{\eta})}{\mathrm{d}\xi\,\mathrm{d}\eta} \tag{4.3.2}$$

从上式可见，只要以下三种情况之一成立，即

$$|\mathrm{d}\boldsymbol{\xi}| = 0 \quad 或\ |\mathrm{d}\boldsymbol{\eta}| = 0 \quad 或\ \sin(\mathrm{d}\boldsymbol{\xi},\mathrm{d}\boldsymbol{\eta}) = 0 \tag{4.3.3}$$

就将出现 $|\boldsymbol{J}|=0$ 的情况，因此在笛卡儿坐标内划分单元时，要注意防止以上所列举情况的发生。图 4.3(a)所示单元是正常情况，而图 4.3(b)～(d)都属于应防止出现的不正常情况。图 4.3(b)所示单元结点 3,4 退化为一个结点，在该点 $|\mathrm{d}\boldsymbol{\xi}|=0$，图 4.3(c)所示单元结点 2,3 退化为一个结点，在该点 $|\mathrm{d}\boldsymbol{\eta}|=0$，图 4.3(d)所示单元在结点 1,2,3，$\sin(\mathrm{d}\boldsymbol{\xi},\mathrm{d}\boldsymbol{\eta})>0$，而在结点 4，$\sin(\mathrm{d}\boldsymbol{\xi},\mathrm{d}\boldsymbol{\eta})<0$。因为 $\sin(\mathrm{d}\boldsymbol{\xi},\mathrm{d}\boldsymbol{\eta})$ 在单元内连续变化，所以单元内肯定存在 $\sin(\mathrm{d}\boldsymbol{\xi},\mathrm{d}\boldsymbol{\eta})=0$，即 $\mathrm{d}\boldsymbol{\xi}$ 和 $\mathrm{d}\boldsymbol{\eta}$ 共线的情况。这是由于单元过分歪曲而发生的。

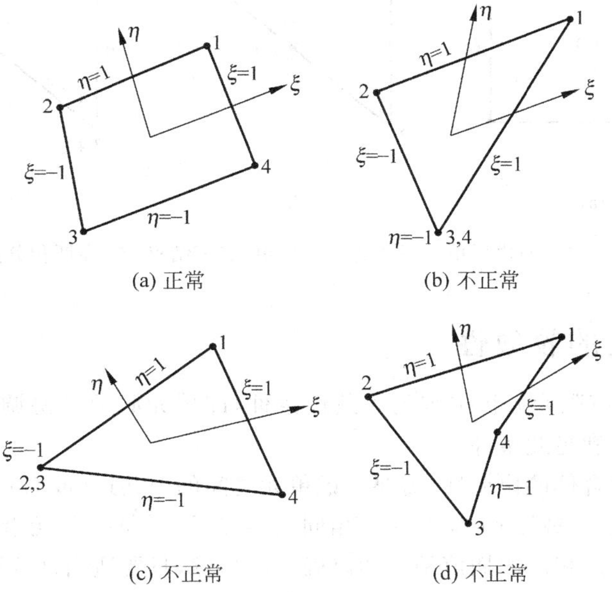


图 4.3　单元划分的正常与不正常情况

以上讨论可以推广到三维情况，即为保证变换的一一对应，应防止因任意的二个结点退化为一个结点而导致 $|\mathrm{d}\boldsymbol{\xi}|$，$|\mathrm{d}\boldsymbol{\eta}|$，$|\mathrm{d}\boldsymbol{\zeta}|$ 中的任一个为零。还应防止因单元过分歪曲而导致的 $\mathrm{d}\boldsymbol{\xi}$，$\mathrm{d}\boldsymbol{\eta}$，$\mathrm{d}\boldsymbol{\zeta}$ 中的任何二个发生共线的情况。

需要指出，某些文献中建议，从统一的四边形单元的表达格式出发，利用图 4.3(b)，(c)所示 2 个结点退化为 1 个结点的方法，将四边形单元退化为三角形单元，从而不必另行推导后者的表达格式。并用类似的方法，将三维六面体单元退化为五面体单元或四面

体单元。如上所述,在这些退化单元的某些角点$|\boldsymbol{J}|=0$。但是在实际分析中仍可应用,是因为数值执行中单元矩阵是利用数值积分方法计算形成的(见4.5节)。而数值积分点通常在单元内部。因此可以避免某些角点$|\boldsymbol{J}|=0$的问题。应予指出的是,退化单元由于形态不好,而精度较差。同时,为得到一种形状的退化单元可以采用不同的退化方案。例如图4.4所示,(a)是一9结点四边形单元,图4.4(b),(c)是采用不同退化方案得到的同样形状的6结点三角形单元。如果刚度矩阵采用2×2的高斯积分(见4.5节),则图(b),(c)所示退化单元中高斯积分点的位置是不同的,因此最后形成的刚度矩阵也有差别,从而影响到解的惟一性。由以上讨论可见,在一般情况下,应该尽量避免采用上述退化单元。

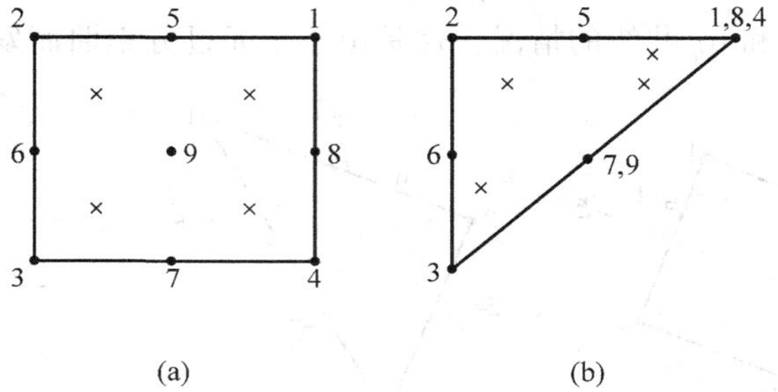

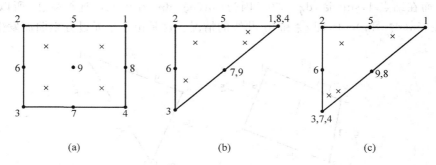

图4.4 四边形单元退化为三角形单元(·结点;×高斯积分点)

## 4.3.2 等参元的收敛性

2.4节讨论了有限元分析中解的收敛性条件,即单元必须是协调的和完备的。现在来讨论等参元是否满足此条件。

为研究单元集合体的协调性,需要考虑单元之间的公共边(或面)。为了保证协调,相邻单元在这些公共边(或面)上应有完全相同的结点,同时每一单元沿这些边(或面)的坐标和未知函数应采用相同的插值函数加以确定。显然,只要适当划分网格和选择单元,等参元是完全能满足协调性条件的。图4.5(a)所示正是这种情况,而图4.5(b)所示是不满足协调性条件的。

关于单元的完备性,对于$C_0$型单元,要求插值函数中包含完全的线性项(即一次完全多项式)。这样的单元可以表现函数及其一次导数为常数的情况。显然,本章讨论的所有单元在自然坐标中是满足此要求的。现在要研究经等参变换后,在笛卡儿坐标中此要求是否仍然满足。

现考查一个三维等参元,坐标和函数的插值表达式是

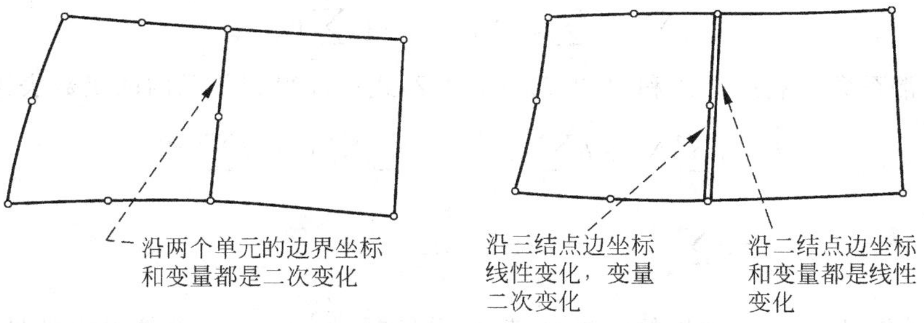
沿两个单元的边界坐标
和变量都是二次变化
沿三结点边坐标
线性变化，变量
二次变化
沿二结点边坐标
和变量都是线性
变化

(a) 变量协调　　(b) 变量不协调

图 4.5　单元交界面上变量协调和不协调的情况

$$x = \sum_{i=1}^{n} N_i x_i \qquad y = \sum_{i=1}^{n} N_i y_i \qquad z = \sum_{i=1}^{n} N_i z_i \tag{4.3.4}$$

$$\phi = \sum_{i=1}^{n} N_i \phi_i \tag{4.3.5}$$

现将线性变化场函数

$$\phi = a + bx + cy + dz \tag{4.3.6}$$

在单元各个结点的数值赋予各个结点参数，即有

$$\phi_i = a + bx_i + cy_i + dz_i \qquad (i = 1, 2, \cdots, n) \tag{4.3.7}$$

将上式代入(4.3.5)式并利用(4.3.4)式，就得到单元内的函数表达式为

$$\phi = a\sum_{i=1}^{n} N_i + bx + cy + dz \tag{4.3.8}$$

从上式可以看到，如果插值函数满足条件

$$\sum_{i=1}^{n} N_i = 1 \tag{4.3.9}$$

则(4.3.8)式和(4.3.6)式完全一致，说明在单元内确实得到了和原来给予各个结点的线性变化相应的场函数，即单元能够表示线性变化的场函数，亦即满足了完备性的要求。

我们知道在构造插值函数时，条件(4.3.9)是确实满足了的。由此还可进一步看到等参元的好处，在母单元内只要满足条件(4.3.9)，则子单元可以满足更严格的完备性要求。

如果单元不是等参的，即坐标插值表示式(4.2.2)式中的结点数 $m$ 和插值函数 $N_i'$ 各自不等于函数插值表示式 $\phi = \sum_{i=1}^{n} N_i \phi_i$ 中的结点数 $n$ 和插值函数 $N_i$，这时可分为两种情况：

(1) 超参元，即 $m > n$，单元完备性要求通常是不满足的。

(2) 次参元，即 $m < n$，这时从 3.3 节关于构造变结点单元插值函数的一般方法可以推知存在下列关系式，即

$$N'_i = \sum_{j=1}^{n} C_{ij} N_j \qquad x_j = \sum_{i=1}^{m} C_{ij} x_i \tag{4.3.10}$$

其中 $C_{ij}$ 是常系数。利用上式和(4.3.7)、(4.2.2)式可以得到单元内的函数表达式为

$$\begin{aligned} \phi &= a\sum_{i=1}^{n} N_i + b\sum_{i=1}^{m} N'_i x_i + c\sum_{i=1}^{m} N'_i y_i + d\sum_{i=1}^{m} N'_i z_i \\ &= a\sum_{i=1}^{n} N_i + bx + cy + dz \end{aligned} \tag{4.3.11}$$

这样就得到和(4.3.8)式同样的结果,也就是说只要 $\sum_{i=1}^{n} N_i = 1$ 条件得到满足,则次参元满足完备性要求,而 $\sum_{i=1}^{n} N_i = 1$ 在构造插值函数时已得到保证。

## 4.4 等参元用于分析弹性力学问题的一般格式

等参元通常也以位移作为基本未知量,因此在2.3节中用最小位能原理变分得到的有限元一般格式对等参元同样适用。差别在于等参元的插值函数是用自然坐标给出的,等参元的一切计算都是在自然坐标系中形状规则的母单元内进行。因此只要用4.2.2节中有关的转换公式对2.3节中的一般格式作一定的修正即可得到等参元的一般格式。

系统方程仍是 $\boldsymbol{Ka}=\boldsymbol{P}$,其中 $\boldsymbol{K}=\sum_e \boldsymbol{G}^{\mathrm{T}}\boldsymbol{K}^e\boldsymbol{G}$;$\boldsymbol{P}=\sum_e \boldsymbol{G}^{\mathrm{T}}\boldsymbol{P}^e$。计算单元矩阵只需作两方面的修改:积分变量(取自然坐标)及积分限。下面以三维单元为例,讨论单元矩阵计算公式,采用两种不同的自然坐标系。

(1) **母单元为$\xi,\eta,\zeta$坐标系中的立方体单元系列**。可以是8结点的一次单元,20结点的二次单元等。自然坐标有

$$-1 \leqslant \xi \leqslant 1 \qquad -1 \leqslant \eta \leqslant 1 \qquad -1 \leqslant \zeta \leqslant 1$$

单元矩阵计算时,可将(2.3.7)及(2.3.9)式中的被积函数 $\boldsymbol{N},\boldsymbol{B}$ 等表示成自然坐标的函数;同时 $\mathrm{d}V$ 和 $\mathrm{d}S$ 用(4.2.11)及(4.2.12)式代入并确定积分的上、下限即可得到

$$\boldsymbol{K}^e = \int_{-1}^{1}\int_{-1}^{1}\int_{-1}^{1} \boldsymbol{B}^{\mathrm{T}}\boldsymbol{DB}\,|\,\boldsymbol{J}\,|\,\mathrm{d}\xi\mathrm{d}\eta\mathrm{d}\zeta \tag{4.4.1}$$

$$\boldsymbol{P}_f^e = \int_{-1}^{1}\int_{-1}^{1}\int_{-1}^{1} \boldsymbol{N}^{\mathrm{T}}\boldsymbol{f}\,|\,\boldsymbol{J}\,|\,\mathrm{d}\xi\mathrm{d}\eta\mathrm{d}\zeta \tag{4.4.2}$$

$$\boldsymbol{P}_s^e = \int_{-1}^{1}\int_{-1}^{1} \boldsymbol{N}^{\mathrm{T}}\boldsymbol{T}A\,\mathrm{d}\eta\mathrm{d}\zeta\ (T\text{ 作用在 }\xi=1\text{ 的面}) \tag{4.4.3}$$

$$\boldsymbol{P}_{\sigma_0}^e = -\int_{-1}^{1}\int_{-1}^{1}\int_{-1}^{1} \boldsymbol{B}^{\mathrm{T}}\boldsymbol{\sigma}_0\,|\,\boldsymbol{J}\,|\,\mathrm{d}\xi\mathrm{d}\eta\mathrm{d}\zeta \tag{4.4.4}$$

$$\boldsymbol{P}_{\varepsilon_0}^e = \int_{-1}^{1}\int_{-1}^{1}\int_{-1}^{1} \boldsymbol{B}^{\mathrm{T}}\boldsymbol{D}\boldsymbol{\varepsilon}_0\,|\,\boldsymbol{J}\,|\,\mathrm{d}\xi\mathrm{d}\eta\mathrm{d}\zeta \tag{4.4.5}$$

其中

$$|\boldsymbol{J}| = \begin{vmatrix} \dfrac{\partial x}{\partial \xi} & \dfrac{\partial y}{\partial \xi} & \dfrac{\partial z}{\partial \xi} \\ \dfrac{\partial x}{\partial \eta} & \dfrac{\partial y}{\partial \eta} & \dfrac{\partial z}{\partial \eta} \\ \dfrac{\partial x}{\partial \zeta} & \dfrac{\partial y}{\partial \zeta} & \dfrac{\partial z}{\partial \zeta} \end{vmatrix} \tag{4.4.6}$$

$$A = \left[\left(\frac{\partial y}{\partial \eta}\frac{\partial z}{\partial \zeta} - \frac{\partial y}{\partial \zeta}\frac{\partial z}{\partial \eta}\right)^2 + \left(\frac{\partial z}{\partial \eta}\frac{\partial x}{\partial \zeta} - \frac{\partial z}{\partial \zeta}\frac{\partial x}{\partial \eta}\right)^2 + \left(\frac{\partial x}{\partial \eta}\frac{\partial y}{\partial \zeta} - \frac{\partial x}{\partial \zeta}\frac{\partial y}{\partial \eta}\right)^2\right]^{\frac{1}{2}} \tag{4.4.7}$$

在求作用于 $\eta=1$ 或 $\zeta=1$ 面上的面载荷引起的等效结点载荷时，只需将(4.4.3)式中的积分变量作相应的变化，并将(4.4.7)式的 $A$ 作坐标轮换即可。

(2) **母单元为四面锥的单元系列**。如一次 4 结点单元、二次 10 结点单元等。自然坐标取体积坐标 $L_1, L_2, L_3, L_4$，因为它们不完全独立，如令 $L_1, L_2, L_3$ 为相当于 $\xi, \eta, \zeta$ 的独立变量，则有

$$L_4 = 1 - L_1 - L_2 - L_3$$

对于(4.4.1)～(4.4.5)式可以改写成如下形式

$$\boldsymbol{K}^e = \int_0^1 \int_0^{1-L_3} \int_0^{1-L_2-L_3} \boldsymbol{B}^{\mathrm{T}} \boldsymbol{D} \boldsymbol{B} \,|\, \boldsymbol{J} \,|\, \mathrm{d}L_1 \mathrm{d}L_2 \mathrm{d}L_3 \tag{4.4.8}$$

$$\boldsymbol{P}_f^e = \int_0^1 \int_0^{1-L_3} \int_0^{1-L_2-L_3} \boldsymbol{N}^{\mathrm{T}} \boldsymbol{f} \,|\, \boldsymbol{J} \,|\, \mathrm{d}L_1 \mathrm{d}L_2 \mathrm{d}L_3 \tag{4.4.9}$$

$$\boldsymbol{P}_s^e = \int_0^1 \int_0^{1-L_3} \boldsymbol{N}^{\mathrm{T}} \boldsymbol{T} A \,\mathrm{d}L_2 \mathrm{d}L_3 \qquad (\boldsymbol{T}\ \text{作用在}\ L_1 = 0\ \text{的面}) \tag{4.4.10}$$

……

在上述计算中，计算应变矩阵 $\boldsymbol{B}$ 需要用到雅可比矩阵的逆矩阵，将插值函数对总体坐标的求导转化为对自然坐标求导。

对于二维问题只要将以上两组公式退化即可以得到母单元为正方形系列以及三角形系列的二维等参元的相应公式。

对于以上各积分式表示的单元矩阵和向量，只有对于少数规则形状的单元，积分可以解析地积出。对于三维单元、矩阵和向量可以解析积分的是棱边为直线的四面体单元、平行六面体单元以及上下底面为全等且平行的三角形组成的五面体单元。对于二维单元，可解析积分的是周边为直线的三角形单元和平行四边形单元。因为这些在棱边或周边上无边内结点或有等距分布边内结点的情况下，雅可比矩阵是常数矩阵，当然相应的雅可比行列式$|\boldsymbol{J}|$和 $A$ 等尺度转换参数也是常数。这里给出面(体)积坐标的幂函数的常用积分公式。

① 在棱(周)边(例如 $ij$ 边)上的积分公式

$$\int_l L_i^a L_j^b \mathrm{d}l = \frac{a!b!}{(a+b+1)!} l \tag{4.4.11}$$

其中 $l$ 为边界长度,空间两点 $(x_i, y_i, z_i)$,$(x_j, y_j, z_j)$ 之间的直线长度为

$$l = [(x_j - x_i)^2 + (y_j - y_i)^2 + (z_j - z_i)^2]^{1/2}$$

② 在三角形(例如 $ijk$)全面积上的积分公式

$$\int_A L_i^a L_j^b L_k^c \mathrm{d}A = \frac{a!b!c!}{(a+b+c+2)!} 2A \tag{4.4.12}$$

其中 $A$ 为三角形面积,边长为 $r, s, t$ 的三角形面积为

$$A = \frac{1}{4}[(r+s+t)(s+t-r)(t+r-s)(r+s-t)]^{1/2}$$

③ 在四面体($ijkm$)全体积上的积分公式

$$\int_V L_i^a L_j^b L_k^c L_m^d \mathrm{d}V = \frac{a!b!c!d!}{(a+b+c+d+3)!} 6V \tag{4.4.13}$$

其中 $V$ 为四面体的体积,如 4 顶点为 $i, j, k, m$($i \to j \to k$ 右螺旋指向 $m$)的四面体体积为

$$\boldsymbol{V} = \frac{1}{6}\begin{vmatrix} 1 & x_i & y_i & z_i \\ 1 & x_j & y_j & z_j \\ 1 & x_k & y_k & z_k \\ 1 & x_m & y_m & z_m \end{vmatrix}$$

利用上述积分公式很容易求有关的积分,例如:

$$\iint_A L_i \mathrm{d}x\mathrm{d}y = \frac{1!0!0!}{(1+0+0+2)!} 2A = \frac{A}{3} \qquad (i, j, m)$$

$$\iint_A L_i^2 \mathrm{d}x\mathrm{d}y = \frac{2!0!0!}{(2+0+0+2)!} 2A = \frac{A}{6} \qquad (i, j, m)$$

$$\iint_A L_i L_j \mathrm{d}x\mathrm{d}y = \frac{1!1!0!}{(1+1+0+2)!} 2A = \frac{A}{12} \qquad (i, j, m)$$

这些积分运算是十分简便的。有了这些公式后,进行例如 2.2.4 节和 2.5.3 节中等效结点载荷等的计算将毫无困难。

由于子单元形状复杂多变,因此在通常情况下,$\boldsymbol{J}$ 及 $|\boldsymbol{J}|$ 都比较复杂。在单元矩阵的计算中,尽管采用了自然坐标后,积分限规格化了,但是除了上述少数较简单的情况外,一般都不能进行显式积分,而需求助于数值积分。计算单元特性矩阵一般采用高斯数值积分,例如单元刚度矩阵,它的数值积分形式可以表示为

$$\boldsymbol{K}^e \approx \widetilde{\boldsymbol{K}}^e = \sum_{i=1}^{n_g} H_i \boldsymbol{B}_i^{\mathrm{T}} \boldsymbol{D} \boldsymbol{B}_i \mid \boldsymbol{J}_i \mid \tag{4.4.14}$$

其中 $H_i$ 是权系数,$n_g$ 是高斯积分点的点数,$\boldsymbol{B}_i$,$|\boldsymbol{J}_i|$ 等是 $\boldsymbol{B}$,$|\boldsymbol{J}|$ 等在高斯积分点

$(\xi_i, \eta_i, \zeta_i)$的取值。

# 4.5 数值积分方法

## 4.5.1 一维数值积分

首先讨论一维问题的数值积分$\int_a^b F(\xi)\mathrm{d}\xi$。其基本思想是：构造一个多项式 $\psi(\xi)$，使在 $\xi_i(i=1,2,\cdots,n)$ 上有 $\psi(\xi_i)=F(\xi_i)$，然后用近似函数 $\psi(\xi)$ 的积分$\int_a^b \psi(\xi)\mathrm{d}\xi$来近似原被积函数 $F(\xi)$ 的积分$\int_a^b F(\xi)\mathrm{d}\xi$，$\xi_i$ 称为积分点或取样点。积分点 $\xi_i$ 的数目和位置决定了 $\psi(\xi)$ 近似 $F(\xi)$ 的程度，因而也就决定了数值积分的精度。

对于 $n$ 个积分点，按照积分点位置的不同选择，通常采用两种不同的数值积分方案，即 Newton-Cotes 积分方案和高斯积分方案。

1. Newton-Cotes 积分

在这种积分方案中，包括积分域端点在内的积分点按等间距分布。

对于 $n$ 个积分点(或称取样点)，根据积分点上的被积函数值 $F(\xi_i)$可以构造一个近似多项式 $\psi(\xi)$，使在积分点上有

$$\psi(\xi_i)=F(\xi_i) \qquad (i=1,2,\cdots,n) \tag{4.5.1}$$

这个近似多项式可以通过拉格朗日多项式表示

$$\psi(\xi)=\sum_{i=1}^{n} l_i^{(n-1)}(\xi)F(\xi_i) \tag{4.5.2}$$

其中 $l_i^{(n-1)}(\xi)$是 $n-1$ 阶拉格朗日插值函数(见 3.2 节)。

$$l_i^{(n-1)}(\xi)=\frac{(\xi-\xi_1)(\xi-\xi_2)\cdots(\xi-\xi_{i-1})(\xi-\xi_{i+1})\cdots(\xi-\xi_n)}{(\xi_i-\xi_1)(\xi_i-\xi_2)\cdots(\xi_i-\xi_{i-1})(\xi_i-\xi_{i+1})\cdots(\xi_i-\xi_n)} \tag{4.5.3}$$

由于拉格朗日插值函数有如下性质：

$$l_i(\xi_j)=\delta_{ij} \tag{4.5.4}$$

所以有

$$\psi(\xi_i)=F(\xi_i)$$

(4.5.3)式的插值函数是 $n-1$ 次多项式，因此近似函数 $\psi(\xi)$也是 $n-1$ 次多项式。$\psi(\xi)$的积分为

$$\begin{aligned}\int_a^b \psi(\xi)\mathrm{d}\xi &= \int_a^b \sum_{i=1}^{n} l_i^{(n-1)}(\xi)F(\xi_i)\mathrm{d}\xi \\ &= \sum_{i=1}^{n}\left(\int_a^b l_i^{(n-1)}(\xi)\mathrm{d}\xi\right)F(\xi_i)\end{aligned} \tag{4.5.5}$$

并令

$$H_i = \int_a^b l_i^{(n-1)}(\xi)\mathrm{d}\xi \tag{4.5.6}$$

则(4.5.5)式可以写成

$$\int_a^b \psi(\xi)\mathrm{d}\xi = \sum_{i=1}^{n} H_i F(\xi_i) \tag{4.5.7}$$

式中 $H_i$ 称为积分的权系数，简称为权，由(4.5.6)式确定。可以看到加权系数 $H_i$ 与被积函数 $F(\xi)$ 无关，只与积分点的个数和位置有关。

Newton-Cotes 积分中，积分点的位置按等间距分布，即

$$\xi_i = a + ih \quad (i = 0,1,2,\cdots,n-1) \tag{4.5.8}$$

其中 $h$ 是积分点间距 $h=(b-a)/(n-1)$。

现在用 $\int_a^b \psi(\xi)\mathrm{d}\xi$ 近似 $\int_a^b F(\xi)\mathrm{d}\xi$，根据(4.5.7)式可以写出

$$\int_a^b F(\xi)\mathrm{d}\xi = \sum_{i=1}^{n} H_i F(\xi_i) + R_{n-1} \tag{4.5.9}$$

式中 $R_{n-1}$ 是余项。

为了使权系数使用规则化，计算权系数时，(4.5.6)式中的积分限可以规格化，我们引入

$$\xi' = \frac{1}{b-a}(\xi - a) \tag{4.5.10}$$

代入(4.5.6)式得到

$$H_i = (b-a)C_i^{n-1} \tag{4.5.11}$$

其中

$$C_i^{n-1} = \int_0^1 l_i^{(n-1)}(\xi')\mathrm{d}\xi' \tag{4.5.12}$$

$C_i^{n-1}$ 称为 $n-1$ 阶的 Newton-Cotes 数值积分常数。对于 $n$ 个积分点则有 $n$ 个 $n-1$ 阶的数值积分常数，可以预先计算得到。我们把积分阶数记为 $m(=n-1)$，规格化积分域(0，1)上的 $m=1\sim6$ 的 $C_i^m$ 及余项 $R_m$ 的上限见表 4.1。其中 $m=1$ 和 $m=2$ 就是著名的梯形公式和 Simpson 公式。作为误差估计，余项 $R_m$ 的上限是原被积函数 $F(\xi)$ 导数的函数（表内 $R_m$ 的表达式中 $F$ 的右上标表示函数 $F(\xi)$ 的导数的阶次）。从表中可以看到 $m=3$，$m=5$ 分别与 $m=2$，$m=4$ 具有同阶的精度，因此在实际计算中只采用 $m=2,4$ 等偶数阶的 Newton-Cotes 积分。

由于 $n$ 个积分点的 Newton-Cotes 积分构造的近似函数 $\psi(\xi)$ 是 $n-1$ 次多项式，因此说 $n$ 个积分点的 Newton-Cotes 积分可达到 $n-1$ 阶的精度，即如果原被积函数 $F(\xi)$ 是 $n-1$ 次多项式，则积分结果将是精确的。

Newton-Cotes 积分用于当被积函数便于等间距取样的情况是比较合适的。但是在

有限元分析中，编制程序计算单元内任意指定点的被积函数值是十分方便的，因此不必受等间距分布积分点的限制，可以通过优化积分点的位置进一步提高积分的精度，即在给定积分点数目的情况下更合理地选择积分点的位置以达到更高的数值积分精度。高斯数值积分就是这种积分方案中最常用的一种，在有限元分析中得到了广泛的应用。

**表 4.1　Newton-Cotes 积分常数及误差估计**

| 积分阶数 $m$ | $C_1^m$ | $C_2^m$ | $C_3^m$ | $C_4^m$ | $C_5^m$ | $C_6^m$ | $C_7^m$ | $R_m$ 的上限 |
|---|---|---|---|---|---|---|---|---|
| 1 | $\frac{1}{2}$ | $\frac{1}{2}$ | | | | | | $10^{-1}(b-a)^3F^{\mathrm{II}}(\xi)$ |
| 2 | $\frac{1}{6}$ | $\frac{4}{6}$ | $\frac{1}{6}$ | | | | | $10^{-3}(b-a)^5F^{\mathrm{IV}}(\xi)$ |
| 3 | $\frac{1}{8}$ | $\frac{3}{8}$ | $\frac{3}{8}$ | $\frac{1}{8}$ | | | | $10^{-3}(b-a)^5F^{\mathrm{IV}}(\xi)$ |
| 4 | $\frac{7}{90}$ | $\frac{32}{90}$ | $\frac{12}{90}$ | $\frac{32}{90}$ | $\frac{7}{90}$ | | | $10^{-6}(b-a)^7F^{\mathrm{VI}}(\xi)$ |
| 5 | $\frac{19}{288}$ | $\frac{75}{288}$ | $\frac{50}{288}$ | $\frac{50}{288}$ | $\frac{75}{288}$ | $\frac{19}{288}$ | | $10^{-6}(b-a)^7F^{\mathrm{VI}}(\xi)$ |
| 6 | $\frac{41}{840}$ | $\frac{216}{840}$ | $\frac{27}{840}$ | $\frac{272}{840}$ | $\frac{27}{840}$ | $\frac{216}{840}$ | $\frac{41}{840}$ | $10^{-9}(b-a)^9F^{\mathrm{VIII}}(\xi)$ |

2. 高斯积分

在此积分方案中，积分点 $\xi_i$ 不是等间距分布。积分点的位置由下述方法确定：首先定义 $n$ 次多项式 $P(\xi)$

$$P(\xi)=(\xi-\xi_1)(\xi-\xi_2)\cdots(\xi-\xi_n)=\prod_{j=1}^{n}(\xi-\xi_j) \tag{4.5.13}$$

再由下列条件确定 $n$ 个积分点的位置

$$\int_a^b \xi^i P(\xi)\mathrm{d}\xi=0 \quad (i=0,1,\cdots,n-1) \tag{4.5.14}$$

由以上两式可见，$P(\xi)$有以下性质：

(1) 在积分点上 $P(\xi_i)=0$。

(2) 多项式 $P(\xi)$与 $\xi^0,\xi^1,\xi^2,\cdots,\xi^{n-1}$在$(a,b)$域内正交。由此可见 $n$ 个积分点的位置 $\xi_i$ 是由 $n$ 次多项式 $P(\xi)$在求积域$(a,b)$内与 $\xi^0,\xi^1,\xi^2,\cdots,\xi^{n-1}$相正交的条件所决定的，也即 $\xi_i$ 是方程 $\int_a^b \xi^i P(\xi)\mathrm{d}\xi=0$ 的解，式中 $i=0,1,\cdots,n-1$。

被积函数 $F(\xi)$可由 $2n-1$ 次多项式 $\psi(\xi)$来近似，即

$$\psi(\xi)=\sum_{i=1}^{n} l_i^{(n-1)}(\xi)F(\xi_i)+\sum_{i=0}^{n-1}\beta_i\xi^i P(\xi) \tag{4.5.15}$$

用$\int_a^b \psi(\xi)\mathrm{d}\xi$ 近似$\int_a^b F(\xi)\mathrm{d}\xi$，并考虑到(4.5.14)式，则仍得到和(4.5.9)式在形式上相同的

结果

$$\int_a^b F(\xi)\mathrm{d}\xi = \sum_{i=1}^{n}\int_a^b l_i^{(n-1)}(\xi)F(\xi_i)\mathrm{d}\xi + \sum_{i=0}^{n-1}\beta_i\int_a^b \xi^i P(\xi)\mathrm{d}\xi + R$$

$$= \sum_{i=1}^{n} H_i F(\xi_i) + R \tag{4.5.16}$$

其中

$$H_i = \int_a^b l_i^{(n-1)}(\xi)\mathrm{d}\xi \tag{4.5.17}$$

应该指出，高斯积分的(4.5.16)式和 Newton-Cotes 积分的(4.5.9)式虽然形式上相同，但实质上是有区别的，区别在于：

(1) 在高斯积分中 $\psi(\xi)$不是 $n-1$ 次多项式，而是包含 $F(\xi_i)(i=1,2,\cdots,n)$和 $\beta_i(i=0,1,2,\cdots,n-1)$共 $2n$ 个系数的 $2n-1$ 次多项式；

(2) 积分点 $\xi_i(i=1,2,\cdots,n)$不是等间距分布，而是由(4.5.14)式所表示的 $n$ 个条件确定的。

正因为 $\psi(\xi)$是 $2n-1$ 次多项式，因此 $n$ 个积分点的高斯积分可达 $2n-1$ 阶的精度。这就是说如果 $F(\xi)$是 $2n-1$ 次多项式，积分结果将是精确的。

为便于计算积分点的位置 $\xi_i$ 和权系数 $H_i$，把(4.5.14)式及(4.5.17)式中积分限规格化，可令 $a=-1,b=1$。这样计算得到的 $\xi_i$ 和 $H_i$ 对于原积分域$(a,b)$，积分点的坐标和积分的权系数分别为

$$\frac{a+b}{2}-\frac{a-b}{2}\xi_i \quad 和 \quad \frac{b-a}{2}H_i \tag{4.5.18}$$

**例 4.1** 求两点高斯积分的积分点位置及积分权系数。

二次多项式为

$$P(\xi) = (\xi-\xi_1)(\xi-\xi_2)$$

求积分点位置：

$$\int_{-1}^{1} P(\xi)\xi^i \mathrm{d}\xi = 0 \quad (i=0,1)$$

当 $i=0$ 时，
$$\int_{-1}^{1}(\xi-\xi_1)(\xi-\xi_2)\mathrm{d}\xi = \frac{2}{3}+2\xi_1\xi_2 = 0$$

当 $i=1$ 时，
$$\int_{-1}^{1}(\xi-\xi_1)(\xi-\xi_2)\xi\mathrm{d}\xi = -\frac{2}{3}(\xi_1+\xi_2) = 0$$

得到的联立方程为

$$\begin{cases} \xi_1\xi_2 + \dfrac{1}{3} = 0 \\ \xi_1 + \xi_2 = 0 \end{cases}$$

求得联立方程的解是

$$-\xi_1 = \xi_2 = \frac{1}{\sqrt{3}} = 0.577\ 350\ 269\ 189\ 626$$

以及积分权系数为

$$H_i = \int_{-1}^{1} l_i^{(1)}(\xi)\mathrm{d}\xi \quad H_1 = \int_{-1}^{1} \frac{\xi - \xi_2}{\xi_1 - \xi_2}\mathrm{d}\xi = 1 \quad H_2 = \int_{-1}^{1} \frac{\xi - \xi_1}{\xi_2 - \xi_1}\mathrm{d}\xi = 1$$

表 4.2 中列出了对于(−1,1)积分域 $n$=1～6 的积分点位置 $\xi_i$ 和权系数 $H_i$ 的值。

**表 4.2　高斯积分的积分点坐标和权系数**

| 积分点数 $n$ | 积分点坐标 $\xi_i$ | 积分权系数 $H_i$ |
|---|---|---|
| 1 | 0.000 000 000 000 000 | 2.000 000 000 000 000 |
| 2 | ±0.577 350 269 189 626 | 1.000 000 000 000 000 |
| 3 | ±0.774 596 669 241 483 | 0.555 555 555 555 556 |
| | 0.000 000 000 000 000 | 0.888 888 888 888 889 |
| 4 | ±0.861 136 311 594 053 | 0.347 854 845 137 454 |
| | ±0.339 981 043 584 856 | 0.652 145 154 862 546 |
| 5 | ±0.906 179 845 938 664 | 0.236 926 885 056 189 |
| | ±0.538 469 310 105 683 | 0.478 628 670 499 366 |
| | 0.000 000 000 000 000 | 0.568 888 888 888 889 |
| 6 | ±0.932 469 514 203 152 | 0.171 324 492 379 170 |
| | ±0.661 209 386 466 265 | 0.360 761 573 048 139 |
| | ±0.238 619 186 083 197 | 0.467 913 934 572 691 |

**例 4.2**　用 Newton-Cotes 积分及高斯积分计算 $\int_0^3 (2^r - r)\mathrm{d}r$，并比较两种积分的精确度。该积分的精确解为

$$\int_0^3 (2^r - r)\mathrm{d}r = \left(\frac{1}{\ln 2}2^r - \frac{r^2}{2}\right)\Bigg|_0^3 = 5.598\ 865$$

(1) 两点 Newton-Cotes 积分

积分点位置 $r_1=0$，$r_2=3$

积分权系数 $H_1=0.5$，$H_2=0.5$

积分限 $b-a=3$

积分点上被积函数值

$$F(r_1) = 2^0 - 0 = 1 \qquad F(r_2) = 2^3 - 3 = 5$$

$$\int_0^3 (2^r - r)\mathrm{d}r = (b-a)[H_1F(r_1) + H_2F(r_2)]$$

$$= 3(0.5 \times 1 + 0.5 \times 5) = 9$$

误差 $\varepsilon=60.7\%$

(2) 三点 Newton-Cotes 积分

$$\int_0^3 (2^r - r)\mathrm{d}r = \frac{3}{6}[(1)(1) + (4)(1.328\,427) + (1)(5)] = 5.656\,854$$

误差 $\varepsilon$=1.04%

(3) 两点高斯积分

积分点位置与积分权系数由(4.5.14)及(4.5.17)式确定

$$r_1 = \frac{3}{2}\left(1 - \frac{1}{\sqrt{3}}\right) \qquad r_2 = \frac{3}{2}\left(1 + \frac{1}{\sqrt{3}}\right)$$

$$H_1 = H_2 = \frac{3}{2}$$

$$F(r_1) = 0.917\,859\,8 \qquad F(r_2) = 2.789\,164$$

$$\int_0^3 (2^r - r)\mathrm{d}r = \frac{3}{2}(0.917\,859\,8 + 2.789\,164) = 5.560\,536$$

误差 $\varepsilon$=−0.685%

由上例可见,由于优化了积分点的位置,高斯积分能达到较高的精度。

## 4.5.2 二维和三维高斯积分

将上一节中讨论的一维高斯积分用于二维或三维数值积分时,可以采用与解析方法计算多重积分相同的方法,即在计算内层积分时,保持外层积分变量为常量。这样,可以很简单地得到二维问题和三维问题的数值积分。对于二维问题的积分

$$I = \int_{-1}^{1}\int_{-1}^{1} F(\xi,\eta)\mathrm{d}\xi\mathrm{d}\eta$$

首先令 $\eta$ 为常数,进行内层积分

$$\int_{-1}^{1} F(\xi,\eta)\mathrm{d}\xi = \sum_{j=1}^{n} H_j F(\xi_j,\eta)$$

用同样的方法进行外层积分就得到

$$I = \int_{-1}^{1}\int_{-1}^{1} F(\xi,\eta)\mathrm{d}\xi\mathrm{d}\eta = \int_{-1}^{1}\sum_{j=1}^{n} H_j F(\xi_j,\eta)\mathrm{d}\eta = \sum_{i=1}^{n} H_i \sum_{j=1}^{n} H_j F(\xi_j,\eta_i)$$
$$= \sum_{i=1}^{n}\sum_{j=1}^{n} H_i H_j F(\xi_j,\eta_i) = \sum_{i,j=1}^{n} H_{ij} F(\xi_j,\eta_i) \tag{4.5.19}$$

其中 $H_i$, $H_j$ 就是一维高斯积分的权系数,$n$ 是在每个坐标方向的积分点数。如果 $F(\xi,\eta) = \sum a_{ij}\xi^j\eta^i$,且 $i,j \leqslant 2n-1$,则(4.5.19)式将能给出积分的精确值。

类似地,对于三维数值积分,则有

$$I = \int_{-1}^{1}\int_{-1}^{1}\int_{-1}^{1} F(\xi,\eta,\zeta)\mathrm{d}\xi\mathrm{d}\eta\mathrm{d}\zeta$$

$$=\sum_{m=1}^{n}\sum_{j=1}^{n}\sum_{i=1}^{n}H_iH_jH_mF(\xi_i,\eta_j,\zeta_m)=\sum_{m,j,i=1}^{n}H_{ijm}F(\xi_i,\eta_j,\zeta_m) \tag{4.5.20}$$

如果 $F(\xi,\eta,\zeta)=\sum a_{ijm}\xi^i\eta^j\zeta^m$，且 $i,j,m\leqslant 2n-1$，则上式给出精确的积分结果。

在上面的讨论中，每个坐标方向上选取的积分点数是相同的。实际上，在 $\xi$，$\eta$ 和 $\zeta$ 各个不同的坐标方向上，可以选取不同的积分点数，即可以根据具体情况采用不同阶的积分方案。

### 4.5.3　三维六面体单元的 Irons 积分[1]

在有限元分析中，如将被积函数 $F(\xi,\eta,\zeta)$ 表示成 $\sum a_{ijk}\xi^i\eta^j\zeta^k$，其中 $i,j,k$ 不一定同时达到最大值，而是 $i+j+k\leqslant N$。$N$ 是某个整数，因此可以利用更为有效的积分方案。Irons 提出了一个比高斯积分效率更高的积分公式，该积分公式直接写成一次求和的形式。在这里不作详细的推导，只是给出其结果。关于三维积分 Irons 给出的公式是

$$\begin{aligned}\int_{-1}^{1}\int_{-1}^{1}\int_{-1}^{1}F(\xi,\eta,\zeta)\mathrm{d}\xi\mathrm{d}\eta\mathrm{d}\zeta = {} & A_1F(0,0,0)+B_6\{F(-b,0,0)+F(b,0,0)+\\ & F(0,-b,0)+F(0,b,0)+F(0,0,-b)+F(0,0,b)\}+\\ & C_8\{F(-c,-c,-c)+F(c,-c,-c)+F(-c,c,-c)+\\ & F(-c,-c,c)+F(c,c,-c)+\cdots+F(c,c,c)(\text{共 8 项})\}+\\ & D_{12}\{F(-d,-d,0)+F(d,-d,0)+F(-d,0,-d)+\\ & F(d,0,-d)+F(0,-d,-d)+\cdots(\text{共 12 项})\}\end{aligned} \tag{4.5.21}$$

式中权系数 $A_1$，$B_6$，$C_8$，$D_{12}$ 和积分点坐标 $b$，$c$，$d$ 以及误差均列于表 4.3 中。对于 20 结点等参元，由(4.5.21)式给出的 14 点积分方案基本上可以达到 27(3×3×3)点高斯积分同样的结果，所以这种积分方案得到广泛应用。

**表 4.3　Irons 积分公式的权系数和积分点坐标**

| 积分点数 | 权　系　数* | 积 分 点 坐 标 | 精度阶次 |
|---|---|---|---|
| 1 | $A_1=8$ | | 1 |
| 6 | $B_6=8/6$ | $b=1$ | 3 |
| 14 | $B_6=0.886\ 426\ 593$<br>$C_8=0.335\ 180\ 055$ | $b=0.795\ 822\ 426$<br>$c=0.758\ 786\ 911$ | 5 |
| 27 | $A_1=0.788\ 073\ 483$<br>$B_6=0.499\ 369\ 002$<br>$C_8=0.478\ 508\ 449$<br>$D_{12}=0.032\ 303\ 742$ | $b=0.848\ 418\ 011$<br>$c=0.652\ 816\ 472$<br>$d=0.106\ 412\ 899$ | 7 |

* 未列出的权系数为零。

## 4.5.4 二维三角形单元和三维四面锥单元的Hammer积分

在三角形单元和四面锥单元中，自然坐标是面积坐标和体积坐标，积分具有如下形式。

对于二维积分，有

$$I=\int_0^1\int_0^{1-L_1}F(L_1,L_2,L_3)\,\mathrm{d}L_2\,\mathrm{d}L_1$$

对于三维积分，有

$$I=\int_0^1\int_0^{1-L_1}\int_0^{1-L_2-L_1}F(L_1,L_2,L_3,L_4)\,\mathrm{d}L_3\,\mathrm{d}L_2\,\mathrm{d}L_1$$

积分限中包含了变量自身。Hammer[2]等导出了有效的积分方案。二维三角形单元以及三维四面锥单元的积分点位置、权函数和误差量级分别列于表4.4和表4.5。

**表 4.4 三角形单元的数值积分**

| 精度阶次 | 图形 | 误差 | 积分点 | 面积坐标 | 权系数* |
|---|---|---|---|---|---|
| 线性 | 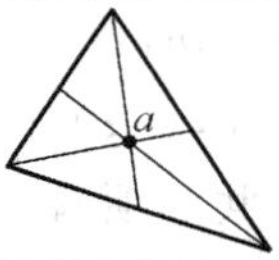 | $R=O(h^2)$ | $a$ | $\frac{1}{3},\frac{1}{3},\frac{1}{3}$ | 1 |
| 二次 | 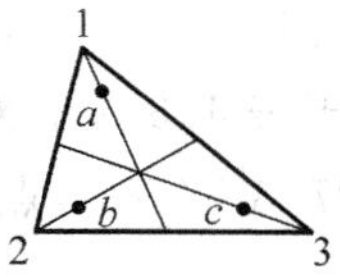 | $R=O(h^3)$ | $a$ | $\frac{2}{3},\frac{1}{6},\frac{1}{6}$ | $\frac{1}{3}$ |
| | | | $b$ | $\frac{1}{6},\frac{2}{3},\frac{1}{6}$ | $\frac{1}{3}$ |
| | | | $c$ | $\frac{1}{6},\frac{1}{6},\frac{2}{3}$ | $\frac{1}{3}$ |
| 三次 | 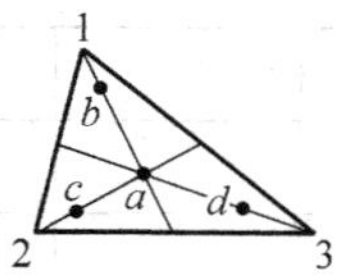 | $R=O(h^4)$ | $a$ | $\frac{1}{3},\frac{1}{3},\frac{1}{3}$ | $-\frac{27}{48}$ |
| | | | $b$ | 0.6, 0.2, 0.2 | $\frac{25}{48}$ |
| | | | $c$ | 0.2, 0.6, 0.2 | |
| | | | $d$ | 0.2, 0.2, 0.6 | |
| 五次 | 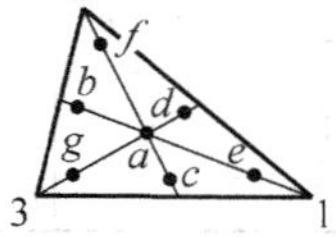 | $R=O(h^6)$ | $a$ | $\frac{1}{3},\frac{1}{3},\frac{1}{3}$ | 0.225 000 000 0 |
| | | | $b$ | $\alpha_1,\beta_1,\beta_1$ | 0.132 394 152 7 |
| | | | $c$ | $\beta_1,\alpha_1,\beta_1$ | |
| | | | $d$ | $\beta_1,\beta_1,\alpha_1$ | |

续表

| 精度阶次 | 图形 | 误差 | 积分点 | 面积坐标 | 权系数* |
|---|---|---|---|---|---|
| | | | $e$ | $\alpha_2,\beta_2,\beta_2$ | 0.125 939 180 5 |
| | | | $f$ | $\beta_2,\alpha_2,\beta_2$ | |
| | | | $g$ | $\beta_2,\beta_2,\alpha_2$ | |
| | | | | 其中 | |
| | | | | $\alpha_1=0.059\ 715\ 871\ 7$ | |
| | | | | $\beta_1=0.470\ 142\ 064\ 1$ | |
| | | | | $\alpha_2=0.797\ 426\ 985\ 3$ | |
| | | | | $\beta_2=0.101\ 286\ 507\ 3$ | |

* 由于三角形的积分域涉及变量自身，权系数之和应等于 1/2，所以表中所列的权系数应乘以 1/2。

**表 4.5　四面体单元的数值积分表**

| 精度阶次 | 图形 | 误差 | 积分点 | 体积坐标 | 权系数* |
|---|---|---|---|---|---|
| 线性 | 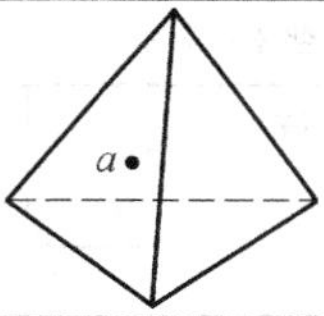 | $R=O(h^2)$ | $a$ | $\frac{1}{4},\frac{1}{4},\frac{1}{4},\frac{1}{4}$ | 1 |
| 二次 | 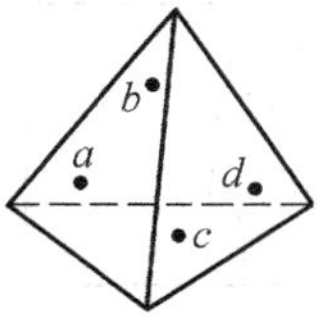 | $R=O(h^3)$ | $a$ | $\alpha,\beta,\beta,\beta$ | $\frac{1}{4}$ |
| | | | $b$ | $\beta,\alpha,\beta,\beta$ | $\frac{1}{4}$ |
| | | | $c$ | $\beta,\beta,\alpha,\beta$ | $\frac{1}{4}$ |
| | | | $d$ | $\beta,\beta,\beta,\alpha$ | $\frac{1}{4}$ |
| | | | | $\alpha=0.585\ 410\ 20$<br>$\beta=0.138\ 196\ 60$ | |
| 三次 | 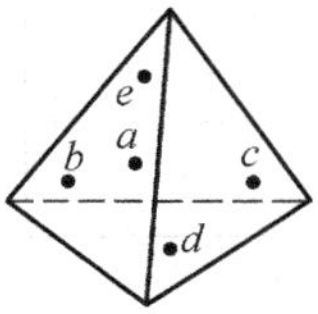 | $R=O(h^4)$ | $a$ | $\frac{1}{4},\frac{1}{4},\frac{1}{4},\frac{1}{4}$ | $-\frac{4}{5}$ |
| | | | $b$ | $\frac{1}{2},\frac{1}{6},\frac{1}{6},\frac{1}{6}$ | $\frac{9}{20}$ |
| | | | $c$ | $\frac{1}{6},\frac{1}{2},\frac{1}{6},\frac{1}{6}$ | $\frac{9}{20}$ |
| | | | $d$ | $\frac{1}{6},\frac{1}{6},\frac{1}{2},\frac{1}{6}$ | $\frac{9}{20}$ |
| | | | $e$ | $\frac{1}{6},\frac{1}{6},\frac{1}{6},\frac{1}{2}$ | $\frac{9}{20}$ |

* 由于四面体的积分域涉及变量自身，权系数之和应等于 1/6，所以表中所列的权系数应乘以 1/6。

仿照(4.5.21)式给出的Irons积分,二维三角形的Hammer积分还可以表示为

$$\int_0^1\int_0^{1-L_1} F(L_1,L_2,L_3)\mathrm{d}L_2\mathrm{d}L_1 = A_1F\left(\frac{1}{3},\frac{1}{3},\frac{1}{3}\right)+ B_3\{F(a,a,b)+F(a,b,a)+F(b,a,a)\}+ C_3\{F(c,c,d)+F(c,d,c)+F(d,c,c)\} \tag{4.5.22}$$

三维四面锥的Hammer积分可以表示为

$$\int_0^1\int_0^{1-L_1}\int_0^{1-L_1-L_2} F(L_1,L_2,L_3,L_4)\mathrm{d}L_3\mathrm{d}L_2\mathrm{d}L_1 = A_1F\left(\frac{1}{4},\frac{1}{4},\frac{1}{4},\frac{1}{4}\right)+B_4\{F(a,b,b,b)+F(b,a,b,b)+ F(b,b,a,b)+F(b,b,b,a)\} \tag{4.5.23}$$

表4.6和表4.7中分别列出了用于(4.5.22)式及(4.5.23)式的权系数、积分点坐标和误差估计。采用上述表达形式可以很方便地与Irons积分一起编制统一的计算机程序进行数值积分。

**表 4.6 二维 Hammer 积分的权系数和积分点坐标**

| 积分点数 | 权系数* | 积分点坐标 | 精度阶次 |
|---|---|---|---|
| 1 | $A_1=1$ | 1/3,1/3,1/3 | 1 |
| 3 | $B_3=1/3$ | $a=1/6,b=2/3$ | 2 |
| 4 | $A_1=-27/48$<br>$B_3=25/48$ | $a=1/5,b=3/5$ | 3 |
| 7 | $A_1=0.225\,000\,000\,0$<br>$B_3=0.125\,939\,180\,5$<br>$C_3=0.132\,394\,152\,7$ | $a=0.101\,286\,507\,3$<br>$b=0.797\,426\,985\,3$<br>$c=0.470\,142\,064\,1$<br>$d=0.059\,715\,871\,7$ | 5 |

* 未列出的权系数为0,列出的权系数应乘以1/2。

**表 4.7 三维 Hammer 积分的权系数和积分点坐标**

| 积分点数 | 权系数* | 积分点坐标 | 精度阶次 |
|---|---|---|---|
| 1 | $A_1=1$ | 1/4,1/4,1/4,1/4 | 1 |
| 4 | $B_4=1/4$ | $a=0.585\,410\,20$<br>$b=0.138\,196\,60$ | 2 |
| 5 | $A_1=-4/5$<br>$B_4=9/20$ | $a=1/2\quad b=1/6$ | 3 |

* 未列出的权系数为零,列出的权系数应乘以1/6。

## 4.6　等参元计算中数值积分阶次的选择

当在计算中必须进行数值积分时，如何选择数值积分的阶次将直接影响计算的精度和计算工作量。如果选择不当，甚至会导致计算的失败。

### 4.6.1　选择积分阶次的原则

1. 保证积分的精度

以一维问题刚度矩阵的积分为例，如果插值函数 $N$ 中的多项式阶数为 $P$，微分算子 $\mathbf{L}$ 中导数的阶次是 $m$，则有限元得到的被积函数是 $2(p-m)$ 次多项式(对于等参元假设 $|\boldsymbol{J}|$ 是常数时)。为保证原积分的精度，应选择高斯积分的阶次 $n=p-m+1$，这时可以精确积分至 $2(p-m)+1$ 次多项式，可以达到精确积分刚度矩阵的要求。还需指出，由于位移有限元所根据的最小位能原理是极值原理，所以当单元尺寸 $h$ 不断减小时，有限元解将单调地收敛于精确解。

对于二维、三维单元，则需要对被积函数作进一步的分析。例如二维 4 结点双线性单元，它的插值函数中包含 $1$、$\xi$、$\eta$、$\xi\eta$ 项，在假设单元的 $|\boldsymbol{J}|$ 是常数(单元形状为矩形或平行四边形)的情况下，刚度矩阵的被积函数中包含 $1$、$\xi$、$\eta$、$\xi^2$、$\eta^2$、$\xi\eta$ 项。由于被积函数在 $\xi$ 和 $\eta$ 方向的最高方次为 2，所以要达到精确积分，应采用 $2\times2$ 阶高斯积分。如果单元的 $|\boldsymbol{J}|\neq$常数，则需要选取更多的积分点。对于二维 8 结点单元也可作类似的分析。结论是：为了精确地积分单元刚度矩阵，在 $|\boldsymbol{J}|=$常数条件下，应采用 $3\times3$ 阶高斯积分。如果 $|\boldsymbol{J}|\neq$常数，则需要采用更高阶的高斯积分。这种高斯积分阶数等于被积函数所有项次精确积分所需要阶数的积分方案，称之为**精确积分**或**完全积分**。正如前面已指出的，在对单元刚度矩阵进行精确积分的条件下，将保证当单元尺寸 $h$ 不断减小时，有限元解单调地收敛于精确解。

但是在很多情况下，实际选取的高斯积分点数低于精确积分的要求。例如按单元插值函数中完全多项式的阶数 $p$ 来选取，仍以上述二维 4 结点和 8 结点单元为例，它们的插值函数中完全多项式阶数 $p$ 分别等于 1 和 2。由完全多项式所产生的刚度矩阵中被积函数在 $\xi$ 方向和 $\eta$ 方向的最高方次，在 $|\boldsymbol{J}|=$常数条件下为 $2(p-m)=2(p-1)$，即对上述两种单元分别为 0 和 2。因此保证这部分被积函数积分的精度，只需要分别采用 $1\times1$ 和 $2\times2$ 的高斯积分。一般说，即仍按 $n=p-m+1$ 来确定积分方案。式中 $p$ 是插值函数中完全多项式的方次，$m$ 是微分算子 $\mathbf{L}$ 中导数的阶次，二维单元和三维单元分别采用 $n\times n$ 和 $n\times n\times n$ 高斯积分来进行单元刚度矩阵的计算。这种高斯积分阶数低于被积函数所有项次精确积分所需要阶数的积分方案称之为**减缩积分**。实际计算表明：采用减缩积分往往可以取得较完全精确积分更好的精度。这是由于：

(1) 精确积分常常是由插值函数中非完全项的最高方次所要求，而决定有限元精度的，通常是完全多项式的方次。这些非完全的最高方次项往往并不能提高精度，反而可能带来不好的影响。取较低阶的高斯积分，使积分精度正好保证完全多项式方次的要求，而不包括更高次的非完全多项式的要求，其实质是相当于用一种新的插值函数替代原来的插值函数，从而一定情况下改善了单元的精度。

(2) 在最小位能原理基础上建立的位移有限元，其解答具有下限性质。即有限元的计算模型具有较实际结构偏大的整体刚度。选取减缩积分方案将使有限元计算模型的刚度有所降低，因此可能有助于提高计算精度。

另外，这种减缩积分方案对于泛函中包含罚函数的情况也常常是必须的，用以保证和罚函数相应的矩阵的奇异性(见8.2节)，否则将可能导致完全歪曲了的结果。

2. 保证结构总刚度矩阵 K 是非奇异的

求解系统方程 $\boldsymbol{Ka}=\boldsymbol{P}$，要求方程有解则必须系数矩阵的逆矩阵 $\boldsymbol{K}^{-1}$ 是存在的，即在引入强迫边界条件后 $\boldsymbol{K}$ 必须是非奇异的。系数矩阵 $\boldsymbol{K}$ 非奇异的条件是 $|\boldsymbol{K}|\neq 0$，或称 $\boldsymbol{K}$ 是满秩的。所谓秩就是系数矩阵中独立的行(列)数。如果 $\boldsymbol{K}$ 是 $N$ 阶方阵，则要求它的秩为 $N$，数值积分应保证 $\boldsymbol{K}$ 的满秩，即 $\boldsymbol{K}$ 的所有行(列)的系数都是相互独立的。否则将使求解失败。

关于矩阵的秩，有下面两个基本规则：

(1) 矩阵相乘的秩规则

若
$$\boldsymbol{B}=\boldsymbol{UAV}$$
则
$$\text{秩}\,\boldsymbol{B}\leqslant\min(\text{秩}\,\boldsymbol{U},\text{秩}\,\boldsymbol{A},\text{秩}\,\boldsymbol{V}) \tag{4.6.1}$$
秩 $\boldsymbol{B}$ 就是矩阵 $\boldsymbol{B}$ 的秩，它必然小于最多等于相乘矩阵中秩最小者。

(2) 矩阵相加的秩规则

若
$$\boldsymbol{C}=\boldsymbol{A}+\boldsymbol{B}$$
则
$$\text{秩}\,\boldsymbol{C}\leqslant\text{秩}\,\boldsymbol{A}+\text{秩}\,\boldsymbol{B} \tag{4.6.2}$$
即矩阵和的秩必然小于或最多等于矩阵秩的和。

现在再来考察单元刚度矩阵的计算公式(4.4.14)式

$$\boldsymbol{K}^e=\sum_{i=1}^{n_g}H_i\boldsymbol{B}_i^{\mathrm{T}}\boldsymbol{D}\boldsymbol{B}_i\,|\,\boldsymbol{J}_i\,| \tag{4.6.3}$$

其中弹性矩阵 $\boldsymbol{D}$ 是 $d\times d$ 方阵，秩 $\boldsymbol{D}=d$。$d$ 是应变分量数(或独立关系数)。对于二维平面问题 $d=3$，轴对称问题 $d=4$，三维问题则 $d=6$。应变矩阵 $\boldsymbol{B}$ 是 $d\times n_f$ 矩阵，$n_f$ 是单元的结点自由度数。在一般情况下 $d<n_f$，所以秩 $\boldsymbol{B}=d$。根据矩阵的秩的基本规则(4.6.1)式及(4.6.2)式，可以得到结论：秩 $\boldsymbol{K}^e\leqslant n_g\cdot d$，其中 $n_g$ 是高斯积分点数。如果系统的单元数为 $M$，再一次利用(4.6.2)式可得

$$\text{秩}\,\boldsymbol{K} \leqslant M \cdot n_g \cdot d \tag{4.6.4}$$

因此刚度矩阵 $\boldsymbol{K}$ 非奇异的必要条件是

$$M \cdot n_g \cdot d \geqslant N \tag{4.6.5}$$

其中 $N$ 是系统的独立自由度数，也就是刚度矩阵 $\boldsymbol{K}$ 的阶数。

(4.6.5)式表明，假如未知场变量 $\boldsymbol{a}$ 的元素数目超过全部积分点可能提供的独立关系数目，则矩阵 $\boldsymbol{K}$ 必然是奇异的。

在实际计算中，只在采用减缩积分方案计算矩阵 $\boldsymbol{K}$ 时，才需要检查矩阵 $\boldsymbol{K}$ 非奇异的必要条件是否得到满足。因为采用精确积分方案计算矩阵 $\boldsymbol{K}$ 时，不仅矩阵 $\boldsymbol{K}$ 非奇异的必要条件而且它的充分条件都是恒被满足的。这是由于任何有别于刚体运动的位移模式加到一个真实的结构系统上，必将在系统内产生大于零的应变能。如果采用精确积分方案进行矩阵 $\boldsymbol{K}$ 的计算，实际上就是对给定离散方案下的应变能 $\boldsymbol{a}^{\mathrm{T}}\boldsymbol{K}\boldsymbol{a}$ 进行精确的计算，而 $\boldsymbol{a}^{\mathrm{T}}\boldsymbol{K}\boldsymbol{a}$ 总是大于零的，所以 $\boldsymbol{K}$ 必然是正定的，也即 $\boldsymbol{K}$ 是非奇异的。如果采用减缩积分方案，情况就不同了，此时 $\boldsymbol{K}$ 非奇异性的必要条件(4.6.5)式不是恒被满足的，所以首先需要检查 $\boldsymbol{K}$ 非奇异性的必要条件是否满足。例如图 4.6 所示的一个 8 结点单元，在给予刚体位移约束以后，独立自由度数 $N=2\times8-3=13$。如果采用 $2\times2$ 减缩积分方案计算刚度矩阵 $\boldsymbol{K}$，则可能的最大秩为 $M\cdot n_g\cdot d=1\times4\times3=12<13$。显然此时矩阵 $\boldsymbol{K}$ 非奇异的必要条件(4.6.5)式未被满足，因此 $\boldsymbol{K}$ 是奇异的。此时如果求解减缩积分方案形成的 $\boldsymbol{K}$ 的特征值问题，可发现它共有 4 个零特征值。与其对应的特征位移模式中除 3 个刚体运动模式外，还存在一个有别于刚体运动的位移模式。该位移模式可以表示为：

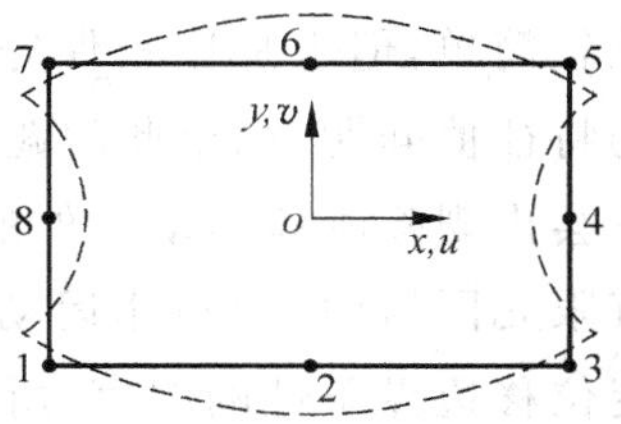

图 4.6　给定位移模式下的 8 结点单元

$$-u_1=u_3=u_5=-u_7=v_1=v_3=-v_5=-v_7=1$$

$$-u_4=u_8=-v_2=v_6=\frac{1}{2}$$

$$u_2=u_6=v_4=v_8=0$$

可以验证，在单元减缩积分方案的 $2\times2$ 高斯点上对应于上述位移模式的应变正好等于零。这时如利用 $2\times2$ 高斯积分计算单元的应变能，则有

$$\begin{aligned}\int_{V_e}\frac{1}{2}\boldsymbol{\varepsilon}^{\mathrm{T}}\boldsymbol{D}\boldsymbol{\varepsilon}\,\mathrm{d}V &= \frac{1}{2}\sum_{i=1}^{2}\sum_{j=1}^{2}H_{ij}\,\boldsymbol{\varepsilon}_{ij}^{\mathrm{T}}\boldsymbol{D}\boldsymbol{\varepsilon}_{ij}\,|\,\boldsymbol{J}\,| = \frac{1}{2}\boldsymbol{a}^{\mathrm{T}}\Big(\sum_{i=1}^{2}\sum_{j=1}^{2}H_{ij}\boldsymbol{B}_{ij}^{\mathrm{T}}\boldsymbol{D}\boldsymbol{B}_{ij}\,|\,\boldsymbol{J}\,|\Big)\boldsymbol{a}\\ &= \frac{1}{2}\boldsymbol{a}^{\mathrm{T}}\Big(\sum_{i=1}^{2}\sum_{j=1}^{2}H_{ij}\boldsymbol{K}_{ij}\Big)\boldsymbol{a} = \frac{1}{2}\boldsymbol{a}^{\mathrm{T}}\boldsymbol{K}\boldsymbol{a} = 0\end{aligned}$$

其中

$$\boldsymbol{\varepsilon}_{ij}=\boldsymbol{\varepsilon}(\xi_i,\eta_j)\qquad \boldsymbol{B}_{ij}=\boldsymbol{B}(\xi_i,\eta_j)\qquad \boldsymbol{K}_{ij}=\boldsymbol{K}(\xi_i,\eta_j)\qquad |\boldsymbol{J}|=ab$$

$\boldsymbol{a}$ 是上述给定的结点位移模式，$H_{ij}$ 是权系数，$\xi_i$，$\eta_j$ 是高斯点的坐标。上式表明通过 2×2 积分计算得到的单元刚度矩阵 $\boldsymbol{K}$ 必然是奇异的，这是由于采用减缩积分导致的结果。这种由于采用减缩积分方案导致其应变能为零，而自身有别于刚体运动的位移模式称为**零能模式**。它的存在将使解答失真，甚至使求解无法进行。因此在实际分析中，必须防止零能模式的出现。亦即在采用减缩积分方案时，必须注意检查 $\boldsymbol{K}$ 的非奇异性条件是否得到满足。

最后应该强调，(4.6.5)式给出的仅是保证系统刚度矩阵 $\boldsymbol{K}$ 非奇异性的必要条件，这是由于所有高斯点的应变分量所提供的 $M\cdot n_g\cdot d$ 个关系式可能不是完全独立的，所以在采用减缩积分方案时，即使(4.6.5)式得到满足，但系统刚度矩阵 $\boldsymbol{K}$ 仍可能是奇异的。这时系统的解答中可能包含虚假的零能位移模式。

保证系统刚度矩阵 $\boldsymbol{K}$ 非奇异性的严格证明是求解系统 $\boldsymbol{K}$ 的特征值问题，如果系统不出现对应于除刚体运动以外位移模式的零特征值，则系统 $\boldsymbol{K}$ 的非奇异性得到保证。除了通过求解系统特征值问题来检查刚度矩阵 $\boldsymbol{K}$ 是否奇异的方法以外，通常还可采用一种比较简单，但也是比较保守的方法，即求解只给予刚体运动约束的一个单元刚度矩阵的特征值问题，如果此问题不存在除刚体运动以外的零特征值，则系统刚度矩阵 $\boldsymbol{K}$ 肯定不会出现除刚体运动以外的零特征值。之所以说此方法比较保守，是因为实际分析的有限元网格中，除刚体运动约束以外，还存在单元间的相互约束以及可能有的其他给定位移边界条件的约束，所以一个单元的 $\boldsymbol{K}^e$ 是奇异的，并不意味系统的 $\boldsymbol{K}$ 就是奇异的。

## 4.6.2 积分阶次的适当选择

如前所述，对于一个给定形式的单元，如果采用精确积分，则插值函数中所有项次在 $|\boldsymbol{J}|=$常数的条件下能被精确积分，并能保证刚度矩阵的非奇异性。如果采用减缩积分，因为插值函数中只有完全多项式的项次能被精确积分，因此需要进行刚度矩阵非奇异必要条件的检查。若能通过检查，则可以考虑采用减缩积分方案，以减少计算工作量，并可能对计算结果有所改进。

图 4.7 给出二维 4 结点和 8 结点单元组成的计算网格。这两种单元刚度矩阵的精确积分方案分别是 2×2 和 3×3，而减缩积分方案分别是 1×1 和 2×2。现检查图示的网格系统的刚度矩阵是否满足非奇异性的必要条件。

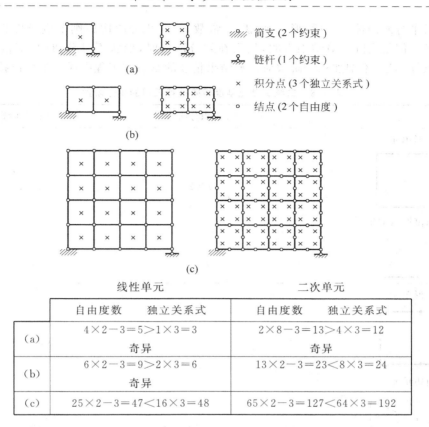

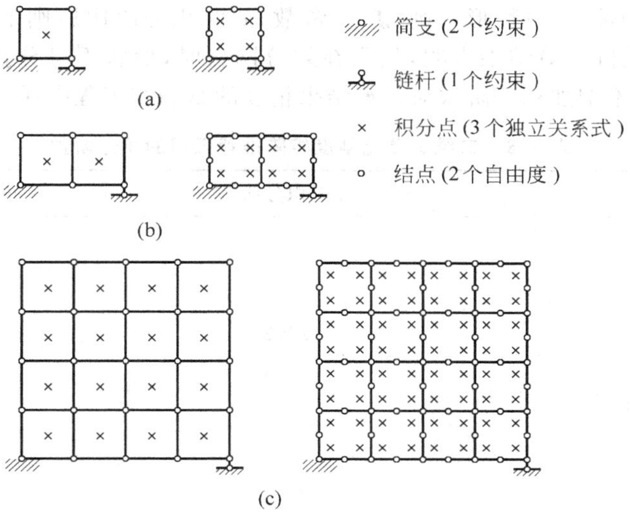


| | 线性单元<br>自由度数　独立关系式 | 二次单元<br>自由度数　独立关系式 |
|---|---|---|
| (a) | $4\times 2-3=5>1\times 3=3$<br>奇异 | $2\times 8-3=13>4\times 3=12$<br>奇异 |
| (b) | $6\times 2-3=9>2\times 3=6$<br>奇异 | $13\times 2-3=23<8\times 3=24$ |
| (c) | $25\times 2-3=47<16\times 3=48$ | $65\times 2-3=127<64\times 3=192$ |

图 4.7　二维网格系统刚度矩阵奇异性检查

由图可见，在只有刚体约束情况下，如只有一个单元，这两种单元的 $\boldsymbol{K}$ 都是奇异的；如网格增加到两个单元，4 结点单元的 $\boldsymbol{K}$ 仍是奇异的，而 8 结点的 $\boldsymbol{K}$ 已不再奇异了。当网格增加到 16 个单元时，4 结点单元的 $\boldsymbol{K}$ 也不奇异了。但是必须指出此结论是根据(4.6.5)式得出的，而此式给出的仅是 $\boldsymbol{K}$ 非奇异的必要条件，并非充分条件。实际计算表明，如仅给以刚体运动约束，即使 16 个 4 结点单元组成的网格 $\boldsymbol{K}$ 仍是奇异的。由此可见，对于 4 结点单元、可能改善应力结果的减缩积分方案和保证系统矩阵非奇异的最低阶积分方案并不一致，这是此单元较少被采用的原因之一。而对于 8 结点单元，这两种积分方案是一致的，即在 $|\boldsymbol{J}|=$常数情况下都是 $2\times 2$ 个积分点，这也是它能得到普遍应用的原因之一。当然由于此积分方案不能保证对刚度矩阵的精确积分，因此也不能保证有限元解的单调收敛。

以上讨论的原则和方法同样适用于其他二维单元和三维单元。需要补充指出的是关于单元形状是否满足 $|\boldsymbol{J}|=$常数的考虑。以上单元矩阵精确积分和减缩积分阶次的计算是在 $|\boldsymbol{J}|=$常数的条件下进行的。如果单元形状不是矩形或平行四边形(二维情形)，正

六面体或平行六面体(三维情形),则$|\boldsymbol{J}|\neq$常数,此时积分阶次原则上应予提高,以保证解的精度。但是实际计算结果表明,如果在划分网格时,形状不过分扭曲,即偏离$|\boldsymbol{J}|=$常数的条件不远,不增加积分阶次对计算结果精度的影响在工程中通常是可以接受的。

**表 4.8 二维等参元刚度矩阵推荐采用的积分阶数**

| 单　　元 | 常用积分阶数 | 最高积分阶数 |
|---|---|---|
| 4结点矩形单元<br>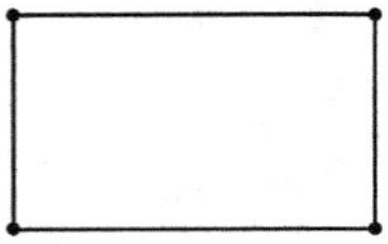 | 2×2 | 2×2 |
| 4结点任意四边形单元<br>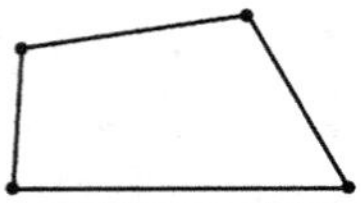 | 2×2 | 3×3 |
| 8结点矩形单元<br> | 2×2 | 3×3 |
| 8结点曲边单元<br>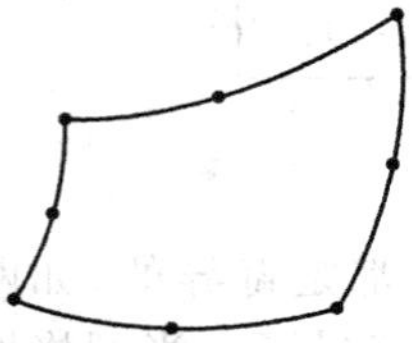 | 3×3 | 4×4 |
| 9结点矩形单元<br>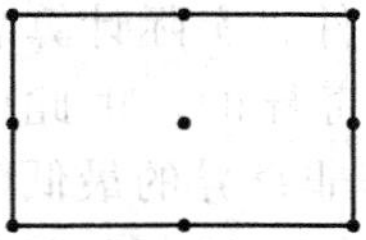 | 2×2 | 3×3 |
| 9结点曲边单元<br>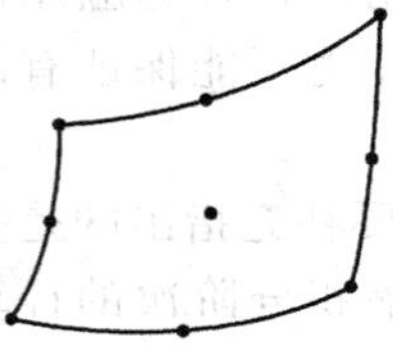 | 3×3 | 4×4 |

综合以上关于选择数值积分阶次的讨论，在表 4.8 中给出了二维四边形等参元刚度矩阵高斯积分的推荐阶次。它也可以推广于一维或三维单元刚度矩阵的计算。

附带指出，对于采用面积坐标边界为直线的三角形单元和采用体积坐标棱边为直线的四面体单元，由于它们的插值函数中通常只包括完全多项式的项次，在这种情况下，完全积分和减缩积分的差别消失了。积分阶次的选择相对简单。只要根据被积函数的方次，就可分别从表 4.4 和表 4.5 中选择精度阶次和其一致的积分方案。

## 4.7 小结

等参元在有限元法的发展中占有重要的位置，由于它能使局部坐标系内的形状规则的单元变换为总体坐标系内形状为扭曲的单元，从而为求解域是任意形状的实际问题的求解提供了有效的单元形式。两种坐标系内坐标的变换通常采用和位移函数相同的插值形式，依据坐标变换插值点数和位移插值点数的比较，分别称之为等参元、超参元和次参元。通常应用最多的是两者插值点数相同的等参元。

等参元的表达格式和第 2 章中已讨论的广义坐标有限元表达格式原则上是一致的。不同的是位移插值函数不必通过较繁杂的计算得到，而是由前一章讨论的构造插值函数的一般方法直接得到。在单元特性矩阵形成时，为了使等参元的特性矩阵在规范化的局部坐标系内进行，必须进行总体坐标系内和局部坐标系内的导数、体积、面积、长度等的变换以及积分限的变换，因此掌握它们的变换方法是等参元应用中的重要环节。同时为保证上述变换能够进行，必须保证等参变换能够实现，其基本点是要保证单元的形状不过分扭曲，这在实际应用中应给予足够注意。

等参元应用中另一重要问题是数值积分方法和阶次的选择，虽然由于等参元的特性矩阵是建立于局部坐标系的规则域内，为数值积分方法的采用提供了很大的方便，同时高斯积分也已被证实是最方便而有效的方法而被广泛采用，但积分阶次的选择仍是等参元应用中需要认真对待的问题。本章给出了选择数值积分阶次的一般原则，并就几种常用单元形式的刚度矩阵推荐了常采用的积分阶次。至于板壳单元、非协调单元，以及用于非线性分析的情况，单元矩阵的数值积分仍有一些需要研究的专门问题，这将在以后有关章节予以讨论。

### 关键概念

| | | |
|---|---|---|
| 等(超、次)参变换 | 雅可比矩阵和行列式 | 等参变换的条件 |
| 等参元的收敛性 | 数值积分 | 高斯积分 |
| 精确积分 | 减缩积分 | 矩阵的秩 |
| 矩阵奇异性 | 零能模式 | |

## 复习题

**4.1** 什么是等(超、次)参单元？它在有限元法中的地位和作用是什么？

**4.2** 什么是坐标变换的雅可比矩阵和行列式？它代表什么几何意义？

**4.3** 什么是等参变换的条件？在实际分析中如何保证此条件的实现？

**4.4** 什么是等参元满足有限元收敛准则的条件？同样的条件可否适用于次参和超参单元？

**4.5** 数值积分的实质是什么？同为 $n$ 个积分点，为什么 Newton-Cotes 积分是 $n-1$ 阶精度，而高斯积分具有 $2n-1$ 阶精度？

**4.6** 什么是选择单元刚度矩阵数值积分阶次的原则？如何检查所采用的积分方案是否满足所述的原则？

**4.7** 什么是刚度矩阵的精确积分和减缩积分？什么情况下两者是一致的？什么情况下两者不一致？

**4.8** 什么是位移的零能模式？在什么条件下会发生？如何检验它是否存在和如何防止它的出现？

## 练习题

**4.1** 图4.8所示为二次四边形单元，试计算 $\partial N_1/\partial x$ 和 $\partial N_2/\partial y$ 在自然坐标为 $(1/2,1/2)$ 的点 $Q$ 的数值(因为单元的边是直线，可用4个结点定义单元的几何形状)。

**4.2** 图4.9所示为二次三角形单元，试计算 $\partial N_4/\partial x$ 和 $\partial N_4/\partial y$ 在点 $P(1.5,2.0)$ 的数值。

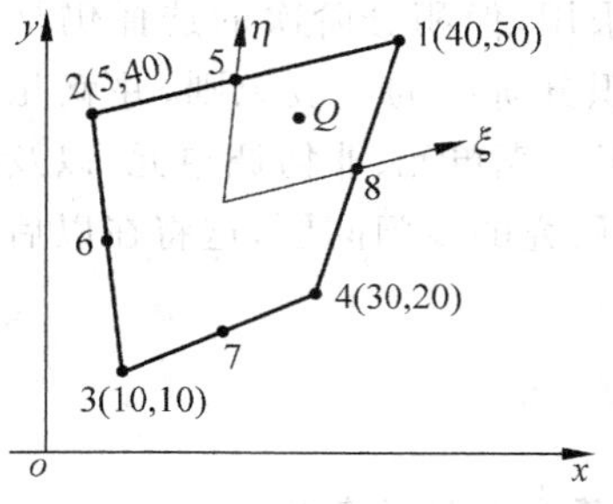


图 4.8

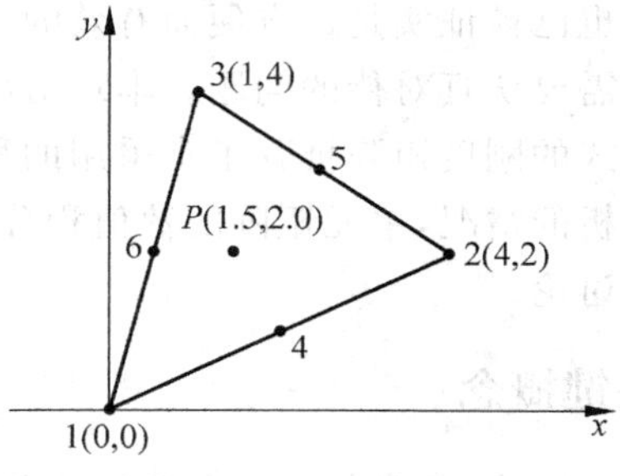


图 4.9

**4.3** 证明边界为直线的三角形和平行四边形的二维单元的雅可比矩阵是常数矩阵。

**4.4**　证明棱边为直线的四面体和平行六面体的三维单元的雅可比矩阵是常数矩阵。

**4.5**　导出面(体)坐标的幂函数的常用积分公式(4.4.11)式、(4.4.12)式和(4.4.13)式(提示:利用面(体)积坐标之和等于 1 的关系消去被积函数中的一个坐标,并注意积分上下限的设置)。

**4.6**　利用面积坐标幂函数的积分公式,导出 6 结点三角形二维单元刚度矩阵的显式表达式。

**4.7**　证明 9 结点二维单元经次参变换(坐标用 4 点插值、场函数用 9 点插值)仍满足收敛性条件。

**4.8**　证明:若在(−1,1)区间内的任意二次、三次曲线在 $\pm\frac{1}{\sqrt{3}}$ 两点和一直线相交,则曲线下的面积和直线下的面积相等。(目的证明 2 点高斯积分具有三次精度)

**4.9**　试导出一维 3 阶高斯积分点的位置及权系数。

**4.10**　二维 4 结点等参元,在 $x$,$y$ 坐标中单元各边与坐标轴 $x$,$y$ 平行,边长为 $a$、$b$,确定下列载荷情况下的结点载荷。

(1) 在 $x$ 正方向有一分布载荷作用在 $\xi=1$ 的边上,载荷在 $\eta=-1$ 为零;在 $\eta=1$ 为 $q_0$,呈线性变化。

(2) 在 $\xi=1$ 的边上作用有均布载荷 $q_0$,方向压向单元。

(3) 在 $y$ 正方向上作用有均匀的体积力 $b_0$。

**4.11**　上题是 8 结点等参元时,结点载荷向量各是什么?

**4.12**　三维一次(8 结点)和三维二次(20 结点)等参单元,在 $x$,$y$,$z$ 坐标中单元各边与坐标轴 $x$,$y$,$z$ 平行,边长为 $a$,$b$,$c$,在 4.10 题的 3 种载荷情况下(假设载荷沿 $\zeta$ 方向不变),结点载荷向量各是什么?

**4.13**　讨论下列单元的减缩积分方案及精确积分方案(假定 $|\boldsymbol{J}|$ 为常数)所需的高斯积分阶次。检查它们是否满足刚度矩阵 $\boldsymbol{K}$ 的非奇异的必要条件,实际计算中应各自采用什么积分方案?单元是:二维三次 Serendipity 单元,三维 8 结点线性单元,三维 20 结点二次单元。

# 第5章　有限元法应用中的若干实际考虑

**本章要点**

- 建立有限元计算模型应遵循的一般原则。
- 采用基于最小位能原理的位移元进行有限元分析所得应力结果的性质及其近似性的表现；常用的几种改善应力结果的方法。
- 子结构方法的特点、使用条件及实施步骤。
- 有限元建模中有效利用结构对称性和周期性的方法和实施步骤。
- Wilson 非协调元的特点和分片试验的意义及实施方法。

## 5.1　引言

通过前4章的讨论，我们已对有限元法的基本原理、表达格式以及常用的单元形式有了基本的了解，为有限元法应用于实际问题的分析，特别是为最常见的连续实体结构的线弹性分析提供了必要的准备。当人们应用有限元法于实际分析时，方便、快捷地得到可靠的结果，无疑是共同追求的目标。因此分析过程的有效性和计算结果的可靠性成为有限元方法的两大核心问题。这当中涉及合理的有限元模型的建立，恰当的分析方案和计算方法的选择，以及对计算结果的正确解释和处理这样三个方面。其中分析方案和计算方法的选择贯穿于全书的各章。本章主要从理论和方法角度讨论有限元模型的建立和计算结果的解释与处理方面的若干问题。

首先要讨论的是有限元模型的建立。这是对一个实际力学或物理问题进行有限元分析的首要步骤，它的合理与否对分析的有效性和可靠性有全局性的影响。在5.2节中讨论的是有关模型建立中在两个基本方面(单元类型和形式的选择，网格的安排和布置)应予考虑的一般原则。关于模型建立中的一些专门问题将放在5.4～5.6节作进一步讨论。

5.3节将讨论应力计算结果的处理和改善。这是由于最常用的，也是广泛应用于各个大型通用程序的是以位移作为基本未知量的单元(简称位移元)。从位移经过求导得到的应变和应力相对精度较低，而从实际的工程分析的目的考虑，常常最关心的是应力计算结果。本节所讨论的是在理论上弄清位移元应力结果的性质和特点的基础上，如何采用实际可行的方法来处理和改善应力的计算结果，从而使之能较好地满足工程实际的要求，其中包括对计算误差估计和自适应分析方法的讨论。

在 5.4～5.6 节中讨论的内容可看作对 5.2 节关于有限元模型讨论的补充和发展。实质上都是服务于一个目的，即减少计算模型未知量的个数，从而达到降低对计算机系统的要求和提高计算效率的目的。对于大型复杂结构，如果直接对全结构进行离散并建立求解方程，则方程的规模将会很大，以致对计算机储存能力的要求很高，而且计算量也会很庞大。为此，5.4 节将讨论子结构法的表达格式和相关算法问题。此法利用结构在构造和几何上的特点，将该结构分解为若干子结构，先对子结构进行离散和自由度的减缩，然后再集成，以使结构总体的求解方程的自由度大大减少。5.5 节将讨论结构对称性和周期性的利用。由此出发，分析时只需在结构的一部分上建立计算模型和求解方程，再将这部分结构的计算结果推广，从而得到整个结构的结果。这类结构包括面对称结构、轴对称结构和旋转周期结构。对于轴对称结构还包括轴对称载荷和非轴对称载荷两种情况。对于旋转周期结构还包括周期性载荷和非周期性载荷两种情况。5.6 节将讨论已在实际分析中被广泛应用的 Wilson 非协调元。其特点是在保持低阶单元自由度不增加的情况下，通过增加内部自由度来提高单元的精度和改进单元的性能，但带来了在单元交界面上不满足协调性要求的问题。因此还简要地介绍了如何检查非协调元的解是否满足有限元收敛准则的分片试验方法，以及使 Wilson 非协调元通过分片试验的一种简便方法。

有限元法应用中所涉及的问题是多方面的，而且很多问题仍在继续研究和发展中。虽然本章所讨论的是只限于采用实体单元进行线弹性平衡分析的一些问题，但是从学习的循序渐进考虑，建议将 5.1，5.2，5.3.1～5.3.2 节作为基本内容，而其余各节作为进一步选学内容。

## 5.2　有限元模型的建立

对一个实际问题进行有限元分析的首要步骤是建立合理的有限元模型。其中最主要的是单元类型和形状的选择，以及网格的安排和布置。

### 5.2.1　单元类型和形状的选择

1. 单元的类型

根据分析对象的物理属性，可选择固体力学单元、流体力学单元、热传导单元等。在固体力学单元类型中，还可根据对象的几何特点，选择二维、三维实体单元，梁、板、壳结构单元，半无穷单元等。由于前几章讨论的仅限于二维、三维实体单元。本章的进一步讨论仍限于此类单元。

2. 单元的形式

在第3章的讨论中，已知二维、三维实体单元可能采取不同形状和每种形状单元可以采用不同的阶次及相应的结点数。例如二维平面问题单元形状可分三角形和四边形，阶次可分线性、二次和三次等。形状选择与结构构形有关。三角形比较适合不规则形状，而四边形则比较适合规则形状。单元阶次的选择与求解域内应力变化的特点有关，应力梯度大的区域，单元阶次应较高，否则即使网格很密也难达到理想的结果。

**例 5.1** 左端固支的悬臂梁在其右端有两种载荷情况：(1) 受弯矩 $M$ 作用；(2) 受剪力 $P$ 作用。如图5.1所示。梁长 $L=10\text{cm}$，梁高 $h=2\text{cm}$，梁厚 $b=1\text{cm}$。材料常数 $E=2.1\times10^5\text{MPa}$，$\nu=0.3$。弯矩 $M=2\,000\text{N}\cdot\text{cm}$，剪力 $P=300\text{N}$。用不同形式的单元和不同密度的网格进行有限元分析。采用的单元形式包括3,6结点的三角形单元（$T3$，$T6$）和4,8,9结点的四边形单元（$Q4$，$Q8$，$Q9$）。典型网格见图5.2。有限元模型的边界条件是：左端所有结点 $u=0$，中性面结点 $v=0$；右端 $M$ 按线性分布载荷 $p_x=1.5My$ 加载，$P$ 按抛物线分布载荷 $p_y=-0.75P(1-y^2)$ 加载。

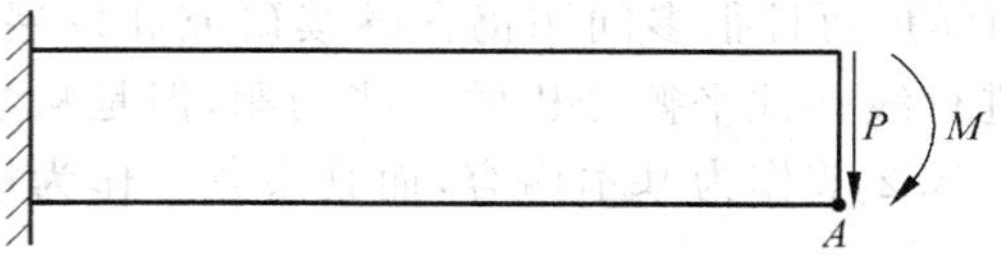


图5.1 端部受载的悬臂梁

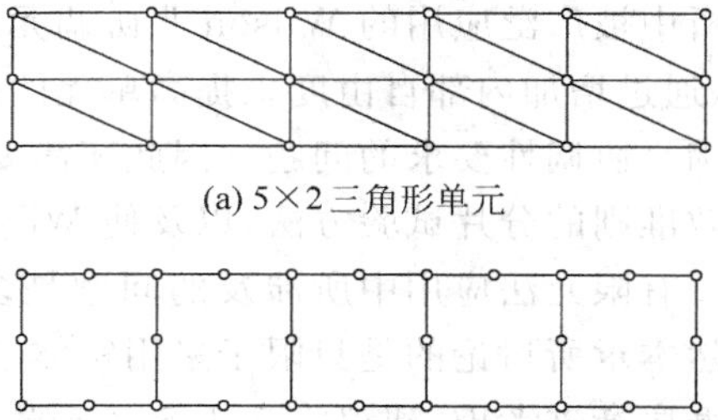

(a) 5×2三角形单元

(b) 5×1四边形单元

图5.2 典型网格图

表5.1给出梁右端下表面 $A$ 点处的最大挠度值 $v_{\max}$ 的有限元计算结果。其中，对于每一形式单元的第1,2列分别对应于弯矩 $M$ 和剪力 $P$ 的作用。为便于对比，此问题的弹性力学理论解是：对于 $M$ 作用情况，$v_{\max}=7.164\times10^{-3}\text{cm}$；对于 $P$ 作用情况，$v_{\max}=7.422\times10^{-3}\text{cm}$。

从表5.1给出的结果可见，$T3$ 单元虽然在高度方向划分了8个单元，但精度仍很差，对弯矩和剪力作用情况，误差分别达到24.6%和24.4%。$Q4$ 单元的结果比 $T3$ 单元有所改进，但精度仍较差，误差分别是8.9%和9.4%。至于 $T6$，$Q8$ 和 $Q9$ 单元，即使最稀疏的网格，对于弯矩作用，能得到和理论解完全一致的结果；对于剪力作用，可以得到非常接近理论解的结果。

为了对有限元结果作进一步分析，现列出问题理论解的应力和位移表达式

(1) 受端部弯矩 $M$ 作用

$$\sigma_x = \frac{M}{I}y \quad \sigma_y = \tau_{xy} = 0$$

$$u = \frac{M}{EI}xy \quad v = -\frac{M}{2EI}(x^2 + \nu y^2)$$

(2) 受端部剪力 $P$ 作用

$$\sigma_x = \frac{P}{I}(L - x)y \qquad \sigma_y = 0 \qquad \tau_{xy} = -\frac{P}{2I}\left[\left(\frac{h}{2}\right)^2 - y^2\right]$$

$$u = \frac{P}{2EI}(2Lx - x^2)y - \frac{\nu P}{6EI}y^3 + \frac{P}{6IG}y^3$$

$$v = -\frac{P}{6EI}(3Lx^2 - x^3) - \frac{\nu P}{2EI}(L - x)y^2 - \frac{Ph^2}{8IG}x$$

**表 5.1　梁最大挠度 $v_{max}$ 的计算结果**　　单位：$10^{-3}$ cm

| 网格 | $T3$ | | $T6$ | | $Q4$ | | $Q8$ | | $Q9$ | |
|---|---|---|---|---|---|---|---|---|---|---|
| 5×1 | 1.665 | 1.859 | 7.164 | 7.320 | 4.815 | 4.963 | 7.164 | 7.345 | 7.164 | 7.345 |
| 5×2 | 2.678 | 2.878 | 7.164 | 7.366 | 5.083 | 5.225 | 7.164 | 7.376 | 7.164 | 7.377 |
| 10×1 | 2.011 | 2.209 | 7.164 | 7.342 | 5.977 | 6.163 | 7.164 | 7.351 | 7.164 | 7.350 |
| 10×2 | 3.886 | 4.114 | 7.164 | 7.381 | 6.392 | 6.573 | 7.164 | 7.384 | 7.164 | 7.386 |
| 10×4 | 5.012 | 5.226 | | | 6.497 | 6.690 | | | | |
| 10×8 | 5.405 | 5.608 | | | 6.524 | 6.723 | | | | |

上述各种形式单元的位移函数是不同的。$T3$ 单元的位移函数为一次完全多项式的常应力单元；$Q4$ 单元的位移函数较 $T3$ 单元增加了 $xy$ 项；$T6$ 单元的位移函数为二次完全多项式的线性应力单元；$Q8$ 单元的位移函数较 $T6$ 单元增加了 $x^2y$ 和 $xy^2$ 非完全三次项；$Q9$ 单元则较 $Q8$ 单元又增加了 $x^2y^2$ 项。将这些单元的位移函数与理论解的位移函数对比，不难发现，$T3$ 单元对真实位移场的描述能力最差。$Q4$ 单元因增加了 $xy$ 项，所以较 $T3$ 单元有一定改进，但因缺乏 $x^2$ 和 $y^2$ 项，精度仍较差。而 $T6$，$Q8$ 和 $Q9$ 单元对于弯矩作用情况的位移场，有完全描述的能力，因此即使采用最稀疏的网格，也能得到精确解；但对于剪力作用情况，由于缺少 $x^3$ 和 $y^3$ 项，所以计算结果和精确解相比仍有稍许差别。此例说明在实际分析中，在单元形式选择和网格划分时，对问题的应力和变形特点的把握和理解是必要的。

## 5.2.2　网格的划分

### 1. 网格疏密的合理布置

在结构内的应力集中区域或应力梯度高的区域应布置较密的网格，在应力变化平缓的区域可布置较稀疏的网格。这样做可以同时满足精度和效率两方面的要求。第2章例2.2对具有中心圆孔平板的应力集中问题分析时，网格划分就是按照此原则布置的。这样做要求分析者在分析前，对问题的应力分布特点应有基本的了解。一般情况下，为了使结果达到必要的精度，可以采用以下一些措施：

（1）对于应力变化激烈的地区局部加密网格进行重分析。这可以在原网格中进行；也可以将高应力区截取出来进行网格加密，并将前一次全结构分析的结果作为边界条件施加在局部加密的网格边界上进行重分析。后一种方法称为总体—局部分析方法。

（2）采用自适应分析方法。即对前一次分析的结果作出误差估计，如果误差超过规定，再由程序自动加密网格，或者提高单元阶次后进行重分析，直至满足精度要求。关于误差估计和自适应分析，将在本章的5.3.7节中给予简要的讨论。

2. 疏密网格的过渡

如上所述，在一个实际问题的有限元分析中，不同区域采用疏密不同的网格经常是必要的。3.3.2节中所讨论的变结点方法可以用于不同阶次单元之间的过渡。但同阶单元疏密网格之间的过渡还需要有专门的处理方法。以二维问题的不同疏密划分的四边形单元网格为例，通常可以采用如图5.3所示的3种方案。

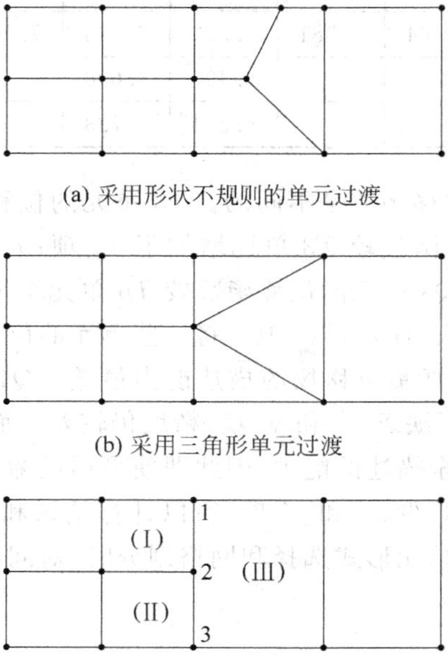

(a) 采用形状不规则的单元过渡

(b) 采用三角形单元过渡



(c) 采用多点约束方程过渡

图5.3 不同疏密划分网格的过渡

(1) 采用形状不规则的单元过渡,如图 5.3(a)所示。此方案不足之处是可能单元形状不好而影响局部的精度。

(2) 采用三角形单元过渡,如图 5.3(b)所示。不足之处是可能因引入不同形式的单元而带来不便。

(3) 采用多点约束方法过渡,如图 5.3(c)所示。单元(Ⅰ)、(Ⅱ)和(Ⅲ)仍都保持为 4 结点四边形单元(图中结点 2 只属于单元(Ⅰ)、(Ⅱ)),但为了使场函数 $\phi$ 在交界面上保持协调,需引入约束方程

$$\phi_2 = \frac{1}{2}(\phi_1 + \phi_3)$$

其中场函数 $\phi$ 在弹性力学平面问题中代表位移 $u$ 和 $v$。引入此方程的方法有两种选择:

① 在系统求解方程集成以后,用罚函数方法(参见 8.2 节)引入,此方法是一种近似的处理。

② 在单元(Ⅰ)、(Ⅱ)的刚度矩阵和载荷向量形成以后,就引入此约束方程,消去自由度 $\phi_2$,即它不进入系统求解方程。此方法是一种精确的处理。这两种方法都需要在程序上做一定处理。

如果单元(Ⅰ)、(Ⅱ)、(Ⅲ)是 8 结点四边形单元,仍可按以上讨论的原则处理。读者可作为练习引入必要的约束方程。

在实际分析中,特别是对大型复杂结构进行有限元离散时,常常采用子结构方法,以及利用结构的对称性和周期性,以达到缩减计算规模和提高计算效率的目的。由于这两个问题需要做专门的讨论,故将它们另列为本章的 5.4 节和 5.5 节。

## 5.3　应力计算结果的性质和处理

应用位移元进行有限元分析时,未知的场函数是位移。利用系统总位能 $\Pi_p$(表示为各单元 $\Pi_p^e$ 之和,参见(2.2.25)式)的变分得到的求解方程是系统的平衡方程。虽然它满足各个结点的平衡条件,以及各个单元和整个结构的总体平衡条件,但是从求解方程解得的则是各个结点的位移值。而实际工程问题所需要的往往是应力的分布,特别是最大应力的位置和数值。为此需要利用以下公式由已解得的结点位移算出单元内的应力。

$$\boldsymbol{\varepsilon} = \boldsymbol{B}\boldsymbol{a}^e, \quad \boldsymbol{\sigma} = \boldsymbol{D}\boldsymbol{\varepsilon} = \boldsymbol{D}\boldsymbol{B}\boldsymbol{a}^e \tag{5.3.1}$$

应变矩阵 $\boldsymbol{B}$ 是插值函数 $\boldsymbol{N}$ 对坐标进行求导后得到的矩阵。求导一次,插值多项式的次数就降低一次。所以通过导数运算得到的应变 $\boldsymbol{\varepsilon}$ 和应力 $\boldsymbol{\sigma}$ 精度较位移 $\boldsymbol{u}$ 降低了,即利用以上两式得到的 $\boldsymbol{\varepsilon}$ 和 $\boldsymbol{\sigma}$ 的解答可能具有较大的误差。应力解的近似性表现在:

(1) 单元内部一般不满足平衡方程;

(2) 单元与单元的交界面上应力一般不连续;

(3) 在力的边界 $S_\sigma$ 上一般也不满足力的边界条件。

这是因为平衡方程式和力的边界条件以及单元交界面上内力的连续条件是泛函 $\Pi_p$ 的欧拉方程，只有在位移变分完全任意的情况下，欧拉方程才能精确地满足。在有限元方法中，只有当单元尺寸趋于零时，即自由度数趋于无穷时，才能精确地满足平衡方程和力的边界条件以及单元交界面上力的连续条件。当单元尺寸有限制时，即自由度数为有限时，这些方程只能是近似地被满足。除非实际应力变化的阶次等于或低于所采用单元的应力阶次，得到的只能是近似的解答。因此，如何从有限元的位移解得到较好的应力解，就成为需要研究和解决的问题。下面将首先讨论位移元应力近似解的性质和特点，然后介绍对应力解进行处理和改善的方法。

## 5.3.1 应力近似解的性质

1.4.4 节业已指出用最小位能原理求得的位移解具有下限性质。由于近似解的总位能一般总是大于精确解的总位能，而近似解的应变能一般地总是小于精确解的应变能。因此，得到的位移解总体上偏小。但是用以求得的应变和应力解的性质如何呢？

由 1.4.4 节中最小位能原理可知，对于弹性力学问题，如果位移的精确解是 $\boldsymbol{u}$，相应的应变和应力的精确解是$\boldsymbol{\varepsilon}$ 和$\boldsymbol{\sigma}$ ，并有近似解$\tilde{\boldsymbol{u}}$，$\tilde{\boldsymbol{\varepsilon}}$ 及$\tilde{\boldsymbol{\sigma}}$，近似解可写作

$$\tilde{\boldsymbol{u}} = \boldsymbol{u} + \delta\boldsymbol{u}, \quad \tilde{\boldsymbol{\varepsilon}} = \boldsymbol{\varepsilon} + \delta\boldsymbol{\varepsilon}(\boldsymbol{u}), \quad \tilde{\boldsymbol{\sigma}} = \boldsymbol{\sigma} + \delta\boldsymbol{\sigma}(\boldsymbol{u}) \tag{5.3.2}$$

根据(1.4.54)式并写成矩阵形式，则有

$$\begin{aligned}
\Pi_p(\tilde{\boldsymbol{u}}) &= \frac{1}{2}\int_V \tilde{\boldsymbol{\varepsilon}}^{\mathrm{T}}\boldsymbol{D}\tilde{\boldsymbol{\varepsilon}}\,\mathrm{d}V - \int_V \tilde{\boldsymbol{u}}^{\mathrm{T}}\boldsymbol{f}\,\mathrm{d}V - \int_{S_\sigma} \tilde{\boldsymbol{u}}^{\mathrm{T}}\boldsymbol{T}\,\mathrm{d}S \\
&= \frac{1}{2}\int_V (\boldsymbol{\varepsilon} + \delta\boldsymbol{\varepsilon})^{\mathrm{T}}\boldsymbol{D}(\boldsymbol{\varepsilon} + \delta\boldsymbol{\varepsilon})\,\mathrm{d}V - \int_V (\boldsymbol{u} + \delta\boldsymbol{u})^{\mathrm{T}}\boldsymbol{f}\,\mathrm{d}V - \\
&\quad \int_{S_\sigma} (\boldsymbol{u} + \delta\boldsymbol{u})^{\mathrm{T}}\boldsymbol{T}\,\mathrm{d}S \\
&= \frac{1}{2}\int_V \boldsymbol{\varepsilon}^{\mathrm{T}}\boldsymbol{D}\boldsymbol{\varepsilon}\,\mathrm{d}V - \int_V \boldsymbol{u}^{\mathrm{T}}\boldsymbol{f}\,\mathrm{d}V - \int_{S_\sigma} \boldsymbol{u}^{\mathrm{T}}\boldsymbol{T}\,\mathrm{d}S + \qquad \Rightarrow \Pi_p(\boldsymbol{u}) \\
&\quad \int_V \boldsymbol{\varepsilon}^{\mathrm{T}}\boldsymbol{D}\delta\boldsymbol{\varepsilon}\,\mathrm{d}V - \int_V \delta\boldsymbol{u}^{\mathrm{T}}\boldsymbol{f}\,\mathrm{d}V - \int_{S_\sigma} \delta\boldsymbol{u}^{\mathrm{T}}\boldsymbol{T}\,\mathrm{d}S + \qquad \Rightarrow \delta\Pi_p \\
&\quad \frac{1}{2}\int_V \delta\boldsymbol{\varepsilon}^{\mathrm{T}}\boldsymbol{D}\,\delta\boldsymbol{\varepsilon}\,\mathrm{d}V \qquad \Rightarrow \delta^2\Pi_p \\
&= \Pi_p(\boldsymbol{u}) + \delta\Pi_p + \delta^2\Pi_p
\end{aligned} \tag{5.3.3}$$

由于泛函变分要求 $\delta\Pi_p = 0$，因此(5.3.3)式所示近似解的总位能泛函可进一步表示为

$$\Pi_p(\tilde{\boldsymbol{u}}) = \Pi_p(\boldsymbol{u}) + \frac{1}{2}\int_V (\tilde{\boldsymbol{\varepsilon}} - \boldsymbol{\varepsilon})^{\mathrm{T}}\boldsymbol{D}(\tilde{\boldsymbol{\varepsilon}} - \boldsymbol{\varepsilon})\,\mathrm{d}V \tag{5.3.4}$$

对于一个具体给定问题，它的真正的总位能 $\Pi_p(\boldsymbol{u})$ 是个不变量，所以求 $\Pi_p(\tilde{\boldsymbol{u}})$ 的极小

值问题归结为求 $\delta^2\Pi_p$ 极小值的问题。将 $\delta^2\Pi_p$ 写成离散形式并称它为泛函 $\chi$

$$\chi(\tilde{\boldsymbol{\varepsilon}},\boldsymbol{\varepsilon}) = \delta^2\Pi_p(\tilde{\boldsymbol{\varepsilon}},\boldsymbol{\varepsilon}) = \frac{1}{2}\int_V (\tilde{\boldsymbol{\varepsilon}}-\boldsymbol{\varepsilon})^T\boldsymbol{D}(\tilde{\boldsymbol{\varepsilon}}-\boldsymbol{\varepsilon})\mathrm{d}V$$
$$= \sum_{e=1}^{M}\int_{V_e}\frac{1}{2}(\tilde{\boldsymbol{\varepsilon}}-\boldsymbol{\varepsilon})^T\boldsymbol{D}(\tilde{\boldsymbol{\varepsilon}}-\boldsymbol{\varepsilon})\mathrm{d}V \tag{5.3.5}$$

式中 $M$ 是系统离散的单元总数。对于线弹性问题，上式还可以表示为

$$\chi(\tilde{\boldsymbol{\sigma}},\boldsymbol{\sigma}) = \sum_{e=1}^{M}\int_{V_e}\frac{1}{2}(\tilde{\boldsymbol{\sigma}}-\boldsymbol{\sigma})^T\boldsymbol{C}(\tilde{\boldsymbol{\sigma}}-\boldsymbol{\sigma})\mathrm{d}V \tag{5.3.6}$$

由(5.3.3)式、(5.3.5)式以及(5.3.6)式可见，求 $\Pi_p(\tilde{\boldsymbol{u}})$ 极小值的问题，从力学上解释是求位移变分 $\delta\boldsymbol{u}$ 所引起的应变能为极小值的问题；从数学上解释是求解应变差值 $\tilde{\boldsymbol{\varepsilon}}-\boldsymbol{\varepsilon}$ 或应力差值 $\tilde{\boldsymbol{\sigma}}-\boldsymbol{\sigma}$ 的加权二乘最小值问题。由此可以认识应变和应力近似解 $\tilde{\boldsymbol{\varepsilon}}$ 和 $\tilde{\boldsymbol{\sigma}}$ 的性质，它们是精确应变 $\boldsymbol{\varepsilon}$ 和精确应力 $\boldsymbol{\sigma}$ 在加权最小二乘意义上的近似解。近似解应变 $\tilde{\boldsymbol{\varepsilon}}$（或应力 $\tilde{\boldsymbol{\sigma}}$）和精确解应变 $\boldsymbol{\varepsilon}$（或应力 $\boldsymbol{\sigma}$）的差值应满足加权 $\boldsymbol{D}$(或 $\boldsymbol{C}$)的最小二乘。

从以上结论可以得到应变解或应力解的一个重要特点：应变近似解和应力近似解必然在精确解上下振荡。并在某些点上，近似解正好等于精确解，也即在单元内存在最佳应力点。应力解的这个特点将有助于我们处理应力计算的结果，改善应力解的精度。

### 5.3.2　等参元的最佳应力点

在上一小节中，已将利用位移元进行有限元应力分析归结为求泛函 $\boldsymbol{\chi}$ 的极小值问题。即求解下式

$$\delta\chi(\tilde{\boldsymbol{\sigma}},\boldsymbol{\sigma}) = \sum_{e=1}^{M}\int_{V_e}(\tilde{\boldsymbol{\sigma}}-\boldsymbol{\sigma})^T\boldsymbol{C}\delta\tilde{\boldsymbol{\sigma}}\,\mathrm{d}V = 0 \tag{5.3.7}$$

或

$$\delta\chi(\tilde{\boldsymbol{u}},\boldsymbol{u}) = \sum_{e=1}^{M}\int_{V_e}(\mathbf{L}\tilde{\boldsymbol{u}}-\mathbf{L}\boldsymbol{u})^T\boldsymbol{D}\delta(\mathbf{L}\tilde{\boldsymbol{u}})\mathrm{d}V = 0 \tag{5.3.8}$$

假如近似解 $\tilde{\boldsymbol{u}}$ 是 $p$ 次多项式，$\mathbf{L}$ 是 $m$ 阶微分算子，令 $n=p-m$，则 $\tilde{\boldsymbol{\varepsilon}}$ 或 $\tilde{\boldsymbol{\sigma}}$ 是 $n$ 次多项式，为了使上面两式能够精确积分，至少应采用 $n+1$ 阶的高斯积分。当取 $n+1$ 阶高斯积分时，由 4.5 节可知，积分精度可达 $2(n+1)-1=2n+1$ 次多项式，也就是该被积函数是 $2n+1$ 次多项式的情况仍可达到精确积分。这说明在现在的情况下，如果单元变换雅可比行列式是常数，即使(5.3.7)式中的精确应力 $\boldsymbol{\sigma}$ 是 $n+1$ 次多项式，数值积分仍是精确的。即数值积分式

$$\sum_{e=1}^{M}\int_{V_e}(\tilde{\boldsymbol{\sigma}}-\boldsymbol{\sigma})^T\boldsymbol{C}\delta\tilde{\boldsymbol{\sigma}}\,\mathrm{d}V = \sum_{e=1}^{M}\sum_{i=1}^{n+1}H_i(\tilde{\boldsymbol{\sigma}}_i-\boldsymbol{\sigma}_i)^T\boldsymbol{C}\delta\tilde{\boldsymbol{\sigma}}_i|\boldsymbol{J}| = 0 \tag{5.3.9}$$

是精确成立的。

若每一单元中的各高斯积分点上 $\delta\tilde{\boldsymbol{\sigma}}_i(i=1,2,\cdots,n+1)$ 的每一分量的变分是独立的，上式成立必须有

$$\tilde{\boldsymbol{\sigma}}_i - \boldsymbol{\sigma}_i = 0 \tag{5.3.10}$$

前面已经论证了 $\boldsymbol{\sigma}$ 可以是 $n+1$ 次多项式，所以上式表明在 $n+1$ 阶高斯积分点上，近似解 $\tilde{\boldsymbol{\sigma}}_i$ 可以达到 $n+1$ 次的精度，即可以具有比 $\tilde{\boldsymbol{\sigma}}_i$ 自身（$n$ 次多项式）高一次的精度。

归纳以上讨论，可以得到如下结论：如果位移近似解 $\tilde{\boldsymbol{u}}$ 是 $p$ 次多项式，$\mathbf{L}$ 是 $m$ 阶微分算子，应变近似解 $\tilde{\boldsymbol{\varepsilon}}$ 或应力近似解 $\tilde{\boldsymbol{\sigma}}$ 是 $n=p-m$ 次多项式。若精确解 $\boldsymbol{\varepsilon}$ 或 $\boldsymbol{\sigma}$ 是 $n+1$ 次多项式，则在 $n+1$ 阶高斯积分点上，近似解 $\tilde{\boldsymbol{\sigma}}$（或 $\tilde{\boldsymbol{\varepsilon}}$）和精确解 $\boldsymbol{\sigma}$（或 $\boldsymbol{\varepsilon}$）在数值上是相等的，即近似解 $\tilde{\boldsymbol{\sigma}}$（或 $\tilde{\boldsymbol{\varepsilon}}$）在积分点上具有比本身高一次的精度。称此点为单元的最佳应力点，又称优化应力点，或超收敛应力点。

图 5.4 所示为精确解 $\varepsilon$ 的一假定的二次变化曲线，当采用二次单元求解时，可以得到它的分段线性近似解 $\tilde{\boldsymbol{\varepsilon}}$。在 $n+1=2$ 高斯积分点上，精确解 $\boldsymbol{\varepsilon}$ 和近似解 $\tilde{\boldsymbol{\varepsilon}}$ 的数值相等。

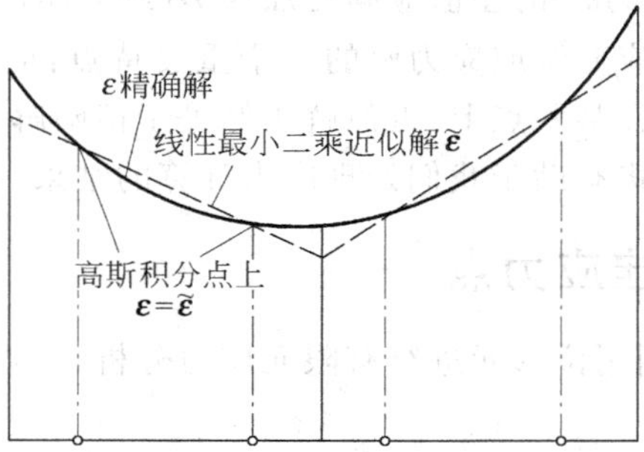


图 5.4 二次应变 $\boldsymbol{\varepsilon}$ 与分段线性最小二乘近似解 $\tilde{\boldsymbol{\varepsilon}}$

但应指出，以上讨论中假定了单元中反映坐标变换的雅可比行列式 $|\boldsymbol{J}|$ 是常数，同时也假定了每个单元内 $\tilde{\boldsymbol{\sigma}}_i$（或 $\tilde{\boldsymbol{\varepsilon}}_i$）的每个分量的变分是独立的。所以上述结论只是对结点是等间距分布的一维单元是严格的，而对于二维和三维单元则只能是近似的。在一般情况下我们不能判定精确解多项式的次数，但是可以得到如下实用的推论：在等参元中，单元中 $n+1$ 阶（$n=p-m$）高斯积分点上的应变或应力近似解比其他部位具有较高的精度，因此称（$n+1$）阶高斯积分点是等参元中的最佳应力点。图 5.5 给出几种常用二维单元的最佳应力点位置。三维单元也有类似的情况。

从前面的讨论中已知，由位移元得到的位移解在全域是连续的，应变和应力解在单元内部是连续的而在单元间一般是不连续的，即在单元边界上发生突跳。因此同一个结点，由围绕它的不同单元计算得到的应变值和应力值通常是不同的。另一方面在边界上应力解一般地也是与力的边界条件不完全符合。等参元虽然在 $n+1$ 阶高斯积分点上的应力具有较高的精度，但在结点上计算得到的应力精度却较差。通常实际工程问题中我们感

兴趣的是单元边缘和结点上的应力，因此需对计算得到的应力进行处理，以改善所得的结果。从 5.3.3 节开始，一直到 5.3.7 节，我们将介绍几种应力处理的方法，可根据不同要求，适当地选用。

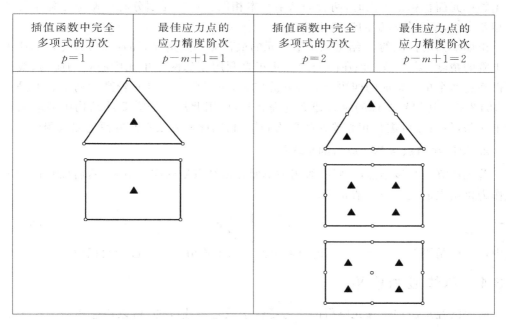

| 插值函数中完全多项式的方次 $p=1$ | 最佳应力点的应力精度阶次 $p-m+1=1$ | 插值函数中完全多项式的方次 $p=2$ | 最佳应力点的应力精度阶次 $p-m+1=2$ |
| --- | --- | --- | --- |

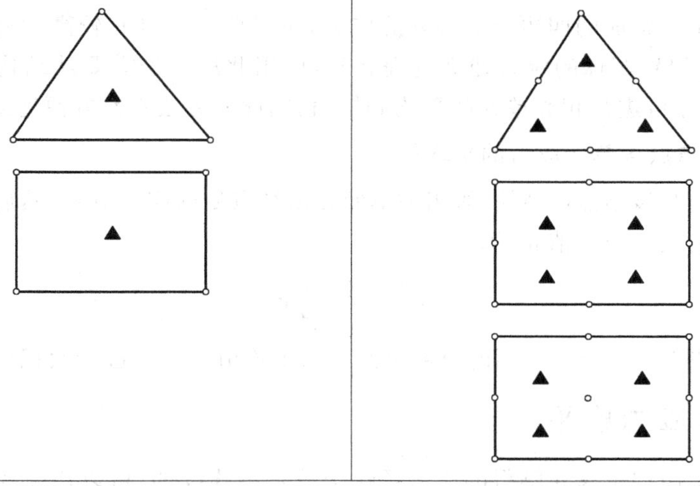

图 5.5　几种常用二维 $C_0$ 型单元($m=1$)的最佳应力点位置(▲)

## 5.3.3　单元平均或结点平均

最简单的处理应力结果的方法是取相邻单元或围绕结点各单元应力的平均值。

1. 取相邻单元应力的平均值

这种方法最常用于 3 结点三角形单元中。这种最简单而又相当实用的单元得到的应力解在单元内是常数。可以将其看作是单元内应力的平均值，或是单元形心处的应力。由于应力近似解总是在精确解上下振荡，可以取相邻单元应力的平均值作为此两个单元合成的较大四边形单元形心处的应力。这样处理常常能取得比较好的结果。第 2 章例 2.2 和例 2.3 即是采用此种方法对应力结果进行处理的。取平均应力可以采用算术平均，即

$$平均应力 = \frac{1}{2}(单元 ① 应力 + 单元 ② 应力)$$

也可以采用精确一些的面积加权平均，即

$$平均应力 = \frac{单元①应力 \times 单元①的面积 + 单元②应力 \times 单元②面积}{单元①面积 + 单元②面积} \tag{5.3.11}$$

当相邻单元面积相差不大时，两者的结果基本相同。在单元划分时应避免相邻单元的面积相差太多，从而使求解的误差相近。

正如前面已指出的，3结点三角形单元的最佳应力点是单元的中心点，此点的应力具有1阶的精度(图5.5)。现在的处理方法正是利用相邻两个单元中心点的应力，线性插值得到这两个单元组成的四边形形心处的应力，所以此应力具有较高的精度。但是从第2章例2.3受压厚壁圆球的应力处理过程看到，应用此法首先需要从结构中截取出合适的单元条，然后才可进行相邻单元的平均和插值，因此该方法不易方便地编入程序。

2. 取围绕结点各单元应力的平均值

首先计算围绕该结点($i$)周围的相关单元在该结点处的应力值 $\sigma_i^e$，然后以它们的平均值作为该结点的最后应力值 $\sigma_i$，即

$$\sigma_i = \frac{1}{m}\sum_{e=1}^{m}\sigma_i^e \tag{5.3.12}$$

其中，$1\sim m$ 是围绕在 $i$ 结点周围的全部单元。取平均值时也可进行面积加权。

### 5.3.4 总体应力磨平

前面已经指出用位移元解得的应力场在全域是不连续的，可以用总体应力磨平的方法来改进计算结果，得到在全域连续的应力场。

总体磨平应力方法就是构造一个改进的应力解 $\boldsymbol{\sigma}^*$，此改进解在全域是连续的。改进解$\boldsymbol{\sigma}^*$与有限元法求得的应力解$\tilde{\boldsymbol{\sigma}}$应满足加权最小二乘的原则。也就是说，它们使如下泛函取驻值

$$A(\boldsymbol{\sigma}^*, \tilde{\boldsymbol{\sigma}}) = \sum_{e=1}^{M}\int_{V_e}\frac{1}{2}(\boldsymbol{\sigma}^* - \tilde{\boldsymbol{\sigma}})^{\mathrm{T}}\boldsymbol{C}(\boldsymbol{\sigma}^* - \tilde{\boldsymbol{\sigma}})\mathrm{d}V \tag{5.3.13}$$

式中 $M$ 是单元总数，$\tilde{\boldsymbol{\sigma}}$ 是利用已求得的结点位移代入(5.3.1)式得到的应力解；$\boldsymbol{\sigma}^*$ 是待求的应力改进值，它在单元内的分布也取插值的形式，即设

$$\boldsymbol{\sigma}^* = \sum_{i=1}^{n_e}\boldsymbol{N}_i^*\boldsymbol{\sigma}_i^* \tag{5.3.14}$$

其中 $\boldsymbol{\sigma}_i^*$ 是待求的改进后的结点应力值；$n_e$ 是单元的结点数，$\boldsymbol{N}_i^*$ 是插值函数矩阵。用于应力插值的单元结点可以同于求解位移时的结点，这时应力插值函数 $\boldsymbol{N}_i^*$ 同于位移插值函数 $\boldsymbol{N}_i$；应力插值也可采用与位移插值不同的结点数，例如求解位移时采用二次单元，求解应力改进值时可用一次单元。

将$\boldsymbol{\sigma}^*$代入(5.3.13)式并进行变分，并考虑到 $\delta\boldsymbol{\sigma}_i^*$ 的任意性，可得

$$\frac{\partial A}{\partial \boldsymbol{\sigma}_i^*}=0 \quad (i=1,2,\cdots,N)$$

即有

$$\sum_{e=1}^{M}\int_{V_e}(\boldsymbol{\sigma}^*-\tilde{\boldsymbol{\sigma}})^{\mathrm{T}}\boldsymbol{C}\boldsymbol{N}_i^*\,\mathrm{d}V=0 \quad (i=1,2,\cdots,N) \tag{5.3.15}$$

式中 $N$ 是进行应力磨平时全部单元的结点总数。(5.3.15)式是 $N\times S$ 阶的线性代数方程组，$S$ 是应力分量数。求解(5.3.15)式可以得到各个结点的应力改进值，再将求得的结点应力改进值代入(5.3.14)式就可以得到各单元的应力改进值。

如果插值函数 $\boldsymbol{N}_i^*$ 是协调的，此应力改进解在单元交界面上是连续的，也即在全域是连续的。如果在求解方程组(5.3.15)式前已将力边界 $S_\sigma$ 上的力边界条件引入(其方法与引入给定位移边界条件相同)，则此应力改进解也将满足力的边界条件。虽然经总体磨平改进后的应力解 $\boldsymbol{\sigma}^*$ 在单元内部仍不能精确地满足平衡方程，但一般地说将较原来的应力解$\tilde{\boldsymbol{\sigma}}$有所改善。对于由 4 个单元组成的网格，总体应力磨平示意图见图 5.6。

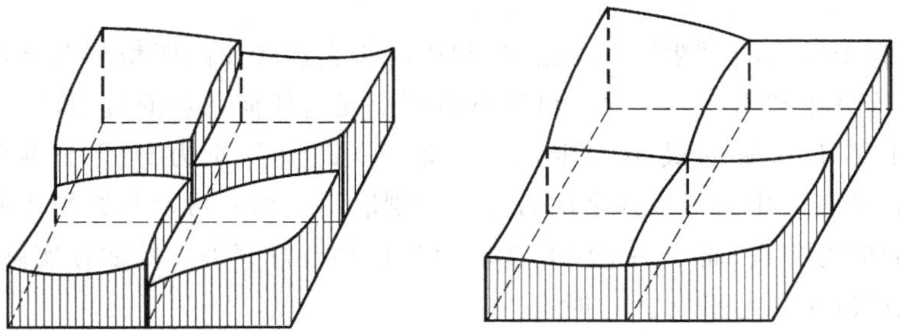

(a) 磨平前的应力　　　(b) 磨平后的应力

图 5.6　总体应力磨平示意

应力总体磨平方法的主要缺点是计算工作量十分庞大。方程组(5.3.15)的总阶数为 $N\times S$，当求解位移场和应力总体磨平时采取相同的结点数 $N$ 时，方程组(5.3.15)的总阶数将大大超过原来求解结点位移时的系统方程组的阶数，这是由于应力分量数 $S$ 总是大于每个结点的位移自由度数。总体应力磨平时，需要形成和求解这样庞大的方程组以及需要耗费甚至比原来求解位移场时更多的机时。实际上采用这种方案改进应力解，相当于进行二次有限元的计算，一次求位移场，一次求应力场。

## 5.3.5　单元应力磨平

为了减少改进应力结果的工作量，可以采用单元应力的局部磨平。由于泛函的正定性，全域的加权最小二乘是各单元最小二乘的和。还可以考虑：当单元尺寸不断缩减时，单元的加权最小二乘和单元未加权的最小二乘是相当的。因此，当单元足够小时，磨平可以在各个单元内进行，即(5.3.13)式的泛函只取一个单元，并令权函数 $\boldsymbol{C}=\boldsymbol{I}$，也就是通过使泛函

$$A_e(\boldsymbol{\sigma}^*,\tilde{\boldsymbol{\sigma}})=\int_{V_e}\frac{1}{2}(\boldsymbol{\sigma}^*-\tilde{\boldsymbol{\sigma}})^{\mathrm{T}}(\boldsymbol{\sigma}^*-\tilde{\boldsymbol{\sigma}})\mathrm{d}V \tag{5.3.16}$$

为最小来求解应力改进值 $\tilde{\boldsymbol{\sigma}}$。应力改进值仍采用结点应力 $\boldsymbol{\sigma}_i^*$ 的插值表示，即

$$\boldsymbol{\sigma}^*=\sum_{i=1}^{n_e}\boldsymbol{N}_i^*\boldsymbol{\sigma}_i^* \tag{5.3.17}$$

其中 $\boldsymbol{\sigma}_i^*$ 是经改进的结点应力，$\boldsymbol{N}_i^*$ 是改进应力的插值函数矩阵，上式代入(5.3.16)式并变分

$$\frac{\partial A_e}{\partial \boldsymbol{\sigma}_i^*}=0\quad(i=1,2,\cdots,n_e)$$

则有

$$\int_{V_e}(\boldsymbol{\sigma}^*-\tilde{\boldsymbol{\sigma}})^{\mathrm{T}}\boldsymbol{N}_i^*\,\mathrm{d}V=0\quad(i=1,2,\cdots,n_e) \tag{5.3.18}$$

上式是以 $\boldsymbol{\sigma}_i^*$ 为未知量的线性代数方程组，利用解析表达式或高斯积分求出各方程的系数后，可解得 $\boldsymbol{\sigma}_i^*$，进而利用(5.3.17)式可计算得到单元内任何一点的应力值。

由于采用了不加权的最小二乘，在(5.3.16)式中各应力分量不再耦合，因此按(5.3.18)式磨平应力相当于将各个应力分量分别磨平。由此可以只磨平主要应力分量或我们有兴趣的应力分量，而不一定将全部应力分量都进行磨平。例如在实际问题中 $\sigma_x$ 为主要应力，就可以单独磨平 $\sigma_x$。这时有

$$A_e=\int_{V_e}\frac{1}{2}(\sigma_x^*-\tilde{\sigma}_x)^2\mathrm{d}V \tag{5.3.19}$$

其中 $\sigma_x^*$ 是待求的 $x$ 方向应力的改进值；$\tilde{\boldsymbol{\sigma}}_x$ 是原有限元的计算值。令

$$\sigma_x^*=\sum_{i=1}^{n_e}N_i^*\sigma_{xi}^* \tag{5.3.20}$$

代入(5.3.19)式并变分，则有

$$\int_{V_e}(\sigma_x^*-\tilde{\sigma}_x)N_i^*\,\mathrm{d}V=0\quad(i=1,2,\cdots,n_e) \tag{5.3.21}$$

这时需求解的方程组(5.3.21)只是有限的 $n_e$ 阶，不需费多少计算量就可以很方便地求得 $\sigma_x$ 在结点的改进值 $\sigma_{xi}^*$。

对于等参元来说，有了单元内应力局部磨平的方法，可以方便地利用精度较高的高斯积分点(最佳应力点)的应力值来改进等参元结点应力的近似性质。以二维单元为例，如果是二次等参元，插值函数中的完全多项式是二次，即 $p=2$。对于 $C_0$ 型单元 $m=1$。这时 $p-m+1=2$，则在 $2\times2$ 个高斯积分点上有限元的应力计算值 $\tilde{\boldsymbol{\sigma}}$ 有较高的精度。如果

进行应力磨平时只要求得到 4 个角点的应力改进值，尽管在计算位移时是 8 结点二次等参元，但进行应力磨平时，单元结点数可只取 4 个，即用二维双线性单元进行应力磨平。磨平时各应力分量分别进行，这时应力磨平插值函数 $N_i^*$ 应采用双线性函数，即

$$\boldsymbol{\sigma}^* = \sum_{i=1}^{4} N_i^* \boldsymbol{\sigma}_i^* \qquad N_i^* = \frac{1}{4}(1+\xi_i\xi)(1+\eta_i\eta) \tag{5.3.22}$$

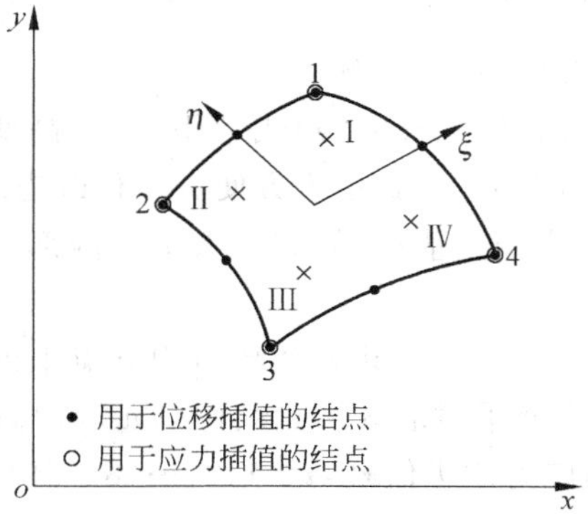


图 5.7　二维等参元

在此情况下，4 个结点上的应力可由高斯点上的应力外推得到，即令在 2×2 高斯积分点上有$\tilde{\boldsymbol{\sigma}} = \boldsymbol{\sigma}^*$。4 个高斯积分点的坐标(见图 5.7)分别为

$$\text{I}:\left(+\frac{1}{\sqrt{3}},+\frac{1}{\sqrt{3}}\right) \qquad \text{II}:\left(-\frac{1}{\sqrt{3}},+\frac{1}{\sqrt{3}}\right)$$

$$\text{III}:\left(-\frac{1}{\sqrt{3}},-\frac{1}{\sqrt{3}}\right) \qquad \text{IV}:\left(+\frac{1}{\sqrt{3}},-\frac{1}{\sqrt{3}}\right)$$

将高斯点坐标代入(5.3.22)式得到等式：

$$\begin{Bmatrix} \tilde{\sigma}_{\text{I}} \\ \tilde{\sigma}_{\text{II}} \\ \tilde{\sigma}_{\text{III}} \\ \tilde{\sigma}_{\text{IV}} \end{Bmatrix} = \begin{bmatrix} N_1^*(\text{I}) & N_2^*(\text{I}) & N_3^*(\text{I}) & N_4^*(\text{I}) \\ N_1^*(\text{II}) & N_2^*(\text{II}) & N_3^*(\text{II}) & N_4^*(\text{II}) \\ N_1^*(\text{III}) & N_2^*(\text{III}) & N_3^*(\text{III}) & N_4^*(\text{III}) \\ N_1^*(\text{IV}) & N_2^*(\text{IV}) & N_3^*(\text{IV}) & N_4^*(\text{IV}) \end{bmatrix} \begin{Bmatrix} \sigma_1^* \\ \sigma_2^* \\ \sigma_3^* \\ \sigma_4^* \end{Bmatrix} \tag{5.3.23}$$

式中，$\tilde{\sigma}_{\text{I}}$，$\tilde{\sigma}_{\text{II}}$，$\tilde{\sigma}_{\text{III}}$，$\tilde{\sigma}_{\text{IV}}$ 是有限元中已求出的 4 个高斯点相应的应力分量；$\sigma_1^*$，$\sigma_2^*$，$\sigma_3^*$，$\sigma_4^*$ 是磨平后应力的结点值；转换矩阵由(5.3.22)式的第二式代入高斯点坐标后的插值函数值构成。

由(5.3.23)式求逆可得

$$\begin{Bmatrix}\sigma_1^*\\ \sigma_2^*\\ \sigma_3^*\\ \sigma_4^*\end{Bmatrix}=\begin{bmatrix}a & b & c & b\\ b & a & b & c\\ c & b & a & b\\ b & c & b & a\end{bmatrix}\begin{Bmatrix}\tilde{\sigma}_{\mathrm{I}}\\ \tilde{\sigma}_{\mathrm{II}}\\ \tilde{\sigma}_{\mathrm{III}}\\ \tilde{\sigma}_{\mathrm{IV}}\end{Bmatrix} \tag{5.3.24}$$

其中
$$a=1+\frac{\sqrt{3}}{2}\quad b=-\frac{1}{2}\quad c=1-\frac{\sqrt{3}}{2} \tag{5.3.25}$$

各应力分量均可用(5.3.24)进行求解。

(5.3.21)式采用4结点磨平与(5.3.24)式利用2×2高斯积分点应力值外推得到的结点应力是相同的。但使用(5.3.24)式更为方便。这种改进结点应力的方法亦称之为应力插值外推。求得改进的应力结点值后,如需要求单元内部或其他结点的应力值仍可按(5.3.22)式进行计算。

对于三维二次单元,若有2×2×2共8个高斯积分点上的应力值采用与二维单元相类同的线性外推,即局部应力磨平时取8结点线性单元进行插值,可以得到与(5.3.24)式类似的结果。8个结点上的应力改进值$\boldsymbol{\sigma}_i^*$ $(i=1,2,\cdots,8)$可由下列方程解得:

$$\begin{Bmatrix}\sigma_1^*\\ \sigma_2^*\\ \sigma_3^*\\ \sigma_4^*\\ \sigma_5^*\\ \sigma_6^*\\ \sigma_7^*\\ \sigma_8^*\end{Bmatrix}=\begin{bmatrix}a & b & c & b & b & c & d & c\\ b & a & b & c & c & b & c & d\\ c & b & a & b & d & c & b & c\\ b & c & b & a & c & d & c & b\\ b & c & d & c & a & b & c & b\\ c & b & c & d & b & a & b & c\\ d & c & b & c & c & b & a & b\\ c & d & c & b & b & c & b & a\end{bmatrix}\begin{Bmatrix}\tilde{\sigma}_{\mathrm{I}}\\ \tilde{\sigma}_{\mathrm{II}}\\ \tilde{\sigma}_{\mathrm{III}}\\ \tilde{\sigma}_{\mathrm{IV}}\\ \tilde{\sigma}_{\mathrm{V}}\\ \tilde{\sigma}_{\mathrm{VI}}\\ \tilde{\sigma}_{\mathrm{VII}}\\ \tilde{\sigma}_{\mathrm{VIII}}\end{Bmatrix} \tag{5.3.26}$$

其中

$$a=\frac{5+3\sqrt{3}}{4}\qquad b=-\frac{\sqrt{3}+1}{4} \tag{5.3.27}$$
$$c=\frac{\sqrt{3}-1}{4}\qquad d=\frac{5-3\sqrt{3}}{4}$$

式中$\tilde{\sigma}_{\mathrm{I}}$,$\tilde{\sigma}_{\mathrm{II}}$,…,$\tilde{\sigma}_{\mathrm{VIII}}$是2×2×2高斯积分点上由有限元计算得到的应力。高斯应力点编号见图5.8。

单元局部应力磨平方法简单,计算工作量很小。不过对于同一结点,从围绕它的不同单元经局部磨平后得到的应力通常是不相等的。可以将不同单元得到的数值平均作为该结点的应力值。如此作法可对结果有相当大的改进。图5.9的悬臂梁受均布载荷作用情形就是这样的例子。该例用4个8结点四边形单元进行分析。挠度和轴向应力的结果很

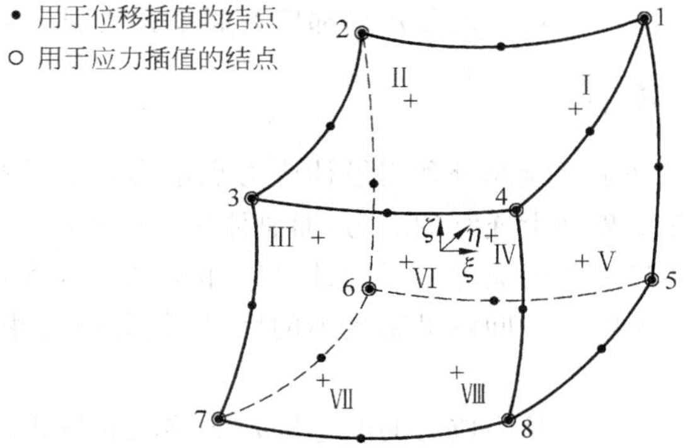


图 5.8　三维等参元

好，但中性面上的剪应力结果却在每个单元内呈抛物线振荡，这是由于单元插值函数中非完全 3 次项造成的。此应力的结点值即使采用相邻单元平均的方法也不能改进。但是利用 2×2 的高斯积分点，即此单元的最佳应力点处的应力进行局部磨平和结点平均处理后，有限元结果和解析解完全一致。

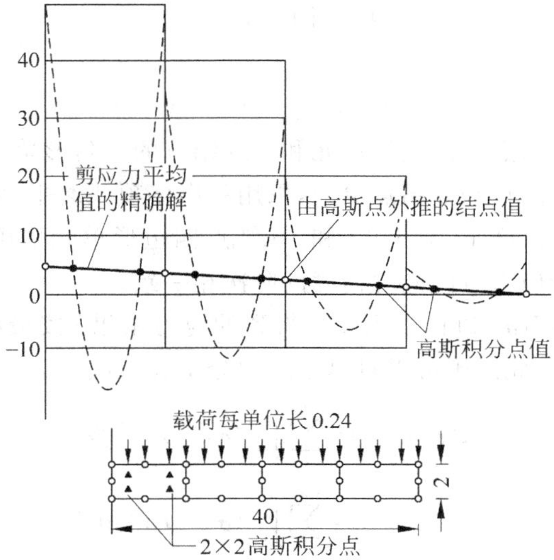


图 5.9　受均布载荷的悬臂梁

应该予以指出的是，单元局部应力磨平法的主要缺点是仍未能充分利用单元的最佳应力点具有高一阶精度的特性。以上述的 8 结点四边形单元为例，在 2×2 的高斯点上应力具有 2 次精度，但利用它进行局部磨平得到的仍只是双线性的应力。也就是说，通过应力磨平处理未能使结点处的应力也具有 2 次精度，对于应力梯度较大的情况，结点处应力结果的改善受到限制。下一节讨论的分片局部应力磨平方法则会对此缺点有所克服。

### 5.3.6 分片应力磨平

鉴于单元局部应力磨平不能充分利用最佳应力点应力具有的高一阶精度的特性,同时一般不能得到在单元交界面上连续的应力,而总体应力磨平的计算工作量又太大,为了得到比单元局部磨平更好一些的应力结果而计算工作量又不太大,可以采用分片应力磨平方法。分片可选择在实际工程问题最感兴趣的区域,例如应力集中区域或是需要专门校核应力的区域。

分片应力磨平方法假设分片内应力的改进解$\boldsymbol{\sigma}^*$为多项式形式,即

$$\boldsymbol{\sigma}^* = \boldsymbol{P}\boldsymbol{a} \tag{5.3.28}$$

其中,$\boldsymbol{P}$包含适当的多项式的项次,$\boldsymbol{a}$是一组待定的参数。例如对一维问题,可设

$$\boldsymbol{P} = [1 \quad x \quad x^2 \quad \cdots \quad x^P] \tag{5.3.29}$$

$$\boldsymbol{a} = [a_1 \quad a_2 \quad a_3 \quad \cdots \quad a_{P+1}] \tag{5.3.30}$$

对于二维或三维问题,可以类似地写出。通常$\boldsymbol{P}$中仅包含完全多项式的项次。例如对于二维问题,改进解$\boldsymbol{\sigma}^*$可取一次或二次多项式,此时

$$\boldsymbol{P} = [1 \quad x \quad y] \tag{5.3.31}$$

或

$$\boldsymbol{P} = [1 \quad x \quad y \quad x^2 \quad xy \quad y^2] \tag{5.3.32}$$

对于4、8、9、12、16结点的四边形单元和3、6结点的三角形单元,通常可取图5.10所示的单元分片。对于4结点和3结点单元,采用一次多项式磨平,对于8、9结点单元和6结点单元采用二次多项式磨平,对于12和16结点四边形单元采用三次多项式磨平。它们分别和各自单元最佳应力点的应力精度的阶次相一致。

分片磨平应力改进解$\boldsymbol{\sigma}^*$和有限元计算得到的应力结果$\tilde{\boldsymbol{\sigma}}$按最小二乘原理构造泛函,如果采用不加权的形式,此泛函可以对每个应力分量表示成

$$\begin{aligned} A(\tilde{\boldsymbol{\sigma}}, \boldsymbol{\sigma}^*) &= \sum_{e=1}^{m} \int_{V_e} (\tilde{\boldsymbol{\sigma}} - \boldsymbol{\sigma}^*)^2 \mathrm{d}V \\ &= \sum_{e=1}^{m} \int_{V_e} (\tilde{\boldsymbol{\sigma}} - \boldsymbol{P}\boldsymbol{a})^2 \mathrm{d}V \end{aligned} \tag{5.3.33}$$

式中$m$是分片内的单元数。未知参数$\boldsymbol{a}$通过使泛函取最小值解出。这将导致

$$\sum_{e=1}^{m} \int_{V_e} \boldsymbol{P}^{\mathrm{T}} \boldsymbol{P} \mathrm{d}V \boldsymbol{a} = \sum_{e=1}^{m} \int_{V_e} \boldsymbol{P}^{\mathrm{T}} \tilde{\boldsymbol{\sigma}} \mathrm{d}V \tag{5.3.34}$$

或表示成

$$\boldsymbol{c}\boldsymbol{a} = \boldsymbol{d} \tag{5.3.35}$$

其中

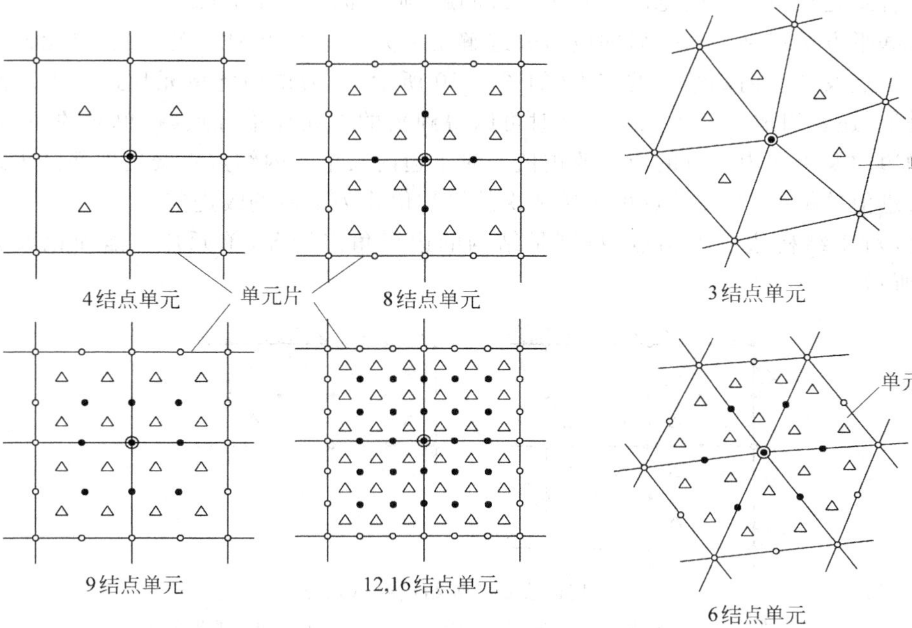


图 5.10 不同形式单元的分片应力磨平

△ 高斯应力点 • 用分片磨平决定应力的结点 ⊙ 单元分片的集合点

$$\boldsymbol{c} = \sum_{e=1}^{m} \int_{V_e} \boldsymbol{P}^{\mathrm{T}} \boldsymbol{P} \mathrm{d}V$$

$$\boldsymbol{d} = \sum_{e=1}^{m} \int_{V_e} \boldsymbol{P}^{\mathrm{T}} \tilde{\boldsymbol{\sigma}} \mathrm{d}V \tag{5.3.36}$$

上述积分仍按高斯积分进行，取样点可取在最佳应力点，因而(5.3.34)～(5.3.36)式可以表示为

$$\sum_{i=1}^{n} \boldsymbol{P}^{\mathrm{T}}(x_i, y_i) \boldsymbol{P}(x_i, y_i) w_i \boldsymbol{a} = \sum_{i=1}^{n} \boldsymbol{P}^{\mathrm{T}}(x_i, y_i) \tilde{\boldsymbol{\sigma}}(x_i, y_i) w_i \tag{5.3.37}$$

其中 $n = m \cdot n_g$，$n_g$ 是各单元内高斯积分点数；$w_i$ 是各积分点的权系数。

从上式可以得到以下求解方程：

$$\boldsymbol{a} = \boldsymbol{c}^{-1} \boldsymbol{d} \tag{5.3.38}$$

其中

$$\boldsymbol{c} = \sum_{i=1}^{n} \boldsymbol{P}^{\mathrm{T}}(x_i, y_i) \boldsymbol{P}(x_i, y_i) w_i$$

$$\boldsymbol{d} = \sum_{i=1}^{n} \boldsymbol{P}^{\mathrm{T}}(x_i, y_i) \tilde{\boldsymbol{\sigma}}(x_i, y_i) w_i$$

以上各式是针对二维问题的。对于三维问题，则坐标应表示成($x_i$，$y_i$，$z_i$)。

分片磨平方法得到的磨平后的应力改进解是单元片集合点和二次、三次单元处于片内的边内结点及单元内部结点的应力(如图5.10所示)。为得到此单元片边界上结点的应力改进值，还要组成新的单元片。这时可以得到新的单元片集合点(在单元的角结点)和片内的边内及单元内结点的应力改进值。对于边内及单元内结点就会出现两次重复给出应力改进值的情况，对此结点可采用两次的平均值作为最后的改进值。

另外，对于结构边界上结点，特别是结构的边界角点情况，单元片只能简化取成如图5.11所示。

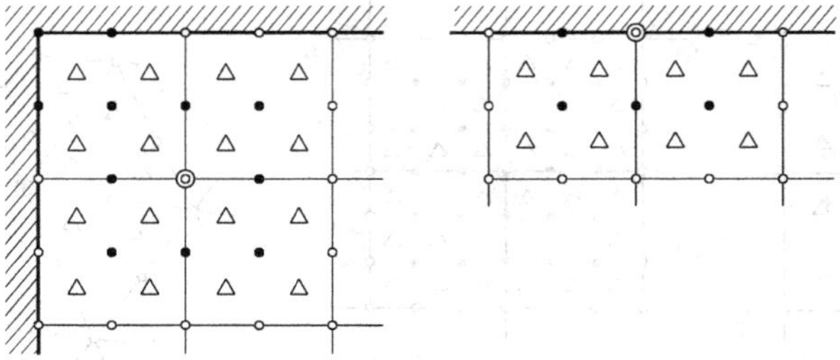

图5.11 用以决定边界结点的单元分片

△ 高斯应力点 • 用分片磨平决定应力的结点 ◎ 单元分片的集合点

**例5.2**[4] 带有中心小孔的平板受单向均匀拉伸载荷作用，如图5.12(a)所示，由于对称，取出如图5.12(b)所示局部域进行计算。边界$BC$和$CD$上将解析解的应力结果作为边界载荷作用。按图5.13中所示3种不同密度的9结点单元组成的网格进行有限元分析，计算后按总体磨平，单元磨平，分片磨平3种方法对应力进行处理。

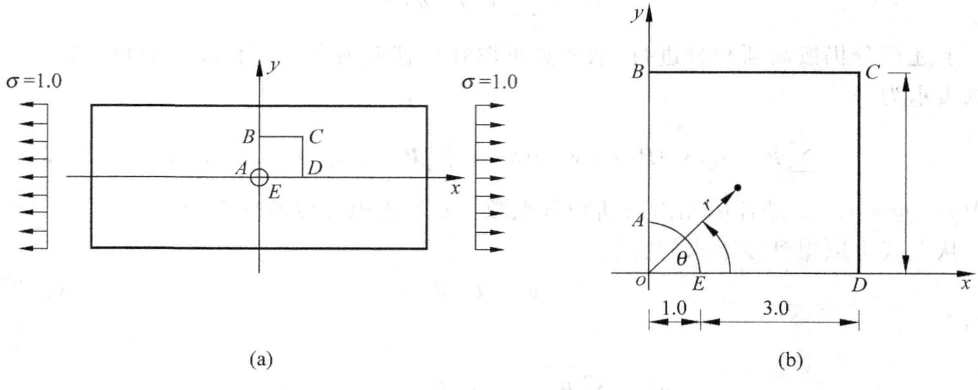


图5.12 受单向均匀拉伸的具有中心圆孔的无限大平板

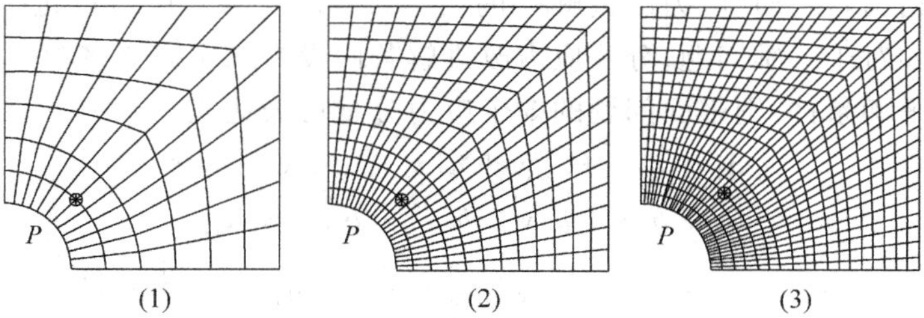


图 5.13　有限元分析的 3 种不同密度的网格

**表 5.2　例 5.2 问题经不同应力磨平方法得到的 *P* 点的应力值**

(a) $\sigma_x$ 的结果

| 网格 | $\sigma_x^G$ | $\sigma_x^E$ | $\sigma_x^P$ |
|---|---|---|---|
| (1) | 1.207 09 | 1.203 08 | 1.145 67 |
| (2) | 1.262 93 | 1.157 62 | 1.147 85 |
| (3) | 1.154 23 | 1.152 04 | 1.148 02 |
| 精确解 $\sigma_x$ | | 1.148 148 1 | |

(b) $\sigma_y$ 的结果

| 网格 | $\sigma_y^G$ | $\sigma_y^E$ | $\sigma_y^P$ |
|---|---|---|---|
| (1) | −0.169 072 | −0.204 736 | −0.146 020 |
| (2) | −0.153 742 | −0.157 871 | −0.148 020 |
| (3) | −0.150 563 | −0.152 217 | −0.148 199 |
| 精确解 $\sigma_y$ | | −0.148 148 10 | |

(c) $\tau_{xy}$ 的结果

| 网格 | $\tau_{xy}^G$ | $\tau_{xy}^E$ | $\tau_{xy}^P$ |
|---|---|---|---|
| (1) | −0.215 608 | −0.208 345 | −0.221 720 |
| (2) | −0.220 427 | −0.219 207 | −0.222 123 |
| (3) | −0.221 414 | −0.220 897 | −0.222 130 |
| 精确解 $\tau_{xy}$ | | −0.222 222 29 | |

表 5.2 给出 $P$ 点($x=1.060\ 660\ 2, y=1.060\ 660\ 2$ 或 $r=1.5, \theta=45°$)经 3 种方法处理后应力改进值和解析解的比较。表中 $\sigma^G$, $\sigma^E$ 和 $\sigma^P$ 分别是总体磨平，单元磨平和分片磨平后得到的应力改进值。从结果可见，采用分片磨平方法，即使对于比较粗糙的网格(1)，已能得到比较好的结果，它优于其他两种应力磨平方法对于精细网格(3)的结果。

最后还需指出，在分片应力改进解$\boldsymbol{\sigma}^*$的表达式(5.3.28)式中可以进一步引入应力的平衡条件。例如对于二维问题，分片应力改进解若假设为二次完全多项式(5.3.32)式时，如引入应力的平衡条件，则平面问题的3个应力分量可表达成

$$\begin{aligned}\sigma_x^* &= a_1 + a_2 x + a_3 y + a_4 x^2 + a_5 xy + a_6 y^2 \\ \sigma_y^* &= b_1 + b_2 x + b_3 y + b_4 x^2 + b_5 xy + a_4 y^2 \\ \tau_{xy}^* &= c_1 - b_3 x - a_2 y - \frac{1}{2} b_5 x^2 - 2a_4 xy - \frac{1}{2} a_5 y^2\end{aligned} \tag{5.3.39}$$

如果单元分片包含结构中给定外力的边界条件，这时还可将此条件引入应力改进解的表达式。在分片应力改进解的表达式中引入平衡条件和力的边界条件，可以进一步改善应力计算的结果。但是由于此时各个应力分量是相互关联的，不能直接利用(5.3.33)～(5.3.38)式求解每个应力分量，而是要将它们表达成各个应力分量相互耦合的形式，这样做会使计算量略有增加。

## 5.3.7 误差估计和自适应分析

在对一个实际问题进行有限元分析以后，一个很自然的问题是所得结果的精度或误差如何？如果未能达到精度要求，亦即误差未能控制在规定的范围之内，如何通过精细化网格或提高单元的阶次以降低误差，使之满足规定的要求。下面讨论的误差估计和自适应分析将回答上述问题。

### 1. 误差估计

以弹性分析为例，有限元解的位移近似解$\tilde{\boldsymbol{u}}$相对精确解$\boldsymbol{u}$的误差定义为

$$\boldsymbol{e} = \boldsymbol{u} - \tilde{\boldsymbol{u}} \tag{5.3.40}$$

有限元应力近似解$\tilde{\boldsymbol{\sigma}}$相对精确解$\boldsymbol{\sigma}$的误差定义为

$$\boldsymbol{e}_\sigma = \boldsymbol{\sigma} - \tilde{\boldsymbol{\sigma}} \tag{5.3.41}$$

$\boldsymbol{e}$的能量范数可以表示为

$$\begin{aligned}\|\boldsymbol{e}\| = \|\boldsymbol{u} - \tilde{\boldsymbol{u}}\| &= \left[\int_V \boldsymbol{e}_\sigma^{\mathrm{T}} \boldsymbol{C} \boldsymbol{e}_\sigma \mathrm{d}V\right]^{1/2} \\ &= \left[\sum_{e=1}^{m} \int_{V_e} (\boldsymbol{\sigma} - \tilde{\boldsymbol{\sigma}})^{\mathrm{T}} \boldsymbol{C} (\boldsymbol{\sigma} - \tilde{\boldsymbol{\sigma}}) \mathrm{d}V\right]^{1/2}\end{aligned} \tag{5.3.42}$$

式中方括号内的积分表达式实际上就是(5.3.6)式表示的泛函$\chi(\tilde{\boldsymbol{\sigma}},\boldsymbol{\sigma})$。实际上此式可以用于全域(即$m$个单元的集合体)，也可用于个别单元。对于单元可表示为

$$\begin{aligned}\|\boldsymbol{e}\|_e &= \left[\int_{V_e} \boldsymbol{e}_\sigma^{\mathrm{T}} \boldsymbol{C} \boldsymbol{e}_\sigma \mathrm{d}V\right]^{1/2} \\ &= \left[\int_{V_e} (\boldsymbol{\sigma} - \tilde{\boldsymbol{\sigma}})^{\mathrm{T}} \boldsymbol{C} (\boldsymbol{\sigma} - \tilde{\boldsymbol{\sigma}}) \mathrm{d}V\right]^{1/2} \quad (e = 1,2,\cdots,m)\end{aligned} \tag{5.3.43}$$

这样一来，对于一个问题的有限元分析可以提出两个误差指标和精度判断准则，它们是

$$\eta=\frac{\|\boldsymbol{e}\|}{\|\boldsymbol{u}\|}\leqslant\bar{\eta} \tag{5.3.44}$$

$$\xi_e=\frac{\|\boldsymbol{e}\|_e}{\|\boldsymbol{e}\|_{\text{允许}}}\leqslant 1 \tag{5.3.45}$$

式中 $\eta$ 称为总体误差指标，$\bar{\eta}$ 是规定的允许值，$\xi_e$ 是单元的误差指标，$\|\boldsymbol{e}\|_{\text{允许}}$ 是单元应力误差能量范数 $\|\boldsymbol{e}\|_e$ 的允许值，$\|\boldsymbol{u}\|$ 是结构总体的能量范数。$\|\boldsymbol{u}\|$ 的表达式为

$$\|\boldsymbol{u}\|=\left[\int_V\boldsymbol{\sigma}^{\mathrm{T}}\boldsymbol{C}\boldsymbol{\sigma}\,\mathrm{d}V\right]^{1/2}=\left[\sum_{e=1}^{m}\int_{V_e}\boldsymbol{\sigma}^{\mathrm{T}}\boldsymbol{C}\boldsymbol{\sigma}\,\mathrm{d}V\right]^{1/2} \tag{5.3.46}$$

因为应力的精确解是未知的，在实际分析中，可以用经磨平处理后的应力改进解 $\boldsymbol{\sigma}^*$ 来近似地代替，即令

$$\boldsymbol{e}_\sigma\approx\boldsymbol{e}_\sigma^*=\boldsymbol{\sigma}^*-\tilde{\boldsymbol{\sigma}}$$

这样一来，$\|\boldsymbol{e}\|$ 和 $\|\boldsymbol{e}\|_e$ 可以分别用它们的近似值 $\|\hat{\boldsymbol{e}}\|$ 和 $\|\hat{\boldsymbol{e}}\|_e$ 来代替。

$$\|\hat{\boldsymbol{e}}\|=\left[\int_V\boldsymbol{e}_\sigma^{*\mathrm{T}}\boldsymbol{C}\boldsymbol{e}_\sigma^*\,\mathrm{d}V\right]^{1/2}=\left[\sum_{e=1}^{m}\int_{V_e}(\boldsymbol{\sigma}^*-\tilde{\boldsymbol{\sigma}})^{\mathrm{T}}\boldsymbol{C}(\boldsymbol{\sigma}^*-\tilde{\boldsymbol{\sigma}})\mathrm{d}V\right]^{1/2} \tag{5.3.47}$$

$$\|\hat{\boldsymbol{e}}\|_e=\left[\int_{V_e}\boldsymbol{e}_\sigma^{*\mathrm{T}}\boldsymbol{C}\boldsymbol{e}_\sigma^*\,\mathrm{d}V\right]^{1/2}=\left[\int_{V_e}(\boldsymbol{\sigma}^*-\tilde{\boldsymbol{\sigma}})^{\mathrm{T}}\boldsymbol{C}(\boldsymbol{\sigma}^*-\tilde{\boldsymbol{\sigma}})\mathrm{d}V\right]^{1/2} \tag{5.3.48}$$

而 $\|\boldsymbol{u}\|$ 则用以下近似值代替，即

$$\|\boldsymbol{u}\|\cong(\|\tilde{\boldsymbol{u}}\|^2+\|\hat{\boldsymbol{e}}\|^2)^{1/2} \tag{5.3.49}$$

其中

$$\|\tilde{\boldsymbol{u}}\|=\left(\int_V\tilde{\boldsymbol{\sigma}}^{\mathrm{T}}\boldsymbol{C}\tilde{\boldsymbol{\sigma}}\,\mathrm{d}V\right)^{1/2}=\left(\sum_{e=1}^{M}\int_{V_e}\tilde{\boldsymbol{\sigma}}^{\mathrm{T}}\boldsymbol{C}\tilde{\boldsymbol{\sigma}}\,\mathrm{d}V\right)^{1/2}$$

至于 $\bar{\eta}$ 和 $\|\boldsymbol{e}\|_{\text{允许}}$ 则存在如下关系式

$$\|\boldsymbol{e}\|_{\text{允许}}=\bar{\eta}\|\boldsymbol{u}\|/m^{1/2}\cong\bar{\eta}(\|\tilde{\boldsymbol{u}}\|^2+\|\hat{\boldsymbol{e}}\|^2)^{1/2}/m^{1/2} \tag{5.3.50}$$

2. 自适应分析

每次对于给定网格进行有限元分析以后，按上一小节讨论的方法，检查系统和每个单元的误差指标是否满足，如果发现

$$\eta>\bar{\eta}\quad\text{或}\quad\xi_e>1\quad(e=1,2,\cdots,m)$$

则需要进行改进精度的重新分析。此时有两种方案可供选择，即细化单元尺寸 $h$ 和提高单元插值函数阶次 $p$，分别称为 $h$ 型改进和 $p$ 型改进。如果一个问题的有限元分析，始终采用一种形式的改进，则称之为 $h$ 型或 $p$ 型自适应分析。如果在前阶段的重分析和后阶段的重分析中分别采用 $h$ 型和 $p$ 型改进，则称之为 $h$-$p$ 型重分析。

(1) $h$ 型改进

对于一个给定问题初始网格通常比较均匀，进行精度检查时常会发现 $\xi_e(e=1,2,\cdots,$

$m$)却是不均匀甚至很不均匀的，这是由于结构内不同区域的应力梯度常常是很不均匀的结果。有时需对 $\xi_e>1$ 的单元尺寸细化，例如将原来一个单元细划分为若干个单元。重新划分后的单元尺寸可以按以下方法决定。

如果单元插值函数的阶数为 $p$，则位移误差为

$$\boldsymbol{e}=\boldsymbol{u}-\tilde{\boldsymbol{u}}\sim O(h^{p+1})$$

$\boldsymbol{e}$ 的能量范数可按下式估计

$$\|\boldsymbol{e}\|\leqslant ch^{p} \tag{5.3.51}$$

其中 $c$ 是收敛速度。原来某个单元尺寸为 $h_{\text{old}}^{e}$ 时

$$(\xi_e)_{\text{old}}=\frac{\|\boldsymbol{e}\|_e}{\|\boldsymbol{e}\|_{\text{允许}}}>1$$

希望细化后单元尺寸为 $h_{\text{new}}^{e}$ 时，$(\xi_e)_{\text{new}}\leqslant 1$，则应有

$$h_{\text{new}}^{e}\leqslant h_{\text{old}}^{e}(\xi_e)_{\text{old}}^{-\frac{1}{p}} \tag{5.3.52}$$

在对原来网格中所有 $\xi_e>1$ 的单元按照计算出的 $h_{\text{new}}^{e}$ 细分单元后，需要重新形成网格，以保证单元间合理地过渡，从而保证单元间位移的协调性。此时通常采用专门的网格自动生成技术。在形成新的网格以后，进行重新分析和进行新的误差估计和误差指标检查，直至满足规定的精度要求为止。

(2) $p$ 型改进

对于单元插值函数阶次 $p=1\sim 2$ 的情况，所组成的网格经过 $h$ 型改进的重新划分以后，通常可使单元的误差指标 $\xi_e$ 比较均匀，但是总体误差指标 $\eta$ 的降低有时会受到限制，除非采用非常精细的网格，使系统自由度大大增加。这时如果希望总体误差指标有进一步较大的下降，采用 $p$ 型改进是比较适合的。由于此时 $\xi_e$ 已比较均匀，$p$ 的增加可以对整个网格的单元进行，这样做在算法处理上也相对比较容易。但是单元阶次不应太高，否则会使解产生局部波动，一般最多为 $p=4$。如果原网格单元阶次为 $p_1$，总的自由度数为 $N_1$，总体误差指标为 $\eta_1$，$p$ 改进后单元阶次为 $p_2$，总的自由度数为 $N_2$，则总体误差指标 $\eta_2$ 可按以下方法估算。

因为单元尺寸 $h$ 反比于自由度数 $N$ 的 $\dfrac{1}{a}$ 次方，即

$$h\sim N^{-\frac{1}{a}} \tag{5.3.53}$$

其中 $a$ 是问题的维数。对于平面问题，$a=2$；对于空间问题，$a=3$。将上式代入(5.3.51)式，则得到

$$\|\boldsymbol{e}\|\leqslant dN^{-\frac{p}{a}} \tag{5.3.54}$$

其中 $d$ 是正常数。利用上式，并保守地假设在 $p$ 型改进时保持 $h$ 型改进的收敛速度($p_1/a$)，则从(5.3.46)式可以得到

$$\eta_2 \cong \left(\frac{N_1}{N_2}\right)^{\frac{p_1}{a}} \eta_1 \cong \left(\frac{p_1}{p_2}\right)^{p_1} \eta_1$$

例如，$p_1=2, p_2=4, \eta_1=5\%$，则 $\eta_2=\left(\frac{2}{4}\right)^2 \times 5\%=1.25\%$。

关于单元阶次 $p$ 增加的方法可以采用 3.5 节所讨论的阶谱单元。这样做可以使原来的单元和结构刚度矩阵保持不变，从而达到提高计算效率的目的。

**例 5.3**[5]　有一 L 形域的平面应力问题，如图 5.14 所示，在 L 形内角处存在应力集中，要求分析的总体误差指标 $\eta<1\%$。

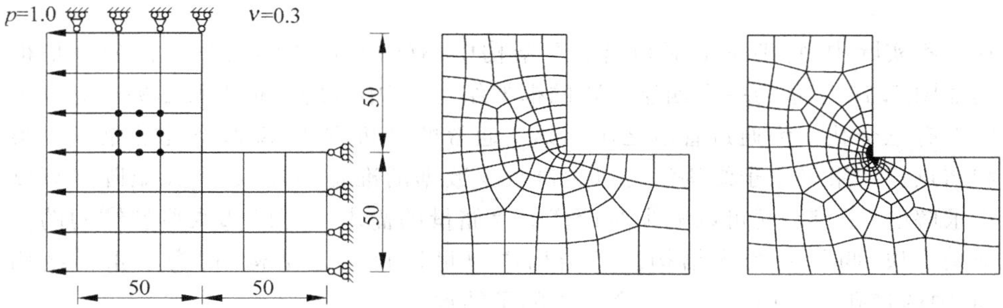


(a) 网格 1, 27 个单元 $N$=252 $\eta$=8.258%　(b) 网格 2, 101 个单元 $N$=876 $\eta$=3.118%　(c) 网格 3, 229 个单元 $N$=1940 $\eta$=0.634%

图 5.14　L 形域平面问题 $h$ 型自适应分析

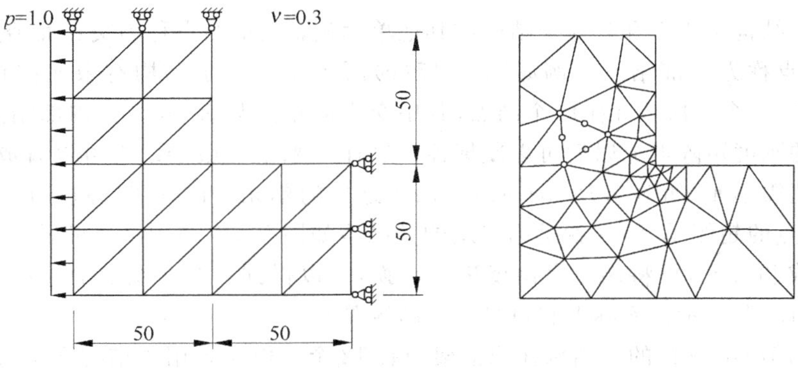


(a) 网格 1, $p$=2 $N$=120 $\eta$=15.0%　(b) 网格 2 $p$=2 $N$=358 $\eta$=4.67% $p$=4 $N$=1322 $\eta$=0.97%

图 5.15　L 形域平面问题 $h$-$p$ 型自适应分析

方案1：采用 $h$ 型自适应分析。开始采用均匀网格，单元是9结点二次四边形单元，如图5.14(a)所示，总体误差指标 $\eta=8.258\%$。经过两次 $h$ 型改进后，网格如图5.14(b)和(c)所示，总体误差指标分别降至3.118%和0.634%。

方案2：采用 $h$-$p$ 型自适应分析。开始采用6结点二次三角形组成的均匀网格，如图5.15(a)所示，总体误差指标 $\eta$ 为15.0%。经 $h$ 型改进后，网格如图5.15(b)所示，$\eta=4.67\%$，再经 $p$ 型改进后，$p=4$，$\eta=0.97\%$。

## 5.4 子结构法

在工程实际中，特别是土木和船舶等结构中，有时利用子结构法进行分析是很有效的。例如图5.16所示为一个四层三跨的框架结构，其中各跨的框架梁是完全相同的。每一根梁上有三个孔作为通过管道之用。如用通常的分析方法，离散有孔的梁需要很多的单元和结点。如果采用子结构法可以大量减少数据的准备和输入、单元矩阵计算以及系统方程求解的工作量，还可以减少对计算机存储量的需求。可以选取典型结构的一部分作为结构子块，叫作一个子结构。子结构中也可以再套子结构，称为多重子结构。图5.17(a)中的带孔梁可以处理为一个多重的子结构。

第一层子结构是图5.17(a)所示的带有3个孔洞的单跨梁，12个这样的子结构和模拟立柱的其他平面框架元件共同组成图5.16所示的框架结构。如将图5.17(a)所示的子结构进一步划分为更简单的元件，则可得到第二层、第三层子结构如图5.17(b)和(c)所示。

各层子结构中用以和其他子结构或其他单元相联结的结点称为交界面结点或外部结点，其余结点称为内部结点。例如图5.17(c)所示第三层子结构有限元网格划分如图5.18(a)，共32个二次单元105个结点，其中交界面结点只有16个。内部结点的自由度在子结构的刚度矩阵形成以后可以凝聚掉。这样一来第三层子结构可以看成是16个结点的一个超级单元，如图5.18(b)所示。四个这样的单元可进一步通过集成和凝聚成为一个10结点的超级单元，这就是第二层的子结构如图5.18(c)所示。最后3个这样的单元经过集成和凝聚，再将端点自由度进行转换，可以得到一个2结点的梁单元作为子结构，如图5.18(d)所示。实际上它也是一个超级单元。

像图5.18(d)这样的子结构在原框架中有12个。由于采用子结构方法，计算子结构需要的数据准备和刚度矩阵的计算只需要进行一次，而其余11个相同形状的子结构只要输入交界面结点的编号以及表明子结构方位的信息就可以了。此外，系统的总自由度数也大为减少。因此无论是计算的准备工作还是计算机的运行时间都可大量节省。

可以采用子结构方法的几种情况：

(1) 结构中可以划分出多块相同的部分，可取相同部分的结构作为子结构，例如上面所说的框架梁。相同的子结构块数越多，计算效率越高。

(2) 某些结构中形状或物性的变化只存在于局部，而其余部分不变，则可将不变部分的结构划作若干个子结构，变化部分划成另外的子结构。当结构变化时只要重新形成其中变化部分的子结构的刚度矩阵，而不必要重新形成全结构的刚度矩阵，从而提高了计算效率。

(3) 为提高大型复杂结构的求解效率，可将它划分为若干子结构，先凝聚掉各自的内部自由度，然后再集成为总体求解方程。这样可使求解方程的自由度总数以及相应的系数矩阵的带宽和其中的零元素所占的比例大大缩减，从而提高了计算效率。对于动力问题，采用子结构法求解，可以更显著地提高效率（参见第 13 章）。

在子结构方法的计算中需要讨论两方面的问题：①内部自由度的凝聚；②局部坐标和总体坐标的转换。

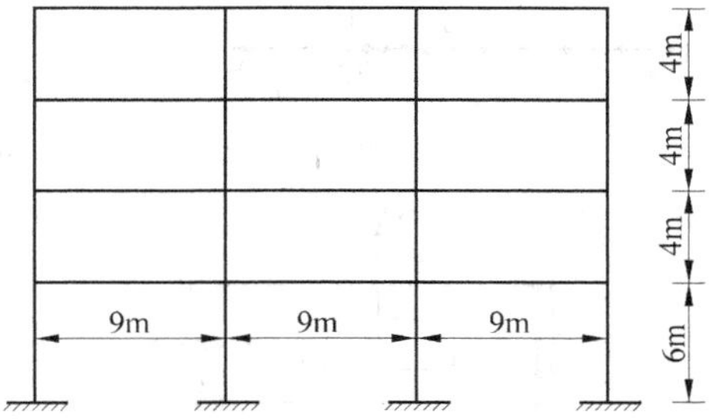


图 5.16　四层三跨的框架结构

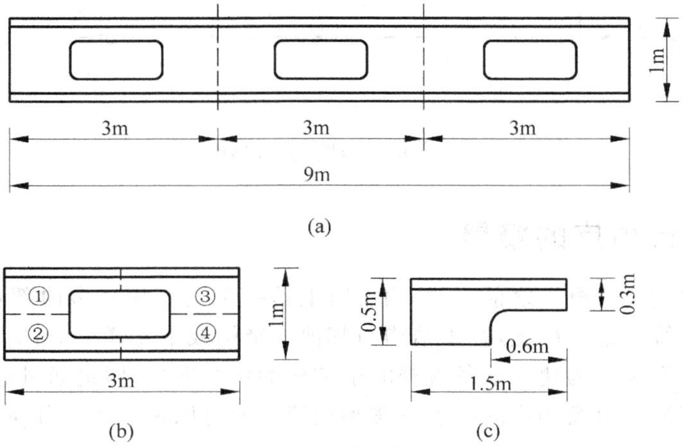


图 5.17　框架结构及其子结构分解

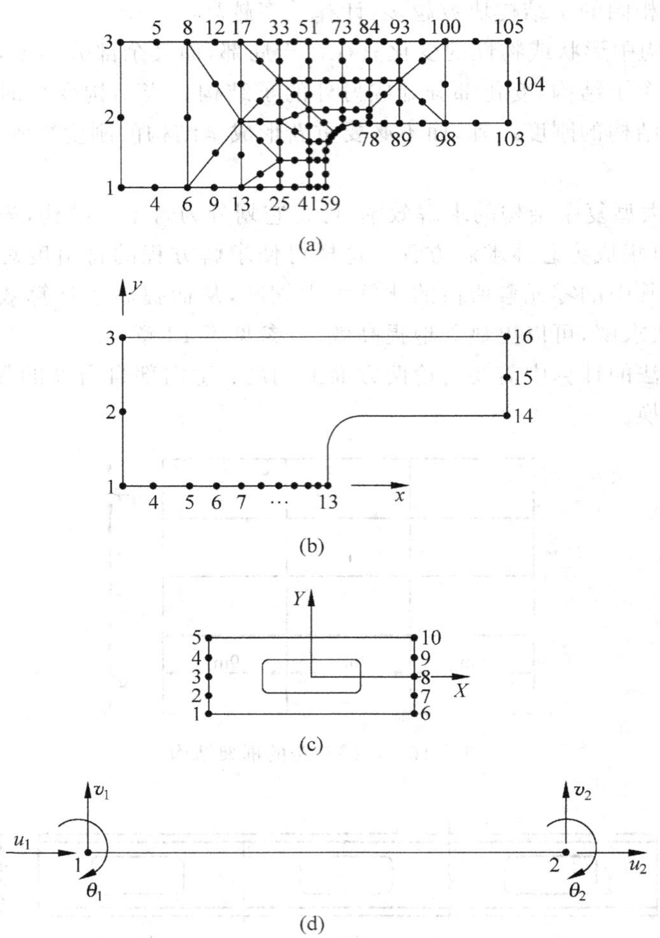


图 5.18　子结构的网格图

## 5.4.1　内部自由度的凝聚

在内部自由度没有凝聚之前，子结构实质上是一个具有相当多内部自由度的超级单元。为了减少系统的总自由度，在子结构与其他子结构或单元联结前，应在该层子结构内将内部自由度凝聚掉。为建立准备凝聚的子结构的系统方程，假定通过适当的结点编号，使子结构的刚度矩阵以及相应的结点位移和载荷列阵可以写成如下分块形式

$$\begin{bmatrix} \boldsymbol{K}_{bb} & \boldsymbol{K}_{bi} \\ \boldsymbol{K}_{ib} & \boldsymbol{K}_{ii} \end{bmatrix} \begin{Bmatrix} \boldsymbol{a}_b \\ \boldsymbol{a}_i \end{Bmatrix} = \begin{Bmatrix} \boldsymbol{P}_b \\ \boldsymbol{P}_i \end{Bmatrix} \tag{5.4.1}$$

其中 $\boldsymbol{a}_b$ 及 $\boldsymbol{a}_i$ 分别是交界面上结点和内部结点的位移向量，刚度矩阵以及载荷列阵也分

成与 $\boldsymbol{a}_b$ 和 $\boldsymbol{a}_i$ 相应的分块矩阵。

由(5.4.1)式的第二式可以得到

$$\boldsymbol{a}_i = \boldsymbol{K}_{ii}^{-1}(\boldsymbol{P}_i - \boldsymbol{K}_{ib}\boldsymbol{a}_b) \tag{5.4.2}$$

将上式代入(5.4.1)式的第一式，就得到凝聚后的方程为

$$(\boldsymbol{K}_{bb} - \boldsymbol{K}_{bi}\boldsymbol{K}_{ii}^{-1}\boldsymbol{K}_{ib})\boldsymbol{a}_b = \boldsymbol{P}_b - \boldsymbol{K}_{bi}\boldsymbol{K}_{ii}^{-1}\boldsymbol{P}_i \tag{5.4.3}$$

可以简单地写成如下的形式

$$\boldsymbol{K}_{bb}^{*}\boldsymbol{a}_b = \boldsymbol{P}_b^{*} \tag{5.4.4}$$

其中

$$\boldsymbol{K}_{bb}^{*} = \boldsymbol{K}_{bb} - \boldsymbol{K}_{bi}\boldsymbol{K}_{ii}^{-1}\boldsymbol{K}_{ib} \tag{5.4.5}$$

$$\boldsymbol{P}_b^{*} = \boldsymbol{P}_b - \boldsymbol{K}_{bi}\boldsymbol{K}_{ii}^{-1}\boldsymbol{P}_i$$

需要指出的是从(5.4.1)式经凝聚得到(5.4.4)式并不是按(5.4.3)式所示的矩阵运算进行的，而是按高斯-约当消去法(参见 6.2.3 节)进行的。如果子结构方程(5.4.1)式的阶数为 $n$，$\boldsymbol{K}_{ii}$ 的阶数为 $k$，则对于这 $k$ 个自由度的每一个(设它在方程(5.4.1)式中的编号为 $r$)依次作如下步骤的运算：

① 第 $r$ 个方程除以 $K_{rr}$，即使其主元为 1；

② 对第 $1\sim r-1$ 个方程进行反向消元，并使 $K_{1r}=K_{2r}=\cdots=K_{r-1,r}=0$；

③ 对第 $r+1\sim n$ 个方程进行正向消元，并使 $K_{r+1,r}=K_{r+2,r}=\cdots=K_{nr}=0$。

对于(5.4.1)式，由于 $\boldsymbol{K}_{ii}$ 排在方程的下方，经上述的 $k$ 次消元运算以后可以得到如下形式的方程，即

$$\begin{bmatrix} \boldsymbol{K}_{bb}^{*} & 0 \\ \boldsymbol{K}_{ib}^{*} & \boldsymbol{I} \end{bmatrix} \begin{Bmatrix} \boldsymbol{a}_b \\ \boldsymbol{a}_i \end{Bmatrix} = \begin{Bmatrix} \boldsymbol{P}_b^{*} \\ \boldsymbol{P}_i^{*} \end{Bmatrix} \tag{5.4.6}$$

式中 $\boldsymbol{K}_{bb}^{*}$，$\boldsymbol{P}_b^{*}$ 就是(5.4.4)式中经凝聚后的子结构的刚度矩阵和载荷列阵，它经过的消去修正就是(5.4.5)式的要求。$\boldsymbol{K}_{ib}^{*}$ 及 $\boldsymbol{P}_i^{*}$ 是由子结构交界面自由度转换到内部自由度的相关矩阵，它们由原来的相应矩阵经过了消去修正就得到

$$\boldsymbol{P}_i^{*} = \boldsymbol{K}_{ii}^{-1}\boldsymbol{P}_i$$

$$\boldsymbol{K}_{ib}^{*} = \boldsymbol{K}_{ii}^{-1}\boldsymbol{K}_{ib} \tag{5.4.7}$$

即(5.4.2)式中表示的关系。在从(5.4.6)式第 1 式解得 $\boldsymbol{a}_b$ 以后，代回第 2 式便可解出 $\boldsymbol{a}_i$。

上述计算过程形式上是清楚可行的，但它要求特定的结点编号，即每一子结构交界面结点要集中编号，这将不利于得到最小带宽，使得机器内存和计算量不合理地增加。因此必须加以改进。

我们在子结构内按最小半带宽的要求或其他合理的方式进行结点编号，这时结构的内部结点和交界面上的结点便不能全部集中在一起，一般来说可能集中成若干段。现以 $\boldsymbol{a}_i$ 和 $\boldsymbol{a}_b$ 各分成 2 段为例，子结构的系统方程为

$$\begin{bmatrix} \boldsymbol{K}_{ii}^{(11)} & \boldsymbol{K}_{ib}^{(11)} & \boldsymbol{K}_{ii}^{(12)} & \boldsymbol{K}_{ib}^{(12)} \\ \boldsymbol{K}_{bi}^{(11)} & \boldsymbol{K}_{bb}^{(11)} & \boldsymbol{K}_{bi}^{(12)} & \boldsymbol{K}_{bb}^{(12)} \\ \boldsymbol{K}_{ii}^{(21)} & \boldsymbol{K}_{ib}^{(21)} & \boldsymbol{K}_{ii}^{(22)} & \boldsymbol{K}_{ib}^{(22)} \\ \boldsymbol{K}_{bi}^{(21)} & \boldsymbol{K}_{bb}^{(21)} & \boldsymbol{K}_{bi}^{(22)} & \boldsymbol{K}_{bb}^{(22)} \end{bmatrix} \begin{Bmatrix} \boldsymbol{a}_i^{(1)} \\ \boldsymbol{a}_b^{(1)} \\ \boldsymbol{a}_i^{(2)} \\ \boldsymbol{a}_b^{(2)} \end{Bmatrix} = \begin{Bmatrix} \boldsymbol{P}_i^{(1)} \\ \boldsymbol{P}_b^{(1)} \\ \boldsymbol{P}_i^{(2)} \\ \boldsymbol{P}_b^{(2)} \end{Bmatrix} \tag{5.4.8}$$

通过前述规定步骤的反向、正向的消元运算，将内部结点位移 $\boldsymbol{a}_i$ 的有关刚度矩阵转化为单位矩阵，方程(5.4.8)成为

$$\begin{bmatrix} I & \boldsymbol{K}_{ib}^{*(11)} & 0 & \boldsymbol{K}_{ib}^{*(12)} \\ 0 & \boldsymbol{K}_{bb}^{*(11)} & 0 & \boldsymbol{K}_{bb}^{*(12)} \\ 0 & \boldsymbol{K}_{ib}^{*(21)} & I & \boldsymbol{K}_{ib}^{*(22)} \\ 0 & \boldsymbol{K}_{bb}^{*(21)} & 0 & \boldsymbol{K}_{bb}^{*(22)} \end{bmatrix} \begin{Bmatrix} \boldsymbol{a}_i^{(1)} \\ \boldsymbol{a}_b^{(1)} \\ \boldsymbol{a}_i^{(2)} \\ \boldsymbol{a}_b^{(2)} \end{Bmatrix} = \begin{Bmatrix} \boldsymbol{P}_i^{*(1)} \\ \boldsymbol{P}_b^{*(1)} \\ \boldsymbol{P}_i^{*(2)} \\ \boldsymbol{P}_b^{*(2)} \end{Bmatrix} \tag{5.4.9}$$

由上式可以求出交界面的结点位移，即

$$\begin{aligned} \boldsymbol{K}_{bb}^{*(11)}\boldsymbol{a}_b^{(1)} + \boldsymbol{K}_{bb}^{*(12)}\boldsymbol{a}_b^{(2)} &= \boldsymbol{P}_b^{*(1)} \\ \boldsymbol{K}_{bb}^{*(21)}\boldsymbol{a}_b^{(1)} + \boldsymbol{K}_{bb}^{*(22)}\boldsymbol{a}_b^{(2)} &= \boldsymbol{P}_b^{*(2)} \end{aligned} \tag{5.4.10}$$

对于内部结点位移，它们可由外部结点位移求得，即

$$\begin{aligned} \boldsymbol{a}_i^{(1)} &= \boldsymbol{P}_i^{*(1)} - \boldsymbol{K}_{ib}^{*(11)}\boldsymbol{a}_b^{(1)} - \boldsymbol{K}_{ib}^{*(12)}\boldsymbol{a}_b^{(2)} \\ \boldsymbol{a}_i^{(2)} &= \boldsymbol{P}_i^{*(2)} - \boldsymbol{K}_{ib}^{*(21)}\boldsymbol{a}_b^{(1)} - \boldsymbol{K}_{ib}^{*(22)}\boldsymbol{a}_b^{(2)} \end{aligned} \tag{5.4.11}$$

把子结构看作是一个超级“单元”时，(5.4.10)式可以按一般单元表示的形式为

$$\boldsymbol{K}^e\boldsymbol{a}^e = \boldsymbol{P}^e$$

对于现在的“单元”有

$$\boldsymbol{K}^e = \begin{bmatrix} \boldsymbol{K}_{bb}^{*(11)} & \boldsymbol{K}_{bb}^{*(12)} \\ \boldsymbol{K}_{bb}^{*(21)} & \boldsymbol{K}_{bb}^{*(22)} \end{bmatrix} \quad \boldsymbol{P}^e = \begin{Bmatrix} \boldsymbol{P}_b^{*(1)} \\ \boldsymbol{P}_b^{*(2)} \end{Bmatrix} \quad \boldsymbol{a}^e = \begin{Bmatrix} \boldsymbol{a}_b^{(1)} \\ \boldsymbol{a}_b^{(2)} \end{Bmatrix} \tag{5.4.12}$$

这时仅交界面上的结点自由度作为与其他单元联结的“单元”自由度，而全部内部自由度都已凝聚。在由系统求得交界面自由度后，回到子结构内部，利用(5.4.11)式分别求解各子结构的内部结点自由度。

当 $\boldsymbol{a}_i$，$\boldsymbol{a}_b$ 分段更多一些时，也按上述原则处理。但分段不宜过多，否则将导致凝聚的不方便。

## 5.4.2 坐标转换

在图5.17(b)所示二维平面内的结构中，子结构①，②，③，④虽然大小形状相同，但方位却各不相同。若每个子结构都取图5.18(b)所示的局部坐标系 $oxy$，则它们对于局部坐标系的子结构的刚度矩阵是相同的，只需要计算一次。但是由于结构①～④构成的上一层子结构，如图5.18(c)所示的第二层子结构的总体坐标 $OXY$ 与子结构①～④的局部坐标 $oxy$ 的方向是不同的，因此在集成第二层子结构前需进行必要的坐标转换。如在

子结构交界面上的结点位移，在子结构局部坐标系 $oxy$ 中为 $\boldsymbol{a}_b$，在上一层子结构（现在是第二层子结构）或结构的总体坐标系 $OXY$ 中为 $\bar{\boldsymbol{a}}_b$，两者之间的转换关系为

$$\boldsymbol{a}_b = \boldsymbol{\lambda}\bar{\boldsymbol{a}}_b \tag{5.4.13}$$

其中

$$\boldsymbol{\lambda} = \begin{bmatrix} \boldsymbol{\lambda}^{(s)} & & & \\ & \boldsymbol{\lambda}^{(s)} & & 0 \\ & 0 & \ddots & \\ & & & \boldsymbol{\lambda}^{(s)} \end{bmatrix}$$

$\boldsymbol{\lambda}^{(s)}$ 表示第 $s$ 个子结构的一个结点坐标由局部坐标系转化为上一层子结构或结构的总体坐标系的转换矩阵，对角线上 $\boldsymbol{\lambda}^{(s)}$ 的个数就是第 $s$ 个子结构交界面上的结点数（亦称外部结点数）。对于一般情况，假设局部坐标系的 $x$ 轴与上一层子结构或总体坐标系的 $X$ 轴夹角为 $\theta_x$，局部坐标系的 $y$ 轴与上一层子结构或总体坐标系的 $Y$ 轴夹角为 $\theta_y$，夹角以 $X,Y$ 逆时针转到 $x,y$ 的角度为正，见图 5.19。则转换子矩阵 $\boldsymbol{\lambda}^{(s)}$ 为

$$\boldsymbol{\lambda}^{(s)} = \begin{bmatrix} l_{xX} & l_{xY} \\ l_{yX} & l_{yY} \end{bmatrix} \tag{5.4.14}$$

式中矩阵的各元素为两轴夹角的余弦。

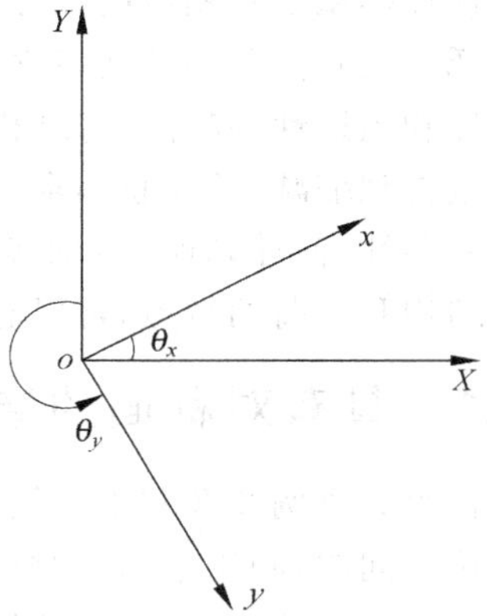


图 5.19　局部坐标和总体坐标之间的关系

图 5.17(b)中 4 个子结构的局部坐标系与上层子结构图 5.18(c)中的总体坐标的夹角分别为：

对子结构①　$(\theta_x)_1 = (\theta_y)_1 = 0°$

对子结构②　$(\theta_x)_2 = 0°$；$(\theta_y)_2 = 180°$

对子结构③　$(\theta_x)_3 = 180°$；$(\theta_y)_3 = 0°$

对子结构④　$(\theta_x)_4 = (\theta_y)_4 = 180°$

因此它们的坐标转换矩阵分别为：

$$\boldsymbol{\lambda}^{①} = \begin{bmatrix} 1 & 0 \\ 0 & 1 \end{bmatrix} \qquad \boldsymbol{\lambda}^{②} = \begin{bmatrix} 1 & 0 \\ 0 & -1 \end{bmatrix}$$

$$\boldsymbol{\lambda}^{③} = \begin{bmatrix} -1 & 0 \\ 0 & 1 \end{bmatrix} \qquad \boldsymbol{\lambda}^{④} = \begin{bmatrix} -1 & 0 \\ 0 & -1 \end{bmatrix}$$

引入坐标转换矩阵 $\boldsymbol{\lambda}$ 后，对子结构的 $\boldsymbol{K}_{bb}^*$ 和 $\boldsymbol{P}_b^*$ 应作如下变换

$$\begin{aligned} \boldsymbol{K} &= \boldsymbol{\lambda}^{\mathrm{T}}\boldsymbol{K}_{bb}^*\boldsymbol{\lambda} \\ \boldsymbol{P} &= \boldsymbol{\lambda}^{\mathrm{T}}\boldsymbol{P}_b^* \end{aligned} \tag{5.4.15}$$

$\boldsymbol{K}$ 和 $\boldsymbol{P}$ 就是子结构经内部自由度凝聚并转换到上一层子结构或结构的总体坐标中的刚度矩阵和结点载荷列阵。

变换后可作子结构的集成，这个集成过程和一般单元一样，每个子结构的作用和一个普通单元一样。若是多层子结构则每层都需自由度凝聚和坐标转换，然后集成，再自由度凝聚，直至最外一层子结构。

关于三维空间的坐标转换原则上和上述的平面内坐标转换类同，具体可参见9.4节。

## 5.5 结构对称性和周期性的利用

工程实际中，很多结构具有对称性和周期性。如能恰当地加以利用，可以使结构的有限元计算模型以及相应的计算规模得到缩减，从而使数据准备工作和计算工作量大幅度地降低。实际上前一节在建立图5.16所示框架结构的有限元模型时，就已利用了结构的对称性和周期性的特点，将结构分成不同层次的子结构，从而使建立结构总体刚度矩阵的工作量得到缩减，并使总体求解方程的自由度大量减少。本节讨论的是利用结构的对称性和周期性，使计算模型和求解规模得到缩减，而不需进一步形成总体刚度矩阵的情况。根据结构和载荷的特点，可以有以下三种情况。

### 5.5.1 具有对称面的结构

在第2章例2.2和本章例5.2中已经见到，对于具有中心圆孔方板在一对边界上受均匀拉伸问题，利用结构的对称性，可取结构的1/4建立有限元模型，以简化计算。

对于一般结构和载荷情况，对称性的利用是：如果结构对于某1个坐标面是对称的，同时载荷对该对称面是对称或反对称的，则可取结构的1/2建立计算模型；如果结构有2个或3个对称面，同时载荷对于它们是对称或反对称的，则可分别取结构的1/4和1/8建立计算模型。至于对称面上的边界条件可以按以下规则确定。

(1) 在不同的对称面上，将位移分量区分为对称分量和反对称分量。例如二维结构在 $ox$ 面上，$u$ 是对称分量，$v$ 是反对称分量；而在 $oy$ 面上，$v$ 是对称分量，$u$ 是反对称分量。对于三维结构，在 $oxy$ 面上，$u$ 和 $v$ 是对称分量，$w$ 是反对称分量等。

(2) 将载荷也按不同的对称面，分别区分为对称分量和反对称分量。

(3) 对于同一个对称面，如果载荷是对称的，则位移的反对称分量为零；如果载荷是反对称的，则位移的对称分量为零。

将上述规则用于图5.20(a)所示的具有中心圆孔矩形板的分析。图5.20(b)是当该板上下两边和左右两边作用有均布拉力的有限元计算模型（略去板内的网格划分）。图5.20(c)是当该板四边作用均布剪力的有限元模型。拉力对于 $ox$ 面和 $oy$ 面都是对称分量，而剪力则都是反对称分量。

实际上，对于一般载荷情况，如果可以将它分解为对称和反对称的组合，则仍可利用结构的对称性，以减小有限元模型的规模。仍以上述具有中心圆孔的矩形板为例，如果在

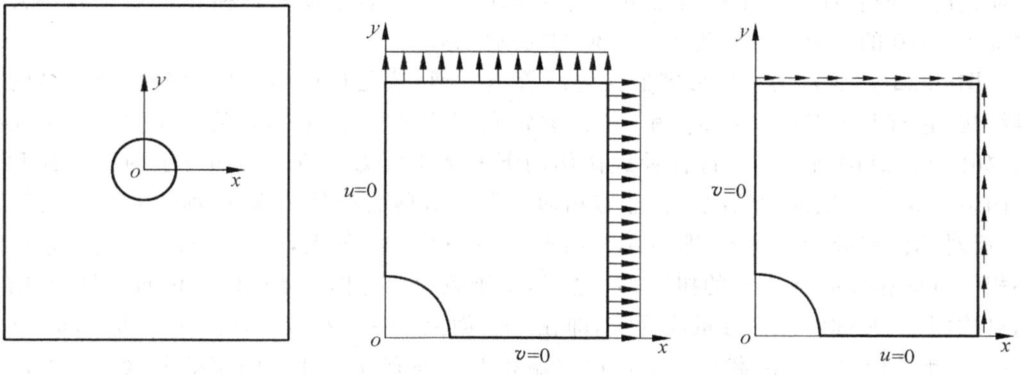


(a) 几何形状　　(b) 四边受均匀拉伸　　(c) 四边受均匀剪力

图 5.20　中心圆孔矩形板受不同载荷的有限元模型

该板两侧边顶部受集中载荷 $P$ 作用，这时可以将问题分解为对于 $ox$ 轴对称和反对称两个载荷情况的叠加，如图 5.21(a)所示。这样一来，则可用同样的 1/4 网格进行有限元分析，计算模型如图 5.21(b)所示。其中左边和右边的计算模型分别对应对称和反对称的

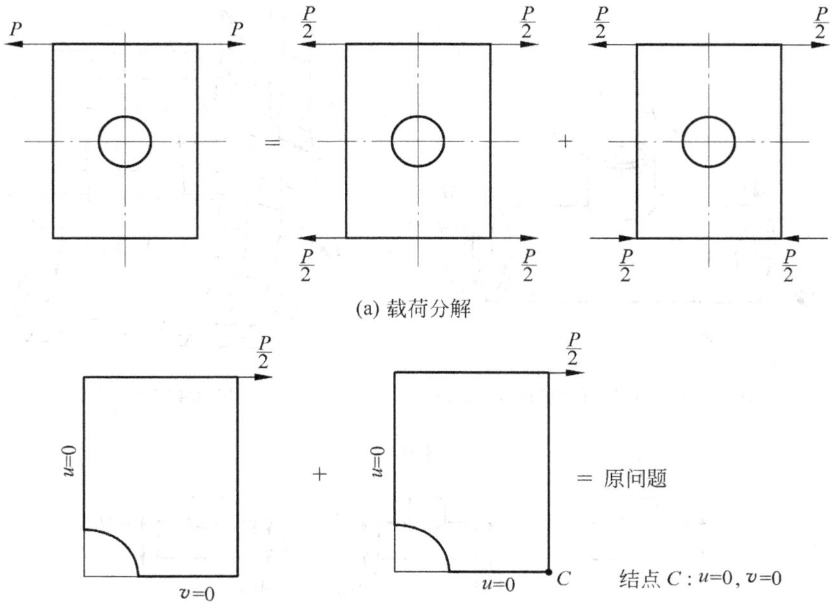


(a) 载荷分解

(b) 有限元计算模型

图 5.21　中心圆孔矩形板两侧边顶部受集中载荷

载荷情况。两者计算结果的叠加即为原问题的解答。右边反对称模型的右下角结点 $C$ 增加了 $v=0$ 的约束条件是为了防止模型的刚体移动。

图 5.22(a)所示为一柱形容器接管或管道三通，这是机械结构应力分析中典型的三维结构，它有两个对称面：$oxy$ 和 $oyz$。通常利用此对称性，取结构的 1/4 建立有限元模型(如图 5.22(b)所示)，进行各种载荷作用下的结构应力分析。例如对于内压载荷和左右两端受 $x$ 方向轴向力情况。由于载荷对于两个对称面都是对称的，所以在两个对称面上，反对称位移分量应为零，即在 $oxy$ 面上，$w=0$；在 $oyz$ 面上，$u=0$。再如左右两端受大小相等方向相反的绕 $x$ 轴的扭矩 $M_x$ 情况，由于载荷反对称于结构的对称面，因此在结构的对称面上，对称的位移分量应为零，即在 $oxy$ 面上，$u=0$ 和 $v=0$；在 $oyz$ 面上，$v=0$ 和 $w=0$。此结构最一般的载荷情况是在右端和上端各有 6 个独立的载荷分量，即 $P_x, P_y, P_z, M_x, M_y, M_z$；左端的载荷是不独立的，要由整个结构的平衡条件确定。这些载荷情况都可以用 1/4 的结构作为计算模型，分别利用对称和反称于 $oxy$ 面及 $oyz$ 面的特性分解成 4 种位移边界条件中的一种或几种进行分析，然后叠加得到最后的解答。例如

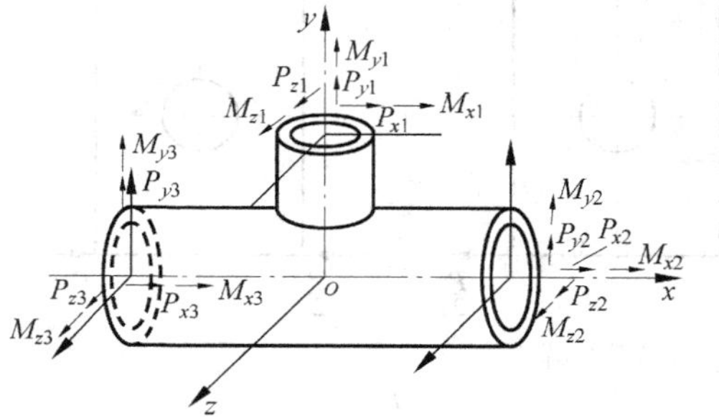


(a) 三通结构的几何形状和载荷情况

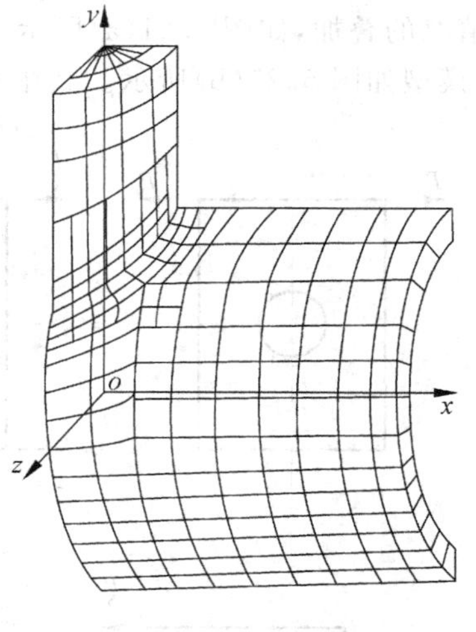


(b) 1/4的计算模型

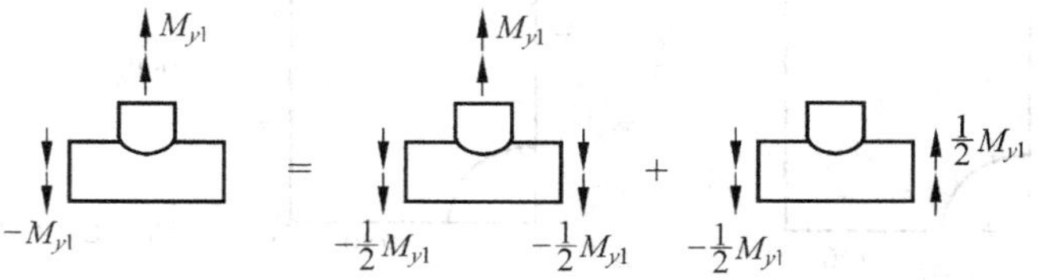


(c) 典型载荷情况的分解

图 5.22 三通结构

图 5.22(c)左端所示的三通上端受 $M_{y1}$ 作用，左端的 $-M_{y1}$ 是由平衡条件所确定。此载荷情况可以认为是右端两种载荷情况叠加而成。右端第 1 种载荷情况对于结构的两个对称面都是反对称的，而右端第 2 种载荷情况对于 $oxy$ 面是反对称的，但对于 $oyz$ 面则是对称的。有兴趣的读者，可参见文献[6]。

## 5.5.2　轴对称体受非轴对称载荷情况

当轴对称体受非轴对称载荷时，将产生非轴对称的位移、应变和应力。因此，它是一个三维问题。众所周知，三维问题由于结点未知量数目的增加，计算时需占用大量计算机存储，耗费较多的机时。现在可以采用部分离散的技术将三维问题化为若干个二维问题进行计算，这将大量地减少计算工作量。

在前面的章节中，选取近似函数 $\boldsymbol{u}=\boldsymbol{N}\boldsymbol{a}$ 时，已知的插值函数 $\boldsymbol{N}$ 是求解问题的全部独立坐标的函数，而 $\boldsymbol{a}$ 只是一系列的待定常数。在有些问题中插值函数作另外的选择可能会更方便些。例如，在本节中，由于物体的几何形状只是坐标 $r,z$ 的函数，因此可以在 $r,z$ 域内进行离散，插值函数 $\boldsymbol{N}$ 只是 $r,z$ 的函数，而待定参数 $\boldsymbol{a}$ 是 $\theta$ 的函数，即

$$\boldsymbol{u}=\boldsymbol{N}\boldsymbol{a}\quad \boldsymbol{N}=\boldsymbol{N}(r,z)\quad \boldsymbol{a}=\boldsymbol{a}(\theta)$$

显然，$\boldsymbol{a}$ 和 $\boldsymbol{a}$ 对于 $\theta$ 的导数将出现在最后的方程中。在全部离散中所得到的是一组用以确定待定常数的代数方程组，而在部分离散中得到的是一组以 $\theta$ 为独立变量的常微分方程组。这种在部分独立变量的 $\bar{\Omega}$ 域内选择已知函数的方法称为**部分离散**。

部分离散较多地应用在涉及时间变量的问题中。这时空间域 $\bar{\Omega}$ 是不随时间 $t$ 而变的。有关时间域的问题将在第 12 章及第 13 章进行讨论。在本节中我们将载荷、位移等沿 $\theta$ 方向展成 Fourier 级数，而在 $r,z$ 域内进行有限元的离散。由于系统在 $\theta$ 方向的解答可以用标准的解析方法得到，所以这种方法又称之为**半解析法**。

1. 载荷和位移沿 $\boldsymbol{\theta}$ 方向的 Fourier 展开

轴对称体的坐标、位移分量见图 5.23(a)。将作用在轴对称体上的任意载荷 $\boldsymbol{P}(r,z,\theta)$，沿坐标轴 $r,z,\theta$ 分解为 3 个分量 $R(r,z,\theta)$、$Z(r,z,\theta)$ 以及 $T(r,z,\theta)$，并将它们沿 $\theta$ 方向展成 Fourier 级数。

$$\begin{aligned}R(r,z,\theta)&=R_0(r,z)+\sum_{l=1}^{L}R_l(r,z)\cos l\theta+\sum_{l=1}^{L}\bar{R}_l(r,z)\sin l\theta\\Z(r,z,\theta)&=Z_0(r,z)+\sum_{l=1}^{L}Z_l(r,z)\cos l\theta+\sum_{l=1}^{L}\bar{Z}_l(r,z)\sin l\theta\\T(r,z,\theta)&=T_0(r,z)+\sum_{l=1}^{L}T_l(r,z)\sin l\theta+\sum_{l=1}^{L}\bar{T}_l(r,z)\cos l\theta\end{aligned}\tag{5.5.1}$$

3 式中第一项是与 $\theta$ 无关的载荷部分，$R_0(r,z)$ 和 $Z_0(r,z)$ 就是通常的轴对称载荷；

$T_0(r,z)$ 使物体产生 $\theta$ 方向的位移，即扭转变形，因此它是扭转载荷。3 式中的第二项 $\sum_{l=1}^{L}R_l(r,z)\cos l\theta$，$\sum_{l=1}^{L}Z_l(r,z)\cos l\theta$ 以及 $\sum_{l=1}^{L}T_l(r,z)\sin l\theta$ 使物体产生对称于 $\theta=0$ 平面的应力和变形，简称这部分载荷为对称载荷。3 式中的第三项 $\sum_{l=1}^{L}\overline{R}_l(r,z)\sin l\theta$ 等使物体产生反对称于 $\theta=0$ 平面的应力和变形，简称为反对称载荷，见图 5.23(b)。

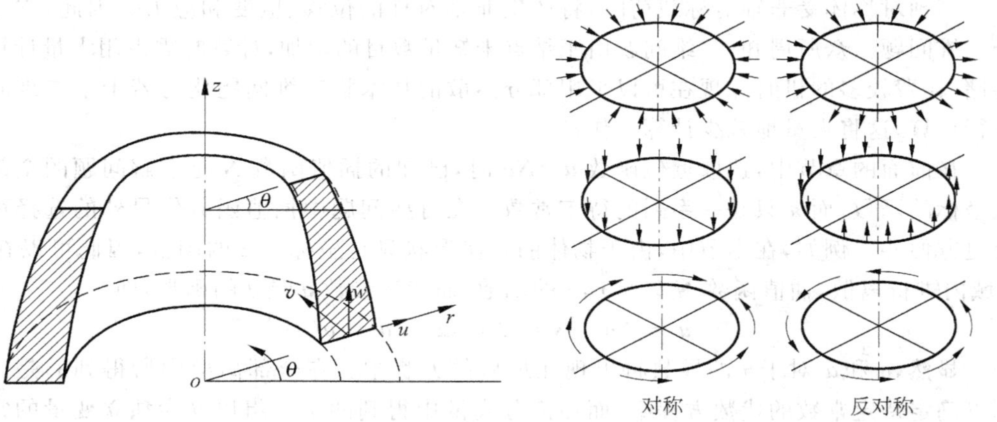


(a) 坐标和位移表示　　(b) 载荷和位移分量的分解

图 5.23　轴对称结构

与载荷相类似，轴对称体上任一点的位移 $u,v,w$ 也可以沿 $\theta$ 方向进行 Fourier 级数展开，即

$$
\begin{aligned}
u(r,z,\theta) &= u_0(r,z)+\sum_{l=1}^{L}u_l(r,z)\cos l\theta+\sum_{l=1}^{L}\overline{u}_l(r,z)\sin l\theta \\
w(r,z,\theta) &= w_0(r,z)+\sum_{l=1}^{L}w_l(r,z)\cos l\theta+\sum_{l=1}^{L}\overline{w}_l(r,z)\sin l\theta \\
v(r,z,\theta) &= v_0(r,z)+\sum_{l=1}^{L}v_l(r,z)\sin l\theta+\sum_{l=1}^{L}\overline{v}_l(r,z)\cos l\theta
\end{aligned}
\tag{5.5.2}
$$

其中第一项 $u_0(r,z)$，$w_0(r,z)$ 是轴对称位移，$v_0(r,z)$ 是周向扭转位移。第二项是与对称载荷相应的与 $\theta=0$ 平面对称的变形；第三项是与反对称载荷相对应的与 $\theta=0$ 平面反对称的变形。

下面讨论在对称载荷下有限元格式的建立，反对称载荷情况完全与之类同。

2. 对称载荷下的有限元格式

载荷为对称时，有

$$\boldsymbol{P}(r,z,\theta)=\begin{Bmatrix}R(r,z,\theta)\\Z(r,z,\theta)\\T(r,z,\theta)\end{Bmatrix}=\begin{Bmatrix}\sum_{l=1}^{L}R_l(r,z)\cos l\theta\\\sum_{l=1}^{L}Z_l(r,z)\cos l\theta\\\sum_{l=1}^{L}T_l(r,z)\sin l\theta\end{Bmatrix}\tag{5.5.3}$$

与载荷相应的对称位移是

$$\boldsymbol{u}(r,z,\theta)=\begin{Bmatrix}u(r,z,\theta)\\w(r,z,\theta)\\v(r,z,\theta)\end{Bmatrix}=\begin{Bmatrix}\sum_{l=1}^{L}u_l(r,z)\cos l\theta\\\sum_{l=1}^{L}w_l(r,z)\cos l\theta\\\sum_{l=1}^{L}v_l(r,z)\sin l\theta\end{Bmatrix}\tag{5.5.4}$$

作有限元分析时，场函数 $\boldsymbol{u}$ 仅作部分离散，即只在 $r,z$ 域内离散。将(5.5.4)式中各 Fourier 展开项的系数 $u_l,w_l,v_l$ 表示成单元内相应结点值的插值，即

$$u_l(r,z)=\sum_{i=1}^{n}N_iu_i^l\quad w_l(r,z)=\sum_{i=1}^{n}N_iw_i^l\quad v_l(r,z)=\sum_{i=1}^{n}N_iv_i^l\tag{5.5.5}$$

其中 $N_i$ 是 $r,z$ 域 $\Omega$ 内的插值函数；$n$ 是单元结点数；$u_i^l,w_i^l,v_i^l$ 是结点 $i$ 的位移分量 $u_i$，$w_i,v_i$ 的第 $l$ 项富氏级数展开的幅值，此时它们就是待求的基本未知量。现在(5.5.4)式可以写成单元插值的形式，即

$$\boldsymbol{u}=\begin{Bmatrix}u\\w\\v\end{Bmatrix}=\begin{Bmatrix}\sum_{l=1}^{L}\sum_{i=1}^{n}N_iu_i^l\cos l\theta\\\sum_{l=1}^{L}\sum_{i=1}^{n}N_iw_i^l\cos l\theta\\\sum_{l=1}^{L}\sum_{i=1}^{n}N_iv_i^l\sin l\theta\end{Bmatrix}\tag{5.5.6}$$

引入以下向量符号来表示基本未知量：

$$\boldsymbol{a}_i^l=\begin{Bmatrix}u_i^l\\w_i^l\\v_i^l\end{Bmatrix}\quad(i=1,2,\cdots,n)$$

$$\boldsymbol{a}_l^e = \begin{Bmatrix} \boldsymbol{a}_1^l \\ \boldsymbol{a}_2^l \\ \vdots \\ \boldsymbol{a}_n^l \end{Bmatrix} \qquad \boldsymbol{a}^e = \begin{Bmatrix} \boldsymbol{a}_1^e \\ \boldsymbol{a}_2^e \\ \vdots \\ \boldsymbol{a}_l^e \end{Bmatrix} \tag{5.5.7}$$

则(5.5.6)式可以表示成

$$\begin{aligned} \boldsymbol{u} &= \sum_{l=1}^{L} [N_1 \boldsymbol{A}^l \quad N_2 \boldsymbol{A}^l \quad \cdots \quad N_n \boldsymbol{A}^l] \boldsymbol{a}_l^e \\ &= \sum_{l=1}^{L} \boldsymbol{N}^l \boldsymbol{a}_l^e = \boldsymbol{N} \boldsymbol{a}^e \end{aligned} \tag{5.5.8}$$

其中

$$\boldsymbol{A}^l = \begin{bmatrix} \cos l\theta & 0 & 0 \\ 0 & \cos l\theta & 0 \\ 0 & 0 & \sin l\theta \end{bmatrix} \qquad \boldsymbol{N} = [\boldsymbol{N}^1 \quad \boldsymbol{N}^2 \quad \cdots \quad \boldsymbol{N}^L] \tag{5.5.9}$$

在非轴对称情况下,弹性体在圆柱坐标下的几何方程是

$$\boldsymbol{\varepsilon} = \begin{Bmatrix} \varepsilon_r \\ \varepsilon_z \\ \varepsilon_\theta \\ \gamma_{rz} \\ \gamma_{\theta r} \\ \gamma_{z\theta} \end{Bmatrix} = \begin{Bmatrix} \dfrac{\partial u}{\partial r} \\ \dfrac{\partial w}{\partial z} \\ \dfrac{u}{r} + \dfrac{1}{r}\dfrac{\partial v}{\partial \theta} \\ \dfrac{\partial u}{\partial z} + \dfrac{\partial w}{\partial r} \\ \dfrac{1}{r}\dfrac{\partial u}{\partial \theta} + \dfrac{\partial v}{\partial r} - \dfrac{v}{r} \\ \dfrac{1}{r}\dfrac{\partial w}{\partial \theta} + \dfrac{\partial v}{\partial z} \end{Bmatrix} \tag{5.5.10}$$

将(5.5.8)式代入(5.5.10)式得到

$$\begin{aligned} \boldsymbol{\varepsilon} &= \sum_{l=1}^{L} [\boldsymbol{B}_1^l \quad \boldsymbol{B}_2^l \quad \cdots \quad \boldsymbol{B}_n^l] \boldsymbol{a}_l^e \\ &= \sum_{l=1}^{L} \boldsymbol{B}^l \boldsymbol{a}_l^e = \boldsymbol{B} \boldsymbol{a}^e \end{aligned} \tag{5.5.11}$$

其中

$$
\boldsymbol{B}_i^l=\begin{bmatrix}
\dfrac{\partial N_i}{\partial r}\cos l\theta & 0 & 0 \\
0 & \dfrac{\partial N_i}{\partial z}\cos l\theta & 0 \\
\dfrac{N_i}{r}\cos l\theta & 0 & \dfrac{l}{r}N_i\cos l\theta \\
\dfrac{\partial N_i}{\partial z}\cos l\theta & \dfrac{\partial N_i}{\partial r}\cos l\theta & 0 \\
-\dfrac{l}{r}N_i\sin l\theta & 0 & \left(\dfrac{\partial N_i}{\partial r}-\dfrac{N_i}{r}\right)\sin l\theta \\
0 & -\dfrac{l}{r}N_i\sin l\theta & \dfrac{\partial N_i}{\partial z}\sin l\theta
\end{bmatrix} \tag{5.5.12}
$$

$$(i=1,2,\cdots,n)$$

利用(5.5.3),(5.5.8),(5.5.11)式以及表 1.2 中三维问题的弹性矩阵 $\boldsymbol{D}$,可以按照最小位能原理建立系统的有限元方程(2.2.33)式。由于三角级数的正交性,单元刚度矩阵呈块对角化的特点,各阶 Fourier 展开之间互不耦合,即

$$
\boldsymbol{K}^{lm}=\int \boldsymbol{B}^{l\mathrm{T}}\boldsymbol{D}\boldsymbol{B}^{m}\,\mathrm{d}V=\begin{cases}\boldsymbol{K}^{ll} & (l=m)\\ 0 & (l\neq m)\end{cases} \tag{5.5.13}
$$

因此

$$
\boldsymbol{K}^{e}=\begin{bmatrix}
\boldsymbol{K}^{11} & & & & & \\
 & \boldsymbol{K}^{22} & & & 0 & \\
 & & \ddots & & & \\
 & 0 & & \boldsymbol{K}^{ll} & & \\
 & & & & \ddots & \\
 & & & & & \boldsymbol{K}^{LL}
\end{bmatrix} \tag{5.5.14}
$$

其中任意一个子矩阵 $\boldsymbol{K}^{ll}$ 的展开形式是

$$
(\boldsymbol{K}^{ll})^{e}=\begin{bmatrix}
\boldsymbol{K}_{11}^{ll} & \boldsymbol{K}_{12}^{ll} & \cdots & \cdots & \boldsymbol{K}_{1n}^{ll} \\
 & \boldsymbol{K}_{22}^{ll} & \boldsymbol{K}_{23}^{ll} & \cdots & \boldsymbol{K}_{2n}^{ll} \\
 & \text{对} & \ddots & \vdots & \\
 & & \text{称} & \ddots & \vdots \\
 & & & & \boldsymbol{K}_{nn}^{ll}
\end{bmatrix} \tag{5.5.15}
$$

(5.5.15)式中 $\boldsymbol{K}_{ij}^{ll}$ 是一个 3×3 的子矩阵,它由下式计算

$$\boldsymbol{K}_{ij}^{ll}=\int_{V_e}\boldsymbol{B}_i^{l\mathrm{T}}\boldsymbol{D}\boldsymbol{B}_j^{l}\mathrm{d}V \tag{5.5.16}$$

因此 $\boldsymbol{K}^e$ 是一个 $3nL\times 3nL$ 的对称方阵。式中 $\mathrm{d}V=r\mathrm{d}\theta\mathrm{d}r\mathrm{d}z$。

单元的载荷向量可以表示为

$$\boldsymbol{P}^e=\begin{Bmatrix}\boldsymbol{P}_1^e\\ \boldsymbol{P}_2^e\\ \vdots\\ \boldsymbol{P}_l^e\\ \vdots\\ \boldsymbol{P}_L^e\end{Bmatrix}\quad 而\ \boldsymbol{P}_l^e=\begin{Bmatrix}\boldsymbol{P}_1^l\\ \boldsymbol{P}_2^l\\ \vdots\\ \boldsymbol{P}_n^l\end{Bmatrix} \tag{5.5.17}$$

其中 $\boldsymbol{P}_l^e$ 是单元第 $l$ 阶 Fourier 展开项的结点载荷向量,对于每个结点是 $\boldsymbol{P}_i^l$。

对于面积力

$$\boldsymbol{P}_i^l=\iint N_i\boldsymbol{A}^{l\mathrm{T}}\begin{Bmatrix}R_l(r,z)\cos l\theta\\ Z_l(r,z)\cos l\theta\\ T_l(r,z)\sin l\theta\end{Bmatrix}r\mathrm{d}\theta\mathrm{d}s=\iint N_i\begin{Bmatrix}R_l(r,z)\cos^2 l\theta\\ Z_l(r,z)\cos^2 l\theta\\ T_l(r,z)\sin^2 l\theta\end{Bmatrix}r\mathrm{d}\theta\mathrm{d}s \tag{5.5.18}$$

$\mathrm{d}s$ 是 $r,z$ 域 $\Omega$ 边界的弧长微元。由于

$$\int_0^{2\pi}\begin{Bmatrix}R_l(r,z)\cos^2 l\theta\\ Z_l(r,z)\cos^2 l\theta\\ T_l(r,z)\sin^2 l\theta\end{Bmatrix}\mathrm{d}\theta=\begin{cases}\pi\begin{Bmatrix}R_l(r,z)\\ Z_l(r,z)\\ T_l(r,z)\end{Bmatrix} & (当\ l=1,2,\cdots)\\ 2\pi\begin{Bmatrix}R_l(r,z)\\ Z_l(r,z)\\ 0\end{Bmatrix} & (当\ l=0)\end{cases} \tag{5.5.19}$$

因此,(5.5.18)式(当 $l=1,2,\cdots$)可以写成

$$\boldsymbol{P}_i^l=\pi\int rN_i\begin{Bmatrix}R_l(r,z)\\ Z_l(r,z)\\ T_l(r,z)\end{Bmatrix}\mathrm{d}s \tag{5.5.20}$$

当 $l=0$(轴对称载荷情况)则有

$$\boldsymbol{P}_i^0=2\pi\int rN_i\begin{Bmatrix}R_0(r,z)\\ Z_0(r,z)\\ 0\end{Bmatrix}\mathrm{d}s \tag{5.5.21}$$

同理对于体积力可以得到:

$$\boldsymbol{P}_i^l=\pi\iint_\Omega rN_i\begin{Bmatrix}R_l(r,z)\\ Z_l(r,z)\\ T_l(r,z)\end{Bmatrix}\mathrm{d}r\mathrm{d}z\quad (l=1,2,\cdots) \tag{5.5.22}$$

$$\boldsymbol{P}_i^0 = 2\pi\iint_{\Omega} rN_i \begin{Bmatrix} R_0(r,z) \\ Z_0(r,z) \\ 0 \end{Bmatrix} \mathrm{d}r\mathrm{d}z \quad (l=0) \tag{5.5.23}$$

由于三角函数的正交性,系统方程的各次 Fourier 展开项是互不耦合的,对于任意阶 $l$ 可以单独求解下列方程

$$\boldsymbol{K}^{ll}\boldsymbol{a}_l = \boldsymbol{P}_l \tag{5.5.24}$$

其中 $\boldsymbol{K}^{ll}$,$\boldsymbol{P}_l$,$\boldsymbol{a}_l$ 分别是系统第 $l$ 阶的刚度矩阵、载荷列阵和结点位移列阵,它们分别由单元相应的矩阵集成,即

$$\boldsymbol{K}^{ll} = \sum_{e=1}^{M}(\boldsymbol{K}^{ll})^e \quad \boldsymbol{P}_l = \sum_{e=1}^{M}\boldsymbol{P}_l^e \quad \boldsymbol{a}_l = \begin{Bmatrix} \boldsymbol{a}_1^l \\ \boldsymbol{a}_2^l \\ \vdots \\ \boldsymbol{a}_N^l \end{Bmatrix} \tag{5.5.25}$$

式中 $M$ 是 $\Omega$ 域中的单元总数,$N$ 是结点总数。

还应补充指出的是如利用类似于(5.5.19)式的结果,刚度矩阵的计算(5.5.16)式可以简化为只在 $r,z$ 域 $\Omega$ 内积分。这时 $\boldsymbol{K}_{ij}^{ll}$ 可以表示成

$$\begin{aligned} \boldsymbol{K}_{ij}^{ll} &= \pi\iint_{\bar{\Omega}} \bar{\boldsymbol{B}}_i^{l\mathrm{T}}\boldsymbol{D}\bar{\boldsymbol{B}}_j^l r\mathrm{d}r\mathrm{d}z \quad (l=1,2,\cdots) \\ \boldsymbol{K}_{ij}^{00} &= 2\pi\iint_{\bar{\Omega}} \bar{\boldsymbol{B}}_i^{0\mathrm{T}}\boldsymbol{D}\bar{\boldsymbol{B}}_j^0 r\mathrm{d}r\mathrm{d}z \quad (l=0) \end{aligned} \tag{5.5.26}$$

其中 $\bar{\boldsymbol{B}}_i^l$ 即是(5.5.12)式中去掉 $\cos l\theta$ 和 $\sin l\theta$ 因子后的矩阵。

在以上各式中 $l=0$ 时,就得到一般的轴对称载荷情况。式中的 $\cos l\theta$ 代之以 $\sin l\theta$,$\sin l\theta$ 代之以 $\cos l\theta$,就得到反对称载荷的情况,此时令 $l=0$ 就可以得到扭转载荷情况。当然,对于一般轴对称载荷情况,因为周向载荷 $T\equiv 0$,因此周向位移 $v\equiv 0$。全部结点位移和结点载荷向量都缩减为只有 2 个分量。应变和应力向量也分别只有 4 个分量。对于扭转载荷情况,由于载荷 $R\equiv Z\equiv 0$,因此位移 $u\equiv w\equiv 0$,于是位移和载荷向量进一步缩减为只有 1 个分量,应变和应力缩减为各有 2 个分量。这时方程的阶数都比一般载荷情况降低,因此计算量可大大缩减。

采用半解析法求解实际问题时,对于通常的载荷情况,只需取三角级数少数的几项就可以了。如果载荷很复杂,必须取很多项才能逼近实际问题时,就不一定使用半解析法,而可以直接用三维有限元来求解。

**例 5.4**[A3]　图 5.24(a)所示是一个受非轴对称载荷的塔,塔身是轴对称体。利用 4 个三次单元求解。载荷展成三角级数,图 5.24(b)所示用 5 阶三角级数的展开来近似实际载荷。图 5.24(c)给出了基础上垂直应力 $\sigma_z$ 的分布。图上分别表示了各阶三角级数引起的应力以及它们组合的最后结果。载荷的 $\cos 3\theta$ 项恒为零,见图 5.24(b)中 $n=3$ 的三

角函数。实际计算表明计算前3项就可以得到足够精度的解答。

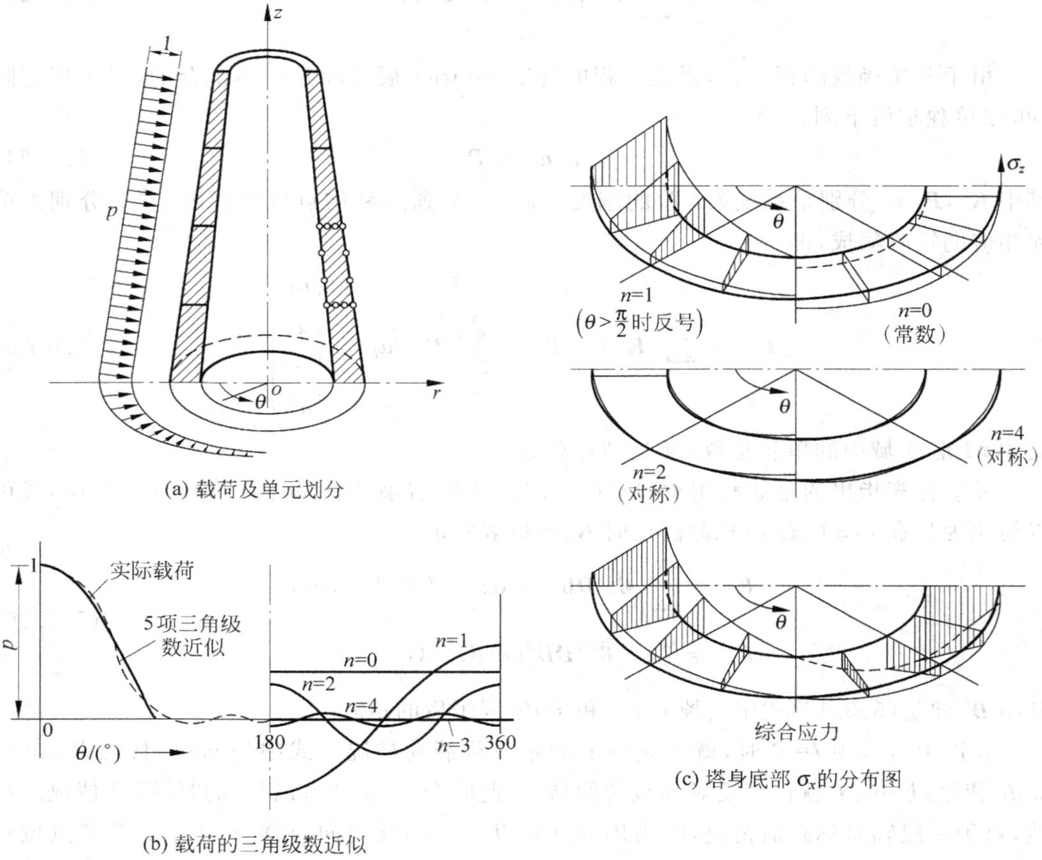


图 5.24 受风载的塔

## 5.5.3 旋转周期结构

有一类结构如图5.25(a)所示，它的几何形状沿周向呈周期性变化，如齿轮、汽轮机和水轮机的叶轮等都属于这类结构，在力学上称它们为旋转周期结构，或循环对称结构。它们不同于轴对称结构，但沿周向可以划分成若干个几何形状完全相同的子结构。如图5.25(a)所示结构可以划分为6个这样的子结构。根据此结构特点，只要分析其中一个施加旋转周期性边界条件的子结构，就可以直接(或经适当的综合)得到整个结构的解答，而不必进行子结构的集成和求解，从而使整个结构的分析和求解大大地简化。

现按载荷是否也具有周期性分别进行讨论。

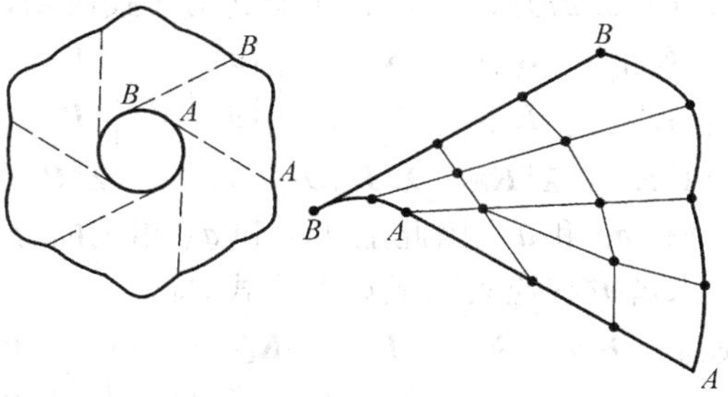


(a) 旋转周期结构　　(b) 沿周向的一个子结构

图 5.25　旋转周期结构划分子结构

1. 沿周向周期性变化的载荷情况

对于如图 5.25(a)所示的旋转周期结构，如果载荷沿周向也呈周期性变化，则问题相对比较简单，只要分析其中的一个子结构，就可以直接得到整个结构的解答。例如对图 5.25(b)所示的典型子结构，它的有限元求解方程 $\boldsymbol{Ka}=\boldsymbol{P}$ 可以表示成以下分块形式

$$\begin{bmatrix} \boldsymbol{K}_{AA} & \boldsymbol{K}_{AC} & \boldsymbol{K}_{AB} \\ \boldsymbol{K}_{AC}^T & \boldsymbol{K}_{CC} & \boldsymbol{K}_{CB} \\ \boldsymbol{K}_{AB}^T & \boldsymbol{K}_{CB}^T & \boldsymbol{K}_{BB} \end{bmatrix} \begin{Bmatrix} \boldsymbol{a}_A \\ \boldsymbol{a}_C \\ \boldsymbol{a}_B \end{Bmatrix} = \begin{Bmatrix} \boldsymbol{P}_A \\ \boldsymbol{P}_C \\ \boldsymbol{P}_B \end{Bmatrix} \tag{5.5.27}$$

其中 $\boldsymbol{a}_C, \boldsymbol{a}_A, \boldsymbol{a}_B$ 分别表示典型子结构的内部结点，$AA$ 边界结点和 $BB$ 边界结点的结点位移列阵，$\boldsymbol{P}_C, \boldsymbol{P}_A, \boldsymbol{P}_B$ 分别是对应的载荷列阵。刚度矩阵也作了相应的分块。

因为所有子结构形状完全相同，$AA$ 边界和 $BB$ 边界上结点分布也相同，因此，在载荷也呈周期性变化的情况下，如果在两条边界上各自建立相似的局部坐标(例如沿边界的切向和法向)，则在相似的局部坐标系中边界结点位移 $\boldsymbol{a}_A^*$ 和 $\boldsymbol{a}_B^*$ 应相同，即

$$\boldsymbol{a}_A^* = \boldsymbol{a}_B^* \tag{5.5.28}$$

若取结构的总体坐标系和子结构的一条边界 $AA$ 的局部坐标系相同(今后称该边界为子结构的主边界)，则有

$$\boldsymbol{a}_A = \boldsymbol{a}_A^*$$

利用 $BB$ 边界(称为从边界)的局部坐标系和总体坐标系之间的转换关系可以得到

$$\boldsymbol{a}_B = \boldsymbol{\lambda}\boldsymbol{a}_B^* = \boldsymbol{\lambda}\boldsymbol{a}_A^* = \boldsymbol{\lambda}\boldsymbol{a}_A \tag{5.5.29}$$

其中$\boldsymbol{\lambda}$ 是坐标转换矩阵。对于图 5.25(b)所示的情形，由于 $AA$ 边界和 $BB$ 边界之间的夹角为 $\psi(=1/3\pi)$，所以$\boldsymbol{\lambda}$ 可以表示为

$$\boldsymbol{\lambda} = \begin{bmatrix} \cos\psi & \sin\psi \\ -\sin\psi & \cos\psi \end{bmatrix} = \begin{bmatrix} \frac{1}{2} & \frac{1}{2}\sqrt{3} \\ -\frac{1}{2}\sqrt{3} & \frac{1}{2} \end{bmatrix} \tag{5.5.30}$$

将上述转换关系代入(5.5.27)式,并用$\boldsymbol{\lambda}^{\mathrm{T}}$前乘其第3式两端,则可以得到

$$\begin{bmatrix} \boldsymbol{K}_{AA} & \boldsymbol{K}_{AC} & \boldsymbol{K}_{AB}\boldsymbol{\lambda} \\ \boldsymbol{K}_{AC}^{\mathrm{T}} & \boldsymbol{K}_{CC} & \boldsymbol{K}_{CB}\boldsymbol{\lambda} \\ \boldsymbol{\lambda}^{\mathrm{T}}\boldsymbol{K}_{AB}^{\mathrm{T}} & \boldsymbol{\lambda}^{\mathrm{T}}\boldsymbol{K}_{CB}^{\mathrm{T}} & \boldsymbol{\lambda}^{\mathrm{T}}\boldsymbol{K}_{BB}\boldsymbol{\lambda} \end{bmatrix} \begin{Bmatrix} \boldsymbol{a}_A \\ \boldsymbol{a}_C \\ \boldsymbol{a}_A \end{Bmatrix} = \begin{Bmatrix} \boldsymbol{P}_A \\ \boldsymbol{P}_C \\ \boldsymbol{\lambda}^{\mathrm{T}}\boldsymbol{P}_B \end{Bmatrix} \tag{5.5.31}$$

现在独立的结点自由度只有$\boldsymbol{a}_C$和$\boldsymbol{a}_A$,因此上式中和$\boldsymbol{a}_A$相关的分块矩阵应予合并。这样一来,最后得到的子结构求解方程应表示成如下形式,即

$$\begin{bmatrix} \boldsymbol{K}_{AA}+\boldsymbol{K}_{BB}^{*}+\boldsymbol{K}_{AB}^{*}+\boldsymbol{K}_{AB}^{*\mathrm{T}} & \boldsymbol{K}_{AC}+\boldsymbol{K}_{CB}^{*\mathrm{T}} \\ \boldsymbol{K}_{AC}^{\mathrm{T}}+\boldsymbol{K}_{CB}^{*} & \boldsymbol{K}_{CC} \end{bmatrix} \begin{Bmatrix} \boldsymbol{a}_A \\ \boldsymbol{a}_C \end{Bmatrix} = \begin{Bmatrix} \boldsymbol{P}_A+\boldsymbol{P}_B^{*} \\ \boldsymbol{P}_C \end{Bmatrix} \tag{5.5.32}$$

其中上标“∗”表示经过坐标变换的矩阵:

$$\begin{aligned} &\boldsymbol{K}_{AB}^{*}=\boldsymbol{K}_{AB}\boldsymbol{\lambda} && \boldsymbol{K}_{AB}^{*\mathrm{T}}=\boldsymbol{\lambda}^{\mathrm{T}}\boldsymbol{K}_{AB}^{\mathrm{T}} \\ &\boldsymbol{K}_{BB}^{*}=\boldsymbol{\lambda}^{\mathrm{T}}\boldsymbol{K}_{BB}\boldsymbol{\lambda} && \boldsymbol{K}_{CB}^{*\mathrm{T}}=\boldsymbol{\lambda}^{\mathrm{T}}\boldsymbol{K}_{CB}^{\mathrm{T}} \\ &\boldsymbol{K}_{CB}^{*}=\boldsymbol{K}_{CB}\boldsymbol{\lambda} && \boldsymbol{P}_B^{*}=\boldsymbol{\lambda}^{\mathrm{T}}\boldsymbol{P}_B \end{aligned} \tag{5.5.33}$$

方程(5.5.32)式实质上代表了整个旋转周期结构的求解方程,因为利用此式的解答和旋转周期性可以得到整个结构的全部解答。

关于以上各表达式的推导,特别是(5.5.32)式中刚度矩阵的形式还可补充指出:

(1) 如果在形成刚度矩阵和求解方程时,采用的是圆柱坐标系,则主边界$AA$和从边界$BB$已处于相似的局部坐标系,可以不用坐标转换、而直接将条件$\boldsymbol{a}_B=\boldsymbol{a}_A$代入方程(5.5.27)式,这样最后得到的求解方程(5.5.32)式中上标“∗”将消失。

(2) 在通常的子结构的网格划分中,边界$AA$和边界$BB$之间是不直接相互耦合的(图5.25(b)即是此种情况),此时以上各式中$\boldsymbol{K}_{AB}=0$,方程可以适当简化。

2. 沿周向任意变化的载荷情况

对于沿周向任意变化的载荷情况,可以采用和轴对称体承受非轴对称载荷情况相类似的方法,将载荷在周向作Fourier展开。如果旋转周期结构是由$N$个形状完全相同的子结构所组成,参考(5.5.1)式,Fourier展开后,每一个子结构上的载荷可以表示成

$$R^{(j)}(r,z,\bar{\theta})=R_0(r,z,\bar{\theta})+\sum_{l=1}^{N-1}R_l(r,z,\bar{\theta})\cos\frac{(j-1)2\pi l}{N}+\sum_{l=1}^{N-1}\bar{R}_l(r,z,\bar{\theta})\sin\frac{(j-1)2\pi l}{N}$$

$$Z^{(j)}(r,z,\bar{\theta})=Z_0(r,z,\bar{\theta})+\sum_{l=1}^{N-1}Z_l(r,z,\bar{\theta})\cos\frac{(j-1)2\pi l}{N}+\sum_{l=1}^{N-1}\bar{Z}_l(r,z,\bar{\theta})\sin\frac{(j-1)2\pi l}{N}$$

$$T^{(j)}(r,z,\bar{\theta})=T_0(r,z,\bar{\theta})+\sum_{l=1}^{N-1}T_l(r,z,\bar{\theta})\cos\frac{(j-1)2\pi l}{N}+$$

$$\sum_{l=1}^{N-1}\overline{T}_l(r,z,\bar{\theta})\sin\frac{(j-1)2\pi l}{N}$$

$$(j=1,2,\cdots,N,\text{子结构编号})\tag{5.5.34}$$

其中 $\bar{\theta}$ 是从各个子结构起始边作为参考面定义的周向坐标。

需要指出的是，旋转周期 Fourier 展开和轴对称 Fourier 展开是有区别的。在轴对称中，Fourier 展开是以通过对称轴的 $rz$ 平面为基准进行的，相应的展开项数为无穷多，变量 $\theta$ 以三角函数的形式从场函数中完全分离出来，所以基准面内场函数仅是 $r,z$ 的函数而与 $\theta$ 无关。但在旋转周期中，Fourier 展开是以一个张角为 $2\pi/N$ 的子结构为基准进行的，展开式的各项系数不再只是 $r,z$ 的函数，而是 $r,z,\theta$ 的函数，不过 $\theta$ 被限制在一个子结构的范围内变化（用 $\tilde{\theta}$ 表示），因此分析需要在一个周向张开角为 $2\pi/N$ 的子结构内进行，即分析的仍是一个三维问题，只是分析域缩减为一个子结构。另外，由于旋转周期展开式中，$l=N,N+1,\cdots$ 将重复 $l=0,1,2,\cdots$ 的情况。因此，即使对于最一般的情况，展开式最多只包含 $N$ 项（即 $l=0,1,2,3,\cdots,N-1$），而不存在轴对称展开所遇到的项数截取问题。以后还将看到，利用 Fourier 系数的共轭性，实际的展开项数还可以再缩减一半左右。

由于结构不是轴对称的，对于载荷分布的各个 Fourier 阶次 $l$，不能将载荷区分为对称情况和反对称情况单独进行分析，并为进一步表达和运算方便，以下将引入复数表达形式。首先将(5.5.34)式改写成

$$\boldsymbol{P}^{(j)}=\begin{bmatrix}R^{(j)}\\Z^{(j)}\\T^{(j)}\end{bmatrix}=\sum_{l=0}^{N-1}\boldsymbol{F}_l\mathrm{e}^{-\mathrm{i}(j-1)\mu l}\tag{5.5.35}$$

$$(j=1,2,\cdots,N)$$

其中 $\boldsymbol{F}_l$ 是载荷的各阶 Fourier 系数，即有

$$\boldsymbol{F}_l=\begin{bmatrix}R_l\\Z_l\\T_l\end{bmatrix}+\mathrm{i}\begin{bmatrix}\overline{R}_l\\\overline{Z}_l\\\overline{T}_l\end{bmatrix}\tag{5.5.36}$$

$$\mathrm{e}^{-\mathrm{i}(j-1)\mu l}=\cos(j-1)\mu l-\mathrm{i}\sin(j-1)\mu l$$

$$\mathrm{i}=\sqrt{-1}\qquad\mu=\frac{2\pi}{N}$$

并约定 $\boldsymbol{P}^{(j)}$ 取右端项 $\sum_{l=1}^{N}\boldsymbol{F}_l e^{-\mathrm{i}(j-1)\mu l}$ 的实部。

整个结构上的载荷分布，从(5.5.35)式可以得到

$$\boldsymbol{P}=\begin{bmatrix}\boldsymbol{P}^{(1)}\\ \boldsymbol{P}^{(2)}\\ \vdots\\ \boldsymbol{P}^{(N)}\end{bmatrix}=\sum_{l=0}^{N-1}\begin{bmatrix}\boldsymbol{F}_l\\ \boldsymbol{F}_l\mathrm{e}^{-\mathrm{i}\mu l}\\ \vdots\\ \boldsymbol{F}_l\mathrm{e}^{-\mathrm{i}(N-1)\mu l}\end{bmatrix}=\sum_{l=0}^{N-1}\boldsymbol{\phi}_l\boldsymbol{F}_l=\sum_{l=0}^{N-1}\boldsymbol{P}_l \tag{5.5.37}$$

其中 $\boldsymbol{P}_l$ 是整个结构上的载荷各阶 Fourier 分量，$\boldsymbol{\phi}_l$是载荷各阶 Fourier 分量中各个子结构的相位关系向量。它们表示为

$$\boldsymbol{P}_l=\phi_l\boldsymbol{F}_l \qquad \boldsymbol{\phi}_l=\begin{bmatrix}\boldsymbol{I}_{3\times3}\\ \boldsymbol{I}\mathrm{e}^{-\mathrm{i}\mu l}\\ \vdots\\ \boldsymbol{I}\mathrm{e}^{-\mathrm{i}(N-1)\mu l}\end{bmatrix} \tag{5.5.38}$$

$$(l=0,1,2,\cdots,N-1)$$

(5.5.38)式表示，整个结构上的载荷 $\boldsymbol{P}$ 是由它的各阶 Fourier 分量 $\boldsymbol{P}_l$ 所组成，此式还可以进一步表示为

$$\boldsymbol{P}=\boldsymbol{\phi F} \tag{5.5.39}$$

其中

$$\boldsymbol{\phi}=[\boldsymbol{\phi}_0 \quad \boldsymbol{\phi}_1 \quad \cdots \quad \boldsymbol{\phi}_{N-1}] \qquad \boldsymbol{F}=\begin{bmatrix}\boldsymbol{F}_0\\ \boldsymbol{F}_1\\ \vdots\\ \boldsymbol{F}_{N-1}\end{bmatrix}$$

以下导出载荷的各阶 Fourier 系数 $\boldsymbol{F}_l$ 的计算表达式，为此(5.5.37)式两端前乘 $\boldsymbol{\phi}$ 的共轭矩阵 $\boldsymbol{\phi}^*$ 的转置矩阵 $\boldsymbol{\phi}^{*\mathrm{T}}$

$$\boldsymbol{\phi}^{*\mathrm{T}}=\begin{bmatrix}\boldsymbol{\phi}_0^{*\mathrm{T}}\\ \boldsymbol{\phi}_1^{*\mathrm{T}}\\ \vdots\\ \boldsymbol{\phi}_{N-1}^{*\mathrm{T}}\end{bmatrix} \tag{5.5.40}$$

其中 $\boldsymbol{\phi}_k^{*\mathrm{T}}=[\boldsymbol{I}_{3\times3} \quad \boldsymbol{I}\mathrm{e}^{\mathrm{i}\mu k} \quad \cdots \quad \boldsymbol{I}\mathrm{e}^{\mathrm{i}(N-1)\mu k}] \qquad (k=0,1,\cdots,N-1)$

由于

$$\sum_{j=0}^{N-1}\mathrm{e}^{\mathrm{i}(j-1)(k-l)\frac{2\pi}{N}}=\begin{cases}N & (k=l)\\ 0 & (k\neq l)\end{cases} \tag{5.5.41}$$

所以

$$\boldsymbol{\phi}^{*\mathrm{T}}\boldsymbol{\phi}=N\boldsymbol{I}_{3N\times3N} \tag{5.5.42}$$

于是得到计算 $\boldsymbol{F}$ 的表达式为

$$\boldsymbol{F}=\frac{1}{N}\boldsymbol{\phi}^{*\mathrm{T}}\boldsymbol{P} \tag{5.5.43}$$

或者写成

$$\boldsymbol{F}_l = \frac{1}{N}\sum_{j=1}^{N}\boldsymbol{P}^{(j)}\mathrm{e}^{\mathrm{i}(j-1)\mu l} \quad (l = 0,1,2,\cdots,N-1)$$

和载荷相类似，旋转周期结构上每一点的位移 $u,w,v$ 在周向也作 Fourier 展开，于是

$$\boldsymbol{a}^{(j)} = \begin{bmatrix} u^{(j)} \\ w^{(j)} \\ v^{(j)} \end{bmatrix} = \sum_{l=0}^{N-1}\boldsymbol{x}_l\mathrm{e}^{-\mathrm{i}(j-1)\mu l} \quad (j = 1,2,\cdots,N) \tag{5.5.44}$$

其中 $\boldsymbol{x}_l$ 是位移的各阶 Fourier 系数，即

$$\boldsymbol{x}_l = \begin{bmatrix} u_l \\ w_l \\ v_l \end{bmatrix} + \mathrm{i}\begin{bmatrix} \bar{u}_l \\ \bar{w}_l \\ \bar{v}_l \end{bmatrix} \quad (l = 0,1,2,\cdots,N-1)$$

整个结构上的位移参数 $\boldsymbol{a}$ 也可类似地表示成

$$\boldsymbol{a} = \begin{bmatrix} \boldsymbol{a}^{(1)} \\ \boldsymbol{a}^{(2)} \\ \vdots \\ \boldsymbol{a}^{(N)} \end{bmatrix} = \sum_{i=0}^{N-1}\begin{bmatrix} \boldsymbol{x}_l \\ \boldsymbol{x}_l\mathrm{e}^{-\mathrm{i}\mu l} \\ \vdots \\ \boldsymbol{x}_l\mathrm{e}^{-\mathrm{i}(N-1)\mu l} \end{bmatrix} = \sum_{l=0}^{N-1}\boldsymbol{\phi}_l\boldsymbol{x}_l = \sum_{l=0}^{N-1}\boldsymbol{a}_l \tag{5.5.45}$$

或者写成

$$\boldsymbol{a} = \boldsymbol{\phi}\boldsymbol{x} \tag{5.5.46}$$

其中

$$\boldsymbol{x} = \begin{bmatrix} \boldsymbol{x}_1 \\ \boldsymbol{x}_2 \\ \vdots \\ \boldsymbol{x}_N \end{bmatrix}$$

上式表示位移 $\boldsymbol{a}$ 也是由它的各阶 Fourier 分量 $\boldsymbol{a}_l$ 所组成。

类似轴对称体受非轴对称载荷情况，现在可以先求解对应载荷各阶的 Fourier 系数 $\boldsymbol{F}_l$ 的位移的 Fourier 系数 $\boldsymbol{x}_l$。进一步类似于受沿周向周期性载荷的情况，只要对一个典型子结构就可以建立求解 $\boldsymbol{x}_l$ 的方程，如仍以图 5.25 所示旋转周期结构为例，方程可表示如下：

$$\begin{bmatrix} \boldsymbol{K}_{AA} & \boldsymbol{K}_{AC} & \boldsymbol{K}_{AB} \\ \boldsymbol{K}_{AC}^{\mathrm{T}} & \boldsymbol{K}_{CC} & \boldsymbol{K}_{CB} \\ \boldsymbol{K}_{AB}^{\mathrm{T}} & \boldsymbol{K}_{CB}^{\mathrm{T}} & \boldsymbol{K}_{BB} \end{bmatrix}\begin{bmatrix} (\boldsymbol{x}_l)_A \\ (\boldsymbol{x}_l)_C \\ (\boldsymbol{x}_l)_B \end{bmatrix} = \begin{bmatrix} (\boldsymbol{F}_l)_A \\ (\boldsymbol{F}_l)_C \\ (\boldsymbol{F}_l)_B \end{bmatrix} \quad (l = 0,1,2,\cdots,N-1) \tag{5.5.47}$$

区别于周向周期性载荷情况的是，现在的从边界 $BB$ 和主边界 $AA$ 上结点位移的 Fourier 分量 $(\boldsymbol{x}_l)_B$ 和 $(\boldsymbol{x}_l)_A$ 在相似的局部坐标中不再相等，而是相差 $\mathrm{e}^{-\mathrm{i}\mu l}$（可以理解为边界 $BB$ 和边界 $AA$ 上的位移 Fourier 分量应满足旋转周期性的谐波约束）。即

$$(\boldsymbol{x}_l)_B^* = (\boldsymbol{x}_l)_A^* \mathrm{e}^{-\mathrm{i}\mu l} \tag{5.5.48}$$

如同周期性载荷情况的讨论，如果结构的总体坐标系和子结构边界 $AA$ 的局部坐标系相同，则利用边界 $BB$ 的局部坐标系和总体坐标系之间的转换关系可以得到

$$(\boldsymbol{x}_l)_B = \boldsymbol{\lambda}(\boldsymbol{x}_l)_B^* = \boldsymbol{\lambda}(\boldsymbol{x}_l)_A^* \mathrm{e}^{-\mathrm{i}\mu l} = \boldsymbol{\lambda}(\boldsymbol{x}_l)_A \mathrm{e}^{-\mathrm{i}\mu l} \tag{5.5.49}$$

将上述转换关系代入(5.5.47)式，并用$\boldsymbol{\lambda}^{\mathrm{T}}\mathrm{e}^{\mathrm{i}\mu l}$前乘其第3式。因为此时独立自由度只有$(\boldsymbol{x}_l)_A$ 和$(\boldsymbol{x}_l)_C$，可以将式中和$(\boldsymbol{x}_l)_A$ 相关的分块合并(参见(5.5.31)和(5.5.32)式)。最后得到的关于 $\boldsymbol{x}_l$ 的子结构求解方程表达式如下

$$\begin{bmatrix} \boldsymbol{K}_{AA} + \boldsymbol{K}_{BB}^* + \boldsymbol{K}_{AB}^* \mathrm{e}^{-\mathrm{i}\mu l} + \boldsymbol{K}_{AB}^{*\mathrm{T}} \mathrm{e}^{\mathrm{i}\mu l} & \boldsymbol{K}_{AC} + \boldsymbol{K}_{CB}^{*\mathrm{T}} \mathrm{e}^{\mathrm{i}\mu l} \\ \boldsymbol{K}_{AC}^{\mathrm{T}} + \boldsymbol{K}_{CB}^* \mathrm{e}^{-\mathrm{i}\mu l} & \boldsymbol{K}_{CC} \end{bmatrix} \begin{bmatrix} (\boldsymbol{x}_l)_A \\ (\boldsymbol{x}_l)_C \end{bmatrix}$$
$$= \begin{bmatrix} (\boldsymbol{F}_l)_A + (\boldsymbol{F}_l)_B^* \mathrm{e}^{\mathrm{i}\mu l} \\ (\boldsymbol{F}_l)_C \end{bmatrix} \quad (l = 0,1,2,\cdots,N-1) \tag{5.5.50}$$

其中上标“ * ”表示经过坐标转换的矩阵，各表达式同(5.5.33)式。以上求解方程可简化表示成

$$\widetilde{\boldsymbol{K}}_l \boldsymbol{x}_l = \boldsymbol{F}_l \quad (l = 0,1,2,\cdots,N-1) \tag{5.5.51}$$

需要指出的是此方程是复数方程。$\boldsymbol{x}_l$，$\boldsymbol{F}_l$ 是复数向量，$\widetilde{\boldsymbol{K}}_l$ 是复数矩阵，而且此矩阵是 Hermite 矩阵，可以将它表示成

$$\widetilde{\boldsymbol{K}}_l = (\widetilde{\boldsymbol{K}}_l)_r + \mathrm{i}(\widetilde{\boldsymbol{K}}_l)_i \tag{5.5.52}$$

$(\widetilde{\boldsymbol{K}}_l)_r$ 和$(\widetilde{\boldsymbol{K}}_l)_i$ 分别是$\widetilde{\boldsymbol{K}}_l$ 的实部和虚部，则有

$$(\widetilde{\boldsymbol{K}}_l^{\mathrm{T}})_r = (\widetilde{\boldsymbol{K}}_l)_r \qquad (\widetilde{\boldsymbol{K}}_l^{\mathrm{T}})_i = -(\widetilde{\boldsymbol{K}}_l)_i \tag{5.5.53}$$

将 $\boldsymbol{x}_l$ 和 $\boldsymbol{F}_l$ 也分成实部和虚部，并将(5.5.51)式展开成实部和虚部两个方程，则得到系数矩阵为实数对称矩阵的下列方程组

$$\begin{bmatrix} (\widetilde{\boldsymbol{K}}_l)_r & (\widetilde{\boldsymbol{K}}_l^{\mathrm{T}})_i \\ (\widetilde{\boldsymbol{K}}_l)_i & (\widetilde{\boldsymbol{K}}_l)_r \end{bmatrix} \begin{bmatrix} (\boldsymbol{x}_l)_r \\ (\boldsymbol{x}_l)_i \end{bmatrix} = \begin{bmatrix} (\boldsymbol{F}_l)_r \\ (\boldsymbol{F}_l)_i \end{bmatrix} \quad (l = 0,1,2,\cdots,N-1) \tag{5.5.54}$$

因为(5.5.51)式是复数方程，实际求解(5.5.54)式时，未知量增加了一倍。

还应当指出，实际计算中并不需要对全部($l=0,1,2,\cdots,N-1$)的 Fourier 系数 $\boldsymbol{F}_l$ 求解，这是由于利用(5.4.43)式可以得到

$$\boldsymbol{F}_{N-l} = \frac{1}{N}\sum_{j=1}^{N} \boldsymbol{P}^{(j)} \mathrm{e}^{\mathrm{i}(j-1)\mu(N-l)} = \frac{1}{N}\sum_{j=1}^{N} \boldsymbol{P}^{(j)} \mathrm{e}^{-\mathrm{i}(j-1)\mu l} \mathrm{e}^{\mathrm{i}(j-1)uN}$$
$$= \frac{1}{N}\sum_{j=1}^{N} \boldsymbol{P}^{(j)} \mathrm{e}^{-\mathrm{i}(j-1)\mu l} = \boldsymbol{F}_l^* \tag{5.5.55}$$

式中 $\boldsymbol{F}_l^*$ 是 $\boldsymbol{F}_l$ 的共轭，因此只要对于部分的 $l$ 求解。$l$ 的取值如下：

当 $N=$ 奇数 $\qquad l = 0,1,2,\cdots,\dfrac{N-1}{2}$

当 $N=$ 偶数　　$l=0,1,2,\cdots,\frac{N}{2}$　　(5.5.56)

当求得 $\boldsymbol{x}_l$ 的解答以后，各个子结构的位移解答利用(5.5.44)，(5.5.45)和(5.5.55)等式可以具体表达如下：

当 $N$ 是奇数时

$$\boldsymbol{a}^{(j)}=\begin{pmatrix}u^{(j)}\\w^{(j)}\\v^{(j)}\end{pmatrix}=\boldsymbol{x}_0+\sum_{l=1}^{\frac{1}{2}(N-1)}\left[\boldsymbol{x}_l\mathrm{e}^{-\mathrm{i}(j-1)\mu l}+\boldsymbol{x}_l^*\mathrm{e}^{\mathrm{i}(j-1)\mu l}\right]$$

$$=\boldsymbol{x}_0+2\sum_{l=1}^{\frac{1}{2}(N-1)}\left[(\boldsymbol{x}_l)_r\cos(j-1)\mu l+(\boldsymbol{x}_l)_i\sin(j-1)\mu l\right]$$

$$=\begin{pmatrix}u_0\\w_0\\v_0\end{pmatrix}+2\sum_{l=1}^{\frac{1}{2}(N-1)}\left[\begin{pmatrix}u_l\\w_l\\v_l\end{pmatrix}\cos(j-1)\mu l+\begin{pmatrix}\bar{u}_l\\\bar{w}_l\\\bar{v}_l\end{pmatrix}\sin(j-1)\mu l\right]$$

$$(j=1,2,\cdots,N)\tag{5.5.57}$$

当 $N$ 为偶数时，经类似步骤可得

$$\boldsymbol{a}^{(j)}=\begin{pmatrix}u^{(j)}\\w^{(j)}\\v^{(j)}\end{pmatrix}=\begin{pmatrix}u_0\\w_0\\v_0\end{pmatrix}+(-1)^{j+1}\begin{pmatrix}u_{N/2}\\w_{N/2}\\v_{N/2}\end{pmatrix}+$$

$$2\sum_{l=1}^{\frac{N}{2}-1}\left[\begin{pmatrix}u_l\\w_l\\v_l\end{pmatrix}\cos(j-1)\mu l+\begin{pmatrix}\bar{u}_l\\\bar{w}_l\\\bar{v}_l\end{pmatrix}\sin(j-1)\mu l\right]\tag{5.5.58}$$

$$(j=1,2,\cdots,N)$$

由于 $\boldsymbol{F}_0$ 和 $\boldsymbol{F}_{N/2}$(当 $N=$ 偶数)只有实部，所以相应的 $\boldsymbol{x}_0$ 和 $\boldsymbol{x}_{N/2}$(当 $N=$ 偶数)也只有实部，而且 $l=0$ 就是前面讨论的载荷沿周向呈周期性变化的情况。在解得位移以后，可以按通常的步骤计算应变和应力。

## 5.6 非协调元和分片试验

在本章 5.2 节关于有限元模型建立的讨论中，曾指出对于一些情况可以采用特殊单元。例如裂纹尖端的奇异性应力场的分析采用断裂力学单元，无限域、半无限域问题的分析采用无限元。这些区别于常规位移元的采用，可以有效地提高分析的精度和效率。由于本书篇幅的限制，不能对它们一一作专门的讨论。本节将讨论一种对于改善常规线性单元性能，特别是对其用于弯曲应力状态分析时的性能改善具有重要意义的 Wilson 非协调元。同时由于与它相联系的有关分片试验的内容，在有限元方法中有着较普遍的意义，故在本节中也将对它进行介绍和分析。

等参元有良好的适应性和表达格式的简明性，因而得到广泛的应用，但是从严格的意义上说，它的精度和效率仍是不够高的。以二维单元为例，双线性单元有4个结点，对应的插值函数中包含下列4项：$1,\xi,\eta,\xi\eta$；二次单元有8个结点，对应的插值函数中包含下列8项：$1,\xi,\eta,\xi^2,\xi\eta,\eta^2,\xi^2\eta,\xi\eta^2$。这些插值函数中所包含的完全多项式分别只是一次的和二次的，它们所要求的自由度分别是3和6，即只需要单元的结点数是3和6。就构成决定单元精度的完全多项式而言，其有效的结点数分别只是3个和6个。从这个意义上说，二维四边形等参元中有1/4的结点自由度是不必要的。另一方面，插值函数中非完全的高次项一般说来对改善精度作用不大，而且有时还可能起相反的作用。所以从这个意义上来讲，等参元的精度在给定自由度的条件下是不够理想的。上述缺点对三维等参元来说将更明显。因为在三维坐标中，一次完全多项式是4项：$1,\xi,\eta,\zeta$；二次完全多项式是10项：$1,\xi,\eta,\zeta,\xi^2,\eta^2,\zeta^2,\xi\eta,\xi\zeta,\eta\zeta$，而三维六面体线性单元和二次单元却分别具有8个和20个结点，也即三维等参元中有1/2的结点自由度对计算精度是无贡献的。因此，E. Wilson 提出的二维和三维的非协调等参元，对改进等参元的计算精度和提高计算效率是很有意义的，特别是对于三维问题的有限元分析。

现在讨论二维双线性单元在表示纯弯应力状态时出现的问题。由于二维双线性单元的插值函数中包含有非完全的二次项 $\xi\eta$，因此用它表示纯弯曲应力时，出现明显的误差。图5.26(a)表示受纯弯作用的矩形单元，其精确位移解答如图5.26(b)所示，并可表达如下

$$\begin{aligned} u &= \alpha xy \\ v &= \frac{1}{2}\alpha(a^2 - x^2) + \frac{1}{2}\alpha\nu(b^2 - y^2) \end{aligned} \tag{5.6.1}$$

利用平面问题的几何关系和物理关系可以得到

$$\sigma_x = \alpha E y \qquad \sigma_y = \tau_{xy} = 0 \tag{5.6.2}$$

这表示单元处于纯弯应力状态，从而证明了(5.6.1)式的位移模式是精确满足纯弯应力状态的。

如果用一个线性矩形单元去模拟上述受力状态，得到的位移将如图5.26(c)所示，即

$$u = \alpha xy \quad v = 0 \tag{5.6.3}$$

所以(5.6.1)式的第二式位移 $v$ 的表达式实际上表示了利用一个双线性单元模拟纯弯应力状态时所出现的误差。由(5.6.3)式表示的位移模式计算得到的剪应力 $\tau_{xy}$ 以及正应力 $\sigma_y$ 表示于图5.26(d)和(e)。导致误差的原因是缺少完全的二次多项式，即缺少 $x^2$ 项和 $y^2$ 项。

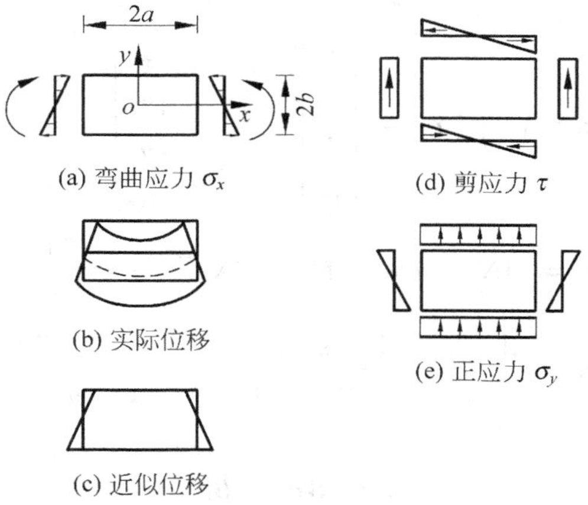


图5.26 受纯弯作用的矩形单元

## 5.6.1 Wilson 非协调元

为了改善二维双线性单元的性质，提高其精度，Wilson 提出在单元的位移插值函数中附加内部无结点的位移项[9]。当单元是等参元，采用自然坐标时，此附加项为 $\alpha_1(1-\xi^2)$ 和 $\alpha_2(1-\eta^2)$。从形式上看，这两项和(5.6.1)式第二式所包含的项次相同。而它们正是利用二维双线性单元模拟纯弯应力状态时造成误差的原因所在。增加附加项后就有可能通过适当调整系数 $\alpha_1$ 和 $\alpha_2$ 使误差降到最小。从数学上看，是通过引入 $\xi^2$ 和 $\eta^2$ 项，使插值函数中的二次项趋于完备，从而达到提高计算精度的目的。

可以看到附加项 $\alpha_1(1-\xi^2)$ 和 $\alpha_2(1-\eta^2)$ 的位移，在二维双线性单元的4个结点上都取零值，即它对结点位移没有影响，而只对单元内部的位移起了调整作用。这种仅在单元内部定义的附加项中的待定参数 $\alpha_1$ 和 $\alpha_2$ 称为内部自由度。

包含附加的无结点位移项的单元位移插值表示如下

$$u = \sum_{i=1}^{4} N_i u_i + \alpha_1(1-\xi^2) + \alpha_2(1-\eta^2)$$

$$v = \sum_{i=1}^{4} N_i v_i + \alpha_3(1-\xi^2) + \alpha_4(1-\eta^2) \tag{5.6.4}$$

其中 $\alpha_1,\alpha_2,\alpha_3,\alpha_4$ 为内部自由度；并且

$$N_i = \frac{1}{4}(1+\xi_i\xi)(1+\eta_i\eta) \quad (i=1,2,3,4)$$

将(5.6.4)式表示成矩阵形式

$$\boldsymbol{u} = \boldsymbol{N}\boldsymbol{a}^e + \overline{\boldsymbol{N}}\boldsymbol{\alpha}^e \tag{5.6.5}$$

其中

$$\boldsymbol{u}=\begin{pmatrix}u\\v\end{pmatrix}\quad \boldsymbol{a}^e=\begin{pmatrix}u_1\\v_1\\\vdots\\v_4\end{pmatrix}\quad \boldsymbol{\alpha}^e=\begin{pmatrix}\alpha_1\\\alpha_2\\\alpha_3\\\alpha_4\end{pmatrix}$$

$$\boldsymbol{N}=[\boldsymbol{I}N_1\quad \boldsymbol{I}N_2\quad \boldsymbol{I}N_3\quad \boldsymbol{I}N_4]\quad \boldsymbol{I}=\begin{bmatrix}1&0\\0&1\end{bmatrix}$$

$$\overline{\boldsymbol{N}}=\begin{bmatrix}1-\xi^2&1-\eta^2&0&0\\0&0&1-\xi^2&1-\eta^2\end{bmatrix}$$

代入几何关系可以得到

$$\boldsymbol{\varepsilon}=\boldsymbol{B}\boldsymbol{a}^e+\overline{\boldsymbol{B}}\boldsymbol{\alpha}^e \tag{5.6.6}$$

将 $\boldsymbol{u}$,$\boldsymbol{\varepsilon}$ 等代入位能泛函 $\Pi_p$ 并按照通常的步骤使泛函变分为零,可以得到

$$\begin{bmatrix}\boldsymbol{K}_{uu}^e&\boldsymbol{K}_{u\alpha}^e\\\boldsymbol{K}_{\alpha u}^e&\boldsymbol{K}_{\alpha\alpha}^e\end{bmatrix}\begin{pmatrix}\boldsymbol{a}^e\\\boldsymbol{\alpha}^e\end{pmatrix}=\begin{pmatrix}\boldsymbol{P}_u^e\\\boldsymbol{P}_\alpha^e\end{pmatrix} \tag{5.6.7}$$

其中

$$\boldsymbol{K}_{uu}^e=\int_{V^e}\boldsymbol{B}^{\mathrm{T}}\boldsymbol{D}\boldsymbol{B}\,\mathrm{d}V$$

(是原4结点双线性单元的刚度矩阵)

$$\begin{aligned}\boldsymbol{K}_{u\alpha}^e&=(\boldsymbol{K}_{\alpha u}^e)^{\mathrm{T}}=\int_{V^e}\boldsymbol{B}^{\mathrm{T}}\boldsymbol{D}\overline{\boldsymbol{B}}\,\mathrm{d}V\\\boldsymbol{K}_{\alpha\alpha}^e&=\int_{V^e}\overline{\boldsymbol{B}}^{\mathrm{T}}\boldsymbol{D}\overline{\boldsymbol{B}}\,\mathrm{d}V\\\boldsymbol{P}_u^e&=\int_{V^e}\boldsymbol{N}^{\mathrm{T}}\boldsymbol{f}\,\mathrm{d}V+\int_{S_\sigma^e}\boldsymbol{N}^{\mathrm{T}}\boldsymbol{T}\,\mathrm{d}S\\\boldsymbol{P}_\alpha^e&=\int_{V^e}\overline{\boldsymbol{N}}^{\mathrm{T}}\boldsymbol{f}\,\mathrm{d}V+\int_{S_\sigma^e}\overline{\boldsymbol{N}}^{\mathrm{T}}\boldsymbol{T}\,\mathrm{d}S\end{aligned} \tag{5.6.8}$$

从(5.6.7)式的第2式可以解出

$$\boldsymbol{\alpha}^\alpha=(\boldsymbol{K}_{\alpha\alpha}^e)^{-1}[\boldsymbol{P}_\alpha^e-\boldsymbol{K}_{\alpha u}^e\boldsymbol{a}^e] \tag{5.6.9}$$

利用上式消去(5.6.7)式第1式中的内部自由度 $\boldsymbol{\alpha}$,则得到凝聚后的单元求解方程为

$$\boldsymbol{K}^e\boldsymbol{a}^e=\boldsymbol{P}^e \tag{5.6.10}$$

其中

$$\boldsymbol{K}^e=\boldsymbol{K}_{uu}^e-\boldsymbol{K}_{u\alpha}^e(\boldsymbol{K}_{\alpha\alpha}^e)^{-1}\boldsymbol{K}_{\alpha u}^e$$

$$\boldsymbol{P}^e=\boldsymbol{P}_u^e-\boldsymbol{K}_{u\alpha}^e(\boldsymbol{K}_{\alpha\alpha}^e)^{-1}\boldsymbol{P}_\alpha^e$$

此即包含附加内部位移项的单元刚度矩阵和载荷列阵。它是在原单元刚度矩阵和载荷列阵内增加了修正项得到的。消去内部自由度以及修正单元刚度矩阵和载荷列阵都是在单元分析过程中进行的,此过程称为内部自由度的凝聚。经凝聚后,单元的自由度仍是原四

边形单元的自由度，以后的分析和计算步骤也和标准的解题步骤相同。顺带指出：在通常不存在体积力（即 $\boldsymbol{f}\equiv 0$）的情况下，$\boldsymbol{P}_\alpha^e$ 中的第 2 项也一并略去，可减少计算工作量，而计算结果表明，对精度没有什么影响。

现仍以例 5.1 中的悬臂梁为例，说明 4 结点单元增加内部自由度后对精度的改进。对于两种不同载荷和网格划分，如图 5.27 所示。采用两种单元的计算结果列于表 5.3。在现在的载荷和网格划分情况下，原线性单元，即无内部自由度单元的计算精度是相当差的。将改进后的，即具有内部自由度的单元和精确解比较，可以看到计算精度有显著的提高。

**表 5.3　悬臂梁计算结果**

| 解题方法 | $j$ 点位移 | | $i$ 点弯曲应力 | |
|---|---|---|---|---|
| | 载荷 $A$ | 载荷 $B$ | 载荷 $A$ | 载荷 $B$ |
| 理论解 | 100.0 | 103.0 | 3 000 | 4 050 |
| 协调元网格 1 | 68.1 | 70.1 | 2 222 | 3 330 |
| 协调元网格 2 | 70.6 | 72.3 | 2 244 | 3 348 |
| 非协调元网格 1 | 100.0 | 101.5 | 3 000 | 4 050 |
| 非协调元网格 2 | 100.0 | 101.3 | 3 000 | 4 050 |

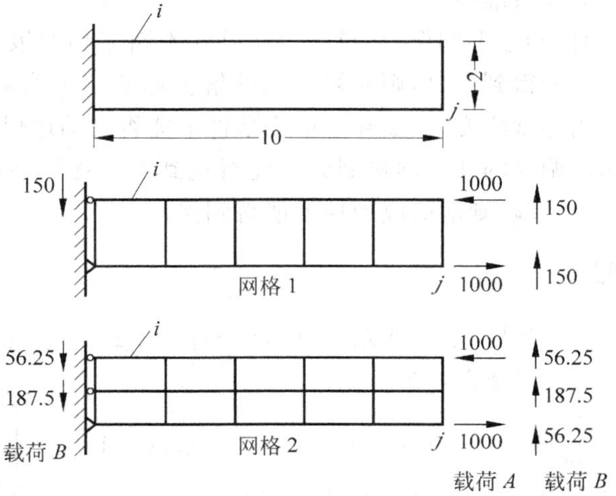


图 5.27　悬臂梁网格划分及载荷情况

和内部自由度相关的附加位移项在单元中引起的位移表示在图 5.28 中。$\alpha_1(1-\xi^2)$ 和 $\alpha_3(1-\xi^2)$ 项在单元 $\eta=\pm 1$ 的边界上呈二次抛物线变化。$\alpha_2(1-\eta^2)$ 和 $\alpha_4(1-\eta^2)$ 项则在单元 $\xi=\pm 1$ 的边界上呈二次抛物线变化。$\alpha_1, \alpha_2, \alpha_3, \alpha_4$ 是在单元内部定义的内部自由度，所以这些附加位移项在单元与单元的交界面上是不保证协调的，也就是说由于单元内

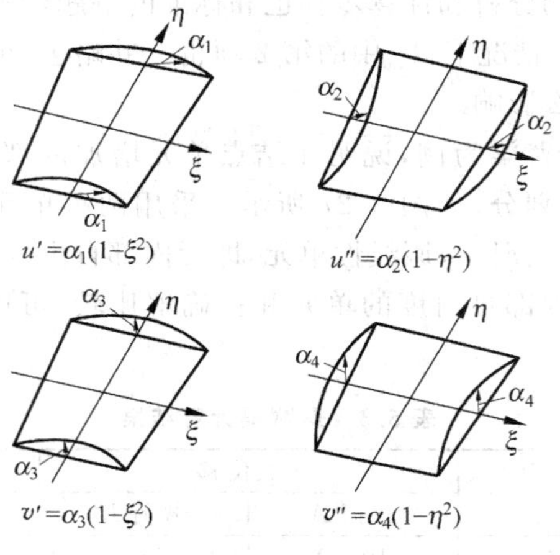


$u'$、$u''$、$v'$、$v''$ 为附加非协调项引起的单元位移

图 5.28 二次非协调位移模式

增加了附加位移项而致使单元之间不能保证在交界面上位移的连续性。这些附加位移项称之为非协调项。引入非协调位移项的单元称为非协调元。显然非协调元是违反 2.4 节中讨论过的有限元解的收敛准则的。

然而，可以证明，对于 $C_0$ 型问题，如果在单元尺寸不断缩小的极限情况（应变趋于常应变）下，位移的连续性能得到恢复，则非协调元的解仍然趋于正确解。因此问题转换为检验非协调元是否能描述常应变，以及在常应变条件下能否自动地保证位移的连续性。

为了检验采用非协调元的任意网格划分时能否达到上述连续性的要求，可以进行分片试验。若能通过分片试验，则解的收敛性就能得到保证。

## 5.6.2 分片试验

考虑一任意的单元片如图 5.29 所示，其中至少有一个结点是完全被单元所包围的，如图中的结点 $i$，结点 $i$ 的平衡方程为

$$\sum_{e=1}^{m}(\boldsymbol{K}_{ij}^{e}\boldsymbol{a}_{j}-\boldsymbol{P}_{i}^{e})=0 \tag{5.6.11}$$

其中 $m$ 是单元片包含的单元数，结点 $j$ 代表单元片内包括 $i$ 结点在内的所有结点。

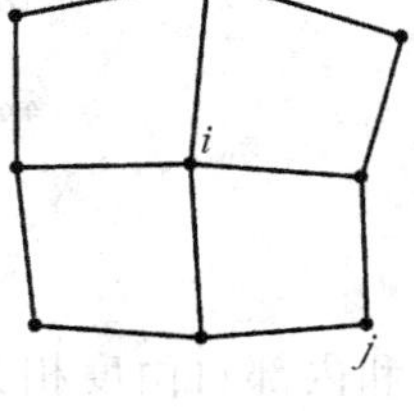


图 5.29 单元片

分片试验是指：当赋予单元片各个结点以与常应变状态相应的位移值和载荷值时，校验(5.6.11)式是否满足。如能满足，则认为通过分片试验，也就是单元能满足常应变要求，因此当单元尺寸不断缩小时，有限元解能够收敛于精确解。

例如在平面问题中，与常应变相应的位移是线性位移，即

$$u = \beta_1 + \beta_2 x + \beta_3 y \quad v = \beta_4 + \beta_5 x + \beta_6 y \tag{5.6.12}$$

赋予各结点以与常应变状态相应的位移，即令结点位移为

$$u_j = \beta_1 + \beta_2 x_j + \beta_3 y_j \quad v_j = \beta_4 + \beta_5 x_j + \beta_6 y_j \tag{5.6.13}$$

由平面问题的方程可知，与常应变（也相当于常应力）状态相应的载荷条件应有体积力为零，同时在 $i$ 结点上也不能作用集中力（包括面积力的等效力），因此 $\boldsymbol{P}_i^e$ 也必须为零。所以此时，通过分片试验的要求是：当赋予各结点以(5.6.13)式所示位移时，下式仍成立。

$$\sum_{e=1}^{m} \boldsymbol{K}_{ij}^e \boldsymbol{a}_j = 0 \tag{5.6.14}$$

如果上式不成立，说明当单元片各结点具有与常应变状态相应的位移时，结点 $i$ 不能保持平衡。必须在结点 $i$ 施加相应的外载荷，即给 $i$ 结点以某种约束，平衡才能维持。这就说明这种非协调元不能满足常应变的要求。为满足常应变的要求就必须施加必要的约束力，该约束力所做的功等于单元交界面上位移不协调而引起的附加应变能。

分片试验的另一提法是：当分片的边界结点赋予和常应变相应的位移值时，求解方程(5.6.14)式，得到分片的内部结点 $i$ 的位移值 $\boldsymbol{a}_i$，如果 $\boldsymbol{a}_i$ 和常应变状态相一致，则认为通过分片试验。如果 $\boldsymbol{a}_i$ 与常应变状态不一致，则认为通不过分片试验。通常认为前一种提法应用更方便些，因为后一种提法要涉及矩阵求逆的计算。

现在来研究 Wilson 的 4 结点平面非协调元通过分片试验的条件。这种非协调元的位移插值表示式是(5.6.4)式。我们知道，当单元的位移插值不包含非协调项时（即 $\alpha_1 = \alpha_2 = \alpha_3 = \alpha_4 = 0$），是满足收敛条件的，当然也必定通得过分片试验。因此，当单元片各结点赋予与常应变相应的(5.6.13)式的位移值时，应有 $\alpha_1 = \alpha_2 = \alpha_3 = \alpha_4 = 0$。另一方面从(5.6.9)式及(5.6.8)式可知

$$\boldsymbol{\alpha}^e = -(\boldsymbol{K}_{\alpha\alpha}^e)^{-1}\boldsymbol{K}_{\alpha u}^e \boldsymbol{a}^e = -(\boldsymbol{K}_{\alpha\alpha}^e)^{-1}\int_{V^e} \overline{\boldsymbol{B}}^{\mathrm{T}} \boldsymbol{D}\boldsymbol{B}\,\mathrm{d}V \boldsymbol{a}^e \tag{5.6.15}$$

并将与常应变状态相应的结点位移记为 $(\boldsymbol{a}^e)_l$，则有

$$\boldsymbol{a}^e = (\boldsymbol{a}^e)_l \tag{5.6.16}$$

因此，通过分片试验的要求是

$$\boldsymbol{\alpha}^e = -(\boldsymbol{K}_{\alpha\alpha}^e)^{-1}\int_{V^e} \overline{\boldsymbol{B}}^{\mathrm{T}} \boldsymbol{D}\boldsymbol{B}\,\mathrm{d}V (\boldsymbol{a}^e)_l = 0 \tag{5.6.17}$$

又因为 $\boldsymbol{K}_{\alpha\alpha}^e$ 是非奇异的（因为附加位移不存在刚体移动），其逆 $(\boldsymbol{K}_{\alpha\alpha}^e)^{-1}$ 存在。同时还因为和常应变相应的应力是常应力，即

$$\boldsymbol{D}\boldsymbol{B}(\boldsymbol{a}^e)_l = \boldsymbol{\sigma}_l \tag{5.6.18}$$

是常应力状态。所以，通过分片试验的要求可以由(5.6.17)式简化为

$$\int_{V^e} \overline{\boldsymbol{B}}^{\mathrm{T}} \mathrm{d}V \equiv \int_{-1}^{1}\int_{-1}^{1} \overline{\boldsymbol{B}}^{\mathrm{T}} \mid \boldsymbol{J} \mid \mathrm{d}\xi \mathrm{d}\eta = 0 \tag{5.6.19}$$

其中$|\boldsymbol{J}|$是单元相应等参变换的Jacobi矩阵的行列式。

如将上式的被积函数按显式展开，它将包含下列各项：$\xi(\partial x/\partial\xi)$，$\xi(\partial x/\partial\eta)$，$\xi(\partial y/\partial\xi)$，$\xi(\partial y/\partial\eta)$，$\eta(\partial x/\partial\xi)$，$\eta(\partial x/\partial\eta)$，$\eta(\partial y/\partial\xi)$，$\eta(\partial y/\partial\eta)$。其中

$$x=\sum_{i=1}^{4}N_i x_i \quad y=\sum_{i=1}^{4}N_i y_i$$

式中插值函数是

$$N_i=\frac{1}{4}(1+\xi_i\xi)(1+\eta_i\eta)$$

可以验证，当单元是平行四边形（包括矩形）时，$\partial x/\partial\xi$，$\partial x/\partial\eta$，$\partial y/\partial\xi$，$\partial y/\partial\eta$都是常数，因此$|\boldsymbol{J}|$也是常数。这样一来，(5.6.19)式将得到满足。也就是说当网格划分是矩形或平行四边形单元时，非协调元能通过分片试验。当单元尺寸不断减小，非协调元的解答将收敛于精确解。

当然，在实际应用中如果限制单元的形状只能是平行四边形或矩形，那是很不方便而且也是不现实的。为了使非协调元在任意四边形的单元中也能通过分片试验，Wilson建议在计算$\boldsymbol{K}_{\alpha u}^{e}$时，$\partial x/\partial\xi$，$\partial x/\partial\eta$，$\partial y/\partial\xi$，$\partial y/\partial\eta$取单元中心($\xi=\eta=0$)处的数值来代替单元中各点不同的各个偏导数值，因此单元中$|\boldsymbol{J}|$仍是常数。这样一来(5.6.19)式将恒被满足，也就达到了通过分片试验的要求。实践证明效果良好。

Wilson还将上述4结点平面非协调元的想法推广到8结点和20结点的三维元以及16结点的厚壳元上。例如8结点三维非协调元的位移插值表达式是：

$$\begin{aligned}u&=\sum_{i=1}^{8}N_i u_i+\alpha_1\overline{N}_1+\alpha_2\overline{N}_2+\alpha_3\overline{N}_3\\ v&=\sum_{i=1}^{8}N_i v_i+\alpha_4\overline{N}_1+\alpha_5\overline{N}_2+\alpha_6\overline{N}_3\\ w&=\sum_{i=1}^{8}N_i w_i+\alpha_7\overline{N}_1+\alpha_8\overline{N}_2+\alpha_9\overline{N}_3\end{aligned} \tag{5.6.20}$$

其中

$$\begin{aligned}&N_i=\frac{1}{8}(1+\xi_i\xi)(1+\eta_i\eta)(1+\zeta_i\zeta)\\ &\overline{N}_1=(1-\xi^2)\quad \overline{N}_2=(1-\eta^2)\quad \overline{N}_3=(1-\zeta^2)\end{aligned} \tag{5.6.21}$$

由于引入了非协调项，使三维8结点单元中插值函数的二次项完全了，从而提高了单元精度。这种三维8结点的非协调元在计算中可以达到与三维20结点协调元同级的计算精度，但是前者的结点数只是后者的2/5。众所周知，在有限元分析中，计算量最大的运算是求解系统的平衡方程，而解方程的运算量是与结点数的三次方成正比的。所以采用三维非协调元的效果是很显著的。在许多实际结构的三维有限元分析中已经广泛地采用这种单元。与二维非协调元类似，这种单元通过分片试验的条件是单元形状应是平行

六面体。对于一般形状的单元亦和二维单元类同，计算 $\boldsymbol{K}_{\alpha u}^{e}$ 时，$\partial x/\partial\xi,\partial x/\partial\eta,\partial x/\partial\zeta,\cdots$ 采用单元中心（$\xi=\eta=\zeta=0$）处的数值来近似，强迫单元通过分片试验。

## 5.7 小结

本章讨论了有限元分析中有关有限元模型的建立和应力结果的处理与改善这两个方面的若干实际考虑。在 5.2 节关于有限元模型建立的讨论中可以认识到，对于一个实际问题的物理和力学行为的理解是建立合理的有限元模型的前提，注意借鉴别人的经验和积累自己的经验也是必要而有益的。讨论中提到的仅是单元选择和网格划分中应注意的一般原则，可以作为实际分析时的参考。其中疏密网格过渡面上的位移协调性的保持则是必须遵守的。采用不过分歪曲的不规则形状的单元过渡，以及采用多点约束方程的方法以保证界面上的协调是常用的两种方法。

在 5.3 节中讨论了应力结果的处理和改善。重要的是需要认识基于最小位能原理的位移元的应力结果的性质和特点，只有在此基础上才能建立起合理的应力结果的处理和改善方法。讨论中所介绍的几种常用方法可供实际分析时采用。关于建立于应力结果性质认识和误差估计基础上的自适应分析是当前有限元方法发展中值得重视的课题，不少的大型通用有限元程序中已具有自适应分析的功能。

在 5.4 节所讨论的子结构方法中，两个重要的问题是：子结构的合理选择和划分，以及内部自由度的凝聚方法和坐标转换的方法。将子结构方法推广用于动力分析形成动力子结构法（又称模态综合法），可以大幅度地缩减系统分析的自由度，提高计算效率，是复杂系统动力分析最基本的有效方案之一。这将在第 13 章中进行讨论。

5.5 节讨论了在建立计算模型的过程中如何利用结构的对称性和周期性的方法。结构面对称性的利用中重要的是要分清位移对于该对称面的对称分量和反对称分量。结构轴对称性的利用中重要的是要掌握对各载荷分量和各位移分量进行 Fourier 展开和合成的方法，从而使三维问题简化为通过对称轴的平面上的二维问题。结构旋转周期性的利用可以看成是轴对称性的推广，不同的是最后只能将问题缩减为一个典型子结构的三维问题。重要的是要正确描述此子结构和其前后相邻子结构交界面上的位移约束条件。在载荷不具有相同周期性的条件下，此约束条件是复数形式，导致最后的求解方程也是复数形式的。旋转周期子结构方法对于这类结构的动力分析具有更广泛的实际意义。

5.6 节讨论的非协调元本是单元的一种形式，从改善单元性能和提高计算效率的实际目的出发故放在本章进行讨论。它在应用中的重要问题是内部自由度凝聚和计算的方法，以及单元收敛性条件的保证。5.6 节所引入的分片试验不仅对 Wilson 非协调元，而且对其他各种非协调元收敛性条件的检查和建立具有普遍意义。此外，从实际应用出发，在有限元分析中，还常引用一些其他形式的特殊单元，例如断裂力学分析中的奇异元，结构与基础或与流体相互作用分析中的无限元等，限于篇幅，本书不能一一列举和讨论。

除以上几个问题而外，有限元分析中方程组的求解方法对整个计算的精度和效率有重要影响，这将在下一章专门讨论。关于有限元分析程序的组成和前后处理的有关技术将在第 7 章专门讨论，并给出一个教学性的二维问题程序作为范例。

## 关键概念

| | | |
|---|---|---|
| 网格过渡的协调性 | 多点约束方程 | 应力解的近似性 |
| 最佳应力点 | 应力磨平 | 误差估计 |
| 自适应分析 | 子结构方法 | 内部自由度凝聚 |
| 结构的对称性 | 结构的周期性 | 主从边界约束 |
| 非协调元 | 分片试验 | |

## 复习题

**5.1** 有哪几种方法可用于实现疏密网格的过渡？什么情况下要引入多点约束方程？为什么？如何引入？

**5.2** 位移元的应力结果具有什么性质？其近似性如何表现？为什么如此表现？

**5.3** 位移元应力解的最佳点在单元内什么位置？最佳点的应力具有什么特点？此特点在什么情况下是严格成立的？什么情况下只能是近似的？

**5.4** 有哪几种常用方法可用于改进应力结果？各自有什么优缺点？

**5.5** 如何对有限元解的误差作出估计？

**5.6** 什么是自适应分析方法？用什么方法进行自适应的重分析？

**5.7** 什么是子结构方法？在什么情况下适合采用子结构方法？

**5.8** 子结构方法在算法实施过程中的主要问题是什么？

**5.9** 结构的对称性如何利用？对称面上的边界条件如何设置？

**5.10** 轴对称结构受非轴对称任意载荷时如何进行分析？并说出其主要步骤。

**5.11** 什么是结构的旋转周期性？如何利用它的特性？

**5.12** 对于旋转周期结构，取一个子结构进行分析时，它的主边界和从边界应满足什么约束条件？

**5.13** 对于承受任意载荷情况的轴对称结构和旋转周期结构，当采用 Fourier 展开方法分析时，为什么前者要取无穷多项，而后者只需取有限项？

**5.14** 为什么双线性四边形单元用于弯曲应力分析时表现出较差的性能？

**5.15**　什么是 Wilson 非协调元，它有什么优缺点？对它的缺点，有什么改进方法？

**5.16**　什么是分片试验？有何作用？如何实施？

**5.17**　为什么 $|\boldsymbol{J}|$ = 常数的非协调元能通过分片试验？

## 练习题

**5.1**　8 结点四边形单元（Ⅰ）、（Ⅱ）和单元（Ⅲ）相连接如图 5.30 所示。为保证连接界面上场变量的协调性，应建立多点约束方程，列出它的具体表达式，并阐明其理由。

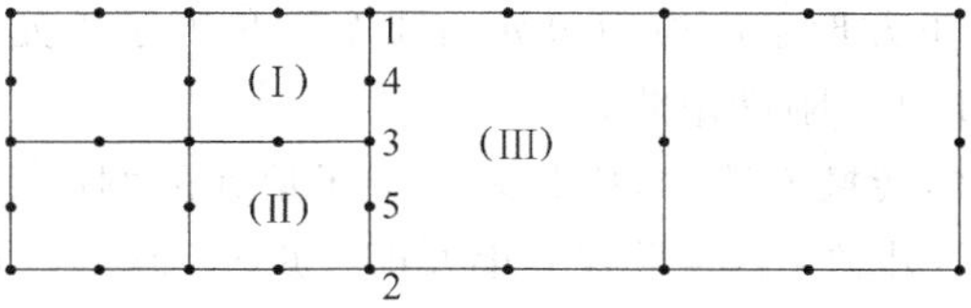


图 5.30　8 结点四边形单元组成的网格

**5.2**　图 5.31 所示水平放置的等截面直杆绕支点 $O$ 在水平面内以角速度 $\omega$ 旋转，为求出中点 $C$ 和支点 $O$ 处的应力，用两个 3 结点直杆单元进行有限元分析，分析后分别用总体磨平、单元磨平，分片磨平方法进行应力处理，得到 $C$ 点和 $O$ 点的应力值，并和解析解相比较。

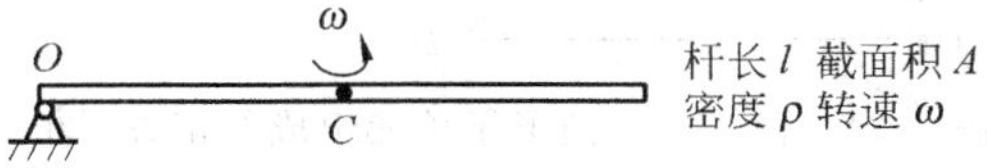


图 5.31　在水平面内旋转的等截面直杆

**5.3**　证明：对于 8 结点四边形单元的各个应力分量，分别采用 4 结点应力插值函数进行单元应力磨平（参见（5.3.21）式）和利用 4 个高斯点的应力近似值 $\tilde{\sigma}$ 外推（参见（5.3.24）式）得到的结点应力值是相同的。

**5.4**　有中心椭球孔的矩形板，两个侧边受线性分布的侧压 $p$，如图 5.32 所示。如何利用对称面条件减少求解的工作量，并画出计算模型，列出计算步骤。

**5.5**　高度为 $h$，宽度为 $9a$ 的矩形板，$h/2$ 高度上有 3 个尺寸相同的矩形孔（如图 5.33 所示），侧面受线性分布侧压。如何利用其自身的几何特点减少计算工作量，并画出计算模型和列出计算步骤。

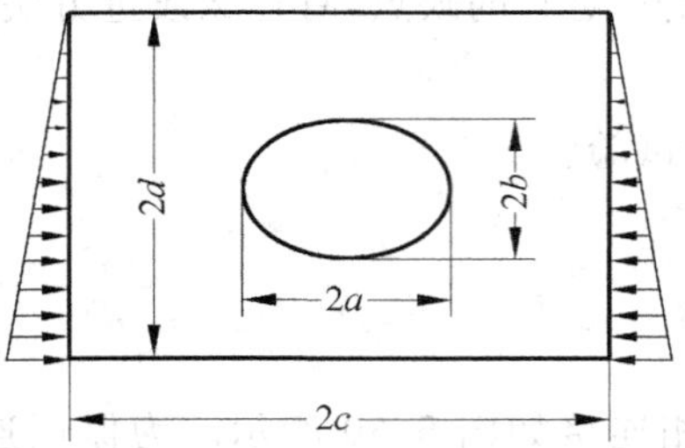


图 5.32

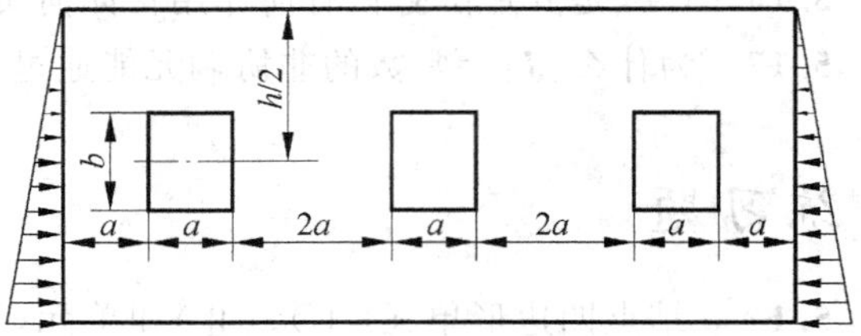


图 5.33

**5.6** 图 5.34 所示正方形平面应力单元由 4 个三角形子单元组成，进行如下计算：

(1) 形成子单元 $ABO$ 的刚度矩阵；

(2) 按 5.4.2 节坐标转换方法，形成其余 3 个子单元的刚度矩阵；

(3) 由子单元的刚度矩阵，集成正方形单元的刚度矩阵(10×10)；

(4) 凝聚掉内部结点 $O$ 的自由度，得到只保留角结点自由度的刚度矩阵。

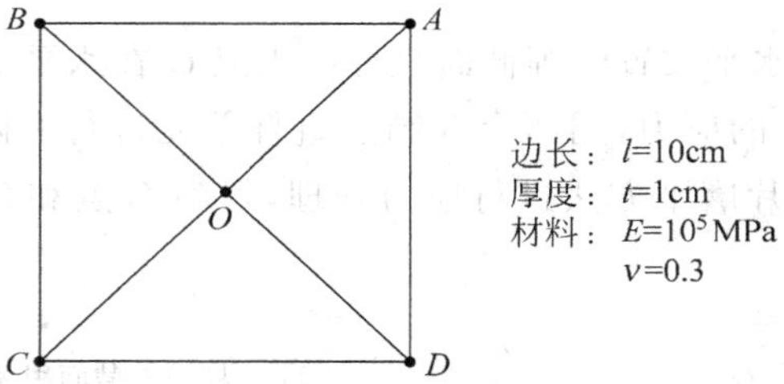


图 5.34 由 4 个三角形子单元组成的正方形单元

**5.7** 利用旋转周期结构的原理和方法求解图 5.24 所示的受风载的塔，风载在 $-\frac{\pi}{2}\leqslant\theta\leqslant\frac{\pi}{2}$ 区域呈余弦分布，即 $p=p_0\cos\theta$，在 $\frac{\pi}{2}<\theta<\frac{3\pi}{2}$ 的区域内为零。假定取塔的 1/6 作为计算模型，列出计算步骤，并具体计算出载荷的各阶 Fourier 系数 $\boldsymbol{F}_l$。

**5.8** 证明：对于图 5.27 所示的纯弯问题，用 1 个 Wilson 非协调元就可以得到精确解，并给出角结点自由度和内部自由度的全部数值。

**5.9** 试将(5.6.19)式的被积函数展开，证明平行四边形的非协调元能通过分片试验的结论。

# 第 6 章　线性代数方程组的解法

**本章要点**

- 高斯(Gauss)消去法和三角分解法的原理和算法步骤。
- 二维等带宽存储和一维变带宽存储的各自特点和各自适合的系数矩阵形式及直接解法。
- 分块解法的原理和实施方案。
- 几种常用迭代解法的原理和计算步骤，以及它们的各自特点。

## 6.1　引言

迄今为止，本书主要讨论了静力平衡问题的有限元法。对于一个给定的问题，在确定了离散所需要的单元形式和网格划分以后，接着进行单元特性矩阵的计算和系统特性矩阵的集成，最后形成如下形式的有限元求解方程

$$\boldsymbol{K}\boldsymbol{a} = \boldsymbol{P} \tag{6.1.1}$$

它是一组线性代数方程。这组方程在静力平衡问题中就是以结点位移为基本未知量的系统结点平衡方程。以后还将看到，对于稳态场(例如稳态温度场，见第 12 章)问题，最后也是同样得到如(6.1.1)式的线性代数方程组，它代表的是以结点场变量(例如温度)为基本未知量的系统结点场变量的平衡方程。

有限元求解的效率及计算结果的精度很大程度上取决于线性代数方程组的解法。特别是随着研究对象的更加复杂，有限元分析需要采用更多单元的离散模型来近似实际结构或力学问题的几何构形时，线性代数方程组的阶数愈来愈高(例如几万，甚至几十万)。因而线性方程组采用何种有效的方法求解，以保证求解的效率和精度就成为更加重要的问题。

不仅在线性静力分析中，求解代数方程组的时间在整个解题时间中占有很大比重，而且在动力分析和非线性分析中这部分比重也是相当大的。这点将在以后有关动力和非线性分析的各章中看到。这时若采用不适当的求解方法，不仅计算费用大量增加；严重时，甚至可能导致求解过程的不稳定和求解的失败。

线性代数方程组的解法可以分为两大类，即直接解法和迭代解法。直接解法的特点是，选定某种形式的直接解法以后，对于一个给定的线性代数方程组，事先可以按规定的算法步骤计算出它所需要的算术运算操作数，直接给出最后的结果。

迭代解法的特点是，对于一个给定的线性代数方程组，首先假设一个初始解，然后按一定的算法公式进行迭代。在每次迭代过程中对解的误差进行检查，并通过增加迭代次数不断降低解的误差，直至满足解的精度要求，并输出最后的解答。

本章重点讨论基于高斯消去法的直接解法。6.2节讨论它的几种常用形式，即循序消去法，三角分解法以及高斯-约当(Gauss-Jordan)消去法。6.3节讨论如何将它们用于系数矩阵具有带状特点的情况，以节省计算机存储，提高计算效率。6.4节讨论在应用计算机外存情况下直接解法的实现形式，以适应求解大型问题的需要。关于迭代解法，6.5节讨论它的几种常用算法。其中包括超松弛迭代法和共轭梯度法，并简要地介绍近年来在有限元分析的算法研究中受到重视的预条件共轭梯度法的基本思想。

## 6.2 高斯消去法及其变化形式

本节讨论对称、正定线性代数方程组的高斯消去法的基本形式及它的变化形式，这是直接解法的基础。

### 6.2.1 高斯循序消去法

1. 高斯循序消去法的计算步骤

循序消去法是高斯消去法的基本形式。为了阐明该方法的步骤和特点，现引入以下算例。

**例 6.1** 现有下列代数方程组

$$\boldsymbol{K}\boldsymbol{a} = \boldsymbol{P} \tag{6.2.1}$$

其中

$$\boldsymbol{K} = \begin{bmatrix} 5 & -4 & 1 & 0 \\ -4 & 6 & -4 & 1 \\ 1 & -4 & 6 & -4 \\ 0 & 1 & -4 & 5 \end{bmatrix} \qquad \boldsymbol{P} = \begin{Bmatrix} 2 \\ -4 \\ 6 \\ -3 \end{Bmatrix} \qquad \boldsymbol{a} = \begin{Bmatrix} a_1 \\ a_2 \\ a_3 \\ a_4 \end{Bmatrix}$$

现采用高斯消去法求解方程组(6.2.1)。首先将方程①作为主元行，消去其余方程中对应于 $a_1$ 的系数，即消去系数矩阵中第1列的第2、3、4个元素。对于被消方程②有②$+\frac{4}{5}\times$①，方程③有③$-\frac{1}{5}\times$①，方程④有④$-0\times$①。因此第一次消元后得到：

$$\boldsymbol{K}^{(1)}=\begin{bmatrix}5 & -4 & 1 & 0\\ 0 & \frac{14}{5} & -\frac{16}{5} & 1\\ 0 & -\frac{16}{5} & \frac{29}{5} & -4\\ 0 & 1 & -4 & 5\end{bmatrix}\quad \boldsymbol{P}^{(1)}=\begin{pmatrix}2\\ -\frac{12}{5}\\ \frac{28}{5}\\ -3\end{pmatrix}\tag{6.2.2}$$

其中 $\boldsymbol{K}^{(1)}$ 和 $\boldsymbol{P}^{(1)}$ 中的右上标(1)表示该矩阵是经过第 1 次消元后得到的结果。照此类推，以后的 $\boldsymbol{K}^{(m)}$ 和 $\boldsymbol{P}^{(m)}$ 表示经过第 $m$ 次消元后的矩阵。$\boldsymbol{K}^{(1)}$ 和 $P^{(1)}$ 中虚线所包含的部分为下次消元的矩阵和向量，称为待消元矩阵和待消元向量。而且待消元矩阵仍保持为对称矩阵。

在继续消去过程中，依次以方程②和方程③作为主元行，分别对其以下各行进行消元，可以得到：

$$\boldsymbol{K}^{(2)}=\begin{bmatrix}5 & -4 & 1 & 0\\ 0 & \frac{14}{5} & -\frac{16}{5} & 1\\ 0 & 0 & \frac{15}{7} & -\frac{20}{7}\\ 0 & 0 & -\frac{20}{7} & \frac{65}{14}\end{bmatrix}\qquad \boldsymbol{P}^{(2)}=\begin{pmatrix}2\\ -\frac{12}{5}\\ \frac{20}{7}\\ -\frac{15}{7}\end{pmatrix}\tag{6.2.3}$$

$$\boldsymbol{K}^{(3)}=\begin{bmatrix}5 & -4 & 1 & 0\\ 0 & \frac{14}{5} & -\frac{16}{5} & 1\\ 0 & 0 & \frac{15}{7} & -\frac{20}{7}\\ 0 & 0 & 0 & \frac{5}{6}\end{bmatrix}\qquad \boldsymbol{P}^{(3)}=\begin{pmatrix}2\\ -\frac{12}{5}\\ \frac{20}{7}\\ \frac{5}{3}\end{pmatrix}\tag{6.2.4}$$

其中 $\boldsymbol{K}^{(2)}$ 和 $\boldsymbol{P}^{(2)}$ 中虚线所包含的部分为下次(第 3 次)消元的矩阵和向量。和 $\boldsymbol{K}^{(1)}$ 类同，$\boldsymbol{K}^{(2)}$ 中待消元的部分仍保持为对称矩阵。$\boldsymbol{K}^{(3)}$ 和 $\boldsymbol{P}^{(3)}$ 中虚线所包含都只剩下一个元素，它们是经最后一次(第 3 次)消元后的结果，由它们构成了一个只包含一个未知量($a_4$)的方程。从此方程出发进行回代，可以依次求得 $a_4$、$a_3$、$a_2$ 和 $a_1$。即：

$$a_4=\frac{5/3}{5/6}=2$$

$$a_3=\frac{20/7-(-20/7)a_4}{15/7}=4$$

$$a_2 = \frac{-12/5 - (-16/5)a_3 - (1)a_4}{14/5} = 3$$

$$a_1 = \frac{2 - (-4)a_2 - (1)a_3 - (0)a_4}{5} = 2 \tag{6.2.5}$$

现将上例中所采用的算法过程推广应用于 $n$ 阶线性代数方程组(6.1.1)式的一般求解情形,如果用代数算式表示,则有

对于消去,可以表示为

$$\begin{aligned} K_{ij}^{(m)} &= K_{ij}^{(m-1)} - \frac{K_{im}^{(m-1)}}{K_{mm}^{(m-1)}}K_{mj}^{(m-1)} \\ P_i^{(m)} &= P_i^{(m-1)} - \frac{K_{im}^{(m-1)}}{K_{mm}^{(m-1)}}P_m^{(m-1)} \end{aligned} \tag{6.2.6}$$

$$(m = 1,2,\cdots,n-1;\ i,j = m+1,\ m+2,\cdots,n)$$

对于回代,可以表示为:

$$\begin{aligned} a_n &= P_n^{(n-1)}/K_{nn}^{(n-1)} \\ a_i &= \left(P_i^{(n-1)} - \sum_{j=i+1}^{n} K_{ij}^{(n-1)}a_j\right)\Big/K_{ii}^{(n-1)} \end{aligned} \tag{6.2.7}$$

$$(i = n-1,\ n-2,\ \cdots,1)$$

式中的 $K_{ij}^{(0)}$ 和 $P_i^{(0)}$ 就是原方程系数矩阵 $\boldsymbol{K}$ 和载荷向量 $\boldsymbol{P}$ 的元素 $K_{ij}$ 和 $P_i$。可以验证,若在(6.2.6),(6.2.7)式中令 $n=4$,则它们表示的正是例6.1中所实施的循序消去和回代过程。

2. 高斯消去法的特性分析

现在进一步分析高斯消去法的求解过程,以便得到它的一般规律和特点。

(1) 若原系数矩阵是对称矩阵,则消元过程中的各次待消元矩阵仍保持对称。这是由于

$$K_{ij}^{(m)} = K_{ij}^{(m-1)} - \frac{K_{im}^{(m-1)}}{K_{mm}^{(m-1)}}K_{mj}^{(m-1)}$$

$$K_{ji}^{(m)} = K_{ji}^{(m-1)} - \frac{K_{jm}^{(m-1)}}{K_{mm}^{(m-1)}}K_{mi}^{(m-1)}$$

$$(m = 1,2,\cdots,n-1;\ i,j = m+1,m+2,\cdots,n)$$

若未消元时系数矩阵是对称的,即 $K_{ij}^{(0)}=K_{ji}^{(0)}$,则由上列算式可以得到 $K_{ij}^{(m)}=K_{ji}^{(m)}$ ($m=1,2,\cdots,n-1;i,j=m+1,m+2,\cdots,n$),说明各次待消元矩阵仍保持对称。因此,对称矩阵消元时可以只在计算机中存储系数矩阵的上三角(或下三角)部分的元素,从而节省存储空间。如果存储上三角部分的元素,则(6.2.6)式可以改写为

$$\begin{aligned} K_{ij}^{(m)} &= K_{ij}^{(m-1)} - K_{mi}^{(m-1)}K_{mj}^{(m-1)}/K_{mm}^{(m-1)} \\ P_i^{(m)} &= P_i^{(m-1)} - K_{mi}^{(m-1)}P_m^{(m-1)}/K_{mm}^{(m-1)} \end{aligned} \tag{6.2.8}$$

$$(m = 1,2,\cdots,n-1;i = m+1,m+2,\cdots,n;j = i,i+1,\cdots,n)$$

(2) 消元最后得到的 $\boldsymbol{K}^{(n-1)}$ 和 $\boldsymbol{P}^{(n-1)}$ 中的第 $i$ 行元素就是第 $i-1$ 次消元后的结果，即：

$$K_{ij}^{(n-1)} = K_{ij}^{(i-1)} \qquad P_i^{(n-1)} = P_i^{(i-1)}$$

这表明经第 $i-1$ 次消元后，$K_{ij}^{(i-1)}$ 和 $P_i^{(i-1)}$ 不再改变。根据此特点，可以利用原来存储 $\boldsymbol{K}$（如果 $\boldsymbol{K}$ 是对称矩阵，实际上只需存储其上三角部分）和 $\boldsymbol{P}$ 的空间，来存储消元最后得到的上三角阵 $\boldsymbol{K}^{(n-1)}$ 和向量 $\boldsymbol{P}^{(n-1)}$ 的元素而不必另行开辟内存。以后还将看到，上述特点对发展以高斯消去法为基础的其他变化形式的直接解法是很有用的。为了表述方便，还可以引入 $\boldsymbol{S}$ 和 $\boldsymbol{V}$ 来表示 $\boldsymbol{K}^{(n-1)}$ 和 $\boldsymbol{P}^{(n-1)}$，即记：

$$S_{ij} = K_{ij}^{(n-1)} = K_{ij}^{(i-1)} \qquad V_i = P_i^{(n-1)} = P_i^{(i-1)} \tag{6.2.9}$$

最后，为了更具体执行(6.2.8)式的第 1 式所示算法，也是为了更清晰地和以后讨论的三角分解法进行对比，现写出它们的算法执行程序语句，即

```
      do  10  m=1, n-1
      do  10  i=m+1, n
      do  10  j=i, n
      K_ij = K_ij - K_mi * K_mj / K_mm
10    continue
```

(3) 载荷向量 $\boldsymbol{P}$ 消元时所用到的元素都是系数矩阵 $\boldsymbol{K}$ 消元后的最终结果，因此 $\boldsymbol{P}$ 的消元可以和 $\boldsymbol{K}$ 的消元同时进行，也可以在 $\boldsymbol{K}$ 消元完成后再进行。这对用有限元法求解同一结构承受多组载荷是很有意义的。这时刚度矩阵 $\boldsymbol{K}$ 只需进行一次消元，而多组载荷可分别利用消元后的 $\boldsymbol{K}$（即 $\boldsymbol{K}^{(n-1)}=\boldsymbol{S}$）进行消元和回代求解。这样可以大量节省求解所需的计算时间。这是直接解法相对后面讨论的迭代解法的一个优点。

### 6.2.2 三角分解法

1. 三角分解法的实质

三角分解法实质上是高斯消去法的一种变化形式。其特点就是用一种区别于循序消去法的步骤而得到前述消元过程最后得到的上三角矩阵 $\boldsymbol{S}$。从(6.2.9)式已知

$$S_{ij} = K_{ij}^{(n-1)} = K_{ij}^{(i-1)} \quad (i=1,2,\cdots,n;j=i,i+1,\cdots,n)$$

利用(6.2.8)式和上式自身，可以进一步得到

$$\begin{aligned} S_{ij} &= K_{ij}^{(i-2)} - S_{i-1,i}S_{i-1,j}/S_{i-1,i-1} \\ &= K_{ij}^{(i-3)} - S_{i-2,i}S_{i-2,j}/S_{i-2,i-2} - S_{i-1,i}S_{i-1,j}/S_{i-1,i-1} \end{aligned}$$

最后可将 $S_{ij}$ 表示成

$$S_{ij} = K_{ij}^{(0)} - \sum_{m=1,2}^{i-1} S_{mi}S_{mj}/S_{mm} \quad (i=1,2,\cdots,n;j=i,i+1,\cdots,n) \tag{6.2.10}$$

其中

$$K_{ij}^{(0)} = K_{ij}$$

上式表明，可以将经过高斯消去法得到的上三角阵 $\boldsymbol{S}$ 看成是对原矩阵 $\boldsymbol{K}$ 的上三角部分 $K_{ij}$ ($i=1,2,\cdots,n$; $j=i,i+1,\cdots,n$)进行 $i-1$ 次修正的结果。上式右端第2项表示的就是 $i-1$ 次修正项之和。修正的结果 $S_{ij}$ ($=K_{ij}^{(i-1)}$)仍放在原来 $K_{ij}$ 的位置上。从上式还可以看到，对于一个指定 $i,j$ 的元素 $S_{ij}$，修正项涉及的矩阵元素仅是已经修正的第 $1,2,\cdots,i-1$ 行的第 $i$ 列和第 $j$ 列元素 $S_{mi}$，$S_{mj}$ 以及对角元素 $S_{mm}$ ($m=1,2,\cdots,i-1$)，即图6.1中用"·"表示的元素。图中"⊙"表示将对它进行修正的元素。用对 $K_{ij}$ 进行修正得到上三角阵 $\boldsymbol{S}$ 的算法，通常称之为三角分解法，因此三角分解法实际上是高斯消去法的一种变化形式。

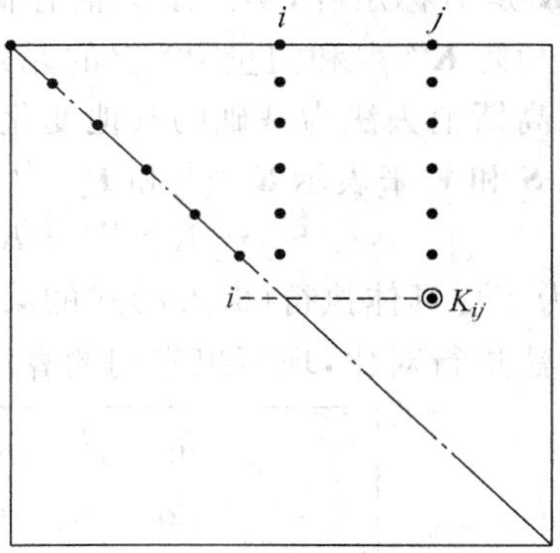

图 6.1 将 $K_{ij}$ 修正为 $S_{ij}$ 所涉及的矩阵元素

(6.2.10)式的实际算法的执行程序语句可以表示为

```
      do  15  i=1, n
      do  15  j=i, n
      do  15  m=1, i-1
      K_ij = K_ij - K_mi * K_mj / K_mm
 15   continue
```

上述语句中左端的 $K_{ij}$ 即是 $S_{ij}$。

和高斯循序消去法的算法执行程序语句对比，两者的区别仅在于循环变量 $i,j,m$ 的次序。高斯消去法将消元序号 $m$ 作为外循环变量，矩阵元素行列号 $i,j$ 作为内循环变量。而三角分解法则将矩阵元素行列号 $i,j$ 作为外循环变量，消元序号 $m$ 作为内循环变量。当然，$i$ 和 $m$ 的上、下界也作了相应的变动。

2. 三角分解法的计算步骤

对 $K_{ij}$ 进行修正得到上三角阵 $\boldsymbol{S}$ 的三角分解法，具体执行时还有两种方案，分别称之为按行分解和按列分解。

(1) 按行分解：执行(6.2.10)式的程序语句如前面所示，循环变量从外到内依次是 $i,j,m$，即以行号 $i$ 作为先于列号 $j$ 的外循环变量。

(2) 按列分解：和按行分解不同的是，执行(6.2.10)式所示修正的算法步骤时，循环

变量从外到内依次是 $j,i,m$,即以列号 $j$ 作为先于行号 $i$ 的外循环变量。算式表示如下

$$S_{ij} = K_{ij} - \sum_{m=1,2}^{i-1} S_{mi}S_{mj}/S_{mm} \quad (j = 1,2,\cdots,n;\ i = 1,2,\cdots,j) \tag{6.2.11}$$

若用程序语句表达,则是

```
      do  20  j=1, n
      do  20  i=1, j
      do  20  m=1, i-1
      K_ij = K_ij - K_mi * K_mj / K_mm
20    continue
```

和按行分解相比较,区别仅在于循环变量 $i$ 和 $j$ 对换了次序,同时它们的上、下界也作了相应的变动。(6.2.11)式的具体过程可表达如下:

第 1 列　$j=1$

$i=1\quad S_{11}=K_{11}$

第 2 列　$j=2$

$i=1\quad S_{12}=K_{12}$

$i=2\quad S_{22}=K_{22}-S_{12}S_{12}/S_{11}$

第 3 列　$j=3$

$i=1\quad S_{13}=K_{13}$

$i=2\quad S_{23}=K_{23}-S_{12}S_{13}/S_{11}$

$i=3\quad S_{33}=K_{33}-S_{13}S_{13}/S_{11}-S_{23}S_{23}/S_{22}$

第 $j$ 列

$$i \leqslant j \quad S_{ij} = K_{ij} - \sum_{m=1,2}^{i-1} S_{mi}S_{mj}/S_{mm}$$

与高斯消去法相同,在用三角分解法得到上三角阵 $\boldsymbol{S}$ 以后,为得到方程组的解答,首先需对载荷向量 $\boldsymbol{P}$ 进行分解,从(6.2.9)式和(6.2.8)式可以得到分解后的向量 $\boldsymbol{V}$,即

$$V_i = P_i - \sum_{m=1,2}^{i-1} S_{mi}V_m/S_{mm} \quad (i = 1,2,\cdots,n) \tag{6.2.12}$$

然后进行回代得到解答,即将(6.2.7)式表示成

$$a_n = V_n/S_{nn}$$

$$a_i = (V_i - \sum_{j=i+1}^{n} S_{ij}a_j)/S_{ii} \quad (i = n-1,n-2,\cdots,1) \tag{6.2.13}$$

最后还需指出:通常在有关基于高斯消去的三角分解法的讨论中,三角分解一词,还

包含着将系数矩阵 $\boldsymbol{K}$ 分解成以下形式

$$\boldsymbol{K} = \boldsymbol{LDL}^{\mathrm{T}} \tag{6.2.14}$$

其中,$\boldsymbol{L}$ 是对角元素为 1 的下三角阵,$\boldsymbol{D}$ 是对角矩阵。它的对角元素 $d_{mm}$ 就是高斯消去后所得上三角阵 $\boldsymbol{S}$ 的对角元素,即

$$d_{mm} = S_{mm} \quad (m = 1,2,\cdots,n) \tag{6.2.15}$$

并且有

$$\boldsymbol{S} = \boldsymbol{D}\,\boldsymbol{L}^{\mathrm{T}} \tag{6.2.16}$$

或写成

$$\boldsymbol{L}^{\mathrm{T}} = \boldsymbol{D}^{-1}\boldsymbol{S} \tag{6.2.17}$$

(6.2.14)式所示分解的正确性是因为矩阵 $\boldsymbol{K}$ 是对称的,同时分解是惟一的。有时为了表达方便,将(6.2.14)式用于代数方程组直接解法的讨论中。例如将方程组 $\boldsymbol{K}\,\boldsymbol{a}=\boldsymbol{P}$ 的求解表示成以下 3 个步骤,即

$$\boldsymbol{L}\,\boldsymbol{D}\,\boldsymbol{L}^{\mathrm{T}}\boldsymbol{a} = \boldsymbol{P} \tag{6.2.18}$$

$$\boldsymbol{D}\,\boldsymbol{L}^{\mathrm{T}}\boldsymbol{a} = \boldsymbol{L}^{-1}\boldsymbol{P} = \boldsymbol{V} \tag{6.2.19}$$

$$\boldsymbol{a} = (\boldsymbol{L}^{\mathrm{T}})^{-1}\boldsymbol{D}^{-1}\boldsymbol{V} \tag{6.2.20}$$

实际上,以上表达的正是(6.2.11)~(6.2.13)式。而且实际编程也是按(6.2.11)~(6.2.13)式进行的,而不是按(6.2.18)~(6.2.20)式编程。

### 6.2.3 高斯-约当消去法

前节讨论的高斯循序消去法和三角分解法都是将方程的系数矩阵消元成一个上三角矩阵,而后进行回代求解。高斯-约当消去法是将系数矩阵消元成一个单位对角阵,这样经消元后的右端自由项列阵就是代数方程组的解。因此,高斯-约当消去法没有回代过程。

为了表达方便,先将 $n$ 阶线性代数方程组(6.1.1)式的系数矩阵和右端自由项列阵构成 $n\times(n+1)$阶的增广矩阵

$$\left[\begin{array}{cccc:c} K_{11} & K_{12} & \cdots & K_{1n} & K_{1,n+1} \\ K_{21} & K_{22} & \cdots & K_{2n} & K_{2,n+1} \\ \cdots & \cdots & \cdots & \cdots & \cdots \\ K_{n1} & K_{n2} & \cdots & K_{nn} & K_{n,n+1} \end{array}\right] \tag{6.2.21}$$

原系数矩阵　　原自由项列阵

高斯-约当消去法是从第 1 行开始作为主元行顺序进行消去,则它的第 $m$ 次($m=1,2,\cdots,n$)消元进行以下运算:

(1) 用该消元行的主元 $K_{mm}^{(m-1)}$ 除该行的所有元素,并使主元 $K_{mm}^{(m)}=1$,即

$$K_{mj}^{(m)} = K_{mj}^{(m-1)}/K_{mm}^{(m-1)} \quad (j = m,m+1,\cdots,n,n+1) \tag{6.2.22}$$

（2）反消过程，即用第 $m$ 行消去第 $1\sim m-1$ 行的第 $m$ 列元素，如下式所示：

$$K_{ij}^{(m)} = K_{ij}^{(m-1)} - K_{im}^{(m-1)}K_{mj}^{(m)} \quad \begin{cases} i = 1,2,\cdots,m-1 \\ j = m,m+1,\cdots,n,n+1 \end{cases} \tag{6.2.23}$$

（3）正消过程，即用第 $m$ 行消去第 $m+1\sim n$ 行的第 $m$ 列元素，可表示为

$$K_{ij}^{(m)} = K_{ij}^{(m-1)} - K_{im}^{(m-1)}K_{mj}^{(m)} \quad \begin{cases} i = m+1,m+2,\cdots,n \\ j = m,m+1,\cdots,n,n+1 \end{cases} \tag{6.2.24}$$

应当指出的是：

（1）高斯-约当消去法在形式上没有回代过程，实质上反消过程就相当于高斯消去法中的回代。

（2）高斯-约当消去法最后得到系数矩阵是单位阵，不能像高斯消去法那样利用消元后的系数矩阵求解多组载荷。在高斯-约当消去法中多组载荷，即有多组自由项列阵，可以一并放在增广矩阵中，一次求得多组载荷的解。例如有 $r$ 组载荷，增广矩阵为$[n\times(n+r)]$

$$\left[\begin{array}{cccc:ccc} K_{11} & K_{12} & \cdots & K_{1n} & K_{1,n+1} & \cdots & K_{1,n+r} \\ K_{21} & K_{22} & \cdots & K_{2n} & K_{2,n+1} & \cdots & K_{2,n+r} \\ \cdots & \cdots & \cdots & \cdots & \cdots & \cdots & \cdots \\ K_{n1} & K_{n2} & \cdots & K_{nn} & K_{n,n+1} & \cdots & K_{n,n+r} \end{array}\right]$$

第 1 组　…　第 $r$ 组

系数矩阵　　　　自由项

有关公式(6.2.22)～(6.2.24)只需将列号 $j$ 的循环下标由 $n+1$ 改为 $n+r$ 即可。

（3）实际上，高斯-约当法的消去可以不必从第 1 行作为主元顺序进行。在 5.4 节子结构法的讨论中，关于内部自由度的凝聚的具体执行，只要将方程(5.4.1)式中内部自由度 $\boldsymbol{a}_i$ 所对应的各行作为主元行对方程组进行高斯-约当消元，消去后的方程就是(5.4.4)式，即

$$\boldsymbol{K}_{bb}^{*}\boldsymbol{a}_b = \boldsymbol{P}_b^{*}$$

**例 6.2**　对例 6.1 中的线性代数方程组，现用高斯-约当消去法求解。

（1）首先构成增广矩阵，即有

$$\left[\begin{array}{cccc:c} 5 & -4 & 1 & 0 & 2 \\ -4 & 6 & -4 & 1 & -4 \\ 1 & -4 & 6 & -4 & 6 \\ 0 & 1 & -4 & 5 & -3 \end{array}\right]$$

（2）以第 1 行作为消元行，经消元（只有正消过程）后得到

$$\left[\begin{array}{cccc:c} 1 & -\frac{4}{5} & \frac{1}{5} & 0 & \frac{2}{5} \\ 0 & \frac{14}{5} & -\frac{16}{5} & 1 & -\frac{12}{5} \\ 0 & -\frac{16}{5} & \frac{29}{5} & -4 & \frac{28}{5} \\ 0 & 1 & -4 & 5 & -3 \end{array}\right]$$

(3) 以第 2 行作为消元行，经消元后得到

$$\left[\begin{array}{cccc:c} 1 & 0 & -\frac{5}{7} & \frac{2}{7} & \frac{2}{7} \\ 0 & 1 & -\frac{8}{7} & \frac{5}{14} & \frac{5}{14} \\ 0 & 0 & \frac{15}{7} & -\frac{20}{7} & \frac{20}{7} \\ 0 & 0 & -\frac{20}{7} & \frac{65}{14} & -\frac{15}{7} \end{array}\right]$$

(4) 以第 3 行作为消元行，经消元后得到

$$\left[\begin{array}{cccc:c} 1 & 0 & 0 & -\frac{2}{3} & \frac{2}{3} \\ 0 & 1 & 0 & -\frac{7}{6} & \frac{2}{3} \\ 0 & 0 & 1 & -\frac{4}{3} & \frac{4}{3} \\ 0 & 0 & 0 & \frac{5}{6} & \frac{5}{3} \end{array}\right]$$

(5) 以第 4 行作为消元行，经消元(只有反消过程)后得到

$$\left[\begin{array}{cccc:c} 1 & 0 & 0 & 0 & 2 \\ 0 & 1 & 0 & 0 & 3 \\ 0 & 0 & 1 & 0 & 4 \\ 0 & 0 & 0 & 1 & 2 \end{array}\right]$$

(6) 经 4 次消元后增广矩阵的最后一列就是方程的解答，即

$$a_1 = 2, \quad a_2 = 3, \quad a_3 = 4, \quad a_4 = 2$$

以上 6.2.1～6.2.3 节分别讨论了对称系数矩阵线性代数方程组求解的高斯消去法的几种基本形式和其变化形式—循序消去法，三角分解法以及高斯-约当消去法。由于有限元法中线性代数方程组的系数矩阵通常不仅是对称的，而且还具有元素带状分布和稀疏的特点；另一方面当求解方程组的阶数很高时，全部运算不可能在计算机的内存内完成，即还需要利用计算机的外存进行计算。因此，以下两节将分别讨论基于高斯消去法的

带状系数矩阵的直接解法和利用计算机外存的直接解法。

# 6.3 带状系数矩阵的直接解法

## 6.3.1 系数矩阵在计算机中的存储方法

有限元法中，线性代数方程组的系数矩阵是对称的，因此可以只存储一个上三角（或下三角）矩阵。但是由于矩阵的稀疏性，仍然会发生零元素占绝大多数的情况。考虑到非零元素的分布呈带状特点，在计算机中系数矩阵的存储一般采用二维等带宽存储或一维变带宽存储。

1. 二维等带宽存储

对于 $n$ 阶的系数矩阵，若取最大的半带宽 $D$ 为带宽，则上三角阵中的全部非零元素都将包括在这条以主对角元素为一边的一条等宽带中，如图 6.2(a)所示。二维等带宽存

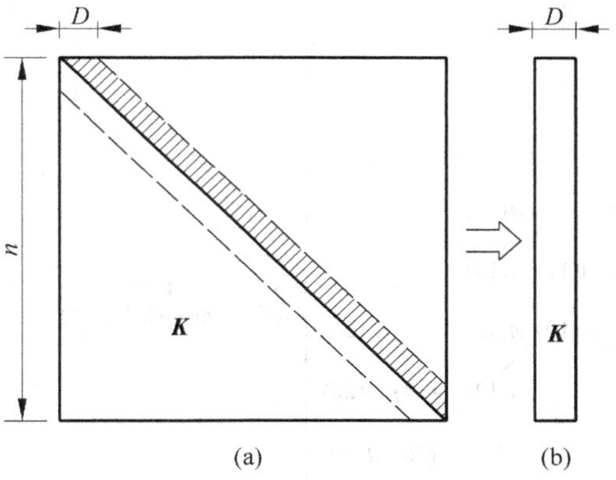


图 6.2　二维等带宽存储

储就是将这样一条带中的元素，以二维数组，如图 6.2(b)的形式存储在计算机中，二维数组的界是 $n\times D$。我们以具体例子来说明这种存储是如何进行的。图 6.3(a)为一个 $8\times 8$ 刚度矩阵，它的最大带宽 $D=4$。将每行在带宽内的元素按行置于二维数组中，图6.3(b)表示的是原刚度系数在二维数组中的实际位置。图 6.3(c)表示的是元素在二维数组中的编号。可以看到，由于对角元素都排在二维数组的第一列，因此二维数组中元素的列数都较原来的列数有一错动，而行则保持不变。若将元素原来的行、列码记为 $i$、$j$，它在二维数组中新的行、列码记为 $i^*$、$j^*$，则有

$$i^* = i$$
$$j^* = j - i + 1 \qquad (6.3.1)$$

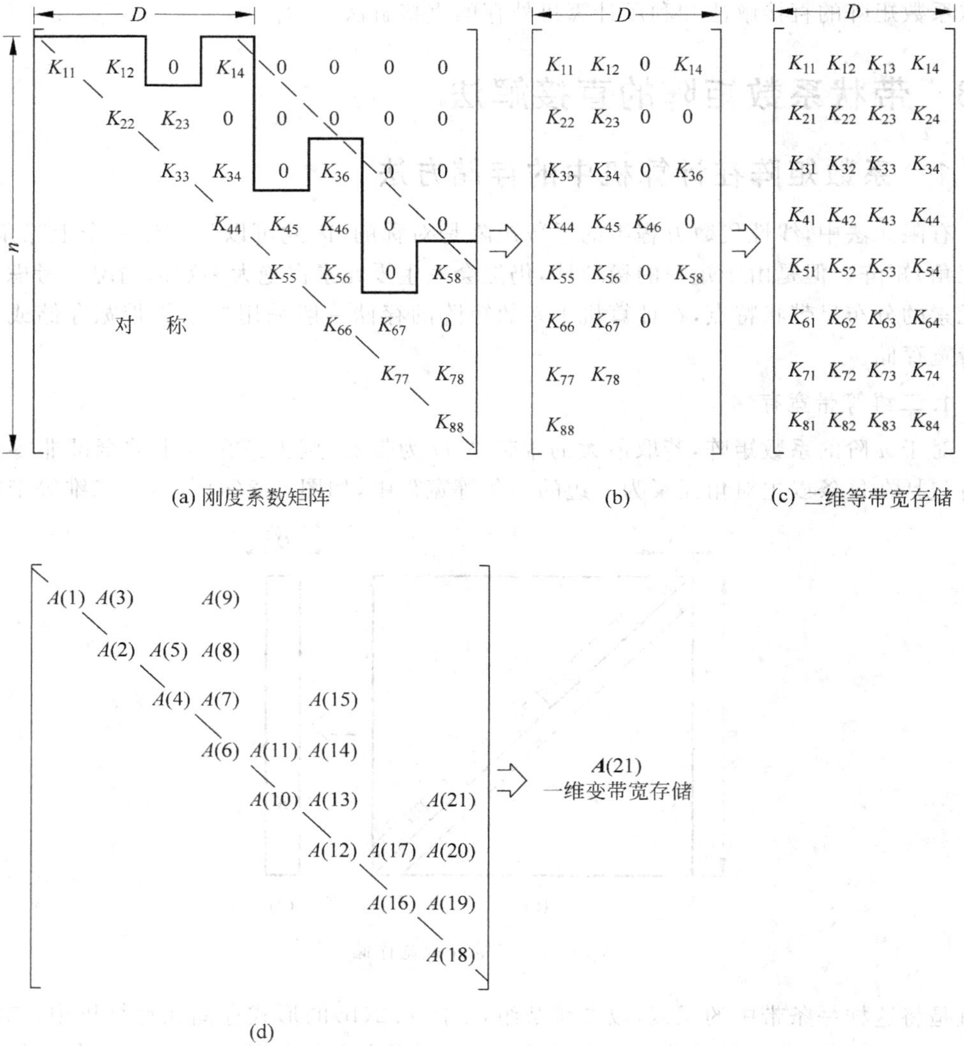


图 6.3 二维等带宽及一维变带宽存储元素对应关系

如原刚度元素 $K_{67}$ 在二维等带宽存储中应是 $K_{62}$。

采用二维等带宽存储，消除了最大带宽以外的全部零元素，较之于存全部上三角阵大大节省了内存。但是由于取最大带宽为存储范围，因此它不能排除在带宽范围内的零元素。当系数矩阵的带宽变化不大时，采用二维等带宽存储是合适的，求解也是方便的。但当出现局部带宽特别大的情况时，采用二维等带宽存储时将由于局部带宽过大而使整体系数矩阵的存储大大增加，此时可采用一维变带宽存储。

2. 一维变带宽存储

一维变带宽存储就是将变化的带宽内的元素按一定的顺序存储在一维数组中。由于它不按最大带宽存储，因此较二维等带宽存储更能节省内存。按照解法可分为按行一维变带宽存储及按列一维变带宽存储。现在仍旧利用图 6.3(a)中的系数矩阵，进行按列的一维变带宽存储。

按列一维变带宽存储是按列依次存储元素，每列应从主对角元素直至最高的非零元素，即该列中行号最小的非零元素为止，如图 6.3(a)中实线所包括的元素。由各列中行号最小的非零元素组成的折线称为高度轮廓线。显然这种存储较二维等带宽存储(图中虚线所示)少存了一些元素，但是对于高度轮廓线下的零元素，即夹在非零元素内的零元素，如 $K_{24}$，$K_{68}$ 等仍必须存储。图 6.3(d)中表示的是这些元素按列在一维数组中的排列。

将系数矩阵中的元素紧凑存储在一维数组中，必须有辅助的数组帮助记录原系数矩阵的性状，例如对角元素的位置、每列元数的个数等。辅助数组 $M(n+1)$，用以记录主对角元素在一维数组中的位置。对于图 6.3(d)的一维数组，它的 $M(8+1)$数组是

$$[1\quad 2\quad 4\quad 6\quad 10\quad 12\quad 16\quad 18\quad 22]$$

其中前 $n$ 个数记录的是主对角元素的位置，最后一个数是一维数组长度加 1。

利用辅助数组 $M$，除了知道各主元在一维数组中的位置以外，还可以用以计算每列元素的列高 $N_i$，即每列元素的个数，以及每列元素的起始行号 $m_i$。

$$\begin{aligned} N_i &= M(i+1) - M(i) \\ m_i &= i - N_i + 1 \end{aligned} \tag{6.3.2}$$

例如求第 4 列元素个数 $N_4$，则有

$$N_4 = M(5) - M(4) = 10 - 6 = 4$$

求第 6 列元素的个数及非零元素的起始行号 $N_6$ 及 $m_6$，应有

$$\begin{aligned} N_6 &= M(7) - M(6) = 16 - 12 = 4 \\ m_6 &= 6 - 4 + 1 = 3 \end{aligned}$$

有了辅助数组 $M$ 后，可以找到一维数组中相应的元素，然后进行方程组的求解。

一维变带宽存储是比二维等带宽存储更节省内存的一种存储方法，但由于寻找元素较二维等带宽存储复杂，因而编写程序亦较麻烦，并且计算机耗时可能也比二维等带宽存储时较多。因此在选用存储方式上要权衡两者的利弊，统盘考虑。通常，当带宽变化不大而计算机内存又允许时，采用二维等带宽存储是合适的。

## 6.3.2　二维等带宽存储的高斯循序消去法

1. 带状矩阵消元的特点—工作三角形

对于通常的 $n$ 阶线性代数方程组，高斯循序消去法的第 $m$ 次消元是以第 $m$ 个方程为

主元行，对它以下的第 $m+1$ 直至第 $n$ 个方程进行一次消元修正。其结果是将它们的 $m$ 列元素消为零，并对它们的第 $m+1$ 至第 $n$ 列元素进行修正。对于系数矩阵元素成带状分布的方程组，按照高斯循序消去法以第 $m$ 行为主元行进行第 $m$ 次消元时应该注意的是：由于系数矩阵中从 $m+D$ 行开始直至 $n$ 行的 $m$ 列的系数矩阵元素本来就是零，因此不必再进行消元；同时由于第 $m$ 行的从 $m+D$ 列开始直至 $n$ 列的矩阵元素本来也就是零，因此自 $m$ 以后各行的 $m+D$ 至 $n$ 列的矩阵元素也不必进行修正。这样一来，在对于只存储上三角阵的对称系数矩阵的情况来说，每一次消元修正所涉及的元素只是包括 $m$ 行元素在内的下面一个三角形内的元素，即共有 $\frac{1}{2}D(D-1)$ 个元素。今后称这个包括 $m$ 行元素在内的三角形称为工作三角形，如图 6.4(a)所示。这是带状矩阵消元的一个特点。由此，当高斯循序消去法的计算公式(6.2.8)式用于二维等带宽存储时，其循环变量 $i,j$ 的上、下界应作相应的修改。从而使实际需要修正的元素及相应的计算工作量大大减少。

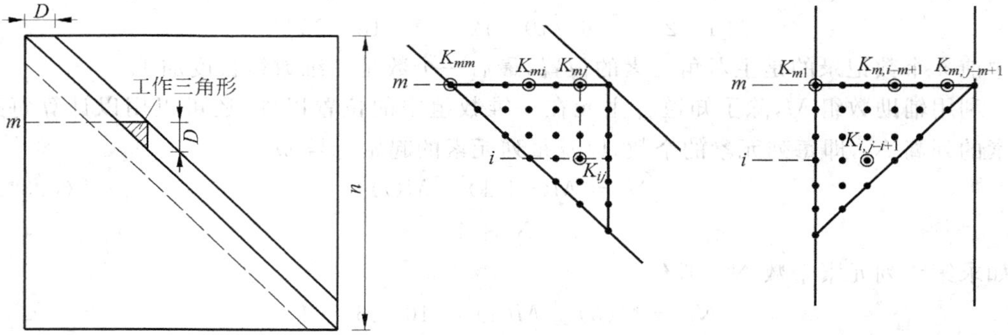


(a) 带状矩阵消去时的工作三角形　(b) 工作三角形　(c) 二维等带宽存储中的工作三角形

图 6.4　工作三角形

2. 二维等带宽存储高斯循序消去法的计算公式

通常适用于系数矩阵为满阵的高斯循序消去法在计算公式(6.2.8)式和回代公式(6.2.7)式并选用二维等带宽存储时应作以下两方面的修改。

(1) 按照工作三角形消元修正的特点，将消元公式(6.2.8)式和回代公式(6.2.7)式中行、列循环变量 $i,j$ 的界修改成如下所示。

对于消去：

$$\begin{aligned} K_{ij}^{(m)} &= K_{ij}^{(m-1)} - K_{mi}^{(m-1)} K_{mj}^{(m-1)} / K_{mm}^{(m-1)} \\ P_i^{(m)} &= P_i^{(m-1)} - K_{mi}^{(m-1)} P_m^{(m-1)} / K_{mm}^{(m-1)} \end{aligned} \tag{6.3.3}$$

$(m=1,2,\cdots,n-1;\ i=m+1,m+2,\cdots,\min(m+D-1,n);$

$$j = i, i+1, \cdots, \min(i+D-1, n))$$

对于回代：

$$a_n = P_n^{(n-1)} / K_{nn}^{(n-1)}$$

$$a_i = \left(P_i^{(n-1)} - \sum_{j=i+1}^{\min(i+D-1,n)} K_{ij}^{(n-1)} a_j\right) \Big/ K_{ii}^{(n-1)} \tag{6.3.4}$$

$$(i = n-1, n-2, \cdots, 1)$$

(2) 按照二维等带宽存储的特点，将以上两式中各行($i$)的列号($j$)作进一步的改变。此时工作三角形中的元素在二维等带宽存储中的分布如图 6.4(c)所示。这样一来，以上两式应修改成如下所示

对于消去：

$$K_{i,j-i+1}^{(m)} = K_{i,j-i+1}^{(m-1)} - K_{m,i-m+1}^{(m-1)} K_{m,j-m+1}^{(m-1)} / K_{m1}^{(m-1)}$$

$$P_i^{(m)} = P_i^{(m-1)} - K_{m,i-m+1}^{(m-1)} P_m^{(m-1)} / K_{m1}^{(m-1)} \tag{6.3.5}$$

$$(m = 1, 2, \cdots, n-1;\ i = m+1, m+2, \cdots, \min(m+D-1, n);$$

$$j = i, i+1, \cdots, \min(i+D-1, n))$$

对于回代：

$$a_n = P_n^{(n-1)} / K_{n1}^{(n-1)}$$

$$a_i = \left(P_i^{(n-1)} - \sum_{j=i+1}^{\min(i+D-1,n)} K_{i,j-i+1}^{(n-1)} a_j\right) \Big/ K_{i1}^{(n-1)} \tag{6.3.6}$$

$$(i = n-1, n-2, \cdots, 1)$$

## 6.3.3 带状矩阵的三角分解法

考虑系数矩阵带状分布的特点，三角分解法的计算公式也应作相应的修改。因与具体的存储方式有关，现分别进行讨论。

1. 系数矩阵 **K** 采用二维等带宽存储

(1) 按行分解：按行分解的三角分解公式(6.2.10)式应修改成：

$$S_{i,j-i+1} = K_{i,j-i+1}^{(0)} - \sum_{m=m_0}^{i-1} S_{m,i-m+1} S_{m,j-m+1} / S_{m1} \tag{6.3.7}$$

$$(i = 1, 2, \cdots, n;\ j = i, i+1, \cdots, \min(i+D-1, n);$$

$$m_0 = \max(j-D+1, 1))$$

(2) 按列分解：按列分解的三角分解公式(6.2.11)式应修改成：

$$S_{i,j-i+1} = K_{i,j-i+1}^{(0)} - \sum_{m=m_0}^{i-1} S_{m,i-m-1} S_{m,j-m+1} / S_{m1} \tag{6.3.8}$$

$$(j = 1, 2, \cdots, n;\ i = \max(j-D+1, 1), \cdots, j;$$

$$m_0 = \max(j-D+1, 1))$$

（3）载荷项的分解和回代：关于载荷项的分解公式(6.2.12)式和回代公式(6.2.13)式用于带状矩阵的二维等带宽存储情况，不必区分按行分解和按列分解，应修改成如下统一的形式。

对于分解：

$$V_i = P_i - \sum_{m=m_0}^{i-1} S_{m,i-m+1} V_m / S_{m1} \tag{6.3.9}$$

$$(i = 1,2,\cdots,n;\ m_0 = \max(i - D + 1, 1))$$

对于回代：

$$\begin{aligned} a_n &= V_n / S_{n1} \\ a_i &= \left(V_i - \sum_{j=i+1}^{\min(i+D-1,n)} S_{i,j-i+1} a_j\right)\Big/ S_{i1} \\ &(i = n-1,\ n-2,\ \cdots,\ 1) \end{aligned} \tag{6.3.10}$$

2. 系数矩阵K采用一维变带宽存储

依据一维变带宽是按行存储还是按列存储矩阵元素，应分别采用按行分解还是按列分解的三角分解法。现以按列存储为例讨论按列分解的分解公式和回代公式。与二维等带宽存储的区别有以下两点：

（1）对 $K_{ij}$ 分解所涉及的第 $i$ 列和第 $j$ 列元素的起始行号 $m_i$ 和 $m_j$ 来说，在二维等带宽存储中总是 $m_j \geqslant m_i$（$j=i$ 时 $m_j = m_i$），而在一维变带宽存储中则不一定如此，因此 $\boldsymbol{K}$ 的分解公式(6.3.8)中，$m_0$ 应取 $m_i$ 和 $m_j$ 中的较大者，即

$$m_0 = \max(m_i, m_j)$$

而在 $\boldsymbol{P}$ 的(6.3.9)分解公式中 $m_0$ 则应取为 $m_i$。$m_i$ 和 $m_j$ 可按(6.3.2)式计算得到。

（2）一维变带宽存储中 $K_{ij}$ 或 $S_{ij}$ 的列号 $j$ 不需要按二维等带宽存储方式那样修改为 $j-i+1$，而是按照6.3.1节中所表述的方法列出 $K_{ij}$ 或 $S_{ij}$ 在一维数组中所对应的位置。一维变带宽按列分解的三角分解和回代公式如下：

对于分解：

$$S_{ij} = K_{ij} - \sum_{m=m_0}^{i-1} S_{mi} S_{mj} / S_{mm}$$

$$(j = 1,2,\cdots,n; i = 1,2,\cdots,j; m_0 = \max(m_i, m_j)) \tag{6.3.11}$$

$$V_i = P_i - \sum_{m=m_i}^{i-1} S_{mi} V_m / S_{mm} \quad (i = 1,2,\cdots,n) \tag{6.3.12}$$

对于回代：

$$\begin{aligned} a_n &= V_n / S_{nn} \\ a_i &= \left(V_i - \sum_{\substack{j=i+1 \\ (m_j \leqslant i)}}^{n} S_{ij} a_j\right)\Big/ S_{ii} \quad (i = n-1, n-2, \cdots, 1) \end{aligned} \tag{6.3.13}$$

(6.3.13)式的第 2 式相当于执行以下程序语言，即

```
      S=0.0
      do  10  j=i+1, n
10    if (m_j · LE · i)   S=S+S_ij a_j
      a_i=(V_i-S)/S_ii
```

# 6.4 利用外存的直接解法

采用有限元法求解时，往往离散模型划分的单元和相应的结点很多，得到的求解方程的阶数一般都很高，系数矩阵往往不能全部进入计算机内存。这一节讨论的分块解法和波前法是利用外存解决计算机内存容量不够时的两种较好的解法。

## 6.4.1 对高斯消去法的再分析

从 6.3.3 节的讨论中已知，高斯消去最后形成上三角阵 $\boldsymbol{S}$ 的元素可以表示为

$$S_{ij}=K_{ij}-\sum_{m=m_0}^{i-1}S_{mi}S_{mj}/S_{mm} \tag{6.4.1}$$

$$(i=1,2,\cdots,n;\ j=i,i+1,\cdots,\min(i+D-1,n);$$
$$m_0=\max(j-D+1,1))$$

其中，右端 $K_{ij}$ 是原系数矩阵 $\boldsymbol{K}$ 的元素，右端第 2 项是第 $m_0$ 至第 $i-1$ 次消元对 $K_{ij}$ 引入的修正，其中涉及的仅是矩阵 $\boldsymbol{S}$ 第 $m_0$ 行至第 $i-1$ 行的第 $i$ 列和第 $j$ 列的元素，而与 $K_{ij}$ 本身无关。考虑到系数矩阵是由单元刚度矩阵集合而成，因此元素 $K_{ij}$ 可以表示为 $\sum\limits_{e}K_{ij}^{e}$。这样一来，(6.4.1)式可以进一步表达成

$$S_{ij}=\sum_{e}K_{ij}^{e}-\sum_{m=m_0}^{i-1}S_{mi}S_{mj}/S_{mm} \tag{6.4.2}$$

(6.4.2)式表示了元素 $K_{ij}$ 全部的集成和消元最后演变为 $S_{ij}$ 的过程。公式右端的第 1 个和式表示 $K_{ij}$ 元素的集成过程，右端第 2 个和式表示经第 $m_0$ 次至 $i-1$ 次消元对 $K_{ij}$ 逐次修正的过程。同理可以写出自由项列阵的集成和对其进行消元修正的过程，自由项列阵在有限元方法中就是等效结点载荷列阵。该过程是

$$V_i=P_i^{(i-1)}=\sum_{e}P_i^{e}-\sum_{m=m_0}^{i-1}S_{mi}V_m/S_{mm} \tag{6.4.3}$$

(6.4.3)式中右端第 1 个和式代表结构等效结点载荷列阵由单元等效结点载荷列阵集成；第 2 个和式是对其进行逐次修正的过程。

在有限元法中，一般解题过程是先集成后消元，即先进行第 1 个和式，将结构刚度矩

阵和等效结点载荷列阵全部集成完毕,然后对其进行消元修正,即执行第2个和式。由于连续体离散时划分的单元很多,往往由于求解规模过大而计算机内存不足导致不能求解,有必要同时利用计算机外存解决此矛盾。分析(6.4.2)式和(6.4.3)式可以得到以下结论。

(1) 结构刚度矩阵 $\boldsymbol{K}$ 中的元素 $K_{ij}$ 的集成和对其进行消元修正可以交替进行。未集成完毕甚至尚未集成的元素也可以先进行消元修正,然后继续集成,不需要在全部元素集成后再对其进行消元修正。

(2) 矩阵方程中的某行元素如第 $m$ 行,只要本身的集成和对其进行的消元修正都已完毕,就可以作为主元行对它以下的 $D-1$ 行完成消元修正(见图6.4)。对于被修正行(第 $m+1$ 行到 $m+D-1$ 行)则不一定要求元素集成完毕,也就是说,不论被修正的元素集成((6.4.2)和(6.4.3)式中的第1个和式)与否,修正过程((6.4.2)和(6.4.3)式中的第2个和式)都可以进行。

(3) 用第 $m$ 行对它以下各行消元修正只涉及包括第 $m$ 行元素在内的一个有效消元区共 $D$ 行元素。对于 $m$ 行以前的元素和 $m+D-1$ 行以后的元素(消元有效区以外的元素)是否保留在计算机内存中,对计算结果没有影响。

(4) 不论是对系数矩阵 $\boldsymbol{K}$ 还是对自由项列阵 $\boldsymbol{P}$,每个元素在被逐次修正时用到的元素都是集成和被消元修正已全部完成的元素,即消元修正的最终结果,因此与消元修正过程中的中间结果无关。

在这些结论的基础上,建立了分块求解的基本思想。

### 6.4.2 分块解法

从高斯消去法的再分析可知,结构刚度矩阵 $\boldsymbol{K}$ 不必全部进入内存。可按计算机允许的内存将结构刚度矩阵分成若干块,使这些块逐次进入内存。在每块中刚度矩阵的元素先集成后消元修正。

以二维等带宽存储为例,只要网格的结点编号和单元编号合理,很容易做到进入内存的系数矩阵只有最后的 $D$ 行元素集成尚未完毕。若计算机内存允许存储 $NQ$ 行元素(占内存 $NQ\times D$),则前 $NQ-D$ 行都已集成完毕,可以作为主元行对它以后相关行、列进行消元修正,消元修正波及 $NQ-1$ 行。然后将内存中已完成集成和用来进行消元修正的元素(前 $NQ-D$ 行)移出内存。最后的 $D$ 行元素是尚未完成集成和消元修正的,称之为公共区。公共区和下一块系数矩阵一起在内存中继续集成和消元修正,如此进行下去直至全部系数矩阵集成和消元修正完毕。系数矩阵在内存中的分块示意见图6.5。

回代求解可逐块自下而上地进行。

分块解法的特点是:

(1) 在每一分块中,系数矩阵的元素是先集成后消元修正。

(2) 从求解的全过程上看,系数矩阵的集成和消元修正是交替进行。

当利用计算机外存时，移出的系数矩阵可按块存入外存，求解时再由后向前逐块调入内存。这种分块解法较一次集成和消元修正只多消耗一些计算机内外存交换的时间，但却能达到求解大型问题的要求。在理论上只要内存允许的 $NQ(>D)$，分块解法就可以进行。这种扩大解题的能力理论上也是无限制的，因为分块的块数并无数量限制。实际上只有当允许内存 $NQ$ 有一定大小时，求解的效率才能较高，否则内外存交换的时间将占较大比重。

自由项列阵由于占用内存不多，一般不必采用分块形式，但也可以与系数矩阵同步进行分块，做法是相同的。

三角分解亦可采用分块解法，它的基本思想和特点也完全如上所述。分块解法的程序实现十分简单，以二维等带宽存储的高斯消去法为例，只需加一些简单的控制语句就可实现分块求解。图 6.6 是程序的简单框图。

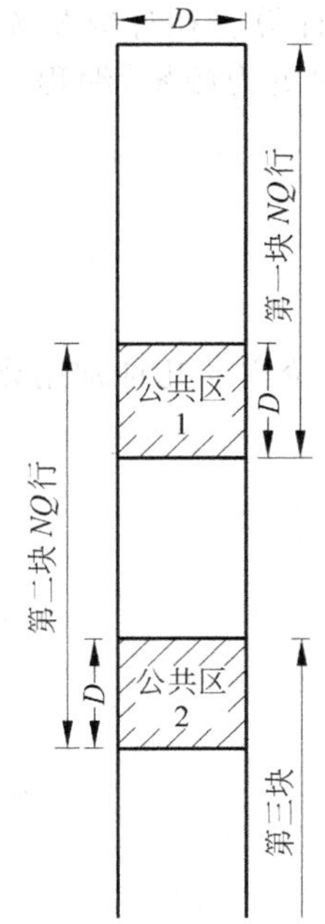


图 6.5　分块解法示意图

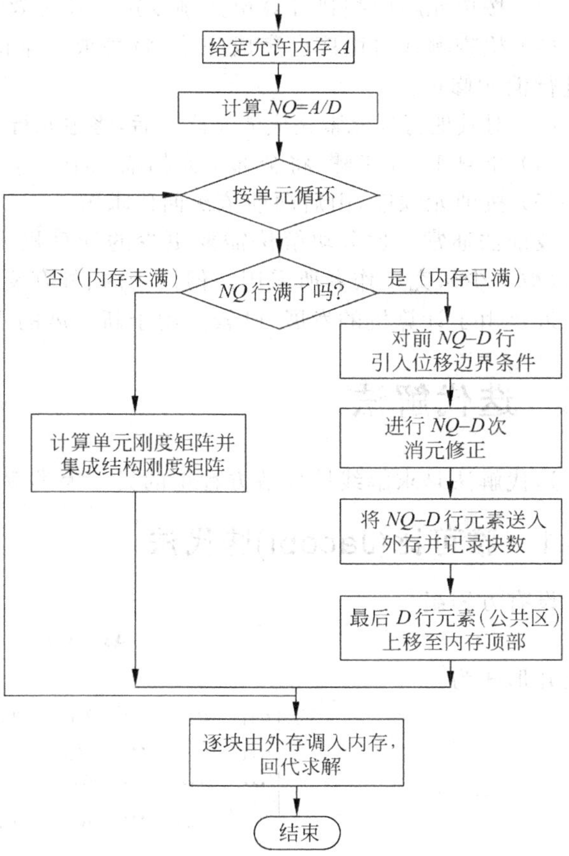


图 6.6　分块解法简单框图

### 6.4.3 波前法

采用高斯循序消去法和三角分解法时，方程一般都按结点自然编号顺序排列，并进入内存。在有些情况下按自然顺序的带宽 $D$ 很大而中间夹有很多零元素，如复连通域的问题。造成工作三角形很大，这时可以采用波前法。

波前法和分块解法的基本思想都是基于对高斯消去法的再分析，由先集成后对其进行消元，发展到集成和消元修正交替进行。

波前法解题的特点是：刚度矩阵 $\boldsymbol{K}$ 和载荷列阵 $\boldsymbol{P}$ 不按自然编号进入内存，而按计算时参加运算的顺序排列；在内存中保留尽可能少的一部分 $\boldsymbol{K}$ 和 $\boldsymbol{P}$ 中的元素。计算过程可简单介绍如下：

(1) 按单元顺序扫描计算单元刚度矩阵及等效结点载荷列阵，并送入内存进行集成。

(2) 检查哪些自由度已集成完毕，将集成完毕的自由度作为主元，对其他行、列的元素进行消元修正。

(3) 对其他行列元素完成消元修正后，将主元行有关 $\boldsymbol{K}$ 和 $\boldsymbol{P}$ 中的元素移到计算机外存。

(4) 重复1～3步骤，将全部单元扫描完毕。

(5) 按消元顺序，由后向前依次回代求解。

波前法通常可比分块解法需要更少的计算机内存即可进行计算。在计算机发展前期，曾被不少研究工作者所采用。但由于内、外存交换比分块解法更为频繁，编程更为复杂。近年由于计算机的发展，已较少用于新发展的程序。

## 6.5 迭代解法

迭代解法是求解线性代数方程组的另一大类解法。以下将讨论它的几种常用算法。

### 6.5.1 雅可比(Jacobi)迭代法

设有方程组*

$$\boldsymbol{Ax} = \boldsymbol{b} \tag{6.5.1}$$

其展开形式为

$$\begin{bmatrix} a_{11} & a_{12} & \cdots & a_{1n} \\ a_{21} & a_{22} & \cdots & a_{2n} \\ \cdots & \cdots & \cdots & \cdots \\ a_{n1} & a_{n2} & \cdots & a_{nn} \end{bmatrix} \begin{bmatrix} x_1 \\ x_2 \\ \vdots \\ x_n \end{bmatrix} = \begin{bmatrix} b_1 \\ b_2 \\ \vdots \\ b_n \end{bmatrix} \tag{6.5.2}$$

---

* 此式即是(6.1.1)式，只是为讨论更一般化起见，以常用符号 $\boldsymbol{A},\boldsymbol{x},\boldsymbol{b}$ 代替(6.1.1)式中的 $\boldsymbol{K},\boldsymbol{a},\boldsymbol{P}$。

改写线性方程组(6.5.2)式,将第 $i$ 个方程($i=1\sim n$)表示为 $x_i$ 的表达式:

$$x_i = \frac{1}{a_{ii}}\Big(b_i - \sum_{\substack{j=1\\ j\neq i}}^{n} a_{ij}x_j\Big) \quad (i = 1,2,3,\cdots,n) \tag{6.5.3}$$

雅可比迭代法是由一组 $x_i$ 的初始值 $x_i^0(i=1,2,\cdots,n)$,然后按下式进行迭代:

$$x_i^{k+1} = \frac{1}{a_{ii}}\Big(b_i - \sum_{\substack{j=1\\ j\neq i}}^{n} a_{ij}x_j^k\Big) \quad \begin{matrix}(i = 1,2,3,\cdots,n)\\(k = 0,1,2,\cdots)\end{matrix} \tag{6.5.4}$$

上标 $k$ 代表迭代次数。上式还可以改写成更便于编程的如下形式,即

$$x_i^{k+1} = x_i^k + \frac{1}{a_{ii}}\Big(b_i - \sum_{j=1}^{n} a_{ij}x_j^k\Big) \quad \begin{matrix}(i = 1,2,\cdots,n)\\(k = 0,1,2,\cdots)\end{matrix} \tag{6.5.5}$$

迭代一直进行到满足精度要求为止。迭代的精度通常可采用以下准则进行检查,即

$$\| \boldsymbol{x}^{k+1} - \boldsymbol{x}^k \| \leqslant \varepsilon \| \boldsymbol{x}^k \| \quad (k = 0,1,2,\cdots) \tag{6.5.6}$$

式中 $\varepsilon$ 是允许的误差, $\| \boldsymbol{x}^k \|$ 等表示向量的范数,例如 $\| \boldsymbol{x}^k \|_2 = \Big(\sum_{i=1}^{n}(x_i^k)^2\Big)^{\frac{1}{2}}$。

迭代表达式(6.5.5)式可以表示成矩阵形式

$$\boldsymbol{x}^{k+1} = \boldsymbol{x}^k + \boldsymbol{D}^{-1}(\boldsymbol{b} - \boldsymbol{A}\boldsymbol{x}^k) = \boldsymbol{x}^k - \boldsymbol{D}^{-1}\boldsymbol{r} \tag{6.5.7}$$

其中 $\boldsymbol{D}$ 是 $\boldsymbol{A}$ 的对角元素组成的矩阵,即

$$\boldsymbol{D} = \begin{bmatrix} a_{11} & & & \\ & a_{22} & & 0 \\ & & \ddots & \\ & 0 & & \ddots & \\ & & & & a_{nn} \end{bmatrix}$$

$$\boldsymbol{r} = \boldsymbol{b} - \boldsymbol{A}\boldsymbol{x}^k \tag{6.5.8}$$

$\boldsymbol{r}$ 代表 $k$ 次迭代后的解答,$\boldsymbol{x}^k$ 代入原方程(6.5.1)式得到的残差。

雅可比迭代法公式简单,迭代思路清晰。每迭代一次只需要计算 $n$ 个方程的向量乘法,程序编制时只需两个数组分别存放 $\boldsymbol{x}^k$ 和 $\boldsymbol{x}^{k+1}$,便可实现迭代计算。

用迭代法求解时需要注意迭代的收敛性。当线性代数方程组(6.5.1)式中的系数矩阵 $\boldsymbol{A}$ 为严格对角优势矩阵,即 $\boldsymbol{A}$ 的每一行对角元素的绝对值都大于同行其他元素的绝对值之和,即

$$| a_{ii} | > \sum_{\substack{j=1\\ j\neq i}}^{n} | a_{ij} | \quad (i = 1,2,\cdots,n)$$

则可证明雅可比迭代法是收敛的。

有限元法的求解方程 $\boldsymbol{K}\boldsymbol{a}=\boldsymbol{P}$ 中,系数矩阵 $\boldsymbol{K}$ 具有主元占优的特点,但不能保证是严格对角优势。以下讨论的几种迭代方法则具有比雅可比迭代法更好的收敛性。

**例 6.3** 利用雅可比迭代法求解线性代数方程组

$$\boldsymbol{A}\boldsymbol{x}=\boldsymbol{b}$$

其中

$$\boldsymbol{A}=\begin{bmatrix}5 & -3 & 1 & 0\\ -3 & 11 & -3 & 1\\ 1 & -3 & 11 & -3\\ 0 & 1 & -3 & 6\end{bmatrix}\qquad \boldsymbol{b}=\begin{bmatrix}2\\ 14\\ 16\\ 17\end{bmatrix}$$

误差控制为

$$\frac{\|\boldsymbol{x}^{k+1}-\boldsymbol{x}^{k}\|}{\|\boldsymbol{x}^{k}\|}<10^{-6}\quad (k=0,1,2,\cdots)$$

已知此例的精确解为 $\boldsymbol{x}=[1\quad 2\quad 3\quad 4]^{\mathrm{T}}$。

设初始向量 $\boldsymbol{x}^{0}=[0\quad 0\quad 0\quad 0]^{\mathrm{T}}$，经过30次迭代达到精度要求。结果如下：

| $k$ | $x_1$ | $x_2$ | $x_3$ | $x_4$ | ERROR |
|---|---|---|---|---|---|
| 0 | 0.000 000 00 | 0.000 000 00 | 0.000 000 00 | 0.000 000 00 | 0.000 00E+00 |
| 1 | 0.400 000 00 | 1.272 727 27 | 1.454 545 45 | 2.833 333 33 | 0.380 29E+00 |
| 2 | 0.872 727 27 | 1.520 936 64 | 2.538 016 53 | 3.348 484 85 | 0.143 16E+00 |
| 3 | 0.804 958 68 | 1.898 522 41 | 2.703 230 65 | 3.848 852 16 | 0.611 17E−01 |
| 4 | 0.998 467 32 | 1.879 610 53 | 2.948 833 19 | 3.868 528 26 | 0.345 95E−01 |
| 5 | 0.937 999 68 | 1.997 579 39 | 2.931 449 91 | 3.994 481 50 | 0.206 73E−01 |
| 6 | 1.012 257 65 | 1.964 897 03 | 3.003 471 18 | 3.966 128 39 | 0.132 80E−01 |
| 7 | 0.978 243 98 | 2.007 368 92 | 2.980 074 42 | 4.007 586 09 | 0.879 46E−02 |
| 8 | 1.008 406 47 | 1.987 942 65 | 3.006 056 46 | 3.988 809 06 | 0.581 11E−02 |
| 9 | 0.991 554 30 | 2.004 961 79 | 2.992 895 33 | 4.005 037 79 | 0.391 29E−02 |
| 10 | 1.004 398 01 | 1.995 301 01 | 3.003 494 95 | 3.995 620 70 | 0.260 59E−02 |
| 11 | 0.996 481 62 | 2.002 550 74 | 2.997 124 28 | 4.002 530 64 | 0.175 48E−02 |
| 12 | 1.002 105 59 | 1.998 026 10 | 3.001 705 68 | 3.998 137 02 | 0.117 28E−02 |
| 13 | 0.998 474 52 | 2.001 208 80 | 2.998 762 16 | 4.001 181 83 | 0.788 40E−03 |
| 14 | 1.000 972 85 | 1.999 138 93 | 3.000 790 67 | 3.999 179 61 | 0.527 87E−03 |
| 15 | 0.999 325 22 | 2.000 555 54 | 2.999 452 98 | 4.000 538 85 | 0.354 46E−03 |
| 16 | 1.000 442 73 | 1.999 617 80 | 3.000 359 81 | 3.999 633 90 | 0.237 54E−03 |
| 17 | 0.999 698 72 | 2.000 252 16 | 2.999 755 67 | 4.000 243 61 | 0.159 41E−03 |
| 18 | 1.000 200 16 | 1.999 829 05 | 3.000 162 60 | 3.999 835 81 | 0.106 88E−03 |
| 19 | 0.999 864 91 | 2.000 113 86 | 2.999 890 40 | 4.000 109 79 | 0.717 00E−04 |
| 20 | 1.000 090 24 | 1.999 923 29 | 3.000 073 28 | 3.999 926 22 | 0.480 82E−04 |

| | | | | | |
|---|---|---|---|---|---|
| 21 | 0.999 939 32 | 2.000 051 30 | 2.999 950 75 | 4.000 049 42 | 0.322 52E−04 |
| 22 | 1.000 040 63 | 1.999 965 53 | 3.000 032 99 | 3.999 966 83 | 0.216 30E−04 |
| 23 | 0.999 972 72 | 2.000 023 09 | 2.999 977 86 | 4.000 022 24 | 0.145 08E−04 |
| 24 | 1.000 018 28 | 1.999 984 50 | 3.000 014 84 | 3.999 985 08 | 0.973 04E−05 |
| 25 | 0.999 987 73 | 2.000 010 39 | 2.999 990 04 | 4.000 010 01 | 0.652 64E−05 |
| 26 | 1.000 008 23 | 1.999 993 03 | 3.000 006 68 | 3.999 993 29 | 0.437 72E−05 |
| 27 | 0.999 994 48 | 2.000 004 68 | 2.999 995 52 | 4.000 004 50 | 0.293 58E−05 |
| 28 | 1.000 003 70 | 1.999 996 86 | 3.000 003 00 | 3.999 996 98 | 0.196 91E−05 |
| 29 | 0.999 997 52 | 2.000 002 10 | 2.999 997 98 | 4.000 002 02 | 0.132 07E−05 |
| 30 | 1.000 001 66 | 1.999 998 59 | 3.000 001 35 | 3.999 998 64 | 0.885 78E−06 |

**例 6.4**　利用雅可比迭代法求解线性代数方程组

$$\boldsymbol{A}\boldsymbol{x} = \boldsymbol{b}$$

其中：

$$\boldsymbol{A} = \begin{bmatrix} 4 & -3 & 1 & 0 \\ -3 & 7 & -3 & 1 \\ 1 & -3 & 7 & -3 \\ 0 & 1 & -3 & 3 \end{bmatrix} \qquad \boldsymbol{b} = \begin{bmatrix} 1 \\ 6 \\ 4 \\ 5 \end{bmatrix}$$

此例的精确解、误差控制、所设初始向量均和例 6.3 的相同。雅可比迭代法的迭代不收敛,计算结果发散。这是由于系数矩阵不满足严格对角优势的要求,因此导致求解失败。

## 6.5.2　高斯-赛德尔(Gauss-Seidel)迭代法

由雅可比迭代法可知,在计算 $\boldsymbol{x}^{k+1}$ 的过程中,采用的都是上一迭代步的结果 $\boldsymbol{x}^k$。考察其计算过程,显然在计算新的分量 $x_i^{k+1}$ 时,已经计算得到了新的分量,$x_1^{k+1}$,$x_2^{k+1}$,…,$x_{i-1}^{k+1}$。有理由认为新计算出来的分量可能比上次迭代得到的分量有所改善。希望充分利用新计算出来的分量以提高迭代解法的效率,这就是高斯-赛德尔迭代法(简称 G-S 迭代法)。

对(6.5.4)式进行改变可以得到 G-S 迭代法的分量形式

$$x_i^{k+1} = \frac{1}{a_{ii}}\left(b_i - \sum_{j=1}^{i-1} a_{ij}x_j^{k+1} - \sum_{j=i+1}^{n} a_{ij}x_j^k\right)$$
$$(i = 1,2,3,\cdots,n) \quad (k = 0,1,2,\cdots) \tag{6.5.9}$$

G-S 迭代法的分量形式亦可表示为

$$x_i^{k+1} = x_i^k + \frac{1}{a_{ii}}\left(b_i - \sum_{j=1}^{i-1} a_{ij}x_j^{k+1} - \sum_{j=i}^{n} a_{ij}x_j^k\right)$$
$$(i = 1,2,3,\cdots,n) \quad (k = 0,1,2,\cdots) \tag{6.5.10}$$

G-S 迭代法每步迭代的计算量与雅可比迭代法相当,但当计算机进行计算时,只需存放一个 $\boldsymbol{x}$ 数组。

### 6.5.3 超松弛迭代法

逐次超松弛迭代法(succesive over relaxation method,简称 SOR 方法)是 G-S 迭代法的一种加速收敛的方法。其特点是适当选择一个松弛因子 $\omega$,将它引入(6.5.10)式,以加速其迭代收敛过程。这样一来,迭代公式(6.5.10)可以改写为

$$x_i^{k+1} = x_i^k + \frac{\omega}{a_{ii}}\left(b_i - \sum_{j=1}^{i-1} a_{ij} x_j^{k+1} - \sum_{j=1}^{n} a_{ij} x_j^k\right) \qquad (6.5.11)$$

$$(i = 1,2,\cdots,n;k = 0,1,2,\cdots)$$

迭代公式(6.5.11)式称为松弛因子迭代方法。当 $\omega=1$ 时,(6.5.11)式就是 G-S 迭代法;当 $\omega<1$ 时,(6.5.11)式称为低松弛法;当 $\omega>1$ 时,(6.5.11)式称为超松弛法,即 SOR 方法。由于加速迭代收敛一般选取 $\omega>1$,因此(6.5.11)式一般称为超松弛迭代法(SOR 方法)。

**例 6.5** 仍采用例 6.3 的线性代数方程组,用 SOR 方法求解。超松弛因子 $\omega$ 取不同数值,比较它对收敛速度的影响。控制误差仍采用 $\|\boldsymbol{x}^{k+1}-\boldsymbol{x}^k\|_2/\|\boldsymbol{x}^k\|_2<10^{-6}$。计算所得结果为:

| 超松弛因子 $\omega$ | 1.0 | 1.1 | 1.2 | 1.3 | 1.4 | 1.5 | 1.6 | 1.7 | 1.8 | 1.9 | 2.0 |
|---|---|---|---|---|---|---|---|---|---|---|---|
| 迭代次数 $k$ | 10 | 9 | 11 | 14 | 18 | 23 | 30 | 42 | 67 | 141 | 不收敛 |

由此算例也可看出超松弛迭代法和 G-S 迭代法要优于雅可比迭代法。由于选择了超松弛因子 $\omega$,一般超松弛迭代法的效率要高于 G-S 迭代法。超松弛因子无法事先确定最优值,可在迭代过程中根据收敛速度进行调整。

可以证明,如系数矩阵 $\boldsymbol{A}$ 是对称正定的,同时松弛因子 $\omega$ 的取值满足 $0<\omega<2$,则求解方程组的超松弛迭代法是收敛的。

**例 6.6** 仍采用例 6.4 的线性方程组,比较 $\omega$ 不同取值时的收敛速度:

| 超松弛因子 $\omega$ | 1.0 | 1.1 | 1.2 | 1.3 | 1.4 | 1.5 | 1.6 | 1.7 | 1.8 | 1.9 | 2.0 |
|---|---|---|---|---|---|---|---|---|---|---|---|
| 迭代次数 $k$ | 18 | 16 | 15 | 17 | 21 | 26 | 34 | 48 | 77 | 160 | 不收敛 |

从此例可以看出,当系数矩阵是对称正定时,虽然不具有严格对角优势,超松弛迭代法仍是收敛的。但由于和例 6.1 的系数矩阵比较,对角优势减弱,$\omega$ 的最优值也较大。另一方面,在相同的 $\omega$ 取值情况下,达到同样的精度需要更多的迭代次数。

从例 6.5 和例 6.6 的比较中还可以看到,对于不同的系数矩阵,超松弛因子 $\omega$ 的最优

值是不同的,需要在迭代过程中根据收敛速度进行调整。通常建议取值 1.2 左右。

## 6.5.4 共轭梯度法

共轭梯度法是求解线性代数方程组的一种有效的迭代解法,可以看作是由通常称为最速下降法的梯度法发展而来。下面首先讨论梯度法。

1. 梯度法

从第 1 章的讨论中已知,很多数学物理问题,如果它的方程是线性自伴随的,则它的求解可以等效于求解对应的二次泛函的极值问题。在用里兹方法求解此泛函极值问题时,从极值条件可以得到作为求解方程的线性代数方程组。但梯度法的基本思想不是直接求解代数方程组,而是用迭代法逐步逼近泛函的极值,从而得到解答。

线性代数方程组(6.5.1)式 $\boldsymbol{A}\boldsymbol{x}=\boldsymbol{b}$ 是对应二次函数

$$f(\boldsymbol{x}) = \frac{1}{2}\boldsymbol{x}^{\mathrm{T}}\boldsymbol{A}\boldsymbol{x} - \boldsymbol{b}^{\mathrm{T}}\boldsymbol{x} \tag{6.5.12}$$

的极值条件,用梯度法求解函数 $f(\boldsymbol{x})$的极值问题可按以下步骤:

(1) 设 $\boldsymbol{x}$ 的初值 $\boldsymbol{x}_0$

(2) 求 $f(\boldsymbol{x})$在 $\boldsymbol{x}_0$ 的梯度为

$$\left.\frac{\partial f(\boldsymbol{x})}{\partial \boldsymbol{x}}\right|_{x=x_0} = \boldsymbol{A}\boldsymbol{x}_0 - \boldsymbol{b}$$

(3) 沿梯度的负方向,即

$$\boldsymbol{r}_0 = \boldsymbol{b} - \boldsymbol{A}\boldsymbol{x}_0$$

进行一维搜索,寻找 $f(\boldsymbol{x})$在此方向的最小值。步骤是:

(a) 设 $\boldsymbol{x}_1=\boldsymbol{x}_0+\alpha_0\boldsymbol{r}_0$。

(b) 将 $\boldsymbol{x}_1$ 代入 $f(\boldsymbol{x})$,得到

$$f(\boldsymbol{x}_1) = \frac{1}{2}(\boldsymbol{x}_0+\alpha_0\boldsymbol{r}_0)^{\mathrm{T}}\boldsymbol{A}(\boldsymbol{x}_0+\alpha_0\boldsymbol{r}_0) - \boldsymbol{b}^{\mathrm{T}}(\boldsymbol{x}_0+\alpha_0\boldsymbol{x}_0)$$

(c) 求 $f(\boldsymbol{x}_1)$的最小值。即从$\dfrac{\partial f(\boldsymbol{x}_1)}{\partial \alpha_0}=0$,得到

$$\alpha_0 = \frac{\boldsymbol{b}^{\mathrm{T}}\boldsymbol{r}_0 - \boldsymbol{x}_0^{\mathrm{T}}\boldsymbol{A}\boldsymbol{r}_0}{\boldsymbol{r}_0^{\mathrm{T}}\boldsymbol{A}\boldsymbol{r}_0} = \frac{\boldsymbol{r}_0^{\mathrm{T}}\boldsymbol{r}_0}{\boldsymbol{r}_0^{\mathrm{T}}\boldsymbol{A}\boldsymbol{r}_0}$$

(4) 以 $\boldsymbol{x}_1$ 代替(1)中的 $\boldsymbol{x}_0$,重复上述(1)、(2)、(3)步骤的计算,直至

$$\|\boldsymbol{r}_k\| \leqslant \varepsilon_1\|\boldsymbol{b}\| \quad 或 \quad \|\boldsymbol{x}_{k+1}-\boldsymbol{x}_k\| \leqslant \varepsilon_2\|\boldsymbol{x}_k\|$$

其中 $k$ 是迭代次数,$\varepsilon_1$ 和 $\varepsilon_2$ 是规定的允许误差。

(5) 输出结果 $\boldsymbol{x}_{k+1}$

从上述步骤可见,每次迭代是沿 $f(\boldsymbol{x})$在 $\boldsymbol{x}_k(k=1,2,\cdots)$的梯度的负方向进行一维搜

索，寻找使 $f(\boldsymbol{x})$ 下降的最大值，所以通常称此法为最速下降法。但实际计算表明此法的迭代收敛速度常常是不高的。

2. 共轭梯度法(Conjugate Gradient Method)

共轭梯度法简称 CG 方法。它和上述称为最速下降法的梯度法不同之处在于：每次一维搜索不是沿 $f(\boldsymbol{x})$ 在 $\boldsymbol{x}_k$ 的梯度方向，而是沿与前一次搜索方向是关于系数矩阵 $\boldsymbol{A}$ 相互正交的所谓共轭梯度方向。它的算法步骤如下：

(1) 设 $\boldsymbol{x}$ 的初值 $\boldsymbol{x}_0$

(2) 计算 $f(\boldsymbol{x})$ 在 $\boldsymbol{x}_0$ 的梯度

$$\left.\frac{\partial f(\boldsymbol{x})}{\partial \boldsymbol{x}}\right|_{x=x_0} = \boldsymbol{A}\,\boldsymbol{x}_0 - \boldsymbol{b}$$

(3) 令：$\boldsymbol{r}_0 = \boldsymbol{b} - \boldsymbol{A}\,\boldsymbol{x}_0 \quad \boldsymbol{p}_0 = \boldsymbol{r}_0$

(4) 沿 $\boldsymbol{p}_0$ 方向进行一维搜索，寻找 $\min f(\boldsymbol{x})$，即设

$$\boldsymbol{x}_1 = \boldsymbol{x}_0 + \alpha_0 \boldsymbol{p}_0 = \boldsymbol{x}_0 + \alpha_0 \boldsymbol{r}_0$$

其中 $\alpha_0$ 可从 $\frac{\partial f(\boldsymbol{x}_1)}{\partial \alpha_0} = 0$ 得到，即有

$$\alpha_0 = \frac{\boldsymbol{r}_0^{\mathrm{T}} \boldsymbol{r}_0}{\boldsymbol{r}_0^{\mathrm{T}} \boldsymbol{A}\,\boldsymbol{r}_0}$$

(5) 计算

$$\boldsymbol{r}_1 = \boldsymbol{b} - \boldsymbol{A}\,\boldsymbol{x}_1$$

(6) 令 $\quad \boldsymbol{p}_1 = \boldsymbol{r}_1 + \beta_0 \boldsymbol{p}_0$

其中 $\beta_0$ 由 $\boldsymbol{p}_0^{\mathrm{T}} \boldsymbol{A}\,\boldsymbol{p}_1 = 0$ 决定，从

$$\boldsymbol{p}_0^{\mathrm{T}} \boldsymbol{A}\,\boldsymbol{p}_1 = \boldsymbol{p}_0^{\mathrm{T}} \boldsymbol{A}\,\boldsymbol{r}_1 + \beta_0 \boldsymbol{p}_0^{\mathrm{T}} \boldsymbol{A}\,\boldsymbol{p}_0 = 0$$

可得

$$\beta_0 = -\frac{\boldsymbol{p}_0^{\mathrm{T}} \boldsymbol{A}\,\boldsymbol{r}_1}{\boldsymbol{p}_0^{\mathrm{T}} \boldsymbol{A}\,\boldsymbol{p}_0}$$

(7) 沿 $\boldsymbol{p}_1$ 方向进行一维搜索，寻找 $\min f(\boldsymbol{x})$，即设

$$\boldsymbol{x}_2 = \boldsymbol{x}_1 + \alpha_1 \boldsymbol{p}_1$$

其中 $\alpha_1$ 可从 $\frac{\partial f(\boldsymbol{x}_2)}{\partial \alpha_1} = 0$ 得到，即

$$\alpha_1 = \frac{\boldsymbol{p}_1^{\mathrm{T}} \boldsymbol{r}_1}{\boldsymbol{p}_1^{\mathrm{T}} \boldsymbol{A}\,\boldsymbol{p}_1}$$

(8) 以 $\boldsymbol{x}_2$ 代替步骤(5)中的 $\boldsymbol{x}_1$，重复上述(5)(6)(7)步骤；继续进行迭代，直至满足收敛要求。

当迭代次数 $k \geqslant 2$ 时，存在如下关系式：

$$
\begin{aligned}
\beta_{k-1} &= \frac{-\boldsymbol{p}_{k-1}^{\mathrm{T}}\boldsymbol{A}\,\boldsymbol{r}_k}{\boldsymbol{p}_{k-1}^{\mathrm{T}}\boldsymbol{A}\,\boldsymbol{p}_{k-1}} \\
\boldsymbol{p}_k &= \boldsymbol{r}_k + \beta_{k-1}\boldsymbol{p}_{k-1} \\
\alpha_k &= \frac{\boldsymbol{p}_k^{\mathrm{T}}\boldsymbol{r}_k}{\boldsymbol{p}_k^{\mathrm{T}}\boldsymbol{A}\,\boldsymbol{p}_k} \\
\boldsymbol{x}_{k+1} &= \boldsymbol{x}_k + \alpha_k\boldsymbol{p}_k \\
\boldsymbol{r}_{k+1} &= \boldsymbol{r}_k - \alpha_k\boldsymbol{A}\,\boldsymbol{p}_k
\end{aligned}
\tag{6.5.13}
$$

利用上列各式，可以导出 $\beta_{k-1}$，$\alpha_k$ 的另一种表达形式为

$$
\beta_{k-1} = \frac{\boldsymbol{r}_k^{\mathrm{T}}\boldsymbol{r}_k}{\boldsymbol{r}_{k-1}^{\mathrm{T}}\boldsymbol{r}_{k-1}} \qquad \alpha_k = \frac{\boldsymbol{r}_k^{\mathrm{T}}\boldsymbol{r}_k}{\boldsymbol{p}_k^{\mathrm{T}}\boldsymbol{A}\,\boldsymbol{p}_k}
\tag{6.5.14}
$$

并可证明以下两个关系式成立，即

$$
\boldsymbol{r}_k^{\mathrm{T}}\boldsymbol{r}_l = 0 \quad (\text{当 } k \neq l,\quad k,l = 0,1,2,\cdots)
\tag{6.5.15}
$$

$$
\boldsymbol{p}_l^{\mathrm{T}}\boldsymbol{A}\,\boldsymbol{p}_k = 0 \quad (\text{当 } k \neq l,\quad k,l = 0,1,2,\cdots)
\tag{6.5.16}
$$

将上述迭代公式进行整理，可以得到共轭梯度法的如下标准迭代公式：

(1) 设置 $\boldsymbol{x}$ 的初始向量 $\boldsymbol{x}_0$

(2) 计算

$$
\boldsymbol{r}_0 = \boldsymbol{b} - \boldsymbol{A}\,\boldsymbol{x}_0
\tag{6.5.17}
$$

并令

$$
\boldsymbol{p}_0 = \boldsymbol{r}_0
$$

(3) 对于($k=0,1,2,\cdots$)进行如下迭代：

$$
\begin{aligned}
\alpha_k &= \frac{\boldsymbol{r}_k^{\mathrm{T}}\boldsymbol{r}_k}{\boldsymbol{p}_k^{\mathrm{T}}\boldsymbol{A}\,\boldsymbol{p}_k} \\
\boldsymbol{x}_{k+1} &= \boldsymbol{x}_k + \alpha_k\boldsymbol{p}_k \\
\boldsymbol{r}_{k+1} &= \boldsymbol{r}_k - \alpha_k\boldsymbol{A}\,\boldsymbol{p}_k \\
\beta_k &= \frac{\boldsymbol{r}_{k+1}^{\mathrm{T}}\boldsymbol{r}_{k+1}}{\boldsymbol{r}_k^{\mathrm{T}}\boldsymbol{r}_k} \\
\boldsymbol{p}_{k+1} &= \boldsymbol{r}_{k+1} + \beta_k\boldsymbol{p}_k
\end{aligned}
\tag{6.5.18}
$$

从(6.5.15)式可见，在迭代过程中得到的所有余量 $\boldsymbol{r}_k$（$-\boldsymbol{r}_k$ 代表 $f(\boldsymbol{x})$ 在 $\boldsymbol{x}_k$ 点的共轭梯度的正方向）是相互正交的。因此，对于 $n$ 阶线性代数方程组通过 $n$ 次迭代得到的 $\boldsymbol{r}_n$ 一定是零向量。这意味着 $\boldsymbol{x}_k$ 就是原方程(6.5.1)式的解。这可以由以下算例得到证实。

**例 6.7**　仍采用例 6.3 和例 6.4 的线性代数方程组和误差控制。分别采用梯度法和共轭梯度法求解，并比较它们的收敛速度。

对于例 6.3 和例 6.4 的线性代数方程组，达到 $10^{-6}$ 的精度要求，梯度法的迭代次数分别是 22 次和 47 次，这表明梯度法的收敛速度高于雅可比迭代法，但低于超松弛迭代法。对于不同方程组的收敛速度同样要受到系数矩阵性态的影响。

另一方面，对于现在这两个4阶方程组，采用共轭梯度法求解，都只需经过4次迭代，就可得到精确的解答，表明此算法优于其他迭代方法。以下分别列出采用共轭梯度迭代法计算例6.3和例6.4方程组的迭代计算结果。

例6.3方程组共轭梯度法的计算结果如下：

| $k$ | $x_1$ | $x_2$ | $x_3$ | $x_4$ | ERROR |
|---|---|---|---|---|---|
| 0 | 0.000 000 00 | 0.000 000 00 | 0.000 000 00 | 0.000 000 00 | 0.000 00E+00 |
| 1 | 0.369 668 25 | 2.218 009 48 | 1.478 672 99 | 1.848 341 23 | 0.621 58E+00 |
| 2 | 1.228 674 39 | 2.366 033 95 | 2.955 823 16 | 2.932 994 45 | 0.160 96E+00 |
| 3 | 1.435 145 32 | 2.206 397 21 | 2.830 531 08 | 3.674 318 52 | 0.113 56E+00 |
| 4 | 1.000 000 00 | 2.000 000 00 | 3.000 000 00 | 4.000 000 00 | 0.906 49E−16 |

例6.4方程组共轭梯度法的计算结果如下：

| $k$ | $x_1$ | $x_2$ | $x_3$ | $x_4$ | ERROR |
|---|---|---|---|---|---|
| 0 | 0.000 000 00 | 0.000 000 00 | 0.000 000 00 | 0.000 000 00 | 0.000 00E+00 |
| 1 | 0.361 475 01 | 2.530 325 08 | 2.891 800 10 | 3.072 537 60 | 0.229 33E+00 |
| 2 | 0.916 461 00 | 1.958 256 07 | 3.186 121 15 | 3.819 516 44 | 0.501 09E−01 |
| 3 | 0.969 022 01 | 1.987 079 89 | 3.003 009 95 | 4.011 178 81 | 0.648 28E−02 |
| 4 | 1.000 000 00 | 2.000 000 00 | 3.000 000 00 | 4.000 000 00 | 0.000 00E−00 |

### 3. 预条件共轭梯度法(preconditioned conjugate gradient method)

预条件共轭梯度法简称PCG方法，是加速共轭梯度法收敛的一种方法。因为所有迭代法的收敛速度都与表征系数矩阵性态的条件数(系数矩阵最大特征值和最小特征值之比)有关，此数越大，收敛速度越慢。虽然共轭梯度法在理论上最多经过 $n$ 次迭代就可达到精确解，但由于计算中的舍入误差，使每次迭代后的残差 $\boldsymbol{r}_k(k=1,2,\cdots)$ 不能保持正交性，从而使收敛速度降低。何况对于大型、超大型方程组，即使 $n$ 次迭代收敛，也是实际计算所不能接受的。PCG方法是通过引入预条件矩阵 $\boldsymbol{M}$，使方程系数矩阵的条件数降低，以达到提高收敛速度的目的。具体做法如下：

引入一对称正定矩阵 $\boldsymbol{M}=\boldsymbol{W}^{\mathrm{T}}\boldsymbol{W}$，使原方程(6.5.1)式转换成

$$(\boldsymbol{W}^{-\mathrm{T}}\boldsymbol{A}\,\boldsymbol{W}^{-1})\boldsymbol{W}\,\boldsymbol{x} = \boldsymbol{W}^{-\mathrm{T}}\boldsymbol{b} \tag{6.5.19}$$

或写成

$$\hat{\boldsymbol{A}}\,\hat{\boldsymbol{x}} = \hat{\boldsymbol{b}} \tag{6.5.20}$$

其中

$$\hat{\boldsymbol{A}} = \boldsymbol{W}^{-\mathrm{T}}\boldsymbol{A}\,\boldsymbol{W}^{-1} \qquad \hat{\boldsymbol{x}} = \boldsymbol{W}\,\boldsymbol{x} \qquad \hat{\boldsymbol{b}} = \boldsymbol{W}^{-\mathrm{T}}b$$

这里 $\boldsymbol{M}$ 称为预条件矩阵。显然 $\hat{\boldsymbol{A}}$ 也是对称正定矩阵。当 $\boldsymbol{M}$ 为 $\boldsymbol{A}$ 的近似时，$\hat{\boldsymbol{A}}$ 接近单位矩阵，这时它的条件数近似为1，即 $\mathrm{cond}(\hat{\boldsymbol{A}})\approx 1$。然后用CG方法求解(6.5.20)式，这时

算式仍同(6.5.17)～(6.5.18)式，只是式中各个变量加上了上标“^”。

如将以上各式变回原来的变量，仿照上述(6.5.17)～(6.5.18)式，可将 PCG 迭代法的迭代公式表达如下：

(1) 设置 $\boldsymbol{x}$ 的初始向量 $\boldsymbol{x}_0$

(2) 计算　$\boldsymbol{r}_0=\boldsymbol{b}-\boldsymbol{A}\,\boldsymbol{x}_0$　(6.5.21)

(3) 求解　$\boldsymbol{M}\,\boldsymbol{h}_0=\boldsymbol{r}_0$　(6.5.22)

并令　$\boldsymbol{p}_0=\boldsymbol{h}_0$

(4) 对于($k=0,1,2,\cdots$)进行如下迭代

$$\begin{aligned}\alpha_k &= \frac{\boldsymbol{h}_k^{\mathrm{T}}\boldsymbol{r}_k}{\boldsymbol{p}_k^{\mathrm{T}}\boldsymbol{A}\,\boldsymbol{p}_k}\\ \boldsymbol{x}_{k+1} &= \boldsymbol{x}_k+\alpha_k\boldsymbol{p}_k\\ \boldsymbol{r}_{k+1} &= \boldsymbol{r}_k-\alpha_k\boldsymbol{A}\,\boldsymbol{p}_k\end{aligned}\tag{6.5.23}$$

求解：

$$\boldsymbol{M}\,\boldsymbol{h}_{k+1}=\boldsymbol{r}_{k+1}\tag{6.5.24}$$

$$\begin{aligned}\beta_k &= \frac{\boldsymbol{h}_{k+1}^{\mathrm{T}}\boldsymbol{r}_{k+1}}{\boldsymbol{h}_k^{\mathrm{T}}\boldsymbol{r}_k}\\ \boldsymbol{p}_{k+1} &= \boldsymbol{h}_{k+1}+\beta_k\boldsymbol{p}_k\end{aligned}\tag{6.5.25}$$

将以上(6.5.21)～(6.5.25)式和共轭梯度法的迭代公式(6.5.17)～(6.5.18)式对比可以看出，PCG 法区别于 CG 法的是，在每次计算出 $\boldsymbol{r}_k$($k=0,1,2,\cdots$)以后，增加了一个求解 $\boldsymbol{M}\,\boldsymbol{h}_k=\boldsymbol{r}_k$ 的步骤。$\boldsymbol{M}$ 是预条件矩阵，因此如何选择 $\boldsymbol{M}$ 就成为 PCG 法的关键问题。

选择 $\boldsymbol{M}$ 应同时考虑以下两方面的要求：

(1) $\boldsymbol{M}$ 应是原系数矩阵 $\boldsymbol{A}$ 的近似；

(2) $\boldsymbol{M}$ 应容易求逆，并需尽可能少的存储。

例如选择 $\boldsymbol{M}$ 为

$$\boldsymbol{M}=\boldsymbol{D}=\mathrm{diag}[a_{11},a_{22},\cdots,a_{nn}]=\boldsymbol{D}^{\frac{1}{2}}\boldsymbol{D}^{\frac{1}{2}}\tag{6.5.26}$$

这实际上是 CG 法的每次迭代中插入了一次雅可比迭代。此时 PCG 法就是雅可比迭代的共轭梯度加速法。此选择最符合上述第(2)方面的要求。矩阵 $\boldsymbol{A}$ 在很强的严格对角优势的情况下可以试用。一般情况下，现采用较多的是取 $\boldsymbol{A}$ 的不完全三角分解作为 $\boldsymbol{M}$。即首先对 $\boldsymbol{A}$ 作不完全三角分解

$$\boldsymbol{A}=\widetilde{\boldsymbol{L}}\,\widetilde{\boldsymbol{D}}\,\widetilde{\boldsymbol{L}}^{\mathrm{T}}-\boldsymbol{R}\tag{6.5.27}$$

其中，$\widetilde{\boldsymbol{L}}$ 保持 $\boldsymbol{A}$ 的稀疏性，$\widetilde{\boldsymbol{D}}$ 的元素为正。这时在对 $\boldsymbol{A}$ 进行三角分解时，只对高度轮廓线以下的非零元素进行分解，而略去对零元素运算的结果，因此称这种分解为不完全三角分解。$\boldsymbol{R}$ 是余项。这时选取

$$\boldsymbol{M}=\widetilde{\boldsymbol{L}}\,\widetilde{\boldsymbol{D}}\,\widetilde{\boldsymbol{L}}^{\mathrm{T}}$$

此时，PCG 法就是不完全三角分解的共轭梯度加速法(简称 ICCG 法)。

**例 6.8**[4] 半无穷空间受集中力。对此问题用三维 8 结点单元作线弹性分析，网格为 14×14×14，总的自由度数 $N=9\,030$。系数矩阵高度轮廓线下的零元素占 94%。同时采用直接解法的三角分解法和 ICCG 法进行分析。后一方法的误差控制为 $10^{-6}$。现将两种方法的存储需求和 CPU 时间对比如下：

| 解的方法 | 矩阵元素数 | 总的存储需求 | CPU 时间 |
|---|---|---|---|
| 三角分解法 | 5 801 219 | 11 647 588 | 1.0 |
| ICCG 法 | 318 575 | 1 692 205 | 0.07 |
| 两者比例 | 18.2 | 6.9 | 13.8 |

从以上结果可以看出，对于这个还不算过大的三维问题，由于高度轮廓线下的零元素占 94%，在三角分解过程中，这些零元素要成为非零元素，不仅要保存它们，还要计算它们，因而导致三角分解的存储需求和 CPU 时间分别是 ICCG 方法的 6.9 倍和 13.8 倍。说明对于此类情况，采用迭代解法，计算效率有显著的提高。

还应指出，随着计算规模的增大，系数矩阵高度轮廓线下的零元素所占比例还要增加。这是因为系数矩阵的带宽通常随着总体自由度的增加而增加，而每列中非零元素的数目只和该结点的相关结点数有关，即只和分析问题（网格）的维数及单元形式有关，而和分析规模无关。因此对于大型、超大型问题，特别是它们的三维问题，采用迭代解法是很有意义的。

关于 PCG 法应予说明的是，由于此方法仍在发展中，许多问题需要进一步研究。例如，如何有效地将它应用于板壳等包含旋转自由度问题的求解；如何使它减少对系数矩阵病态的敏感性，以增加方法的可靠性等。

## 6.6 小结

线性代数方程组的求解在有限元分析中占有重要地位。本章讨论了有限元法中线性代数方程组的常用算法，包括直接解法和迭代解法。由于有限元分析中线性代数方程组常常是大型，甚至是超大型的，因此应当选择适当的解法，在保证求解精度的条件下尽可能地提高计算效率。

基于高斯消去法的各种直接解法，其共同特点是，对于给定的方程组，一种选定了的直接解法可以按规定步骤在事先可计算出的算术运算操作数内完成计算，直接给出最后的解答。算法简单方便，特别是适合于求解多组载荷的情况，因为此时系数矩阵的消元或分解仍只需进行一次。随着计算机性能的不断提高，如有效字长位数的增加，内存的扩大及计算速度的提高，一般情况下，直接解法仍是首选的解法。它的不足之处，一是它需保存系数矩阵中夹杂于非零元素之间（即高度轮廓线以下）的零元素，因为在计算过程中它们要成为非零元素。这样一来，不仅增加了对计算机存储的要求，而且影响了计算效率。在大型、超大型问题中这种零元素在系数矩阵中所占比例很大，常常超过 90%，因此直接解法用于此类问题时效率是不高的。直接解法的另一不足是，它在计算过程中不能对解的误差进行检查和控制。而解的误差主要是由计算机的有效字长，方程组的阶数，特别是系数矩阵的性态决定的。在一定的字长条件下，方程组的阶数越高，计算过程中累积的舍入误差越大。另一方面，系数矩阵的性态越差，一定有效字长造成的截断误差对解的影响越大。而系数矩阵的性态主要体现于矩阵的条件数(即系数矩阵的最大特征值和最小特征值之比)。计算规模越大，以及网格内不同单元间尺寸的差别、材料性质的差异、各单元自身的边长比越大，则系数矩阵的条件数越高，亦即矩阵性态越差，从而导致解的误差越大，甚至导致求解的失败。基于以上两点，对于大型、超大型方程组，迭代解法常是更合适的选择。

迭代解法的优点之一是，它不要求保存系数矩阵中高度轮廓线以下的零元素，并且不对它们进行运算，即它们保持为零不变。这样一来，计算机只需存储系数矩阵的非零元素以及记录它们位置的辅助数组。这不仅可以最大限度地节约了存储空间，而且提高了计算效率。这对于求解大型、超大型方程组是很有意义的。另一方面，迭代解法在计算过程中可以对解的误差进行检查，并通过增加迭代次数来降低误差，直至满足解的精度要求。它的不足之处主要是，每一种迭代算法可能只适合某一类问题，常缺乏通用的有效性。如使用不当，可能会出现迭代收敛很慢，甚至不收敛的情况。

## 关键概念

| | | |
|---|---|---|
| 高斯循序消去法 | 三角分解法 | 二维等带宽存储 |
| 一维变带宽存储 | 分块解法 | 迭代解法 |
| 超松弛迭代法 | 梯度法 | 共轭梯度法 |
| 预条件共轭梯度法 | | |

# 复习题

**6.1**　什么是高斯循序消去法？它在每一次消元后，系数矩阵有什么变化？

**6.2**　循序消去法和按行分解、按列分解的三角分解法在计算步骤上有何区别？如何从前者的计算公式导出后者的计算公式？

**6.3**　高斯循序消去法和高斯-约当消去法在消元完成后各得到什么矩阵？各有什么特点？两者之间有何共同点和不同点？

**6.4**　什么是二维等带宽存储？什么是一维变带宽存储？两者各有何优缺点？各自更适合于哪种特点的系数矩阵和哪种直接解法？

**6.5**　为什么在循序消去法中系数矩阵中消元行的元素在消元前必须集成完毕？而

被消去行的元素可以消元和集成交替进行？

**6.6** 对于多组载荷情况，为什么系数矩阵的消元或三角分解只需进行一次？如何实现多组载荷的求解？

**6.7** 分块解法的理论依据是什么？如果系数矩阵采用二维等带宽存储，什么是它的工作三角形？它在分块解法中起什么作用？

**6.8** 什么是超松弛因子？它在迭代法中有何作用？

**6.9** 如何理解对于对角优势相对较弱的系数矩阵，超松弛因子 $\omega$ 的最优值相对较大？在相同 $\omega$ 取值条件下收敛速度较慢？

**6.10** 为什么迭代解法可以最大限度地节省计算机存储？在编程中如何利用此特点？

**6.11** 梯度法和共轭梯度法的相同点和不同点是什么？为什么后者有较快的收敛速度？

**6.12** 什么是预条件共轭梯度法？如何选择预条件矩阵才能达到提高计算效率的目的？

## 练习题

**6.1** 利用高斯循序消去法求解下列代数方程组。

$$\begin{bmatrix} 5 & -3 & 2 & 0 \\ -3 & 8 & -3 & 2 \\ 2 & -3 & 8 & -3 \\ 0 & 2 & -3 & 3 \end{bmatrix} \begin{bmatrix} a_1 \\ a_2 \\ a_3 \\ a_4 \end{bmatrix} = \begin{bmatrix} 6 \\ 5 \\ 0 \\ 8 \end{bmatrix}$$

**6.2** 利用高斯-约当消去法求解 6.1 题的方程组。

**6.3** 用高斯-约当消去法求解 6.1 题的方程组，算法执行中先凝聚掉自由度 $a_2$ 和 $a_3$，求解得到 $a_1$ 和 $a_4$ 的解答，然后解出 $a_2$ 和 $a_3$。

**6.4** 利用按列分解的三角分解法求解 6.1 题的方程组。

**6.5** 编制系数矩阵 $n\times n$ 元素全部存储和二维等带宽存储的高斯循序消去法的程序，并求解下列代数方程组

$$\begin{bmatrix} 5 & -3 & 2 & 0 & 0 & 0 \\ -3 & 8 & -3 & 2 & 4 & 0 \\ 2 & -3 & 8 & -3 & 0 & 0 \\ 0 & 2 & -3 & 7 & -2 & 1 \\ 0 & 4 & 0 & -2 & 7 & -2 \\ 0 & 0 & 0 & 1 & -2 & 4 \end{bmatrix} \begin{bmatrix} a_1 \\ a_2 \\ a_3 \\ a_4 \\ a_5 \\ a_6 \end{bmatrix} = \begin{bmatrix} 6 \\ 21 \\ 0 \\ 14 \\ 22 \\ 3 \end{bmatrix}$$

**6.6** 编制系数矩阵 $n\times n$ 元素全部存储和一维变带宽存储按列分解的三角分解法的程序，并求解 6.5 题的方程组。

**6.7**　现有二维问题 $m\times m$ 单元组成的网格，单元是 4 结点四边形平面问题单元。如果采用二维等带宽存储刚度矩阵，试计算半带宽（包含对角元素在内）和对应于网格内部结点的每列所包含的非零元素数。

**6.8**　现有三维单元 $m\times m\times m$ 单元组成的网格，单元是 8 结点六面体三维问题单元。如果采用二维等带宽存储刚度矩阵，试计算半带宽（包含对角元素在内）和对应于网格内部结点的每列所包含的非零元素数。

**6.9**　编制雅可比迭代法和超松弛迭代法的程序并求解题 6.1 和题 6.5 的线性代数方程组。

（1）比较两种方法的收敛速度；

（2）给出最佳的松弛因子的数值。

**6.10**　编制梯度法和共轭梯度法的程序，并求解题 6.1 和题 6.5 的线性代数方程组。并比较两种方法的收敛速度。

**6.11**　试证明关系式(6.5.15)和(6.5.16)式。

**6.12**　编制 PCG 法的程序，并求解题 6.1 和题 6.5 的线性代数方程组。

（1）取 $\boldsymbol{M}=\boldsymbol{D}$；

（2）自己试取两种不同的 $\boldsymbol{M}$，并比较其结果。

# 第 7 章　有限元分析计算机程序

**本章要点**

- 有限元分析的流程和有限元分析主体程序的结构及组成。
- 有限元前、后处理程序的功能和技术概况。
- 利用教学程序对具体问题进行计算，并对结果进行分析。

## 7.1　引言

由于有限元法是通过计算机实现的，因此它的计算机程序的研制和开发是其理论和方法应用于生产和科研实际的前提和基础。同时所研制和开发的计算机程序又是有限元理论和方法研究的必要平台。

正如绪论中所介绍，有限元软件的发展从目的和用途上可以区分为专用软件和通用软件；同时从软件的功能和技术上考察，它正在朝向集成化、网络化和智能化的信息处理系统方向发展。但是一般工程和科学问题的有限元分析过程都可以归纳为如图 7.1 所示的流程。

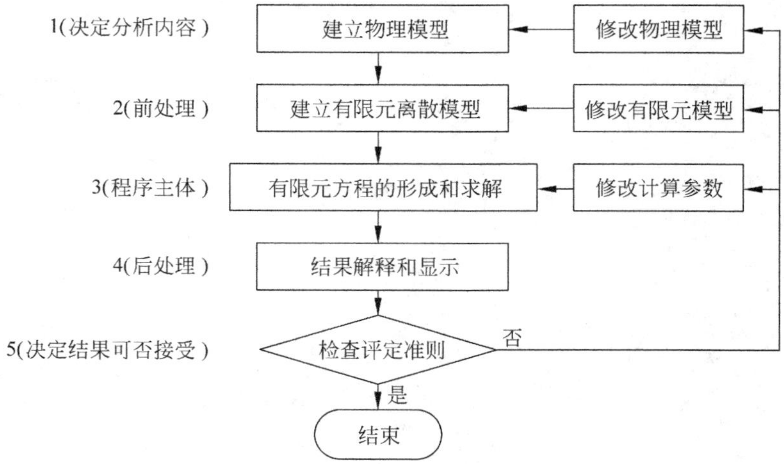


图 7.1　有限元分析流程

图示流程的第 1 步和第 5 步分别决定分析内容(例如三维弹性应力分析问题,轴对称壳体动力特性问题,空间桁架结构地震响应问题,……)和结果可否接受(例如计算结果是否可靠,精度是否满足要求,结果是否符合工程设计的要求,……)。这需要分析者根据所分析问题的特点、工程规范、数值分析准则以及计算机软、硬件性能等综合因素决定。如果其中部分工作(例如对评定准则的检查和对有限元模型的修正)是由计算程序完成的,则这部分工作也可以并入前处理和后处理步骤中。图示流程的第 2、3、4 步是有限元分析程序的 3 个基本组成部分。第 2 步的前处理程序是根据已确定的物理模型,建立有限元离散模型,内容包括生成有限元网格,选择单元型式,确定材料本构模式,给定约束和载荷条件,选择求解方法和给定计算参数等,最后形成下一步的输入文件,以启动有限元分析的计算步骤。前处理步骤中最重要和工作量大的是所分析问题的几何造型,生成合理的网格,确定网格中每个结点的编号和坐标,各个单元的结点编号,以及作用于网格结点上的载荷和约束信息。对于一个实际工程问题,此数据文件通常十分庞大,靠人工处理和生成是困难的。除因工作量大而难以忍受外,还容易出错和精度不够。因此,发展自动生成有限元模型数据文件的前处理程序成为有限元法能否被实际分析所采用的前提条件。第 4 步是后处理步骤。由于有限元分析程序的计算是针对离散模型的,得到的结果是网格中各个结点或单元的。例如静力平衡问题的结果是各个结点的位移和各个单元积分点的应力。输出的文本文件量很大,而且不易得到分析对象的变形和应力的全貌以及关键数据。因此,程序不仅要有可供选择输出内容的文本文件,而且还应通过后处理程序给出可视化的结果。例如动态响应的动画显示,应力的等值线和云图,截面上的应力分布图等。和前处理步骤一样,后处理步骤也是现行有限元程序不可缺少的组成部分。现行通用程序的前、后处理普遍通过计算机的图形界面完成。大型通用的商业软件还具有与 CAD 和 CAE 软件的数据文件接口,以便利用后者更为强大的几何造型和网格自动生成以及图形显示功能。第 3 步是有限元程序的主体。它根据离散模型所提供的数据文件进行有限元的分析和计算。其基本内容是计算单元矩阵和集成与求解系统的有限元方程。有限元分析的原理和数值方法集中于此,是有限元分析准确可靠的关键,所选用的数值分析方案和计算方法是否合理决定分析和计算的效率、精度和可靠性。

本书将本章内容作为第 1 篇基本部分的组成部分,是考虑到读者在学习前几章以后,有必要也有可能尽快进入计算机实践。通过实践,加深对有限元理论和方法的理解,并提高综合应用能力。

本章的重点是 7.2 节中以弹性力学问题的有限元分析教学程序(FEATP)为范例,讨论有限元分析主体程序的结构框架和组成。虽然单元类型中包括的 Mindlin 板单元,求解类型中包括的动力响应分析和动力特性(固有频率和振型)分析,是第 2 篇专题部分的内容。但是程序的结构和编写方法仍是协调和一致的。这不仅可为第 2 篇的学习提供准备,而且可以看出,在一个设计合理的有限元程序框架建立以后,可以方便地对其功能进行扩充。

关于常用的前、后处理的功能和发展状况则分别在 7.3 节和 7.4 节作一简要地介绍。关于本章的学习,希望读者能在读懂本书所附的教学程序(FEATP)的基础上,在计算机上完成练习题的计算和对结果的分析，并为进一步修改和扩充程序的功能打下基础。

## 7.2 有限元分析的主体程序

现以有限元教学程序 FEATP 为范例，介绍有限元分析主体程序的结构和组成。

### 7.2.1 程序功能

1. 问题类型

(1) 平面应力问题(MPROB=1)。
(2) 平面应变问题(MPROB=2)。
(3) 轴对称问题(MPROB=3)。
(4) Mindlin 板问题(MPROB=4)。

2. 单元类型

(1) 3～6 结点三角形单元(NODE=3 或 6)。
(2) 4～8 结点四边形单元(NODE=4 或 8)。
(3) 9 结点四边形单元(NODE=9)。

3. 求解类型

(1) 静力平衡分析：等带宽三角分解法(MSOLV=1)。
(2) 动力响应分析：中心差分法(MSOLV=2)，Newmark 法(MSOLV=3)。
(3) 动力特性(频率和振型)分析：反迭代法(MSOLV=4)，子空间迭代法(MSOLV=5)。

### 7.2.2 主体程序(program FEATP)的主框图

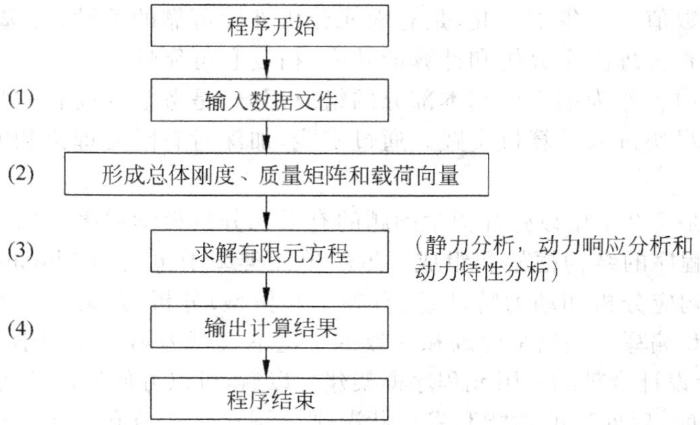


图 7.2 主体程序的主框图

下面将对主框图中的(1)～(4)框作具体介绍。

### 7.2.3 输入数据文件(Subroutine Allocat 和 Subroutine Input)

1. 功能

(1) 输入计算模型的参数和数组

(2) 分配计算模型的计算机内存空间

为节省计算机内存，本程序采用动态数组的存储方式，即设定了两个一维大数组：整型数组(IZ)和实型数组(AR)。它们的长度以计算机允许利用的内存空间为限。程序中所有的主要数组都分别按规定的顺序纳入这两个大数组中，但这些数组的界可随模型参数而变动。

2. 输入数据文件(in_dat)的格式

(1) Max-elem-node，　Elements，　Nodes ，　Bandwidth　　注释行
　　MND　　NUMEL　　NUMPT　　MBAND

(2) Fixed-nodes，　Equivalent-loads，　Problem-type，　Solve-type　　注释行
　　NFIX　　NPC　　MPROB　　MSOLV

(3) Material-kind，　Gravity，　Output-key，　Eigenvalue-No.　　注释行
　　NMATI　　GRAV　　MTYPE　　NVA

(4) Nodal coordinates information　　注释行
　　No.　　X—　　Y—　　注释行
　　(II,(VCOOD(I,J),J=1,2),I=1,NUMPT)

(5) Element information　　注释行
　　No. Node Material　Intx　Inty　$H_1$　$H_2 \cdots H_9$　　注释行
　　(II,(IELEM(I,J),J=1,4+MND),I=1,NUMEL)

(6) Displacement Constrains information　　注释行
　　No. No. of node　X—　Y—　W—　X-value Y-value(W-value)　　注释行
　　(II,　(IFIXD　(I,J),J=1,NF+1),(VFIXD(I,J),J=1,NF),I=1,NFIX)

(7) Equivalent nodal load information　　注释行
　　No. No. of node　X—　Y—　W—　X-value Y-value(W-value)　　注释行
　　(II,(ILOAD　(I,J),J=1,NF+1),(VLOAD(I,J),J=1,NF),I=1,NPC)

(8) Information of materials and geometry　　注释行
　　No.　　E　　$\nu$　　dens　　th　　注释行
　　(II,(VMATI(I,J),J=1,4),I=1,NMATI)

(9) Dynamic response parameters　　注释行

Key， Load-freq，Damping-const，Time，Step-length，Newmark-const 注释行

MUV OMEGA $CC_1$ $CC_2$ TT DT ALPHA DELTA

(10) Initial displacements 注释行

(Uo(I),I=1,NUMPT * NF)

(11) Initial Velocities 注释行

(Vo(I),I=1,NUMPT * NF)

对以上输入的说明：

① 如果进行静力平衡分析，需输入(1)～(8)，其中(2)中的 MSOLV=1。

② 如果进行动力响应分析，需输入(1)～(9)，其中(2)中的 MSOLV=2 或 MSOLV=3。当初始位移不全为零时仍需输入(10)；当初始速度不全为零时还需输入(11)；这由(9)中的参数 MUV 决定。

③ 如果进行动力特性(频率和振型)分析，则需输入(1)～(8)，其中(2)中的 MSOLV=4 或 MSOLV=5。(3)中的第4项 NVA 是欲计算的特征值数目，此时必须输入。

④ 为了便于使用者的理解和应用，程序的输入格式中加上了注释行(各条右端的标注)。如果不输入注释行，则需用相应的空格行代替。

⑤ 在输入(6)和(7)时，因与每个结点的自由度 NF 有关，对于平面应力、平面应变和轴对称问题，它们的结点自由度 NF=2，则没有 W-和 W-Value 项。

3. 输入数据文件(in_dat)中各参数和数组的说明

**输入**(1)

MND：计算模型的各类单元中最多的结点数；

NUMEL：计算模型的单元总数；

NUMPT：计算模型的结点总数；

MBAND：半带宽(包括主对角元素)。

**输入**(2)

NFIX：有位移约束的结点数；

NPC：等效载荷作用的结点数；

MPROB：问题类型(见 7.2.1 节中的 1)；

MSOLV：分析类型(见 7.2.1 节中的 3)。

**输入**(3)

NMATI：材料类型数；

GRAV：重力加速度值；若不考虑重力，则需输入 0.0；

MTYPE：输出控制参数；

MTYPE=0 输出全部计算结果；

MTYPE＝1 输出除积分点应力以外的全部计算结果；

MTYPE＝2 输出除总体质量矩阵、总体刚度矩阵和总体载荷向量以外的全部计算结果；

MTYPE＝3 输出除积分点应力以及总体质量矩阵、总体刚度矩阵和总体载荷向量以外的全部计算结果。

NVA：特征值的个数。当 MSOLV＝4 或 MSOLV＝5 时输入所需值。当 MSOLV＝1～3 时可输入任意整数(因为不用此参数)。

**输入**(4)

(4) 是结点坐标信息的输入，即(II,(VCOOD(I,J),J＝1,2),I＝1,NUMPT)。其中

II：模型中的结点号，从 1 至 NUMPT 依次按行输入；

VCOOD(I,1)：II 结点处的 x 向坐标。

VCOOD(I,2)：II 结点处的 y 向坐标。

**输入(5)**

(5) 是单元信息的输入，即(II,(IELEM(I,J),J＝1,4＋MND),I＝1,NUMEL)。其中

II：模型中的单元号，从 1 至 NUMEL 依次按行输入。

IELEM(I,1)：II 单元的结点数。

IELEM(I,2)：II 单元的材料类型号。

IELEM(I,3)：II 单元沿 $x$ 方向的高斯积分点数，对于三角形单元，则是 Hammer 积分点数。

IELEM(I,4)：II 单元沿 $y$ 方向的高斯积分点数。对于三角形单元，该数填 1。

IELEM(I,5)～IELEM(I,MND)：依次是 II 单元的局部编号(见图 7.3)所对应的总体编号。对于 IELEM(I,1)小于 IELEM(I,MND)的情况，在相应的位置上填零。

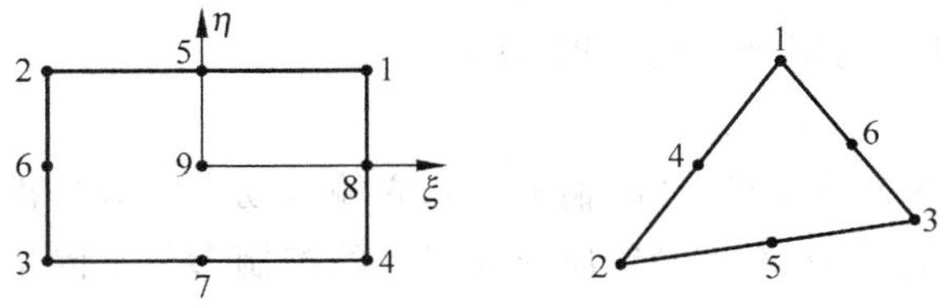


图 7.3 单元结点编码顺序

**输入**(6)

(6) 是位移约束信息的输入，即(II,(IFIXD(I,J),J＝1,NF＋1),(VFIXD(I,J),J＝1,NF),I＝1,NFIX)。其中

II：约束信息号，从 1 至 NFIX 依次按行输入。

NF：结点的自由度数。对于平面问题和轴对称问题 NF=2；对于 Mindlin 板，NF=3。

IFIXD(I,1)：等 II 个约束号所约束的结点号。

IFIXD(I,2)～IFIXD(I,NF+1)：第 II 个约束号所约束结点的自由度开关；1 表示约束，0 表示未约束。

VFIXD(I,1)～VFIXD(I,NF)：第 II 个约束号所约束结点的自由度值的大小。对于平面问题和轴对称问题分别代表 X 和 Y 方向的约束值。对于 Mindlin 板分别代表 $\theta_x$，$\theta_y$ 和 W 方向的约束值。

**输入**(7)

(7) 是等效结点载荷信息的输入，即(II，(ILOAD(I,J)，J=1，NF+1)，(VLOAD(I,J)，J=1，NF)，I=1，NPC)。

其中，II：等效结点载荷号，从 1 至 NPC 依次按行输入。

ILOAD(I,1)：第 II 个等效结点载荷作用的结点号。

ILOAD(I,2)～ILOAD(I,NF+1)：第 II 个等效结点载荷所作用结点的自由度开关，1 表示有载荷作用，0 表示没有载荷作用。

VLOAD(I,1)～VLOAD(I,NF)：第 II 个等效结点载荷作用于结点的自由度方向上载荷值的大小。对于平面问题和轴对称问题分别代表 X 和 Y 方向的载荷值；对于 Mindlin 板分别代表 $\theta_x$，$\theta_y$ 和 W 方向的载荷值。

**输入**(8)

(8) 是材料类型和几何信息的输入，即(II，(VMATI(I,J)，J=1，4)，I=1，NMATI)。

II：材料类型号，从 1 至 NMATI 依次按行输入；

VMATI(I,1)：II 号材料的弹性模量(E)。

VMATI(I,2)：II 号材料的泊松比($\nu$)。

VMATI(I,3)：II 号材料的质量密度(dens)。

VMATI(I,4)：II 号材料处板的厚度(th)。

**输入**(9)

当 MSOLV=2 或 MSOLV=3 时输入(9)，它输入动力响应分析时所需的数据，即

MUV：关于输入初始位移 $U_0$ 和初始速度 $V_0$ 的控制参数。除下列赋值外，程序已自动将它们设为零。

MUV=1：按照(10)的格式输入初始位移；

MUV=2：按照(11)的格式输入初始速度；

MUV=3：按照(10)和(11)的格式输入初始位移和初始速度。

OMEGA：载荷的圆频率；当载荷不变时，输入 0.0；

$CC_1$，$CC_2$：为振型阻尼参数，即 $\boldsymbol{C}=CC_1\boldsymbol{M}+CC_2\boldsymbol{K}$；

TT：动力响应分析的总时间 $T$；

DT：时间步长 $\Delta t$。

ALPHA，DELTA：Newmark 法的参数 $\alpha$ 和 $\delta$（MSOLV＝3 时输入）

**输入**（10）

当 MUV＝1 或 MUV＝3 时输入（10），它输入初始位移，格式为（Uo（I），I＝1，NUMPT * NF），其中的 Uo（I）是第 I 个自由度的初始位移。

**输入**（11）

当 MUV＝2 或 MUV＝3 时输入（11），它输入初始速度，格式为（Vo（I），I＝1，NUMPT * NF），其中的 Vo（I）是第 I 个自由度的初始速度。

## 7.2.4 形成总体矩阵和向量(Subroutine Assem)

1. 功能

形成有限元求解方程的总体刚度矩阵、质量矩阵和载荷向量。

2. 流程

如图 7.4 所示。

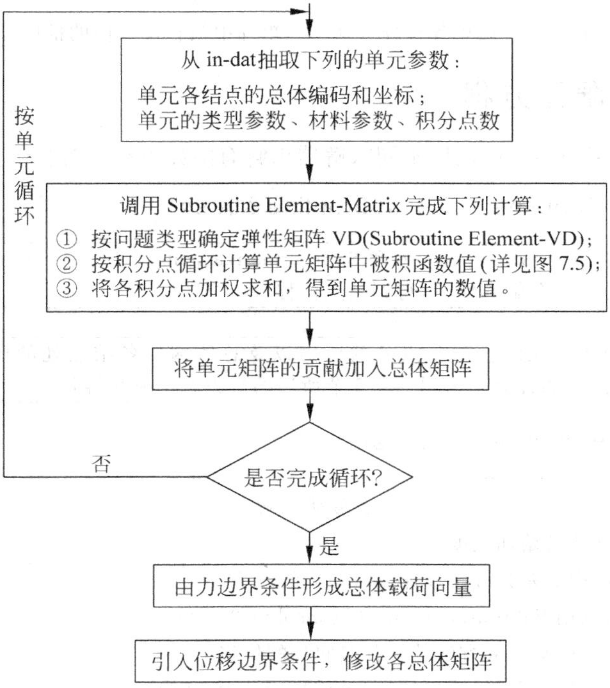


图 7.4　形成总体矩阵和向量的框图

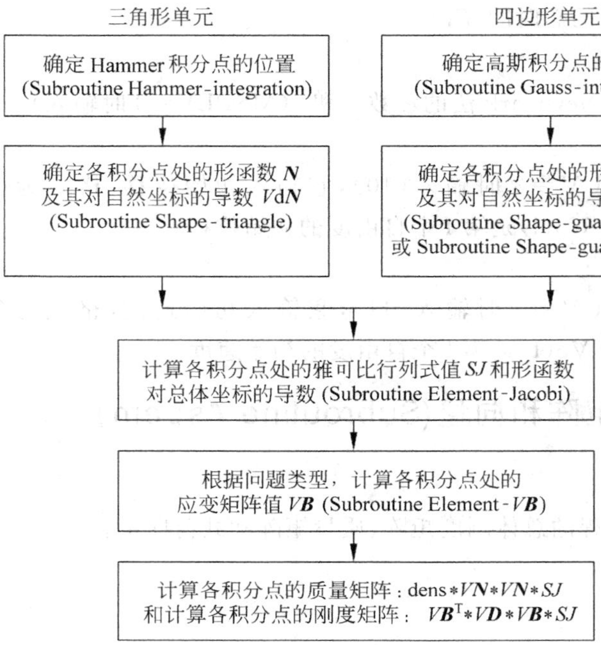


图 7.5 计算各积分点处单元矩阵中被积函数值的框图

## 7.2.5 求解有限元方程

根据求解类型参数(msolv)调用不同求解器求解有限元方程。各自的流程分别表示如下：

1. 静力分析(Subroutine solve, subroutine stress)

调用 Subroutine Decomp 和 Subroutine Backsubs
进行三角分解和回代，得到结点位移

↓

计算各单元内各积分点处的应力以及总体网格各结点处的应力
(结点应力计算是采用 5.3.5 节所述的应力磨平方法得到

2. 动力响应分析(subroutine dynam)

求解动力响应

① 计算初始加速度

② 用中心差分方法计算各时间步的位移
(调用 Subroutine Center(设 msolv=2 时))

③ 用 Newmark 方法计算各时间步的位移
(调用 Subroutine Newmark(设 msolv=3 时))

3. 动力特性分析(subroutine eigen)

求解特征值及特征向量
① 用反迭代法求解特征值和特征向量
(调用 Subroutine inverse(设 msolv=3 时))
② 用子空间迭代法求解特征值和特征向量
(调用 Subroutine Subspace(设 msolv=4 时))
其中每一迭代步还调用 Subroutine Jacobi 求解子空间内广义特征值问题。并调用 Subroutine eigsrt 对特征值及其对应的特征向量按特征值大小从小到大进行排列。

## 7.2.6 计算结果输出的数据文件

1. 静力分析

(1) 输出文件 Out-dat:输出所有输入信息。

(2) 输出文件 Out-mkp:当 MTYPE=0 或 1 时输出总体质量矩阵、总体刚度矩阵和总体载荷向量。

(3) 输出文件 Out-dis:输出结点位移。

(4) 输出文件 Out-str:输出各单元积分点上的各个应力分量以及网格各结点上的各个应力分量。对于前者只有当 MTYPE=0 或 2 时才输出。

2. 动力响应分析

(1) 输出文件 Out-dat:输出所有输入信息。

(2) 输出文件 Out-mkp:同静力分析。

(3) 输出文件 Out-cen:输出用中心差分方法计算得到的各个时间步的结点位移。

(4) 输出文件 Out-nmk:输出用 Newmark 方法计算得到的各个时间步的结点位移。

3. 动力特性分析

(1) 输出文件 Out-dat:输出所有输入信息。

(2) 输出文件 Out-mkp:同静力分析。

(3) 输出文件 Out-vers:输出用反迭代法计算得到的各阶振动频率和振型。

(4) 输出文件 Out-subs:输出用子空间迭代法计算得到的各阶振动频率和振型。

# 7.3 前处理程序

前处理程序的功能是根据一个实际问题的物理模型,用尽可能接近自然语言的方式,向计算机输入尽可能少的定义有限元模型和控制分析过程的数据,自动生成有限元分析主体程序所需要的全部输入文件。现行的有限元程序，特别是通用商业软件，都是以图形界面的形式提供用户一个使用方便、直觉快捷的交互式环境完成必要的输入，从而使用户有更多的时间去关注问题的本质，而不会陷入繁琐的数据准备中。

前处理程序中最主要也是最繁重的工作是有限元计算模型的几何造型和网格生成。现给予简要的介绍。

## 7.3.1 几何造型

几何造型是指在选定的坐标系（常用的是直角坐标系、圆柱坐标系和球坐标系）内通过几何元素（点、线、面、体）的生成和对它们的编辑，生成有限元分析对象的几何构造和图形。

1. 几何元素的生成

点、线、面、体分别是几何造型的4个级别的基本元素。根据它们各自的不同类型可以采用不同的方式生成。

**点** 在设定的空间坐标系内可通过输入坐标系内3个坐标值直接生成几何点；也可通过对已生成点的复制、镜射等操作生成新的几何点。

**线** 几何空间内的线有多种类型，可分别采用不同的方式生成。例如直线通过给定两个端点生成；圆通过给定中心点和半径生成；插值曲线通过给定一系列插值点生成；复合曲线通过一系列曲线首尾相连生成等。

**面** 几何空间内多种类型的面也可采用不同方式生成。例如直线四边形通过给定4个角点生成；平面的曲边四边形通过给定4个角点及各个边内若干插值点生成；球面通过给定中心点及半径生成；圆柱面通过给定轴上两个端点及端点处的半径生成等。

**体** 按照类型采用不同的生成方式。例如棱边为直线的六面体通过给定8个角点生成；棱边为曲线的六面体通过给定8个角点及各条棱边上若干插值点生成；柱形圆筒通过给定轴线上两个端点及端点处的内、外半径生成等。

2. 几何元素的编辑

编辑操作在几何造型和网格生成中有两方面的功能，即简化同级几何元素的生成，和利用低级的几何元素生成高级的几何元素。它的常用功能举例如下：

**增加** 按前面所述方式直接生成所选定类型的几何元素。

**显示** 在图形区内显示所选几何元素的各组成要素及相关信息。

**复制** 通过平移、旋转、镜射和缩放等方式对几何元素进行复制。给定复制次数可以实现连续复制。

**移动** 此操作具体包括对已生成的元素实施平移、旋转、镜射、缩放等。

**扩展** 实现几何元素由一维向二维，二维向三维的升级转换。例如，三角形和四边形可通过沿面的法向移动分别扩展为五面体和六面体；将空间曲线沿一定路径扩展为空间曲面等。

**转换** 实现几何元素的转换。例如将曲线转换成多折线，曲面转换成四边形平面片等。

**相交** 计算两条曲线的相交点，两个曲面的相交线，两个实体的相交面等。

……

### 7.3.2 网格生成

有限单元是将几何元素的线、面或体进行有限元离散后的产物。有限元网格包括单元及单元结点、单元边和单元面等要素。前处理程序的网格生成技术能够将由几何元素描述的物理模型离散成有限元网格。通常的网格生成技术主要有转换生成法和自动生成法。

1. 转换生成法

这是指直接将几何元素的点、线、面和体直接转化成有限元的结点、线单元、面单元和体单元。例如在几何曲线上根据分隔数生成线单元；几何上的四边形通过沿曲面上的两个方向的分隔数生成网格，并可以通过两个方向分隔的偏移系数（例如等比或等差的系数）控制两个方向的网格疏密度。最后选定单元的类型，并进行结点的编号。本章附录给出算例中的网格就是用此法生成的。

2. 自动生成法

这是在商业软件中常被采用的方法。它在任意形状的平面或空间裁剪曲面上可生成三角形或四边形单元；对任意几何实体或由曲面围成的封闭空间，可生成四面体或六面体实体单元。

这种方法的第一步是生成描述曲面或实体轮廓的外边界或外表面的网格。然后采用不同方法生成区域内部的网格。常用的方法之一是逐步推进法，其特点是一次生成一个单元，从区域的边界向内部逐步推进，生成全区域的网格。用户可以事先给定若干参数，控制内部网格的疏密和单元的形态。绪论中图 0.1(a)和(b)分别表示的，即是用此种逐步推进方法对一个二维复连通求解域自动生成的三角形单元和四边形单元的网格图。

另外，在划分平面或曲面网格时，用户还可在网格划分区域内设置若干开口曲线，通过开口曲线上的种子结点控制内部局部网格的密度。图 7.6(a)所示是内部设置开口曲线的平面区域。图 7.6(b)是由图(a)所示边界和内部曲线上已给定结点控制密度所生成的四边形单元划分。作为对比，取消内部曲线后所生成的网格如图 7.6(c)所示。可以看出，两者的差别十分显著。

应该指出的是，在几何造型过程中所采用的编辑操作同样可以用于网格的生成，而且

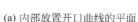

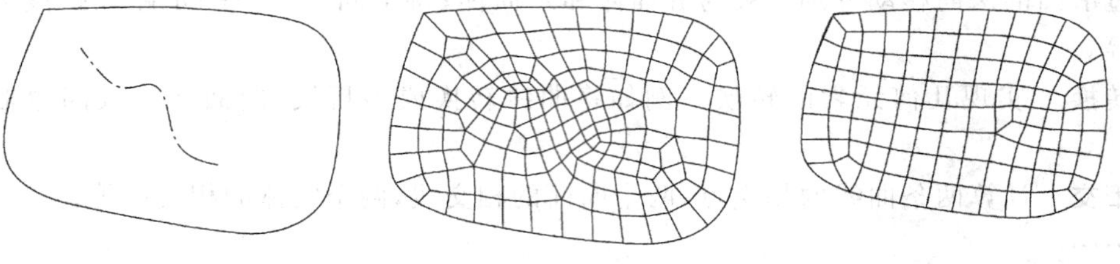

(a) 内部放置开口曲线的平面　(b) 由内部开口曲线控制网格密度的四边形单元划分　(c) 无内部开口曲线的网格密度

图 7.6 由内部开口曲线控制网格生成

可以通过编辑操作使几何造型和网格生成的过程交替进行。例如在一个局部区域的几何造型完成后,即可对该区域生成网格,通过复制、移动和扩展等编辑操作同时完成了其他类似的局部区域的几何造型和网格生成。另外,转换操作可以完成不同单元类型的转换。例如平面四边形单元和三角形单元的转换;同为四边形单元的 4 结点和 8 结点或 9 结点单元的转换;以及 4 结点和 8 结点单元过渡区内变结点单元的生成等。

还应指出的是,在前处理程序中还需定义单元和网格的材料特性、载荷条件、边界条件、初始条件以及计算过程控制参数。另外,前处理程序通常还具有结点编号优化功能,以减小系数矩阵的半带宽,从而提高了计算效率。

## 7.4 后处理程序

后处理程序的功能是对用户在前处理程序中指明需要输出的计算结果进行进一步处理和图形显示。主要计算结果中通常需要处理的物理量是位移(矢量或各个分量)、应力(等效应力或各个分量)和温度等。为了清晰地观察变形图和未变形图对比的显示效果,变形图可以由用户给出放大倍数。后处理程序中对计算结果的显示方式通常有以下几种:

**等值线显示:**用不同颜色的线条显示所选定物理量的数值。

**带状云图显示:**用若干种颜色来填充模型,每种颜色代表一定大小的变量数值。

**连续云图显示:**和带状云图类似,不过颜色是逐渐过渡显示的。

**数值显示:**在结点上以字符方式显示物理量的数值。

**矢量显示:**对结点变量如位移、速度、加速度及结点力等由矢量显示。

**截面显示:**在给定平面上显示此平面和三维模型相交面上的结果。

**路径显示:**用曲线显示在物理模型的某条路径上所选物理量的变化。某条路径可以是模型中几何上的线(如边界),也可以是某个物理量的变化(如载荷的加载路径,位移的变化路径等)。

**历程显示:**用曲线显示某个结点上所选物理量随时间的变化。

**综合 XY 图形显示：** 将不同作业产生的多个图形叠加在一个图形中，以比较对一个模型采用不同方法得到的计算结果。

**动画显示：** 用动画方式显示模型的动态响应、特征模态等。

**局部放大：** 对于上述各种显示方式的图形，指定其中某个局部区域按选定的倍数加以放大。

**移动和旋转：** 对于上述各种显示方式的图形，可以沿或绕 3 个坐标轴按设定要求移动或转动。

后处理工作中，通常还包括文字结果的输出。文字输出的内容和格式是由前处理程序或主体程序中指定和控制的。

## 7.5　有限元软件的技术发展

关于主体程序，本章以教学程序 FEATP(见附录 A)为范例，介绍它的结构和组成。虽然它的功能仅限于求解各向同性弹性力学二维问题，但是仍体现了有限元分析程序的结构框架和基本组成。以它为雏形，可以帮助读者对商用软件主体程序的理解和应用，以及引入必要的用户模块以扩充其功能。和 FEATP 相比，商用软件具有类型繁多的单元库、各式各样的材料模型库以及功能齐备的求解器。当用户选定单元、材料和求解器对某一特定问题进行分析时，软件则通过主程序调用单元库、材料库及求解器中的选定模块组成一个实际运行程序来对该问题进行分析求解。此运行程序的结构和组成在原理上与 FEATP 是一致的。但是从程序的组织和算法的流程上考察，FEATP 属于利用单个计算机中央处理器(CPU)的基于串行算法的有限元分析程序。由于现代工程和科学计算的规模愈来愈大，这种基于单个 CPU 的串行有限元分析软件也愈来愈难于满足大规模精细计算的要求。因此随着计算机硬件和软件的快速发展，近十多年来，工程技术界大力发展基于并行计算机技术的并行有限元分析计算软件。因为它可以突破单个 CPU 串行计算的限制，利用多个 CPU 并行处理大型复杂工程的计算问题。

并行有限元法的基本点是区域分解法，即首先将整个物理模型分解为若干不相重叠的子区域，相应的有限元模型也分成若干子区域，将每个区域模型分配给一个 CPU 处理，即将各区域的单元矩阵集成，矩阵方程求解和应力计算等由各个 CPU 单独完成。而各个子区域在公共边界上的相互作用则借助于相应 CPU 之间信息交换迭代求解来完成，从而最后装配出整个模型的结果。基于区域分解法的并行有限元分析，如果对整个模型进行合理的区域划分，则计算效率的提高将近似地与参与分析的 CPU 个数成正比。从而使例如整个汽车的碰撞过程及复杂机械产品的加工工艺过程等的数值仿真能够得以实现。

关于前后处理程序，本章介绍的只是它们的一般功能和技术概貌。实际上它们已发展为专门化的技术，并已出现不少独立于具体有限元分析程序的前后处理系统。例如MSC. PATRAN即是一种现在被广泛应用的此类软件。它不仅可以独立地进行几何造型和网格生成，而且可以采用直接几何访问技术径直地从现行通用的CAD/CAM系统数据库中读取、转换、修改和操作正在设计的几何模型，从而省去了在分析软件系统中重新构造几何模型的传统过程。在完成几何建模和网格生成以后，该系统可以选用现行通用的商用有限元分析软件或用户自编的软件作为求解器进行各种分析计算，最后再由该系统提供的、便于计算结果可视化的多种工具完成计算结果的图形显示和输出。

## 练习题

利用本书附录的教学程序FEATP完成以下各题：

**7.1** 两端简支、狭长矩形截面的直梁，顶面受到集度为 $q$ 的均布载荷作用，求中间截面上的应力分布及梁中性线上的剪应力分布曲线和挠度曲线。梁的长度为80cm，高度为10cm，厚度为1cm。材料 $E=2\times10^5$ MPa，$\nu=0.3$，载荷集度 $q=10$MPa。计算要求：

(1) 绘出梁中间截面上 $\sigma_x$，$\sigma_y$，$\tau_{xy}$ 的分布图，并标明最大值；

(2) 绘出梁中性线上的剪应力分布曲线和挠度曲线，并标明最大值；

(3) 比较不同单元形式和网格密度对计算结果的影响；

(4) 与材料力学解答及弹性力学解答相比较，并分析造成差别的原因。

**7.2** 悬臂梁端部受集中剪力 $P$ 作用。梁长 $L=10$cm，高 $H=2$cm，厚度 $t=0.2$cm，剪力 $P=100$N。材料 $E=2\times10^5$ MPa，$\nu=0.3$。计算要求：

(1) 计算梁中性线上的挠度分布，并给出端点的最大挠度；

(2) 通过不同单元形式和网格密度的计算，考察下列内容

① 位移解的收敛性和收敛速度；

② 位移解的下限性。

提示：

① 梁固定端的位移约束条件是：在端部的所有结点 $u=0$，端部中面结点 $v=0$。

② 悬臂端的加载剪力 $P$ 沿高度按抛物线分布，即 $q_y=A\left[1-\left(\dfrac{2y}{H}\right)^2\right]$，其中 $A=1.5\dfrac{P}{tH}$。再按有关公式计算出等效结点载荷并施加于结点上。

**7.3** 有中心椭圆孔的方板，在 $y$ 方向的一对边界上受均匀分布的拉力作用。方板尺寸为10cm×10cm，载荷集度 $q=10$MPa。材料 $E=2\times10^5$ MPa，$\nu=0.3$。椭圆孔的 $x$ 方向长轴半径 $a=1.5$cm，$y$ 方向短轴半径 $b=1.0$cm。计算要求：

(1) 沿 $Ox$ 轴的 $\sigma_y$ 分布和沿 $Oy$ 轴的 $\sigma_x$ 分布；

(2) 给出孔边的 $\sigma_y$、$\sigma_x$ 的最大值和应力集中系数；

(3) 比较不同单元形式和网格密度对计算结果的影响。

**7.4**　同题 7.3，只是载荷改变为

(1) 在 $x$ 方向和 $y$ 方向的两对边界上都作用有集度 $q=10$MPa 的均匀拉力。

(2) 在 $x$ 方向和 $y$ 方向的两对边界上作用有集度 $q=10$MPa 的均匀剪力。

**7.5**　厚壁圆球受内压作用。圆球外壁半径 $r_o=10.0$cm，内壁半径 $r_i=9.0$cm，内压 $P=1$MPa。材料常数 $E=2\times10^5$MPa，$\nu=0.3$。计算要求：

(1) 半径方向截面上的 $\sigma_\theta$ 和 $\sigma_r$ 的分布曲线，给出它们在内表面和外表面的数值，并和解析解进行比较；

(2) 考察 $r=0$ 截面上的结点，加和不加径向约束 $u=0$ 对计算结果的影响；

(3) 检查 $z=0$ 截面上的应力是否满足总体平衡条件 $2\pi\int_{r_\mathrm{i}}^{r_\mathrm{o}}\sigma_z r\,\mathrm{d}r=\pi r_\mathrm{i}^2 p$

**7.6**　球壳-接管受内压作用(见图 7.7)。球壳 $R_\mathrm{o}=25$cm，$R_\mathrm{i}=20$cm；接管 $r_\mathrm{o}=10$cm，$r_\mathrm{i}=8$cm；总高度 $H=38$cm。内压 $p=1.2$MPa。材料常数 $E=2\times10^5$MPa，$\nu=0.3$。

计算要求：

(1) 沿容器内壁和外壁 $\sigma_\theta$ 和 $\sigma_r$ 的分布曲线；

(2) 球壳和接管联结处内、外壁的应力集中系数；

(3) 比较不同单元形式和网格划分对结果的影响。

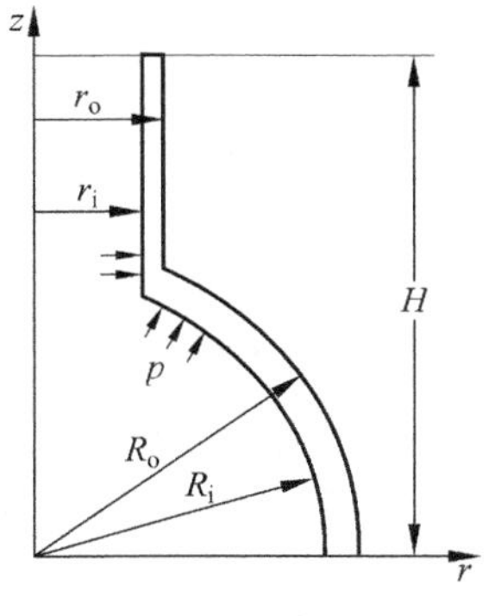


图 7.7　球壳-接管压力容器

提示：

① 网格划分：沿母线方向，在球壳和接管联结处网格应较密，同时注意单元的形状不要过分歪曲。

② 网格的边界条件：下边界 $z=0$ 处，约束轴向位移 $w=0$；上边界 $z=H$ 处，给定轴向载荷，即将 $p\pi r_i^2$ 分配到该截面的结点上。

**7.7** 在程序中增加4结点非协调元(参见5.6.1节),并用以计算题7.1和7.2。比较此单元和4结点、8结点四边形单元的精度。

**7.8** 同题7.2,但采用非规则网格划分。比较:

(1) 比较单元不同歪斜程度(4个角点的最大角度/最小角度)对4结点非协调元及4结点和8结点单元精度的影响。

(2) 比较非协调元采用通过分片试验的方案(参见5.6.2节)后精度改进的情况。

# 第2篇　专题部分

# 第8章　有限元法的进一步基础——约束变分原理

**本章要点**

- 约束变分原理将场函数应事先满足的附加约束条件引入泛函的两种方法(Lagrange 乘子法和罚函数法),及它们的实质和各自特点。
- 应用约束变分原理从弹性力学最小位能原理或最小余能原理出发导出各类广义变分原理的方法,以及各类变分原理之间的相互关系。
- 应用约束变分原理将场函数应事先满足的单元交界面上的连续条件引入泛函建立不同形态修正变分原理的方法。
- 基于约束变分原理对实际问题(以不可压缩弹性力学问题为例)进行有限元分析的方法,以及其中必须注意的关键问题和它们的解决方法。

## 8.1　引言

通过以上各章的讨论,知道变分原理是有限元法的重要理论基础。但是所涉及的仅是场变量已事先满足附加条件的自然变分原理。例如最小位能原理中的场函数——位移,事先应满足几何方程(应变和位移关系)和给定位移的边界条件。当用于二维、三维弹性力学问题的有限元分析时,位移还应满足在单元交界面上连续的条件。最小余能原理中的场函数——应力,事先应满足平衡方程和给定力的边界条件,当用于二维、三维弹性力学问题的有限元分析时,应力还应满足在单元交界面上使内力保持连续的条件。利用自然变分原理的好处是通常仅保留一个场函数,同时泛函具有极值性。在场函数能事先满足所要求的附加条件时，当然乐于采用。这正是我们在以前各章的讨论中所看到的，在二维、三维问题的有限元分析中广泛采用基于属于自然变分原理的最小位能原理的实体单元的主要原因。

实际上，有相当多的物理或力学问题，如果采用自然变分原理，要求它所对应泛函中的场函数事先满足全部附加条件往往不易做到。例如工程中常用的橡胶型材料和液体介质，它们是不可(或接近不可)压缩的。对它们进行分析时，位移场函数应事先满足体积不变的条件。再如对于工程结构中的板壳问题，由于对应于此问题的最小位能原理的泛函中包含场函数——挠度的二阶导数，因此要求挠度函数事先不仅要满足单元交界面上挠度自身的连续条件，而且要满足交界面上挠度法向导数的连续条件。而上述的一些附加条件，要事先满足并不那么简单，需要引入专门的理论和方法，这正是本章将讨论的内容。

约束变分原理所研究的就是如何利用适当的方法将场函数应事先满足的附加条件引入泛函，使有附加条件的变分原理变成无附加条件的变分原理。仍以上述的材料不可压缩问题和板壳问题的有限元分析为例，广义变分原理中通过利用适当的方法将附加条件引入泛函，而不再要求位移函数事先满足不可压缩的条件或单元交界面上法向导数连续的条件，使得问题的求解成为可能或比较方便。其他如不同介质的耦合问题、不同类型结构或单元的联结问题等也常常依赖广义变分原理作为有限元分析的理论基础。

本章在8.2节讨论约束变分原理的一般理论、方法和特点；8.3节讨论约束变分原理在弹性力学问题中的应用，即导出弹性力学各种形式的广义变分原理；8.4节讨论约束变分原理在有限元分析中关于放松单元交界面上连续条件方面的应用，从而导出弹性力学各种变分原理的修正形式。作为约束变分原理的应用，在8.5节对不可(或接近不可)压缩弹性力学问题的有限元分析方法作了专门的讨论。整章内容安排的目的在于为建立各种有限元格式及扩大它的应用领域提供进一步的理论基础。

## 8.2 约束变分原理

在第1章的讨论中我们已知对于一给定的微分方程和边界条件，在建立了对应的自然变分原理后，问题的解答就是使泛函 $\Pi$ 取驻值。但是未知函数 $\boldsymbol{u}$ 往往事先要满足一定的附加约束条件，也可将这种变分原理称为“具有附加条件的变分原理”。现在讨论另一种做法，就是将附加条件引入泛函，重新构造一个“修正泛函”，将问题转化为求修正泛函的驻值问题。此时未知函数 $\boldsymbol{u}$ 不需要事先满足已引入修正泛函的附加条件。这种引入附加条件构造修正泛函的变分原理叫作“约束变分原理”，又可称为“没有附加条件的变分原理”或“广义变分原理”。

引入附加条件构造修正泛函常用的有下述两种方法，即拉格朗日乘子法和罚函数法。

### 8.2.1 拉格朗日(Lagrange)乘子法

首先考虑泛函 $\Pi$ 的驻值问题，其中未知函数 $\boldsymbol{u}$ 还需满足附加的约束关系

$$\boldsymbol{C}(\boldsymbol{u})=0 \qquad (\text{在 } \Omega \text{ 中}) \tag{8.2.1}$$

这时引入这些附加条件构造另外一个泛函

$$\Pi^{*}=\Pi+\int_{\Omega}\boldsymbol{\lambda}^{\mathrm{T}}\boldsymbol{C}(\boldsymbol{u})\mathrm{d}\Omega \tag{8.2.2}$$

其中 $\Pi$ 是未知函数 $\boldsymbol{u}$ 必须事先满足附加条件(8.2.1)式时的泛函；$\boldsymbol{\lambda}$ 是 $\Omega$ 域中一组独立坐标的函数向量，称为拉格朗日乘子；$\Pi^{*}$ 称作修正泛函。在引入附加条件后，原泛函 $\Pi$ 的有附加条件驻值问题转化为修正泛函 $\Pi^{*}$ 的无附加条件驻值问题。$\Pi^{*}$ 的驻值条件是它的一次变分等于零，即

$$\delta\Pi^{*}=\delta\Pi+\int_{\Omega}\delta\boldsymbol{\lambda}^{\mathrm{T}}\boldsymbol{C}(\boldsymbol{u})\mathrm{d}\Omega+\int_{\Omega}\boldsymbol{\lambda}^{\mathrm{T}}\delta\boldsymbol{C}(\boldsymbol{u})\mathrm{d}\Omega=0 \tag{8.2.3}$$

用类似的方法也可以在域内某些点或边界上引入附加条件。例如要求 $\boldsymbol{u}$ 事先满足

$$\boldsymbol{E}(\boldsymbol{u})=0 \qquad (\text{在 } \Gamma \text{ 上}) \tag{8.2.4}$$

可以将积分

$$\int_{\Gamma}\boldsymbol{\lambda}^{\mathrm{T}}\boldsymbol{E}(\boldsymbol{u})\mathrm{d}\Gamma \tag{8.2.5}$$

引入原来的泛函。其中 $\boldsymbol{\lambda}$ 只是定义于边界 $\Gamma$ 上的未知函数。假如仅要求附加条件 $\boldsymbol{C}(\boldsymbol{u})$ 在系统的一个或若干个点上被满足，那么只需要在这些点上简单地将 $\boldsymbol{\lambda}^{\mathrm{T}}\boldsymbol{C}(\boldsymbol{u})$ 引入泛函即可。

为了说明概念，先讨论一个函数具有附加条件时的驻值问题。有二次函数

$$z(x,y)=2x^{2}-2xy+y^{2}+18x+6y \tag{a}$$

变量 $x$ 和 $y$ 服从附加条件

$$x-y=0 \tag{b}$$

现求使 $z$ 取驻值的 $x$ 和 $y$ 值。

最简单的方法是将(b)式代入(a)式，消去一个非独立的变量，例如消去 $y$，得到

$$z=x^{2}+24x \tag{c}$$

此时函数 $z$ 不再具有附加条件，使 $z$ 取驻值的 $x$ 值可由其一阶导数为零求得

$$\frac{\mathrm{d}z}{\mathrm{d}x}=2x+24=0 \qquad x=-12 \tag{d}$$

由附加条件(b)可知 $y=x=-12$。由(c)式可求得 $z$ 取驻值时的值为 $-144$，又因为 $\mathrm{d}^{2}z/\mathrm{d}x^{2}=2>0$，所以 $z=-144$ 是极小值。

对于一般情况，有时附加条件(例如微分关系)不能将 $y$ 表示成 $x$ 的显式。此时就不能简单地利用附加条件消去非独立的变量。仍以上述讨论的问题为例，可以用拉格朗日乘子将附加条件(b)引入函数(a)，得到修正函数。此时

$$z^*(x,y,\lambda)=z(x,y)+\lambda(x-y)$$
$$=2x^2-2xy+y^2+18x+6y+\lambda(x-y) \tag{e}$$

其中3个变量 $x,y,\lambda$ 都是独立的。由于用拉格朗日乘子 $\lambda$ 引入附加条件，使原来求解有附加条件的函数 $z$ 的驻值问题，转化为求无附加条件的修正函数 $z^*$ 的驻值问题。$z^*$ 的驻值条件是

$$\begin{aligned}\frac{\partial z^*}{\partial x}&=4x-2y+\lambda+18=0\\ \frac{\partial z^*}{\partial y}&=-2x+2y-\lambda+6=0\\ \frac{\partial z^*}{\partial \lambda}&=x-y=0\end{aligned} \tag{f}$$

为求解 $x$、$y$、$\lambda$，可将上式表示成矩阵形式

$$\begin{bmatrix}4&-2&1\\-2&2&-1\\1&-1&0\end{bmatrix}\begin{bmatrix}x\\y\\\lambda\end{bmatrix}=\begin{bmatrix}-18\\-6\\0\end{bmatrix} \tag{g}$$

求解上列方程组，同样可以得到正确的答案：

$$x=y=-12 \qquad \lambda=6 \qquad z^*=-144$$

由上述过程可以看到，直接使用拉格朗日乘子方法会遇到两个问题。

(1) 方程组的阶数随附加条件的增加而增加，从而增加了计算工作量。

(2) $\frac{\partial z^*}{\partial \lambda}$得到的是附加条件，其中必然不包含 $\lambda$，因此方程组(g)的系数矩阵就必定存在零对角元素。通常不能简单地用循序消去法或三角分解法求解(例如，在本例中如果未知量按 $\lambda$、$x$、$y$ 排列，高斯消去法从一开始就无法进行。

解决上述问题的方法是利用(f)式的第1或第2式消去修正函数 $z^*$ 中的 $\lambda$，使未知量恢复为原来的数目，从而得到另一修正函数 $\bar{z}^*$。若利用(f)式的第1式消去 $\lambda$，则得到

$$\bar{z}^*(x,y)=-2x^2+4xy-y^2+24y \tag{h}$$

它的驻值条件是

$$\begin{aligned}\frac{\partial \bar{z}^*}{\partial x}&=-4x+4y=0\\ \frac{\partial \bar{z}^*}{\partial y}&=4x-2y+24=0\end{aligned} \tag{i}$$

写成矩阵形式求解 $x$、$y$，则有

$$\begin{bmatrix}-4&4\\4&-2\end{bmatrix}\begin{bmatrix}x\\y\end{bmatrix}=\begin{bmatrix}0\\-24\end{bmatrix} \tag{j}$$

解之，仍然得到正确答案，即

$$x=y=-12 \qquad \bar{z}^*=-144$$

还应指出，当利用拉格朗日乘子法求解有附加条件的函数驻值问题时，修正函数不再保持原函数在驻值点的极值性质。上例中原函数 $z$ 在驻值点($x=y=-12$)是极小值。修正函数 $z^*$ 或 $\bar{z}^*$ 虽然在驻值点仍保持和 $z$ 相同的数值($-144$)，但它们是否仍保持为极值则要看它们的二次型矩阵是否保持正定(或负定)性。在驻值点，若函数的二次型矩阵是正(负)定的，则函数取极小(极大)值。

判定二次型矩阵正(负)定的方法是：
若有函数

$$f(x_1,x_2,\cdots,x_n)=0$$

引入函数的二阶导数值

$$f''_{x_ix_j}(x_1^0,x_2^0,\cdots,x_n^0)=a_{ij}\quad(i,j=1,2,\cdots,n)$$

式中 $x_i^0(i=1,2,\cdots,n)$是函数 $f$ 的驻值点坐标。二次型矩阵为正定的必要而充分的条件是它的 $1\sim n$ 阶主子式大于零，即

$$a_{11}>0,\quad\begin{vmatrix}a_{11}&a_{12}\\a_{21}&a_{22}\end{vmatrix}>0,\quad\cdots,\quad\begin{vmatrix}a_{11}&a_{12}&\cdots&a_{1n}\\a_{21}&a_{22}&\cdots&a_{2n}\\\vdots&\vdots&&\vdots\\a_{n1}&a_{n2}&\cdots&a_{nn}\end{vmatrix}>0$$

对于负定二次型则应有

$$a_{11}<0,\quad\begin{vmatrix}a_{11}&a_{12}\\a_{21}&a_{22}\end{vmatrix}>0,\quad\cdots,\quad(-1)^n\begin{vmatrix}a_{11}&a_{12}&\cdots&a_{1n}\\a_{21}&a_{22}&\cdots&a_{2n}\\\cdots&\cdots&\cdots&\cdots\\a_{n1}&a_{n2}&\cdots&a_{nn}\end{vmatrix}>0$$

在此例题中，二次型矩阵就是一次偏导数方程组(g)和(j)的系数矩阵。

$z^*$ 的二次型矩阵有

$$4>0\quad\begin{vmatrix}4&-2\\-2&2\end{vmatrix}=4>0\quad\begin{vmatrix}4&-2&1\\-2&2&-1\\1&-1&0\end{vmatrix}=-2<0$$

$\bar{z}^*$ 的二次型矩阵有

$$-4<0\quad\begin{vmatrix}-4&4\\4&-2\end{vmatrix}=-8<0$$

它们既非正定又非负定，所以 $z^*$ 和 $\bar{z}^*$ 在驻值点不可能取极值。

对于约束变分原理，用拉格朗日乘子构造的修正泛函包括两部分未知量 $\boldsymbol{u}$ 和 $\boldsymbol{\lambda}$，都需要用试探函数构造它们的近似解。例如

$$\tilde{\boldsymbol{u}}=\sum_{i=1}^{n}\boldsymbol{N}_i\boldsymbol{a}_i=\boldsymbol{N}\boldsymbol{a}\quad\tilde{\boldsymbol{\lambda}}=\sum_{i=1}^{m}\tilde{\boldsymbol{N}}_i\boldsymbol{b}_i=\tilde{\boldsymbol{N}}\boldsymbol{b}\qquad(8.2.6)$$

修正泛函变分为零得到一组方程

$$\frac{\partial \Pi^*}{\partial \boldsymbol{d}}=\begin{pmatrix}\dfrac{\partial \Pi^*}{\partial \boldsymbol{a}}\\[2mm] \dfrac{\partial \Pi^*}{\partial \boldsymbol{b}}\end{pmatrix}=\boldsymbol{0}\quad \boldsymbol{d}=\begin{pmatrix}\boldsymbol{a}\\ \boldsymbol{b}\end{pmatrix} \tag{8.2.7}$$

由方程可解得两组参数 $\boldsymbol{a}$ 和 $\boldsymbol{b}$。可以看到约束变分导致待定参数的增加,因而带来了求解的复杂性。

假如原泛函 $\Pi$ 的欧拉方程是

$$\boldsymbol{A}(\boldsymbol{u})=\boldsymbol{0} \tag{8.2.8}$$

附加条件是线性微分方程组

$$\boldsymbol{C}(\boldsymbol{u})=\boldsymbol{L}_1(\boldsymbol{u})+\boldsymbol{C}_1=\boldsymbol{0} \tag{8.2.9}$$

其中 $\boldsymbol{C}_1$ 是常数组。将(8.2.6)、(8.2.8)和(8.2.9)式一并代入(8.2.3)式,则得到

$$\begin{aligned}\delta\Pi^*=&\delta\boldsymbol{a}^{\mathrm{T}}\int_\Omega \boldsymbol{N}^{\mathrm{T}}\boldsymbol{A}(\tilde{\boldsymbol{u}})\mathrm{d}\Omega+\delta\boldsymbol{b}^{\mathrm{T}}\int_\Omega \widetilde{\boldsymbol{N}}^{\mathrm{T}}[\boldsymbol{L}_1(\tilde{\boldsymbol{u}})+\boldsymbol{C}_1]\mathrm{d}\Omega+\\ &\delta\boldsymbol{a}^{\mathrm{T}}\int_\Omega \boldsymbol{L}_1^{\mathrm{T}}(\boldsymbol{N})\tilde{\boldsymbol{\lambda}}\mathrm{d}\Omega=0\end{aligned} \tag{8.2.10}$$

因为上式对于所有变分 $\delta\boldsymbol{a}$ 和 $\delta\boldsymbol{b}$ 都必须成立,所以得到

$$\begin{aligned}&\int_\Omega \boldsymbol{N}^{\mathrm{T}}\boldsymbol{A}(\tilde{\boldsymbol{u}})\mathrm{d}\Omega+\int_\Omega \boldsymbol{L}_1^{\mathrm{T}}(\boldsymbol{N})\tilde{\boldsymbol{\lambda}}\mathrm{d}\Omega=0\\ &\int_\Omega \widetilde{\boldsymbol{N}}^{\mathrm{T}}[\boldsymbol{L}_1(\tilde{\boldsymbol{u}})+\boldsymbol{C}_1]\mathrm{d}\Omega=0\end{aligned} \tag{8.2.11}$$

(8.2.11)式中第一式的第一项就是线性微分方程组 $\boldsymbol{A}(\boldsymbol{u})=\boldsymbol{0}$ 所对应的自然变分原理的求解方程

$$\boldsymbol{K}\boldsymbol{a}=\boldsymbol{P} \tag{8.2.12}$$

整个方程组(8.2.11)式可以写成

$$\boldsymbol{K}_c\boldsymbol{d}+\boldsymbol{R}=\begin{bmatrix}\boldsymbol{K} & \boldsymbol{K}_{ab}\\ \boldsymbol{K}_{ab}^{\mathrm{T}} & \boldsymbol{O}\end{bmatrix}\begin{pmatrix}\boldsymbol{a}\\ \boldsymbol{b}\end{pmatrix}-\begin{pmatrix}\boldsymbol{P}\\ \boldsymbol{Q}\end{pmatrix}=\boldsymbol{0} \tag{8.2.13}$$

其中

$$\begin{aligned}\boldsymbol{K}_{ab}^{\mathrm{T}}&=\int_\Omega \widetilde{\boldsymbol{N}}^{\mathrm{T}}\boldsymbol{L}_1(\boldsymbol{N})\mathrm{d}\Omega\\ \boldsymbol{Q}&=\int_\Omega \widetilde{\boldsymbol{N}}^{\mathrm{T}}\boldsymbol{C}_1\mathrm{d}\Omega\end{aligned} \tag{8.2.14}$$

显然方程组的系数矩阵 $\boldsymbol{K}_c$ 仍然是对称的,但在主对角线上必然存在零元素。修正泛函 $\Pi^*$ 的变分仅使 $\Pi^*$ 取驻值。主对角线上存在零元素时往往不能用通常的直接解法求解。

与求函数驻值问题类同,也可以利用(8.2.3)式 $\delta\Pi^*=0$ 所得到的 $\boldsymbol{u}$ 和 $\boldsymbol{\lambda}$ 的关系(由此关系还可识别拉格朗日乘子 $\boldsymbol{\lambda}$ 自身的物理意义),再代入修正泛函,使修正泛函中只包

含未知函数 $\boldsymbol{u}$。现在仍以二维热传导问题为例说明这种做法。

对于由(1.2.3)式和(1.2.4)式表示的二维稳态热传导问题，在1.3.1节中建立了它的自然变分原理，求近似解时假定试探函数 $\phi$ 在边界 $\Gamma_\phi$ 上满足强迫边界条件 $\phi=\bar{\phi}$，因此是具有附加条件的变分原理。现在可以将此附加条件引入泛函，从而得到2个场函数的修正泛函，即

$$\Pi^*(\phi,\lambda)=\Pi(\phi)+\int_{\Gamma_\phi}\lambda(\phi-\bar{\phi})\mathrm{d}\Gamma \tag{8.2.15}$$

式中 $\Pi$ 由(1.3.16)式给出。上式的变分是

$$\delta\Pi^*=\delta\Pi+\int_{\Gamma_\phi}\delta\lambda(\phi-\bar{\phi})\mathrm{d}\Gamma+\int_{\Gamma_\phi}\lambda\delta\phi\mathrm{d}\Gamma \tag{8.2.16}$$

为了识别 $\lambda$，将(8.2.16)式分部积分可得

$$\begin{aligned}\delta\Pi^*=&\int_\Omega\left(-k\frac{\partial^2\phi}{\partial x^2}-k\frac{\partial^2\phi}{\partial y^2}-Q\right)\delta\phi\mathrm{d}\Omega+\\&\int_{\Gamma_q}\left(k\frac{\partial\phi}{\partial n}-\bar{q}\right)\delta\phi\mathrm{d}\Gamma+\int_{\Gamma_\phi}\delta\lambda(\phi-\bar{\phi})\mathrm{d}\Gamma+\\&\int_{\Gamma_\phi}\delta\phi\left(\lambda+k\frac{\partial\phi}{\partial n}\right)\mathrm{d}\Gamma=0\end{aligned} \tag{8.2.17}$$

上式对于所有的 $\delta\lambda$ 和 $\delta\phi$ 都成立，由前两积分项得到的是原问题的微分方程和边界 $\Gamma_q$ 上的边界条件，由最后两个边界 $\Gamma_\phi$ 上的积分可以得到

$$\phi-\bar{\phi}=0 \qquad (\text{在 } \Gamma_\phi \text{ 上}) \tag{8.2.18}$$

$$\lambda+k\frac{\partial\phi}{\partial n}=0 \quad \text{即 } \lambda=-k\frac{\partial\phi}{\partial n} \qquad (\text{在 } \Gamma_\phi \text{ 上}) \tag{8.2.19}$$

前一式就是引入的附加条件。从后一式看到可以用 $-k(\partial\phi/\partial n)$ 来表示 $\lambda$，因为在边界上 $k(\partial\phi/\partial n)$ 等于热流，因此可知算子 $\lambda$ 的物理意义是边界热流取负值。将(8.2.19)式回代到(8.2.15)式，得到新的修正泛函为

$$\begin{aligned}\Pi^*(\phi)=&\int_\Omega\left[\frac{1}{2}k\left(\frac{\partial\phi}{\partial x}\right)^2+\frac{1}{2}k\left(\frac{\partial\phi}{\partial y}\right)^2-Q\phi\right]\mathrm{d}\Omega-\\&\int_{\Gamma_q}\phi\bar{q}\mathrm{d}\Gamma-\int_{\Gamma_\phi}k\frac{\partial\phi}{\partial n}(\phi-\bar{\phi})\mathrm{d}\Gamma\end{aligned} \tag{8.2.20}$$

在此修正泛函中拉格朗日乘子 $\boldsymbol{\lambda}$ 已不再出现。如用上式求近似解，近似函数可以不必再考虑 $\Gamma_\phi$ 边界上满足 $\phi=\bar{\phi}$ 的要求，而且保持原来的待定参数的数目，对计算有利。但是这时边界项中出现了 $\phi$ 的非平方二次项，这样一来，泛函将不再具有极值性，即在精确解附近，泛函仅保持为驻值。

## 8.2.2 罚函数法

仍然考虑在 $\Omega$ 域内具有附加条件 $\boldsymbol{C}(\boldsymbol{u})=0$ 的泛函 $\Pi$ 的驻值问题。附加条件的乘

积是

$$C^{T}C = C_1^2 + C_2^2 + \cdots \tag{8.2.21}$$

其中

$$C^{T} = [C_1 \quad C_2 \quad \cdots]$$

(8.2.21)式必然得到一个正值或者是零。当附加条件都得到满足时乘积为零。显然在精确解附近变分

$$\delta(C^{T}C) = 0 \tag{8.2.22}$$

这时乘积将是最小。

可以利用罚函数将附加条件以乘积的形式引入泛函

$$\Pi^{**} = \Pi + \alpha\int_{\Omega} C^{T}(u)C(u)\mathrm{d}\Omega \tag{8.2.23}$$

其中 $\alpha$ 称为罚参数或简称为罚数,若 $\Pi$ 本身是解的极小值问题,$\alpha$ 取正数。由修正泛函得到的近似解只是近似地满足附加条件,$\alpha$ 值越大,附加条件的满足就越好。

为了便于说明问题,仍以拉格朗日乘子法中的二次函数为例进行讨论。用罚函数构造的修正函数为

$$z^{**} = 2x^2 - 2xy + y^2 + 18x + 6y + \alpha(x-y)^2 \tag{k}$$

对于 $z^{**}$,取驻值的条件为

$$\frac{\partial z^{**}}{\partial x} = 4x - 2y + 18 + 2\alpha(x-y) = 0 \tag{l}$$

$$\frac{\partial z^{**}}{\partial y} = -2x + 2y + 6 - 2\alpha(x-y) = 0$$

解方程

$$\left(\begin{bmatrix} 4 & -2 \\ -2 & 2 \end{bmatrix} + 2\alpha\begin{bmatrix} 1 & -1 \\ -1 & 1 \end{bmatrix}\right)\begin{pmatrix} x \\ y \end{pmatrix} = \begin{bmatrix} -18 \\ -6 \end{bmatrix} \tag{m}$$

得到

$$x = -12 \qquad y = \frac{-12 - 15/\alpha}{1 + 1/\alpha} \tag{n}$$

显然,当 $\alpha \to \infty$,$y \to -12$,即趋近精确解。收敛情况可由表8.1说明。

**表 8.1**

| $\alpha$ | 1 | 2 | 5 | 10 | 100 | 1 000 |
|---|---|---|---|---|---|---|
| $x$ | −12.000 0 | −12.000 0 | −12.000 0 | −12.000 0 | −12.000 0 | −12.000 0 |
| $y$ | −13.500 0 | −13.166 7 | −12.500 0 | −12.272 7 | −12.029 7 | −12.003 0 |

可以看到,利用罚函数求解条件驻值问题不增加未知参量的个数,并且不改变驻值的性质。若原来的函数取极值,那么用罚函数法构造的修正函数仍取极值。上述二次函数

$z^{**}$ 的二次型矩阵的顺次主子式分别是

$$a_{11} = 4 + 2a > 0 \tag{o}$$

$$\begin{vmatrix} a_{11} & a_{12} \\ a_{21} & a_{22} \end{vmatrix} = \begin{vmatrix} 4+2a & -2-2a \\ -2-2a & 2+2a \end{vmatrix} = 4a + 4 > 0 \tag{p}$$

所以修正函数 $z^{**}$ 在驻值点仍保持函数 $z$ 的极小性质。

利用罚函数法求解条件驻值问题时，还需特别注意一个关键问题，它将决定罚函数法是否收敛于精确解。从方程组(m)可以看到与 $\alpha$ 相关的矩阵必须是奇异的(即行列式为零)，以保证 $\alpha \to \infty$ 时，能得到非零解。非零解是该矩阵的特征向量，现在的情况下此向量的意义就是附加条件，即 $x = y$。

对于一般的线性代数方程组，方程的某个系数稍有变化时，对解答的影响是不大的。但(m)式中与 $\alpha$ 相关的矩阵系数如稍有变化，将使之失去奇异性，从而给解答带来很大影响。$\alpha$ 越大影响就越大，甚至最后导致完全失败(即得到零解)。现在将(m)式中与 $\alpha$ 相关的矩阵的下对角元素改为 1.1，计算结果列于表 8.2。从表可见随 $\alpha$ 增大，解答变化的情况。

**表 8.2**

| $\alpha$ | 1 | 10 | 100 | 1 000 | 10 000 |
|---|---|---|---|---|---|
| $x$ | −10.826 1 | −6.130 4 | −1.164 6 | −0.127 6 | −0.012 9 |
| $y$ | −11.173 9 | −5.869 6 | −1.083 9 | −0.118 7 | −0.012 0 |

从表 8.2 可见，随着罚数 $\alpha$ 的逐步增大，$x$，$y$ 的解逐步减小。当 $\alpha$ 趋于无穷时，$x$，$y$ 将趋于 0。这是与罚数相关的系数矩阵不具有奇异性时必然出现的现象。究其原因可以作如下解释。当 $\alpha$ 趋于无穷时，求解方程(m)式可以近似地表示为

$$\begin{bmatrix} 1 & -1 \\ -1 & 1 \end{bmatrix} \begin{pmatrix} x \\ y \end{pmatrix} \cong \frac{1}{2\alpha} \begin{pmatrix} -18 \\ -6 \end{pmatrix} \cong 0 \tag{q}$$

由于方程的系数矩阵是奇异的，所以可以有非零解。具体解是通过求解上述特征值问题得到

$$\begin{pmatrix} x \\ y \end{pmatrix} \cong A \begin{pmatrix} 1 \\ 1 \end{pmatrix} \tag{r}$$

式中 $\begin{pmatrix} 1 \\ 1 \end{pmatrix}$ 是原系数矩阵对应于零特征值的特征向量，$A$ 是任意常数，它的具体数值通过原方程(m)式确定。另一方面，表 8.1 表明，$\alpha$ 取值愈大，$x - y = 0$ 这一附加条件满足得愈好。如果系数矩阵失去了奇异性，例如以上所假设的情况，系数矩阵的下对角元素改为 1.1，则当罚数 $\alpha$ 趋于无穷时，方程只可能得到零解。因此，保持与罚数相关的系数矩阵的

奇异性对采用罚函数法求解的成败有决定性的影响。这是采用罚函数法时需要特别注意的。

还应指出的是在实际计算中罚数 $\alpha$ 不可能取得无穷大,而只能取为较大的有限值。这是因为实际计算不是先求解特征值问题,然后再求解原方程,而是直接求解原方程。若罚函数取得过大,则方程呈现病态,从而使求解失败。正是由于实际计算中,罚参数只能取有限值,所以利用罚函数法求解只能得到近似解。

现在再回到约束变分问题,以梁的弯曲问题为例来阐明罚函数法的应用。梁的弯曲问题通常可表示为以下泛函

$$\Pi(w)=\int_0^l \frac{EI}{2}\left(\frac{\mathrm{d}^2 w}{\mathrm{d}x^2}\right)^2\mathrm{d}x-\int_0^l wq\,\mathrm{d}x \tag{8.2.24}$$

的驻值问题。其中 $E$ 是弹性常数,$I$ 是梁截面的惯性矩,$w$ 是梁中心线的挠度,$q$ 是分布载荷。因为在泛函 $\Pi$ 中出现 $w$ 的二次导数,所以要求试探函数具有 $C_1$ 连续性。为了降低对试探函数连续性的要求,可以将(8.2.24)式表述为另一形式,即

$$\Pi(w,\theta)=\int_0^l \frac{EI}{2}\left(\frac{\mathrm{d}\theta}{\mathrm{d}x}\right)^2\mathrm{d}x-\int_0^l wq\,\mathrm{d}x \tag{8.2.25}$$

其中 $\theta$ 是梁截面的转角。在(8.2.25)式中将挠度 $w$ 和截面转角 $\theta$ 看作是泛函中的两个独立的未知场函数,但是它们应服从附加条件

$$\boldsymbol{C}(w,\theta)\equiv\frac{\mathrm{d}w}{\mathrm{d}x}-\theta=0 \tag{8.2.26}$$

我们用罚函数法将附加条件(8.2.26)引入泛函,将问题转化为无附加条件的泛函驻值问题。得到约束变分原理的修正泛函是

$$\Pi^{**}(w,\theta)=\Pi(w,\theta)+\alpha\int_0^l\left(\frac{\mathrm{d}w}{\mathrm{d}x}-\theta\right)^2\mathrm{d}x \tag{8.2.27}$$

现在由于泛函中只出现 $w$ 和 $\theta$ 的一次导数,所以 $w$ 和 $\theta$ 只要具有 $C_0$ 连续性就可以了。

从材料力学知识可知,上式中的 $\left(\frac{\mathrm{d}w}{\mathrm{d}x}-\theta\right)$ 项可以代表剪切应变。只要将 $\alpha$ 选择为剪切刚度的二分之一,即令 $\alpha=\frac{k}{2}GA$,其中 $G$ 是材料的剪切模量,$A$ 是梁的截面积,$k$ 是考虑实际剪切应变在截面上并非均匀分布而引入的校正因子(这在下一章中将进一步解释),则(8.2.27)式中附加积分项代表剪切应变能。当截面较高时,附加项的引入正是考虑剪切变形对梁挠度影响的实际需要。而当梁截面高度很小时,即 $h/l\ll 1$ 时,剪切变形的影响可以忽略,即应假设 $\frac{\mathrm{d}w}{\mathrm{d}x}-\theta=0$。采用上述 $\alpha$ 的取值,正是使附加项成为罚函数项所要求。这可以通过比较修正泛函 $\Pi^{**}$ 中前后两项的数量级而认识到。前项是 $\frac{EI}{l^2}$ 量级,后项

是 $GA$ 量级，所以后项/前项$\propto(GA)\Big/\left(\dfrac{EI}{l^2}\right)\propto\dfrac{l^2}{h^2}\gg1$。因此后一项确实起到了罚函数的作用。当$\dfrac{l^2}{h^2}\to\infty$，则被约束的条件$\dfrac{\mathrm{d}w}{\mathrm{d}x}-\theta\to0$，即解答趋于经典梁理论的精确解。

这种通过将挠度和转动分别独立插值，再利用罚函数法将约束条件引入泛函，从而使原来的 $C_1$ 型问题转化为 $C_0$ 型问题的做法，在以后杆件、板、壳各章中加以应用和推广。再如研究不可压缩固体$\left(\nu=\dfrac{1}{2}\right)$问题时，也可以通过罚函数法将不可压缩的约束条件引入泛函。这将在本章 8.5 节给予讨论。

在应用罚函数法求解实际问题时，也出现一定的困难。首先约束泛函(8.2.27)式的变分为零将导致下列形式的求解方程

$$(\boldsymbol{K}_1+\alpha\boldsymbol{K}_2)\boldsymbol{a}=\boldsymbol{P} \tag{8.2.28}$$

其中 $\boldsymbol{K}_1$ 是从 $\Pi(w,\theta)$ 导出的，而 $\alpha\boldsymbol{K}_2$ 是从附加的罚函数项导出的。当 $\alpha$ 无穷增大时，上列方程将退化为

$$\boldsymbol{K}_2\boldsymbol{a}\approx\frac{\boldsymbol{P}}{\alpha}\to\boldsymbol{0}$$

除非 $\boldsymbol{K}_2$ 是奇异的，否则只能得到零解，即 $\boldsymbol{a}=\boldsymbol{0}$。但是这种奇异性并非总是自然出现的。例如在(8.2.27)式表示的泛函中，若 $w$ 和 $\theta$ 采用同阶的试探函数$\left(这时\dfrac{\mathrm{d}w}{\mathrm{d}x}和\theta 不同阶\right)$，同时与罚函数项相关的积分采用精确积分，则最后求解方程中的 $\boldsymbol{K}_2$ 矩阵就是非奇异的。因此在利用罚函数法求解问题时，为保证 $\boldsymbol{K}_2$ 的奇异性必须采用专门的措施，这将在以后有关章节中进一步具体讨论。

其次，如以前已指出，企图将 $\alpha\to\infty$ 以得到精确解也是不可能的。因为当 $\alpha$ 增至相当大但仍保持为有限值时，由于 $\boldsymbol{K}_2$ 的奇异性已造成方程的病态，所以在实际计算中只能将 $\alpha$ 控制在一定的范围内。如何恰当地选择罚数 $\alpha$ 的大小是利用罚函数法将附加条件引入泛函时的一个不易掌握的问题。原则上是应使由于罚数为有限值导致附加条件未能精确满足所引起的误差与计算中的其他误差(如离散误差、截断误差等)总合起来为最小。实际上通常需要根据具体问题的特点和计算机字长等因素通过试算来决定。一般情况下使 $\alpha\boldsymbol{K}_2$ 的主元比 $\boldsymbol{K}_1$ 的主元大 $10^4\sim10^5$ 量级，常可取得较好的结果。

## 8.3 弹性力学广义变分原理

本节是将上节讨论的约束变分原理应用于弹性力学问题。首先从场函数事先应满足一定附加条件的最小位能原理出发，利用拉格朗日乘子法将附加条件引入泛函，导出无约束条件的广义变分原理。

## 8.3.1 胡海昌-鹫津久变分原理(简称 H-W 变分原理)

第1章1.4.4节导出的最小位能原理的泛函是

$$\Pi_{\mathrm{p}}=\Pi_{\mathrm{p}}(u_i)=\int_V\left(\frac{1}{2}D_{ijkl}\varepsilon_{ij}\varepsilon_{kl}-\bar{f}_iu_i\right)\mathrm{d}V-\int_{S_\sigma}\bar{T}_iu_i\,\mathrm{d}S \tag{1.4.51}$$

其中应变 $\varepsilon_{ij}$ 是通过几何方程(1.4.26)式用位移 $u_i$ 的导数表示的,也即它们之间已事先满足了几何方程。同时位移应满足 $S_u$ 上的给定位移条件(1.4.36)式。

现在考虑的场函数不要求事先满足几何方程和位移边界条件,此时系统的总位能是相互独立的场函数 $u_i$ 和 $\varepsilon_{ij}$ 的泛函。利用拉格朗日乘子将附加条件(1.4.26)式和(1.4.36)式引入泛函,修正泛函可以表示为

$$\Pi_{\mathrm{H\text{-}W}}=\Pi_{\mathrm{p}}(u_i,\varepsilon_{ij})+\int_V\lambda_{ij}\left[\varepsilon_{ij}-\frac{1}{2}(u_{i,j}+u_{j,i})\right]\mathrm{d}V+\int_{S_u}p_i(u_i-\bar{u}_i)\mathrm{d}S \tag{8.3.1}$$

其中 $\Pi_{\mathrm{p}}(u_i,\varepsilon_{ij})$ 即(1.4.51)式的右端项,但现在其中的 $u_i$ 和 $\varepsilon_{ij}$ 不要求事先满足几何方程;$\lambda_{ij}$ 和 $p_i$ 分别是 $V$ 域内和 $S_u$ 边界上的拉格朗日乘子,它们是独立坐标 $x_i$ 的任意函数。修正泛函 $\Pi_{\mathrm{H\text{-}W}}$ 的变分为

$$\begin{aligned}\delta\Pi_{\mathrm{H\text{-}W}}=&\int_V\left\{\delta\varepsilon_{ij}D_{ijkl}\varepsilon_{kl}-\delta u_i\bar{f}_i+\delta\lambda_{ij}\left[\varepsilon_{ij}-\frac{1}{2}(u_{i,j}+u_{j,i})\right]+\right.\\&\left.\lambda_{ij}\left[\delta\varepsilon_{ij}-\frac{1}{2}(\delta u_{i,j}+\delta u_{j,i})\right]\right\}\mathrm{d}V-\\&\int_{S_\sigma}\delta u_i\bar{T}_i\,\mathrm{d}S+\int_{S_u}[\delta p_i(u_i-\bar{u}_i)+p_i\delta u_i]\mathrm{d}S=0\end{aligned}$$

对上式体积分中最后一项 $\lambda_{ij}(\delta u_{i,j}+\delta u_{j,i})$ 进行分部积分,则上式可改写为

$$\begin{aligned}\delta\Pi_{\mathrm{H\text{-}W}}=&\int_V\left\{\delta\varepsilon_{ij}(D_{ijkl}\varepsilon_{kl}+\lambda_{ij})+\delta u_i(\lambda_{ij,j}-\bar{f}_i)+\delta\lambda_{ij}\left[\varepsilon_{ij}-\frac{1}{2}(u_{i,j}+u_{j,i})\right]\right\}\mathrm{d}V-\\&\int_{S_\sigma}\delta u_i(\lambda_{ij}n_j+T_i)\mathrm{d}S+\\&\int_{S_u}[\delta u_i(p_i-\lambda_{ij}n_j)+\delta p_i(u_i-\bar{u}_i)]\mathrm{d}S=0\end{aligned} \tag{8.3.2}$$

因为所有的变分 $\delta\varepsilon_{ij}$、$\delta u_i$、$\delta\lambda_{ij}$、$\delta p_i$ 都是独立的,因此 $\Pi_{\mathrm{H\text{-}W}}$ 的驻值条件是:

$$D_{ijkl}\varepsilon_{kl}+\lambda_{ij}=0 \qquad (在\ V\ 域) \tag{8.3.3}$$

$$\lambda_{ij,j}-\bar{f}_i=0 \qquad (在\ V\ 域) \tag{8.3.4}$$

$$\varepsilon_{ij}-\frac{1}{2}(u_{i,j}+u_{j,i})=0 \qquad (在\ V\ 域) \tag{8.3.5}$$

$$\lambda_{ij}n_j+T_i=0 \qquad (在\ S_\sigma\ 上) \tag{8.3.6}$$

$$p_i - \lambda_{ij} n_j = 0 \quad (\text{在 } S_\sigma \text{ 上}) \tag{8.3.7}$$

$$u_i - \bar{u}_i = 0 \quad (\text{在 } S_u \text{ 上}) \tag{8.3.8}$$

由(8.3.3)、(8.3.4)和(8.3.7)式可以识别拉格朗日乘子 $\lambda_{ij}$ 和 $p_i$ 的力学意义，它们分别是应力 $\sigma_{ij}$ 和边界力 $T_i$（取负值），即

$$\lambda_{ij} = -\sigma_{ij} \tag{8.3.9}$$

$$p_i = \lambda_{ij} n_j = -\sigma_{ij} n_j = -T_i \tag{8.3.10}$$

将以上两式代回(8.3.1)式，即以 $-\sigma_{ij}$ 代替 $\lambda_{ij}$，以 $-\sigma_{ij}n_j$ 代替 $p_i$，这样就得到 3 个独立场函数的修正泛函，它可表示为

$$\begin{aligned}\Pi_{\text{H-W}}(u_i, \varepsilon_{ij}, \sigma_{ij}) = &\int_V \left\{ \frac{1}{2} D_{ijkl} \varepsilon_{ij} \varepsilon_{kl} - \bar{f}_i u_i - \right. \\ &\left. \sigma_{ij} \left[ \varepsilon_{ij} - \frac{1}{2}(u_{i,j} + u_{j,i}) \right] \right\} \mathrm{d}V - \\ &\int_{S_\sigma} \bar{T}_i u_i \mathrm{d}S - \int_{S_u} \sigma_{ij} n_j (u_i - \bar{u}_i) \mathrm{d}S\end{aligned} \tag{8.3.11}$$

如将(8.3.9)和(8.3.10)式代回驻值条件(8.3.3)～(8.3.8)式，则除了用来确定拉格朗日乘子 $\lambda_{ij}$ 和 $p_i$ 之间关系的(8.3.7)式外，还得到了弹性力学的全部微分方程和边界条件。这表明上述泛函 $\Pi_{\text{H-W}}(u_i, \varepsilon_{ij}, \sigma_{ij})$ 的驻值条件是和弹性力学的全部微分方程和边界条件等效的。

将新的泛函取名为 $\Pi_{\text{H-W}}$ 是因为此变分原理是由胡海昌(1954)和鹫津久(K. Washizu, 1955)各自独立提出的。需要注意的是：

(1) 此变分原理中 $u_i, \varepsilon_{ij}, \sigma_{ij}$ 都是独立的场函数，它们的变分是完全独立的，没有任何附加条件。如果将几何方程(1.4.26)和位移边界条件(1.4.36)仍取作场函数必须服从和满足的附加条件，则修正泛函 $\Pi_{\text{H-W}}$ 将还原为 $\Pi_{\text{p}}$。

(2) 此变分原理是驻值原理而不再是极值原理。

(3) 此变分原理是用拉格朗日乘子法建立的约束变分原理，原来泛函中由 $u_i$ 表示的 $\varepsilon_{ij}$ 成为独立的场变量，较原问题增加的场变量 $\sigma_{ij}$ 就是拉格朗日乘子。

## 8.3.2　Hellinger-Reissner 变分原理(简称 H-R 变分原理)

如果认为在泛函 $\Pi_{\text{H-W}}$ 中，场函数 $\varepsilon_{ij}$ 和 $\sigma_{ij}$ 不是互相独立的，即服从物理方程，那么(8.3.11)式中的应变项可以通过(1.4.32)式由应力项表示，即

$$\frac{1}{2} D_{ijkl} \varepsilon_{ij} \varepsilon_{kl} - \sigma_{ij} \varepsilon_{ij} = -\frac{1}{2} C_{ijkl} \sigma_{ij} \sigma_{kl} = -V(\sigma_{ij}) \tag{8.3.12}$$

这样就得到新的泛函

$$\Pi_{\text{H-R}}(u_i,\sigma_{ij})=\int_V\left[\sigma_{ij}\cdot\frac{1}{2}(u_{i,j}+u_{j,i})-\frac{1}{2}C_{ijkl}\sigma_{ij}\sigma_{kl}-\bar{f}_iu_i\right]\mathrm{d}V-\int_{S_\sigma}\bar{T}_iu_i\mathrm{d}S-\int_{S_u}\sigma_{ij}n_j(u_i-\bar{u}_i)\mathrm{d}S$$
$$=\int_V\left[\sigma_{ij}\cdot\frac{1}{2}(u_{i,j}+u_{j,i})-V(\sigma_{ij})-\bar{f}_iu_i\right]\mathrm{d}V-\int_{S_\sigma}\bar{T}_iu_i\mathrm{d}S-\int_{S_u}T_i(u_i-\bar{u}_i)\mathrm{d}S \tag{8.3.13}$$

这就是 Hellinger-Reissner 变分原理的泛函。泛函中变分的独立场变量是 $u_i$ 和 $\sigma_{ij}$。H-R 变分原理是没有附加条件的约束变分原理，同样也是驻值原理而不是极值原理。由于独立场变量有位移也有应力，故亦称混合变分原理。

同样地，如果用(1.4.28)式将 $\Pi_{\text{H-W}}$ 中的应力项用应变项表示，则其中

$$\frac{1}{2}D_{ijkl}\varepsilon_{ij}\varepsilon_{kl}-\sigma_{ij}\varepsilon_{ij}=-\frac{1}{2}D_{ijkl}\varepsilon_{ij}\varepsilon_{kl}=-U(\varepsilon_{ij}) \tag{8.3.14}$$

这样就可以得到 $\Pi_{\text{H-R}}$ 的另一表示形式

$$\Pi_{\text{H-R}}(u_i,\varepsilon_{ij})=\int_V[D_{ijkl}\varepsilon_{kl}\cdot\frac{1}{2}(u_{i,j}+u_{j,i})-\frac{1}{2}D_{ijkl}\varepsilon_{ij}\varepsilon_{kl}-\bar{f}_iu_i]\mathrm{d}V-\int_{S_\sigma}\bar{T}_iu_i\mathrm{d}S-\int_{S_u}D_{ijkl}\varepsilon_{kl}n_j(u_i-\bar{u}_i)\mathrm{d}S$$
$$=\int_V[D_{ijkl}\varepsilon_{kl}\cdot\frac{1}{2}(u_{i,j}+u_{j,i})-U(\varepsilon_{ij})-\bar{f}_iu_i]\mathrm{d}V-\int_{S_\sigma}\bar{T}_iu_i\mathrm{d}S-\int_{S_u}D_{ijkl}\varepsilon_{kl}n_j(u_i-\bar{u}_i)\mathrm{d}S \tag{8.3.15}$$

$\Pi_{\text{H-R}}(u_i,\varepsilon_{ij})$ 和 $\Pi_{\text{H-R}}(u_i,\sigma_{ij})$ 不同的只是现在用场函数 $\varepsilon_{ij}$ 代替了原来的场函数 $\sigma_{ij}$。在实际应用中，可以根据需要和方便选择采用其中一种形式。

## 8.3.3 最小余能原理

对(8.3.13)式体积分中的 $\sigma_{ij}\cdot\frac{1}{2}(u_{i,j}+u_{j,i})$ 项进行分部积分，可以得到

$$\Pi_{\text{H-R}}(u_i,\sigma_{ij})=-\int_V[V(\sigma_{ij})+(\sigma_{ij,j}+\bar{f}_i)u_i]\mathrm{d}V-\int_{S_\sigma}(\bar{T}-T_i)u_i\mathrm{d}S+\int_{S_u}T_i\bar{u}_i\mathrm{d}S \tag{8.3.16}$$

如果选择的近似场函数 $\sigma_{ij}$ 满足平衡方程(1.4.24)式和力的边界条件(1.4.33)式，则上式中体积分的第二项以及给定力边界 $S_\sigma$ 上的积分都为零，这样可以得到新的泛函

$$\Pi_c(\sigma_{ij})=\int_V V(\sigma_{ij})\mathrm{d}V-\int_{S_u}T_i\bar{u}_i\mathrm{d}S$$

$$=\int_V \frac{1}{2}C_{ijkl}\sigma_{ij}\sigma_{kl}\,\mathrm{d}V-\int_{S_u} T_i\bar{u}_i\,\mathrm{d}S \tag{8.3.17}$$

式中体积分代表弹性体的余能，它是正定函数。因此(8.3.17)式泛函的变分原理称为最小余能原理。最小余能原理可以叙述如下：在所有满足平衡方程和力的边界条件的应力中，精确解使总余能 $\Pi_c$ 取最小值。

其实建立最小余能原理并不需要经过这样迂回的途径，正如在 1.4.4 节中看到的，只要将物理方程(1.4.32)式代入虚应力原理(1.4.45)式就可以得到。但是这一迂回的过程说明，当从虚位移原理出发建立最小位能原理后，通过拉格朗日乘子引入附加条件，可将变分原理一般化，建立包括 H-W 变分原理、H-R 变分原理和最小余能原理在内的一系列变分原理。反之，从虚应力原理出发建立最小余能原理后，也可以用类似的步骤得到包括 H-R 变分原理、H-W 变分原理和最小位能原理在内的一系列变分原理。图 8.1 中给出了弹性小位移理论中各变分原理间的关系。

还需指出，最小位能原理和最小余能原理是独立场函数($u_i$ 或 $\sigma_{ij}$)的具有附加条件的极值原理。而 H-W 变分原理和 H-R 变分原理则分别是 3 个独立场函数($u_i$，$\varepsilon_{ij}$，$\sigma_{ij}$)和 2 个独立场函数($u_i$，$\sigma_{ij}$)或($u_i$，$\varepsilon_{ij}$)的没有附加条件的驻值原理。

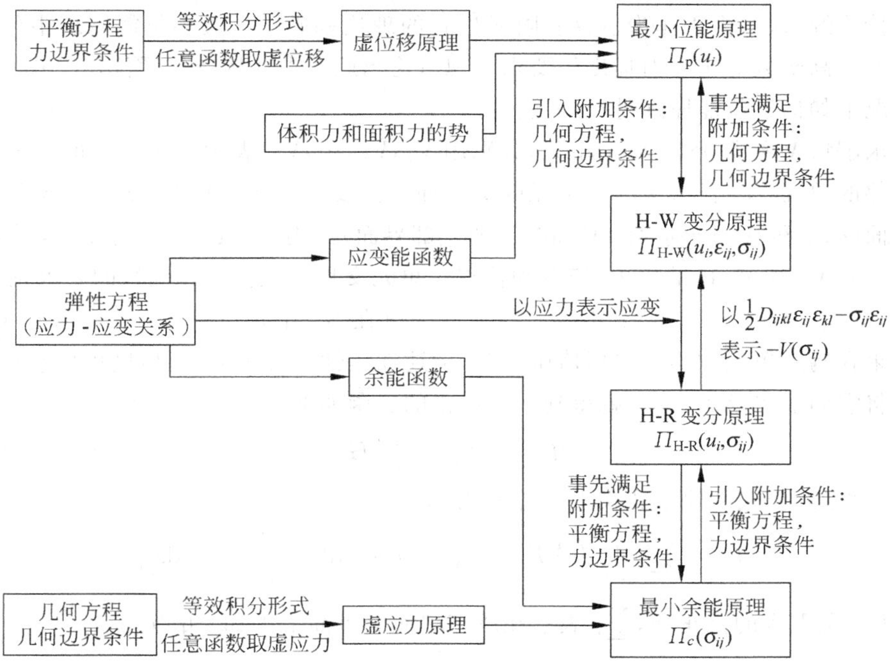


图 8.1　线弹性理论的变分原理

# 8.4 弹性力学修正变分原理

本节讨论的弹性力学修正变分原理从本质上说也是一种广义变分原理。上节所讨论的弹性力学广义变分原理的实质是利用拉格朗日乘子将最小位能原理和最小余能原理中的场函数事先在域内和边界上应予满足的附加条件引入泛函的结果，目的是使之成为无附加条件的变分原理。我们知道，当应用变分原理作为理论基础建立有限元分析格式时，因为插值函数是按单元建立的，为使泛函存在，还提出了分片插值函数定义的场函数在单元交界面上连续性的要求。本节讨论的是如何利用约束变分原理修正泛函从而达到放松场函数在单元交界面上的连续性要求，以构造更多类型的单元，扩大有限元方法应用的领域，或更有效地解决一些利用常规单元解决起来比较困难的问题。为和上节讨论的广义变分原理有所区别，所以命名为修正变分原理。

## 8.4.1 修正的位能原理

在第2章中我们已知道对于应用于弹性力学的位移有限元，在单元交界面上是要求位移保持连续，这是由于作为位移有限元格式的理论基础——最小位能原理中位移函数的导数的最高阶数等于1而提出的要求。现讨论当此要求在构造单元位移模式时不能满足的情况下如何对位能原理进行修正。

设求解域 $V$ 被划分为 $N$ 个单元，分别用 $V_1, V_2, \cdots, V_N$ 表示。用 $V_a$ 和 $V_b$ 表示任意两个相邻的单元，$S_{ab}$ 表示这两个单元的交界面。必要时用 $S_{ab}^*$ 和 $S_{ba}^*$ 表示分属 $\partial V_a$ 和 $\partial V_b$ 的交界面（$\partial V_a$ 和 $\partial V_b$ 分别表示 $V_a$ 和 $V_b$ 的全部界面）。用 $\sigma_{ij}^{(a)}, \varepsilon_{ij}^{(a)}, u_i^{(a)}$ 和 $\sigma_{ij}^{(b)}, \varepsilon_{ij}^{(b)}, u_i^{(b)}$ 分别表示单元 $V_a$ 和 $V_b$ 内的应力、应变和位移。单元交界面上位移连续性的要求是

$$u_i^{(a)} = u_i^{(b)} \qquad (\text{在 } S_{ab} \text{ 上}) \tag{8.4.1}$$

如果在构造单元位移场的插值函数时，上述连续性条件未能满足，则可以利用拉格朗日乘子将它们引入泛函，这样就得到一个修正的泛函如下

$$\Pi_{mp1} = \Pi_p - \sum H_{ab1} \tag{8.4.2}$$

其中 $\Pi_p$ 是未经修正的原来意义上的总位能，即

$$\Pi_p = \sum_e \left\{ \int_{V_e} \left( \frac{1}{2} D_{ijkl} \varepsilon_{ij} \varepsilon_{kl} - \bar{f}_i u_i \right) dV - \int_{S_{\sigma_e}} \bar{T}_i u_i \, dS \right\} \tag{8.4.3}$$

而 $\sum H_{ab1}$ 是引入的修正项，$\sum$ 表示在所有单元交界面上求和，并有

$$H_{ab1} = \int_{S_{ab}} \lambda_i (u_i^{(a)} - u_i^{(b)}) \, dS \tag{8.4.4}$$

其中 $\lambda_i$ 是拉格朗日乘子，它是在 $S_{ab}$ 上定义的独立场变量。

通过变分并分部积分，可以得到 $\delta \Pi_{mp1}$ 在交界面 $S_{ab}$ 上的表达式，即

$$\delta \Pi_{mp1} = \cdots + \int_{S_{ab}^*} [T_i^{(a)}(u_j^{(a)}) - \lambda_i] \delta u_i^{(a)} dS + \int_{S_{ba}^*} [T_i^{(b)}(u_j^{(b)}) + \lambda_i] \delta u_i^{(b)} dS - \int_{S_{ab}} (u_i^{(a)} - u_i^{(b)}) \delta \lambda_i dS + \cdots \tag{8.4.5}$$

从上式可以得到在 $S_{ab}$ 上的驻值条件是：

$$\begin{aligned} &T_i^{(a)}(u_j^{(a)}) = \lambda_i \qquad (\text{在 } S_{ab}^* \text{ 上}) \\ &-T_i^{(b)}(u_j^{(b)}) = \lambda_i \qquad (\text{在 } S_{ba}^* \text{ 上}) \\ &u_i^{(a)} = u_i^{(b)} \end{aligned} \tag{8.4.6}$$

其中：

$$\begin{aligned} &T_i^{(a)}(u_j^{(a)}) = \sigma_{ij}^{(a)} n_j^{(a)} = D_{ijkl}^{(a)} \varepsilon_{kl}^{(a)} n_j^{(a)} = \frac{1}{2} D_{ijkl}^{(a)} (u_{k,l}^{(a)} + u_{l,k}^{(a)}) n_j^{(a)} \\ &T_i^{(b)}(u_j^{(b)}) = \frac{1}{2} D_{ijkl}^{(b)} (u_{k,l}^{(b)} + u_{l,k}^{(b)}) n_j^{(b)} \\ &n_j^{(a)} = -n_j^{(b)} \end{aligned} \tag{8.4.7}$$

通过(8.4.6)式、可以识别拉格朗日乘子的物理意义。但是因为在 $S_{ab}^*$ 和 $S_{ba}^*$ 上分别定义了 $\lambda_i$，而 $u_j^{(a)}$ 和 $u_j^{(b)}$ 是近似解，因此通过它们在 $S_{ab}^*$ 和 $S_{ba}^*$ 上分别定义的 $\lambda_i^{(a)}$ 和 $\lambda_i^{(b)}$ 在数值上一般并不相等。所以不能直接利用(8.4.6)式和(8.4.7)式消去 $\Pi_{mp1}$ 中的 $\lambda_i$，以减少场变量数，即在利用 $\Pi_{mp1}$ 以放松单元交界面上位移连续性要求时，必须在修正泛函中保持拉格朗日乘子为在单元交界面上定义的独立场变量。

还需指出：修正泛函 $\Pi_{mp1}$ 不再具有极值性，而只保持驻值性。由于引入 $\Pi_{mp1}$ 的 $\sum \int_{S_{ab}} \lambda_i (u_i^{(a)} - u_i^{(b)}) dS$ 是非平方的二次项，上述结论是很容易理解的。

现在讨论修正位能原理的另一种形式。首先在单元交界面 $S_{ab}$ 上设一位移函数 $\mu_i$，这样一来，$S_{ab}$ 上位移连续性条件(8.4.1)式可以等价地替换为

$$\begin{aligned} &u_i^{(a)} - \mu_i = 0 \qquad (\text{在 } S_{ab}^* \text{ 上}) \\ &u_i^{(b)} - \mu_i = 0 \qquad (\text{在 } S_{ba}^* \text{ 上}) \end{aligned} \tag{8.4.8}$$

现在再利用拉格朗日乘子将上述条件引入泛函。另一种形式的修正泛函表示如下

$$\Pi_{mp2} = \Pi_p - \sum H_{ab2} \tag{8.4.9}$$

其中

$$H_{ab2} = \int_{S_{ab}^*} \lambda_i^{(a)} (u_i^{(a)} - \mu_i) dS + \int_{S_{ba}^*} \lambda_i^{(b)} (u_i^{(b)} - \mu_i) dS$$

通过变分及分部积分，可以得到 $\delta \Pi_{mp2}$ 在 $S_{ab}$ 上的表达式为

$$\delta \Pi_{mp2} = \cdots + \int_{S_{ab}^*} [T_i^{(a)}(u_j^{(a)}) - \lambda_i^{(a)}] \delta u_i^{(a)} dS + \int_{S_{ba}^*} [T_i^{(b)}(u_j^{(b)}) - \lambda_i^{(b)}] \delta u_i^{(b)} dS +$$

$$\int_{S_{ab}^*}(u_i^{(a)}-\mu_i)\delta\lambda_i^{(a)}\,\mathrm{d}S+\int_{S_{ba}^*}(u_i^{(b)}-\mu_i)\delta\lambda_i^{(b)}\,\mathrm{d}S-\int_{S_{ab}}(\lambda_i^{(a)}+\lambda_i^{(b)})\delta\mu_i\,\mathrm{d}S \tag{8.4.10}$$

从上式可以得到驻值条件：

$$\begin{aligned} &\lambda_i^{(a)}=T_i^{(a)}(u_j^{(a)}) \qquad &&\lambda_i^{(b)}=T_i^{(b)}(u_j^{(b)}) \\ &u_i^{(a)}=\mu_i &&u_i^{(b)}=\mu_i \\ &\lambda_i^{(a)}+\lambda_i^{(b)}=0 \end{aligned} \tag{8.4.11}$$

从上式的前两式可以识别乘子 $\lambda_i^{(a)}$ 和 $\lambda_i^{(b)}$ 的物理意义，并可以利用 $T_i^{(a)}(u_j^{(a)})$ 和 $T_i^{(b)}(u_j^{(b)})$ 替代 $\lambda_i^{(a)}$ 和 $\lambda_i^{(b)}$ 以减少泛函 $\Pi_{\mathrm{mp2}}$ 中场变量数，从而得到另一种形式的修正位能原理，其泛函可表示为

$$\Pi_{mp3}=\Pi_{\mathrm{p}}-\sum H_{ab3} \tag{8.4.12}$$

其中

$$H_{ab3}=\int_{S_{ab}^*}T_i^{(a)}(u_j^{(a)})(u_i^{(a)}-\mu_i)\,\mathrm{d}S+\int_{S_{ba}^*}T_i^{(b)}(u_j^{(b)})(u_i^{(b)}-\mu_i)\,\mathrm{d}S$$

$\Pi_{\mathrm{mp3}}$ 中独立变化的场函数是 $u_i^{(a)}$（$V_a$ 内），$u_i^{(b)}$（$V_b$ 内）和 $\mu_i$（对于 $S_{ab}^*$ 和 $S_{ba}^*$ 是共同的）。和 $\Pi_{\mathrm{mp1}}$ 相同，$\Pi_{\mathrm{mp2}}$ 和 $\Pi_{\mathrm{mp3}}$ 都不再具有极值性质，而只保持驻值性。

## 8.4.2 修正的余能原理

在第1章和本章前一节中已经导出最小余能原理，它可表述为在所有满足平衡方程和力的边界条件的可能应力中，真正解的应力使系统的总余能

$$\Pi_c(\sigma_{ij})=\int_V\frac{1}{2}C_{ijkl}\sigma_{ij}\sigma_{kl}\,\mathrm{d}V-\int_{S_u}T_i\bar{u}_i\,\mathrm{d}S \tag{8.3.17}$$

取最小值。

应用于有限元分析时，在单元交界面 $S_{ab}$ 上应力满足平衡的要求，应该是按照 $T_i=\sigma_{ij}n_j$ 定义的面力必须保持平衡，即

$$T_i^{(a)}+T_i^{(b)}=0 \tag{8.4.13}$$

其中

$$T_i^{(a)}=\sigma_{ij}^{(a)}n_j^{(a)} \qquad T_i^{(b)}=\sigma_{ij}^{(b)}n_j^{(b)}$$
$$n_j^{(a)}=-n_j^{(b)}$$

实际上，在选择应力的试探函数时，可以先不考虑上式所表示的要求，而是利用拉格朗日乘子将此附加条件引入泛函。这样就得到修正的余能原理，其泛函是

$$\Pi_{mc}=\Pi_c-\sum G_{ab} \tag{8.4.14}$$

其中，$\Pi_c$ 如(8.3.17)式所示，$\sum G_{ab}$ 是修正项，$\sum$ 表示对所有单元交界面求和，并有

$$G_{ab}=\int_{S_{ab}}\mu_i(T_i^{(a)}+T_i^{(b)})\mathrm{d}S \tag{8.4.15}$$

$\mu_i$ 是拉格朗日乘子，它是在 $S_{ab}$ 上定义的独立场变量。通过 $\Pi_{mc}$ 的变分可以识别 $\mu_i$ 的物理意义，即它是交界面上的位移。

# 8.5　不可(或接近不可)压缩弹性力学问题的有限元法

在实际工程中，相当多的材料呈现不可(或接近不可)压缩的性质。例如常见的橡胶、塑料等即属这种类型的材料。即使金属材料在非弹性变形(塑性、蠕变)状态也呈现不可压缩性质。材料的不可压缩性常常给分析带来麻烦，有限元分析时需要研究采用特殊的方法。本节作为以上几节所讨论的约束变分原理的应用，讨论不可(或接近不可)压缩弹性力学问题的有限元方法。

第 2 章已经给出了弹性力学问题有限元法的一般格式。它的求解方程是

$$\boldsymbol{K}\boldsymbol{a}=\boldsymbol{P} \tag{2.3.12}$$

其中

$$\boldsymbol{K}=\sum_e\boldsymbol{K}^e=\sum_e\int_{V_e}\boldsymbol{B}^{\mathrm{T}}\boldsymbol{D}\,\boldsymbol{B}\,\mathrm{d}V \tag{2.3.10}$$

式中弹性刚度矩阵 $\boldsymbol{D}$，对于三维问题、轴对称问题、平面应变问题，都包含着因子 $D_0$（见表 1.2）

$$D_0=\frac{E(1-\nu)}{(1+\nu)(1-2\nu)} \tag{8.5.1}$$

如果材料是不可(或接近不可)压缩的，意味着 $\nu\to0.5$，则 $D_0\to\infty$，亦即 $\boldsymbol{K}\to\infty$。这样一来，分析将无法进行。为此需要研究克服此困难的办法。前面讨论的约束变分原理中的罚函数法和拉格朗日乘子法(以及基于它的弹性力学广义变分原理)提供了有效途径。其共同的基本点是将不可压缩性(即体积变形为零)作为附加条件引入泛函，而共同的出发点是将最小位能原理泛函中的应变能分解为偏斜应变能和体积应变能两部分。现分别进行讨论。

## 8.5.1　不可(或接近不可)压缩弹性力学问题的罚函数方法

最小位能原理泛函的矩阵表达式是

$$\Pi_{\mathrm{p}}(\boldsymbol{u})=\int_V\frac{1}{2}\boldsymbol{\varepsilon}^{\mathrm{T}}\boldsymbol{D}\boldsymbol{\varepsilon}\,\mathrm{d}V-\int_V\boldsymbol{f}^{\mathrm{T}}\boldsymbol{u}\,\mathrm{d}V-\int_{S_\sigma}\boldsymbol{T}^{\mathrm{T}}\boldsymbol{u}\,\mathrm{d}S \tag{1.4.51}$$

其中右端第 1 个积分是物体的应变能。为将它分为偏斜应变能和体积应变能两部分，首

先将应力和应变分为各自的两部分。为此引入

$$p=-\frac{\sigma_x+\sigma_y+\sigma_z}{3}=-\frac{1}{3}\boldsymbol{m}^{\mathrm{T}}\boldsymbol{\sigma} \tag{8.5.2}$$

$$\varepsilon_V=\varepsilon_x+\varepsilon_y+\varepsilon_z=\boldsymbol{m}^{\mathrm{T}}\boldsymbol{\varepsilon} \tag{8.5.3}$$

其中，$p$ 是平均压应力，$\varepsilon_V$ 是体积应变，因而

$$\boldsymbol{m}^{\mathrm{T}}=[1\ 1\ 1\ 0\ 0\ 0] \tag{8.5.4}$$

$p$ 和 $\varepsilon_V$ 之间存在下述弹性关系，即

$$\varepsilon_V=-\frac{p}{K}\quad p=-K\varepsilon_V=-K\boldsymbol{m}^{\mathrm{T}}\boldsymbol{\varepsilon} \tag{8.5.5}$$

其中 $K$ 是体积模量。它和弹性模量 $E$ 及泊桑比 $\nu$ 之间的关系式是

$$K=\frac{E}{3(1-2\nu)} \tag{8.5.6}$$

这样一来，可以引入偏斜应力向量 $\boldsymbol{S}$ 和偏斜应变向量 $\boldsymbol{e}$。它们表示为：

$$\boldsymbol{S}=\boldsymbol{\sigma}+\boldsymbol{m}p=\boldsymbol{\sigma}-\frac{\boldsymbol{m}\,\boldsymbol{m}^{\mathrm{T}}}{3}\boldsymbol{\sigma}=\left(\boldsymbol{I}-\frac{\boldsymbol{m}\,\boldsymbol{m}^{\mathrm{T}}}{3}\right)\boldsymbol{\sigma} \tag{8.5.7}$$

$$\boldsymbol{e}=\boldsymbol{\varepsilon}-\frac{\boldsymbol{m}}{3}\varepsilon_V=\boldsymbol{\varepsilon}-\frac{\boldsymbol{m}\,\boldsymbol{m}^{\mathrm{T}}}{3}\boldsymbol{\varepsilon}=\left(\boldsymbol{I}-\frac{\boldsymbol{m}\,\boldsymbol{m}^{\mathrm{T}}}{3}\right)\boldsymbol{\varepsilon} \tag{8.5.8}$$

$\boldsymbol{S}$ 和 $\boldsymbol{e}$ 之间存在如下关系，即

$$\boldsymbol{S}=G\boldsymbol{C}_0\boldsymbol{e}=G\boldsymbol{C}_0\left(\boldsymbol{I}-\frac{\boldsymbol{m}\,\boldsymbol{m}^{\mathrm{T}}}{3}\right)\boldsymbol{\varepsilon}=G(\boldsymbol{C}_0-\frac{2}{3}\boldsymbol{m}\,\boldsymbol{m}^{\mathrm{T}})\,\boldsymbol{\varepsilon} \tag{8.5.9}$$

其中

$$\boldsymbol{C}_0=\begin{bmatrix}2 & & & & & \\ & 2 & & & 0 & \\ & & 2 & & & \\ & & & 1 & & \\ & 0 & & & 1 & \\ & & & & & 1\end{bmatrix}$$

利用以上各式，可得弹性应变能表达式为

$$\frac{1}{2}\boldsymbol{\varepsilon}^{\mathrm{T}}\boldsymbol{\sigma}=\frac{1}{2}\boldsymbol{\varepsilon}^{\mathrm{T}}(\boldsymbol{S}-\boldsymbol{m}p)=\frac{1}{2}G\boldsymbol{\varepsilon}^{\mathrm{T}}(\boldsymbol{C}_0-\frac{2}{3}\boldsymbol{m}\,\boldsymbol{m}^{\mathrm{T}})\,\boldsymbol{\varepsilon}+\frac{1}{2}K\boldsymbol{\varepsilon}^{\mathrm{T}}\boldsymbol{m}\,\boldsymbol{m}^{\mathrm{T}}\boldsymbol{\varepsilon} \tag{8.5.10}$$

上式右端第 1 项和第 2 项分别代表偏斜应变能和体积应变能。可以验证上式即是 $\Pi_{\mathrm{p}}(\boldsymbol{u})$ 中的应变能项 $\frac{1}{2}\boldsymbol{\varepsilon}^{\mathrm{T}}\boldsymbol{D}\boldsymbol{\varepsilon}$。将上式代入 $\Pi_{\mathrm{p}}(\boldsymbol{u})$，可得

$$\Pi_{\mathrm{p}}(\boldsymbol{u})=\int_V\left[\frac{1}{2}G\boldsymbol{\varepsilon}^{\mathrm{T}}\left(\boldsymbol{C}_0-\frac{2}{3}\boldsymbol{m}\,\boldsymbol{m}^{\mathrm{T}}\right)\boldsymbol{\varepsilon}+\frac{1}{2}K\boldsymbol{\varepsilon}^{\mathrm{T}}\boldsymbol{m}\,\boldsymbol{m}^{\mathrm{T}}\boldsymbol{\varepsilon}\right]\mathrm{d}V-\int_V\boldsymbol{f}^{\mathrm{T}}\boldsymbol{u}\mathrm{d}V-\int_{S_\sigma}\boldsymbol{T}^{\mathrm{T}}\boldsymbol{u}\mathrm{d}S \tag{8.5.11}$$

对上式进行有限元离散，并取驻值，可以得到如下形式的有限元求解方程

$$(\boldsymbol{K}_1+\boldsymbol{K}_2)\boldsymbol{a}=\boldsymbol{K}\boldsymbol{a}=\boldsymbol{P} \tag{8.5.12}$$

其中：

$$\boldsymbol{K}_1=G\sum_e\int_{V_e}\boldsymbol{B}^{\mathrm{T}}\left(\boldsymbol{C}_0-\frac{2}{3}\boldsymbol{m}\,\boldsymbol{m}^{\mathrm{T}}\right)\boldsymbol{B}\mathrm{d}V$$

$$\boldsymbol{K}_2=K\sum_e\int_{V_e}\boldsymbol{B}^{\mathrm{T}}(\boldsymbol{m}\,\boldsymbol{m}^{\mathrm{T}})\boldsymbol{B}\mathrm{d}V \tag{8.5.13}$$

方程(8.5.12)式系数矩阵 $\boldsymbol{K}$ 中的第 2 项和第 1 项数量级之比为

$$\frac{|\boldsymbol{K}_2|}{|\boldsymbol{K}_1|}\propto\frac{K}{G}=\frac{E/3(1-2\nu)}{E/2(1+\nu)}=\frac{2(1+\nu)}{3(1-2\nu)}$$

显然，当 $\nu\to0.5$ 时，$\dfrac{K}{G}\to\infty$，因此 $\Pi_{\mathrm{p}}(\boldsymbol{u})$ 中积分的第 2 项起着罚函数的作用。这就要求 $\boldsymbol{K}$ 中与体积应变能相关的 $\boldsymbol{K}_2$ 必须是奇异的。这样才能保证 $\nu\to0.5$ 时，方程能有非零解。从 4.6.1 节的讨论可知(参见(4.6.4)式和(4.6.5)式)，应有

$$\text{秩}\ \boldsymbol{K}_2\leqslant M\cdot n_{g2}\cdot d_2 \tag{8.5.14}$$

其中 $M$ 是系统的单元数，$n_{g2}$ 是计算 $\boldsymbol{K}_2$ 的高斯积分点数，$d_2$ 是 $\boldsymbol{K}_2$ 中被积函数 $\boldsymbol{B}^{\mathrm{T}}\left(\dfrac{1}{3}\boldsymbol{m}\,\boldsymbol{m}^{\mathrm{T}}\right)\boldsymbol{B}$ 中的独立行(列)数，从 $\dfrac{1}{3}\boldsymbol{m}\,\boldsymbol{m}^{\mathrm{T}}$ 可见 $d_2=1$。因此保证 $\boldsymbol{K}_2$ 奇异的充分条件应是

$$M\cdot n_{g2}<N \tag{8.5.15}$$

式中 $N$ 是系统的自由度数，即矩阵 $\boldsymbol{K}$ 的阶次。

另一方面，为保证系统有解，系统的刚度矩阵 $\boldsymbol{K}(=\boldsymbol{K}_1+\boldsymbol{K}_2)$ 必须是非奇异的，即 $\boldsymbol{K}$ 是满秩的。其必要条件是

$$M\cdot(n_{g1}\cdot d_1+n_{g2}\cdot d_2)\geqslant N \tag{8.5.16}$$

其中 $n_{g1}$ 是计算 $\boldsymbol{K}_1$ 的高斯积分点数，它可以不同于 $n_{g2}$，这是为了同时满足(8.5.15)式和(8.5.16)式的需要，$n_{g1}$，$n_{g2}$ 可以选择不同的阶次。$d_1$ 是 $\boldsymbol{K}_1$ 中被积函数 $\boldsymbol{B}^{\mathrm{T}}\left(\boldsymbol{C}_0-\dfrac{2}{3}\boldsymbol{m}\,\boldsymbol{m}^{\mathrm{T}}\right)\boldsymbol{B}$ 中的独立行(列)数。(对于三维问题，$d_1=5$；轴对称问题，$d_1=3$；平面应变问题，$d_1=2$)。

为选择适合于不可(或接近不可)压缩弹性力学问题一般网格情况的单元形式和积分方案，$\boldsymbol{K}$ 非奇异性的条件(8.5.16)式，可用类似于图 4.7 所示的方法进行检查。其中网格只给予必要的刚体运动约束。而检查 $\boldsymbol{K}_2$ 奇异性的条件(8.5.15)式是否成立，则应给网格加以可能遇到的更多的约束，例如固定网格边界的所有自由度。用以替代的，通常采用一种简便的方法估算 $\boldsymbol{K}_2$ 的奇异性。图 8.2 是在已有二维网格基础上增加一个单元，用它可以估计无限大网格中不同单元和积分方案的 $\boldsymbol{K}_2$ 奇异性。

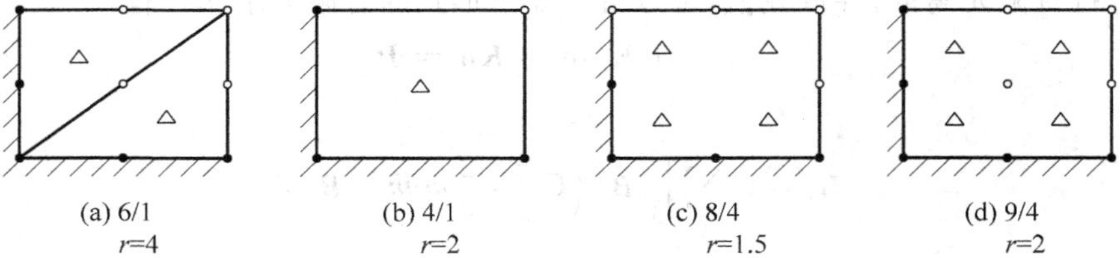


（·已有结点，∘新增结点，△$K_2$ 的积分点；

6/1,4/1,8/4,9/4 中的分子是单元结点数，分母是 $\boldsymbol{K}_2$ 的积分点数）

图 8.2 无限大二维网格中不同单元和积分方案的 $\boldsymbol{K}_2$ 奇异性指标

图 8.2 中 $r=n_u/n_{g2}$，其中 $n_u$ 是新增位移自由度数（＝每个结点自由度数×新增结点数），$n_{g2}$ 是新增高斯积分点数（对于现在的情况，$n_{g2}$ 即 $\boldsymbol{K}_2$ 新增加的秩数）。比值 $r$ 可以作为 $\boldsymbol{K}_2$ 奇异性指标。虽然 $r>1$ 可以在无限大网格条件下对 $\boldsymbol{K}_2$ 作出是奇异性的估计，但为了使网格不是无限大时 $\boldsymbol{K}_2$ 仍保持奇异，同时为了使求解方程（8.5.12）式的解保持良好的精度，理想的单元和积分方案应使 $r=2\sim3$。因此建议通常情况下采用图 8.2 中的(a)、(b)和(d)，而避免采用(c)。另一方面，为保证 $\boldsymbol{K}$ 的非奇异性，建议在计算 $\boldsymbol{K}_1$ 时仍采用精确积分，即对于(a)中的 6 结点单元采用 3 或 4 点的 Hammer 积分；对于(b)中的 4 结点单元采用 2×2 的高斯积分；对于(d)中的 9 结点单元采用 3×3 的高斯积分。上述 $\boldsymbol{K}_1$ 和 $\boldsymbol{K}_2$ 分别采用不同阶的积分方案称为**选择积分方案**。

上述讨论的原则可以推广应用于三维的不可（或接近不可）压缩的弹性力学问题。

还应指出的是，利用罚函数原理只能分析接近不可压缩的弹性力学问题。因为对于完全不可压缩（$\nu=0.5$）的情况，因 $K=\infty$，$\boldsymbol{K}_2=\infty$，求解方程（8.5.12）式将无非零解，因此只能在保持 $\boldsymbol{K}$ 非奇异的条件下取接近于 0.5 的 $\nu$ 值求得近似解。一般可取至 $\nu=0.49999$。

## 8.5.2 不可(或接近不可)压缩弹性力学问题的混合变分原理

（8.5.11）式所表示的 $\Pi_{\mathrm{p}}(\boldsymbol{u})$ 中的第 2 项体积应变能 $\frac{1}{2}\boldsymbol{\varepsilon}^{\mathrm{T}}K\boldsymbol{m}\,\boldsymbol{m}^{\mathrm{T}}\boldsymbol{\varepsilon}$ 可以简化表示为 $\frac{1}{2}K\varepsilon_V^2$。如果再利用弹性关系（8.5.5）式，则该项可以表示为 $\frac{1}{2}\frac{1}{K}p^2$。但这时，应将弹性关系作为附加条件引入泛函。如果采用拉格朗日乘子法，则可得到以下的修正泛函

$$\Pi(\boldsymbol{u},p,\lambda)=\int_V\left[\frac{1}{2}G\boldsymbol{\varepsilon}^{\mathrm{T}}\left(\boldsymbol{C}_0-\frac{2}{3}\boldsymbol{m}\,\boldsymbol{m}^{\mathrm{T}}\right)\boldsymbol{\varepsilon}+\frac{1}{2}\frac{1}{K}p^2\right]\mathrm{d}V+\int_V\lambda\left(\varepsilon_V+\frac{p}{K}\right)\mathrm{d}V-\int_V\boldsymbol{f}^{\mathrm{T}}\boldsymbol{u}\mathrm{d}V-\int_{S_\sigma}\overline{\boldsymbol{T}}^{\mathrm{T}}\boldsymbol{u}\mathrm{d}S \qquad (8.5.17)$$

其中 $\lambda$ 是拉格朗日乘子。从 $\frac{\partial \Pi}{\partial p}=0$ 可以得到 $p+\lambda=0$，从而识别

$$\lambda = -p \tag{8.5.18}$$

代回原式，可以建立以 $\boldsymbol{u}, p$ 为场函数的泛函

$$\Pi(\boldsymbol{u},p)=\int_V\left[\frac{1}{2}G\boldsymbol{\varepsilon}^{\mathrm{T}}\left(\boldsymbol{C}_0-\frac{2}{3}\boldsymbol{m}\,\boldsymbol{m}^{\mathrm{T}}\right)\boldsymbol{\varepsilon}-\frac{1}{2}\frac{1}{K}p^2-p\varepsilon_V\right]\mathrm{d}V-\int_V\boldsymbol{f}^{\mathrm{T}}\boldsymbol{u}\mathrm{d}V-\int_{S_\sigma}\overline{\boldsymbol{T}}^{\mathrm{T}}\boldsymbol{u}\mathrm{d}S \tag{8.5.19}$$

其实，该表达式可以直接理解为对偏斜应变能部分采用最小位能原理和对体积应变能部分采用 H-R 变分原理相结合的泛函。

对上式进行有限元离散，并引入

$$\boldsymbol{u}=\boldsymbol{N}_u\boldsymbol{a}^e \qquad p=\boldsymbol{N}_p\boldsymbol{b}^e \tag{8.5.20}$$

其中 $\boldsymbol{N}_u$ 和 $\boldsymbol{N}_p$ 分别是位移和压力的插值函数，$\boldsymbol{a}^e$ 和 $\boldsymbol{b}^e$ 分别是单元的结点位移向量和结点压力向量。将上式代入 $\Pi(\boldsymbol{u},p)$，并对 $\Pi(\boldsymbol{u},p)$ 变分，就可以得到有限元求解方程为

$$\begin{bmatrix}\boldsymbol{K}_{uu} & -\boldsymbol{K}_{up}\\ -\boldsymbol{K}_{up}^{\mathrm{T}} & -\boldsymbol{K}_{pp}\end{bmatrix}\begin{bmatrix}\boldsymbol{a}\\ \boldsymbol{b}\end{bmatrix}=\begin{bmatrix}\boldsymbol{P}\\ \boldsymbol{0}\end{bmatrix} \tag{8.5.21}$$

其中：

$$\boldsymbol{K}_{uu}=\sum_e\int_{V_e}G\boldsymbol{B}^{\mathrm{T}}\left(\boldsymbol{C}_0-\frac{2}{3}\boldsymbol{m}\,\boldsymbol{m}^{\mathrm{T}}\right)\boldsymbol{B}\mathrm{d}V$$

$$\boldsymbol{K}_{up}=\sum_e\int_{V_e}\boldsymbol{B}^{\mathrm{T}}\boldsymbol{m}\,\boldsymbol{N}_p\mathrm{d}V$$

$$\boldsymbol{K}_{pp}=\sum_e\int_{V_e}\frac{1}{K}\boldsymbol{N}_p^{\mathrm{T}}\boldsymbol{N}_p\mathrm{d}V$$

$$\boldsymbol{P}=\sum_e\left(\int_{V_e}\boldsymbol{N}_u^{\mathrm{T}}\boldsymbol{f}\mathrm{d}V+\int_{S_{\sigma_e}}\boldsymbol{N}_u^{\mathrm{T}}\overline{\boldsymbol{T}}\mathrm{d}S\right)$$

从(8.5.21)式的第 2 式，可得

$$\boldsymbol{b}=-\boldsymbol{K}_{pp}^{-1}\boldsymbol{K}_{up}^{\mathrm{T}}\boldsymbol{a} \tag{8.5.22}$$

将上式代回(8.5.21)的第 1 式，则得到

$$(\boldsymbol{K}_1+\boldsymbol{K}_2)\boldsymbol{a}=\boldsymbol{K}\boldsymbol{a}=\boldsymbol{P} \tag{8.5.23}$$

其中：

$$\boldsymbol{K}_1=\boldsymbol{K}_{uu}$$

$$\boldsymbol{K}_2=\boldsymbol{K}_{up}\boldsymbol{K}_{pp}^{-1}\boldsymbol{K}_{up}^{\mathrm{T}} \tag{8.5.24}$$

和上小节中所讨论的相同，如果比较 $\boldsymbol{K}_2$ 和 $\boldsymbol{K}_1$ 的数量级，将得到相同的结论，即

$$\frac{|\boldsymbol{K}_2|}{|\boldsymbol{K}_1|}\propto\frac{K}{G}=\frac{E/3(1-2\nu)}{E/2(1+\nu)}=\frac{2(1+\nu)}{3(1-2\nu)}$$

当 $\nu\to0.5$，$|\boldsymbol{K}_2|/|\boldsymbol{K}_1|\to\infty$。因此，和上小节讨论的相同，为了使 $\nu\to0.5$ 情况下仍能得到非零解，$\boldsymbol{K}_2$ 应当是奇异的。所不同的是对于现在的情况，$\boldsymbol{K}_2$ 的秩不是由高斯积分点数决定，而是由压力 $p$ 的自由度数，即结点压力向量 $\boldsymbol{b}$ 的维数决定。

(8.5.20)式已给出压力 $p$ 的插值表达式为

$$p=\boldsymbol{N}_p\boldsymbol{b}^e$$

其中结点压力向量 $\boldsymbol{b}^e$ 有如下两种定义方法：

1. $\boldsymbol{u}/p$ 格式

此格式中，压力结点定义在单元内部，例如定义在高斯积分点。若以定义在二维四边形单元的 2×2 高斯积分点为例，则：

$$\begin{aligned}\boldsymbol{b}^e&=[b_1\ b_2\ b_3\ b_4]^{\mathrm{T}}\\ \boldsymbol{N}_p&=[N_{p1}\ N_{p2}\ N_{p3}\ N_{p4}]\end{aligned}\tag{8.5.25}$$

其中：

$$N_{p1}=\frac{1}{4}\left(1+\frac{\xi}{a}\right)\left(1+\frac{\eta}{a}\right)$$

$$N_{p2}=\frac{1}{4}\left(1-\frac{\xi}{a}\right)\left(1+\frac{\eta}{a}\right)$$

$$N_{p3}=\frac{1}{4}\left(1-\frac{\xi}{a}\right)\left(1-\frac{\eta}{a}\right)$$

$$N_{p4}=\frac{1}{4}\left(1+\frac{\xi}{a}\right)\left(1-\frac{\eta}{a}\right)$$

式中，$b_i(i=1,2,3,4)$是结点定义于 2×2 高斯积分点的压力值；$N_{pi}(i=1,2,3,4)$是与其相关的插值函数；$a=\dfrac{1}{\sqrt{3}}$是 2×2 高斯积分点的坐标幅值。$N_{pi}$ 仍满足插值函数的基本性质，即

$$N_{pi}(\xi_j,\eta_j)=\delta_{ij}\qquad\sum_{i=1}^{4}N_{pi}=1\tag{8.5.26}$$

当压力 $p$ 的结点定义于单元内部时，则和上小节罚函数方法的讨论相同，应有

$$\text{秩}\ \boldsymbol{K}_2\leqslant M\cdot n_p\tag{8.5.27}$$

式中 $n_p$ 是单元内压力结点的数目，$M$ 是单元数。

为使 $\boldsymbol{K}_2$ 保持奇异性，应有

$$M\cdot n_p<N_u\tag{8.5.28}$$

其中 $N_u$ 是 $\boldsymbol{K}_2$ 矩阵的阶数，即系统的位移自由度数。

基于上述 $\boldsymbol{u}$ 和 $p$(结点定义于单元内部)两个场函数的变分原理所建立的有限元求解格式称为 $\boldsymbol{u}/p$ 格式。依循和罚函数方法类同的思路，通常推荐使用的单元仍如图 8.2(a)，(b)和(d)所示，只是图中△所代表的是压力结点。

理论上可以证明前小节讨论的罚函数方法中的选择积分方案和这里讨论的 $\boldsymbol{u}/p$ 格式是等效的。现对此进行必要的阐述。

前小节中，当从求解方程(8.5.12)式解出系统的结点位移 $\boldsymbol{a}$ 以后，我们可以计算单元内任一点的压力 $p$。当然，也可以计算 $\boldsymbol{K}_2$ 的高斯积分点 $\boldsymbol{\xi}_i$ 处的压力值 $p(\boldsymbol{\xi}_i)$。

$$p(\boldsymbol{\xi}_i) = -K\varepsilon_V(\boldsymbol{\xi}_i) = -K\boldsymbol{m}^{\mathrm{T}}\boldsymbol{\varepsilon}(\boldsymbol{\xi}_i) = -K\boldsymbol{m}^{\mathrm{T}}\boldsymbol{B}(\boldsymbol{\xi}_i)\boldsymbol{a}^e \tag{8.5.29}$$

式中 $\boldsymbol{\xi}_i$ 是高斯积分点的自然坐标。

另一方面，$\boldsymbol{u}/p$ 格式中求解方程(8.5.21)式的第 2 式可以写成

$$\boldsymbol{K}_{up}^{\mathrm{T}}\boldsymbol{a} + \boldsymbol{K}_{pp}\boldsymbol{b} = 0$$

即

$$\sum_e \int_{V_e} \boldsymbol{N}_p^{\mathrm{T}}\boldsymbol{m}^{\mathrm{T}}\boldsymbol{B}\mathrm{d}V\boldsymbol{a} + \sum_e \int_{V_e} \frac{1}{K}\boldsymbol{N}_p^{\mathrm{T}}\boldsymbol{N}_p\mathrm{d}V\boldsymbol{b} = 0$$

因为 $\boldsymbol{b}$ 是在各个单元内定义，各个单元的 $\boldsymbol{b}^e$ 各自独立，所以下式也应成立。

$$\int_{V_e} \boldsymbol{N}_p^{\mathrm{T}}\left(\boldsymbol{m}^{\mathrm{T}}\boldsymbol{B}\boldsymbol{a}^e + \frac{1}{K}\boldsymbol{N}_p\boldsymbol{b}^e\right)\mathrm{d}V = 0 \tag{8.5.30}$$

如果形成上式时，高斯积分点就取样于定义压力结点的高斯积分点，则上式可表示为

$$\sum_{i=1}^{n_p} \boldsymbol{N}_p^{\mathrm{T}}(\boldsymbol{\xi}_i)\left(\boldsymbol{m}^{\mathrm{T}}\boldsymbol{B}(\boldsymbol{\xi}_i)\boldsymbol{a}^e + \frac{1}{K}\boldsymbol{N}_p(\boldsymbol{\xi}_i)\boldsymbol{b}^e\right)W_{\boldsymbol{\xi}_i} = 0 \tag{8.5.31}$$

式中 $W_{\boldsymbol{\xi}_i}$ 是积分点 $\boldsymbol{\xi}_i$ 的权系数。

由于 $\boldsymbol{N}_p$ 具有插值函数的基本性质，即

$$N_{pi}(\boldsymbol{\xi}_j) = \delta_{ij} \tag{8.5.26}$$

所以，从(8.5.31)式可以得到

$$\boldsymbol{b}_i = -K\boldsymbol{m}^{\mathrm{T}}\boldsymbol{B}(\boldsymbol{\xi}_i)\boldsymbol{a}^e \tag{8.5.32}$$

前面已定义压力结点位于高斯积分点，因此压力结点值 $\boldsymbol{b}_i$ 就是高斯积分点 $\boldsymbol{\xi}_i$ 处的压力 $p(\boldsymbol{\xi}_i)$ 的数值。对比(8.5.29)式和(8.5.32)式就可得到选择积分方案和 $\boldsymbol{u}/p$ 格式的等效性的结论。

2. $\boldsymbol{u}/p$-$c$ 格式

和 $\boldsymbol{u}/p$ 格式不同的是此格式中压力 $p$ 的结点选择在单元边界上。这样一来，如同各单元的位移结点值 $\boldsymbol{a}^e$ 一样，各个单元的压力结点值 $\boldsymbol{b}^e$ 是相互关联的，因而可以得到在单元交界面上连续的压力场函数。在此情况下，$\boldsymbol{K}_2$ 奇异性条件应表示为

$$N_p < N_u \tag{8.5.33}$$

其中 $N_p$ 和 $N_u$ 分别是系统的压力自由度数和位移自由度数。

如同前小节所讨论的，为选择合适的单元形式，可采用在已有网格基础上增加一个或者两个单元的方法，对 $\boldsymbol{K}_2$ 的奇异性作出估计。仍以二维网格为例，类似图 8.2，在图 8.3 中给出 $\boldsymbol{u}/p$-$c$ 格式不同单元形式的奇异性指标：$r = n_u/n_p$，其中 $n_u$ 是新增的位移自由度，

$n_p$ 是新增的压力自由度。同样，为了用于有限规模的网格，以及保证解有足够的精度，取 $r=6\sim8$，对于 $\boldsymbol{u}/p\text{-}c$ 格式通常是必要的。所以图 8.3 所示的是常被采用的单元形式。

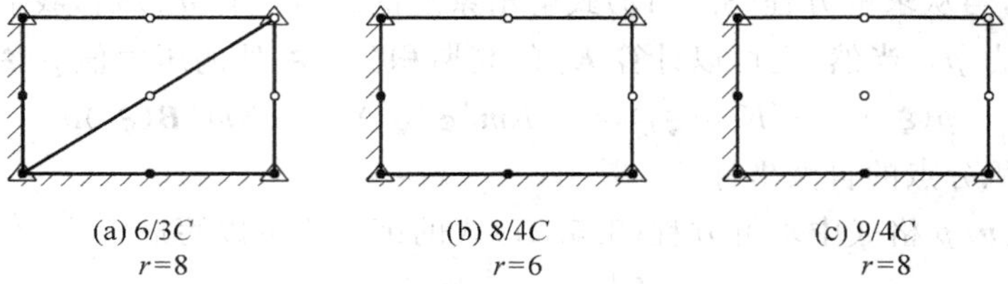


（·已有位移结点，∘新增位移结点，△压力结点）

图 8.3 无限大二维格式中不同 $\boldsymbol{u}/p\text{-}c$ 格式单元的 $\boldsymbol{K}_2$ 奇异性指标

关于不可压缩弹性有限元求解方程的解法，由于完全不可压缩弹性问题，$\nu=0.5$，$K=\infty$，(8.5.21)式中 $\boldsymbol{K}_{pp}=0$，此时求解方程应表示成

$$\begin{bmatrix} \boldsymbol{K}_{uu} & -\boldsymbol{K}_{up} \\ -\boldsymbol{K}_{up}^{\mathrm{T}} & \boldsymbol{0} \end{bmatrix} \begin{bmatrix} \boldsymbol{a} \\ \boldsymbol{b} \end{bmatrix} = \begin{bmatrix} \boldsymbol{p} \\ \boldsymbol{0} \end{bmatrix} \tag{8.5.34}$$

方程(8.5.34)式肯定不能直接利用高斯循序消去法或三角分解法求解，因为其中 $\boldsymbol{k}_{uu}$ 是奇异的。这是由于它仅代表偏斜应变能项，在未引入体积应变的约束之前，不能由它单独决定位移场。虽然可以改用主元消去法求解，但程序执行比较麻烦。现介绍一种迭代解法，首先在上式第 2 式的两端加上 $-\dfrac{\boldsymbol{I}}{\lambda G}\boldsymbol{b}$ 项，这样一来，上式成为

$$\begin{bmatrix} \boldsymbol{K}_{uu} & -\boldsymbol{K}_{up} \\ -\boldsymbol{K}_{up}^{\mathrm{T}} & -\dfrac{\boldsymbol{I}}{\lambda G} \end{bmatrix} \begin{bmatrix} \boldsymbol{a} \\ \boldsymbol{b} \end{bmatrix} = \begin{bmatrix} \boldsymbol{P} \\ -\dfrac{\boldsymbol{I}}{\lambda G}\boldsymbol{b} \end{bmatrix} \tag{8.5.35}$$

其中 $\lambda$ 是某个指定常数，通常可取 $10^4\sim10^5$。上式的右端也出现了未知量 $\boldsymbol{b}$，可以采用迭代法求解。此时上式可表示成

$$\begin{bmatrix} \boldsymbol{K}_{uu} & -\boldsymbol{K}_{up} \\ -\boldsymbol{K}_{up} & -\dfrac{\boldsymbol{I}}{\lambda G} \end{bmatrix} \begin{bmatrix} \boldsymbol{a}^{n+1} \\ \boldsymbol{b}^{n+1} \end{bmatrix} = \begin{bmatrix} \boldsymbol{P} \\ -\dfrac{\boldsymbol{I}}{\lambda G}\boldsymbol{b}^{n} \end{bmatrix} \tag{8.5.36}$$

其中 $n$ 代表迭代次数。迭代公式具体表达如下

$$\begin{aligned} \boldsymbol{a}^{n+1} &= (\boldsymbol{K}_{uu} + \lambda G\boldsymbol{K}_{up}\boldsymbol{K}_{up}^{\mathrm{T}})^{-1}(\boldsymbol{P} + \boldsymbol{K}_{up}\boldsymbol{b}^{n}) \\ \boldsymbol{b}^{n+1} &= \boldsymbol{b}^{n} - \lambda G\boldsymbol{K}_{up}^{\mathrm{T}}\boldsymbol{a}^{n+1} \\ & (n = 0,1,2,\cdots) \end{aligned} \tag{8.5.37}$$

迭代开始时，可令 $\boldsymbol{b}^0=0$。从以上迭代公式依次得到 $\boldsymbol{a}^1,\boldsymbol{b}^1,\boldsymbol{a}^2,\boldsymbol{b}^2,\cdots$，直至收敛。第 1 式中求逆的矩阵和(8.5.23)式中的 $\boldsymbol{K}_1+\boldsymbol{K}_2$ 相当，是非奇异的。求逆可利用循序消去法或三角分解法进行。为说明以上算法的概念，现引入以下简单算例。

**例 8.1**　求解下列方程组

$$\begin{bmatrix}1 & 2 & 2\\2 & 4 & -1\\2 & -1 & 0\end{bmatrix}\begin{bmatrix}a_1\\a_2\\b\end{bmatrix}=\begin{bmatrix}11\\7\\0\end{bmatrix} \tag{a}$$

现在用高斯循序消去法求解。经第 1 次消元后，得到

$$\begin{bmatrix}1 & 2 & 2\\0 & 0 & -5\\0 & -5 & -4\end{bmatrix}\begin{bmatrix}a_1\\a_2\\b\end{bmatrix}=\begin{bmatrix}11\\-15\\-22\end{bmatrix} \tag{b}$$

上式中第 2 行主元为零，无法进行第 2 次消元。这是由于原方程(a)式的系数矩阵的二阶主子式等于零的结果。为了能继续消元，并为了保持待消元矩阵的对称性，可采用完全的主元消去法，即将方程(b)式的第 2 行和第 3 行及第 2 列和第 3 列对换，得到

$$\begin{bmatrix}1 & 2 & 2\\0 & -4 & -5\\0 & -5 & 0\end{bmatrix}\begin{bmatrix}a_1\\b\\a_2\end{bmatrix}=\begin{bmatrix}11\\-22\\-15\end{bmatrix} \tag{c}$$

再进行第 2 次消元，得到

$$\begin{bmatrix}1 & 2 & 2\\0 & -4 & -5\\0 & 0 & \dfrac{25}{4}\end{bmatrix}\begin{bmatrix}a_1\\b\\a_2\end{bmatrix}=\begin{bmatrix}11\\-22\\\dfrac{50}{4}\end{bmatrix} \tag{d}$$

然后回代并得到最后的解答为

$$a_1=1 \qquad a_2=2 \qquad b=3$$

从以上过程可以看到，采用主元消去法在程序实现方面比较麻烦，特别是在求解大型有限元方程时更为明显。

现在可改用迭代解法，为此先在(a)式的第 3 式两端加上 $\lambda b$ 项（$\lambda$ 是某个常数，现取 $\lambda=-1$），从而得到

$$\begin{bmatrix}1 & 2 & 2\\2 & 4 & -1\\2 & -1 & -1\end{bmatrix}\begin{bmatrix}a_1\\a_2\\b\end{bmatrix}=\begin{bmatrix}11\\7\\-b\end{bmatrix} \tag{e}$$

因右端也出现了未知量 $b$，只能用迭代法求解。首先将上式表示为

$$\begin{bmatrix}1 & 2 & 2\\2 & 4 & -1\\2 & -1 & -1\end{bmatrix}\begin{bmatrix}a_1\\a_2\\b\end{bmatrix}^{n+1}=\begin{bmatrix}11\\7\\-b^n\end{bmatrix} \tag{f}$$

其中 $n$ 是迭代次数，$n=0,1,2,\cdots$。具体迭代公式如下：

$$\begin{bmatrix} a_1 \\ a_2 \end{bmatrix}^{n+1} = \left( \begin{bmatrix} 1 & 2 \\ 2 & 4 \end{bmatrix} + \begin{bmatrix} 4 & -2 \\ -2 & 1 \end{bmatrix} \right)^{-1} \left( \begin{bmatrix} 11 \\ 7 \end{bmatrix} - \begin{bmatrix} 2 \\ -1 \end{bmatrix} b^n \right)$$

$$= \begin{bmatrix} 5 & 0 \\ 0 & 5 \end{bmatrix}^{-1} \left( \begin{bmatrix} 11 \\ 7 \end{bmatrix} - \begin{bmatrix} 2 \\ -1 \end{bmatrix} b^n \right) \tag{g}$$

$$b^{n+1} = b^n + \begin{bmatrix} 2 & -1 \end{bmatrix} \begin{bmatrix} a_1 \\ a_2 \end{bmatrix} \tag{h}$$

即

$$a_1^{n+1} = \frac{1}{5}(11 - 2b^n)$$

$$a_2^{n+1} = \frac{1}{5}(7 + b^n)$$

$$b^{n+1} = b^n + 2a_1^{n+1} - a_2^{n+1}$$

现设 $b^0 = 0$，按(g)和(h)式依次迭代求解，则得到

$$\begin{aligned} a_1^1 &= \frac{11}{5} & a_2^1 &= \frac{7}{5} & b^1 &= 3 \\ a_1^2 &= 1 & a_2^2 &= 2 & b^2 &= 3 \end{aligned} \tag{l}$$

从以上结果可见，只经过 2 次迭代，就得到最后精确的结果。还应指出迭代求解 $\boldsymbol{a}$ 时的求逆运算，由于系数矩阵是对称、非奇异的，可以用循序消去法或三角分解法进行。

## 8.6 小结

本章首先讨论了两种将场变量应事先满足的附加条件引入泛函，使有附加条件的自然变分原理变成无附加条件的约束变分原理的方法——拉格朗日乘子法及罚函数法。理解和掌握各自的原理、方法及其特点对于进一步的数值分析工作是十分重要的。

应用约束变分原理，具体是利用拉格朗日乘子法，从最小位能原理或最小余能原理出发，导出了胡海昌-鹫津久变分原理以及 Hellinger-Reissner 变分原理，为有限元分析建立了更宽广的理论基础。在实际工作中，还可能建立其他形式的广义变分原理。基于各类广义变分原理的有限元法的共同特点是都包含两个或两个以上的场变量，可以统称为混合有限元法。

同样，应用约束变分原理，可以放松有限元在交界面上的连续条件，进而建立引入在单元交界面上定义的场变量的修正变分原理。在 8.4 节建立的几种形式的修正位能原理及修正余能原理是这类变分原理的代表性实例。它们的共同特点是除了在单元内部定义的场变量而外，还包含了在单元交界面上定义的场变量。基于修正变分原理的有限元法统称为杂交有限元法。

实际上，广义变分原理和修正变分原理还可以结合起来应用，即将各种广义变分原理中的场变量在单元交界面的连续性要求，通过修正变分原理引入泛函，从而得到各自修正的广义变分原理。因此上述两类变分原理及相应的两类有限元法的理论和方法在有限元法的发展过程中占有重要地位。本章最后讨论的不可(或接近不可)压缩弹性力学问题有限元分析方法正是约束变分原理和方法的一个应用实例。而且其中所涉及一些问题，例如有限元求解方程的系数矩阵中与约束条件相关部分奇异性的保持，混合有限元法求解方程的解法等对于基于约束变分原理的其他问题的有限元分析具有普遍的意义。在本书以后有关各章中将对它们作进一步的讨论。

## 关键概念

| | | |
|---|---|---|
| 约束变分原理 | 附加约束条件 | 拉格朗日乘子法 |
| 罚函数法 | H-W 变分原理 | H-R 变分原理 |
| 混合有限元法 | 修正变分原理 | 杂交有限元法 |
| 偏斜应变能 | 体积应变能 | 选择积分 |
| $\boldsymbol{u}/p$ 格式 | $\boldsymbol{u}/p$-$c$ 格式 | |

# 复习题

**8.1**　什么是约束变分原理？用什么方法使有附加约束条件的变分原理转换成无附加约束条件的变分原理？

**8.2**　什么是拉格朗日乘子法？并阐明该法的求解步骤。

**8.3**　如何识别拉格朗日乘子的意义？可否将该乘子从修正泛函中凝缩掉？如可能，用什么方法？

**8.4**　拉格朗日乘子法所导致的求解方程有什么特点？此法对泛函的性质带来什么变化？

**8.5**　什么是罚函数法？并阐明该法的求解步骤。

**8.6**　罚函数法所导致的求解方程有什么特点？它的系数矩阵应具有什么性质？为什么？

**8.7**　如何合理地选择罚参数的大小？

**8.8**　什么是 H-W 变分原理？它和最小位能原理的区别何在？它有几个场变量？用于有限元分析时在单元交界面上应各自满足什么连续性要求？

**8.9**　什么是 H-R 变分原理？它和最小位能原理、最小余能原理以及 H-W 变分原理的区别何在？它有几个场变量？用于有限元分析时在单元交界面上应各自满足什么连续性条件？

**8.10** 能否从泛函的具体表达式判别泛函是否具有极值性？并用上述几种变分原理具体说明。

**8.11** 如果场函数事先未满足单元交界面上的连续条件，如何修正泛函？并以位移的连续条件和应力的连续条件具体说明。

**8.12** 为什么通常的位移有限元法不能用于求解不可压缩弹性力学问题？

**8.13** 什么是求解不可压缩弹性力学问题的罚函数法？如何建立该解法的有限元求解方程？能否用罚函数法求解完全不可压缩弹性力学问题并得到精确解？为什么？

**8.14** 罚函数法求解不可压缩弹性力学问题时的有限元方程系数矩阵应具有什么性质？如何保证它具有这样的性质？

**8.15** 什么是求解不可压缩弹性力学问题的 $\boldsymbol{u}/p$ 格式和 $\boldsymbol{u}/p\text{-}c$ 格式？如何建立？

**8.16** $\boldsymbol{u}/p$ 格式和 $\boldsymbol{u}/p\text{-}c$ 格式中如何选择合理的单元形式以保证求得问题的合理解答？

**8.17** 在什么条件下 $\boldsymbol{u}/p$ 格式和罚函数法是等效的？

**8.18** 能否用 $\boldsymbol{u}/p$ 格式或 $\boldsymbol{u}/p\text{-}c$ 格式求解完全不可压缩弹性力学问题？它的有限元求解方程有什么特点？用什么解法比较有效？

## 练习题

**8.1** 用直接代入法和拉格朗日乘子法求解函数：$z=4x^2+6xy+5y^2$ 在约束条件：$2x+3y=8$ 下的极值问题。并检查采用拉格朗日乘子法时修正函数 $z^*$ 或 $\bar{z}^*$ 是否仍保持极值性。

**8.2** 用罚函数法求解题 8.1 问题。

(1) 比较罚参数 $\alpha$ 采用不同数值时对极值点位置和函数极值的影响。

(2) 研究求解方程的系数矩阵中与罚参数 $\alpha$ 的相关部分是否保持奇异性对解的影响。

**8.3** 例 1.3 问题的方程是 $\dfrac{\mathrm{d}^2u}{\mathrm{d}x^2}+u+x=0$，边界条件是：在 $x=0$ 处，$u=0$；在 $x=1$ 处 $u=1$。导出和它等效的泛函。当采用近似函数 $\tilde{u}=a_0+a_1x+a_2x^2$ 求解时，如何用拉格朗日乘子法修正泛函？同时解出待定参数 $a_0,a_1,a_2$ 和拉格朗日乘子的数值；并算出在 $x=0,0.25,0.5,0.75,1.0$ 的函数值和精确解 $\left(u=\dfrac{\sin x}{\sin 1}-x\right)$ 相比较（参见表 1.1）。

**8.4** 识别上题中拉格朗日乘子的意义，并从修正泛函中消去拉格朗日乘子后，再进一步解出参数 $a_0,a_1$ 和 $a_2$，并和上题结果相比较。

**8.5** 用罚函数法求解题 8.3，并比较罚参数 $\alpha$ 取不同数值(1,10,100,1 000,…)时的结果。

**8.6**　例 1.7 中已建立了对应于二维稳态热传导问题的自然变分原理。其中场变量 $\phi$ 已事先满足了附加约束条件：$q_x=\dfrac{\partial\phi}{\partial x}$，$q_y=\dfrac{\partial\phi}{\partial y}$。如附加条件未事先满足，试应用约束变分原理建立场变量为 $\phi,q_x,q_y$ 的修正变分原理。

**8.7**　识别上题中拉格朗日乘子的意义，并将它从修正泛函中消去，建立只包含场函数 $q_x,q_y,\phi$ 的泛函。并导出相应的有限元求解方程，和确定各个场变量在单元交界面上的连续性要求。

**8.8**　从上题最后所得到的修正泛函中进一步消去场变量 $\phi$ 和引入场函数 $q_x$ 和 $q_y$ 应事先满足的附加条件，建立只包含场变量的 $q_x$ 和 $q_y$ 的自然变分原理。

**8.9**　将题 8.6，8.7，8.8 所建立的变分原理及相应泛函和弹性力学的 H-W，H-R 及最小余能原理相比较，识别它们之间的对应关系。

**8.10**　由虚应力原理出发推导最小余能原理，H-R 变分原理，H-W 变分原理和最小位能原理，说明各个变分原理的驻值条件（即欧拉方程）和附加条件。

**8.11**　修改第 7 章所给出的教学程序 FEATP，以适合平面应变不可压缩弹性问题采用罚函数法进行分析。

**8.12**　边长为 $l$，厚度为 1 的正四边形处于平面应变条件，2 个侧面和底面法向位移受到限制，顶中点受集中力 $P$ 作用，如图 8.4 所示。材料为不可压缩弹性。利用上题中已修改的程序，分别采用图 8.2(b) 和 (d) 所示单元进行有限元分析。比较不同网格划分和 $\nu$ 不同取值对结果的影响。

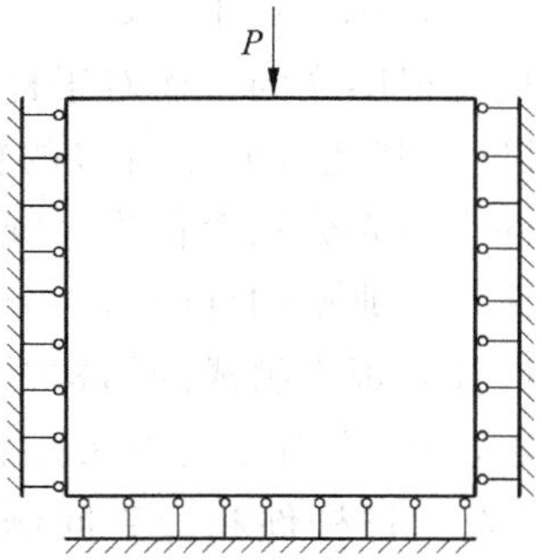


图　8.4

# 第 9 章　杆件结构力学问题

**本章要点**

- 结构单元(杆-梁单元及板壳单元)的几何特点,力学假设和在有限元分析中可能遇到的困难及解决方案。
- 经典梁单元和 Timoshenko 梁单元在力学假设上和有限元分析中的相同点和不同点;有限元分析中 Timoshenko 梁单元刚度矩阵的特性和保证其有正确解答的数值方案。
- 平面杆件系统和空间杆件系统中单元矩阵在局部坐标系内的组合,和向总体坐标系的转换。

## 9.1　结构单元概论

结构单元是杆-梁单元和板壳单元的总称,杆件和板壳在工程中有广泛的应用,它们的力学分析属于结构力学范畴。我们知道,对于一般几何形状的三维结构或构件,即使限于弹性分析,要获得它的解析解也是很困难的。而对于杆件或板壳,由于它们在几何上分别具有两个方向和一个方向的尺度比其他方向小得多的特点,在分析中可以在其变形和应力方面引入一定的假设,使杆件和板壳分别简化为一维问题和二维问题,从而方便问题的求解。这种引入一定的假设,使一些典型构件的力学分析成为实际可能,是结构力学的基本特点。但是即使如此,对于杆件和板壳组成的结构系统,特别是它们在一般载荷条件的作用下,解析求解仍然存在困难,因此在有限元方法开始成功地应用于弹性力学的平面问题和空间问题以后,很自然地,人们将杆件和板壳问题的求解作为它的一个重要发展目标。

从前面几章已经知道,有限元方法用于二维、三维连续体,特别是它们的线性分析,已经发展得相当成熟。从原则上说,我们也可以利用二维、三维实体单元分析杆件和板壳结构问题,并可以避免引入结构力学的简化。但是这样做在实际分析中将遇到困难,这是由于在用实体单元对结构进行离散时,如果网格适应结构的几何特点,即单元的两个方向或一个方向比其他方向小得多,这将使单元不同方向的刚度系数相差过大,从而导致求解方程的病态或奇异，最后将使解丧失精度或根本失败。反之，为避免上述问题，保持单元在各个方向尺度相近，将导致单元总数过分庞大，而使实际分析无法进行。下面可以引入一个简单的算例，以加深对此困难的理解，并引出克服此困难的可能途径。

图 9.1 所示是一由三个弹簧单元组成的系统。单元刚度为 $K_1=K_2=100\ 000$，$K_3=1$，直接施加于结点的轴向力是 $P_1=P_3=1$，$P_2=0$。利用 5 位有效数字的算法求解结点位移 $u_1$，$u_2$，$u_3$。

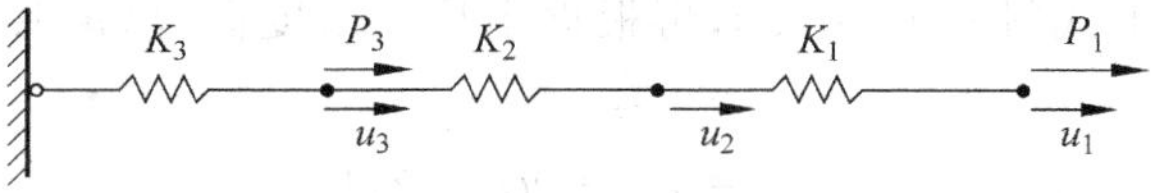


图 9.1　弹簧单元组成的系统

系统的平衡方程式是 $\boldsymbol{Ku}=\boldsymbol{P}$，即

$$\begin{bmatrix} K_1 & -K_1 & 0 \\ -K_1 & K_1+K_2 & -K_2 \\ 0 & -K_2 & K_2+K_3 \end{bmatrix}\begin{Bmatrix} u_1 \\ u_2 \\ u_3 \end{Bmatrix}=\begin{Bmatrix} P_1 \\ P_2 \\ P_3 \end{Bmatrix} \tag{9.1.1}$$

将单元刚度和轴向力的已知值代入，则有

$$\begin{bmatrix} 100\ 000 & -100\ 000 & 0 \\ -100\ 000 & 200\ 000 & -100\ 000 \\ 0 & -100\ 000 & 100\ 000 \end{bmatrix}\begin{Bmatrix} u_1 \\ u_2 \\ u_3 \end{Bmatrix}=\begin{Bmatrix} 1.0 \\ 0.0 \\ 1.0 \end{Bmatrix} \tag{9.1.2}$$

用高斯消去法求解，经消去后上式成为

$$\begin{bmatrix} 100\ 000 & -100\ 000 & 0 \\ 0 & 100\ 000 & -100\ 000 \\ 0 & 0 & 0 \end{bmatrix}\begin{Bmatrix} u_1 \\ u_2 \\ u_3 \end{Bmatrix}=\begin{Bmatrix} 1.0 \\ 1.0 \\ 2.0 \end{Bmatrix} \tag{9.1.3}$$

由于三角化系数矩阵的第 3 个主元等于零，所以无法回代求出解答，即求解失败。其原因就是由于各个弹簧刚度相差过大，超过了算法的有效位数。克服此问题的最简单的方法是采用有更多有效位数的算法，例如改用双精度的算法或改用有更多有效位的计算机。现假设求解已改用 6 位以上有效数字的算法，则(9.1.2)式和(9.1.3)式系数矩阵的第 3 个主元将分别是 100 001 和 1.0。这样一来，继续进行回代，就可得到精确的答案。它们是：

$$u_1=2.000\ 02,\quad u_2=2.000\ 01,\quad u_3=2.000\ 00 \tag{9.1.4}$$

但应指出，上述改用有更多有效位数的算法，常常是不经济或是做不到的，因此应在改进数学模型或数值分析方法上寻找克服上述困难的方法。对此可以引出以下两种方法。

1. 主从自由度(master-slave degrees of freedom)方法

分析弹簧系统的物性特点，由于 $K_1 = K_2 >> K_3$，可以近似地认为

$$u_1 = u_2 = u_3 \tag{9.1.5}$$

即认为 $u_3$ 是主自由度，$u_2$ 和 $u_1$ 是从自由度。这样一来，只要对结点3建立平衡方程（将 $u_1 = u_2 = u_3$ 和 $P_1 = P_3 = 1, P_2 = 0$，代入(9.1.1)式，并将3式相加)，于是得到

$$K_3 u_3 = P_1 + P_3 \tag{9.1.6}$$

将具体数值代入，从上式得到 $u_3 = 2.0$，再根据主从自由度假设(9.1.5)式，就得到系统的答案为

$$u_1 = u_2 = u_3 = 2.0$$

和(9.1.4)式给出的精确解比较，主从自由度方法给出的解答是近似的。但是此近似解仍然基本上预测了系统的响应，误差是可以忽略的，而计算效率的提高是显著的。

2. 相对自由度(relative degrees of freedom)方法

在相对自由度方法中，引入 $u_1$ 和 $u_2$ 及 $u_2$ 和 $u_3$ 之间的相对位移 $\Delta_1$ 和 $\Delta_2$，并以 $\Delta_1$，$\Delta_2$ 和 $u_3$ 代替原自由度 $u_1$，$u_2$ 和 $u_3$ 对系统求解。即令

$$u_1 = u_2 + \Delta_1 \qquad u_2 = u_3 + \Delta_2$$

用矩阵表示，有以下关系式

$$\begin{Bmatrix} u_1 \\ u_2 \\ u_3 \end{Bmatrix} = \begin{bmatrix} 1 & 1 & 1 \\ 0 & 1 & 1 \\ 0 & 0 & 1 \end{bmatrix} \begin{Bmatrix} \Delta_1 \\ \Delta_2 \\ u_3 \end{Bmatrix} = [\boldsymbol{T}] \begin{Bmatrix} \Delta_1 \\ \Delta_2 \\ u_3 \end{Bmatrix} \tag{9.1.7}$$

将上式代入(9.1.1)式，并用 $\boldsymbol{T}^{\mathrm{T}}$ 前乘方程两端，即得以相对自由度表示的求解方程是

$$\begin{bmatrix} K_1 & 0 & 0 \\ 0 & K_2 & 0 \\ 0 & 0 & K_3 \end{bmatrix} \begin{Bmatrix} \Delta_1 \\ \Delta_2 \\ u_3 \end{Bmatrix} = \begin{Bmatrix} P_1 \\ P_1 \\ P_1 + P_3 \end{Bmatrix}$$

将具体数据代入，即可得到解答为

$$\Delta_1 = 0.000\,01 \quad \Delta_2 = 0.000\,01 \quad u_3 = 2.0$$

在5位有效数字的条件下，可以进一步算出实际位移的近似解答为

$$u_1 = 2.000\,0 \quad u_2 = 2.000\,0 \quad u_3 = 2.0$$

从以上简单算例的讨论得到启示，对于结构力学有限元分析，也可以采用基于上述两种方法的原理，构造适合杆件和板壳分析的单元，以避免刚度系数之间相差过大而造成的数值困难。

(1) 基于主从自由度原理的梁单元和板壳单元。结构力学中的梁弯曲理论和板壳理论所引入的变形方面的基本假设实际上正是应用了主从自由度的原理，将问题归结为求

解中面位移函数(主自由度),而中面以外任一点的位移(从自由度)都可以通过中面位移来表示。因此也可以说基于梁弯曲理论和板壳理论构造的梁单元和板壳单元是采用了主从自由度的原理,正如前述简例中,忽略 $u_1$,$u_2$ 和 $u_3$ 之间的差别,而统一用 $u_3$ 表示那样。从此还可以认识到,利用梁单元和板壳单元去离散杆系或板壳结构,不仅是为了减少求解方程的自由度,从而降低计算费用。更为重要的是为了克服由于求解方程刚度系数间的巨大差别而引起的数值上的困难。

还应指出的是,由于经典梁和板壳理论中应用了中面的法线在变形后仍保持和中面垂直的直法线假设(即 Kirchhoff 假设),因此对于基于此理论建立的梁单元和板壳单元,在单元交界面上提出了变形前的法线在变形后保持连续的要求。我们知道,在经典梁弯曲理论及板壳理论中,法线的转动是由挠度的导数表示的,因此要求单元交界面的法线变形后保持连续,实际上就是要求挠度的一阶导数保持连续(这表现在梁和板壳的能量泛函中包含挠度的二阶导数)。这样一来,梁、板壳单元在单元交界面应满足 $C_1$ 连续性,这和二维、三维单元在单元交界面上只要求满足 $C_0$ 连续性是有重要区别的。满足 $C_1$ 连续性对单元的构造带来不小的困难,也可以说提出一种挑战。它吸引了众多的有限元工作者从事这类单元的研究,导致了各种不同类型单元竞相出现的局面。当然,作为以教材为主的本书,在今后有关各章中只能讨论在实际应用中比较成熟,比较普遍的代表性单元。

(2) 基于相对自由度原理的梁单元和板壳单元。这类单元本质上就是二维、三维实体单元。为使中面的法线变形后仍保持直线(不一定仍和中面垂直),在高(厚)度方向只设置两个结点。其中一个结点的自由度仍保持为原来意义上自由度(如前述简例中的 $u_3$),另一个结点的自由度用它和上述结点的相对位移来代替(如前例中的 $\Delta_1$ 和 $\Delta_2$)。从前例中可以得到启示,此时只要对原实体单元形成的求解方程进行适当的自由度变换,即可得到新的包含相对自由度系统的求解方程,从而避免系数矩阵出现病态或奇异而带来的困难。因为这种单元只是原来的实体单元引入简单的自由度变换而得到,所以仍是 $C_0$ 型单元,即在单元交界面上仍只要求保持 $C_0$ 连续性。这种单元相对于基于梁、板壳理论的单元还有表达格式简单等优点,我们准备在板壳单元的讨论中加以简要的介绍。

本章讨论杆件单元和由它们组成的平面和空间杆件系统。杆件从构造上说是长度远大于其截面尺寸的一维构件。在结构力学中常常将承受轴力或扭矩的杆件称为杆,而将承受横向力和弯矩的杆件称为梁。在有限元方法中将上述两种情况的单元分别称为杆单元和梁单元。由于在由杆件组成的实际工程结构中,同一构件上,上述几种受力状态往往同时存在,为方便起见,常常仍统称之为杆单元。尽管如此,只承受轴力和扭矩的杆单元和只承受横向力及弯矩的梁单元在单元构造上仍有重要的差别,即它们分属 $C_0$ 型单元和 $C_1$ 型单元。前者可以看成第3章一维拉格朗日单元的一种应用,本章只作简单的讨论。后者在采用经典梁弯曲理论的情况下,可以看成是第3章一维 Hermite 单元的一种应用。但在考虑横向剪切变形影响的情况下,也能够构造出一种 $C_0$ 型单元,并由之引入了一些新的概念和方法，对于以后板壳的讨论也很有用，因此本章需要做较详细的讨论。

正如在上面已提到的，在由杆件组成的平面或空间的杆件系统中，通常每一杆件同时承受轴力、扭矩、横向力及弯矩的共同作用，同时杆件的轴线方向也是相互交错的，因此要对杆件系统进行分析，则涉及杆单元和梁单元在同一个构件中的组合，以及单元矩阵从局部坐标到总体坐标的转换和单元矩阵在总体坐标中的集成。这是杆件系统有限元分析的两个重要问题，也是本章内容的另一重点。

# 9.2 等截面直杆-梁单元

## 9.2.1 轴力杆单元

承受轴向载荷的等截面直杆如图 9.2 所示，其中 $f(x)$是轴向的分布载荷(例如重力，离心力等)，$P_1, P_2, \cdots, P_j, \cdots$是轴向的集中载荷。对此杆件进行应力和变形分析时，可以假定应力在截面上均匀分布，原来垂直于轴线的截面变形后仍保持和轴线垂直，因此问题可以简化为一维问题。如以位移为基本未知量，则问题归结为求解轴向位移函数 $u(x)$。

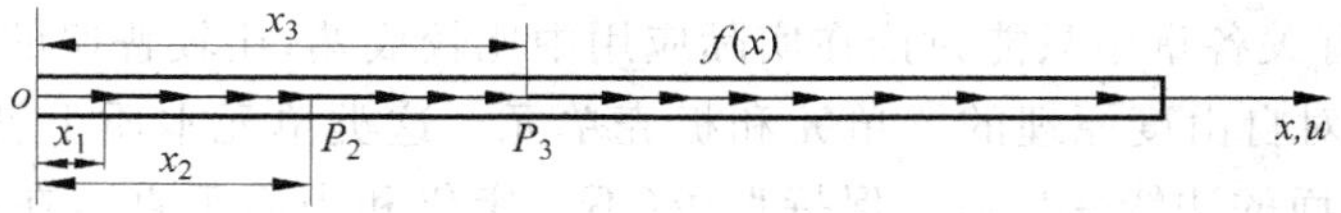


图 9.2 受轴向载荷作用的等截面直杆

从上述基本假设出发，可以导出承受轴向载荷等截面直杆的基本方程如下：

几何关系 $$\varepsilon_x = \frac{\mathrm{d}u}{\mathrm{d}x} \tag{9.2.1}$$

应力应变关系 $$\sigma_x = E\varepsilon_x = E\frac{\mathrm{d}u}{\mathrm{d}x} \tag{9.2.2}$$

平衡方程 $$\frac{\mathrm{d}}{\mathrm{d}x}(A\sigma_x) = f(x) \tag{9.2.3}$$

或 $$AE\frac{\mathrm{d}^2u}{\mathrm{d}x^2} = f(x)$$

端部条件 $$u = \bar{u} \quad (端部给定位移) \tag{9.2.4}$$

$$A\sigma_x = P \quad (端部给定载荷) \tag{9.2.5}$$

和上述方程相等效，可以将问题转换为求解泛函 $\Pi_{\mathrm{p}}(u)$的极值问题。这里泛函可表达为

$$\Pi_{\mathrm{p}}(u) = \int_0^l \frac{EA}{2}\left(\frac{\mathrm{d}u}{\mathrm{d}x}\right)^2 \mathrm{d}x - \int_0^l f(x)u\,\mathrm{d}x - \sum_j P_j u_j \tag{9.2.6}$$

式中 $l$ 是杆件长度，$A$ 是截面面积，$u_j = u(x_j)$是集中载荷 $P_j(j=1,2,\cdots)$作用点 $x_j$ 的位

移。其实集中载荷 $P_j$ 也可以看作是包含在分布载荷 $f(x)$ 中的特殊情况，为讨论方便起见，以后就不单独列出。在以后讨论其他杆单元时，也作此处理。

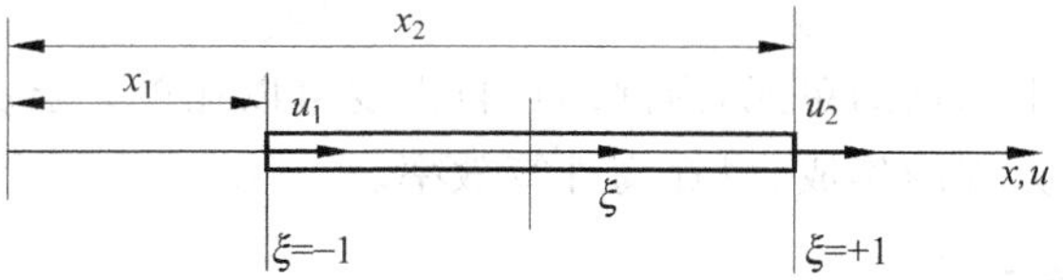


图 9.3　2 结点杆单元

在用有限元方法对上述杆件进行分析时，首先用轴力杆单元对杆件进行离散，典型的轴力杆单元如图 9.3 所示。每个结点 $i$ 只有一个位移参数 $u_i$，单元内位移 $u(x)$ 可以利用 3.2 节给出的一维拉格朗日插值多项式通过结点位移 $u_i$ 的插值表示如下

$$u = \sum_{i=1}^{n} N_i(\xi) u_i = \boldsymbol{N}\boldsymbol{u}^e \tag{9.2.7}$$

其中

$$\boldsymbol{N} = [N_1 \quad N_2 \quad \cdots \quad N_n] \quad \boldsymbol{u}^e = [u_1 \quad u_2 \quad \cdots \quad u_n]^{\mathrm{T}}$$

$n$ 是单元结点数，$\xi$ 是单元内的自然坐标，它和杆件总体坐标 $x$ 的关系如下

$$\xi = \frac{2}{l}(x - x_C) \quad x_C = \frac{x_1 + x_n}{2} \tag{9.2.8}$$

$l$ 是单元长度，$x_C$ 是单元中心点的总体坐标，$-1 \leqslant \xi \leqslant 1$。$N_i$ 是一维拉格朗日多项式，例如：

对于 2 结点单元　$N_1 = \dfrac{1}{2}(1-\xi)$，　$N_2 = \dfrac{1}{2}(1+\xi)$　(9.2.9)

对于 3 结点单元　$N_1 = \dfrac{1}{2}\xi(\xi-1)$，　$N_2 = 1-\xi^2$，　$N_3 = \dfrac{1}{2}\xi(\xi+1)$　(9.2.10)

将(9.2.7)式代入(9.2.6)式，进一步从 $\delta\Pi=0$ 可以得到有限元求解方程为

$$\boldsymbol{K}\boldsymbol{u} = \boldsymbol{P} \tag{9.2.11}$$

其中

$$\boldsymbol{K} = \sum_e \boldsymbol{K}^e \quad \boldsymbol{P} = \sum_e \boldsymbol{P}^e \quad \boldsymbol{u} = \sum_e u^e$$

$$\boldsymbol{K}^{(e)} = \int_0^l EA\left(\frac{\mathrm{d}\boldsymbol{N}}{\mathrm{d}x}\right)^{\mathrm{T}}\left(\frac{\mathrm{d}\boldsymbol{N}}{\mathrm{d}x}\right)\mathrm{d}x = \int_{-1}^1 \frac{2EA}{l}\left(\frac{\mathrm{d}\boldsymbol{N}}{\mathrm{d}\xi}\right)^{\mathrm{T}}\left(\frac{\mathrm{d}\boldsymbol{N}}{\mathrm{d}\xi}\right)\mathrm{d}\xi \tag{9.2.12}$$

$$\boldsymbol{P}^{(e)} = \int_0^l \boldsymbol{N}^{\mathrm{T}} f(x)\,\mathrm{d}x = \int_{-1}^1 \boldsymbol{N}^{\mathrm{T}} f(\xi)\,\frac{l}{2}\mathrm{d}\xi \tag{9.2.13}$$

前面曾指出，分布载荷 $f(x)$ 中可以包含集中载荷。但是在实际分布中，通常在集中载荷作用处设置结点，这时集中载荷可以直接施加在结点上，而不在(9.2.13)式的积分中进行计算。另外可以指出，$\boldsymbol{K}^e$ 通常可以显式积分出具体数值，而不必采用数值积分。例

如2结点单元的 $\boldsymbol{K}^e$ 表示式如下

$$\boldsymbol{K}^e = \frac{EA}{l}\begin{bmatrix} 1 & -1 \\ -1 & 1 \end{bmatrix} \tag{9.2.14}$$

对于有3个及3个以上结点的单元，内部结点自由度可以在单元层次凝聚掉，而只保持端结点自由度参加系统方程的集成，以提高计算效率。

## 9.2.2 扭转杆单元

受扭矩作用的等截面直杆单元和受轴力直杆单元同属一维 $C_0$ 型单元。9.2.1节的各个方程和表达式，只要各个变量的物理意义和符号用扭转问题的相应量和符号替换，就可以用于现在的情况。现再表达如下：

几何关系 $$\alpha=\frac{\mathrm{d}\theta_x}{\mathrm{d}x} \tag{9.2.15}$$

应力应变关系 $$M=GJ\alpha=GJ\,\frac{\mathrm{d}\theta_x}{\mathrm{d}x} \tag{9.2.16}$$

平衡方程 $$\frac{\mathrm{d}M}{\mathrm{d}x}=GJ\,\frac{\mathrm{d}^2\theta_x}{\mathrm{d}x^2}=m_t(x) \tag{9.2.17}$$

端部条件 $$\begin{aligned} &\theta_x=\bar{\theta}_x \quad （端部给定转角）\\ &M=\overline{M} \quad （端部给定扭矩）\end{aligned} \tag{9.2.18}$$

其中 $\theta_x$ 是截面绕杆的中心轴线的转角；$\alpha$ 是截面的扭转率，即单位长度的转角变化；$M$ 是扭矩；$J$ 是截面的扭转惯性矩，不同截面形状的 $J$ 可以在有关手册中查到；$m_t(x)$ 是外加的分布扭矩。通常 $m(x)$ 为零；$\bar{\theta}_x$ 和 $\overline{M}$ 分别是在端部给定的转角和扭矩，如是固定端，则 $\bar{\theta}_x=0$，如是自由端，则 $\overline{M}=0$。

最小位能原理的泛函可表示为

$$\Pi_{\mathrm{p}}(\theta_x) = \int_0^l \frac{1}{2}GJ\left(\frac{\mathrm{d}\theta_x}{\mathrm{d}x}\right)^2\mathrm{d}x - \int_0^l m(x)\theta_x\,\mathrm{d}x \tag{9.2.19}$$

单元的插值函数和单元刚度矩阵及载荷向量也完全和轴力杆单元相类似，例如

$$\boldsymbol{K}^e = \int_{-1}^{1} \frac{2GJ}{l}\left(\frac{\mathrm{d}\boldsymbol{N}}{\mathrm{d}\xi}\right)^{\mathrm{T}}\left(\frac{\mathrm{d}\boldsymbol{N}}{\mathrm{d}\xi}\right)\mathrm{d}\xi \tag{9.2.20}$$

其他就不一一列出。

需要指出的是：以上列出的扭转方程严格地说只适用于自由扭转情况。因为除圆截面杆而外，扭转变形后，截面不再保持平面，即发生翘曲。在实际结构中，这种翘曲将受到限制，要精确分析此种情况下的扭转问题，需要应用约束扭转理论。无疑，最后得到的解答将和自由扭转理论的结果有一定差别。因为应用约束扭转理论将使问题复杂化，在通常的有限元分析中仍采用上述自由扭转的理论。还应指出，只有在截面有两个对称轴（例

如圆、椭圆、矩形等)的情况下，截面才是绕形心(即杆的中心线)转动的。这在以后讨论空间杆系，涉及轴向力、扭矩、弯矩共同作用时，注意到这一点是必要的。

## 9.2.3　弯曲梁单元

承受横向载荷和弯矩作用的等截面梁如图 9.4 所示，其中 $q(x)$ 是横向作用的分布载荷，$P_1,P_2,\cdots;M_1,M_2,\cdots$ 分别是横向集中载荷和弯矩。经典的梁弯曲理论中，假设变形前垂直梁中心线的截面，变形后仍保持为平面，且仍垂直于中心线。从而使梁弯曲问题简化为一维问题。基本未知函数是中面挠度函数 $w(x)$。梁弯曲问题的基本方程可表示为

几何关系
$$\kappa=-\frac{\mathrm{d}^2 w}{\mathrm{d}x^2} \tag{9.2.21}$$

应力应变关系
$$M=EI\kappa=-EI\frac{\mathrm{d}^2 w}{\mathrm{d}x^2} \tag{9.2.22}$$

平衡方程
$$Q=\frac{\mathrm{d}M}{\mathrm{d}x}=-EI\frac{\mathrm{d}^3 w}{\mathrm{d}x^3} \tag{9.2.23}$$

$$-\frac{\mathrm{d}Q}{\mathrm{d}x}=EI\frac{\mathrm{d}^4 w}{\mathrm{d}x^4}=q(x) \tag{9.2.24}$$

端部条件
$$w=\bar{w}\quad \frac{\mathrm{d}w}{\mathrm{d}x}=\bar{\theta}$$
或
$$w=\bar{w}\quad M=\bar{M} \tag{9.2.25}$$
或
$$Q=\bar{Q}\quad M=\bar{M}$$

以上各式中 $\kappa$ 是梁中面变形后的曲率；$M$ 和 $Q$ 分别是截面上的弯矩和横向剪力；$I$ 是截面弯曲惯性矩；$\bar{w},\bar{\theta},\bar{M},\bar{Q}$ 分别是在端部给定的挠度、转动、弯矩和剪力。当它们等于零时，以上 3 类端部条件分别对应于固支端、简支端和自由端。

和上列基本方程相等效的最小位能原理是以下泛函 $\Pi_p(w)$ 取最小值

$$\Pi_p(w)=\int_0^l \frac{1}{2}EI\left(\frac{\mathrm{d}^2 w}{\mathrm{d}x^2}\right)^2\mathrm{d}x-\int_0^l q(x)w\,\mathrm{d}x-\sum_j P_j w_j+\sum_k M_k\left(\frac{\mathrm{d}w}{\mathrm{d}x}\right)_k \tag{9.2.26}$$

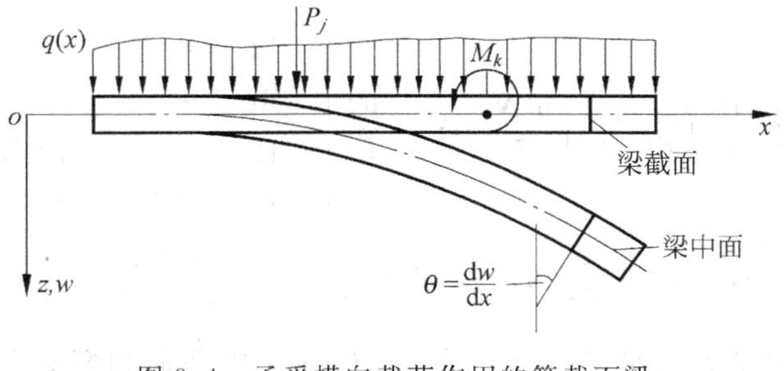


图 9.4　承受横向载荷作用的等截面梁

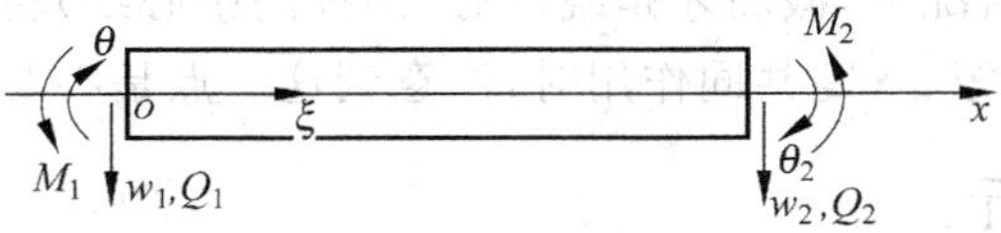


图 9.5 2结点梁单元

用有限单元法分析梁弯曲问题时，通常采用 3.2 节的 2 结点 Hermite 单元（如图 9.5 所示）。单元内挠度函数 $w(\xi)$ 的插值表示如下

$$w(\xi)=\sum_{i=1}^{2}H_i^{(0)}(\xi)w_i+\sum_{i=1}^{2}H_i^{(1)}(\xi)\theta_i \tag{9.2.27}$$

或

$$w(\xi)=\sum_{i=1}^{4}N_i(\xi)a_i=\boldsymbol{N}\boldsymbol{a}^e$$

其中

$$\boldsymbol{N}=[N_1\quad N_2\quad N_3\quad N_4]$$

$$\boldsymbol{a}^e=[w_1\quad \theta_1\quad w_2\quad \theta_2]^{\mathrm{T}}\quad \theta_i=\left(\frac{\mathrm{d}w}{\mathrm{d}x}\right)_i\quad (i=1,2)$$

$$N_1(\xi)=H_1^{(0)}(\xi)=1-3\xi^2+2\xi^3$$

$$N_2(\xi)=H_1^{(1)}(\xi)=(\xi-2\xi^2+\xi^3)l$$

$$N_3(\xi)=H_2^{(0)}(\xi)=3\xi^2-2\xi^3$$

$$N_4(\xi)=H_2^{(1)}(\xi)=(\xi^3-\xi^2)l$$

$$\xi=\frac{x-x_1}{l}\quad (0\leqslant\xi\leqslant 1)$$

将梁用上述单元离散，并将上列挠度函数代入泛函 $\Pi_{\mathrm{p}}(w)$ 后，从 $\delta\Pi_{\mathrm{p}}=0$，可以得到有限元求解方程，即

$$\boldsymbol{K}\boldsymbol{a}=\boldsymbol{P} \tag{9.2.28}$$

其中

$$\boldsymbol{K}=\sum_e\boldsymbol{K}^e\qquad \boldsymbol{P}=\sum_e\boldsymbol{P}^e\qquad \boldsymbol{a}=\sum_e\boldsymbol{a}^e$$

$$\boldsymbol{K}^e=\int_0^1\frac{EI}{l^3}\left(\frac{\mathrm{d}^2\boldsymbol{N}}{\mathrm{d}\xi^2}\right)^{\mathrm{T}}\left(\frac{\mathrm{d}^2\boldsymbol{N}}{\mathrm{d}\xi^2}\right)\mathrm{d}\xi=\frac{EI}{l^3}\begin{bmatrix}12 & 6l & -12 & 6l\\ 6l & 4l^2 & -6l & 2l^2\\ -12 & -6l & 12 & -6l\\ 6l & 2l^2 & -6l & 4l^2\end{bmatrix} \tag{9.2.29}$$

$$\boldsymbol{P}^e=\int_0^1\boldsymbol{N}^{\mathrm{T}}ql\,\mathrm{d}\xi+\sum_j\boldsymbol{N}^{\mathrm{T}}(\xi_j)P_j-\sum_k\frac{\mathrm{d}\boldsymbol{N}^{\mathrm{T}}(\xi_k)}{\mathrm{d}\xi}\frac{M_k}{l} \tag{9.2.30}$$

上式中 $\sum_j$ 和 $\sum_k$ 分别表示对作用于单元内的横向集中载荷和弯矩求和，$\xi_j$ 和 $\xi_k$ 分别是

它们作用点的自然坐标。和受轴力杆分析的情况相同，在离散梁时，通常在集中载荷作用点处划分单元，这时集中载荷可以直接施加于结点。这样一来 $\boldsymbol{P}^e$ 中只考虑分布载荷 $q$ 的作用。对于常见的均匀分布载荷有

$$\boldsymbol{P}^e = \frac{ql}{12}[6 \quad l \quad 6 \quad -l]^{\mathrm{T}} \tag{9.2.31}$$

## 9.2.4　考虑剪切变形的梁单元

以上讨论的梁单元基于变形前垂直于中面的截面变形后仍保持垂直的 Kirchhoff 假设。通常所述的梁单元，即是指这种单元。它在实际中得到广泛的应用，一般情况下也能得到满意的结果。但是应该指出，它是以梁的高度远小于跨度为条件的。因为只有在此条件下，才能忽略横向剪切变形的影响。但是在工程实际中，也常常会遇到需要考虑横向剪切变形影响的情况。例如高度相对跨度不太小的高梁即属此情况。此时梁内的横向剪切力 $Q$ 所产生的剪切变形将引起梁的附加挠度，并使原来垂直于中面的截面变形后不再和中面垂直，且发生翘曲。但在考虑剪切变形的 Timoshenko 梁弯曲理论中，仍假设原来垂直于中面的截面变形后仍保持为平面。根据此理论，梁变形的几何描述如图 9.6 所示。

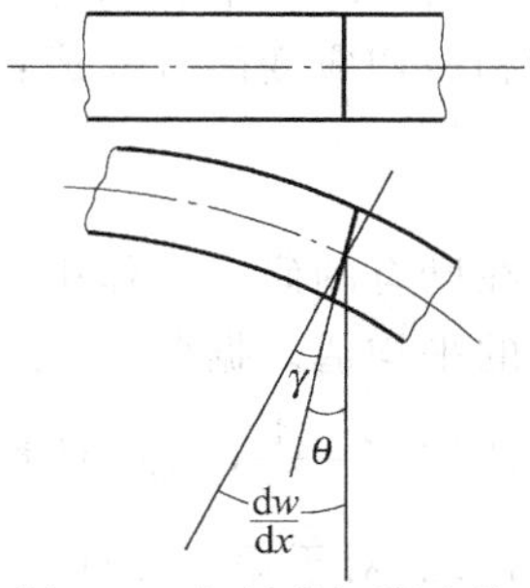

图 9.6　包括剪切影响的梁变形几何描述

图中 $\gamma$ 表示截面和中面相交处的剪切应变，并且有如下关系式，即

$$\gamma = \frac{\mathrm{d}w}{\mathrm{d}x} - \theta \tag{9.2.32}$$

其中 $\theta$ 是截面的转动。在经典的梁弯曲理论中，忽略剪切应变，即认为 $\gamma=0$，所以 $\frac{\mathrm{d}w}{\mathrm{d}x}=\theta$，即截面的转动等于挠度曲线切线的斜率，从而使截面保持和中面垂直。

在现在的情况下，梁的曲率变化 $\kappa$ 按几何学定义仍表示为

$$\kappa = -\frac{\mathrm{d}\theta}{\mathrm{d}x} \tag{9.2.33}$$

只是不能进一步表示为 $\kappa=-\frac{\mathrm{d}^2 w}{\mathrm{d}x^2}$。

在考虑剪切变形的影响以后，梁弯曲问题最小位能原理的泛函可表示为

$$\Pi_{\mathrm{p}} = \int_0^l \frac{1}{2} EI\kappa^2 \mathrm{d}x + \int_0^l \frac{1}{2}\frac{GA}{k}\gamma^2 \mathrm{d}x - \int_0^l qw\,\mathrm{d}x - \sum_j P_j w_j + \sum_k M_k \theta_k \tag{9.2.34}$$

式中 $k$ 是截面剪切校正因子。如前所述，在考虑剪切影响的梁弯曲理论中仍保持截面为平面的假设。实际上这也就同时引入了剪应力和剪应变在截面上均匀分布的假设。据此

假设，可以写成：

$$\gamma = \frac{\mathrm{d}w}{\mathrm{d}x} - \theta \qquad \tau = G\gamma$$

$$Q = A\tau = AG\gamma \qquad U = \frac{1}{2}\gamma Q = \frac{1}{2}GA\gamma^2$$

其中，$\gamma$ 是截面上均匀分布的剪应变并等于中面的剪应变；$\tau$ 是截面上均匀分布的剪应力；$Q$ 是全截面的剪力；$U$ 是全截面的剪切应变能。

但是实际上剪应变和剪应力在截面上不是均匀分布的，而是按抛物线分布，在中面达到最大值，在上、下表面等于零，因而截面也不再是平面，因此需要引入校正因子 $k$，将剪应变和剪切应变能改写成：

$$\tau = \frac{G\gamma}{k} \qquad U = \frac{1}{2k}GA\gamma^2$$

在已有的研究工作中，有不同的修正方法。例如一种理论认为 $\tau$ 应取截面上实际剪应力的平均值。据此，对于矩形截面，$k=3/2$；对于圆形截面，$k=4/3$。再如另一种理论认为应使按 $U=\frac{1}{2k}GA\gamma^2$ 计算出的应变能等于按实际剪应力及剪应变分布计算出的应变能。据此，对于矩形截面，$k=6/5$，对于圆形截面，$k=10/9$。当然还有其他校正的方法。在有限元分析中，较多的是采用能量等效的校正方法。

基于最小位能原理的考虑剪切影响的梁单元和不考虑剪切影响的梁单元相同，仍以 $w,\theta$ 为结点参数，但在泛函中引入了剪切应变能的影响。在引入剪切影响的方法上有以下两种方案：

1. 在经典梁单元基础上引入剪切变形影响

考虑剪切变形影响时，梁的法向位移（挠度）可表示为两部分的叠加，即

$$w = w^b + w^s \tag{9.2.35}$$

其中 $w^b$ 是由弯曲变形引起的法向位移，$w^s$ 是由剪切变形引起的附加法向位移。单元的结点位移参数相应地也表示为两部分，分别表示为 $\boldsymbol{a}_b^e$ 和 $\boldsymbol{a}_s^e$。由于 $w^s$ 只代表由于剪切变形引起的附加横向位移，所以有

$$\boldsymbol{a}_b^e = \begin{Bmatrix} w_1^b \\ \theta_1 \\ w_2^b \\ \theta_2 \end{Bmatrix} \qquad \boldsymbol{a}_s^e = \begin{Bmatrix} w_1^s \\ w_2^s \end{Bmatrix} \tag{9.2.36}$$

其中

$$\theta_1 = \left(\frac{\mathrm{d}w^b}{\mathrm{d}x}\right)_1 \qquad \theta_2 = \left(\frac{\mathrm{d}w^b}{\mathrm{d}x}\right)_2$$

上式中 $\theta_1,\theta_2$ 用作结点参数以保证单元间的连续性，同时也表明 $w^b$ 将仍采用和不考

虑剪切变形影响梁单元的 $w$ 相同的 Hermite 插值表示。$\boldsymbol{a}_s$ 中只有两个结点参数：$w_1^s$ 和 $w_2^s$，表明 $w^s$ 将应采用 2 结点的拉格朗日插值表示式，即线性插值表示式。这将导致在单元内剪切力为常数，这是一合理的选择。因为单元中 $w^b$ 是三次式，利用平衡方程从它导出的剪切力也是常数。单元内 $w^b$ 和 $w^s$ 具体表达式如下：

$$\begin{aligned} w^b &= N_1 w_1^b + N_2\theta_1 + N_3 w_2^b + N_4\theta_2 = \boldsymbol{N}_b\boldsymbol{a}_b^e \\ w^s &= N_5 w_1^s + N_6 w_2^s = \boldsymbol{N}_s\boldsymbol{a}_s^e \end{aligned} \tag{9.2.37}$$

其中

$$\begin{aligned} &\boldsymbol{N}_b = [N_1 \quad N_2 \quad N_3 \quad N_4] && \boldsymbol{N}_s = [N_5 \quad N_6] \\ &\boldsymbol{a}_b^{(e)} = [w_1^b \quad \theta_1 \quad w_2^b \quad \theta_2]^{\mathrm{T}} && \boldsymbol{a}_s^{(e)} = [w_1^s \quad w_2^s]^{\mathrm{T}} \\ &N_1 = 1 - 3\xi^2 + 2\xi^3 && N_2 = (\xi - 2\xi^2 + \xi^3)l \\ &N_3 = 3\xi^2 - 2\xi^3 && N_4 = (\xi^3 - \xi^2)l \\ &N_5 = 1 - \xi && N_6 = \xi \end{aligned}$$

$$\xi = \frac{x - x_i}{l} \quad (0 \leqslant \xi \leqslant 1)$$

将(9.2.37)式代入(9.2.34)式，从 $\delta\Pi = 0$ 可得如下方程：

$$\boldsymbol{K}_b\boldsymbol{a}_b = \boldsymbol{P}_b \qquad \boldsymbol{K}_s\boldsymbol{a}_s = \boldsymbol{P}_s \tag{9.2.38}$$

上式的前一式和(9.2.28)式所表示的不包含剪切变形影响的梁弯曲问题有限元求解方程完全相同。$\boldsymbol{K}_b$、$\boldsymbol{P}_b$ 即(9.2.28)式中的 $\boldsymbol{K}$、$\boldsymbol{P}$ 只是 $\boldsymbol{a}_b$ 中用 $w_1^b$，$w_2^b$ 代替了(9.2.28)式中的 $w_1$，$w_2$。后一式中的 $\boldsymbol{K}_s$ 和 $\boldsymbol{P}_s$ 可以写成

$$\boldsymbol{K}_s = \sum_e \boldsymbol{K}_s^e \qquad \boldsymbol{P}_s = \sum_e \boldsymbol{P}_s^e$$

其中

$$\begin{aligned} \boldsymbol{K}_s^e &= \frac{GA}{kl}\begin{bmatrix} 1 & -1 \\ -1 & 1 \end{bmatrix} \\ \boldsymbol{P}_s^e &= \int_0^1 \boldsymbol{N}_s^{\mathrm{T}} q l\,\mathrm{d}\xi + \sum_j \boldsymbol{N}_s^{\mathrm{T}}(\xi_j) P_j \end{aligned} \tag{9.2.39}$$

从(9.2.37)式看到，此单元每个结点有 3 个位移参数：$w_i^b$，$w_i^s$，$\theta_i$ $(i=1,2)$。实际上可以在单元层次利用平衡方程，使每个结点只保留 2 个独立的位移参数。首先从弹性关系可得：

$$Q = \frac{GA}{k}\gamma = \frac{GA}{k}\frac{\mathrm{d}w^s}{\mathrm{d}x} = \frac{GA}{k}\left(\frac{\mathrm{d}N_5}{\mathrm{d}x}w_1^s + \frac{\mathrm{d}N_6}{\mathrm{d}x}w_2^s\right) = \frac{GA}{kl}(w_2^s - w_1^s)$$

$$\begin{aligned} M &= -EI\kappa = -EI\frac{\mathrm{d}^2 w^b}{\mathrm{d}x^2} \\ &= -\frac{EI}{l^2}[(6 - 12\xi)(w_2^b - w_1^b) + l(6\xi - 4)\theta_1 + l(6\xi - 2)\theta_2] \end{aligned} \tag{9.2.40}$$

再则利用平衡方程可得

$$Q=\frac{\mathrm{d}M}{\mathrm{d}x}=\frac{6EI}{l^3}[2(w_2^b-w_1^b)-l(\theta_1+\theta_2)] \tag{9.2.41}$$

根据几何关系

$$w_2-w_1=w_2^b-w_1^b+w_2^s-w_1^s \tag{9.2.42}$$

从以上各式,经过简单的运算,则得到:

$$\begin{aligned} w_2^b-w_1^b&=\frac{1}{1+b}(w_2-w_1)+\frac{lb}{2(1+b)}(\theta_1+\theta_2) \\ w_2^s-w_1^s&=\frac{b}{1+b}(w_2-w_1)-\frac{lb}{2(1+b)}(\theta_1+\theta_2) \end{aligned} \tag{9.2.43}$$

式中

$$b=\frac{12EIk}{GAl^2}$$

将上式代入方程(9.2.38)式,并将每个单元方程的第1和第5式,第3和第6式合并,就得到最后的求解方程为

$$\boldsymbol{K}\,\boldsymbol{a}=\boldsymbol{P} \tag{9.2.44}$$

其中

$$\boldsymbol{K}=\sum_e \boldsymbol{K}^e \quad \boldsymbol{a}=\sum_e \boldsymbol{a}^e \quad \boldsymbol{P}=\sum_e \boldsymbol{P}^e$$

$$\boldsymbol{K}^e=\frac{EI}{(1+b)l^3}\begin{bmatrix} 12 & 6l & -12 & 6l \\ 6l & (4+b)l^2 & -6l & (2-b)l^2 \\ -12 & -6l & 12 & -6l \\ 6l & (2-b)l^2 & -6l & (4+b)l^2 \end{bmatrix} \tag{9.2.45}$$

$$\boldsymbol{a}^e=[w_1 \quad \theta_1 \quad w_2 \quad \theta_2]^{\mathrm{T}}$$

$$\boldsymbol{P}^e=\int_0^1 \overline{\boldsymbol{N}}^{\mathrm{T}} ql\,\mathrm{d}\xi+\sum_j \overline{\boldsymbol{N}}^{\mathrm{T}}(\xi_j)P_j-\sum_k \frac{\mathrm{d}\boldsymbol{N}_b^{\mathrm{T}}(\xi_l)}{\mathrm{d}\xi}\frac{M_k}{l} \tag{9.2.46}$$

$$\overline{\boldsymbol{N}}=\left[\frac{1}{2}(N_1+N_5) \quad N_2 \quad \frac{1}{2}(N_3+N_6) \quad N_4\right]$$

对比(9.2.29)式和(9.2.45)式可以看到,剪切变形的影响通过系数 $b\left(b=\dfrac{12EIk}{GAl^2}\right)$ 反映在刚度矩阵中,它使梁的刚度减弱。例如对于矩形截面,$b=\dfrac{6Eh^2}{5Gl^2}$。从此可见,当高度 $h$ 相对跨度 $l$ 很小时,剪切变形的影响可以忽略。此时(9.2.45)式就退化为通常不考虑剪切变形影响的(9.2.29)式。另外顺便指出,对于均匀分布的 $q$,由于 $\int_0^1 N_1 ql\,\mathrm{d}\xi=\int_0^l N_3 ql\,\mathrm{d}\xi=\int_0^l N_5 ql\,\mathrm{d}\xi=\int_0^l N_6 ql\,\mathrm{d}\xi=\dfrac{1}{2}ql$,所以在不计及集中载荷 $P_j$ 和 $M_k$ 作用的情况

下，$\boldsymbol{P}^e$ 仍是(9.2.31)式给出的结果，即

$$\boldsymbol{P}^e = \frac{ql}{12}[6 \quad l \quad 6 \quad -l]^{\mathrm{T}}$$

## 2. 挠度和截面转动各自独立插值的梁单元(Timoshenko 梁单元)

从前面的讨论中可以看出，在经典梁理论的基础上引入剪切变形影响的梁单元仍属 $C_1$ 型单元。因为其中 $\theta$ 并非独立插值，而是由 $\frac{\mathrm{d}w^b}{\mathrm{d}x}$ 导出，所以对于 2 结点梁单元，$w^b$ 应采用 Hermite 插值函数。虽然这样做对于梁单元并无困难，但不便于推广到板壳单元。这在今后将可看到，构造 $C_1$ 型板壳单元是相当棘手的问题。为此在此引入另一种考虑剪切变形影响的梁单元，这就是挠度和截面转动各自独立插值的梁单元。虽然前面讨论的那种考虑剪切的梁单元和此单元都是基于 Timoshenko 梁的理论，但由于此单元被广泛地采用，通常所说的 Timoshenko 梁单元就是专指这种单元。同时，由于它是 $C_0$ 型单元，便于推广应用于板壳情况。

Timoshenko 梁单元的基本特点是挠度 $w$ 和截面转动 $\theta$ 各自独立插值。即采用如下插值表示

$$w = \sum_{i=1}^{n} N_i w_i \qquad \theta = \sum_{i=1}^{n} N_i \theta_i \tag{9.2.47}$$

其中 $n$ 是单元的结点数，$N_i$ 是拉格朗日插值多项式。

将上式代入泛函(9.2.34)式，从 $\delta\Pi_{\mathrm{p}}=0$ 可以得到有限元求解方程为

$$\boldsymbol{Ka} = \boldsymbol{P} \tag{9.2.48}$$

其中

$$\boldsymbol{K} = \sum_e \boldsymbol{K}^e \quad \boldsymbol{a} = \sum_e \boldsymbol{a}^e \quad \boldsymbol{P} = \sum_e \boldsymbol{P}^e$$

并且有

$$\boldsymbol{K}^e = \boldsymbol{K}_b^e + \boldsymbol{K}_s^e \tag{9.2.49}$$

$$\boldsymbol{K}_b^e = \frac{EIl}{2}\int_{-1}^{1} \boldsymbol{B}_b^{\mathrm{T}} \boldsymbol{B}_b \,\mathrm{d}\xi$$

$$\boldsymbol{K}_s^e = \frac{GAl}{2k}\int_{-1}^{1} \boldsymbol{B}_s^{\mathrm{T}} \boldsymbol{B}_s \,\mathrm{d}\xi$$

$$\boldsymbol{B}_b = [\boldsymbol{B}_{b1} \quad \boldsymbol{B}_{b2} \quad \cdots \quad \boldsymbol{B}_{bn}]$$

$$\boldsymbol{B}_s = [\boldsymbol{B}_{s1} \quad \boldsymbol{B}_{s2} \quad \cdots \quad \boldsymbol{B}_{sn}]$$

$$\boldsymbol{B}_{bi} = \begin{bmatrix} 0 & -\dfrac{\mathrm{d}N_i}{\mathrm{d}x} \end{bmatrix}$$

$$\boldsymbol{B}_{si} = \begin{bmatrix} \dfrac{\mathrm{d}N_i}{\mathrm{d}x} & -N_i \end{bmatrix} \quad (i = 1,2,\cdots,n)$$

$$\boldsymbol{P}^e = \frac{l}{2}\int_{-1}^{1} \boldsymbol{N}^{\mathrm{T}} \begin{bmatrix} q \\ 0 \end{bmatrix} \mathrm{d}\xi + \sum_j \boldsymbol{N}^{\mathrm{T}}(\xi_j) \begin{bmatrix} p_j \\ 0 \end{bmatrix} - \sum_k \boldsymbol{N}(\xi_k) \begin{bmatrix} 0 \\ M_k \end{bmatrix} \tag{9.2.50}$$

$$\boldsymbol{N}=[\boldsymbol{N}_1 \quad \boldsymbol{N}_2 \quad \cdots \quad \boldsymbol{N}_n]$$

$$\boldsymbol{N}_i=\begin{bmatrix} N_i & 0 \\ 0 & N_i \end{bmatrix} \quad (i=1,2,\cdots,n)$$

$$\boldsymbol{a}^e=[\boldsymbol{a}_1^{\mathrm{T}} \quad \boldsymbol{a}_2^{\mathrm{T}} \quad \cdots \quad \boldsymbol{a}_n^{\mathrm{T}}]^{\mathrm{T}} \tag{9.2.51}$$

$$\boldsymbol{a}_i=\begin{pmatrix} w_i \\ \theta_i \end{pmatrix} \quad (i=1,2,\cdots,n)$$

从以上各式可见，Timoshenko 梁单元的表达格式相当简单，和轴力单元很类似。但是正如在 8.2 节中所指出的，剪切变形能在泛函中起着罚函数的作用。因此为保证在梁变薄时，即 $l/h \to \infty$ 时，仍能得到有意义的非零解，$\boldsymbol{K}_s$ 必须是奇异的。当然为保证问题有解，还需保证 $\boldsymbol{K}$ 是非奇异的。如何检查 $\boldsymbol{K}_s$ 是否具有奇异性，可参照第 8 章 8.5 节关于不可压缩弹性力学问题有限元刚度矩阵的讨论。简便的方法是在已有网格基础上增加一个单元，检查自由度增加的数目以及 $\boldsymbol{K}_s$ 的秩增加的数目。对于现在的情况，在已有网格中增加一个单元的示意图如图 9.7。

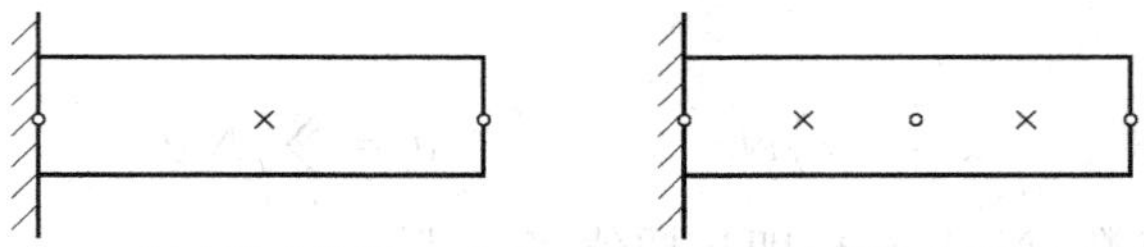
(a) 2结点单元　　(b) 3结点单元

图 9.7　在已有网格中增加一个梁单元（∘：结点，×：高斯积分点）

现以 2 结点单元为例，则有

$$w=\sum_{i=1}^{2} N_i w_i \qquad \theta=\sum_{i=1}^{2} N_i \theta_i \tag{9.2.52}$$

其中

$$N_1=\frac{1}{2}(1-\xi) \qquad N_2=\frac{1}{2}(1+\xi)$$

$$\xi=\frac{2(x-x_c)}{l} \qquad x_c=\frac{x_1+x_2}{2} \quad (-1 \leqslant \xi \leqslant 1)$$

代入(9.2.49)式，如果对 $\boldsymbol{K}_s^e$ 进行精确积分（用解析积分或用 2 点高斯积分）将得到

$$\boldsymbol{K}_s^e=\frac{GA}{kl}\begin{bmatrix} 1 & \dfrac{l}{2} & -1 & \dfrac{l}{2} \\ \dfrac{l}{2} & \dfrac{l^2}{3} & -\dfrac{l}{2} & \dfrac{l^2}{6} \\ -1 & -\dfrac{l}{2} & 1 & -\dfrac{l}{2} \\ \dfrac{l}{2} & \dfrac{l^2}{6} & -\dfrac{l}{2} & \dfrac{l^2}{3} \end{bmatrix} \tag{9.2.53}$$

可以检查认知 $\boldsymbol{K}_s^e$ 的秩是 2（也即 $\boldsymbol{K}_s^e$ 的秩等于应变分量数和高斯点数的乘积）。而对于此

单元，每增加一个单元，增加的自由度数也是2，因此 $\boldsymbol{K}_s$ 是非奇异的。这样一来，当梁的高度很小，即 $l/h\to\infty$ 时，问题只能得到零解。现还可对产生此问题的根源作进一步地阐述，因为挠度和转动采用同阶的插值表示式，所以剪切应变 $\gamma$ 中的 $\frac{\mathrm{d}w}{\mathrm{d}x}$ 和 $\theta$ 两项是不同阶的。仍以2结点单元为例，由 $w,\theta$ 的插值表达式(9.2.52)式，将得到

$$\gamma=\frac{\mathrm{d}w}{\mathrm{d}x}-\theta=\frac{1}{l}(w_2-w_1)-\frac{1}{2}(\theta_1+\theta_2)-\frac{1}{2}(\theta_2-\theta_1)\xi$$

当梁的高度愈来愈小时，通过罚函数迫使约束条件 $\gamma=0$ 得以实现，这隐含着上式右端的常数项和 $\xi$ 的一次项的系数分别等于零，即

$$\begin{aligned}&\frac{1}{l}(w_2-w_1)=\frac{1}{2}(\theta_1+\theta_2)\\&\frac{1}{2}(\theta_2-\theta_1)=0\end{aligned}\tag{9.2.54}$$

上式第1式表示单元内梁的平均转动应等于梁法向位移的变化率，也即表示梁中点的直法线假设，在计算中是可以实现的。而上式的第2式将导致 $\theta_1=\theta_2$，即在单元内 $\theta=$ 常数。这将意味着梁不能发生弯曲，因此问题只能是零解。这是由于约束条件未能精确满足，在梁很薄时导致不恰当地夸张了剪切应变能项的量级而造成的。所以在梁、板、壳的有限元分析中，将这种现象称为剪切锁死(Shear Locking)。

为避免剪切锁死，现已提出多种不同的方案，它们的基本点都是在计算剪切应变时，使 $\frac{\mathrm{d}w}{\mathrm{d}x}$ 和 $\theta$ 预先就保持同阶。具体有以下两种方案：

(1) 减缩积分(reduced integration)

所谓减缩积分就是数值积分采用比精确积分要求少的积分点数。仍以上述2结点Timoshenko梁单元为例，为精确积分剪切应变能项需要采用2点积分。减缩积分方案是采用一点积分。这样一来，$\theta$ 项就不能被精确积分，实际上是以该积分点(一点积分在单元中点)$\theta$ 的数值代替了在单元内的线性变化，从而使它和 $\frac{\mathrm{d}w}{\mathrm{d}x}$ 保持同阶，因之使约束条件 $\frac{\mathrm{d}w}{\mathrm{d}x}-\theta=0$ 有可能到处满足。这样做的结果，表现为 $\boldsymbol{K}_s^e$ 是秩1矩阵，也即使 $\boldsymbol{K}_s$ 保持奇异性。2结点单元采用减缩积分后的 $\boldsymbol{K}_s^e$ 具体表示如下

$$\boldsymbol{K}_s^e=\frac{GA}{kl}\begin{bmatrix}1 & \frac{l}{2} & -1 & \frac{l}{2}\\ \frac{l}{2} & \frac{l^2}{4} & -\frac{l}{2} & \frac{l^2}{4}\\ -1 & -\frac{l}{2} & 1 & -\frac{l}{2}\\ \frac{l}{2} & \frac{l^2}{4} & -\frac{l}{2} & \frac{l^2}{4}\end{bmatrix}\tag{9.2.55}$$

可以检验，现在的 $\boldsymbol{K}_s^e$ 中的任一二阶子行列式都等于零，因此它是秩 1 矩阵。而每增加一个单元，增加 2 个自由度，所以 $\boldsymbol{K}_s$ 是奇异的。

需要指出：当采用减缩积分方案时，还应注意检查 $\boldsymbol{K}$ 是否仍满足非奇异性的要求。因为 $\boldsymbol{K}=\boldsymbol{K}_b+\boldsymbol{K}_s$，$\boldsymbol{K}^e=\boldsymbol{K}_b^e+\boldsymbol{K}_s^e$。对于现在研究的单元，当采用 1 点积分（对于 $\boldsymbol{K}_b^e$ 是精确积分）方案时，$\boldsymbol{K}_b^e$ 和 $\boldsymbol{K}_s^e$ 的秩都等于 1，所以 $\boldsymbol{K}^e$ 的秩为 2。而每增加一个单元，增加 2 个自由度，正好等于 $\boldsymbol{K}^e$ 的秩，因此 $\boldsymbol{K}$ 的非奇异性得到保证。

现在来检查 3 结点单元，如用精确积分，对 $\boldsymbol{K}_b^e$ 是 2 点积分，对 $\boldsymbol{K}_s^e$ 是 3 点积分，即 $\boldsymbol{K}_b^e$ 和 $\boldsymbol{K}_s^e$ 的秩分别为 2 和 3。每增加一个单元，自由度增加 4。虽然 $\boldsymbol{K}_s$ 满足了奇异性要求，但是如果应用 8.5 节不可压缩弹性力学问题讨论中的奇异性指标 $r$ 的概念，对于 3 结点单元，$r=4/3=1.33$（低于 2 结点单元的 $r=2/1=2$），仍对变形有所限制，影响解的精度。所以建议实际计算中，$\boldsymbol{K}_s^e$ 和 $\boldsymbol{K}_b^e$ 相同，都采用 2 点积分，如图 9.7(b)所示。这时奇异性指标 $r=4/2=2$，和 2 结点单元的相同。依此类推，对 $n$ 个结点单元，采用 $m=n-1$ 点的高斯积分，可以保证 $\boldsymbol{K}_s$ 有足够的奇异性，同时 $\boldsymbol{K}$ 是非奇异的。

(2) 假设剪切应变(assumed shear strains)

泛函(9.2.34)式中的剪切应变不是从(9.2.47)式所定义的位移插值表达式代入几何关系 $\gamma=\dfrac{\mathrm{d}w}{\mathrm{d}x}-\theta$ 而得到，而是替代以另行假设的剪切应变，通常它可以表示如下插值形式：

$$\bar{\gamma}=\sum_{j=1}^{m}\overline{N}_j(\xi)\bar{\gamma}_j \tag{9.2.56}$$

其中 $\bar{\gamma}_j$ 是假设剪切应变 $\bar{\gamma}$ 的结点(即插值取样点)值，并令

$$\bar{\gamma}_j=\gamma(\xi_j)=\left(\frac{\mathrm{d}w}{\mathrm{d}x}-\theta\right)\bigg|_{\xi=\xi_j}=\sum_{i=1}^{n}\left(\frac{\mathrm{d}N_i(\xi)}{\mathrm{d}x}w_i-N_i(\xi)\theta_i\right)\bigg|_{\xi=\xi_j}$$

即 $\bar{\gamma}_j$ 是按单元位移插值函数计算出的 $\xi_j$ 点的剪切应变值，$\xi_j$ 是插值点位置；$\overline{N}_i(\xi)$ 是插值函数，它根据插值点数 $m$ 及其位置 $\xi_j(j=1,2,\cdots,m)$ 而定。通常 $\xi_j$ 取 $m$ 阶高斯积分点的坐标。如前面已指出的，在 $w$ 和 $\theta$ 采用同阶插值时，$\dfrac{\mathrm{d}w}{\mathrm{d}x}$ 总是比 $\theta$ 低一阶，为使梁很薄时 $\gamma$ 能趋于零，应使 $\bar{\gamma}$ 保持和 $\dfrac{\mathrm{d}w}{\mathrm{d}x}$ 同阶，所以插值点数应比 $w$ 和 $\theta$ 的插值点数少 1 个，即应取 $m=n-1$。

对于 2 结点 Timoshenko 梁单元，这时

$$m=1 \qquad \xi_1=0 \qquad \overline{N}_1=1$$

所以有

$$\bar{\gamma}=\gamma(\xi_1)=\left(\frac{\mathrm{d}w}{\mathrm{d}x}-\theta\right)\bigg|_{\xi=0}=\frac{1}{l}(w_2-w_1)-\frac{1}{2}(\theta_1+\theta_2) \tag{9.2.57a}$$

对于 3 结点 Timoshenko 梁单元，这时

$$m = 2 \qquad \xi_1 = -\frac{1}{\sqrt{3}} \qquad \xi_2 = \frac{1}{\sqrt{3}}$$

$$\overline{N}_1 = \frac{1}{2}(1 - \sqrt{3}\xi) \qquad \overline{N}_2 = \frac{1}{2}(1 + \sqrt{3}\xi)$$

所以有

$$\bar{\gamma} = \overline{N}_1 \left( \frac{\mathrm{d}w}{\mathrm{d}x} - \theta \right) \bigg|_{\xi_1 = -\frac{1}{\sqrt{3}}} + \overline{N}_2 \left( \frac{\mathrm{d}w}{\mathrm{d}x} - \theta \right) \bigg|_{\xi_2 = \frac{1}{\sqrt{3}}} \tag{9.2.57b}$$

式中 $\pm 1/\sqrt{3}$ 是 2 阶高斯积分点的坐标。

对于采用另外假设剪应变的情形，泛函(9.2.34)式应改写。为了讨论和表达方便，未包括集中力和集中弯矩项，这时

$$\Pi_{\mathrm{p}}^{*} = \int_0^l \frac{1}{2} EI\kappa^2 \mathrm{d}x + \int_0^l \frac{1}{2} \frac{GA}{k} \bar{\gamma}^2 \mathrm{d}x - \int_0^l qw \mathrm{d}x \tag{9.2.58}$$

可以证明，上列修正泛函 $\Pi_{\mathrm{p}}^{*}$ 在理论上和混合变分原理的泛函 $\Pi_{\mathrm{H\text{-}R}}$ 相等价。(9.2.34)式表达的 $\Pi_{\mathrm{p}}$ 中第一项弯曲应变能保持不变，第二项剪切应变能项用 $\Pi_{\mathrm{H\text{-}R}}$ 中相应项代替，且其中剪应力项改用假设剪切应变 $\bar{\gamma}$ 代替，则可以得到 $\Pi_{\mathrm{H\text{-}R}}$ 的表达式为

$$\begin{aligned} \Pi_{\mathrm{H\text{-}R}} = & \int_0^l \frac{1}{2} EI\kappa^2 \mathrm{d}x + \int_0^l \frac{GA}{k} \bar{\gamma} \left( \frac{\mathrm{d}w}{\mathrm{d}x} - \theta \right) \mathrm{d}x - \\ & \int_0^l \frac{1}{2} \frac{GA}{k} \bar{\gamma}^2 \mathrm{d}x - \int_0^l qw \mathrm{d}x \end{aligned} \tag{9.2.59}$$

为讨论方便，上式未列入与集中力和与集中力矩的有关项。经有限元离散，并采取高斯积分，则上式可以改写成

$$\begin{aligned} \Pi_{\mathrm{H\text{-}R}} = \sum_{e=1}^{M} \sum_{i=1}^{m} \bigg( & \frac{1}{2} EIlH_i \kappa_i^2 + \frac{GAl}{k} H_i \bar{\gamma}_i \left( \frac{\mathrm{d}w}{\mathrm{d}x} - \theta \right) \bigg|_{\xi_i} - \\ & \frac{1}{2} \frac{GAl}{k} H_i \bar{\gamma}_i^2 - lH_i q_i w_i \bigg) \end{aligned} \tag{9.2.60}$$

式中 $M$ 是单元数，$m$ 是积分点数($m=n-1$，$n$ 是单元结点数)，$l$ 是单元长度，$H_i$、$\xi_i$ 分别是高斯积分的权系数和积分点位置。因为 $\kappa^2$、$\bar{\gamma}^2$ 是 $2(m-1)$ 次函数，$\bar{\gamma}\left( \frac{\mathrm{d}w}{\mathrm{d}x} - \theta \right)$ 是 $2m-1$ 次函数，所以式中前 3 项的积分都是精确的。并因为 $\left( \frac{\mathrm{d}w}{\mathrm{d}x} - \theta \right) \Big|_{\xi_i} = \bar{\gamma}_i$，所以

$$\bar{\gamma}_i \left( \frac{\mathrm{d}w}{\mathrm{d}x} - \theta \right) \bigg|_{\xi_i} = \bar{\gamma}_i^2 \tag{9.2.61}$$

代回(9.2.60)式，就得到

$$\Pi_{\mathrm{H\text{-}R}} = \sum_{e=1}^{M} \sum_{i=1}^{m} \left( \frac{1}{2} EIlH_i \kappa^2 + \frac{1}{2} \frac{GAl}{k} H_i \bar{\gamma}_i^2 - lH_i q_i w \right) \tag{9.2.62}$$

将上式写成离散前的形式，则有

$$\Pi_{\text{H-R}}=\int_0^l \frac{1}{2}EI\kappa^2\,\mathrm{d}x+\int_0^l \frac{GA}{2k}\bar{\gamma}^2\,\mathrm{d}x-\int_0^l qw\,\mathrm{d}x=\Pi_{\mathrm{p}}^* \tag{9.2.63}$$

这样就证明了采用假设剪切应变，在理论上是和采用混合变分原理相等价的。只是应注意到 $\Pi_{\mathrm{p}}^*$ 不再具有极值性，在解的附近只具有驻值。还可以进一步看到，(9.2.62)式所表示的泛函 $\Pi_{\text{H-R}}$ 的数值积分形式也正是 Timoshenko 理论的泛函 $\Pi_{\mathrm{p}}$(9.2.34)式当采用 $m=n-1$ 点减缩积分计算时的表达式。这样也就进一步证明了，对于 Timoshenko 梁单元，以上所采用的减缩积分方法和假设剪切应变这两种方法，实际上是完全等价的。其实质都是使 $\frac{\mathrm{d}w}{\mathrm{d}x}$ 和 $\theta$ 在计算剪切应变能时保持同阶，进而保证 $\boldsymbol{K}_s$ 的奇异性，以避免 $h/l\to 0$ 时出现的剪切锁死现象。但是在今后讨论的考虑剪切影响在内的 Mindlin 型板壳单元中，这两种方法在应用中可以是有区别的，因此也可能产生不尽相同的效果。

现在讨论 Timoshenko 梁单元的收敛性问题。因为 $\Pi_{\mathrm{p}}$ 中导数的最高阶数为 1，因此只要求 $w$ 和 $\theta$ 的零阶导数在单元交界面上保持连续，即单元只要求 $C_0$ 连续性。现在结点参数中包含了 $w$ 和 $\theta$，显然连续性得到了满足。至于完备性要求，单元应包含能够描述图 9.8 所示刚体运动和常应变状态的位移模式。刚体运动包含刚体横向位移和刚体转动

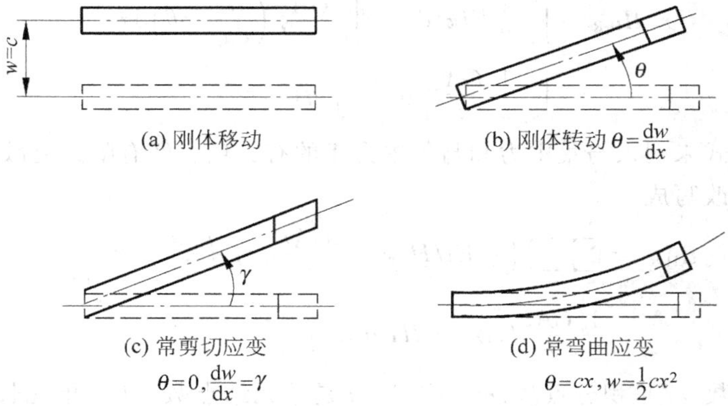


图 9.8 Timoshenko 梁完备性的要求

两种模式；常应变状态包含常剪切应变和常弯曲应变两种模式。图 9.8 中还分别给出了对应上述 4 种模式的 $w$ 和 $\theta$ 的函数表示。从这些函数表达式可以看到，只包含 $w$ 一次函数的 2 结点单元缺少描述 $w=\frac{1}{2}cx^2$ 的常弯曲状态的位移模式。从以后算例中将可以看到，如用 2 结点单元分析纯弯状态，必然伴生出剪切应变。其实在 5.5 节讨论 Wilson 非协调元时，即已指出，4 结点平面单元不能描述纯弯应力状态的缺点。而 2 结点 Timoshenko 梁单元从本质上可看成是在 4 结点平面单元中引入主从自由度而得到的，因

此它也同样缺乏描述纯弯状态的能力。为此通常推荐采用 3 结点或 4 结点的 Timoshenko 梁单元，因为它们具有二次或三次的 $w$ 函数，包含了描述纯弯应力状态的位移模式。

**例 9.1** 分别利用经典梁单元和 Timoshenko 梁单元（各 1 个单元）计算图 9.9 所示悬臂梁在承受端部弯矩 $M$ 和端部横向力 $P$ 的端部挠度 $\delta$。

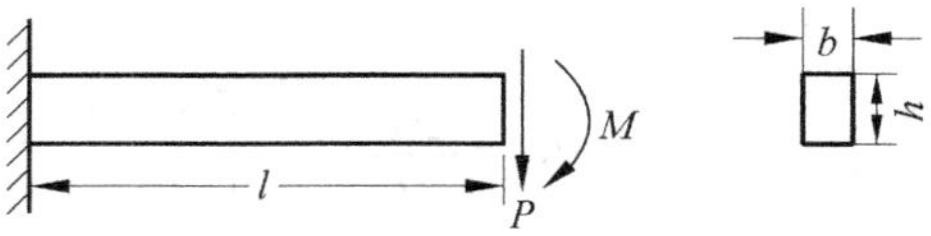


图 9.9 承受端部载荷的悬臂梁

(1) 用经典梁单元求解

当用一个单元计算时，固定端条件是 $w_1=\left(\frac{\mathrm{d}w}{\mathrm{d}x}\right)_1=0$。只需要对载荷作用端的自由度 $w_2$、$\theta_2\left(=\frac{\mathrm{d}w}{\mathrm{d}x}\right)$形成求解方程。

① 端部受集中弯矩 $M$，求解方程是

$$\frac{EI}{l^3}\begin{bmatrix}12 & -6l\\ -6l & 4l^2\end{bmatrix}\begin{pmatrix}w_2\\ \theta_2\end{pmatrix}=\begin{pmatrix}0\\ M\end{pmatrix}$$

从上式第 1 式，得到

$$\theta_2=\frac{2w_2}{l}$$

代回第 2 式，得到

$$\delta=w_2=\frac{Ml^2}{2EI}$$

② 端部受横向力 $P$，求解方程是

$$\frac{EI}{l^3}\begin{bmatrix}12 & -6l\\ -6l & 4l^2\end{bmatrix}\begin{pmatrix}w_2\\ \theta_2\end{pmatrix}=\begin{pmatrix}P\\ 0\end{pmatrix}$$

从上式第 2 式，得到

$$\theta_2=\frac{3}{2}\frac{w_2}{l}$$

代回第 1 式，得到

$$\delta=w_2=\frac{Pl^3}{3EI}$$

从以上结果可以看出，利用一个单元求解，就可得到和材料力学的理论解完全相同的结果。这是由于经典梁单元中 $w$ 是三次函数，它包含了上述两种受力状态所需要的位移函数。

(2) 用 Timoshenko 梁单元求解

① 端部受集中弯矩 $M$,采用精确积分得到的求解方程是

$$\begin{bmatrix} \dfrac{GA}{kl} & -\dfrac{GA}{2k} \\ -\dfrac{GA}{2k} & \dfrac{GAl}{3k}+\dfrac{EI}{l} \end{bmatrix}\begin{pmatrix} w_2 \\ \theta_2 \end{pmatrix}=\begin{pmatrix} 0 \\ M \end{pmatrix}$$

从上式第 1 式,得到

$$\theta_2=\frac{2w_2}{l}$$

代回第 2 式得到

$$\delta=w_2=\frac{Ml^2}{2EI\left(1+\dfrac{GAl^2}{kEI}\right)}$$

对于矩形截面:$k=\dfrac{6}{5}$,$A=bh$,$I=\dfrac{bh^3}{12}$,并有 $G=\dfrac{E}{2(1+\nu)}$,则

$$\delta=w_2=\frac{Ml^2}{2EI\left(1+\dfrac{5}{1+\nu}\dfrac{l^2}{h^2}\right)}$$

② 端部受集中弯矩 $M$,采用减缩积分得到的求解方程是

$$\begin{bmatrix} \dfrac{GA}{kl} & -\dfrac{GA}{2k} \\ -\dfrac{GA}{2k} & \dfrac{GAl}{4k}+\dfrac{EI}{l} \end{bmatrix}\begin{pmatrix} w_2 \\ \theta_2 \end{pmatrix}=\begin{pmatrix} 0 \\ M \end{pmatrix}$$

从上式第 1 式,得到

$$\theta_2=\frac{2w_2}{l}$$

代回第 2 式,得到

$$\delta=w_2=\frac{Ml^2}{2EI}$$

将以上结果和材料力学解答比较可见,当采用精确积分时,分母中增加了$\dfrac{5}{1+\nu}\dfrac{l^2}{h^2}$因子,这是附加剪切应变的影响。虽然真实应力状态中并不存在剪切应变,但是由于 2 结点 Timoshenko 梁单元不能描述纯弯状态,导致虚假的附加剪切应变,此应变可表示如下

$$\gamma=\frac{\mathrm{d}w}{\mathrm{d}x}-\theta=\frac{w_2}{l}-\frac{x}{l}\theta_2=\left(\frac{1}{2}-\frac{x}{l}\right)\frac{Ml}{EI}\frac{1}{\left(1+\dfrac{5}{1+\nu}\dfrac{l^2}{h^2}\right)}$$

虚假剪切应变对挠度 $\delta$ 的影响随着梁变薄而增大。当 $h/l\to0$ 时 $\delta=w_2\to0$(这时 $\gamma$ 也趋于零),即发生剪切锁死现象。

当采用减缩积分时，端点挠度 $\delta$ 的结果和材料力学解一致。但由于此单元不能描述纯弯应力状态，仍有剪切应变 $\gamma=\left(\frac{1}{2}-\frac{x}{l}\right)\frac{Ml}{EI}$ 出现。

③ 端部受横向力 $P$ 作用，精确积分计算结果是

$$\delta = w_2 = \frac{Pl^3}{3EI}\frac{\left[1+\frac{3(1+\nu)}{5}\frac{h^2}{l^2}\right]}{\left[1+\frac{5}{4(1+\nu)}\frac{l^2}{h^2}\right]}$$

④ 端部受横向力 $P$ 作用，减缩积分计算结果是

$$\delta = w_2 = \frac{Pl^3}{4EI}\left[1+\frac{4(1+\nu)}{5}\frac{h^2}{l^2}\right]$$

以上两个结果的分子中分别出现了 $\frac{3(1+\nu)}{5}\frac{h^2}{l^2}$ 和 $\frac{4(1+\nu)}{5}\frac{h^2}{l^2}$ 的因子，它们反映了剪切变形引起的附加挠度。当 $\frac{h}{l}\to 0$ 时，这附加挠度也趋于零。这是合理的。不同的是在精确积分结果的分母中出现了 $\frac{5}{4(1+\nu)}\frac{l^2}{h^2}$ 的因子。当 $h/l\to 0$ 时，它将使 $\delta\to 0$，即产生剪切锁死现象。而减缩积分则无附加因子，因此当 $h/l\to 0$ 时，不会产生剪切锁死。当然，计算结果和材料力学解答比较，仍存在 25%的误差。这是由于 2 结点 Timoshenko 单元，不像经典梁单元在挠度 $w$ 的模式中精确地包含了三次函数所致。可通过增加单元数或改用高次单元来提高精度。但是这样做，将使自由度相应成倍地增加，因此对于剪切影响可以忽略的情形，仍应尽量采用经典梁单元。

## 9.3　平面杆件系统

杆件系统是指由杆件组成的结构系统。如果组成结构的杆件不仅它们本身在几何上，而且所承受的载荷(因之它们的变形)都处于同一平面，则称之为平面杆件系统。反之，如不限于一个平面，则称之为空间杆件系统。杆件系统可以用杆-梁单元(以后简称杆单元)进行离散。但是一般情况，单元将不是单独以拉压、或扭转、或弯曲状态工作，而是以它们的共同作用工作。它们的单元特性矩阵将是几种不同单元特性矩阵的组合。再则，由于系统内各个杆单元通常不处于同一轴线，甚至不处于同一平面，进行结构分析时，首先要建立一个共用的总体坐标系，然后通过坐标转换将各个建立于单元局部坐标系的单元特性矩阵转换到总体坐标系。

为方便起见，首先在本节讨论平面杆件系统问题。图 9.10 所示为一平面杆件系统。

### 9.3.1　局部坐标系内平面杆单元的特性矩阵

在图 9.10 所示的平面杆件系统中，每一杆件可能承受轴力和弯矩的共同作用。因此

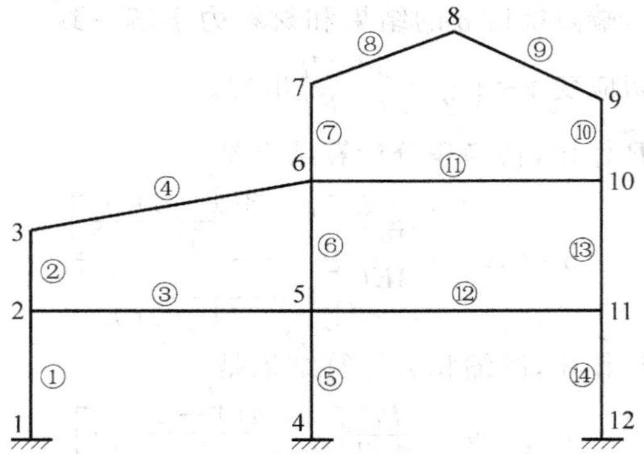


图 9.10　平面杆件系统

离散后单元的各个特性矩阵应是轴力单元和弯曲单元的组合。一般情况下，对于 $n$ 个结点的单元在单元的局部坐标系中，结点位移参数可表示成

$$\boldsymbol{a}_i = [u_i \quad w_i \quad \theta_i]^{\mathrm{T}} \qquad (i = 1,2,\cdots,n) \tag{9.3.1}$$

单元刚度矩阵可以表示成

$$\boldsymbol{K}^e = \begin{bmatrix} \boldsymbol{K}_{11}^e & \boldsymbol{K}_{12}^e & \cdots & \boldsymbol{K}_{1n}^e \\ & \boldsymbol{K}_{22}^e & \cdots & \boldsymbol{K}_{2n}^e \\ \text{对} & & \ddots & \\ & \text{称} & & \boldsymbol{K}_{nn}^e \end{bmatrix} \tag{9.3.2}$$

其中

$$\boldsymbol{K}_{ij}^e = \begin{bmatrix} \boldsymbol{K}_{ij}^{(a)} & 0 \\ 0 & \boldsymbol{K}_{ij}^{(b)} \end{bmatrix} \qquad (i,j = 1,2,\cdots,n) \tag{9.3.3}$$

$\boldsymbol{K}_{ij}^{(a)}$，$\boldsymbol{K}_{ij}^{(b)}$ 分别为轴力单元和弯曲单元刚度矩阵的子矩阵。例如对于 2 结点单元，且弯曲单元采用经典梁单元的情况下，单元刚度矩阵可表示为

$$\boldsymbol{K}^e = \begin{bmatrix} \frac{EA}{l} & 0 & 0 & -\frac{EA}{l} & 0 & 0 \\ & \frac{12EI}{l^3} & \frac{6EI}{l^2} & 0 & -\frac{12EI}{l^3} & \frac{6EI}{l^2} \\ & & \frac{4EI}{l} & 0 & -\frac{6EI}{l^2} & \frac{2EI}{l} \\ & \text{对} & & \frac{EA}{l} & 0 & 0 \\ & & \text{称} & & \frac{12EI}{l^3} & -\frac{6EI}{l^2} \\ & & & & & \frac{4EI}{l} \end{bmatrix} \tag{9.3.4}$$

载荷向量可以有类似的表示，即：

$$\boldsymbol{P}^e=\begin{bmatrix}\boldsymbol{P}_1^e\\\boldsymbol{P}_2^e\\\vdots\\\boldsymbol{P}_n^e\end{bmatrix}\qquad \boldsymbol{P}_i^e=\begin{bmatrix}\boldsymbol{P}_i^{(a)}\\\boldsymbol{P}_i^{(b)}\end{bmatrix}\quad (i=1,2,\cdots,n)\tag{9.3.5}$$

## 9.3.2　平面杆单元的坐标转换

如前所述，由于杆系内各单元的局部坐标 $x,z$ 的方向各不相同，在进行结构分析时，需要建立统一的总体坐标系。图 9.11 所示为总体坐标系内的杆单元。总体坐标系用 $\bar{x}$，$\bar{z}$ 表示，前面已得到局部坐标系 $x,z$ 内的单元特性矩阵，现在需要通过坐标转换，得到它们在总体坐标系内的表达式。

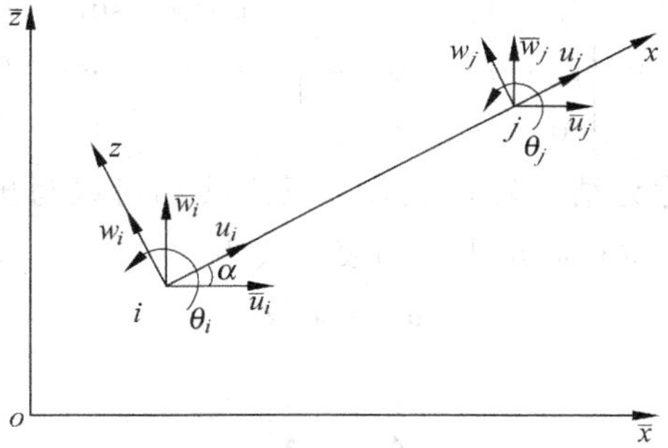


图 9.11　总体坐标内的杆单元

由于基本未知量是结点位移，只需要建立结点位移向量由局部坐标系到总体坐标系的转换关系，其他向量或矩阵的转换关系都可由它导出。

令总体坐标系中的结点位移向量表示为

$$\boldsymbol{a}^e=\begin{bmatrix}\bar{\boldsymbol{a}}_1\\\bar{\boldsymbol{a}}_2\\\vdots\\\bar{\boldsymbol{a}}_n\end{bmatrix},\qquad \bar{\boldsymbol{a}}_i=\begin{bmatrix}\bar{u}_i\\\bar{w}_i\\\theta_i\end{bmatrix}\quad (i=1,2,\cdots,n)\tag{9.3.6}$$

局部坐标 $x$ 轴和总体坐标 $\bar{x}$ 轴之间的夹角用 $\alpha$ 表示，以从 $x$ 轴方向顺时针转到 $\bar{x}$ 轴方向为正，则 $x$ 轴的方向余弦为

$$l_{x\bar{x}}=\cos(x,\bar{x})=\cos\alpha\qquad l_{x\bar{z}}=\cos(x,\bar{z})=\sin\alpha$$

$z$ 轴的方向余弦是

$$l_{z\bar{x}}=\cos(z,\bar{x})=-\sin\alpha\qquad l_{z\bar{z}}=\cos(z,\bar{z})=\cos\alpha$$

线位移的转换关系是

$$\begin{aligned} u_i &= l_{x\bar{x}}\bar{u}_i + l_{x\bar{z}}\bar{w}_i \\ w_i &= l_{z\bar{x}}\bar{u}_i + l_{z\bar{z}}\bar{w}_i \end{aligned} \qquad (i = 1,2,\cdots,n)$$

截面转动在两个坐标中是相等的，即

$$\theta_i = \bar{\theta}_i \qquad (i = 1,2,\cdots,n)$$

因此两个坐标系中单元结点位移向量的转换关系是

$$\boldsymbol{a}^e = \begin{Bmatrix} \boldsymbol{a}_1 \\ \boldsymbol{a}_2 \\ \vdots \\ \boldsymbol{a}_n \end{Bmatrix} = \boldsymbol{\lambda}\bar{\boldsymbol{a}}^e = \begin{bmatrix} \boldsymbol{\lambda}_0 & & 0 & \\ & \boldsymbol{\lambda}_0 & & \\ & 0 & \ddots & \\ & & & \boldsymbol{\lambda}_0 \end{bmatrix} \begin{Bmatrix} \bar{\boldsymbol{a}}_1 \\ \bar{\boldsymbol{a}}_2 \\ \vdots \\ \bar{\boldsymbol{a}}_n \end{Bmatrix} \tag{9.3.7}$$

其中

$$\boldsymbol{\lambda}_0 = \begin{bmatrix} l_{x\bar{x}} & l_{x\bar{z}} & 0 \\ l_{z\bar{x}} & l_{z\bar{z}} & 0 \\ 0 & 0 & 1 \end{bmatrix} = \begin{bmatrix} \cos\alpha & \sin\alpha & 0 \\ -\sin\alpha & \cos\alpha & 0 \\ 0 & 0 & 1 \end{bmatrix} \tag{9.3.8}$$

$\boldsymbol{\lambda}$ 称为坐标转换矩阵，$\boldsymbol{\lambda}_0$ 称为结点转换矩阵。反之我们可以写出总体坐标系中结点位移向量用局部坐标系中结点位移向量表示的表达式为

$$\bar{\boldsymbol{a}}^e = \boldsymbol{\lambda}^{-1}\boldsymbol{a}^e \tag{9.3.9}$$

因为

$$\boldsymbol{\lambda}^{-1} = \boldsymbol{\lambda}^{\mathrm{T}}$$

所以(9.3.9)式又可写成

$$\bar{\boldsymbol{a}}^e = \boldsymbol{\lambda}^{\mathrm{T}}\boldsymbol{a}^e = \begin{bmatrix} \boldsymbol{\lambda}_0^{\mathrm{T}} & & & \\ & \boldsymbol{\lambda}_0^{\mathrm{T}} & & \\ & & \ddots & \\ & & & \boldsymbol{\lambda}_0^{\mathrm{T}} \end{bmatrix} \begin{Bmatrix} \boldsymbol{a}_1 \\ \boldsymbol{a}_2 \\ \vdots \\ \boldsymbol{a}_n \end{Bmatrix} \tag{9.3.10}$$

其中

$$\boldsymbol{\lambda}_0^{\mathrm{T}} = \begin{bmatrix} \cos\alpha & -\sin\alpha & 0 \\ \sin\alpha & \cos\alpha & 0 \\ 0 & 0 & 1 \end{bmatrix}$$

将(9.3.7)式代入有限元求解方程，并用$\boldsymbol{\lambda}^{\mathrm{T}}$前乘两端，就可得到总体坐标系内的单元刚度矩阵和载荷向量表达式如下

$$\begin{aligned} \bar{\boldsymbol{K}}^e &= \boldsymbol{\lambda}^{\mathrm{T}}\boldsymbol{K}^e\boldsymbol{\lambda} \\ \bar{\boldsymbol{P}}^e &= \boldsymbol{\lambda}^{\mathrm{T}}\boldsymbol{P}^e \end{aligned} \tag{9.3.11}$$

### 9.3.3 铰结点的处理

在杆件系统中会遇到一些杆件通过铰结点和其他杆件相联结，如图 9.12 中的杆件组成的框架结构，有 4 根杆件汇交于结点 4，其中杆件②与结点 4 铰接，其他杆则为刚接。在这种结点上应该注意到：

(1) 结点上各杆具有相同的线位移，但截面转动不相同。刚接于结点上的各杆具有相同的截面转动，而与之铰接的杆件却具有不同的截面转动。例如在图示结构中，在受载后，在结点 4，杆件③，④，⑥将具有相同的截面转动，而杆件②则具有与其他杆件不同的截面转动。

(2) 结点上具有铰接的杆端不承受弯矩，因此在结点上只有刚接的各杆杆端弯矩参与结点的力矩平衡。例如在图示结构中，杆件②在铰接端的杆端弯矩为零，只有杆件③，④，⑥在结点 4 上与外弯矩保持平衡。

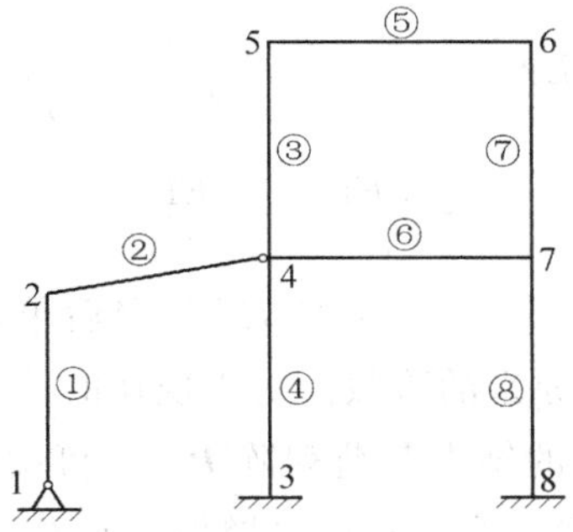


图 9.12　有铰结点的杆件系统

这时单元②的铰接端，只有位移自由度参加总体集成，而转动自由度是不参加集成的。因此对于单元②来说，此自由度属于内部自由度性质。为算法上的方便起见，在总体集成前，应在单元层次上将此自由度凝聚掉(结构力学中称之为自由度释放)。具体方法和以前有关章、节中已采用过的凝聚自由度方法相同。现以 2 结点平面梁单元，且弯曲单元采用经典梁单元的情况为例将凝聚自由度方法具体化。此单元参加系统集成前，在自身局部坐标系内的有限元方程可以表示如下：

$$\begin{bmatrix} \boldsymbol{K}_0 & \boldsymbol{K}_{0c} \\ \boldsymbol{K}_{c0} & \boldsymbol{K}_{cc} \end{bmatrix}^e \begin{pmatrix} \boldsymbol{a}_0 \\ \boldsymbol{a}_c \end{pmatrix}^e = \begin{pmatrix} \boldsymbol{P}_0 \\ \boldsymbol{P}_c \end{pmatrix}^e \tag{9.3.12}$$

其中 $\boldsymbol{a}_c$ 是单元中需要凝聚掉的自由度，$\boldsymbol{a}_0$ 是单元中需要保留，也即将参加系统总体集成的自由度。单元刚度矩阵和结点载荷列阵也表示成为相应的分块形式。

从(9.3.12)式的第 2 式，可以得到

$$\boldsymbol{a}_c = \boldsymbol{K}_{cc}^{-1}(\boldsymbol{P}_c - \boldsymbol{K}_{c0}\boldsymbol{a}_0) \tag{9.3.13}$$

将上式代回(9.3.12)式的第 1 式，就可以得到凝聚后的单元方程为

$$\boldsymbol{K}^{*}\boldsymbol{a}_{0}=\boldsymbol{P}_{0}^{*} \tag{9.3.14}$$

其中

$$\begin{aligned}\boldsymbol{K}^{*}&=\boldsymbol{K}_{0}-\boldsymbol{K}_{0c}\boldsymbol{K}_{cc}^{-1}\boldsymbol{K}_{c0}\\ \boldsymbol{P}_{0}^{*}&=\boldsymbol{P}_{0}-\boldsymbol{K}_{0c}\boldsymbol{K}_{cc}^{-1}\boldsymbol{P}_{c}\end{aligned} \tag{9.3.15}$$

现回到图 9.12 所示结构的单元②，经凝聚后在单元局部坐标系内的单元刚度矩阵 $\boldsymbol{K}^{*}$ 可以表示如下：

$$\boldsymbol{K}^{*}=\begin{bmatrix}\dfrac{EA}{l} & 0 & 0 & -\dfrac{EA}{l} & 0\\ 0 & \dfrac{3EI}{l^{3}} & \dfrac{3EI}{l^{2}} & 0 & -\dfrac{3EI}{l^{3}}\\ 0 & \dfrac{3EI}{l^{2}} & \dfrac{3EI}{l} & 0 & -\dfrac{3EI}{l^{2}}\\ -\dfrac{EA}{l} & 0 & 0 & \dfrac{EA}{l} & 0\\ 0 & -\dfrac{3EI}{l^{3}} & -\dfrac{3EI}{l^{2}} & 0 & \dfrac{3EI}{l^{3}}\end{bmatrix} \tag{9.3.16}$$

凝聚前的单元刚度矩阵 $\boldsymbol{K}^{e}$ 是 6×6 矩阵，经凝聚后单元刚度矩阵 $\boldsymbol{K}^{*}$ 是 5×5 矩阵。为便于统一程序，$\boldsymbol{K}^{*}$ 可仍保留原来的阶数。对于现在的情况，可在 $\boldsymbol{K}^{*}$ 中增加全部为零元素的第 6 行和第 6 列。凝聚后的结点载荷列阵 $\boldsymbol{P}_{0}^{*}$ 也可按(9.3.15)式算出，并为使之仍保留为凝聚前的阶数，在它的第 6 个元素位置增加零元素。

在结构系统中，两端都为铰接的单元，也可按上述方法处理。在参加系统集成前，先将单元两端的转动自由度凝聚掉，并在相关的行和列上补充以零元素，使单元刚度矩阵仍保留原来的阶数，以利于程序的统一。仍以上述单元为例，经凝聚并保留原来阶数的单元刚度矩阵可以表示如下

$$\boldsymbol{K}^{*}=\begin{bmatrix}\dfrac{EA}{l} & 0 & 0 & -\dfrac{EA}{l} & 0 & 0\\ 0 & 0 & 0 & 0 & 0 & 0\\ 0 & 0 & 0 & 0 & 0 & 0\\ -\dfrac{EA}{l} & 0 & 0 & \dfrac{EA}{l} & 0 & 0\\ 0 & 0 & 0 & 0 & 0 & 0\\ 0 & 0 & 0 & 0 & 0 & 0\end{bmatrix} \tag{9.3.17}$$

以上讨论是以经典梁单元为例进行的，实际上对 Timoshenko 梁单元，包括对它的多结点形式，也可以按同样的方法处理，这里不一一列举，读者可以作为习题加以练习。

# 9.4　空间杆件系统

## 9.4.1　局部坐标系内空间杆单元的特性矩阵

空间杆单元和平面杆单元的区别在于：杆件除了可能承受轴力和弯矩的作用而外，还可能承受扭矩的作用。而且弯矩可能同时在两个坐标面内存在。图 9.13 所示是一 2 结点空间杆单元的结点位移和结点力。

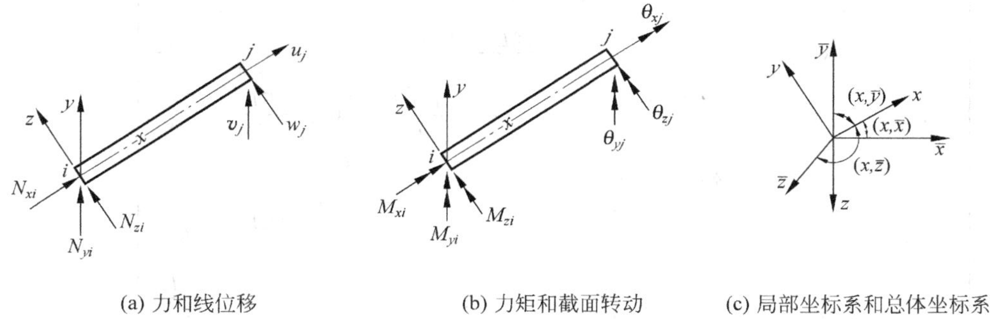
(a) 力和线位移
(b) 力矩和截面转动
(c) 局部坐标系和总体坐标系

图 9.13　2 结点空间杆单元

对于空间杆单元，每个结点有 6 个自由度，即有 6 个广义位移和 6 个广义力，它们是

$$\boldsymbol{a}^e = \begin{Bmatrix} \boldsymbol{a}_1 \\ \boldsymbol{a}_2 \end{Bmatrix} \qquad \boldsymbol{P}^e = \begin{Bmatrix} \boldsymbol{P}_1 \\ \boldsymbol{P}_2 \end{Bmatrix} \tag{9.4.1}$$

其中

$$\begin{aligned} \boldsymbol{a}_i &= [u_i \quad v_i \quad w_i \quad \theta_{xi} \quad \theta_{yi} \quad \theta_{zi}]^{\mathrm{T}} \qquad (i = 1,2) \\ \boldsymbol{P}_i &= [N_{xi} \quad N_{yi} \quad N_{zi} \quad M_{xi} \quad M_{yi} \quad M_{zi}]^{\mathrm{T}} \qquad (i = 1,2) \end{aligned} \tag{9.4.2}$$

式中 $u_i, v_i, w_i$ 为结点 $i$ 在局部坐标系中 3 个方向的线位移；$\theta_{xi}, \theta_{yi}, \theta_{zi}$ 为结点 $i$ 处截面绕 3 个坐标轴的转动；$\theta_{xi}$ 代表截面的扭转，$\theta_{yi}, \theta_{zi}$ 分别代表截面在 $xz$ 和 $xy$ 坐标面内的转动；$N_{xi}$ 是结点 $i$ 的轴向力，$N_{yi}, N_{zi}$ 是结点 $i$ 在 $xy$ 及 $xz$ 面内的剪力；$M_{xi}$ 是结点 $i$ 的扭矩，$M_{yi}, M_{zi}$ 是结点 $i$ 在 $xz$ 及 $xy$ 面内的弯矩。

杆单元横截面面积为 $A$，在 $xz$ 面内截面惯性矩为 $I_y$，在 $xy$ 面内的截面惯性矩为 $I_z$，单元的扭转惯性矩为 $J$。长度为 $l$，材料弹性模量和剪切模量分别为 $E$ 和 $G$ 的 2 结点空间杆单元（弯曲采用经典梁理论）在单元局部坐标系内的刚度矩阵可以表示如下

$$
\boldsymbol{K}^e=\left[\begin{array}{cccccc|cccccc}
\frac{EA}{l} & 0 & 0 & 0 & 0 & 0 & -\frac{EA}{l} & 0 & 0 & 0 & 0 & 0 \\
 & \frac{12EI_z}{l^3} & 0 & 0 & 0 & \frac{6EI_z}{l^2} & 0 & -\frac{12EI_z}{l^3} & 0 & 0 & 0 & \frac{6EI_z}{l^2} \\
 & & \frac{12EI_y}{l^3} & 0 & -\frac{6EI_y}{l^2} & 0 & 0 & 0 & -\frac{12EI_y}{l^3} & 0 & -\frac{6EI_y}{l^2} & 0 \\
 & & & \frac{GJ}{l} & 0 & 0 & 0 & 0 & 0 & -\frac{GJ}{l} & 0 & 0 \\
 & & & & \frac{4EI_y}{l} & 0 & 0 & 0 & \frac{6EI_y}{l^2} & 0 & \frac{2EI_y}{l} & 0 \\
 & & & & & \frac{4EI_z}{l} & 0 & -\frac{6EI_z}{l^2} & 0 & 0 & 0 & \frac{2EI_z}{l} \\
\hline
 & & & & & & \frac{EA}{l} & 0 & 0 & 0 & 0 & 0 \\
 & & \text{对} & & & & & \frac{12EI_z}{l^3} & 0 & 0 & 0 & -\frac{6EI_z}{l^2} \\
 & & & & & & & & \frac{12EI_y}{l^3} & 0 & \frac{6EI_y}{l^2} & 0 \\
 & & & & \text{称} & & & & & \frac{GJ}{l} & 0 & 0 \\
 & & & & & & & & & & \frac{4EI_y}{l} & 0 \\
 & & & & & & & & & & & \frac{4EI_z}{l}
\end{array}\right] \tag{9.4.3}
$$

当空间杆单元的一端或两端是铰接情况时，可按上节中凝聚自由度的方法，对有关的自由度进行凝聚处理，并为算法上的方便，在相关的行和列上补充以零元素，使单元刚度矩阵仍保持为 12×12 阶矩阵。例如两端都是铰接的空间杆单元经上述凝聚和扩充处理以后，单元刚度矩阵将是如下形式

$$
\boldsymbol{K}^e=\left[\begin{array}{cccccc|cccccc}
\frac{EA}{l} & 0 & 0 & 0 & 0 & 0 & -\frac{EA}{l} & 0 & 0 & 0 & 0 & 0 \\
 & 0 & 0 & 0 & 0 & 0 & 0 & 0 & 0 & 0 & 0 & 0 \\
 & & 0 & 0 & 0 & 0 & 0 & 0 & 0 & 0 & 0 & 0 \\
 & & & 0 & 0 & 0 & 0 & 0 & 0 & 0 & 0 & 0 \\
 & & & & 0 & 0 & 0 & 0 & 0 & 0 & 0 & 0 \\
 & & & & & 0 & 0 & 0 & 0 & 0 & 0 & 0 \\
\hline
 & \text{对} & & & & & \frac{EA}{l} & 0 & 0 & 0 & 0 & 0 \\
 & & & & & & & 0 & 0 & 0 & 0 & 0 \\
 & & & & \text{称} & & & & 0 & 0 & 0 & 0 \\
 & & & & & & & & & 0 & 0 & 0 \\
 & & & & & & & & & & 0 & 0 \\
 & & & & & & & & & & & 0
\end{array}\right] \tag{9.4.4}
$$

### 9.4.2 空间杆单元的坐标转换

为分析空间杆件系统，需要将上节在单元局部坐标系内建立的单元特性矩阵转换到系统的总体坐标系，转换的原理和方法和平面单元的坐标转换相同。只是对应于(9.3.8)式所表示的结点坐标转换矩阵$\boldsymbol{\lambda}_0$，现在应改写成

$$\boldsymbol{\lambda}_0 = \begin{bmatrix} \boldsymbol{\lambda}_{01} & 0 \\ 0 & \boldsymbol{\lambda}_{01} \end{bmatrix} \tag{9.4.5}$$

其中

$$\boldsymbol{\lambda}_{01} = \begin{bmatrix} l_{x\bar{x}} & l_{x\bar{y}} & l_{x\bar{z}} \\ l_{y\bar{x}} & l_{y\bar{y}} & l_{y\bar{z}} \\ l_{z\bar{x}} & l_{z\bar{y}} & l_{z\bar{z}} \end{bmatrix}$$

式中 $l_{x\bar{x}}, l_{x\bar{y}}, l_{x\bar{z}}$ 是局部坐标 $x$ 对总体坐标 $\bar{x}, \bar{y}, \bar{z}$ 的 3 个方向余弦，即

$$l_{x\bar{x}} = \cos(x,\bar{x}), \quad l_{x\bar{y}} = \cos(x,\bar{y}), \quad l_{x\bar{z}} = \cos(x,\bar{z}) \tag{9.4.6}$$

其余 $l_{y\bar{x}}, l_{y\bar{y}}, \cdots, l_{z\bar{z}}$ 分别是局部坐标 $y, z$ 对总体坐标的方向余弦。

本节空间杆单元是以弯曲基于经典梁理论的 2 结点单元为例进行讨论的，但其原理和方法完全适用于弯曲基于 Timoshenko 梁理论的单元，包括它的多结点形式。

## 9.5 小结

本章在结构有限单元概论一节对于杆(梁)、板壳一类结构力学单元特点的分析，以及通过主从自由度方法或相对自由度方法克服实际分析中遇到的数值上困难的原理，不仅在本章梁单元得到体现和应用，而且在今后几章关于板壳有限元的讨论中将得到进一步的应用。

本章讨论了基于经典梁弯曲理论的梁单元和基于 Timoshenko 梁理论的梁单元，后者不仅使梁单元降低了交界面上的连续性要求，即从 $C_1$ 连续性降低为 $C_0$ 连续性，而且考虑了横向剪切变形的影响，从而扩大了它的应用范围。但是应注意到为满足完备性要求应避免使用 2 结点的 Timoshenko 单元，更为重要的是应避免用于 $h/l$ 很小情况时可能出现的剪切锁死。为克服后一问题，本章初步讨论了减缩积分和假设剪切应变方法。这些方法在今后几章关于板壳单元讨论中仍将得到应用，并将作进一步的讨论。

本章关于等直截面杆件系统的讨论所涉及的两个基本问题：不同受力状态单元特性矩阵的组合，以及单元集成为结构系统时的坐标转换，同样对今后空间板壳结构的讨论是有普遍意义的。

本章讨论只限于等截面的直杆，同时在扭转单元的讨论中忽略了约束扭转的影响，在空间杆系的讨论中假设截面弯曲中心和扭转中心重合(即截面有两个相互垂直对称面情

况)。在实际结构分析中可能会遇到不满足上述条件的情况，例如变截面杆件，非规则截面杆件等，对本章所讨论的各种单元的表达格式和分析方法尚需作必要的修正和补充，现已有相当多的文献可以查阅，在此不可能一一涉及，但是本章的讨论仍提供了必要的、比较系统的基础。

需要指出的是，平面或空间曲杆(梁)单元，由于它的表达格式和三维超参数曲壳单元相同，也是建立在三维实体蜕化单元的基础上，同时它常常和曲壳单元共同使用于组合结构中，将在第11章壳体问题的有限元法中予以讨论。

### 关键概念

| | | |
|---|---|---|
| 结构单元 | $C_1$ 连续性 | 主从自由度 |
| 相对自由度 | 经典梁理论 | Timoshenko 梁理论 |
| 截面剪切校正因子 | 剪切能量等效 | 剪切锁死 |
| 假设剪切应变 | 平面杆系 | 空间杆系 |

## 复习题

**9.1** 什么是结构单元？在几何特征上有哪些特点？力学分析中如何利用这些特点？

**9.2** 结构单元和实体单元有何区别？在有限元分析中各有什么方便之处和不方便之处？

**9.3** 什么叫主从自由度和相对自由度？在结构分析中如何应用它们？有什么作用？

**9.4** 经典梁理论和 Timoshenko 梁理论有哪些相同点和不同点？各自适合应用于什么情况？

**9.5** Timoshenko 梁理论中对于剪切应变项为什么引入截面剪切校正因子？意义和作用何在？

**9.6** 有哪些方法可用来确定截面剪切校正因子？这些方法是如何具体计算出校正因子的？

**9.7** 有哪两种方法可以用来在梁弯曲单元中引入剪切应变的影响？它们的相同点和不同点是什么？

**9.8** 挠度和截面转动各自独立插值的 Timoshenko 梁单元的剪切刚度矩阵必须具备什么性质？为什么？

**9.9** 通常用什么方法来避免 Timoshenko 梁单元发生剪切锁死？在理论上如何解释所采用方法的合理性？

**9.10** 本章所导出的杆-梁单元的有限元列式能否用于变截面情况？为什么？如能应用需有什么条件和引入什么修正？

**9.11** 在杆件系统中，对于铰结点情形，除9.3.3节中所述凝聚掉相关杆的转动自由度以外，还有什么处理方法？

**9.12**　平面杆系和空间杆系中的杆单元各包含多少结点自由度，如何形成各自的单元刚度矩阵？

**9.13**　平面杆系和空间杆系的杆单元有不同方向，如何集成各自的总体刚度矩阵和载荷向量？

## 练习题

**9.1**　用经典梁单元计算以下问题：

(1) 求受均布载荷 $q$ 悬臂梁的端部挠度(用 1,2 个单元)。

(2) 求受均布载荷 $q$ 两端简支梁的中点挠度(用 1,2 个单元)。

(3) 求受均布载荷 $q$ 两端固支梁的中点挠度(用 2,4 个单元)。

(提示：对于问题(2)、(3)，应用对称性条件简化计算)

列表将计算结果和材料力学解答进行比较，并分析产生误差的原因。

**9.2**　根据剪切应变能等效的原理，计算圆形截面和矩形截面的剪切校正因子。

**9.3**　导出考虑剪切梁单元的刚度矩阵(9.2.45)式。

**9.4**　如果将假设剪切应变的方法用于 3 结点 Timoshenko 梁单元，列出有关表达式，并论证它们和减缩积分方法的等价性。

**9.5**　分别用 2 个 2 结点和 1 个 3 结点 Timoshenko 梁单元计算悬臂梁承受(1)端部弯矩 $M$；(2)端部横向力 $P$；(3)均布载荷 $q$ 时的端点挠度，将结果和材料力学解进行比较，并分析误差的原因。

**9.6**　导出(9.3.16)式和(9.3.17)式，如何理解它们的力学意义？

**9.7**　如何利用凝聚转动自由度的方法计算承受均布载荷 $q$ 的两端简支梁的中点挠度，并对采用 1 个和 2 个单元进行计算的步骤和结果与习题 1 的步骤和结果进行比较。

**9.8**　对于平面杆系中一端铰接和两端铰接的 2 结点 Timoshenko 梁单元，导出它经凝聚和扩展后的单元刚度矩阵。

**9.9**　如何采用相对自由度方法避免图 9.14 所示 4 结点和 6 结点平面元分析梁弯曲问题时可能出现的数值计算困难，并列出它的表达格式(提示：以顶面和底面结点对的位移平均值和相差值作为新的自由度)。

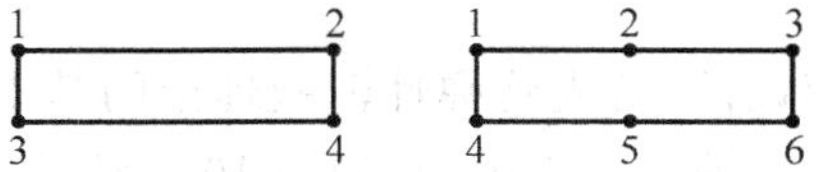


图 9.14　用于梁弯曲分析的平面元

**9.10**　试应用主从自由度的原理将上题所列的二维元蜕化为 Timoshenko 梁单元。

# 第 10 章　平板弯曲问题

**本章要点**

- 薄板弯曲理论的基本假设和基本方程；薄板有限元区别于实体有限元的基本特征和板单元的几种基本类型。
- 建立于薄板弯曲理论的非协调元和协调元的构造方法及各自性能上的特点。
- Mindlin 板单元的构造方法和特点，保持总体刚度矩阵非奇异性和剪切刚度矩阵奇异性的可能方案及相互比较。
- DKT 板单元和应力杂交板单元的构造方法和基本特点。

## 10.1　引言

前一章指出，在工程中有广泛应用的板壳结构，由于它在几何上有一个方向的尺度比其他两个方向小得多的特点，在结构力学中引入了一定的假设，使之简化为二维问题。这种简化不仅是为了便于用解析方法求解，而且从数值求解角度考虑也是必要的。它可以使计算量得到很大的缩减，同时可以避免因求解方程系数矩阵的元素间相差过大而造成的困难。

也正如前一章所提及的，基于 Kirchhoff 假设的板壳单元，由于在单元交界面上要保持 $C_1$ 连续性，将为单元的构造带来相当大的困难。在本章的讨论中，将可看到，板壳单元的构造将比 $C_0$ 型的实体单元复杂得多。因此板壳问题的有限元方法的中心问题是如何构造合乎要求的单元。至于求解的具体步骤则基本上和 $C_0$ 型有限元方法的求解是相同的。

在讨论本章的具体内容以前，首先将弹性薄板理论的基本公式作一扼要的叙述。

取板的中面为 $xy$ 平面，$z$ 轴垂直于中面，如图 10.1 所示。基于板的厚度比其他两个方向尺寸小得多，以及挠度比厚度又小得多的假设，弹性薄板理论在分析平板弯曲问题时假设：忽略厚度方向的正应力，即 $\sigma_z \approx 0$；薄板中面内的各点没有平行于中面的位移，即 $u(x,y,0)=v(x,y,0)\approx 0$；薄板中面的法线在变形后仍保持为法线，同时法线上各点 $z$ 方向位移的变化可以忽略，即 $w(x,y,z)\approx w(x,y,0)$。利用上述假设将平板弯曲问题简化

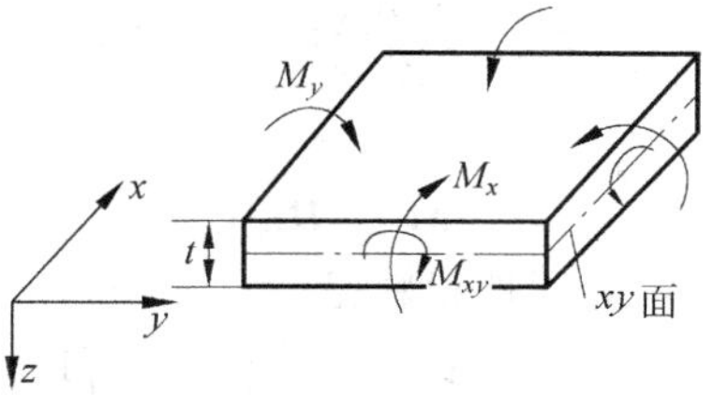


图 10.1　薄板弯曲的坐标和广义力

为二维问题，且全部应力和应变可以用板中面的挠度 $w$ 表示，即

$$\begin{aligned} u(x,y,z) &= -z\frac{\partial w}{\partial x} \\ v(x,y,z) &= -z\frac{\partial w}{\partial y} \\ w(x,y,z) &\cong w(x,y,0) = w(x,y) \end{aligned} \tag{10.1.1}$$

因而广义应变可以由 $w$ 得到，即

$$\boldsymbol{\kappa} = \begin{Bmatrix} \kappa_x \\ \kappa_y \\ \kappa_{xy} \end{Bmatrix} = \begin{Bmatrix} -\dfrac{\partial^2 w}{\partial x^2} \\ -\dfrac{\partial^2 w}{\partial y^2} \\ -2\dfrac{\partial^2 w}{\partial x \partial y} \end{Bmatrix} = \boldsymbol{L}w \tag{10.1.2}$$

其中

$$\boldsymbol{L} = \begin{Bmatrix} -\dfrac{\partial^2}{\partial x^2} \\ -\dfrac{\partial^2}{\partial y^2} \\ -2\dfrac{\partial^2}{\partial x \partial y} \end{Bmatrix}$$

$\boldsymbol{\kappa}$ 中各个分量分别代表薄板弯曲后中面在 $x$ 方向的曲率，$y$ 方向的曲率以及在 $x$ 和 $y$ 方向的扭率。薄板的广义内力是

$$\boldsymbol{M} = \begin{Bmatrix} M_x \\ M_y \\ M_{xy} \end{Bmatrix} \tag{10.1.3}$$

其中 $M_x$，$M_y$ 分别是垂直 $x$ 轴和 $y$ 轴的截面上单位长度的弯矩，$M_{xy}(=M_{yx})$是垂直于 $x(y)$轴截面上单位长度的扭矩。根据应力沿 $z$ 方向成线性分布的性质，由 $M_x$，$M_y$，$M_{xy}$ 可以计算板内任一点的应力。设板的厚度为 $t$，则：

$$\sigma_x = \frac{12M_x}{t^3}z \quad \sigma_y = \frac{12M_y}{t^3}z \quad \tau_{xy} = \tau_{yx} = \frac{12M_{xy}}{t^3}z \tag{10.1.4}$$

广义的应力应变关系是

$$\boldsymbol{M} = \boldsymbol{D\kappa} \tag{10.1.5}$$

其中 $\boldsymbol{D}$ 是弹性关系矩阵，对于各向同性材料是

$$\boldsymbol{D} = \frac{Et^3}{12(1-\nu^2)}\begin{bmatrix} 1 & \nu & 0 \\ \nu & 1 & 0 \\ 0 & 0 & \frac{1-\nu}{2} \end{bmatrix} = D_0\begin{bmatrix} 1 & \nu & 0 \\ \nu & 1 & 0 \\ 0 & 0 & \frac{1-\nu}{2} \end{bmatrix} \tag{10.1.6}$$

式中 $D_0 = \frac{Et^3}{12(1-\nu^2)}$ 是板的弯曲刚度。

将广义应力应变关系(10.1.5)式和几何关系(10.1.2)式代入平衡方程

$$\frac{\partial^2 M_x}{\partial x^2} + 2\frac{\partial^2 M_{xy}}{\partial x \partial y} + \frac{\partial^2 M_x}{\partial y^2} + q(x,y) = 0 \tag{10.1.7}$$

可以得到求解挠度 $w$ 的如下微分方程

$$D_0\left(\frac{\partial^4 w}{\partial x^4} + 2\frac{\partial^4 w}{\partial x^2 \partial y^2} + \frac{\partial^4 w}{\partial y^4}\right) = q(x,y) \tag{10.1.8}$$

式中 $q(x,y)$ 是作用于板表面的 $z$ 方向分布载荷。

板弯曲问题的边界条件有以下3种情况：

(1) 在边界 $S_1$ 上，给定位移 $\overline{w}$ 和截面转动 $\bar{\theta}$，即

$$w\,|_{S_1} = \overline{w} \quad \left.\frac{\partial w}{\partial n}\right|_{S_1} = \bar{\theta} \tag{10.1.9}$$

其中 $n$ 表示边界的法线方向。

特例情况下，$S_1$ 为固支边，则 $w|_{S_1}=0$，$\left.\frac{\partial w}{\partial n}\right|_{S_1}=0$。

(2) 在边界 $S_2$ 上，给定位移 $\overline{w}$ 和力矩 $\overline{M}_n$，即

$$w\,|_{S_2} = \overline{w} \quad M_n\,|_{S_2} = \overline{M}_n \tag{10.1.10}$$

其中

$$M_n = -D_0\left(\frac{\partial^2 w}{\partial n^2} + \nu\frac{\partial^2 w}{\partial s^2}\right)$$

特例情况下，$S_2$ 为简支边，则 $w\,|_{S_2} = 0$，$M_n\,|_{S_2} = 0$，即 $w\,|_{S_2} = 0$，$\left.\frac{\partial^2 w}{\partial n^2}\right|_{S_2} = 0$。

式中 $n$，$s$ 分别表示边界的法向和切向方向。

(3) 在边界 $S_3$ 上给定力矩 $\overline{M}_n$ 和横向载荷 $\overline{V}_n$，即

$$\left.M_n\right|_{S_3} = \overline{M}_n \qquad \left.\left(Q_n + \frac{\partial M_{ns}}{\partial s}\right)\right|_{S_3} = \overline{V}_n \tag{10.1.11}$$

其中 $M_{ns}$ 和 $Q_n$ 分别是边界截面上单位长度的扭矩和横向剪力，可表达为

$$
\begin{aligned}
M_{ns} &= -D_0(1-\nu)\frac{\partial^2 w}{\partial n \partial s} \\
Q_n &= \frac{\partial M_n}{\partial n} + \frac{\partial M_{ns}}{\partial s} = -D_0 \frac{\partial}{\partial n}\left(\frac{\partial^2 w}{\partial n^2} + \frac{\partial^2 w}{\partial s^2}\right) \\
Q_n + \frac{\partial M_{ns}}{\partial s} &= -D_0 \frac{\partial}{\partial n}\left[\frac{\partial^2 w}{\partial n^2} + (2-\nu)\frac{\partial^2 w}{\partial s^2}\right]
\end{aligned}
\tag{10.1.12}
$$

特例情况下，$S_3$ 为自由边，则 $M_n\Big|_{S_3}=0$，$\left(Q_n+\dfrac{\partial M_{ns}}{\partial s}\right)\Big|_{S_3}=0$，即 $\left(\dfrac{\partial^2 w}{\partial n^2}+\nu\dfrac{\partial^2 w}{\partial s^2}\right)\Big|_{S_3}=0$，$\left[\dfrac{\partial^3 w}{\partial n^3}+(2-\nu)\dfrac{\partial^3 w}{\partial n \partial s^2}\right]\Big|_{S_3}=0$。

和微分方程及边界条件相等效的最小位能原理的泛函表达式可以写成如下形式

$$
\boldsymbol{\Pi}_{\mathrm{p}} = \iint_{\Omega}\left(\frac{1}{2}\boldsymbol{\kappa}^{\mathrm{T}}\boldsymbol{D}\boldsymbol{\kappa} - qw\right)\mathrm{d}x\mathrm{d}y - \int_{S_3}\overline{V}_n w\,\mathrm{d}S + \int_{S_2+S_3}\overline{M}_n\frac{\partial w}{\partial n}\mathrm{d}S \tag{10.1.13}
$$

式中 $\boldsymbol{\kappa}$ 如(10.1.2)式所示，是 $w$ 的 2 阶导数表达式。

在平板弯曲问题的有限元分析中，首先将结构离散为单元，然后将各个单元内的挠度 $w$ 表示成通常的插值形式，即

$$
w = \boldsymbol{N}\boldsymbol{a}^e
$$

其中插值函数 $\boldsymbol{N}$ 是直角坐标或自然坐标的函数，$\boldsymbol{a}^e$ 是单元的结点参数。

进一步执行有限元分析的标准化了的步骤，可以得到求解系统结点参数 $\boldsymbol{a}$ 的矩阵方程为

$$
\boldsymbol{K}\boldsymbol{a} = \boldsymbol{P}
$$

其中 $\boldsymbol{K}$ 和 $\boldsymbol{P}$ 分别为系统的刚度矩阵和载荷向量。

需要着重指出的是，现在泛函 $\Pi_{\mathrm{p}}$ 中出现的 $w$ 的导数最高阶次是 2。根据收敛准则，在单元交界面上必须保持 $w$ 及其一阶导数的连续性，即要求插值函数具有 $C_1$ 连续性。由于 $w$ 连续时，$\dfrac{\partial w}{\partial s}$ 连续自然得到满足，所以 $C_1$ 连续性的具体含意是单元交界面上 $w$ 和 $\dfrac{\partial w}{\partial n}$ 均是连续的。

关于具有 $C_1$ 连续性的插值函数的构造，除在一维问题(如梁弯曲问题，轴对称壳问题)中还比较简单外，在二维问题中，要比构造具有 $C_0$ 连续性的插值函数复杂得多。基于平板弯曲问题的这种固有特性，从有限元法的最早发展开始，大量的工作投入了构造板、壳单元的研究。根据所要分析的结构特点、分析的要求，发展了基于不同方法或不同变分原理的各式各样的板壳单元。尽管板、壳单元的研究工作仍在吸引着很多有限元工作者的注意和精力，但是从迄今为止的发展情况来看，平板单元大体上可以分为 3 类。

(1) 基于经典薄板理论的板单元，即基于(10.1.13)式所表述的位能泛函的并以 $w$ 为

场函数的板单元。

(2) 基于保持 Kirchhoff 直法线假设的其他薄板变分原理的板单元，如基于 Hellinger-Reissner 变分原理的混合板单元，基于修正 Hellinger-Reissner 变分原理或修正余能原理的应力杂交板单元等，以及在单元内或单元边界上的若干点，而不是到处保持 Kirchhoff 直法线假设的离散 Kirchhoff 假设单元等。

(3) 基于考虑横向剪切变形的 Mindlin 平板理论的板单元。区别于经典薄板理论的是，此理论假设原来垂直于板中面的直线在变形后虽仍保持为直线，但因为横向剪切变形的结果，不一定再垂直于变形后的中面。基于此理论的板单元中，挠度 $w$ 和法线转动 $\theta_x$ 及 $\theta_y$ 为各自独立的场函数。而 $w$ 和 $\theta_x$ 及 $\theta_y$ 之间应满足的约束条件，根据约束变分原理的方法引入能量泛函，具体做法和考虑剪切的基于 Timoshenko 梁理论的梁单元相同。

上述第(2)、(3)类板单元的共同特点是将构造 $C_1$ 连续性的插值函数转化为构造 $C_0$ 连续性的插值函数，使问题得到简化。特别是第三类板单元，表达格式比较简单，和实体单元的表达格式基本类同，易于组织在统一的计算程序中，因此近年来受到人们更多的注意。特别是在动力分析和非线性分析中，更加强调单元矩阵计算的简洁性，这种单元的优点更具有吸引力。

以下几节将对上述不同类型的单元逐一进行讨论。由于篇幅限制，对于其中的某些单元只能着重原理的介绍，而略去其详细的推导和列式。

## 10.2 基于薄板理论的非协调板单元

### 10.2.1 矩形板元

考虑图 10.2 所示矩形单元 1 2 3 4，每个角结点有 3 个参数：挠度 $w$，法线绕 $x$ 轴的转动 $\theta_x$ 和绕 $y$ 轴的转动 $\theta_y$，即

$$\boldsymbol{a}_i = \begin{Bmatrix} w_i \\ \theta_{xi} \\ \theta_{yi} \end{Bmatrix} = \begin{Bmatrix} w_i \\ \left(\dfrac{\partial w}{\partial y}\right)_i \\ -\left(\dfrac{\partial w}{\partial x}\right)_i \end{Bmatrix} \quad (i = 1,2,3,4) \tag{10.2.1}$$

单元的结点位移向量为

$$\boldsymbol{a}^e = \begin{Bmatrix} \boldsymbol{a}_1 \\ \boldsymbol{a}_2 \\ \boldsymbol{a}_3 \\ \boldsymbol{a}_4 \end{Bmatrix} \tag{10.2.2}$$

可以用含有 12 个待定系数(广义坐标)的多项式来定义位移函数，这时 4 次完全多项式必须略去某些项，为保持对于 $x,y$ 的对称性，可以方便地采用下式

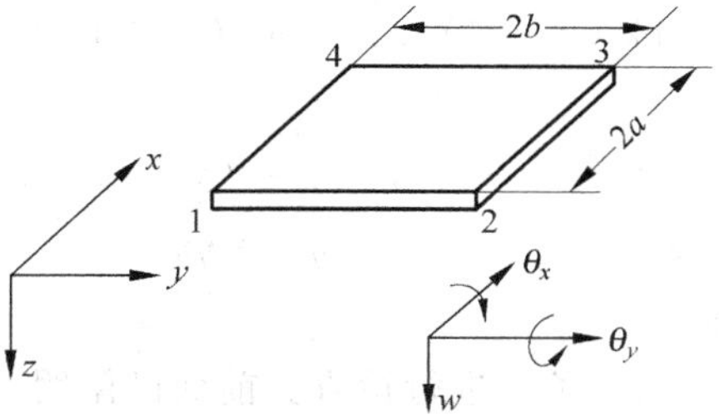


图 10.2　矩形板元

$$w = \alpha_1 + \alpha_2 x + \alpha_3 y + \alpha_4 x^2 + \alpha_5 xy + \alpha_6 y^2 + \alpha_7 x^3 + \alpha_8 x^2 y + \alpha_9 xy^2 + \alpha_{10} y^3 + \alpha_{11} x^3 y + \alpha_{12} xy^3$$

或写成

$$w = \boldsymbol{P\alpha} \tag{10.2.3}$$

其中

$$\boldsymbol{P} = [1 \quad x \quad y \quad x^2 \quad xy \quad y^2 \quad x^3 \quad x^2 y \quad xy^2 \quad y^3 \quad x^3 y \quad xy^3]$$

$$\boldsymbol{\alpha} = [\alpha_1 \quad \alpha_2 \quad \cdots \quad \alpha_{12}]^{\mathrm{T}}$$

为了确定待定系数 $\alpha_1, \alpha_2, \cdots, \alpha_{12}$，可将结点 1,2,3,4 的坐标代入 $w$ 及其导数的表达式，则可得到下列方程组

$$\left.\begin{aligned} w_i &= \alpha_1 + \alpha_2 x_i + \alpha_3 y_i + \alpha_4 x_i^2 + \alpha_5 x_i y_i + \alpha_6 y_i^2 + \cdots \\ \left(\frac{\partial w}{\partial y}\right)_i &= \theta_{xi} = \alpha_3 + \alpha_5 x_i + 2\alpha_6 y_i + \cdots - \\ -\left(\frac{\partial w}{\partial x}\right)_i &= \theta_{yi} = -\alpha_2 - 2\alpha_4 x_i - \alpha_5 y_i + \cdots \end{aligned}\right\} \quad (i = 1,2,3,4) \tag{10.2.4}$$

将上列方程组表示成矩阵形式，则有

$$\boldsymbol{C\alpha} = \boldsymbol{a}^e \tag{10.2.5}$$

其中 $\boldsymbol{C}$ 是依赖于结点坐标的 12×12 矩阵，通过求逆可以决定待定参数

$$\boldsymbol{\alpha} = \boldsymbol{C}^{-1}\boldsymbol{a}^e \tag{10.2.6}$$

将上式代回到(10.2.3)式，则可以得到 $w$ 的插值表示形式

$$w = \boldsymbol{P\alpha} = \boldsymbol{PC}^{-1}\boldsymbol{a}^e = \boldsymbol{Na}^e \tag{10.2.7}$$

其中插值函数 $\boldsymbol{N}$ 可表示成

$$\boldsymbol{N} = [\boldsymbol{N}_1 \ \boldsymbol{N}_2 \ \boldsymbol{N}_3 \ \boldsymbol{N}_4] \tag{10.2.8}$$

而

$$\boldsymbol{N}_i = \frac{1}{8}[(\xi_0 + 1)(\eta_0 + 1)(2 + \xi_0 + \eta_0 - \xi^2 - \eta^2)$$

$$b\eta_i(\xi_0+1)(\eta_0+1)^2(\eta_0-1) \qquad -a\xi_i(\xi_0+1)^2(\xi_0-1)(\eta_0+1)]$$

式中

$$\xi=(x-x_c)/a \quad \eta=(y-y_c)/b$$

$$\xi_0=\xi\xi_i \qquad \eta_0=\eta\eta_i$$

$x_c$ 和 $y_c$ 是单元中心的坐标。

现对上述位移函数的收敛性条件进行检查。前面已阐明薄板的变形可以完全由中面挠度 $w$ 所表征。(10.2.3)式中的前3项 $\alpha_1+\alpha_2 x+\alpha_3 y$ 代表薄板的刚体位移,其中 $\alpha_1$ 代表薄板在 $z$ 方向的移动,$\alpha_2$ 和 $\alpha_3$ 分别代表薄板单元绕 $y$ 轴和 $x$ 轴的刚体转动。式中$\alpha_4 x^2+\alpha_5 xy+\alpha_6 y^2$ 代表薄板弯曲的常应变(常曲率和常扭率)项,因为将它们代入(10.1.2)式可以得到:

$$\kappa_x=-\frac{\partial^2 w}{\partial x^2}=-2\alpha_4 \qquad \kappa_y=-\frac{\partial^2 w}{\partial y^2}=-2\alpha_6$$

$$\kappa_{xy}=-2\frac{\partial^2 w}{\partial x\partial y}=-2\alpha_5$$

从以上分析可见,(10.2.3)式所表达的 $w$ 是满足完备性要求的,因为它包含了刚体位移和常应变。

现在来检查相邻单元之间的位移连续性,从(10.2.3)式可以看到 $x=$常数或 $y=$常数的边界上,$w$ 是三次变化曲线,它可以由两端结点的4个参数唯一地确定。例如边界1 2上 $w$ 可由 $w_1,(\partial w/\partial y)_1,w_2,(\partial w/\partial y)_2$ 唯一地确定,所以单元交界面上 $w$ 是连续的。但从(10.2.3)式还可以看到在单元边界上 $w$ 的法向导数也是三次变化的。仍以边界1 2为例,$\partial w/\partial x$ 是 $y$ 的三次式,现在只有两个参数,即$(\partial w/\partial x)_1$ 和$(\partial w/\partial x)_2$ 不能唯一地确定沿边界1 2上三次变化的$\partial w/\partial x$,因此单元之间法向导数的连续性要求一般是不能满足的。也就是说这种单元是非协调的。但是可以验证这种非协调单元是能够通过分片试验的,所以当单元划分不断缩小时,计算结果还是能收敛于精确解答,实际计算证实了这一点。

在得到 $w$ 的插值表示(10.2.7)式以后,其余步骤是标准化的。首先将它代入(10.1.2)式得到广义应变向量

$$\boldsymbol{\kappa}=\boldsymbol{L}w=\boldsymbol{LNa}^e=\boldsymbol{Ba}^e \tag{10.2.9}$$

再将上式代入(10.1.5)式得到广义内力向量

$$\boldsymbol{M}=\boldsymbol{D\kappa}=\boldsymbol{DBa}^e \tag{10.2.10}$$

利用以上两式形成单元刚度矩阵

$$\boldsymbol{K}^e=\iint_\Omega \boldsymbol{B}^{\mathrm{T}}\boldsymbol{DB}\,\mathrm{d}x\mathrm{d}y \tag{10.2.11}$$

式中 $\Omega$ 是单元的面积，$\Omega=4ab$，当单元厚度 $t$ 是常数时，上式可以显式积分，因公式比较冗长，这里从略。

当单元上作用分布载荷 $q$ 时，单元载荷向量可按下式计算

$$\boldsymbol{P}^e=\iint_\Omega \boldsymbol{N}^{\mathrm{T}} q \mathrm{d}x\mathrm{d}y \tag{10.2.12}$$

下面给出 $q$ 是常数时 $\boldsymbol{P}^e$ 的具体结果

$$\boldsymbol{P}^e=4qab[1/4 \quad b/12 \quad -a/12 \quad 1/4 \quad b/12 \quad a/12 \quad 1/4 \quad -b/12 \quad a/12 \quad 1/4 \quad -b/12 \quad -a/12]^{\mathrm{T}}$$

上列结果表明，此时载荷向量的所有分量都不等于零，其中 1，4，7，10 分量是作用于结点的 $z$ 方向集中力，各等于 1/4 的总载荷 $4qab$，这从直觉上也是可以预计的。其余分量是分别作用于结点的集中力矩，对于结构内部的结点，如果周围的 4 个单元面积相同，则各个单元在此结点的相应分量之和仍为零。

**例 10.1**　四边支承的方形薄板，支承包括四边固支和四边简支两种情况，承受均布载荷 $q$ 或中央集中载荷。因为对称，只取 1/4 用不同密度的网格进行计算。用有限元法求得的中心挠度和 Timoshenko 解析解的比较列于表 10.1。其中 $L$ 是板的边长，$D=\dfrac{Et^3}{12(1-\nu^2)}$，计算中取 $\nu=0.3$。对于四边固支承受均布载荷 $q$ 的情况，沿中线的 $w$ 及弯矩 $M_x$ 的结果如图 10.3 所示。

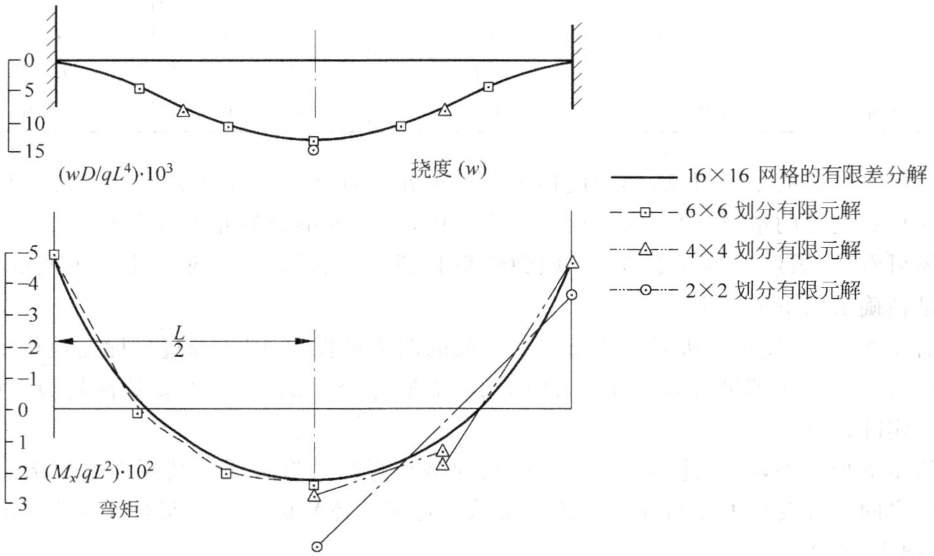


图 10.3　均匀载荷作用下四周固支方板的挠度和弯矩

表 10.1 正方形薄板的中点挠度(矩形单元)

| 网格 | 结点数 | 四边简支 | | 四边固支 | |
|---|---|---|---|---|---|
| | | 均布载荷 | 集中载荷 | 均布载荷 | 集中载荷 |
| | | $w_{max}D/qL^4$ | $w_{max}D/PL^2$ | $w_{max}D/qL^4$ | $w_{max}D/PL^2$ |
| 2×2 | 9 | 0.003 446 | 0.013 784 | 0.001 480 | 0.005 919 |
| 4×4 | 25 | 0.003 939 | 0.012 327 | 0.001 403 | 0.006 134 |
| 8×8 | 81 | 0.004 033 | 0.011 829 | 0.001 304 | 0.005 803 |
| 16×16 | 289 | 0.004 056 | 0.011 671 | 0.001 275 | 0.005 672 |
| 解析解 | | 0.004 062 | 0.011 60 | 0.001 26 | 0.005 60 |

**例 10.2** 角点用柱子支承的方形薄板承受均布载荷 $q$。由于对称,取其 1/4 进行有限元分析。此问题已有很多试验或解析研究结果。用有限元法求得的挠度和弯矩与差分解的比较见表 10.2。

表 10.2 角点支承正方形薄板的挠度和弯矩(矩形单元)

| 网格 | 板中心 | | 边中点 | |
|---|---|---|---|---|
| | $wD/qL^4$ | $M/qL^2$ | $wD/qL^4$ | $M/qL^2$ |
| 2×2 | 0.017 6 | 0.095 | 0.012 6 | 0.139 |
| 4×4 | 0.023 2 | 0.108 | 0.016 5 | 0.149 |
| 6×6 | 0.024 4 | 0.109 | 0.017 3 | 0.150 |
| 差分解 | 0.026 5 | 0.109 | 0.017 0 | 0.140 |

从以上算例的结果可见,利用此种矩形板单元计算薄板弯曲问题,收敛性是很好的。甚至在角点支承的情况,角点附近存在应力集中,有限元的解答也是比较好的。其次,从算例还可看到,虽然非协调矩形板元收敛性得到证实,但是收敛并非一定是单调的,即不一定是精确解的下界或上界。

需要指出,上述矩形板元不能推广到一般的四边形板元,因为经过坐标变换得到的一般四边形单元不能满足常应变准则,即单元不能通过分片试验,所以收敛性是很差的,不能用于实际计算。

除矩形板元外,唯一能满足常应变准则的是平行四边形板元。其原因是矩形和平行四边形之间坐标变换的雅可比行列式为常数。这时总体坐标 $x$、$y$ 和局部坐标 $\xi$、$\eta$ 的关系(参见图 10.4)是

$$\xi = (x - y\cot\alpha)/a \qquad \eta = y\csc\alpha/b \tag{10.2.13}$$

其他所有计算公式也可导出,这里不一一列出。

## 10.2.2　三角形板元

三角形板元能较好地适应复杂的边界形状，在实际分析中得到较多的应用。

首先考虑 3 结点三角形板元，如图 10.5 所示，每个结点有 3 个位移参数，即 $w_i,\theta_{xi},\theta_{yi}(i=1,2,3)$，单元共有 9 个结点位移参数。如果位移函数仍取 $x,y$ 的多项式形式，则其中应包含 9 项，而一个完备三次多项式包含 10 项，即

$$\alpha_1+\alpha_2x+\alpha_3y+\alpha_4x^2+\alpha_5xy+\alpha_6y^2+\alpha_7x^3+\alpha_8x^2y+\alpha_9xy^2+\alpha_{10}y^3$$

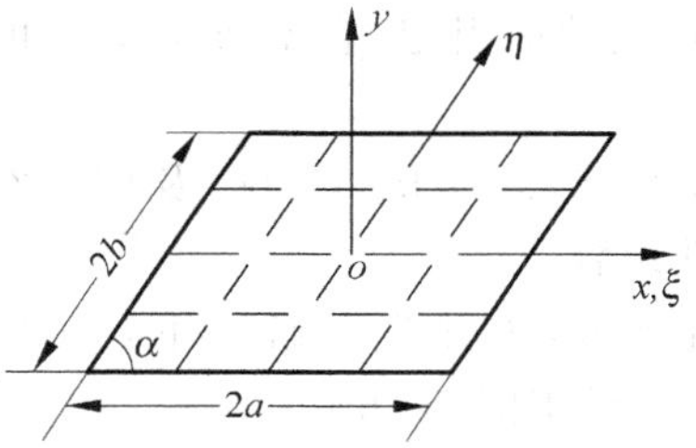


图 10.4　平行四边形单元和斜坐标

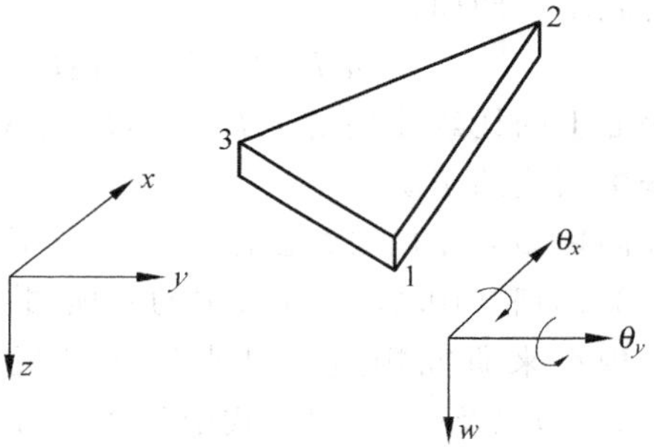


图 10.5　3 结点三角形板单元

所以必须从上式中删去一项。如前所述，前 6 项代表刚体位移和常应变，是保证收敛所必需的。而三次方项删去任何一项，都不能保持对于 $x$ 和 $y$ 的对称性，因此有人建议令 $\alpha_8=\alpha_9$，以达到减少一个待定系数并保持对称性的目的。可惜在此情况下，对于两个边界分别平行于 $x$ 轴和 $y$ 轴的等腰三角形单元，确定 $\boldsymbol{\alpha}$ 的代数方程系数矩阵 $\boldsymbol{C}$ 是奇异的，因此 $\boldsymbol{\alpha}$ 不能确定，所以令 $\alpha_8=\alpha_9$ 的方案是行不通的。还有一种方案是将单元中心挠度 $w$ 也作为一个参数，但按此方案导出的单元是不收敛的。上述困难可用引入面积坐标的方法加以克服。

3.3.1 节已介绍了面积坐标和直角坐标的关系，即有

$$L_i=\frac{1}{2A}(a_i+b_ix+c_iy)\quad(i=1,2,3)\tag{3.3.5}$$

并有

$$L_1+L_2+L_3=1$$

其中 $a_i,b_i,c_i$ 是由三角形单元几何形状决定的常数(见(2.2.7)式)。反之直角坐标也可用面积坐标表示，即：

$$x=\sum_{i=1}^{3}L_ix_i\qquad y=\sum_{i=1}^{3}L_iy_i\tag{3.3.7}$$

其中 $x_i$、$y_i$ 是三角形单元顶点的坐标值。

面积坐标的一次、二次、三次式分别有以下各项：

一次式：$L_1, L_2, L_3$ (10.2.14)

二次式：$L_1^2, L_2^2, L_3^2, L_1L_2, L_2L_3, L_3L_1$ (10.2.15)

三次式：$L_1^3, L_2^3, L_3^3, L_1^2L_2, L_2^2L_3, L_3^2L_1, L_1L_2^2, L_2L_3^2, L_3L_1^2, L_1L_2L_3$ (10.2.16)

由(3.3.7)式可见，$x, y$ 的一次完全多项式可用(10.2.14)式中3项的线性组合表示为

$$\alpha_1 L_1 + \alpha_2 L_2 + \alpha_3 L_3 \tag{10.2.17}$$

$x$、$y$ 的二次完全多项式中的项次可用(10.2.14)和(10.2.15)两式中任取6项的线性组合表示。例如：

$$\alpha_1 L_1 + \alpha_2 L_2 + \alpha_3 L_3 + \alpha_4 L_1L_2 + \alpha_5 L_2L_3 + \alpha_6 L_3L_1 \tag{10.2.18}$$

这表面上的任意性是由于 $L_1, L_2, L_3$ 中只有两个是独立的而引起，它不影响 $x, y$ 的二次完全多项式的实质。

同理，$x, y$ 的三次完全多项式应至少包含(10.2.16)式中的4项以及(10.2.14)，(10.2.15)和(10.2.16)3式中的6项、共10项的线性组合。

现在来研究构造3结点三角形板单元的插值函数，为此先了解一下(10.2.14)，(10.2.15)以及(10.2.16)式中某些项的几何性质，并表示于图10.6中。

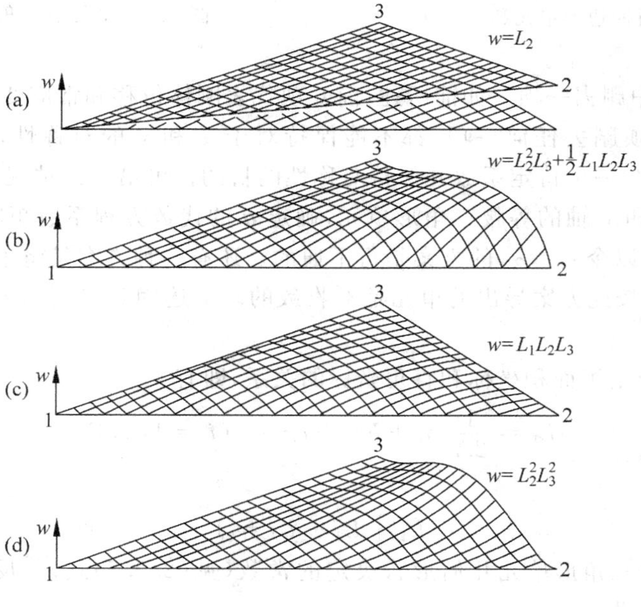


图10.6 用面积坐标多项式表示的某些基本函数

图(a)表示 $w = L_2$，单元绕边1-3作刚体转动，$w_2 = 1, w_1 = w_3 = 0$。所以 $L_1, L_2, L_3$ 的线性组合可以表示单元的任意给定的刚体位移。

若 $w=L_2^2L_3$，则沿边 1-2 和 1-3，$w=0$，当然也包括 $w$ 的所有结点值 $w_1=w_2=w_3=0$。再利用关系式

$$\frac{\partial}{\partial x}=\frac{1}{2A}\left(b_1\frac{\partial}{\partial L_1}+b_2\frac{\partial}{\partial L_2}+b_3\frac{\partial}{\partial L_3}\right)$$

$$\frac{\partial}{\partial y}=\frac{1}{2A}\left(c_1\frac{\partial}{\partial L_1}+c_2\frac{\partial}{\partial L_2}+c_3\frac{\partial}{\partial L_3}\right)$$

可以证明在边 1-3（包括结点 1 和 3）上，$\partial w/\partial x=\partial w/\partial y=0$，而在结点 2 上，$\partial w/\partial x\neq 0$，$\partial w/\partial y\neq 0$。同理，可以证明 $w=L_2^2L_1$，具有和 $w=L_2^2L_3$ 相同的性质。所以由 $L_2^2L_3$ 和 $L_2^2L_1$ 的线性组合可以给出$(\partial w/\partial x)_2$ 和$(\partial w/\partial y)_2$ 的任意指定值。

再如 $w=L_1L_2L_3$，它在 3 个结点上，函数值及偏导数都等于零，即 $w_i=(\partial w/\partial x)_i=(w/\partial y)_i=0\ (i=1,2,3)$，所以它不能由结点参数决定，因之在构造单元插值函数时不能单独应用。但它和 $L_2^2L_3$ 等项结合使用，如写成 $L_2^2L_3+CL_1L_2L_3$（$C$ 是某个常数）形式，可增加函数的一般性。$L_1L_2L_3$ 和 $L_2^2L_3+1/2L_1L_2L_3$ 表示在图（c）和（b）中。$L_2^2L_3+CL_1L_2L_3$ 形式的函数共有 6 项。

对于现在要构造的三角形板元的位移函数可以先取为

$$\begin{aligned}w=&\alpha_1L_1+\alpha_2L_3+\alpha_3L_3+\alpha_4(L_2^2L_1+CL_1L_2L_3)+\cdots+\\&\alpha_9(L_1^2L_3+CL_1L_2L_3)\end{aligned}\tag{10.2.19}$$

其中 $\alpha_1,\alpha_2,\cdots,\alpha_9$ 是待定系数，上式对于自然坐标 $L_1,L_2,L_3$ 在形式上是对称的。但是由于它只包含 9 项并不能代表 $x$、$y$ 的完全三次式，所以一般情况下不能保证 $w$ 满足常应变要求，即当结点参数赋以和常曲率或常扭率相对应的数值时，$w$ 不能保证给出和此变形状态相对应的挠度值。幸好，(10.2.19)式还有常数 $C$ 可以调整，可以证明，当 $C=1/2$ 时(10.2.19)所表示的 $w$ 正好满足常应变的要求。

(10.2.19)式中 $C=1/2$，并以结点的坐标代入其中以及它的导数表达式，可得到用面积坐标和待定参数表示的各个结点的位移参数值为 $w_i,\theta_{xi}$ 和 $\theta_{yi}$，并且

$$\theta_{xi}=\left(\frac{\partial w}{\partial y}\right)_i\quad\theta_{yi}=\left(-\frac{\partial w}{\partial x}\right)_i\qquad(i=1,2,3)$$

利用以上方程可以决定 $\alpha_1,\alpha_2,\cdots,\alpha_9$。再回代到(10.2.19)式，就可最后得到 $w$ 的插值表达式

$$w=\boldsymbol{Na}^e\tag{10.2.20}$$

或

$$w=[\boldsymbol{N}_1\ \boldsymbol{N}_2\ \boldsymbol{N}_3]\begin{Bmatrix}\boldsymbol{a}_1\\\boldsymbol{a}_2\\\boldsymbol{a}_3\end{Bmatrix}$$

其中

$$
\boldsymbol{N}_1^{\mathrm{T}} = \begin{bmatrix} N_1 \\ N_{x1} \\ N_{y1} \end{bmatrix} = \begin{bmatrix} L_1 + L_1^2 L_2 + L_1^2 L_3 - L_1 L_2^2 - L_1 L_3^2 \\ b_2\left(L_3 L_1^2 + \frac{1}{2} L_1 L_2 L_3\right) - b_3\left(L_1^2 L_2 + \frac{1}{2} L_1 L_2 L_3\right) \\ c_2\left(L_3 L_1^2 + \frac{1}{2} L_1 L_2 L_3\right) - c_3\left(L_1^2 L_2 + \frac{1}{2} L_1 L_2 L_3\right) \end{bmatrix}
$$

$\boldsymbol{N}_2$，$\boldsymbol{N}_3$ 可通过轮换下标 1—2—3 而得到。

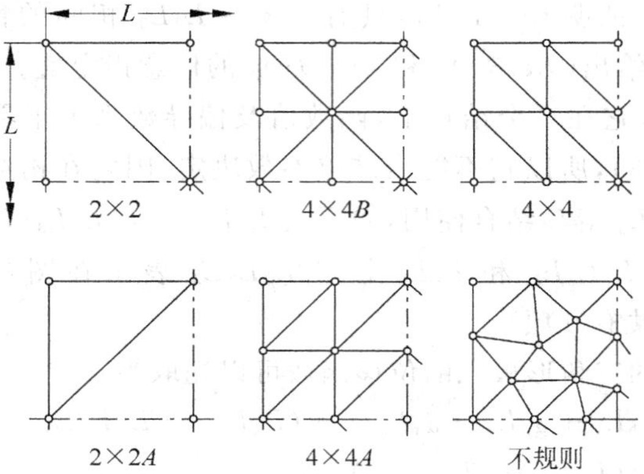


图 10.7　方板的三角形单元划分

将(10.2.20)式代入(10.1.2)式，可得到 $\boldsymbol{B}$，并进而按标准化的步骤计算单元刚度矩阵 $\boldsymbol{K}^e$。应当指出，因为 $\boldsymbol{K}^e$ 的积分表达式是用面积坐标表示的，所以可利用积分公式(4.4.12)显式积出。也可以简单地利用数值积分计算 $\boldsymbol{K}^e$，因为 $\boldsymbol{K}^e$ 中仅包含面积坐标的二次项，故对于一个三角形板元，仅需 3 点积分就可以给出精确积分的结果(见表 4.4)。

现在检查位移函数在单元交界面上的协调性。在单元边界上，$w$ 是三次变化，可由两端结点的 $w$ 及 $\frac{\partial w}{\partial s}$ 值唯一地确定，所以 $w$ 是协调的。但是由于单元边界上 $\frac{\partial w}{\partial n}$ 是二次变化，不能由两端结点的 $\frac{\partial w}{\partial n}$ 值唯一地确定，所以单元边界上 $\frac{\partial w}{\partial n}$ 是不协调的。

Irons 等已证明如果单元网格是由 3 组等间距直线产生的(如图 10.7 中的 4×4 和 4×4$A$ 网格)，则此种单元能够通过分片试验，并且有限元解能收敛于解析解。而 4×4$B$ 网格，虽然解也收敛，但位移值大约有 1.5%的误差。

对于大多数工程问题，用非协调元得到的解的精度是足够的，常常还可给出比协调元更好一些的结果。这是因为利用最小位能原理求得的近似解一般使结构呈现过于刚硬，而非协调元实质上是未精确满足最小位能原理的要求，在单元交界面上有较多的适应性，使结构趋于柔软，正好部分地抵消上述过于刚硬带来的误差。

**例 10.3**　不同支承条件的方板承受分布载荷或集中载荷，按图 10.7 所示不同网格进行划分和计算。沿板中心线的挠度和 $M_x$ 的结果以及和解析解的比较均示于图 10.8 中。

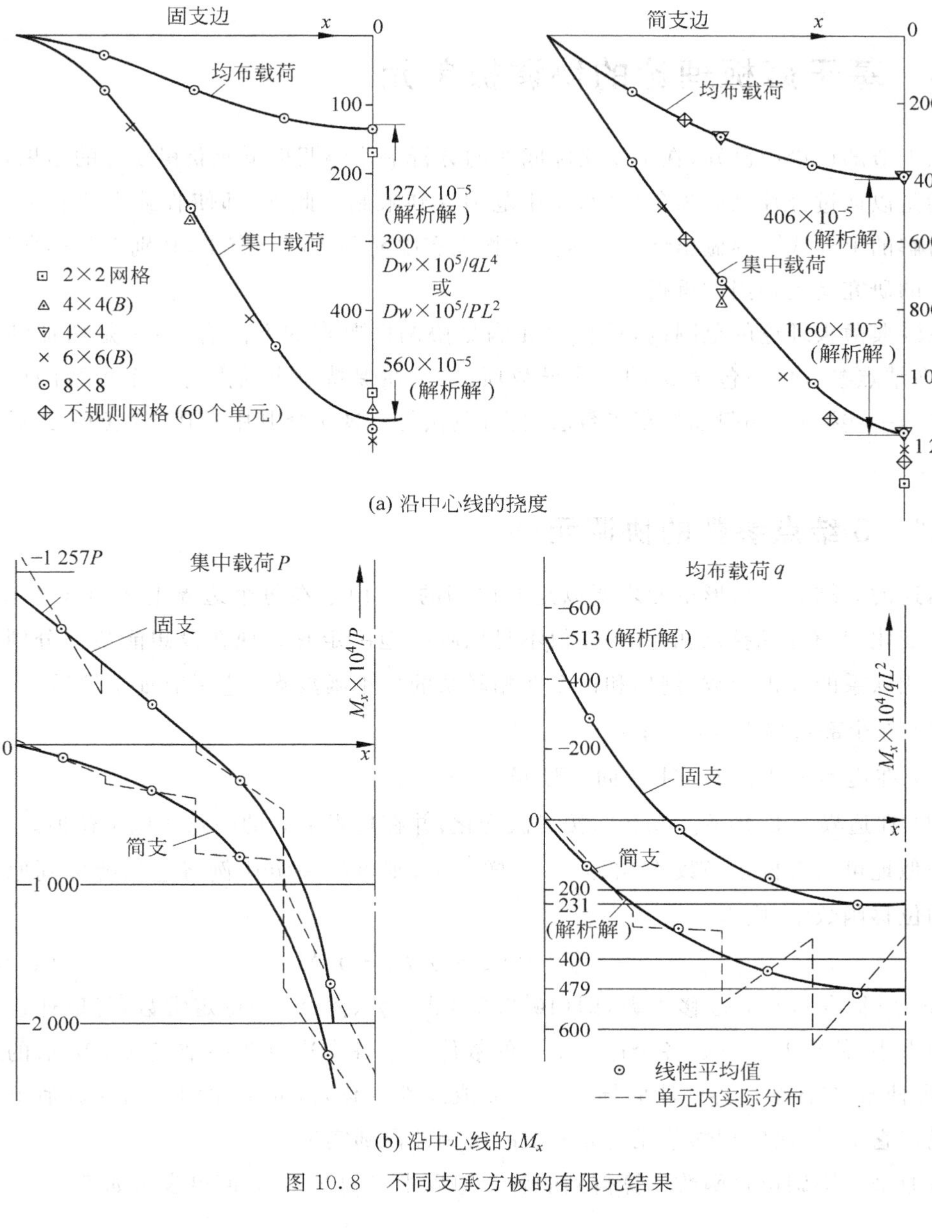


图 10.8　不同支承方板的有限元结果

从图10.8(a)可见，随着网格的加密，有限元结果趋于解析解，8×8网格的计算结果基本上和解析解一致。另一方面，由于所采用的单元是非协调元，解的收敛不是单调的。图10.8(b)中只给出8×8网格的计算结果。从图可见，单元内 $M_x$ 呈线性分布，在单元交界面上不连续，但单元中心的 $M_x$ 和解析解符合得很好。

## 10.3 基于薄板理论的协调板单元

从上节的讨论中已知，在不少实际问题的分析中非协调板单元获得较好的结果，但是收敛性是以通过分片试验为条件的，使用范围受到限制。此外，即使收敛也并非单调的，不能对解的上界或下界做出估计。因此在板壳有限元分析的研究中，特别在其早期，协调板单元的研究受到相当的重视。

在经典薄板理论的范围内，使板单元满足协调性要求的方法有二：一是增加结点参数，即在结点参数中还包含 $w$ 的二次导数项；二是在保持每个结点有3个参数的前提下采取其他一些措施，如附加校正函数法、再分割法等。现选择其中有代表性的一二种加以介绍。

### 10.3.1 3结点参数的协调元

前述的3结点三角形单元之所以是非协调的，是由于在每个边界上法向导数 $\partial w/\partial n$ 是二次变化，只有两端结点的 $\partial w/\partial n$ 值不足以唯一地决定它。现在设想能找到分别和各个边界相联系的校正函数，例如和边2-3相联系的校正函数 $\phi_{23}$，它具有如下性质：

(1) 在全部边界上 $\phi_{23}=0$；

(2) 在边界1-2和1-3上法向导数 $\partial\phi_{23}/\partial n=0$；

(3) 在边界2-3上 $\partial\phi_{23}/\partial n\neq 0$，按二次变化；并在边界2-3的中点4取单位值。

类似地可以有校正函数 $\phi_{31}$ 和 $\phi_{12}$。这样一来，则可按一定比例将它们叠加到原来非协调的位移函数中，则有

$$w = w_0 + \gamma_1\phi_{23} + \gamma_2\phi_{31} + \gamma_3\phi_{12} \tag{10.3.1}$$

其中 $w_0$ 是非协调元的位移函数，即(10.2.20)式。$\gamma_1$、$\gamma_2$、$\gamma_3$ 是待定常数，可以通过调整它们的大小，使得 $\partial w/\partial n$ 在各个边界中点的数值等于各个边界两端结点 $\partial w/\partial n$ 值的平均值，也即使 $w$ 在各个边界的法向导数 $\partial w/\partial n$ 成线性变化，因此两端的法向导数值就能唯一地确定它了，从而使相邻单元交界面上的协调性得到实现。

按原来非协调位移函数计算得到的各个边界中点的 $\partial w_0/\partial n$ 值可表示如下：

$$\begin{Bmatrix} \left(\dfrac{\partial w_0}{\partial n}\right)_4 \\ \left(\dfrac{\partial w_0}{\partial n}\right)_5 \\ \left(\dfrac{\partial w_0}{\partial n}\right)_6 \end{Bmatrix} = \boldsymbol{Z}\boldsymbol{a}^e \tag{10.3.2}$$

式中下标 4、5、6 分别表示边 2 3、3 1、1 2 的中点。

按原来位移函数计算得到的各个边界两端结点$\partial w_0/\partial n$ 的平均值可表示为

$$\begin{Bmatrix} \left(\dfrac{\partial w_0}{\partial n}\right)_4^a \\ \left(\dfrac{\partial w_0}{\partial n}\right)_5^a \\ \left(\dfrac{\partial w_0}{\partial n}\right)_6^a \end{Bmatrix} = \boldsymbol{Y}\boldsymbol{a}^e \tag{10.3.3}$$

(10.3.1)式中校正函数项在各边界中点法向导数的数值是

$$\boldsymbol{\gamma} = \begin{Bmatrix} \gamma_1 \\ \gamma_2 \\ \gamma_3 \end{Bmatrix} \tag{10.3.4}$$

为使叠加校正函数后的位移函数在各边界中点的法向导数值等于两端结点的平均值，应有下列方程

$$\boldsymbol{Y}\boldsymbol{a}^e = \boldsymbol{Z}\boldsymbol{a}^e + \boldsymbol{\gamma} \tag{10.3.5}$$

从而得到

$$\boldsymbol{\gamma} = (\boldsymbol{Y} - \boldsymbol{Z})\boldsymbol{a}^e \tag{10.3.6}$$

这样就得到经校正后的位移函数表达式

$$w = \boldsymbol{N}^e\boldsymbol{a}^e + [\phi_{23} \quad \phi_{31} \quad \phi_{12}](\boldsymbol{Y} - \boldsymbol{Z})\boldsymbol{a}^e \tag{10.3.7}$$

上式所表示的位移函数是完全满足协调性要求的，而且对原来位移函数 $w_0$ 的完备性是没有干扰的，因为在常应变(即常曲率和常扭率)的情况下，校正函数项恒为零。

现在的问题是能否找到上述校正函数，回答是肯定的。例如

$$\varepsilon_{23} = \frac{L_1 L_2^2 L_3^2}{(L_1 + L_2)(L_1 + L_3)} \tag{10.3.8}$$

或

$$\varepsilon_{23} = \frac{L_1 L_2^2 L_3^2 (1 + L_1)}{(L_1 + L_2)(L_1 + L_3)} \tag{10.3.9}$$

可以检验，它们是满足校正函数要求的，即在全部边界上函数值等于零；在边界 1-2 和1-3 上一次导数等于零；在边界 2-3 上$\partial \varepsilon_{23}/\partial n$ 是二次变化的。现在只要令

$$\phi_{23}=\frac{\varepsilon_{23}}{(\partial\varepsilon_{23}/\partial n)_4} \tag{10.3.10}$$

就达到了目的。其中$(\partial\varepsilon_{23}/\partial n)_4$是$\varepsilon_{23}$在边界2-3中点4的法向导数值。

类似地，还可以得到$\phi_{31}$和$\phi_{12}$。

关于四边形协调板单元的构造，最简单方法是利用三角形单元的组合，如图10.9所示。也有直接建立的3结点参数的四边形协调元，这里就不一一列举了。

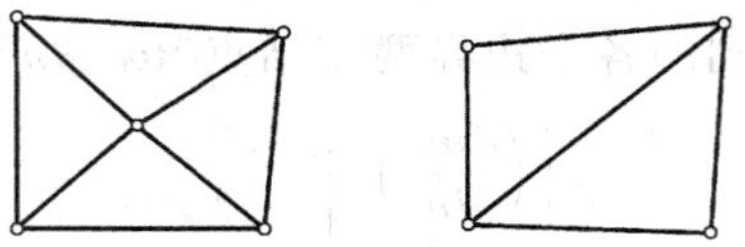

图10.9 某些组合的四边形单元

关于这类协调单元的性能，可以指出，其优点是在保持3个结点参数的条件下单元协调性的要求可以完全满足，因而保证了有限元解的收敛性，即在单元尺寸不断减小时，解能单调收敛于精确解。但在实际计算中单元尺寸总是有限的，因此计算结果常常使结构表现得过于刚硬。

**例10.4** 现以简支方板承受中心集中载荷为例，采用不同的三角形板元（其中有些单元在讨论中未涉及到）进行计算，图10.10中给出中心挠度的误差和网格单元数的关系。其中误差是指计算结果与解析解相差的百分比，$N$是$\frac{1}{2}$边长的单元数。从计算结果可见，协调元总是偏于刚硬一边并趋于收敛，而非协调元则不一定。对于同是9个自由度的三角形单元，非协调元(2)、(3)较之协调元(5)、(6)有更好的精度和收敛性，而后者呈现比较刚硬的性质。

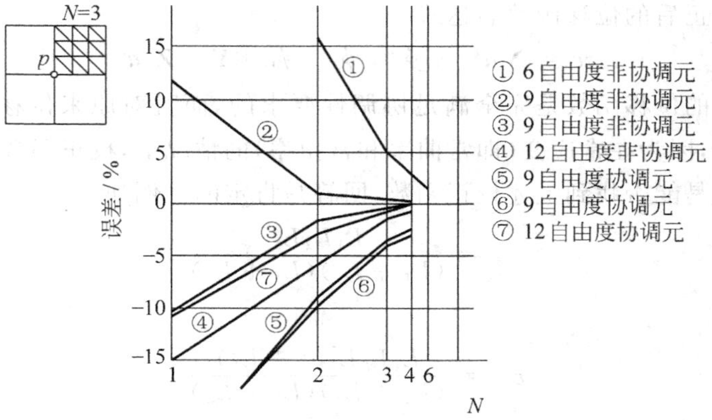


图10.10 不同三角形单元的误差比较

## 10.3.2　多结点参数的协调元

多结点参数是指结点参数中除 $w$ 和它的一阶导数$\frac{\partial w}{\partial x}$和$\frac{\partial w}{\partial y}$以外，还包含 $w$ 的二阶导数，甚至更高阶导数。这里仅以 21 个自由度和 18 个自由度的三角形单元为例，说明这种单元的一些特点。

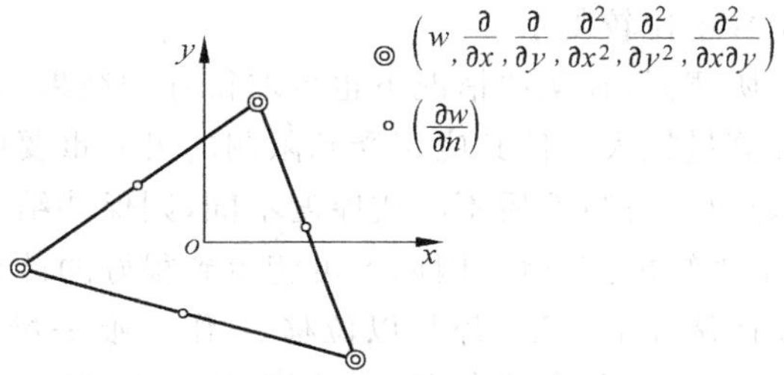


图 10.11　21 个自由度的三角形板单元

图 10.11 所示的三角形板单元，与总体坐标平行的 $x$、$y$ 坐标系的原点放在单元的中心。位移函数采用 $x$、$y$ 的完全 5 次多项式，其中包含 21 个待定系数，可以用 21 个结点参数的条件决定。现在的情况是每个角结点包含有 6 个参数，即 $w_i$，$\left(\frac{\partial w}{\partial x}\right)_i$，$\left(\frac{\partial w}{\partial y}\right)_i$，$\left(\frac{\partial^2 w}{\partial x^2}\right)_i$，$\left(\frac{\partial^2 w}{\partial y^2}\right)_i$，$\left(\frac{\partial^2 w}{\partial x \partial y}\right)_i$，$(i=1,2,3)$。另外每个边界的中结点有一个参数，即$\left(\frac{\partial w}{\partial n}\right)_k$，$(k=4,5,6)$。由此共有 21 个条件正好用以确定 21 个待定系数。单元刚度矩阵及载荷向量等计算步骤是标准化了的，但各个公式比较冗长，这里不一一列出。

可以检验这种单元是完全满足协调性要求的。在每个边界上 $w$ 是五次变化，两端结点分别有 $w$、$\frac{\partial w}{\partial s}$、$\frac{\partial^2 w}{\partial s^2}$，即共有 6 个结点参数，可以唯一地确定边界上五次变化的 $w$，所以边界上位移是协调的。另外边界上$\frac{\partial w}{\partial n}$是四次变化的，两端结点分别有$\frac{\partial w}{\partial n}$和$\frac{\partial^2 w}{\partial n \partial s}$，以及边界的中结点有$\frac{\partial w}{\partial n}$，即共有 5 个结点参数，可以唯一地确定边界上四次变化的$\frac{\partial w}{\partial n}$，所以边界上$\frac{\partial w}{\partial n}$也是协调的。

需要指出，边界中结点的出现一般是不希望的，这是因为通常都是采用直接法求解有限元的线性代数方程组，边界中结点的出现将较多地增加方程组的带宽，在计算上是不经济的，因此又出现 18 个自由度的板单元。它的位移函数仍是五次多项式，角结点仍各有 6 个结点参数，但是各个边界中结点的$\partial w/\partial n$值不再作为独立参数，而是作为限制各个边界上 $\partial w/\partial n$ 为三次变化的附加条件。这样一来仍是21个条件用以确定位移函数中的21个待定系数。计算实践表明这种单元可以取得较好的计算结果。

多结点参数的四边形协调板单元使用较少，因为只有矩形单元可以较方便地采用Hermite多项式作为位移函数（见3.3.2节，其中的场函数 $\phi$ 代表挠度 $w$），但是这种单元不能适应一般几何形状的结构。而且一般四边形板单元除取三角形组合的方法以外，直接建立全单元的位移函数也比较复杂。

利用多结点参数的协调元，在某些情况下也可取得好的结果，但是由于总的自由度较多，表达格式复杂，故计算量较大。使其应用受到限制的另一重要原因是由于结点参数中包含高阶导数，如果相邻单元材料性质不同或厚度不同，则保持结点位移高阶导数的连续性，就不可能保持结点上力矩的连续性，因而不可能得到很好的计算结果。

本节所述两种建立协调元的方法，都是以位移 $w$ 作为唯一场函数来设计板单元的。总的来说位移函数比较复杂，且各自还存在一些固有的缺点，近年来的研究工作已提出很多不限于以 $w$ 为唯一场函数的板单元。这些将在以下几节中进行讨论。

## 10.4 Mindlin板单元(位移和转动各自独立插值的板单元)

### 10.4.1 Mindlin板单元的表达格式

在上一章已经讨论了位移和转动各自独立插值的Timoshenko梁单元，现在要讨论的单元实际上是同一原理在板弯曲问题中的应用。

当位移和转动是各自独立的场函数时，系统的总位能可以表示为[①]

$$\overline{\Pi}_{\mathrm{p}}=\Pi_{\mathrm{p}}+\iint_{\Omega}\alpha_1\left(\frac{\partial w}{\partial x}-\theta_x\right)^2\mathrm{d}x\mathrm{d}y+\iint_{\Omega}\alpha_2\left(\frac{\partial w}{\partial y}-\theta_y\right)^2\mathrm{d}x\mathrm{d}y \qquad (10.4.1)$$

其中 $\Pi_{\mathrm{p}}$ 就是(10.1.13)式所表示的系统总位能。对于位移和转动各自独立插值的情况，它应改写成

$$\Pi_{\mathrm{p}}=\iint_{\Omega}^{v}\left(\frac{1}{2}\boldsymbol{\kappa}^{\mathrm{T}}\boldsymbol{D}_b\boldsymbol{\kappa}-qw\right)\mathrm{d}x\mathrm{d}y-\int_{S_3}\overline{Q}_n w\,\mathrm{d}s+$$
$$\int_{S_2+S_3}(\overline{M}_S\theta_S+\overline{M}_n\theta_n)\mathrm{d}S \qquad (10.4.2)$$

上式内 $\boldsymbol{D}_b$ 即(10.1.6)式表示的弹性关系矩阵 $\boldsymbol{D}$，$\boldsymbol{\kappa}$ 在位移和转动各自独立的情况下应表示为

① 应注意这里的 $\theta_x,\theta_y$ 在定义上和前二节的 $\theta_x,\theta_y$ 有所区别，现在的 $\theta_x,\theta_y$ 是和 $\partial w/\partial x,\partial w/\partial y$ 方向一致的转动。

$$\boldsymbol{\kappa}=\begin{Bmatrix}\kappa_x\\\kappa_y\\\kappa_{xy}\end{Bmatrix}=\begin{Bmatrix}-\dfrac{\partial\theta_x}{\partial x}\\-\dfrac{\partial\theta_y}{\partial x}\\-\left(\dfrac{\partial\theta_x}{\partial y}+\dfrac{\partial\theta_y}{\partial x}\right)\end{Bmatrix}\tag{10.4.3}$$

如同 Timoshenko 梁单元的情况，对于各向同性材料的板单元，可在(10.4.1)式中令

$$\alpha_1=\alpha_2=\frac{\alpha}{2}=\frac{Gt}{2k}\tag{10.4.4}$$

其中 $G$ 是材料剪切模量，$t$ 是板厚，$k$ 是考虑实际的剪应变沿厚度方向非均匀分布而引入的校正系数，按照剪切应变能等效原则，应取 $k=6/5$。这样一来，(10.4.1)式表示的就是考虑剪切变形的 Mindlin 平板理论的泛函，根据它构造的板单元以及建立的有限元格式可用于分析较厚的平板弯曲问题。而用于薄板时，(10.4.1)式的后两项起罚函数作用，使 Kirchhoff 直法线假设通过以下约束条件得到实现。

$$\boldsymbol{C}=\begin{Bmatrix}\dfrac{\partial w}{\partial x}-\theta_x\\\dfrac{\partial w}{\partial y}-\theta_y\end{Bmatrix}=0\tag{10.4.5}$$

由于位能表达式中 $w$ 和转动 $\theta_x,\theta_y$ 是各自独立插值的，所以它们的插值函数只要求 $C_0$ 的连续性。可以利用第 3 章中所介绍的各种 $C_0$ 型的二维插值函数将 $w,\theta_x,\theta_y$ 表示为

$$\begin{Bmatrix}\theta_x\\\theta_y\\w\end{Bmatrix}=\boldsymbol{N}\boldsymbol{a}^e\tag{10.4.6}$$

其中：

$$\boldsymbol{N}=[N_1\boldsymbol{I}\quad N_2\boldsymbol{I}\quad\cdots\quad N_n\boldsymbol{I}]$$

$$\boldsymbol{a}^e=\begin{Bmatrix}\boldsymbol{a}_1\\\boldsymbol{a}_2\\\vdots\\\boldsymbol{a}_n\end{Bmatrix}\qquad\boldsymbol{a}_i=\begin{Bmatrix}\theta_{xi}\\\theta_{yi}\\w_i\end{Bmatrix}\quad(i=1,2,\cdots,n)$$

$N_i(i=1,2,\cdots,n)$是 $C_0$ 型 $n$ 结点二维单元的插值函数，$\boldsymbol{I}$ 是 $3\times3$ 的单位矩阵，$n$ 是单元结点数。

将(10.4.6)式代入(10.4.3)和(10.4.5)式，可得：

$$\boldsymbol{\kappa}=\boldsymbol{B}_b\boldsymbol{a}^e\qquad\boldsymbol{C}=\boldsymbol{B}_s\boldsymbol{a}^e\tag{10.4.7}$$

其中

$$\boldsymbol{B}_b=[\boldsymbol{B}_{b1}\ \boldsymbol{B}_{b2}\ \cdots\ \boldsymbol{B}_{bn}]\qquad\boldsymbol{B}_s=[\boldsymbol{B}_{s1}\ \boldsymbol{B}_{s2}\ \cdots\ \boldsymbol{B}_{sn}]$$

$$\boldsymbol{B}_{bi}=\begin{bmatrix}-\frac{\partial N_i}{\partial x} & 0 & 0\\ 0 & -\frac{\partial N_i}{\partial y} & 0\\ -\frac{\partial N_i}{\partial y} & -\frac{\partial N_i}{\partial x} & 0\end{bmatrix}\qquad \boldsymbol{B}_{si}=\begin{bmatrix}-N_i & 0 & \frac{\partial N_i}{\partial x}\\ 0 & -N_i & \frac{\partial N_i}{\partial y}\end{bmatrix}$$

将上式及(10.4.6)式代入泛函(10.4.1)式，则由泛函的变分为零可以得到

$$\boldsymbol{Ka}=(\boldsymbol{K}_b+\alpha\boldsymbol{K}_s)\boldsymbol{a}=\boldsymbol{P}\tag{10.4.8}$$

其中

$$\boldsymbol{K}_b=\sum_e\boldsymbol{K}_b^e\quad \boldsymbol{K}_s=\sum_e\boldsymbol{K}_s^e\quad \boldsymbol{P}=\sum_e\boldsymbol{P}^e$$

并且

$$\boldsymbol{K}_b^e=\iint_{\Omega_e}\boldsymbol{B}_b^{\mathrm{T}}\boldsymbol{D}_b\boldsymbol{B}_b\,\mathrm{d}x\mathrm{d}y\quad \boldsymbol{K}_s^e=\iint_{\Omega_e}\boldsymbol{B}_s^{\mathrm{T}}\boldsymbol{B}_s\,\mathrm{d}x\mathrm{d}y$$

$$\boldsymbol{P}^e=\iint_{\Omega_e}\boldsymbol{N}^{\mathrm{T}}\begin{pmatrix}0\\0\\q\end{pmatrix}\mathrm{d}x\mathrm{d}y+\int_{S_{2e}+S_{3e}}\boldsymbol{N}^{\mathrm{T}}\begin{pmatrix}\overline{M}_n\\ \overline{M}_n\\ 0\end{pmatrix}\mathrm{d}s+\int_{S_{3e}}\boldsymbol{N}^{\mathrm{T}}\begin{pmatrix}0\\0\\ \overline{Q}_n\end{pmatrix}\mathrm{d}s$$

需要指出的是，由于 Mindlin 板理论中有 3 个各自独立的 $C_0$ 型的场函数，因此在板边界的每一点上应有 3 个(而不是只有一个独立的 $C_1$ 型场函数的薄板理论中的 2 个)边界条件。Mindlin 板理论中 3 种类型的边界条件表述如下：

$$w=\bar{w},\quad \theta_n=\bar{\theta}_n,\quad \theta_s=\bar{\theta}_s\quad (\text{在 } S_1 \text{ 上})\tag{10.4.9}$$

$$w=\bar{w},\quad M_n=\overline{M}_n,\quad M_s=\overline{M}_s\quad (\text{在 } S_2 \text{ 上})\tag{10.4.10}$$

$$Q_n=\overline{Q}_n,\quad M_n=\overline{M}_n,\quad M_s=\overline{M}_s\quad (\text{在 } S_3 \text{ 上})\tag{10.4.11}$$

其中下标 $n$ 和 $s$ 分别表示边界的法向和切向。上述 3 类边界条件的齐次形式分别代表固定边、简支边和自由边情况。给定位移和转动 $w,\theta_n,\theta_s$ 属于强制边界条件，给定横向力和力矩 $Q_n,M_n,M_s$ 属于自然边界条件。

从以上讨论可见，由于 Mindlin 板单元是 $C_0$ 型单元，它的表达格式相当简单，基本上和平面应力单元的表达格式类似。如果已有平面问题程序，只要稍加修改，就可得到 Mindlin 板单元的程序，因此它和与它基于同一原理的超参壳元(见第 11 章)，在工程分析中得到广泛的应用。同时进一步完善 Mindlin 板单元和超参壳元的研究工作也受到很大的重视，并取得进展。

## 10.4.2 剪切锁死和零能模式问题

从以上讨论可见，Mindlin 板的泛函中的剪切应变能项等效于利用罚函数法将位移和转动之间的约束条件引入薄板理论泛函的结果。正如 Timoshenko 梁单元的情况，为

避免在板很薄（即 $t/l \ll 1$）的情况发生剪切锁死，必须保证有限元求解方程的刚度矩阵中与罚函数相关的部分 $\boldsymbol{K}_s$ 的奇异性。为保证 $\boldsymbol{K}_s$ 的奇异性，通常不能对单元刚度矩阵采用精确积分。但是采用减缩积分有可能导致系统刚度矩阵 $\boldsymbol{K}$ 的奇异性。从而使问题的解答中包含了除刚体运动以外的且对变形能无贡献的变形模式，即零能模式。因此在保证 $\boldsymbol{K}_s$ 奇异性以避免在板变薄时出现剪切锁死的同时，还必须保证 $\boldsymbol{K}$ 的非奇异性，以避免出现零能模式。这两个问题是保证 Mindlin 板单元具有良好性能的关键问题。

首先讨论保证 $\boldsymbol{K}$ 非奇异性和 $\boldsymbol{K}_s$ 奇异性的条件，在第 4 章中讨论等参实体单元的数值积分时，曾提出保证 $\boldsymbol{K}$ 非奇异性的必要条件是

$$M \cdot n_g \cdot d \geqslant N \tag{4.6.5}$$

其中 $M$ 是单元数，$n_g$ 是每个单元的高斯积分点数，$d$ 是应变分量数，$N$ 是系统的独立自由度数，$N$＝结点总数×每个结点数的位移参数数—给定约束数。

对于 Mindlin 板单元，保证 $\boldsymbol{K}$ 非奇异性的必要条件可表示如下

$$M n_b d_b + M n_s d_s \geqslant N \tag{10.4.12}$$

其中 $n_b$ 和 $n_s$ 分别是计算 $\boldsymbol{K}_b$ 和 $\boldsymbol{K}_s$ 时所采用的高斯积分点数；$d_b$ 和 $d_s$ 分别是弯曲应变和剪切应变的分量数，对于 Mindlin 板单元，$d_b=3$，$d_s=2$。

4.6 节曾经指出，为保证 $\boldsymbol{K}$ 的非奇异性，理论上更为严格的方法是求解仅赋予刚体运动约束的单元刚度矩阵的特征值问题。如果不再有零特征解，则系统刚度矩阵 $\boldsymbol{K}$ 必定是非奇异的。

关于保证 Mindlin 板单元所形成系统刚度矩阵中与剪切应变能项相关的 $\boldsymbol{K}_s$ 的奇异性，参照(4.6.5)式，可以给出它的充分条件如下

$$M n_s d_s < N \tag{10.4.13}$$

由于在研究单元性质时，不可能事先规定今后应用中的单元数 $M$ 和自由度数 $N$，建议采用以下两个较易应用的公式：

$$n_b d_b + n_s d_s \geqslant N_e \tag{10.4.14}$$

$$n_s d_s < j \quad 或 \quad r = \frac{j}{n_s d_s} > 1 \tag{10.4.15}$$

分别代替(10.4.12)和(10.4.13)式对 $\boldsymbol{K}$ 的非奇异性和 $\boldsymbol{K}_s$ 的奇异性作出估计。其中 $N_e$ 是一个单元仅给予刚体运动约束后的自由度数，$j$ 是在已形成部分网格的基础上再增加一个单元所增加的自由度数，$r$ 称为奇异性指标，$r$ 愈大表示 $\boldsymbol{K}_s$ 的奇异性愈高。但应强调指出，以上两式所提供的仅是关于 $\boldsymbol{K}$ 非奇异性和 $\boldsymbol{K}_s$ 奇异性条件的一种估计，即(10.4.14)式已不像(10.4.12)式那样是 $\boldsymbol{K}$ 非奇异性的必要条件，但也不是 $\boldsymbol{K}$ 非奇异性的充分条件；(10.4.15)式也不像(10.4.13)式那样是 $\boldsymbol{K}_s$ 奇异性的充分条件。特别是后者，因为具有不同网格和边界约束情况的实际系统的自由度数 $N$ 既可能小于，也可能大于用

(10.4.15)式中的自由度数 $j$ 推算出的 $M\times j$。

以下具体介绍几种在文献中常见的关于避免 Mindlin 板单元出现零能模式和发生剪切锁死的方法。

### 10.4.3 积分方案的选择

在前一章的讨论中已经知道减缩积分方法在避免 Timoshenko 梁单元发生剪切锁死中的作用。但减缩积分方案有可能导致 $\boldsymbol{K}$ 奇异，故在分析中还可有 $\boldsymbol{K}_b^e$ 和 $\boldsymbol{K}_s^e$ 采用不同阶的选择积分方案。例如8结点 Serendipity Mindlin 板单元，在 $|\boldsymbol{J}|$＝常数(即单元形状为矩形或平行四边形)情况下，$\boldsymbol{K}^e$ 的精确积分和减缩积分分别为 3×3 和 2×2 积分，而所谓选择积分可以是对 $\boldsymbol{K}_b^e$ 和 $\boldsymbol{K}_s^e$ 分别采用 3×3 和 2×2 积分。E. Hinton 和 H. C. Huang 在文献[2]中对几种四边形 Mindlin 板单元在采用不同积分方案时的性能进行了研究。它们的性能估计和零特征值数的计算结果列于表 10.3。

表 10.3 Mindlin 板单元采用不同积分方案时的性能检验*

| 单元型式 | $N_e$ | $j$ | 单元名称 | 积分方案 | | $n_s d_s$ | $n_b d_b$ + $n_s d_s$ | $\boldsymbol{K}$ 非奇异性 | | $\boldsymbol{K}_s$ 奇异性 | | | 单元可应用性 |
|---|---|---|---|---|---|---|---|---|---|---|---|---|---|
| | | | | $\boldsymbol{K}_b$ | $\boldsymbol{K}_s$ | | | 估计 | 实际零特征数 | 估计 | 充分性检查 | 计算结果 | |
| 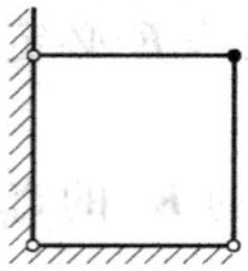 | 9 | 3 | LLR | 1×1 | 1×1 | 2 | 5 | × | 4 | √ | √ | √ | ? √ |
| | | | LLS | 2×2 | 1×1 | 2 | 14 | √ | 2 | √ | √ | √ | √ |
| | | | LLF | 2×2 | 2×2 | 8 | 20 | √ | 0 | × | × | × | × |
| 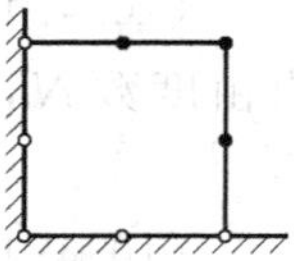 | 21 | 9 | QSR | 2×2 | 2×2 | 8 | 20 | × | 1 | √ | × | × | × |
| | | | QSS | 3×3 | 2×2 | 8 | 35 | √ | 0 | √ | × | × | × |
| | | | QSF | 3×3 | 3×3 | 18 | 45 | √ | 0 | × | × | × | × |
| 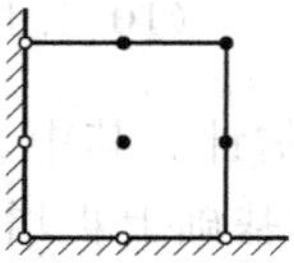 | 24 | 12 | QLR | 2×2 | 2×2 | 8 | 20 | × | 4 | √ | √ | √ | ? √ |
| | | | QLS | 3×3 | 2×2 | 8 | 35 | √ | 1 | √ | √ | √ | √ |
| | | | QLF | 3×3 | 3×3 | 18 | 45 | √ | 0 | × | × | √ | × |
| 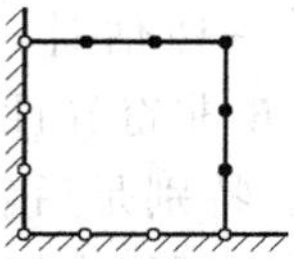 | 33 | 15 | CSR | 3×3 | 3×3 | 18 | 45 | √ | 0 | × | × | × | × |
| | | | CSS | 4×4 | 3×3 | 18 | 66 | √ | 0 | × | × | × | × |
| | | | CSF | 4×4 | 4×4 | 32 | 80 | √ | 0 | × | × | × | × |

续表

| 单元型式 | $N_e$ | $j$ | 单元名称 | 积分方案 $K_b$ | 积分方案 $K_s$ | $n_s d_s$ | $n_b d_b + n_s d_s$ | $K$ 非奇异性 估计 | $K$ 非奇异性 实际零特征数 | $K_s$ 奇异性 估计 | $K_s$ 奇异性 充分性检查 | $K_s$ 奇异性 计算结果 | 单元可应用性 |
|---|---|---|---|---|---|---|---|---|---|---|---|---|---|
| 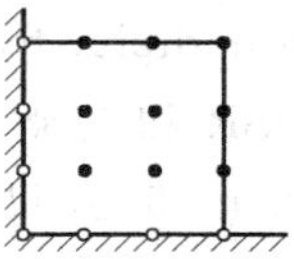 | 45 | 27 | CLR | 3×3 | 3×3 | 18 | 45 | √ | 4 | √ | √ | √ | ? √ |
| | | | CLS | 4×4 | 3×3 | 18 | 66 | √ | 1 | √ | √ | √ | √ |
| | | | CLF | 4×4 | 4×4 | 32 | 80 | √ | 0 | × | × | √ | × |

* 表 10.3 的应用说明：

① 单元型式中各个单元的左边界和下边界加上固定边界标志仅是为了表示已形成部分网格再增加一个单元的情况，用以表明如何计算 $j$。

② 单元名称的第一个字母 L、Q 和 C 分别表示线性、二次和三次；第二个字母 L 和 S 分别表示 Lagrange 和 Serendipity；第三个字母 R、S 和 F 分别表示减缩、选择和精确积分。

③ $\boldsymbol{K}$ 非奇异性中，估计是按(10.4.14)式，实际零特征数是求解单个仅给以刚体运动约束的单元刚度矩阵特征值问题的结果。

④ $\boldsymbol{K}_s$ 奇异性中，估计是按(10.4.15)式，充分性检查是对于图 10.12 算例给定网格和边界条件按(10.4.13)式，计算结果是该算例实际分析得到的。

⑤ 单元可应用性中，√表示推荐使用，? √表示小心使用，×表示不推荐使用。

首先检查 $\boldsymbol{K}$ 的非奇异性。表 10.3 中关于 $\boldsymbol{K}$ 非奇异性估计是按照(10.4.14)式作出的。但是求解仅给予刚体约束的单个单元矩阵($N_e \times N_e$ 阶)的特征值问题的结果，对于 LLS、QLS、CLR、CLS 几种单元都和估计的结果不同。这说明(10.4.14)式给出的估计只能作为参考。无论对于仅给予刚体约束的单个单元来说，还是对于结构系统来说，它都不能作为保证刚度矩阵非奇异性的充分条件。而求解仅给予刚体约束的单个单元的矩阵特征值问题，如果不存在零特征值，则可保证系统刚度矩阵 $\boldsymbol{K}$ 是非奇异的，但这并不是 $\boldsymbol{K}$ 非奇异性的必要条件。例如 QSR、QLS、CLS 几种单元在单个单元情况下，虽然各有 1 个零特征值，但是如果实际分析采用的网格中有两个以上的单元，则 $\boldsymbol{K}$ 将不再是奇异的，即它将不再存在零特征值问题，也即问题的解答中不会包含对应于零特征值的零能模式。但是 LLR、QLR、CLR 在单个单元情况下，则各有 4 个零特征值。实际分析中，需要网格中有较多的单元和较多的位移约束条件，才能消除可能出现的零能位移模式，因此使用时要特别小心。

再检查 $\boldsymbol{K}_s$ 的奇异性，此检查需要结合具体问题进行。文献[2]利用 8×8 网格对受均布载荷的固支方板进行分析，以考查上述各种单元情况在板变薄时的性能，结果示于图 10.12 中。对于图示各种情形，如采用精确积分方案，无论是用(10.4.15)式对 $\boldsymbol{K}_s$ 的奇异性进行估计，还是用(10.4.13)式对 $\boldsymbol{K}_s$ 奇异性的充分性作出评价，它们都将可能发生剪切锁死。而实际计算结果表明，LLF、QSF 和 CSF 3 种情形确实发生了剪切锁死，而 QLF

和 CLF 并未发生剪切锁死。这也说明(10.4.15)式只是一种估计，而(10.4.13)式是 $\boldsymbol{K}_s$ 奇异性的充分条件并非必要条件。由于式中 $Mn_sd_s$ 个约束关系不完全是相互独立的，而实际相互独立的约束关系数在现在的情况下是少于系统总自由度数 $N$，但是 QLF 的结果比解析解偏低，这可能是由于 $\boldsymbol{K}_s$ 的奇异性较低，使变形仍受到一定程度的约束的结果。因此实际分析中，无论哪种 Mindlin 单元，都不推荐精确积分方案。关于减缩积分或选择积分情况，如用(10.4.13)式进行检查，3 种拉格朗日单元都满足，而 2 种 Serendipity 单元都不满足 $\boldsymbol{K}_s$ 奇异性的充分条件。实际计算结果和上述结论一致。但是 QSR 和 QSS 单元，如用(10.4.15)式进行估计，是满足 $\boldsymbol{K}_s$ 奇异性条件的。这再次表明(10.4.15)式只能提供一种估计，在使用时应十分小心，因为它未考虑具体网格和边界条件等因素。上述算例和讨论表明，即使采用减缩积分或选择积分方案，在避免剪切锁死方面，拉格朗日单元也比 Serendipity 单元具有较好的性能。

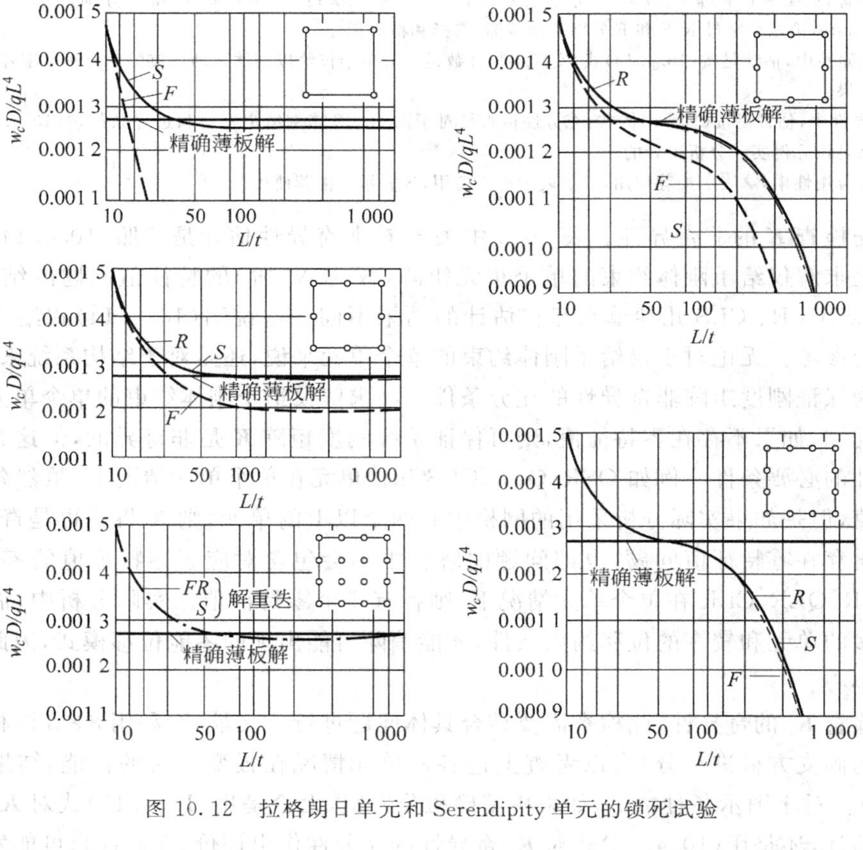


图 10.12 拉格朗日单元和 Serendipity 单元的锁死试验

综合以上讨论，对于各种 Mindlin 单元和积分方案的选择，实际应用中的推荐意见列于表 10.3 的"单元可应用性"一栏。如果应用(10.4.15)式引出的"奇异性指标 $r$"对表 10.3 所列的各种单元型式加以检查，当 $r=1.5$ 时，可作为推荐使用或小心使用的单元型式；当 $r<1$ 或 $r\approx 1$ 则作为不推荐使用的单元型式。

### 10.4.4 假设剪切应变方法

如同 Timoshenko 梁情况，为避免剪切锁死，可以从分析造成锁死的根源出发，另行假设剪切应变场以替代原泛函中按应变和位移的几何关系得到的剪切应变场。为讨论方便，先以图 10.13 所示四边形单元为例。

$$w=\sum_{i=1}^{4}N_iw_i \quad \theta_x=\sum_{i=1}^{4}N_i\theta_{xi} \quad \theta_y=\sum_{i=1}^{4}N_i\theta_{yi} \tag{10.4.16}$$

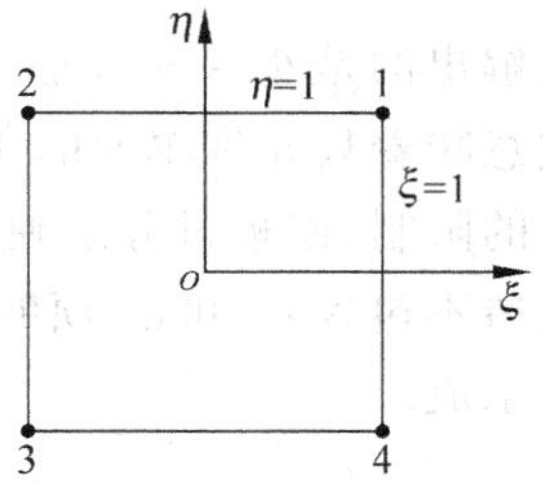

图 10.13　中结点 Mindlin 板单元

其中

$$N_i=\frac{1}{4}(1+\xi_i\xi)(1+\eta_i\eta)$$

$$\xi=\frac{x-x_c}{a} \qquad \eta=\frac{y-y_c}{b}$$

将上式代入几何关系，可得

$$\begin{aligned}\gamma_x=\frac{\partial w}{\partial x}-\theta_x=&\sum_{i=1}^{4}\left[\left(\frac{\xi_i}{4a}w_i-\frac{1}{4}\theta_{xi}\right)+\left(\frac{\xi_i\eta_i}{4a}w_i-\frac{\eta_i}{4}\theta_{xi}\right)\eta-\right.\\&\left.\left(\frac{\xi_i}{4}\theta_{xi}\right)\xi-\left(\frac{\xi_i\eta_i}{4}\theta_{xi}\right)\xi\eta\right]\\=&\alpha_1(w_i,\theta_{xi})+\alpha_2(w_i,\theta_{xi})\eta+\alpha_3(\theta_{xi})\xi+\alpha_4(\theta_{xi})\xi\eta\end{aligned} \tag{10.4.17}$$

其中：

$$\alpha_1(w_i,\theta_{xi})=\frac{1}{4a}(w_1-w_2+w_4-w_3)-\frac{1}{4}(\theta_{x1}+\theta_{x2}+\theta_{x3}+\theta_{x4})$$

$$\alpha_2(w_i,\theta_{xi})=\frac{1}{4a}[(w_1-w_2)-(w_4-w_3)]-\frac{1}{4}[(\theta_{x1}+\theta_{x2})-(\theta_{x3}+\theta_{x4})]$$

$$\alpha_3(\theta_{xi})=-\frac{1}{4}(\theta_{x1}-\theta_{x2}+\theta_{x4}-\theta_{x3})$$

$$\alpha_4(\theta_{xi})=-\frac{1}{4}(\theta_{x1}-\theta_{x2}-\theta_{x4}+\theta_{x3})$$

类似地可以得到 $\gamma_y$ 的结点位移表达式。当板越来越薄时，通过罚函数迫使约束条件实现，即迫使 $\gamma_x$，$\gamma_y$ 趋于零，这隐含着要求(对于 $\gamma_x$ 项)

$$\alpha_1=\alpha_2=\alpha_3=\alpha_4=0 \tag{10.4.18}$$

从(10.4.17)式可见，要求 $\alpha_1=\alpha_2=0$，实际是要求结点挠度 $w_i$ 和结点转动 $\theta_{xi}$ 之间满足一定线性关系，即

$$\frac{w_1 - w_2}{2a} = \frac{\theta_{x1} + \theta_{x2}}{2}$$
$$\frac{w_4 - w_3}{2a} = \frac{\theta_{x3} + \theta_{x4}}{2} \tag{10.4.19}$$

它们正是分别代表薄板 1-2 边和 3-4 边中点的 Kirchhoff 假设，在计算中也是可以实现的。而 $\alpha_3 = \alpha_4 = 0$，即要求

$$\theta_{x1} - \theta_{x2} + \theta_{x4} - \theta_{x3} = 0$$
$$\theta_{x1} - \theta_{x2} - \theta_{x4} + \theta_{x3} = 0 \tag{10.4.20}$$

从上式解出的是 $\theta_{x1} = \theta_{x2}, \theta_{x3} = \theta_{x4}$。如再考虑 $\gamma_y$ 项，将又可解出 $\theta_{y2} = \theta_{y3}, \theta_{y1} = \theta_{y4}$。以上 4 个等式意味着只允许单元的 4 个边界保持直线的变形，也即纯扭的变形。无疑这将给变形过分的限制，使板过分刚硬。在一般情况下，使问题只能有零解。假设剪切变形方法即另行构造不包含 $\alpha_3$ 和 $\alpha_4$ 项的剪切应变 $\bar{\gamma}_x$ 和 $\bar{\gamma}_y$ 以代替原来泛函中的 $\gamma_x$ 和 $\gamma_y$，即将新的泛函表示成

$$\Pi_{\mathrm{p}}^* = \frac{1}{2}\int_\Omega \boldsymbol{\kappa}^{\mathrm{T}} \boldsymbol{D}_b \boldsymbol{\kappa} \mathrm{d}\Omega + \frac{1}{2}\frac{Gt}{k}\int \bar{\boldsymbol{\gamma}}^{\mathrm{T}} \bar{\boldsymbol{\gamma}} \mathrm{d}\Omega - \int_\Omega q w \mathrm{d}\Omega$$

其中 $\boldsymbol{\kappa}$ 仍如(10.4.3)式不变，$\bar{\boldsymbol{\gamma}}$ 可表示如下

$$\bar{\boldsymbol{\gamma}} = \begin{Bmatrix} \bar{\gamma}_x \\ \bar{\gamma}_y \end{Bmatrix} = \begin{Bmatrix} \sum_{i=1}^{m} \bar{N}_{xi} \bar{\gamma}_{xi} \\ \sum_{i=1}^{m} \bar{N}_{yi} \bar{\gamma}_{yi} \end{Bmatrix} = \bar{\boldsymbol{N}} \bar{\boldsymbol{\gamma}}^e \tag{10.4.21}$$

其中

$$\bar{\boldsymbol{N}} = \begin{bmatrix} \bar{N}_{x1} & \bar{N}_{x2} & \cdots & \bar{N}_{xm} & 0 & 0 & \cdots & 0 \\ 0 & 0 & \cdots & 0 & \bar{N}_{y1} & \bar{N}_{y2} & \cdots & \bar{N}_{ym} \end{bmatrix}$$
$$\bar{\boldsymbol{\gamma}}^e = [\bar{\gamma}_{x1} \quad \bar{\gamma}_{x2} \quad \cdots \quad \bar{\gamma}_{xm} \quad \bar{\gamma}_{y1} \quad \bar{\gamma}_{y2} \quad \cdots \quad \bar{\gamma}_{ym}]^{\mathrm{T}}$$

即单元内的 $\bar{\gamma}_x$ 和 $\bar{\gamma}_y$ 由各自的 $m$ 个取样点的 $\bar{\gamma}_{xi}$ 和 $\bar{\gamma}_{yi}$ 通过插值得到，$\bar{N}_{xi}$ 和 $\bar{N}_{yi}$ 是各自的插值函数。仍以上述 4 结点单元为例，可取(参看图 10.14)

$$\gamma_x = \sum_{i=1}^{2} \bar{N}_{xi} \bar{\gamma}_{xi} \quad \gamma_y = \sum_{i=1}^{2} \bar{N}_{yi} \gamma_{yi} \tag{10.4.22}$$

其中

$$\bar{N}_{x1} = \frac{1}{2}(1+\eta) \quad \bar{N}_{x2} = \frac{1}{2}(1-\eta)$$
$$\bar{\gamma}_{x1} = \gamma_{xA} = \frac{w_1 - w_2}{2a} - \frac{\theta_{x1} + \theta_{x2}}{2}$$
$$\bar{\gamma}_{x2} = \gamma_{xB} = \frac{w_4 - w_3}{2a} - \frac{\theta_{x3} + \theta_{x4}}{2}$$

$$\bar{N}_{y1} = \frac{1}{2}(1+\xi) \quad \bar{N}_{y2} = \frac{1}{2}(1-\xi)$$

$$\bar{\gamma}_{y1} = \gamma_{yC} = \frac{w_1 - w_4}{2b} - \frac{\theta_{y1} + \theta_{y4}}{2}$$

$$\bar{\gamma}_{y2} = \gamma_{yD} = \frac{w_2 - w_3}{2b} - \frac{\theta_{y2} + \theta_{y3}}{2}$$

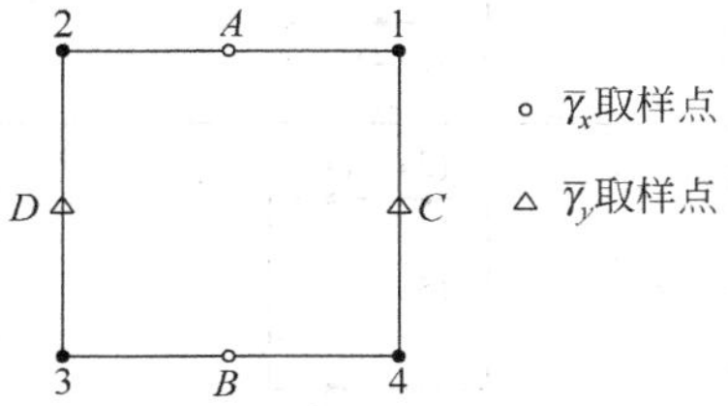


图 10.14　假设剪切应变取样点

可以验证,(10.4.22)式所表示的 $\bar{\gamma}_x$ 就是(10.4.17)式中舍去 $\alpha_3\xi$ 和 $\alpha_4\xi\eta$ 项所表达的结果。$\bar{\gamma}_y$ 也是在相应的 $\gamma_y$ 表达式舍去包含的 $\eta$ 和 $\xi\eta$ 项的结果。正因为 $\bar{\gamma}_x$ 和 $\bar{\gamma}_y$ 中舍弃了除非导致问题零解而不可能实现的虚假约束。因此用它们替代原泛函中的 $\gamma_x$ 和 $\gamma_y$,就不会再发生锁死现象。这样一来,单元刚度矩阵可以不区分 $\boldsymbol{K}_b^e$ 和 $\boldsymbol{K}_s^e$ 而采用统一的积分方案进行计算。

另一方面,可以有趣地指出,以上讨论的假设剪切应变方案是和原泛函中 $\gamma_x$ 采用 $1\times2$,$\gamma_y$ 采用 $2\times1$ 积分方案得到的单元刚度矩阵是相同的。从保证 $\boldsymbol{K}$ 非奇异考虑,对于 4 结点单元相当于增加了 2 个约束。因此在 $\boldsymbol{K}_b^e$ 采用 $2\times2$ 积分方案时,单元将不再存在除刚体运动以外的零能模式(在 $\boldsymbol{K}_s^e$ 采取 $1\times1$ 积分方案,有 2 个这样的零能模式)。因此合理地选择假设剪切应变场可以达到同时避免剪切锁死和零能模式的目的,从而显著地改善了单元的性能。

基于同样的分析,可以得到其他单元假设剪切应变 $\bar{\gamma}_x$、$\bar{\gamma}_y$ 应选择的取样点及插值函数。为便于应用,现将各种单元假设剪切应变的取样点一并列于表 10.4。

从表中可见 $\bar{\gamma}_x(\bar{\gamma}_{\xi\zeta})$在 $\xi$ 方向按高斯积分点取值,在 $\eta$ 方向等间距取值;$\bar{\gamma}_y(\bar{\gamma}_{\eta\zeta})$则反之,$\eta$ 方向按高斯积分点取值,$\xi$ 方向等间距取值。

至于插值函数,4,9,16 结点拉格朗日单元可按第 3 章讨论的 $C_0$ 型拉格朗日单元的方法构造。8,12 结点 Serendipity 单元可按 $C_0$ 型 Serendipity 单元的方法构造。即分别按两个方向一维拉格朗日插值函数相乘的方法和变结点的方法构造。现以 8 结点单元的 $\bar{\gamma}_x$ 为例进一步阐明。

$$\bar{\gamma}_x = \sum_{i=1}^{5} N_i(\xi,\eta)\gamma_{xi} \tag{10.4.23}$$

**表 10.4 各种形式 Mindlin 单元假设剪切应变场的取样点**

| 单元型式 | $\gamma_x(\gamma_{\xi\zeta})$的取样点 | $\gamma_y(\gamma_{\eta\zeta})$的取样点 |
| --- | --- | --- |
| 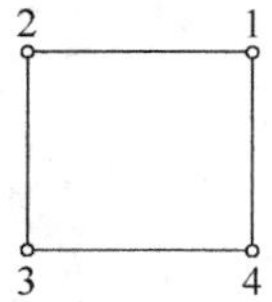 | 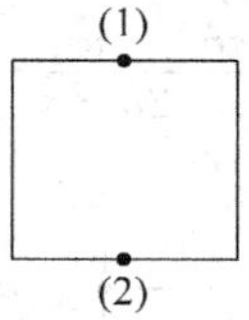 | 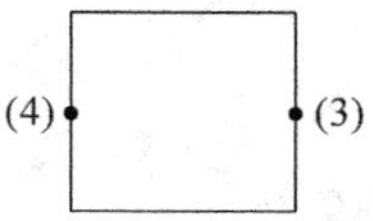 |
| 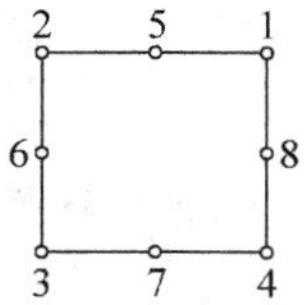 | 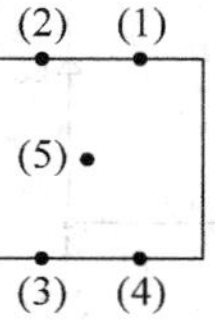 | 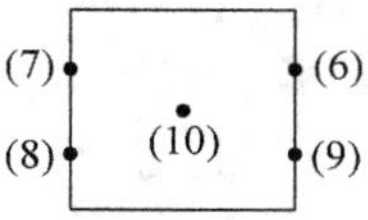 |
| 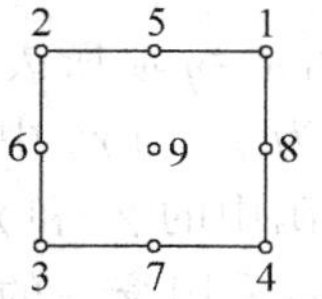 | 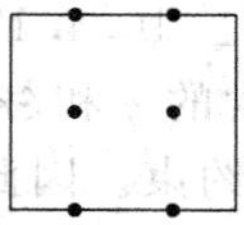 | 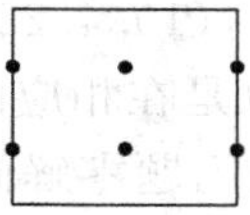 |
| 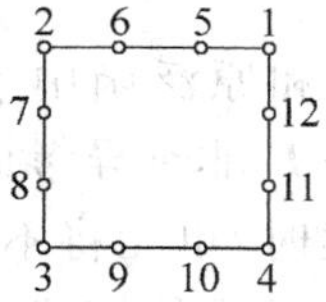 | 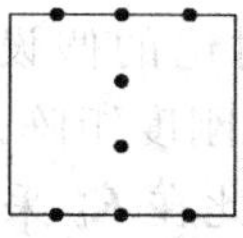 | 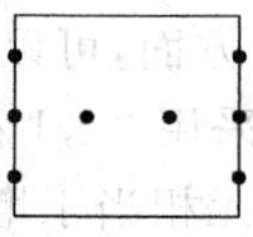 |
| 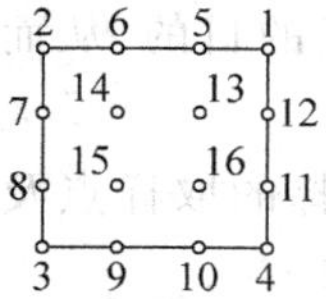 | 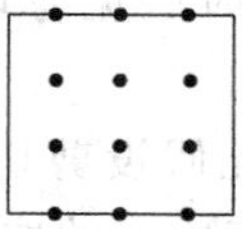 | 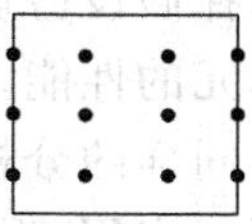 |

先不考虑第5个取样点，按双线性函数构造

$$\hat{N}_1=\frac{1}{4}(1+\eta)\left(1+\frac{\xi}{c}\right)$$

$$\hat{N}_2=\frac{1}{4}(1+\eta)\left(1-\frac{\xi}{c}\right)$$

$$\hat{N}_3=\frac{1}{4}(1-\eta)\left(1+\frac{\xi}{c}\right)$$

$$\hat{N}_4 = \frac{1}{4}(1-\eta)\left(1-\frac{\xi}{c}\right)$$

其中 $c$ 是二阶高斯积分点的坐标,$c=1/\sqrt{3}$。然后再构造

$$N_5 = 1-\eta^2$$

最后再修正 $\hat{N}_i(i=1,2,3,4)$,得到:

$$N_1 = \hat{N}_1 - \frac{1}{4}N_5 = \frac{1}{4}(1+\eta)\left(\frac{\xi}{c}+\eta\right)$$

$$N_2 = \hat{N}_2 - \frac{1}{4}N_5 = \frac{1}{4}(1+\eta)\left(-\frac{\xi}{c}+\eta\right)$$

$$N_3 = \hat{N}_3 - \frac{1}{4}N_5 = \frac{1}{4}(1-\eta)\left(\frac{\xi}{c}-\eta\right)$$

$$N_4 = \hat{N}_4 - \frac{1}{4}N_5 = \frac{1}{4}(1-\eta)\left(-\frac{\xi}{c}-\eta\right)$$

将以上各式中 $\xi$ 和 $\eta$ 对调,就可以得到 $\bar{\gamma}_y$ 的插值函数。其他单元的插值函数也可如法炮制,这里不一一列举。

以上讨论是对矩形单元并假定 $x/\!/\xi$、$y/\!/\eta$ 进行的。为了实际应用,需要将以上讨论推广到一般的四边形单元。具体的方法简述如下:

(1) 按以上讨论构造假设剪切应变场的方法,构造协变剪切应变场 $\bar{\gamma}_{\xi\zeta}$ 和 $\bar{\gamma}_{\eta\zeta}$。它们表示为

$$\bar{\gamma}_{\xi\zeta} = \frac{\partial w}{\partial \xi} - \theta_\xi \qquad \bar{\gamma}_{\eta\zeta} = \frac{\partial w}{\partial \eta} - \theta_\eta$$

(2) 通过坐标变换得到 $\bar{\gamma}_x$ 和 $\bar{\gamma}_y$。

$$\bar{\gamma}_x = \frac{2}{t}\left(\bar{\gamma}_{\xi\zeta}\frac{\partial \xi}{\partial x} + \bar{\gamma}_{\eta\zeta}\frac{\partial \eta}{\partial x}\right) \quad \bar{\gamma}_y = \frac{2}{t}\left(\bar{\gamma}_{\xi\zeta}\frac{\partial \xi}{\partial y} + \bar{\gamma}_{\eta\zeta}\frac{\partial \eta}{\partial y}\right)$$

具体列式及步骤可参看前面已引用的 E. Hinton 和 H. C. Huang 的文章。

**例 10.5** 前面已分析的四边固支受均布载荷的方板,取 $\frac{1}{4}$ 并用 3 种不同形状的 8 结点单元组成 3×3 网格进行分析。图 10.15 给出了板中心挠度的计算结果[2]。从图可见,当板愈来愈薄时,并未发生剪切锁死现象。当 $l/t>10^6$ 以后,误差较大是计算误差造成的。而同样的问题,即使采用减缩积分方案,而且是 8×8 网格,从图 10.12 已看到,当 $l/t>50$ 以后,即开始出现剪切锁死现象;当 $l/t=10^3$ 时,已完全锁死。如按(10.4.15)式对 8 结点单元的 $\boldsymbol{K}_s$ 作奇异性估计,恰恰是采用减缩积分时,由于 $j=9$,而 $n_s d_s=8$,认为不会发生剪切锁死。但如果计算其奇异性指标,则 $r=9/8\approx1$。而现在采用假设剪切应变方法的情况,虽然 $\bar{\gamma}_x$ 和 $\bar{\gamma}_y$ 各有 5 个取样点,比 QSR 或 QSS 单元还多一个取样点,但是 $\bar{\gamma}_x$ 或 $\bar{\gamma}_y$ 各有 4 个取样点在单元边界上,而且相邻单元是共有的,即相邻单元在交界面上

$\bar{\gamma}_x$ 和 $\bar{\gamma}_y$ 的数值是相同的，也即提供的约束是相同的。若按奇异性指标进行检查，则 $r=\frac{9}{3\times 2}=1.5$，大于 QSR 的 $r=\frac{9}{8}\approx 1$。再按(10.4.13)式对系统的 $\boldsymbol{K}_s$ 奇异性的充分条件进行校核，得到的结论就更能说明实际计算未发生剪切锁死是完全合理的。

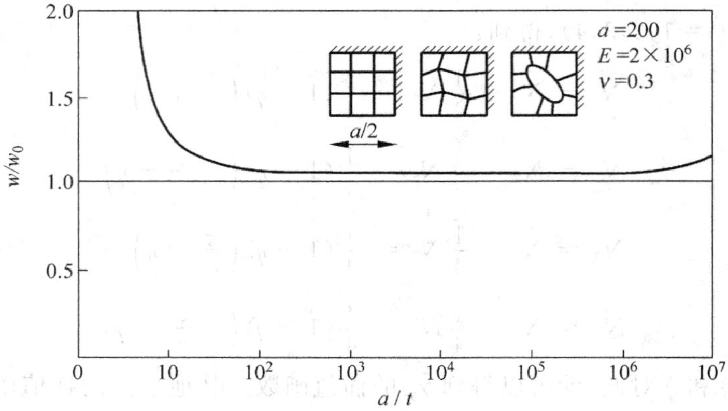


图 10.15　周边固支方板的中心挠度 $w/w_0$ 与宽厚比 $a/t$ 的函数关系
(用8结点假设剪切应变 Mindlin 单元，$w_0$ 是薄板理论解)

以上关于保证 Mindlin 板单元 $\boldsymbol{K}$ 非奇异性及 $\boldsymbol{K}_s$ 奇异性的条件及各种方法的讨论，主要目的在于对这类结构单元(包括 Mindlin 板单元、Timoshenko 梁单元，及下一章讨论的位移和截面转动各自独立插值的壳体单元和超参数壳体单元)的性质以及当前这领域的研究工作有一较全面的了解。从实际应用角度考虑，包括现有一般通用程序的情况，普遍采用的仍是减缩积分方法。这不仅是因为它最便于应用，数值处理非常简单。而且因为它可能导致出现零能位移模式的情况，只是在板较厚且单元很少，同时边界约束也很少时才会发生，但这一情况实际分析中很少遇到。另一方面对于较厚的板可以采用精确积分，既避免了零能模式，也不会发生剪切锁死。当然采用减缩积分，在薄板情况仍可能出现剪切锁死问题，这主要发生于 Serendipity 单元且网格中单元数不太多的情况。这时可以通过改用拉格朗日单元加以避免。所以在实际分析中，一般推荐采用4结点和9结点的拉格朗日单元于薄板的分析。

## 10.5　基于离散 Kirchhoff 理论(DKT)的薄板单元

上节讨论的 Mindlin 板单元，由于 $w$ 和 $\theta_x$、$\theta_y$ 是独立插值的，表达格式基本上和二维实体单元相同，所以是相当简单的。在实际应用中得到满意的结果。但是由于 $w$ 和 $\theta_x$、$\theta_y$ 之间的约束是利用罚函数方法引入的，一方面使单元可进一步用于中厚板，另一方面也确实带来不少麻烦，即在用于薄板情况时，要同时保证 $\boldsymbol{K}_s$ 的奇异性和 $\boldsymbol{K}$ 的非奇异性。而基于离散 Kirchhoff 理论（DKT）的薄板单元则可以避免上述缺点。

DKT 单元也是采用 $w$ 和 $\theta_x$、$\theta_y$ 的独立插值。不同的是 $w$ 和 $\theta_x$、$\theta_y$ 之间的约束方程(10.4.5)式不是用罚函数方法引入，而是在若干离散点强迫其实现。这样一来，泛函表达式(10.4.1)右端的后两项可以略去，而恢复为经典薄板理论的泛函表达式，即

$$\Pi_{\mathrm{p}} = \frac{1}{2}\iint_{\Omega} \boldsymbol{\kappa}^{\mathrm{T}} \boldsymbol{D} \boldsymbol{\kappa} \mathrm{d}x\mathrm{d}y - \iint_{\Omega} q w \mathrm{d}x\mathrm{d}y \tag{10.5.1}$$

其中 $\boldsymbol{\kappa}$ 与 $\theta_x$，$\theta_y$ 的关系如(10.4.3)式。

现以 3 结点三角形 DKT 单元为例[3]，阐明其表达格式的建立。

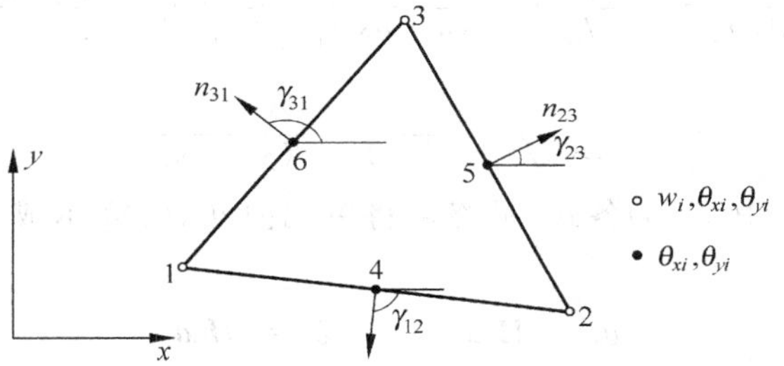


图 10.16 DKT 单元

图 10.16 所示为 DKT 单元，其每个角结点有参数 $w_i$，$\theta_{xi}$，$\theta_{yi}$（$i=1,2,3$），边中结点有参数 $\theta_{xi}$，$\theta_{yi}$（$i=4,5,6$）。

单元内 $\theta_x$、$\theta_y$ 是二次变化，插值表示成

$$\theta_x = \sum_{i=1}^{6} N_i \theta_{xi} \qquad \theta_y = \sum_{i=1}^{6} N_i \theta_{yi} \tag{10.5.2}$$

其中插值函数 $N_i$ 即 6 结点三角形 $C_0$ 型单元的插值函数，见(3.3.12)式。

在若干离散点令约束方程(10.4.5)式成立，用以引入 Kirchhoff 理论的直法线假设。具体是：

(1) 在角结点

$$\boldsymbol{C} = \begin{Bmatrix} \left(\dfrac{\partial w}{\partial x}\right)_i - \theta_{xi} \\ \left(\dfrac{\partial w}{\partial y}\right)_i - \theta_{yi} \end{Bmatrix} = 0 \quad (i = 1,2,3) \tag{10.5.3}$$

(2) 在各边中结点

$$\begin{aligned} &\left(\frac{\partial w}{\partial s}\right)_k - \theta_{sk} = 0 \qquad (k = 4,5,6) \\ &\theta_{nk} = \frac{1}{2}(\theta_{ni} + \theta_{nj}) \end{aligned} \tag{10.5.4}$$

上式中 $s$、$n$ 分别表示各边界 $ij$ 的切向和法向。$\theta_n$，$\theta_s$ 和 $\theta_x$，$\theta_y$ 的关系是

$$\begin{pmatrix}\theta_n\\\theta_s\end{pmatrix}=\begin{bmatrix}\cos\gamma_{ij} & \sin\gamma_{ij}\\-\sin\gamma_{ij} & \cos\gamma_{ij}\end{bmatrix}\begin{pmatrix}\theta_x\\\theta_y\end{pmatrix}$$
$$\begin{pmatrix}\theta_x\\\theta_y\end{pmatrix}=\begin{bmatrix}\cos\gamma_{ij} & -\sin\gamma_{ij}\\\sin\gamma_{ij} & \cos\gamma_{ij}\end{bmatrix}\begin{pmatrix}\theta_n\\\theta_s\end{pmatrix} \tag{10.5.5}$$

(10.5.4)后一式中，当 $k=4,5,6$ 时，分别有 $i=1,2,3$ 和 $j=2,3,1$。

沿各边界 $ij$ 上的 $w$ 可由两端结点的 4 个参数：$w_i$，$(\partial w/\partial s)_i$，$w_j$，$(\partial w/\partial s)_j$ 定义为三次变化，从而(10.5.4)前一式中的 $(\partial w/\partial s)_k$ 可表示为

$$\left(\frac{\partial w}{\partial s}\right)_k=-\frac{3}{2l_{ij}}w_i-\frac{1}{4}\left(\frac{\partial w}{\partial s}\right)_i+\frac{3}{2l_{ij}}w_j-\frac{1}{4}\left(\frac{\partial w}{\partial s}\right)_j \tag{10.5.6}$$

其中

$$l_{ij}=\sqrt{(x_i-x_j)^2+(y_i-y_j)^2}$$

利用(10.5.3)～(10.5.6)各式，最终可将单元内 $\theta_x$、$\theta_y$ 表示成 3 个角结点参数的插值形式如下：

$$\theta_x=\boldsymbol{H}_x\boldsymbol{a}^e \qquad \theta_y=\boldsymbol{H}_y\boldsymbol{a}^e \tag{10.5.7}$$

其中：

$$\boldsymbol{a}^e=\begin{bmatrix}\boldsymbol{a}_1\\\boldsymbol{a}_2\\\boldsymbol{a}_3\end{bmatrix} \qquad \boldsymbol{a}_i=\begin{bmatrix}w_i\\\theta_{xi}\\\theta_{yi}\end{bmatrix} \quad (i=1,2,3)$$
$$\boldsymbol{H}_x=[\boldsymbol{H}_{x1}\quad \boldsymbol{H}_{x2}\quad \boldsymbol{H}_{x3}]$$
$$\boldsymbol{H}_y=[\boldsymbol{H}_{y1}\quad \boldsymbol{H}_{y2}\quad \boldsymbol{H}_{y3}]$$

$\boldsymbol{H}_{xi}$，$\boldsymbol{H}_{yi}$ $(i=1,2,3)$是 $N_j$ $(j=1,2,\cdots,6)$和三角形角点坐标 $x_j$，$y_j$ $(j=1,2,3)$的函数，读者可作为练习导出其显式表达式。

应当指出，此种 DKT 单元由于引入约束条件(10.5.4)式，消去了各边中结点的参数 $\theta_{xk}$，$\theta_{yk}$ $(k=4,5,6)$，所以仍是 3 结点三角形单元。在各边界上 $\theta_s$ 是二次变化，$\theta_n$ 是线性变化，它们由角结点上的参数完全确定，所以相邻单元之间是完全协调的。

在得到 $\theta_x$，$\theta_y$ 的插值表示(10.5.7)式以后，按标准步骤可以计算单元的刚度矩阵

$$\boldsymbol{K}^e=2A\int_0^1\int_0^{1-L_1}\boldsymbol{B}^{\mathrm{T}}\boldsymbol{D}_b\boldsymbol{B}\,\mathrm{d}L_2\,\mathrm{d}L_1 \tag{10.5.8}$$

式中 $L_1$，$L_2$ 是三角形的面积坐标，$A$ 是三角形单元的面积。

由于在以上的推导中，未得到单元内 $w$ 的表示式，为利用(10.5.1)式右端的第 2 项，即从外力功项得到单元载荷向量，现在可定义一个用结点 $w_i$ $(i=1,2,3)$表示的 $w$ 的插值表达式

$$w = \sum_{i=1}^{3} N_i w_i \tag{10.5.9}$$

其中 $N_i$ 即 2.2 节中所定义 3 结点三角形单元的位移插值函数(2.2.8)式。当板上表面作用有均布载荷 $q$ 时，可以得到

$$Q_i^e = \frac{qA}{3}[1 \quad 0 \quad 0]^{\mathrm{T}} \quad (i = 1,2,3) \tag{10.5.10}$$

这相当于将板上全部载荷 $qA$，按团聚集中载荷的方法分配到 3 个结点上。

文献[3]中通过一系列的计算比较了上述 DKT 单元和其他一些三角形板单元，DKT 单元的精度和效率均比较好。例如承受均布载荷的简支方板，板中心挠度 $w_c$ 的误差比较结果如图 10.17 所表示。图中 $N$ 是 1/2 边长的单元数，(1)是 DKT 单元，(2)、(3)分别是 10.2 节和 10.3 节所讨论的 3 结点三角形非协调元和协调元，(4)是利用再分割法得到的 3 结点三角形协调元，(5)是对单元(3)中的曲率进行磨平处理的板单元，(6)是应力杂交元。

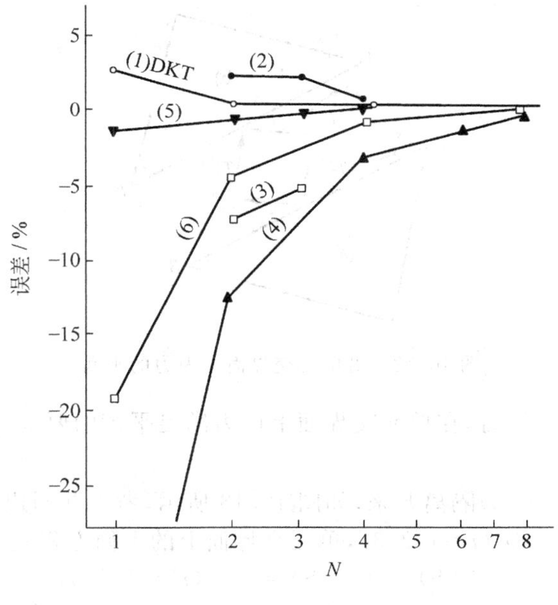


图 10.17　承受均布载荷简支方板中心挠度的误差比较

## 10.6　应力杂交板单元

以上所讨论的板单元都是基于最小位能原理及其修正形式，研究和构造板壳单元的另一重要途径是利用其他变分原理，例如基于 Hellinger-Reissner 变分原理的混合板单元，基于修正 Hellinger-Reissner 变分原理或修正余能原理的应力杂交元等。

关于混合单元，由于刚度矩阵在主对角线上存在零元素，不能用一般的矩阵求逆法求解，所以使用受到一定限制。另外，在一定条件下可以证明它和10.4节讨论的减缩积分单元是等价的[6]，这里不再讨论。

下面从修正余能原理导出应力杂交元。因为应力杂交元在板、壳以外的问题中也有应用，所以从它的一般表达格式着手讨论。

## 10.6.1 修正余能原理

在第1章中我们已经导出最小余能原理，它可表述为在所有满足平衡和力的边界条件的可能应力中，精确解的应力使系统的总余能取最小值，即

$$\Pi_c(\sigma_{ij}) = \int_V \frac{1}{2}C_{ijkl}\sigma_{ij}\sigma_{kl}\,\mathrm{d}V - \int_{S_u} T_i\bar{u}_i\,\mathrm{d}S \qquad (1.4.61)$$

取最小值。

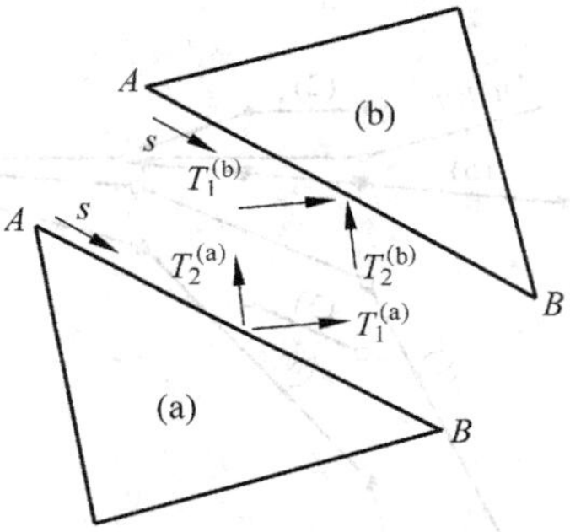


图10.18 沿单元交界面上内力的平衡

当应用于有限元分析时，在单元交界面上应力满足平衡的要求是按照 $T_i=\sigma_{ij}n_j$ 定义的面力必须保持平衡。

设将相邻单元(a)和(b)隔离开来，如图10.18所示，考虑共同边界 $AB$ 各自一侧的面力分量 $T_i^{(a)}(S)$ 和 $T_i^{(b)}(S)$ $(i=1,2,3)$，单元交界面上的平衡方程是

$$T_i^{(a)}(S) + T_i^{(b)}(S) = 0 \quad (i=1,2,3) \qquad (10.6.1)$$

在8.4.2节已指出，在选择应力的试探函数时，可以先不考虑上列方程的要求，而是将上式作为约束条件并通过拉格朗日乘子引入泛函，就是将

$$\int_{AB}\lambda_i(S)[T_i^{(a)}(S) + T_i^{(b)}(S)]\mathrm{d}S = \int_{AB}\lambda_i T_i\,\mathrm{d}S\Big|_{(a)} + \int_{AB}\lambda_i T_i\,\mathrm{d}S\Big|_{(b)} \qquad (10.6.2)$$

增添到原泛函中去。所有单元交界面都应考虑到。这样一来，用于有限元分析的余能原理的泛函可以修正成

$$\Pi_{m_c} = \sum_e\left(\int_{V_e}\frac{1}{2}C_{ijkl}\sigma_{ij}\sigma_{kl}\,\mathrm{d}V - \int_{S_e}\lambda_i T_i\,\mathrm{d}S - \int_{S_{u_e}} T_i\bar{u}_i\,\mathrm{d}S\right) \qquad (10.6.3)$$

其中 $S_e$ 是单元 $e$ 和其他单元相邻的边界面。通过 $\Pi_{m_c}$ 对 $\sigma_{ij}$ 和 $\lambda_i$ 的变分为零，并利用下列表达式：

$$C_{ijkl}\sigma_{kl} = \varepsilon_{ij}$$

$$\varepsilon_{ij} = \frac{1}{2}(u_{i,j} + u_{j,i})$$

容易证明 $\lambda_i(S)$ 的力学意义应是单元交界面上的位移 $u_i(S)$。从而最终得到应用于有限元分析的修正余能原理的泛函，即

$$\Pi_{m_c} = \sum_e \left( \int_{V_e} \frac{1}{2} C_{ijkl}\sigma_{ij}\sigma_{kl}\,\mathrm{d}V - \int_{S_e} T_i u_i\,\mathrm{d}S - \int_{S_{u_e}} T_i \bar{u}_i\,\mathrm{d}S \right) \tag{10.6.4}$$

此泛函中独立变分的场函数是各个单元内的 $\sigma_{ij}$ 和单元交界面上的位移 $u_i(S)$。对于 $\sigma_{ij}$ 的要求是在各单元内满足平衡方程(1.4.1)式，而在各个单元的交界面上可以不满足平衡条件(10.6.1)式。需要指出，修正余能原理不再是极值原理，而只是驻值原理。此外，修正余能原理本质上也是一种混合变分原理，但是和 Hellinger-Reissner 混合变分原理有所区别。后者用于有限元分析时，应力 $\sigma_{ij}$ 和位移 $u_i$ 将同时出现在单元内部以及单元交界面上。而修正余能原理中，应力 $\sigma_{ij}$ 和位移 $u_i$ 是分别出现在单元内部和交界面上，因此给这种部分场函数只出现在边界上的混合变分原理一个专门的名称，称之为杂交型的变分原理。基于这种变分原理的有限元称为杂交元，而基于修正余能原理的杂交元称为应力杂交元。

## 10.6.2　应力杂交元的一般格式

在应力杂交元的格式中，将应力 $\sigma_{ij}$ 的近似函数分成两部分。第一部分由有限个参数 $\boldsymbol{\beta}$ 组成，应满足齐次平衡方程；第二部分是具有给定体力项的平衡方程(即(1.4.1)式)的一个特解。用矩阵形式，应力 $\sigma_{ij}$ 可表示为

$$\boldsymbol{\sigma} = \boldsymbol{P\beta} + \boldsymbol{P}_F\boldsymbol{\beta}_F \tag{10.6.5}$$

其中 $\boldsymbol{\beta}$ 是待定参数，$\boldsymbol{P}$ 是系数为 0,1 和 $x,y,z$ 不同幂次的单项式所组成的矩阵，而 $\boldsymbol{P}_F$、$\boldsymbol{\beta}_F$ 由特解确定。对于边界上有给定面力的单元来说，第一项中的某些元素也可以是给定的，在此情况下，所有给定的元素均放入第二项。

因为面力也与假设的应力分布有关，所以它们能表示为

$$\boldsymbol{T} = \boldsymbol{R\beta} + \boldsymbol{R}_F\boldsymbol{\beta}_F \tag{10.6.6}$$

单元交界面上的近似位移可以通过插值函数和有限个边界结点处的广义位移 $\boldsymbol{a}$ 来表示，即

$$\boldsymbol{u}_B = \boldsymbol{La} \tag{10.6.7}$$

因为插值函数 $\boldsymbol{L}$ 只是应用于每段边界上，所以要构造能保持单元之间协调性的 $\boldsymbol{L}$ 比较容易。广义位移 $\boldsymbol{a}$ 的元素数和应力参数 $\boldsymbol{\beta}$ 的元素数可以分别独立地选择。

因为应力杂交元中可以假设边界位移，所以给定的边界应力不再构成应力事先需要满足的边界条件，即可以利用 $-\int_{S_\sigma}(T_i-\overline{T}_i)u_i\mathrm{d}S$ 将它引入泛函。在此情况下，泛函 $\Pi_{m_c}$ 可更方便地表示成

$$\Pi_{m_c}=\sum_e\left(\int_{V_e}\frac{1}{2}C_{ijkl}\sigma_{ij}\sigma_{kl}\mathrm{d}V-\int_{\partial V_e}T_iu_i\mathrm{d}S+\int_{S\sigma_e}\overline{T}_iu_i\mathrm{d}S\right)\tag{10.6.8}$$

其中

$$\partial V_e=S_e+S_{\sigma_e}+S_{u_e}$$

$\partial V_e$ 是单元 $V_e$ 的全部边界，而在 $S_{u_e}$ 上，$u_i=\overline{u}_i$。

将(10.6.5)，(10.6.6)和(10.6.7)式代入(10.6.8)中，可以得到

$$\Pi_{m_c}=\sum_e\left(\frac{1}{2}\boldsymbol{\beta}^{\mathrm{T}}\boldsymbol{H}\boldsymbol{\beta}+\boldsymbol{\beta}^{\mathrm{T}}\boldsymbol{H}_F\boldsymbol{\beta}_F-\boldsymbol{\beta}^{\mathrm{T}}\boldsymbol{G}\boldsymbol{a}+\boldsymbol{S}^{\mathrm{T}}\boldsymbol{a}+\boldsymbol{C}_e\right)\tag{10.6.9}$$

其中

$$\boldsymbol{H}=\int_{V_e}\boldsymbol{P}^{\mathrm{T}}\boldsymbol{C}\boldsymbol{P}\mathrm{d}V\qquad\boldsymbol{H}_F=\int_{V_e}\boldsymbol{P}^{\mathrm{T}}\boldsymbol{C}\boldsymbol{P}_F\mathrm{d}V$$

$$\boldsymbol{G}=\int_{\partial V_e}\boldsymbol{R}^{\mathrm{T}}\boldsymbol{L}\mathrm{d}S\qquad\boldsymbol{S}^{\mathrm{T}}=-\boldsymbol{\beta}_F^{\mathrm{T}}\boldsymbol{G}_F+\int_{S_{\sigma_e}}\overline{\boldsymbol{T}}^{\mathrm{T}}\boldsymbol{L}\mathrm{d}S$$

$$\boldsymbol{G}_F=\int_{\partial V_e}\boldsymbol{R}_F^{\mathrm{T}}\boldsymbol{L}\mathrm{d}S\qquad\boldsymbol{C}_e=\frac{1}{2}\boldsymbol{\beta}_F^{\mathrm{T}}\int_{V_e}\boldsymbol{P}_F^{\mathrm{T}}\boldsymbol{G}\boldsymbol{P}_F\mathrm{d}V\boldsymbol{\beta}_F$$

式内 $\boldsymbol{C}$ 是柔度张量 $C_{ijkl}$ 的矩阵形式，$\overline{\boldsymbol{T}}$ 是给定的边界力。

(10.6.9)式对于 $\boldsymbol{\beta}$ 和 $\boldsymbol{a}$ 的变分为零，给出泛函的驻值条件，即

$$\boldsymbol{H}\boldsymbol{\beta}+\boldsymbol{H}_F\boldsymbol{\beta}_F-\boldsymbol{G}\boldsymbol{a}=0\tag{10.6.10}$$

$$\sum_e\delta\boldsymbol{a}^{\mathrm{T}}(\boldsymbol{G}^{\mathrm{T}}\boldsymbol{\beta}-\boldsymbol{S})=0\quad(e=1,2,\cdots,M)\tag{10.6.11}$$

(10.6.10)式之所以能够表示成每个单元各自独立的方程，是因为各个单元的应力参数 $\boldsymbol{\beta}$ 是各自独立互不相关的。从它可以解得各个单元的应力参数 $\boldsymbol{\beta}$ 和位移参数 $\boldsymbol{a}$ 的关系，即

$$\boldsymbol{\beta}=\boldsymbol{H}^{-1}(\boldsymbol{G}\boldsymbol{a}-\boldsymbol{H}_F\boldsymbol{\beta}_F)\tag{10.6.12}$$

将上式代回(10.6.11)式，并考虑变分 $\delta\boldsymbol{a}$ 是任意的，就得到以结点位移 $\boldsymbol{a}$ 为未知量的有限元求解方程

$$\boldsymbol{K}\boldsymbol{a}=\boldsymbol{Q}\tag{10.6.13}$$

其中

$$\boldsymbol{K}=\sum_e\boldsymbol{K}^e\qquad\boldsymbol{Q}=\sum_e\boldsymbol{Q}^e\tag{10.6.14}$$

$$\boldsymbol{K}^e=\boldsymbol{G}^{\mathrm{T}}\boldsymbol{H}^{-1}\boldsymbol{G}\tag{10.6.15}$$

$$\boldsymbol{Q}^e=\boldsymbol{G}^{\mathrm{T}}\boldsymbol{H}^{-1}\boldsymbol{H}_F\boldsymbol{\beta}_F+\boldsymbol{S}\tag{10.6.16}$$

(10.6.13)式和基于位能原理的有限元求解方程在形式上是一致的。$\boldsymbol{K}$ 的对角线上

不包含零元素，所以可用一般的矩阵求逆方法求解。

## 10.6.3　用于薄板弯曲问题的应力杂交元[5]

将(10.6.8)式表示的泛函 $\Pi_{m_c}$ 用于薄板弯曲问题，并用矩阵表示，可以写成

$$\Pi_{m_c} = \sum_e \left( \int_{\Omega_e} \frac{1}{2} \boldsymbol{M}^{\mathrm{T}} \boldsymbol{D}^{-1} \boldsymbol{M} \mathrm{d}\Omega - \int_{\partial\Omega_e} \boldsymbol{T}^{\mathrm{T}} \boldsymbol{u} \mathrm{d}S + \int_{S\sigma_e} \overline{\boldsymbol{T}}^{\mathrm{T}} \boldsymbol{u} \mathrm{d}S \right) \tag{10.6.17}$$

其中

$$\boldsymbol{M} = [M_x \quad M_y \quad M_{xy}]^{\mathrm{T}}$$

$$\boldsymbol{D}^{-1} = \frac{12}{Et^3} \begin{bmatrix} 1 & -\nu & 0 \\ -\nu & 1 & 0 \\ 0 & 0 & 2(1+\nu) \end{bmatrix} \tag{10.6.18}$$

$$\boldsymbol{T} = \begin{Bmatrix} V_n \\ M_n \end{Bmatrix}, \qquad \boldsymbol{u} = \begin{Bmatrix} w \\ -\dfrac{\partial w}{\partial n} \end{Bmatrix} \qquad \overline{\boldsymbol{T}} = \begin{Bmatrix} \overline{V}_n \\ \overline{M}_n \end{Bmatrix}$$

$$V_n = Q_n + \frac{\partial M_{ns}}{\partial s}$$

以上泛函中独立变分的场函数是单元内的 $M_x$，$M_y$ 和 $M_{xy}$ 以及单元交界面上的 $w$ 和 $\dfrac{\partial w}{\partial n}$。附加的条件是 $M_x$，$M_y$，$M_{xy}$ 应满足下列平衡方程

$$\frac{\partial^2 M_x}{\partial x^2} + 2\frac{\partial^2 M_{xy}}{\partial x \partial y} + \frac{\partial^2 M_y}{\partial y^2} + q = 0 \tag{10.6.19}$$

现在考虑在横向剪力、弯矩和扭矩作用下尺寸为 $a \times b$ 的一个矩形单元，如图 10.19 所示。

此单元每个结点有 3 个位移参数，单元结点位移参数向量是

$$\boldsymbol{a} = \begin{Bmatrix} \boldsymbol{a}_A \\ \boldsymbol{a}_B \\ \boldsymbol{a}_C \\ \boldsymbol{a}_D \end{Bmatrix} \qquad \boldsymbol{a}_i = \begin{Bmatrix} w_i \\ \left(\dfrac{\partial w}{\partial x}\right)_i \\ \left(\dfrac{\partial w}{\partial y}\right)_i \end{Bmatrix} \qquad (i = A, B, C, D) \tag{10.6.20}$$

由于此单元和上节讨论的 DKT 单元类似，沿每个直线边界（其起点 $s_1 = 0$，终点 $s_2 = l$）上的挠度 $w$，可利用 Hermite 多项式表示为 $s$ 的三次函数，即

$$w(s) = H_1^{(0)}(s) w_1 + H_2^{(0)}(s) w_2 + H_1^{(1)}(s) \left(\frac{\partial w}{\partial s}\right)_1 + H_2^{(1)}(s) \left(\frac{\partial w}{\partial s}\right)_2 \tag{10.6.21}$$

其中

$$H_1^{(0)}(s) = 1 - 3\left(\frac{s}{l}\right)^2 + 2\left(\frac{s}{l}\right)^3$$

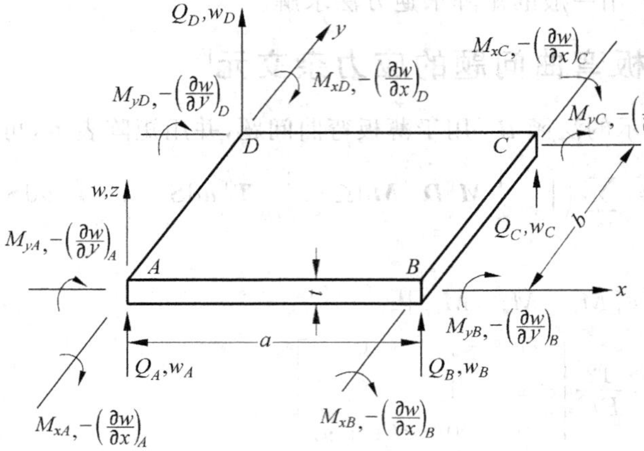


图 10.19 弯曲作用的矩形板单元

$$H_2^{(0)}(s)=3\left(\frac{s}{l}\right)^2-2\left(\frac{s}{l}\right)^3$$

$$H_1^{(1)}(s)=l\left[\frac{s}{l}-2\left(\frac{s}{l}\right)^2+\left(\frac{s}{l}\right)^3\right]$$

$$H_2^{(1)}(s)=-l\left[\left(\frac{s}{l}\right)^2-\left(\frac{s}{l}\right)^3\right]$$

边界上的$\partial w/\partial n$则表示成$s$的线性函数，即

$$\frac{\partial w}{\partial n}=\left(1-\frac{s}{l}\right)\left(\frac{\partial w}{\partial n}\right)_1+\frac{s}{l}\left(\frac{\partial w}{\partial n}\right)_2 \tag{10.6.22}$$

对于现在的情况，边界位移矩阵可表示为

$$\boldsymbol{u}=\left[w_{AB}\quad -\left(\frac{\partial w}{\partial y}\right)_{AB}\quad w_{BC}\quad -\left(\frac{\partial w}{\partial x}\right)_{BC}\quad w_{DC}\quad -\left(\frac{\partial w}{\partial y}\right)_{DC}\quad w_{AD}\quad -\left(\frac{\partial w}{\partial x}\right)_{AD}\right]^{\mathrm{T}} \tag{10.6.23}$$

其中$w_{AB}$、$\left(\frac{\partial w}{\partial y}\right)_{AB}$…分别是沿边界$AB$,…的$w$和$\frac{\partial w}{\partial y}$…的插值表示式，利用(10.6.21)和(10.6.22)式，上式可改写为

$$\boldsymbol{u}=\boldsymbol{L}\boldsymbol{a}^e \tag{10.6.24}$$

其中$\boldsymbol{L}$是系数为零或$s$的各次幂的$8\times12$矩阵。

至于$M_x$,$M_y$,$M_{xy}$在满足平衡方程(10.6.19)式的条件下，如只取至完全三次式，可假设为

$$M_x=\beta_1+\beta_4y+\beta_6x+\beta_{10}y^2+\beta_{12}x^2+\beta_{14}xy+\beta_{16}y^3+\beta_{18}x^3+\beta_{20}x^2y+\beta_{22}xy^2$$

$$M_y=\beta_2+\beta_5x+\beta_7y+\beta_{11}x^2+\beta_{13}y^2+\beta_{15}xy+\beta_{17}x^3+\beta_{19}y^3+\beta_{21}x^2y+\beta_{23}xy^2$$

$$M_{xy}=\beta_3+\beta_8 y+\beta_9 x-(\beta_{12}+\beta_{13})xy-\frac{1}{2}(3\beta_{18}+\beta_{23})x^2 y-\frac{1}{2}(3\beta_{19}+\beta_{20})xy^2 \tag{10.6.25}$$

上式还可表示为矩阵形式如下

$$\boldsymbol{M}=\boldsymbol{P\beta} \tag{10.6.26}$$

其中 $\boldsymbol{P}$ 是系数为 0,1 或 $x,y$ 不同幂次单项式的 $3\times23$ 矩阵，并且

$$\boldsymbol{\beta}=[\beta_1 \quad \beta_2 \quad \cdots \quad \beta_{23}]^{\mathrm{T}}$$

在推导边界力矩阵和内部应力分布之间的关系时，应考虑利用静力等效关系，即

$$V_x=Q_x+\frac{\partial M_{xy}}{\partial y} \quad V_y=Q_y+\frac{\partial M_{xy}}{\partial x} \tag{10.6.27}$$

对于现在的情况，边界力矩阵是

$$\boldsymbol{T}=[-V_{yAB} \quad -M_{yAB} \quad V_{xBC} \quad M_{xBC} \quad V_{yDC} \quad M_{yDC} \quad -V_{xAD} \quad -M_{xAD}]^{\mathrm{T}} \tag{10.6.28}$$

利用(10.6.25)，(10.6.26)和(10.6.27)式，上式可表示为

$$\boldsymbol{T}=\boldsymbol{R\beta} \tag{10.6.29}$$

其中 $\boldsymbol{R}$ 是系数为 0,1 或 $x,y$ 不同幂次单项式的 $8\times23$ 矩阵。

应当指出，在用等效剪力替代扭矩时，将引起角点的附加集中力，其数值等于相应角点上 $M_{xy}$ 值的两倍。当集中角点力未包含于边界力 $\boldsymbol{T}$ 时，它们应加到(10.6.9)所给出的 $\boldsymbol{G}$ 的积分中，以形成它的修正表达式。附加在角点的集中力与 $\boldsymbol{\beta}$ 有如下线性关系式

$$\Delta V_A=-2\beta_3 \quad \Delta V_B=2\beta_3+2a\beta_9$$

$$\Delta V_C=-2\beta_3-2b\beta_8-2a\beta_9+2ab(\beta_{12}+\beta_{13})+a^2 b(3\beta_{18}+\beta_{23})+ab^2(3\beta_{19}+\beta_{20})$$

$$\Delta V_D=2\beta_3+2b\beta_8$$

当知道 $\boldsymbol{P}$、$\boldsymbol{R}$、$\boldsymbol{L}$ 等矩阵以后，就可按(10.6.14)、(10.6.15)和(10.6.16)等式计算单元刚度矩阵和载荷向量，并最后形成有限元求解方程(10.6.13)式。

前面曾指出，单元广义位移的数目，即 $\boldsymbol{a}$ 的元素数($n$)和应力参数的数目，即 $\boldsymbol{\beta}$ 的元素数($m$)可以分别独立地选择。现就选择 $n,m$ 时应遵守的原则和一些实际考虑作必要的阐述和讨论。

从前例看到，当每个角点有 3 个位移参数：$w_i$、$(\partial w/\partial x)_i$、$(\partial w/\partial y)_i$ 时，边界上的 $w$ 是三次变化，$\partial w/\partial n$ 是线性变化。如增加角点位移参数$(\partial^2 w/\partial x\partial y)_i$，则边界上 $\partial w/\partial n$ 也可达到三次变化。另一方面，系统的结点位移参数总数减去给定位移的约束数(至少是 3 个刚体位移模式)就是系统的自由度数 $N$。

在确定 $m$ 时，首先应保证刚度矩阵 $\boldsymbol{K}$ 的非奇异性。从(10.6.9)和(10.6.15)式可以看出 $\boldsymbol{K}$ 的秩与 $\boldsymbol{H}$ 的秩有关，而 $\boldsymbol{H}$ 的秩由 $m$ 决定，实际上现在的 $m$ 和(4.6.5)式中的 $n_g d$ 起相同的作用，所以保证系统刚度矩阵 $\boldsymbol{K}$ 非奇异性的必要条件是

$$Mm \geqslant N$$

式中 $M$ 是系统的单元数。如果只有一个单元，则

$$m \geqslant n-3$$

对于应力杂交单元，在选定边界位移模式以后，选择应力参数的数目 $m$，实质上是在给定边界位移条件下选择最小余能原理的试探函数的模式。$m$ 愈大，则解答愈接近满足内部的位移协调条件，即单元的性质愈接近位移协调元，因此结构愈呈现刚硬。另一方面，在 $m$ 选定以后，$n$ 增加，单元性质趋于柔顺，使结构表现趋于柔软。以上分析可以通过图 10.20 所示的实际计算结果更清楚地表现出来。此例计算的是中心受有集中载荷简支方板的中心挠度。采用前面所讨论的矩形应力杂交元，边界位移 $w$ 总是三次变化，法向导数采用两种不同选择，一是线性变化($n=12$)，另一是三次变化($n=16$)；内部应力模式采用线性的($m=9$)、二次的($m=15$)、三次的($m=23$)3 种可能选择。对总共 6 种不同方案的结果进行了比较。从结果可以看到，为得到最好的解答，存在一个边界位移模式和内部应力模式的恰当组合问题。对于现在的情况，线性的力矩项和线性的法向导数看来是一个较好的组合。对于相同的线性力矩项，增加法向导数的次数反而降低了解的精度，但是如果同时提高力矩项和法向导数的次数，解的精度还是提高了。

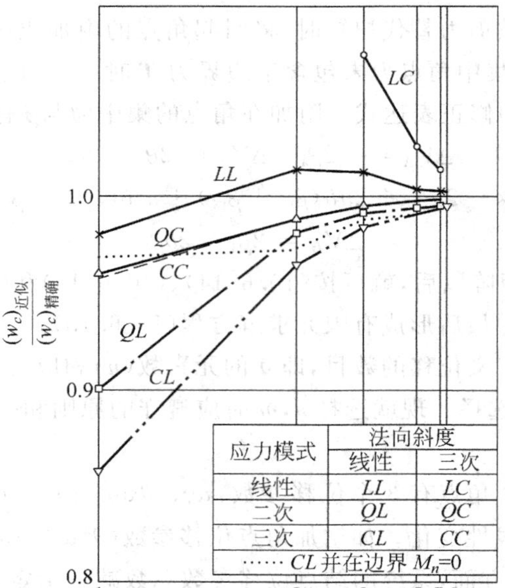


图 10.20　在中心载荷作用下简支方板的中心挠度

还可指出，当采用(10.6.8)式所示泛函时，布置于给定力边界的单元无需满足此给定

条件，图 10.20 算例中的上述 6 种计算方案就是这样的，未考虑满足简支边上 $M_n=0$ 的条件。实际执行中还有另一方案，就是使布置于简支边界上的单元，在选择应力参数时就满足简支边上 $M_n=0$ 的条件，图 10.20 上第 7 条曲线（……CL 线）就是此方案的计算结果。从比较中可见，对于相同的应力模式和边界位移模式，结果有所改进，特别是单元数较少时。但当单元增多时，这种改进就不太明显。

## 10.7　小结

薄板弯曲理论和三维弹性力学的不同点在数学上主要表现为基本方程是场函数的 4 阶（而不是 2 阶）偏微分方程，最小位能原理中包括场函数的最高阶导数是 2 阶（而不是 1 阶），因此建立在薄板弯曲理论最小位能原理上的板单元在单元交界面上要求满足 $C_1$（而不是 $C_0$）连续性。如何满足此要求是构造板单元最主要的出发点，也是板单元研究中的核心问题。

本章 10.2、10.3 两节中比较广泛地讨论了构造基于薄板弯曲理论的协调和非协调单元的一些可能方案。这不仅是因为对于薄板弯曲问题具有重要的实际意义，而且这些单元对于其他泛函中包含二阶导数的问题也是有用的。例如可以用于粘性流体以及其他物理问题。对于二维应力分析问题，如果利用应力函数法求解，也将导致这样的泛函。

本章 10.4～10.6 节分别讨论了求解薄板弯曲问题的其他几种替换方案，它们共同的目的都是将原来的 $C_1$ 型连续性问题变为 $C_0$ 型问题，使问题得到简化，是一些比较有前途的方案。其中将 $w$ 和 $\theta_x$、$\theta_y$ 处理为各自独立的场函数的 Mindlin 单元和 DKT 单元，在壳体分析中也得到较广泛的应用。特别是 Mindlin 板单元是讨论的重点，因为它和第 9 章讨论的 Timoshenko 梁单元，以及下一章讨论的超参数壳元属于同一类型的单元，有共同的理论基础和特点，因而也便于将它们结合起来应用于组合结构的分析中。Mindlin 板单元构造方法简单，如果已有二维平面应力等参单元程序，只要稍加修改就可以得到 Mindlin 板单元的程序。问题的关键点在于要保持结构刚度矩阵的非奇异性和结构剪切刚度矩阵的奇异性。其原理和解决方案和第 8 章讨论的不可压缩弹性力学问题，以及第 9 章讨论的 Timoshenko 梁单元基本上是相同的。读者在学习过程中可以将它们联系起来，相互对照，以加深对问题的理解，也便于下一章超参数壳元的学习。

杂交元的应用也不限于薄板弯曲问题，本章列出了它的一般表达格式，并结合薄板弯曲问题讨论了它的一些基本特点，目的是使读者今后在更广泛的领域中熟悉和应用这种单元，同时对建立于位能原理以外变分原理的有限元格式有个基本的认识。

## 关键概念

| | | |
|---|---|---|
| $C_1$ 型板单元 | $C_0$ 型板单元 | 3 结点参数薄板单元 |
| 多结点参数板单元 | 非协调板单元 | 协调板单元 |
| Mindlin 板单元 | $\boldsymbol{K}$ 非奇异性条件 | $\boldsymbol{K}_S$ 奇异性条件 |
| 假设剪切应变方法 | DKT 板单元 | 应力杂交板单元 |

## 复习题

**10.1** 弹性薄板理论的基本假设是什么？如何导出它的基本方程及边界条件？

**10.2** 比较弹性薄板理论的最小位能原理的泛函和三维弹性力学的最小位能原理的泛函的相同点和不同点。

**10.3** 基于薄板理论的矩形单元和三角形单元(每个结点有 3 个位移参数)是否满足有限元的收敛性条件？为什么？

**10.4** 用什么方法构造满足 $C_1$ 连续性的薄板单元？

**10.5** 有哪些方法可以将薄板弯曲问题的 $C_1$ 连续性条件转换为 $C_0$ 连续性条件？

**10.6** Mindlin 板单元的积分方案要满足什么条件？如何具体判别？

**10.7** 为什么(10.4.12)式是 $\boldsymbol{K}$ 非奇异性的必要条件？而(10.4.13)式是 $\boldsymbol{K}_s$ 奇异性的充分条件？

**10.8** 如何用一个单元模型对 $\boldsymbol{K}$ 非奇异性和 $\boldsymbol{K}_s$ 奇异性进行估计？为什么说仅是估计？两种情况下,一个单元的模型有何区别？为什么？

**10.9** 什么是用于 Mindlin 板单元的假设剪切应变方法？如何选择它的取样点和插值函数？

**10.10** 比较 Mindlin 板单元的减缩(或选择)积分方法和假设剪切应变方法的相同点和不同点？能否证明两者在一定条件下是等效的？

**10.11** 什么是 DKT 单元？它是如何引进薄板理论的直法线假设的？此单元满足有限元收敛性条件吗？

**10.12** 比较 DKT 单元和 Mindlin 单元的相同点和不同点。

**10.13** 什么是应力杂交元？它的场函数如何定义？各自应满足什么条件？相互之间应满足什么条件？

## 练习题

**10.1**　导出矩形非协调板单元矩阵(10.2.11)式的显式表达式。

**10.2**　如果三角形板单元的位移函数是

$$w = \alpha_1 + \alpha_2 x + \alpha_3 y + \alpha_4 x^2 + \alpha_5 xy + \alpha_6 y^2 + \alpha_7 x^3 + \alpha_8 (x^2 y + xy^2) + \alpha_9 y^3$$

验证当单元的两条边分别平行于坐标轴且长度相等时,决定参数 $\alpha_1, \alpha_2, \cdots, \alpha_9$ 的代数方程组的系数矩阵是奇异的。

**10.3**　利用单元位移函数的完备性确定(10.2.19)式的常数 $C$ 的数值(提示:常应变项可表示为 $\alpha_1 L_1 L_2 + \alpha_2 L_2 L_3 + \alpha_3 L_3 L_1$)。

**10.4**　有一四边固支的方形薄板,取其 1/4 用 8 结点 Mindlin 板单元进行分析,用减缩积分方法时 4×4 网格仍发生剪切锁死(如图 10.12 所示),而采用假设剪切应变方法时,仅用 3×3 网格也未发生剪切锁死(如图 10.15 所示),试用 $\boldsymbol{K}_s$ 奇异性的充分条件(10.4.13)式加以验证。

**10.5**　同上题分析的四边固支的方板受均布载荷 $q$ 作用。板边长 $L$,厚度 $t$。由于对称取 1/4 进行分析。网格分别取 2×2,4×4,6×6;$L/t$ 分别取 100,300,500;对 4 结点,8 结点,9 结点的 Mindlin 板单元是否发生剪切锁死情况进行检验(参照图 10.12,采用本书所附教学程序)并对结果进行分析。

**10.6**　问题同题 10.5,只是板的四边改为简支。

**10.7**　试从广义变分角度,论证 Mindlin 板单元减缩积分方法和假设剪切应变方法的理论基础。

**10.8**　导出 DKT 单元的(10.5.7)式中的矩阵 $\boldsymbol{H}_x$ 和 $\boldsymbol{H}_y$ 的显式表达式。

**10.9**　证明修正余能原理中单元交界面上的拉格朗日乘子 $\lambda_i(s)$ 的力学意义应是交界面上的位移 $u_i(s)$。

**10.10**　导出矩形应力杂交元的(10.6.24)、(10.6.26)及(10.6.29)等式的 $\boldsymbol{L}$、$\boldsymbol{P}$、$\boldsymbol{R}$ 矩阵的显式表达式。

**10.11**　对教学程序 FEATP 进行扩充,增加对 Mindlin 板单元采用选择积分和假设剪切应变建立单元刚度矩阵 $\boldsymbol{K}^e$ 的功能。

**10.12**　问题同题 10.5 和题 10.6,利用扩充后的 FEATP 程序,采用选择积分方案进行分析,并和已有结果比较。

**10.13**　同上题,采用假设剪切应变方案进行分析,并和已有计算结果比较。

# 第11章 壳体问题

**本章要点**

- 薄壳理论的基本假设和应力应变状态的基本特点，壳体单元的几种基本类型。
- 建立于轴对称薄壳理论的截锥壳元与位移和转动各自独立插值的轴对称壳元的各自构造方法和性能特点。
- 用于一般壳体的平面壳元的构造方法、性能特点和单元类型的选择。
- 三维超参数壳元和三维空间曲梁-杆元的原理、构造方法、算法步骤和性能特点。
- 板壳元和实体元或梁-杆元联结问题中交界面上位移协调条件的恰当提法和算法措施，以及过渡单元的原理和构造方法。

## 11.1 引言

壳体在工程实际中得到广泛的应用。航空航天工程中的飞机、火箭、宇宙飞船和机械、石化、电力等部门的各类容器，以及航海和海洋工程的船舰、潜艇，土木、水利工程中的穹顶、拱坝等都广泛采用各种形式的壳体结构。

壳体和上一章讨论的平板相比较，相同点是它们在厚度方向的尺度比其他两个方向的小得多，因此在力学上引入一定的假设，可使空间的三维问题简化为二维问题；不同点是板的中面是平面，而壳的中面是曲面。正是这个不同点，使两者在力学分析上有重要区别。平板的中面只有垂直于中面的位移，即挠度 $w$，而没有面内的位移。这样一来，板只产生弯曲变形，所以通常更具体地称平板问题为平板弯曲问题。平板中面的位移 $u$、$v$ 属于弹性力学平面应力问题研究的内容。平面应力问题中结构的变形是沿厚度均匀分布的，即结构像薄膜一样工作，通常称此变形为薄膜应力(应变)状态。平板中弯曲状态和薄膜状态两者是互相不耦合的，正如直杆(梁)构件中，拉压和弯曲、扭转几种应力(应变)状态是互不耦合的一样。而壳体由于中面是曲面，工作时中面内的位移 $u$、$v$ 和垂直于中面的位移 $w$ 通常是同时发生的，而且弯曲状态和薄膜状态是相互耦合的，必须同时进行分析。由于中面是曲面，同时弯曲状态和薄膜状态是相互耦合的，使得壳体问题的力学分析比平板问题和平面应力问题复杂得多。这也使得壳体问题(特别是壳体非线性问题)的有限元分析方法至今仍然是有限元研究领域的重要课题。

壳体结构首先从几何上可以区分为轴对称壳体和一般的三维空间壳体。前者在空间上有一对称轴，壳体中面是由一条和对称轴共面的曲线(称经线或子午线)绕对称轴旋转360°形成的。和轴对称实体类似，问题可以简化到一个包含对称轴和经线的平面内研究。由于经线只是一条曲线，所以轴对称壳体本质上是曲线坐标系内的一维问题。而一般的三维空间的壳体则是曲线坐标系内的二维问题。相应的壳元可以分为轴对称壳元和一般的空间壳元。

从壳元自身的几何特点上区分，轴对称壳元可以分成直边的截锥壳元和曲边壳元。前者可以看成是从圆锥面上用两个垂直于对称轴的平行圆截取出的一部分，单元构造比较简单。但用它离散实际壳体时，是用一系列直线组成的折线来近似通常为曲线的经线。而曲边壳元则是用一系列的 2 次或 3 次曲线去近似实际的经线，显然提高了几何离散的精度。

将上述两种不同几何特点的轴对称壳体单元推广到一般三维空间的壳体时，将有平面壳元和曲面壳元之分。

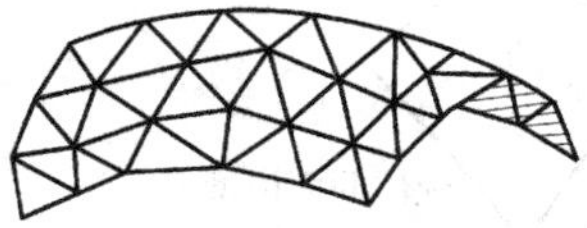

(a) 由三角形单元组成的任意壳体

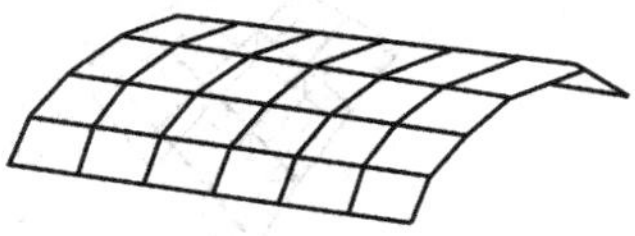

(b) 由矩形单元组成的棱柱面壳体

图 11.1　用折板代替壳体

用折板代替壳体，如图 11.1 所示，从直觉上看是很自然的，通常用三角形或矩形平面壳元的组合体去代替曲面壳体，其中又以三角形单元应用较广，因为它可以适用于复杂的壳体形状。平面单元的优点是表达格式简单，第 10 章中所讨论的各种平板弯曲单元只要稍加扩展就可以用于壳体分析。当然用折板代替壳体时，正如用截锥壳元去离散经线为光滑曲线的旋转壳体，在几何上又引入了新的近似性，在计算中需要将网格合理地加密。如果采用曲面壳元，能够更好地反映壳体的真实几何形状，在单元尺寸大小相同的情况下，通常可以得到比平面壳元更好的效果。

和平板单元相同，从单元间的连续性要求上可以区分壳体单元为 $C_1$ 型单元和 $C_0$ 型单元。但是除了轴对称截锥壳元以外，要构造基于薄壳理论既满足 $C_1$ 连续性，同时又满足完备性的插值函数是相当困难的。特别是对于一般壳体，由于几何形状的复杂性，情况更是如此。通常的 $C_0$ 型壳体单元可以看成是位移和转动各自独立插值的 Mindlin 板单元的推广。对于轴对称壳体，这种单元构造简单，已得到成功的应用。但是对于一般壳体情形，仍因几何描述的复杂性和涉及具体壳体理论的选择，很难直接构造位移和转动各自独立插值的曲壳单元。而采用在理论上和它等价，从三维实体元蜕化而来的超参数壳元就成为比较自然的替代，因此超参数壳元是现今工程实际中用作一般壳体结构分析的最常见单元。

用于一般壳体分析的，从三维实体元蜕化而来的超参数壳元和直接建立于壳体理论的壳元实质上的区别是在分析的不同阶段将壳状三维连续体简化为二维壳体单元，具体表示如图 11.2。在构造单元过程中先后不同地引入了两种近似性，一是来自有限元的离散，一是来自一定的壳体假设。从三维实体元蜕化而来的超参数壳元是采用先离散后引入壳体假设的方案，可以避免涉及具体的壳体理论的选择和繁杂的数学推导。

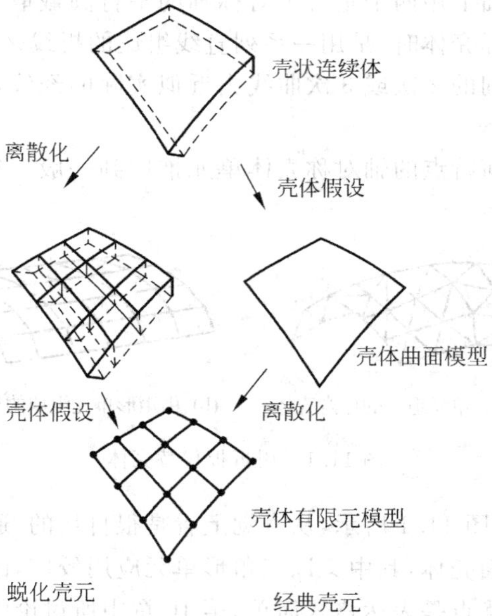


图 11.2　导出壳体单元的两种方案

三维相对自由度壳元是另一种从三维实体元演化而来的壳体单元，其特点是仍以位移为结点参数，而不引入转动自由度，因而它的表达格式比超参数三维壳元简单而直接，是一种有应用价值的单元。

本章 11.2～11.6 节将分别讨论几种在实际分析中得到较为广泛应用的有代表性的壳元。它们是基于薄壳理论的轴对称壳元，位移和转动各自独立插值的轴对称壳元，用于一般壳体的平面壳元，用于一般壳体的超参数壳元及相对自由度壳元。由于在实际结构中壳体经常和实体元或梁-杆元结合使用，因此在本章 11.7、11.8 两节分别讨论壳元和实体元，壳元和梁-杆元的联结问题。考虑到和壳元联结使用的梁-杆元常是三维空间的曲梁-杆元，此种单元本质上也是一种三维蜕化元，它的构造方法更类似于三维蜕化壳元。

为讨论方便起见，未将它放在第 9 章而是放在本章 11.8 节进行讨论。

# 11.2　基于薄壳理论的轴对称壳元

## 11.2.1　轴对称薄壳理论的基本公式

图 11.3 所示的轴对称壳体中面上任一点位置由经(子午)向弧长坐标 $s$ 和周向角坐标 $\theta$ 确定，位移可由其经(子午)向分量 $u$，周向分量 $v$ 和法向分量 $w$ 确定。在薄壳理论中，壳体内任一点的应变，根据 Kirchhoff 直法线假设，可通过中面的 6 个广义应变分量来描述，它们和中面位移的关系是

$$\boldsymbol{\varepsilon}=\begin{Bmatrix}\varepsilon_s\\ \varepsilon_\theta\\ \gamma_{s\theta}\\ \kappa_s\\ \kappa_\theta\\ \kappa_{s\theta}\end{Bmatrix}=\begin{Bmatrix}\dfrac{\partial u}{\partial s}+\dfrac{w}{R_s}\\ \dfrac{1}{r}\left(\dfrac{\partial v}{\partial\theta}+u\sin\phi+w\cos\phi\right)\\ \dfrac{\partial v}{\partial s}+\dfrac{1}{r}\left(\dfrac{\partial u}{\partial\theta}-v\sin\phi\right)\\ -\dfrac{\partial}{\partial s}\left(\dfrac{\partial w}{\partial s}-\dfrac{u}{R_s}\right)\\ -\dfrac{1}{r^2}\dfrac{\partial^2 w}{\partial\theta^2}+\dfrac{\cos\phi}{r^2}\dfrac{\partial v}{\partial\theta}-\dfrac{\sin\phi}{r}\left(\dfrac{\partial w}{\partial s}-\dfrac{u}{R_s}\right)\\ 2\left(-\dfrac{1}{r}\dfrac{\partial^2 w}{\partial s\partial\theta}+\dfrac{\sin\phi}{r^2}\dfrac{\partial w}{\partial\theta}+\dfrac{\cos\phi}{r}\dfrac{\partial v}{\partial s}-\dfrac{\sin\phi\cos\phi}{r^2}v+\dfrac{1}{rR_s}\dfrac{\partial u}{\partial\theta}\right)\end{Bmatrix}\tag{11.2.1}$$

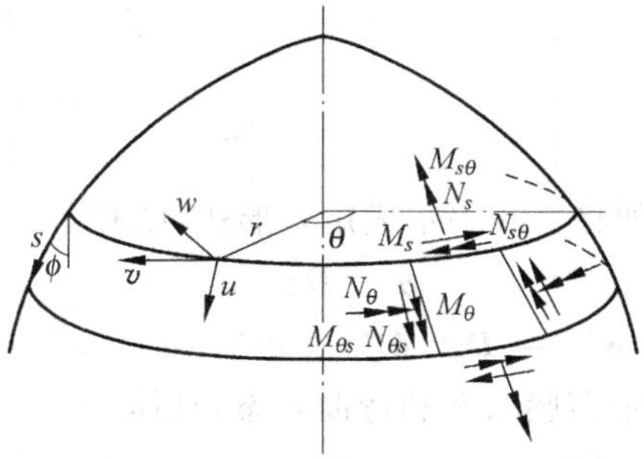


图 11.3　轴对称壳的坐标、位移和内力

其中 $\phi$ 是弧长 $s$ 的切线和对称轴的夹角，$R_s$ 是经向的曲率半径，$r$ 是平行圆的半径(即中面上任一点的径向坐标)。$\varepsilon_s$，$\varepsilon_\theta$ 和 $\gamma_{s\theta}$ 表示中面内的伸长和剪切，$\kappa_s$，$\kappa_\theta$ 和 $\kappa_{s\theta}$ 表示中面曲率和扭率的变化。

当已知中面的 6 个广义应变分量以后，中面外任一点的应变可以表示为

$$\varepsilon_s^{(z)} = \varepsilon_s + z\kappa_s \qquad \varepsilon_\theta^{(z)} = \varepsilon_\theta + z\kappa_\theta \qquad \gamma_{s\theta}^{(z)} = \gamma_{s\theta} + z\kappa_{s\theta} \tag{11.2.2}$$

式中 $z$ 是该点至中面的距离(沿法线方向测量)。

在薄壳理论中与上述 6 个广义应变分量相对应的是 6 个内力(广义应力)分量

$$\boldsymbol{\sigma} = [N_s \quad N_\theta \quad N_{s\theta} \quad M_s \quad M_\theta \quad M_{s\theta}]^{\mathrm{T}} \tag{11.2.3}$$

其中 $N_s, N_\theta, N_{s\theta}$ 分别是壳体内垂直于 $s$ 或 $\theta$ 方向的截面上单位长度的内力;$M_s, M_\theta, M_{s\theta}$ 是相应截面上单位长度的力矩。根据应力沿厚度方向呈线性变化的假设,壳体内任一点的应力可按下式计算,即:

$$\begin{aligned} \sigma_s &= \frac{N_s}{t} + \frac{12M_s}{t^3}z \\ \sigma_\theta &= \frac{N_\theta}{t} + \frac{12M_\theta}{t^3}z \\ \tau_{s\theta} &= \frac{N_{s\theta}}{t} + \frac{12M_{s\theta}}{t^3}z \end{aligned} \tag{11.2.4}$$

其中 $t$ 是壳体的厚度。

广义应力分量和广义应变分量之间的弹性关系是

$$\begin{pmatrix} N_s \\ N_\theta \\ N_{s\theta} \\ M_s \\ M_\theta \\ M_{s\theta} \end{pmatrix} = \frac{Et}{1-\nu^2} \begin{pmatrix} 1 & \nu & 0 & 0 & 0 & 0 \\ & 1 & 0 & 0 & 0 & 0 \\ & & \frac{1-\nu}{2} & 0 & 0 & 0 \\ & \text{对} & & \frac{t^2}{12} & \frac{t^2\nu}{12} & 0 \\ & & & & \frac{t^2}{12} & 0 \\ & & & \text{称} & & \frac{t^2(1-\nu)}{24} \end{pmatrix} \begin{pmatrix} \varepsilon_s \\ \varepsilon_\theta \\ \gamma_{s\theta} \\ \kappa_s \\ \kappa_\theta \\ \kappa_{s\theta} \end{pmatrix} \tag{11.2.5}$$

式中 $E$ 和 $\nu$ 是弹性常数。如将上式表示成矩阵形式,则有:

$$\boldsymbol{\sigma} = \boldsymbol{D\varepsilon} \tag{11.2.6}$$

或

$$\boldsymbol{\sigma}^{(m)} = \boldsymbol{D}^{(m)}\boldsymbol{\varepsilon}^{(m)} \qquad \boldsymbol{\sigma}^{(b)} = \boldsymbol{D}^{(b)}\boldsymbol{\varepsilon}^{(b)}$$

其中上标$(m)$和$(b)$分别表示薄膜状态和弯曲状态,具体是

$$\boldsymbol{\sigma} = \begin{pmatrix} \boldsymbol{\sigma}^{(m)} \\ \boldsymbol{\sigma}^{(b)} \end{pmatrix} \quad \boldsymbol{\varepsilon} = \begin{pmatrix} \boldsymbol{\varepsilon}^{(m)} \\ \boldsymbol{\varepsilon}^{(b)} \end{pmatrix} \quad \boldsymbol{D} = \begin{bmatrix} \boldsymbol{D}^{(m)} & \boldsymbol{0} \\ \boldsymbol{0} & \boldsymbol{D}^{(b)} \end{bmatrix} \tag{11.2.7}$$

并且有

$$\boldsymbol{\sigma}^{(m)} = \begin{bmatrix} N_s \\ N_\theta \\ N_{s\theta} \end{bmatrix} \qquad \boldsymbol{\sigma}^{(b)} = \begin{bmatrix} M_s \\ M_\theta \\ M_{s\theta} \end{bmatrix}$$

$$\boldsymbol{\varepsilon}^{(m)}=\begin{Bmatrix}\varepsilon_s\\ \varepsilon_\theta\\ \gamma_{s\theta}\end{Bmatrix}\qquad \boldsymbol{\varepsilon}^{(b)}=\begin{Bmatrix}\kappa_s\\ \kappa_\theta\\ \kappa_{s\theta}\end{Bmatrix}\tag{11.2.8}$$

$$\boldsymbol{D}^{(m)}=\frac{Et}{1-\nu^2}\begin{bmatrix}1 & \nu & 0\\ \nu & 1 & 0\\ 0 & 0 & \dfrac{1-\nu}{2}\end{bmatrix}\qquad \boldsymbol{D}^{(b)}=\frac{t^2}{12}\boldsymbol{D}^{(m)}$$

壳体的应变能表达式是

$$U=\frac{1}{2}\int_\Omega \boldsymbol{\varepsilon}^{\mathrm{T}}\boldsymbol{D}\boldsymbol{\varepsilon}\,\mathrm{d}\Omega\tag{11.2.9}$$

或者表示成

$$U=\frac{1}{2}\int_\Omega(\boldsymbol{\varepsilon}^{(m)})^{\mathrm{T}}\boldsymbol{D}^{(m)}\boldsymbol{\varepsilon}^{(m)}\,\mathrm{d}\Omega+\frac{1}{2}\int_\Omega(\boldsymbol{\varepsilon}^{(b)})^{\mathrm{T}}\boldsymbol{D}^{(b)}\boldsymbol{\varepsilon}^{(b)}\,\mathrm{d}\Omega$$

上式表明壳体的应变能可以分解为薄膜状态和弯曲状态两部分。
而系统的总势能表达式是

$$\Pi_{\mathrm{p}}=U-W\tag{11.2.10}$$

其中 $-W$ 是系统外力的势能。

如果轴对称壳体所承受的载荷以及壳体的支承条件都是轴对称的，则壳体的位移和变形也将是轴对称的。这时周向位移分量 $v\equiv0$，经向和法向位移分量 $u$ 和 $w$ 仅是 $s$ 的函数，进而应变分量 $\gamma_{s\theta}$，$\kappa_{s\theta}$ 和内力分量 $N_{s\theta}$，$M_{s\theta}$ 也将不再出现。现在(11.2.1)和(11.2.5)式将蜕化为

$$\boldsymbol{\varepsilon}=\begin{Bmatrix}\varepsilon_s\\ \varepsilon_\theta\\ \kappa_s\\ \kappa_\theta\end{Bmatrix}=\begin{Bmatrix}\dfrac{\mathrm{d}u}{\mathrm{d}s}+\dfrac{w}{R_s}\\ \dfrac{1}{r}(u\sin\phi+w\cos\phi)\\ -\dfrac{\mathrm{d}}{\mathrm{d}s}\left(\dfrac{\mathrm{d}w}{\mathrm{d}s}-\dfrac{u}{R_s}\right)\\ -\dfrac{\sin\phi}{r}\left(\dfrac{\mathrm{d}w}{\mathrm{d}s}-\dfrac{u}{R_s}\right)\end{Bmatrix}\tag{11.2.11}$$

和

$$\begin{Bmatrix}N_s\\ N_\theta\\ M_s\\ M_\theta\end{Bmatrix}=\frac{Et}{1-\nu^2}\begin{bmatrix}1 & \nu & 0 & 0\\ & 1 & 0 & 0\\ \text{对} & & \dfrac{t^2}{12} & \dfrac{t^2\nu}{12}\\ & \text{称} & & \dfrac{t^2}{12}\end{bmatrix}\begin{Bmatrix}\varepsilon_s\\ \varepsilon_\theta\\ \kappa_s\\ \kappa_\theta\end{Bmatrix}\tag{11.2.12}$$

## 11.2.2　截锥薄壳元

单元形状如图11.4所示，它们是圆锥壳体的一部分。每个单元有两个结点，每个结点的位移参数在轴对称载荷情况下是

$$\boldsymbol{a}_i = [\bar{u}_i \quad \bar{w}_i \quad \beta_i]^{\mathrm{T}} \quad (i=1,2) \qquad (11.2.13)$$

其中 $\bar{u}_i, \bar{w}_i$ 是总体坐标系中的轴向位移和径向位移分量，$\beta$ 是经向切线的转动。

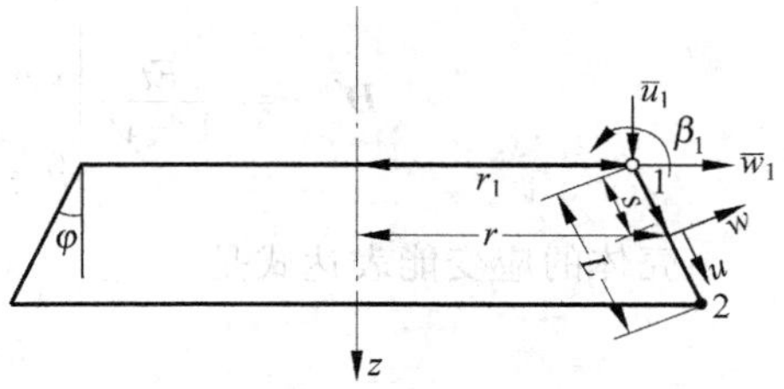


图 11.4　轴对称截锥壳元

单元的结点位移向量可以表示成

$$\boldsymbol{a}^e = \begin{pmatrix} \boldsymbol{a}_1 \\ \boldsymbol{a}_2 \end{pmatrix} \qquad (11.2.14)$$

另一方面，单元中面上任一点在局部坐标系中的经向位移 $u$ 和法向位移 $w$ 此时可以分别是 $s$ 的线性和三次函数，即

$$\begin{aligned} u &= \alpha_1 + \alpha_2 s \\ w &= \alpha_3 + \alpha_4 s + \alpha_5 s^2 + \alpha_6 s^3 \end{aligned} \qquad (11.2.15)$$

其中待定系数 $\alpha_1, \alpha_2, \cdots, \alpha_6$ 可由结点1和2的各个位移分量及其导数 $u_1, w_1, (\mathrm{d}w/\mathrm{d}s)_1, u_2, w_2, (\mathrm{d}w/\mathrm{d}s)_2$ 加以确定，它们应满足以下方程：

$$\begin{aligned} &\alpha_1 = u_1 && \alpha_4 = \left(\frac{\mathrm{d}w}{\mathrm{d}s}\right)_1 \\ &\alpha_3 = w_1 && \alpha_1 + \alpha_2 L = u_2 \\ &\alpha_3 + \alpha_4 L + \alpha_5 L^2 + \alpha_6 L^3 = w_2 && \alpha_4 + 2\alpha_5 L + 3\alpha_6 L^2 = \left(\frac{\mathrm{d}w}{\mathrm{d}s}\right)_2 \end{aligned} \qquad (11.2.16)$$

从上列方程组解出 $\alpha_1, \alpha_2, \cdots, \alpha_6$ 以后，代回(11.2.15)式，可以得到

$$\boldsymbol{u} = \begin{pmatrix} u \\ w \end{pmatrix} = \begin{bmatrix} 1-\xi & 0 & 0 & \xi & 0 & 0 \\ 0 & 1-3\xi^2+2\xi^3 & L(\xi-2\xi^2+\xi^3) & 0 & 3\xi^2-2\xi^3 & L(-\xi^2+\xi^3) \end{bmatrix} \times \begin{pmatrix} u_1 \\ w_1 \\ \left(\frac{\mathrm{d}w}{\mathrm{d}s}\right)_1 \\ u_2 \\ w_2 \\ \left(\frac{\mathrm{d}w}{\mathrm{d}s}\right)_2 \end{pmatrix} \qquad (11.2.17)$$

其中 $\xi = s/L$，$L$ 是截锥单元经线的长度。

注意到 $u_1, w_1, \cdots, (\mathrm{d}w/\mathrm{d}s)_2$ 和 $\bar{u}_1, \bar{w}_1, \cdots, \beta_2$ 之间存在如下关系

$$\begin{Bmatrix} u_i \\ w_i \\ \left(\dfrac{\mathrm{d}w}{\mathrm{d}s}\right)_i \end{Bmatrix} = \begin{bmatrix} \cos\phi & \sin\phi & 0 \\ -\sin\phi & \cos\phi & 0 \\ 0 & 0 & 1 \end{bmatrix} \begin{Bmatrix} \bar{u}_i \\ \bar{w}_i \\ \beta_i \end{Bmatrix} = \boldsymbol{\lambda}\,\boldsymbol{a}_i \quad (i = 1,2) \tag{11.2.18}$$

其中 $\lambda$ 是截锥单元的坐标转换矩阵，将上式代入(11.2.17)式，最后得到 $\boldsymbol{u}$ 用结点位移向量 $\boldsymbol{a}^e$ 的插值表示

$$\boldsymbol{u} = [\boldsymbol{N}_1'\boldsymbol{\lambda} \quad \boldsymbol{N}_2'\boldsymbol{\lambda}]\boldsymbol{a}^e = \boldsymbol{N}\boldsymbol{a}^e \tag{11.2.19}$$

其中

$$\begin{aligned} \boldsymbol{N}_1' &= \begin{bmatrix} 1-\xi & 0 & 0 \\ 0 & 1-3\xi^2+2\xi^3 & L(\xi-2\xi^2+\xi^3) \end{bmatrix} \\ \boldsymbol{N}_2' &= \begin{bmatrix} \xi & 0 & 0 \\ 0 & 3\xi^2-2\xi^3 & L(-\xi^2+\xi^3) \end{bmatrix} \end{aligned} \tag{11.2.20}$$

将(11.2.19)式代入(11.2.11)式，并考虑到对于现在的截锥单元，$1/R_s=0$，可得

$$\boldsymbol{\varepsilon} = [\boldsymbol{B}_1'\boldsymbol{\lambda} \quad \boldsymbol{B}_2'\boldsymbol{\lambda}]\boldsymbol{a}^e = \boldsymbol{B}\boldsymbol{a}^e \tag{11.2.21}$$

其中

$$\boldsymbol{B}_1' = \begin{bmatrix} -\dfrac{1}{L} & 0 & 0 \\ (1-\xi)\dfrac{\sin\phi}{r} & (1-3\xi^2+2\xi^3)\dfrac{\cos\phi}{r} & L(\xi-2\xi^2+\xi^3)\dfrac{\cos\phi}{r} \\ 0 & -(-6+12\xi)\dfrac{1}{L^2} & -(-4+6\xi)\dfrac{1}{L} \\ 0 & -(-6\xi+6\xi^2)\dfrac{\sin\phi}{rL} & -(1-4\xi+3\xi^2)\dfrac{\sin\phi}{r} \end{bmatrix}$$

$$\boldsymbol{B}_2' = \begin{bmatrix} \dfrac{1}{L} & 0 & 0 \\ \xi\dfrac{\sin\phi}{r} & (3\xi^2-2\xi^3)\dfrac{\cos\phi}{r} & L(-\xi^2+\xi^3)\dfrac{\cos\phi}{r} \\ 0 & -(6-12\xi)\dfrac{1}{L^2} & -(-2+6\xi)\dfrac{1}{L} \\ 0 & -(6\xi-6\xi^2)\dfrac{\sin\phi}{rL} & -(-2\xi+3\xi^2)\dfrac{\sin\phi}{r} \end{bmatrix} \tag{11.2.22}$$

得到 $\boldsymbol{N}$,$\boldsymbol{B}$ 后，可按标准步骤计算单元刚度阵 $\boldsymbol{K}^e$ 和结点载荷向量 $\boldsymbol{Q}^e$，即

$$\boldsymbol{K}^e = \int_0^1 \boldsymbol{B}^{\mathrm{T}}\boldsymbol{D}\boldsymbol{B}\,2\pi r L\,\mathrm{d}\xi \tag{11.2.23}$$

如将 $\boldsymbol{K}^e$ 写成分块形式，则

$$\boldsymbol{K}^e = \begin{bmatrix} \boldsymbol{K}_{11}^e & \boldsymbol{K}_{12}^e \\ \boldsymbol{K}_{21}^e & \boldsymbol{K}_{22}^e \end{bmatrix}$$

其中

$$\boldsymbol{K}_{ij}^e = \boldsymbol{\lambda}^{\mathrm{T}}\left(\int_0^1 \boldsymbol{B}_i'^{\mathrm{T}} \boldsymbol{D} \boldsymbol{B}_j' r \mathrm{d}\xi\right)\boldsymbol{\lambda} 2\pi L \qquad (i=1,2;j=1,2) \tag{11.2.24}$$

如有侧向分布载荷 $\boldsymbol{p}$

$$\boldsymbol{p} = \begin{bmatrix} p_u \\ p_w \end{bmatrix} \tag{11.2.25}$$

其中 $p_u$ 和 $p_w$ 是分布载荷沿经向和法向的分量，它们可以是 $s$ 的函数，这时结点载荷是

$$\boldsymbol{Q}_i^e = 2\pi L \boldsymbol{\lambda}^{\mathrm{T}} \int_0^1 \boldsymbol{N}_i'^{\mathrm{T}} \boldsymbol{p} r \mathrm{d}\xi \quad (i=1,2) \tag{11.2.26}$$

并且

$$\boldsymbol{Q}_i^e = [Q_{\bar{u}_i} \quad Q_{\bar{w}_i} \quad Q_{\beta_i}]^{\mathrm{T}}$$

其中 $Q_{\bar{u}_i}$，$Q_{\bar{w}_i}$ 和 $Q_{\beta_i}$ 分别是沿 $z$、$r$ 方向的力和沿 $\beta$ 方向的力矩。

应该指出，在(11.2.22)～(11.2.26)式中的 $r$ 是 $\xi$ 的函数，即

$$r = r_1 + \xi L \sin\phi \tag{11.2.27}$$

关于单元刚度矩阵和单元载荷向量的积分(11.2.23)和(11.2.26)式，可以方便地利用一维高斯数值积分方法进行，通常采用 3、4 点积分方案可达到足够的精度。另一方面，采用数值积分方案还可避免 $\boldsymbol{B}_i'$ 在 $r=0$ 处出现的奇异性。

关于壳体单元的收敛性，如考虑到应变能中包含了位移的二次导数，则根据 2.4 节的讨论，单元完备性的要求是，位移函数中应包含刚体位移以及直至用位移二次导数表示的常应变项。但是只要分析一下几何关系式(11.2.1)或(11.2.11)式就可以知道，对于壳体结构，常曲率变化(即 $\kappa_s$，$\kappa_\theta$，$\kappa_{s\theta}$ 为常数)实际不可能发生，常薄膜应变(即 $\varepsilon_s$，$\varepsilon_\theta$，$\gamma_{s\theta}$ 为常数)只能在个别情况下发生。此时，只要位移函数中包括曲线坐标的常数项和线性项就可以达到要求，从(11.2.15)式可见此要求是满足的，因此壳体单元位移函数完备性的要求最主要是应包含刚体运动的位移模式。

轴对称壳在承受轴对称载荷的情况下唯一可能发生的刚体运动模式是沿总体坐标的对称轴，即 $z$ 方向的移动，也就是 $\bar{u}=$常数，这时经向位移和法向位移分别为：

$$u = \bar{u}\cos\phi \quad w = -\bar{u}\sin\phi \tag{11.2.28}$$

对于截锥壳元，因为 $\phi$ 为常数，所以 $u$、$w$ 也为常数。而单元位移表达式(11.2.15)中分别包含了常数项 $\alpha_1$ 和 $\alpha_3$，因此它是满足完备性要求的。

至于单元间的位移协调性要求，因为结点参数中包含了转动 $\beta\left(\text{即}\dfrac{\mathrm{d}w}{\mathrm{d}s}\right)$，所以也是满足的。

**例 11.1**[A3] 图 11.5(a)所示是一个受边缘剪力作用的圆柱壳，均匀划分为 40 个单

元进行计算，弯矩 $M_x$ 的结果与解析解符合得很好，如图(b)所示。实际上如考虑距边界一定距离以后，应力变化已比较平缓，采用不均匀间距的网格划分，单元还可以适当减少。

**例 11.2**[A3]　图 11.6 所示是一个有中心孔且在其边缘受弯矩作用的半球形壳体，采用不均匀的网格划分，共划分 28 个单元，也得到了和解析解符合得很好的结果。

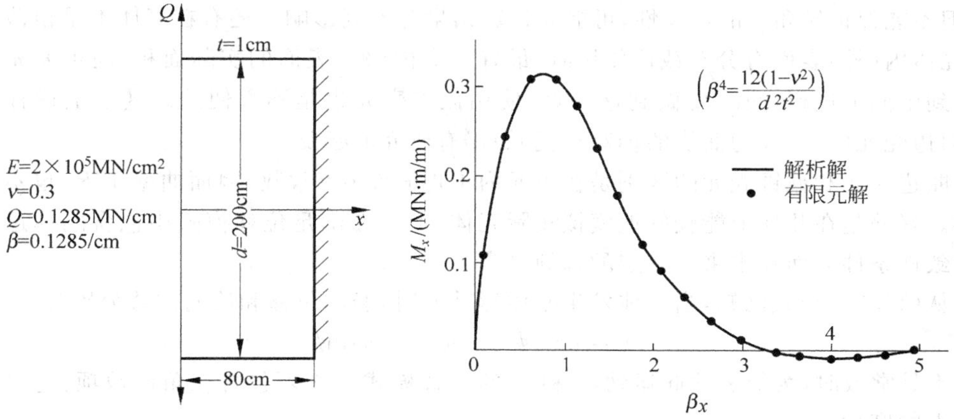


(a) 几何形状　　(b) 弯矩 $M_x$ 沿 $x$ 方向变化曲线

图 11.5　边缘受剪力作用的圆柱壳

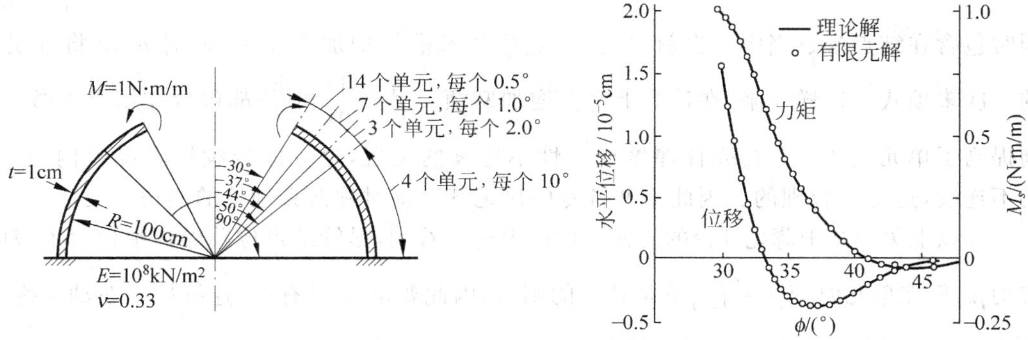


图 11.6　半球壳的有限元解

从以上讨论和算例可见，基于薄壳理论的截锥壳元表达格式比较简单，一般情况下，实际分析取得的精度也是令人满意的，因而得到比较广泛的应用。但是截锥壳元也存在缺点，例如由于它用一定数目的直线来近似经(子午)线曲线，势必引入新的误差，表现在壳体的薄膜应力状态区域可能产生附加弯曲。在某些情况下，所引起的误差可能很大(参见11.3.3节例11.3)。为消除此影响,必须将单元划分得很密,从而增加计算工作量。再如截锥壳元中由于$R_s=\infty$,所以$\beta=\frac{\mathrm{d}w}{\mathrm{d}s}$,实际壳体如果$R_s\neq\infty$,应有$\beta=\frac{\mathrm{d}w}{\mathrm{d}s}-\frac{u}{R_s}$。所以在$R_s$有不连续变化时,选择$u$、$w$、$\frac{\mathrm{d}w}{\mathrm{d}s}$作为结点参数,虽然可以保证它们在结点处的连续性,但不能保证转角$\beta$的连续性,可能对计算结果有不利影响。还有在壳体不是很薄的情形,壳体内(外)表面有分布载荷作用时,最好考虑内(外)表面的实际面积,而不要笼统地简化到中面上进行计算,要做到这一点,使用截锥壳元也是不方便的。基于上述种种考虑,曲边壳元(子午线为曲线的轴对称壳元)仍有研究的必要。

曲边壳元和截锥壳元的区别是在单元内不再假设$\phi=$常数,因而曲率$1/R_s$也不再等于零。好处是在几何上能较好地模拟实际壳体,但是在满足位移模式中包含刚体运动这一收敛性条件方面却带来了一定的麻烦。

从(11.2.28)式已知,当壳体发生刚体运动$\bar{u}$时,经向位移和法向位移分别是

$$u=\bar{u}\cos\phi \qquad w=-\bar{u}\sin\phi$$

当$\phi$不是常数时,为能表述此运动,$u$和$w$的位移模式中必须包含三角函数项,这将增加计算上的麻烦。

克服上述困难的一种方案是直接将单元内的轴向位移$\bar{u}$和径向位移$\bar{w}$直接表示为结点参数的插值形式,这时只要$\bar{u}$的表达式中包含常数项就可以满足刚体运动的要求。但是在位移和转动不是相互独立插值的情况,为表示结点处的截面转动,将要求$\frac{\mathrm{d}\bar{u}}{\mathrm{d}s}$和$\frac{\mathrm{d}\bar{w}}{\mathrm{d}s}$同时包含在结点参数当中。也就是说,结点位移参数将增加为4个,同时$\bar{u}$、$\bar{w}$将都是$\xi$的三次多项式。这样一来,在计算上将会增加麻烦。另外$\frac{\mathrm{d}\bar{u}}{\mathrm{d}s}$和$\frac{\mathrm{d}\bar{w}}{\mathrm{d}s}$都包含在结点参数中,则提高了单元连续性。在壳体厚度或物性不连续的位置,过分的连续性将导致内力$N_s$的不连续,这是不合理的。因此不准备专门讨论基于轴对称薄壳理论的曲边单元。

在以上关于基于薄壳理论的壳元的讨论中还可看到,尽管结点位移参数中包含了截面转动$\beta_i$,但在单元内$\beta\left(\beta=\frac{\mathrm{d}w}{\mathrm{d}s}\right)$不是独立的函数,因此要求$w$具有$C_1$连续性。在轴对称壳中满足$C_1$连续性并不困难,但是要求$w$至少是$s$的三次函数。为此Zienkiewicz等人于1977年提出了一种更为简单而有效的截锥壳元,在此单元中,转动$\beta$作为独立的函数。这样一来,插值函数只要求具有$C_0$连续性,且由于考虑了横向剪切变形,单元还可以用于分析中厚的壳体。以后的研究,将这种位移和转动各自独立插值的轴对称壳元发展为曲边的形式。我们将发现它不仅具有曲边壳元的优点,而且可以方便地包含刚体运动模式。

上述两种位移和转动各自独立插值、同时可以考虑横向剪切变形的截锥壳元和曲边壳元,将在下一节中予以较详细的讨论。

# 11.3 位移和转动各自独立插值的轴对称壳元

## 11.3.1 考虑横向剪切变形的轴对称壳体理论的基本公式

考虑横向剪切的轴对称壳，在受轴对称载荷情况下，中面广义应变和位移的关系式如下：

$$\boldsymbol{\varepsilon}=\begin{Bmatrix}\varepsilon_s\\ \varepsilon_\theta\\ \kappa_s\\ \kappa_\theta\\ \gamma\end{Bmatrix}=\begin{Bmatrix}\dfrac{\mathrm{d}u}{\mathrm{d}s}+\dfrac{w}{R_s}\\ \dfrac{1}{r}(u\sin\phi+w\cos\phi)\\ -\dfrac{\mathrm{d}\beta}{\mathrm{d}s}\\ -\dfrac{\sin\phi}{r}\beta\\ \dfrac{\mathrm{d}w}{\mathrm{d}s}-\dfrac{u}{R_s}-\beta\end{Bmatrix}\tag{11.3.1}$$

其中 $\varepsilon_s$ 和 $\varepsilon_\theta$ 是中面的经向应变和环向应变，$\kappa_s$ 和 $\kappa_\theta$ 是中面的经向曲率变化和环向曲率变化，$\gamma$ 是横向剪切应变。和上述各个广义应变相对应的是中面内力(广义应力)

$$\boldsymbol{\sigma}=[N_s\quad N_\theta\quad M_s\quad M_\theta\quad V]^{\mathrm{T}}\tag{11.3.2}$$

它们分别依次是经向内力、环向内力、经向弯矩、环向弯矩和横向剪力。

广义应力和应变之间的关系是

$$\boldsymbol{\sigma}=\boldsymbol{D}\boldsymbol{\varepsilon}\tag{11.3.3}$$

其中 $\boldsymbol{D}$ 是弹性矩阵

$$\boldsymbol{D}=\begin{bmatrix}\boldsymbol{D}^{(m)}&0&0\\0&\boldsymbol{D}^{(b)}&0\\0&0&D^{(s)}\end{bmatrix}=\begin{bmatrix}\boldsymbol{D}^{(mb)}&0\\0&D^{(s)}\end{bmatrix}\tag{11.3.4}$$

其中 $\boldsymbol{D}^{(m)}$、$\boldsymbol{D}^{(b)}$、$D^{(s)}$ 分别是薄膜、弯曲和剪切刚度，对于各向同性材料，有：

$$\boldsymbol{D}^{(m)}=\frac{Et}{1-\nu^2}\begin{bmatrix}1&\nu\\\nu&1\end{bmatrix}\qquad \boldsymbol{D}^{(b)}=\frac{t^2}{12}\boldsymbol{D}^{(m)}$$

$$D^{(s)}=k\,\frac{Et}{2(1+\nu)}\qquad k=\frac{5}{6}$$

壳体应变能表达式是

$$U=\frac{1}{2}\int_\Omega\boldsymbol{\varepsilon}^{\mathrm{T}}\boldsymbol{D}\boldsymbol{\varepsilon}\,\mathrm{d}\Omega\tag{11.3.5}$$

或

$$U=\frac{1}{2}\int_\Omega(\boldsymbol{\varepsilon}^{(m)})^{\mathrm{T}}\boldsymbol{D}^{(m)}\boldsymbol{\varepsilon}^{(m)}\mathrm{d}\Omega+\frac{1}{2}\int_\Omega(\boldsymbol{\varepsilon}^{(b)})^{\mathrm{T}}\boldsymbol{D}^{(b)}\boldsymbol{\varepsilon}^{(b)}\mathrm{d}\Omega+\frac{1}{2}\int_\Omega\gamma D^{(s)}\gamma\mathrm{d}\Omega$$

其中

$$\boldsymbol{\varepsilon}^{(m)}=\begin{bmatrix}\varepsilon_s\\ \varepsilon_\theta\end{bmatrix}\qquad \boldsymbol{\varepsilon}^{(b)}=\begin{bmatrix}\kappa_s\\ \kappa_\theta\end{bmatrix}$$

### 11.3.2 截锥壳元

和薄壳截锥单元不同的是，现在的截面转动 $\beta$ 是独立的函数。在单元内 $u$、$w$、$\beta$ 是同次的函数，所以单元内的位移可直接用总体坐标内的轴向位移 $\bar{u}$ 和径向位移 $\bar{w}$ 表述，而它们又可直接表示为结点参数的插值形式。对于二结点的截锥壳元，位移插值表示如下

$$\bar{u}=\sum_{i=1}^{2}N_i\bar{u}_i\qquad \bar{w}=\sum_{i=1}^{2}N_i\bar{w}_i\qquad \beta=\sum_{i=1}^{2}N_i\beta_i \tag{11.3.6}$$

其中

$$N_1=1-\xi\quad N_2=\xi\quad \xi=s/L$$

注意到 $u$、$w$ 和 $\bar{u}$、$\bar{w}$ 之间存在如下关系

$$\begin{Bmatrix}u\\ w\end{Bmatrix}=\begin{bmatrix}\cos\phi & \sin\phi\\ -\sin\phi & \cos\phi\end{bmatrix}\begin{Bmatrix}\bar{u}\\ \bar{w}\end{Bmatrix} \tag{11.3.7}$$

将上式代入(11.3.1)式，并注意到 $1/R_s=-\mathrm{d}\phi/\mathrm{d}s$（对于截锥壳元，$\mathrm{d}\phi/\mathrm{d}s=0$），就可以得到用总体坐标位移表示的应变表达式为

$$\boldsymbol{\varepsilon}=\begin{Bmatrix}\varepsilon_s\\ \varepsilon_\theta\\ \kappa_s\\ \kappa_\theta\\ \gamma\end{Bmatrix}=\begin{bmatrix}\cos\phi\dfrac{\mathrm{d}}{\mathrm{d}s} & \sin\phi\dfrac{\mathrm{d}}{\mathrm{d}s} & 0\\ 0 & \dfrac{1}{r} & 0\\ 0 & 0 & -\dfrac{\mathrm{d}}{\mathrm{d}s}\\ 0 & 0 & -\dfrac{\sin\phi}{r}\\ -\sin\phi\dfrac{\mathrm{d}}{\mathrm{d}s} & \cos\phi\dfrac{\mathrm{d}}{\mathrm{d}s} & -1\end{bmatrix}\begin{Bmatrix}\bar{u}\\ \bar{w}\\ \beta\end{Bmatrix} \tag{11.3.8}$$

将(11.3.6)式代入上式，可得

$$\boldsymbol{\varepsilon}=[\boldsymbol{B}_1\quad \boldsymbol{B}_2]\begin{Bmatrix}\boldsymbol{a}_1\\ \boldsymbol{a}_2\end{Bmatrix}=\boldsymbol{B}\boldsymbol{a}^e \tag{11.3.9}$$

其中

$$\boldsymbol{B}_i = \begin{bmatrix} \cos\phi\,\dfrac{\mathrm{d}N_i}{\mathrm{d}s} & \sin\phi\,\dfrac{\mathrm{d}N_i}{\mathrm{d}s} & 0 \\ 0 & \dfrac{N_i}{r} & 0 \\ 0 & 0 & -\dfrac{\mathrm{d}N_i}{\mathrm{d}s} \\ 0 & 0 & -\sin\phi\,\dfrac{N_i}{r} \\ -\sin\phi\,\dfrac{\mathrm{d}N_i}{\mathrm{d}s} & \cos\phi\,\dfrac{\mathrm{d}N_i}{\mathrm{d}s} & -N_i \end{bmatrix} \quad (i=1,2)$$

$$\boldsymbol{a}_i = [\bar{u}_i \quad \bar{w}_i \quad \beta]^{\mathrm{T}} \quad (i=1,2)$$

并有
$$\frac{\mathrm{d}N_1}{\mathrm{d}s} = -\frac{1}{L} \qquad \frac{\mathrm{d}N_2}{\mathrm{d}s} = \frac{1}{L}$$

至此可按标准步骤形成单元刚度矩阵

$$\boldsymbol{K}^e = \int_0^1 \boldsymbol{B}^{\mathrm{T}} \boldsymbol{D} \boldsymbol{B} r\,\mathrm{d}\xi 2\pi L \tag{11.3.10}$$

如将 $\boldsymbol{K}^e$ 表示成分块形式，则有

$$\boldsymbol{K}^e = \begin{bmatrix} \boldsymbol{K}_{11}^e & \boldsymbol{K}_{12}^e \\ \boldsymbol{K}_{21}^e & \boldsymbol{K}_{22}^e \end{bmatrix}$$

其中

$$\boldsymbol{K}_{ij} = \int_0^1 \boldsymbol{B}_i^{\mathrm{T}} \boldsymbol{D} \boldsymbol{B}_j r\,\mathrm{d}\xi 2\pi L \quad (i,j=1,2) \tag{11.3.11}$$

为了进一步讨论的方便，还可将 $\boldsymbol{K}^e$ 表示成

$$\boldsymbol{K}^e = \boldsymbol{K}_{mb}^e + \boldsymbol{K}_s^e \tag{11.3.12}$$

其中

$$\boldsymbol{K}_{mb}^e = \int_0^1 \boldsymbol{B}_{mb}^{\mathrm{T}} \boldsymbol{D}^{(mb)} \boldsymbol{B}_{mb} r\,\mathrm{d}\xi 2\pi L$$

$$\boldsymbol{K}_s^e = D^{(s)} \int_0^1 \boldsymbol{B}_s^{\mathrm{T}} \boldsymbol{B}_s r\,\mathrm{d}\xi 2\pi L = D^{(s)} \hat{\boldsymbol{K}}_s^e$$

式中 $\boldsymbol{D}^{(mb)}$、$D^{(s)}$ 见弹性关系矩阵(11.3.4)式，分别代表薄膜、弯曲刚度以及剪切刚度。并且

$$\boldsymbol{B}_{mb} = [\boldsymbol{B}_{mb1} \quad \boldsymbol{B}_{mb2}] \quad \boldsymbol{B}_s = [\boldsymbol{B}_{s1} \quad \boldsymbol{B}_{s2}] \tag{11.3.13}$$

$\boldsymbol{B}_{mb1}$、$\boldsymbol{B}_{mb2}$ 分别是(11.3.9)式表示的 $\boldsymbol{B}_1$、$\boldsymbol{B}_2$ 中的前 4 行，$\boldsymbol{B}_{s1}$、$\boldsymbol{B}_{s2}$ 分别是其中的第 5 行。

关于单元的结点载荷向量，对于现在讨论的情况可以表示成

$$\boldsymbol{Q}_i^e = \int_0^1 N_i \boldsymbol{P} r\,\mathrm{d}\xi 2\pi L \qquad (i=1,2) \tag{11.3.14}$$

其中

$$\boldsymbol{Q}_i^e = \begin{Bmatrix} Q_{\bar{u}_i} \\ Q_{\bar{w}_i} \\ Q_{\beta_i} \end{Bmatrix} \qquad \boldsymbol{P} = \begin{Bmatrix} p_{\bar{u}} \\ p_{\bar{w}} \\ p_{\beta} \end{Bmatrix}$$

$p_{\bar{u}}$、$p_{\bar{w}}$分别是轴向和径向的分布载荷，$p_\beta$ 是分布力矩，通常 $p_\beta=0$。如有法向均布压力 $p$，则有

$$p_{\bar{u}} = p\sin\phi \quad p_{\bar{w}} = -p\cos\phi \quad p_\beta = 0 \tag{11.3.15}$$

进一步集合各个单元的刚度矩阵和载荷向量，就可以得到结构的有限元求解方程

$$\boldsymbol{Ka} = \boldsymbol{Q} \tag{11.3.16}$$

或

$$(\boldsymbol{K}_{mb} + D^{(s)}\hat{\boldsymbol{K}}_s)\boldsymbol{a} = \boldsymbol{Q}$$

需要指出的是，因为位移和转动各自独立的壳元，在本质上和 Timoshenko 梁单元及 Mindlin 板单元相似，因此在形成刚度矩阵时，需要同时保证 $\boldsymbol{K}$ 的非奇异性和$\hat{\boldsymbol{K}}_s$的奇异性。具体仍可采用减缩积分、选择积分、假设剪切应变等方法。因为轴对称壳元也是一维单元。如同 Timoshenko 梁单元情况，减缩积分和假设剪切应变方法实际上是相互等价的，这里就不再一一重复。对于现在的截锥单元，可以方便地采用一点积分，以达到同时保证 $\boldsymbol{K}$ 的非奇异性及$\hat{\boldsymbol{K}}_s$奇异性的目的。算例表明，计算结果是很好的。反之如采用精确积分，对于薄壳情况，结果很差，对于很薄的壳，将发生剪切锁死。

为证实上述位移和截面转动各自独立插值截锥壳元的有效性，在图 11.7 和图 11.8 中给出两个曲面壳体的例子。前一算例是关于均匀压力作用的球形顶盖的，并将有限元解与解析解以及其他经线为曲线的壳体单元的计算结果进行了比较。后一算例分析的是内压作用下的圆环壳，这是一个壳体理论中比较复杂的问题，没有精确的解析解进行比较，只与其他曲边壳元有限元解进行了比较。从比较中可以看到，尽管用截锥壳元对经线为曲线的旋转壳体进行离散，在几何上带来一定误差，但它的影响并不那么显著，因为在上述二个算例中，只分别采用了 10 个和 18 个截锥壳元，就得到相当满意的结果。

## 11.3.3 曲边壳元[1]

此单元有 3 个结点，坐标 $r$、$z$ 和总体坐标内的位移 $\bar{u}$、$\bar{w}$ 及转动 $\beta$ 采用相同的插值表示，即

$$\begin{gathered} r = \sum_{i=1}^{3} N_i r_i \qquad z = \sum_{i=1}^{3} N_i z_i \\ \bar{u} = \sum_{i=1}^{3} N_i \bar{u}_i \quad \bar{w} = \sum_{i=1}^{3} N_i \bar{w}_i \quad \beta = \sum_{i=1}^{3} N_i \beta_i \end{gathered} \tag{11.3.17}$$

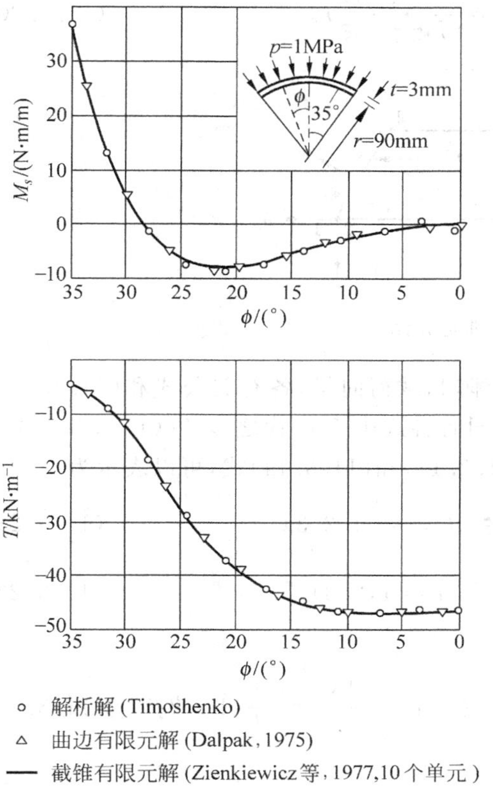


图 11.7　均压作用的球形顶盖

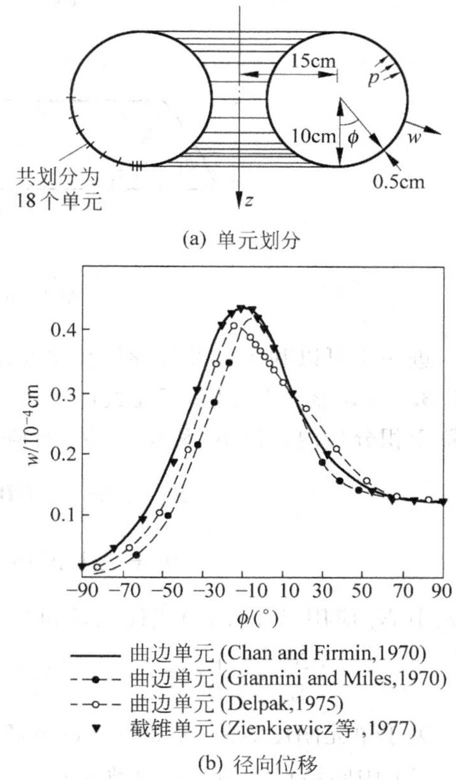


图 11.8　内压作用的环壳

其中

$$
\begin{aligned}
N_1 &= N_1(\xi) = (1-\xi)(1-2\xi) \\
N_2 &= N_2(\xi) = \xi(2\xi-1) \\
N_3 &= N_3(\xi) = 4\xi(1-\xi)
\end{aligned}
\tag{11.3.18}
$$

这里 $\xi$ 是自然坐标，$0\leqslant\xi\leqslant 1$。

记

$$
J = \frac{\mathrm{d}s}{\mathrm{d}\xi} = \sqrt{\left(\frac{\mathrm{d}r}{\mathrm{d}\xi}\right)^2 + \left(\frac{\mathrm{d}z}{\mathrm{d}\xi}\right)^2} = \sqrt{\left(\sum_{i=1}^{3}\frac{\mathrm{d}N_i}{\mathrm{d}\xi}r_i\right)^2 + \left(\sum_{i=1}^{3}\frac{\mathrm{d}N_i}{\mathrm{d}\xi}z_i\right)^2}
\tag{11.3.19}
$$

则参见图 11.9 可得

$$
\cos\phi = \frac{\mathrm{d}z}{\mathrm{d}s} = \frac{1}{J}\frac{\mathrm{d}z}{\mathrm{d}\xi} = \frac{1}{J}\sum_{i=1}^{3}\frac{\mathrm{d}N_i}{\mathrm{d}\xi}z_i
$$

$$\sin\phi = \frac{\mathrm{d}r}{\mathrm{d}s} = \frac{1}{J}\frac{\mathrm{d}r}{\mathrm{d}\xi} = \frac{1}{J}\sum_{i=1}^{3}\frac{\mathrm{d}N_i}{\mathrm{d}\xi}r_i \tag{11.3.20}$$

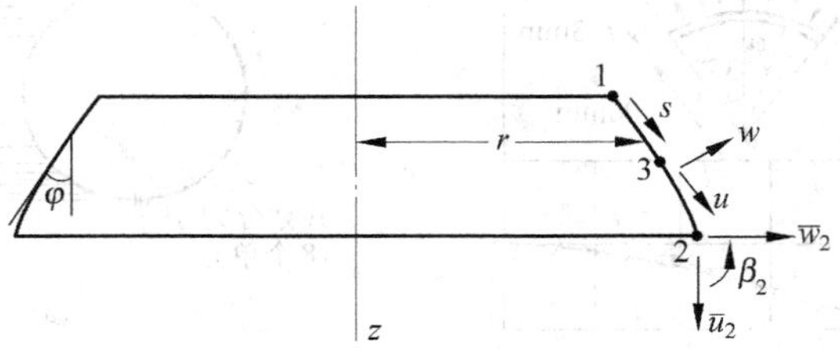


图 11.9 二次曲边壳元

进一步可以利用标准步骤计算单元刚度矩阵和载荷向量，各有关公式和(11.3.8)～(11.3.14)式形式上相同，只是此时 $i=1,2,3$，同时各式中 $L$ 应代之以 $J$((11.3.19)式)，并置于积分号内。以 $\boldsymbol{K}_{ij}^e$ 和 $\boldsymbol{Q}_i^e$ 为例，对应于(11.3.11)和(11.3.14)式，可以表示为

$$\boldsymbol{K}_{ij}^e = 2\pi\int_0^1 \boldsymbol{B}_i^{\mathrm{T}}\boldsymbol{D}\boldsymbol{B}_j rJ\,\mathrm{d}\xi \quad (i,j=1,2,3) \tag{11.3.21}$$

$$\boldsymbol{Q}_i^e = 2\pi\int_0^1 N_i\boldsymbol{P}rJ\,\mathrm{d}\xi \qquad (i=1,2,3) \tag{11.3.22}$$

各式中 $N_i$ 应用(11.3.18)式代入，同时

$$\frac{\mathrm{d}N_1}{\mathrm{d}s} = \frac{1}{J}(4\xi-3) \quad \frac{\mathrm{d}N_2}{\mathrm{d}s} = \frac{1}{J}(4\xi-1) \quad \frac{\mathrm{d}N_s}{\mathrm{d}s} = \frac{4}{J}(1-2\xi) \tag{11.3.23}$$

关于单元刚度矩阵，需要补充以下两点：

(1) 中间结点 3 的位移参数 $\boldsymbol{a}_3(\bar{u}_3,\bar{w}_3,\beta_3)$ 可以通过内部凝聚的方法用端结点 1、2 的位移参数 $\boldsymbol{a}_1(\bar{u}_1,\bar{w}_1,\beta_1)$ 和 $\boldsymbol{a}_2(\bar{u}_2,\bar{w}_2,\beta_2)$ 表示出来。这样做的结果只有 $\boldsymbol{a}_1$、$\boldsymbol{a}_2$ 出现在结构的求解方程组中，从而减少了计算工作量。

(2) 为保证 $\boldsymbol{K}^e$ 的非奇异性和 $\hat{\boldsymbol{K}}_s$ 的奇异性，应选择二点高斯数值积分方案。

关于(11.3.22)式表示的结点载荷向量，应注意到它是考虑分布载荷作用于中面的情况，如考虑实际载荷作用于内(外)面的影响，可代之以

$$Q_i^e = 2\pi\int_0^1 N_i\boldsymbol{P}r^*J^*\,\mathrm{d}\xi \quad (i=1,2,3) \tag{11.3.24}$$

其中

$$r^* = r \pm \frac{t}{2}\cos\phi \qquad J^* = J\left(1 \pm \frac{t}{2R_s}\right) \tag{11.3.25}$$

式内"+"和"−"分别用于载荷作用于外表面和内表面的情况，上式中 $R_s$ 可用下式计算

$$\frac{1}{R_s} = -\frac{\mathrm{d}\phi}{\mathrm{d}s} = \frac{1}{J^3}\left(\frac{\mathrm{d}^2 z}{\mathrm{d}\xi^2}\frac{\mathrm{d}r}{\mathrm{d}\xi} - \frac{\mathrm{d}^2 r}{\mathrm{d}\xi^2}\frac{\mathrm{d}z}{\mathrm{d}\xi}\right)$$

$$= \frac{4}{J^3}\left[(z_1 + z_2 - 2z_3)\sum_{i=1}^{3}\frac{\mathrm{d}N_i}{\mathrm{d}\xi}r_i - (r_1 + r_2 - 2r_3)\sum_{i=1}^{3}\frac{\mathrm{d}N_i}{\mathrm{d}\xi}z_i\right] \quad (11.3.26)$$

此外还应指出，这种单元定义几何形状所利用的插值表示(11.3.17)式中，并未引入子午线切线的角度 $\phi$ 作为结点参数，所以在端结点上不能完全保证切线的连续性。但是由于利用了二次曲线来近似真实壳体的子午线，通常是足够精确的，和截锥壳元(每个单元内 $\phi$=常数，$1/R_s=0$)比较仍是有很大改进的。这点在以下的例 11.3 中得到明显的证实。

**例 11.3**　球形压力容器，半径 $R=100\text{cm}$，厚度 $t=6\text{cm}$，受 $p=20\text{MPa}$ 的内压作用。薄膜应力解是

$$\sigma_1 = \frac{N_s}{t} = \frac{N_\theta}{t} = 167\text{MPa} \quad \sigma_2 = \frac{6M_s}{t^2} = \frac{6M_\theta}{t^2} = 0$$

如果用本节所讨论的二次曲边壳元进行计算，只需用 5 个单元就可得到很精确的结果。这时算得在顶部区域内 $\sigma_1=167\text{MPa}$，$\sigma_2=-0.6\text{MPa}$。如果在结点数相同的条件下采用 10 个截锥壳元进行计算将产生较大误差，得到的结果是 $N_s/t=182\text{MPa}$，$N_\theta/t=171\text{MPa}$，$\sigma_2=-18\text{MPa}$。直至网格加密至 40 个单元方得到和二次曲边壳元相同的精度。

**例 11.4**[1]　压力分别作用于内、外表面的球形顶盖。将压力简化为作用于中面的情况即是 11.3.2 节内用截锥壳元计算过的算例(见图 11.7)。现用 10 个二次曲边壳元进行计算，比较压力分别作用于内、外表面引起的差别。并和 Timoshenko 的解析解(假定压力作用于中面)进行对比。$N_\theta$、$N_s$ 的数值分别列于表 11.1 和表 11.2，对应的曲线绘于图 11.10。

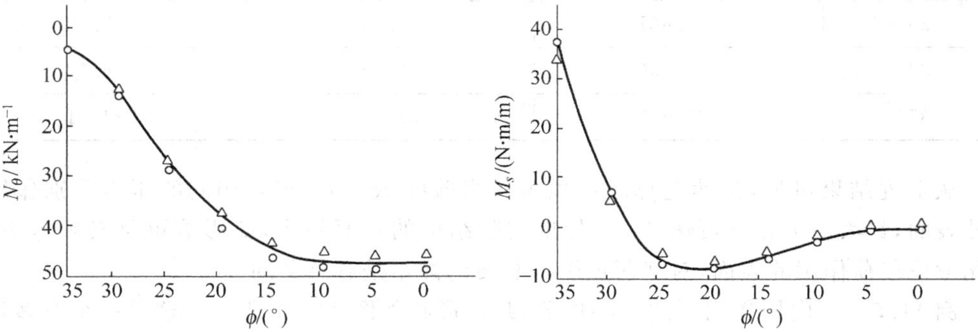


— 解析解；○ 压力作用于外表面的有限元解；△ 压力作用于内表面的有限元解

图 11.10　受压球形顶盖的 $N_\theta$，$M_s$ 分布

表 11.1 环向薄膜力 $N_\theta$ kN/m

| $\phi$/(°) | 解析解（压力作用于中面） | 有限元解（压力作用于外表面） | 有限元解（压力作用于内表面） |
|---|---|---|---|
| 0 | −47.48 | −49.14 | −45.91 |
| 5 | −47.50 | −49.11 | −45.90 |
| 10 | −47.17 | −48.69 | −45.54 |
| 15 | −45.02 | −46.50 | −43.50 |
| 20 | −39.05 | −40.50 | −37.92 |
| 25 | −27.74 | −29.16 | −27.29 |
| 30 | −13.10 | −14.31 | −13.39 |
| 35 | −6.08 | −6.25 | −5.84 |

表 11.2 经向弯矩 $M_s$ N·m/m

| $\phi$/(°) | 解析解（压力作用于中面） | 有限元解（压力作用于外表面） | 有限元解（压力作用于内表面） |
|---|---|---|---|
| 0 | −0.294 | −0.582 | −0.48 |
| 5 | −0.377 | −0.548 | −0.487 |
| 10 | −2.364 | −2.451 | −2.309 |
| 15 | −5.451 | −5.409 | −5.077 |
| 20 | −8.135 | −7.293 | −7.428 |
| 25 | −6.687 | −6.223 | −5.827 |
| 30 | 5.756 | 6.548 | 6.13 |
| 35 | 37.675 | 37.31 | 34.91 |

从上列结果可见，虽然此算题中顶盖相当薄（$t/R=3.3\%$），相同的压力分别作用于内外表面，最大应力相差可达7%。如果实际结构的壁厚较大，此影响更是必须考虑的。因此考虑载荷作用的表面，对载荷项引入必要的修正是有意义的。

**例 11.5**[1] 内压作用下的三心顶盖，几何形状如图 11.11 所示。这是一个有多处曲率突变点的旋转壳，共使用 50 个曲边壳元进行计算。表 11.3 列出它的环向薄膜应力 $N_\theta/t$ 和经向弯曲应力 $6M_s/t^2$ 的有限元解，表中还列出了 Novozhilov 的渐近解（该解是精度为 $\sqrt{t/R}$ 量级的近似解，只作为比较的参考），曲率突变点的最大应力两者相差为3%。再一次表明此种单元的可靠性和有效性。

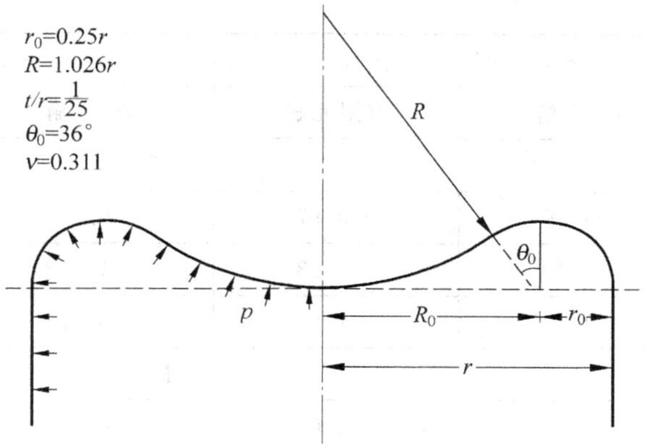


图 11.11　受内压的三心顶盖

**表 11.3　三心顶盖的应力结果**

| | $\sigma_1(=6M_s/t^2):pr/t$ | | $\sigma_2(=N_\theta/t):pr/t$ | |
|---|---|---|---|---|
| | 渐 近 解 | 有限元解 | 渐 近 解 | 有限元解 |
| $\theta$/(°) | | 球 | | |
| −20 | 0.64 | 0.40 | −0.74 | −1.10 |
| −25 | 1.62 | 1.57 | −0.85 | −1.16 |
| −30 | 3.34 | 3.35 | −0.48 | −0.72 |
| −36 | 5.62 | 5.46 | 1.49 | 1.18 |
| $\theta$/(°) | | 环 | | |
| −36 | 5.62 | 5.46 | 1.40 | 1.17 |
| −25 | 5.38 | 5.27 | 2.77 | 2.38 |
| −15 | 3.90 | 3.75 | 3.60 | 3.29 |
| −10 | 2.88 | 2.82 | 3.81 | 3.537 |
| 0 | 0.42 | 0.37 | 3.76 | 3.65 |
| 10 | −1.89 | −1.98 | 3.183 | 3.193 |
| 15 | −2.86 | −2.82 | 2.769 | 2.856 |
| 30 | −4.68 | −4.60 | 1.278 | 1.463 |
| 45 | −4.93 | −4.82 | −0.242 | 0.148 |

续表

| | $\sigma_1(=6M_s/t^2):pr/t$ | | $\sigma_2(=N_\theta/t):pr/t$ | |
|---|---|---|---|---|
| | 渐近解 | 有限元解 | 渐近解 | 有限元解 |
| $\theta/(^\circ)$ | 环 | | | |
| 60 | −4.17 | −3.97 | −0.822 | −0.655 |
| 75 | −3.19 | −2.63 | −1.208 | −0.848 |
| 90 | −1.125 | −1.08 | −0.594 | −0.578 |
| $z$ | 柱 | | | |
| 0 | −1.11 | −1.07 | −0.595 | −0.576 |
| $r/5$ | 0.690 | 0.644 | 0.711 | 0.715 |
| $2r/5$ | 0.195 | 0.192 | 1.077 | 1.072 |
| $3r/5$ | 0.015 | −0.017 | 1.034 | 1.033 |
| $4r/5$ | 0.015 | −0.017 | 0.99 | 1.000 |
| $r$ | 0.001 | −0.001 | 1.00 | 1.00 |

# 11.4　用于一般壳体的平面壳元

## 11.4.1　局部坐标系内的单元刚度矩阵

平面壳体单元可以看成是平面应力单元和平板弯曲单元的组合，因此其单元刚度矩阵可以由这两种单元的刚度矩阵组合而成。

以3结点三角形平面单元为例，如图11.12所示。局部坐标系 $oxy$ 建立在单元所在平面内。

对于平面应力状态，由2.2节可知：

$$\begin{pmatrix} u \\ v \end{pmatrix} = \sum_{i=1}^{3} \boldsymbol{N}_i^{(m)} \boldsymbol{a}_i^{(m)}, \quad \boldsymbol{a}_i^{(m)} = \begin{pmatrix} u_i \\ v_i \end{pmatrix} \tag{11.4.1}$$

$$\boldsymbol{\varepsilon} = \sum_{i=1}^{3} \boldsymbol{B}_i^{(m)} \boldsymbol{a}_i^{(m)}, \quad \boldsymbol{\varepsilon} = [\varepsilon_x \quad \varepsilon_y \quad \gamma_{xy}]^{\mathrm{T}} \tag{11.4.2}$$

$$\boldsymbol{K}_{ij}^{(m)} = \iint (\boldsymbol{B}_i^{(m)})^{\mathrm{T}} \boldsymbol{D}^{(m)} \boldsymbol{B}_j^{(m)} t \,\mathrm{d}x\mathrm{d}y \tag{11.4.3}$$

式中 $\boldsymbol{N}_i^{(m)}$，$\boldsymbol{B}_i^{(m)}$，$\boldsymbol{D}^{(m)}$ 见(2.2.9)、(2.2.15)等式及表1.2，现加上标$(m)$，表示属于薄膜应力状态。

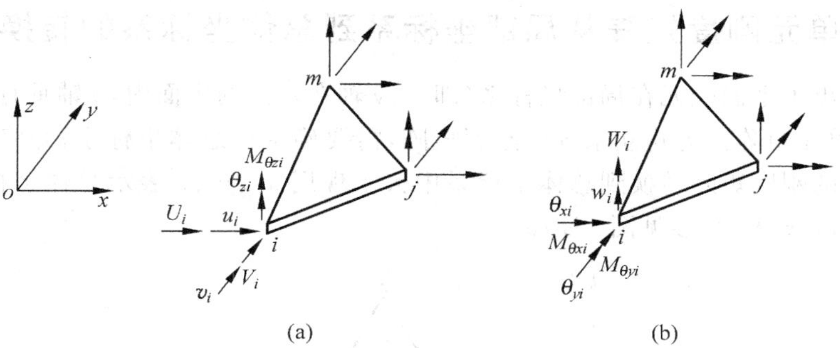


图 11.12　三角形平面薄壳单元的结点力和结点位移

对于平板弯曲状态，由 10.2 节可知：

$$w = \sum_{i=1}^{3} \boldsymbol{N}_i^{(b)} \boldsymbol{a}_i^{(b)}$$

$$\boldsymbol{a}_i^{(b)} = [w_i \quad \theta_{xi} \quad \theta_{yi}]^{\mathrm{T}} \tag{11.4.4}$$

$$\theta_{xi} = \left(\frac{\partial w}{\partial y}\right)_i \qquad \theta_{yi} = -\left(\frac{\partial w}{\partial x}\right)_i$$

并进而可得到

$$\boldsymbol{\kappa} = \sum_{i=1}^{3} \boldsymbol{B}_i^{(b)} \boldsymbol{a}_i^{(b)} \qquad \boldsymbol{\kappa} = \left[-\frac{\partial^2 w}{\partial x^2} \quad -\frac{\partial^2 w}{\partial y^2} \quad -2\frac{\partial^2 w}{\partial x \partial y}\right]^{\mathrm{T}} \tag{11.4.5}$$

$$\boldsymbol{K}_{ij}^{(b)} = \iint (\boldsymbol{B}_i^{(b)})^{\mathrm{T}} \boldsymbol{D}^{(b)} \boldsymbol{B}_j^{(b)} \, \mathrm{d}x\mathrm{d}y \tag{11.4.6}$$

上标($b$)表示属于平板弯曲状态的。

组合上述两种状态就可得到平面壳元的各个矩阵表达式。需要指出，在局部坐标系中，结点位移参数不包含 $\theta_{zi}$。但是为了下一步将局部坐标系的刚度矩阵转换到总体坐标系，并进而进行集成，需要将 $\theta_z$ 也包括在结点位移参数中。这样一来结点位移向量表示为

$$\boldsymbol{a}_i = [u_i \quad v_i \quad w_i \quad \theta_{xi} \quad \theta_{yi} \quad \theta_{zi}]^{\mathrm{T}} \tag{11.4.7}$$

同时平面壳体单元的刚度矩阵可表示为

$$\boldsymbol{K}_{ij} = \left[\begin{array}{cc:ccc:c} \multicolumn{2}{c:}{\multirow{2}{*}{$\boldsymbol{K}_{ij}^{(m)}$}} & 0 & 0 & 0 & 0 \\ & & 0 & 0 & 0 & 0 \\ \hdashline 0 & 0 & & & & 0 \\ 0 & 0 & & \boldsymbol{K}_{ij}^{(b)} & & 0 \\ 0 & 0 & & & & 0 \\ \hdashline 0 & 0 & 0 & 0 & 0 & 0 \end{array}\right] \tag{11.4.8}$$

## 11.4.2 单元刚度矩阵从局部坐标系到总体坐标系的转换

上节导出了平面壳元在局部坐标系(即 $x$、$y$ 轴在单元的中面内,$z$ 轴垂直于中面的坐标系)中的单元矩阵。为建立系统的刚度矩阵,需要确定一总体坐标系,并将各单元在局部坐标系内的刚度矩阵转换到总体坐标系中去。现用 $x'$、$y'$、$z'$表示总体坐标系,局部坐标系仍以 $x,y,z$ 表示,参见图 11.13。

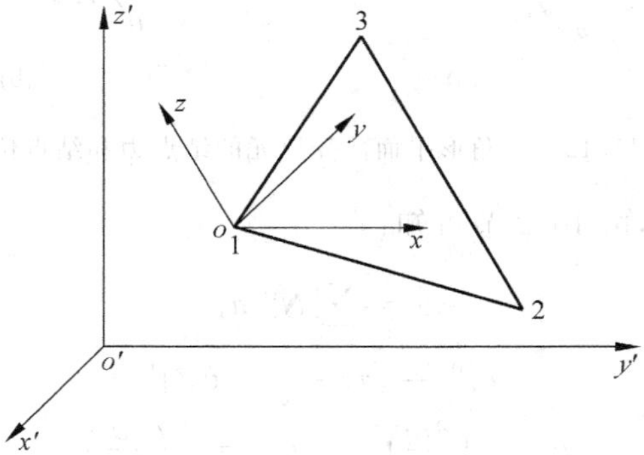


图 11.13 平面壳元的总体坐标系与局部坐标系

仍以上节讨论的 3 结点三角形单元为例,局部坐标系内的结点位移向量是

$$\boldsymbol{a}_i = [u_i \quad v_i \quad w_i \quad \theta_{xi} \quad \theta_{yi} \quad \theta_{zi}]^{\mathrm{T}} \tag{11.4.7}$$

总体坐标系内的结点位移向量是

$$\boldsymbol{a}_i' = [u_i' \quad v_i' \quad w_i' \quad \theta_{xi}' \quad \theta_{yi}' \quad \theta_{zi}']^{\mathrm{T}} \tag{11.4.9}$$

结点位移向量在两个坐标系之间按下式进行转换,即

$$\boldsymbol{a}_i' = \boldsymbol{L}\boldsymbol{a}_i \quad \boldsymbol{a}_i = \boldsymbol{L}^{\mathrm{T}}\boldsymbol{a}_i' \tag{11.4.10}$$

其中

$$\boldsymbol{L} = \begin{bmatrix} \boldsymbol{\lambda} & 0 \\ 0 & \boldsymbol{\lambda} \end{bmatrix} \quad \boldsymbol{\lambda} = \begin{bmatrix} \lambda_{x'x} & \lambda_{x'y} & \lambda_{x'z} \\ \lambda_{y'x} & \lambda_{y'y} & \lambda_{y'z} \\ \lambda_{z'x} & \lambda_{z'y} & \lambda_{z'z} \end{bmatrix} \tag{11.4.11}$$

式中 $\lambda_{x'x}=\cos(x',x)$等是 $x$、$y$、$z$ 轴在 $x'y'z'$系的各个方向余弦。

单元结点位移向量的转换关系是

$$\boldsymbol{a}'^e = \boldsymbol{T}\boldsymbol{a}^e \quad \boldsymbol{a}^e = \boldsymbol{T}^{\mathrm{T}}\boldsymbol{a}'^e \tag{11.4.12}$$

其中

$$\boldsymbol{T} = \begin{bmatrix} \boldsymbol{L} & 0 & 0 \\ 0 & \boldsymbol{L} & 0 \\ 0 & 0 & \boldsymbol{L} \end{bmatrix}$$

单元刚度矩阵和载荷向量的转换关系是

$$\boldsymbol{K}'^{e}=\boldsymbol{T}\boldsymbol{K}^{e}\boldsymbol{T}^{\mathrm{T}}\qquad \boldsymbol{K}^{e}=\boldsymbol{T}^{\mathrm{T}}\boldsymbol{K}'^{e}\boldsymbol{T}$$
$$\boldsymbol{Q}'^{e}=\boldsymbol{T}\boldsymbol{Q}^{e}\qquad \boldsymbol{Q}^{e}=\boldsymbol{T}^{\mathrm{T}}\boldsymbol{Q}'^{e}\tag{11.4.13}$$

对于它们的每一子块，有

$$\boldsymbol{K}'_{ij}=\boldsymbol{L}\boldsymbol{K}_{ij}\boldsymbol{L}^{\mathrm{T}}\qquad \boldsymbol{K}_{ij}=\boldsymbol{L}^{\mathrm{T}}\boldsymbol{K}'_{ij}\boldsymbol{L}$$
$$\boldsymbol{Q}'_{i}=\boldsymbol{L}\boldsymbol{Q}_{i}\qquad \boldsymbol{Q}_{i}=\boldsymbol{L}^{\mathrm{T}}\boldsymbol{Q}'_{i}\tag{11.4.14}$$

集成总体坐标系内的各个单元刚度矩阵和载荷向量，就可以得到系统的求解方程。解之得到总体坐标系内的位移向量 $\boldsymbol{a}'$ 以后，再转换回到局部坐标系的位移向量 $\boldsymbol{a}$，并进而计算单元内的应力等。

在集成总体刚度矩阵时，需要注意一特殊情况，即汇交于一个结点 $i$ 的各个单元在同一平面内。由于在(11.4.8)式中已令 $\theta_{zi}$ 方向的刚度系数为零，在局部坐标系中，这个结点的第 6 个平衡方程（相应于 $\theta_{zi}$ 方向）将是 $0=0$。如果总体坐标系 $z'$ 方向与这一局部坐标系 $z$ 方向一致，显然总体刚度矩阵的行列式 $|\boldsymbol{K}|=0$，因而系统方程将不能有唯一的解。如果总体坐标的 $z'$ 方向与局部坐标的 $z$ 方向不一致，经变换后，在此结点得到表面上正确的 6 个平衡方程，但它们实际上是线性相关的，仍然导致 $|\boldsymbol{K}|=0$。为克服这一困难，有两种方法可供选择：

(1) 对于此结点，仍在局部坐标系内建立结点平衡方程，并删去 $\theta_{zi}$ 方向的平衡方程 $0=0$，于是剩下的方程组满足唯一解的条件。但此法在程序处理上比较麻烦。

(2) 在此结点上，给以任意的刚度系数 $K_{\theta_z}$，这时在局部坐标系中，此结点在 $\theta_{zi}$ 方向的平衡方程是 $K_{\theta_z}\theta_{zi}=0$。经变换后，总体坐标中的系统方程满足唯一解的条件，即 $|\boldsymbol{K}|\neq 0$。在解出的结点位移中包括 $\theta_{zi}$。由于 $\theta_{zi}$ 与其他结点平衡方程无关，并且也不影响单元应力，所以实际上给定任意的 $K_{\theta_z}$ 值都不影响计算结果。此法在程序处理上比较方便。

以上讨论的是对于图 11.13 所示三角形平面壳元，实际上，上述各个矩阵或向量的转换公式完全是一般的。对于其他形式的平面壳元也适用，只是根据单元结点数目和结点参数向量的具体定义，转换矩阵(11.4.11)式和(11.4.12)式可能有所不同。

## 11.4.3 局部坐标的方向余弦

### 1. 三角形单元

三角形单元 3 个角点的坐标在总体坐标系和局部坐标系中分别表示为（参见图 11.13）

$$\boldsymbol{X}'_i=\begin{Bmatrix}x'_i\\ y'_i\\ z'_i\end{Bmatrix}\qquad \boldsymbol{X}_i=\begin{Bmatrix}x_i\\ y_i\\ z_i\end{Bmatrix}\qquad (i=1,2,3)\tag{11.4.15}$$

局部坐标系的原点 $\boldsymbol{X}_0'$ 可以选择在单元内的任一点，例如选在1点，即

$$\boldsymbol{X}_0' = \boldsymbol{X}_1' \tag{11.4.16}$$

如前所述，$x$、$y$ 轴放在单元平面内，所以 $z$ 轴垂直于此平面，按角点 1→2→3 右螺旋指向 $z$ 的正方向，如令

$$\boldsymbol{X}_{12}' = \boldsymbol{X}_2' - \boldsymbol{X}_1' = \begin{Bmatrix} x_2' - x_1' \\ y_2' - y_1' \\ z_2' - z_1' \end{Bmatrix} = \begin{Bmatrix} x_{12}' \\ y_{12}' \\ z_{12}' \end{Bmatrix} \tag{11.4.17}$$

$$\boldsymbol{X}_{13}' = \boldsymbol{X}_3' - \boldsymbol{X}_1' = \begin{Bmatrix} x_3' - x_1' \\ y_3' - y_1' \\ z_3' - z_1' \end{Bmatrix} = \begin{Bmatrix} x_{13}' \\ y_{13}' \\ z_{13}' \end{Bmatrix} \tag{11.4.18}$$

则 $z$ 轴的方向余弦是

$$\boldsymbol{\lambda}_z = \begin{Bmatrix} \lambda_{x'z} \\ \lambda_{y'z} \\ \lambda_{z'z} \end{Bmatrix} = \frac{\boldsymbol{X}_{12}' \times \boldsymbol{X}_{13}'}{|\boldsymbol{X}_{12}' \times \boldsymbol{X}_{13}'|} = \frac{1}{S} \begin{Bmatrix} A \\ B \\ C \end{Bmatrix} \tag{11.4.19}$$

其中

$$\lambda_{x'z} = \cos(x', z) \text{ 等}$$

$$A = y_{12}' z_{13}' - y_{13}' z_{12}' \quad B = z_{12}' x_{13}' - z_{13}' x_{12}'$$

$$C = x_{12}' y_{13}' - x_{13}' y_{12}' \quad S = \sqrt{A^2 + B^2 + C^2}$$

局部坐标系的 $x$ 轴除了应保持在单元平面内以外，具体方向是可以选择的。如选择在沿单元边界1-2方向，则 $x$ 轴的方向余弦是

$$\boldsymbol{\lambda}_x = \begin{Bmatrix} \lambda_{x'x} \\ \lambda_{y'x} \\ \lambda_{z'x} \end{Bmatrix} = \frac{1}{l_{12}} \begin{Bmatrix} x_{12}' \\ y_{12}' \\ z_{12}' \end{Bmatrix} \tag{11.4.20}$$

其中

$$\lambda_{x'x} = \cos(x', x) \text{ 等}$$

$$l_{12} = \sqrt{(x_{12}')^2 + (y_{12}')^2 + (z_{12}')^2}$$

而且 $y$ 轴的方向余弦可由 $x$，$y$，$z$ 3个轴构成右螺旋的要求决定，即

$$\boldsymbol{\lambda}_y = \begin{Bmatrix} \lambda_{x'y} \\ \lambda_{y'y} \\ \lambda_{z'y} \end{Bmatrix} = \boldsymbol{\lambda}_z \times \boldsymbol{\lambda}_x = \begin{Bmatrix} \lambda_{z'y}\lambda_{z'x} - \lambda_{z'z}\lambda_{y'x} \\ \lambda_{z'z}\lambda_{x'x} - \lambda_{x'z}\lambda_{z'x} \\ \lambda_{x'z}\lambda_{y'x} - \lambda_{y'z}\lambda_{x'x} \end{Bmatrix} \tag{11.4.21}$$

这样一来，就得到两个坐标系之间的转换矩阵为

$$\boldsymbol{\lambda} = [\boldsymbol{\lambda}_x \quad \boldsymbol{\lambda}_y \quad \boldsymbol{\lambda}_z] = \begin{bmatrix} \lambda_{x'x} & \lambda_{x'y} & \lambda_{x'z} \\ \lambda_{y'x} & \lambda_{y'y} & \lambda_{y'z} \\ \lambda_{z'x} & \lambda_{z'y} & \lambda_{z'z} \end{bmatrix} \tag{11.4.22}$$

并有$\boldsymbol{\lambda}^{\mathrm{T}}=\boldsymbol{\lambda}^{-1}$的关系。

两个坐标系之间的坐标转换可表示为

$$\boldsymbol{X}'=\boldsymbol{X}_0'+\boldsymbol{\lambda}\boldsymbol{X} \qquad \boldsymbol{X}=\boldsymbol{\lambda}^{\mathrm{T}}(\boldsymbol{X}'-\boldsymbol{X}_0') \tag{11.4.23}$$

其中

$$\boldsymbol{X}'=\begin{pmatrix}x'\\y'\\z'\end{pmatrix} \qquad \boldsymbol{X}=\begin{pmatrix}x\\y\\z\end{pmatrix}$$

2. 矩形单元

现讨论矩形单元用于柱壳情况，这时局部坐标选择比较方便，原点可放在单元的中心，$x$ 轴和 $x'$轴(柱壳的母线)平行，如图 11.14 所示。

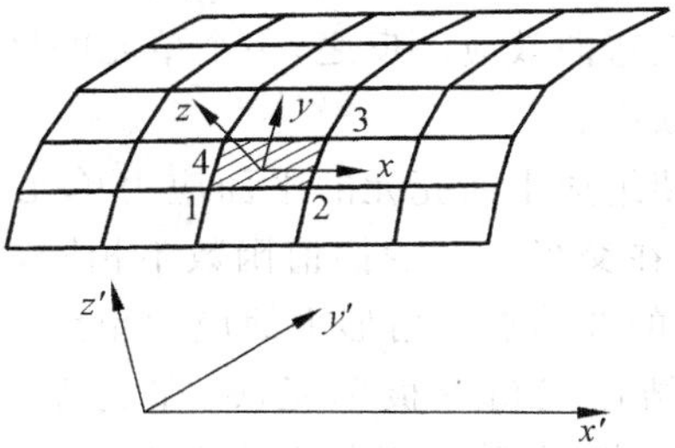


图 11.14　矩形单元的总体坐标和局部坐标

这样一来，可将 $\boldsymbol{X}_0'$和 $x,y,z$ 轴的方向余弦表示如下：

$$\boldsymbol{X}_0'=\begin{pmatrix}x_0'\\y_0'\\z_0'\end{pmatrix}=\frac{1}{4}\begin{pmatrix}\sum\limits_{i=1}^{4}x_i'\\\sum\limits_{i=1}^{4}y_i'\\\sum\limits_{i=1}^{4}z_i'\end{pmatrix} \tag{11.4.24}$$

$$\boldsymbol{\lambda}_x=\begin{pmatrix}1\\0\\0\end{pmatrix} \qquad \boldsymbol{\lambda}_y=\frac{1}{s_{14}}\begin{pmatrix}0\\y_{14}'\\z_{14}'\end{pmatrix} \qquad \boldsymbol{\lambda}_z=\frac{1}{s_{14}}\begin{pmatrix}0\\-z_{14}'\\y_{14}'\end{pmatrix} \tag{11.4.25}$$

其中

$$y_{14}'=y_4'-y_1' \qquad z_{14}'=z_4'-z_1'$$

$$s_{14}=\sqrt{(y_{14}')^2+(z_{14}')^2}$$

## 11.4.4 单元和插值函数的具体考虑

以上各小节的讨论中，虽然只涉及一、二种单元和插值函数，但是应当指出，那只是为了阐述的方便。表达格式和分析方法具有一般性，原则上以前讨论过的各种平面应力单元和平板弯曲单元都可以用来组合成平面壳元。需要考虑的是单元交界面上的位移协调性问题。

对于平面壳元，因为切向位移 $u,v$ 和法向位移 $w$ 分别出现在薄膜应变 $\varepsilon_x,\varepsilon_y,\gamma_{xy}$ 和弯曲应变 $\kappa_x,\kappa_y,\kappa_{xy}$ 当中，所以在单元内这两种应变是互不耦合的，表现于单元刚度矩阵实际上是平面应力单元和平板弯曲单元的简单叠加。它们的耦合仅出现在单元的交界面上，这是由于采用平面壳元离散壳体结构时，相邻单元一般不在同一平面内，亦即在交界面的垂直方向一般不具有连续的切线，所以在一个单元平面内的薄膜内力传递到相邻单元时将有横向分量，从而引起弯曲效应。反之，一个单元的横向内力传递到相邻单元时将有切向分量，从而引起薄膜效应。

正是由于上述特点，即使组成平面壳元的平面应力单元和平板弯曲单元各自满足协调性条件，但如果 $u,v$ 和 $w$ 在交界面上的插值函数不相同，则平面壳元在交界面上的位移仍是不协调的。例如通常的3结点三角形平面应力单元在交界面上 $u,v$ 是线性函数，而基于经典薄板理论的3结点三角形板单元，$w$ 在交界面上是三次（见10.2.2节和10.3.1节）或五次（见10.3.2节）函数。因此为使交界面上位移协调，$u,v$ 也应是三次或五次函数。确实也有 $u,v,w$ 同是三次函数的平面壳元用于实际分析。但是在这种单元中，和 $w$ 相仿，$u,v$ 的一阶导数也将包括在结点位移参数当中。这样做将增加系统的自由度和表达格式的复杂性。另外，由于 $u,v$ 的导数也即薄膜应变作为结点参数时，如果相邻单元的厚度或物性不同，将导致内力的不平衡，从而使解产生较大的误差。

由于以上原因，平面壳元仍较多地采用 $u,v$ 为线性函数的形式。如上所述，如果平板弯曲单元是基于经典薄板理论的，单元交界面上的位移协调条件将不能满足。但是这种位移不协调性将随着单元的划分不断精细而减小，因为这时交界面两边的单元趋近于同一平面。在极限情况，相邻单元处于同一平面，并由于平面应力单元和平板弯曲单元互不耦合，如果它们各自的位移原来是满足协调条件的，则平板壳元在交界面上位移也是协调的。

从上述意义来看，位移和转动各自独立插值的Mindlin板单元用来和平面应力单元组合成平面壳元是有利的。因为此单元中 $w$ 也是采用 $C_0$ 型插值函数，和 $u,v$ 的插值函数是相同的，所以单元交界面上位移协调性得到满足。而且，由于Mindlin板单元在单元交界面上法向转动的协调性也是满足的，在网格形状上可以避免为使非协调板单元通过分片试验而带来的限制。

和轴对称壳的截锥壳元情况类似，平面壳元的另一问题是由于相邻单元在交界面上的切线不连续可能给局部的应力以一定的扰动，克服此缺点的方法也是需要将单元划分得比较细。

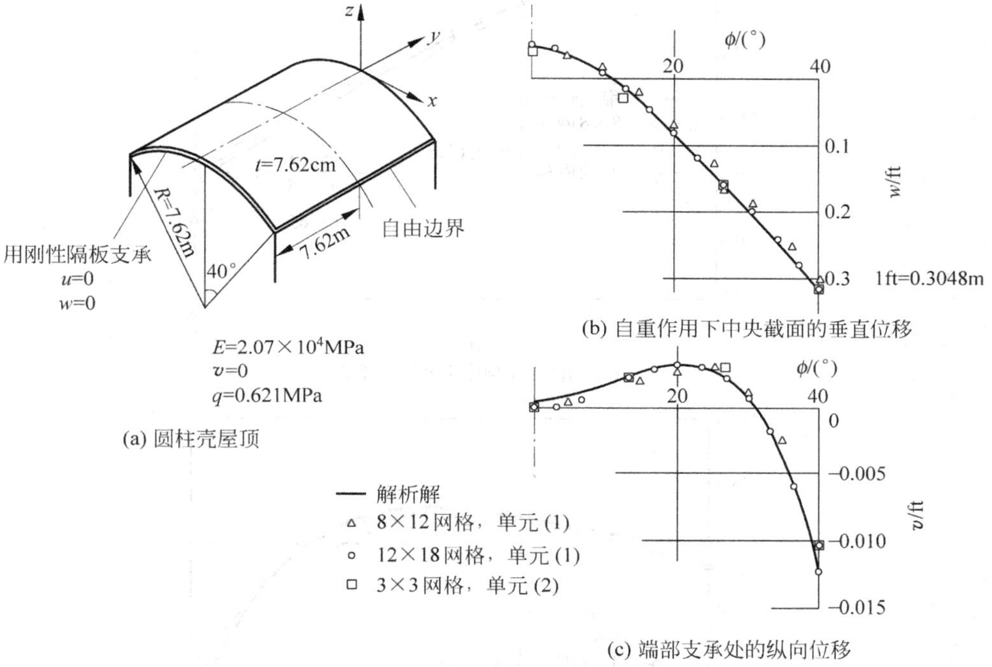


图 11.15　圆柱壳屋顶承受自重作用下的位移

**例 11.6**　图 11.15(a)所示为圆柱壳屋顶，两端由隔板支撑，承受自重作用。因为很多壳体单元的研究工作都以此例进行相互校核，所以它是有限元板壳分析中的一个标准考题，以后还将不止一次的用它来检验不同单元的效率和可靠性。现在引用 3 种单元的计算结果。

(1) 平面应力单元是 3 结点三角形常应变元(2.2 节)，平板弯曲单元是 3 结点 9 个位移参数的非协调元(10.2.2 节)。

(2) 平面应力单元是 6 结点三角形二次元，平板弯曲单元是 12 个结点参数的三角形协调元，每个角结点的参数是 $w,\partial w/\partial x,\partial w/\partial y$，边中结点的参数是$\partial w/\partial n$。

(3) 平面应力单元是双线性的四边形单元，平板弯曲单元是 10.4 节表 10.3 所列的 LLS 单元[2]。

因为结构的对称性，只取其 1/4 作有限元分析。在图 11.15 的(b)，(c)和图 11.16(a)，(b)上分别表示单元(1)，(2)和(3)在不同网格划分情况下，中央截面($y=1/2$)的垂直方向位移和支撑截面($y=0$)的纵向位移。

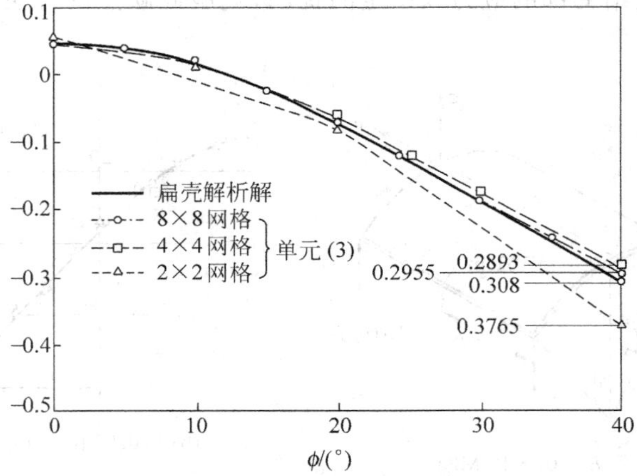


(a) 圆柱壳屋顶中央截面的垂直位移

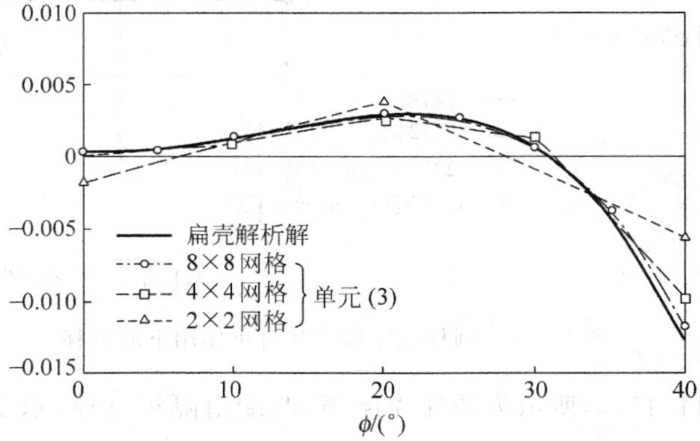


(b) 端部支承处的纵向位移

图 11.16 不同网格划分对圆柱壳屋顶位移计算的影响

从结果可见，当网格比较精细时，这几种单元的结果和扁壳理论的解析结果比较，符合得相当好。单元(2)采用 6×6 网格时有限元结果和解析解几乎不能区别，所以在图上未能表示出来。

## 11.5 用于一般壳体的超参数壳元

三维实体单元用于壳体结构时，考虑它在厚度方向的尺寸相对其他方向很小，可以只设置两个结点。在引入壳体理论的基本假设之后，它可以蜕化为本节讨论的超参数壳元。

### 11.5.1　几何形状的规定

图 11.17 所示为两种典型的壳元，它由上、下两个曲面及周边以壳体厚度方向的直线为母线形成的曲面所围成。

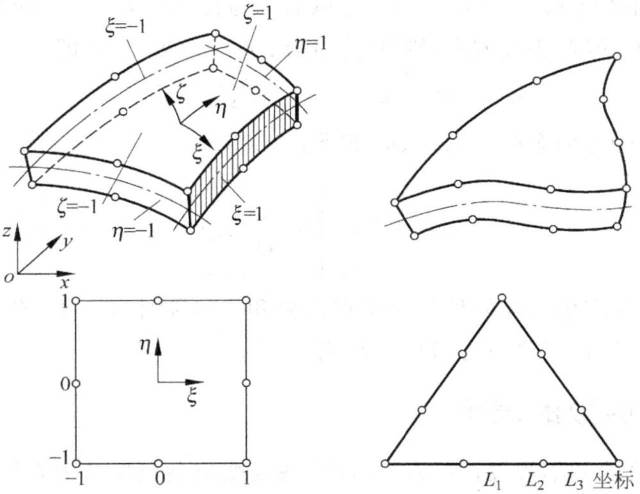


图 11.17　不同形状的厚壳单元

对于这类单元，如果给定每一对结点 $i_{顶}$ 和 $i_{底}$ 的总体直角坐标，即可近似地规定单元的几何形状。为此令 $\xi,\eta$ 为壳体中面上的曲线坐标，$\zeta$ 为厚度方向的直线坐标。并且设 $-1\leqslant\xi,\ \eta,\zeta\leqslant 1$。于是壳体单元内任一点的总体坐标可近似地表示为结点坐标的插值形式，即

$$\begin{Bmatrix} x \\ y \\ z \end{Bmatrix} = \sum_{i=1}^{n} N_i(\xi,\eta)\,\frac{(1+\zeta)}{2}\begin{Bmatrix} x_i \\ y_i \\ z_i \end{Bmatrix}_{顶} + \sum_{i=1}^{n} N_i(\xi,\eta)\,\frac{(1-\zeta)}{2}\begin{Bmatrix} x_i \\ y_i \\ z_i \end{Bmatrix}_{底} \tag{11.5.1}$$

其中 $2n$ 为单元的结点数，$N_i(\xi,\eta)$为二维插值函数。上式还可以改写成

$$\begin{Bmatrix} x \\ y \\ z \end{Bmatrix} = \sum_{i=1}^{n} N_i(\xi,\eta)\begin{Bmatrix} x_i \\ y_i \\ z_i \end{Bmatrix}_{中面} + \sum_{i=1}^{n} N_i(\xi,\eta)\,\frac{\zeta}{2}\mathbf{V}_{3i} \tag{11.5.2}$$

其中

$$\begin{Bmatrix} x_i \\ y_i \\ z_i \end{Bmatrix}_{中面} = \frac{1}{2}\left(\begin{Bmatrix} x_i \\ y_i \\ z_i \end{Bmatrix}_{顶} + \begin{Bmatrix} x_i \\ y_i \\ z_i \end{Bmatrix}_{底}\right) \tag{11.5.3}$$

是中面结点的总体直角坐标。

$$\boldsymbol{V}_{3i}=\begin{pmatrix}V_{3ix}\\V_{3iy}\\V_{3iz}\end{pmatrix}=\begin{pmatrix}x_i\\y_i\\z_i\end{pmatrix}_{顶}-\begin{pmatrix}x_i\\y_i\\z_i\end{pmatrix}_{底}=\begin{pmatrix}\Delta x_i\\\Delta y_i\\\Delta z_i\end{pmatrix}\qquad(11.5.4)$$

$\boldsymbol{V}_{3i}$是从结点$i_{底}$到结点$i_{顶}$的向量。为适应以后描写位移的要求，$\boldsymbol{V}_{3i}$应尽可能接近中面的法线方向。如果$\boldsymbol{V}_{3i}$就在法线方向，则$|\boldsymbol{V}_{3i}|$即为$i$点的厚度$t_i$，亦即

$$t_i=|\boldsymbol{V}_{3i}|=\sqrt{\Delta x_i^{\ 2}+\Delta y_i^{\ 2}+\Delta z_i^{\ 2}}\qquad(11.5.5)$$

$\boldsymbol{V}_{3i}$的单位向量$\boldsymbol{v}_{3i}$的方向余弦$l_{3i}$、$m_{3i}$、$n_{3i}$如下：

$$\boldsymbol{v}_{3i}=\begin{pmatrix}l_{3i}\\m_{3i}\\n_{3i}\end{pmatrix}=\frac{1}{t_i}\begin{pmatrix}\Delta x_i\\\Delta y_i\\\Delta z_i\end{pmatrix}\qquad(11.5.6)$$

从以上可见，规定单元几何形状的结点参数和三维实体元一样，仍是$n\times2\times3$个，只是表达形式由(11.5.1)式改写为(11.5.2)式。

## 11.5.2 位移函数的表示

根据壳体理论的基本假设，变形前中面的法线变形后仍保持为直线，且忽略其长度的变化，因此壳体内任一点的位移可由中面对应点沿总体坐标$x,y,z$方向的3个位移分量$u,v,w$及该对应点的法线绕与它相垂直的两个正交向量的转动$\alpha,\beta$所确定。在壳体单元中，中面上任一点的上述5个量还应表示为它们的结点值(结点位移参数)的插值形式。现在用$\boldsymbol{v}_{3i}$表示结点$\boldsymbol{V}_{3i}$方向的单位向量，用$\boldsymbol{v}_{1i}$和$\boldsymbol{v}_{2i}$表示与$\boldsymbol{v}_{3i}$垂直并相互正交的单位向量，$\boldsymbol{v}_{3i}$绕它们的旋转分别是$\beta_i$和$\alpha_i$，如图11.18所示，则单元内的位移最后可表示成*

$$\begin{pmatrix}u\\v\\w\end{pmatrix}=\sum_{i=1}^{n}N_i(\xi,\eta)\begin{pmatrix}u_i\\v_i\\w_i\end{pmatrix}_{中面}+\sum_{i=1}^{n}N_i(\xi,\eta)\zeta\frac{t_i}{2}\begin{bmatrix}l_{1i}&-l_{2i}\\m_{1i}&-m_{2i}\\n_{1i}&-n_{2i}\end{bmatrix}\begin{pmatrix}\alpha_i\\\beta_i\end{pmatrix}\qquad(11.5.7)$$

其中$l_{1i}$、$m_{1i}$、$n_{1i}$和$l_{2i}$、$m_{2i}$、$n_{2i}$分别是$\boldsymbol{v}_{1i}$和$\boldsymbol{v}_{2i}$的方向余弦，即

$$\boldsymbol{v}_{1i}=\begin{pmatrix}l_{1i}\\m_{1i}\\n_{1i}\end{pmatrix}\qquad\boldsymbol{v}_{2i}=\begin{pmatrix}l_{2i}\\m_{2i}\\n_{2i}\end{pmatrix}\qquad(11.5.8)$$

为简单起见，(11.5.7)式的下标“中面”今后省去。并将该式写成标准形式

---

* 在小转动的条件下，结点$i_{顶}$由于转动引起的位移可表示为：

$$(\beta_i\boldsymbol{v}_{1i}+\alpha_i\boldsymbol{v}_{2i})\times\frac{t_i}{2}\boldsymbol{v}_{3i}=\frac{t_i}{2}(\alpha_i\boldsymbol{v}_{1i}-\beta_i\boldsymbol{v}_{2i})=\frac{t_i}{2}[\boldsymbol{v}_{1i}-\boldsymbol{v}_{2i}]\begin{pmatrix}\alpha_i\\\beta_i\end{pmatrix}$$

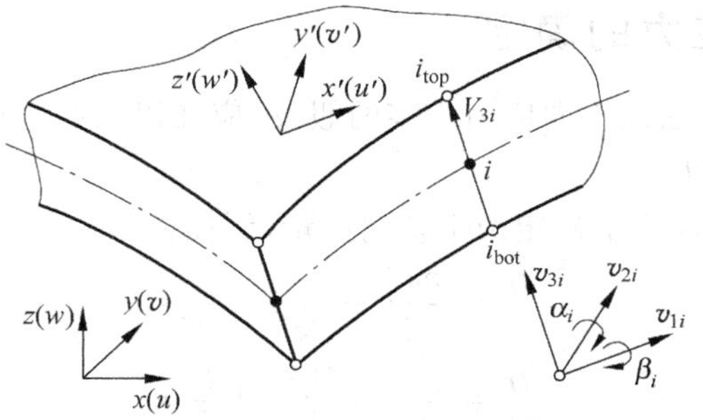


图 11.18　超参元的坐标和位移

$$\begin{Bmatrix} u \\ v \\ w \end{Bmatrix} = [\boldsymbol{N}_1\ \boldsymbol{N}_2\ \cdots\ \boldsymbol{N}_n] \begin{Bmatrix} \boldsymbol{a}_1 \\ \boldsymbol{a}_2 \\ \vdots \\ \boldsymbol{a}_n \end{Bmatrix} \tag{11.5.9}$$

其中

$$\boldsymbol{a}_i = [u_i \quad v_i \quad w_i \quad \alpha_i \quad \beta_i]^{\mathrm{T}} \quad (i = 1, 2, \cdots, n)$$

$$\boldsymbol{N}_i = \begin{bmatrix} N_i & 0 & 0 & N_i\zeta \dfrac{t_i}{2} l_{1i} & -N_i\zeta \dfrac{t_i}{2} l_{2i} \\ 0 & N_i & 0 & N_i\zeta \dfrac{t_i}{2} m_{1i} & -N_i\zeta \dfrac{t_i}{2} m_{2i} \\ 0 & 0 & N_i & N_i\zeta \dfrac{t_i}{2} n_{1i} & -N_i\zeta \dfrac{t_i}{2} n_{2i} \end{bmatrix} \tag{11.5.10}$$

单位向量$\boldsymbol{v}_{1i}$，$\boldsymbol{v}_{2i}$可按下式定义，即：

$$\boldsymbol{v}_{1i} = \frac{\boldsymbol{i} \times \boldsymbol{V}_{3i}}{|\boldsymbol{i} \times \boldsymbol{V}_{3i}|} \qquad \boldsymbol{v}_{2i} = \frac{\boldsymbol{V}_{3i} \times \boldsymbol{v}_{1i}}{|\boldsymbol{V}_{3i} \times \boldsymbol{v}_{1i}|} \tag{11.5.11}$$

因而有：

$$\boldsymbol{v}_{1i} = \begin{Bmatrix} l_{1i} \\ m_{1i} \\ n_{1i} \end{Bmatrix} = \frac{1}{\sqrt{\Delta {y_i}^2 + \Delta {z_i}^2}} \begin{Bmatrix} 0 \\ -\Delta z_i \\ \Delta y_i \end{Bmatrix}$$

$$\boldsymbol{v}_{2i} = \begin{Bmatrix} l_{2i} \\ m_{2i} \\ n_{2i} \end{Bmatrix} = \frac{1}{t_i\ \sqrt{\Delta {y_i}^2 + \Delta {z_i}^2}} \begin{Bmatrix} \Delta {y_i}^2 + \Delta {z_i}^2 \\ -\Delta x_i \Delta y_i \\ -\Delta x_i \Delta z_i \end{Bmatrix}$$

式中 $\boldsymbol{i}$ 是 $x$ 轴方向的单位向量，如果 $\boldsymbol{V}_{3i}$和 $\boldsymbol{i}$ 平行，则可取 $y$ 轴方向的单位向量 $\boldsymbol{j}$ 为$\boldsymbol{v}_{1i}$。

从以上可见，由于引入壳体理论的变形假设，所讨论单元的结点位移参数是 $n\times5$ 个。而定义几何形状的参数是 $n\times2\times3(>n\times5)$个，所以称此单元为超参单元。

### 11.5.3 应变和应力的确定

为引入壳体理论中法线方向应力为零的假设，应在以法线方向为 $z'$ 轴的局部坐标系 $x'y'z'$ 中计算应变和应力。

首先在 $\zeta$=常数的曲面上确定两个切向向量，例如：

$$\frac{\partial \boldsymbol{r}}{\partial \xi}=\frac{\partial x}{\partial \xi}\boldsymbol{i}+\frac{\partial y}{\partial \xi}\boldsymbol{j}+\frac{\partial z}{\partial \xi}\boldsymbol{k}$$
$$\frac{\partial \boldsymbol{r}}{\partial \eta}=\frac{\partial x}{\partial \eta}\boldsymbol{i}+\frac{\partial y}{\partial \eta}\boldsymbol{j}+\frac{\partial z}{\partial \eta}\boldsymbol{k} \tag{11.5.12}$$

其中 $\boldsymbol{i},\boldsymbol{j},\boldsymbol{k}$ 是 $x,y,z$ 方向的单位向量。利用上述两个向量，可以得到法线方向的向量如下：

$$\boldsymbol{V}_3=\frac{\partial \boldsymbol{r}}{\partial \xi}\times\frac{\partial \boldsymbol{r}}{\partial \eta}=\begin{vmatrix} \boldsymbol{i} & \boldsymbol{j} & \boldsymbol{k} \\ \frac{\partial x}{\partial \xi} & \frac{\partial y}{\partial \xi} & \frac{\partial z}{\partial \xi} \\ \frac{\partial x}{\partial \eta} & \frac{\partial y}{\partial \eta} & \frac{\partial z}{\partial \eta} \end{vmatrix} \tag{11.5.13}$$

或

$$\boldsymbol{V}_3=\begin{Bmatrix} \frac{\partial x}{\partial \xi} \\ \frac{\partial y}{\partial \xi} \\ \frac{\partial z}{\partial \xi} \end{Bmatrix}\times\begin{Bmatrix} \frac{\partial x}{\partial \eta} \\ \frac{\partial y}{\partial \eta} \\ \frac{\partial z}{\partial \eta} \end{Bmatrix}=\begin{Bmatrix} \frac{\partial y}{\partial \xi}\frac{\partial z}{\partial \eta}-\frac{\partial y}{\partial \eta}\frac{\partial z}{\partial \xi} \\ \frac{\partial x}{\partial \eta}\frac{\partial z}{\partial \xi}-\frac{\partial x}{\partial \xi}\frac{\partial z}{\partial \eta} \\ \frac{\partial x}{\partial \xi}\frac{\partial y}{\partial \eta}-\frac{\partial x}{\partial \eta}\frac{\partial y}{\partial \xi} \end{Bmatrix} \tag{11.5.14}$$

当 $\boldsymbol{V}_3$ 确定以后，$x'$、$y'$ 方向的单位向量可以按照和以前相同的规则确定，即

$$\boldsymbol{v}_1=\frac{\boldsymbol{i}\times\boldsymbol{V}_3}{|\boldsymbol{i}\times\boldsymbol{V}_3|}\qquad \boldsymbol{v}_2=\frac{\boldsymbol{V}_3\times\boldsymbol{v}_1}{|\boldsymbol{V}_3\times\boldsymbol{v}_1|} \tag{11.5.15}$$

同时令

$$\boldsymbol{v}_3=\frac{\boldsymbol{V}_3}{|\boldsymbol{V}_3|} \tag{11.5.16}$$

这样就得到总体坐标系 $x,y,z$ 和局部坐标系 $x',y',z'$ 之间的转换关系为

$$\boldsymbol{X}=\boldsymbol{\theta}\boldsymbol{X}'\quad \boldsymbol{X}'=\boldsymbol{\theta}^{\mathrm{T}}\boldsymbol{X} \tag{11.5.17}$$

其中

$$\boldsymbol{X}=[x\ y\ z]^{\mathrm{T}}\quad \boldsymbol{X}'=[x'\ y'\ z']^{\mathrm{T}}$$
$$\boldsymbol{\theta}=[\boldsymbol{v}_1\ \boldsymbol{v}_2\ \boldsymbol{v}_3]=\begin{bmatrix} l_1 & l_2 & l_3 \\ m_1 & m_2 & m_3 \\ n_1 & n_2 & n_3 \end{bmatrix} \tag{11.5.18}$$

若 $u',v',w'$ 是局部坐标系 $x',y',z'$ 方向的位移分量，根据壳体理论的 $\sigma_{z'}=0$ 的假设，在计算壳体变形能时，涉及的应变是

$$\boldsymbol{\varepsilon}'=\begin{Bmatrix}\varepsilon_{x'}\\ \varepsilon_{y'}\\ \gamma_{x'y'}\\ \gamma_{y'z'}\\ \gamma_{z'x'}\end{Bmatrix}=\begin{Bmatrix}\dfrac{\partial u'}{\partial x'}\\ \dfrac{\partial v'}{\partial y'}\\ \dfrac{\partial u'}{\partial y'}+\dfrac{\partial v'}{\partial x'}\\ \dfrac{\partial v'}{\partial z'}+\dfrac{\partial w'}{\partial y'}\\ \dfrac{\partial u'}{\partial z'}+\dfrac{\partial w'}{\partial x'}\end{Bmatrix} \tag{11.5.19}$$

为了最后以结点参数 $\boldsymbol{a}_i$ 表示 $\boldsymbol{\varepsilon}'$，需要进行两次坐标转换。首先是利用转换矩阵 $\boldsymbol{\theta}$，将总体坐标系内位移的偏导数转换为局部坐标系内位移偏导数，它们之间的关系是

$$\begin{bmatrix}\dfrac{\partial u'}{\partial x'} & \dfrac{\partial v'}{\partial x'} & \dfrac{\partial w'}{\partial x'}\\ \dfrac{\partial u'}{\partial y'} & \dfrac{\partial v'}{\partial y'} & \dfrac{\partial w'}{\partial y'}\\ \dfrac{\partial u'}{\partial z'} & \dfrac{\partial v'}{\partial z'} & \dfrac{\partial w'}{\partial z'}\end{bmatrix}=\boldsymbol{\theta}^{\mathrm{T}}\begin{bmatrix}\dfrac{\partial u}{\partial x} & \dfrac{\partial v}{\partial x} & \dfrac{\partial w}{\partial x}\\ \dfrac{\partial u}{\partial y} & \dfrac{\partial v}{\partial y} & \dfrac{\partial w}{\partial y}\\ \dfrac{\partial u}{\partial z} & \dfrac{\partial v}{\partial z} & \dfrac{\partial w}{\partial z}\end{bmatrix}\boldsymbol{\theta} \tag{11.5.20}$$

其次是将 $u,v,w$ 对 $x,y,z$ 的偏导数转换为对自然坐标 $\xi,\eta,\zeta$ 的偏导数，这在第 4 章中已讨论过，转换关系是

$$\begin{bmatrix}\dfrac{\partial u}{\partial x} & \dfrac{\partial v}{\partial x} & \dfrac{\partial w}{\partial x}\\ \dfrac{\partial u}{\partial y} & \dfrac{\partial v}{\partial y} & \dfrac{\partial w}{\partial y}\\ \dfrac{\partial u}{\partial z} & \dfrac{\partial v}{\partial z} & \dfrac{\partial w}{\partial z}\end{bmatrix}=\boldsymbol{J}^{-1}\begin{bmatrix}\dfrac{\partial u}{\partial \xi} & \dfrac{\partial v}{\partial \xi} & \dfrac{\partial w}{\partial \xi}\\ \dfrac{\partial u}{\partial \eta} & \dfrac{\partial v}{\partial \eta} & \dfrac{\partial w}{\partial \eta}\\ \dfrac{\partial u}{\partial \zeta} & \dfrac{\partial v}{\partial \zeta} & \dfrac{\partial w}{\partial \zeta}\end{bmatrix} \tag{11.5.21}$$

其中

$$\boldsymbol{J}=\begin{bmatrix}\dfrac{\partial x}{\partial \xi} & \dfrac{\partial y}{\partial \xi} & \dfrac{\partial z}{\partial \xi}\\ \dfrac{\partial x}{\partial \eta} & \dfrac{\partial y}{\partial \eta} & \dfrac{\partial z}{\partial \eta}\\ \dfrac{\partial x}{\partial \zeta} & \dfrac{\partial y}{\partial \zeta} & \dfrac{\partial z}{\partial \zeta}\end{bmatrix} \tag{11.5.22}$$

将(11.5.2)式代入上式可计算 $\boldsymbol{J}$，再利用(11.5.9)、(11.5.10)和(11.5.20)、(11.5.21)等式，最后可将 $\boldsymbol{\varepsilon}'$ 表示成

$$\boldsymbol{\varepsilon}' = [\boldsymbol{B}_1' \ \boldsymbol{B}_2' \ \cdots \ \boldsymbol{B}_n'] \begin{Bmatrix} \boldsymbol{a}_1 \\ \boldsymbol{a}_2 \\ \vdots \\ \boldsymbol{a}_n \end{Bmatrix} \tag{11.5.23}$$

局部坐标系 $x',y',z'$ 中的应力利用平面应力型的弹性关系可以表示为

$$\boldsymbol{\sigma}' = [\sigma_{x'} \quad \sigma_{y'} \quad \tau_{x'y'} \quad \tau_{y'z'} \quad \tau_{z'x'}]^{\mathrm{T}} = \boldsymbol{D}\boldsymbol{\varepsilon}' \tag{11.5.24}$$

其中

$$\boldsymbol{D} = \frac{E}{1-\nu^2}\begin{bmatrix} 1 & \nu & 0 & 0 & 0 \\ & 1 & 0 & 0 & 0 \\ & & \dfrac{1-\nu}{2} & 0 & 0 \\ & \text{对} & & \dfrac{1-\nu}{2k} & 0 \\ & & \text{称} & & \dfrac{1-\nu}{2k} \end{bmatrix} \tag{11.5.25}$$

式中 $E,\nu$ 是材料弹性模量和泊桑比，最后两个与剪应力 $\tau_{y'z'}$，$\tau_{z'x'}$ 有关项中的系数 $k=1.2$，这是为了考虑剪应力沿厚度方向不均匀分布的影响而引入的修正。

最后可以指出，本小节开始提出的确定 $\boldsymbol{V}_3$ 的方法是比较一般的。可以用于(11.5.4)式所定义的 $\boldsymbol{V}_{3i}$ 不是沿法线方向和壳体厚度不是常数的情况。如果 $\boldsymbol{V}_{3i}$ 是沿法线方向且壳体厚度是常数的情况，则壳体中面上各点的 $\boldsymbol{V}_3$ 可以较方便地利用各结点的 $\boldsymbol{V}_{3i}$ 插值得到，即

$$\boldsymbol{V}_3 = \sum_{i=1}^{n} N_i(\xi,\eta)\boldsymbol{V}_{3i} \tag{11.5.26}$$

显然，上式的计算量要比(11.5.14)式少很多。

## 11.5.4 单元刚度矩阵和载荷向量的形成

单元刚度矩阵和载荷向量的计算公式和第4章等参元的公式相同。载荷向量可以直接利用(4.4.2)～(4.4.5)式进行计算。至于单元刚度矩阵，只需将(4.4.1)式中总体坐标系的 $\boldsymbol{B}^{\mathrm{T}}\boldsymbol{D}\boldsymbol{B}$，代之以局部坐标系的 $\boldsymbol{B}'^{\mathrm{T}}\boldsymbol{D}\boldsymbol{B}'$，即

$$\boldsymbol{K}^e = \int_{-1}^{1}\int_{-1}^{1}\int_{-1}^{1} \boldsymbol{B}'^{\mathrm{T}}\boldsymbol{D}\boldsymbol{B}' \mid \boldsymbol{J} \mid \mathrm{d}\xi\mathrm{d}\eta\mathrm{d}\zeta \tag{11.5.27}$$

其中 $\boldsymbol{B}'$ 和 $\boldsymbol{D}$ 分别是壳体局部坐标系的应变矩阵（见(11.5.23)式）和弹性矩阵（见(11.5.25)式）。

需要指出的是，可以证明超参壳元在引入一定的几何假设以后和位移及转动各自独立插值的壳元是相互等价的。因此，在形成单元刚度矩阵时，同样需要保证 $\boldsymbol{K}$ 的非奇异

性和 $\boldsymbol{K}_s$ 的奇异性。而且进一步的研究工作还指出[3]，对于作为三维蜕化实体元的超参壳元，(11.5.19)式所表达的应变分量 $\varepsilon_{x'}$、$\varepsilon_{y'}$ 和 $\gamma_{x'y'}$ 实际上包含着沿厚度(即局部坐标 $z'$)均匀分布和线性分布的两部分。后者是壳体的弯曲应变，它相当于 Mindlin 板中的曲率变化 $\boldsymbol{\kappa}$ 引起的应变；前者是壳体的薄膜应变，是壳体中面内的变形(在板弯曲问题中，它被忽略)所引起的。通过量纲分析，可以辨认，薄膜应变能项和剪切应变能项相同，在泛函中也具有罚函数的性质。因此和它相关的刚度矩阵也应是奇异的。否则，在壳越来越薄时，它也会造成"锁死"现象。因为这锁死是由过分的虚假薄膜应变能引起的，所以称之为薄膜"锁死"。

为保证 $\boldsymbol{K}$ 的非奇异性，且避免剪切"锁死"和薄膜"锁死"，从原则上说，在 Mindlin 板单元的讨论中所列举的各种方法都可以用于现在的超参壳元。文献[3]对 9 结点超参壳元建议了一种假设应变的方案。文中对 $\varepsilon_{x'}$、$\varepsilon_{y'}$ 和 $\gamma_{x'y'}$ 的弯曲应变部分和薄膜应变部分以及横剪应变 $\gamma_{x'z'}$ 和 $\gamma_{y'z'}$ 采用不同取样点的插值表示。只是对于一般形状的超参壳元，整个推导过程和表达格式相当复杂。因此，从实用角度考虑，现在较普遍采用的还是减缩积分方案。例如对于 8 结点和 9 结点的超参壳元，在 $\xi$，$\eta$ 和 $\zeta$ 3 个方向都采用 2 点积分。一般情况下，用于薄壳或中厚壳均能得到较满意的结果。如果在 $\xi$、$\eta$ 方向采用 3×3 精确积分，发现对分析厚板和厚壳时能得到较好的结果，但用于分析薄板和薄壳时，结果不好。原因是在厚度变小时，发生了"锁死"现象。而改用 2×2 减缩积分，精度得到明显的改进，且节省了计算时间。

## 11.5.5　应力的计算

当解出位移以后，利用(11.5.23)和(11.5.24)式可以计算 $\boldsymbol{\varepsilon}'$ 和 $\boldsymbol{\sigma}'$。$\boldsymbol{\sigma}'$ 通常是工程实际感兴趣的，因为它有清晰的物理意义。但是应当指出，由(11.5.24)式算出的 $\boldsymbol{\sigma}'$ 中，横剪应力 $\tau_{x'z'}$ 和 $\tau_{y'z'}$ 是壳体截面上的平均剪应力，而实际剪应力是抛物线分布的，在壳体内外表面上 $\tau_{x'z'}=\tau_{y'z'}=0$，在中面上它们的数值为平均剪应力的 1.5 倍，所以应按此对从(11.5.24)式计算出的 $\boldsymbol{\sigma}'$ 进行修正。然后可根据需要计算主应力或总体坐标系中的应力 $\boldsymbol{\sigma}$。后者的计算公式是

$$\begin{bmatrix} \sigma_x & \tau_{xy} & \tau_{xz} \\ \tau_{xy} & \sigma_y & \tau_{yz} \\ \tau_{xz} & \tau_{yz} & \sigma_z \end{bmatrix} = \boldsymbol{\lambda} \begin{bmatrix} \sigma_{x'} & \tau_{x'y'} & \tau_{x'z'} \\ \tau_{x'y'} & \sigma_{y'} & \tau_{y'z'} \\ \tau_{x'z'} & \tau_{y'z'} & \sigma_{z'} \end{bmatrix} \boldsymbol{\lambda}^T \tag{11.5.28}$$

**例 11.7**　图 11.19 所示为一简支方板，承受均匀载荷，由于对称，取出 1/4，用 8 结点超参壳元进行计算。对于不同的厚度跨度比($t/a$)，图中列出了 3×3 和 2×2 高斯点的计算结果。当板较厚时，两种积分方案给出的计算结果比较接近，并和薄板理论解相比较，显示出考虑横向剪切的修正效果。但当板比较薄时，3×3 积分由于引起虚假的剪切应变能，使计算位移偏小。但用 2×2 减缩积分，给出的计算结果与理论解符合得很好。这是

因为超参壳元用于平板分析时，是和 Mindlin 板相等效的。如用 Mindlin 板的 $\boldsymbol{K}_s$ 奇异性的充分条件(10.4.13)式对此算例进行检查，则发现采用 3×3 积分时，$M n_s d_s = 4\times 9\times 2 = 72 > N(=44)$，不满足 $\boldsymbol{K}_s$ 奇异性的充分条件。而采用 2×2 积分时，$M n_s d_s = 4\times 4\times 2 = 32 < N(=44)$，满足 $\boldsymbol{K}_s$ 奇异性条件。

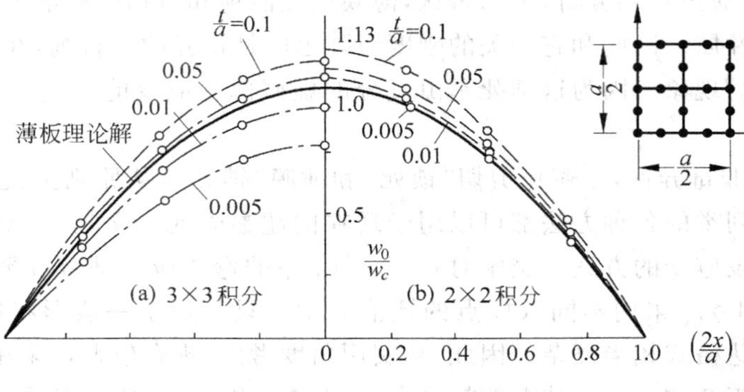


图 11.19　简支方板在均匀载荷作用下中央截面挠度

**例 11.8**　图 11.15 所示的圆柱壳屋顶，现用 8 结点超参壳元进行计算。图 11.20 给出采用不同网格划分时并分别用 3×3 积分和 2×2 积分的结果。为进行比较，图中还表示出利用扁壳理论得到的解析解。左边 3×3 积分的结果和解析解相差较大，而右边2×2 减缩积分的结果，由于消除了虚假的剪切应变能，和解析解十分接近，甚至只用一个单元

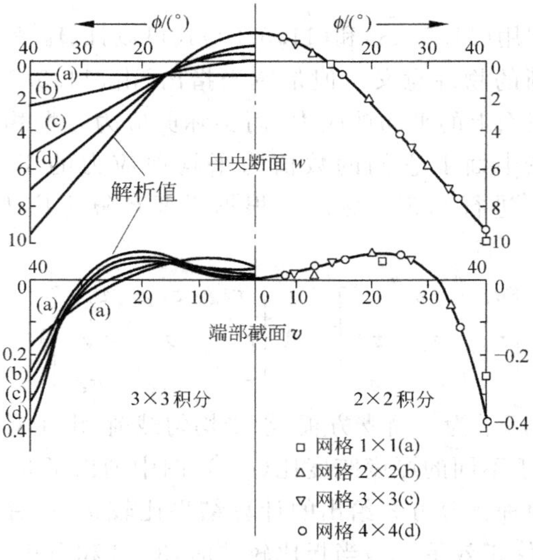


图 11.20　圆柱壳屋顶在自重作用下的位移

也得到较好的结果。此例不仅说明超参壳元对于弹性薄壳(此例中 $t/R=0.01$)也能给出很好的结果,而且有较高的计算效率。

从以上关于超参数壳元的讨论中可以看出,它是基于主从自由度原理从三维等参实体元蜕化而来。优点是能用于薄壳、中厚壳以及变厚度壳等一般情况,同时在建立其表达格式的过程中未涉及具体的壳体理论,从而避免了一般形状壳体的复杂的几何关系。因此它的表达格式和建立于壳体理论的单元相比要简单一些。基于以上理由,超参元在壳体结构分析中得到比较广泛的应用。但是也应看到,它和等参元相比仍比较复杂,因为在其应变和应力计算中不仅涉及自然坐标和总体坐标之间的转换,还比等参元增加了总体坐标和局体坐标之间的转换,这将增加程序的复杂性及实际计算的工作量。我们在 9.1 节关于结构有限元的概论中曾指出,在用实体元分析板壳结构时,为避免不同方向刚度相差过大而造成的困难,还可采用基于相对自由度原理的板壳元。以后将这种单元称之为相对自由度板壳元,它的表达格式和超参元相比就比较简单,下节将给予简要的介绍。

## 11.6 相对自由度壳元

相对自由度壳元是将相对自由度概念引入等参实体元得到的。现以图 11.21(a)所示 16 结点等参元为例,说明它的具体构造方法。

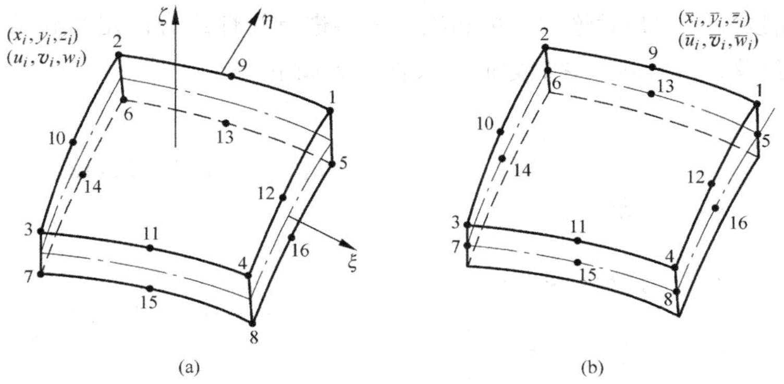


图 11.21　三维等参元和相对自由度壳元

16 结点三维等参元的坐标和位移插值表达式如下

$$\begin{Bmatrix} x \\ y \\ z \end{Bmatrix} = \sum_{i=1}^{16} N_i \begin{Bmatrix} x_i \\ y_i \\ z_i \end{Bmatrix} \tag{11.6.1}$$

$$\begin{Bmatrix} u \\ v \\ w \end{Bmatrix} = \sum_{i=1}^{16} N_i \begin{Bmatrix} u_i \\ v_i \\ w_i \end{Bmatrix} \tag{11.6.2}$$

对于棱边中结点：

$$\begin{aligned} N_i &= \frac{1}{4}(1-\xi^2)(1+\eta\eta_i)(1+\zeta\zeta_i) \quad (i=9,11,13,15) \\ N_i &= \frac{1}{4}(1+\xi\xi_i)(1-\eta^2)(1+\zeta\zeta_i) \quad (i=10,12,14,16) \end{aligned} \tag{11.6.3}$$

对于顶结点：

$$N_i = N_i^* - \frac{1}{2}(N_k + N_l) \quad (i=1,2,\cdots,8) \tag{11.6.4}$$

其中

$$N_i^* = \frac{1}{8}(1+\xi\xi_i)(1+\eta\eta_i)(1+\zeta\zeta_i)$$

$N_k$，$N_l$ 表示和结点 $i$ 相邻的两个棱边中结点 $k$、$l$ 相对应的插值函数。以 $i=1$ 为例，则有

$$N_1 = N_1^* - \frac{1}{2}(N_9 + N_{12})$$

为区别于以下引出的相对自由度壳元中的坐标和位移，将上面用到的坐标 $x_i$、$y_i$、$z_i$，位移 $u_i$、$v_i$、$w_i$ 和插值函数 $N_i$ 称为绝对坐标、绝对位移和绝对插值函数。

相对自由度壳元就是对绝对坐标和绝对位移进行线性组合以定义新的相对坐标 $\bar{x}_i$、$\bar{y}_i$、$\bar{z}_i$ 和相对位移 $\bar{u}_i$、$\bar{v}_i$、$\bar{w}_i$。它们之间的线性关系如下：

$$\left.\begin{aligned} \bar{x}_i &= \frac{1}{2}(x_i - x_{i+4}) \\ \bar{x}_{i+4} &= \frac{1}{2}(x_i + x_{i+4}) \end{aligned}\right\} \quad (i=1,2,3,4,9,10,11,12) \tag{11.6.5}$$

$$\left.\begin{aligned} \bar{u}_i &= \frac{1}{2}(u_i - u_{i+4}) \\ \bar{u}_{i+4} &= \frac{1}{2}(u_i + u_{i+4}) \end{aligned}\right\} \quad (i=1,2,3,4,9,10,11,12) \tag{11.6.6}$$

其余坐标 $\bar{y}_i$，$\bar{z}_i$ 及位移 $\bar{v}_i$，$\bar{w}_i$ 具有类似的表达式。对以上各式略加分析，可以识别 $\bar{x}_{i+4}$，$\bar{y}_{i+4}$，$\bar{z}_{i+4}$（$i=1,2,3,4,9,10,11,12$）是原等参元结点 $i$ 和结点 $i+4$ 的连线和中面交点，即新定义的中面结点的坐标，$\bar{u}_{i+4}$，$\bar{v}_{i+4}$，$\bar{w}_{i+4}$ 是该点的位移；而 $\bar{x}_i$，$\bar{y}_i$，$\bar{z}_i$ 是原等参元结点 $i$ 相对于中面结点 $\bar{x}_{i+4}$，$\bar{y}_{i+4}$，$\bar{z}_{i+4}$ 的距离，$\bar{u}_i$，$\bar{v}_i$，$\bar{w}_i$ 则是相应的相对位移。这样一来，三维相对自由度壳元可以表示如图 11.21(b)。用相对壳元的结点坐标和结点位移表示原等参元的结点坐标和结点位移，则有

$$\left.\begin{aligned} x_i &= \bar{x}_i + \bar{x}_{i+4} \\ x_{i+4} &= \bar{x}_{i+4} - \bar{x}_i \end{aligned}\right\} \quad (i = 1,2,3,4,9,10,11,12) \tag{11.6.7}$$

$$\left.\begin{aligned} u_i &= \bar{u}_i + \bar{u}_{i+4} \\ u_{i+4} &= \bar{u}_{i+4} - \bar{u}_i \end{aligned}\right\} \quad (i = 1,2,3,4,9,10,11,12) \tag{11.6.8}$$

对于 $y_i$，$z_i$ 和 $v_i$，$w_i$ 有类似的表达式。将以上各式代入(11.6.1)和(11.6.2)式，可以得到

$$\begin{Bmatrix} x \\ y \\ z \end{Bmatrix} = \sum_{i=1}^{16} \bar{N}_i \begin{Bmatrix} \bar{x}_i \\ \bar{y}_i \\ \bar{z}_i \end{Bmatrix} \tag{11.6.9}$$

$$\begin{Bmatrix} u \\ v \\ w \end{Bmatrix} = \sum_{i=1}^{16} \bar{N}_i \begin{Bmatrix} \bar{u}_i \\ \bar{v}_i \\ \bar{w}_i \end{Bmatrix} \tag{11.6.10}$$

其中

$$\left.\begin{aligned} \bar{N}_i &= N_i - N_{i+4} \\ \bar{N}_{i+4} &= N_i + N_{i+4} \end{aligned}\right\} \quad (i = 1,2,3,4,9,10,11,12)$$

以上两式是单元内坐标和位移改由相对结点坐标和相对结点位移插值的表达式。进而将它们代入应变矩阵和单元刚度矩阵表达式的算法步骤和原等参元完全相同，最后得到求解方程为

$$\bar{\boldsymbol{K}}\bar{\boldsymbol{a}} = \bar{\boldsymbol{P}} \tag{11.6.11}$$

其中

$$\bar{\boldsymbol{K}} = \sum_e \bar{\boldsymbol{K}}^e \qquad \bar{\boldsymbol{P}} = \sum_e \bar{\boldsymbol{P}}^e$$

$$\bar{\boldsymbol{k}}^e = \int_{-1}^{1}\int_{-1}^{1}\int_{-1}^{1} \bar{\boldsymbol{B}}^{\mathrm{T}} \boldsymbol{D} \bar{\boldsymbol{B}} \mid \boldsymbol{J} \mid \mathrm{d}\xi \mathrm{d}\eta \mathrm{d}\zeta$$

$$\begin{aligned} \bar{\boldsymbol{P}}^e = &\int_{-1}^{1}\int_{-1}^{1}\int_{-1}^{1} \bar{\boldsymbol{N}}^{\mathrm{T}} \boldsymbol{f} \mid \boldsymbol{J} \mid \mathrm{d}\xi \mathrm{d}\eta \mathrm{d}\zeta + \\ &\int_{-1}^{1}\int_{-1}^{1} \bar{\boldsymbol{N}}^{\mathrm{T}} \boldsymbol{T} A \,\mathrm{d}\eta \mathrm{d}\zeta \quad (\boldsymbol{T} \text{ 作用于在 } \xi = 1 \text{ 面}) \\ &+ \cdots\cdots \end{aligned}$$

以上各式的意义及有关矩阵的定义可参看(4.4.1)～(4.4.7)式，这里不再重述。

从以上讨论可见，相对自由度壳元实际上仍是等参元，只是对原结点位移作了一个简单的线性变换，用相对位移代替了原来的绝对位移，以克服等参元直接应用于壳体分析时，因不同方向刚度相差过大而在数值上遇到的困难。它不同于基于主从自由度原理的超参壳元，超参壳元是引入了壳体理论的假设，缩减了自由度(将上下表面结点对的 6 个自由度，缩减为中面结点的 5 个自由度——3 个位移和 2 个转动)，因此必须进一步采用

基于壳体局部坐标的广义平面应力型应力应变关系，这样也就必须增加从总体坐标到壳体局部坐标的变换。而相对自由度壳元则仍采用原来等参元中建立于总体坐标的三维应力应变关系，因此不必引入总体坐标和局部坐标之间的变换，从而使表达格式保持比较简单的形式。在文献[4]中在应用相对自由度壳元时，仍采用局部坐标内的广义平面应力型应力应变关系，当然也就同时需要引入上述坐标变换。

最后应该指出，因为相对自由度壳元的本质和超参壳元相似，为避免发生“锁死”现象，超参壳元中所采用的措施同样可以用于现在情况。

关于相对自由度壳元的可应用性，还有两点可以提及。因为它的结点自由度是三维实体元结点自由度的线性组合，未引入超参壳元中的转动自由度，因此它和三维实体元的联结可以非常方便地实现。这点在下一节讨论了其他壳元，包括超参壳元和实体元的联结问题以后就可以更清楚地认识到。另外也正因为它未引入转动自由度，因此更适用于包括大转动在内的大位移的描述，这点将在第16章讨论几何非线性问题时再进一步加以阐述。

## 11.7　壳元和实体元的联结

在很多工程实际问题中，常常遇到三维连续体和薄壁板壳组成的结构。如图11.22

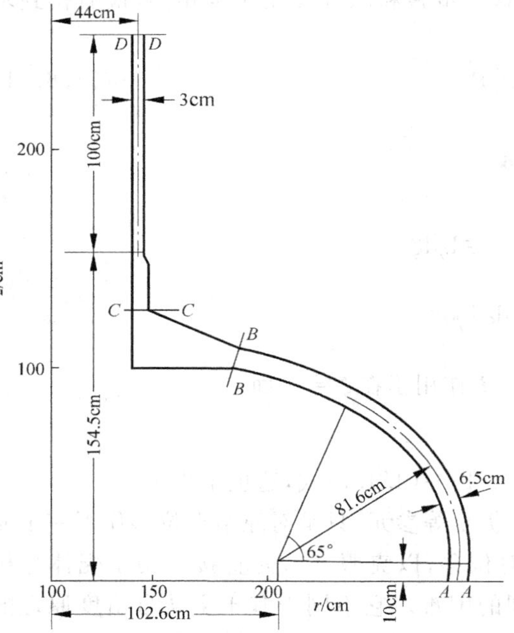


图11.22　容器封头和接管结构

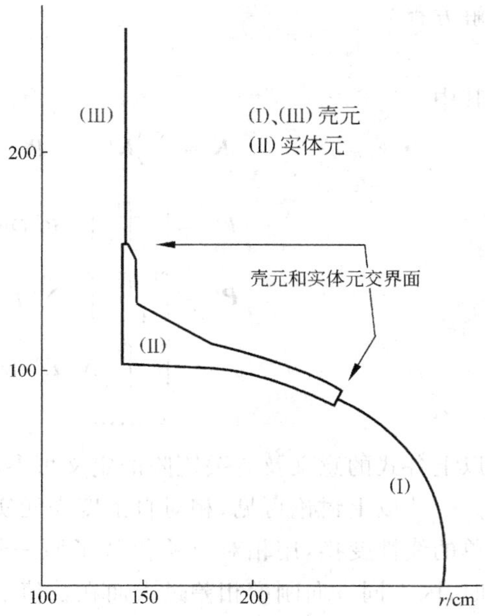


图11.23　有限元模型

所示，在轴对称容器封头上有一圆柱壳接管。在柱壳和封头的联结区域，为降低应力集中的影响，结构上加了补强。对于这种结构进行有限元分析时，合理的方案是在封头和柱壳部分采用轴对称壳元，而在它们的联结区域采用轴对称实体元，有限元模型如图 11.23 所示。但是这两种类型单元结点的型式和配置不可能一致，为保证交界面上的位移协调，就要研究和解决不同类型单元的联结问题。

## 11.7.1　交界面上位移的多点约束方程

1. 轴对称壳元和实体元的联结

不失一般性地可以图 11.24 所示交界面为例，其中交界面和壳体中面的法线相一致，实体元在交界面上有结点 1,2,3。在总体坐标内定义的结点位移参数是 $u_1,v_1,u_2,v_2,u_3,v_3$；壳元的结点 2′，一般情况下可能有 3 个也是在总体坐标内定义的位移参数，即 $u_{2'},v_{2'},\beta_{2'}$。

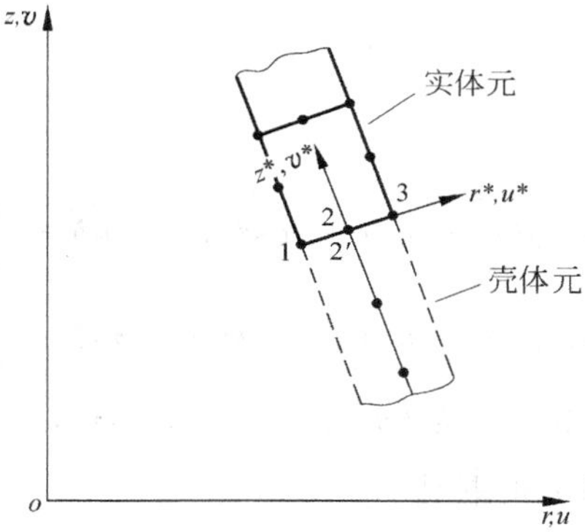


图 11.24　两种类型单元的联结

为保证交界面上位移的协调性，首先是对这两种不同类型单元在交界面上协调条件的提法应该是恰当的。建立于弹性力学理论的实体元对位移场函数未提出进一步假设，而建立于板壳理论的板壳元则假设中面的法线变形后仍保持为直线，且忽略其长度的变化。对于图 11.24 所示情况，恰当的提法是要求变形后实体元和壳元交界面上各点位移沿垂直于该面方向（即平行于壳体中面的方向）的分量应相同，即两类单元在该面仍保持贴合。但不能要求两类单元交界面上各点位移沿平行于该面方向（即垂直于壳体中面方向）的分量相同，因为板壳理论中已忽略该方向位移的变化。如果要求两类单元在该方向位移一致，这就将板壳理论中的假设也引入了实体元，也就是要强迫实体元在交界面上该方向的应变为零。这个不恰当的强制条件将会使实体元在交界面附近产生相当大的附加应力，从而使计算结果失真。

基于以上讨论，对于图 11.24 所示情况，除了 $u_2$，$v_2$ 明显地应和 $u_{2'}$，$v_{2'}$ 相一致外，其他位移参数不能是完全独立的。如果将实体元的位移参数转换到 $r^*$ 轴沿交界面的局部坐标系 $r^*$，$z^*$ 中，则可按下式计算得到

$$\begin{Bmatrix} u_i^* \\ v_i^* \end{Bmatrix} = \begin{bmatrix} \cos\phi & \sin\phi \\ -\sin\phi & \cos\phi \end{bmatrix} \begin{pmatrix} u_i \\ v_i \end{pmatrix} \quad (i = 1,2,3) \tag{11.7.1}$$

式中 $u_i^*$，$v_i^*$ 分别是沿交界面和垂直于交界面的结点位移分量。而 $v_1^*$，$v_2^*$，$v_3^*$ 应保证交界面在变形后仍保持为直线，并和壳体截面在转动 $\beta_{2'}$ 后相协调。上述各个位移协调条件可一并表示为

$$\begin{aligned} &u_2 = u_{2'} && v_2 = v_{2'} \\ &v_1^* = v_2^* + \frac{t}{2}\beta_{2'} && v_3^* = v_2^* - \frac{t}{2}\beta_{2'} \end{aligned} \tag{11.7.2}$$

其中

$$v_i^* = -u_i\sin\phi + v_i\cos\phi$$

上式还可改写为下列形式：

$$\boldsymbol{C} = \begin{Bmatrix} u_2 - u_{2'} \\ v_2 - v_{2'} \\ -\sin\phi(u_1 - u_2) + \cos\phi(v_1 - v_2) - \dfrac{t}{2}\beta_{2'} \\ -\sin\phi(u_3 - u_2) + \cos\phi(v_3 - v_2) + \dfrac{t}{2}\beta_{2'} \end{Bmatrix} = 0 \tag{11.7.3}$$

这就是存在于交界面上 9 个位移参数（$u_1$，$v_1$，$u_2$，$v_2$，$u_3$，$v_3$，$u_{2'}$，$v_{2'}$，$\beta_{2'}$）之间的约束方程。

2. 三维空间壳元和实体元的联结

不失一般性，现以三维等参实体元和超参壳体元为例进行讨论。图 11.25 所示是交界面两边的两个不同类型的单元，(a)是 16 结点等参实体元，(b)是 8 结点超参壳元。单元(a)的 $\xi=1$ 面和单元(b)的 $\xi=-1$ 面相互联结。

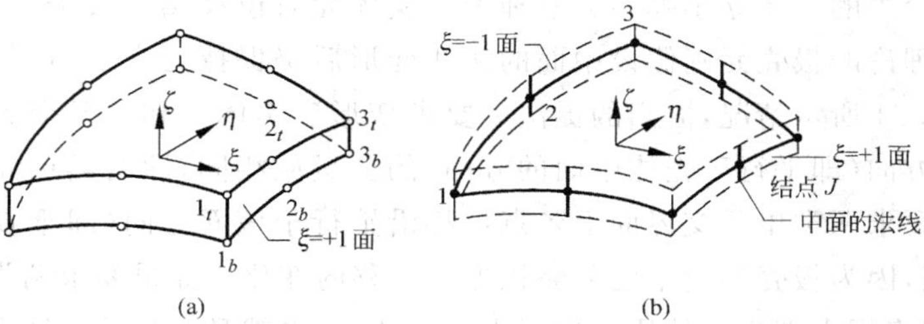


图 11.25　不同类型单元的联结

为以后叙述方便，单元(a)$\xi=1$ 面上的结点号用 $1_t,1_b,2_t,2_b,3_t,3_b$ 表示，它们的结点位移参数是 $u_i,v_i,w_i(i=1_t,1_b,\cdots,3_b)$；单元(b)$\xi=-1$ 面上的结点号用 1,2,3 表示，它们的结点位移参数是 $u_i,v_i,w_i,\alpha_i,\beta_i(i=1,2,3)$。两个单元中 $u_i,v_i,w_i$ 都是总体坐标内的位移分量，$\alpha_i,\beta_i$ 是连接结点 $i_b$ 和 $i_t$ 的向量$\boldsymbol{v}_{3i}$绕与之相垂直的两个向量$\boldsymbol{v}_{2i}$和$\boldsymbol{v}_{1i}$的转动(见 11.5 节)。

为建立两个单元结点位移参数之间的约束方程，首先将各个结点位移参数转换到局部坐标系$\boldsymbol{v}_{1i}$、$\boldsymbol{v}_{2i}$、$\boldsymbol{v}_{3i}$中。其转换关系是

$$\begin{Bmatrix} u'_i \\ v'_i \\ w'_i \end{Bmatrix} = \boldsymbol{\lambda}^{\mathrm{T}} \begin{Bmatrix} u_i \\ v_i \\ w_i \end{Bmatrix} \quad (i=1_t,1_b,\cdots,3_b,1,2,3) \tag{11.7.4}$$

其中 $u'_i$、$v'_i$、$w'_i$ 是沿$\boldsymbol{v}_{1i}$、$\boldsymbol{v}_{2i}$、$\boldsymbol{v}_{3i}$的位移分量，并且

$$\boldsymbol{\lambda} = [\boldsymbol{v}_{1i} \quad \boldsymbol{v}_{2i} \quad \boldsymbol{v}_{3i}] = \begin{bmatrix} l_{1i} & l_{2i} & l_{3i} \\ m_{1i} & m_{2i} & m_{3i} \\ n_{1i} & n_{2i} & n_{3i} \end{bmatrix} \tag{11.7.5}$$

类似于前面关于轴对称壳元和实体元联结时协调条件的恰当提法的讨论，对现在的两类单元，局部坐标系内结点位移参数之间的约束方程应是

$$\left.\begin{aligned} & u'_i = \frac{u'_{it}+u'_{ib}}{2} \qquad v'_i = \frac{v'_{it}+v'_{ib}}{2} \\ & w'_i = \frac{w'_{it}+w'_{ib}}{2} \\ & \beta_i = \frac{v'_{ib}-v'_{it}}{t_i} \qquad \alpha_i = \frac{u'_{it}-u'_{ib}}{t_i} \end{aligned}\right\} \quad (i=1,2,3) \tag{11.7.6}$$

上式也可以表示为

$$\boldsymbol{C} = \begin{Bmatrix} u'_i - \dfrac{u'_{it}+u'_{ib}}{2} \\ v'_i - \dfrac{v'_{it}+v'_{ib}}{2} \\ w'_i - \dfrac{w'_{it}+w'_{ib}}{2} \\ \beta_i - \dfrac{v'_{ib}-v'_{it}}{t_i} \\ \alpha_i - \dfrac{u'_{it}-u'_{ib}}{t_i} \end{Bmatrix} = 0 \quad (i=1,2,3) \tag{11.7.7}$$

如果交界面上，和壳元的结点 $i$ 相对应的在实体单元上有 3 个结点 $i_t$、$i_m$、$i_b$，它们分

别布置在顶面、中面和底面上。这时为避免引入法向应变为零的过分约束，约束方程的恰当表示应为

$$\boldsymbol{C}=\begin{Bmatrix} u'_i-u'_{im} \\ v'_i-v'_{im} \\ w'_i-w'_{im} \\ u'_{im}-\dfrac{u'_{it}+u'_{ib}}{2} \\ v'_{im}-\dfrac{v'_{it}+v'_{ib}}{2} \\ \beta_i-\dfrac{v'_{ib}-v'_{it}}{t_i} \\ \alpha_i-\dfrac{u'_{it}-u'_{ib}}{t_i} \end{Bmatrix}=0 \tag{11.7.8}$$

依此类推，可以列出和壳元每个结点相对应的实体元具有更多结点情况的约束方程。

上述的约束方程是针对等参实体元和超参壳元的联结列出的，但其原则和方法是一般通用的，也就是说该约束方程可用于其他形式的实体元和壳元的联结。

## 11.7.2 引入多点约束方程的方法

在实际计算程序中，引入上述约束方程时有两种方案可供选择。

1. 罚函数法

首先通过罚数 $\alpha$ 将约束方程引入系统的能量泛函，即

$$\Pi^*=\Pi+\frac{1}{2}\alpha\boldsymbol{C}^{\mathrm{T}}\boldsymbol{C}$$

其中 $\Pi$ 是未考虑约束条件系统的能量泛函，它是由实体元和壳元两个区域能量泛函叠加而得到。由 $\delta\Pi^*=0$，可以得到

$$(\boldsymbol{K}_1+\alpha\boldsymbol{K}_2)\boldsymbol{a}=\boldsymbol{Q}$$

其中 $\boldsymbol{a}$,$\boldsymbol{Q}$ 是系统的结点位移向量和载荷向量，$\boldsymbol{K}_1$ 是未引入约束方程时的系统刚度矩阵，$\boldsymbol{K}_2$ 是由于引入约束方程而增加的刚度矩阵。

求解上列方程组，可以得到满足约束方程，即满足交界面上位移协调条件的系统位移场。利用此方法时，一个重要问题是罚数 $\alpha$ 的选择。理论上说，$\alpha$ 越大，约束方程就能越好地得到满足。但是由于 $\boldsymbol{K}_2$ 本身是奇异的，同时计算机有效位数是有限的，$\alpha$ 过大将会导致系统方程病态而使计算失效。一般情况下 $\alpha$ 只能比 $\boldsymbol{K}_1$ 中的对角元素大 $10^3\sim10^4$ 倍，所以约束方程只能近似地得到满足。

2. 直接引入法

以图 11.24 所示轴对称壳元和实体元的联结为例，由于交界面上 9 个位移参数之间

存在约束方程(11.7.3)式，所以它们只有 5 个是独立的。如果选择 $u_1^*, u_3^*, u_{2'}, v_{2'}, \beta_{2'}$ 作为独立的位移参数，则实体元的 6 个位移参数($u_1, v_1, u_2, v_2, u_3, v_3$)和它们之间存在以下转换关系

$$\begin{Bmatrix} u_1 \\ v_1 \\ u_2 \\ v_2 \\ u_3 \\ v_3 \end{Bmatrix} = \begin{bmatrix} \cos\phi & 0 & \sin^2\phi & -\sin\phi\cos\phi & -\dfrac{t}{2}\sin\phi \\ \sin\phi & 0 & -\sin\phi\cos\phi & \cos^2\phi & \dfrac{t}{2}\cos\phi \\ 0 & 0 & 1 & 0 & 0 \\ 0 & 0 & 0 & 1 & 0 \\ 0 & \cos\phi & \sin^2\phi & -\sin\phi\cos\phi & \dfrac{t}{2}\sin\phi \\ 0 & \sin\phi & -\sin\phi\cos\phi & \cos^2\phi & -\dfrac{t}{2}\cos\phi \end{bmatrix} \begin{Bmatrix} u_1^* \\ u_3^* \\ u_{2'} \\ v_{2'} \\ \beta_{2'} \end{Bmatrix} \tag{11.7.9}$$

直接引入法是将上列转换关系式引入实体部分的刚度矩阵和载荷向量，经转换后的实体部分的刚度矩阵和载荷向量可按通常的步骤，与壳体部分的矩阵或向量集合成系统的刚度矩阵和载荷向量，从而得到系统的求解方程组。

对于图 11.25 所示三维超参壳元和实体元的联结，实体单元的每个结点对有 6 个位移参数，在转换到局部坐标$\boldsymbol{v}_{1i}, \boldsymbol{v}_{2i}, \boldsymbol{v}_{3i}$以后是 $u'_{it}, v'_{it}, w'_{it}, u'_{ib}, v'_{ib}, w'_{ib}$。超参壳元的每个结点对有 5 个位移参数，在转换到局部坐标系以后是 $u'_i, v'_i, w'_i, \alpha_i, \beta_i$。这 11 个位移参数之间应满足 5 个约束方程(11.7.6)式，因此它们当中只有 6 个参数是独立的。如选择$u'_{it}$，$v'_{it}, w'_{it}, u'_{ib}, v'_{ib}, w'_{ib}$为独立参数，则壳元的 5 个位移参数可用它们表示为

$$\begin{Bmatrix} u'_i \\ v'_i \\ w'_i \\ \alpha_i \\ \beta_i \end{Bmatrix} = \begin{bmatrix} \dfrac{1}{2} & 0 & 0 & \dfrac{1}{2} & 0 & 0 \\ 0 & \dfrac{1}{2} & 0 & 0 & \dfrac{1}{2} & 0 \\ 0 & 0 & \dfrac{1}{2} & 0 & 0 & \dfrac{1}{2} \\ \dfrac{1}{t_i} & 0 & 0 & -\dfrac{1}{t_i} & 0 & 0 \\ 0 & -\dfrac{1}{t_i} & 0 & 0 & \dfrac{1}{t_i} & 0 \end{bmatrix} \begin{Bmatrix} u'_{it} \\ v'_{it} \\ w'_{it} \\ u'_{ib} \\ v'_{ib} \\ w'_{ib} \end{Bmatrix} \tag{11.7.10}$$

将上式引入壳元的刚度矩阵和载荷向量(交界面上的位移自由度已转换到局部坐标系)，对它们作进一步的转换，然后和实体元的刚度矩阵和载荷向量(交界面上的位移自由度也已转换到局部坐标系)进行集成，从而得到系统的求解方程。

需要指出：在此例中，上述独立位移参数的选择方案不是唯一的。例如可选择 $u'_i$，

$v_i', w_i', \alpha_i, \beta_i, w_{ib}'$，甚至选择 $u_{it}, v_{it}, w_{it}, u_{ib}, v_{ib}, w_{ib}$ 为独立参数。这主要取决于将约束方程引入时在算法上更易实现而定。应强调的是不同于罚函数法，直接引入法可使两类单元交界面上的多点约束方程得到精确的满足。

### 11.7.3 过渡单元

Surana 曾先后提出用于轴对称应力分析和三维应力分析的过渡单元以解决不同类型单元的联结问题[5,6]。他所考虑的实体元是等参元，壳元是蜕化壳元(超参壳元)，而过渡单元实际上是这两种单元的结合。以轴对称问题为例，相匹配的这 3 种单元的形式如图 11.26 所示*。

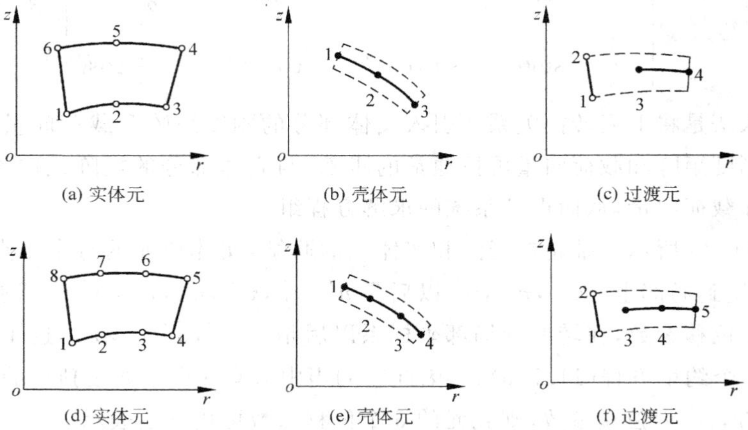


图 11.26 相匹配的单元形式

图 11.27 所示就是三维过渡元的一些可能形式。由等参实体元和超参壳元结合而成的过渡元的坐标和位移插值表示如下：

$$\begin{Bmatrix} v \\ y \\ z \end{Bmatrix} = \sum_{i=1}^{m} N_i(\xi,\eta,\zeta) \begin{Bmatrix} x_i \\ y_i \\ z_i \end{Bmatrix} + \sum_{i=m+1}^{n} N_i(\xi,\eta) \left( \begin{Bmatrix} x_i \\ y_i \\ z_i \end{Bmatrix}_{\text{中面}} + \frac{\zeta}{2}\mathbf{V}_{3i} \right) \tag{11.7.11}$$

$$\begin{Bmatrix} u \\ v \\ w \end{Bmatrix} = \sum_{i=1}^{m} N_i(\xi,\eta,\zeta) \begin{Bmatrix} u_i \\ v_i \\ w_i \end{Bmatrix} + \sum_{i=m+1}^{n} N_i(\xi,\eta) \left( \begin{Bmatrix} u_i \\ v_i \\ w_i \end{Bmatrix}_{\text{中面}} + \frac{\zeta t_i}{2} \begin{bmatrix} l_{1i} & -l_{2i} \\ m_{1i} & -m_{2i} \\ n_{1i} & -n_{2i} \end{bmatrix} \begin{Bmatrix} \alpha_i \\ \beta_i \end{Bmatrix} \right) \tag{11.7.12}$$

---

* 轴对称超参壳元就是 11.5 节讨论的三维超参壳元在轴对称情况下的表达形式。在厚度为常数时，如引入壳体理论所允许的一定假设，可以将轴对称超参壳元转化为 11.3 节讨论的挠度和截面转动各自独立插值的轴对称壳元。

其中 $m$ 是过渡单元中和实体元相关的结点数，$n-m$ 是和壳元相关的结点数，$n$ 是过渡单元的结点总数。

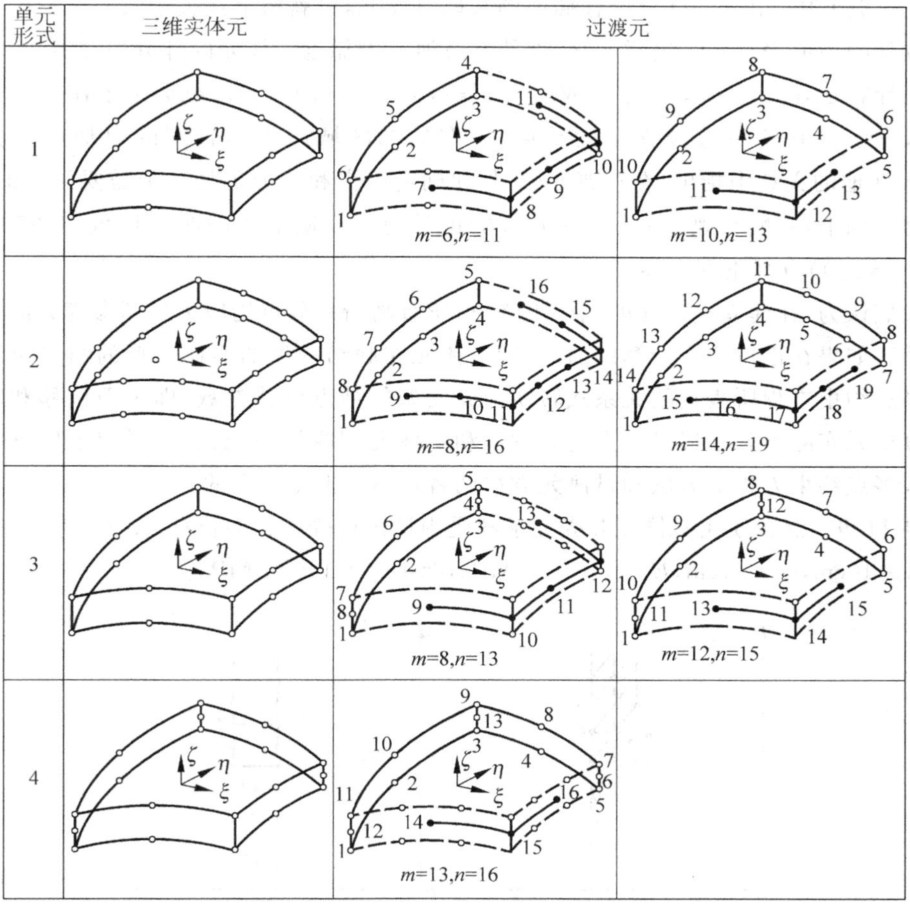


图 11.27　三维过渡元的一些可能形式

从(11.7.11)和(11.7.12)式可见，建立过渡单元的几何和位移插值表达式是没有困难的。值得注意的是，在形成单元刚度矩阵时将如何确定积分点的应变和应力。我们知道，对于实体元可以在总体坐标系 $x,y,z$ 内利用几何关系由位移确定弹性力学问题的全部应变分量，即 $\varepsilon_x,\varepsilon_y,\varepsilon_z,\gamma_{xy},\gamma_{yz},\gamma_{zx}$。而对于壳元，利用几何关系只能确定局部坐标系 $x',y',z'$ 内的 5 个应变分量，即 $\varepsilon_{x'},\varepsilon_{y'},\gamma_{x'y'},\gamma_{y'z'},\gamma_{z'x'}$。若要得到 $\varepsilon_{z'}$，则应利用壳体基本假设 $\sigma_{z'}=0$，从而得到 $\varepsilon_{z'}=\nu(\varepsilon_{x'}+\varepsilon_{y'})$。如果利用几何关系由位移插值表达式计算 $\varepsilon_{z'}$，只能得到 $\varepsilon_{z'}=0$ 的结果。这是由于在建立壳体单元的位移插值表达式时已经引入“壳体的法向位移 $w'(\xi,\eta)$ 在厚度方向的变化是可以忽略的，即 $w'(\xi,\eta,\zeta)\approx w'(\xi,\eta)$”这一假设。

在过渡元中，由于一部分位移插值函数取自壳元，也就将上述关于法向位移的假设引入了位移的插值表达式。这样一来，即使在过渡元中靠近实体元的部分积分点，在利用几何关系计算 $\varepsilon_x,\varepsilon_y,\varepsilon_z,\gamma_{xy},\gamma_{yz},\gamma_{zx}$（或 $\varepsilon_{x'},\varepsilon_{y'},\varepsilon_{z'},\gamma_{x'y'},\gamma_{y'z'},\gamma_{z'x'}$）时，也会由于在靠近壳元部分引入了 $\varepsilon_{z'}=0$ 这一过分强制的约束，而在局部区域产生不合理的附加应力。所以 Surana 在他的文章中指出：在过渡元中，如何确定应变和应力仍是一个需要研究的问题。在他的算例中，一般都规定材料 $\nu=0$，可能正是为了回避上述问题，因为这时实际的 $\varepsilon_{z'}$ $(=\nu(\varepsilon_{x'}+\varepsilon_{y'}))$ 也真正等于零。

我们认为，在建立过渡元的刚度矩阵时，所有高斯积分点均应采用超参壳元的应力应变关系。如果在进行应变计算以前，将和实体元相联结一端的实体元型的结点位移参数参照多点约束方程所表达的关系式转换为壳元型的结点位移参数(即中面位移和转动)。则过渡单元实际上就是通过多点约束方程和实体元相联结的壳元，并说明了用直接引入法引入多点约束方程的方法和过渡元方法两者在本质上是一致的。

**例 11.9** 混合使用实体元和壳元求解受内压圆柱壳的径向位移(图 11.28)。壳体尺寸：$R_{中}=10\text{cm}$，$t=0.1\text{cm}$，$E=3.0\times10^5\ \text{MPa}$，$\nu=0$，$p=100/\pi\ \text{MPa}$。

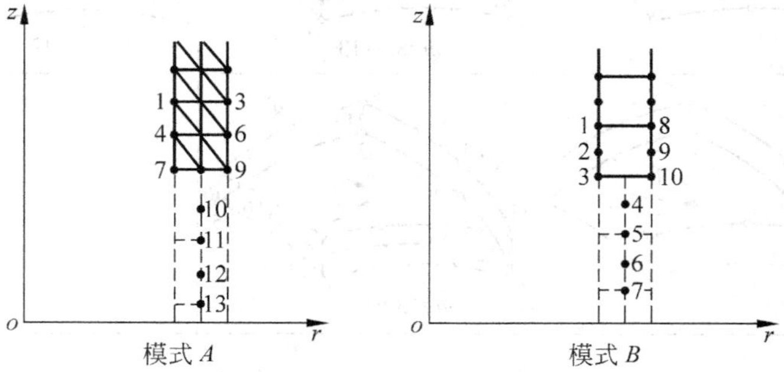


图 11.28 受内压圆柱壳有限元模型

模式 $A$ 中实体单元采用三角形单元，壳元采用 11.3 节的二次曲边壳元，两种单元通过约束方程联结。

模式 $B$ 中实体单元采用 6 结点等参元，壳元采用超参元，两种单元通过过渡元联结。

在计算中为考虑实际情况并与实体元(计算中压力是作用于内表面的)相一致，壳体部分也是将压力作用于内表面。

按压力作用于内表面，引入必要修正的壳体理论薄膜解为

$$u=\frac{pR_{内}R_{中}}{tE}=\frac{0.995}{3\pi}=0.105\ 572\ \text{cm}$$

两种模式的有限元分析结果列于表 11.4，可以看到，这两种模式都得到和解析解符合得很好的结果，在两种单元的交界面附近都未出现不合理的误差。

**表 11.4 受内压圆柱壳的径向位移** cm

| 模式 A | | 模式 B | |
|---|---|---|---|
| 结点号 | 位移值 | 结点号 | 位移值 |
| 13 | 0.105 573 | 7 | 0.105 572 |
| 12 | 0.105 573 | 6 | 0.105 572 |
| 11 | 0.105 573 | 5 | 0.105 572 |
| 10 | 0.105 573 | 4 | 0.105 572 |
| 7 | 0.105 577 | 3 | 0.105 576 |
| 8 | 0.105 573 | | |
| 9 | 0.105 572 | 10 | 0.105 568 |
| 4 | 0.105 576 | 2 | 0.105 574 |
| 5 | 0.105 573 | | |
| 6 | 0.105 571 | 9 | 0.105 570 |
| 1 | 0.105 576 | 1 | 0.105 576 |
| 2 | 0.105 572 | | |
| 3 | 0.105 571 | 8 | 0.105 568 |

**例 11.10** 图 11.29(a)所示是悬臂梁，尺寸和载荷均列于图上。材料弹性常数 $E=3\times10^5\text{MPa}$，$\nu=0.0$。采用 3 种有限元模型进行计算。模型 $A$，$B$，$C$ 的单元型式及划分分别如图 11.29(b)、(c)、(d)所示。图 11.30(a)～(d)分别表示此算例的计算结果。其中图 11.30(a)表示挠度 $w$ 沿板长度的变化，图 11.30(b)表示挠度 $w$ 在 $x=2\sim2.25\text{cm}$ 区域内的快速变化，图 11.30(c)和图 11.30(d)分别表示 $x=2\text{cm}$ 和 $x=1.75\text{cm}$ 截面上位移 $u$ 沿高度的变化。在 $x=2\text{cm}$ 截面处，模型 $A$、$B$ 和模型 $C$ 的结果相差很多，这是由于模型 $A$、$B$ 在梁左端较厚处采用了实体元，能够较好地反映出截面上位移 $u$ 沿高度的变化；而模型 $C$ 全部采用板壳元，不能反映出截面突变的影响。但是此影响是局部性的，在 $x=1.75\text{cm}$截面上已大大削弱。

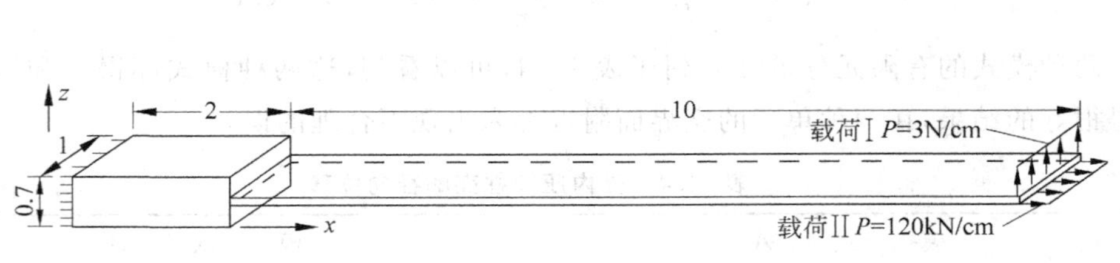


(a)

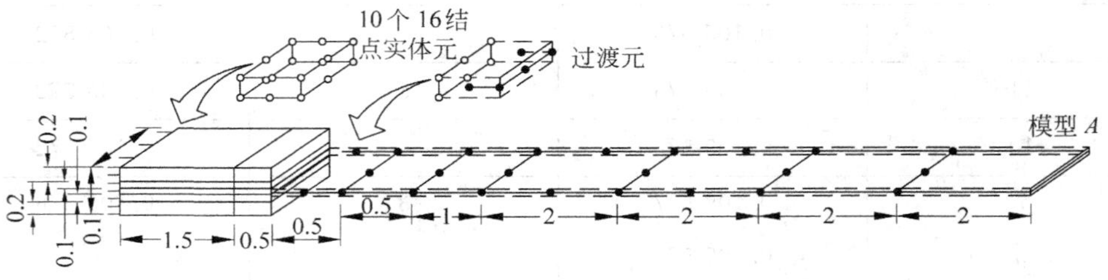


(b)

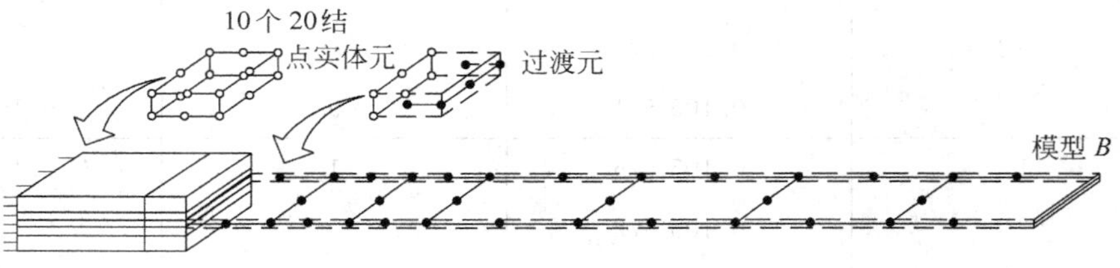


(c)

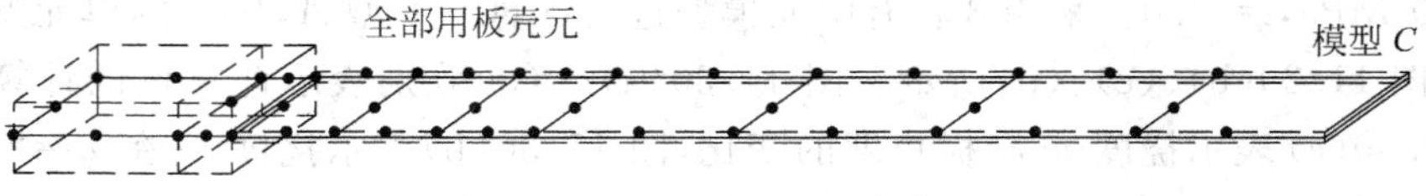


(d)

图 11.29 悬臂梁及有限元模型

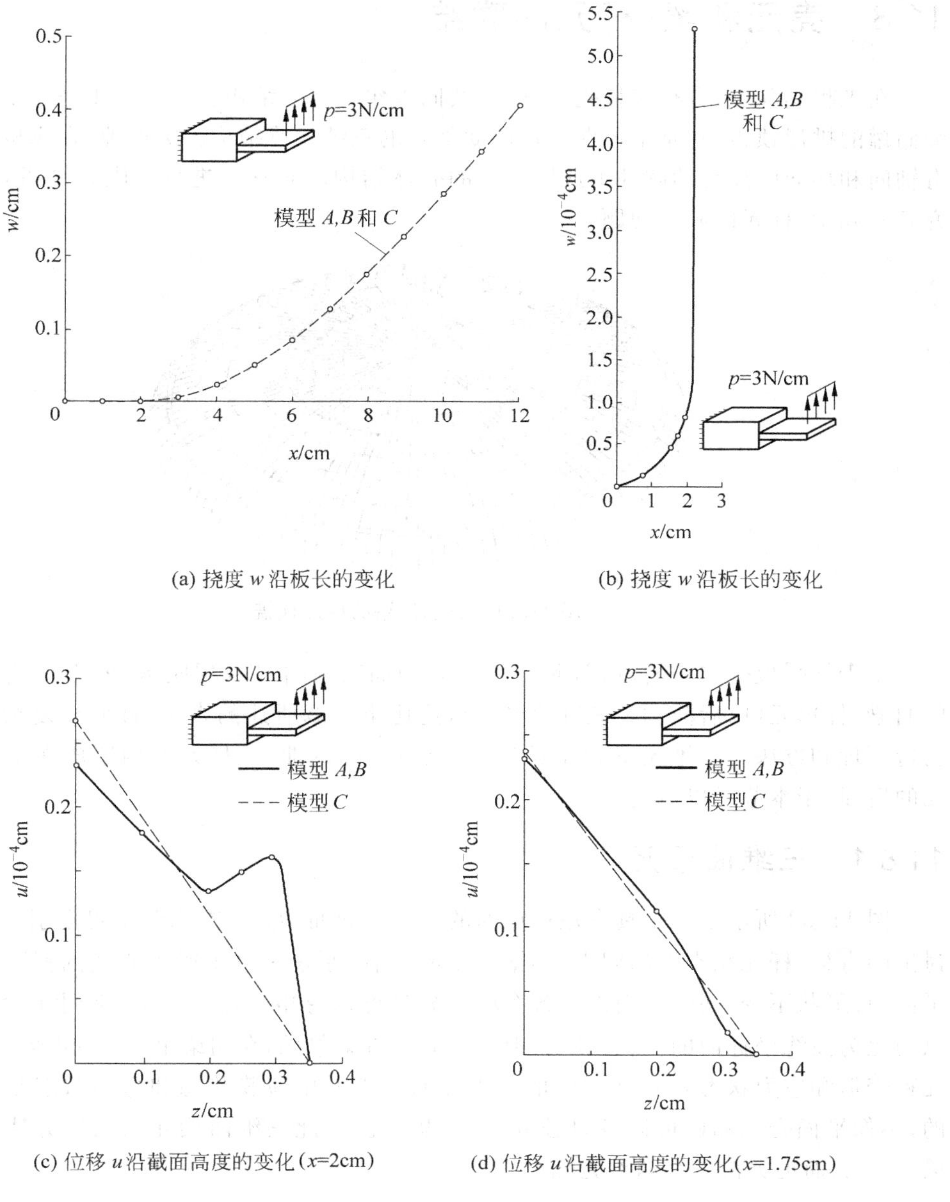


(a) 挠度 $w$ 沿板长的变化　　(b) 挠度 $w$ 沿板长的变化

(c) 位移 $u$ 沿截面高度的变化($x$=2cm)　　(d) 位移 $u$ 沿截面高度的变化($x$=1.75cm)

图 11.30　悬臂梁的 3 种有限元模型的计算结果

# 11.8　壳元和梁-杆元的联结

在工程实际中，有很多板壳和梁-杆共同工作的组合结构。图 11.31 是一个超大型石油储罐的拱形顶盖，它是由径向和环向肋加强的三维壳体结构。类似地，在飞机和潜艇中有轴向和环向肋加强的圆柱形或圆锥形的壳体结构。对它们进行有限元分析，就必须研究壳元和梁-杆元的联结问题。

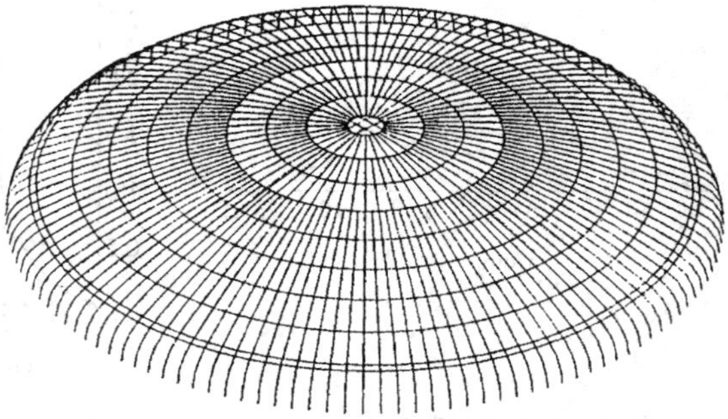

图 11.31　石油储罐的拱形顶盖

用于加强板壳结构的，通常是三维空间的曲梁-杆构件，相应地，要求构造三维空间的曲梁-杆单元(以后简称为三维曲梁元)，这比第 9 章所述的直梁-杆元要复杂一些。其构造原理和方法与三维超参元相类似，因此将空间的曲梁-杆元的构造放在本章超参壳元的后面，于本节予以讨论。

## 11.8.1　三维曲梁元

图 11.32 所示是一个具有矩形截面的三维空间曲梁元。在力学上可以引入和第 9 章讨论的直梁-杆元相类似的假设，即梁在变形以后，原来垂直于梁中心线的截面仍保持为平面，且形状不变，同时截面内的各个应力分量可以忽略。这样一来，空间曲梁实质上可以简化为曲线坐标内的一维问题。但是不同于直梁单元，在曲梁单元中，拉压、弯曲、扭转几种变形和应力状态是相互耦合的。正如曲面壳元中薄膜状态和弯曲状态是相互耦合的，不像平面壳元那样可以各自独立，互不耦合。因此三维曲梁元的构造方法不同于直梁-杆元，而更类似三维超参壳元。

1. 几何形状和位移函数的表示

在图 11.32 所示的单元中建立自然坐标 $\xi,\eta,\zeta$，其中 $\xi$ 沿单元中心线方向，$\eta$ 和 $\zeta$ 分别沿截面的两个对称轴方向。$x',y',z'$ 是建立各个截面的局部笛卡儿坐标，$\boldsymbol{V}_{x'},\boldsymbol{V}_{y'},\boldsymbol{V}_{z'}$ 分别

是 $x'$，$y'$，$z'$ 方向的单位向量。每个单元可以有 $n$ 个结点，结点 $i(i=1,2,\cdots,n)$ 的几何参数是结点在总体坐标 $x,y,z$ 内的位置 $x_i,y_i,z_i$；截面局部坐标在总体坐标 $x,y,z$ 方向的单位向量 $\boldsymbol{V}_{x'}^i,\boldsymbol{V}_{y'}^i,\boldsymbol{V}_{z'}^i$（$\boldsymbol{V}_{x'}^i,\boldsymbol{V}_{y'}^i,\boldsymbol{V}_{z'}^i$ 中共有 9 个分量，但只有 3 个是独立的），以及截面的高度 $a_i$ 和宽度 $b_i$，共 8 个参数。每个结点的位移参数和三维空间的直梁-杆元一样，是 6 个（即 3 个位移和 3 个转动）参数，但与直梁-杆元不同的是位移参数不是在局部坐标系内定义的，而是类似于超参壳元，直接在总体坐标系 $x,y,z$（$x,y,z$ 方向的单位向量分别是 $\boldsymbol{e}_x$，$\boldsymbol{e}_y$，$\boldsymbol{e}_z$）内定义。结点 $i(i=1,2,\cdots,n)$ 的位移参数是 $u_i,v_i,w_i$ 和 $\theta_{xi},\theta_{yi},\theta_{zi}$，它们分别是总体坐标系内的 3 个位移分量和 3 个转动分量。

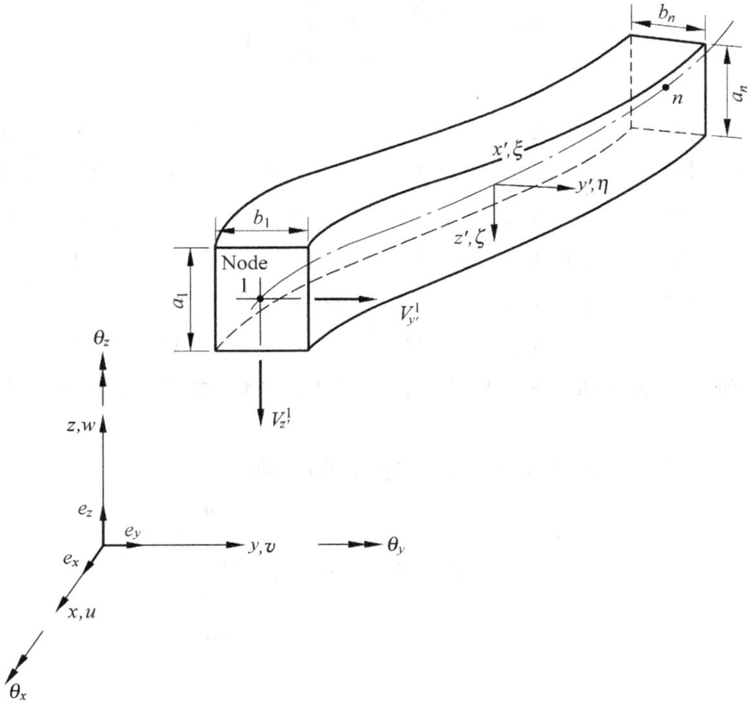


图 11.32　三维曲梁元

单元内每一点在总体坐标系内的位置可以由各个结点的几何参数通过插值函数得到，即

$$\begin{pmatrix} x(\xi,\eta,\zeta) \\ y(\xi,\eta,\zeta) \\ z(\xi,\eta,\zeta) \end{pmatrix} = \sum_{i=1}^{n} N_i(\xi) \begin{pmatrix} x_i \\ y_i \\ z_i \end{pmatrix} + \frac{\zeta}{2} \sum_{i=1}^{n} a_i N_i(\xi) \begin{pmatrix} V_{z'x}^i \\ V_{z'y}^i \\ V_{z'z}^i \end{pmatrix} + \frac{\eta}{2} \sum_{i=1}^{n} b_i N_i(\xi) \begin{pmatrix} V_{y'x}^i \\ V_{y'y}^i \\ V_{y'z}^i \end{pmatrix} \tag{11.8.1}$$

其中 $N_i(\xi)$是一维拉格朗日插值函数,$V^i_{y'x}$,$V^i_{y'y}$,$V^i_{y'z}$和$V^i_{z'x}$,$V^i_{z'y}$,$V^i_{z'z}$分别是结点 $i$ 处单位向量 $\boldsymbol{V}_{y'}$和$\boldsymbol{V}_{z'}$的 $x,y,z$ 方向的分量。

单元变形后,单元内每一点在总体坐标系内的位移则由各个结点的位移参数插值得到,即

$$\begin{Bmatrix} u(\xi,\eta,\zeta) \\ v(\xi,\eta,\zeta) \\ w(\xi,\eta,\zeta) \end{Bmatrix} = \sum_{i=1}^{n} N_i(\xi) \begin{Bmatrix} u_i \\ v_i \\ w_i \end{Bmatrix} + \frac{\zeta}{2}\sum_{i=1}^{n} a_i N_i(\xi) \begin{Bmatrix} \theta_{xi} \\ \theta_{yi} \\ \theta_{zi} \end{Bmatrix} \times \begin{Bmatrix} V^i_{z'x} \\ V^i_{z'y} \\ V^i_{z'z} \end{Bmatrix} + \frac{\eta}{2}\sum_{i=1}^{n} b_i N_i(\xi) \begin{Bmatrix} \theta_{xi} \\ \theta_{yi} \\ \theta_{zi} \end{Bmatrix} \times \begin{Bmatrix} V^i_{y'x} \\ V^i_{y'y} \\ V^i_{y'z} \end{Bmatrix} \tag{11.8.2}$$

其中

$$\begin{Bmatrix} \theta_{xi} \\ \theta_{yi} \\ \theta_{zi} \end{Bmatrix} \times \begin{Bmatrix} V^i_{z'x} \\ V^i_{z'y} \\ V^i_{z'z} \end{Bmatrix} = \begin{Bmatrix} \theta_{yi}\,V^i_{z'z} - \theta_{zi}\,V^i_{z'y} \\ \theta_{zi}\,V^i_{z'x} - \theta_{xi}\,V^i_{z'z} \\ \theta_{xi}\,V^i_{z'y} - \theta_{yi}\,V^i_{z'x} \end{Bmatrix} = \begin{bmatrix} 0 & V^i_{z'z} & -V^i_{z'y} \\ -V^i_{z'z} & 0 & V^i_{z'x} \\ V^i_{z'y} & -V^i_{z'x} & 0 \end{bmatrix} \begin{Bmatrix} \theta_{xi} \\ \theta_{yi} \\ \theta_{zi} \end{Bmatrix}$$

$$\begin{Bmatrix} \theta_{xi} \\ \theta_{yi} \\ \theta_{zi} \end{Bmatrix} \times \begin{Bmatrix} V^i_{y'x} \\ V^i_{y'y} \\ V^i_{y'z} \end{Bmatrix} = \begin{Bmatrix} \theta_{yi}\,V^i_{y'z} - \theta_{zi}\,V^i_{y'y} \\ \theta_{zi}\,V^i_{y'x} - \theta_{xi}\,V^i_{y'z} \\ \theta_{xi}\,V^i_{y'y} - \theta_{yi}\,V^i_{y'x} \end{Bmatrix} = \begin{bmatrix} 0 & V^i_{y'z} & -V^i_{y'y} \\ -V^i_{y'z} & 0 & V^i_{y'x} \\ V^i_{y'y} & -V^i_{y'x} & 0 \end{bmatrix} \begin{Bmatrix} \theta_{xi} \\ \theta_{yi} \\ \theta_{zi} \end{Bmatrix}$$

分别表示由于结点 $i$ 的转动$\boldsymbol{\theta}_i$所引起的单位向量 $\boldsymbol{V}^i_{z'}$和$\boldsymbol{V}^i_{y'}$端部的位移在总体坐标系内的各个分量。

如将(11.8.2)式进一步表示为标准的矩阵形式,则有

$$\begin{Bmatrix} u \\ v \\ w \end{Bmatrix} = [\boldsymbol{N}_1 \quad \boldsymbol{N}_2 \quad \cdots \quad \boldsymbol{N}_n] \begin{Bmatrix} \boldsymbol{a}_1 \\ \boldsymbol{a}_2 \\ \vdots \\ \boldsymbol{a}_n \end{Bmatrix} \tag{11.8.3}$$

其中

$$\boldsymbol{a}_i = [u_i \quad v_i \quad w_i \quad \theta_{xi} \quad \theta_{yi} \quad \theta_{zi}]^{\mathrm{T}} \quad (i=1,2,\cdots,n)$$

$$\boldsymbol{N}_i =$$

$$\begin{bmatrix} N_i & 0 & 0 & 0 & N_i\left(\frac{\zeta}{2}a_iV^i_{z'z}+\frac{\eta}{2}b_iV^i_{y'z}\right) & -N_i\left(\frac{\zeta}{2}a_iV^i_{z'y}+\frac{\eta}{2}b_iV^i_{y'y}\right) \\ 0 & N_i & 0 & -N_i\left(\frac{\zeta}{2}a_iV^i_{z'z}+\frac{\eta}{2}b_iV^i_{y'z}\right) & 0 & N_i\left(\frac{\zeta}{2}a_iV^i_{z'x}+\frac{\eta}{2}b_iV^i_{y'x}\right) \\ 0 & 0 & N_i & N_i\left(\frac{\zeta}{2}a_iV^i_{z'y}+\frac{\eta}{2}b_iV_{y'y}\right) & -N_i\left(\frac{\zeta}{2}a_iV^i_{z'x}+\frac{\eta}{2}b_iV_{y'x}\right) & 0 \end{bmatrix}$$

2. 应变和应力的确定

根据梁单元的基本假设,需要确定的是局部坐标系 $x',y',z'$ 内的应变分量 $\varepsilon_{x'},\gamma_{x'y'},\gamma_{x'z'}$ 及应力分量 $\sigma_{x'},\tau_{x'y'},\tau_{x'z'}$。应变分量可从以下几何关系得到,即

$$\begin{Bmatrix} \varepsilon_{x'} \\ \gamma_{x'y'} \\ \gamma_{x'z'} \end{Bmatrix} = \begin{Bmatrix} \dfrac{\partial u'}{\partial x'} \\ \dfrac{\partial u'}{\partial y'} + \dfrac{\partial v'}{\partial x'} \\ \dfrac{\partial u'}{\partial z'} + \dfrac{\partial w'}{\partial x'} \end{Bmatrix} \tag{11.8.4}$$

式中 $u',v',w'$ 是局部坐标系 $x',y',z'$ 方向的位移分量,它们可以利用坐标转换关系,从总体坐标系内的位移分量 $u,v,w$ 得到。式中的$\dfrac{\partial u'}{\partial x'},\dfrac{\partial u'}{\partial y'},\dfrac{\partial u'}{\partial z'},\dfrac{\partial v'}{\partial x'},\dfrac{\partial w'}{\partial x'}$是局部坐标系内位移的导数。它们可以利用坐标转换,从总体坐标系内的 9 个位移导数$\dfrac{\partial u}{\partial x},\dfrac{\partial u}{\partial y},\dfrac{\partial u}{\partial z},\dfrac{\partial v}{\partial x},\dfrac{\partial v}{\partial y},\dfrac{\partial v}{\partial z},\dfrac{\partial w}{\partial x},\dfrac{\partial w}{\partial y},\dfrac{\partial w}{\partial z}$得到。具体转换公式和超参壳元中的转换公式相同,见(11.5.20 式)。最后可以得到

$$\begin{Bmatrix} \varepsilon_{x'} \\ \gamma_{x'y'} \\ \gamma_{x'z'} \end{Bmatrix} = \sum_{i=1}^{n} \boldsymbol{B}'_i \boldsymbol{a}_i = \boldsymbol{B}'\boldsymbol{a}^e \tag{11.8.5}$$

其中,$\boldsymbol{B}'$是局部坐标系内的应变矩阵,$\boldsymbol{a}^e$ 是单元位移向量,即

$$\boldsymbol{B}' = [\boldsymbol{B}'_1 \quad \boldsymbol{B}'_2 \quad \cdots \quad \boldsymbol{B}'_n]$$

$$\boldsymbol{a}^e = [\boldsymbol{a}_1 \quad \boldsymbol{a}_2 \quad \cdots \quad \boldsymbol{a}_n]$$

应力分量和应变分量之间的弹性关系是

$$\begin{Bmatrix} \sigma_{x'} \\ \tau_{x'y'} \\ \tau_{x'z'} \end{Bmatrix} = \begin{bmatrix} E & 0 & 0 \\ 0 & G/k & 0 \\ 0 & 0 & G/k \end{bmatrix} \begin{Bmatrix} \varepsilon_{x'} \\ \gamma_{x'y'} \\ \gamma_{x'z'} \end{Bmatrix} = \boldsymbol{D}\boldsymbol{B}'\boldsymbol{a}^e \tag{11.8.6}$$

其中 $\boldsymbol{D}$ 是弹性矩阵,式内的 $k$ 是截面剪切校正系数(见 9.2.4 节)。

在得到 $\boldsymbol{N},\boldsymbol{B}'$和 $\boldsymbol{D}$ 以后,三维空间曲梁的有限元分析全部可按标准步骤进行,这里不再重复。

从以上讨论可见,构造三维空间曲梁的原理、方法以及各个公式的推导过程和三维空间曲面壳元是类同的。正如超参壳元在中面是平面时可以蜕化为 Mindlin 板单元一样,曲梁单元在中心线是直线时则可以蜕化为 Timoshenko 梁单元。此点读者可以作为练习加以证实。

## 11.8.2 板壳元和梁-杆元联结的多点约束方程

不失一般性的以图 11.33 所示的 9 结点超参壳元和 3 结点三维曲梁元的联结为例，来讨论两者的联结问题。

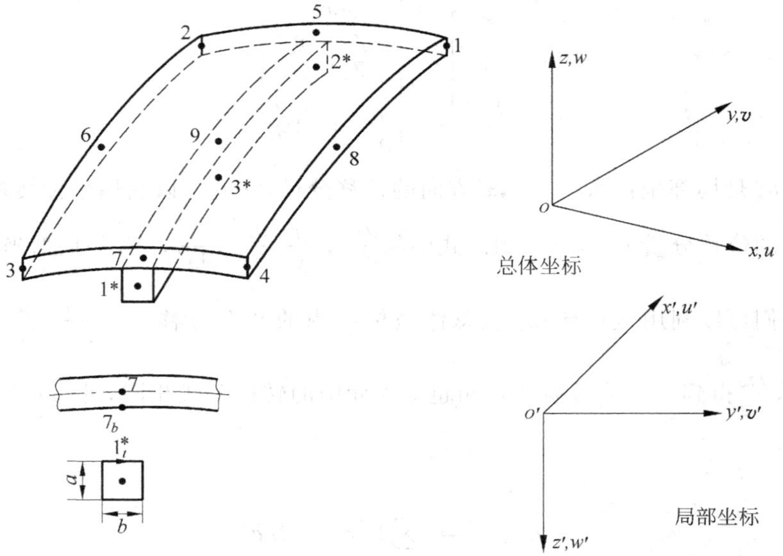


图 11.33 超参壳元和三维曲梁元的联结

如图 11.33 所示，在壳元的结点 7,9,5 的下表面上联结 3 结点梁元，梁元的结点$1^*$，$2^*$，$3^*$分别和壳元的结点 7,5,9 相对应。现以壳元的结点 7 和梁元的结点 $1^*$ 为例，讨论如何建立两者交界面上的位移协调条件。在总体坐标系内壳元结点 7 的位移参数是 $u_7$，$v_7$，$w_7$，$\alpha_7$，$\beta_7$；梁元结点 $1^*$ 的位移参数是 $u_{1^*}$，$v_{1^*}$，$w_{1^*}$，$\theta_{x1^*}$，$\theta_{y1^*}$，$\theta_{z1^*}$。为建立两类单元间的位移约束条件，首先将总体坐标系内的结点位移参数转换到局部坐标系。需要指出的是，壳元在结点 7 和梁元在结点 $1^*$ 的局部坐标系的方向是相同的，所以可以统一采用梁元的局部坐标系 $x'$，$y'$，$z'$。$x'$轴沿梁元中心线，$y'$轴和 $z'$轴分别沿截面的横向对称轴和纵向对称轴。经坐标转换后，可以得到梁元结点 $1^*$ 在局部坐标系内的位移参数 $u'_{1^*}$，$v'_{1^*}$，$w'_{1^*}$ 和 $\theta_{x'1^*}$，$\theta_{y'1^*}$，$\theta_{z'1^*}$，壳元结点 7 在局部坐标系内的位移参数 $u'_7$，$v'_7$，$w'_7$ 和 $\theta_{x'7}$，$\theta_{y'7}$，但不能得到 $\theta_{z'7}$。这是因为原来壳元结点 7 的位移参数 $\alpha_7$ 和 $\beta_7$ 是绕与法线(即现在的 $z'$轴)相垂直的两个轴的转动，所以经坐标转换后只能得到 $\theta_{x'7}$ 和 $\theta_{y'7}$，而不能得到 $\theta_{z'7}$。

为了进一步建立位移协调条件的需要，可从中面内过结点 7 沿边界的切线的转动 $-\left.\dfrac{\partial u'}{\partial y'}\right|_7$

得到 $\theta_{z'7}$，即

$$\theta_{z'7} = -\left.\frac{\partial u'}{\partial y'}\right|_7 \tag{11.8.7}$$

关于壳元和梁元在交界面的位移和变形条件可以表述为：(1)变形前壳元上通过结点 7 的中面法线和梁元上通过结点 $1^*$ 的纵向对称轴 $z'$ 在一条直线上，且壳元法线上的 $7_b$ 点和梁元纵向对称轴上的 $1_t^*$ 点相联结。变形后该直线仍保持为直线，即连线 $7-7_b-1_t^*-1^*$ 仍是一条直线，且点 $7_b$ 和点 $1_t^*$ 仍保持联结。(2)变形前壳元的包含该法线在内的边界横向截面的切平面和梁元的通过结点 $1^*$ 的截平面是在一个平面内；变形后它们仍保持在一个平面内。但壳元的底面和梁元的顶面在梁元的宽度方向(即局部坐标系的 $y'$ 方向)上，两个面应允许有一定的滑动。这是因为梁理论中假设宽度尺寸 $b$ 在变形过程中保持不变，而壳元底面在其自身平面内是可以变形的。如果要求壳元底面和梁元顶面之间在 $y'$ 方向不能滑动，则给壳元施加了不合理的约束，将会产生很大的误差。因此两类单元在交界上的位移协调条件应是在局部坐标系 $x', y', z'$ 中，壳元的 $7_b$ 点和梁元的 $1_t^*$ 点的 3 个位移分量相等，以及壳元结点 7 和梁元结点 $1^*$ 的 3 个转动分量相等，即：

$$\begin{aligned} &u'_{7_b} = u'_{1_t^*} \quad v'_{7_b} = v'_{1_t^*} \quad w'_{7_b} = w'_{1_t^*} \\ &\theta_{x'7} = \theta_{x'1^*} \quad \theta_{y'7} = \theta_{y'1^*} \quad \theta_{z'7} = \theta_{z'1^*} \end{aligned} \tag{11.8.8}$$

为了进一步用壳元和梁元的结点位移参数表示上述的位移约束条件，根据壳元和梁元的几何方面的假设，可以表达为

$$\begin{aligned} &u'_{7_b} = u'_7 + \frac{t}{2}\theta_{y'7} \qquad v'_{7_b} = v'_7 - \frac{t}{2}\theta_{x'7} \qquad w'_{7_b} = w'_7 \\ &u'_{1_t^*} = u'_{1^*} - \frac{a_{1^*}}{2}\theta_{y'1^*} \quad v'_{1_t^*} = v'_{1^*} + \frac{a_{1^*}}{2}\theta_{x'7} \quad w'_{1_t^*} = w'_{1^*} \end{aligned} \tag{11.8.9}$$

将上式代回(11.8.8)式并考虑(11.8.7)式，就得到局部坐标系内壳元和梁元位移参数间的约束方程，即

$$\begin{Bmatrix} u'_{1^*} \\ v'_{1^*} \\ w'_{1^*} \\ \theta_{x'1^*} \\ \theta_{y'1^*} \\ \theta_{z'1^*} \end{Bmatrix} = \begin{bmatrix} 1 & 0 & 0 & 0 & \frac{1}{2}(a_{1^*}+t) & 0 \\ 0 & 1 & 0 & -\frac{1}{2}(a_{1^*}+t) & 0 & 0 \\ 0 & 0 & 1 & 0 & 0 & 0 \\ 0 & 0 & 0 & 1 & 0 & 0 \\ 0 & 0 & 0 & 0 & 1 & 0 \\ 0 & 0 & 0 & 0 & 0 & -1 \end{bmatrix} \begin{Bmatrix} u'_7 \\ v'_7 \\ w'_7 \\ \theta_{x'7} \\ \theta_{y'7} \\ \left.\frac{\partial u'}{\partial y'}\right|_7 \end{Bmatrix} \tag{11.8.10}$$

对壳元的结点 9 和梁元的结点 $3^*$，以及对壳元的结点 5 和梁元的结点 $2^*$ 可以建立类似

于(11.8.10)式的约束方程。还考虑到$\dfrac{\partial u'}{\partial y}$实际上是用壳元的结点位移参数表示的，并将位移参数转回到总体坐标系，因而最后建立的壳元和梁元结点位移向量之间的约束方程可以表达为

$$\boldsymbol{a}_b^e = \boldsymbol{C}\boldsymbol{a}_s^e \tag{11.8.11}$$

其中 $\boldsymbol{a}_b^e$ 和 $\boldsymbol{a}_s^e$ 分别是梁元和壳元的结点位移向量，$\boldsymbol{C}$ 是两者之间的约束矩阵。

$$\boldsymbol{a}_b^e = [\boldsymbol{a}_{b1^*}^{\mathrm{T}} \quad \boldsymbol{a}_{b2^*}^{\mathrm{T}} \quad \boldsymbol{a}_{b3^*}^{\mathrm{T}}]^{\mathrm{T}}$$

$$\boldsymbol{a}_{bi}^{\mathrm{T}} = [u_{i^*} \quad v_{i^*} \quad w_{i^*} \quad \theta_{xi^*} \quad \theta_{yi^*} \quad \theta_{zi^*}] \quad (i = 1^*, 2^*, 3^*)$$

$$\boldsymbol{a}_s^e = [\boldsymbol{a}_{s1}^{\mathrm{T}} \quad \boldsymbol{a}_{s2}^{\mathrm{T}} \quad \cdots \quad \boldsymbol{a}_{s9}^{\mathrm{T}}]^{\mathrm{T}}$$

$$\boldsymbol{a}_{sj}^{\mathrm{T}} = [u_{sj} \quad v_{sj} \quad w_{sj} \quad \alpha_j \quad \beta_j] \quad (j = 1, 2, \cdots, 9)$$

计算中，在梁元的刚度矩阵 $\boldsymbol{K}_b^e$ 形成以后，按下式进行转换

$$\bar{\boldsymbol{K}}_b^e = \boldsymbol{C}^{\mathrm{T}}\boldsymbol{K}_b^e\boldsymbol{C} \tag{11.8.12}$$

将转换后的梁元刚度矩阵 $\bar{\boldsymbol{K}}_b^e$ 和壳元的刚度矩阵 $\boldsymbol{K}_s^e$ 进行叠加，就得到两者组合(即用梁元加强后的壳元)的刚度矩阵 $\boldsymbol{K}^e$。

$$\boldsymbol{K}^e = \boldsymbol{K}_s^e + \bar{\boldsymbol{K}}_b^e$$

由上述的单元刚度矩阵进行集成得到系统的刚度矩阵，然后和相应的载荷向量形成有限元求解方程。

**例 11.11** 四边简支的方板的边长 $a=2\text{m}$，厚度 $t=0.02\text{m}$。材料弹性常数 $E=2.1\times10^5\text{MPa}$，$\nu=0.3$。中心受集中载荷 $P=10\text{N}$。沿 $x$ 轴方向布置了4根 $y$ 方向的矩形肋，如图11.34(a)所示。由于结构的对称性，取1/4用2×2网格进行有限元分析。板采用9结点超参壳元，肋采用3结点空间曲梁元。有限元模型如图11.34(b)所示。为考察肋的加强作用，肋的截面尺寸分别采用了0.002m×0.002m，0.02m×0.02m，0.05m×0.05m，0.15m×0.05m。

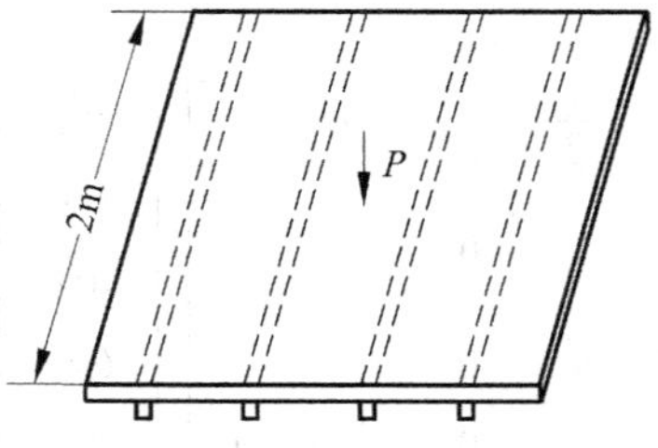

(a) 几何示意图

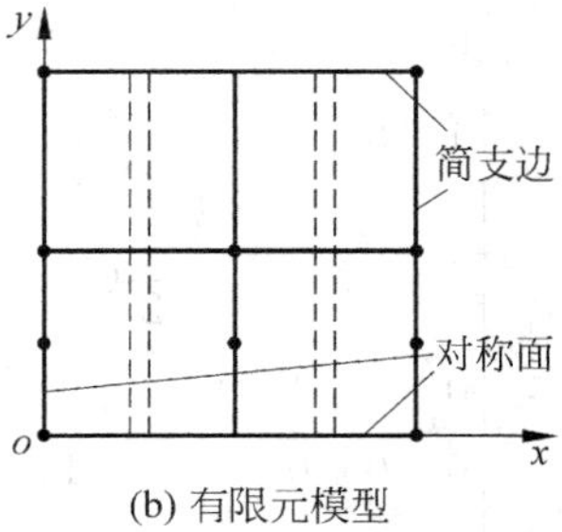

(b) 有限元模型

图 11.34 四边简支加肋方板受集中载荷作用

肋采用不同尺寸截面时板中心的挠度 $w_{max}$ 以及板的加强作用等计算结果列于表 11.5。

**表 11.5　不同截面尺寸的肋的加强作用**

| 肋截面尺寸/m×m | 最大挠度 $w_{max}$/m | 加强作用 $\left(\frac{w_0-w_{max}}{w_0}\right)$ |
|---|---|---|
| 0.002×0.002 | $0.3021\times10^{-5}$ | 0.13% |
| 0.02×0.02 | $0.2474\times10^{-5}$ | 18.2% |
| 0.05×0.05 | $0.7642\times10^{-6}$ | 74.7% |
| 0.15×0.05 | $0.1019\times10^{-6}$ | 96.6% |

表中 $w_0$ 是没有肋加强时板中心的挠度。薄板理论解 $w_0^* = 0.01160\times Pa^2\times12(1-\nu^2)/Et^3 = 0.3016\times10^{-5}$ m。为了便于比较，表中的 $w_0$ 是有限元计算结果，$w_0 = 0.3025\times10^{-5}$ m，比薄板理论解稍大，可能是超参壳元考虑了剪切变形影响的结果。

## 11.9　小结

壳体和平板的相同点是在几何上一个方向的尺度远小于其他两个方向的尺度，因此在力学分析中引入了相同的基本假设。不同点是平板的中面是平面，而壳体的中面是曲面。正因为如此，平板中薄膜应力状态和弯曲应力状态互不耦合，分别成为平面应力问题和平板弯曲问题研究的对象。而壳体中这两种应力状态是互相耦合的，同时为了引入力学上的假设，方程必须建立于中面的曲线坐标系内，这就导致壳体理论和方程的复杂性，并使得在构造壳体单元时遇到更多的麻烦，特别是构造建立于薄壳理论的单元。

构造薄壳单元的困难是因为壳体的场函数中包含着 3 个位移分量（平板单元中只有一个位移分量），因此在构造薄壳单元时，为了满足单元交界面上 $C_1$ 连续性的要求，将比薄板单元更为麻烦。此外，为使建立于曲线坐标系的插值函数满足完备性（主要是指包含刚体运动模式）的要求也经常遇到困难。从本章 11.2 节讨论的基于薄壳理论的轴对称壳元，基本上可以理解薄壳单元的上述特点。因此本章除简单的轴对称截锥薄壳元和平面壳元以外，未进一步涉及其他形式的薄壳单元。尽管在有限元发展过程中出现了很多形式的薄壳单元，但从实用角度出发，本章更多讨论的是和 Mindlin 板单元相类似的 $C_0$ 型壳体单元。

位移和转动各自独立插值的轴对称壳元和从三维实体元蜕化而得到的超参壳元本质上都是 Mindlin 型单元。区别是前者先对结构引入壳体的力学假设，然后进行有限元离散；而后者是先进行有限元离散而后引入壳体的力学假设。这是由数学推导和单元构造的方便与否决定的。即使如此，超参壳元的表达格式仍比较复杂，特别要注意在建立其表达格式的过程中，几种不同坐标系的各自作用及其相互转换关系。这两种单元都考虑了剪切变形的影响，能够应用于薄壳和中厚壳的分析。但是和 Mindlin 板单元相类似，由于刚度矩阵的不同组成部分具有不同的数量级关系，在应用于薄壳情况时有可能导致"剪切锁死"和"薄膜锁死"。上一章中有关 Mindlin 板单元产生"剪切锁死"的原因和避免方法的讨论原则上可以推广应用于现在的情况。

相对自由度壳元原则上仍是三维实体元，只是引入相对自由度概念可以避免三维实体元用于壳体结构时由于不同方向的刚度差别过于悬殊而带来的数值计算上的困难。其表达格式的形式比超参壳元简单。今后将看到，用于大变形情况此点更为明显，所以它也是一种有实用价值的单元形式。

本章最后两节分别讨论了壳元和实体元及壳元和梁-杆元的联结。前者是壳元在其横向截面上和实体元相联结，而后者则是壳元的顶面（或底面）和梁元的底面（或顶面）相联结。研究不同类型单元联结的首要问题是正确地建立它们交界面上的约束方程。注意不能将仅用于一种单元的力学简化不适当地强加于与其相联结的另一种单元，即不能将壳元中忽略法线长度变化的假设强加于实体元，也不能将梁元中截面形状不变的假设强加于壳体的表面，否则将会由于过分的约束而导致相当大的误差。其次是引入约束方程的方法，罚函数法是近似方法，而直接引入法是精确方法。但究竟选择哪种方法，以及应用直接引入法时约束方程如何具体表达，取决于算法实现时的方便和精度的要求。过渡元法也是一种实现壳元和实体元联结的方案，需要注意的是刚度矩阵中实体部分的应力应变关系的正确选择。

### 关键概念

| | | |
|---|---|---|
| 截锥薄壳元 | Mindlin 型截锥壳元 | Mindlin 型曲边壳元 |
| 平面壳元 | 曲面壳元 | 三维蜕化元 |
| 超参壳元 | 相对自由度壳元 | 三维曲梁元 |
| 多点约束方程 | 直接引入法 | 过渡单元 |

## 练习题

**11.1** 和平板理论相比较，壳体理论在力学的基本假设和应力应变状态方面有什么相同点和不同点？

**11.2** 轴对称薄壳截锥单元的结点位移参数和位移插值函数是什么？各建立于什么坐标系？为什么要建立不同的坐标系？

**11.3** 轴对称薄壳截锥单元的位移函数是否满足有限元的收敛性条件？

**11.4**　位移和转动各自独立插值的轴对称壳元的结点位移参数和位移插值函数是什么？建立于什么坐标系？和薄壳截锥单元相比较，有什么相同点和不同点？

**11.5**　上题所述单元的位移函数是否满足有限元的收敛性条件？

**11.6**　上题所述单元和 Mindlin 板单元相比较有什么相同点和不同点？

**11.7**　上题所述单元是否会发生"剪切锁死"？为什么？以轴对称的截锥壳元和曲边壳元为例，如何正确选择刚度矩阵的积分方案？

**11.8**　将平面壳元用于壳体结构分析有何优缺点？会遇到什么问题？如何解决？

**11.9**　比较平面壳元中平板弯曲状态采用薄板单元和 Mindlin 板单元的各自优缺点。

**11.10**　为什么称三维蜕化壳元为超参元？能否也可称相对自由度壳元和三维曲梁单元为超参元？为什么？

**11.11**　超参元中共采用了几个不同的坐标系？各有什么作用？如何进行相互转换？

**11.12**　在 4.3 节中曾指出超参元的插值函数一般是不满足完备性要求的，能否证明本章讨论的超参元的插值函数是满足完备性要求的，即它是包含刚体运动和常应变的位移模式的。

**11.13**　如何构造相对自由度壳元？它和三维实体元有何区别？为什么能用于壳体结构分析而不会遇到数值计算上的困难？

**11.14**　如何应用多点约束方程的方法于两类不同形式单元的联结？以壳元和实体元及壳元和梁元的联结为例，阐明什么是正确建立多点约束方程的关键点？

**11.15**　如何计算两类不同形式单元交界面上的独立位移参数的数目？如何选择独立位移参数？不同的选择对后继的计算有何影响？

**11.16**　用罚函数法或直接引入法将多点约束方程引入结构方程，在数值算法上有何区别？

**11.17**　如何构造联结实体元和壳元的过渡单元？在形成它的刚度矩阵时应注意什么问题？

**11.18**　比较多点约束方程法和过渡单元法的异同点和优缺点，能否论证两者在一定条件下是相等效的？

## 练习题

**11.1**　对于(11.3.11)式所表述的截锥壳元的 $\boldsymbol{K}_{ij}^{e}$，如采用 1 点高斯积分，求其显示表达式。

**11.2**　对于(11.3.12)式所表述的 $\boldsymbol{K}_{s}^{e}$ 分别采用 1 点和 2 点高斯积分，求其显式表达式，并讨论为什么必须采用 1 点积分才能避免"剪切锁死"。

**11.3** 导出(11.3.26)式的 $1/R_s$ 表达式。

**11.4** 求(11.3.21)式中的 $\boldsymbol{B}_i^{\mathrm{T}}\boldsymbol{D}\boldsymbol{B}_j$ 的显式表达式。

**11.5** 对于两种截锥壳元,分别用(11.2.26)和(11.3.14)式计算当载荷为均匀外压 $p$ 时的结点载荷向量。

**11.6** 以轴对称壳受轴对称载荷为例,从(11.2.11)式出发,分析可能出现哪几种常应变(即常 $\varepsilon_s,\varepsilon_\theta$ 或常 $\kappa_s,\kappa_\theta$)位移模式。

**11.7** 列出11.2和11.3节两种截锥壳元用于非轴对称载荷时的表达格式。

**11.8** 推导和给出超参元的应变矩阵 $\boldsymbol{B}'_i$(11.5.23)式的具体表达式。

**11.9** 推导和给出超参元的单元载荷向量。

**11.10** 如果将超参元用于平板分析,表达格式如何简化?可否证明它和Mindlin板单元是等价的。

**11.11** 如果将三维曲梁单元用于等截面直梁分析,表达格式如何简化?可否证明它和Timoshenko梁单元与受拉压及扭轴杆单元的组合相等效?

**11.12** 如有4结点轴对称实体元和轴对称壳元相联结,列出交界面上的约束方程。

**11.13** 图11.25所示的三维实体元和超参壳元的联结问题中,如果实体元结点对 $i_b,i_t$ 和壳元结点 $i$ 的位移参数中,选择 $u'_i,v'_i,w'_i,\alpha_i,\beta_i,w'_{i_b}$ 作为独立参数,如何建立类似(11.7.10)式的约束方程?并列出形成求解方程的算法步骤。

**11.14** 如何实现相对自由度壳元和实体元的联结?并列出形成求解方程的算法步骤。

**11.15** 过渡单元中,如果所有积分点都采用超参壳元的应力应变关系,试导出它的表达格式,并证明它在一定条件下和直接引入多点约束方程的方法相等效。

# 第 12 章　热传导问题

**本章要点**

- 建立两类(稳态和瞬态)热传导问题的有限元求解方程的基本步骤,以及两类有限元方程的各自特点。
- 求解瞬态热传导有限元方程的直接积分方法的基本概念,建立循环计算公式的方法,以及利用循环公式求解瞬态响应的步骤。
- 求解瞬态热传导问题的模态叠加法的基本概念和求解步骤。
- 选择直接积分方法中的时间步长的原则,以及自动选择时间步长的方法和应用。
- 热应力的概念、求解方法以及实际分析中应注意的问题。

## 12.1　引言

在石油化工、动力、核能等许多重要部门中,在变温条件下工作的结构和部件,通常都存在温度应力问题。在正常工况下存在稳态的温度应力。在启动或关闭过程中还会产生随时间变化的瞬态温度应力。这些温度应力经常占有相当的比重,甚至成为设计和运行中的控制应力。要计算稳态温度应力或瞬态温度应力首先要确定稳态的或瞬态的温度场。

由于结构的形状以及变温条件的复杂性,依靠传统的解析方法要精确地确定温度场往往是不可能的,有限元法却是解决上述问题的方便而有效的工具。在进入热传导问题有限元法的具体讨论以前,首先将热传导问题的基本方程作一扼要的介绍。

在一般三维问题中,瞬态温度场的场变量 $\phi(x,y,z,t)$ 在直角坐标中应满足的微分方程是

$$\rho c \frac{\partial \phi}{\partial t}-\frac{\partial}{\partial x}\left(k_x \frac{\partial \phi}{\partial x}\right)-\frac{\partial}{\partial y}\left(k_y \frac{\partial \phi}{\partial y}\right)-\frac{\partial}{\partial z}\left(k_z \frac{\partial \phi}{\partial z}\right)-\rho Q=0 \quad (\text{在 } \Omega \text{ 内}) \qquad (12.1.1)$$

边界条件是

$$\phi=\bar{\phi} \quad (\text{在 } \Gamma_1 \text{ 边界上}) \qquad (12.1.2)$$

$$k_x \frac{\partial \phi}{\partial x} n_x+k_y \frac{\partial \phi}{\partial y} n_y+k_z \frac{\partial \phi}{\partial z} n_z=q \quad (\text{在 } \Gamma_2 \text{ 边界上}) \qquad (12.1.3)$$

$$k_x \frac{\partial \phi}{\partial x}n_x + k_y \frac{\partial \phi}{\partial y}n_y + k_z \frac{\partial \phi}{\partial z}n_z = h(\phi_a - \phi) \quad (\text{在 } \Gamma_3 \text{ 边界上}) \tag{12.1.4}$$

式中，$\rho$ 是材料密度(kg/m³)；$c$ 是材料比热容(J/(kg·K))；$t$ 是时间(s)；$k_x, k_y, k_z$ 是材料沿物体3个主方向($x, y, z$ 方向)的导热系数(W/(m·K))；$Q=Q(x,y,z,t)$ 是物体内部的热源密度(W/kg)；$n_x, n_y, n_z$ 是边界外法线的方向余弦；$\phi=\bar{\phi}(\Gamma,t)$ 是在 $\Gamma_1$ 边界上的给定温度；$q=q(\Gamma,t)$ 是在 $\Gamma_2$ 边界上的给定热流密度(W/m²)；$h$ 是对流换热系数(W/m²·K)；$\phi_a=\phi_a(\Gamma,t)$，对于 $\Gamma_3$ 边界，在自然对流条件下，$\phi_a$ 是外界环境温度；在强迫对流条件下，$\phi_a$ 是边界层的绝热壁温度。

微分方程(12.1.1)是热量平衡方程。式中第1项是微体升温需要的热量；第2，3，4项是由 $x, y$ 和 $z$ 方向传入微体的热量；最后一项是微体内热源产生的热量。微分方程表明：微体升温所需的热量应与传入微体的热量以及微体内热源产生的热量相平衡。

(12.1.2)式是在 $\Gamma_1$ 边界上给定温度 $\bar{\phi}(\Gamma,t)$，称为第一类边界条件，它是强制边界条件。(12.1.3)式是在 $\Gamma_2$ 边界上给定热流量 $q(\Gamma,t)$，称为第二类边界条件，当 $q=0$ 时就是绝热边界条件。(12.1.4)式是在 $\Gamma_3$ 边界上给定对流换热的条件，称为第三类边界条件。第二、三类边界条件是自然边界条件。$\Gamma_1+\Gamma_2+\Gamma_3=\Gamma$，$\Gamma$ 是域 $\Omega$ 的全部边界。

当在一个方向上，例如 $z$ 方向温度变化为零时，方程(12.1.1)就退化为二维问题的热传导微分方程：

$$\rho c \frac{\partial \phi}{\partial t} - \frac{\partial}{\partial x}\left(k_x \frac{\partial \phi}{\partial x}\right) - \frac{\partial}{\partial y}\left(k_y \frac{\partial \phi}{\partial y}\right) - \rho Q = 0 \quad (\text{在 } \Omega \text{ 内}) \tag{12.1.5}$$

这时场变量 $\phi(x,y,t)$ 不再是 $z$ 的函数，场变量应满足的边界条件是

$$\phi = \bar{\phi}(\Gamma,t) \quad (\text{在 } \Gamma_1 \text{ 边界上}) \tag{12.1.6}$$

$$k_x \frac{\partial \phi}{\partial x}n_x + k_y \frac{\partial \phi}{\partial y}n_y = q(\Gamma,t) \quad (\text{在 } \Gamma_2 \text{ 边界上}) \tag{12.1.7}$$

$$k_x \frac{\partial \phi}{\partial x}n_x + k_y \frac{\partial \phi}{\partial y}n_y = h(\phi_a - \phi) \quad (\text{在 } \Gamma_3 \text{ 边界上}) \tag{12.1.8}$$

对于轴对称问题，在柱坐标中场函数 $\phi(r,z,t)$ 应满足的微分方程是

$$\rho c r \frac{\partial \phi}{\partial t} - \frac{\partial}{\partial r}\left(k_r r \frac{\partial \phi}{\partial r}\right) - \frac{\partial}{\partial z}\left(k_z r \frac{\partial \phi}{\partial z}\right) - \rho r Q = 0 \quad (\text{在 } \Omega \text{ 内}) \tag{12.1.9}$$

边界条件是

$$\left.\begin{aligned} &\phi = \bar{\phi}(\Gamma,t) && (\text{在 } \Gamma_1 \text{ 边界上}) \\ &k_r \frac{\partial \phi}{\partial r}n_r + k_z \frac{\partial \phi}{\partial z}n_z = q(\Gamma,t) && (\text{在 } \Gamma_2 \text{ 边界上}) \\ &k_r \frac{\partial \phi}{\partial r}n_r + k_z \frac{\partial \phi}{\partial z}n_z = h(\phi_a - \phi) && (\text{在 } \Gamma_3 \text{ 边界上}) \end{aligned}\right. \tag{12.1.10}$$

在(12.1.5)～(12.1.10)式中，各项符号意义与(12.1.1)～(12.1.4)式中的相同。

求解瞬态温度场问题是求解在初始条件下，即在

$$\phi(x,y,z,0) = \phi_0(x,y,z) \tag{12.1.11}$$

条件下满足瞬态热传导方程及边界条件的场函数 $\phi$，$\phi$ 应是坐标和时间的函数。

如果边界上的 $\bar{\phi}$，$q$，$\phi_a$ 及内部的 $Q$ 不随时间变化，则经过一定时间的热交换后，物体内各点温度也将不再随时间而变化，即

$$\frac{\partial \phi}{\partial t} = 0 \tag{12.1.12}$$

这时瞬态热传导方程就退化为稳态热传导方程了。由(12.1.1)式，考虑(12.1.12)式的情况，得到三维问题的稳态热传导方程，即

$$\frac{\partial}{\partial x}\left(k_x \frac{\partial \phi}{\partial x}\right) + \frac{\partial}{\partial y}\left(k_y \frac{\partial \phi}{\partial y}\right) + \frac{\partial}{\partial z}\left(k_z \frac{\partial \phi}{\partial z}\right) + \rho Q = 0 \quad (\text{在 } \Omega \text{ 内}) \tag{12.1.13}$$

由(12.1.5)式可得二维问题的稳态热传导方程，即

$$\frac{\partial}{\partial x}\left(k_x \frac{\partial \phi}{\partial x}\right) + \frac{\partial}{\partial y}\left(k_y \frac{\partial \phi}{\partial y}\right) + \rho Q = 0 \quad (\text{在 } \Omega \text{ 内}) \tag{12.1.14}$$

由(11.3.9)式可得到轴对称问题的稳态热传导方程，即

$$\frac{\partial}{\partial r}\left(k_r r \frac{\partial \phi}{\partial r}\right) + \frac{\partial}{\partial z}\left(k_z r \frac{\partial \phi}{\partial z}\right) + \rho r Q = 0 \quad (\text{在 } \Omega \text{ 内}) \tag{12.1.15}$$

求解稳态温度场的问题就是求满足稳态热传导方程及边界条件的场变量 $\phi$，$\phi$ 只是坐标的函数，与时间无关。

稳态热传导问题即稳态温度场问题与时间无关。它的场方程是线性自伴随的，由方程的等效积分形式的伽辽金提法，可以建立与方程相等效的变分原理(参见 1.3.1 节例 1.7)。它的泛函中的场函数导数最高阶是一阶。和以前各章所讨论的弹性静力学问题相同，采用 $C_0$ 型插值函数的有限元进行离散以后，从泛函取驻值可以直接得到有限元求解方程。前面弹性力学问题中所采用的单元和相应的插值函数在此都可以使用。主要的不同在于场变量，在弹性力学问题中，场变量是位移，是向量场；在热传导问题中，场变量是温度，是标量场。因此稳态温度场问题比弹性静力学问题相对简单一些，在本章中不准备对它进行更多的讨论。

瞬态热传导问题，即瞬态温度场问题，是依赖于时间的。微分方程等效积分形式的伽辽金提法在空间域有限元离散后，得到的是一阶常微分方程组，不能对它直接求解。求解方法原则上和下一章将讨论的动力学问题类同，可以采用模态叠加法或直接积分法。但从实际应用方便考虑，更多的是采用直接积分法。本章着重讨论求解瞬态热传导问题的直接积分方法，包括它的算法步骤和解的稳定性问题；并且将介绍一种在实际分析中很有意义的，能自动选择时间步长的方法。在讨论直接积分法有关解的稳定性和步长选择方法时也涉及模态叠加法的基本概念。

本章最后将讨论在求解得到温度场以后，如何求解结构内的热应力问题。对此除基本格式外，还将简要介绍一些实际分析中需要考虑的问题。

## 12.2 稳态热传导问题

### 12.2.1 稳态热传导有限元的一般格式

1. 稳态热传导问题的变分原理

在1.3.1节的例1.7中利用加权余量的伽辽金方法已导出了与二维稳态热传导微分方程相等效的变分原理。对于三维稳态热传导问题的微分方程(12.1.13)式和边界条件(12.1.2)～(12.1.4)式，遵循相同的步骤可以建立与其相等效的变分原理。这里不作具体推导，直接给出变分原理中的泛函的表达式如下：

$$\Pi(\phi)=\int_{\Omega}\left[\frac{1}{2}k_x\left(\frac{\partial\phi}{\partial x}\right)^2+\frac{1}{2}k_y\left(\frac{\partial\phi}{\partial y}\right)^2+\frac{1}{2}k_z\left(\frac{\partial\phi}{\partial z}\right)^2-\rho Q\phi\right]\mathrm{d}\Omega-\int_{\Gamma_2}q\phi\,\mathrm{d}\Gamma-\int_{\Gamma_3}h\left(\phi_a-\frac{1}{2}\phi\right)\phi\,\mathrm{d}\Gamma \tag{12.2.1}$$

可以验证，从上述泛函的驻值条件 $\delta\Pi(\phi)=0$ 得到泛函的欧拉方程就是三维稳态热传导问题的微分方程和边界条件。亦即表示泛函的变分是和该微分方程及边界条件相等效的。因此利用 $\delta\Pi(\phi)=0$ 可以建立有限元的求解方程。

2. 有限元离散

将求解域 $\Omega$ 离散为有限个单元体，在典型单元内各点的温度 $\phi$ 可以近似地由单元的结点温度 $\phi_i$ 插值得到

$$\phi=\tilde{\phi}=\sum_{i=1}^{n_e}N_i(x,y,z)\phi_i=\boldsymbol{N}\boldsymbol{\phi}^e \tag{12.2.2}$$

其中 $n_e$ 是每个单元的结点数；$N_i(x,y,z)$ 是 $C_0$ 型插值函数，它亦具有下述性质：

$$N_i(x_j,y_j,z_j)=\begin{cases}0 & (\text{当 } j\neq i)\\ 1 & (\text{当 } j=i)\end{cases} \tag{12.2.3}$$

并且

$$\sum_{i=1}^{n_e}N_i=1$$

将(12.2.2)式代入有限元离散后的泛函，从 $\delta\Pi=0$，可以得到稳态热传导问题的有限元求解方程

$$\boldsymbol{K}\boldsymbol{\phi}=\boldsymbol{P} \tag{12.2.4}$$

式中 $\boldsymbol{K}$ 是热传导矩阵，它是对称矩阵，在引入给定温度条件以后，$\boldsymbol{K}$ 是对称正定的；$\boldsymbol{\phi}=[\phi_1\ \phi_2 \cdots \phi_n]^{\mathrm{T}}$ 是结点温度列阵；$\boldsymbol{P}$ 是温度载荷列阵。矩阵 $\boldsymbol{K}$ 和 $\boldsymbol{P}$ 的元素分别表示如下：

$$K_{ij}=\sum_e\int_{\Omega^e}\left(k_x\frac{\partial N_i}{\partial x}\frac{\partial N_j}{\partial x}+k_y\frac{\partial N_i}{\partial y}\frac{\partial N_j}{\partial y}+k_z\frac{\partial N_i}{\partial z}\frac{\partial N_j}{\partial z}\right)\mathrm{d}\Omega+\sum_e\int_{\Gamma_3^e}hN_iN_j\,\mathrm{d}\Gamma \tag{12.2.5}$$

$$P_i=\sum_e\int_{\Gamma_2^e}N_iq\,\mathrm{d}\Gamma+\sum_e\int_{\Gamma_3^e}N_ih\phi_a\,\mathrm{d}\Gamma+\sum_e\int_{\Omega^e}N_i\rho Q\,\mathrm{d}\Omega \tag{12.2.6}$$

(12.2.5)式中的第 1 项是各单元对热传导矩阵的贡献，第 2 项是第三类热交换边界条件对热传导矩阵的修正。(12.2.6)式中的 3 项分别为给定热流、热交换以及热源引起的温度载荷。可以看出热传导矩阵和温度载荷列阵都是由单元相应的矩阵集合而成。可将(12.2.5)及(12.2.6)式改写成单元集成的形式：

$$K_{ij}=\sum_e K_{ij}^e+\sum_e H_{ij}^e \tag{12.2.7}$$

$$P_i=\sum_e P_{q_i}^e+\sum_e P_{H_i}^e+\sum_e P_{Q_i}^e \tag{12.2.8}$$

其中

$$K_{ij}^e=\int_{\Omega^e}\left(k_x\frac{\partial N_i}{\partial x}\frac{\partial N_j}{\partial x}+k_y\frac{\partial N_i}{\partial y}\frac{\partial N_j}{\partial y}+k_z\frac{\partial N_i}{\partial z}\frac{\partial N_j}{\partial z}\right)\mathrm{d}\Omega \tag{12.2.9}$$

$$H_{ij}^e=\int_{\Gamma_3^e}hN_iN_j\,\mathrm{d}\Gamma \tag{12.2.10}$$

$$P_{q_i}^e=\int_{\Gamma_2^e}N_iq\,\mathrm{d}\Gamma \tag{12.2.11}$$

$$P_{H_i}^e=\int_{\Gamma_3^e}N_ih\,\phi_a\,\mathrm{d}\Gamma \tag{12.2.12}$$

$$P_{Q_i}^e=\int_{\Omega^e}N_i\rho Q\,\mathrm{d}\Omega \tag{12.2.13}$$

以上就是三维稳态热传导问题的有限元方程。相应地可以给出二维和轴对称稳态热传导问题的有限元方程。稳态热传导问题的有限元求解方程是线性代数方程组，可以用第 6 章所讨论的各种解法求解。需要指出的是，如同弹性力学问题，在集成系统刚度矩阵以后，还需引入至少限制“刚体运动”的给定位移条件。对于稳态热传导问题，在集成系统刚度矩阵以后，还需引入至少给定一个点温度的条件。

### 12.2.2　壳体温度单元

如前所述，热传导问题属于 $C_0$ 问题，并且由于温度场是标量场，每个结点只有一个未知参数，因此单元构造相对比较简单。第 3 章讨论中所列举的各种 $C_0$ 型单元都可以应用于热传导问题的有限元分析。但是实际工程中需要进行热应力分析的结构，很大一类属于壳体或壳体和实体组合的结构,例如电力、核能、石化等工业部门大量使用的容器和管道即是这类结构。为使温度场和热应力的分析能利用同一网格进行,必须有和板壳应力单元相匹配的板壳温度单元。

原则上可以利用在厚度方向设置两个结点的实体元对板壳结构进行离散。但是和板壳应力单元类似,对于温度壳元而言,也应注意避免由于厚度方向和其他两个方向的传导矩阵的系数相差过大而引起数值上的困难。对此,用于板壳应力单元的引入主从自由度或相对自由度的方法也完全适用。不过对于温度板壳元,这两种方法完全是等价的。

引入相对自由度的方法,对于最一般的三维壳元,完全可以仿效11.6节的做法。只是其中位移场$[u,v,w]$被温度场$\phi$,结点位移$[u_i,v_i,w_i]$被结点温度$\phi_i$所代替,表达格式更为简化了。例如(11.6.6)式现在应该表示为

$$\left.\begin{aligned}\bar{\phi}_i &= \frac{1}{2}(\phi_i - \phi_{i+4}) \\ \bar{\phi}_{i+4} &= \frac{1}{2}(\phi_i + \phi_{i+4})\end{aligned}\right\} \quad (i = 1,2,3,4,9,10,11,12) \tag{12.2.14}$$

其中$\bar{\phi}_{i+4}$是上下表面结点对的温度的平均值,代表中面上对应结点的温度值;$\bar{\phi}_i$是上下表面结点对温度差之半,代表上表面结点温度和中面结点温度之差,也即相对温度。

相对自由度壳元的传导矩阵$\bar{\boldsymbol{K}}$,热容矩阵$\bar{\boldsymbol{C}}$,和热载向量$\bar{\boldsymbol{P}}$可以按标准步骤导出,这里不一一列举。可以指出,如引入新的结点参数

$$\psi_i = \frac{2\bar{\phi}_i}{h} = \frac{1}{h}(\phi_i - \phi_{i+4}) \quad (i = 1,2,3,4,9,10,11,12) \tag{12.2.15}$$

式中$h$是壳体厚度,则$\psi_i$代表上下表面之间的温度梯度。它和壳体应力单元中的转动自由度类似。但是壳体应力单元3个相对位移自由度经类似上式的改写以后,在主从自由度方法中,只保留2个转动自由度,厚度方向相对位移被略去了,所以主从自由度的壳体单元中,中面上每个结点只有5个自由度,而不像相对自由度壳元,每个结点对仍保留6个自由度。但现在温度壳元,不管是采用$\bar{\phi}_{i+4}$和$\bar{\phi}_i$,还是采用$\bar{\phi}_{i+4}$和$\psi_i$,每个结点对或中面结点总是2个结点参数。它们之间仅是表达形式上的区别,而其实质是完全相同的。例如文献[1]就是采用$\bar{\phi}_{i+4}$和$\psi_i$作为结点自由度构造三维温度壳元的。

最后还可指出,上述温度壳元,由于厚度方向只有2个结点,温度梯度是常数,不可能同时满足上下边界条件,用于瞬态温度场分析,特别是瞬态开始阶段,可能产生较大误差。文献[2]构造了一种在厚度方向温度为二次分布的壳元,同时在导出单元矩阵以前,引入上下表面的边界条件,只保留中面结点温度作为独立自由度进入有限元求解方程。此种温度壳元既具有更高精度,又具有很高的计算效率,在实际应用中取得很好的效果。

# 12.3 瞬态热传导问题

## 12.3.1 瞬态热传导有限元的一般格式

瞬态温度场与稳态温度场的主要差别是瞬态温度场的场函数温度不仅是空间域 $\Omega$ 的函数，而且还是时间域 $t$ 的函数。

首先建立三维瞬态热传导问题的微分方程(12.1.1)式和边界条件(12.1.2)，(12.1.3)和(12.1.4)式的等效积分形式，即

$$\int_{\Omega} w\left[\rho c\frac{\partial\phi}{\partial t}-\frac{\partial}{\partial x}\left(k_x\frac{\partial\phi}{\partial x}\right)-\frac{\partial}{\partial y}\left(k_y\frac{\partial\phi}{\partial y}\right)-\frac{\partial}{\partial z}\left(k_z\frac{\partial\phi}{\partial z}\right)-\rho Q\right]\mathrm{d}\Omega+$$
$$\int_{\Gamma_1} w_1(\phi-\bar{\phi})\mathrm{d}\Gamma+\int_{\Gamma_2} w_2\left(k_x\frac{\partial\phi}{\partial x}n_x+k_y\frac{\partial\phi}{\partial y}n_y+k_z\frac{\partial\phi}{\partial z}n_z-q\right)\mathrm{d}\Gamma+$$
$$\int_{\Gamma_3} w_3\left[\left(k_x\frac{\partial\phi}{\partial x}n_x+k_y\frac{\partial\phi}{\partial y}n_y+k_z\frac{\partial\phi}{\partial z}n_z-h(\phi_a-\phi)\right]\mathrm{d}\Gamma=0 \quad (12.3.1)$$

其中 $w,w_1,w_2,w_3$ 是任意函数。按伽辽金方法选择任意函数，设 $\Gamma_1$ 上已满足条件 $\phi=\bar{\phi}$，则 $w_1=0$，并且不失一般地可令

$$w=w_2=w_3=\delta\phi \quad (12.3.2)$$

将上式代入(12.3.1)式，并对其中第 1 个域 $\Omega$ 内积分的第 2～4 项进行分部积分，则可得到

$$\int_{\Omega}\left[\delta\phi\left(\rho c\frac{\partial\phi}{\partial t}\right)+\frac{\partial\delta\phi}{\partial x}\left(k_x\frac{\partial\phi}{\partial x}\right)+\frac{\partial\delta\phi}{\partial y}\left(k_y\frac{\partial\phi}{\partial y}\right)+\frac{\partial\delta\phi}{\partial z}\left(k_z\frac{\partial\phi}{\partial z}\right)-\right.$$
$$\left.\delta\phi\rho Q\right]\mathrm{d}\Omega-\int_{\Gamma_2}\delta\phi q\,\mathrm{d}\Gamma-\int_{\Gamma_3}\delta\phi h(\phi_a-\phi)\mathrm{d}\Gamma=0 \quad (12.3.3)$$

利用(12.3.3)式可以建立瞬态温度场有限元的一般格式。首先将空间域 $\Omega$ 离散为有限个单元体，在典型单元内温度 $\phi$ 仍可以近似地用结点温度 $\phi_i$ 插值得到，但要注意此时的结点温度是时间的函数，即

$$\phi=\tilde{\phi}=\sum_{i=1}^{n_e}N_i(x,y,z)\phi_i(t) \quad (12.3.4)$$

插值函数 $N_i$ 只是空间域的函数，它与以前讨论过的问题一样，也应具有插值函数的基本性质。将上式代入(12.3.3)式，并考虑到 $\delta\phi_i$ 的任意性，就可以得到用来确定 $n$ 个结点温度 $\phi_i$ 的有限元求解方程

$$\boldsymbol{C}\dot{\boldsymbol{\phi}}+\boldsymbol{K}\boldsymbol{\phi}=\boldsymbol{P} \quad (12.3.5)$$

这是一组以时间 $t$ 为独立变量的线性常微分方程组。式中 $\boldsymbol{C}$ 是热容矩阵，$\boldsymbol{K}$ 是热传导矩阵，$\boldsymbol{C}$ 和 $\boldsymbol{K}$(在引入给定温度条件以后)都是对称正定矩阵；$\boldsymbol{P}$ 是温度载荷列阵，$\boldsymbol{\phi}$ 是结点温度列阵，$\dot{\boldsymbol{\phi}}\left(=\frac{\mathrm{d}\phi}{\mathrm{d}t}\right)$是结点温度对时间的导数列阵。矩阵 $\boldsymbol{K}$,$\boldsymbol{C}$ 和 $\boldsymbol{P}$ 的元素由单元的相应的

矩阵元素集成，即

$$K_{ij} = \sum_e K_{ij}^e + \sum_e H_{ij}^e$$
$$C_{ij} = \sum_e C_{ij}^e \tag{12.3.6}$$
$$P_i = \sum_e P_{Q_i}^e + \sum_e P_{q_i}^e + \sum_e P_{H_i}^e$$

式中，$K_{ij}^e$ 是单元对热传导矩阵的贡献，$H_{ij}^e$ 是单元热交换边界对热传导矩阵的修正，$C_{ij}^e$ 是单元对热容矩阵的贡献，$P_{Q_i}^e$ 是单元热源产生的温度载荷，$P_{q_i}^e$ 是单元给定热流边界的温度载荷，$P_{H_i}^e$ 是单元的对流换热边界的温度载荷。这些单元的矩阵元素由下列各式给出：

$$K_{ij}^e = \int_{\Omega^e} \left( k_x \frac{\partial N_i}{\partial x} \frac{\partial N_j}{\partial x} + k_y \frac{\partial N_i}{\partial y} \frac{\partial N_j}{\partial y} + k_z \frac{\partial N_i}{\partial z} \frac{\partial N_j}{\partial z} \right) \mathrm{d}\Omega \tag{12.3.7}$$

$$H_{ij}^e = \int_{\Gamma_3^e} h N_i N_j \mathrm{d}\Gamma \tag{12.3.8}$$

$$C_{ij}^e = \int_{\Omega^e} \rho c N_i N_j \mathrm{d}\Omega \tag{12.3.9}$$

$$P_{Q_i}^e = \int_{\Omega^e} \rho Q N_i \mathrm{d}\Omega \tag{12.3.10}$$

$$P_{q_i}^e = \int_{\Gamma_2^e} q N_i \mathrm{d}\Gamma \tag{12.3.11}$$

$$P_{H_i}^e = \int_{\Gamma_3^e} h \phi_a N_i \mathrm{d}\Gamma \tag{12.3.12}$$

至此，已将时间域和空间域的偏微分方程问题在空间域内离散为 $N$ 个结点温度$\phi_i(t)$的常微分方程的初值问题。对于给定温度值的边界 $\Gamma_1$ 上 $n_1$ 个结点，方程组(12.3.5)式中的相应项应引入的条件是

$$\phi_i = \bar{\phi}_i \quad (i = 1, 2, \cdots, n_1) \tag{12.3.13}$$

式中，$i$ 是 $\Gamma_1$ 上 $n_1$ 个结点的编号。

## 12.3.2 一阶常微分方程组的求解方法

瞬态热传导问题的有限元求解方程(12.3.5)式是一阶常微分方程组。对此方程组的求解，在各种数值方法的著作中有很多通用的和特殊的解法可供选择。以下讨论的是在有限元分析中通常采用的两种基本解法，即直接积分法和模态叠加法。在利用(12.3.5)式求解瞬态温度响应的实际分析中更多的是应用直接积分法，本节将着重给予讨论。但是讨论它的解的稳定性问题和时间步长选择时需要应用模态叠加法的基本概念和算法，因此对模态叠加法也将给予扼要的讨论。

### 1. 求解一阶常微分方程组的直接积分法

直接积分法是指求解常微分方程组之前不对它的形式进行变换，而是直接对它进行数值积分。它通常基于两个基本概念，一是将求解的时间域 $0 \leqslant t \leqslant T$ 划分为若干个时间步

长 $\Delta t$，在一定数目的 $\Delta t$ 时间区域内，假设$\boldsymbol{\phi}$ 和$\dot{\boldsymbol{\phi}}$ 的函数形式来近似方程的精确解；二是以仅在相隔 $\Delta t$ 的离散时间点上满足微分方程来代替时间域内任何时刻 $t$ 都满足微分方程。

在以下的讨论中首先将时间域 $0\sim T$ 等分(不限于等分，这里是为了讨论方便)为 $M$ 个时间步长，$\Delta t=T/M$，并认为 $t=0$ 时的初始温度列阵$\boldsymbol{\phi}_0$是已知的。进一步假设 $t=0$，$t_1(=\Delta t)$，$t_2(=2\Delta t)$，…，$t_n(=n\Delta t)$时刻的解$\boldsymbol{\phi}_n$已经求得。下一步要计算的是 $t_{n+1}(=t_n+\Delta t)$时刻的$\boldsymbol{\phi}_{n+1}$。从该求解过程建立起求解所有离散时间点场函数的一般算法步骤。

(1) 用加权余量法建立两点循环公式

对于只有一阶导数的常微分方程组(12.3.5)式，可以在两个时间点 $t_n$ 和 $t_{n+1}$之间的 $\Delta t$ 时间区域内，假设$\boldsymbol{\phi}$ 和$\dot{\boldsymbol{\phi}}$ 采取如图 12.1 所示的线性插值形式，即

$$\boldsymbol{\phi}(t_n+\xi\Delta t)=N_n\boldsymbol{\phi}_n+N_{n+1}\boldsymbol{\phi}_{n+1} \tag{12.3.14}$$

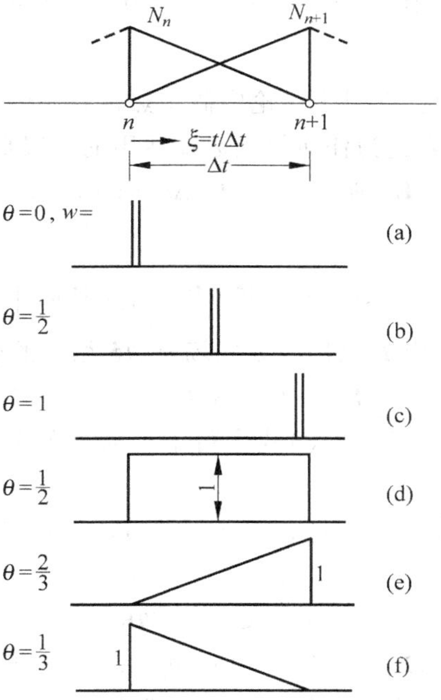


图 12.1　建立两点循环公式的插值函数及权函数

其中

$$\left.\begin{aligned}\xi&=\frac{t}{\Delta t}\\ N_n&=1-\xi \qquad N_{n+1}=\xi\end{aligned}\right\}\quad(0\leqslant\xi\leqslant 1)$$

(12.3.14)式对时间 $t$ 求导，可得

$$\dot{\boldsymbol{\phi}}=\dot{N}_n\boldsymbol{\phi}_n+\dot{N}_{n+1}\boldsymbol{\phi}_{n+1} \tag{12.3.15}$$

其中

$$\dot{N}_n = -\frac{1}{\Delta t} \qquad \dot{N}_{n+1} = \frac{1}{\Delta t}$$

由于采用(12.3.14)式的近似插值，在时间区域 $\Delta t$ 内，方程(12.3.5)式将产生余量。对于这一时间区域，典型的加权余量格式可以表示为如下形式：

$$\int_0^1 w[\boldsymbol{C}(\dot{N}_n\boldsymbol{\phi}_n + \dot{N}_{n+1}\boldsymbol{\phi}_{n+1}) + \boldsymbol{K}(N_n\boldsymbol{\phi}_n + N_{n+1}\boldsymbol{\phi}_{n+1}) - \boldsymbol{P}]\mathrm{d}\xi = 0 \qquad (12.3.16)$$

当求解初值问题时，如果已知一组参数$\boldsymbol{\phi}_n$，则可以利用(12.3.16)式近似确定另一组参数$\boldsymbol{\phi}_{n+1}$。将(12.3.14)和(12.3.15)式代入(12.3.16)式就可以得到时间区域 $\Delta t$ 前后结点上两组参量的关系式，即

$$\left(\boldsymbol{K}\int_0^1 w\xi\mathrm{d}\xi + \boldsymbol{C}\int_0^1 w\frac{\mathrm{d}\xi}{\Delta t}\right)\boldsymbol{\phi}_{n+1} + \left(\boldsymbol{K}\int_0^1 w(1-\xi)\mathrm{d}\xi - \boldsymbol{C}\int_0^1 w\frac{\mathrm{d}\xi}{\Delta t}\right)\boldsymbol{\phi}_n - \int_0^1 w\boldsymbol{P}\mathrm{d}\xi = 0$$

(12.3.17)

式中可以代入不同的权函数。在以上讨论中假定热传导矩阵 $\boldsymbol{K}$ 和热容矩阵 $\boldsymbol{C}$ 不随时间 $t$ 而变化。(12.3.17)式可以表达为任何权函数都适用的一般形式，即

$$(\boldsymbol{C}/\Delta t + \boldsymbol{K}\theta)\boldsymbol{\phi}_{n+1} + [-\boldsymbol{C}/\Delta t + \boldsymbol{K}(1-\theta)]\boldsymbol{\phi}_n = \overline{\boldsymbol{P}} \qquad (12.3.18)$$

式中

$$\theta = \int_0^1 w\xi\mathrm{d}\xi \Big/ \int_0^1 w\mathrm{d}\xi \quad \overline{\boldsymbol{P}} = \int_0^1 w\boldsymbol{P}\mathrm{d}\xi \Big/ \int_0^1 w\mathrm{d}\xi \qquad (12.3.19)$$

一种很方便的做法是假定 $\boldsymbol{P}$ 采用与未知场函数$\boldsymbol{\phi}$ 相同的插值表达式，这时将得到

$$\overline{\boldsymbol{P}} = \boldsymbol{P}_{n+1}\theta + \boldsymbol{P}_n(1-\theta) \qquad (12.3.20)$$

当$\boldsymbol{\phi}_n$和 $\boldsymbol{P}$ 都已知时，就可由(12.3.18)式求得下一时刻的$\boldsymbol{\phi}_{n+1}$。这就是两点循环公式。可以更明显地表示成

$$\overline{\boldsymbol{K}}\boldsymbol{\phi}_{n+1} = \overline{\boldsymbol{Q}}_{n+1} \quad (n = 0,1,2,\cdots,M) \qquad (12.3.21)$$

其中

$$\overline{\boldsymbol{K}} = \boldsymbol{C}/\Delta t + \theta\boldsymbol{K} \qquad (12.3.22)$$

$$\overline{\boldsymbol{Q}}_{n+1} = [\boldsymbol{C}/\Delta t - (1-\theta)\boldsymbol{K}]\boldsymbol{\phi}_n + (1-\theta)\boldsymbol{P}_n + \theta\boldsymbol{P}_{n+1} \qquad (12.3.23)$$

利用上式，从 $t=0$ 出发，可以依次递推求得结点温度列阵$\boldsymbol{\phi}(t)$的各个瞬时值$\boldsymbol{\phi}_1$，$\boldsymbol{\phi}_2$，…，$\boldsymbol{\phi}_M$。

(2) 算法步骤

利用直接积分的两点循环公式求解瞬态热传导问题的有限元微分方程的算法步骤可以归结如下：

**初始计算：**

① 形成系统系数矩阵 $\boldsymbol{C}$ 和 $\boldsymbol{K}$；

② 给定$\boldsymbol{\phi}_0$；

③ 选择参数 $\theta$ 和时间步长 $\Delta t$；

④ 形成系统的有效系数矩阵 $\bar{\boldsymbol{K}}=\boldsymbol{C}/\Delta t+\theta\boldsymbol{K}$；

⑤ 三角分解 $\bar{\boldsymbol{K}}$，$\bar{\boldsymbol{K}}=\boldsymbol{LDL}^{\mathrm{T}}$。

**对于每一时间步长：**

① 形成向量 $\boldsymbol{P}_{n+1}$；

② 形成有效向量 $\bar{\boldsymbol{Q}}_{n+1}=[\boldsymbol{C}/\Delta t-(1-\theta)\boldsymbol{K}]\boldsymbol{\phi}_n+(1-\theta)\boldsymbol{P}_n+\theta\boldsymbol{P}_{n+1}$

③ 回代求解 $\boldsymbol{\phi}_{n+1}$，$\boldsymbol{LDL}^{\mathrm{T}}\boldsymbol{\phi}_{n+1}=\bar{\boldsymbol{Q}}_{n+1}$。

(3) 参数 $\theta$ 的选择

以上通过加权余量法得到的求解瞬态热传导方程的两点循环公式(12.3.18)本质上是一组加权的差分公式，因为在每个时间区域 $\Delta t$ 内，对于 $(t_n+\theta\Delta t)$ 点 $(0\leqslant\theta\leqslant1)$ 建立的差分公式为

$$\boldsymbol{\phi}(t+\theta\Delta t)=(1-\theta)\boldsymbol{\phi}_n+\theta\boldsymbol{\phi}_{n+1} \tag{12.3.24}$$

$$\dot{\boldsymbol{\phi}}(t+\theta\Delta t)=(\boldsymbol{\phi}_{n+1}-\boldsymbol{\phi}_n)/\Delta t \tag{12.3.25}$$

该两式实际上就是利用时间区域 $\Delta t$ 内线性插值公式得到的(12.3.14)和(12.3.15)式，只是坐标参数 $\xi$ 换成 $\theta$ 而已。

将(12.3.24)和(12.3.25)式代入(12.3.5)式，并将 $\boldsymbol{P}$ 表示成和 $\boldsymbol{\phi}$ 相同的差分形式，则得到建立于 $(t_n+\theta\Delta t)$ 时刻的差分方程。它和前面利用加权余量法的两点循环公式(12.3.18)式相同。从此可以清楚地认识 $\theta$ 的物理意义，$\theta$ 的取值决定了在 $\Delta t$ 时间区域内建立差分方程的具体地点。从图 12.1 给出的一组权函数及相应的 $\theta$ 值的关系也可以看清 $\theta$ 的物理意义。图 12.1 中的(a)、(b)、(c)集中在点 $n$，$n+\dfrac{1}{2}$ 及 $n+1$ 上加权，得到的是著名的前差分公式(欧拉差分公式)，中心差分公式(Crank-Nicholson 差分公式)和后差分公式。(d)是在时间区域内权函数等于常数，其结果和中心差分的结果相同。(e)和(f)为伽辽金型的权函数，其结果分别和权函数集中在 $n+\dfrac{1}{3}$ 和 $n+\dfrac{2}{3}$ 点上加权时相同。加权余量法在何处集中加权，也就是要求在该处微分方程得到满足，因而 $\theta$ 的取值将直接影响到解的精度和稳定性。

直接积分法除两点循环公式以外，还有三点循环公式[A3]。它的 $\boldsymbol{\phi}(t)$ 表示成在 $2\Delta t$ 时间区域内的 $\boldsymbol{\phi}_{n-1}$，$\boldsymbol{\phi}_n$，$\boldsymbol{\phi}_{n+1}$ 的二次插值函数，然后利用加权余量法得到三点循环公式。选择不同的加权函数，可以得到不同的三点循环公式的具体方案。由于现在求解的是一阶常微分方程，理论上说不必要采用三点的循环公式，实际计算也表明，不仅计算效率低于两点循环公式，而且精度也未得到改进，甚至常常低于两点循环公式。

**例 12.1** 利用两点循环公式求解瞬态热传导方程(12.3.5)式，其中 $\boldsymbol{K}=1$，$\boldsymbol{C}=1$，$\boldsymbol{P}=0$。它是一个单变量的方程。初值 $\phi_0=1$，解析解是 $\phi=\mathrm{e}^{-t}$。时间步长 $\Delta t$ 分别取 0.5，

0.9,1.5和 2.5。对于每一个时间步长 $\Delta t$,参数 $\theta$ 分别取 0,$\frac{1}{2}$,$\frac{2}{3}$和 1 进行数值计算。

图 12.2 给出的是 $\Delta t=0.5$ 和 $\Delta t=0.9$ 的结果,图 12.3 给出的是 $\Delta t=1.5$ 和 $\Delta t=2.5$ 的结果。从图 12.2 可以看到,在时间步长取 $\Delta t=0.5$ 及 $\Delta t=0.9$ 的情况下,中心差分法$\left(\theta=\frac{1}{2}\right)$的精度最好,伽辽金法$\left(\theta=\frac{2}{3}\right)$次之。但从图 12.3 可以看到,当时间步长取 $\Delta t=1.5$ 时,前差分法($\theta=0$)的解出现振荡。当 $\Delta t=2.5$ 时,前差分法($\theta=0$)的解无限增长(不稳定),中心差分法$\left(\theta=\frac{1}{2}\right)$出现解的振荡。可以验证,如果时间步长取 $\Delta t=3.5$,伽辽金法$\left(\theta=\frac{2}{3}\right)$也将出现振荡。但不管时间步长取什么值,后差分法($\theta=1$)的解总能给出没有振荡的稳定解答。关于解发生振荡或不稳定现象的原因将在下一小节讨论。

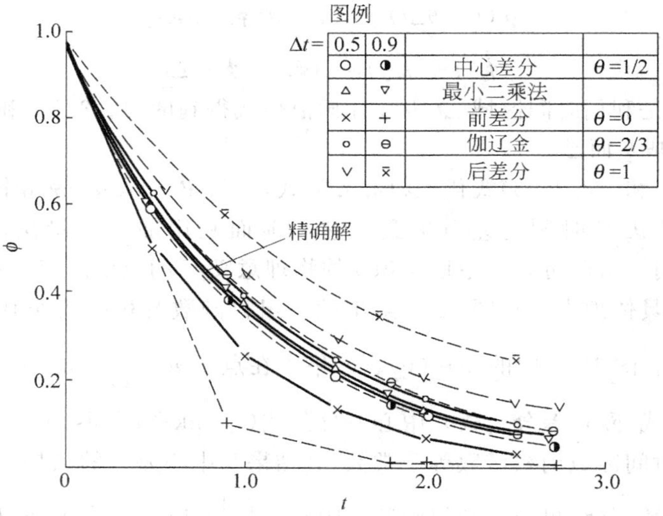


图 12.2 不同时间步长对初值问题的影响(1)

2. 模态叠加法

(1) 特征值问题

(12.3.5)式的齐次形式是

$$\boldsymbol{C}\dot{\boldsymbol{\phi}}+\boldsymbol{K}\boldsymbol{\phi}=0 \tag{12.3.26}$$

该方程的解可以假设为如下指数形式:

$$\boldsymbol{\phi}=\hat{\boldsymbol{\phi}}\mathrm{e}^{-\omega t} \tag{12.3.27}$$

代入(13.3.26)式,得到

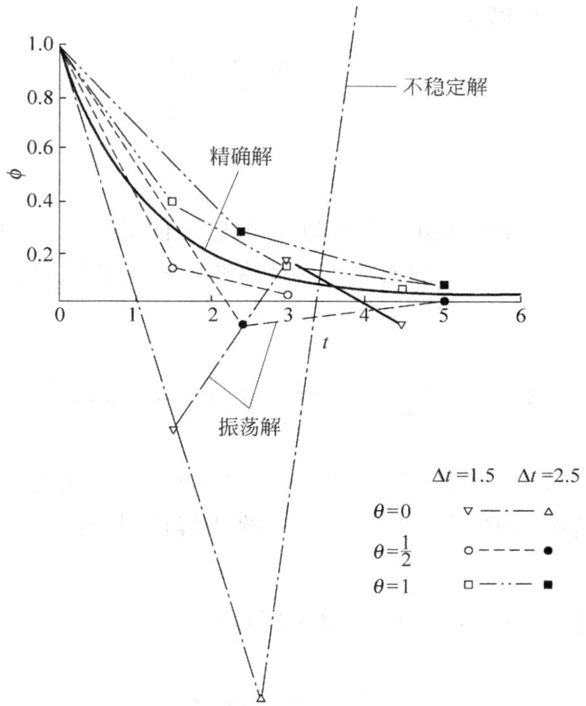


图 12.3　不同时间步长对初值问题的影响(2)

$$(-\omega \boldsymbol{C}+\boldsymbol{K})\hat{\boldsymbol{\phi}}=0 \tag{12.3.28}$$

上式中若$\hat{\boldsymbol{\phi}}$要有非零解，则要求

$$|\boldsymbol{K}-\omega \boldsymbol{C}|=0 \tag{12.3.29}$$

显然，(12.3.28)式是广义特征值问题，(12.3.29)式是它的特征方程，通过特征方程可以确定 $N$ 个特征值 $\omega_i$。当 $\boldsymbol{C}$ 和 $\boldsymbol{K}$ 是正定矩阵时，$\omega_i$ 是正实数，并且 $0<\omega_1<\omega_2<\cdots<\omega_n$。对应每个特征值 $\omega_i$，从(12.3.28)式可求得一组相应的$\hat{\boldsymbol{\phi}}_i$，称之为特征向量，也可称为模态。$\hat{\boldsymbol{\phi}}_i$共有 $N$ 个，有相互加权正交的性质，即

$$\begin{aligned}\hat{\boldsymbol{\phi}}_i^{\mathrm{T}}\boldsymbol{K}\hat{\boldsymbol{\phi}}_j=0 \quad (i\neq j)\\ \hat{\boldsymbol{\phi}}_i^{\mathrm{T}}\boldsymbol{C}\hat{\boldsymbol{\phi}}_j=0 \quad (i\neq j)\end{aligned} \tag{12.3.30}$$

这里 $\boldsymbol{K}$ 和 $\boldsymbol{C}$ 起着加权矩阵的作用。对于 $i=j$，则有

$$\begin{aligned}\hat{\boldsymbol{\phi}}_i^{\mathrm{T}}\boldsymbol{K}\hat{\boldsymbol{\phi}}_i=C_i\\ \hat{\boldsymbol{\phi}}_i^{\mathrm{T}}\boldsymbol{C}\hat{\boldsymbol{\phi}}_i=K_i\end{aligned} \tag{12.3.31}$$

齐次方程的一般解可以表示为

$$\boldsymbol{\phi}(t) = \sum_{i=1}^{N} A_i \hat{\boldsymbol{\phi}}_i e^{-\omega_i t} \tag{12.3.32}$$

其中 $A_i$ 是任意常数。

(2) 瞬态响应

在从齐次方程(12.3.26)式解出特征值 $\omega_i$ 和特征向量$\hat{\boldsymbol{\phi}}_i$以后，可以利用模态叠加法求得(12.3.5)式中 $\boldsymbol{P}(t)\neq 0$ 时的瞬态响应。具体做法是将结点温度向量$\boldsymbol{\phi}(t)$表示为特征向量的线性组合，即

$$\boldsymbol{\phi}(t) = \sum_{i=1}^{N} \hat{\boldsymbol{\phi}}_i y_i(t) = [\hat{\boldsymbol{\phi}}_1, \hat{\boldsymbol{\phi}}_2, \cdots] \begin{Bmatrix} y_1(t) \\ y_2(t) \\ \vdots \end{Bmatrix} \tag{12.3.33}$$

式中 $y_i(t)$是时间的函数。上式的意义是原来在物理坐标中定义的结点温度向量$\boldsymbol{\phi}(t)$($=[\phi_1(t), \phi_2(t)\cdots]^{\mathrm{T}}$)转换为在模态坐标中定义的待解向量 $\boldsymbol{y}(t)$，该向量的各个元素为 $y_1(t), y_2(t)\cdots$。

将(12.3.33)式代入(12.3.5)式，并前乘$\hat{\boldsymbol{\phi}}_i^{\mathrm{T}}(i=1,2,\cdots,N)$，则得到一组互不耦合的方程组，即

$$C_i \dot{y}_i + K_i y_i = P_i \tag{12.3.34}$$

其中的 $C_i$，$K_i$ 见(12.3.31)式，$P_i$ 表示如下

$$P_i = \hat{\boldsymbol{\phi}}_i^{\mathrm{T}} \boldsymbol{P} \tag{12.3.35}$$

(12.3.34)式是一组单自由度的常微分方程，可用解析方法或前述的两点循环公式(12.3.18)式求解。当解出 $y_i(t)(i=1,2,\cdots,N)$以后，代回(12.3.33)式，就得到瞬态响应$\boldsymbol{\phi}(t)$。

## 12.3.3 解的稳定性

当利用时间逐步积分方法求解常微分方程组(12.3.5)式或单自由度常微分方程组(12.3.34)式时，讨论解的稳定性问题就是要回答在时间步长 $\Delta t$ 取不同数值时，计算过程中的误差会不会无限增长。对于一定的积分方法，如果时间步长取任意值，误差都不会无限增长，则称此方法是无条件稳定的；如果时间步长只有满足一定条件时，误差才不会无限增长，则称此方法是有条件稳定的。

讨论解的稳定性问题的常用方法是，首先利用 $n$ 阶联立方程组(12.3.5)式的特征向量将方程转换为 $n$ 个互不耦合的单自由度方程(12.3.34)式，然后选择其中一个典型方程进行讨论。

对于两点循环公式解的稳定性条件，利用一组互不耦合的方程(12.3.34)式来进行讨论比较方便，也易于理解。因为稳定性讨论是要回答误差的影响，因此只需要考虑它的齐次形式(即 $P_i=0$ 情形)，这时

$$C_i\dot{y}_i + K_i y_i = 0 \tag{12.3.36}$$

显然，此式的解析解是

$$y_i = A_i \mathrm{e}^{-\omega_i t} \tag{12.3.37}$$

其中，$A_i$ 是任意常数，$\omega_i = K_i/C_i$。

从上式可以看出，方程(12.3.36)式的解析解恒大于零，且随时间不断衰减。现用直接积分法对(12.3.36)式求解，它的两点循环公式是

$$(C_i/\Delta t + K_i\theta)(y_i)_{n+1} + [-C_i/\Delta t + K_i(1-\theta)](y_i)_n = 0 \tag{12.3.38}$$

其中，$(y_i)_{n+1}$ 和 $(y_i)_n$ 之间的关系可表示为

$$(y_i)_{n+1} = (y_i)_n\lambda \tag{12.3.39}$$

因此，(12.3.38)式就可改写为

$$\lambda(C_i/\Delta t + K_i\theta) + [-C_i/\Delta t + K_i(1-\theta)] = 0 \tag{12.3.40}$$

可以解得

$$\lambda = \frac{1 - K_i(1-\theta)\Delta t/C_i}{1 + K_i\theta\Delta t/C_i} = \frac{1-\omega_i\Delta t(1-\theta)}{1+\omega_i\theta\Delta t} \tag{12.3.41}$$

为使方程(12.3.36)式得到稳定而真实的解答，$\lambda$ 应符合以下要求：

(1) $|\lambda|<1$。因为如果 $|\lambda|>1$，则解是发散的，即 $y_i$ 将愈来愈大，在实际求解中应该防止它的发生。

(2) $\lambda>0$。因为在 $|\lambda|<1$ 的情况下，如果 $\lambda<0$，这时解虽然稳定，但具有振荡的性质，这不符合解析解(12.3.37)式所表达的瞬态热传导问题解的物理特点，因此不是所希望的。

现在考察 $\lambda$ 的表达式(12.3.41)式，因为 $\omega_i$ 为正实数，$0\leqslant\theta\leqslant1$，所以(12.3.41)式的最大值为正值且小于 1。在此情况下，要求 $|\lambda|<1$，则只要求(12.3.41)式的右端必须大于 $-1$，即

$$1-\omega_i\Delta t(1-\theta) > -1-\omega_i\Delta t\theta$$

或写成

$$\omega_i\Delta t(1-2\theta) < 2 \tag{12.3.42}$$

此式即是获得稳定解的条件。可以看出，当 $\theta\geqslant\frac{1}{2}$ 时，解是无条件稳定的；当 $0<\theta<\frac{1}{2}$ 时，解的稳定是有条件的。此时要求时间步长 $\Delta t$ 满足以下条件

$$\Delta t < \Delta t_{\mathrm{cr}} = \frac{2}{(1-2\theta)\omega_i} \tag{12.3.43}$$

式中的 $\Delta t_{cr}$ 称为临界时间步长。因此图 12.1 所示的后差分($\theta=1$)和伽辽金权函数($\theta=2/3$)以及中心差分($\theta=1/2$)都是无条件稳定。而前差分($\theta=0$)是有条件稳定,必须控制时间步长 $\Delta t<\Delta t_{cr}(=2/\omega_i)$ 才能得到稳定的解答。

另一方面,从(12.3.41)式还可以看到,为保证解不发生振荡,即 $\lambda>0$,则 $\Delta t$ 需要满足以下条件:

$$\Delta t<\frac{1}{(1-\theta)\omega_i} \tag{12.3.44}$$

否则将导致 $\lambda<0$。这表明在 $\theta$ 取定以后,对于一定 $\omega_i$,如果 $\Delta t$ 过大,数值解将出现振荡。

图 12.4 给出了当 $\theta$ 取某些值时,$\lambda$ 值随 $\omega_i\Delta t$ 变化的情况。从图中可以看出,后差分($\theta=1$)在时间步长很大时仍能保持解的良好性能,既稳定又不振荡;而对于中心差分($\theta=1/2$)及伽辽金权函数($\theta=2/3$),当时间步长较大时,$\lambda$ 值将趋于 $-1$ 和 $-1/2$(这从(12.3.41)式也可得到)。$\lambda<0$ 意味着即使解是稳定的,但却是振荡的。从图 12.4 还可看出,当时间步长比较大时,后差分与中心差分等相比,具有较高的精度。虽然理论上后者比前者具有较高的精度。

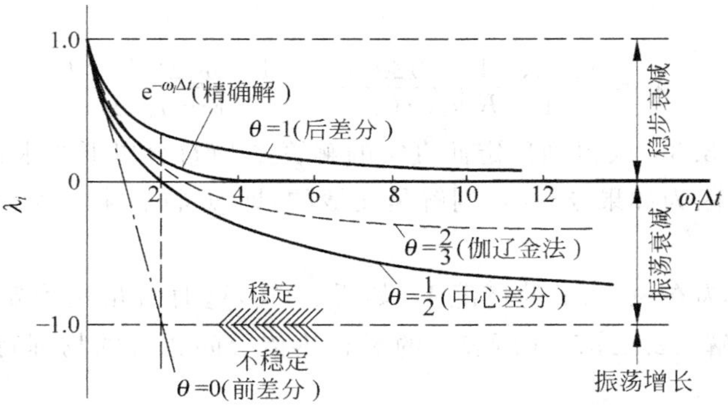


图 12.4 不同循环公式随时间步长的变化

图 12.4 所示以及(12.3.43)和(12.3.44)式可以用来具体解释例 12.1 的结果。该例中 $\omega=K/C=1$,$\Delta t_{cr}=2/(1-2\theta)$。因此对于 $\theta=0$,则 $\Delta t_{cr}=2$。所以当 $\Delta t=2.5>\Delta t_{cr}$ 时,解出现如图 12.3 所示的无限增大的不稳定现象。当 $\Delta t=1.5$ 时,虽然 $\Delta t<\Delta t_{cr}$,解是稳定的,但从图 12.4 看到,当 $\Delta t>1$ 时,$\lambda<0$,所以解出现如图 12.3 所示的振荡。对于 $\theta=1/2$ 的结果,可作同样的解释,虽然解是无条件稳定的,但当 $\Delta t>2$ 时,$\lambda<0$,所以解出现振荡。

一个多自由度体系的瞬态响应问题是上述全部响应模态的组合,并且响应的主要部分通常情况下是低阶特征值 $\omega_i$ 的模态。因此在实际计算中采用无条件稳定公式时,一般可选取远超过保证高阶特征值 $\omega_i$ 的解不发生振荡所要求的时间步长(即 $\Delta t<1/(1-$

$\theta)\omega_i$)。在此情况下，解仍可能出现振荡，特别是在分析或载荷发生突变的起始阶段。必要时应适当减小 $\Delta t$，或采用在上述起始阶段 $\Delta t$ 较小，而其余阶段 $\Delta t$ 较大的变步长的时间积分方案。

### 12.3.4 时间步长的选择

在实际问题中，很多需要进行瞬态温度场分析的时间区域包括两个阶段，第一个是外加温度环境条件变化的阶段，例如机器的起动阶段。第二个是从外加温度环境条件停止变化开始直至设备内部温度场达到稳定不变的阶段。前一阶段的时间长度由工况条件决定，而后一阶段的时间长度(记为 $t_s$)事先是不能确定的。由于实际结构的材料、几何尺寸、各种加热或冷却的边界条件不同，结构温度场达到稳态所需的时间 $t_s$ 可能相差很大。因此时间步长 $\Delta t$ 的选取不仅应考虑解的稳定性要求，也应参照到达稳态所需的时间。$\Delta t$ 的合理选取与计算精度以及计算量密切相关。在实际计算中可以首先估算结构温度场到达稳态所需的时间 $t_s$，然后根据 $t_s$ 选取合理的 $\Delta t$，在计算过程中根据解的精度要求再作适当调整。

温度场从外加温度环境条件停止变化开始到达稳态的时间 $t_s$ 可以用以下的方法估算，瞬态温度场方程(12.3.5)式的解可以看作由两部分组成，即齐次方程组的一般解和方程组的一个特解之和。特解就是稳态温度场，一般解就是(12.3.32)式。当一般解 $\boldsymbol{\phi}(t)$ 趋于零时，温度场即趋于稳态。由于只需要估计到达稳态所需的时间 $t_s$，可以对问题作以下的简化，在(12.3.32)式中，当时间足够长时，较大的特征值 $\omega_i$ 对应的 $e^{-\omega_i t}$ 项将迅速趋于零，这时可以近似认为一般解主要是由第一特征值及特征向量构成，即

$$\boldsymbol{\phi} \approx \hat{\boldsymbol{\phi}}_1 e^{-\omega_1 t} \tag{12.3.45}$$

到达稳态的时间 $t_s$ 应满足 $e^{-\omega_1 t_s} \approx 0$。若近似地认为 $e^{-\omega_1 t_s} = 0.01$，则 $\omega_1 t_s = 4.6$，即得到

$$t_s = \frac{4.6}{\omega_1} \tag{12.3.46}$$

所以估计 $t_s$ 的问题就归结为求解最小特征值 $\omega_1$ 的问题。

在计算机程序中加入用反迭代法(参见 13.6.1 节)求解方程组(12.3.26)式的最小特征值 $\omega_1$ 的子程序是很方便的。利用(12.3.29)式进行计算，每迭代一次将使 $\hat{\boldsymbol{\phi}}_1 e^{-\omega_1 t}$ 在整个解中所占的成分加强一次，通过若干次反迭代就能求得最小特征值 $\omega_1$ 的较好近似解。具体计算步骤如下：

(1) 开始计算

① 形成 $\boldsymbol{K}$ 和 $\boldsymbol{C}$。

② 按所给边界条件修正 $\boldsymbol{K}$。

③ 给初值$(\hat{\boldsymbol{\phi}}_1)_0^{\mathrm{T}}=[1\quad 1\quad 1\quad \cdots\quad 1]$。

④ 计算$\boldsymbol{C}(\hat{\boldsymbol{\phi}}_1)_0$。

(2) 反迭代若干次($k=0,1,2,\cdots$)，对于每次反迭代应作

① 解线性代数方程组$\boldsymbol{K}(\hat{\boldsymbol{\phi}}_1)_{k+1}=\boldsymbol{C}(\hat{\boldsymbol{\phi}}_1)_k$，求得$(\hat{\boldsymbol{\phi}}_1)_{k+1}$

② 计算 $\boldsymbol{C}(\hat{\boldsymbol{\phi}}_1)_{k+1}$

③ 计算 $$(\omega_1)_{k+1}=\frac{(\hat{\boldsymbol{\phi}}_1)_{k+1}^{\mathrm{T}}\boldsymbol{C}(\hat{\boldsymbol{\phi}}_1)_k}{(\hat{\boldsymbol{\phi}}_1)_{k+1}^{\mathrm{T}}\boldsymbol{C}(\hat{\boldsymbol{\phi}}_1)_{k+1}}$$

④ 检查 $$\left|\frac{(\omega_1)_{k+1}-(\omega_1)_k}{(\omega_1)_{k+1}}\right|<\varepsilon$$

$\varepsilon$为容许误差。若上式成立，则计算结束，$\omega_1=(\omega_1)_{k+1}$；若误差不满足要求，则继续以下计算：

⑤ $$\boldsymbol{C}(\hat{\boldsymbol{\phi}}_1)=\frac{\boldsymbol{C}(\hat{\boldsymbol{\phi}}_1)_{k+1}}{(\hat{\boldsymbol{\phi}}_1)_{k+1}^{\mathrm{T}}\boldsymbol{C}(\hat{\boldsymbol{\phi}}_1)_{k+1}}$$

返回①作下一次迭代。

在最小特征值$\omega_1$求得以后，按(12.3.46)式可以估算到达稳态温度场的时间$t_s$。瞬态分析的时间步长可取$\Delta t=t_s/N$。其中$N$为估计的分步数。根据精度要求选择，通常可取$N=20\sim30$。实际计算中可按下式判断是否到达稳态

$$\frac{\|\boldsymbol{\phi}_n-\boldsymbol{\phi}_{n-1}\|}{\|\boldsymbol{\phi}_n\|}<\mathrm{er} \tag{12.3.47}$$

其中$\boldsymbol{\phi}_n$和$\boldsymbol{\phi}_{n-1}$是本时间步$n$和前一时间步$n-1$计算得到的温度场，$\|\boldsymbol{\phi}_n-\boldsymbol{\phi}_{n-1}\|$和$\|\boldsymbol{\phi}_n\|$分别表示$\boldsymbol{\phi}_n-\boldsymbol{\phi}_{n-1}$和$\boldsymbol{\phi}_n$的范数，er是一小数，例如取er=1%。如果er取得过小，可能使(12.3.47)式很难满足，从而使计算时间大大增加。当然er取得较大，可能使最后计算得到的$\boldsymbol{\phi}_n$和实际稳态温度场$\boldsymbol{\phi}_s$有相当大的差别。所以建议在(12.3.47)式满足以后，最好再进行一次稳态温度场的计算(即在(12.3.18)式中令$\boldsymbol{C}=0,\theta=1$)。为减少时间步长的数目，根据瞬态温度场变化的特点(参见(12.3.45)式)，可以考虑采用时间步长逐渐加大的变步长的算法。但这样一来，每变化一次时间步长，需要重新形成和分解求解$\boldsymbol{\phi}_{n+1}$的系数矩阵$(\boldsymbol{C}/\Delta t+\boldsymbol{K}\theta)$，这一计算步骤所付出的代价可能抵消掉因分步数减少而带来的好处。

**例 12.2**[A6] 用有限元方法求解下列一维瞬态热传导方程：

$$\frac{\partial^2\phi}{\partial x^2}=\frac{\partial\phi}{\partial t}$$

及边界条件：

$$\left.\frac{\partial \phi}{\partial x}\right|_{x=0} = \begin{cases} 0 & t \leqslant 0 \\ -1 & t > 0 \end{cases}$$

$$\left.\frac{\partial \phi}{\partial x}\right|_{x=L} = 0$$

初始条件： $\phi(x,0)=0$

先用 20 个长度为 $l\left(=\frac{L}{20}\right)$ 的 2 结点一维 $C_0$ 型单元进行空间离散。典型单元的有限元方程表示为

$$\frac{l}{6}\begin{bmatrix} 2 & 1 \\ 1 & 2 \end{bmatrix}\begin{Bmatrix} \dot{\phi}_1 \\ \dot{\phi}_2 \end{Bmatrix}^{(e)} + \frac{1}{l}\begin{bmatrix} 1 & -1 \\ -1 & 1 \end{bmatrix}\begin{Bmatrix} \phi_1 \\ \phi_2 \end{Bmatrix}^{(e)} = \{0\}$$

系统方程集成后，用模态叠加法和参数 $\theta=1/2,2/3,1$ 三种情况下的两点循环公式求解。

为了采用模态叠加法求解，首先需要解出方程的前若干阶的特征值 $\omega_i$ 和特征向量 $\hat{\boldsymbol{\phi}}_i$(解法参见 13.6 节)。为了和解析解进行比较，现将它们前 10 阶的特征值列于表 12.1。

**表 12.1 一维瞬态热传导问题的特征值**

| 阶次 $i$ | 特征值 $\omega_i$ | |
|---|---|---|
| | 有限元 | 解析解 |
| 1 | 0.618 | 0.617 |
| 2 | 2.488 | 2.467 |
| 3 | 5.655 | 5.552 |
| 4 | 10.198 | 9.870 |
| 5 | 16.229 | 15.422 |
| 6 | 23.894 | 22.207 |
| 7 | 33.375 | 30.226 |
| 8 | 44.888 | 39.478 |
| 9 | 58.678 | 49.965 |
| 10 | 75.000 | 61.685 |

解析解：$\omega_i=i^2\pi^2/L^2(L=4)$， $\hat{\boldsymbol{\phi}}=\cos\frac{i\pi}{L}x$

从表 12.1 可见，用 20 个单元(共 21 个结点)对长度 $L$ 进行离散，有限元计算得到的低阶特征值和解析解符合得很好，但随阶次 $i$ 的增加有限元解的误差逐步增大。这是可以理解的，因为解析解的特征模态 $\hat{\boldsymbol{\phi}}=\cos\frac{i\pi}{L}x$，在 $L$ 长度内 $i$ 阶的特征模态有 $i$ 个半波，

当阶次越高，用21个结点的$\phi$值去近似描述，必然误差越大。从表12.1还可看到，有限元的解总是偏大，即它是解析解的上界。

由模态叠加法和两点循环公式（$\theta$分别为1/2,2/3,1，$\Delta t$分别取0.1和0.05）计算出的$x=0$点的瞬态响应$\phi(0,t)$列于表12.2。表中循环公式的结果对于每个时刻分列为两行，上面是$\Delta t=0.1$的结果，下面是$\Delta t=0.05$的结果。为了便于比较，表中还列出了解析解的结果。括号内的数值是和解析解比较的差值。

从表12.2可见，模态叠加法得到的解的精度很好，当$t=0.5$时，和解析解相差仅为0.001，即0.1%，这是由于与解析解相差较大的高阶模态迅速衰减的结果。至于直接积分当$\theta=1/2$和$\theta=2/3$时，如取$\Delta t=0.1$，解出现振荡，且$\theta=1/2$时，振荡相对较大；如取$\Delta t=0.05$，则振荡消失。这些现象都可用图12.4和(12.3.44)式给予解释。

**表12.2 瞬态响应$\phi(0,t)$，$\Delta t=0.1,0.05$**

| 时间 $t$ | 解析解 | 模态叠加 | 两点循环公式 | | |
|---|---|---|---|---|---|
| | | | $\theta=1/2$ | $\theta=2/3$ | $\theta=1$ |
| 0.1 | 0.357 | 0.354(−0.003) | 0.433(+0.076) | 0.378(+0.021) | 0.311(−0.046) |
| | | | 0.332(−0.025) | 0.344(−0.013) | 0.332(−0.025) |
| 0.2 | 0.505 | 0.503(−0.002) | 0.460(−0.045) | 0.486(−0.019) | 0.472(−0.033) |
| | | | 0.493(−0.012) | 0.498(−0.007) | 0.487(−0.018) |
| 0.3 | 0.618 | 0.616(−0.002) | 0.652(+0.034) | 0.613(−0.005) | 0.591(−0.027) |
| | | | 0.612(−0.006) | 0.612(−0.006) | 0.603(−0.015) |
| 0.4 | 0.714 | 0.712(−0.002) | 0.688(−0.026) | 0.705(−0.009) | 0.690(−0.024) |
| | | | 0.710(−0.004) | 0.709(−0.005) | 0.701(−0.013) |
| 0.5 | 0.798 | 0.797(−0.001) | 0.818(+0.020) | 0.791(−0.007) | 0.777(−0.021) |
| | | | 0.795(−0.003) | 0.793(−0.005) | 0.787(−0.011) |
| 0.6 | 0.874 | 0.873(−0.001) | 0.857(−0.017) | 0.867(−0.007) | 0.855(−0.019) |
| | | | 0.872(−0.002) | 0.870(−0.004) | 0.864(−0.010) |
| 0.7 | 0.944 | 0.943(−0.001) | 0.957(+0.013) | 0.938(−0.006) | 0.926(−0.018) |
| | | | 0.943(−0.001) | 0.940(−0.004) | 0.935(−0.009) |
| 0.8 | 1.009 | 1.008(−0.001) | 0.998(−0.011) | 1.003(−0.006) | 0.933(−0.016) |
| | | | 1.008(−0.001) | 1.006(−0.003) | 1.000(−0.009) |
| 0.9 | 1.070 | 1.069(−0.001) | 1.079(+0.009) | 1.067(−0.003) | 1.055(−0.015) |
| | | | 1.069(−0.001) | 1.067(−0.003) | 1.062(−0.008) |
| 1.0 | 1.128 | 1.127(−0.001) | 1.120(−0.008) | 1.123(−0.005) | 1.114(−0.014) |
| | | | 1.127(−0.001) | 1.125(−0.003) | 1.120(−0.008) |

另一方面，从表 12.2 还可以看到，对于 $\Delta t=0.05$ 的情形，有限元解的精度以 $\theta=\frac{1}{2}$时为最好，依次是 $\theta=2/3$ 和 $\theta=1$。综合以上情况，直接积分法中通常建议采用 $\theta=2/3$。而模态叠加法通常用于变温持续时间长，且只需用较少模态就可描述实际温度变化的情况。

# 12.4 热应力的计算

当物体各部分温度发生变化时，物体由于热变形将产生线应变 $\alpha(\phi-\phi_0)$，其中 $\alpha$ 是材料的线膨胀系数，$\phi$ 是弹性体内任一点现时的温度值，$\phi_0$ 是初始温度值。如果物体各部分的热变形不受任何约束，则物体发生变形将不会引起应力。但是如果物体受到约束或者各部分的温度变化不均匀，使得物体的热变形不能自由进行时，则会在物体中产生应力。物体由于温度变化引起的应力称为"热应力"或"温度应力"。当弹性体的温度场已经求得时，就可以进一步求出弹性体各部分的热应力。

## 12.4.1 弹性热应力问题的有限元方程

物体由于热膨胀只产生线应变，而剪切应变为零。这种由于热变形产生的应变可以看作是物体的初应变$\boldsymbol{\varepsilon}_0$。对于三维问题，$\boldsymbol{\varepsilon}_0$的表达式是

$$\boldsymbol{\varepsilon}_0=\alpha(\phi-\phi_0)[1\ 1\ 1\ 0\ 0\ 0]^{\mathrm{T}} \tag{12.4.1}$$

其中，$\alpha$ 是材料的热膨胀系数(1/℃)；$\phi_0$ 是结构的初始温度场；$\boldsymbol{\phi}$ 是结构的稳态或瞬态温度场。$\phi$ 可由温度场分析得到的单元结点温度 $\phi_i$ 通过插值求得，即可按(12.2.2)式计算得到：

$$\phi=\sum_{i=1}^{n_e}N_i(x,y,z)\phi_i=\boldsymbol{N\phi}^e \tag{12.2.2}$$

在物体中存在初应变的情况下，应力应变关系可表示成

$$\boldsymbol{\sigma}=\boldsymbol{D}(\boldsymbol{\varepsilon}-\boldsymbol{\varepsilon}_0) \tag{12.4.2}$$

将(12.4.2)式代入虚位移原理的表达式(1.4.42)，则可得到包括温度应变在内的用以求解热应力问题的最小位能原理。它的泛函表达式如下：

$$\boldsymbol{\Pi}_{\mathrm{p}}(\boldsymbol{u})=\int_{\Omega}\left(\frac{1}{2}\boldsymbol{\varepsilon}^{\mathrm{T}}\boldsymbol{D}\boldsymbol{\varepsilon}-\boldsymbol{\varepsilon}^{\mathrm{T}}\boldsymbol{D}\boldsymbol{\varepsilon}_0-\boldsymbol{u}^{\mathrm{T}}\boldsymbol{f}\right)\mathrm{d}\Omega-\int_{\Gamma_\sigma}\boldsymbol{u}^{\mathrm{T}}\overline{\boldsymbol{T}}\mathrm{d}\Gamma \tag{12.4.3}$$

将求解域 $\Omega$ 进行有限元离散，就得到有限元求解方程为

$$\boldsymbol{Ka}=\boldsymbol{P} \tag{12.4.4}$$

与不包含温度应变有限元求解方程的区别在于载荷向量中包括了由温度应变引起的温度载荷。这里载荷向量表达为

$$\boldsymbol{P}=\boldsymbol{P}_f+\boldsymbol{P}_T+\boldsymbol{P}_{\boldsymbol{\varepsilon}_0} \tag{12.4.5}$$

其中 $\boldsymbol{P}_f$，$\boldsymbol{P}_T$ 分别是体积载荷和表面载荷引起的载荷项，$\boldsymbol{P}_{\boldsymbol{\varepsilon}_0}$ 是温度应变引起的载荷项。

$$\boldsymbol{P}_{\boldsymbol{\varepsilon}_0} = \sum_e \int_{\Omega_e} \boldsymbol{B}^{\mathrm{T}} \boldsymbol{D} \boldsymbol{\varepsilon}_0 \, \mathrm{d}\Omega \tag{12.4.6}$$

从以上各式可见，结构热应力问题和无热载荷的应力分析问题相比，除增加一项以初应变形式出现的温度载荷 $\boldsymbol{P}_{\boldsymbol{\varepsilon}_0}$ 以外，则是完全相同的。稳态温度应力计算在温度场分析后进行。至于瞬态温度应力的计算，可以在每一时间步的瞬态温度场计算后进行，也可以在整个瞬态温度场分析完成后，再对每一时间步或指定的若干步进行，这可根据实际需要和计算的方便与否决定。

## 12.4.2 温度单元和应力单元的匹配

从数据准备和有限元分析本身来说，都希望温度场分析和应力分析采用同一个有限元网格。为了和板壳应力分析的单元相一致，12.2.2 节介绍了壳体温度单元。需要进一步指出的是，在网格相同的条件下，还有单元阶次的匹配问题。从(12.4.2)式看出，由结点位移计算得到的应变 $\boldsymbol{\varepsilon}$ 和由结点温度计算得到的温度应变 $\boldsymbol{\varepsilon}_0$ 出现在同一个关系式中，考虑到 $\boldsymbol{\varepsilon}$ 是由 $\boldsymbol{\varepsilon}_0$ 引起的，它们应该是同阶次的。但是 $\boldsymbol{\varepsilon}$ 是由位移场取导数得到的，而 $\boldsymbol{\varepsilon}_0$ 是直接由温度场得到的，所以合理的匹配，对于 $C_0$ 型单元应该是位移场的插值函数比温度场的插值函数高一个阶次。例如二维问题，应力分析采用 8 结点二次单元，温度场分析采用 4 结点双线性单元。另一种替代方案是温度场分析的单元插值函数和应力分析的单元插值函数阶次相同，但在由结点温度计算温度应变 $\boldsymbol{\varepsilon}_0$ 时采用低一阶次的插值函数。例如二维问题，应力分析和温度场分析都采用 3 结点三角形单元，它们的插值函数都是线性的，但在由结点温度计算温度应变时采用常数插值函数，即以结点温度的平均值作为单元内的温度来计算 $\boldsymbol{\varepsilon}_0$，实际上只要在计算单元刚度矩阵和温度载荷项时都采用 1 点积分即可达到此要求。将此方案推广到应力单元和温度单元都采用二维 8 结点二次单元的情形，热应力分析时单元刚度矩阵和温度载荷项如果采用 2×2 积分，则 $\boldsymbol{\varepsilon}_0$ 实际上已采用了低一阶的双线性插值函数进行计算。但是如果采用 3×3 积分，则不满足 $\boldsymbol{\varepsilon}$ 和 $\boldsymbol{\varepsilon}_0$ 同阶次的要求，从而影响计算结果的精度。

基于以上分析，在 5.6 节讨论的非协调元应用于热应力分析应该是比较合理的选择之一。仍以二维问题为例，应力分析采用包含非协调项的 4 结点单元，温度场分析则采用不包含非协调项的 4 结点单元。它们可以方便地采用同一个网格和数据准备，但是它们的插值函数分别是二次完备的和双线性的，能满足相匹配的要求。需要指出的是，在进行热应力分析时单元的载荷向量中还应包含 $\int_{\Omega_e} \bar{\boldsymbol{B}}^{\mathrm{T}} \boldsymbol{D} \boldsymbol{\varepsilon}_0 \, \mathrm{d}\Omega$ 项，其中 $\bar{\boldsymbol{B}}$ 是非协调位移的应变矩阵（参见(5.6.7)和(5.6.8)式）。当包括温度载荷时，非协调单元的求解方程仍如(5.6.7)式所示，但是(5.6.8)式表示的载荷向量中应增加温度载荷的贡献，即修改为

$$\boldsymbol{P}_u^{(e)} = \int_{\Omega_e} \boldsymbol{N}^{\mathrm{T}} \boldsymbol{f} \, \mathrm{d}\Omega + \int_{\Gamma_\sigma^e} \boldsymbol{N}^{\mathrm{T}} \boldsymbol{T} \, \mathrm{d}\Gamma + \int_{\Omega_e} \boldsymbol{B}^{\mathrm{T}} \boldsymbol{D} \boldsymbol{\varepsilon}_0 \, \mathrm{d}\Omega$$

$$\boldsymbol{P}_\alpha^{(e)}=\int_{\Omega_e}\overline{\boldsymbol{N}}^{\mathrm{T}}\boldsymbol{f}\mathrm{d}\Omega+\int_{\Gamma_\sigma^e}\overline{\boldsymbol{N}}^{\mathrm{T}}\boldsymbol{T}\mathrm{d}\Gamma+\int_{\Omega_e}\overline{\boldsymbol{B}}^{\mathrm{T}}\boldsymbol{D}\boldsymbol{\varepsilon}_0\mathrm{d}\Omega \qquad (12.4.7)$$

其他如(5.6.9)和(5.6.10)式保持不变。在此顺带指出，文献[5.9]在导出非协调元有限元格式时未考虑体积力 $\boldsymbol{f}$，所以(12.4.7)式的右端第 1 项为零。同时考虑非协调项在单元结点处为零，从而略去了(12.4.7)式第 2 式右端的第 2 项，所以给出的有限元格式中 $\boldsymbol{P}_\alpha^{(e)}$ 项不出现。问题是包括有些通用程序在内的一些应用中，在将非协调元用于热应力分析时，仍保持 $\boldsymbol{P}_\alpha^{(e)}=0$，即将该式右端的第 3 项也忽略了，这在理论上是错误的，实际计算将会产生很大的误差。

**例 12.3**　厚壁圆筒受内外壁温差作用的热应力计算[3]。由于对称，只取 1/4 用三维 8 结点实体单元计算(如图 12.5 所示)。圆筒的上、下两端固定且保持绝热条件，内外壁温度分别为 $T_\mathrm{i}=10℃$ 和 $T_\mathrm{o}=40℃$，初始时为均匀温度。其余参数为：$r_\mathrm{i}=8\mathrm{cm}$，$r_\mathrm{o}=10\mathrm{cm}$，$h=2\mathrm{cm}$，$E=2.1\times10^5\mathrm{MPa}$，$\nu=0.3$，$\alpha=1.2\times10^{-5}$。高度方向 1 个单元，周向 5 个单元。径向取 2 个单元和 4 个单元两种方案。计算按 3 种方案进行，方案 A：计算温度采用常规协调元，计算应力采用非协调元，即本节推荐的方案；方案 B：和方案 A 的区别是计算载荷向量时，(12.4.7)式的第 2 式中未引入和非协调位移相关的第 3 项，即某些通用程序采用的方案；方案 C：计算温度和应力均采用协调单元，即通常惯用的方案。计算结果列于表 12.3。

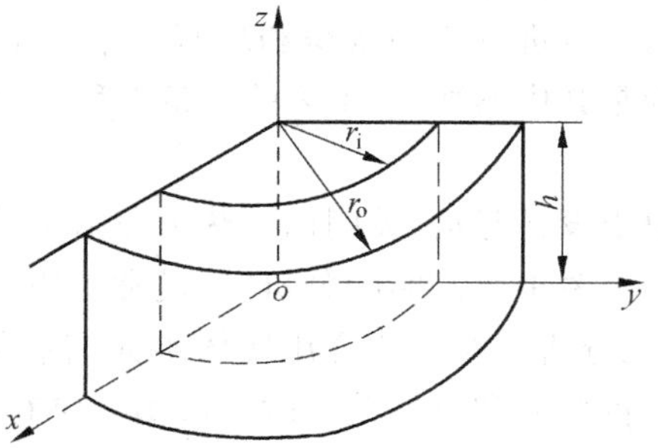


图 12.5　厚壁圆筒的计算模型

**表 12.3　周向应力的计算结果和理论值的比较**　　MPa

| 径向单元数目 | 地点 | 周向应力理论值 | 方案 A | | 方案 B | | 方案 C | |
|---|---|---|---|---|---|---|---|---|
| | | | 周向应力 | 误差/% | 周向应力 | 误差/% | 周向应力 | 误差/% |
| 2 | $r=8$ | 580.0 | 560.4 | 3.38 | 755.0 | 30.2 | 793.0 | 36.7 |
| | $r=10$ | −500.0 | −490.8 | 1.84 | −835.2 | 67.0 | −688.8 | 37.8 |
| 4 | $r=8$ | 580.0 | 568.7 | 1.95 | 740.5 | 27.6 | 752.5 | 29.7 |
| | $r=10$ | −500.0 | −494.2 | 1.16 | −821.1 | 64.2 | −646.3 | 29.3 |

表中计算结果的单位是 MPa。误差分别是它们和理论值比较得出的。从结果可见，方案 A 具有很好的精度，而方案 B 和 C 则有很大的误差。特别是方案 B 由于理论上存在问题，结果更不能接受。从网格划细时的收敛性考查中还可以发现，方案 A 收敛较快，方案 C 收敛很慢，方案 B 则基本上不具有收敛性。因此本节指出的在计算热应力时，注意单元插值函数的匹配和非协调元体积载荷项中应包括温度载荷，这是非常必要的，只有这样才能得到一个对分析结构温度场和热应力问题有实际意义的有效方案。

## 12.5 小结

材料性质不依赖于温度的稳态温度场问题和线弹性静力学问题类似，同属不依赖于时间的平衡问题。有限元表达格式基本相同，只是稳态温度场问题由于场变量是标量，更为简单一些。

瞬态热传导问题则和下一章讨论的结构动力学问题类似，同属依赖于时间的传播问题。在空间域有限元离散后，得到的常微分方程组通常可用直接积分法和模态叠加法求解。从实用角度考虑，瞬态热传导方程更多的是采用直接积分法求解。它的具体求解方案及解的稳定性和时间步长选择等问题是关系到求解过程的稳定性、收敛性及计算效率的基本问题，因此是求解瞬态热传导问题时应予关注的中心。在下一章动力学问题讨论以后，将会对这几个基本问题有进一步的认识和理解。本章重点讨论的基于加权余量法建立的两点循环公式，特别是其中参数 $\theta \geqslant 1/2$ 的无条件稳定算法是实际分析中被广泛应用的有效方案。

热应力问题，特别是由于设备起动、关闭以及热力载荷突然变化引起的瞬态热应力问题，对结构的强度和安全性至关重要。实际分析中，通常希望用同一个网格完成温度场和由其引起的应力场的有限元分析。对于适合用实体单元离散的结构，同一网格的要求可以方便地实现，但是应力分析单元和温度单元的插值函数应有一个合理的匹配，以使从单元结点位移计算出的单元内部的应变和从结点温度计算出的单元内部的温度，再由单元内部的温度计算出的温度应变保持同阶的精度。而对于适合用板壳单元进行离散的结构，首先应构造和板壳应力单元相匹配的板壳温度单元。如果厚度不是太薄，为简单起见，可考虑直接采用在厚度方向只有 2 个结点的实体单元。如果厚度比较薄，为避免由于不同方向热传导矩阵系数相差过大而引起的数值计算困难，可考虑在厚度方向引入相对自由度或温度梯度作为新的自由度的单元。为能更好地描述瞬态变化较为激烈且温度在厚度方向呈非线性分布的情形，还可考虑采用在本章 12.2.2 节简要提到的壳体温度单元。

在实际分析中，很多情形需要考虑材料热传导系数 $k$ 和热容系数 $C$ 以及介质间的换热系数 $h$ 随温度的变化，这些变化可能对实际温度场的计算结果有很大的影响。由于此问题属于物理非线性问题，这里暂不讨论。在第 15 章讨论物理非线性问题有限元方法时阐述的原则和方法均可用于非线性温度场的求解。

最后需要指出的是，本章讨论的热传导问题的稳态温度场和瞬态温度场有限元分析的表达格式和求解方法，实际上可以应用于其他场问题的分析。例如电磁场问题，弹性扭转的应力函数场问题，渗流的压力场问题等。

### 关键概念

| | | |
|---|---|---|
| 稳态热传导 | 瞬态热传导 | 直接积分法 |
| 两点循环公式 | 模态叠加法 | 解的稳定性 |
| 条件稳定 | 无条件稳定 | 自动选择时间步长 |
| 热应变和热应力 | 单元插值函数的匹配 | |

## 复习题

**12.1** 稳态温度场有限元方程和弹性静力学有限元方程的相同点和不同点？这两类有限元方程中，各个方程和物理量的对应关系是什么？

**12.2** 热传导问题的三类边界条件各自和弹性力学问题的什么边界条件相对应？

**12.3** 瞬态热传导问题和稳态热传导问题的区别何在？

**12.4** 比较上述两类问题的有限元离散方法和离散后的方程的相同点和不同点。

**12.5** 什么是常微分方程组的直接积分法？它的基本特点是什么？

**12.6** 建立直接积分常微分方程组的多点循环公式时，如何选择局部时间域内离散时间点的数目？建立多点循环公式的具体步骤是什么？

**12.7** 直接积分一阶常微分方程组的两点循环公式中的参数 $\theta$ 具有什么意义？对解的性态和结果有什么影响？

**12.8** 什么是常微分方程解的稳定性？如何判定直接积分法的稳定性？具体步骤是什么？

**12.9** 什么是条件稳定？什么是无条件稳定？在实际分析中选择条件稳定或无条件稳定的算法时，各应注意些什么？

**12.10** 什么是求解常微分方程组的模态叠加法？它的具体求解步骤是什么？

**12.11** 比较模态叠加法和直接积分法的相同点和不同点。在实际分析中如何在它们之间进行选择？

**12.12** 应用直接积分法求解瞬态响应时，如何根据外加环境条件选择时间步长？

**12.13** 什么是自动选择时间步长？有何意义？如何进行？

**12.14** 什么是热应变？什么是热应力？它们在什么条件下会同时发生？如何对结构的热应力进行有限元分析？具体步骤是什么？

**12.15** 对结构的热应力进行有限元分析时，网格划分和单元选择应注意什么？为什么？

**12.16** 如何构造适合板壳热应力分析的板壳温度单元？

**12.17** 含内部自由度的非协调元是否适合用于热应力分析？如何应用？应注意什么问题？

## 练习题

**12.1** 导出稳态热传导问题的变分原理和其中的泛函表达式(12.2.1)式。

**12.2** 导出利用8结点平面等参温度单元进行稳态温度场分析的求解方程。

**12.3** 导出利用3结点三角形单元对轴对称瞬态热传导问题进行有限元分析的求解方程。

**12.4** 将在厚度方向设置两个结点的三维实体温度单元改写为相对自由度温度单元，并导出它的单元热传导矩阵、热容矩阵和热载向量。

**12.5** 将在厚度方向设置的两个结点的三维实体温度单元改写成用中面温度和中面温度梯度为自由度的壳体温度单元，并导出它的单元热传导矩阵、热容矩阵和热载向量。并证明和上题导出的相对自由度温度单元的等效性。

**12.6** 对于例12.2中表12.1和12.2所列的结果，试利用图12.4和(12.3.43)及(12.3.44)式进行分析和解释。

**12.7** 编制一维瞬态热传导问题(包括三类边界条件)的有限元分析程序。空间离散采用2结点单元，时间域积分采用可取不同数值$\theta$的两点循环公式。

**12.8** 用上题编制的程序计算以下问题的瞬态响应，并比较不同单元数、$\theta$值、$\Delta t$的结果。

方程：

$$\rho C\frac{\partial\phi}{\partial t}-k\frac{\partial^2\phi}{\partial x^2}-\rho Q=0$$

边界条件：

$$k\left.\frac{\partial\phi}{\partial x}\right|_{x=0}=\begin{cases}0 & t<0\\ -q & t>0\end{cases}$$

$$\phi(L,t)=\begin{cases}0 & t<0\\ \bar{\phi} & t>0\end{cases}$$

初始条件：

$$\phi(x,0)=\phi_0(x)$$

其中 $\rho C=2$，$k=5$，$\rho Q=0$，$q=6$，$\bar{\phi}=2$，$\phi_0(x)=0$，$L=10$。

**12.9** 同题12.8，只是$x=L$的端点条件改为：$\phi(L,t)=\begin{cases}0 & t<0\\ h(\phi-\phi_a) & t>0\end{cases}$

其中：$h=4$，$\phi_a=2$。

**12.10**　扩展第 7 章所附教学程序，增加计算二维稳态温度场和热应力的功能。

**12.11**　用上题扩展的程序，计算厚壁圆筒受内外壁不同的热对流条件作用的稳态温度场和热应力。圆筒的上、下表面自由且绝热；内外壁半径分别为：$r_i=100\text{cm}$，$r_o=110\text{cm}$；放热系数分别为 $h_i=0.07$ 和 $h_o=0.02(\text{cal}/(\text{cm}^2\cdot\text{s}\cdot℃))$；外界环境温度分别为：$T_{a_i}=70℃$，$T_{a_o}=20℃$；材料参数：$E=2.1\times10^5\text{MPa}$，$\upsilon=0.3$，$k=0.1\text{cal}/(\text{cm}\cdot\text{s}\cdot℃)$，$\alpha=0.0001$。试比较不同的网格划分及温度单元和应力单元的匹配关系对结果的影响，并和解析解的结果相比较。

# 第 13 章　动力学问题

**本章要点**

- 动力学问题的特点及建立其有限元方程的原理和步骤。
- 求解动力学运动方程的两种直接积分方法(中心差分法和 Newmark 法)的基本假设，建立逐步积分公式的方法，算法特性和应用条件。
- 用振型叠加法求解动力学运动方程的基本概念、求解步骤及其和直接积分法的比较。
- 求解大型系统动力特性方程(矩阵特征值问题)的几种常用算法(反迭代法、子空间迭代法、里兹向量直接叠加法、Lanczos 法)的求解步骤和算法特性以及它们之间的相互比较。
- 减缩大型动力系统自由度的两类方法(Guyan 减缩法和动力子结构法)的基本概念、求解步骤和算法要点。

## 13.1　引言

动力学问题在国民经济和科学技术的发展中有着广泛的应用领域。最经常遇到的是结构动力学问题，它有两类研究对象。一类是在运动状态下工作的机械或结构，例如高速旋转的电机、汽轮机、离心压缩机，往复运动的内燃机、冲压机床，以及高速运行的车辆、飞行器等。它们承受着本身惯性及与周围介质或结构相互作用的动力载荷，如何保证它们运行的平稳性及结构的安全性是极为重要的研究课题。另一类是承受动力载荷作用的工程结构，例如建于地面的高层建筑和厂房，化工厂的反应塔和管道，核电站的安全壳和热交换器，近海工程的海洋石油平台等，它们可能承受强风、水流、地震以及波浪等各种动力载荷的作用。这些结构的破裂、倾覆和坍塌等破坏事故的发生，将给人民的生命财产造成巨大的损失。正确分析和设计这类结构，在理论和实际上都是具有重要意义的课题。

动力学研究的另一重要领域是波在介质中的传播问题。它是研究短暂作用于介质边界或内部的载荷所引起的位移和速度的变化如何在介质中向周围传播，以及如何在界面上反射、折射等的规律。它的研究在结构的抗震设计、人工地震勘探、无损探伤等领域都有广泛的应用背景，因此也是近 20 多年来一直受到工程和科技界密切关注的课题。

在进入本章主要内容的讨论以前，先对弹性动力学问题的基本方程和动力学有限元方法的基本格式作一简要的叙述和讨论。

三维弹性动力学的基本方程是：

平衡方程 $\sigma_{ij,j}+f_i-\rho u_{i,tt}-\mu u_{i,t}=0$ （在 $V$ 域内） (13.1.1)

几何方程 $\varepsilon_{ij}=\frac{1}{2}(u_{i,j}+u_{j,i})$ （在 $V$ 域内） (13.1.2)

物理方程 $\sigma_{ij}=D_{ijkl}\varepsilon_{kl}$ （在 $V$ 域内） (13.1.3)

边界条件 $u_i=\bar{u}_i$ （在 $s_u$ 边界上） (13.1.4)

$\sigma_{ij}n_j=\bar{T}_i$ （在 $s_\sigma$ 边界上） (13.1.5)

初始条件 $u_i(x,y,z,0)=u_i(x,y,z)$

$u_{i,t}(x,y,z,0)=u_{i,t}(x,y,z)$ (13.1.6)

(13.1.1)式中，$\rho$ 是质量密度，$\mu$ 是阻尼系数，$u_{i,tt}$ 和 $u_{i,t}$ 分别是 $u_i$ 对 $t$ 的二次导数和一次导数，即分别表示 $i$ 方向的加速度和速度；$-\rho u_{i,tt}$ 和 $-\mu u_{i,t}$ 分别代表惯性力和阻尼力。它们作为体积力的一部分出现在平衡方程中，是弹性动力学和静力学相区别的基本特点之一。以上各式中的各个符号和第1章所述的弹性静力学方程的相同，只是由于在现在的情况下，载荷是时间的函数，因此位移、应变、应力也是时间的函数。也正因为如此，动力学问题的定解条件中还应包括初始条件(13.1.6)式。

现以三维实体动力分析为例，用有限元法求解的基本步骤如下：

(1) 连续区域的离散化

在动力分析中，因为引入了时间坐标，处理的是四维$(x,y,z,t)$问题。在有限元分析中一般采用部分离散的方法，即只对空间域进行离散，这样一来，此步骤和静力分析时相同。

(2) 构造插值函数

由于只对空间域进行离散，所以单元内位移 $u,v,w$ 的插值分别表示为

$$\begin{aligned} u(x,y,z,t) &= \sum_{i=1}^{n} N_i(x,y,z)u_i(t) \\ v(x,y,z,t) &= \sum_{i=1}^{n} N_i(x,y,z)v_i(t) \\ w(x,y,z,t) &= \sum_{i=1}^{n} N_i(x,y,z)w_i(t) \end{aligned} \tag{13.1.7}$$

或写成

$$\boldsymbol{u} = \boldsymbol{N}\boldsymbol{a}^e \tag{13.1.8}$$

其中

$$\boldsymbol{u} = \begin{Bmatrix} u(x,y,z,t) \\ v(x,y,z,t) \\ w(x,y,z,t) \end{Bmatrix}$$

$$\boldsymbol{N}=[\boldsymbol{N}_1\ \boldsymbol{N}_2\ \cdots\ \boldsymbol{N}_n]\quad \boldsymbol{N}_i=N_i\boldsymbol{I}_{3\times 3}\quad (i=1,2,\cdots,n)$$

$$\boldsymbol{a}^e=\begin{Bmatrix}\mathbf{a}_1\\ \mathbf{a}_2\\ \vdots\\ \mathbf{a}_n\end{Bmatrix}\qquad \boldsymbol{a}_i=\begin{Bmatrix}u_i(t)\\ v_i(t)\\ w_i(t)\end{Bmatrix}\quad (i=1,2,\cdots,n)$$

上列各符号的意义与静力分析情形相同，只是结点参数 $\boldsymbol{a}^e$ 和 $\boldsymbol{a}_i$ 现在是时间的函数。

(3) 形成系统的求解方程

平衡方程(13.1.1)式及力的边界条件(13.1.5)式的等效积分形式的伽辽金提法可表示如下：

$$\int_V \delta u_i(\sigma_{ij,j}+f_i-\rho u_{i,tt}-\mu u_{i,t})\mathrm{d}V-\int_{S_\sigma}\delta u_i(\sigma_{ij}n_j-\overline{T}_i)\mathrm{d}s=0 \tag{13.1.9}$$

对上式的第1项$\int_V \delta u_i\sigma_{ij,j}\mathrm{d}V$ 进行分部积分，并代入物理方程，则从上式可以得到

$$\begin{aligned}&\int_V(\delta\varepsilon_{ij}D_{ijkl}\varepsilon_{kl}+\delta u_i\rho u_{i,tt}+\delta u_i\mu u_{i,t})\mathrm{d}V\\ &=\int_V\delta u_i f_i\mathrm{d}V+\int_{S_\sigma}\delta u_i\overline{T}_i\mathrm{d}s\end{aligned} \tag{13.1.10}$$

将空间离散后的位移表达式(13.1.8)(现在情况下，$u_1=u,u_2=v,u_3=w$)代入上式，并注意到结点位移变化 $\delta\boldsymbol{a}$ 的任意性，最终得到系统的求解方程(在动力学问题中，又称运动方程)如下：

$$\boldsymbol{M}\ddot{\boldsymbol{a}}(t)+\boldsymbol{C}\dot{\boldsymbol{a}}(t)+\boldsymbol{K}\boldsymbol{a}(t)=\boldsymbol{Q}(t) \tag{13.1.11}$$

其中 $\ddot{\boldsymbol{a}}(t)$ 和 $\dot{\boldsymbol{a}}(t)$ 分别是系统的结点加速度向量和结点速度向量，$\boldsymbol{M},\boldsymbol{C},\boldsymbol{K}$ 和 $\boldsymbol{Q}(t)$ 分别是系统的质量矩阵、阻尼矩阵、刚度矩阵和结点载荷向量，并分别由各自的单元矩阵和向量集成，即

$$\begin{aligned}\boldsymbol{M}&=\sum_e\boldsymbol{M}^e\qquad \boldsymbol{C}=\sum_e\boldsymbol{C}^e\\ \boldsymbol{K}&=\sum_e\boldsymbol{K}^e\qquad \boldsymbol{Q}=\sum_e\boldsymbol{Q}^e\end{aligned} \tag{13.1.12}$$

其中

$$\begin{aligned}\boldsymbol{M}^e&=\int_{V_e}\rho\boldsymbol{N}^{\mathrm{T}}\boldsymbol{N}\mathrm{d}V\qquad \boldsymbol{C}^e=\int_{V_e}\mu\boldsymbol{N}^{\mathrm{T}}\boldsymbol{N}\mathrm{d}V\\ \boldsymbol{K}^e&=\int_{V_e}\boldsymbol{B}^{\mathrm{T}}\boldsymbol{D}\boldsymbol{B}\mathrm{d}V\\ \boldsymbol{Q}^e&=\int_{V_e}\boldsymbol{N}^{\mathrm{T}}\boldsymbol{f}\mathrm{d}V+\int_{S_\sigma^e}\boldsymbol{N}^{\mathrm{T}}\boldsymbol{T}\mathrm{d}s\end{aligned} \tag{13.1.13}$$

$\boldsymbol{M}^e,\boldsymbol{C}^e,\boldsymbol{K}^e$ 和 $\boldsymbol{Q}^e$ 分别是单元的质量矩阵、阻尼矩阵、刚度矩阵和载荷向量。

如果忽略阻尼的影响，则运动方程简化为

$$\boldsymbol{M}\ddot{\boldsymbol{a}}(t)+\boldsymbol{K}\boldsymbol{a}(t)=\boldsymbol{Q}(t) \tag{13.1.14}$$

如果上式的右端项为零，则上式进一步简化为

$$\boldsymbol{M}\ddot{\boldsymbol{a}}(t)+\boldsymbol{K}\boldsymbol{a}(t)=0 \tag{13.1.15}$$

这是系统的自由振动方程，又称为动力特性方程。因为从它可以解出系统的固有频率和固有振型。

(4) 求解运动方程

运动方程(13.1.11)或(13.1.14)式的求解方法是本章着重讨论的内容，详见 13.3，13.4 等节。

(5) 计算结构的应变和应力

显然，当从(13.1.11)或(13.1.14)式解得结点的位移向量 $\boldsymbol{a}(t)$后，则可利用(13.1.2)和(13.1.3)式计算所需要的应变$\boldsymbol{\varepsilon}(t)$和应力$\boldsymbol{\sigma}(t)$。

从以上步骤可以看出，和静力分析相比，在动力分析中，由于惯性力和阻尼力出现在平衡方程中，因此引入了质量矩阵和阻尼矩阵，最后得到的求解方程不是代数方程组，而是常微分方程组。其他的计算步骤和静力分析是完全相同的。

(13.1.13)式表达的质量矩阵和阻尼矩阵只是实际分析中常采用的形式之一，其他表达形式及其一般性质将在 13.2 节进一步讨论。

关于二阶常微分方程组的解法，原则上可利用求解常微分方程组的常用方法(例如 Runge-Kutta 方法)求解，但是在有限元动力分析中，因为矩阵阶数很高，用这些常用算法一般是不经济的，所以只对少数有效的方法感兴趣，和前一章关于一阶常微分方程组的求解方法相同，这些方法可分为两类，即直接积分法和振型叠加法。

直接积分法是直接对运动方程进行积分。而振型叠加法是首先求解一无阻尼的自由振动方程，即动力特性方程(13.1.15)式，然后用解得的特征向量，即固有振型对运动方程(13.1.11)式进行变换。如果阻尼矩阵是振型阻尼矩阵，则变换后的运动方程，各自由度是互不耦合的。最后对各个自由度的运动方程进行积分并进行叠加，从而得到问题的解答。在本章 13.3 和 13.4 节将分别讨论直接积分法和振型叠加法的特点和步骤。并于 13.5 节对利用数值积分方法求解运动方程时解的稳定性问题进行必要的讨论。

应当指出：求解动力特性方程(13.1.15)式，除作为用振型叠加法求解运动方程的必要步骤以外，它自身也是动力学问题的重要组成部分。因为它能给出系统的动力特性(固有频率和固有振型)，这在结构分析和设计中常常是不可缺少的内容。动力特性方程(13.1.15)式的求解在数学上属于矩阵特征值问题。有限元分析中的大型矩阵特征值问题的求解方法是备受重视的研究课题，这将在 13.6 节给予专门的讨论。

和静力分析相比，动力分析的计算工作量要大得多，因此提高效率，节省计算工作量的数值方案和方法是动力分析研究工作中的重要组成部分。为此在本章 13.7 节将扼要地介绍两种得到普遍应用的减缩自由度的方法，即 Guyan 减缩法和动力子结构法。

Guyan 减缩法的基本思想是将系统的自由度(位移分量)分为两部分,一部分称主自由度,另一部分称从自由度。后者按一定的关系依赖于前者,从而使求解系统运动方程的计算工作量有所减少。

动力子结构法的基本思想是将子结构法用于动力分析。它和静力子结构法的区别是:最后进入系统运动方程的自由度除各子结构交界面上的自由度外,还包括以各子结构的主要振型为坐标的自由度。但是总的自由度数仍大大少于原系统的自由度数。

# 13.2 质量矩阵和阻尼矩阵

## 13.2.1 协调质量矩阵和集中质量矩阵

上节(13.1.13)式所表达的单元质量矩阵

$$\boldsymbol{M}^e = \int_{V_e} \rho \boldsymbol{N}^{\mathrm{T}} \boldsymbol{N} \mathrm{d}V$$

称为协调质量矩阵或一致质量矩阵,这是因为导出它时,和导出刚度矩阵所根据的原理(伽辽金方法)及所采用位移插值函数是一致的。此外,在有限元法中还经常采用所谓集中(或团聚)质量矩阵。它假定单元的质量集中在结点上,这样得到的质量矩阵是对角线矩阵。

将单元协调质量矩阵 $\boldsymbol{M}^e$ 转换为单元集中质量矩阵 $\boldsymbol{M}_l^e$,即对 $\boldsymbol{M}^e$ 进行对角化的方法,有多种方案可供选择。以下分实体单元和结构单元进行讨论。

1. 实体单元

现在介绍两种常用的方法,即

(1) 第一种方法

$$(\boldsymbol{M}_l^e)_{ij} = \begin{cases} \sum_{k=1}^{n_e} (\boldsymbol{M}^e)_{ik} = \sum_{k=1}^{n_e} \int_{V_e} \rho \boldsymbol{N}_i^{\mathrm{T}} \boldsymbol{N}_k \mathrm{d}V & (j = i) \\ 0 & (j \neq i) \end{cases} \tag{13.2.1}$$

其中,$n_e$ 是单元的结点数。该式的力学意义是:$\boldsymbol{M}_l^e$ 中每一行的主元素等于 $\boldsymbol{M}^e$ 中该行所有元素之和,而非主元素为零。

(2) 第二种方法

$$(\boldsymbol{M}_l^e)_{ij} = \begin{cases} a(\boldsymbol{M}^e)_{ii} = a\int_{V_e} \rho \boldsymbol{N}_i^{\mathrm{T}} \boldsymbol{N}_i \mathrm{d}V & (j = i) \\ 0 & (j \neq i) \end{cases} \tag{13.2.2}$$

此式的力学意义是:$\boldsymbol{M}_l^e$ 中每一行的主元素等于 $\boldsymbol{M}^e$ 中该行主元素乘以缩放因子 $a$,而非主元素为零。因子 $a$ 根据质量守恒原则确定,即 $\boldsymbol{M}_l^e$ 中对应于每一方向的所有自由度的

元素之和应等于整个单元的质量。对于实体单元，则有

$$\sum_{i=1}^{n_e}(\boldsymbol{M}_l^e)_{ii} = a\sum_{i=1}^{n_e}(\boldsymbol{M}^e)_{ii} = W\boldsymbol{I}_d = \rho V_e \boldsymbol{I}_d \tag{13.2.3}$$

其中，$d$ 代表单元在几何空间的维数，$V_e$ 是单元的体积。

**例 13.1**　计算平面应力(应变)单元的协调质量矩阵 $\boldsymbol{M}^e$ 和集中质量矩阵 $\boldsymbol{M}_l^e$。单元形式采用第 2 章 2.2 节所讨论的 3 结点三角形单元。

(1) 协调质量矩阵

位移插值函数是

$$\boldsymbol{N} = [N_1\ N_2\ N_3]\boldsymbol{I} \tag{13.2.4}$$

其中 $\boldsymbol{I}$ 是 2×2 单位矩阵。

$$N_i = (a_i + b_i x + c_i y)/2A \quad (i = 1,2,3)$$

系数 $a_i, b_i, c_i$ 见(2.2.7)式，$A$ 是三角形单元面积。

按(13.1.13)式可以算得单元的协调质量矩阵

$$\boldsymbol{M}^e = \frac{W}{3}\begin{bmatrix} \frac{1}{2} & 0 & \frac{1}{4} & 0 & \frac{1}{4} & 0 \\ 0 & \frac{1}{2} & 0 & \frac{1}{4} & 0 & \frac{1}{4} \\ \frac{1}{4} & 0 & \frac{1}{2} & 0 & \frac{1}{4} & 0 \\ 0 & \frac{1}{4} & 0 & \frac{1}{2} & 0 & \frac{1}{4} \\ \frac{1}{4} & 0 & \frac{1}{4} & 0 & \frac{1}{2} & 0 \\ 0 & \frac{1}{4} & 0 & \frac{1}{4} & 0 & \frac{1}{2} \end{bmatrix} \tag{13.2.5}$$

其中，$W=\rho tA$ 是单元的质量，$t$ 是单元的厚度。

(2) 集中质量矩阵

① 按(13.2.1)式计算，得到集中质量矩阵为

$$\boldsymbol{M}_l^e = \frac{W}{3}\begin{bmatrix} 1 & 0 & 0 & 0 & 0 & 0 \\ 0 & 1 & 0 & 0 & 0 & 0 \\ 0 & 0 & 1 & 0 & 0 & 0 \\ 0 & 0 & 0 & 1 & 0 & 0 \\ 0 & 0 & 0 & 0 & 1 & 0 \\ 0 & 0 & 0 & 0 & 0 & 1 \end{bmatrix} \tag{13.2.6}$$

此式的力学意义是：在单元的每个结点上集中 $\frac{1}{3}$ 的质量。

② 按(13.2.2)式形成集中质量矩阵,并由(13.2.3)式可以得到因子 $a=2$,这样得到的集中质量矩阵仍如(13.2.6)式所示。

虽然对于3结点三角形单元,按照(13.2.1)和(13.2.2)式形成的质量矩阵完全相同。但是对于一般形式的单元并不是如此。例如对于8结点矩形单元,利用(13.2.1)和(13.2.2)式对 $\boldsymbol{M}^e$ 进行对角化,所得到集中质量矩阵 $\boldsymbol{M}_l^e$ 就不相同。对于角结点:

由(13.2.1)式得到的是

$$(\boldsymbol{M}_l^e)_{ii}=-\frac{1}{12}W\boldsymbol{I}_2 \quad (i=1,2,3,4)$$

由(13.2.2)式得到的是

$$(\boldsymbol{M}_l^e)_{ii}=\frac{1}{36}W\boldsymbol{I}_2 \quad (i=1,2,3,4)$$

对于边中结点:

由(13.2.1)式得到的是

$$(\boldsymbol{M}_l^e)_{jj}=\frac{1}{3}W\boldsymbol{I}_2 \quad (j=5,6,7,8)$$

由(13.2.2)式得到的是

$$(\boldsymbol{M}_l^e)_{jj}=\frac{2}{9}W\boldsymbol{I}_2 \quad (j=5,6,7,8)$$

从以上结果还可看到,在采用(13.2.1)式时,在角结点上 $(\boldsymbol{M}_l)_{ii}$ 是负值,这在力学上是不合理的,同时也将对计算精度产生不良影响。因此在实际分析中,更多的是推荐用(13.2.2)式来计算集中质量矩阵。

2. 结构单元

对 $\boldsymbol{M}^e$ 进行对角化常用的简便方法是忽略 $\boldsymbol{M}^e$ 中对应于转动自由度的元素。对于 $\boldsymbol{M}^e$ 中与位移自由度相关的元素则采用(13.2.1)或(13.2.2)式进行处理。例如对于9.2节中所讨论的2结点经典梁单元、协调质量矩阵和集中质量矩阵如下所示:

(1) 协调质量矩阵

位移插值函数是

$$\boldsymbol{N}=[N_1\ N_2\ N_3\ N_4] \tag{13.2.7}$$

其中

$$N_1=1-\frac{3}{l^2}x^2+\frac{2}{l^3}x^3 \qquad N_2=x-\frac{2}{l}x^2+\frac{1}{l^2}x^3$$

$$N_3=\frac{3}{l^2}x^2-\frac{2}{l^3}x^3 \qquad N_4=-\frac{1}{l}x^2+\frac{1}{l^2}x^3$$

按(13.1.13)式可以算得单元的协调质量矩阵为

$$
\boldsymbol{M}^e=\frac{W}{420}\begin{bmatrix}156 & -22l & 54 & 13l \\ & 4l^2 & -13l & -3l^2 \\ \text{对} & & 156 & 22l \\ & \text{称} & & 4l^2\end{bmatrix} \tag{13.2.8}
$$

其中，$l$ 是单元长度，$W=\rho lA$ 是单元的质量，$A$ 是截面面积。

(2) 集中质量矩阵

略去与转动自由度的相关项，并对与位移自由度相关的项用(13.2.1)或(13.2.2)式进行对角化处理，就得到

$$
\boldsymbol{M}_l^e=\frac{W}{2}\begin{bmatrix}1 & 0 & 0 & 0 \\ 0 & 0 & 0 & 0 \\ 0 & 0 & 1 & 0 \\ 0 & 0 & 0 & 0\end{bmatrix} \tag{13.2.9}
$$

此式的力学意义是在每个结点上集中 1/2 的单元质量。该方法同样可以应用于其他的梁及板、壳等结构单元。

在实际分析中，协调质量矩阵和集中质量矩阵都有应用，一般情况下，两者给出的结果也相差不多。从(13.1.13)式可以看到质量矩阵积分表达式的被积函数是插值函数的平方项，而刚度矩阵则是其导数的平方项，因此在相同精度要求条件下，质量矩阵可用较低阶的插值函数，而集中质量矩阵从实质上看，正是这样一种替换方案。替换的好处是使计算得到简化，特别是采用直接积分的显式方案(见 13.3 节)求解运动方程时，如果阻尼矩阵也采用对角矩阵，可以省去等效刚度矩阵的分解步骤，这点在非线性分析中将有更明显的意义。

另外，从(13.2.9)式可以看到，对于结点参数中包含转动的梁、板、壳一类单元，由于集中质量矩阵中略去了与转动相关的项，如果采用显式直接积分方法求解运动方程，还可以使方程的自由度数相应地减少，从而提高计算效率，而此种简化对振动的低阶频率成分的精度影响很小。

最后需要指出，虽然质量矩阵 $\boldsymbol{M}$ 在理论上是正定的，但通常需要在计算中对 $\boldsymbol{M}^e=\int_{V_e}\rho\boldsymbol{N}^{\mathrm{T}}\boldsymbol{N}\mathrm{d}V$ 进行精确积分才能保证此性质。如果计算中采用低阶的积分，则 $\boldsymbol{M}$ 可能是奇异的，这将使后继的动力分析发生困难，因此在选择 $\boldsymbol{M}^e$ 的积分阶次时应予注意。

## 13.2.2 振型阻尼矩阵

(13.1.13)式所表示的单元阻尼矩阵为

$$
\boldsymbol{C}^e=\int_{V_e}\mu\boldsymbol{N}^{\mathrm{T}}\boldsymbol{N}\mathrm{d}V
$$

基于和协调质量矩阵的同样理由称为协调阻尼矩阵。它是假定阻尼力正比于质点运动速度的结果，通常均将介质阻尼简化为这种情况。这时单元阻尼矩阵比例于单元质量矩阵。

除此而外，还有比例于应变速度的阻尼，例如由于材料内摩擦引起的结构阻尼通常可简化为这种情况，这时阻尼力可表示成 $\mu\boldsymbol{D}\dot{\boldsymbol{\varepsilon}}$，这样一来，可以得到单元阻尼矩阵

$$\boldsymbol{C}^e = \mu\int_{V_e}\boldsymbol{B}^{\mathrm{T}}\boldsymbol{D}\boldsymbol{B}\,\mathrm{d}V \tag{13.2.10}$$

此单元阻尼矩阵比例于单元刚度矩阵。

在以后的讨论中，将知道系统的固有振型对于 $\boldsymbol{M}$ 和 $\boldsymbol{K}$ 是具有正交性的，因此固有振型对于比例于 $\boldsymbol{M}$ 和 $\boldsymbol{K}$ 的阻尼矩阵 $\boldsymbol{C}$ 也是具有正交性的。所以这种阻尼矩阵称为**比例阻尼或振型阻尼**。今后还知道，利用系统的振型矩阵对运动方程进行坐标变换时，振型阻尼矩阵经变换后和质量矩阵及刚度矩阵的情况相同，将是对角矩阵。这样一来，经变换后运动方程的各个自由度之间将是互不耦合的（见 13.4 节），因此每个方程可以独立地求解，这将对计算带来很大方便。

但应指出，(13.1.13)和(13.2.10)式中的比例系数，在一般情况下是依赖于频率的。因此在实际分析中，要精确地决定阻尼矩阵是相当困难的。通常允许将实际结构的阻尼矩阵简化为 $\boldsymbol{M}$ 和 $\boldsymbol{K}$ 的线性阻合，即

$$\boldsymbol{C} = \alpha\boldsymbol{M} + \beta\boldsymbol{K} \tag{13.2.11}$$

其中 $\alpha,\beta$ 是不依赖于频率的常数。这种振型阻尼称为 Rayleigh **阻尼**。

## 13.3 直接积分法

在前一章的讨论中已表明，直接积分是指对运动方程不进行方程形式的变换而直接进行逐步数值积分。通常的直接积分法是基于两个概念，一是将在求解域 $0<t<T$ 内的任何时刻 $t$ 都应满足运动方程的要求，代之仅在一定条件下近似地满足运动方程，例如可以仅在相隔 $\Delta t$ 的离散的时间点满足运动方程；二是在一定数目的 $\Delta t$ 区域内，假设位移 $\boldsymbol{a}$、速度 $\dot{\boldsymbol{a}}$、加速度 $\ddot{\boldsymbol{a}}$ 的函数形式。

在以下的讨论中，假定时间 $t=0$ 的位移 $\boldsymbol{u}_0$、速度 $\dot{\boldsymbol{u}}_0$、加速度 $\ddot{\boldsymbol{u}}_0$ 已知；并假定时间求解域 $0\sim T$ 被等分为 $n$ 个时间间隔 $\Delta t(=T/n)$。在讨论具体算法时，假定 $0,\Delta t,2\Delta t,\cdots,t$ 时刻的解已经求得，计算的目的在于求 $t+\Delta t$ 时刻的解。由此求解过程建立起求解所有离散时间点的解的一般算法步骤。

### 13.3.1 中心差分法

对于数学上是二阶常微分方程组的运动方程(13.1.11)式，理论上，不同的有限差分表达式都可以用来建立它的逐步积分公式。但是从计算效率考虑，这里仅介绍在求解某

些问题时很有效的中心差分法。在中心差分法中，加速度和速度可以用位移表示，即

$$\ddot{\boldsymbol{a}}_t = \frac{1}{\Delta t^2}(\boldsymbol{a}_{t-\Delta t} - 2\boldsymbol{a}_t + \boldsymbol{a}_{t+\Delta t}) \tag{13.3.1}$$

$$\dot{\boldsymbol{a}}_t = \frac{1}{2\Delta t}(-\boldsymbol{a}_{t-\Delta t} + \boldsymbol{a}_{t+\Delta t}) \tag{13.3.2}$$

时间 $t+\Delta t$ 的位移解答 $\boldsymbol{a}_{t+\Delta t}$，可由时间 $t$ 的运动方程应得到满足，即由下式

$$\boldsymbol{M}\ddot{\boldsymbol{a}}_t + \boldsymbol{C}\dot{\boldsymbol{a}}_t + \boldsymbol{K}\boldsymbol{a}_t = \boldsymbol{Q}_t \tag{13.3.3}$$

而得到。为此将(13.3.1)和(13.3.2)式代入上式即可得到中心差分法的递推公式

$$\left(\frac{1}{\Delta t^2}\boldsymbol{M}+\frac{1}{2\Delta t}\boldsymbol{C}\right)\boldsymbol{a}_{t+\Delta t}=\boldsymbol{Q}_t-\left(\boldsymbol{K}-\frac{2}{\Delta t^2}\boldsymbol{M}\right)\boldsymbol{a}_t-\left(\frac{1}{\Delta t^2}\boldsymbol{M}-\frac{1}{2\Delta t}\boldsymbol{C}\right)\boldsymbol{a}_{t-\Delta t} \tag{13.3.4}$$

若已经求得 $\boldsymbol{a}_{t-\Delta t}$ 和 $\boldsymbol{a}_t$，则从上式可以进一步解出 $\boldsymbol{a}_{t+\Delta t}$。所以上式是求解各个离散时间点解的递推公式，这种数值积分方法又称逐步积分法。需要指出的是，此算法有一个起步问题。因为当 $t=0$ 时，为了计算 $\boldsymbol{a}_{\Delta t}$，除了从初始条件已知的 $\boldsymbol{a}_0$ 以外，还需要知道 $\boldsymbol{a}_{-\Delta t}$，所以必须用一专门的起步方法。为此利用(13.3.1)和(13.3.2)式可以得到

$$\boldsymbol{a}_{-\Delta t} = \boldsymbol{a}_0 - \Delta t\dot{\boldsymbol{a}}_0 + \frac{\Delta t^2}{2}\ddot{\boldsymbol{a}}_0 \tag{13.3.5}$$

其中 $\boldsymbol{a}_0$ 和 $\dot{\boldsymbol{a}}_0$ 可从给定的初始条件得到，而 $\ddot{\boldsymbol{a}}_0$ 则可以利用 $t=0$ 时的运动方程(13.3.3)式得到

$$\ddot{\boldsymbol{a}}_0 = \boldsymbol{M}^{-1}(\boldsymbol{Q}_0 - \boldsymbol{C}\dot{\boldsymbol{a}}_0 - \boldsymbol{K}\boldsymbol{a}_0) \tag{13.3.6}$$

至此，可将利用中心差分法逐步求解运动方程的算法步骤归结如下：

1. 初始计算

(1) 形成刚度矩阵 $\boldsymbol{K}$、质量矩阵 $\boldsymbol{M}$ 和阻尼矩阵 $\boldsymbol{C}$。

(2) 给定 $\boldsymbol{a}_0$，$\dot{\boldsymbol{a}}_0$ 和 $\ddot{\boldsymbol{a}}_0$。

(3) 选择时间步长 $\Delta t$，$\Delta t<\Delta t_{cr}$，并计算积分常数 $c_0=\frac{1}{\Delta t^2}$，$c_1=\frac{1}{2\Delta t}$，$c_2=2c_0$，$c_3=1/c_2$。

(4) 计算 $\boldsymbol{a}_{-\Delta t}=\boldsymbol{a}_0-\Delta t\dot{\boldsymbol{a}}_0+c_3\ddot{\boldsymbol{a}}_0$

(5) 形成有效质量矩阵 $\hat{\boldsymbol{M}}=c_0\boldsymbol{M}+c_1\boldsymbol{C}$

(6) 三角分解 $\hat{\boldsymbol{M}}$：$\hat{\boldsymbol{M}}=\boldsymbol{LDL}^{\mathrm{T}}$

2. 对于每一时间步长($t=0$，$\Delta t$，$2\Delta t\cdots$)

(1) 计算时间 $t$ 的有效载荷

$$\hat{\boldsymbol{Q}}_t = \boldsymbol{Q}_t - (\boldsymbol{K} - c_2\boldsymbol{M})\boldsymbol{a}_t - (c_0\boldsymbol{M} - c_1\boldsymbol{C})\boldsymbol{a}_{t-\Delta t}$$

(2) 求解时间 $t+\Delta t$ 的位移

$$\boldsymbol{LDL}^{\mathrm{T}}\boldsymbol{a}_{t+\Delta t} = \hat{\boldsymbol{Q}}_t$$

(3) 如果需要,计算时间 $t$ 的加速度和速度

$$\ddot{\boldsymbol{a}}_t = c_0(\boldsymbol{a}_{t-\Delta t} - 2\boldsymbol{a}_t + \boldsymbol{a}_{t+\Delta t})$$

$$\dot{\boldsymbol{a}}_t = c_1(-\boldsymbol{a}_{t-\Delta t} + \boldsymbol{a}_{t+\Delta t})$$

关于中心差分法还需着重指出以下几点:

(1) 中心差分法是显式算法。这是由于递推公式是从时间 $t$ 的运动方程导出的,因此 $\boldsymbol{K}$ 矩阵不出现在递推公式(13.3.4)式的左端。当 $\boldsymbol{M}$ 是对角矩阵,$\boldsymbol{C}$ 可以忽略,或也是对角矩阵时,则利用递推公式求解运动方程时不需要进行矩阵的求逆,仅需要进行矩阵乘法运算以获得方程右端的有效载荷,然后可用下式得到位移的各个分量

$$a_{t+\Delta t}^{(i)} = \hat{Q}_t^{(i)}/(c_0 M_{ii}) \tag{13.3.7}$$

或

$$a_{t+\Delta t}^{(i)} = \hat{Q}_t^{(i)}/(c_0 M_{ii} + c_1 C_{ii}) \tag{13.3.8}$$

其中 $a_{t+\Delta t}^{(i)}$ 和 $\hat{Q}_t^{(i)}$ 分别是向量 $\boldsymbol{a}_{t+\Delta t}$ 和 $\hat{\boldsymbol{Q}}_t$ 的第 $i$ 分量,$M_{ii}$ 和 $C_{ii}$ 分别是矩阵 $\boldsymbol{M}$ 和 $\boldsymbol{C}$ 的第 $i$ 个对角元素,并假定 $M_{ii}>0$,$C_{ii}>0$。

显式算法的上述优点在非线性分析中将更有意义。因为非线性分析中,每个增量步的刚度矩阵是被修改了的。这时采用显式算法,避免了矩阵求逆的运算,计算上的好处更加明显。

(2) 中心差分法是条件稳定算法。即利用它求解具体问题时,时间步长 $\Delta t$ 必须小于由该问题求解方程性质所决定的某个临界值 $\Delta t_{cr}$,否则算法将是不稳定的。关于算法稳定性的条件,将在13.5节讨论。这里先给出中心差分法解的稳定性条件,即

$$\Delta t \leqslant \Delta t_{cr} = \frac{2}{\omega_n} = \frac{T_n}{\pi} \tag{13.3.9}$$

其中,$\omega_n$ 是系统的最高阶固有振动频率,$T_n$ 是系统的最小固有振动周期。原则上说,可以利用一般矩阵特征值问题的求解方法得到 $T_n$。实际上只需要求解系统中最小尺寸单元的最小固有振动周期 $\min(T_n^{(e)})$ 即可,因为理论上可以证明,系统的最小固有振动周期 $T_n$ 总是大于或等于最小尺寸单元的最小固有振动周期 $\min(T_n^{(e)})$ 的。所以可以将 $\min(T_n^{(e)})$ 代入(13.3.9)式用以确定临界时间步长 $\Delta t_{cr}$。由此可见,网格中最小尺寸的单元将决定中心差分法中时间步长的选择。它的尺寸越小,将使 $\Delta t_{cr}$ 越小,从而使计算量越大,这在划分有限元网格时要予以注意。应避免因个别单元尺寸过小,而使计算量不合理地增加。但是也不能为了增大 $\Delta t_{cr}$,而使单元尺寸过大,这样将使有限元的解失真。如何对 $\min(T_n^{(e)})$ 作出估计,可以采用以下两种方法:

① 当网格划定以后,找出尺寸最小的单元,形成单元的特征方程 $|\boldsymbol{K}^{(e)} - \omega^2 \boldsymbol{M}^{(e)}| = 0$,用正迭代法(见13.6节)解出它的最大特征值 $\omega_n$,从而得到 $T_n = 2\pi/\omega_n$。

② 当网格划定以后,找出尺寸最小单元的最小边长 $L$,可以近似地估计 $T_n = \pi L/C$,其中 $C=(E/\rho)^{1/2}$ 是声波传播速度。然后由(13.3.9)式可以得到 $\Delta t_{cr} = L/C$,即声波通过该单元的时间。

(3) 显式算法用于求解由梁、板、壳等结构单元组成的系统的动态响应时，如果对角化后的质量矩阵 $\boldsymbol{M}$ 中已略去了与转动自由度相关的项，则 $\boldsymbol{M}$ 的实际阶数(即 $\boldsymbol{M}$ 的秩)仅是对于位移自由度的阶数。这时为了使显式算法能够进行，刚度矩阵 $\boldsymbol{K}$ 的阶数应和质量矩阵 $\boldsymbol{M}$ 的阶数相同。为此，可以考虑采用主从自由度方法(见 13.7.1 节)将转动自由度作为从自由度在单元层次就凝聚掉。

(4) 中心差分法比较适用于由冲击、爆炸类型载荷引起的波传播问题的求解。因为当介质的边界或内部的某个小的区域受到初始扰动以后，是按一定的波速 $C$ 逐步向介质内部和周围传播的。如果分析递推公式(13.3.4)式，将发现当 $\boldsymbol{M}$ 和 $\boldsymbol{C}$ 是对角矩阵时，即算式是显式时，若给定某些结点的初始扰动(即给 $\boldsymbol{a}$ 的某些分量为非零值)，在经过一个时间步长 $\Delta t$ 后，和它们相关的结点(在 $\boldsymbol{K}$ 中处于同一带宽内的结点)将进入运动，即 $\boldsymbol{a}$ 中和这些结点对应的分量将成为非零量。随着时间的推移，其他结点将按此规律依次进入运动。此特点正好和波传播的特点相一致。但是从算法方面考虑，为了得到正确的答案，每一时间步长 $\Delta t$ 中，网格内与新进入计算的结点相应的几何区域的扩大应大于波传播范围的扩大($C\Delta t$)，所以时间步长需要受到限制，即小于临界步长 $\Delta t_{cr}$。另一方面，当研究高频成分占重要作用的波传播过程时，为了得到有意义的解答，必须采用小的时间步长。这也是和中心差分法的时间步长需要受临界步长限制的要求相一致的。

反之，对于结构动力学问题，一般说，采用中心差分法就不太适合。这因为结构的动力响应中通常低频成分是主要的，从计算精度考虑，允许采用较大的时间步长，不必要因 $\Delta t_{cr}$ 的限制而使时间步长太小。同时，动力响应问题中时间域的尺度通常远大于波传播问题的时间域的尺度，如果时间步长太小，则计算工作量将非常庞大。因此，对于结构动力学问题，通常采用无条件稳定的隐式算法，此时的时间步长主要取决于精度要求。以下介绍的 Newmark 方法是应用最为广泛的一种隐式算法。

## 13.3.2　Newmark 方法

在 $t\sim t+\Delta t$ 的时间区域内，Newmark 积分方法采用下列的假设，即

$$\dot{\boldsymbol{a}}_{t+\Delta t}=\dot{\boldsymbol{a}}_t+[(1-\delta)\ddot{\boldsymbol{a}}_t+\delta\ddot{\boldsymbol{a}}_{t+\Delta t}]\Delta t \tag{13.3.10}$$

$$\boldsymbol{a}_{t+\Delta t}=\boldsymbol{a}_t+\dot{\boldsymbol{a}}_t\Delta t+\left[\left(\frac{1}{2}-\alpha\right)\ddot{\boldsymbol{a}}_t+\alpha\ddot{\boldsymbol{a}}_{t+\Delta t}\right]\Delta t^2 \tag{13.3.11}$$

其中 $\alpha$ 和 $\delta$ 是按积分精度和稳定性要求决定的参数。另一方面，$\alpha$ 和 $\delta$ 取不同数值则代表了不同的数值积分方案。当 $\alpha=1/6$ 和 $\delta=1/2$ 时，(13.3.10)和(13.3.11)式相应于线性加速度法，因为这时它们可以由下式，即时间间隔 $\Delta t$ 内线性假设的加速度表达式的积分得到。

$$\ddot{\boldsymbol{a}}_{t+\tau}=\ddot{\boldsymbol{a}}_t+(\ddot{\boldsymbol{a}}_{t+\Delta t}-\ddot{\boldsymbol{a}}_t)\tau/\Delta t\quad(0\leqslant\tau\leqslant\Delta t) \tag{13.3.12}$$

当 $\alpha=1/4$ 和 $\delta=1/2$ 时，Newmark 方法相应于常平均加速度法这样一种无条件稳定的积

分方案。此时，$\Delta t$ 内的加速度为

$$\ddot{\boldsymbol{a}}_{t+\tau}=\frac{1}{2}(\ddot{\boldsymbol{a}}_t+\ddot{\boldsymbol{a}}_{t+\Delta t}) \tag{13.3.13}$$

和中心差分法不同，Newmark 方法中的时间 $t+\Delta t$ 的位移解答 $\boldsymbol{a}_{t+\Delta t}$ 是通过满足时间 $t+\Delta t$ 的运动方程得到的。即由

$$\boldsymbol{M}\ddot{\boldsymbol{a}}_{t+\Delta t}+\boldsymbol{C}\dot{\boldsymbol{a}}_{t+\Delta t}+\boldsymbol{K}\boldsymbol{a}_{t+\Delta t}=\boldsymbol{Q}_{t+\Delta t} \tag{13.3.14}$$

而得到的。为此首先从(13.3.11)式解得

$$\ddot{\boldsymbol{a}}_{t+\Delta t}=\frac{1}{\alpha\Delta t^2}(\boldsymbol{a}_{t+\Delta t}-\boldsymbol{a}_t)-\frac{1}{\alpha\Delta t}\dot{\boldsymbol{a}}_t-\left(\frac{1}{2\alpha}-1\right)\ddot{\boldsymbol{a}}_t \tag{13.3.15}$$

将上式代入(13.3.10)式，然后再一并代入(13.3.14)式，则得到从 $\boldsymbol{a}_t,\dot{\boldsymbol{a}}_t,\ddot{\boldsymbol{a}}_t$ 计算 $\boldsymbol{a}_{t+\Delta t}$ 的两步递推公式

$$\begin{aligned}\left(\boldsymbol{K}+\frac{1}{\alpha\Delta t^2}\boldsymbol{M}+\frac{\delta}{\alpha\Delta t}\boldsymbol{C}\right)\boldsymbol{a}_{t+\Delta t}=&\boldsymbol{Q}_{t+\Delta t}+\boldsymbol{M}\left[\frac{1}{\alpha\Delta t^2}\boldsymbol{a}_t+\frac{1}{\alpha\Delta t}\dot{\boldsymbol{a}}_t+\left(\frac{1}{2\alpha}-1\right)\ddot{\boldsymbol{a}}_t\right]+\\&\boldsymbol{C}\left[\frac{\delta}{\alpha\Delta t}\boldsymbol{a}_t+\left(\frac{\delta}{\alpha}-1\right)\dot{\boldsymbol{a}}_t+\left(\frac{\delta}{2\alpha}-1\right)\Delta t\ddot{\boldsymbol{a}}_t\right]\end{aligned} \tag{13.3.16}$$

至此，可将利用 Newmark 方法逐步求解运动方程的算法步骤归结如下：

1. 初始计算

(1) 形成刚度矩阵 $\boldsymbol{K}$、质量矩阵 $\boldsymbol{M}$ 和阻尼矩阵 $\boldsymbol{C}$。

(2) 给定 $\boldsymbol{a}_0,\dot{\boldsymbol{a}}_0$ 和 $\ddot{\boldsymbol{a}}_0$($\ddot{\boldsymbol{a}}_0$ 由(13.3.6)式得到)

(3) 选择时间步长 $\Delta t$ 及参数 $\alpha$ 和 $\delta$，并计算积分常数。

这里要求：$\delta\geqslant 0.50,\alpha\geqslant 0.25(0.5+\delta)^2$

$$c_0=\frac{1}{\alpha\Delta t^2},\quad c_1=\frac{\delta}{\alpha\Delta t},\quad c_2=\frac{1}{\alpha\Delta t},\quad c_3=\frac{1}{2\alpha}-1$$

$$c_4=\frac{\delta}{\alpha}-1,\quad c_5=\frac{\Delta t}{2}\left(\frac{\delta}{\alpha}-2\right),\quad c_6=\Delta t(1-\delta),\quad c_7=\delta\Delta t$$

(4) 形成有效刚度矩阵 $\hat{\boldsymbol{K}}$：$\hat{\boldsymbol{K}}=\boldsymbol{K}+c_0\boldsymbol{M}+c_1\boldsymbol{C}$

(5) 三角分解 $\hat{\boldsymbol{K}}$：$\hat{\boldsymbol{K}}=\boldsymbol{LDL}^{\mathrm{T}}$

2. 对于每一时间步长($t=0,\Delta t,2\Delta t\cdots$)

(1) 计算时间 $t+\Delta t$ 的有效载荷

$$\hat{\boldsymbol{Q}}_{t+\Delta t}=\boldsymbol{Q}_{t+\Delta t}+\boldsymbol{M}(c_0\boldsymbol{a}_t+c_2\dot{\boldsymbol{a}}_t+c_3\ddot{\boldsymbol{a}}_t)+\boldsymbol{C}(c_1\boldsymbol{a}_t+c_4\dot{\boldsymbol{a}}_t+c_5\ddot{\boldsymbol{a}}_t)$$

(2) 求解时间 $t+\Delta t$ 的位移

$$\boldsymbol{LDL}^{\mathrm{T}}\boldsymbol{a}_{t+\Delta t}=\hat{\boldsymbol{Q}}_{t+\Delta t}$$

(3) 计算时间 $t+\Delta t$ 的加速度和速度

$$\ddot{\boldsymbol{a}}_{t+\Delta t}=c_0(\boldsymbol{a}_{t+\Delta t}-\boldsymbol{a}_t)-c_2\dot{\boldsymbol{a}}_t-c_3\ddot{\boldsymbol{a}}_t$$

$$\dot{\boldsymbol{a}}_{t+\Delta t}=\dot{\boldsymbol{a}}_t+c_6\ddot{\boldsymbol{a}}_t+c_7\ddot{\boldsymbol{a}}_{t+\Delta t}$$

关于 Newmark 方法还需指出以下几点：

(1) Newmark 方法是隐式算法。从循环求解公式(13.3.16)式可见，有效刚度矩阵 $\hat{\boldsymbol{K}}$ 中包含了矩阵 $\boldsymbol{K}$，而 $\boldsymbol{K}$ 总是非对角的，因此在求解 $\boldsymbol{a}_{t+\Delta t}$ 时，$\hat{\boldsymbol{K}}$ 的求逆是必须的(当然，在等步长的线性分析中只需分解一次)。这是由于在导出(13.3.16)式时，利用了 $t+\Delta t$ 时刻的运动方程(13.3.14)式所导致。

(2) 关于 Newmark 方法的稳定性。在 13.5 节中将证明，当 $\delta \geqslant 0.5$ 和 $\alpha \geqslant 0.25(0.5+\delta)^2$ 时，算法是无条件稳定的，即时间步长 $\Delta t$ 的大小不影响解的稳定性。此时 $\Delta t$ 的选择主要根据解的精度要求确定，具体说可根据对结构响应有主要贡献的若干固有振型的周期来确定。例如可选择 $\Delta t$ 为其中最小周期 $T_p$ 的若干分之一(通常可选择 1/10～1/20)。一般说 $T_p$ 比系统的最小振动固有周期 $T_n$ 大得多。所以无条件稳定的隐式算法以 $\hat{\boldsymbol{K}}$ 求逆为代价换得了比有条件稳定的显式算法可以采用大得多的时间步长 $\Delta t$。这使得 Newmark 方法特别适合于时程较长的系统瞬态响应分析。而且采用较大的 $\Delta t$ 还可以滤掉高阶不精确特征解对系统响应的影响。

(3) Newmark 方法的其他表达形式。

① 将(13.3.10)和(13.3.11)式直接代入(13.3.14)式可以得到 Newmark 方法的另一种以 $\ddot{\boldsymbol{a}}_{t+\Delta t}$ 为未知量的两步递推公式

$$(\boldsymbol{M}+\delta\Delta t\boldsymbol{C}+\alpha\Delta t^2\boldsymbol{K})\ddot{\boldsymbol{a}}_{t+\Delta t}=\boldsymbol{Q}_{t+\Delta t}-\boldsymbol{C}[\dot{\boldsymbol{a}}_t+(1-\delta)\Delta t\ddot{\boldsymbol{a}}_t]-\boldsymbol{K}\left[\boldsymbol{a}_t+\Delta t\dot{\boldsymbol{a}}_t+\left(\frac{1}{2}-\alpha\right)\Delta t^2\ddot{\boldsymbol{a}}_t\right] \tag{13.3.17}$$

在每一步由上式解出 $\ddot{\boldsymbol{a}}_{t+\Delta t}$ 以后，代入(13.3.10)和(13.3.11)式可以得到 $\dot{\boldsymbol{a}}_{t+\Delta t}$ 和 $\boldsymbol{a}_{t+\Delta t}$。

② 利用(13.3.10)、(13.3.11)和(13.3.14)式，可以将(13.3.16)式改写为仍以 $\boldsymbol{a}_{t+\Delta t}$ 为未知量的三步递推公式，即

$$\begin{aligned}&[\boldsymbol{M}+\delta\Delta t\boldsymbol{C}+\alpha\Delta t^2\boldsymbol{K}]\boldsymbol{a}_{t+\Delta t}\\&=\bar{\boldsymbol{Q}}_{t+\Delta t}\Delta t^2+\left[2\boldsymbol{M}+(1-2\delta)\Delta t\boldsymbol{C}-\left(\frac{1}{2}-2\alpha+\delta\right)\Delta t^2\boldsymbol{K}\right]\boldsymbol{a}_t+\\&\left[-\boldsymbol{M}+(1-\delta)\Delta t\boldsymbol{C}-\left(\frac{1}{2}+\alpha-\delta\right)\Delta t^2\boldsymbol{K}\right]\boldsymbol{a}_{t-\Delta t}\end{aligned} \tag{13.3.18}$$

其中

$$\bar{\boldsymbol{Q}}_{t+\Delta t}=\alpha\boldsymbol{Q}_{t+\Delta t}+\left(\frac{1}{2}-2\alpha+\delta\right)\boldsymbol{Q}_t+\left(\frac{1}{2}-\alpha-\delta\right)\boldsymbol{Q}_{t-\Delta t} \tag{13.3.19}$$

(13.3.18)式用于 $t=0$ 时，为确定式中的 $\boldsymbol{a}_{-\Delta t}$，需要采用一定的起步方法。例如可以简单地借用中心差分法的起步方法(13.3.5)式。

可以指出，在 Newmark 方法的两步递推公式(13.3.17)式和三步递推公式(13.3.18)式中，令 $\alpha=0, \delta=\frac{1}{2}$，就可以得到中心差分法的两步递推公式和三步递推公

式。这样一来，这两种时间积分公式就采用了统一的表达形式，便于程序的编制，特别是便于应用在隐式—显式混合时间积分方案中。这种方案对于不同介质（例如流体和固体）耦合系统的动力分析是很有效的（见下一章14.5.2节）。另外，利用三步递推公式讨论解的稳定性也比较方便。

**例 13.2** 考虑一个三自由度系统。它的运动方程是

$$\begin{bmatrix}1&0&0\\0&3&0\\0&0&1\end{bmatrix}\ddot{\boldsymbol{a}}+\begin{bmatrix}2&-1&0\\-1&4&-2\\0&-2&2\end{bmatrix}\boldsymbol{a}=\begin{Bmatrix}0\\0\\6\end{Bmatrix} \quad ①$$

初始条件：当 $t=0$ 时，$\boldsymbol{a}_0=0$，$\dot{\boldsymbol{a}}_0=0$。

已知此系统的固有频率是：$\omega_1=\sqrt{\frac{1}{3}}$，$\omega_2=\sqrt{2}$，$\omega_3=\sqrt{3}$。相应的振动周期是：$T_1=10.89$，$T_2=4.444$，$T_3=3.628$。

(1) 用中心差分法求解系统的响应

时间步长分别取 $\Delta t=T_3/10=0.363$ 和 $\Delta t=5T_3=18.14$ 进行计算。首先利用①式，对于 $t=0$，可以计算得到 $\ddot{\boldsymbol{a}}_0=[0\ 0\ 6]^{\mathrm{T}}$；然后按中心差分法所列步骤进行计算。

① $\Delta t=T_3/10=0.363$ 时

$$c_0=\frac{1}{(\Delta t)^2}=7.589 \qquad c_1=\frac{1}{2\Delta t}=1.377$$

$$c_2=2c_0=15.178 \qquad c_3=1/c_2=6.588\mathrm{e}-2$$

$$\boldsymbol{a}_{-\Delta t}=\begin{Bmatrix}0\\0\\0\end{Bmatrix}-0.363\begin{Bmatrix}0\\0\\0\end{Bmatrix}+0.0659\begin{Bmatrix}0\\0\\6\end{Bmatrix}=\begin{Bmatrix}0\\0\\0.3953\end{Bmatrix}$$

$$\hat{\boldsymbol{M}}=7.59\begin{bmatrix}1&0&0\\0&3&0\\0&0&1\end{bmatrix}+1.38\begin{bmatrix}0&0&0\\0&0&0\\0&0&0\end{bmatrix}=\begin{bmatrix}7.59&0&0\\0&22.77&0\\0&0&7.59\end{bmatrix}$$

对于每一时间步长，先计算有效载荷

$$\hat{\boldsymbol{Q}}_t=\begin{Bmatrix}0\\0\\6\end{Bmatrix}+\begin{bmatrix}13.18&1&0\\1&41.53&2\\0&2&13.18\end{bmatrix}\boldsymbol{a}_t-\begin{bmatrix}7.59&0&0\\0&22.77&0\\0&0&7.59\end{bmatrix}\boldsymbol{a}_{t+\Delta t} \quad ②$$

再从下列方程计算 $t+\Delta t$ 时间的位移 $\boldsymbol{a}_{t+\Delta t}$

$$\begin{bmatrix}7.59&0&0\\0&22.77&0\\0&0&7.59\end{bmatrix}\boldsymbol{a}_{t+\Delta t}=\hat{\boldsymbol{Q}}_t \quad ③$$

由上式得到的每一时间步长的位移结果如下：

| 时间 | $\Delta t$ | $2\Delta t$ | $3\Delta t$ | $4\Delta t$ | $5\Delta t$ | $6\Delta t$ | $7\Delta t$ | $8\Delta t$ | $9\Delta t$ | $10\Delta t$ |
|---|---|---|---|---|---|---|---|---|---|---|
| $a_1$ | 0.00 | 0.00 | 0.00 | 0.03 | 0.13 | 0.36 | 0.79 | 1.46 | 2.37 | 3.42 |
| $a_2$ | 0.00 | 0.03 | 0.19 | 0.58 | 1.26 | 2.24 | 3.43 | 4.69 | 5.84 | 6.77 |
| $a_3$ | 0.40 | 1.48 | 2.97 | 4.52 | 5.82 | 6.71 | 7.22 | 7.51 | 7.85 | 8.45 |

此结果将在 13.4.4 节中与精确解进行比较。

② $\Delta t=5T_3=18.14$ 时，按相同的步骤计算，所得结果如下：

$$a_{\Delta t}=\begin{Bmatrix}0\\0\\9.87\times10^2\end{Bmatrix}\qquad a_{2\Delta t}=\begin{Bmatrix}0\\2.07\times10^5\\6.46\times10^5\end{Bmatrix}\qquad a_{3\Delta t}=\begin{Bmatrix}7.13\times10^7\\2.36\times10^8\\5.66\times10^8\end{Bmatrix}$$

再计算下去，位移将继续无限地增大，这是不稳定的典型表现。其原因是在条件稳定的中心差分方法中采用了远大于 $\Delta t_{cr}(=T_3/\pi)$ 的时间步长 $\Delta t(=5T_3=18.14)$，所以不可能得到有意义的结果。

(2) 用 Newmark 方法求解系统的响应。给定 $\alpha=0.25$ 及 $\delta=0.5$。仍然分别取时间步长 $\Delta t=T_3/10=0.363$ 和 $\Delta t=5T_3=18.14$ 进行计算。首先利用①式，对于 $t=0$，计算得到 $\ddot{\boldsymbol{a}}_0=[0\ \ 0\ \ 6]^{\mathrm{T}}$，然后按 Newmark 方法所列步骤进行计算。

① $\Delta t=T_3/10=0.363$ 时

$$c_0=30.356\qquad c_1=5.510\qquad c_2=11.019$$
$$c_3=1.0\qquad c_4=1.0\qquad c_5=0.0$$
$$c_6=0.1815\qquad c_7=0.1815$$

$$\hat{\boldsymbol{K}}=\begin{bmatrix}2&-1&0\\-1&4&-2\\0&-2&2\end{bmatrix}+30.36\begin{bmatrix}1&0&0\\0&3&0\\0&0&1\end{bmatrix}=\begin{bmatrix}32.36&-1&0\\-1&95.07&-2\\0&-2&32.36\end{bmatrix}$$

对于每一时间步长计算有效载荷

$$\hat{\boldsymbol{Q}}_{t+\Delta t}=\begin{Bmatrix}0\\0\\6\end{Bmatrix}+\begin{bmatrix}1&0&0\\0&3&0\\0&0&1\end{bmatrix}(30.36\boldsymbol{a}_t+11.02\dot{\boldsymbol{a}}_t+1.0\ddot{\boldsymbol{a}}_t)$$

然后求解时间 $t+\Delta t$ 的位移 $\boldsymbol{a}_{t+\Delta t}$

$$\hat{\boldsymbol{K}}\boldsymbol{a}_{t+\Delta t}=\hat{\boldsymbol{Q}}_{t+\Delta t}$$

并计算时间 $t+\Delta t$ 的加速度和速度

$$\ddot{\boldsymbol{a}}_{t+\Delta t}=30.36(\boldsymbol{a}_{t+\Delta t}-\boldsymbol{a}_t)-11.02\dot{\boldsymbol{a}}_t-1.0\ddot{\boldsymbol{a}}_t$$
$$\dot{\boldsymbol{a}}_{t+\Delta t}=\dot{\boldsymbol{a}}_t+0.18\ddot{\boldsymbol{a}}_t+0.18\ddot{\boldsymbol{a}}_{t+\Delta t}$$

按上述步骤，得到每一时间步长的位移结果如下：

| 时间 | $\Delta t$ | $2\Delta t$ | $3\Delta t$ | $4\Delta t$ | $5\Delta t$ | $6\Delta t$ | $7\Delta t$ | $8\Delta t$ | $9\Delta t$ | $10\Delta t$ |
|---|---|---|---|---|---|---|---|---|---|---|
| $a_1$ | 0.00 | 0.00 | 0.02 | 0.06 | 0.17 | 0.40 | 0.81 | 1.42 | 2.25 | 3.21 |
| $a_2$ | 0.01 | 0.06 | 0.23 | 0.60 | 1.24 | 2.16 | 3.29 | 4.53 | 5.71 | 6.72 |
| $a_3$ | 0.37 | 1.40 | 2.84 | 4.39 | 5.77 | 6.78 | 7.40 | 7.76 | 8.06 | 8.50 |

此结果将在13.4.4节中与精确解进行比较。

② $\Delta t=5T_3=18.14$ 时，按相同步骤可得每一时间步长的位移结果如下：

| 时间 | $\Delta t$ | $2\Delta t$ | $3\Delta t$ | $4\Delta t$ | $5\Delta t$ | $6\Delta t$ | $7\Delta t$ | $8\Delta t$ | $9\Delta t$ | $10\Delta t$ |
|---|---|---|---|---|---|---|---|---|---|---|
| $a_1$ | 3.82 | 0.69 | 2.54 | 2.37 | 0.71 | 4.08 | −0.61 | 4.80 | −0.61 | 4.05 |
| $a_2$ | 7.69 | 1.21 | 5.45 | 4.16 | 2.20 | 7.24 | −0.26 | 8.73 | −0.56 | 7.78 |
| $a_3$ | 13.60 | 1.53 | 10.76 | 5.31 | 6.55 | 9.37 | 3.17 | 11.64 | 2.29 | 11.05 |

由于Newmark方法在参数 $\alpha=0.25$ 和 $\delta=0.5$ 的情况下是无条件稳定的，所以尽管 $\Delta t\gg T_3$，解仍是稳定的。当然由于 $\Delta t$ 过大，也不能期望所得结果有很好的精度。这点可以用13.4.4节中所给出的精确解得到检验。

## 13.4 振型叠加法

分析直接积分法的计算步骤可以看到，对于每一时间步长，其运算次数和半带宽 $b$ 与自由度数 $n$ 的乘积成正比。如果采用有条件稳定的中心差分法，还要求时间步长 $\Delta t$ 比系统最小的固有振动周期 $T_n$ 小得多(例如 $\Delta t=T_n/10$)。当 $b$ 较大，且时间历程 $T\gg T_n$ 时，计算将是很费时的。而振型叠加法在一定条件下正是一种好的替代，可以取得比直接积分法高的计算效率。其要点是在积分运动方程以前，利用系统自由振动的固有振型将方程组转换为 $n$ 个相互不耦合的方程(即 $b=1$ 的方程组)，对这种方程可以解析或数值地进行积分。当采用数值方法时，对于每个方程可以采取各自不同的时间步长，即对于低阶振型可采用较大的时间步长。这两者结合起来相对于直接积分法是很大的优点，因此当实际分析的时间历程较长，同时只需要少数较低阶振型的结果时，采用振型叠加法将是十分有利的。和前一章利用模态叠加法求解瞬态热传导问题相类似，利用振型叠加法求解动态响应问题的运动方程由两个步骤组成：求解系统的固有频率和固有振型；求解系统的动力响应。

### 13.4.1 求解系统的固有频率和固有振型

此计算步骤是求解不考虑阻尼影响的系统自由振动方程，即

$$\boldsymbol{M}\ddot{\boldsymbol{a}}(t)+\boldsymbol{K}\boldsymbol{a}(t)=0 \tag{13.1.15}$$

它的解可以假设为以下形式

$$\boldsymbol{a} = \boldsymbol{\phi}\sin\omega(t - t_0) \tag{13.4.1}$$

其中，$\boldsymbol{\phi}$ 是 $n$ 阶向量，$\omega$ 是向量 $\boldsymbol{\phi}$ 的振动频率，$t$ 是时间变量，$t_0$ 是由初始条件确定的时间常数。

将(13.4.1)式代入(13.1.15)式，就得到一个广义特征值问题，即

$$\boldsymbol{K\phi} - \omega^2 \boldsymbol{M\phi} = 0 \tag{13.4.2}$$

求解以上方程可以确定 $\boldsymbol{\phi}$ 和 $\omega$，结果得到 $n$ 个特征解 $(\omega_1^2, \boldsymbol{\phi}_1)$，$(\omega_2^2, \boldsymbol{\phi}_2)$，…，$(\omega_n^2, \boldsymbol{\phi}_n)$，其中特征值 $\omega_1, \omega_2, \cdots, \omega_n$ 代表系统的 $n$ 个固有频率，并有

$$0 \leqslant \omega_1 < \omega_2 < \cdots < \omega_n$$

特征向量 $\boldsymbol{\phi}_1, \boldsymbol{\phi}_2, \cdots, \boldsymbol{\phi}_n$ 代表系统的 $n$ 个固有振型。它们的幅度可按以下要求规定

$$\boldsymbol{\phi}_i^{\mathrm{T}} \boldsymbol{M\phi}_i = 1 \quad (i = 1, 2, \cdots, n) \tag{13.4.3}$$

这样规定的固有振型又称为**正则振型**，今后所用的固有振型，只指这种正则振型。以下阐述固有振型的性质。

将特征解 $(\omega_i^2, \boldsymbol{\phi}_i)$，$(\omega_j^2, \boldsymbol{\phi}_j)$ 代回方程(13.4.2)式，得到

$$\boldsymbol{K\phi}_i = \omega_i^2 \boldsymbol{M\phi}_i \quad \boldsymbol{K\phi}_j = \omega_j^2 \boldsymbol{M\phi}_j \tag{13.4.4}$$

将上式前一式两端前乘以 $\boldsymbol{\phi}_j^{\mathrm{T}}$，后一式两端前乘以 $\boldsymbol{\phi}_i^{\mathrm{T}}$，并由 $\boldsymbol{K}$ 和 $\boldsymbol{M}$ 的对称性推知

$$\boldsymbol{\phi}_j^{\mathrm{T}} \boldsymbol{K\phi}_i = \boldsymbol{\phi}_i^{\mathrm{T}} \boldsymbol{K\phi}_j \tag{13.4.5}$$

所以可以得到

$$(\omega_i^2 - \omega_j^2)\, \boldsymbol{\phi}_j^{\mathrm{T}} \boldsymbol{M\phi}_i = 0 \tag{13.4.6}$$

由上式可见，当 $\omega_i \neq \omega_j$ 时，必有

$$\boldsymbol{\phi}_j^{\mathrm{T}} \boldsymbol{M\phi}_i = 0 \tag{13.4.7}$$

上式表明固有振型对于矩阵 $\boldsymbol{M}$ 是正交的。和(13.4.3)式在一起，可将固有振型对于 $\boldsymbol{M}$ 的正则正交性质表示为

$$\boldsymbol{\phi}_i^{\mathrm{T}} \boldsymbol{M\phi}_j = \begin{cases} 1 & (i = j) \\ 0 & (i \neq j) \end{cases} \tag{13.4.8}$$

将上式代回到(13.4.4)式，可得

$$\boldsymbol{\phi}_i^{\mathrm{T}} \boldsymbol{K\phi}_j = \begin{cases} \omega_i^2 & (i = j) \\ 0 & (i \neq j) \end{cases} \tag{13.4.9}$$

如果定义

$$\boldsymbol{\Phi} = [\boldsymbol{\phi}_1 \quad \boldsymbol{\phi}_2 \quad \cdots \quad \boldsymbol{\phi}_n]$$

$$\boldsymbol{\Omega} = \begin{bmatrix} \omega_1^2 & & & & \\ & \omega_2^2 & & 0 & \\ & & \ddots & & \\ & & & \ddots & \\ & 0 & & & \ddots \\ & & & & \omega_n^2 \end{bmatrix} \tag{13.4.10}$$

则特征解的性质还可表示成

$$\boldsymbol{\Phi}^{\mathrm{T}}\boldsymbol{M}\boldsymbol{\Phi}=\boldsymbol{I}\qquad\boldsymbol{\Phi}^{\mathrm{T}}\boldsymbol{K}\boldsymbol{\Phi}=\boldsymbol{\Omega}\tag{13.4.11}$$

$\boldsymbol{\Phi}$ 和 $\boldsymbol{\Omega}$ 分别称为固有振型矩阵和固有频率矩阵。利用它们，原特征值问题可表示为

$$\boldsymbol{K}\boldsymbol{\Phi}=\boldsymbol{M}\boldsymbol{\Phi}\boldsymbol{\Omega}\tag{13.4.12}$$

应予指出的是，在有限元分析中，特别是在动力分析中，方程的阶数，即系统的自由度数 $n$ 很高。但是无论是求解系统的动力特性本身还是进一步求解系统的动力响应，实际需要求解的特征解的个数通常是远小于系统自由度数 $n$ 的。这类方程阶数很高而求解的特征解又相对较少的特征值问题，称之为大型特征值问题。它的解法将在13.6节给予专门的讨论。

## 13.4.2 求解系统的动力响应

1. 位移基向量的变换

引入变换

$$\boldsymbol{a}(t)=\boldsymbol{\Phi}\boldsymbol{x}(t)=\sum_{i=1}^{n}\boldsymbol{\phi}_i x_i\tag{13.4.13}$$

其中

$$\boldsymbol{x}(t)=[x_1\quad x_2\quad\cdots\quad x_n]^{\mathrm{T}}$$

此变换的意义是将 $\boldsymbol{a}(t)$ 看成 $\boldsymbol{\phi}_i(i=1,2,\cdots,n)$ 的线性组合，$\boldsymbol{\phi}_i$ 可以看成是广义的位移基向量，$x_i$ 是广义的位移值。从数学上看，是将位移向量 $\boldsymbol{a}(t)$ 从以有限元系统的结点位移为基向量(又称为物理坐标)的 $n$ 维空间转换到以 $\boldsymbol{\phi}_i$ 为基向量(又称为振型坐标或模态坐标)的 $n$ 维空间。

将此变换代入运动方程(13.1.11)式，两端前乘以 $\boldsymbol{\Phi}^{\mathrm{T}}$，并注意到 $\boldsymbol{\Phi}$ 的正交性，则可得到新基向量空间内的运动方程

$$\ddot{\boldsymbol{x}}(t)+\boldsymbol{\Phi}^{\mathrm{T}}\boldsymbol{C}\boldsymbol{\Phi}\dot{\boldsymbol{x}}(t)+\boldsymbol{\Omega}\boldsymbol{x}(t)=\boldsymbol{\Phi}^{\mathrm{T}}\boldsymbol{Q}(t)=\boldsymbol{R}(t)\tag{13.4.14}$$

初始条件也相应地转换成

$$\boldsymbol{x}_0=\boldsymbol{\Phi}^{\mathrm{T}}\boldsymbol{M}\boldsymbol{a}_0\qquad\dot{\boldsymbol{x}}_0=\boldsymbol{\Phi}^{\mathrm{T}}\boldsymbol{M}\dot{\boldsymbol{a}}_0\tag{13.4.15}$$

在(13.4.14)式中的阻尼矩阵如果是振型阻尼，则从 $\boldsymbol{\Phi}$ 的正交性可得

$$\boldsymbol{\phi}_i^{\mathrm{T}}\boldsymbol{C}\boldsymbol{\phi}_j=\begin{cases}2\omega_i\xi_i & (i=j)\\ 0 & (i\neq j)\end{cases}\tag{13.4.16}$$

或

$$\boldsymbol{\Phi}^{\mathrm{T}}\boldsymbol{C}\boldsymbol{\Phi}=\begin{bmatrix}2\omega_1\xi_1 & & & \\ & 2\omega_2\xi_2 & & 0\\ 0 & & \ddots & \\ & & & 2\omega_n\xi_n\end{bmatrix}\tag{13.4.17}$$

其中 $\xi_i(i=1,2,\cdots,n)$ 是第 $i$ 阶振型阻尼比，在此情况下，(13.4.14)式就成为 $n$ 个相互不

耦合的二阶常微分方程

$$\ddot{x}_i(t) + 2\omega_i\xi_i\dot{x}_i(t) + \omega_i^2 x_i(t) = r_i(t) \quad (i = 1,2,\cdots,n) \tag{13.4.18}$$

上列每一个方程相当于一个单自由度系统的振动方程，可以比较方便地求解。式中 $r_i(t)=\boldsymbol{\varphi}_i^{\mathrm{T}}\boldsymbol{Q}(t)$，是载荷向量 $\boldsymbol{Q}(t)$ 在振型 $\boldsymbol{\phi}_i$ 上的投影。若 $\boldsymbol{Q}(t)$ 是按一定的空间分布模式而随时间变化的，即

$$\boldsymbol{Q}(t) = \boldsymbol{Q}(s,t) = \boldsymbol{F}(s)q(t) \tag{13.4.19}$$

则有

$$r_i(t) = \boldsymbol{\varphi}_i^{\mathrm{T}}\boldsymbol{F}(s)q(t) = f_i\, q(t) \tag{13.4.20}$$

上式中引入符号 $s$ 表示空间坐标，$f_i$ 表示 $\boldsymbol{F}(s)$ 在 $\boldsymbol{\phi}_i$ 上的投影，是一常数。如 $\boldsymbol{F}(s)$ 和 $\boldsymbol{\phi}_i$ 正交，则 $f_i=0$，从而得到 $r_i(t)\equiv 0$，$x_i(t)\equiv 0$。这表明结构响应中不包含 $\boldsymbol{\phi}_i$ 的成分。亦即 $\boldsymbol{Q}(s,t)$ 不能激起与 $\boldsymbol{F}(s)$ 正交的振型 $\boldsymbol{\phi}_i$。另一方面，如果对 $q(t)$ 进行 Fourier 分析，可以得到它所包含的各个频率成分及其幅值。根据其中应予考虑的最高阶频率 $\bar{\omega}$，可以确定对(13.4.18)式进行积分的最高阶数 $\omega_p$，例如选择 $\omega_p\approx 10\bar{\omega}$。综合以上两个因素，通常在实际分析中，需要求解的单自由度方程数远小于系统的自由度数 $n$。

顺便指出，如果 $\boldsymbol{C}$ 是 Rayleigh 阻尼，即

$$\boldsymbol{C} = \alpha\boldsymbol{M} + \beta\boldsymbol{K}$$

则(13.4.17)式还提供了一个确定常数 $\alpha$ 和 $\beta$ 的方法。如果根据试验或相近似结构的资料已知两个振型的阻尼比 $\xi_i$ 和 $\xi_j$，从(13.4.16)式可以得到两个方程，从而解得常数 $\alpha$ 和 $\beta$。

$$\begin{aligned}\alpha &= \frac{2(\xi_i\omega_j - \xi_j\omega_i)}{(\omega_j^2 - \omega_i^2)}\omega_i\omega_j \\ \beta &= \frac{2(\xi_j\omega_j - \xi_i\omega_i)}{(\omega_j^2 - \omega_i^2)}\end{aligned} \tag{13.4.21}$$

2. 求解单自由度系统振动方程

单自由度系统的振动方程(13.4.18)的求解，在一般情况下可采用上节讨论的直接积分方法。但在振动分析中常常采用杜哈美(Duhamel)积分，又称为叠加积分。这个方法的基本思想是将任意激振力 $r_i(t)$ 分解为一系列微冲量的连续作用，分别求出系统对每个微冲量的响应，然后根据线性系统的叠加原理，将它们叠加起来，得到系统对任意激振的响应。杜哈美积分的结果是

$$\begin{aligned}x_i(t) = &\frac{1}{\omega_i}\int_0^t r_i(\tau)\mathrm{e}^{-\xi_i\bar{\omega}_i(t-\tau)}\sin\bar{\omega}_i(t-\tau)\mathrm{d}\tau + \\ &\mathrm{e}^{-\xi_i\bar{\omega}_i t}(a_i\sin\bar{\omega}_i t + b_i\cos\bar{\omega}_i t)\end{aligned} \tag{13.4.22}$$

其中 $\bar{\omega}_i=\omega_i\sqrt{1-\xi_i^2}$，$a_i$，$b_i$ 是由起始条件决定的常数。上式右端前一项代表 $r_i(t)$ 引起的系统强迫振动项，后一项代表在一定起始条件下的系统自由振动项。

当阻尼很小，即 $\xi_i\to 0$ 时，$\bar{\omega}_i=\omega_i$，这时杜哈美积分的结果是

$$x_i(t) = \frac{1}{\omega_i}\int_0^t r_i(\tau)\sin\omega_i(t-\tau)\mathrm{d}\tau + a_i\sin\omega_i t + b_i\cos\omega_i t \tag{13.4.23}$$

杜哈美积分(13.4.22)或(13.4.23)式,在一般情况下,也需利用数值积分方法进行计算,但是对于少数简单情形,可以得到解析的结果。

3. 振型叠加得到系统的响应

在得到每个振型的响应以后,按(13.4.13)式将它们叠加起来就得到系统的响应,亦即每个结点的位移值是

$$\boldsymbol{a}(t)=\sum_{i=1}^{n}\boldsymbol{\phi}_i x_i(t)$$

在叙述了振型叠加法的算法步骤以后,对此方法的一些性质和特点可以指出以下几点:

(1) 振型叠加法中,将系统位移转换到以固有振型为基向量的空间,这对系统的性质并无影响,而是以求解广义特征值问题为代价,得到非耦合的 $n$ 个单自由度系统的运动方程。如果在振型叠加法中,对于 $n$ 个单自由度系统的运动方程都进行积分,且采用和直接积分法相同的积分方案和时间步长,则最后通过振型叠加得到的 $\boldsymbol{a}(t)$ 和直接积分法得到的结果在积分方案的误差和计算机舍入误差的范围内将是一致的。

(2) 振型叠加法中对于 $n$ 个单自由度系统运动方程的积分,比对联立方程组的直接积分节省计算时间。另外,如前面已叙及的,通常只要对非耦合运动方程中的一小部分进行积分。例如只需得到对应于前 $p$ 个特征解的响应,就能很好地近似系统的实际响应。这是由于通常情况下高阶的频率成分对系统的实际响应影响较小。另一方面,有限元方法中求解特征方程(13.4.2)式得到的高阶特征解和实际情形相差也很大。这因为有限元的自由度有限,对于低阶特征解近似性较好,而对于高阶则较差,因此求解高阶特征解的意义不大,而低阶特征解对于结构设计则常常是必需的。但是采用振型叠加法需要增加求解广义特征值问题的计算时间,所以在实际分析中究竟采用哪种方法还应根据具体情况确定。

(3) 对于非线性系统通常必须采用直接积分法。因为此时 $\boldsymbol{K}=\boldsymbol{K}(t)$,所以系统的特征解也将随时间变化,因此无法利用振型叠加法。

**例 13.3** 仍以例 13.2 中三自由度系统为例,现在用振型叠加法求解。此时应求解的广义特征值问题是

$$\begin{bmatrix}2 & -1 & 0\\ -1 & 4 & -2\\ 0 & -2 & 2\end{bmatrix}\boldsymbol{\phi}=\omega^2\begin{bmatrix}1 & 0 & 0\\ 0 & 3 & 0\\ 0 & 0 & 1\end{bmatrix}\boldsymbol{\phi} \qquad ①$$

按照一般的线性代数方法可以得到①式的解答为

$$\begin{aligned}\omega_1^2&=\frac{1}{3} \qquad & \boldsymbol{\phi}_1&=\begin{bmatrix}1 & \frac{5}{3} & 2\end{bmatrix}^{\mathrm{T}}\\ \omega_2^2&=2 \qquad & \boldsymbol{\phi}_2&=\begin{bmatrix}-2 & 0 & 1\end{bmatrix}^{\mathrm{T}}\\ \omega_3^2&=3 \qquad & \boldsymbol{\phi}_3&=\begin{bmatrix}-1 & 1 & -2\end{bmatrix}^{\mathrm{T}}\end{aligned} \qquad ②$$

利用②式,可以将原问题转换为以 $\boldsymbol{\phi}_1$, $\boldsymbol{\phi}_2$ 和 $\boldsymbol{\phi}_3$ 为基向量的 3 个互不耦合的运动方程,即:

$$\ddot{x}_1(t)+\frac{1}{3}x_1(t)=9/10$$
$$\ddot{x}_2(t)+2x_2(t)=6/5 \qquad ③$$
$$\ddot{x}_3(t)+3x_3(t)=-3/2$$

原系统的初始条件是 $\boldsymbol{a}_0=0$ 和 $\dot{\boldsymbol{a}}_0=0$，经转换后为

$$x_i\big|_{t=0}=0 \qquad \dot{x}_i\big|_{t=0}=0 \quad (i=1,2,3) \qquad ④$$

利用无阻尼情形的杜哈美积分公式(13.4.23)式，可以得到③式的精确解为：

$$x_1(t)=\frac{10}{27}[1-\cos(\sqrt{1/3}\,t)]$$
$$x_2(t)=\frac{3}{5}[1-\cos(\sqrt{2}\,t)] \qquad ⑤$$
$$x_3(t)=-\frac{1}{2}[1-\cos(\sqrt{3}\,t)]$$

最后利用振型叠加得到系统的位移为

$$\boldsymbol{a}(t)=\begin{bmatrix}1 & -2 & -1\\ 5/3 & 0 & 1\\ 2 & 1 & -2\end{bmatrix}\begin{bmatrix}\frac{10}{27}[1-\cos(\sqrt{1/3}\,t)]\\ \frac{3}{5}[1-\cos(\sqrt{2}\,t)]\\ -\frac{1}{2}[1-\cos(\sqrt{3}\,t)]\end{bmatrix} \qquad ⑥$$

根据⑥式计算得到每一时间步长的位移值如下：

(a) 对于 $\Delta t=T_3/10=0.363$ 算得的位移值：

| 时间 | $\Delta t$ | $2\Delta t$ | $3\Delta t$ | $4\Delta t$ | $5\Delta t$ | $6\Delta t$ | $7\Delta t$ | $8\Delta t$ | $9\Delta t$ | $10\Delta t$ |
|---|---|---|---|---|---|---|---|---|---|---|
| $a_1$ | 0.00 | 0.00 | 0.01 | 0.04 | 0.14 | 0.37 | 0.79 | 1.45 | 2.32 | 3.34 |
| $a_2$ | 0.00 | 0.04 | 0.21 | 0.59 | 1.25 | 2.21 | 3.38 | 4.63 | 5.80 | 6.76 |
| $a_3$ | 0.39 | 1.45 | 2.92 | 4.48 | 5.81 | 6.74 | 7.29 | 7.60 | 7.92 | 8.46 |

(b) 对于 $\Delta t=5T_3=18.14$ 算得的位移值：

| 时间 | $\Delta t$ | $2\Delta t$ | $3\Delta t$ | $4\Delta t$ | $5\Delta t$ | $6\Delta t$ | $7\Delta t$ | $8\Delta t$ | $9\Delta t$ | $10\Delta t$ |
|---|---|---|---|---|---|---|---|---|---|---|
| $a_1$ | 3.89 | 3.46 | −1.19 | 2.25 | 1.83 | −2.40 | 1.78 | 2.25 | −1.23 | 3.40 |
| $a_2$ | 6.75 | 6.76 | 0.00 | 6.73 | 6.77 | 0.00 | 6.72 | 6.79 | 0.00 | 6.70 |
| $a_3$ | 8.17 | 8.41 | 0.60 | 8.97 | 9.24 | 1.20 | 9.19 | 9.05 | 0.61 | 8.36 |

此结果是系统响应的精确解，可以用来检验 13.3.3 节的中心差分法和 Newmark 方法的结果。对于 $\Delta t=0.363$ 的情况，三者的比较见图 13.1。由图可见，由于 $\Delta t$ 较小，两种直接积分法的结果都相当好。而对于 $\Delta t=18.14$ 的情况，由于 $\Delta t$ 已相当大，虽然此时

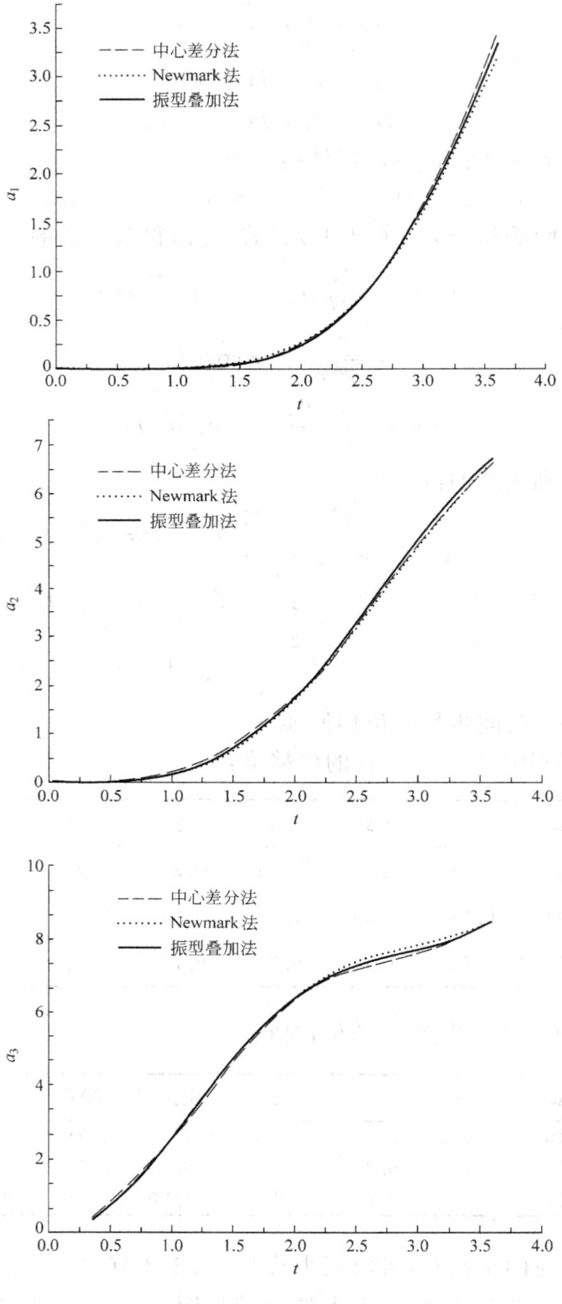


图 13.1　振型叠加法和直接积分法计算结果比较

Newmark 方法的解仍保持稳定，但误差较大。

如果在振型叠加法中，对于非耦合的单自由度运动方程③式的积分也采用直接积分法，并且 $\Delta t$ 相同，则可得到和直接积分法完全一致的结果。当然，在一般的 $n$ 个自由度系统中，如果只积分 $p$ 个单自由度系统的运动方程，即使积分是精确的，最后得到的系统响应也将因忽略高阶振型的成分而引入误差。

## 13.5　解的稳定性

在前面的讨论中已经指出，在选择直接积分求解结构系统运动方程的具体方案时必须考虑解的稳定性问题，现在对此问题进一步作一简要讨论。

从理论上看，若要得到结构动力响应的精确解答，就应对结构系统的运动方程组(13.1.11)式或是经变换后的 $n$ 个不相耦合的单自由度系统的运动方程(13.4.18)式进行精确积分。同时我们知道，当利用直接积分法对前者进行积分时，实质上是和采用相同的时间步长同时对后者的 $n$ 个方程进行积分相等效。因此，$\Delta t$ 的选择应和最小固有周期 $T_n$ 相适应，即要求 $\Delta t$ 选择得很小。例如作为一个估计要求 $\Delta t \sim T_n/10$。

然而，正如前面讨论中已指出，实际结构分析只要求精确地求得相应于前 $p$ 阶固有振型的响应，这里 $p$ 和载荷的频率及其分布有关。如果选择 $\Delta t \sim T_p/10$，即 $T_p/T_n$ 倍于以前的估计 $T_n/10$。这样一来 $\Delta t$ 就比 $T_n/10$ 大得多了，甚至可达几千倍。

当采用直接积分方法时，高阶振型的响应是被自动积分的。当 $\Delta t \gg T_n$ 时，会得到什么结果？从数学上说这就是解的稳定性问题。如果解是稳定的，意思是指当采用较大 $\Delta t$ 时，不会因高阶振型的误差使低阶振型的解失去意义，也即在某个时间 $t$，$\boldsymbol{a}$，$\dot{\boldsymbol{a}}$，$\ddot{\boldsymbol{a}}$ 的误差在积分过程中不会不断增长。解的稳定性定义是：如果在任何时间步长 $\Delta t$ 条件下，对于任何初始条件的解不是无限制地增长，则称此积分方法是无条件稳定的；如果 $\Delta t$ 必须小于某个临界值 $\Delta t_{cr}$，上述性质才能保持，则称此积分方法是有条件稳定的。

在前面的讨论中已经阐明，原运动方程组经变换为 $n$ 个不相耦合的微分方程后，其性质不变，因此可以方便地对非耦合的微分方程讨论解的稳定性。又因为 $n$ 个方程的形式相同，故仅需分析其中一个作为代表，将它写成

$$\ddot{x}_i + 2\xi_i\omega_i\dot{x}_i + \omega_i^2 x_i = r_i$$

或

$$\ddot{x}_i + C_i\dot{x}_i + \omega_i^2 x_i = r_i \tag{13.5.1}$$

讨论解的稳定性实质上是讨论误差引起的响应，所以在上式中可令 $r_i=0$。另一方面由于在正阻尼情况下，阻尼对解的稳定性是有利的，所以在讨论解的稳定性时，总可令 $C_i=0$。基于上述两点，要讨论的方程是

$$\ddot{x}_i + \omega_i^2 x_i = 0 \tag{13.5.2}$$

## 13.5.1 中心差分法

利用中心差分法对(13.5.2)式进行积分，根据循环计算公式(13.3.4)，可以写出

$$(x_i)_{t+\Delta t} = -(\Delta t^2 \omega_i^2 - 2)(x_i)_t - (x_i)_{t-\Delta t} \tag{13.5.3}$$

假定解的形式为

$$(x_i)_{t+\Delta t} = \lambda(x_i)_t, \qquad (x_i)_t = \lambda(x_i)_{t-\Delta t} \tag{13.5.4}$$

将上式代入(13.5.3)式，则可得到特征方程

$$\lambda^2 + (p_i - 2)\lambda + 1 = 0 \tag{13.5.5}$$

其中

$$p_i = \Delta t^2 \omega_i^2 \tag{13.5.6}$$

解出上式的根

$$\lambda_{1,2} = \frac{2 - p_i \pm \sqrt{(p_i - 2)^2 - 4}}{2} \tag{13.5.7}$$

$\lambda$ 的根关系到解的性质，现在分析解稳定性的条件。

(1) 真正解在小阻尼情况下应具有振荡特性，因此 $\lambda$ 必须是复数，这就要求

$$(p_i - 2)^2 - 4 < 0$$

亦即

$$p_i < 4 \tag{13.5.8}$$

因为 $p_i = \Delta t^2 \omega_i^2$，同时 $\omega_i = 2\pi / T_i$，所以从上式可以得到

$$\Delta t < \frac{2}{\omega_i} = \frac{T_i}{\pi} \tag{13.5.9}$$

(2) 真正解不应无限地增长，这就要求

$$|\lambda| \leqslant 1 \tag{13.5.10}$$

$|\lambda| = 1$ 表示无阻尼的自由振动。(13.5.7)式表示的 $\lambda_{1,2}$ 的 $|\lambda| = 1$，已自动满足上式的要求。

正如以前所指出，直接积分法相当于利用同样的时间步长对所有 $n$ 个振型的单自由度方程同时进行积分，因此为了保持解的稳定性，中心差分法的时间步长必须服从以下条件

$$\Delta t \leqslant \Delta t_{cr} = \frac{T_n}{\pi} \tag{13.5.11}$$

此即在13.3节已给出的解的稳定性条件，其中 $\Delta t_{cr}$ 是临界时间步长，$T_n$ 是系统的最小固有周期。我们在13.3.1节已指出，实际上并不需要从求解整个系统的特征值问题得到 $T_n$，并已给出了估计 $T_n$ 的方法。

## 13.5.2 Newmark 方法

将 Newmark 方法的循环计算公式(13.3.16)式用于(13.5.2)式表示的运动方程，可

以得到

$$(1+\alpha\Delta t^2\omega_i^2)(x_i)_{t+\Delta t}=(x_i)_t+\Delta t(\dot{x}_i)_t+\left(\frac{1}{2}-\alpha\right)\Delta t^2(\ddot{x}_i)_t \tag{13.5.12}$$

为了研究解的稳定性，现将上式改写为类似于(13.5.3)式的三步位移形式*，为此需要利用 Newmark 方法的基本假设(13.3.10)和(13.3.11)式，并利用(13.5.2)式，对于现在的情况，它们可以表示为

$$\left.\begin{aligned}(\dot{x}_i)_{t+\Delta t}&=(\dot{x}_i)_t-[(1-\delta)(x_i)_t+\delta(x_i)_{t+\Delta t}]\omega_i^2\Delta t\\(x_i)_{t+\Delta t}&=(x_i)_t+(\dot{x}_i)_t\Delta t-\left[\left(\frac{1}{2}-\alpha\right)(x_i)_t+\alpha(x_i)_{t+\Delta t}\right]\omega_i^2\Delta t^2\end{aligned}\right\} \tag{13.5.13}$$

利用上式和(13.5.2)式，(13.5.12)式可以改写成

$$(1+\alpha p_i)(x_i)_{t+\Delta t}+\left[-2+\left(\frac{1}{2}-2\alpha+\delta\right)p_i\right](x_i)_t+\left[1+\left(\frac{1}{2}+\alpha-\delta\right)p_i\right](x_i)_{t-\Delta t}=0 \tag{13.5.14}$$

其中

$$p_i=\Delta t^2\omega_i^2$$

仍假设解具有(13.5.4)式的形式，代入上式可以得到关于 $\lambda$ 的特征方程

$$\lambda^2(1+\alpha p_i)+\lambda\left[-2+\left(\frac{1}{2}-2\alpha+\delta\right)p_i\right]+\left[1+\left(\frac{1}{2}+\alpha-\delta\right)p_i\right]=0 \tag{13.5.15}$$

该方程的根是

$$\lambda_{1,2}=\frac{(2-g)\pm\sqrt{(2-g)^2-4(1+h)}}{2} \tag{13.5.16}$$

其中

$$g=\frac{\left(\frac{1}{2}+\delta\right)p_i}{1+\alpha p_i}\quad h=\frac{\left(\frac{1}{2}-\delta\right)p_i}{1+\alpha p_i} \tag{13.5.17}$$

现在分析解的稳定性条件。

(1) 真正的解在小阻尼情况下必须具有振荡的性质，因此 $\lambda$ 应是复数，这就要求

$$4(1+h)>(2-g)^2$$

亦即

$$p_i\left[4\alpha-\left(\frac{1}{2}+\delta\right)^2\right]>-4 \tag{13.5.18}$$

---

* 其实(13.5.12)式的 3 点位移形式可以直接从(13.3.18)式得到，只是(13.3.18)式是未经推演给出的。借鉴现在的推演过程可以导出(13.3.18)式。

当 $p_i$ 很大时，即 $\Delta t$ 不受限制时，仍要求上式成立，必须是

$$\alpha \geqslant \frac{1}{4}\left(\frac{1}{2}+\delta\right)^2 \tag{13.5.19}$$

(2) 稳定的解必须不是无限增长的，因此必须有 $|\lambda|=\sqrt{1+h}\leqslant 1$，亦即

$$-1 \leqslant h \leqslant 0 \tag{13.5.20}$$

同样，当 $p_i$ 很大时，仍要求上式成立，必须是

$$\delta \geqslant 1/2 \tag{13.5.21}$$

$$\frac{1}{2}-\delta+\alpha \geqslant 0 \tag{13.5.22}$$

因为当条件(13.5.19)式满足时，(13.5.22)式恒成立，所以综合以上分析可以得到 Newmark 方法无条件稳定的条件是

$$\delta \geqslant \frac{1}{2} \quad \alpha \geqslant \frac{1}{4}\left(\frac{1}{2}+\delta\right)^2 \tag{13.5.23}$$

如果不满足上述条件，要得到稳定的解，时间步长 $\Delta t$ 必须满足 $\Delta t < \Delta t_{cr}$。$\Delta t_{cr}$ 可从(13.5.18)式求得，结果是

$$\Delta t_{cr} = \frac{T_i}{\pi}\frac{1}{\sqrt{(1/2+\delta)^2-4\alpha}} \tag{13.5.24}$$

现在讨论有关“数值阻尼”的概念。从(13.5.23)式可见，当 $\delta=1/2, \alpha>1/4$ 时，解是无条件稳定的，而且从(13.5.17)和(13.5.20)式可知，这时 $|\lambda|=1$。这符合无阻尼自由振动的实际情形。但是如果在计算中，取 $\delta>1/2$，则得到 $|\lambda|<1$，表明振幅将不断衰减，这是由于数值计算过程中取 $\delta>1/2$ 这一人为因素而引入的一种“人工”阻尼，称为“**数值阻尼**”。图 13.2 中给出了 $\alpha$ 和 $\delta$ 取 3 种数值时 $|\lambda|$ 随 $\Delta t/T$ 的变化趋势。

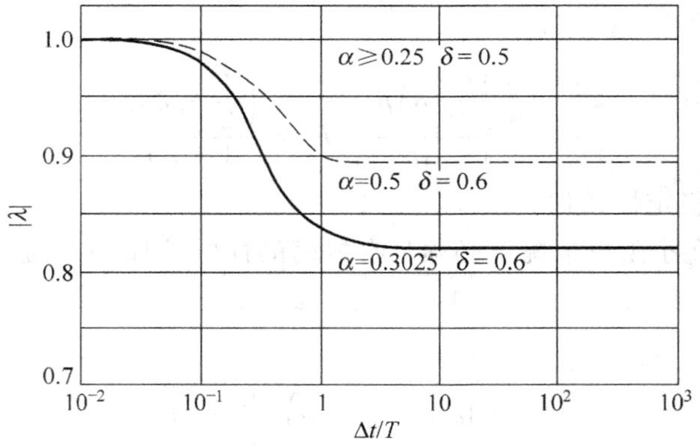


图 13.2 三种 Newmark 方案的 $|\lambda| \sim \Delta t/T$ 曲线

这种数值阻尼在一定条件下是有用的。因为在直接积分法中，我们采用的 $\Delta t$ 通常均

远大于系统最高固有频率所对应的周期。对此频率的响应将是不可靠的，并将产生数值上的干扰。如果通过取 $\delta > 1/2$ 而引入数值阻尼，则高频的干扰可迅速衰减，而对低频的影响甚微。这点可从图 13.2 看到，因为在 $\Delta t$ 取定以后，对于高频成分，$\Delta t / T_i$ 较大，此时 $|\lambda| < 1$，因此高频干扰较快消失。而对于低频成分，$\Delta t / T_i$ 较小，则 $|\lambda|$ 接近于 1，表明数值阻尼对低频成分的影响甚微。

## 13.6　大型特征值问题的解法

在 13.4 节的讨论中已经知道，当利用振型叠加法求解系统的运动方程时，首先需要求解一广义特征值问题

$$\boldsymbol{K\phi} - \omega^2 \boldsymbol{M\phi} = 0 \tag{13.4.2}$$

或

$$\boldsymbol{K\Phi} = \boldsymbol{M\Phi\Omega} \tag{13.4.12}$$

由于在一般的有限元分析中，系统的自由度很多，同时在研究系统的响应时，往往只需要了解少数较低的特征值及相应的特征向量，因此在有限元分析中，发展了一些适应上述特点而效率较高的解法，其中应用较广泛的是矩阵反迭代法和子空间迭代法。前者算法简单，比较适合于只要求得到系统的很少数目特征解的情况。后者实质是将前者推广应用于同时利用若干个向量进行迭代的情况，可以用于要求得到系统多一些特征解的情况，另外，近年来，里兹向量直接叠加法和 Lanczos 向量的直接叠加法，由于具有更高的计算效率，引起了有限元工作者广泛的兴趣。它们共同的特点是直接生成一组里兹向量或 Lanczos 向量，对运动方程进行减缩，然后通过求解减缩了的运动方程的特征值问题，进而就可得到原系统方程的特征解，从而避免了反迭代法或子空间迭代法中的迭代步骤。以下对这几种方法逐一进行简要的讨论。

### 13.6.1　反迭代法

利用反迭代法求解广义特征值问题在 12.3.4 节求解瞬态热传导方程的最小特征值 $\omega_1$ 时已有应用，当时由于只要求解一个 $\omega_1$，相对比较简单。现在的问题是要求解若干个特征解 $(\omega_i, \boldsymbol{\phi}_i)$，相对就比较复杂，为此本节进一步作较详细的讨论。

1. 计算步骤

初始计算

(1) 形成刚度矩阵 $\boldsymbol{K}$ 和质量矩阵 $\boldsymbol{M}$；

(2) 按所给定的边界条件修正 $\boldsymbol{K}$；

(3) 三角分解 $\boldsymbol{K}$：$\boldsymbol{K} = \boldsymbol{LDL}^{\mathrm{T}}$。

对于每一个特征解 $\omega_i^2$ 和 $\boldsymbol{\phi}_i$ 的求解 $(i = 1, 2, \cdots, p)$

(1) 给定初始迭代向量$(\tilde{\boldsymbol{x}}_i)_0$

(2) 对于每次迭代$k(k=0,1,2\cdots)$作：

① 与已生成的$\boldsymbol{\phi}_j(j=1,2,\cdots,i-1)$作正交化处理(对于$i>1$进行)，即

$$(\hat{\boldsymbol{x}}_i)_k=(\tilde{\boldsymbol{x}}_i)_k-\sum_{j=1}^{i-1}\boldsymbol{\phi}_j(\boldsymbol{\phi}_j^{\mathrm{T}}\boldsymbol{M}(\tilde{\boldsymbol{x}}_i)_k)$$

② 对$(\boldsymbol{x}_i)_k$作正则化处理，即

$$(\boldsymbol{x}_i)_k=(\hat{\boldsymbol{x}}_i)_k/[(\hat{\boldsymbol{x}}_i)_k^{\mathrm{T}}\boldsymbol{M}(\hat{\boldsymbol{x}}_i)_k]^{1/2}$$

③ 赋值：$\boldsymbol{Y}=\boldsymbol{M}(\boldsymbol{x}_i)_k$

④ 求解方程组：$\boldsymbol{LDL}^{\mathrm{T}}(\boldsymbol{x}_i)_{k+1}=\boldsymbol{Y}$

⑤ 赋值：$\widetilde{\boldsymbol{K}}=(\boldsymbol{x}_i)_{k+1}^{\mathrm{T}}\boldsymbol{Y}$

⑥ 赋值：$\boldsymbol{Y}_1=\boldsymbol{M}(\boldsymbol{x}_i)_{k+1}$

⑦ 赋值：$\widetilde{\boldsymbol{M}}=(\boldsymbol{x}_i)_{k+1}^{\mathrm{T}}\boldsymbol{Y}_1$

⑧ 计算$\omega_i^2$的近似值$(\widetilde{\omega_i^2})_{k+1}$，即

$$(\widetilde{\omega_i^2})_{k+1}=\widetilde{\boldsymbol{K}}/\widetilde{\boldsymbol{M}}$$

⑨ 检查$(\widetilde{\omega_i^2})_{k+1}$是否满足精度要求(对于$k>1$进行)，即要求

$$|[(\tilde{\omega}_i)_{k+1}-(\tilde{\omega}_i)_k]/(\tilde{\omega}_i)_{k+1}|<\mathrm{er}$$

如果满足精度要求则转下步(3)；如果不满足则令

$$(\tilde{\boldsymbol{x}}_i)_{k+1}=(\boldsymbol{x}_i)_{k+1}\text{ 和 }k=k+1,\text{并返回 ①。}$$

(3) 赋值：$\omega_i=(\tilde{\omega}_i)_{k+1}$，　$\boldsymbol{\phi}_i=(\boldsymbol{x}_i)_{k+1}/\widetilde{\boldsymbol{M}}^{\frac{1}{2}}$

(4) 输出$\omega_i$，$\boldsymbol{\phi}_i$

2. 算法的若干注释

(1) 初始向量$(\tilde{\boldsymbol{x}}_i)_0$的选取

关于初始向量$(\tilde{\boldsymbol{x}}_i)_0$，原则上可以任意选取，但要求它不与$\boldsymbol{\phi}_i$正交，即$(\tilde{\boldsymbol{x}}_i)_0^{\mathrm{T}}\boldsymbol{M}\boldsymbol{\phi}_i\neq 0$。一般情形为方便起见，可取$(\tilde{\boldsymbol{x}}_i)_0=[1\quad 1\quad \cdots\quad 1]^{\mathrm{T}}$，或者取随机向量。

(2) 线性代数方程组的求解

线性代数方程组为

$$\boldsymbol{K}(\boldsymbol{x}_i)_{k+1}=\boldsymbol{LDL}^{\mathrm{T}}(\boldsymbol{x}_i)_{k+1}=\boldsymbol{Y}\tag{13.6.1}$$

其中$\boldsymbol{Y}=\boldsymbol{M}(\boldsymbol{x}_i)_k$在每次迭代中都要求解。因为在初始计算中已对$\boldsymbol{K}$进行了分解，在以后的迭代中只需要按改变了的右端项进行回代。

(3) 迭代收敛性的证明

现在来分析每次求解得到的$(\boldsymbol{x}_i)_{k+1}$和求解前的$(\boldsymbol{x}_i)_k$相比有什么变化。

现从$k=0$开始，因为任何向量均可按特征向量(在振动问题中即固有振型)$\boldsymbol{\phi}_1$，$\boldsymbol{\phi}_2$，$\cdots$，$\boldsymbol{\phi}_n$展开，所以$(\boldsymbol{x}_i)_0$可表示为

$$(\boldsymbol{x}_i)_0 = \boldsymbol{\Phi}\boldsymbol{A}_0 \tag{13.6.2}$$

其中，$\boldsymbol{\Phi}=[\boldsymbol{\phi}_1 \quad \boldsymbol{\phi}_2 \quad \cdots \quad \boldsymbol{\phi}_n]$是固有振型矩阵，$\boldsymbol{A}_0=[a_1 \quad a_2 \quad \cdots \quad a_n]^{\mathrm{T}}$，其中的每个元素 $a_j$ 代表$(\boldsymbol{x}_i)_0$ 在$\boldsymbol{\phi}_j(j=1,2,\cdots,n)$上的投影。如果$(\boldsymbol{x}_i)_0$ 已经正交化处理，即已知$\boldsymbol{\phi}_1,\boldsymbol{\phi}_2,\cdots,\boldsymbol{\phi}_{i-1}$正交，则 $a_1=a_2=\cdots=a_{i-1}=0$。

利用上式和(13.4.12)式可以得到

$$\boldsymbol{M}(\boldsymbol{x}_i)_0 = \boldsymbol{M}\boldsymbol{\Phi}\boldsymbol{A}_0 = \boldsymbol{K}\boldsymbol{\Phi}\boldsymbol{\lambda}\boldsymbol{A}_0 = \boldsymbol{K}\boldsymbol{\Phi}\boldsymbol{A}_1 \tag{13.6.3}$$

其中

$$\boldsymbol{\lambda}=(\boldsymbol{\Omega})^{-1}=\begin{bmatrix} \dfrac{1}{\omega_1^2} & & & \\ & \dfrac{1}{\omega_2^2} & & \\ & & \ddots & \\ & & & \dfrac{1}{\omega_n^2} \end{bmatrix} \qquad \boldsymbol{A}_1=\boldsymbol{\lambda}\boldsymbol{A}_0=\begin{bmatrix} \dfrac{a_1}{\omega_1^2} & \dfrac{a_2}{\omega_2^2} & \cdots & \dfrac{a_n}{\omega_n^2} \end{bmatrix}^{\mathrm{T}} \tag{13.6.4}$$

如果$(\boldsymbol{x}_i)_0$ 已经正交化处理，则

$$\boldsymbol{A}_1 = \boldsymbol{\lambda}\boldsymbol{A}_0 = \begin{bmatrix} 0 & 0 & \cdots & \dfrac{a_i}{\omega_i^2} & \dfrac{a_{i+1}}{\omega_{i+1}^2} & \cdots & \dfrac{a_n}{\omega_n^2} \end{bmatrix}^{\mathrm{T}}$$

将(13.6.3)式代入(13.6.1)式，并且两端同乘以 $\boldsymbol{K}^{-1}$，则可以得到

$$(\boldsymbol{x}_i)_1 = \boldsymbol{\Phi}\boldsymbol{A}_1 \tag{13.6.5}$$

这是第 1 次迭代后得到的结果，如果经过 $k$ 次迭代，则可以得到

$$(\boldsymbol{x}_i)_k = \boldsymbol{\Phi}\boldsymbol{A}_k \tag{13.6.6}$$

其中

$$\boldsymbol{A}_k = \boldsymbol{\lambda}^k\boldsymbol{A}_0 = \begin{bmatrix} \dfrac{a_1}{\omega_1^{2k}} & \dfrac{a_2}{\omega_2^{2k}} & \cdots & \dfrac{a_n}{\omega_n^{2k}} \end{bmatrix}^{\mathrm{T}}$$

如果每次迭代的$(\boldsymbol{x}_i)_k$ 都经过正交化处理，即保持和$\boldsymbol{\phi}_1,\boldsymbol{\phi}_2,\cdots,\boldsymbol{\phi}_{i-1}$正交，则

$$\boldsymbol{A}_k = \boldsymbol{\lambda}^k\boldsymbol{A}_0 = \begin{bmatrix} 0 & 0 & \cdots & \dfrac{a_i}{\omega_i^{2k}} & \dfrac{a_{i+1}}{\omega_{i+1}^{2k}} & \cdots & \dfrac{a_n}{\omega_n^{2k}} \end{bmatrix}^{\mathrm{T}} \tag{13.6.7}$$

因为 $\omega_1<\omega_2<\cdots<\omega_n$，所以随着迭代次数的增加，$\boldsymbol{A}_k$ 中第 $i$ 个元素相对其余元素将保持明显的优势，也即$(\boldsymbol{x}_i)_k$ 将趋于$\boldsymbol{\phi}_i$，这样就证明了反迭代法的收敛性。

(4) $\omega_i$ 的近似值$(\tilde{\omega}_i)_{k+1}$的计算

采用瑞莱商(Rayleigh Quotient)方法计算 $\omega_i^2$ 的近似值，具体计算公式是

$$(\tilde{\omega}_i^2)_{k+1} = \frac{\tilde{\boldsymbol{K}}}{\tilde{\boldsymbol{M}}} = \frac{(\boldsymbol{x}_i)_{k+1}^{\mathrm{T}}\boldsymbol{Y}}{(\boldsymbol{x}_i)_{k+1}^{\mathrm{T}}\boldsymbol{Y}_1} = \frac{(\boldsymbol{x}_i)_{k+1}^{\mathrm{T}}\boldsymbol{K}(\boldsymbol{x}_i)_{k+1}}{(\boldsymbol{x}_i)_{k+1}^{\mathrm{T}}\boldsymbol{M}(\boldsymbol{x}_i)_{k+1}} \tag{13.6.8}$$

这是因为系统的动能 $T$ 和位能 $U$ 的一般表达式是

$$T = \frac{1}{2}\dot{\boldsymbol{a}}^{\mathrm{T}}\boldsymbol{M}\dot{\boldsymbol{a}} \qquad U = \frac{1}{2}\boldsymbol{a}^{\mathrm{T}}\boldsymbol{K}\boldsymbol{a} \tag{13.6.9}$$

系统按第 $i$ 阶固有振型 $\boldsymbol{\phi}_i$ 作振动时则有

$$\begin{aligned} \boldsymbol{a} &= \boldsymbol{\phi}_i \sin\omega_i (t - t_0) \\ \dot{\boldsymbol{a}} &= \omega_i \boldsymbol{\phi}_i \cos\omega_i (t - t_0) \end{aligned} \tag{13.6.10}$$

将上式代入(13.6.9)式，可以看出当系统按 $\boldsymbol{\phi}_i$ 作振动时，动能最大值 $T_{\max}$ 和位能最大值 $U_{\max}$ 分别为

$$T_{\max} = \frac{1}{2}\omega_i^2 \boldsymbol{\phi}_i^{\mathrm{T}} \boldsymbol{M} \boldsymbol{\phi}_i \qquad U_{\max} = \frac{1}{2} \boldsymbol{\phi}_i^{\mathrm{T}} \boldsymbol{K} \boldsymbol{\phi}_i \tag{13.6.11}$$

根据机械能守恒原理，则 $T_{\max} = U_{\max}$，所以得到

$$\omega_i^2 = \frac{\boldsymbol{\phi}_i^{\mathrm{T}} \boldsymbol{K} \boldsymbol{\phi}_i}{\boldsymbol{\phi}_i^{\mathrm{T}} \boldsymbol{M} \boldsymbol{\phi}_i} \tag{13.6.12}$$

由(13.6.8)式和上式的对比可见，随着 $(\boldsymbol{x}_i)_{k+1}$ 的逐步趋近于 $\boldsymbol{\phi}_i$，则 $(\omega_i)_{k+1}$ 也将逐步趋近于 $\omega_i$。因此，$(\omega_i)_{k+1}$ 也可以用来判断迭代是否达到精度的要求，即利用下式进行判断

$$\left| \frac{(\tilde{\omega}_i)_{k+1} - (\tilde{\omega}_i)_k}{(\tilde{\omega}_i)_{k+1}} \right| < \mathrm{er} \tag{13.6.13}$$

式中的 er 是规定的允许误差。

如果满足精度要求，则输出 $\omega_i$ 和 $\boldsymbol{\phi}_i$ 的计算结果，否则以 $(\boldsymbol{x}_i)_{k+1}$ 作为新的迭代向量 $(\tilde{\boldsymbol{x}}_i)_{k+1}$，并令 $k = k+1$，再返回①进行新的迭代。

(5) 迭代向量 $(\boldsymbol{x}_i)_k$ 的正交化和正则化处理

从前面收敛性的证明中已可看到，在求解第 $i$ 阶特征解时，为使迭代收敛到 $\omega_i^2$ 和 $\boldsymbol{\phi}_i$，应使每次的迭代向量 $(\boldsymbol{x}_i)_k$ 和已经解得的 $\boldsymbol{\phi}_j$ $(j = 1, 2, \cdots, i-1)$ 保持正交，即

$$\boldsymbol{\phi}_j \boldsymbol{M} (\boldsymbol{x}_i)_k = 0 \quad (j = 1, 2, \cdots, i-1) \tag{13.6.14}$$

否则迭代的结果仍将收敛于 $\omega_1^2$ 和 $\boldsymbol{\phi}_1$。上述的正交化要求可通过 Gram-Schmidt 正交化过程实现。以 $(\boldsymbol{x}_2)_k$ 为例，在正交化之前用 $(\tilde{\boldsymbol{x}}_2)_k$ 表示，令

$$(\hat{\boldsymbol{x}}_2)_k = (\tilde{\boldsymbol{x}}_2)_k - \boldsymbol{\phi}_1 [\boldsymbol{\phi}_1^{\mathrm{T}} \boldsymbol{M} (\tilde{\boldsymbol{x}}_2)_k] \tag{13.6.15}$$

则此时确实存在

$$\boldsymbol{\phi}_1^{\mathrm{T}} \boldsymbol{M} (\hat{\boldsymbol{x}}_2)_k = \boldsymbol{\phi}_1^{\mathrm{T}} \boldsymbol{M} (\tilde{\boldsymbol{x}}_2)_k - \boldsymbol{\phi}_1^{\mathrm{T}} \boldsymbol{M} (\tilde{\boldsymbol{x}}_2)_k = 0$$

一般情形，在求解 $\boldsymbol{\phi}_i$ 时，正交化处理可表示为

$$(\hat{\boldsymbol{x}}_i)_k = (\tilde{\boldsymbol{x}}_i)_k - \sum_{j=1}^{i-1} \boldsymbol{\phi}_j [\boldsymbol{\phi}_j^{\mathrm{T}} \boldsymbol{M} (\tilde{\boldsymbol{x}}_i)_k] \tag{13.6.16}$$

每一次迭代过程中，除上述正交化处理以外，还要作正则化处理，即令

$$(\boldsymbol{x}_i)_k = (\hat{\boldsymbol{x}}_i)_k / [(\hat{\boldsymbol{x}}_i)_k^{\mathrm{T}} \boldsymbol{M} (\hat{\boldsymbol{x}}_i)_k]^{1/2} \tag{13.6.17}$$

目的是使 $(\boldsymbol{x}_i)_k$ 满足

$$(\boldsymbol{x}_i)_k^{\mathrm{T}} \boldsymbol{M} (\boldsymbol{x}_i)_k = 1 \tag{13.6.18}$$

此处理的必要性可从(13.6.7)式看出。否则多次迭代以后，$A_k$ 的第 $i$ 个元素可能因为过大(当 $\omega_i^2 \approx 0$)或者过小(当 $\omega_i^2 \gg 0$)而丧失精度。从上述正交化处理运算还可以看到，在采用反迭代法求解特征值问题时，高阶特征解要受低阶特征解误差的影响。因此用该法求解较多特征解是不适合的。

(6) 移频法的采用

在每一次迭代步骤中，需要求解线性代数方程组(13.6.1)式。显然，如果 $\boldsymbol{K}$ 是奇异的，迭代将无法进行。当系统的约束条件不足以消除刚体位移时会出现此情形，这时系统有零特征值和表示刚体位移的固有振型。由 $\boldsymbol{K}$ 的奇异性所带来的困难可采用移动特征值的方法(移频法)来解决。具体的做法是将方程(13.4.12)式改写为

$$(\boldsymbol{K} + \alpha \boldsymbol{M})\boldsymbol{\phi} - (\omega^2 + \alpha)\boldsymbol{M}\boldsymbol{\phi} = 0 \tag{13.6.19}$$

或

$$\boldsymbol{K}^* \boldsymbol{\phi} - (\omega^*)^2 \boldsymbol{M}\boldsymbol{\phi} = 0$$

其中

$$\boldsymbol{K}^* = \boldsymbol{K} + \alpha \boldsymbol{M} \qquad (\omega^*)^2 = \omega^2 + \alpha$$

$\alpha$ 是某个大于零的常数。因为 $\boldsymbol{M}$ 总是正定的，所以新的矩阵 $\boldsymbol{K}^*$ 总是正定的，因此(13.6.19)式可以利用反迭代法求解。解得的特征向量和原问题的完全相同，只是原问题中的 $\omega^2$ 改为 $(\omega^*)^2 (= \omega^2 + \alpha)$，所以原问题的 $\omega^2 = (\omega^*)^2 - \alpha$。这样就克服了原问题中包含零特征值时所带来的困难。

另方面，从(13.6.7)式可以看到，当求解 $\omega_i^2$ 时，如果 $\omega_i^2$ 和 $\omega_{i+1}^2$ 很接近，则收敛速度将是很慢的。所以反迭代法用于两个相邻特征值很接近的情况是不适合的。对此情形，移频法也可以用来提高迭代的收敛速度。例如当 $\omega_{j-1}^2$ 求得以后，如前面所分析，在求解 $\omega_j^2$ 时，收敛速度依赖于 $\omega_j^2/\omega_{j+1}^2$。如果 $\omega_j^2$ 和 $\omega_{j+1}^2$ 很接近，显然收敛速度将是很低的。但是如果在解得 $\omega_{j-1}^2$ 以后移频，即这时将方程(13.4.2)式改写为

$$(\boldsymbol{K} - \alpha \boldsymbol{M})\boldsymbol{\phi} - (\omega^2 - \alpha)\boldsymbol{M}\boldsymbol{\phi} = 0 \tag{13.6.20}$$

这样一来，求解 $\omega_j^2$ 的收敛速度将依赖于 $\dfrac{\omega_j^2 - \alpha}{\omega_{j+1}^2 - \alpha}$。如果 $\alpha$ 选取恰当，则有

$$\frac{\omega_j^2 - \alpha}{\omega_{j+1}^2 - \alpha} \ll \frac{\omega_j^2}{\omega_{j+1}^2}$$

因此，收敛速度将有很大的提高。

(7) 正迭代法

对有些情形，需要求解系统的最大特征值 $\omega_n$，例如在 13.4.1 节讨论条件稳定的中心差分法时，为了确定临界步长 $\Delta t_{cr}$ 就需要知道 $\omega_n$。此时只要将反迭代法计算步骤(2)的③～⑦步的 $\boldsymbol{K}$ 和 $\boldsymbol{M}$ 的位置互换，依次求得的就是 $\omega_n, \omega_{n-1}, \cdots$ 和相对应的特征向量 $\boldsymbol{\phi}_n$，$\boldsymbol{\phi}_{n-1} \cdots$

## 13.6.2 子空间迭代法

子空间迭代法是求解大型矩阵特征值问题的最常用且有效的方法之一，它适合于求解部分特征解，被广泛应用于结构动力学的有限元分析中。

子空间迭代法是假设 $r$ 个起始向量同时进行迭代以求得矩阵的前 $p(<r)$ 个特征值和特征向量。正如前面已指出的，可以将它看成是矩阵反迭代法的推广。正因为如此，它的算法步骤和反迭代法相比较，基本上是相似的，主要区别在于现在是用 $r$ 个初始向量同时进行迭代。以下列出它的具体计算步骤，并给出算法的若干注释。

1. 计算步骤

(1) 初始计算

① 形成刚度矩阵 $\boldsymbol{K}$ 和质量矩阵 $\boldsymbol{M}$；

② 按所给定的边界条件修正 $\boldsymbol{K}$；

③ 三角分解 $\boldsymbol{K}$，即 $\boldsymbol{K}=\boldsymbol{LDL}^{\mathrm{T}}$。

(2) 给定初始向量矩阵 $\boldsymbol{X}_0$，即

$$\boldsymbol{X}_0=[(\boldsymbol{x}_1)_0 \quad (\boldsymbol{x}_2)_0 \quad \cdots \quad (\boldsymbol{x}_r)_0]$$

(3) 对于每次迭代 $k(k=0,1,2,\cdots)$ 作

① 赋值：$\boldsymbol{Y}=\boldsymbol{M}\boldsymbol{X}_k$

② 求解方程组：$\boldsymbol{LDL}^{\mathrm{T}}\boldsymbol{X}_{k+1}=\boldsymbol{Y}$

③ 赋值：$\widetilde{\boldsymbol{K}}=\boldsymbol{X}_{k+1}^{\mathrm{T}}\boldsymbol{Y}$

④ 赋值：$\boldsymbol{Y}_1=\boldsymbol{M}\boldsymbol{X}_{k+1}$

⑤ 赋值：$\widetilde{\boldsymbol{M}}=\boldsymbol{X}_{k+1}^{\mathrm{T}}\boldsymbol{Y}_1$

⑥ 求解广义特征值问题：

$$\widetilde{\boldsymbol{K}}\boldsymbol{\Phi}^*=\widetilde{\boldsymbol{M}}\boldsymbol{\Phi}^*\boldsymbol{\Omega}_{k+1}^*$$

⑦ 检查$\boldsymbol{\Omega}_{k+1}^*$是否满足精度要求

$$\left|\frac{(\omega_i^*)_{k+1}-(\omega_i^*)_k}{(\omega_i^*)_{k+1}}\right|\leqslant \mathrm{er} \quad (i=1,2,\cdots,p)$$

如果满足精度要求转到下面的步骤(4)；如果不满足精度要求则作：

⑧ 赋值：$\boldsymbol{Y}=\boldsymbol{Y}_1\boldsymbol{\Phi}^*$

⑨ 令：$k=k+1$ 并返回步骤②。

(4) 赋值：$\boldsymbol{\Omega}_I=\boldsymbol{\Omega}_{k+1}^*$，$\boldsymbol{\Phi}_I=\boldsymbol{X}_{k+1}\boldsymbol{\Phi}^*$

(5) 输出$\boldsymbol{\Omega}_I$，$\boldsymbol{\Phi}_I$

2. 算法的若干注释

(1) 初始向量矩阵 $\boldsymbol{X}_0$ 的选取

对于现在的情况，$\boldsymbol{X}_0$ 表示的不是单一向量，而是 $r$ 个初始向量组成的矩阵，即

$$\boldsymbol{X}_0 = [(\boldsymbol{x}_1)_0 \quad (\boldsymbol{x}_2)_0 \quad \cdots \quad (\boldsymbol{x}_r)_0] \tag{13.6.21}$$

如果需要求得系统的前 $p$ 个特征解，则初始向量的个数 $r$ 可取 $2\times p$ 和 $p+8$ 中较小的数。初始向量$(\boldsymbol{x}_i)_0(i=1,2,\cdots,r)$原则上可以任意选取，只要它们是相互独立的向量，且不和系统的前 $p$ 个特征向量中的任一个正交。例如取$(\boldsymbol{x}_1)_0$的全部元素等于 1，$(\boldsymbol{x}_i)_0(i=2,3,\cdots,r)$的元素依次在 $\boldsymbol{M}_{jj}/\boldsymbol{K}_{jj}(j=1,2,\cdots,n)$的最大、次大、第三大…的行号上取 1，余下的元素全都取零的单位向量 $\boldsymbol{e}$。此外，$(\boldsymbol{x}_i)_0(i=1,2,\cdots,r)$全部取随机向量也是一种选择。

(2) 线性代数方程组的求解

每次迭代中需要求解下列线性代数方程组

$$\boldsymbol{K}\boldsymbol{X}_{k+1} = \boldsymbol{L}\boldsymbol{D}\boldsymbol{L}^{\mathrm{T}}\boldsymbol{X}_{k+1} = \boldsymbol{Y} \tag{13.6.22}$$

其中，$\boldsymbol{Y}=\boldsymbol{M}\boldsymbol{X}_k$，在现在的情况下，是 $n\times r$ 的矩阵。如果 $\boldsymbol{K}$ 的分解已经完成，则在每次迭代中要进行 $r$ 次回代，以得到 $n\times r$ 的矩阵 $\boldsymbol{X}_{k+1}$。

(3) 迭代收敛性的证明

如同讨论反迭代法时一样，现在首先分析 $\boldsymbol{X}_1$ 和 $\boldsymbol{X}_0$ 相比的变化，并仍将 $\boldsymbol{X}_0$ 表示为

$$\boldsymbol{X}_0 = \boldsymbol{\Phi}\boldsymbol{A}_0 \tag{13.6.23}$$

此时，$\boldsymbol{A}_0$ 是 $n\times r$ 的矩阵，即

$$\boldsymbol{A}_0 = \begin{bmatrix} a_{11} & a_{12} & \cdots & a_{1r} \\ a_{21} & a_{22} & \cdots & a_{2r} \\ \vdots & \vdots & \cdots & \vdots \\ a_{n1} & a_{n2} & \cdots & a_{nr} \end{bmatrix} = \begin{bmatrix} \boldsymbol{A}_{\mathrm{I}} \\ \boldsymbol{A}_{\mathrm{II}} \end{bmatrix}_0 \tag{13.6.24}$$

其中每一个元素 $a_{ij}$ 代表向量$(\boldsymbol{x}_j)_0$ 在特征向量$\boldsymbol{\phi}_i$上的投影。$(\boldsymbol{A}_{\mathrm{I}})_0$ 是 $r\times r$ 的矩阵，$(\boldsymbol{A}_{\mathrm{II}})_0$ 是$(n-r)\times r$ 的矩阵。为下一步讨论的需要，(13.6.23)式还可以表示为

$$\boldsymbol{X}_0 = [\boldsymbol{\Phi}_{\mathrm{I}} \ \boldsymbol{\Phi}_{\mathrm{II}}]\begin{bmatrix} \boldsymbol{A}_{\mathrm{I}} \\ \boldsymbol{A}_{\mathrm{II}} \end{bmatrix}_0 = \boldsymbol{\Phi}_{\mathrm{I}}(\boldsymbol{A}_{\mathrm{I}})_0 + \boldsymbol{\Phi}_{\mathrm{II}}(\boldsymbol{A}_{\mathrm{II}})_0 \tag{13.6.25}$$

其中

$$\begin{aligned} \boldsymbol{\Phi}_{\mathrm{I}} &= [\boldsymbol{\phi}_1 \quad \boldsymbol{\phi}_2 \quad \cdots \quad \boldsymbol{\phi}_r] \\ \boldsymbol{\Phi}_{\mathrm{II}} &= [\boldsymbol{\phi}_{r+1} \quad \boldsymbol{\phi}_{r+2} \quad \cdots \quad \boldsymbol{\phi}_n] \end{aligned} \tag{13.6.26}$$

利用上式和(13.4.12)，(13.6.22)式，最后可得到

$$\boldsymbol{X}_1 = \boldsymbol{\Phi}\boldsymbol{\lambda}\boldsymbol{A}_0 = \boldsymbol{\Phi}_{\mathrm{I}}\boldsymbol{\lambda}_{\mathrm{I}}(\boldsymbol{A}_{\mathrm{I}})_0 + \boldsymbol{\Phi}_{\mathrm{II}}\boldsymbol{\lambda}_{\mathrm{II}}(\boldsymbol{A}_{\mathrm{II}})_0 \tag{13.6.27}$$

或

$$\boldsymbol{X}_1 = \boldsymbol{\Phi}\boldsymbol{A}_1 = \boldsymbol{\Phi}_{\mathrm{I}}(\boldsymbol{A}_{\mathrm{I}})_1 + \boldsymbol{\Phi}_{\mathrm{II}}(\boldsymbol{A}_{\mathrm{II}})_1 \tag{13.6.28}$$

其中

$$\boldsymbol{A}_1 = \boldsymbol{\lambda}\boldsymbol{A}_0 \quad (\boldsymbol{A}_{\mathrm{I}})_1 = \boldsymbol{\lambda}_{\mathrm{I}}(\boldsymbol{A}_{\mathrm{I}})_0 \quad (\boldsymbol{A}_{\mathrm{II}})_1 = \boldsymbol{\lambda}_{\mathrm{II}}(\boldsymbol{A}_{\mathrm{II}})_0$$

由此推广到一般，则一般表达式为

$$\boldsymbol{X}_{k+1}=\boldsymbol{\Phi}\boldsymbol{A}_{k+1}=\boldsymbol{\Phi}_{\mathrm{I}}(\boldsymbol{A}_{\mathrm{I}})_{k+1}+\boldsymbol{\Phi}_{\mathrm{II}}(\boldsymbol{A}_{\mathrm{II}})_{k+1} \tag{13.6.29}$$

其中

$$\boldsymbol{A}_{k+1}=\boldsymbol{\lambda}\boldsymbol{A}_k=\boldsymbol{\lambda}^k\boldsymbol{A}_0$$

$$(\boldsymbol{A}_{\mathrm{I}})_{k+1}=\boldsymbol{\lambda}_{\mathrm{I}}(\boldsymbol{A}_{\mathrm{I}})_k=\boldsymbol{\lambda}_{\mathrm{I}}^k(\boldsymbol{A}_{\mathrm{I}})_0$$

$$(\boldsymbol{A}_{\mathrm{II}})_{k+1}=\boldsymbol{\lambda}_{\mathrm{II}}(\boldsymbol{A}_{\mathrm{II}})_k=\boldsymbol{\lambda}_{\mathrm{II}}^k(\boldsymbol{A}_{\mathrm{II}})_0$$

$\boldsymbol{\lambda}$ 见(13.6.4)式，并且有

$$\boldsymbol{\lambda}_{\mathrm{I}}=\begin{bmatrix}\frac{1}{\omega_1^2} & & \\ & \frac{1}{\omega_2^2} & \\ & & \frac{1}{\omega_r^2}\end{bmatrix}\qquad \boldsymbol{\lambda}_{\mathrm{II}}=\begin{bmatrix}\frac{1}{\omega_{r+1}^2} & & \\ & \frac{1}{\omega_{r+2}^2} & \\ & & \frac{1}{\omega_n^2}\end{bmatrix}$$

同时

$$\boldsymbol{A}_{k+1}=\boldsymbol{\lambda}^k\boldsymbol{A}_0=\begin{bmatrix}\frac{a_{11}}{\omega_1^{2k}} & \frac{a_{12}}{\omega_1^{2k}} & \cdots & \frac{a_{1r}}{\omega_1^{2k}} \\ \frac{a_{21}}{\omega_2^{2k}} & \frac{a_{22}}{\omega_2^{2k}} & \cdots & \frac{a_{2r}}{\omega_2^{2k}} \\ \vdots & \vdots & \cdots & \vdots \\ \frac{a_{n1}}{\omega_n^{2k}} & \frac{a_{n2}}{\omega_n^{2k}} & \cdots & \frac{a_{nr}}{\omega_n^{2k}}\end{bmatrix}=\begin{bmatrix}\boldsymbol{A}_{\mathrm{I}} \\ \boldsymbol{A}_{\mathrm{II}}\end{bmatrix}_{k+1} \tag{13.6.30}$$

和(13.6.24)式相比较，由于 $\omega_1<\omega_2<\cdots<\omega_n$，随着迭代次数的增加，$\boldsymbol{A}_{k+1}$ 中的 $(\boldsymbol{A}_{\mathrm{I}})_{k+1}$ 相对于 $(\boldsymbol{A}_{\mathrm{II}})_{k+1}$ 的优势愈来愈明显，即 $\boldsymbol{X}_{k+1}$ 中的 $\boldsymbol{\Phi}_{\mathrm{I}}$ 分量不断增加，并由此可得到以下的近似式

$$\boldsymbol{X}_{k+1}\approx\boldsymbol{\Phi}_{\mathrm{I}}(\boldsymbol{A}_{\mathrm{I}})_{k+1}\qquad \boldsymbol{\Phi}_{\mathrm{I}}\approx\boldsymbol{X}_{k+1}(\boldsymbol{A}_{\mathrm{I}}^{-1})_{k+1} \tag{13.6.31}$$

如果每次迭代后对 $\boldsymbol{X}_{k+1}$ 中的每一向量进行 Gram-Schmidt 正交化处理以及正则化处理，然后再继续进行迭代，则最后使 $(\boldsymbol{A}_{\mathrm{I}})_{k+1}$ 趋于对角化，同时 $\boldsymbol{X}_{k+1}$ 趋于 $\boldsymbol{\Phi}_{\mathrm{I}}$。这种做法称为同时迭代法，其实质仍与反迭代法相同，因此无法避免前面述及的反迭代法的缺点和限制，而且计算效率不高。然而子空间迭代法是在每次迭代得到 $\boldsymbol{X}_{k+1}$ 以后，先求解以 $\boldsymbol{X}_{k+1}$ 中各个向量为基向量的子空间内的广义特征值问题，通过它的特征向量可以确定 $\boldsymbol{\Phi}_{\mathrm{I}}$ 的近似解，然后再以它作为新的起始向量进行迭代。这样将能较快地达到计算目的。

每次迭代第③、④、⑤步是形成第⑥步用于求解 $\boldsymbol{\Phi}_{\mathrm{I}}$ 和 $\boldsymbol{\lambda}_{\mathrm{I}}$ 近似值的矩阵特征值问题。首先将 $\boldsymbol{K},\boldsymbol{M}$ 转换到 $\boldsymbol{X}_{k+1}$ 中各个向量为基向量的子空间，得到

$$\begin{aligned}\widetilde{\boldsymbol{K}}&=\boldsymbol{X}_{k+1}^{\mathrm{T}}\boldsymbol{Y}=\boldsymbol{X}_{k+1}^{\mathrm{T}}\boldsymbol{K}\boldsymbol{X}_{k+1}\\ \widetilde{\boldsymbol{M}}&=\boldsymbol{X}_{k+1}^{\mathrm{T}}\boldsymbol{Y}_1=\boldsymbol{X}_{k+1}^{\mathrm{T}}\boldsymbol{M}\boldsymbol{X}_{k+1}\end{aligned} \tag{13.6.32}$$

如此一来，$\widetilde{\boldsymbol{K}}$ 和 $\widetilde{\boldsymbol{M}}$ 组成的广义特征值问题为

$$\widetilde{\boldsymbol{K}}\boldsymbol{\Phi}^{*}=\widetilde{\boldsymbol{M}}\boldsymbol{\Phi}^{*}\boldsymbol{\Omega}_{k+1}^{*} \tag{13.6.33}$$

可以证明由上式解得的特征值就是原特征问题(13.4.12)式的前 $r$ 个特征值的近似值，它的特征向量 $\boldsymbol{\Phi}^{*}$ 就是原特征问题的前 $r$ 个特征向量 $\boldsymbol{\Phi}_{\mathrm{I}}$ 在 $\boldsymbol{X}_{k+1}$ 中各向量上的投影所组成的矩阵的近似值，即应有

$$\boldsymbol{\Omega}_{k+1}^{*}=\boldsymbol{\Omega}_{\mathrm{I}}\qquad \boldsymbol{\Phi}^{*}\approx(\boldsymbol{A}_{\mathrm{I}}^{-1})_{k+1} \tag{13.6.34}$$

其中

$$\boldsymbol{\Omega}_{\mathrm{I}}=\boldsymbol{\lambda}_{\mathrm{I}}^{-1}=\mathrm{daig}(\omega_1^2\ \omega_2^2\ \cdots\ \omega_r^2)$$

现在对(13.6.34)式加以证明。对于原特征值问题(13.4.12)式，如果只要求得到部分特征解 $\boldsymbol{\Omega}_{\mathrm{I}}$ 和 $\boldsymbol{\Phi}_{\mathrm{I}}$，则可以改写为

$$\boldsymbol{K}\boldsymbol{\Phi}_{\mathrm{I}}=\boldsymbol{M}\boldsymbol{\Phi}_{\mathrm{I}}\boldsymbol{\Omega}_{\mathrm{I}} \tag{13.6.35}$$

上式两端前乘以 $\boldsymbol{X}_{k+1}^{\mathrm{T}}$，同时式中的 $\boldsymbol{\Phi}_{\mathrm{I}}$ 以(13.6.31)式表示的近似式代入，则得到

$$\widetilde{\boldsymbol{K}}(\boldsymbol{A}_{\mathrm{I}}^{-1})_{k+1}\approx\widetilde{\boldsymbol{M}}(\boldsymbol{A}_{\mathrm{I}}^{-1})_{k+1}\boldsymbol{\Omega}_{\mathrm{I}} \tag{13.6.36}$$

将此式和(13.6.33)式相比较，可见两式都表示 $\widetilde{\boldsymbol{K}}$ 和 $\widetilde{\boldsymbol{M}}$ 的广义特征值问题，应该解得相同的特征值和特征向量。考虑到(13.6.36)式是近似地成立，这就证明了(13.6.34)式。从以上证明过程还可以看到，如果 $\boldsymbol{X}_0$ 就在 $\boldsymbol{\Phi}_{\mathrm{I}}$ 的子空间内，即 $\boldsymbol{X}_0=\boldsymbol{\Phi}_{\mathrm{I}}(\boldsymbol{A}_{\mathrm{I}})_0$，$(\boldsymbol{A}_{\mathrm{II}})_0=0$，这时(13.6.31)和(13.6.36)式表示的近似式对于 $k=0$ 就是精确成立的。这样一来，只需通过一次迭代，即一次求解减缩了尺寸的广义特征值问题(13.6.33)式，便可得到所要求的 $\boldsymbol{\Omega}_{\mathrm{I}}=\boldsymbol{\Omega}_{\mathrm{I}}^{*}$ 和 $\boldsymbol{\Phi}_{\mathrm{I}}=\boldsymbol{X}_{\mathrm{I}}\boldsymbol{\Phi}^{*}$。

上述结论表明了子空间迭代法和反迭代法的重要区别。反迭代法对于每个特征解 $\omega_i^2$，$\boldsymbol{\phi}_i(i=1,2,\cdots)$，假设初始向量 $(\boldsymbol{x}_i)_0$，通过迭代使 $(\boldsymbol{x}_i)_{k+1}$ 和 $(\widetilde{\omega}_i^2)_{k+1}(k=1,2\cdots)$ 逐步趋近 $\boldsymbol{\phi}_i$ 和 $\omega_i^2$。而子空间迭代法是假设包含 $r$ 个初始向量 $(\boldsymbol{x}_i)_0(i=1,2,\cdots,r)$ 的矩阵 $\boldsymbol{X}_0$，通过迭代使 $\boldsymbol{X}_{k+1}$ 逐步趋近特征向量矩阵 $\boldsymbol{\Phi}_{\mathrm{I}}$，即特征向量 $\boldsymbol{\phi}_1,\boldsymbol{\phi}_2,\cdots,\boldsymbol{\phi}_r$ 所张开的子空间。只要 $\boldsymbol{X}_{k+1}$ 进入此子空间，就可以通过求解减缩广义特征值问题而得到 $\boldsymbol{\Omega}_{\mathrm{I}}$ 和 $\boldsymbol{\Phi}_{\mathrm{I}}$。不像反迭代法那样，要求每个 $(\boldsymbol{x}_i)_{k+1}(i=1,2\cdots)$ 分别趋近 $\boldsymbol{\phi}_i$。所以子空间迭代法和反迭代法相比常常可以比较明显地提高计算效率，特别是如果假设的 $\boldsymbol{X}_0$ 所张开的子空间靠近 $\boldsymbol{\Phi}_{\mathrm{I}}$ 所张开的子空间的情形，计算效率的提高相当显著。这一结论和前面讨论振型叠加法时得到的结论，即 $\boldsymbol{Q}(s,t)$ 仅能激起和其空间分布 $\boldsymbol{F}(s)$ 不正交的振型的结论结合在一起是以后将要讨论的里兹向量直接叠加法的基本出发点。

(4) 减缩广义特征值问题的求解方法

从形式上看，减缩广义特征值问题

$$\widetilde{\boldsymbol{K}}\boldsymbol{\Phi}^{*}=\widetilde{\boldsymbol{M}}\boldsymbol{\Phi}^{*}\boldsymbol{\Omega}_{k+1}^{*} \tag{13.6.33}$$

和原来的广义特征值问题(13.4.12)式是相同的，但实际上有所不同。因为将 $\boldsymbol{K}$ 和 $\boldsymbol{M}$ 投影到 $\boldsymbol{X}_{k+1}$ 中各个向量为基向量的子空间，虽然得到的 $\widetilde{\boldsymbol{K}}$ 和 $\widetilde{\boldsymbol{M}}$ 不再具有稀疏、带状的特点，但矩阵的阶数大大降低了，所以求解的计算工作量也大大减少了。求解这类阶数较低

的广义特征值问题有不少的有效方法，如广义雅可比法及 Givens-Householder 法（简称 G-H 法），均可在有关结构动力学或矩阵特征值的计算方法等文献中查到。这里不再讨论。

（5）收敛性的检验

从第⑤步得到了$\boldsymbol{\lambda}_{k+1}^*$和$\boldsymbol{\Phi}^*$以后，利用(13.6.34)和(13.6.31)等式，就可以得到原特征值问题的前 $r$ 个特征值和相应的特征向量的近似值

$$\boldsymbol{\Omega}_{\mathrm{I}} \approx \boldsymbol{\Omega}_{k+1}^* \qquad \boldsymbol{\Phi}_{\mathrm{I}} \approx \boldsymbol{X}_{k+1}\boldsymbol{\Phi}^* \tag{13.6.37}$$

第⑦步是检查$\boldsymbol{\Omega}_{\mathrm{I}}$，主要是前 $p$ 个特征值是否满足精度要求，如果不满足则执行第⑧步，即以得到的$\boldsymbol{\Phi}_{\mathrm{I}}$的近似值$\boldsymbol{X}_{k+1}\boldsymbol{\Phi}^*$作为新的初始向量矩阵并形成新的$\boldsymbol{Y}$，即

$$\boldsymbol{Y} = \boldsymbol{M}\boldsymbol{X}_{k+1}\boldsymbol{\Phi}^* = \boldsymbol{Y}_1\boldsymbol{\Phi}^* \tag{13.6.38}$$

并令 $k=k+1$，然后回到第②步执行新的迭代；如果已经满足精度要求，则输出原广义特征值问题的前 $r$ 个特征值和特征向量，其中前 $p$ 个是满足精度要求的。至此结束子空间迭代法的整个计算过程。

（6）移频法的采用

从以上讨论中也可以看出，减缩广义特征值问题(13.6.33)式的阶数等于需要求解的特征数目 $r$。当 $r$ 较大时，计算工作量和计算机存储占有量将迅速增加。提高效率的方法之一是，通过特征值的移动和已收敛的特征向量的移出，使 $r$ 保持在较小的数值。在此情况下，可采用 $r=\max[4,\sqrt{b}]$，其中 $b$ 是原方程系数矩阵的半带宽。具体执行是在第 $k+1$ 次迭代以后，如发现 $\omega_1,\omega_2,\cdots,\omega_j$ 已满足收敛准则时，则将特征值移动 $d$。$d$ 可按下式取值

$$d = \omega_j^2 + 0.9(\omega_{j+1}^2 - \omega_j^2) \tag{13.6.39}$$

或

$$d = 0.99\omega_j^2 \quad 当(\omega_{j+1} - \omega_j)/\omega_j < 0.01 \tag{13.6.40}$$

并将$(\boldsymbol{x}_1)_{k+1},(\boldsymbol{x}_2)_{k+1},\cdots,(\boldsymbol{x}_j)_{k+1}$从迭代向量中移出，同时增加 $j$ 个新的初始向量继续迭代。实际计算表明此方法可以显著提高计算效率和改进迭代收敛速度。

### 13.6.3 里兹向量直接叠加法

从13.4节的讨论已知，在振型叠加法中，系统的运动方程转换到振型坐标系以后，得到的是一组互不耦合的单自由度运动方程(13.4.18)式。其中右端项 $r_i(t)$ 是载荷向量$\boldsymbol{Q}(t)$在 $i$ 阶振型$\boldsymbol{\phi}_i$上的投影。若$\boldsymbol{Q}(t)$是按一定的空间分布模式而随时间变化的，即

$$\boldsymbol{Q}(t) = \boldsymbol{Q}(s,t) = \boldsymbol{F}(s)q(t) \tag{13.4.19}$$

则有

$$r_i(t) = \boldsymbol{\phi}_i^{\mathrm{T}}\boldsymbol{F}(s)q(t) = f_i q(t) \tag{13.4.20}$$

式中 $f_i$ 代表 $\boldsymbol{F}(s)$ 在$\boldsymbol{\phi}_i$上的投影。若两者正交，则 $f_i=0$，亦即 $r_i(t)=0$。从而从(13.4.18)式得到 $x_i(t)\equiv 0$。此结论表明载荷只能激起与它的空间分布模式 $\boldsymbol{F}(s)$ 不正交

的振型。因此系统的响应应是这些与 $\boldsymbol{F}(s)$ 不正交的振型的叠加。而前面讨论的反迭代法和子空间迭代法求得的是结构系统的前 $r$ 阶振型。如果 $r$ 不是足够大，就可能漏掉载荷可以激发起的振型。而另一方面又可能在其中包含了不少载荷激发不起的振型。显然这将影响求解的精度和效率。更为重要的是这些方法所采用的初始向量矩阵中不可避免地包含了 $r$ 阶以上的高阶振型，需要通过多次迭代压缩其影响，使每个迭代向量依次趋近于待求的前 $r$ 阶固有向量中的一个(对于反迭代法)，或者使迭代的一组向量所张开的空间趋近于待求的前 $r$ 阶固有向量所张开的空间(对于子空间迭代法)。

里兹向量直接叠加法的基本点是，根据载荷空间分布模式按一定规律生成一组里兹向量，在将系统运动方程转换到这组里兹向量空间以后，只要求解一次减缩了的标准特征值问题，再经过坐标系的变换，就可得到原系统运动方程的部分特征解。此方法不需像反迭代法或子空间迭代法的多次迭代，所以称之为里兹向量直接叠加法[1]。而且可以避免漏掉可能激起的振型和引入不可能激起的振型，所以能够显著提高计算的效率。当然，此方法的关键点是如何根据载荷的空间分布模式，生成一组里兹向量。其基本步骤如下：

(1) 给定　$\boldsymbol{M},\boldsymbol{K},\boldsymbol{Q}$　其中 $\boldsymbol{Q}(s,t)=\boldsymbol{F}(s)q(t)$

(2) 生成　$\boldsymbol{x}_1$

求解
$$\boldsymbol{K}\hat{\boldsymbol{x}}_1 = \boldsymbol{F}(s) \tag{13.6.41}$$

正则化
$$\boldsymbol{x}_1 = \hat{\boldsymbol{x}}_1/\beta_1 \qquad \beta_1 = (\hat{\boldsymbol{x}}_1^{\mathrm{T}}\boldsymbol{M}\hat{\boldsymbol{x}}_1)^{1/2} \tag{13.6.42}$$

(3) 生成　$\boldsymbol{x}_i$　$(i=2,3,\cdots,r)$

求解
$$\boldsymbol{K}\tilde{\boldsymbol{x}}_i = \boldsymbol{M}\boldsymbol{x}_{i-1} \tag{13.6.43}$$

正交化
$$\hat{\boldsymbol{x}}_i = \tilde{\boldsymbol{x}}_i - \sum_{j=1}^{i-1}\alpha_{ij}\boldsymbol{x}_j \qquad \alpha_{ij} = \tilde{\boldsymbol{x}}_i^{\mathrm{T}}\boldsymbol{M}\boldsymbol{x}_j \tag{13.6.44}$$

正则化
$$\boldsymbol{x}_i = \hat{\boldsymbol{x}}_i/\beta_i \qquad \beta_i = (\hat{\boldsymbol{x}}_i^{\mathrm{T}}\boldsymbol{M}\hat{\boldsymbol{x}}_i)^{1/2} \tag{13.6.45}$$

(4) 将方程 $\boldsymbol{K\Phi}_r=\boldsymbol{M\Phi}_r\boldsymbol{\Omega}_r$ 转到里兹向量空间，设
$$\boldsymbol{\Phi}_r = \boldsymbol{X}\boldsymbol{\Phi}^* \tag{13.6.46}$$

其中
$$\boldsymbol{\Phi}_r = [\boldsymbol{\phi}_1\ \boldsymbol{\phi}_2\ \cdots\ \boldsymbol{\phi}_r], \quad \boldsymbol{X} = [\boldsymbol{x}_1\ \boldsymbol{x}_2\ \cdots\ \boldsymbol{x}_r]$$

将上式代入方程(13.4.12)，并用 $\boldsymbol{X}^{\mathrm{T}}$ 前乘两端，就得到
$$\boldsymbol{K}^*\ \boldsymbol{\Phi}^* = \boldsymbol{\Phi}^*\boldsymbol{\Omega}_r \tag{13.6.47}$$

(5) 求解标准特征值问题(13.6.47)式，得到特征解 $\boldsymbol{\Phi}^*$ 和 $\boldsymbol{\Omega}_r$。
$$\boldsymbol{\Phi}^* = [\boldsymbol{\phi}_1^*\ \boldsymbol{\phi}_2^*\ \cdots\ \boldsymbol{\phi}_r^*] \quad \boldsymbol{\Omega}_r = \mathrm{diag}(\omega_i^2) \tag{13.6.48}$$

其中 $\boldsymbol{\Omega}_r=\mathrm{diag}(\omega_i^2)$ 是 $\omega_1^2\ \omega_2^2\cdots\ \omega_i^2\cdots\ \omega_r^2$ 组成的对角矩阵。

(6) 计算原问题的部分特征向量

$$\boldsymbol{\Phi}_r = \boldsymbol{X}\boldsymbol{\Phi}^*$$

关于里兹向量直接叠加法的实际应用，现再指出以下几点：

(1) 里兹向量的生成何时终止，即 $r$ 的取值问题。理论上说应终止于 $\hat{\boldsymbol{x}}_{r+1}=0$，这时 $\tilde{\boldsymbol{x}}_{r+1}=\sum_{j=1}^{r}\boldsymbol{\alpha}_{r+1,j}\boldsymbol{x}_j$。这表明新生成的 $\tilde{\boldsymbol{x}}_{r+1}$ 是已生成的 $\boldsymbol{x}_1,\boldsymbol{x}_2,\cdots,\boldsymbol{x}_r$ 的线性组合，即现在已不能再生成独立的里兹向量。理论上可以证明已生成的里兹向量已包含了 $\boldsymbol{Q}(s,t)$ 能够激起的全部振型。实际上，由于某些限制不可能也不必要终止于 $\hat{\boldsymbol{x}}_{r+1}=0$。例如结构受集中力的情形，理论上可能激起结构的全部 $n$ 个振型。但实际计算中显然不可能也不必要生成个数等于结构自由度数 $n$ 的里兹向量，然后再求解经过坐标转换而阶数和原系统运动方程相同的特征值问题。另一情形是当 $\boldsymbol{M}$ 的秩 $m$ 低于系统的自由度 $n$ 时（例如杆、板、壳单元组成的结构系统中，当采用集中质量矩阵并忽略转动惯性影响时即属于此情形），这时系统实际上只有 $m$ 个独立自由度，也只可能有 $m$ 个特征解。这时里兹向量数 $r$ 应不大于 $m$，即必须是 $r\leqslant m$。而且不能再从 $\boldsymbol{K}\hat{\boldsymbol{x}}_1=\boldsymbol{F}(s)$ 得到 $\hat{\boldsymbol{x}}_1$，否则将导致错误的结果。此结论可以从练习题13.15给出的习题中得到验证。当然，在 $\hat{\boldsymbol{x}}_{r+1}\neq 0$ 的情况下而终止里兹向量的继续生成，将使最后的结果包含误差。以下介绍一种估计误差的方法。

(2) 误差估计的方法

当按前面所述步骤，里兹向量生成终止于 $\hat{\boldsymbol{x}}_{r+1}=0$，并求得原系统的部分特征向量 $\boldsymbol{\Phi}_r=[\boldsymbol{\phi}_1\ \boldsymbol{\phi}_2\ \cdots\ \boldsymbol{\phi}_r]$，即载荷可能激起的全部振型（在此还应指出，$\boldsymbol{\phi}_1,\boldsymbol{\phi}_2,\cdots,\boldsymbol{\phi}_r$ 是原系统的特征向量，其对应的 $\omega_1,\omega_2,\cdots,\omega_r$ 也是依次从小到大排列，但可能跳过原系统的某些不被激起的特征解）以后，可以将载荷的空间分布模式表示成

$$\boldsymbol{F}(s)=\sum_{i=1}^{r}f_i\boldsymbol{M}\boldsymbol{\phi}_i \tag{13.6.49}$$

其中

$$f_i=\boldsymbol{\phi}_i^{\mathrm{T}}\boldsymbol{F}(s)$$

如果在 $\hat{\boldsymbol{x}}_{r+1}\neq 0$ 情况下终止里兹向量的继续生成，则有

$$\boldsymbol{e}=\boldsymbol{F}(s)-\sum_{i=1}^{r}f_i\boldsymbol{M}\boldsymbol{\phi}_i\neq 0 \tag{13.6.50}$$

因此误差度量可以定义如下：

$$\mathrm{er}=\frac{\boldsymbol{F}^{\mathrm{T}}(s)\boldsymbol{e}}{\boldsymbol{F}^{\mathrm{T}}(s)\boldsymbol{F}(s)} \tag{13.6.51}$$

在实际计算中，如果发现误差er未满足规定的要求，可以继续生成新的里兹向量，并重新求解标准特征值问题：$\boldsymbol{K}^*\boldsymbol{\Phi}^*=\boldsymbol{\Phi}^*\boldsymbol{\Omega}_r$，从而再求出原系统的较多的部分特征解。因为这几个计算步骤的工作量远小于生成里兹向量的工作量，所以对整个求解的效率并无太大的影响。

(3) 动力载荷 $\boldsymbol{Q}(s,t)$ 具有一个以上空间分布模式的情况。例如

$$\boldsymbol{Q}(s,t)=\sum_{l}\boldsymbol{F}_{l}(s)q_{l}(t) \tag{13.6.52}$$

为保证不漏掉 $\boldsymbol{Q}(s,t)$ 可能激起的全部振型，同时又保持高的效率，可以不必按照不同的 $\boldsymbol{F}_l(s)$ 分别生成里兹向量，而是直接采用下列形式

$$\boldsymbol{F}(s)=\sum_{l}\boldsymbol{F}_{l}(s) \tag{13.6.53}$$

作为 $\boldsymbol{Q}(s,t)$ 的空间分布模式，用于生成里兹向量的计算。

(4) 在应用里兹向量直接叠加法求解系统动力响应时，在生成一组 $r$ 个里兹向量(步骤(3))以后，除了按照步骤(4)、(5)、(6)求得原问题的部分特征解 $\boldsymbol{\Phi}_r$，并进一步按照振型叠加法求解以外，另一种方案是直接用这组里兹向量对运动方程(13.1.11)式进行转换和压缩，得到以 $r$ 个里兹向量为坐标的 $r$ 阶运动方程，然后用直接积分法对其进行求解。理论上这两种方案是等效的。

(5) 里兹向量直接叠加法也可以用于结构动力特性的分析。为保证不遗漏所要求的结构前 $p$ 阶频率和振型。应假设一个和结构前 $p$ 个特征向量 $\boldsymbol{\phi}_i(i=1,2,\cdots,p)$ 不正交的向量，用于以上所述计算步骤中 $\boldsymbol{F}(s)$ 的位置。通常可采用 $N$ 个随机数作为此向量的元素，也可将此向量表示成 $[1\ 1\ \cdots\ 1]^{\mathrm{T}}$ 或 $[0\ 0\ \cdots\ 0\ 1\ 0\ \cdots\ 0]^{\mathrm{T}}$。根据计算经验，为保证结构的前 $p$ 个特征解有足够精度，关于里兹向量数，通常应取 $r=2p$。

实际计算表明，里兹向量直接叠加法比通常采用的子空间迭代法有更高的计算效率。计算工作量经常只是后者的几分之一，甚至十几分之一。而且在计算结构动力响应时，常常有较高的计算精度。即用相同数目的部分振型进行叠加，里兹向量直接叠加法可以有比子空间迭代法更高的精度。这是由于后者产生的部分振型中可能包含实际上不被激起的振型。详细的讨论和算例参见文献[1]。

## 13.6.4 Lanczos 方法

Lanczos 方法和以上讨论的里兹向量直接叠加法本质上是一致的。两者采用基本相同的步骤生成一组相互正交的里兹向量(在 Lanczos 方法中称为 Lanczos 向量)。具体差别是在 Lanczos 方法中利用了关于里兹向量直接叠加法中的系数 $\alpha_{ij}$ 的某些性质。这是因为从理论上可以证明

$$\alpha_{ij}=0\quad(j=i-3,i-4,\cdots,1) \tag{13.6.54}$$

$$\alpha_{i,i-2}=\beta_{i-1} \tag{13.6.55}$$

将以上两式引入里兹向量直接叠加法，并记

$$\alpha_{i,i-1}=\alpha_{i-1}\quad \boldsymbol{K}^{-1}\boldsymbol{M}=\boldsymbol{A} \tag{13.6.56}$$

就得到生成 Lanczos 向量的算法公式如下：

(1) 给定　$\boldsymbol{M},\boldsymbol{K},\boldsymbol{Q}$，其中 $\boldsymbol{Q}(s,t)=\boldsymbol{F}(s)q(t)$

(2) 生成 $\boldsymbol{x}_1$

求解 $$\boldsymbol{K}\hat{\boldsymbol{x}}_1 = \boldsymbol{F}(s) \tag{13.6.57}$$

正则化 $$\boldsymbol{x}_1 = \hat{\boldsymbol{x}}_1/\beta_1 \qquad \beta_1 = (\hat{\boldsymbol{x}}_1^{\mathrm{T}}\boldsymbol{M}\hat{\boldsymbol{x}}_1)^{1/2} \tag{13.6.58}$$

(3) 生成 $\boldsymbol{x}_i$ $(i=2,3,\cdots,r)$

求解 $$\boldsymbol{K}\tilde{\boldsymbol{x}}_i = \boldsymbol{M}\boldsymbol{x}_{i-1} \tag{13.6.59}$$

正交化 $$\hat{\boldsymbol{x}}_i = \tilde{\boldsymbol{x}}_i - \alpha_{i-1}\boldsymbol{x}_{i-1} - \beta_{i-1}\boldsymbol{x}_{i-2} \tag{13.6.60}$$

其中 $$\alpha_{i-1} = \tilde{\boldsymbol{x}}_i\boldsymbol{M}\boldsymbol{x}_{i-1} \tag{13.6.61}$$

(插入必要的重正交步骤,见以后讨论)

正则化 $$\boldsymbol{x}_i = \hat{\boldsymbol{x}}_i/\beta_i \qquad \beta_i = (\hat{\boldsymbol{x}}_i^{\mathrm{T}}\boldsymbol{M}\hat{\boldsymbol{x}}_i)^{1/2} \tag{13.6.62}$$

(4) 将原求解部分特征解$\boldsymbol{\Omega}_r$和$\boldsymbol{\Phi}_r$的广义特征值问题$\boldsymbol{K\Phi}_r=\boldsymbol{M\Phi}_r\boldsymbol{\Omega}_r$转换为 Lanczos 向量空间内三对角矩阵$\boldsymbol{T}$的标准特征值问题,即求解

$$\boldsymbol{TZ} = \boldsymbol{Z\lambda} \tag{13.6.63}$$

其中

$$\boldsymbol{T} = \begin{bmatrix} \alpha_1 & \beta_2 & & & & \\ \beta_2 & \alpha_2 & \beta_3 & & & \\ & \beta_3 & \alpha_3 & \beta_4 & & \\ & & \ddots & \ddots & \ddots & \\ & & & \ddots & \ddots & \ddots \\ & & & & \ddots & \ddots \end{bmatrix} \tag{13.6.64}$$

(上式的推导,见以后讨论)

(5) 求解标准特征值问题(13.6.63)式,得到特征解$\boldsymbol{Z}$和$\boldsymbol{\lambda}$

$$\boldsymbol{Z} = [\boldsymbol{z}_1\ \boldsymbol{z}_2\ \cdots\ \boldsymbol{z}_r] \qquad \boldsymbol{\lambda} = \mathrm{diag}(\lambda_i) \tag{13.6.65}$$

(6) 计算原问题的部分特征解

$$\boldsymbol{\Phi}_r = \boldsymbol{XZ} \qquad \boldsymbol{\Omega}_r = \boldsymbol{\lambda}^{-1}$$

即 $$\omega_i^2 = \frac{1}{\lambda_i} \quad (i = 1,2,\cdots,r) \tag{13.6.66}$$

关于方程(13.6.63)式的推导可简述如下:

从(13.6.59)、(13.6.60)和(13.6.62)式可以得到

$$\boldsymbol{A}\boldsymbol{x}_{i-1} = \beta_i\boldsymbol{x}_i + \alpha_{i-1}\boldsymbol{x}_{i-1} + \beta_{i-1}\boldsymbol{x}_{i-2} \tag{13.6.67}$$

$(i = 2,3,\cdots,$ 并有 $\boldsymbol{x}_0 = 0)$

其中$\boldsymbol{A}=\boldsymbol{K}^{-1}\boldsymbol{M}$。进一步将上式改写成矩阵形式,则有

$$\boldsymbol{AX} = \boldsymbol{XT} \tag{13.6.68}$$

其中$\boldsymbol{X}=[\boldsymbol{x}_1\ \boldsymbol{x}_2\cdots\ \boldsymbol{x}_r]$,$\boldsymbol{T}$如(13.6.64)式所示。

引入原特征向量和 Lanczos 向量间的变换

$$\boldsymbol{\Phi}_r = \boldsymbol{XZ} \tag{13.6.69}$$

其中 $\boldsymbol{Z}$ 是 $r\times r$ 的矩阵。将上式引入原方程，再用 $\boldsymbol{X}^{\mathrm{T}}\boldsymbol{MK}^{-1}$ 前乘、$\boldsymbol{\lambda}=\boldsymbol{\Omega}_r^{-1}$ 后乘方程两端，并利用(13.6.68)式和正则化关系式 $\boldsymbol{X}^{\mathrm{T}}\boldsymbol{MX}=\boldsymbol{I}$，就得到(13.6.63)式。

关于 Lanczos 方法的实际应用，前面关于里兹向量直接叠加法所指出的 4 点同样适用。正如本小节开始所指出的，这两种方法在本质上是相同的。现在对于 Lanczos 方法需要着重再强调的是 Lanczos 向量的重正交问题。Lanczos 方法中，$\tilde{\boldsymbol{x}}_i(i=2,3,\cdots,r)$的正交化算式(13.6.60)式和里兹向量直接叠加法的对应算式比较，是略去了 $\alpha_{ij}\boldsymbol{x}_j(j=i-3,i-4,\cdots,1)$项。其根据是从理论上可以证明 $\alpha_{ij}=0(j=i-3,i-4,\cdots,1)$，也就是说 $\tilde{\boldsymbol{x}}_i$ 在理论上已事先满足和 $\boldsymbol{x}_j(j=i-3,i-4,\cdots,1)$正交的条件。但是在实际计算上，由于计算机的截断误差和舍入误差，将可能使后继生成的 $\boldsymbol{x}_i$ 失去了和先前生成的 $\boldsymbol{x}_j(j=i-3,i-4,\cdots,1)$的正交性，甚至出现和它们相平行的情况。这将导致数值上的不稳定性(例如虚假的多重特征值现象)，因此妨碍了 Lanczos 方法的实际应用。在 20 世纪 70 年代以后，很多研究工作者提出了不少 Lanczos 向量重正交技术以提高其算法的稳定性。里兹向量直接叠加法从这个意义说也可认为是其中的一种。但是由于它改变了生成 Lanczos 向量的算法公式，导致以后求解的不是三对角矩阵的特征值问题，而是一般矩阵的特征值问题。而通常所说的 Lanczos 向量重正交方法是指保持生成 Lanczos 向量的算法公式不变，只是在生成过程中嵌入重正交的步骤，所以最后仍求解三对角矩阵的特征值问题。例如，文献[3]中所用的重正交方法的具体做法是在(13.6.61)和(13.6.62)式之间嵌入以下算式

$$\hat{\boldsymbol{x}}_i^{(s+1)} = \hat{\boldsymbol{x}}_i^{(s)} - \sum_{j=1}^{i-1}\varepsilon_{ij}^{(s)}\boldsymbol{x}_j \quad (s=0,1,2,\cdots) \tag{13.6.70}$$

其中

$$\varepsilon_{ij}^{(s)} = \hat{\boldsymbol{x}}_i^{(s)\mathrm{T}}\boldsymbol{M}\boldsymbol{x}_j \tag{13.6.71}$$

上式中的 $\hat{\boldsymbol{x}}_i^{(0)}$ 即(13.6.60)式中 $\hat{\boldsymbol{x}}_i$。以上迭代计算终止于 $\varepsilon_{ij}^{(s)}$ 满足某个规定的误差(例如 $\varepsilon_{ij}^{(s)}<10^{-12}$)，或 $s$ 达到某个规定的 $S_{\max}$。然后将 $\hat{\boldsymbol{x}}_i^{(s+1)}$ 恢复写成 $\hat{\boldsymbol{x}}_i$，继续进行(13.6.62)式的正则化运算。当然还有其他重正交技术，可参阅其他文献。总之 Lanczos 方法和里兹向量直接叠加法的精度和效率基本上是相当的。一般情况下，和子空间迭代法相比，常常可以使计算工作量缩减一个量级。

## 13.7　减缩系统自由度的方法

对于具有相同自由度数目的结构系统，即使是求解频率和振型的特征值问题，计算时间也将比静力分析高出一个量级。如果是求解系统的动力响应问题，计算量将更大。因

此在有限元动力分析中,发展提高计算效率的数值方法是很有意义的。减缩系统自由度数目是广泛采用的方法之一。以下扼要地讨论两种减缩自由度的方法,即 Guyan 减缩法和动力子结构法。同时由于 5.5.3 节讨论的旋转周期结构分析方法可以显著地减缩计算规模,因此它在动力分析中的应用也在此节加以简要的介绍。

## 13.7.1 Guyan 减缩法

Guyan 减缩法又称主从自由度法。在 13.2 节中已经指出,刚度矩阵积分表达式中的被积函数和位移的导数有关,而质量矩阵只和位移有关,因此在相同精度要求的条件下,质量矩阵可用较低阶的插值函数。基于上述考虑,在该节中提出了集中质量矩阵。现在还可利用上述提示进一步提出一种减缩自由度的方法,即主从自由度法。在此方法中,将根据刚度矩阵要求划分的网格自由度,即位移向量 $\boldsymbol{a}$,区别为 $\boldsymbol{a}_m$ 和 $\boldsymbol{a}_s$ 两部分,并假定 $\boldsymbol{a}_s$ 按照一种确定的方法依赖于 $\boldsymbol{a}_m$。因此 $\boldsymbol{a}_m$ 称为主自由度,而 $\boldsymbol{a}_s$ 称为从自由度。这样一来,$\boldsymbol{a}_s$ 可以用 $\boldsymbol{a}_m$ 表示如下:

$$\boldsymbol{a}_s = \boldsymbol{T}\boldsymbol{a}_m \tag{13.7.1}$$

其中矩阵 $\boldsymbol{T}$ 规定了 $\boldsymbol{a}_s$ 和 $\boldsymbol{a}_m$ 之间的依赖关系。$\boldsymbol{a}_s$ 和 $\boldsymbol{a}_m$ 分别是 $n_s$ 和 $n_m$ 阶向量,$\boldsymbol{T}$ 是 $n_s \times n_m$ 阶矩阵。进一步可以将上式表示成

$$\boldsymbol{a} = \begin{bmatrix} \boldsymbol{a}_m \\ \boldsymbol{a}_s \end{bmatrix} = \begin{bmatrix} \boldsymbol{I} \\ \boldsymbol{T} \end{bmatrix} \boldsymbol{a}_m = \boldsymbol{T}^* \boldsymbol{a}_m \tag{13.7.2}$$

式中 $\boldsymbol{T}^*$ 是 $n \times n_m$ 阶的矩阵。上式说明系统的 $n$ 阶位移向量可以通过转换矩阵 $\boldsymbol{T}^*$ 由仅为 $n_m$ 阶的主自由度位移向量 $\boldsymbol{a}_m$ 来表示。这也表明(13.7.2)式可以用于减缩系统运动方程的自由度。

现以无阻尼的自由振动方程

$$\boldsymbol{M}\ddot{\boldsymbol{a}} + \boldsymbol{K}\boldsymbol{a} = 0 \tag{13.1.15}$$

为例,讨论如何利用关系式(13.7.2)式来减缩其自由度数目。具体做法是将(13.7.2)式代入(13.1.15)式并前乘以$(\boldsymbol{T}^*)^{\mathrm{T}}$,得到

$$\boldsymbol{M}^* \ddot{\boldsymbol{a}}_m + \boldsymbol{K}^* \boldsymbol{a}_m = 0 \tag{13.7.3}$$

其中

$$\boldsymbol{M}^* = (\boldsymbol{T}^*)^{\mathrm{T}} \boldsymbol{M} \boldsymbol{T}^* \qquad \boldsymbol{K}^* = (\boldsymbol{T}^*)^{\mathrm{T}} \boldsymbol{K} \boldsymbol{T}^* \tag{13.7.4}$$

显然,现在已将系统方程的阶数从 $n$ 阶缩减为 $n_m$ 阶。但重要的问题是如何合理地确定 $\boldsymbol{a}_s$ 和 $\boldsymbol{a}_m$ 之间的关系。采用静力减缩的方法比较简单,同时从工程直觉看来也比较合理。该方法是假设将 $\boldsymbol{a}_m$ 按静力方式施加于不受载荷的同一结构上,由结构内引起的变形模式来确定 $\boldsymbol{a}_s$ 和 $\boldsymbol{a}_m$ 之间的关系。根据上述假设,可建立静力平衡方程如下:

$$\boldsymbol{K}\boldsymbol{a} = \begin{bmatrix} \boldsymbol{K}_{mm} & \boldsymbol{K}_{ms} \\ \boldsymbol{K}_{sm} & \boldsymbol{K}_{ss} \end{bmatrix} \begin{Bmatrix} \boldsymbol{a}_m \\ \boldsymbol{a}_s \end{Bmatrix} = \begin{Bmatrix} 0 \\ 0 \end{Bmatrix} \tag{13.7.5}$$

从上式的第 2 式得到

$$\boldsymbol{K}_{sm}\boldsymbol{a}_m + \boldsymbol{K}_{ss}\boldsymbol{a}_s = 0 \tag{13.7.6}$$

从而得到

$$\boldsymbol{a}_s = -\boldsymbol{K}_{ss}^{-1}\boldsymbol{K}_{sm}\boldsymbol{a}_m \tag{13.7.7}$$

这样就得到了 $\boldsymbol{a}_s$ 和 $\boldsymbol{a}_m$ 之间的关系。并将其代入(13.7.1)式，即得到

$$\boldsymbol{T} = -\boldsymbol{K}_{ss}^{-1}\boldsymbol{K}_{sm} \tag{13.7.8}$$

如果将上式代入(13.7.2)和(13.7.4)式，可以得到现在情况下的 $\boldsymbol{M}^*$ 和 $\boldsymbol{K}^*$ 。它们是

$$\begin{aligned} \boldsymbol{M}^* &= \boldsymbol{M}_{mm} - \boldsymbol{K}_{sm}^{\mathrm{T}}\boldsymbol{K}_{ss}^{-1}\boldsymbol{M}_{sm} - \boldsymbol{M}_{ms}\boldsymbol{K}_{ss}^{-1}\boldsymbol{K}_{sm} + \boldsymbol{K}_{sm}^{\mathrm{T}}\boldsymbol{K}_{ss}^{-1}\boldsymbol{M}_{ss}\boldsymbol{K}_{ss}^{-1}\boldsymbol{K}_{sm} \\ \boldsymbol{K}^* &= \boldsymbol{K}_{mm} - \boldsymbol{K}_{sm}^{\mathrm{T}}\boldsymbol{K}_{ss}^{-1}\boldsymbol{K}_{sm} \end{aligned} \tag{13.7.9}$$

式中 $\boldsymbol{M}_{mm}$，$\boldsymbol{M}_{ms}$，$\boldsymbol{M}_{sm}$，$\boldsymbol{M}_{ss}$ 是 $\boldsymbol{M}$ 按 $\boldsymbol{a}_m$，$\boldsymbol{a}_s$ 写成的分块矩阵。显然 $\boldsymbol{M}^*$ 和 $\boldsymbol{K}^*$ 仍是对称矩阵，但它们的阶数比原来的 $\boldsymbol{M}$ 和 $\boldsymbol{K}$ 减小了。对方程(13.7.3)式求解可得到各阶的频率和振型。当然，各阶振型中现在是不包含 $\boldsymbol{a}_s$ 的元素。对应于各阶振型的 $\boldsymbol{a}_s$ 可以由(13.7.7)式得到。

需要指出的是，虽然 $\boldsymbol{M}^*$ 和 $\boldsymbol{K}^*$ 的阶数低于 $\boldsymbol{M}$ 和 $\boldsymbol{K}$，但带宽常常有所增加，因此只有采用较多的从自由度，才能给计算带来明显的好处。

还应指出，(13.7.7)式所表示的 $\boldsymbol{a}_s$ 和 $\boldsymbol{a}_m$ 之间的关系是根据静力分析中内部自由度凝聚原理建立起来的。从(13.7.9)式的第 2 式可以看到，减缩后的刚度矩阵 $\boldsymbol{K}^*$ 的表达式和子结构法中内部自由度减缩后的刚度矩阵 $\boldsymbol{K}_{bb}^*$ 完全相同(见 5.4.5 式)。而对质量矩阵 $\boldsymbol{M}$ 的减缩实质上是假定将对应于 $\boldsymbol{a}_s$ 自由度上的惯性力项按静力等效原则转移到 $\boldsymbol{a}_m$ 自由度上，这只有当对应于这些自由度质量较小，而刚度较大，以及频率较低时才能认为合理。随着频率的升高，误差也将增大，所以采用主从自由度方法时，通常不宜分析高阶的频率和振型。

顺便指出，以上讨论是以自由振动方程为例进行的。但它对于包含阻尼项和载荷项的一般运动方程(13.1.11)式也同样适用。

**例 13.4**[A3]　图 13.3 所示为一方型悬臂板的振动问题，采用三角形非协调平板单元进行离散。保留全部自由度 30×3＝90 为主自由度，以及当主自由度分别为 54、18 和 6 时这 4 种情况求解得到的前 4 阶频率的结果均列于该图中。可以看出当主自由度减缩到 18(为原来 90 的 1/5)时，第 4 阶的频率相差不到 1%。即使主自由度减缩到 6(为原来的 1/15)时，第 1 阶频率相差仅为 1‰，第 4 阶频率相差也仅为 9%。说明此种减缩自由度的方法是相当有效的。

| | | 振型 | $\omega\sqrt{D/\rho t a^4}$ |
|---|---|---|---|
| 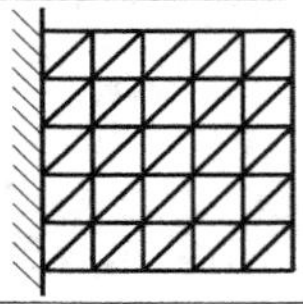 | 保留全部自由度<br>自由度＝30×3<br>＝90 | 1<br>2<br>3<br>4 | 3.469<br>8.535<br>21.450<br>27.059 |
| 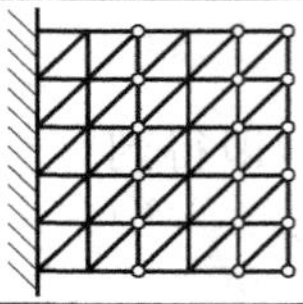 | 消去◦以外的自由度<br>主自由度＝18×3<br>＝54 | 1<br>2<br>3<br>4 | 3.470<br>8.540<br>21.559<br>27.215 |
| 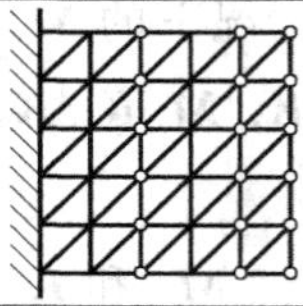 | 只保留◦的横向自由度<br>主自由度＝18×1<br>＝18 | 1<br>2<br>3<br>4 | 3.470<br>8.543<br>21.645<br>27.296 |
| 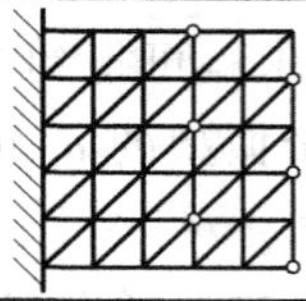 | 只保留◦的横向自由度<br>主自由度＝6×1<br>＝6 | 1<br>2<br>3<br>4 | 3.473<br>8.604<br>22.690<br>29.490 |

图 13.3　主从自由度法用于分析悬臂方板

## 13.7.2　动力子结构法

动力子结构法又名模态综合法。为了阐明它的基本概念和特点，以及了解它是如何减缩自由度的，首先讨论用它分析实际结构的主要步骤：

1. 将总体结构分割为若干子结构

如同静力分析中的子结构法，按照结构的自然特点和分析的方便，将结构分成若干(例如 $r$ 个)子结构。各个子结构通过交界面上的结点相互联结。

2. 子结构的模态分析

首先仍以结点位移为基向量(简称物理坐标)建立子结构的如下运动方程：

$$\boldsymbol{M}^{(s)}\ddot{\boldsymbol{a}}^{(s)}+\boldsymbol{C}^{(s)}\dot{\boldsymbol{a}}^{(s)}+\boldsymbol{K}^{(s)}\boldsymbol{a}^{(s)}=\boldsymbol{Q}^{(s)}+\boldsymbol{R}^{(s)}\tag{13.7.10}$$

其中上标$(s)$表示该矩阵或向量是属于子结构 $s(s=1,2,\cdots,r)$的。$\boldsymbol{Q}^{(s)}$代表外载荷向量，$\boldsymbol{R}^{(s)}$代表交界面上的力向量，$\boldsymbol{a}^{(s)}$代表结点位移向量。以后经常将 $\boldsymbol{a}^{(s)}$ 分为内部位移 $\boldsymbol{a}_i^{(s)}$ 和界面位移 $\boldsymbol{a}_j^{(s)}$ 两部分。相应地外载荷 $\boldsymbol{Q}^{(s)}$ 和界面力也可分为两部分。这样一来 $\boldsymbol{a}^{(s)}$，$\boldsymbol{Q}^{(s)}$，$\boldsymbol{R}^{(s)}$ 可表示成

$$\boldsymbol{a}^{(s)} = \begin{Bmatrix} \boldsymbol{a}_i^{(s)} \\ \boldsymbol{a}_j^{(s)} \end{Bmatrix} \quad \boldsymbol{Q}^{(s)} = \begin{Bmatrix} \boldsymbol{Q}_i^{(s)} \\ \boldsymbol{Q}_j^{(s)} \end{Bmatrix} \quad \boldsymbol{R}^{(s)} = \begin{Bmatrix} 0 \\ \boldsymbol{R}_j^{(s)} \end{Bmatrix} \tag{13.7.11}$$

因此，方程(13.7.10)式可以表示成

$$\begin{bmatrix} \boldsymbol{M}_{ii}^{(s)} & \boldsymbol{M}_{ij}^{(s)} \\ \boldsymbol{M}_{ji}^{(s)} & \boldsymbol{M}_{jj}^{(s)} \end{bmatrix} \begin{Bmatrix} \ddot{\boldsymbol{a}}_i^{(s)} \\ \ddot{\boldsymbol{a}}_j^{(s)} \end{Bmatrix} + \begin{bmatrix} \boldsymbol{C}_{ii}^{(s)} & \boldsymbol{C}_{ij}^{(s)} \\ \boldsymbol{C}_{ji}^{(s)} & \boldsymbol{C}_{jj}^{(s)} \end{bmatrix} \begin{Bmatrix} \dot{\boldsymbol{a}}_i^{(s)} \\ \dot{\boldsymbol{a}}_j^{(s)} \end{Bmatrix} + \begin{bmatrix} \boldsymbol{K}_{ii}^{(s)} & \boldsymbol{K}_{ij}^{(s)} \\ \boldsymbol{K}_{ji}^{(s)} & \boldsymbol{K}_{jj}^{(s)} \end{bmatrix} \begin{Bmatrix} \boldsymbol{a}_i^{(s)} \\ \boldsymbol{a}_j^{(s)} \end{Bmatrix} = \begin{Bmatrix} \boldsymbol{Q}_i^{(s)} \\ \boldsymbol{Q}_j^{(s)} \end{Bmatrix} + \begin{Bmatrix} 0 \\ \boldsymbol{R}_j^{(s)} \end{Bmatrix} \tag{13.7.12}$$

对于无阻尼的自由振动，子结构运动方程可以写成

$$\begin{bmatrix} \boldsymbol{M}_{ii}^{(s)} & \boldsymbol{M}_{ij}^{(s)} \\ \boldsymbol{M}_{ji}^{(s)} & \boldsymbol{M}_{jj}^{(s)} \end{bmatrix} \begin{Bmatrix} \ddot{\boldsymbol{a}}_i^{(s)} \\ \ddot{\boldsymbol{a}}_j^{(s)} \end{Bmatrix} + \begin{bmatrix} \boldsymbol{K}_{ii}^{(s)} & \boldsymbol{K}_{ij}^{(s)} \\ \boldsymbol{K}_{ji}^{(s)} & \boldsymbol{K}_{jj}^{(s)} \end{bmatrix} \begin{Bmatrix} \boldsymbol{a}_i^{(s)} \\ \boldsymbol{a}_j^{(s)} \end{Bmatrix} = \begin{Bmatrix} 0 \\ \boldsymbol{R}_j^{(s)} \end{Bmatrix} \tag{13.7.13}$$

下一步是将方程(13.7.10)式转换到以模态为基向量(即模态坐标)的空间。所谓模态在固定界面的模态综合法中包含以下两部分：

(1) 固定界面主模态，即在完全固定交界面上的位移(即令 $\boldsymbol{a}_j^{(s)}=0$)条件下子结构系统的固有振型，可以从引入 $\boldsymbol{a}_j^{(s)}=0$ 后的方程(13.7.13)式求得，即求解以下特征值问题：

$$\boldsymbol{M}_{ii}^{(s)}\ddot{\boldsymbol{a}}_i^{(s)} + \boldsymbol{K}_{ii}^{(s)}\boldsymbol{a}_i^{(s)} = 0 \tag{13.7.14}$$

可以得到 $i$ 个($i$ 是内部自由度数，即 $\boldsymbol{a}_i^{(s)}$ 的阶数)固有振型。将它们组合成矩阵并用$\boldsymbol{\Phi}_N$表示，认为 $\boldsymbol{\Phi}_N$ 已经正则化，即

$$\boldsymbol{\Phi}_N^{\mathrm{T}}\boldsymbol{M}_{ii}^{(s)}\boldsymbol{\Phi}_N = \boldsymbol{I}_i$$

$$\boldsymbol{\Phi}_N^{\mathrm{T}}\boldsymbol{K}_{ii}^{(s)}\boldsymbol{\Phi}_N = \begin{bmatrix} \omega_1^2 & & & 0 \\ & \omega_2^2 & & \\ & & \ddots & \\ 0 & & & \omega_i^2 \end{bmatrix} = \boldsymbol{\Omega}_i \tag{13.7.15}$$

(2) 约束模态，即在界面完全固定条件下，依次释放界面上的每个自由度(即 $\boldsymbol{a}_j^{(s)}$ 的每个元素)，并令它取单位值所得到的静态位移。可以从(13.7.13)式的静力形式

$$\begin{bmatrix} \boldsymbol{K}_{ii}^{(s)} & \boldsymbol{K}_{ij}^{(s)} \\ \boldsymbol{K}_{ji}^{(s)} & \boldsymbol{K}_{jj}^{(s)} \end{bmatrix} \begin{Bmatrix} \boldsymbol{a}_i^{(s)} \\ \boldsymbol{a}_j^{(s)} \end{Bmatrix} = \begin{Bmatrix} 0 \\ \boldsymbol{R}_j^{(s)} \end{Bmatrix} \tag{13.7.16}$$

求得。从上式的第一式可得

$$\boldsymbol{a}_i^{(s)} = -(\boldsymbol{K}_{ii}^{(s)})^{-1}\boldsymbol{K}_{ij}^{(s)}\boldsymbol{a}_j^{(s)} \tag{13.7.17}$$

令 $\boldsymbol{a}_j^{(s)}$ 中的 $j$ 个元素依次取单位值，其余为零，求得相应的 $j$ 组静态位移向量，即约束模态。将它们组合成矩阵形式，并表示为$\boldsymbol{\Phi}_j$，则有

$$\boldsymbol{\Phi}_j = -(\boldsymbol{K}_{ii}^{(s)})^{-1}\boldsymbol{K}_{ij}^{(s)}\boldsymbol{I}_j = -(\boldsymbol{K}_{ii}^{(s)})^{-1}\boldsymbol{K}_{ij}^{(s)} \tag{13.7.18}$$

在得到固定界面主模态$\boldsymbol{\Phi}_N$和约束模式$\boldsymbol{\Phi}_j$以后，$i+j$ 个物理坐标可用相同数目的模态坐标表示为

$$\begin{Bmatrix} \boldsymbol{a}_i^{(s)} \\ \boldsymbol{a}_j^{(s)} \end{Bmatrix} = \begin{bmatrix} \boldsymbol{\Phi}_N & \boldsymbol{\Phi}_j \\ 0 & \boldsymbol{I}_j \end{bmatrix} \begin{Bmatrix} \boldsymbol{x}^{(s)} \\ \boldsymbol{a}_j^{(s)} \end{Bmatrix} \tag{13.7.19}$$

此式表示两种坐标之间的转换关系。由此式的第 1 式可以得到

$$\boldsymbol{a}_i^{(s)} = \boldsymbol{\Phi}_N \boldsymbol{x}^{(s)} + \boldsymbol{\Phi}_j \boldsymbol{a}_j^{(s)} = \boldsymbol{\Phi}_N \boldsymbol{x}^{(s)} - (\boldsymbol{K}_{ii}^{(s)})^{-1} \boldsymbol{K}_{ij}^{(s)} \boldsymbol{a}_j^{(s)} \tag{13.7.20}$$

上式表示子结构 $s$ 内部的结点位移由两部分组成,后一部分和静力子结构内部结点位移的表达式(5.4.2)式相同,是由边界结点位移 $\boldsymbol{a}_j^{(s)}$ 引起的。前一部分是由固定边界条件下的振动引起的,这是动力子结构中所特有的,也是两种子结构法的区别所在。将前一部分转换成用模态坐标表示,$\boldsymbol{x}^{(s)}$ 的每个元素 $x_l^{(s)}$ 代表这部分位移在固有振型$\boldsymbol{\phi}_l$ $(l=1,2,\cdots,i)$ 方向上的分量。

需要指出,如果直接将上述转换引入运动方程,并不能达到减缩自由度的目的。为此可以在$\boldsymbol{\Phi}_N$中略去高阶主模态,而只保留 $k$ 列低阶主模态$\boldsymbol{\Phi}_k$。这样减缩以后,上式可表示为

$$\begin{Bmatrix} \boldsymbol{a}_i^{(s)} \\ \boldsymbol{a}_j^{(s)} \end{Bmatrix} = \begin{bmatrix} \boldsymbol{\Phi}_k & \boldsymbol{\Phi}_j \\ 0 & \boldsymbol{I}_j \end{bmatrix} \begin{Bmatrix} \boldsymbol{x}_k^{(s)} \\ \boldsymbol{a}_j^{(s)} \end{Bmatrix} = \boldsymbol{T} \begin{Bmatrix} \boldsymbol{x}_k^{(s)} \\ \boldsymbol{a}_j^{(s)} \end{Bmatrix} \tag{13.7.21}$$

利用上式可以将原来的运动方程转换到模态坐标空间。以无阻尼自由振动方程(13.7.13)式为例,将上式代入并用 $\boldsymbol{T}^{\mathrm{T}}$ 前乘方程两端,就得到

$$\overline{\boldsymbol{M}}^{(s)} \begin{Bmatrix} \ddot{\boldsymbol{x}}_k^{(s)} \\ \ddot{\boldsymbol{a}}_j^{(s)} \end{Bmatrix} + \overline{\boldsymbol{K}}^{(s)} \begin{Bmatrix} \boldsymbol{x}_k^{(s)} \\ \boldsymbol{a}_j^{(s)} \end{Bmatrix} = \begin{Bmatrix} 0 \\ \boldsymbol{R}_j^{(s)} \end{Bmatrix} \tag{13.7.22}$$

其中

$$\begin{aligned} \overline{\boldsymbol{M}}^{(s)} &= \boldsymbol{T}^{\mathrm{T}} \boldsymbol{M}^{(s)} \boldsymbol{T} = \begin{bmatrix} \overline{\boldsymbol{M}}_{kk}^{(s)} & \overline{\boldsymbol{M}}_{kj}^{(s)} \\ \overline{\boldsymbol{M}}_{jk}^{(s)} & \overline{\boldsymbol{M}}_{jj}^{(s)} \end{bmatrix} \\ \overline{\boldsymbol{K}}^{(s)} &= \boldsymbol{T}^{\mathrm{T}} \boldsymbol{K}^{(s)} \boldsymbol{T} = \begin{bmatrix} \overline{\boldsymbol{K}}_{kk}^{(s)} & \overline{\boldsymbol{K}}_{kj}^{(s)} \\ \overline{\boldsymbol{K}}_{jk}^{(s)} & \overline{\boldsymbol{K}}_{jj}^{(s)} \end{bmatrix} \end{aligned} \tag{13.7.23}$$

(13.7.23)式的第 1 式中

$$\begin{aligned} \overline{\boldsymbol{M}}_{kk}^{(s)} &= \boldsymbol{\Phi}_k^{\mathrm{T}} \boldsymbol{M}_{ii}^{(s)} \boldsymbol{\Phi}_k = \boldsymbol{I}_k^{(s)} \\ \overline{\boldsymbol{M}}_{jj}^{(s)} &= \boldsymbol{M}_{jj}^{(s)} + \boldsymbol{\Phi}_j^{\mathrm{T}} \boldsymbol{M}_{ij}^{(s)} + \boldsymbol{M}_{ji}^{(s)} \boldsymbol{\Phi}_j + \boldsymbol{\Phi}_j^{\mathrm{T}} \boldsymbol{M}_{ii}^{(s)} \boldsymbol{\Phi}_j \\ \overline{\boldsymbol{M}}_{kj}^{(s)} &= \overline{\boldsymbol{M}}_{jk}^{(s)\mathrm{T}} = \boldsymbol{\Phi}_k^{\mathrm{T}} \boldsymbol{M}_{ij}^{(s)} + \boldsymbol{\Phi}_k^{\mathrm{T}} \boldsymbol{M}_{ii}^{(s)} \boldsymbol{\Phi}_j \end{aligned}$$

(13.7.23)式的第 2 式中

$$\begin{aligned} \overline{\boldsymbol{K}}_{kk}^{(s)} &= \boldsymbol{\Phi}_k^{\mathrm{T}} \boldsymbol{K}_{ii}^{(s)} \boldsymbol{\Phi}_k = \boldsymbol{\Omega}_k^{(s)} \\ \overline{\boldsymbol{K}}_{jj}^{(s)} &= \boldsymbol{K}_{jj}^{(s)} + \boldsymbol{\Phi}_j^{\mathrm{T}} \boldsymbol{K}_{ij}^{(s)} + \boldsymbol{K}_{ji}^{(s)} \boldsymbol{\Phi}_j + \boldsymbol{\Phi}_j^{\mathrm{T}} \boldsymbol{K}_{ii}^{(s)} \boldsymbol{\Phi}_j = \boldsymbol{K}_{jj}^{(s)} - (\boldsymbol{K}_{ji}^{(s)})^{\mathrm{T}} (\boldsymbol{K}_{ii}^{(s)})^{-1} \boldsymbol{K}_{ij}^{(s)} \\ \overline{\boldsymbol{K}}_{kj}^{(s)} &= \overline{\boldsymbol{K}}_{jk}^{(s)\mathrm{T}} = \boldsymbol{\Phi}_k^{\mathrm{T}} \boldsymbol{K}_{ij}^{(s)} + \boldsymbol{\Phi}_k^{\mathrm{T}} \boldsymbol{K}_{ii}^{(s)} \boldsymbol{\Phi}_j = \boldsymbol{\Phi}_k^{\mathrm{T}} (\boldsymbol{K}_{ij}^{(s)} + \boldsymbol{K}_{ii}^{(s)} \boldsymbol{\Phi}_j) = 0 \end{aligned}$$

以上式子中 $\overline{\boldsymbol{M}}_{kk}^{(s)} = \boldsymbol{I}_k^{(s)}$,$\overline{\boldsymbol{K}}_{kk}^{(s)} = \boldsymbol{\Omega}_k^{(s)}$ 是因为(13.7.15)式。$\overline{\boldsymbol{K}}_{kj}^{(s)} = \overline{\boldsymbol{K}}_{jk}^{(s)\mathrm{T}} = 0$ 是因为(13.7.18)式。从 $\overline{\boldsymbol{K}}^{(s)}$ 的表达式再一次看到动力子结构和静力子结构的区别,其中的 $\overline{\boldsymbol{K}}_{jj}^{(s)}$ 和静力子

结构中的经凝聚掉内部自由度的刚度矩阵 $\boldsymbol{K}_{bb}^{*}$ 的表达式(5.4.5)式相同，而 $\bar{\boldsymbol{K}}_{kk}^{(s)}$ 则是固定边界条件下的振动对 $\bar{\boldsymbol{K}}^{(s)}$ 的贡献，这是动力结构所特有的。当然 $\bar{\boldsymbol{M}}^{(s)}$ 也是动力子结构所特有的，它的 4 个分块各自的力学意义也是明确的。如果将以上结果代回到(13.7.22)式，则可将模态坐标空间内的子结构运动方程最后表示为

$$\begin{bmatrix} \boldsymbol{I}_k^{(s)} & \bar{\boldsymbol{M}}_{kj}^{(s)} \\ \bar{\boldsymbol{M}}_{kj}^{(s)\mathrm{T}} & \bar{\boldsymbol{M}}_{jj}^{(s)} \end{bmatrix} \begin{Bmatrix} \ddot{\boldsymbol{x}}_k^{(s)} \\ \ddot{\boldsymbol{a}}_j^{(s)} \end{Bmatrix} + \begin{bmatrix} \boldsymbol{\Omega}_k^{(s)} & 0 \\ 0 & \bar{\boldsymbol{K}}_{jj}^{(s)} \end{bmatrix} \begin{Bmatrix} \boldsymbol{x}_k^{(s)} \\ \boldsymbol{a}_j^{(s)} \end{Bmatrix} = \begin{Bmatrix} 0 \\ \boldsymbol{R}_j^{(s)} \end{Bmatrix} \tag{13.7.24}$$

3. 集成各子结构的运动方程得到整个结构系统的运动方程并求解

各子结构界面上的位移 $\boldsymbol{a}_j^{(s)}$ 实际上是子结构之间保证满足位移协调条件的公共坐标，利用它将各个子结构的运动方程集合成整个结构系统的运动方程。以两个子结构的系统为例，这时 $s=1,2$，位移协调条件是 $\boldsymbol{a}_j^{(1)}=\boldsymbol{a}_j^{(2)}=\boldsymbol{a}_j$。集成这两个子结构的运动方程得到整个结构系统的运动方程为

$$\boldsymbol{M}\ddot{\boldsymbol{x}} + \boldsymbol{K}\boldsymbol{x} = 0 \tag{13.7.25}$$

其中

$$\boldsymbol{M} = \begin{bmatrix} \boldsymbol{I}_k^{(1)} & 0 & \bar{\boldsymbol{M}}_{kj}^{(1)} \\ 0 & \boldsymbol{I}_k^{(2)} & \boldsymbol{M}_{kj}^{(2)} \\ \bar{\boldsymbol{M}}_{kj}^{(1)\mathrm{T}} & \bar{\boldsymbol{M}}_{kj}^{(2)\mathrm{T}} & \bar{\boldsymbol{M}}_{jj}^{(1)} + \bar{\boldsymbol{M}}_{jj}^{(2)} \end{bmatrix} \qquad \boldsymbol{K} = \begin{bmatrix} \boldsymbol{\Omega}_k^{(1)} & 0 & 0 \\ 0 & \boldsymbol{\Omega}_k^{(2)} & 0 \\ 0 & 0 & \bar{\boldsymbol{K}}_{jj}^{(1)} + \bar{\boldsymbol{K}}_{jj}^{(2)} \end{bmatrix}$$

$$\boldsymbol{x} = [\boldsymbol{x}_k^{(1)\mathrm{T}}\ \boldsymbol{x}_k^{(2)\mathrm{T}}\ \boldsymbol{x}_j^{\mathrm{T}}]^{\mathrm{T}}$$

(13.7.25)式的右端项为零是因为 $\boldsymbol{R}_j^{(1)}+\boldsymbol{R}_j^{(2)}=0$。

求解方程(13.7.25)式可以得到各阶固有频率和模态坐标中的主振型。求解此方程的方法同 13.6 节的讨论。应该指出，其阶数比直接在物理坐标中建立的系统运动方程大大减缩了，这是在各个子结构模态分析过程中引入模态坐标后对自由度进行大量减缩的结果。

如果整个结构系统方程表达的是包括阻尼和外载荷的动力响应问题。和 13.3 节及 13.4 节讨论的相同，可以用直接积分法或振型叠加法求解其模态坐标中的动力响应。

4. 由模态坐标返回到各个子结构的物理坐标

因为实际问题中感兴趣的常常是物理坐标中的振动特性，例如对应于各阶固有频率的物理坐标所表达的固有振型，以及在各种载荷作用下引起的位移和应力等响应，因此必须完成由模态坐标返回各个子结构物理坐标的转换。即按照(13.7.21)式，由 $\boldsymbol{x}_k^{(s)}$ 和 $\boldsymbol{a}_j^{(s)}$ 算出 $\boldsymbol{a}_i^{(s)}$，从而进一步得到实际结构的固有振型和

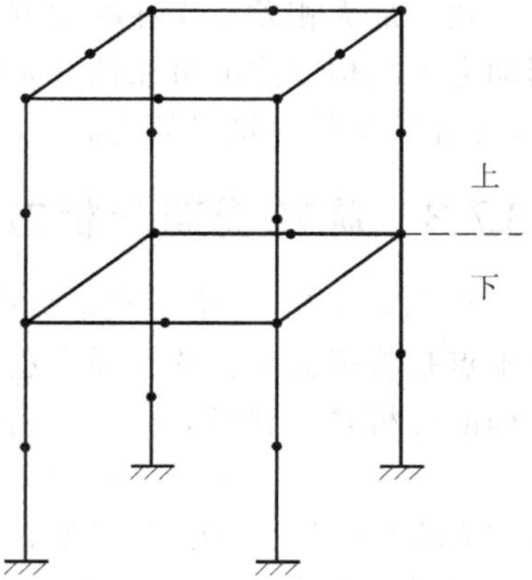

图 13.4　空间对称结构

位移、应力等动态响应。

**例 13.5**[5,6] 图 13.4 所示为由 16 根长度 30cm，直径 8cm 钢杆组成的空间对称结构，有限元离散为等长度的 32 个 2 结点空间梁单元，共 28 个结点(底面 4 个结点完全约束)，144 个自由度。采用动力子结构法分析时，分上、下两个子结构。减缩方案 1 中，上子结构取 8 个主模态，下子结构取 16 个主模态。减缩方案 2 中，上、下子结构各取 16 个主模态。表 13.1 中给出用动力子结构法和用总体有限元分析计算得到的结构前 10 阶固有频率。

**表 13.1 空间对称结构固有频率** Hz

| 频率阶次 | 总体有限元分析 | 动力子结构法 | |
|---|---|---|---|
| | | 减缩方案 1 | 减缩方案 2 |
| 1 | 22.324 | 22.325 | 22.324 |
| 2 | 22.324 | 22.325 | 22.324 |
| 3 | 29.151 | 29.155 | 29.151 |
| 4 | 71.837 | 71.947 | 71.842 |
| 5 | 71.837 | 71.947 | 71.842 |
| 6 | 79.617 | 79.731 | 79.626 |
| 7 | 89.097 | 89.308 | 89.115 |
| 8 | 114.96 | 115.30 | 115.00 |
| 9 | 184.43 | 184.43 | 184.43 |
| 10 | 196.30 | 197.14 | 196.53 |

从上表可见，动力子结构法的两种减缩方案的计算结果和整体有限元分析的结果非常一致。最大相差发生在减缩方案 1 的第 10 阶频率，也仅为 0.4%。引入此例是为了说明动力子结构方法的可靠性。实际计算表明，大型复杂系统分析如果采用动力子结构方法，计算效率将成量级的提高。

## 13.7.3 旋转周期分析方法

在 5.5.3 节，讨论了利用结构的旋转周期性的特点来缩减计算规模的分析方法。其基本点是将载荷和位移在周向进行 Fourier 展开(见(5.5.37)、(5.5.45)式)，从而将整个结构的分析减缩到只对一个子结构进行，即求解下列方程

$$\widetilde{\boldsymbol{K}}_l \boldsymbol{x}_l = \boldsymbol{F}_l \quad (l = 0,1,2,\cdots,N-1) \tag{5.5.51}$$

其中 $l$ 是 Fourier 阶次，$N$ 是旋转周期结构的子结构数，$\boldsymbol{x}_l$ 和 $\boldsymbol{F}_l$ 分别是位移向量 $\boldsymbol{a}$ 和载荷向量 $\boldsymbol{P}$ 的第 $l$ 阶 Fourier 分量的系数，$\boldsymbol{K}_l$ 是一个子结构对应位移第 $l$ 阶 Fourier 分量的刚度矩阵。$\widetilde{\boldsymbol{K}}_l$ 是复数矩阵，$\boldsymbol{F}_l$ 和 $\boldsymbol{x}_l$ 是复数向量。关于(5.5.51)式的求解方法以及求解后

位移 $\boldsymbol{a}$ 的计算,已在(5.5.54)、(5.5.57)及(5.5.58)式中给出。

实际上,旋转周期分析方法用于动力学问题将取得更为显著的效果。按照对子结构刚度矩阵进行转换的方法,对一个子结构的质量矩阵 $\boldsymbol{M}$ 和阻尼矩阵 $\boldsymbol{C}$ 进行转换,这样就可以将整个结构的动力分析减缩为对一个子结构进行,即求解下列方程

$$\widetilde{\boldsymbol{M}}_l\ddot{\boldsymbol{x}}_l + \widetilde{\boldsymbol{C}}_l\dot{\boldsymbol{x}}_l + \widetilde{\boldsymbol{K}}_l\boldsymbol{x}_l = \boldsymbol{F}_l \quad (l = 0,1,2,\cdots,N-1) \tag{13.7.26}$$

其中 $\widetilde{\boldsymbol{M}}_l$ 和 $\widetilde{\boldsymbol{C}}_l$ 分别是对应于位移的第 $l$ 阶 Fourier 分量的质量矩阵和阻尼矩阵。它们具有和 $\widetilde{\boldsymbol{K}}_l$ 相类似的表达式(见 5.5.50 式)。

对于动力特性问题,则求解下列矩阵特征值问题

$$\widetilde{\boldsymbol{M}}_l\ddot{\boldsymbol{x}}_l + \widetilde{\boldsymbol{K}}_l\boldsymbol{x}_l = 0 \quad (l = 0,1,2,\cdots,N-1) \tag{13.7.27}$$

和静力分析相类似(参见(5.5.54)式),可以将上述复数矩阵的方程化为实数矩阵方程进行求解。现具体讨论(13.7.27)式的求解。设 $\boldsymbol{x}_l = \bar{\boldsymbol{x}}_l e^{\mathrm{i}\omega t}$ 并代入上式,则得到

$$(\widetilde{\boldsymbol{K}}_l - \omega^2\widetilde{\boldsymbol{M}}_l)\bar{\boldsymbol{x}}_l = 0 \quad (l = 0,1,2,\cdots,N-1) \tag{13.7.28}$$

将上式化为实数对称矩阵的特征值问题,则有

$$\left(\begin{bmatrix} \widetilde{\boldsymbol{K}}_{l,r} & \widetilde{\boldsymbol{K}}_{l,i}^{\mathrm{T}} \\ \widetilde{\boldsymbol{K}}_{l,i} & \widetilde{\boldsymbol{K}}_{l,r} \end{bmatrix} - \omega^2 \begin{bmatrix} \boldsymbol{M}_{l,r} & \boldsymbol{M}_{l,i}^{\mathrm{T}} \\ \boldsymbol{M}_{l,i} & \boldsymbol{M}_{l,r} \end{bmatrix}\right) \begin{bmatrix} \bar{\boldsymbol{x}}_{l,r} \\ \bar{\boldsymbol{x}}_{l,i} \end{bmatrix} = 0 \tag{13.7.29}$$

从上式求出的特征值是原方程(13.7.28)式的一倍,但其中一半是相同的。在求出各阶 Fourier 动力特征方程的 $\omega^2$(对于每一阶有 $J$ 个特征值,$J$ 是子结构的自由度数)后,按大小重新排列,即能得到结构的各阶特征值。并从各阶特征值所对应的 $\bar{\boldsymbol{x}}_l$,利用(5.5.44)式求得与该特征值相对应的振型,即

$$\boldsymbol{a}^{(j)} = \bar{\boldsymbol{x}}_l e^{-\mathrm{i}(j-1)2\pi l/N} \quad (j = 1,2,\cdots,N) \tag{13.7.30}$$

式中 $j$ 是子结构的编号。该式的意思是指各个子结构的 $\boldsymbol{a}^{(j)}$ 组合成整个结构的振型。

因为子结构的自由度仅为整个结构的 $1/N$,虽然方程(13.7.29)式要求解 $(N+2)/2$ 次或 $(N+1)/2$ 次(见(5.5.56)式),但通常计算工作量将比直接对整个结构进行分析时缩减一个数量级,而且减少了计算所需的内外存。和动力子结构法相比,旋转周期分析法的优点是:在理论上,分析中未引进自由度减缩方法所带来的近似性,因此可以得到和整体结构分析时相同的精度。但它有局限性,只能用于具有旋转周期的结构,不如子结构法应用范围广泛。

**例 13.6**[7] 有一直径为 10m,具有 13 个叶片的水轮机转轮,如图 13.5 所示。材料密度 $\rho = 7\,850\mathrm{kg/m^3}$,弹性模量 $E = 2.1\times10^{11}\,\mathrm{N/m^2}$,泊松比 $\upsilon = 0.3$。在计算转轮固有频率时,认为水轮机上冠和主轴相连处受到固定约束。由于水轮机转轮是旋转周期结构,故将其划分为 13 个子结构,并应用旋转周期分析方法进行求解。此时只需计算谐波 $l = 0, 1, 2, \cdots, 6$ 的情况。

表 13.2 给出的是对应于周向谐波数从 0 至 6 的前 5 阶频率的计算结果。表中各阶频率数据后括号中的数字代表此频率是整体结构的第几阶固有频率。通过本算例可以看

出，旋转周期分析方法对诸如水轮机转轮这类复杂结构的动力分析是十分有效的。由于只需分析 1 个子结构，在本算例中是整体结构的 1/13，大大缩减了计算规模，提高了计算效率。

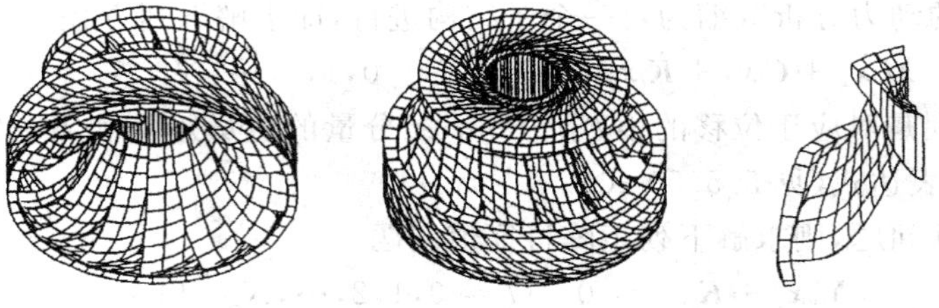

整体网格图（仰视图） 整体网格图（俯视图） 子结构网格图（俯视图）

图 13.5 水轮机转轮整体及子结构有限元网格图

**表 13.2 对应于周向谐波数从 0 至 6 的水轮机转轮前 5 阶频率分布**

| 周向谐波数 $l$ | 第 1 阶频率 $f_1$/Hz | 第 2 阶频率 $f_2$/Hz | 第 3 阶频率 $f_3$/Hz | 第 4 阶频率 $f_4$/Hz | 第 5 阶频率 $f_5$/Hz |
|---|---|---|---|---|---|
| 0 | 17.04(1) | 45.54(5) | 75.20(11) | 103.4(19) | 115.4 |
| 1 | 23.90(2) | 44.04(4) | 79.93(13) | 104.0(20) | 133.0 |
| 2 | 29.30(3) | 51.47(7) | 80.90(14) | 106.8(22) | 143.2 |
| 3 | 45.93(6) | 79.79(12) | 87.50(15) | 112.5(23) | 146.8 |
| 4 | 60.13(8) | 87.82(16) | 106.4(21) | 131.3 | 153.3 |
| 5 | 68.52(9) | 98.45(17) | 114.9(24) | 140.5 | 161.9 |
| 6 | 71.08(10) | 103.1(18) | 125.5 | 144.3 | 170.0 |

## 13.8 小结

在结构动力学有限元求解方程的解法中，关于二阶常微分方程组的直接积分法，分别以中心差分法和 Newmark 法为代表讨论了显式算法和隐式算法的各自算法步骤、特点、稳定性条件及其适合使用的情况。作为求解动力学问题的基本方法的直接积分法中，除上述两种方法外，还有不少其他的显式算法、隐式算法和两者结合的混合算法。本章所讨论的内容也为理解和掌握这些其他算法提供了必要的基础。

振型叠加法也是动力分析中的一种成熟而被广泛应用的方法，其基本概念和步骤已见诸一般的结构动力学或振动理论的教材中。它的核心内容是动力特性方程的求解，这在数学上属于矩阵特征值问题。当将振型叠加法推广于有限元分析，特别是用于大型复杂系统的分析时，由于系统的自由度很多，因此必须发展对大型矩阵特征值问题抽取部分特征解的有效方法。本章所讨论的反迭代法和子空间迭代法是现行最常用的基本算法，而里兹向量直接叠加法和 Lanczos 方法则是近年来受到重视的算法。以上这些方法的要点和相互区别在于初始向量的选取和迭代过程中向量之间相互正交技术的选择，从而影响到整个求解过程的效率和精度。这是应予注意理解和把握的基本点。

关于系统自由度的减缩方法，本章讨论了 Guyan 减缩法(又称主从自由度法)和动力子结构法。前者比较简单，在一些情况下也能取得较好的效果，但如何适当地区分主从自由度，以达到在不太影响计算精度的前提下使计算效率有显著提高，往往不易掌握。现今大型动力系统分析中广泛采用的是动力子结构法，它能够大幅度地缩减动力分析的规模。除本章介绍的固定界面子结构法外，还有自由界面和混合界面的子结构法等，其基本点和区别也在于子结构参加系统集成的基本自由度(也可称里兹基向量)的选取。子结构方法中也必须求解大型矩阵特征值问题的部分特征解，最后集成的系统方程也常常应用直接积分法求解，因此对大型复杂系统的动力分析，需要综合地、灵活地应用本章所讨论的各方面内容。

## 关键概念

| | | |
|---|---|---|
| 协调质量矩阵 | 集中质量矩阵 | 振型阻尼矩阵 |
| 显式算法 | 隐式算法 | 起步条件 |
| 数值阻尼 | 动力特性 | 反迭代法 |
| 正交正则化 | 子空间迭代法 | 移频方法 |
| 里兹向量直接叠加法 | Lanczos 方法 | 自由度减缩 |
| Guyan 减缩法 | 动力子结构法 | 固定界面法 |

# 复习题

**13.1**　比较弹性动力学和静力学的场函数、方程及定解条件，它们的相同点和不同点是什么？

**13.2**　比较动力学和静力学的有限元方程和求解方法，它们的相同点和不同点是什么？

**13.3**　什么是协调质量矩阵？什么是集中质量矩阵？它们在形式上和实质上的相同点和不同点是什么？

**13.4**　阻尼矩阵有哪几种形式？各自的物理意义是什么？

**13.5**　中心差分法中如何假设速度、加速度和位移之间的关系式？如何建立各个时间点解的递推公式？什么是它的起步条件？如何建立？

**13.6** 为什么说中心差分法是显式算法？它的求解过程有什么特点？

**13.7** 为什么说中心差分法是条件稳定算法？如何确定它的临界步长？什么是临界步长的力学意义？

**13.8** Newmark 方法中如何假设位移、速度和加速度之间的关系？如何建立各个时间点解的递推公式？什么是它的起步条件？如何建立？

**13.9** 如何选择 Newmark 方法中的计算参数？它们对解有什么影响？它们取何值时，解是无条件稳定的？

**13.10** 如何判定动力学方程直接积分法的解的稳定性？具体步骤是什么？

**13.11** 什么是系统的动力特性方程？如何求解它？它的解在动力分析中有何作用？

**13.12** 比较动力分析中的直接积分法和振型叠加法的相同点和不同点，在实际分析中如何在它们之间进行选择？

**13.13** 什么是求解矩阵特征值问题的反迭代法和正迭代法？各自适合用于什么情形？它们的求解步骤是什么？为什么能够以及如何保证迭代收敛到要求的特征解？

**13.14** 什么是子空间迭代法？它和反迭代法相比较有哪些相同点和不同点？

**13.15** 子空间迭代法中如何选择迭代的初始向量矩阵？

**13.16** 在矩阵特征值问题的求解中，移频方法有何作用？如何应用？

**13.17** 什么是里兹向量直接叠加法的基本出发点？它和迭代法的区别何在？如何利用它求解动力特性问题和动力响应问题？

**13.18** Lanczos 法和里兹向量直接叠加法相比较，在里兹向量选择和正交化方法上的相同点和不同点是什么？

**13.19** 什么是 Guyan 减缩法？它的基本思想是什么？在算法上如何实现？如何合理地应用它？

**13.20** 什么是动力子结构法？它和静力子结构法相比较，在力学概念上和算式表达上有什么相同点和不同点？

**13.21** 为什么动力子结构法又称模态综合法？固定界面动力子结构法中包含哪几类模态？各自的力学意义是什么？如何形成？

**13.22** 比较 Guyan 减缩法和动力子结构法在力学概念上和算式表达上的相同点和不同点，以及它们在应用中的优缺点。

## 练习题

**13.1** 试求矩形非协调板单元(10.2.1节)的协调质量矩阵和集中质量矩阵。

**13.2** 分别用协调质量矩阵和集中质量矩阵求图 13.6 所示的变截面均质杆的固有频率和振型。

**13.3**　用中心差分法和集中质量矩阵求图 13.6 变截面杆在图 13.7 所示的外载作用下的响应。

初始条件：$u(x,0)=\dot{u}(x,0)=0$

时间步长：$\Delta t=T_2/10, T_2, 5T_2$

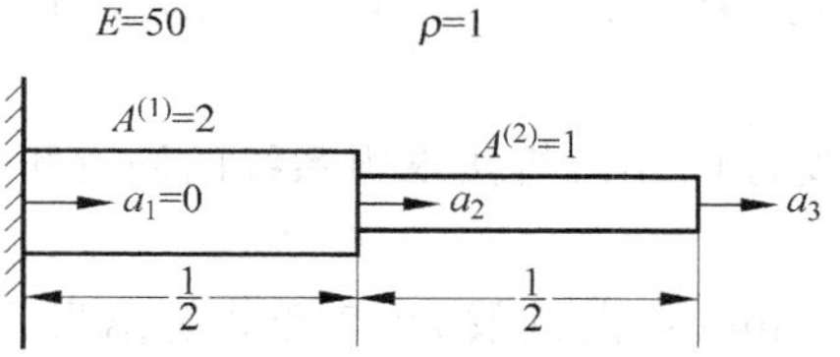


图　13.6

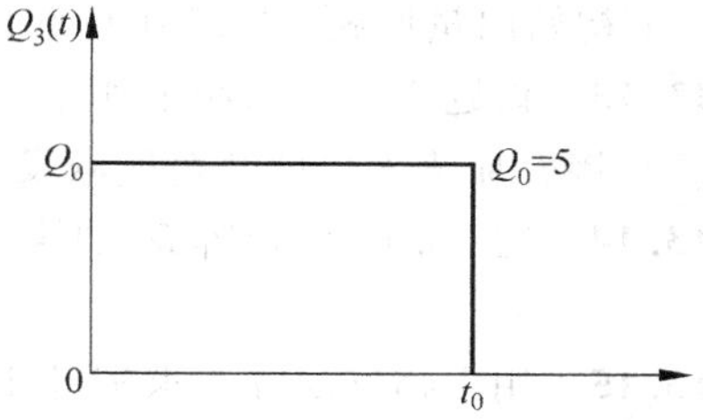


图　13.7

**13.4**　用 Newmark 方法求解题 13.3。

**13.5**　用振型叠加法求解题 13.3。

**13.6**　证明 Newmark 方法中，取 $\delta=1/2$ 和 $\alpha=1/6$ 时代表 $\Delta t$ 内线性加速度的假设；取 $\delta=1/2$ 和 $\alpha=1/4$ 时代表 $\Delta t$ 内平均加速度的假设。

**13.7**　证明 Newmark 方法中，取 $\delta=1/2$ 和 $\alpha=0$ 时，则 Newmark 方法和中心差分法相等效。

**13.8**　导出 Newmark 方法稳定性分析中的(13.5.14)式。并借鉴此推导过程导出 Newmark 方法的三步循环公式(13.3.18)式。

**13.9**　已知

$$\boldsymbol{X}_1=\begin{pmatrix}1\\1\\1\end{pmatrix}\qquad \boldsymbol{X}_2=\begin{pmatrix}1\\1\\-1\end{pmatrix}\qquad \boldsymbol{X}_3=\begin{pmatrix}1\\-1\\1\end{pmatrix}$$

并有

$$\boldsymbol{M}=\begin{bmatrix}1&0&0\\0&1&0\\0&0&1\end{bmatrix}$$

用 Gram-Schmidt 方法对它们进行正交化处理以及正则化处理

**13.10**　如有一结构，它的刚度矩阵和质量矩阵如下：

$$\boldsymbol{K}=\begin{bmatrix}2&-1&0\\-1&4&-2\\0&-2&2\end{bmatrix}\qquad \boldsymbol{M}=\begin{bmatrix}1&0&0\\0&3&0\\0&0&1\end{bmatrix}$$

用解析方法求出系统的全部固有频率和振型。

**13.11** 用矩阵反迭代法求题13.10的前两阶固有频率和振型(注意:初始向量不要取上题已解出的结果)

**13.12** 用子空间迭代法求解题13.10(取 $r=2$)。

(1) 初始向量按13.6.2节所提示的一般原则选取。

(2) 初始向量取题13.10中已解出的前两阶固有振型的任意线性组合。

**13.13** 设题13.10系统上作用有空间分布模式为 $\boldsymbol{F}(s)=[2 \quad 4 \quad 1]^{\mathrm{T}}$ 的载荷,用里兹向量直接叠加法求出此载荷能激发起的振型。

**13.14** 题13.10中矩阵 $\boldsymbol{M}$ 的第2个主元素改为0,用解析法求出系统的固有频率和振型。

**13.15** 用Lanczos方法求解题13.14,比较Lanczos向量数 $r=2$ 和3的结果,并分析造成差别的原因。

**13.16** 导出(13.6.54)和(13.6.55)式给出的结论。即里兹向量直接叠加法中 $\alpha_{ij}=0(j=i-3,i-4,\cdots,1)$,$\alpha_{i,i-2}=\beta_{i-1}$。

**13.17** 利用教学程序FEATP对正方形板进行动力特性分析。板几何尺寸:边长 $a=1.0\mathrm{m}$,厚度 $h=0.01\mathrm{m}$;材料常数:$E=2.1\times10^5\mathrm{MPa}$,$\upsilon=0.3$,$\rho=7\,800\mathrm{kg/m^3}$;边界条件:(1)四边简支;(2)四边固支。用Mindlin板单元进行离散,采用反迭代法和子空间迭代法计算它的前10阶固有频率,并比较不同单元型式和网格对结果的影响。

**13.18** 题13.17中的方板承受均布载荷:$q(t)=0(t<0)$,$q(t)=1\mathrm{MPa}(t\geqslant0)$。采用(1)中心差分法,(2)Newmark法,进行动态响应分析,并比较不同单元型式和网板以及Newmark参数对板中心挠度结果的影响。

**13.19** 问题同题13.18,承受周期性变化的均布载荷 $q(t)=\bar{q}\sin pt$,其中 $\bar{q}=1\mathrm{MPa}$,$p=a\omega_1$。$\omega_1$ 是板的第1阶固有频率。比较 $a$ 取不同值时对解的影响(例如 $a=0.1,0.2,0.5,0.8,1.0,1.2,1.5\cdots$)。

**13.20** 修改程序FEATP,增加集中质量矩阵功能。对程序中的几种单元型式,比较协调质量矩阵和集中质量矩阵的差别。

**13.21** 问题同题13.17,采用集中质量矩阵进行分析,并和采用协调质量矩阵时的结果进行比较。

# 第 14 章　流固耦合问题

**本章要点**

- 无粘小扰动流动的基本方程及其以压力或位移表示的两种形式的各自特点。
- 流固耦合系统的力学模型及有限元分析的位移-压力格式的建立方法和方程特点。
- 流固耦合系统动力特性分析中，方程对称化处理的方法，流体刚度矩阵奇异性消除的方法和实施步骤。
- 流固耦合系统动力响应分析中运动方程直接积分的不同算法（隐式，隐式-显式），及其不同求解方案（同步，交错迭代）的各自特点和算法步骤。

## 14.1　引言

在海洋、船舶、航空、水利、化工和核动力等工程领域中，都会遇到流体和结构的相互作用问题，简称为流固耦合问题。例如海洋结构在波浪等作用下的动态分析，潜水结构对水下爆炸波的冲击响应，水库-水坝系统的地震响应，充液容器的晃动和管道振动等。

流固耦合力学的重要特征是两相介质间的交互作用，即固体在流体载荷作用下会产生变形或运动，而变形或运动反过来又影响流场的流动，从而改变流体载荷的分布和大小。一般流固耦合方程的特点是方程的定义域同时有流体域和固体域，未知变量既有流体变量又有固体变量，而且流体域和固体域通常无法单独求解。

从总体上看，按照耦合机理流固耦合问题可以分为两大类。第一类是两相域部分或全部重叠在一起，很难明显地分开，如渗流问题。第二类问题的特征是耦合作用仅发生在两相交界面上。本章所涉及的流固耦合作用属第二类问题。

Zienkiewcz 和 Bettess[1] 曾将上述第二类流固耦合问题分为三种情况，一是流固间有大的相对运动情况，如飞机飞行状态下的气动弹性力学问题；二是有限流体运动的短周期情况，如流体受冲击和水下爆炸问题；三是有限流体位移的长周期情况，如含液容器的流固耦合振动问题。在研究流固耦合问题时，根据研究问题的特点和目的，可将重点放在流场或固体结构上进行研究，而对另一部分作适当的简化。

流体按其自身的性质和分析的理论可分为：

(1) 粘性流体和非粘性流体。前者运动时体积微元存在剪切应变和剪切应力；而后者体积微元只存在体积应变和法向压力，且如果运动开始时是无旋的，则始终保持为无旋状态。严格地说，流体总是具有一定的粘性，但是在一定条件下，可以假设其为无粘性，所以称无粘性流体为理想流体。

(2) 可压缩流体和不可压缩流体。这种划分也是一定条件下的理论假设。例如在分析沉浸于水中的结构的动力特性时，常可将水视为不可压缩的，从而使问题得到简化。但是研究波在水中传播时，必须考虑水的可压缩性。

本章根据通常遇到的流固耦合问题的特点，合理地假设流体是无粘性的理想流体。

在流体力学中，通常采用固定于空间的欧拉坐标系，同时在此坐标系中，流体力学方程因包含对流项而呈非线性性质。根据通常遇到的流固耦合问题的特点，假设流动是在稳定状态邻近的小扰动，此时流体力学方程可以简化为线性方程。同时固体仍和以上各章一样，假定为线弹性材料。因此本章讨论的流固耦合系统只限于它的线性问题，它在实际工程中仍有较为广泛的应用领域。

既然流固耦合问题是动力学问题，因而前一章所讨论的用于分析系统动力特性和系统动力响应这两类问题的各种数值方法，原则上都可以用于流固耦合系统的分析。本章着重讨论将它们应用于流固耦合问题时需要注意之处，并且讨论流固耦合分析中的特有的若干问题。本章 14.2 节讨论无粘小扰动流动的基本方程和表达形式；14.3 节讨论流固耦合系统有限元分析的(固体)位移-(流体)压力格式；14.4 节、14.5 节分别讨论流固耦合系统的动力特性分析和动力响应分析。前者着重讨论方程的对称化处理及流体域刚度矩阵奇异性的消除；后者着重讨论直接积分方法用于流固耦合问题时的具体算法实施方案，并且将介绍隐式算法和显式算法结合使用的隐式-显式算法。

## 14.2 无粘小扰动流动的基本方程和表达形式

### 14.2.1 无粘小扰动流动的基本方程

1. 场方程

连续方程

$$\dot{\rho}+\rho_0 v_{i,i}=0 \quad (i=1,2,3) \tag{14.2.1}$$

$\left(\text{上标“ · ”表示对时间的偏导数}, \dot{\rho}=\rho_{,t}=\dfrac{\partial \rho}{\partial t}\right)$

运动方程

$$\rho_0 \dot{v}_i=-p_{,i} \quad (i=1,2,3) \tag{14.2.2}$$

状态方程

$$p = c_0^2 \rho \tag{14.2.3}$$

以上各式中，$v_i$ 是流体扰动的流动速度分量，$\rho_0$ 是扰动前流体的质量密度，$\rho$ 和 $p$ 分别是扰动引起的质量密度变化和流场压力变化，$c_0$ 是流体中的声速，表示为

$$c_0^2 = \frac{k}{\rho_0} \tag{14.2.4}$$

式中 $k$ 是体积模量。如有体积变化 $u_{i,i}$，则压力变化 $p$ 的表达式为

$$p = -k u_{i,i} \tag{14.2.5}$$

其中 $u_i$ 是流体扰动引起的位移变化。

2. 边界条件

(1) 自由液面($S_f$)

对于水平液面　　$p=0$　　(14.2.6)

对于波动液面　　$p=\rho_0 g u_3$　　(14.2.7)

(2) 刚性固定边界面($S_b$)

$$u_n = u_i n_i = 0 \tag{14.2.8}$$

式(14.2.6)、(14.2.7)分别表示分析中是否考虑流体自由液面的波动。若不考虑表面的波动，即假设自由液面保持为水平面，这时 $p=0$。若考虑表面的波动，则 $p=\rho_0 g u_3$。式中的 $u_3$ 为垂直方向的位移，$g$ 为重力加速度。(14.2.8)式表示在固定面($S_b$)上流体的法向位移为零，式中的 $n_i$ 是固定面的外法线的方向余弦。

3. 无旋流动的特性

流体内微元体的旋转速度向量$\boldsymbol{\omega}$可表示为

$$\boldsymbol{\omega} = [\omega_1 \quad \omega_2 \quad \omega_3]^{\mathrm{T}} \tag{14.2.9}$$

其中 $\omega_1,\omega_2,\omega_3$ 分别是$\boldsymbol{\omega}$沿 1,2,3 轴(即 $x,y,z$ 轴)的分量。它们和速度分量 $v_i$ 的关系是

$$\begin{aligned} \omega_1 &= \frac{1}{2}(v_{3,2} - v_{2,3}) \\ \omega_2 &= \frac{1}{2}(v_{1,3} - v_{3,1}) \\ \omega_3 &= \frac{1}{2}(v_{2,1} - v_{1,2}) \end{aligned} \tag{14.2.10}$$

现在来研究无粘流动的旋转特性。从(14.2.2)式可以得到

$$\rho_0 \dot{v}_{i,j} = -p_{,ij} \qquad \rho_0 \dot{v}_{j,i} = -p_{,ji}$$

考虑到变量的偏导数与次序无关，则从以上两式得到

$$\dot{v}_{j,i} - \dot{v}_{i,j} = 0 \quad (i,j = 1,2,3) \tag{14.2.11}$$

将(14.2.10)式代入上式，得到

$$\dot{\omega}_1 = \dot{\omega}_2 = \dot{\omega}_3 = 0 \tag{14.2.12}$$

即

$$\dot{\boldsymbol{\omega}} = \mathbf{0}$$

因而可以得到

$$\boldsymbol{\omega} = 常数$$

上式表明如果流体扰动前的旋转向量$\boldsymbol{\omega}$的初值$\boldsymbol{\omega}_0 = \mathbf{0}$，则有

$$\boldsymbol{\omega} \equiv \mathbf{0} \tag{14.2.13}$$

即流动保持为无旋状态。这就是无粘流动的特性。如果用流动速度分量 $v_i$ 表示此条件，则有

$$\frac{1}{2}(v_{j,i} - v_{i,j}) = 0 \quad (i,j = 1,2,3, i \neq j)$$

或

$$v_{j,i} = v_{i,j} \quad (i,j = 1,2,3, i \neq j) \tag{14.2.14}$$

如果用位移分量表示无旋流动特性，则有

$$\frac{1}{2}(u_{j,i} - u_{i,j}) = 0 \quad (i,j = 1,2,3, i \neq j)$$

或

$$u_{j,i} = u_{i,j} \quad (i,j = 1,2,3, i \neq j) \tag{14.2.15}$$

## 14.2.2 以压力 $p$ 为场变量的表达形式

从(14.2.1)，(14.2.2)和(14.2.3)式中消去 $v_i$ 和 $\rho$，可以得到以下的场方程

$$p_{,ii} - \frac{1}{c_0^2}\ddot{p} = 0 \tag{14.2.16}$$

该式是标准的波动方程，它表明无粘小扰动流动问题可以归结为求解以压力扰动 $p$ 为场变量的波动方程。利用(14.2.2)式可将原问题的边界条件(14.2.6)～(14.2.8)改写为与方程(14.2.16)相对应的如下形式：

(1) 自由液面($S_f$)

水平液面 $p=0$ (14.2.17)

波动液面 $\ddot{p} = -g p_{,3}$ (14.2.18)

(2) 刚性固定边界液面($S_b$)

$$p_{,n} = 0 \tag{14.2.19}$$

可以看出，以上场方程和边界条件中只包含了一个标量场变量，即压力 $p$。因而有限元离散后，每个结点只有一个结点变量，计算效率较高。所以在流固耦合系统的有限元分析中，通常情况下流体采用以压力 $p$ 为基本变量的表达格式。

### 14.2.3　以位移 $u_i$ 为场变量的表达形式

因为 $v_i=\dot{u}_i$，将它代入(14.2.1)和(14.2.2)式，并利用(14.2.3)式，则可得到

$$\ddot{u}_i = c_0^2 u_{k,ki}$$

因为 $u_{k,ki}=u_{k,ik}$，并考虑流动的无旋特性的位移形式(14.2.15)式，则最后得到以位移 $u_i$ 为场变量的如下场方程：

$$\ddot{u}_i - c_0^2 u_{i,kk} = 0 \quad (i,k=1,2,3) \tag{14.2.20}$$

此式表示位移分量 $u_i$ 也满足波动方程。它的边界条件是

(1) 自由液面($S_f$)

水平液面　　　$p=0$　　　(14.2.21)

波动液面　　　$p=\rho_0 g u_3$　　　(14.2.22)

其中　$p=-k u_{k,k}$

(2) 刚性固定边界液面($S_b$)

$$u_n = u_i n_i = 0 \tag{14.2.23}$$

以上方程和边界条件中包含的场变量是位移向量 $u_i$(对于通常遇到的三维问题，$i=1,2,3$)。有限元离散后，每个结点有 3 个结点变量，计算工作量将会比以压力 $p$ 为场变量大许多倍。更应指出的是，在以上场方程(14.2.20)式的推导过程中已事先引入了无旋条件(14.2.15)式。在有限元分析中，如果不引入此条件，刚度矩阵将是奇异的，通常需要利用罚函数方法将无旋条件引入泛函。正如以前讨论中已一再提到，用罚函数方法引入附加条件将有诸多问题需要注意。由于上述两方面的原因，流固耦合系统的有限元分析，较少采用以位移 $u_i$ 为基本变量表达的流体力学方程。

## 14.3　流固耦合系统有限元分析的$(u_i,p)$格式

在流固耦合系统中，固体域的方程通常总是以位移 $u_i$ 作为基本未知量，而流体域的方程如上节所述，通常采用流场压力 $p$ 作为基本未知量。相应的有限元表达格式称之为流固耦合分析的位移-压力$(u_i,p)$格式。

### 14.3.1　流固耦合系统的动力学模型和基本方程及边界条件

假设流体为无粘、可压缩和小扰动的，并假定流体自由液面为小波动。固体则考虑为线弹性的。图 14.1 为流固耦合系统模型的示意图。图中，$V_s$ 和 $V_f$ 分别代表固体域和流体域，$S_0$ 代表流固交界面，$S_b$ 代表流体刚性固定面边界，$S_f$ 代表流体自由表面边界，$\xi$ 为流体自由表面波高，$S_u$ 代表固体位移边界，$S_\sigma$ 代表固体的力边界，$\boldsymbol{n}_f$ 为流体边界单位外法线向量，$\boldsymbol{n}_s$ 为固体边界单位外法线向量。在流固交界面上任一点处，$\boldsymbol{n}_f$ 和 $\boldsymbol{n}_s$ 的方向相反。

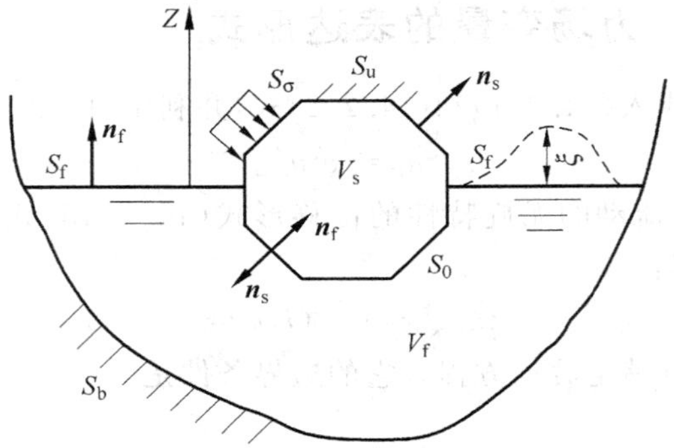


图 14.1 流固耦合系统模型示意图

1. 流体域($V_f$ 域)

(1) 流体场方程

$$p_{,ii} - \frac{1}{c_0^2}\ddot{p} = 0 \tag{14.3.1}$$

其中 $p$ 为流体压力，$c_0$ 为流体中的声速。

(2) 流体边界条件

刚性固定边界($S_b$ 边) $\quad \dfrac{\partial p}{\partial n_f}=0 \quad$ (14.3.2)

自由液面($S_f$ 边) $\quad \dfrac{\partial p}{\partial z}+\dfrac{1}{g}\ddot{p}=0 \quad$ (14.3.3)

2. 固体域($V_s$ 域)

(1) 固体场方程

$$\sigma_{ij,j} + f_i = \rho_s \ddot{u}_i \tag{14.3.4}$$

其中 $\sigma_{ij}$ 为固体应力分量，$u_i$ 为固体位移分量，$f_i$ 为固体体积力分量，$\rho_s$ 为固体质量密度。

(2) 固体边界条件

力边界条件($S_\sigma$ 边) $\quad \sigma_{ij}n_{sj}=\overline{T}_i \quad$ (14.3.5)

位移边界条件($S_u$ 边) $\quad u_i=\overline{u}_i \quad$ (14.3.6)

其中 $\overline{T}_i$，$\overline{u}_i$ 分别为固体上的已知面力分量和位移分量。

3. 流固交界面需满足的条件

(1) 运动学条件：流固交界面($S_0$)上法向速度应保持连续，即

$$v_{fn} = \boldsymbol{v}_f \cdot \boldsymbol{n}_f = \boldsymbol{v}_s \cdot \boldsymbol{n}_f = -\boldsymbol{v}_s \cdot \boldsymbol{n}_s = v_{sn} \tag{14.3.7}$$

利用流体运动方程(14.2.2)式，可以将上式改写为

$$\frac{\partial p}{\partial n_f} + \rho_f \ddot{\boldsymbol{u}} \cdot \boldsymbol{n}_f = 0 \quad (\text{在 } S_0 \text{ 界面}) \tag{14.3.8}$$

其中 $\boldsymbol{u}$ 为固体位移向量，$\rho_f$ 为流体质量密度。

(2) 动力学条件：流固交界面($S_0$)上法向力应保持连续，即

$$\sigma_{ij}n_{sj}=\tau_{ij}n_{sj}=-\tau_{ij}n_{fj} \tag{14.3.9}$$

其中 $\tau_{ij}$ 代表流体应力张量的分量。对于无粘流体，$\tau_{ij}$ 表示为

$$\tau_{ij}=-p\delta_{ij} \tag{14.3.10}$$

将上式代入(14.3.9)式，则得到

$$\sigma_{ij}n_{sj}=-pn_{si}\quad(\text{在 }S_0\text{ 界面}) \tag{14.3.11}$$

## 14.3.2 用伽辽金法建立流固耦合的有限元方程

1. 将求解域离散化并构造插值函数

对流体采用压力格式，则流体单元内的压力分布可以表示为

$$p(x,y,z,t)\approx\sum_{i=1}^{m_f}N_i(x,y,z)p_i(t)=\boldsymbol{N}\boldsymbol{p}^e \tag{14.3.12}$$

其中，$m_f$ 为流体单元的结点数，$\boldsymbol{p}^e$ 为单元的结构点压力向量，$N_i$ 为对应结点 $i$ 的插值函数。

对固体采用位移格式，则固体单元内的位移分布可以表示为

$$\boldsymbol{u}(x,y,z,t)=\begin{Bmatrix}u\\v\\w\end{Bmatrix}\approx\sum_{i=1}^{m_s}\overline{N}_i(x,y,z)\begin{Bmatrix}u_i\\v_i\\w_i\end{Bmatrix}=\sum_{i=1}^{m_s}\overline{N}_i(x,y,z)\boldsymbol{a}_i(t)$$
$$=\overline{\boldsymbol{N}}\boldsymbol{a}^e \tag{14.3.13}$$

其中，$m_s$ 为固体单元的结点数，$\boldsymbol{a}^e$ 为单元的结点位移向量，$\overline{N}_i$ 为对应结点 $i$ 的插值函数。

2. 利用伽辽金法形成求解方程

流固耦合系统的基本方程和边界条件(14.3.1)～(14.3.11)式的加权余量的伽辽金提法，对流体域表达为

$$\int_{V_f}\delta p\left(p_{,ii}-\frac{1}{c_0^2}\ddot{p}\right)\mathrm{d}V-\int_{S_b}\delta p\left(\frac{\partial p}{\partial n_f}\right)\mathrm{d}S-\int_{S_f}\delta p\left(\frac{1}{g}\ddot{p}+\frac{\partial p}{\partial z}\right)\mathrm{d}S-$$
$$\int_{S_0}\delta p\left(\frac{\partial p}{\partial n_f}+\rho_f\ddot{\boldsymbol{u}}\cdot\boldsymbol{n}_f\right)\mathrm{d}S=0 \tag{14.3.14}$$

对固体域假定已满足结构的位移边界条件，则可表达为

$$\int_{V_s}\delta u_i(\sigma_{ij,j}+f_i-\rho_s\ddot{u}_i)\mathrm{d}V-\int_{S_\sigma}\delta u_i(\sigma_{ij}n_{sj}-\overline{T}_i)\mathrm{d}S-$$
$$\int_{S_0}\delta u_i(\sigma_{ij}n_{sj}+pn_{si})\mathrm{d}S=0 \tag{14.3.15}$$

对(14.3.14)式的第一项$\int_{V_f}\delta p(p_{,ii})\mathrm{d}V$进行分部积分，则可得到

$$\int_{V_f}\left[(\delta p_{,i})p_{,i}+\frac{1}{c_0^2}\ddot{p}\right]\mathrm{d}V+\int_{S_f}\delta p\left(\frac{1}{g}\ddot{p}\right)\mathrm{d}S+\int_{S_0}\delta p(\rho_f\ddot{\boldsymbol{u}}\cdot\boldsymbol{n}_f)\mathrm{d}S=0 \tag{14.3.16}$$

对(14.3.15)式的第一项$\int_{V_s}\delta u_i(\sigma_{ij,j})\mathrm{d}V$进行分部积分，并代入物理方程，则可得到

$$\int_{V_s}[\delta\varepsilon_{ij}D_{ijkl}\varepsilon_{kl}-f_i+\delta u_i(\rho_s\ddot{u}_i)]\mathrm{d}S-\int_{S_\sigma}\delta u_i\overline{T}_i\mathrm{d}S+\int_{S_0}\delta u_i(pn_{si})\mathrm{d}S=0 \tag{14.3.17}$$

将(14.3.12)、(14.3.13)式代入(14.3.16)、(14.3.17)式，并考虑$\delta p$和$\delta u_i$的任意性，则可以得到如下流固耦合系统的有限元方程，即

$$\begin{bmatrix}\boldsymbol{M}_s & 0\\ -\boldsymbol{Q}^{\mathrm{T}} & \boldsymbol{M}_f\end{bmatrix}\begin{Bmatrix}\ddot{\boldsymbol{a}}\\ \ddot{\boldsymbol{p}}\end{Bmatrix}+\begin{bmatrix}\boldsymbol{K}_s & \dfrac{1}{\rho_f}\boldsymbol{Q}\\ 0 & \boldsymbol{K}_f\end{bmatrix}\begin{Bmatrix}\boldsymbol{a}\\ \boldsymbol{p}\end{Bmatrix}=\begin{Bmatrix}\boldsymbol{F}_s\\ 0\end{Bmatrix} \tag{14.3.18}$$

其中$\boldsymbol{p}$为流体结点压力向量，$\boldsymbol{a}$为固体结点位移向量，$\boldsymbol{Q}$为流固耦合矩阵，$\boldsymbol{M}_f$和$\boldsymbol{K}_f$分别为流体质量矩阵和流体刚度矩阵，$\boldsymbol{M}_s$和$\boldsymbol{K}_s$分别为固体质量矩阵和固体刚度矩阵，$\boldsymbol{F}_s$为固体外载荷向量。各矩阵相应的单元矩阵表达式为

$$\boldsymbol{M}_f^e=\int_{V_f^e}\frac{1}{c_0^2}\boldsymbol{N}^{\mathrm{T}}\boldsymbol{N}\mathrm{d}V+\int_{S_f^e}\frac{1}{g}\boldsymbol{N}^{\mathrm{T}}\boldsymbol{N}\mathrm{d}S \tag{14.3.19}$$

$$\boldsymbol{K}_f^e=\int_{V_f^e}\frac{\partial\boldsymbol{N}^{\mathrm{T}}}{\partial x_i}\frac{\partial\boldsymbol{N}}{\partial x_i}\mathrm{d}V \tag{14.3.20}$$

$$\boldsymbol{Q}^e=\int_{S_0^e}\rho_f\overline{\boldsymbol{N}}^{\mathrm{T}}\boldsymbol{n}_s\boldsymbol{N}\mathrm{d}S \tag{14.3.21}$$

$$\boldsymbol{M}_s^e=\int_{V_s^e}\rho_s\overline{\boldsymbol{N}}^{\mathrm{T}}\overline{\boldsymbol{N}}\mathrm{d}V \tag{14.3.22}$$

$$\boldsymbol{K}_s^e=\int_{V_s^e}\boldsymbol{B}^{\mathrm{T}}\boldsymbol{D}\boldsymbol{B}\mathrm{d}V \tag{14.3.23}$$

$$\boldsymbol{F}_s=\int_{V_s^e}\overline{\boldsymbol{N}}^{\mathrm{T}}\boldsymbol{f}\mathrm{d}V+\int_{S_\sigma^e}\overline{\boldsymbol{N}}^{\mathrm{T}}\overline{\boldsymbol{T}}\mathrm{d}S \tag{14.3.24}$$

(14.3.23)式中$\boldsymbol{B}$为固体的位移-应变关系矩阵。从(14.3.19)式可以看出，$\boldsymbol{M}_f^e$通常由两部分组成，即

$$\boldsymbol{M}_f^e=\boldsymbol{M}_{fV}^e+\boldsymbol{M}_{fs}^e \tag{14.3.25}$$

其中，$\boldsymbol{M}_{fV}^e$为由流体可压缩性引起的质量矩阵，$\boldsymbol{M}_{fs}^e$为由流体自由表面波动引起的质量矩阵。

如果假定流体是不可压缩的，同时又不考虑流体自由液面波动的影响，则这两项均为零。这时方程(14.3.18)式可以简化为

$$(\boldsymbol{M}_s + \boldsymbol{M}'_s)\ddot{\boldsymbol{a}} + \boldsymbol{K}_s\boldsymbol{a} = \boldsymbol{F}_s \tag{14.3.26}$$

其中

$$\boldsymbol{M}'_s = \frac{1}{\rho_f}\boldsymbol{Q}\boldsymbol{K}_f^{-1}\boldsymbol{Q}^T \tag{14.3.27}$$

$\boldsymbol{M}'_s$ 代表流体对固体的作用，现以固体的附加质量形式出现，称为附加质量矩阵。这时流固耦合问题退化为考虑附加质量的固体动力学问题，从而大大简化了流固耦合系统的分析。

如果将固体视为刚性固定不动的，即 $\boldsymbol{a}=\boldsymbol{0}$，则流固耦合方程(14.3.18)式将退化为流体自由晃动方程，表示为

$$\boldsymbol{M}_f\ddot{\boldsymbol{p}} + \boldsymbol{K}_f\boldsymbol{p} = 0 \tag{14.3.28}$$

**例 14.1**[6] 仍以第 13 章的例 13.6 中的水轮机转轮为例，现将流体作为附加质量引入结构的动力特性分析，以考察流体对结构动力特性的影响。在计算水轮机转轮的附加水质量时，流体取叶片间所包含的部分，并认为进水边和出水边上的流体是自由的，即令流体在进水边和出水边满足边界条件$\frac{\partial p}{\partial n}=0$。流体的有限元网格图见图 14.2。

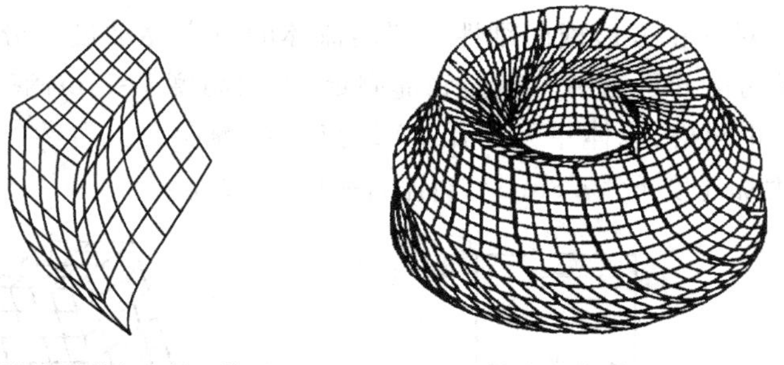

(a) 两相邻叶片间流体网格图　　(b) 全部流体网格图

图 14.2 水轮机转轮叶片间流体网格图

为了便于引入附加质量，要求流体结点和转轮叶片、上冠及下环上的对应结点必须重合。流体单元类型在流体域内采用 8～20 结点三维实体单元来描述压力分布，在流固交界面上则采用 8 结点曲面单元对法向加速度分布加以描述。与转轮的子结构划分(例 13.6)相适应，将流体也划分为 13 个子域并应用旋转周期理论进行求解。表 14.1 给出计算结果。

表 14.1 中，$f_0$ 代表转轮在空气中的振动频率，$f_1$ 代表转轮在水中的振动频率，$(f_0-f_1)/f_0$的百分比则反映流体附加质量对频率影响的大小。计算结果表明，引入流体附加质量对水轮机转轮的固有频率是有影响的，但对各阶频率的影响是不同的。其影响的大小主要和转轮结构的振动模态有关。由于转轮第一阶振动是以下环绕旋转轴的扭振

为主。当不考虑流体的粘性时，水在下环运动方向上基本不做功，因而附加质量对第一阶振动影响很小。而对其他各阶振动，下环和叶片在与水相接触的表面法向方向上均出现了明显的运动，这就必然会受到水的阻碍作用，从而导致转轮振动频率显著地降低。

**表 14.1 引入流体附加质量对转轮固有频率的影响**

| 频率阶次 | $f_0$/Hz | $f_1$/Hz | $\left(\frac{f_0-f_1}{f_0}\right)/\%$ | 频率阶次 | $f_0$/Hz | $f_1$/Hz | $\left(\frac{f_0-f_1}{f_0}\right)/\%$ |
|---|---|---|---|---|---|---|---|
| 1 | 17.04 | 17.04 | — | 9 | 68.52 | 50.54 | 26.2 |
| 2 | 23.90 | 22.59 | 5.48 | 10 | 71.08 | 51.97 | 26.9 |
| 3 | 29.30 | 26.48 | 9.62 | 11 | 75.20 | 60.00 | 20.2 |
| 4 | 44.04 | 37.15 | 15.6 | 12 | 79.79 | 63.60 | 20.3 |
| 5 | 45.54 | 37.77 | 17.1 | 13 | 79.93 | 63.73 | 20.3 |
| 6 | 45.93 | 39.13 | 14.8 | 14 | 80.90 | 64.73 | 20.0 |
| 7 | 51.47 | 43.18 | 16.1 | 15 | 87.50 | 72.54 | 17.1 |
| 8 | 60.13 | 46.23 | 23.1 | 16 | 87.82 | 75.26 | 14.3 |

**例 14.2**[8] 对一正方形截面刚性容器内流体的自由晃动进行分析。图 14.3 为该容器和流体有限元网格的示意图。容器底部固定，液面高度 $h$=3m，液面宽度 $a$=2m。流体被划分为 4×4×6 网格，流体单元采用 20 结点三维等参元。力学参数为：流体密度 $\rho_f$=1 000kg/m$^3$，重力加速度 $g$=9.8m/s$^2$，声速 $c_f$=1 414.2m/s。

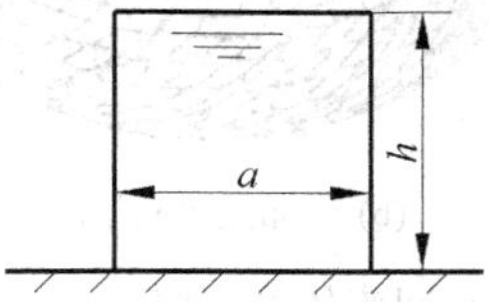


(a) 正方形截面含液刚性容器示意图

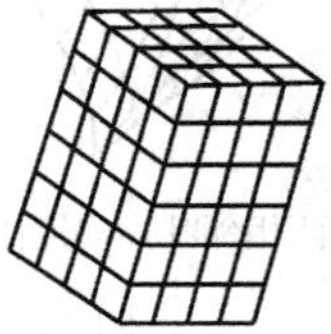

(b) 流体有限元网格示意图

图 14.3 容器和流体网格示意图

计算得到前 100 阶的频率值见图 14.4。流体自由表面波动的模态图见图 14.5。

从图 14.4 看到，流体频率是由两部分组成的，即低频部分和高频部分。低频部分对应于流体自由表面波动，此时流体动压力仅在自由表面附近不为零，而在流体内部为零。高频部分则对应于流体可压缩性引起的内部动压力波动，而动压力在自由表面等于零。如果在计算中不考虑流体自由表面波动，即认为自由表面上动压力 $p$=0，这时特征值计算只能得到高频部分的结果。由于本算例划分网格时，在自由表面上仅有 65 个结点，因此只能得到 65 阶低频值。

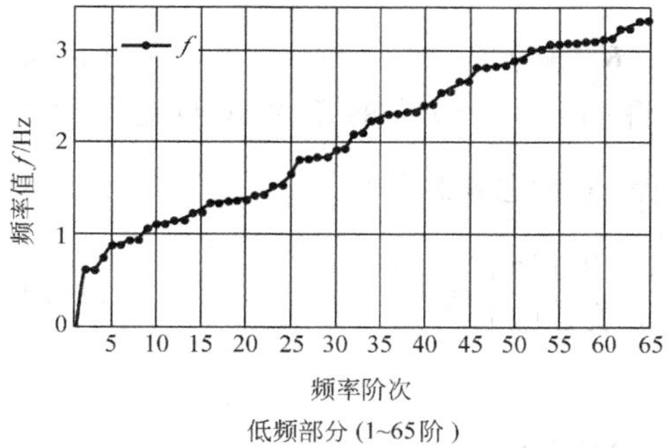


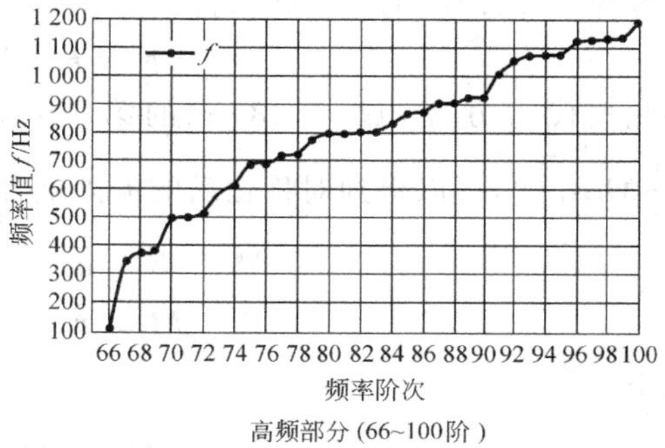


图 14.4　正方形截面刚性容器内流体自由晃动的前 100 阶频率

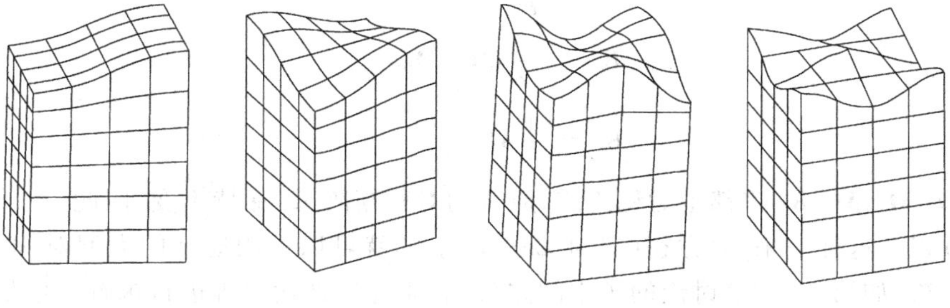

$f_{01}=f_{10}=0.6246\text{Hz}$　$f_{11}=0.7431\text{Hz}$　$f_{12}=f_{21}=0.9389\text{Hz}$　$f_{22}=1.0628\text{Hz}$

图 14.5　流体自由表面波动模态图

由于在自由液面上采用了线性小晃动假设，使自由液面上流体动压力与波高成线性关系。图 14.5 给出的是除零频(与常压力模态相对应)外的与流体前几阶频率相对应的流体自由表面波动模态图。图中 $f_{ij}$ 的下标 $i$ 和 $j$ 分别代表横截面内两个相互垂直方向上的半波数。

## 14.4　流固耦合系统的动力特性分析

流固耦合系统的有限元方程(14.3.18)式的齐次形式，即它的右端项 $\boldsymbol{F}_s=0$ 时，称为流固耦合系统的动力特性方程。与非耦合系统的动力特性方程不同，耦合系统动力特性方程中的矩阵是非对称的。另一需要注意的是，当考虑流体表面波动时，流体刚度矩阵 $\boldsymbol{K}_f$ 是奇异的。因此有必要对这两个问题进行专门的讨论。

### 14.4.1　流固耦合方程的对称化处理

由于方程(14.3.18)是非对称的，不便于特征值求解，故通常先对它进行对称化处理。

由方程(14.3.18)的第2式，得到

$$\boldsymbol{p}=\boldsymbol{K}_f^{-1}\boldsymbol{Q}^T\ddot{\boldsymbol{a}}-\boldsymbol{K}_f^{-1}\boldsymbol{M}_f\ddot{\boldsymbol{p}} \tag{14.4.1}$$

将此式代入方程(14.3.18)式的第1式，并将(14.3.18)式的第2式两端同时左乘$\left(\frac{1}{\rho_f}\boldsymbol{M}_f\boldsymbol{K}_f^{-1}\right)$，可以得到对称化后的流固耦合方程(未考虑外载荷)：

$$\begin{bmatrix}\hat{\boldsymbol{M}}_s & \boldsymbol{E}\\ \boldsymbol{E}^T & \hat{\boldsymbol{M}}_f\end{bmatrix}\begin{pmatrix}\ddot{\boldsymbol{a}}\\ \ddot{\boldsymbol{p}}\end{pmatrix}+\begin{bmatrix}\boldsymbol{K}_s & 0\\ 0 & \hat{\boldsymbol{K}}_f\end{bmatrix}\begin{pmatrix}\boldsymbol{a}\\ \boldsymbol{p}\end{pmatrix}=\begin{pmatrix}0\\ 0\end{pmatrix} \tag{14.4.2}$$

其中

$$\begin{aligned}\hat{\boldsymbol{M}}_s&=\boldsymbol{M}_s+\frac{1}{\rho_f}\boldsymbol{Q}\boldsymbol{K}_f^{-1}\boldsymbol{Q}^T\\ \hat{\boldsymbol{M}}_f&=\frac{1}{\rho_f}\boldsymbol{M}_f\boldsymbol{K}_f^{-1}\boldsymbol{M}_f\\ \boldsymbol{E}&=-\frac{1}{\rho_f}\boldsymbol{Q}\boldsymbol{K}_f^{-1}\boldsymbol{M}_f\\ \hat{\boldsymbol{K}}_f&=\frac{1}{\rho_f}\boldsymbol{M}_f\end{aligned} \tag{14.4.3}$$

显然，矩阵$\hat{\boldsymbol{M}}_s$，$\hat{\boldsymbol{M}}_f$，$\hat{\boldsymbol{K}}_f$阵都是对称矩阵，原有的对称矩阵$\boldsymbol{K}_s$保持不变，因此(14.4.2)式也为对称方程。这样一来，对方程(14.4.2)式的求解就可以采用通常的大型对称方程特征值求解方法，如第13章已讨论的子空间迭代法、矩阵反迭代法等进行求解。但如果$\boldsymbol{K}_f$是奇异的，则需要首先消除其奇异性。

### 14.4.2 流固耦合方程对称化过程中的流体刚度矩阵奇异性问题及其消除方法

从上一小节可以看到，在对流固耦合方程(14.3.18)对称化处理中，需对流体刚度矩阵$\boldsymbol{K}_f$求逆。当流体自由表面考虑为微幅波动时，由于流体域全部是自然边界条件，不能限制常压力模态的出现(对应于流体零频)，因而$\boldsymbol{K}_f$是奇异的。无法直接求逆，这时必须先消除$\boldsymbol{K}_f$的奇异性。但是若采用通常的移频法进行处理，将会使前述的对称化过程无法进行下去。现引述一种分离流体零频的方法来消除$\boldsymbol{K}_f$的奇异性[8]。即利用矩阵相似变换的性质，直接构造出含流体常压力模态的流体变换矩阵，对方程(14.3.18)进行变换，以实现零频的分离，并在理论上不引入任何近似性。实际计算结果表明，该方法是十分有效和可靠的。

考虑与方程(14.3.18)对应的广义特征值问题，即

$$\omega^2\begin{bmatrix}\boldsymbol{M}_s & 0\\ -\boldsymbol{Q}^T & \boldsymbol{M}_f\end{bmatrix}\begin{pmatrix}\boldsymbol{a}\\ \boldsymbol{p}\end{pmatrix}=\begin{bmatrix}\boldsymbol{K}_s & \frac{1}{\rho_f}\boldsymbol{Q}\\ 0 & \boldsymbol{K}_f\end{bmatrix}\begin{pmatrix}\boldsymbol{a}\\ \boldsymbol{p}\end{pmatrix} \tag{14.4.4}$$

假设 $\boldsymbol{a}$ 为 $m$ 维向量，$\boldsymbol{p}$ 为 $n$ 维向量。首先按如下方式构造流体相似变换矩阵$\boldsymbol{\Phi}$，即

$$\boldsymbol{\Phi} = [\boldsymbol{\varphi}_2,\ \boldsymbol{\varphi}_3,\cdots,\ \boldsymbol{\varphi}_n,\ \boldsymbol{\varphi}_1] \tag{14.4.5}$$

其中$\boldsymbol{\varphi}_i$($i=1,2,\cdots,n$)为 $n$ 维向量。令$\boldsymbol{\varphi}_1$对应于流体常压力模态，经规一化后得到

$$\boldsymbol{\varphi}_1^{\mathrm{T}} = \left(\frac{1}{\sqrt{n}},\frac{1}{\sqrt{n}},\cdots,\frac{1}{\sqrt{n}}\right) \tag{14.4.6}$$

而对于其他$\boldsymbol{\varphi}_i$($i=2,3,\cdots,n$)，取$\boldsymbol{\varphi}_i=\boldsymbol{e}_i$，而 $\boldsymbol{e}_i$ 为第 $i$ 个单位基向量。显然$\boldsymbol{\varphi}_1$，$\boldsymbol{\varphi}_2$，$\cdots$，$\boldsymbol{\varphi}_n$ 彼此线性无关，即矩阵$\boldsymbol{\Phi}$ 可逆，则一定存在向量 $\boldsymbol{x}$ 并满足下式：

$$\boldsymbol{p} = \boldsymbol{\Phi}\boldsymbol{x} = \sum_{i=1}^{n} x_i\boldsymbol{\varphi}_i \tag{14.4.7}$$

其中 $\boldsymbol{x}^{\mathrm{T}}=[x_2,x_3,\cdots,x_n,x_1]$，可视为广义坐标向量。由(14.4.7)式可得到

$$\begin{Bmatrix}\boldsymbol{a}\\ \boldsymbol{p}\end{Bmatrix} = \begin{bmatrix}\boldsymbol{I} & 0\\ 0 & \boldsymbol{\Phi}\end{bmatrix}\begin{Bmatrix}\boldsymbol{a}\\ \boldsymbol{x}\end{Bmatrix} = \boldsymbol{T}\begin{Bmatrix}\boldsymbol{a}\\ \boldsymbol{x}\end{Bmatrix} \tag{14.4.8}$$

式中，$\boldsymbol{I}$ 为单位矩阵，$\boldsymbol{\Phi}$ 为可逆矩阵，则 $\boldsymbol{T}$ 矩阵显然是可逆的。将(14.4.8)式代入(14.4.4)式，并且两端同时左乘 $\boldsymbol{T}^{\mathrm{T}}$，可以得到一个新的特征值问题，即

$$\omega^2\begin{bmatrix}\boldsymbol{M}_{\mathrm{s}} & 0\\ -\boldsymbol{\Phi}^{\mathrm{T}}\boldsymbol{Q}^{\mathrm{T}} & \boldsymbol{\Phi}^{\mathrm{T}}\boldsymbol{M}_{\mathrm{f}}\boldsymbol{\Phi}\end{bmatrix}\begin{Bmatrix}\boldsymbol{a}\\ \boldsymbol{x}\end{Bmatrix} = \begin{bmatrix}\boldsymbol{K}_{\mathrm{s}} & \dfrac{1}{\rho_{\mathrm{f}}}\boldsymbol{Q}\boldsymbol{\Phi}\\ 0 & \boldsymbol{\Phi}^{\mathrm{T}}\boldsymbol{K}_{\mathrm{f}}\boldsymbol{\Phi}\end{bmatrix}\begin{Bmatrix}\boldsymbol{a}\\ \boldsymbol{x}\end{Bmatrix} \tag{14.4.9}$$

方程(14.4.9)与方程(14.4.4)的特征值相同，其特征向量之间满足关系(14.4.8)式。

为了将与流体零频对应的部分分离出来，则将$\boldsymbol{\Phi}$ 改写为

$$\boldsymbol{\Phi} = [\tilde{\boldsymbol{\Phi}}\quad \boldsymbol{\varphi}_1] \tag{14.4.10}$$

其中，$\tilde{\boldsymbol{\Phi}}=[\boldsymbol{\varphi}_2,\boldsymbol{\varphi}_3,\cdots,\boldsymbol{\varphi}_n]$，为 $n\times(n-1)$阶矩阵。相应的 $\boldsymbol{x}$ 改写为

$$\boldsymbol{x} = \begin{Bmatrix}\tilde{\boldsymbol{x}}\\ x_1\end{Bmatrix} \tag{14.4.11}$$

其中，$\tilde{\boldsymbol{x}}^{\mathrm{T}}=[x_2,x_3,\cdots,x_n]$为 $n-1$ 阶向量。

将(14.4.10)和(14.4.11)式代入(14.4.9)式。得到

$$\begin{aligned}&\omega^2\begin{bmatrix}\boldsymbol{M}_{\mathrm{s}} & 0 & 0\\ -\tilde{\boldsymbol{\Phi}}^{\mathrm{T}}\boldsymbol{Q}^{\mathrm{T}} & \tilde{\boldsymbol{\Phi}}^{\mathrm{T}}\boldsymbol{M}_{\mathrm{f}}\tilde{\boldsymbol{\Phi}} & \tilde{\boldsymbol{\Phi}}^{\mathrm{T}}\boldsymbol{M}_{\mathrm{f}}\boldsymbol{\varphi}_1\\ -\boldsymbol{\varphi}_1^{\mathrm{T}}\boldsymbol{Q}^{\mathrm{T}} & \boldsymbol{\varphi}_1^{\mathrm{T}}\boldsymbol{M}_{\mathrm{f}}\tilde{\boldsymbol{\Phi}} & \boldsymbol{\varphi}_1^{\mathrm{T}}\boldsymbol{M}_{\mathrm{f}}\boldsymbol{\varphi}_1\end{bmatrix}\begin{Bmatrix}\boldsymbol{a}\\ \tilde{\boldsymbol{x}}\\ x_1\end{Bmatrix}\\ &= \begin{bmatrix}\boldsymbol{K}_{\mathrm{s}} & \dfrac{1}{\rho_{\mathrm{f}}}\boldsymbol{Q}\tilde{\boldsymbol{\Phi}} & \dfrac{1}{\rho_{\mathrm{f}}}\boldsymbol{Q}\boldsymbol{\varphi}_1\\ 0 & \tilde{\boldsymbol{\Phi}}^{\mathrm{T}}\boldsymbol{K}_{\mathrm{f}}\tilde{\boldsymbol{\Phi}} & \tilde{\boldsymbol{\Phi}}^{\mathrm{T}}\boldsymbol{K}_{\mathrm{f}}\boldsymbol{\varphi}_1\\ 0 & \boldsymbol{\varphi}_1^{\mathrm{T}}\boldsymbol{K}_{\mathrm{f}}\tilde{\boldsymbol{\Phi}} & \boldsymbol{\varphi}_1^{\mathrm{T}}\boldsymbol{K}_{\mathrm{f}}\boldsymbol{\varphi}_1\end{bmatrix}\begin{Bmatrix}\boldsymbol{a}\\ \tilde{\boldsymbol{x}}\\ x_1\end{Bmatrix}\end{aligned} \tag{14.4.12}$$

由于$\boldsymbol{\varphi}_1$为对应于流体零频的常压力模态，故有

$$\boldsymbol{K}_f\boldsymbol{\varphi}_1 = 0 \qquad \boldsymbol{\varphi}_1^{\mathrm{T}}\boldsymbol{K}_{\mathrm{f}} = 0 \qquad \boldsymbol{\varphi}_1^{\mathrm{T}}\boldsymbol{K}_{\mathrm{f}}\boldsymbol{\varphi}_1 = 0 \tag{14.4.13}$$

将上式代入(14.4.12)式中，并由它的第3式解出 $x_1$。

$$x_1 = \frac{1}{m_1}(\boldsymbol{q}_1^{\mathrm{T}}\boldsymbol{a} - \boldsymbol{m}_{\mathrm{f}}^{\mathrm{T}}\tilde{\boldsymbol{x}}) \tag{14.4.14}$$

其中

$$m_1 = \boldsymbol{\varphi}_1^{\mathrm{T}}\boldsymbol{M}_{\mathrm{f}}\boldsymbol{\varphi}_1 \qquad \boldsymbol{q}_1 = \boldsymbol{Q}\boldsymbol{\varphi}_1 \qquad \boldsymbol{m}_{\mathrm{f}} = \tilde{\boldsymbol{\Phi}}^{\mathrm{T}}\boldsymbol{M}_{\mathrm{f}}\boldsymbol{\varphi}_1$$

将(14.4.14)式代入方程(14.4.12)式的前两式，可以得到

$$\omega^2\begin{bmatrix}\boldsymbol{M}_{\mathrm{s}} & 0\\ -\hat{\boldsymbol{Q}}^{\mathrm{T}} & \hat{\boldsymbol{M}}_{\mathrm{f}}\end{bmatrix}\begin{pmatrix}\boldsymbol{a}\\ \tilde{\boldsymbol{x}}\end{pmatrix} = \begin{bmatrix}\hat{\boldsymbol{K}}_{\mathrm{s}} & \dfrac{1}{\rho_{\mathrm{f}}}\hat{\boldsymbol{Q}}\\ 0 & \hat{\boldsymbol{K}}_{\mathrm{f}}\end{bmatrix}\begin{pmatrix}\boldsymbol{a}\\ \tilde{\boldsymbol{x}}\end{pmatrix} \tag{14.4.15}$$

其中

$$\begin{aligned}
\hat{\boldsymbol{M}}_{\mathrm{f}} &= \tilde{\boldsymbol{\Phi}}^{\mathrm{T}}\boldsymbol{M}_{\mathrm{f}}\tilde{\boldsymbol{\Phi}} - \frac{1}{\boldsymbol{m}_1}\boldsymbol{m}_{\mathrm{f}}\boldsymbol{m}_{\mathrm{f}}^{\mathrm{T}}\\
\hat{\boldsymbol{K}}_{\mathrm{f}} &= \tilde{\boldsymbol{\Phi}}^{\mathrm{T}}\boldsymbol{K}_{\mathrm{f}}\tilde{\boldsymbol{\Phi}}\\
\hat{\boldsymbol{Q}} &= \boldsymbol{Q}\tilde{\boldsymbol{\Phi}} - \frac{1}{\boldsymbol{m}_1}\boldsymbol{q}_1\boldsymbol{m}_{\mathrm{f}}^{\mathrm{T}}\\
\hat{\boldsymbol{K}}_{\mathrm{s}} &= \boldsymbol{K}_{\mathrm{s}} + \frac{1}{\rho_{\mathrm{f}}}\,\frac{1}{\boldsymbol{m}_1}\,\boldsymbol{q}_1\boldsymbol{q}_1^{\mathrm{T}}
\end{aligned} \tag{14.4.16}$$

可以看出，(14.4.15)式与(14.4.4)式在形式上完全相同，且 $\hat{\boldsymbol{M}}_{\mathrm{f}}, \hat{\boldsymbol{K}}_{\mathrm{f}}, \hat{\boldsymbol{K}}_{\mathrm{s}}$ 仍具有对称性。由于(14.4.15)式已经将零频分量分离了出去，容易证明 $\hat{\boldsymbol{K}}_{\mathrm{f}}$ 矩阵是非奇异的。

由于 $\hat{\boldsymbol{K}}_{\mathrm{f}}$ 是非奇异的，因而可以按照上一小节中的方法对方程(14.4.15)式进行对称化处理，从而得到对称化后的方程。求解该方程可以得到频率 $\omega^2$ 和相应的模态 $[\boldsymbol{a}^{\mathrm{T}} \quad \tilde{\boldsymbol{x}}^{\mathrm{T}}]^{\mathrm{T}}$。应该注意的是，这里解出的模态是经坐标变换后的广义坐标空间的模态，还需利用(14.4.14)和(14.4.8)式进行反变换，才能得到真实的物理模态。

**例 14.3**[8]　对一圆柱形含液容器的流固耦合动力特性进行分析。该容器底部固定。容器的几何尺寸和相应的结构和流体有限元网格见图 14.6。结构和流体单元均采用20结点三维等参元。

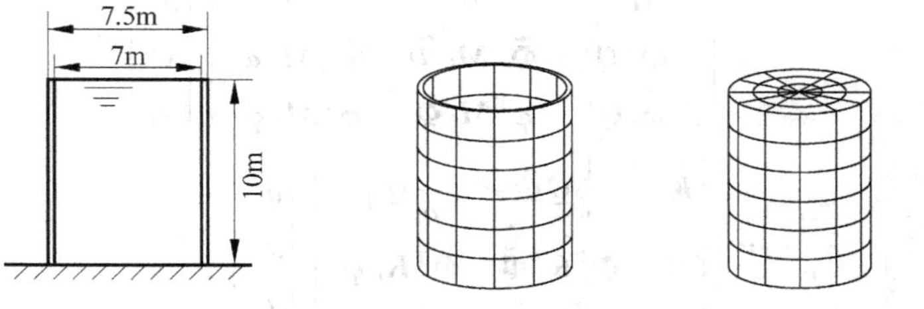


图 14.6　圆柱形含液容器及有限元网格划分

其他主要计算参数为：流体（水）密度 $\rho_f=1\ 000\text{kg/m}^3$，重力加速度 $g=9.8\text{m/s}^2$，声速 $c_f=1\ 414.2\text{m/s}$，结构密度 $\rho_s=2\ 400\text{kg/m}^3$，结构弹性模量 $E=22.932\text{GN/m}^2$，泊松比 $\nu=0.3$。

**表 14.2　圆柱形含液容器的频率值**

| | 频率阶次 $i$ | 频率值 $f$/Hz | 周向谐波数 $n$ |
|---|---|---|---|
| 耦合系统 | 2,3 | 0.361 382 | 1 |
| 低频部分 | 4,5 | 0.466 111 | 2 |
| 前若干阶 | 6 | 0.522 532 | 0 |
| 频率 | 7,8 | 0.549 984 | 3 |
| | 9,10 | 0.622 221 | 1 |
| | 11,12 | 0.628 329 | 4 |
| 耦合系统 | 110,111 | 9.074 62 | 2 |
| 高频部分 | 112,113 | 15.586 6 | 3 |
| 前若干阶 | 114,115 | 15.747 4 | 1 |
| 频率 | 116 | 19.391 3 | 0 |
| | 117,118 | 28.334 9 | 3 |
| | 119,120 | 30.008 8 | 4 |

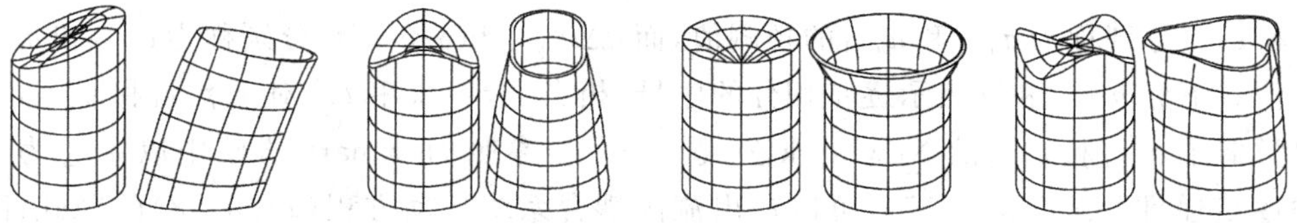


图 14.7　耦合系统低频部分流固耦合模态图

表 14.2 中列出了计算得到的低频和高频部分的前几阶频率值（不含零频），并给出其对应的耦合系统周向的谐波数。在图 14.7 中给出了与表 14.2 中低频部分前 7 阶频率相对应的流固耦合模态图（不含刚体模态）。通过相应的模态分析可知，低频部分表现为流体自由表面波动（即流体低频部分）与结构的耦合作用，而高频部分则表现为无液结构的振动与流体的内部压力波动（即流体的高频部分）的耦合作用。

## 14.5　流固耦合系统的动力响应分析

流固耦合系统的动力响应分析仍然采用第 13 章中讨论的两类方法，即直接积分法和振型叠加法。对于后者需要注意的是，在特征值问题的求解过程中要进行方程的对称化

和流体刚度矩阵 $\boldsymbol{K}_{\mathrm{f}}$ 的奇异性处理，对它们已在上一节中进行了讨论。其余的是规范化的算法步骤，在此不另行讨论。关于直接积分法仍有一些问题需要在本节作补充的讨论。

## 14.5.1 隐式-隐式算法

隐式-隐式算法是指固体域和流体域的运动方程都采用隐式积分的算法，现仍以 Newmark 方法作为代表进行讨论。为了以后表达和讨论方便，现将 Newmark 方法的基本公式(13.3.10)和(13.3.11)式改写为预测-校正形式，即

$$\dot{\boldsymbol{a}}_{n+1}=\dot{\boldsymbol{a}}_n+(1-\delta)\Delta t\ddot{\boldsymbol{a}}_t+\delta\Delta t\ddot{\boldsymbol{a}}_{n+1}=\tilde{\dot{\boldsymbol{a}}}_{n+1}+\delta\Delta t\ddot{\boldsymbol{a}}_{n+1} \tag{14.5.1}$$

$$\begin{aligned}\boldsymbol{a}_{n+1}&=\boldsymbol{a}_n+\Delta t\dot{\boldsymbol{a}}_n+\left(\frac{1}{2}-\alpha\right)\Delta t^2\ddot{\boldsymbol{a}}_n+\alpha\Delta t^2\ddot{\boldsymbol{a}}_{n+1}\\&=\tilde{\boldsymbol{a}}_{n+1}+\alpha\Delta t^2\ddot{\boldsymbol{a}}_{n+1}\end{aligned} \tag{14.5.2}$$

其中

$$\tilde{\dot{\boldsymbol{a}}}_{n+1}=\dot{\boldsymbol{a}}_n+(1-\delta)\Delta t\ddot{\boldsymbol{a}}_n$$

$$\tilde{\boldsymbol{a}}_{n+1}=\boldsymbol{a}_n+\Delta t\dot{\boldsymbol{a}}_n+\left(\frac{1}{2}-\alpha\right)\Delta t^2\ddot{\boldsymbol{a}}_n$$

$\tilde{\dot{\boldsymbol{a}}}_{n+1}$ 和 $\tilde{\boldsymbol{a}}_{n+1}$ 分别称为 $\dot{\boldsymbol{a}}_{n+1}$ 和 $\boldsymbol{a}_{n+1}$ 的预测值，而 $\delta\Delta t\ddot{\boldsymbol{a}}_{n+1}$ 和 $\alpha\Delta t^2\ddot{\boldsymbol{a}}_{n+1}$ 分别称为 $\dot{\boldsymbol{a}}_{n+1}$ 和 $\boldsymbol{a}_{n+1}$ 的校正值。下标 $n+1$ 和 $n$ 表示逐步积分的序号，相当于 $t+\Delta t$ 和 $t$。对于 $\dot{\boldsymbol{p}}_{n+1}$ 和 $\boldsymbol{p}_{n+1}$，可以写出类似于 $\dot{\boldsymbol{a}}_{n+1}$ 和 $\boldsymbol{a}_{n+1}$ 的 Newmark 公式。进一步参照 Newmark 方法中以 $\ddot{\boldsymbol{a}}_{t+\Delta t}$ 为待求量的逐步递推公式(13.3.17)，可以写出流固耦合系统运动方程(14.3.18)的隐式-隐式算法的逐步递推公式，即

$$\hat{\boldsymbol{M}}_{\mathrm{s}}\ddot{\boldsymbol{a}}_{n+1}+\frac{\alpha\Delta t^2}{\rho_{\mathrm{f}}}\boldsymbol{Q}\ddot{\boldsymbol{p}}_{n+1}=(\hat{\boldsymbol{F}}_{\mathrm{s}})_{n+1} \tag{14.5.3}$$

$$\hat{\boldsymbol{M}}_{\mathrm{f}}\ddot{\boldsymbol{p}}_{n+1}-\boldsymbol{Q}^{\mathrm{T}}\ddot{\boldsymbol{a}}_{n+1}=(\hat{\boldsymbol{F}}_{\mathrm{f}})_{n+1} \tag{14.5.4}$$

其中

$$\hat{\boldsymbol{M}}_{\mathrm{s}}=\boldsymbol{M}_{\mathrm{s}}+\alpha\Delta t^2\boldsymbol{K}_{\mathrm{s}} \tag{14.5.5}$$

$$(\hat{\boldsymbol{F}}_{\mathrm{s}})_{n+1}=(\boldsymbol{F}_{\mathrm{s}})_{n+1}-\boldsymbol{K}_{\mathrm{s}}\tilde{\boldsymbol{a}}_{n+1}-\frac{1}{\rho_{\mathrm{f}}}\boldsymbol{Q}\tilde{\boldsymbol{p}}_{n+1} \tag{14.5.6}$$

$$\hat{\boldsymbol{M}}_{\mathrm{f}}=\boldsymbol{M}_{\mathrm{f}}+\alpha\Delta t^2\boldsymbol{K}_{\mathrm{f}} \tag{14.5.7}$$

$$(\hat{\boldsymbol{F}}_{\mathrm{f}})_{n+1}=-\boldsymbol{K}_{\mathrm{f}}\tilde{\boldsymbol{p}}_{n+1} \tag{14.5.8}$$

如果将(14.5.3)和(14.5.4)式组成一个矩阵方程求解，则将遇到系数矩阵的非对称问题。为了避免此问题，建议采用以下两种算法方案[3]：

1. 同步求解算法

从(14.5.4)式可得

$$\ddot{\boldsymbol{p}}_{n+1}=\hat{\boldsymbol{M}}_{\mathrm{f}}^{-1}[(\hat{\boldsymbol{F}}_{\mathrm{f}})_{n+1}+\boldsymbol{Q}^{\mathrm{T}}\ddot{\boldsymbol{a}}_{n+1}] \tag{14.5.9}$$

将上式代入(14.5.3)式，则得到

$$\boldsymbol{M}_{\mathrm{s}}^{*}\ddot{\boldsymbol{a}}_{n+1}=(\boldsymbol{F}_{\mathrm{s}}^{*})_{n+1} \tag{14.5.10}$$

其中

$$\begin{aligned}\boldsymbol{M}_{\mathrm{s}}^{*}&=\hat{\boldsymbol{M}}_{\mathrm{s}}+\frac{\alpha\Delta t^{2}}{\rho_{\mathrm{f}}}\boldsymbol{Q}\hat{\boldsymbol{M}}_{\mathrm{f}}^{-1}\boldsymbol{Q}^{\mathrm{T}}\\(\boldsymbol{F}_{\mathrm{s}}^{*})_{n+1}&=(\hat{\boldsymbol{F}}_{\mathrm{s}})_{n+1}-\frac{\alpha\Delta t^{2}}{\rho_{\mathrm{f}}}\boldsymbol{Q}\hat{\boldsymbol{M}}_{\mathrm{f}}^{-1}(\hat{\boldsymbol{F}}_{\mathrm{f}})_{n+1}\end{aligned} \tag{14.5.11}$$

若给定问题的初始条件，即给定 $\boldsymbol{a}_0,\dot{\boldsymbol{a}}_0,\boldsymbol{p}_0$ 和 $\dot{\boldsymbol{p}}_0$，则由运动方程(14.3.18)可以确定 $\ddot{\boldsymbol{a}}_0$ 和 $\ddot{\boldsymbol{p}}_0$，即

$$\begin{aligned}\ddot{\boldsymbol{a}}_0&=\boldsymbol{M}_{\mathrm{s}}^{-1}\left[(\boldsymbol{F}_{\mathrm{s}})_0-\boldsymbol{K}_{\mathrm{s}}\boldsymbol{a}_0-\frac{1}{\rho_{\mathrm{f}}}\boldsymbol{Q}\,\boldsymbol{p}_0\right]\\\ddot{\boldsymbol{p}}_0&=\boldsymbol{M}_{\mathrm{f}}^{-1}[\boldsymbol{Q}^{\mathrm{T}}\ddot{\boldsymbol{a}}_0-\boldsymbol{K}_{\mathrm{f}}\boldsymbol{p}_0]\end{aligned} \tag{14.5.12}$$

然后由(14.5.10)和(14.5.9)式依次解得 $\ddot{\boldsymbol{a}}_1$ 和 $\ddot{\boldsymbol{p}}_1$，再利用 Newmark 公式计算得到 $\boldsymbol{a}_1,\dot{\boldsymbol{a}}_1,\boldsymbol{p}_1$ 和 $\dot{\boldsymbol{p}}_1$。如此逐步递推可以得到 $n+1=2,3,4,\cdots$ 的解答，直至完成全部求解过程。

对于以上算法方案需要说明的是：

(1) 算法方案对于每个时间步长本质上仍是求解(14.5.3)和(14.5.4)式的联立方程组，只是先凝聚掉自由度 $\ddot{\boldsymbol{p}}_{n+1}$，得到只包含自由度 $\ddot{\boldsymbol{a}}_{n+1}$ 的方程(14.5.10)式。然后再回代到(14.5.9)式得到 $\ddot{\boldsymbol{p}}_{n+1}$。因此称此算法为同步求解方案。此方案可以避免对原方程(14.5.3)和(14.5.4)的对称化处理。关于算法过程中所涉及的 $\hat{\boldsymbol{M}}_{\mathrm{f}}$ 的求逆问题，从(14.5.7)式可见，由于 $\boldsymbol{M}_{\mathrm{f}}$ 通常是正定的，所以 $\hat{\boldsymbol{M}}_{\mathrm{f}}$ 的求逆不会遇到奇异性问题。

(2) 方程(14.5.10)式的系数矩阵 $\boldsymbol{M}_{\mathrm{s}}^{*}$ 包含流固耦合项 $\frac{\alpha\Delta t^{2}}{\rho_{\mathrm{f}}}\boldsymbol{Q}\hat{\boldsymbol{M}}_{\mathrm{f}}^{-1}\boldsymbol{Q}^{\mathrm{T}}$，故此矩阵的系数不具有带状分布的特点。特别是流固交界面在固体表面中占较大比例的情形，该流固耦合项引入 $\boldsymbol{M}_{\mathrm{s}}^{*}$ 将会大量增加计算机的存储和计算量。另一可以考虑的替代算法方案是交错迭代算法。

### 2. 交错迭代算法

将每一步的逐步递推公式(14.5.3)和(14.5.4)式改写为以下迭代形式

$$\hat{\boldsymbol{M}}_{\mathrm{s}}\ddot{\boldsymbol{a}}_{n+1}^{(i+1)}=(\hat{\boldsymbol{F}}_{\mathrm{s}})_{n+1}-\frac{\alpha\Delta t^{2}}{\rho_{\mathrm{f}}}\boldsymbol{Q}\ddot{\boldsymbol{p}}_{n+1}^{(i)}\quad(i=0,1,2,\cdots) \tag{14.5.13}$$

$$\hat{\boldsymbol{M}}_{\mathrm{f}}\boldsymbol{p}_{n+1}^{(i+1)}=(\hat{\boldsymbol{F}}_{\mathrm{f}})_{n+1}+\boldsymbol{Q}^{\mathrm{T}}\ddot{\boldsymbol{a}}_{n+1}^{(i+1)}\quad(i=0,1,2,\cdots) \tag{14.5.14}$$

上标 $i$ 代表迭代次数。迭代开始时，可令 $\ddot{\boldsymbol{p}}_{n+1}^{(0)}=0$。一直进行到满足收敛要求(14.5.15)式为止。

$$\frac{\|\ddot{\boldsymbol{a}}_{n+1}^{(i+1)}-\ddot{\boldsymbol{a}}_{n+1}^{(i)}\|}{\|\ddot{\boldsymbol{a}}_{n+1}^{(i+1)}\|}<\mathrm{er}_1\qquad\frac{\|\ddot{\boldsymbol{p}}_{n+1}^{(i+1)}-\ddot{\boldsymbol{p}}_{n+1}^{(i)}\|}{\|\ddot{\boldsymbol{p}}_{n+1}^{(i+1)}\|}<\mathrm{er}_2 \tag{14.5.15}$$

式中的 $er_1$ 和 $er_2$ 是规定的误差。如果将迭代公式(14.5.13)和(14.5.14)式与高斯-塞德尔迭代公式(6.5.9)相对比，可以看出现在的交错迭代算法本质上是分块的高斯-塞德尔迭代。此法的特点是采用交错迭代，以避免将耦合矩阵 $\boldsymbol{Q}\hat{\boldsymbol{M}}_{\mathrm{f}}^{-1}\boldsymbol{Q}^{\mathrm{T}}$ 引入 $\hat{\boldsymbol{M}}_{\mathrm{s}}$，从而使 $\hat{\boldsymbol{M}}_{\mathrm{s}}$ 保持带状稀疏的性质。因此，当流固交界面在固体表面中比重较大时，采用交错迭代算法常可提高计算效率。

## 14.5.2 隐式-显式算法

隐式-显式算法是指对固体域和流体域的运动方程分别采用隐式和显式逐步积分的算法。采用这种算法的原因如下。

(1) 由于流体内声速 $c_{\mathrm{f}}$ 通常显著低于固体内的声速 $c_{\mathrm{s}}$，因此如果在流体域采用显式算法，可以用较大的时间步长 $\Delta t$，从而提高计算效率。

(2) 在与波在流体介质中传播有关的问题中，流体域采用显式算法也是合理的选择(此两点原因，可参见13.3.1节)。

当采用隐式-显式算法时，应注意这两种算法公式的协调一致性。如果在隐式算法的 Newmark 方法中，采用(13.3.16)或(14.5.3)式的两步($n$ 和 $n+1$ 步)算式，而显式算法的中心差分法采用(13.3.4)式的三步($n-1, n, n+1$ 步)算式就是不协调一致的。如果 Newmark 法改用(13.3.18)式的三步算式，则和(13.3.4)式保持协调一致。

现在介绍另一种和(14.5.3)式保持协调一致的显式算法，即预测-校正形式的显式算法。此时 $\dot{\boldsymbol{p}}_{n+1}$ 和 $\boldsymbol{p}_{n+1}$ 仍采用类似于(14.5.1)和(14.5.2)式的形式，但代入流体域运动方程的只是它们的预测值。即以

$$\dot{\boldsymbol{p}}_{n+1} = \tilde{\dot{\boldsymbol{p}}}_{n+1} \qquad \boldsymbol{p}_{n+1} = \tilde{\boldsymbol{p}}_{n+1} \tag{14.5.16}$$

代入(14.3.18)式的第2式，就可以得到流固耦合系统运动方程(14.3.18)式的隐式-显式算法的逐步递推公式为

$$\hat{\boldsymbol{M}}_{\mathrm{s}}\ddot{\boldsymbol{a}}_{n+1} + \frac{\alpha\Delta t^2}{\rho_{\mathrm{f}}}\boldsymbol{Q}\ddot{\boldsymbol{p}}_{n+1} = (\hat{\boldsymbol{F}}_{\mathrm{s}})_{n+1} \tag{14.5.17}$$

$$\boldsymbol{M}_{\mathrm{f}}\ddot{\boldsymbol{p}}_{n+1} - \boldsymbol{Q}^{\mathrm{T}}\ddot{\boldsymbol{a}}_{n+1} = (\hat{\boldsymbol{F}}_{\mathrm{f}})_{n+1} \tag{14.5.18}$$

和隐式-隐式算法的逐步递推公式(14.5.3)及(14.5.4)式相比较，可以看出(14.5.17)与(14.5.3)式相同，因为它们都是隐式算法。而(14.5.18)式中以 $\boldsymbol{M}_{\mathrm{f}}$ 代替了(14.5.4)式中的 $\hat{\boldsymbol{M}}_{\mathrm{f}}$，这是显式算法和隐式算法的区别。因为如果 $\boldsymbol{M}_{\mathrm{f}}$ 采用集中质量矩阵形式，则(14.5.18)式可以显式求解。

在每一步解出 $\ddot{\boldsymbol{a}}_{n+1}$ 和 $\ddot{\boldsymbol{p}}_{n+1}$ 以后，仍以(14.5.1)、(14.5.2)式及其类似形式得到经校正后的 $\dot{\boldsymbol{a}}_{n+1}, \boldsymbol{a}_{n+1}$ 和 $\dot{\boldsymbol{p}}_{n+1}, \boldsymbol{p}_{n+1}$。然后进入下一步的计算。关于以上逐步递推公式的具体计算方案与14.5.1节中讨论的相同，即可以采用同步求解算法，也可以采用交错迭代算法。

关于隐式-显式算法还应补充指出的是，隐式-显式计算可以采用不同的时间步长，

例如取 $\Delta t = m\Delta t_e$，即隐式计算的时间步长 $\Delta t$ 为显式计算时间步长 $\Delta t_e$ 的 $m$ 倍。此时(14.5.17)式每计算一步，(14.5.18)式则计算 $m$ 步。关于现在所讨论的预测-校正形式显式算法的临界时间步长，可以证明它和中心差分法的临界时间步长相同，即

$$\Delta t_{\mathrm{cr}} = \frac{T_n}{\pi} \tag{14.5.19}$$

其中 $T_n$ 为流体域的最小振动周期，并可用 $\Delta t_{\mathrm{cr}} = l/c_{\mathrm{f}}$ 作出估计，这里的 $l$ 是流体域最小单元的尺寸，$c_{\mathrm{f}}$ 是流体声速。

**例 14.4**[8]　一底部固定的圆柱形含液容器，承受地面水平位移激励，试作动力响应分析。容器和有限元网格见图 14.8。在容器底部施加均匀的水平位移激励，并假定该外激励方向与 $x$ 轴重合，其位移大小随时间成正弦变化，幅值为 0.01m，周期为 1s，即 $u(t) = 0.01\sin(2\pi t)$。计算参数同例 14.3。响应计算采用时间积分的隐式-隐式算法，时间步长取为 0.05s，一共计算了 3 个载荷周期，即 3s，共 60 步。由于实际系统存在阻尼，为了消除虚假的高频自由振动的影响，通常应在计算中引入适当的人工(或数值)阻尼，通过将时间积分公式(14.5.1)～(14.5.2)式中的参数 $\delta$ 和 $\alpha$ 分别取值为 $\delta=0.6$，$\alpha=0.302\,5$ 来引入数值阻尼。数值试验表明，该阻尼使响应曲线变得较为光滑，同时仍能保证数值计算的稳定性。

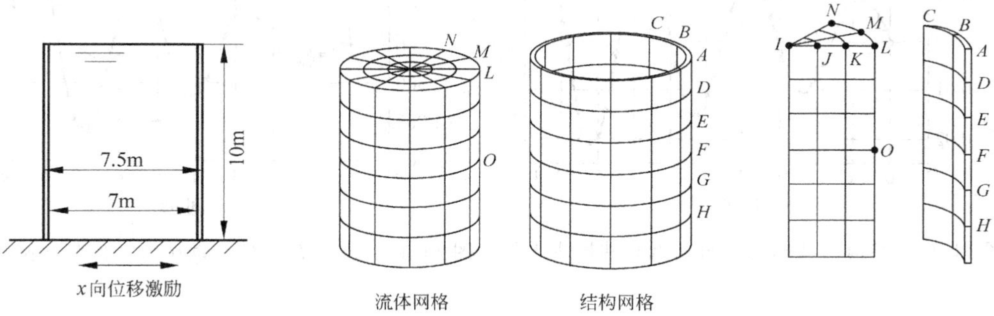


图 14.8　圆柱形容器和有限元网格划分

在图 14.9 和图 14.10 中分别给出计算得到的在结构纵截面上 $A,D,E,F,G,H$ 点的位移 $u$ 分量及流体自由表面上 $L,M,N,I$ 点的动压力 $p$ 的响应曲线。从图 14.9 可以看出，$A,D,E,F,G,H$ 各点的位移 $u$ 分量随时间变化的幅值是依次递减的。这表明在水平地面激振下，底部固定的含液容器的振动为一种梁型的振动。从图 14.10 看出，流体自由表面上 $I$ 点的动压力 $p$ 始终为零，这表明在水平激振下，流体表面中心点的波高始终为零。

为考察有关流固耦合系统共振现象的特点，首先令地面水平位移激振为：$u = 0.01\sin(2\pi f^* t)$，其中激振频率为流固耦合系统的第 1 阶频率，即 $f^* = f_1 = 0.361\,382\text{Hz}$，总共计算了 9s 的响应，约 3 个载荷周期。计算结果见图 14.11 和图 14.12。可以看出该耦合系统出现了明显的低频共振现象。而且流体的共振主要表现为自由液面的晃动(自由表面 $L$ 点发生共振，而内部的 $O$ 点无明显共振)。

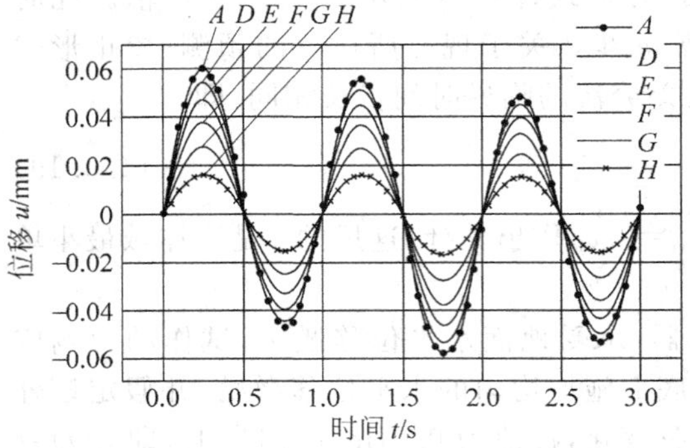

图 14.9 A—H 点位移 u 分量变化曲线

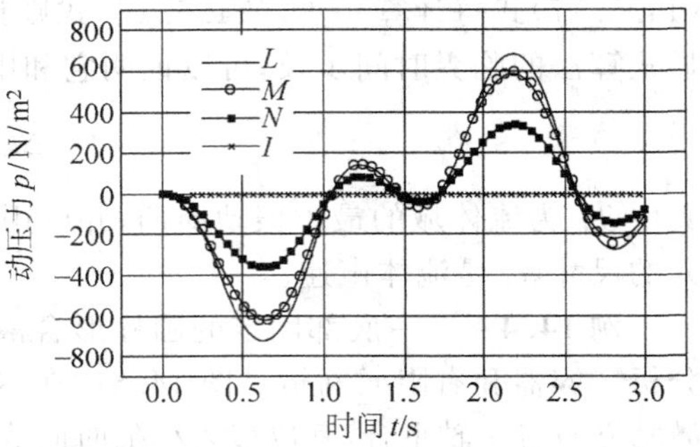

图 14.10 L—I 点动压力 p 变化曲线

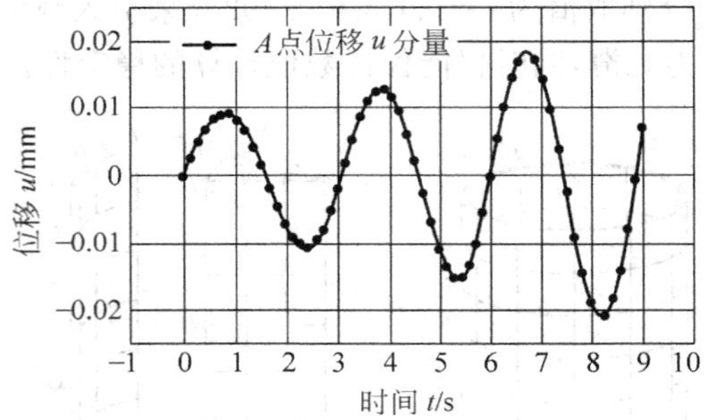

图 14.11 结构 A 点位移 u 分量低频共振曲线

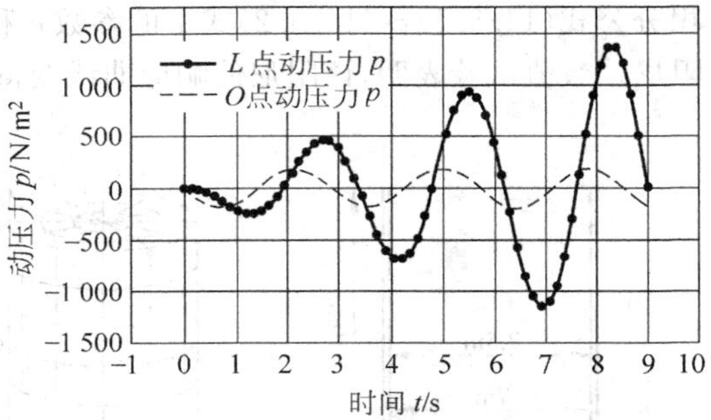

图 14.12 流体 L 和 O 点动压力 p 低频共振曲线

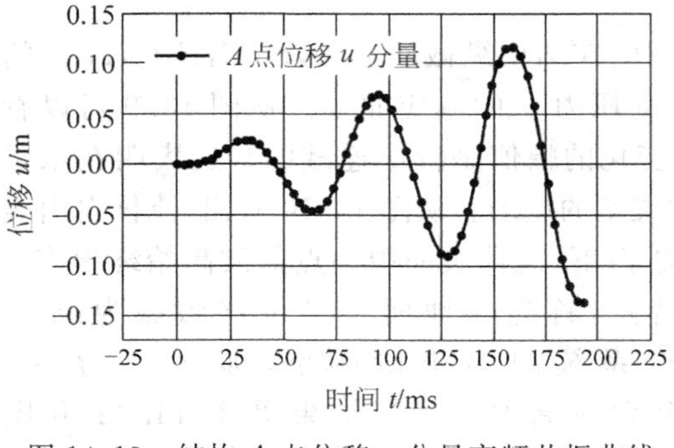

图 14.13 结构 A 点位移 u 分量高频共振曲线

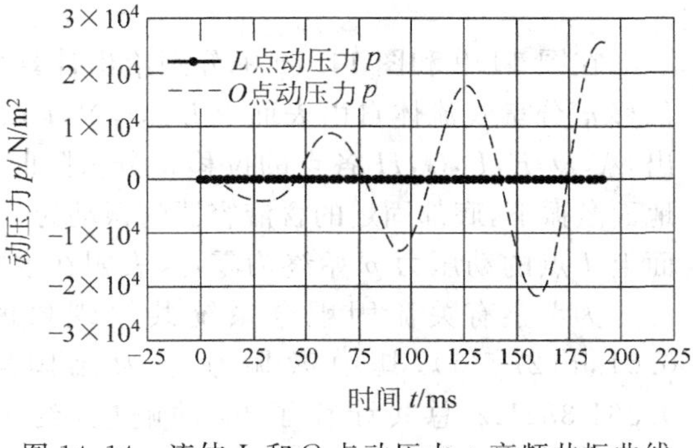

图 14.14 流体 L 和 O 点动压力 p 高频共振曲线

再令地面水平位移激振为：$u=0.01\sin(2\pi f^* t)$，其中激振频率 $f^*=f_{113}=15.7477\text{Hz}$，总共计算了 0.192s 的响应，大约 3 个载荷周期。计算结果见图 14.13 和图 14.14。可以看出，对于此种情形，耦合系统出现了明显的高频共振现象，而且流体的共振主要表现为内部压力的波动，流体内部的 $O$ 点发生明显共振。

## 14.6 小结

本章讨论的无粘小扰动流动流体和线弹性固体的耦合系统属于线性耦合系统。相对于一般非线性的耦合系统来说，它比较简单，但仍具有比较广泛的应用领域。

无粘小扰动流体的基本方程通常可以表示为以压力为基本未知量或以位移为基本未知量的形式。当用于有限元分析时，由于以位移为基本未知量时的自由度较多，而且需要引入无旋条件以克服刚度矩阵的奇异性。因此多采用以压力为基本未知量的流体方程和以位移为基本未知量的固体力学方程相耦合，构成流固耦合系统有限元分析的位移-压力($u_i$，$p$)格式。

流固耦合系统运动方程与通常非耦合系统的区别是耦合系统矩阵的非对称性，因此在进行流固耦合系统的动力特性分析时，首先要进行方程的对称化。同时需要处理流体域刚度矩阵($\boldsymbol{K}_\mathrm{f}$)在自由表面允许小幅波动情况下的奇异性问题。本章介绍的消除 $\boldsymbol{K}_\mathrm{f}$ 奇异性的方法是将常压力模态从压力的模态矩阵中单独分离出来，这是一种比较简单而有效的方法。

应用直接积分方法求解流固耦合系统的动力响应时，区别于非耦合系统的有以下两点：

(1) 不是直接求解固体自由度和流体自由度的联立方程组，而是采用基于自由度凝缩原理的同步求解算法，或者基于高斯-塞德尔迭代原理的交错迭代算法，从而避免上述的矩阵非对称和 $\boldsymbol{K}_\mathrm{f}$ 的奇异性问题。

(2) 对于固体域和流体域可以分别采用不同的直接积分方法。常用的方案之一是固体域和流体域分别采用隐式和显式算法的混合积分方案。但应用这类方案时需要使两者的表达形式保持一致性。本章介绍的预测-校正形式的隐式-显式积分方法是可供选择的形式之一。

### 关键概念

| | | |
|---|---|---|
| 理想流体 | 无旋流动 | 小扰动流动 |
| 小幅波动 | 流固耦合 | 位移-压力格式 |
| 方程对称化 | 隐式-显式算法 | 同步求解 |
| 交错迭代 | | |

## 复习题

**14.1** 什么是无粘小扰动流动？它的基本方程和边界条件是什么？

**14.2** 为什么求解以位移为基本未知量的无粘小扰动流动方程时，必须引入无旋条件？而求解以压力为基本未知量的方程时无此必要？

**14.3** 比较流固耦合系统的$(u_i, p)$格式和非耦合系统的有限元方程的建立方法和方程自身有什么相同点和不同点？产生不同点的原因是什么？

**14.4** 如何进行流固耦合系统动力特性方程的对称化处理？处理前后方程的变化是什么？

**14.5** 为什么在考虑自由表面小幅波动的情况下，流体域的刚度矩阵 $\boldsymbol{K}_f$ 是奇异的？而当自由表面保持为水平面时，$\boldsymbol{K}_f$ 是非奇异的？

**14.6** 对流固耦合运动方程进行直接积分时是否必须进行方程对称化和消除 $\boldsymbol{K}_f$ 奇异性的处理？为什么？如何具体实施？

**14.7** 什么是流固耦合运动方程的直接积分隐式算法的同步求解方案和交错迭代方案？比较两者的优缺点。

**14.8** 什么是流固耦合运动方程的直接积分的隐式-显式算法？什么情况下使用此算法比较适合？如何具体实施？

## 练习题

**14.1** 从无粘小扰动流动的基本方程(14.2.1)～(14.2.8)式，导出它以压力 $p$ 为场变量的表达形式(14.2.16)～(14.2.19)式。

**14.2** 从无粘小扰动流动的基本方程(14.2.1)～(14.2.8)式，导出它以位移 $u_i$ 为场变量的表达形式(14.2.20)～(14.2.23)式。

**14.3** 对流固耦合系统的广义特征值问题(14.4.15)式进行对称化处理，列出经处理后的方程。

**14.4** 流固耦合系统的广义特征值问题(14.4.4)式中 $\boldsymbol{M}_f$ 是奇异的，检查能否对采用移频方法(参见(13.6.19)式)后的方程进行对称化处理。

**14.5** 若流固耦合运动方程(14.3.18)式的固体域和流体域都采用显式算法进行直接积分，分别采用：(1)中心差分法(13.3.4)式；(2)预测-校正法(14.5.1)和(14.5.2)式这两种方法，列出它们的逐步递推公式和求解方案。

**14.6** 如果流固耦合运动方程(14.3.18)式的固体域采用 Newmark 法的3点循环公式(13.3.18)式，流体域采用中心差分法(13.3.4)式进行直接积分，列出逐步递推公式和求解方案。

# 第 15 章　材料非线性问题

**本章要点**

- 非线性方程组数值解法的实质和基本步骤，几种常用解法的优缺点比较。
- 塑性力学两种(全量、增量)理论的基本特点和基本法则，它们各自本构方程的建立方法以及用于不同问题的具体形式。
- 材料蠕变变形的基本规律，以及热弹塑性-蠕变本构方程的特点和具体形式。
- 材料非线性问题有限元方程求解的基本步骤，以及不同求解方案的选择和各自的特点。
- 几类材料非线性有限元分析的每次迭代步骤中如何确定新的非线性(应力，塑性应变和蠕变应变等)状态的方法和各自的特点。

## 15.1　引言

前面各章所讨论的内容均属线性问题。线弹性力学的基本特点是：它的平衡方程是不依赖于变形状态的线性方程；几何方程的应变和位移的关系是线性的；物性方程的应力和应变的关系是线性的；力边界上的外力和位移边界上的位移是独立或线性依赖于变形状态的。

在实际分析中，如果上列的方程或边界条件中的任何一个不符合所述特点，则问题就是非线性的。依据方程和边界条件的具体特点，非线性问题可以分为 3 类，即

(1) 材料非线性问题：在此类问题中，物性方程中的应力和应变关系不再是线性的。例如在结构形状的不连续变化(如缺口、裂纹等)的部位存在应力集中，当外载荷达到一定数值时，该部位首先进入塑性，这时虽然结构的其他大部分区域仍保持弹性，但在该部位线弹性的应力应变关系已不再适用。又如长期处于高温条件下的结构将会发生蠕变变形，即在载荷或应力保持不变的情况下，变形或应变仍随着时间的进展而继续增长，这也不是线弹性的物性方程所能描述的。无论塑性还是蠕变，都是不可恢复的非弹性变形，它们和应力的关系是非线性的。

(2) 几何非线性问题：此类问题的特点是结构在载荷作用过程中产生大的位移和转

动。例如板壳结构的大挠度、屈曲和过屈曲问题。此时材料可能仍保持为线弹性状态，但是结构的平衡方程必须建立于变形后的状态，以便考虑变形对平衡的影响。同时由于实际发生的大位移、大转动，使几何方程再也不能简化为线性形式，即应变表达式中必须包含位移的二次项。

(3) 边界非线性问题：此类问题最典型的例子是两个物体的接触和碰撞问题。它们相互接触边界的位置和范围以及接触面上力的分布和大小事先是不能给定的，需要依赖整个问题的求解才能确定。另一个例子是力边界上的外力的大小和方向非线性地依赖于变形的情况，例如作用于薄壁结构表面的分布压力，当结构发生变形时，它作用的面积和方向都将发生变化，因而在几何非线性问题中需要同时计及此载荷的变化。

在相当多的实际问题中，例如上述所举的例子，遇到的是三类非线性问题中的一种非线性。但同样有很多实际问题，特别是随着科学技术的发展，会遇到三类非线性同时发生的情况。例如汽车的碰撞，材料锻压成型等情形，在碰撞和成型过程中，结构或材料将发生巨大的变形，材料进入塑性流动状态，而且接触面及其相互间的作用也将快速变化，同时还伴随着和热等非结构因素的相互作用。

由于非线性问题的复杂性，利用解析方法能够得到的解答是很有限的。随着有限元方法在线性分析中的成功应用，它在非线性分析中的应用也取得了很大的进展，并且已经获得了很多不同类型实际问题的求解方案，已有一批大型通用的非线性分析程序进入实际应用。

仅考虑材料非线性的问题，处理相对比较简单，不需要重新列出整个问题的表达格式，只要将材料本构关系线性化，就可用线性问题的表达格式对它进行分析求解。一般来说，可通过试探和迭代过程求解一系列线性问题，如果在最后阶段，将材料的状态参数调整到既满足材料的非线性本构关系，又同时满足平衡方程时，则就可得到问题的解答。几何非线性问题比较复杂，它涉及非线性的几何关系和依赖于变形的平衡方程等问题。因此，表达格式和线性问题相比，有很大的改变。这将在下一章专门讨论。至于边界非线性问题，其特点又有别于几何非线性问题，将在第17章进行讨论。

正如前面所指出的，材料非线性问题可以分为两类。一类是不依赖于时间的弹塑性问题，其特点是，当载荷作用以后，材料变形立即发生并且不再随时间而变化。另一类是依赖于时间的粘(弹、塑)性问题，其特点是，当载荷作用以后，材料不仅立即发生相应的弹(塑)性变形，而且变形随时间而继续变化。在载荷保持不变的条件下，由于材料粘性而继续增长的变形称之为蠕变。另一方面，在变形保持不变的条件下，由于材料粘性而使应力衰减称之为松弛。本章重点讨论不依赖于时间的弹塑性问题，包括它的本构关系，有限元表达格式，求解步骤及数值方法。至于依赖于时间的蠕变和松弛问题，本章将在弹塑性问题讨论的基础上简要地介绍其本构关系和求解步骤的基本特点。

本章15.2节讨论非线性方程组的解法，这是非线性问题有限元分析都将涉及的基本问题，所以此节的内容也是下两章的必要准备。15.3 节讨论材料的弹塑性本构关系。15.4 节和 15.5 节分别讨论弹塑性增量分析的有限元表达格式和数值方法中的若干问题。15.6 节讨论弹塑性全量分析的有限元方法。15.7 节讨论材料的蠕变本构关系和结构蠕变分析的有限元方法。

## 15.2　非线性方程组的解法

非线性代数方程组通常可以表示为

$$\boldsymbol{\psi}(\boldsymbol{a}) = \boldsymbol{P}(\boldsymbol{a}) - \boldsymbol{Q} = 0 \tag{15.2.1}$$

或

$$\boldsymbol{P}(\boldsymbol{a}) = \boldsymbol{Q}$$

上列方程的具体形式通常取决于问题的性质和离散的方法。$\boldsymbol{a}$ 是待求的未知量，$\boldsymbol{P}(\boldsymbol{a})$是 $\boldsymbol{a}$ 的非线性函数向量，$\boldsymbol{Q}$ 是独立于 $\boldsymbol{a}$ 的已知向量。在以位移为未知量的有限元分析中，$\boldsymbol{a}$ 是结点位移向量，$\boldsymbol{Q}$ 是结点载荷向量。

对于线性方程组 $\boldsymbol{Ka}=\boldsymbol{Q}$，由于 $\boldsymbol{K}$ 是常数矩阵，可以没有困难地直接求解。但对于非线性方程组(15.2.1)式，则不可能直接求解。以下将阐述借助于重复求解线性方程组以得到非线性方程组解答的一些常用方法。

### 15.2.1　直接迭代法

假设方程(15.2.1)式可以改写为

$$\boldsymbol{K}(\boldsymbol{a})\boldsymbol{a} = \boldsymbol{Q} \tag{15.2.2}$$

其中

$$\boldsymbol{K}(\boldsymbol{a})\boldsymbol{a} = \boldsymbol{P}(\boldsymbol{a})$$

直接迭代法的求解步骤是，首先假定有某个初始的试探解

$$\boldsymbol{a} = \boldsymbol{a}^{(0)} \tag{15.2.3}$$

代入上式的 $\boldsymbol{K}(\boldsymbol{a})$中，可以求得被改进了的第一次近似解

$$\boldsymbol{a}^{(1)} = (\boldsymbol{K}^{(0)})^{-1}\boldsymbol{Q} \tag{15.2.4}$$

其中

$$\boldsymbol{K}^{(0)} = \boldsymbol{K}(\boldsymbol{a}^{(0)})$$

重复上述过程，可以得到第 $n$ 次近似解

$$\boldsymbol{a}^{(n)} = (\boldsymbol{K}^{(n-1)})^{-1}\boldsymbol{Q} \tag{15.2.5}$$

一直到误差的某种范数小于某个规定的容许小量 er，即

$$\| e \| = \| \boldsymbol{a}^{(n)} - \boldsymbol{a}^{(n-1)} \| \leqslant \mathrm{er} \tag{15.2.6}$$

上述迭代过程可以终止。

从上述过程可以看到，要执行直接迭代法的计算，首先需要假设一个初始的试探解 $\boldsymbol{a}^{(0)}$。在材料非线性问题中，$\boldsymbol{a}^{(0)}$ 通常可以从首先求解的线弹性问题得到。其次是直接迭代法的每次迭代需要计算和形成新的本质上是割线刚度矩阵的系数矩阵 $\boldsymbol{K}(\boldsymbol{a}^{(n-1)})$，并对它进行求逆计算。这里还隐含着 $\boldsymbol{K}$ 可以表示为 $\boldsymbol{a}$ 的显式函数，所以只适用于与变形历史无关的非线性问题，例如非线性弹性问题和可以利用形变理论分析的弹塑性问题以及稳态蠕变问题等。对于这类问题，应力可以由应变（或应变率）确定，也可以由位移（或位移变化率）确定。而对于依赖于变形历史的非线性问题，由于应力需要由应变（或应变率）所经历的路径决定，直接迭代法是不适用的。例如加载路径不断变化或涉及卸载和反复加载等弹塑性问题即属于此情况，这时必须利用增量理论进行分析。

关于直接迭代法的收敛性，可以指出，当 $P(a)$-$a$ 是凸的情况（如图 15.1(a)所示，其中 $a$ 是标量，即系统为单自由度情形），通常解是收敛的。但当 $P(a)$-$a$ 是凹的情况（如图 15.1(b)所示），则解可能是发散的。

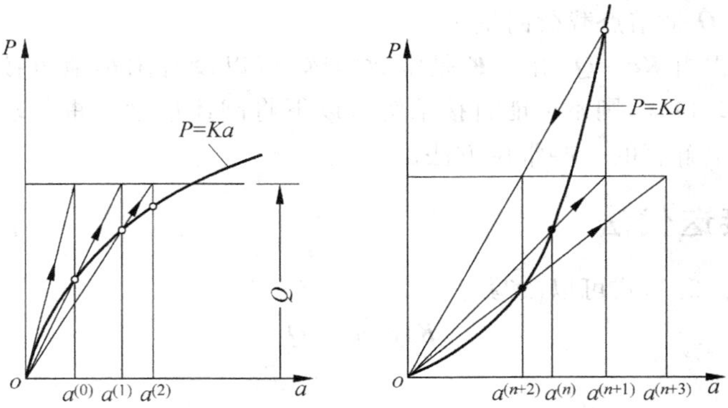

(a) 收敛 (b) 发散

图 15.1 直接迭代法

为避免每次迭代需要对新的系数矩阵 $\boldsymbol{K}^{(n-1)}=\boldsymbol{K}(\boldsymbol{a}^{(n-1)})$ 的求逆计算，可以采用常系数矩阵进行迭代。即由(15.2.4)式求得 $\boldsymbol{a}^{(1)}$ 以后，可以利用下式求 $\boldsymbol{a}^{(1)}$ 的修正量 $\Delta\boldsymbol{a}^{(1)}$。

$$\Delta\boldsymbol{a}^{(1)}=(\boldsymbol{K}^{(0)})^{-1}(\boldsymbol{Q}-\boldsymbol{K}^{(1)}\boldsymbol{a}^{(1)}) \tag{15.2.7}$$

其中

$$\boldsymbol{K}^{(1)}=\boldsymbol{K}(\boldsymbol{a}^{(1)})$$

因此可以得到

$$\boldsymbol{a}^{(2)}=\boldsymbol{a}^{(1)}+\Delta\boldsymbol{a}^{(1)} \tag{15.2.8}$$

如此继续迭代，则得到

$$\Delta \boldsymbol{a}^{(n-1)} = (\boldsymbol{K}^{(0)})^{-1}(\boldsymbol{Q} - \boldsymbol{K}^{(n-1)}\boldsymbol{a}^{(n-1)}) \quad (n = 2,3\cdots) \tag{15.2.9}$$

$$\boldsymbol{a}^{(n)} = \boldsymbol{a}^{(n-1)} + \Delta \boldsymbol{a}^{(n-1)} \quad (n = 2,3\cdots) \tag{15.2.10}$$

直至满足迭代的收敛准则(15.2.6)式。因为重新形成 $\boldsymbol{K}^{(n-1)}$ 的工作量远小于对它进行分解求逆的工作量，通常可以使计算效率有较大的改进。此方法在有限元分析中称之为常刚度的直接迭代法。对于单自由度系统，此算法可表示如图 15.2 所示。

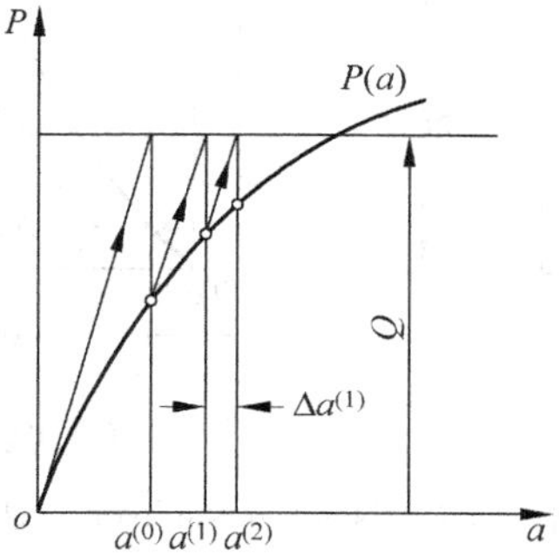


图 15.2 常系数矩阵的直接迭代法

## 15.2.2 Newton-Raphson 方法(简称 N-R 方法)

如果方程(15.2.1)式的第 $n$ 次近似解 $\boldsymbol{a}^{(n)}$ 已经得到，一般情况下(15.2.1)式不能精确地被满足，即 $\boldsymbol{\psi}(\boldsymbol{a}^{(n)}) \neq 0$。为得到进一步的近似解 $\boldsymbol{a}^{(n+1)}$，可将 $\boldsymbol{\psi}(\boldsymbol{a}^{(n+1)})$ 表示成在 $\boldsymbol{a}^{(n)}$ 附近的仅保留线性项的 Taylor 展开式，即

$$\boldsymbol{\psi}(\boldsymbol{a}^{(n+1)}) \equiv \boldsymbol{\psi}(\boldsymbol{a}^{(n)}) + \left(\frac{\mathrm{d}\boldsymbol{\psi}}{\mathrm{d}\boldsymbol{a}}\right)_n \Delta \boldsymbol{a}^{(n)} = 0 \tag{15.2.11}$$

且有

$$\boldsymbol{a}^{(n+1)} = \boldsymbol{a}^{(n)} + \Delta \boldsymbol{a}^{(n)} \tag{15.2.12}$$

式中 $\mathrm{d}\boldsymbol{\psi}/\mathrm{d}\boldsymbol{a}$ 是切线矩阵，即

$$\frac{\mathrm{d}\boldsymbol{\psi}}{\mathrm{d}\boldsymbol{a}} \equiv \frac{\mathrm{d}\boldsymbol{P}}{\mathrm{d}\boldsymbol{a}} \equiv \boldsymbol{K}_T(\boldsymbol{a}) \tag{15.2.13}$$

于是从(15.2.11)式可以得到

$$\begin{aligned} \Delta \boldsymbol{a}^{(n)} &= -(\boldsymbol{K}_T^{(n)})^{-1}\boldsymbol{\psi}^{(n)} = -(\boldsymbol{K}_T^{(n)})^{-1}(\boldsymbol{P}^{(n)} - \boldsymbol{Q}) \\ &= (\boldsymbol{K}_T^{(n)})^{-1}(\boldsymbol{Q} - \boldsymbol{P}^{(n)}) \end{aligned} \tag{15.2.14}$$

其中

$$\boldsymbol{K}_T^{(n)} = \boldsymbol{K}_T(\boldsymbol{a}^{(n)}) \qquad \boldsymbol{P}^{(n)} = \boldsymbol{P}(\boldsymbol{a}^{(n)})$$

由于 Taylor 展开式(15.2.11)式仅取线性项，所以 $\boldsymbol{a}^{(n+1)}$ 仍是近似解，应重复上述迭代求解过程直至满足收敛要求。

N-R 方法的求解过程可以表示于图 15.3(a)。一般情形，它具有良好的收敛性。当然像图 15.3(b)表示的那种发散情况也是可能存在的。

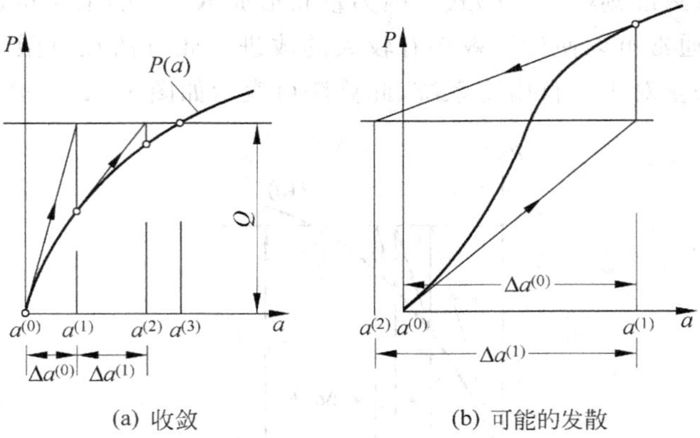


图 15.3 Newton-Raphson 方法

关于 N-R 方法中的初始试探解 $\boldsymbol{a}^{(0)}$，可以简单地设 $\boldsymbol{a}^{(0)}=0$。这样一来，$\boldsymbol{K}_T^{(0)}$ 在材料非线性问题中就是弹性刚度矩阵。当然，从(15.2.14)式可以看到 N-R 方法的每次迭代也需要重新形成和求逆一个新的切线矩阵 $\boldsymbol{K}_T^{(n)}$。

为克服 N-R 方法对于每次迭代需要重新形成并求逆一个新的切线矩阵所带来的麻烦，常常可以采用修正的方案，即修正的 Newton-Raphson 方法(简称 mN-R 方法)。其中切线矩阵总是采用它的初始值，即令

$$\boldsymbol{K}_T^{(n)}=\boldsymbol{K}_T^{(0)} \tag{15.2.15}$$

因此(15.2.14)式可以修正为

$$\Delta\boldsymbol{a}^{(n)}=(\boldsymbol{K}_T^{(0)})^{-1}(\boldsymbol{Q}-\boldsymbol{P}^{(n)}) \tag{15.2.16}$$

这样一来，每次迭代求解的是一相同的方程组。事实上，在用直接法求解此方程组时，系数矩阵只需要分解一次，每次迭代只进行一次回代即可。显然计算是比较经济的，虽然付出的代价是收敛速度较低，但总体上可能还是合算的。如和加速收敛的方法相结合，计算效率还可进一步改进。

另一种折中方案是在迭代若干次(例如 $m$ 次)以后，更新 $\boldsymbol{K}_T$ 为 $\boldsymbol{K}_T^{(m)}$，再进行以后的迭代，在某些情况下，这种方案是很有效的。修正的 N-R 方法的算法过程可表示如图 15.4。

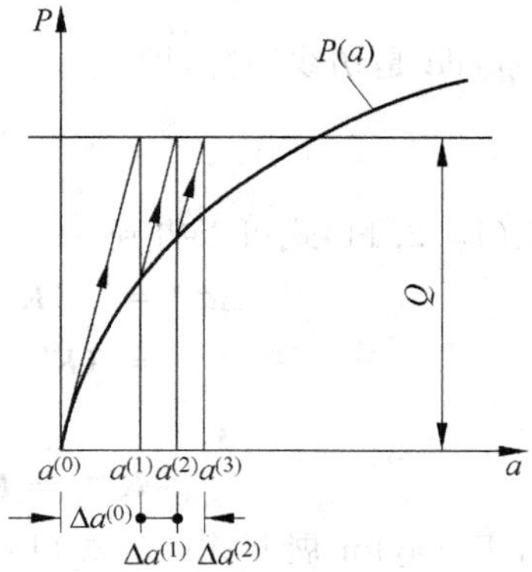


图 15.4 修正的 Newton-Raphson 方法

以上讨论的 N-R 法和 mN-R 法也隐含着 $\boldsymbol{K}$ 可以显式地表示为 $\boldsymbol{a}$ 的函数。而将讨论的弹塑性，蠕变等材料非线性问题，一般情况下由于应力依赖于变形的历史，这时将不能用形变理论，而必须用增量理论进行分析。在此情况下，不能将 $\boldsymbol{K}$ 表示成 $\boldsymbol{a}$ 的显式函数，因而也就不能直接用上述方法求解，而需要和以下讨论的增量方法相结合进行求解。

## 15.2.3　增量法

为了便于理解，假设方程(15.2.1)式表达的是结构的应力分析问题。式中的 $\boldsymbol{a}$ 代表结构的位移，$\boldsymbol{Q}$ 代表结构的载荷。首先将载荷分为若干步，即 $\boldsymbol{Q}_0,\boldsymbol{Q}_1,\boldsymbol{Q}_2,\cdots$。相应的位移也分为同样的步数，即 $\boldsymbol{a}_0,\boldsymbol{a}_1,\boldsymbol{a}_2,\cdots$。每两步之间的增长量称之为增量。增量解法的一般做法是假设第 $m$ 步的载荷 $\boldsymbol{Q}_m$ 和相应的位移 $\boldsymbol{a}_m$ 为已知，然后将载荷增加为 $\boldsymbol{Q}_{m+1}(=\boldsymbol{Q}_m+\Delta\boldsymbol{Q}_m)$，再求解位移 $\boldsymbol{a}_{m+1}(=\boldsymbol{a}_m+\Delta\boldsymbol{a}_m)$。如果每步的载荷增量 $\Delta\boldsymbol{Q}_m$ 足够小，则解的收敛性是可以保证的。由于能够得到加载过程中各个阶段的中间数值结果，该方法对于研究结构位移和应力等随载荷变化情况是方便的。

为了说明这种方法，将(15.2.1)式改写为如下形式：

$$\boldsymbol{\psi}(\boldsymbol{a})=\boldsymbol{P}(\boldsymbol{a})-\lambda\boldsymbol{Q}_0=0 \tag{15.2.17}$$

其中 $\lambda$ 是用以表示载荷变化的参数。将上式对 $\lambda$ 求导，则可以得到

$$\frac{\mathrm{d}\boldsymbol{P}}{\mathrm{d}\boldsymbol{a}}\frac{\mathrm{d}\boldsymbol{a}}{\mathrm{d}\lambda}+\boldsymbol{Q}_0=\boldsymbol{K}_T\frac{\mathrm{d}\boldsymbol{a}}{\mathrm{d}\lambda}-\boldsymbol{Q}_0=0 \tag{15.2.18}$$

从上式可以进一步得到

$$\frac{\mathrm{d}\boldsymbol{a}}{\mathrm{d}\lambda}=\boldsymbol{K}_T^{-1}(\boldsymbol{a})\boldsymbol{Q}_0 \tag{15.2.19}$$

其中的 $\boldsymbol{K}_T$ 即(15.2.13)式所定义的切线矩阵。

上式所提出的是一典型的常微分方程组问题，可以利用很多解法。现介绍有限元分析中的几种常用方法。

1. 欧拉方法

这是一种最简单的算法。如果已知 $\boldsymbol{a}_m$，则可以利用下式解出 $\boldsymbol{a}_{m+1}$。

$$\boldsymbol{a}_{m+1}-\boldsymbol{a}_m=\Delta\boldsymbol{a}_m=\boldsymbol{K}_T^{-1}(\boldsymbol{a}_m)\boldsymbol{Q}_0\Delta\lambda_m=(\boldsymbol{K}_T)_m^{-1}\Delta\boldsymbol{Q}_m \tag{15.2.20}$$

其中

$$\Delta\lambda_m=\lambda_{m+1}-\lambda_m \qquad \Delta\boldsymbol{Q}_m=\boldsymbol{Q}_{m+1}-\boldsymbol{Q}_m$$

显然，利用此法求解，为了满足精度要求，$\Delta\lambda_m$ 必须是足够小的量。其他改进的积分方案，例如 Runge-Kutte 方法的各种预测校正，都可以用来改进解的精度。与二阶 Runge-Kutte 方法相等价的一种校正的欧拉方法也是可以采用的。该方法的主要步骤是：首先按(15.2.20)式计算得到 $\boldsymbol{a}_{m+1}$ 的预测值，并表示为 $\boldsymbol{a}'_{m+1}$；然后按下式计算 $\boldsymbol{a}_{m+1}$ 的改进值，即

$$\boldsymbol{a}_{m+1}-\boldsymbol{a}_m=\Delta\boldsymbol{a}_m=(\boldsymbol{K}_T)^{-1}_{m+\theta}\Delta\boldsymbol{Q}_m \tag{15.2.21}$$

其中

$$\left.\begin{aligned}(\boldsymbol{K}_T)_{m+\theta}&=\boldsymbol{K}_T(\boldsymbol{a}_{m+\theta})\\ \boldsymbol{a}_{m+\theta}&=(1-\theta)\boldsymbol{a}_m+\theta\boldsymbol{a}'_{m+1}\end{aligned}\right.\quad(0\leqslant\theta\leqslant1)$$

利用(15.2.21)式计算得到的 $\boldsymbol{a}_{m+1}$ 较利用(15.2.20)式得到的预测值 $\boldsymbol{a}'_{m+1}$ 将有所改进。

需要指出,无论利用(15.2.20)式还是用(15.2.21)式计算得到的 $\boldsymbol{a}_{m+1}$ 都是近似积分(15.2.19)式的结果,并未直接求解(15.2.17)式。因此一般情况下,所得到的 $\boldsymbol{a}_m,\boldsymbol{a}_{m+1},\cdots$,是不能精确满足方程(15.2.17)式的,这将导致解的漂移。而且随着增量数目的增加,这种漂移现象将愈来愈严重。当系统为单自由度时,用欧拉法求解增量方程(15.2.20)以及解的漂移现象如图 15.5 所示。为克服每一增量步解的误差可能导致的解的漂移,可将(15.2.20)式改写为

$$\boldsymbol{a}_{m+1}-\boldsymbol{a}_m=\Delta\boldsymbol{a}_m=\boldsymbol{K}_T^{-1}(\boldsymbol{a}_m)(\boldsymbol{Q}_{m+1}-\boldsymbol{P}(\boldsymbol{a}_m)) \tag{15.2.22}$$

即以 $\boldsymbol{Q}_{m+1}-\boldsymbol{P}(\boldsymbol{a}_m)$ 代替(15.2.20)式中的 $\Delta\boldsymbol{Q}_m$。它的作用是将前一增量步解的误差,即将载荷和内力的不平衡量 $\boldsymbol{Q}_m-\boldsymbol{P}(\boldsymbol{a}_m)$ 合并到本增量步的载荷增量 $\Delta\boldsymbol{Q}_m$ 中进行求解,以避免解的漂移。显然,如果前一增量步的解是精确满足方程(15.2.1)式的,即 $\boldsymbol{P}(\boldsymbol{a}_m)=\boldsymbol{Q}_m$,则(15.2.22)式仍恢复为(15.2.20)式。采用(15.2.22)式进行增量求解,称为考虑平衡校正的欧拉增量解法。对于单自由度系统,此解法如图 15.6 所示。

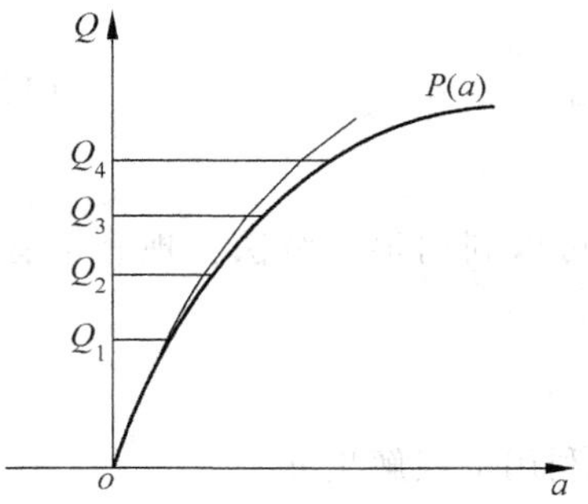


图 15.5 欧拉法求解增量方程和解的漂移

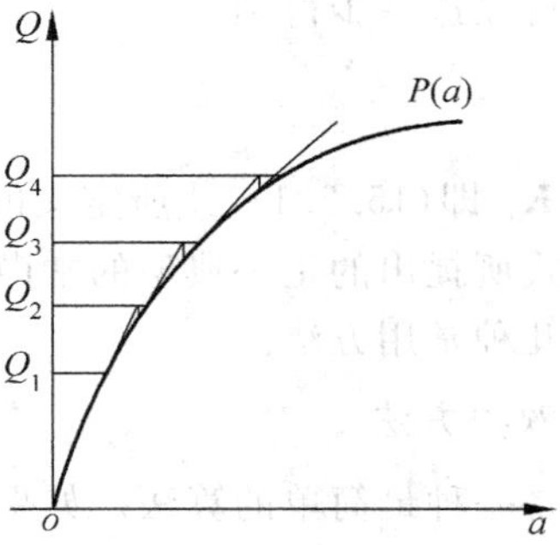


图 15.6 考虑平衡校正的增量解法

2. N-R 方法

为了改进欧拉法的精度,现在更多采用的方法是将 N-R 方法或 mN-R 方法用于每一增量步。如果采用 N-R 方法,是在每一增量步内进行迭代,则对于 $\lambda$ 的 $m+1$ 次增量步的第 $n+1$ 次迭代可以表示为

$$\boldsymbol{\psi}_{m+1}^{(n+1)}=\boldsymbol{P}(\boldsymbol{a}_{m+1}^{(n+1)})-\boldsymbol{Q}_{m+1}=\boldsymbol{P}(\boldsymbol{a}_{m+1}^{n})-\boldsymbol{Q}_{m+1}+(\boldsymbol{K}_T^n)_{m+1}\Delta\boldsymbol{a}_m^n=0 \tag{15.2.23}$$

由上式可以解出 $\Delta \boldsymbol{a}_m$ 的第 $n$ 次修正量 $\Delta \boldsymbol{a}_m^n$，即

$$\Delta \boldsymbol{a}_m^n = (\boldsymbol{K}_T^n)_{m+1}^{-1}(\boldsymbol{Q}_{m+1} - \boldsymbol{P}(\boldsymbol{a}_{m+1}^n)) \tag{15.2.24}$$

因此可以得到 $\boldsymbol{a}_{m+1}$ 的第 $n+1$ 次改进值为

$$\boldsymbol{a}_{m+1}^{(n+1)} = \boldsymbol{a}_{m+1}^n + \Delta \boldsymbol{a}_m^n \tag{15.2.25}$$

(15.2.23)式中的 $(\boldsymbol{K}_T^n)_{m+1} = \boldsymbol{K}_T(\boldsymbol{a}_{m+1}^n)$ 是 $(\boldsymbol{K}_T)_{m+1}$ 的第 $n$ 次改进值。开始迭代时令 $\boldsymbol{a}_{m+1}^0 = \boldsymbol{a}_m$，连续地进行迭代，最后可使方程(15.2.17)式能够在规定误差范围内得到满足。

从(15.2.23)式可以看出，当采用 N-R 迭代时，每次迭代后也都要重新形成和分解 $(\boldsymbol{K}_T^n)_{m+1}$ 矩阵，无疑工作量是很大的，因此通常采用 mN-R 方法。这时令

$$(\boldsymbol{K}_T^n)_{m+1} = (\boldsymbol{K}_T^0)_{m+1} = \boldsymbol{K}_T(\boldsymbol{a}_m)$$

如果(15.2.24)式只求解一次而不继续进行迭代，则有

$$\Delta \boldsymbol{a}_m = \Delta \boldsymbol{a}_m^0 = (\boldsymbol{K}_T)_m^{-1}(\boldsymbol{Q}_{m+1} - \boldsymbol{P}_m) \tag{15.2.26}$$

此式就是考虑平衡校正的欧拉增量解法。同样，用(12.2.24)式进行增量求解时也考虑了平衡校正。对于单个自由度的系统，将 N-R 法或 mN-R 法和增量法结合使用时，计算过程可以表示如图 15.7 所示。

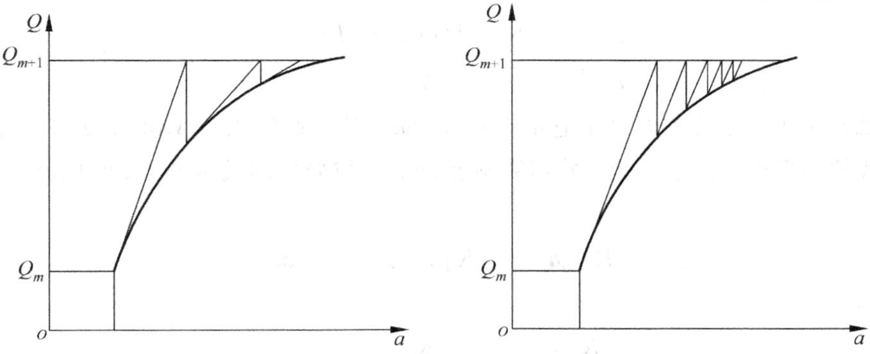


(a) 用 N-R 法解增量方程　　(b) 用 mN-R 法解增量方程

图 15.7　增量法常用的两种解法

## 15.2.4　加速收敛的方法

由前面的讨论中已知，利用 mN-R 方法求解非线性方程组时，可以避免每次迭代重新形成和求逆切线矩阵，但降低了收敛速度。特别是 $P$-$a$ 曲线突然趋于平坦的情况(对于结构分析问题，是结构趋于极限载荷或突然变软)，收敛速度会很慢。为加速收敛速度，可以采用很多方法。这里介绍一种常用的、简单而有效的 Aitken 加速法。

首先讨论单自由度系统，具体算法表示于图 15.8。其中(a)和(b)分别为未采用和采用 Aitken 加速法的情形。

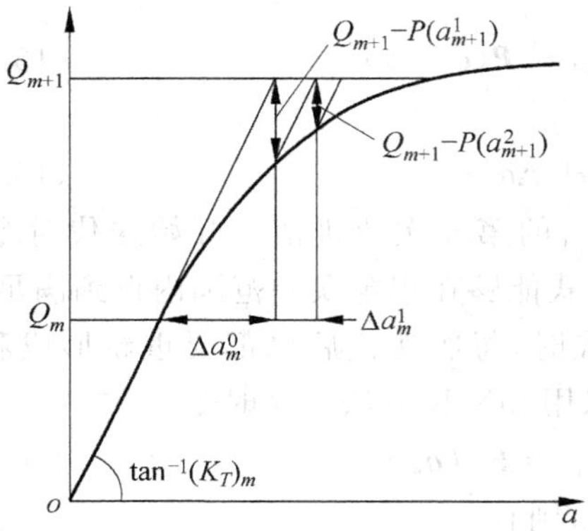

(a) 无 Aitken加速的 mN-R迭代

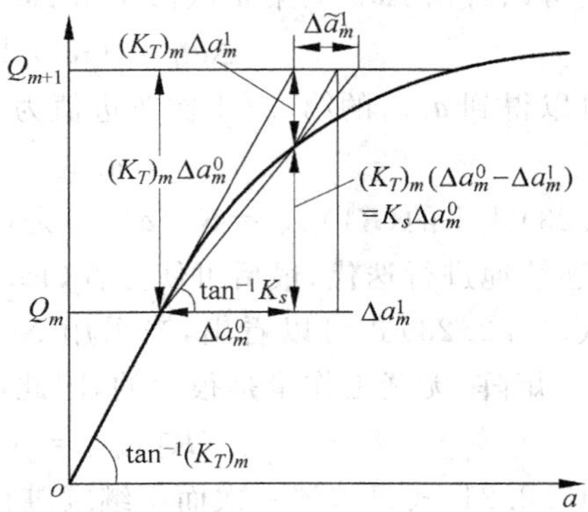

(b) 有 Aitken加速的 mN-R迭代

图 15.8 Aitken 法对加速收敛速度的作用

假设对应于 $Q_{m+1}$ 的初始试探解已知为 $a_{m+1}^0=a_m$，利用 mN-R 方法进行迭代，求得第 1、2 次迭代后的改进解为

$$\begin{aligned}\Delta a_m^n &= (K_T)_m^{-1}(Q_{m+1}-P(\boldsymbol{a}_{m+1}^n)) \\ a_{m+1}^{(n+1)} &= a_{m+1}^n+\Delta a_m^n\end{aligned}\qquad (n=0,1) \tag{15.2.27}$$

在求得 $\Delta a_m^1$ 以后，可以考虑寻求它的改进值 $\Delta\tilde{a}_m^1$ 以加速收敛。Aitken 方法首先利用这两次迭代的不平衡差值来估计起始切线刚度 $(K_T)_m$ 与局部割线刚度 $K_S$ 的比值，从图 15.8(b)可知

$$K_S\Delta\boldsymbol{a}_m^0=(K_T)_m(\Delta a_m^0-\Delta a_m^1)$$

上式改写为

$$\frac{(K_T)_m}{K_S}=\frac{\Delta a_m^0}{(\Delta a_m^0-\Delta a_m^1)}=\alpha^{(1)} \tag{15.2.28}$$

然后以此比值来确定 $\Delta\tilde{a}_m^1$，即令

$$K_S\Delta\tilde{a}_m^1=(K_T)_m\Delta a_m^1$$

由上式及(15.2.28)式可以得到

$$\Delta\tilde{a}_m^1=\frac{(K_T)_m}{K_S}\Delta a_m^1=\alpha^{(1)}\Delta a_m^1 \tag{15.2.29}$$

从(15.2.28)式可知 $\alpha^{(1)}>1$，称 $\alpha^{(1)}$ 为加速因子。并从(15.2.29)式得知 $\Delta\tilde{a}_m^1>\Delta a_m^1$，于是 $a_{m+1}^2$ 可以表示为

$$a_{m+1}^2=a_{m+1}^1+\Delta\tilde{a}_m^1=a_{m+1}^1+\alpha^{(1)}\Delta a_m^1 \tag{15.2.30}$$

从以上讨论可以推知，Aitken 加速收敛方法是每隔一次迭代进行一次加速，一般化的表达式如下：

$$a_{m+1}^{(n+1)} = a_{m+1}^{n} + \alpha^{(n)} \Delta a_{m}^{n} \tag{15.2.31}$$

其中

$$\alpha^{(n)} = \begin{cases} 1 & (n = 0,2,\cdots) \\ \dfrac{\Delta a_{m}^{n-1}}{\Delta a_{m}^{n-1} - \Delta a_{m}^{n}} & (n = 1,3,\cdots) \end{cases}$$

推广到 $N$ 个自由度系统，Aitken 方法可以表示为

$$\boldsymbol{a}_{m+1}^{(n+1)} = \boldsymbol{a}_{m+1}^{n} + \boldsymbol{\alpha}^{(n)} \Delta \boldsymbol{a}_{m}^{n} \tag{15.2.32}$$

其中$\boldsymbol{\alpha}^{(n)}$是对角矩阵，它的元素 $\alpha_i^{(n)}$ 表达为

$$\alpha_i^{(n)} = \begin{cases} 1 & (n = 0,2,\cdots) \\ \dfrac{\Delta a_{i,m}^{n-1}}{\Delta a_{i,m}^{n-1} - \Delta a_{i,m}^{n}} & (n = 1,3,\cdots) \end{cases} \tag{15.2.33}$$

从上式可见，如果对于某个自由度 $i$，分母项 $\Delta a_{i,m}^{n-1} - \Delta a_{i,m}^{n}$ 是很小的数值，则 $\alpha_i^{(n)}$ 将是很大的数值。尤其当分母项趋于零时，$\alpha_i^{(n)}$ 将趋于无穷，这会使计算发生困难。为避免此情况，又提出了修正的 Aitken 方法，即用一个标量代替(15.2.32)式中的对角矩阵$\boldsymbol{\alpha}^{(n)}$。这时

$$\alpha^{(n)} = \begin{cases} 1 & (n = 0,2,\cdots) \\ \dfrac{(\Delta \boldsymbol{a}_{m}^{n-1} - \Delta \boldsymbol{a}_{m}^{n})^{\mathrm{T}} \Delta \boldsymbol{a}_{m}^{n-1}}{(\Delta \boldsymbol{a}_{m}^{n-1} - \Delta \boldsymbol{a}_{m}^{n})^{\mathrm{T}} (\Delta \boldsymbol{a}_{m}^{n-1} - \Delta \boldsymbol{a}_{m}^{n})} & (n = 1,3,\cdots) \end{cases} \tag{15.2.34}$$

计算实践表明，当采用 Aitken 方法或修正的 Aitken 方法以后，收敛速度将有很大的提高。

应当指出，本节所讨论的算法只是目前常用的一些基本算法。实际上，由于有限元非线性分析是既费时又麻烦的工作，引起了研究人员和实际分析者的广泛兴趣，为改进非线性分析的精度和效率进行了大量的工作。因此有关这方面的新研究成果不断出现在《工程数值分析》(International Journal for Numerical Methods in Engineering)、《计算机与结构》(Computers & Structures)等国际刊物上，这里不一一列举。但是以上介绍的几种算法仍是当前发展阶段的最基本的方法。另外，众多的解法各有优缺点，很难说哪一种方法在任何情况下都比其他方法优越。但如果在计算程序中只准备编入一种算法，对于增量分析仍应采用具有 N-R 或 mN-R 迭代的增量法。只要增量步长足够小，收敛性是可以保证的，一般情况下，收敛速度也是令人满意的。

在实际的计算中还可能遇到不少问题，例如增量步长的选择，结构刚度突然变化的处理等，这将在后面结合具体问题进行讨论。

# 15.3　材料弹塑性本构关系

## 15.3.1　材料弹塑性行为的描述

弹塑性材料进入塑性的特征是，当载荷卸去以后存在不可恢复的永久变形，因而在涉及卸载的情况下，应力应变之间不再存在唯一的对应关系，这是区别于非线性弹性材料的基本属性。以材料的单向受力情况为例，如图15.9所示，只是加载时应力应变呈非线性关系，还不足以判定材料是非线性弹性还是弹塑性。但是一经卸载立即发现两者的区别。非线性弹性材料将沿原路径返回，而弹塑性材料将依据不同的加载历史卸载后产生不同的永久变形。现对于常温条件并单向受力状况下的金属材料的弹塑性行为进行介绍和讨论。

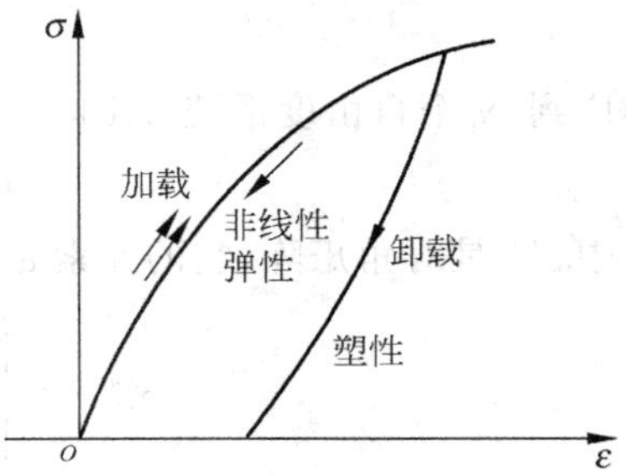


图15.9　非线性弹性和塑性

1. 单调加载

对于大多数材料来说，存在一个比较明显的极限(屈服)应力 $\sigma_{s0}$。应力低于 $\sigma_{s0}$ 时，材料保持为弹性。而当应力到达 $\sigma_{s0}$ 以后，则材料开始进入弹塑性状态。如继续加载，而后再卸载，材料中将保留永久的塑性变形。如果应力到达 $\sigma_{s0}$ 以后，应力不再增加，而材料变形可以继续增加，即变形处于不定的流动状态，如图15.10(a)所示，则称材料为理想弹塑

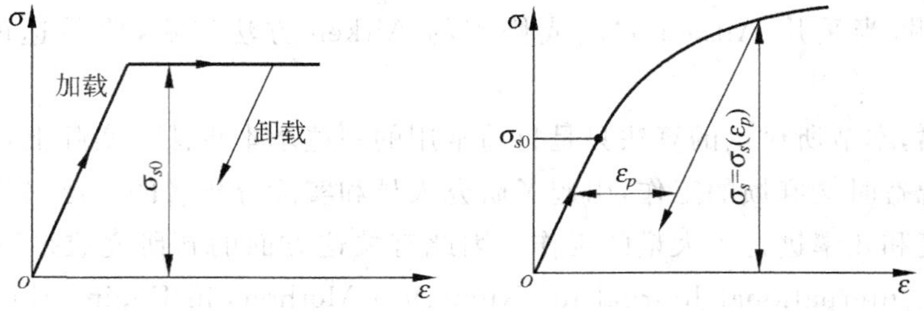


(a) 理想弹塑性　　(b) 硬化塑性

图15.10　弹塑性加载曲线

性的。反之如果应力到达 $\sigma_{s0}$ 以后，再增加变形，应力也必须增加，如图15.10(b)所示，则称材料是应变硬化的。这时应力 $\sigma_s$(下标表示应力已进入弹塑性状态)是塑性应变 $\varepsilon_p$ 的函数，可解析地表示为

$$\sigma_s = \sigma_s(\varepsilon_p) \tag{15.3.1}$$

曲线 $\sigma_s \sim \varepsilon$(或 $\sigma_s \sim \varepsilon_p$)称为弹塑性加载曲线。材料硬化性质还表现为，如果在加载曲线

上，于某个应力值 $\sigma_s(>\sigma_{s0})$ 卸载，然后再加载，材料重新进入塑性的应力值将不是原来的初始屈服应力 $\sigma_{s0}$；一般情况下，将等于卸载时的应力 $\sigma_r$。此时的 $\sigma_s$ 表示的是材料经历一定弹塑性加载后，又弹性卸载再加载重新进入塑性的应力值，所以还可以称 $\sigma_s$ 为后继屈服应力。

2. 反向加载

对于硬化材料，在一个方向（例如拉伸）加载进入塑性以后，在 $\sigma_s=\sigma_{r1}$ 时卸载，并反方向（压缩）加载，直至进入新的塑性。这新的屈服应力 $\sigma_{s1}$ 通常在数值上既不等于材料的初始屈服应力 $\sigma_{s0}$，也不等于卸载时的应力 $\sigma_{r1}$。如果 $|\sigma_{s1}|=\sigma_{r1}$，则称材料为各向同性硬化的。如果 $\sigma_{r1}-\sigma_{s1}=2\sigma_{s0}$，则称材料为运动（随动）硬化的。如果处于上述情况之间，即 $|\sigma_{s1}|<\sigma_{r1}$，同时 $\sigma_{r1}-\sigma_{s1}>2\sigma_{s0}$，则称材料为混合硬化的。各种不同特性的硬化表示如图 15.11 所示。

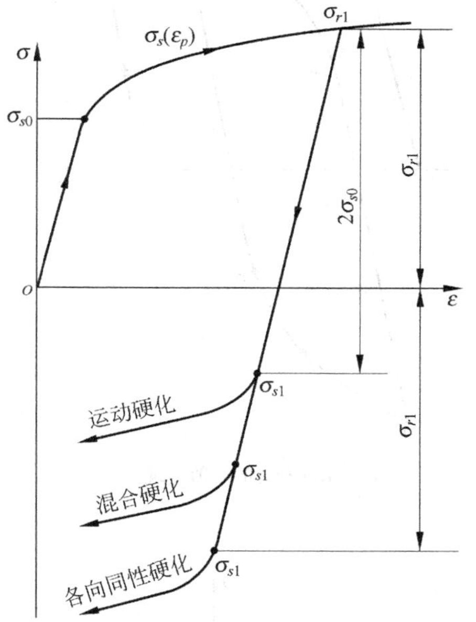


图 15.11 各种硬化塑性的特征

应该指出，材料在反向进入塑性以后，应力应变曲线的形状在一般情况下是不同于原来在正向进入塑性以后的 $\sigma_s=\sigma_s(\varepsilon_p)$。因此通常需要根据材料的实验结果，定义新的 $\sigma_s=\sigma_s(\varepsilon_p)$ 曲线来描述材料从卸载并在反向再进入塑性后的弹塑性行为，而且 $\varepsilon_p$ 常常应从新的屈服点 $\sigma_{s1}$ 开始计算。

3. 循环加载

循环加载是指在上述反向进入塑性变形以后，载荷再反转，即进入正向，又一次到达新的屈服点和进入新的塑性变形，如此反复循环。如果 $i$ 代表应力反转的次数，则每次从载荷反转点 $\sigma_{ri}$ 开始，沿相反方向卸载，再加载到新的屈服应力 $\sigma_{si}$ 后，继续弹塑性加载直至下一个载荷反转点 $\sigma_{r,i+1}$，称之为一个加载分支。如图 15.12(a)的 $OA$、$AB$、$BC$ 等各代表一个加载分支。一般说，每一个加载分支中材料的应力应变曲线是不同的。但是材料实验结果表明，通常情况下，除第 1 个分支（初始单调加载至第 1 个应力反转点 $\sigma_{r1}$）和第 2 个分支（第 1 个应力反转点 $\sigma_{r1}$ 到第 2 个应力反转点 $\sigma_{r2}$）的曲线形状有明显的区别外，从第 2 个分支开始，以后各个分支是相似的，即它们之间的变化是有规律的。通常在对称等幅应变控制的循环加载条件下，材料呈现循环硬（软）化特征，即材料的硬（软）化性质不断增强，直至最后趋于稳定，如图 15.12(b)所示。在非对称的等幅应变控制的循环加载条件下，材料呈现循环松弛特性，即循环过程中平均应力不断减小，并通常以趋于零为极限，如图 15.12(c)所示。而在非对称的等幅应力控制的循环加载条件下，材料呈现循环蠕变特性，即平均应变不断递增，这种性质又称棘轮效应，如图 15.12(d)所示。

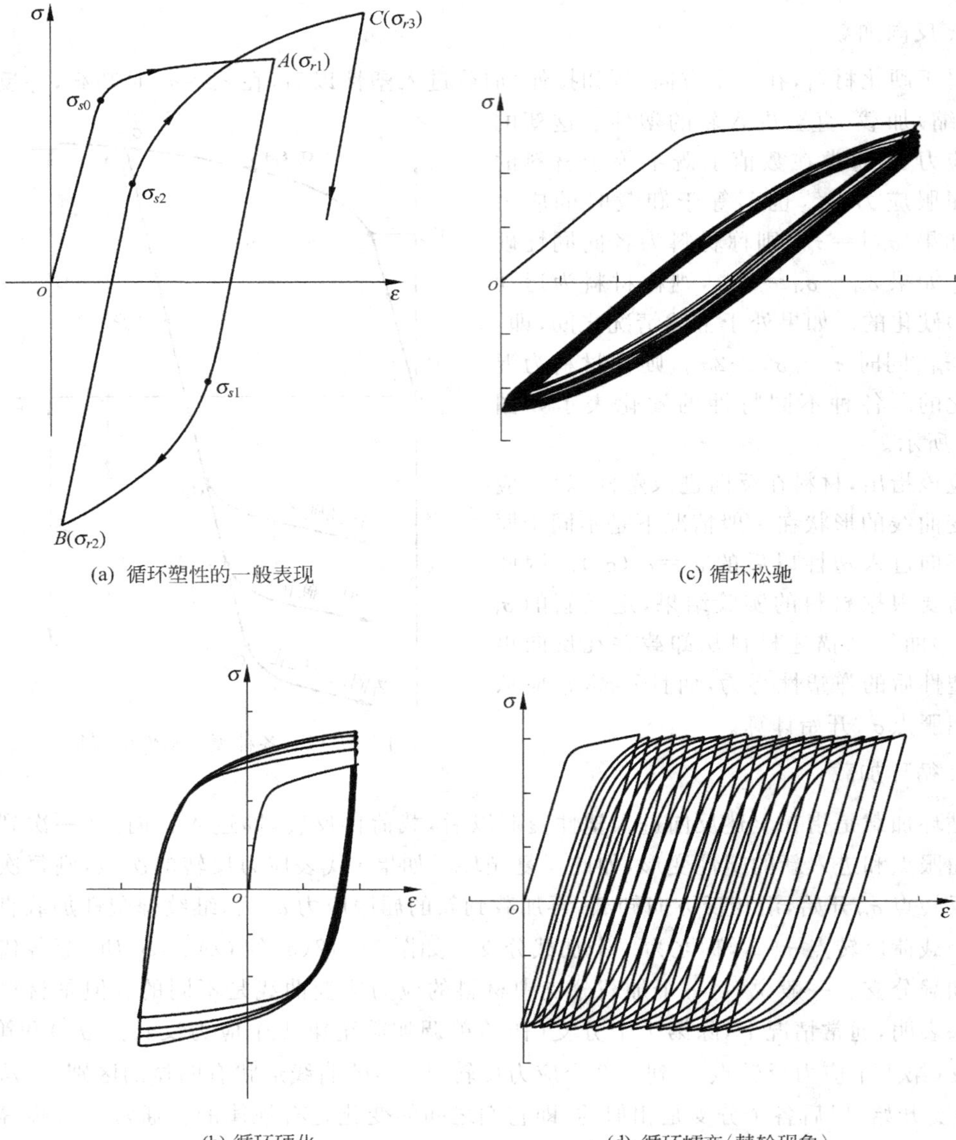


(a) 循环塑性的一般表现

(c) 循环松弛

(b) 循环硬化

(d) 循环蠕变(棘轮现象)

图 15.12 材料循环塑性的特征行为

由于循环加载是很多重要设备的关键部件所承受载荷的主要形式，由它引起的循环塑性变形（塑性疲劳和断裂）是造成设备破坏的重要原因，因此循环加载条件下的材料本构模型的建立和结构弹塑性响应的分析是工程技术界广泛关注的课题。限于篇幅，本章只能简要地介绍其特点和概念。但是后面各节的讨论，仍为这类问题的分析提供了必要的基础。

## 15.3.2 塑性力学的基本法则

为了将上述单轴应力状态的一些基本概念推广到一般应力状态，需要将塑性力学，主要是增量理论的基本法则给予简要的综述。

1. 初始屈服条件

此条件规定材料开始塑性变形时的应力状态。对于初始各向同性材料，在一般应力状态下开始进入塑性变形的条件是

$$F^0 = F^0(\sigma_{ij}, k_0) = 0 \tag{15.3.2}$$

式中 $\sigma_{ij}$ 表示应力张量分量，$k_0$ 是给定的材料参数。$F^0(\sigma_{ij}, k_0)$ 的几何意义可以理解为 9 维应力空间的一个超曲面，此曲面称之为初始屈服面。对于金属材料，通常采用的屈服条件有：

（1） V. Mises 条件

$$F^0(\sigma_{ij}, k_0) = f(\sigma_{ij}) - k_0 = 0 \tag{15.3.3}$$

其中

$$f(\sigma_{ij}) = \frac{1}{2}s_{ij}s_{ij} \qquad k_0 = \frac{1}{3}\sigma_{s0}^2$$

$$s_{ij} = \sigma_{ij} - \sigma_m\delta_{ij} \qquad \sigma_m = \frac{1}{3}(\sigma_{11} + \sigma_{22} + \sigma_{33})$$

式中 $\sigma_{s0}$ 是材料的初始屈服应力，$s_{ij}$ 是偏斜应力张量分量，$\sigma_m$ 是平均正应力，$\delta_{ij}$ 是 Kronecker delta。并且 $s_{ij}$ 和等效应力 $\bar{\sigma}$ 有以下关系：

$$\frac{1}{2}s_{ij}s_{ij} = \frac{\bar{\sigma}^2}{3} = J_2 \tag{15.3.4}$$

$J_2$ 称之为第 2 应力不变量。将(15.3.4)式代入(15.3.3)式，则得到 $\bar{\sigma} = \sigma_{s0}$。所以(15.3.3)式的力学意义是：当等效应力 $\bar{\sigma}$ 等于材料的初始屈服应力 $\sigma_{s0}$ 时，材料开始进入塑性变形。另一方面(15.3.3)式的几何解释是：在 9 维偏斜应力空间内，它代表一个以 $\sqrt{\frac{2}{3}}\sigma_{s0}$ 为半径的超球面。即材料用偏斜应力张量表示的应力状态在超球面以内，材料是弹性的；当应力状态到达球面时，材料开始进入塑性变形。

在三维主应力空间，V. Mises 屈服条件可以表示为

$$F^0(\sigma_{ij},\sigma_{s0})=\frac{1}{6}[(\sigma_1-\sigma_2)^2+(\sigma_2-\sigma_3)^2+(\sigma_3-\sigma_1)^2]-\frac{1}{3}\sigma_{s0}^2=0 \quad (15.3.5)$$

其中 $\sigma_1,\sigma_2,\sigma_3$ 是三个主应力。该式的几何意义是：在三维主应力空间内，初始屈服面是以 $\sigma_1=\sigma_2=\sigma_3$ 为轴线的圆柱面。此面和过原点并垂直于直线 $\sigma_1=\sigma_2=\sigma_3$ 的 $\pi$ 平面的交线，即屈服函数 $F^0$ 在 $\pi$ 平面上的轨迹，是以 $\sigma_{s0}$ 为半径的圆周，如图 15.13(a)所示。而在 $\sigma_3=0$ 的平面上（即 $\sigma_1$ 和 $\sigma_2$ 的子空间）屈服函数的轨迹是一椭圆，该椭圆的长半轴为 $\sqrt{2}\sigma_{s0}$，短半轴为 $\sqrt{2/3}\sigma_{s0}$，如图 15.13(b)所示。

(2) Tresca 条件

$$F^0(\sigma_{ij},\sigma_{s0})=[(\sigma_1-\sigma_2)^2-\sigma_{s0}^2][(\sigma_2-\sigma_3)^2-\sigma_{s0}][(\sigma_3-\sigma_1)^2-\sigma_{s0}^2]=0 \quad (15.3.6)$$

此式的力学意义是：当 $\max(\tau_{12},\tau_{23},\tau_{31})=\tau_{s0}$ 时，即最大剪应力等于初始剪切屈服应力 $\tau_{s0}$ 时，材料开始进入塑性变形。由于 $\tau_{12}=|\sigma_1-\sigma_2|/2$，$\tau_{23}=|\sigma_2-\sigma_3|/2$，$\tau_{31}=|\sigma_3-\sigma_1|/2$，$\tau_{s0}=\sigma_{s0}/2$，所以可引出(15.3.6)式的数学表达式。在几何上，(15.3.6)式表示一个在主应力空间内以 $\sigma_1=\sigma_2=\sigma_3$ 为轴线并内接 V. Mises 圆柱面的正六棱柱面。它在 $\pi$ 平面上的屈服轨迹是内接 V. Mises 屈服轨迹的正六边形，如图 15.13(a)所示。同样，在 $\sigma_1,\sigma_2$ 的子空间，Tresca 屈服轨迹也是内接 V. Mises 屈服轨迹的六边形，如图 15.13(b)所示。

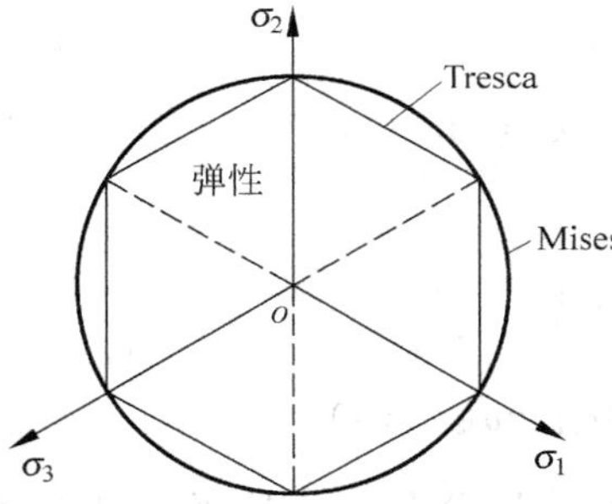


(a) $\pi$ 平面上的屈服轨迹

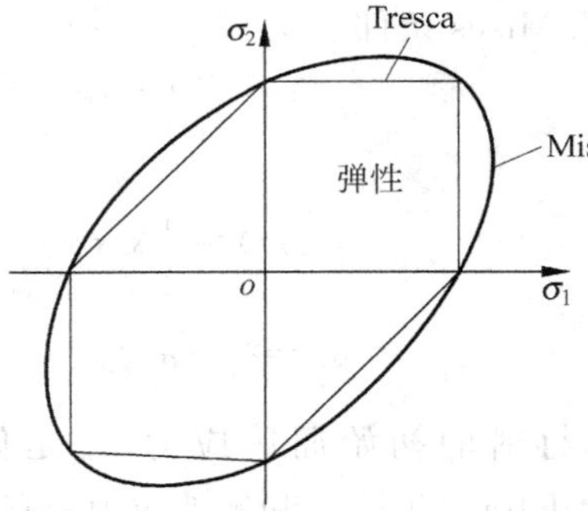


(b) $\sigma_3=0$ 平面上的屈服轨迹

图 15.13 屈服轨迹

比较上述两个屈服条件，可以看出 Tresca 条件偏于安全，但两者相差不大。从数学上看，Tresca 屈服函数在棱边处（或屈服轨迹在六边形的角点处）的法向导数是不存在的，而法向流动法则中需要根据屈服面的法向导数决定塑性变形的方向，所以在使用上不如 V. Mises 屈服函数方便。因此在有限元分析中通常采用 V. Mises 屈服条件。

2. 流动法则

流动法则用来规定材料进入塑性应变后的塑性应变增量在各个方向上的分量和应力

分量以及应力增量之间的关系。V. Mises 流动法则假设塑性应变增量可从塑性势导出，即

$$\mathrm{d}\varepsilon_{ij}^{p}=\mathrm{d}\lambda\,\frac{\partial Q}{\partial\sigma_{ij}} \tag{15.3.7}$$

其中，$\mathrm{d}\varepsilon_{ij}^{p}$是塑性应变增量的分量；$\mathrm{d}\lambda$ 是正的待定有限量，它的具体数值与材料硬化法则有关；$Q$ 是塑性势函数，一般说它是应力状态和塑性应变的函数。对于稳定的应变硬化材料(随着载荷增大，如果材料的应力增量 $\mathrm{d}\boldsymbol{\sigma}$ 和应变增量 $\mathrm{d}\boldsymbol{\varepsilon}$ 所做的功为正功，即 $\mathrm{d}\boldsymbol{\sigma}\cdot\mathrm{d}\boldsymbol{\varepsilon}>0$，此类材料称为稳定材料)，$Q$ 通常取和后继屈服函数 $F$ 相同的形式，称之为和屈服函数相关联的塑性势。对于关联塑性情况，流动法则表示为

$$\mathrm{d}\varepsilon_{ij}^{p}=\mathrm{d}\lambda\,\frac{\partial F}{\partial\sigma_{ij}}=\mathrm{d}\lambda\,\frac{\partial f}{\partial\sigma_{ij}} \tag{15.3.8}$$

从微分学得知，$\dfrac{\partial F}{\partial\sigma_{ij}}$定义的向量正是沿着应力空间中后继屈服面 $F=0$ 的法线方向，所以 V. Mises 流动法则又称为法向流动法则。

3. 硬化法则

硬化法则是用来规定材料进入塑性变形后的后继屈服函数(又称加载函数或加载曲面)在应力空间中变化的规则。一般来说，后继屈服函数可以采用以下形式

$$F(\sigma_{ij},k)=0 \tag{15.3.9}$$

其中 $k$ 是硬化参数，它依赖于变形的历史，通常是等效塑性应变 $\bar{\varepsilon}^{p}$ 的函数。

对于理想塑性材料，因无硬化效应，显然后继屈服函数和初始屈服函数相同，即

$$F(\sigma_{ij},k)=F^{0}(\sigma_{ij},k_{0})=0 \tag{15.3.10}$$

对于硬化材料，与图 15.11 所示的不同硬化特征相对应，通常采用的硬化法则有：

(1) 各向同性硬化法则

此法则规定，当材料进入塑性变形以后，加载曲面在各方向均匀地向外扩张，但其形状、中心及其在应力空间中的方位均保持不变。例如对于 $\sigma_3=0$ 的情形，初始屈服轨迹和后继屈服轨迹如图 15.14(a)所示。如采用 V. Mises 屈服条件，则各向同性硬化的后继屈服函数可以表示为

$$F(\sigma_{ij},k)=f-k=0 \tag{15.3.11}$$

其中

$$f=\frac{1}{2}s_{ij}s_{ij}\qquad k=\frac{1}{3}\sigma_{s}^{2}(\bar{\varepsilon}_{p})$$

式中的 $\sigma_s$ 是现时的弹塑性应力，它是等效塑性应变 $\bar{\varepsilon}^{p}$ 的函数。$\bar{\varepsilon}^{p}$ 的表达式为

$$\bar{\varepsilon}_{p}=\int\mathrm{d}\bar{\varepsilon}_{p}=\int\left(\frac{2}{3}\mathrm{d}\varepsilon_{ij}^{p}\ \mathrm{d}\varepsilon_{ij}^{p}\right)^{1/2} \tag{15.3.12}$$

$\sigma_s(\bar{\varepsilon}_p)$可从材料的单轴拉伸试验的 $\sigma\sim\varepsilon$ 曲线得到。定义

$$E_p = \frac{d\sigma_s}{d\bar{\varepsilon}_p} \tag{15.3.13}$$

为材料的塑性模量，又称之为硬化系数。它和弹性模量 $E$ 及切向模量 $E_t(=d\sigma/d\varepsilon)$ 的关系为

$$E_p = \frac{E\,E_t}{E-E_t} \tag{15.3.14}$$

需要指出，各向同性硬化法则主要适合于单调加载情形。如果用于卸载情形，它只适合于反向屈服应力 $\sigma_{s1}$ 数值上等于应力反转点 $\sigma_{r1}$ 的材料。而通常材料是不具有这种性质的，因此在塑性力学中还发展了其他的硬化法则。

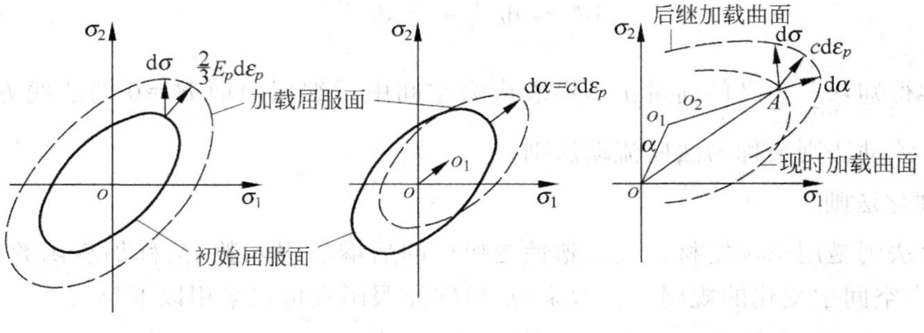


(a) 各向同性硬化　　(b) Prager运动硬化　　(c) Zeigler修正运动硬化

图 15.14　各种硬化法则示意图

(2) 运动硬化法则

此法则规定材料在进入塑性以后，加载曲面在应力空间作一刚体移动，但其形状、大小和方位均保持不变。后继屈服函数可表示为

$$F(\sigma_{ij}, \alpha_{ij}, k_0) = 0 \tag{15.3.15}$$

其中，$\alpha_{ij}$ 是加载曲面的中心在应力空间内的移动张量，$k_0$ 即初始屈服条件(15.3.2)式中的给定的材料参数。$\alpha_{ij}$ 与材料硬化特性以及变形历史有关。根据 $\alpha_{ij}$ 的具体规定的不同，运动硬化法则又有以下两种形式。

① Prager 运动硬化法则

此法则规定加载曲面中心的移动是沿着表征现时应力状态的应力点的法线方向，示意图见图 15.14(b)。如果采用 V. Mises 屈服条件，则 Prager 运动硬化法则的后继屈服函数为

$$F(\sigma_{ij}, \alpha_{ij}, k_0) = f - k_0 = 0 \tag{15.3.16}$$

其中

$$f = \frac{1}{2}(s_{ij} - \alpha_{ij})(s_{ij} - \alpha_{ij}) \qquad k_0 = \frac{1}{3}\sigma_{s0}^2$$

因为规定 $\alpha_{ij}$ 是沿着现时应力点的法向方向，即保持和 $\mathrm{d}\varepsilon_{ij}^{p}$ 相同的方向，所以可写成

$$\mathrm{d}\alpha_{ij} = c\mathrm{d}\varepsilon_{ij}^{p} = c\mathrm{d}\lambda \frac{\partial f}{\partial \sigma_{ij}} = c\mathrm{d}\lambda(s_{ij} - \alpha_{ij}) \tag{15.3.17}$$

按照应力点应保持在移动后的屈服曲面上的条件，即满足

$$\frac{\partial f}{\partial \sigma_{ij}}(\mathrm{d}\sigma_{ij} - \mathrm{d}\alpha_{ij}) = 0 \tag{15.3.18}$$

并考虑初始加载时，运动硬化法则应和各向同性硬化法则相等效，故可证明下式成立，即

$$c = \frac{2}{3}\frac{\mathrm{d}\sigma_s}{\mathrm{d}\bar{\varepsilon}_p} = \frac{2}{3}E_p \tag{15.3.19}$$

将此式代入(15.3.17)式，则(15.3.17)式可改写为

$$\mathrm{d}\alpha_{ij} = \frac{2}{3}E_p\mathrm{d}\lambda(s_{ij} - \alpha_{ij}) \tag{15.3.20}$$

以上各式中，$\alpha_{ij} = \int \mathrm{d}\alpha_{ij}$。当材料处于初始状态时，$\alpha_{ij} = 0$。

应当指出，Prager 运动法则一般说只能应用于 9 维应力空间，因为在此情况下，初始屈服曲面和后继屈服曲面保持形式上的一致性。而在各个子应力空间，常常不具有这种一致性。例如平面应力状态的初始屈服曲面是在 $\sigma_x, \sigma_y, \tau_{xy}$ 三维子空间，而根据 Prager 运动硬化法则，移动张量 $\alpha_{ij}$ 是在 $s_x, s_y, s_z, \tau_{xy}$ 四维子空间，因此无法在 $\sigma_x, \sigma_y, \tau_{xy}$ 子空间描述后继屈服面。这种不一致性使 Prager 运动法则的应用发生了困难。因此 Zeigler 提出了适用于应力子空间的修正运动硬化法则。

② Zeigler 修正运动硬化法则

规定加载曲面沿联结其中心和现时应力点的向量方向移动，示意如图 15.17(c)。这时后继屈服函数是

$$F(\sigma_{ij}, \alpha_{ij}, k_0) = f - k_0 = 0 \tag{15.3.21}$$

其中

$$f = \frac{1}{2}(s_{ij} - \bar{\alpha}_{ij})(s_{ij} - \bar{\alpha}_{ij}) \qquad k_0 = \frac{1}{3}\sigma_{s0}^2$$

式中 $\bar{\alpha}_{ij}$ 是移动张量的偏斜分量，即

$$\bar{\alpha}_{ij} = \alpha_{ij} - \alpha_m\delta_{ij} \tag{15.3.22}$$

这里，$\delta_{ij}$ 是 Kronecker dalta，并且

$$\alpha_m = \frac{1}{3}(\alpha_{11} + \alpha_{22} + \alpha_{33})$$

因移动方向如上述所规定，所以

$$\mathrm{d}\alpha_{ij} = \mathrm{d}\mu(\sigma_{ij} - \bar{\alpha}_{ij}) \tag{15.3.23}$$

其中 $\mathrm{d}\mu$ 是有待确定的常数。用和导出(15.3.19)式相类似的步骤，可以得到

$$\mathrm{d}\mu = \frac{2}{3}E_p\mathrm{d}\lambda \tag{15.3.24}$$

将上式代入(15.3.23)式,则(15.3.23)可写成

$$d\alpha_{ij} = \frac{2}{3}E_p d\lambda(\sigma_{ij} - \bar{\alpha}_{ij}) \tag{15.3.25}$$

将上式和(15.3.20)式比较,可以看到这两种运动硬化法则的差别仅在于加载曲面移动的方向。Prager 法则中移动张量的增量和 $s_{ij}-\alpha_{ij}$ 成比例,其几何意义是加载曲面沿现时应力点的法线方向移动;而 Zeigler 法则中移动张量的增量和 $\sigma_{ij}-\bar{\alpha}_{ij}$ 成比例,其几何意义是加载曲面沿其中心和现时应力点的连线方向移动。两者的比例系数都是 $2/3E_p d\lambda$。至于两种法则的后继屈服函数(15.3.16)和(15.3.21)式在9维应力空间实际上是完全相同的。这是因为在 Prager 运动硬化法则中 $d\alpha_{ij}=c d\lambda(s_{ij}-\alpha_{ij})$,所以 $\alpha_m=0$,导致 $\bar{\alpha}_{ij}=\alpha_{ij}$,因此(15.3.16)式中的 $f$ 也可以表示成和(15.3.21)式的 $f$ 相同的形式。实际上,在子应力空间内,只要此子空间内包括3个正应力,或不包括任何正应力,这两种法则也是完全相同的。例如一般三维问题、平面应变问题、轴对称问题都属于前一种情况,扭转问题则属于后一种情况,这时都不需要区分两种运动硬化法则。而对于一般的子应力空间,例如平面应力的子空间,这两种法则是有区别的。正因为 Zeigler 法则中规定了加载曲面的移动沿 $\sigma_{ij}-\bar{\alpha}_{ij}$ 方向,使得在子应力空间内后继屈服函数才能够保持和初始屈服函数在表达形式上的一致性。

关于运动硬化法则的应用可以指出:如用于单调加载情况,它应该和各向同性硬化法则相等价。如用于卸载和反向屈服情况,它适合于 $\sigma_{r1}-\sigma_{s1}=2\sigma_{s0}$ 的材料。在反向进入屈服以后,(15.3.19)和(15.3.24)式中的塑性模量 $E_p$,应该从第二个加载分支的材料应力应变曲线导出,其中塑性应变应该从反向屈服点 $\sigma_{s1}$ 起计算。以上做法可以推广用于每一个反转应力 $\sigma_{ri}$ 和下一个进入屈服的应力 $\sigma_{si}$ 的差值为 $2\sigma_{s0}$ 的循环加载情况。

(3) 混合硬化法则

为了适应材料一般硬化特性的要求,同时考虑各向同性硬化和运动硬化两种法则,这就是 Hodge 首先提出的混合硬化法则。

混合硬化法则中,将塑性应变增量分为共线的两部分,即令

$$d\varepsilon_{ij} = d\varepsilon_{ij}^{p(i)} + d\varepsilon_{ij}^{p(k)} \tag{15.3.26}$$

其中,$d\varepsilon_{ij}^{p(i)}$ 是与屈服曲面扩张,即与各向同性硬化法则相关联的部分塑性应变增量;$d\varepsilon_{ij}^{p(k)}$ 是与屈服曲面移动,即与运动硬化法则相关联的部分塑性应变增量。它们分别为

$$d\varepsilon_{ij}^{p(i)} = M d\varepsilon_{ij}^{p} \qquad d\varepsilon_{ij}^{p(k)} = (1-M) d\varepsilon_{ij}^{p} \tag{15.3.27}$$

其中 $M$ 是在 $-1$ 和 $1$ 之间的材料参数,根据材料的塑性行为,它可以是常数,也可以是变数。$M<0$ 是为了能适应软化的情况。$M$ 是表现各向同性硬化特性在全部硬化特性中所占的比例,称之为混合硬化参数。

混合硬化法则的后继屈服函数可以表示成

$$F(\sigma_{ij},\alpha_{ij},k)=f-k=0 \tag{15.3.28}$$

其中

$$f=\frac{1}{2}(s_{ij}-\bar{\alpha}_{ij})(s_{ij}-\bar{\alpha}_{ij}) \quad k=\frac{1}{3}\bar{\sigma}_s^2(\bar{\varepsilon}_p,M)$$

一般情况下，有

$$\bar{\sigma}_s(\bar{\varepsilon}_p,M)=\sigma_{s0}+\int M\mathrm{d}\sigma_s(\bar{\varepsilon}_p) \tag{15.3.29}$$

如果 $M$ 保持为常数，则

$$\bar{\sigma}_s(\bar{\varepsilon}_p,M)=\sigma_{s0}+M[\sigma_s(\bar{\varepsilon}_p)-\sigma_{s0}] \tag{15.3.30}$$

至于移动张量 $\alpha_{ij}$，视所采用的运动硬化法则而定，如采用 Prager 法则，则

$$\mathrm{d}\alpha_{ij}=c\mathrm{d}\varepsilon_{ij}^{p(k)}=c(1-M)\mathrm{d}\lambda\frac{\partial f}{\partial\sigma_{ij}}=\frac{2}{3}E_p(1-M)\mathrm{d}\lambda(s_{ij}-\alpha_{ij}) \tag{15.3.31}$$

如采用 Zeigler 法则，则

$$\mathrm{d}\alpha_{ij}=\mathrm{d}\mu(1-M)(\sigma_{ij}-\bar{\alpha}_{ij})=\frac{2}{3}E_p(1-M)\mathrm{d}\lambda(\sigma_{ij}-\bar{\alpha}_{ij}) \tag{15.3.32}$$

在以上各式中，如令 $M=1$ 或 $M=0$，混合硬化法则就分别蜕化为各向同性硬化法则和运动硬化法则。

最后应当指出：类似于运动硬化法则，混合硬化法则主要用于反向加载和循环加载情况。当然，式中的塑性模量 $E_p$ 也应从不同加载分支的应力应变曲线导出。同时式中的混合硬化参数也不一定保持为常数，而是根据每一个反转点的应力 $\sigma_{ri}$ 和下一个屈服应力 $\sigma_{si}$ 之间的差值，即加载曲面的直径大小确定。

4. 加载、卸载准则

该准则用以判别从一塑性状态出发是继续塑性加载还是弹性卸载，这是计算过程中判定是否继续塑性变形以及决定是采用弹塑性本构关系还是弹性本构关系所必需的。该准则可表述如下：

(1) 若 $F=0$，且 $\dfrac{\partial f}{\partial\sigma_{ij}}\mathrm{d}\sigma_{ij}>0$，则继续塑性加载。

(2) 若 $F=0$，且 $\dfrac{\partial f}{\partial\sigma_{ij}}\mathrm{d}\sigma_{ij}<0$，则由塑性按弹性卸载。

(3) 若 $F=0$，且 $\dfrac{\partial f}{\partial\sigma_{ij}}\mathrm{d}\sigma_{ij}=0$，则应区分下面两种情况，即

① 对于理想弹塑性材料，此情况是塑性加载，因为在此条件下可以继续塑性流动。

② 对于硬化材料，此情况是中性变载，即仍保持在塑性状态，但不发生新的塑性流动（$\mathrm{d}\bar{\varepsilon}^p=0$）。

以上诸式中$\partial f/\partial \sigma_{ij}$，视按不同材料特性而采用的屈服函数形式而定。对于理想塑性材料以及采用各向同性硬化法则的材料，则

$$\frac{\partial f}{\partial \sigma_{ij}} = s_{ij} \tag{15.3.33}$$

对于采用运动硬化法则和混合硬化法则的材料，则

$$\frac{\partial f}{\partial \sigma_{ij}} = s_{ij} - \bar{\alpha}_{ij} \tag{15.3.34}$$

## 15.3.3 弹塑性增量的应力应变关系

1. 建立弹塑性应力应变关系需遵循的原则

当材料的应力点已处于屈服面上继续弹塑性加载时，需要应用弹塑性增量的应力应变关系进行弹塑性行为的分析。建立此关系时应遵循以下原则：

(1) 一致性条件

即弹塑性加载时，新的应力点($\sigma_{ij} + \mathrm{d}\sigma_{ij}$)仍保持在屈服面上。

(2) 流动法则

即新的塑性应变增量 $\mathrm{d}\varepsilon_{ij}^{p}$ 应在屈服面上原应力点处的外法线方向。

(3) 弹性应力应变关系

即应变增量 $\mathrm{d}\varepsilon_{ij}$ 的弹性部分 $\mathrm{d}\varepsilon_{ij}^{e}$ 和应力增量 $\mathrm{d}\sigma_{ij}$ 仍服从弹性力学的广义虎克定律。

2. 各向同性硬化材料的应力应变关系

(1) 按照一致性条件，应有

$$\frac{\partial f}{\partial \sigma_{ij}}\mathrm{d}\sigma_{ij} - \frac{2}{3}\sigma_s \frac{\mathrm{d}\sigma_s}{\mathrm{d}\bar{\varepsilon}_p}\mathrm{d}\bar{\varepsilon}_p = 0 \tag{15.3.35}$$

其中

$$\frac{\partial f}{\partial \sigma_{ij}} = s_{ij} \qquad \frac{\mathrm{d}\sigma_s}{\mathrm{d}\bar{\varepsilon}_p} = E_p \tag{15.3.36}$$

(2) 按照法向流动法则

$$\mathrm{d}\varepsilon_{ij}^{p} = \mathrm{d}\lambda \frac{\partial f}{\partial \sigma_{ij}} \tag{15.3.8}$$

所以有

$$\mathrm{d}\bar{\varepsilon}_p = \left(\frac{2}{3}\mathrm{d}\varepsilon_{ij}^{p}\mathrm{d}\varepsilon_{ij}^{p}\right)^{1/2} = \mathrm{d}\lambda\left(\frac{2}{3}\frac{\partial f}{\partial \sigma_{ij}}\frac{\partial f}{\partial \sigma_{ij}}\right)^{1/2} = \frac{2}{3}\mathrm{d}\lambda\,\sigma_s \tag{15.3.37}$$

(3) 在小应变情况下，应变增量可以分为弹性和塑性两部分，即

$$\mathrm{d}\varepsilon_{ij} = \mathrm{d}\varepsilon_{ij}^{e} + \mathrm{d}\varepsilon_{ij}^{p} \tag{15.3.38}$$

因此，利用弹性应力应变关系，可将 $\mathrm{d}\sigma_{ij}$ 表示为

$$\mathrm{d}\sigma_{ij} = D_{ijkl}^{e}\,\mathrm{d}\varepsilon_{kl}^{e} = D_{ijkl}^{e}(\mathrm{d}\varepsilon_{kl} - \mathrm{d}\varepsilon_{kl}^{p}) \tag{15.3.39}$$

再将(15.3.8)式代入，则得到

$$d\sigma_{ij} = D^{e}_{ijkl}\, d\varepsilon_{kl} - D^{e}_{ijkl}\, d\lambda \frac{\partial f}{\partial \sigma_{kl}} \tag{15.3.40}$$

其中

$$\begin{aligned} D^{e}_{ijkl} &= 2G\left(\delta_{ik}\delta_{jl} + \frac{\nu}{1-2\nu}\delta_{ij}\delta_{kl}\right) \\ &= 2G\delta_{ik}\delta_{jl} + \lambda\delta_{ij}\delta_{kl} \end{aligned} \tag{15.3.41}$$

$$\lambda = \frac{2G\nu}{1-2\nu} = \frac{E\nu}{(1+\nu)(1-2\nu)}$$

(15.3.39)式中的 $d\varepsilon^{p}_{kl}$ 实际上可以看作是初应变。将此式和(15.3.36)、(15.3.37)式一并代入(15.3.35)式，经整理可得

$$d\lambda = \frac{\left(\dfrac{\partial f}{\partial \sigma_{ij}}\right) D^{e}_{ijkl}\, d\varepsilon_{kl}}{\left(\dfrac{\partial f}{\partial \sigma_{ij}}\right) D^{e}_{ijkl} \left(\dfrac{\partial f}{\partial \sigma_{kl}}\right) + \dfrac{4}{9}\sigma_s^2 E_p} \tag{15.3.42}$$

将此式再代回至(15.3.40)式，则可得到应力应变的增量关系式为

$$d\sigma_{ij} = D^{ep}_{ijkl}\, d\varepsilon_{kl} \tag{15.3.43}$$

其中 $D^{ep}_{ijkl} = D^{e}_{ijkl} - D^{p}_{ijkl}$。$D^{p}_{ijkl}$ 称为塑性矩阵，它的一般表达式是

$$D^{p}_{ijkl} = \frac{D^{e}_{ijmn}\left(\dfrac{\partial f}{\partial \sigma_{mn}}\right) D^{e}_{rskl}\left(\dfrac{\partial f}{\partial \sigma_{rs}}\right)}{\left(\dfrac{\partial f}{\partial \sigma_{ij}}\right) D^{e}_{ijkl} \left(\dfrac{\partial f}{\partial \sigma_{kl}}\right) + \dfrac{4}{9}\sigma_s^2 E_p} \tag{15.3.44}$$

为便于将上列的应力应变关系的一般表达式用于各种具体问题并给出它们的显式，现在首先将(15.3.42)、(15.3.44)式改写成矩阵形式，即

$$d\lambda = \frac{\left(\dfrac{\partial f}{\partial \boldsymbol{\sigma}}\right)^{T} \boldsymbol{D}_e\, d\boldsymbol{\varepsilon}}{\left(\dfrac{\partial f}{\partial \boldsymbol{\sigma}}\right)^{T} \boldsymbol{D}_e \left(\dfrac{\partial f}{\partial \boldsymbol{\sigma}}\right) + \dfrac{4}{9}\sigma_s^2 E_p} \tag{15.3.45}$$

$$\boldsymbol{D}_p = \frac{\boldsymbol{D}_e\left(\dfrac{\partial f}{\partial \boldsymbol{\sigma}}\right)\left(\dfrac{\partial f}{\partial \boldsymbol{\sigma}}\right)^{T} \boldsymbol{D}_e}{\left(\dfrac{\partial f}{\partial \boldsymbol{\sigma}}\right)^{T} \boldsymbol{D}_e \left(\dfrac{\partial f}{\partial \boldsymbol{\sigma}}\right) + \dfrac{4}{9}\sigma_s^2 E_p} \tag{15.3.46}$$

### 3. 用于不同问题的具体表达形式

(1) 三维空间问题

$$\begin{aligned} \boldsymbol{\sigma} &= [\sigma_x \quad \sigma_y \quad \sigma_z \quad \tau_{xy} \quad \tau_{yz} \quad \tau_{zx}]^{T} \\ \boldsymbol{\varepsilon} &= [\varepsilon_x \quad \varepsilon_y \quad \varepsilon_z \quad \gamma_{xy} \quad \gamma_{yz} \quad \gamma_{zx}]^{T} \end{aligned} \tag{15.3.47}$$

$$\boldsymbol{D}_e = \frac{E}{1+\nu}\begin{bmatrix} \frac{1-\nu}{1-2\nu} & \frac{\nu}{1-2\nu} & \frac{\nu}{1-2\nu} & 0 & 0 & 0 \\ & \frac{1-\nu}{1-2\nu} & \frac{\nu}{1-2\nu} & 0 & 0 & 0 \\ & & \frac{1-\nu}{1-2\nu} & 0 & 0 & 0 \\ & \text{对} & & \frac{1}{2} & 0 & 0 \\ & & \text{称} & & \frac{1}{2} & 0 \\ & & & & & \frac{1}{2} \end{bmatrix} \tag{15.3.48}$$

对于各向同性硬化材料,屈服函数表示为

$$F = f - k = 0 \tag{15.3.49}$$

其中

$$f = \frac{1}{2}(s_x^2 + s_y^2 + s_z^2 + 2\tau_{xy}^2 + 2\tau_{yz}^2 + 2\tau_{zx}^2)$$

$$k = \frac{1}{3}\sigma_s^2$$

并且

$$s_i = \sigma_i - \frac{1}{3}(\sigma_x + \sigma_y + \sigma_z) \qquad (i = x, y, z)$$

从上式可以得到

$$\frac{\partial f}{\partial \boldsymbol{\sigma}} = [s_x \quad s_y \quad s_z \quad 2\tau_{xy} \quad 2\tau_{yz} \quad 2\tau_{zx}]^{\mathrm{T}} \tag{15.3.50}$$

将(15.3.48)和(15.3.50)式代入(15.3.45)和(15.3.46)式,就得到

$$\mathrm{d}\lambda = \frac{9G\boldsymbol{S}^{\mathrm{T}}\mathrm{d}\boldsymbol{\varepsilon}}{2\sigma_s^2(3G + E_p)} \tag{15.3.51}$$

$$\boldsymbol{D}_p = \frac{9G^2\boldsymbol{S}\boldsymbol{S}^{\mathrm{T}}}{\sigma_s^2(3G + E_p)} \tag{15.3.52}$$

以上两式中

$$\boldsymbol{S} = [s_x \quad s_y \quad s_z \quad \tau_{xy} \quad \tau_{yz} \quad \tau_{zx}]^{\mathrm{T}}$$

$$\boldsymbol{S}\boldsymbol{S}^{\mathrm{T}} = \begin{bmatrix} s_x^2 & s_x s_y & s_x s_z & s_x\tau_{xy} & s_x\tau_{yz} & s_x\tau_{zx} \\ & s_y^2 & s_y s_z & s_y\tau_{xy} & s_y\tau_{yz} & s_y\tau_{zx} \\ & & s_z^2 & s_z\tau_{xy} & s_z\tau_{yz} & s_z\tau_{zx} \\ & \text{对} & & \tau_{xy}^2 & \tau_{xy}\tau_{yz} & \tau_{xy}\tau_{zx} \\ & & & & \tau_{yz}^2 & \tau_{yz}\tau_{zx} \\ & & \text{称} & & & \tau_{zx}^2 \end{bmatrix}$$

从(15.3.48)和(15.3.52)式就可以得到各向同性材料的三维空间问题的弹塑性矩阵 $\boldsymbol{D}_{ep}$ 的显式表达式。

(2) 轴对称问题和平面应变问题

这两类问题可以按照同一格式处理。它们各自仅有 4 个非零的应力和应变分量,即对于轴对称问题:

$$\begin{aligned}\boldsymbol{\sigma} &= [\sigma_r \quad \sigma_z \quad \sigma_\theta \quad \tau_{rz}]^{\mathrm{T}} \\ \boldsymbol{s} &= [s_r \quad s_z \quad s_\theta \quad \tau_{rz}]^{\mathrm{T}} \\ \boldsymbol{\varepsilon} &= [\varepsilon_r \quad \varepsilon_z \quad \varepsilon_\theta \quad \gamma_{rz}]^{\mathrm{T}}\end{aligned} \tag{15.3.53}$$

对于平面应变问题:

$$\begin{aligned}\boldsymbol{\sigma} &= [\sigma_x \quad \sigma_y \quad \sigma_z \quad \tau_{xy}]^{\mathrm{T}} \\ \boldsymbol{s} &= [s_x \quad s_y \quad s_z \quad \tau_{xy}]^{\mathrm{T}} \\ \boldsymbol{\varepsilon} &= [\varepsilon_x \quad \varepsilon_y \quad 0 \quad \gamma_{xy}]^{\mathrm{T}}\end{aligned} \tag{15.3.54}$$

可以看出,如果将(15.3.48)和(15.3.52)式中的最后 2 行和 2 列划去,就可以得到平面应变问题和轴对称问题的 $\boldsymbol{D}_e$ 和 $\boldsymbol{D}_p$。对于轴对称问题,$\boldsymbol{D}_p$ 中各个应力偏量的下标 $x,y,z$ 则需分别代换为 $r,z,\theta$。

(3) 平面应力问题

为了引入 $\sigma_z=0$ 的条件,利用 $\sigma_x,\sigma_y,\tau_{xy}$ 子空间的屈服函数和应力应变关系比较方便。这时有

$$\begin{aligned}\boldsymbol{\sigma} &= [\sigma_x \quad \sigma_y \quad \tau_{xy}]^{\mathrm{T}} \\ \boldsymbol{\varepsilon} &= [\varepsilon_x \quad \varepsilon_y \quad \gamma_{xy}]^{\mathrm{T}}\end{aligned} \tag{15.3.55}$$

$$\boldsymbol{D}_e = \frac{E}{1-\nu^2}\begin{bmatrix} 1 & \nu & 0 \\ \nu & 1 & 0 \\ 0 & 0 & \dfrac{1-\nu}{2} \end{bmatrix} \tag{15.3.56}$$

对于各向同性硬化材料,屈服函数表示为

$$F = f - k = 0 \tag{15.3.57}$$

其中

$$f = \frac{1}{2}(s_x^2 + s_y^2 + s_z^2 + 2\tau_{xy}^2) = \frac{1}{3}(\sigma_x^2 + \sigma_y^2 - \sigma_x\sigma_y + 3\tau_{xy}^2)$$

$$k = \frac{1}{3}\sigma_s^2$$

并且

$$s_x = \sigma_x - \frac{1}{3}(\sigma_x + \sigma_y) = \frac{1}{3}(2\sigma_x - \sigma_y)$$

$$s_y = \sigma_y - \frac{1}{3}(\sigma_x + \sigma_y) = \frac{1}{3}(2\sigma_y - \sigma_x)$$

$$s_z = -\frac{1}{3}(\sigma_x + \sigma_y)$$

因此

$$\frac{\partial f}{\partial \boldsymbol{\sigma}} = [s_x \quad s_y \quad 2\tau_{xy}]^{\mathrm{T}} \tag{15.3.58}$$

将以上各式代入(15.3.45)和(15.3.46)式，就得到

$$\mathrm{d}\lambda = [(s_x + \nu s_y)\mathrm{d}\varepsilon_x + (s_y + \nu s_x)\mathrm{d}\varepsilon_y + (1-\nu)\tau_{xy}\mathrm{d}\gamma_{xy}]/B \tag{15.3.59}$$

$$\boldsymbol{D}_p = \frac{E}{B(1-\nu^2)}\begin{bmatrix} (s_x + \nu s_y)^2 & (s_x + \nu s_y)(s_y + \nu s_x) & (1-\nu)(s_x + \nu s_y)\tau_{xy} \\ \text{对} & (s_y + \nu s_x)^2 & (1-\nu)(s_y + \nu s_x)\tau_{xy} \\ & \text{称} & (1-\nu)^2\tau_{xy}^2 \end{bmatrix} \tag{15.3.60}$$

以上两式中

$$B = s_x^2 + s_y^2 + 2\nu s_x s_y + 2(1-\nu)\tau_{xy}^2 + \frac{2(1-\nu)E_p\sigma_s^2}{9G}$$

应补充指出的是，在平面应力问题中，$\mathrm{d}\varepsilon_z^p$ 不能直接利用(15.3.8)和(15.3.57)式计算得到，而应利用塑性体积应变增量等于零的条件得到。此时 $\mathrm{d}\varepsilon_z^p = -(\mathrm{d}\varepsilon_x^p + \mathrm{d}\varepsilon_y^p)$。

(4) 板壳问题

从第11章中已知壳体单元分为两类：一类是基于壳体理论的单元，其中包括11.2～11.3节讨论的轴对称壳元和11.4节讨论的由平面应力单元和平板单元合成的平面壳元；另一类是11.5节讨论的由三维实体元蜕化得到的壳元，其中最常用的是超参壳元。后一类单元的刚度矩阵表达式(11.5.27)应在 $\xi,\eta,\zeta$ 三个方向进行积分。当将此类单元用于弹塑性情形时，由于被积函数中的应力应变矩阵 $\boldsymbol{D}$ 应表示为 $\boldsymbol{D}_{ep}$，它不再是常数阵；同时应力在 $\zeta$ 方向也不再是直线分布，它们都是依赖于弹塑性状态而变化的。因此在形成弹塑性刚度矩阵 $\boldsymbol{K}_{ep}$ 时，需要采用较多的积分点，特别是在 $\zeta$ 方向应布置较多的积分点(例如6～8点)才能达到必要的精度。而基于壳体理论的壳元和超参壳元不同，它的应力应变关系是定义于中面的广义应力应变关系，这是由于建立此关系时，已经利用平面应力型的应力应变关系，并在厚度方向进行了积分，因此在形成刚度矩阵时只需要在中面内进行数值积分。现在首先讨论如何利用平面应力型的弹塑性关系并在厚度方向积分，从而建立相应定义于中面的弹塑性广义应力应变关系，为此可以参照弹性板壳广义应力应变关系的建立过程。

对于壳体，当采用基于壳体理论的单元进行分析时，壳体内的局部坐标系 $x,y,z$ 中任一点的应变 $\varepsilon_x,\varepsilon_y,\varepsilon_z$ 可以用中面上的对应点$(x,y,0)$的广义应变表示，即

$$\begin{aligned} &\varepsilon_x^{(z)} = \varepsilon_x + zk_x \qquad \varepsilon_y^{(z)} = \varepsilon_y + zk_y \\ &\gamma_{xy}^{(z)} = \gamma_{xy} + zk_{xy} \end{aligned} \tag{15.3.61}$$

将上式用于增量形式，并表示为矩阵形式，则有

$$\mathrm{d}\boldsymbol{\varepsilon}^{(z)} = \mathrm{d}\boldsymbol{\varepsilon}^{(m)} + z\mathrm{d}\boldsymbol{\varepsilon}^{(b)} = [1 \quad z]\mathrm{d}\boldsymbol{\varepsilon} \tag{15.3.62}$$

其中

$$\mathrm{d}\boldsymbol{\varepsilon}^{(z)} = [\mathrm{d}\varepsilon_x^{(z)} \quad \mathrm{d}\varepsilon_y^{(z)} \quad \gamma_{xy}^{(z)}]^{\mathrm{T}}$$

$\boldsymbol{\varepsilon}^{(m)}$，$\boldsymbol{\varepsilon}^{(b)}$和$\boldsymbol{\varepsilon}$参见 11.2 节和 11.4 节有关表达式。

因为板壳问题中平行于中面的每一薄层处于平面应力状态，所以壳体内任一点的应力增量可以表示为

$$\mathrm{d}\boldsymbol{\sigma}^{(z)} = \boldsymbol{D}_{ep}^{(z)}\,\mathrm{d}\boldsymbol{\varepsilon}^{(z)} = \boldsymbol{D}_{ep}^{(z)}[1 \quad z]\mathrm{d}\boldsymbol{\varepsilon} \tag{15.3.63}$$

其中 $\boldsymbol{D}_{ep}^{(z)}$ 可利用平面应力问题的(15.3.56)和(15.3.60)式得到，要注意的是 $\boldsymbol{D}_p$ 中的每个材料参数和应力分量现在是 $z$ 的函数。

进一步通过沿壳体厚度方向的积分，可以得到壳体的广义应力增量和广义应变增量的关系为

$$\begin{aligned} \mathrm{d}\boldsymbol{\sigma}^{(m)} &= \int_{-t/2}^{t/2} \mathrm{d}\boldsymbol{\sigma}^{(z)}\,\mathrm{d}z = \int_{-t/2}^{t/2} \boldsymbol{D}_{ep}^{(z)}\,\mathrm{d}\boldsymbol{\varepsilon}^{(z)}\,\mathrm{d}z \\ &= \int_{-t/2}^{t/2} \boldsymbol{D}_{ep}^{(z)}[1 \quad z]\mathrm{d}z\ \mathrm{d}\boldsymbol{\varepsilon} \\ \mathrm{d}\boldsymbol{\sigma}^{(b)} &= \int_{-t/2}^{t/2} \mathrm{d}\boldsymbol{\sigma}^{(z)} z\mathrm{d}z = \int_{-t/2}^{t/2} \boldsymbol{D}_{ep}^{(z)} z\,\mathrm{d}\boldsymbol{\varepsilon}^{(z)}\,\mathrm{d}z \\ &= \int_{-t/2}^{t/2} \boldsymbol{D}_{ep}^{(z)}[z \quad z^2]\mathrm{d}z\mathrm{d}\boldsymbol{\varepsilon} \end{aligned} \tag{15.3.64}$$

或者写成

$$\mathrm{d}\boldsymbol{\sigma} = \boldsymbol{D}_{ep}^{s}\,\mathrm{d}\boldsymbol{\varepsilon} \tag{15.3.65}$$

其中

$$\boldsymbol{D}_{ep}^{s} = \int_{-t/2}^{t/2} \boldsymbol{D}_{ep}^{(z)} \begin{bmatrix} 1 & z \\ z & z^2 \end{bmatrix} \mathrm{d}z \tag{15.3.66}$$

这里的$\boldsymbol{\sigma}^{(m)}$，$\boldsymbol{\sigma}^{(b)}$，$\boldsymbol{\sigma}$参见 11.2 和 11.4 节的有关表达式。以上各式如令 $\mathrm{d}\boldsymbol{\varepsilon}^{(m)}$ 和 $\mathrm{d}\boldsymbol{\sigma}^{(m)}$ 为零，就得到薄板的广义应力应变的增量关系。

为了对壳体的本构关系矩阵(15.3.66)式进行积分，一般沿厚度方向 $z$ 设置若干取样点。对于每一取样点，在计算过程中保留其弹塑性状态的历史，然后通过数值积分法得到 $\boldsymbol{D}_{ep}^{s}$ 的任一指定点($x$，$y$ 点)的数值。

对于考虑横向剪切影响的 Mindlin 板单元，转动和挠度各自独立插值的轴对称壳元，以及三维超参壳元，当用于弹塑性分析时，为了分析方便，通常在弹塑性本构关系中只包含 $\varepsilon_x$，$\varepsilon_y$，$\gamma_{xy}$ 及 $\sigma_x$，$\sigma_y$，$\tau_{xy}$。也就是前面所推导的(15.3.61)～(15.3.66)式仍然保持不变，

而横向剪切变形 $\gamma_{xz}$，$\gamma_{yz}$ 和横向剪切应力 $\tau_{xz}$，$\tau_{yz}$ 也仍按原来的弹性关系处理。这在理论上是不严格的，但由于 $\tau_{xz}$ 和 $\tau_{yz}$ 相对较小，对计算精度的影响很小。

4. 其他硬化材料的应力应变关系

以上对于各向同性硬化材料应用于各类具体问题时所导出的 $\mathrm{d}\lambda$ 和 $\boldsymbol{D}_p$ 的表达式，只需考虑不同硬化材料屈服条件中 $f$ 和 $k$ 的区别，稍加修改，就可以应用于其他的硬化材料。

（1）理想弹塑性材料

因为此类材料的屈服条件是：

$$\frac{\partial f}{\partial \boldsymbol{\sigma}} = \boldsymbol{s} \qquad k = \frac{1}{3}\sigma_{s0}^2 \qquad E_p = 0$$

所以只需在各向同性硬化材料的 $\mathrm{d}\lambda$ 和 $\boldsymbol{D}_p$ 的表达式中用 $\sigma_{s0}$ 代替 $\sigma_s$，并令 $E_p=0$ 即可。

（2）运动硬化材料

对于此类材料，因为屈服条件是：

$$\frac{\partial f}{\partial \boldsymbol{\sigma}} = \boldsymbol{s} - \boldsymbol{\alpha} \qquad k = \frac{1}{3}\sigma_{s0}^2$$

所以只需在各向同性硬化材料的 $\mathrm{d}\lambda$ 和 $\boldsymbol{D}_p$ 的表达式中用 $\boldsymbol{s}-\boldsymbol{\alpha}$ 和 $\sigma_{s0}$ 分别代替 $\boldsymbol{s}$ 和 $\sigma_s$ 即可。

（3）混合硬化材料

因为混合硬化材料的屈服条件是：

$$\frac{\partial f}{\partial \boldsymbol{\sigma}} = \boldsymbol{s} - \bar{\boldsymbol{\alpha}} \qquad k = \frac{1}{3}\bar{\sigma}_s^2(\bar{\varepsilon}_p, M)$$

所以只需在各向同性硬化材料的 $\mathrm{d}\lambda$ 和 $\boldsymbol{D}_p$ 的表达式中用 $\boldsymbol{s}-\bar{\boldsymbol{\alpha}}$ 和 $\bar{\sigma}_s(\bar{\varepsilon}_p, M)$ 分别代替 $\boldsymbol{s}$ 和 $\sigma_s$ 即可。

以上结论可以按照推导各向同性硬化材料的 $\mathrm{d}\lambda$ 和 $\boldsymbol{D}_p$ 表达式相同的步骤加以验证。

### 15.3.4 弹塑性全量的应力应变关系

现在要建立的是以应力和应变的全量为基础的弹塑性应力应变关系，也就是基于塑性力学全量(形变)理论的应力应变关系。全量理论的基本假设是，应力主方向和应变主方向是重合的，而且在整个加载过程中主方向保持不变。严格说在一般情况下，此假设是不能实现的。但是在实际分析中常常遇到单参数加载情况(单参数加载是指加载过程中作用于结构的载荷向量 $\boldsymbol{Q}$ 能表示为 $\boldsymbol{Q}=\lambda\boldsymbol{Q}_0$ 的比例加载，$\lambda$ 称为载荷参数)。对于此种情况，当变形满足小应变条件时，可以认为上述假设能够近似地实现。此时采用全量理论将使整个分析包括本构关系的建立得到很大程度的简化。

建立全量弹塑性应力应变关系需要遵循的原则与建立增量弹塑性应力应变关系时的相类似，只是应力和应变是用全量表示的。同时由于全量理论的基本假设，使推导过程大大简化。

1. 材料的 $\bar{\sigma}$-$\bar{\varepsilon}$ 曲线

由于应力应变的主方向相同，且加载过程中保持不变，所以材料的弹塑性性质可以用等效应力 $\bar{\sigma}$ 和等效应变 $\bar{\varepsilon}$ 的单一曲线表示，如图 15.15 所示。

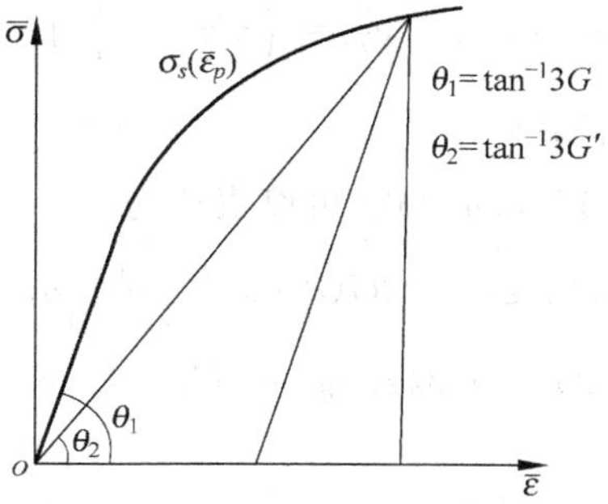


（$G$ 是弹性剪切模量，$G'$ 是弹塑性剪切模量）

图 15.15　材料的 $\bar{\sigma}$-$\bar{\varepsilon}$ 曲线

等效应力和等效应变的表达式分别为

$$\bar{\sigma}=\left(\frac{3}{2}s_{ij}s_{ij}\right)^{1/2}\qquad \bar{\varepsilon}=\left(\frac{2}{3}e_{ij}e_{ij}\right)^{1/2} \tag{15.3.67}$$

其中

$$s_{ij}=\sigma_{ij}-\sigma_m\delta_{ij}\qquad \sigma_m=\frac{1}{3}(\sigma_{11}+\sigma_{22}+\sigma_{33})$$

$$e_{ij}=\varepsilon_{ij}-\varepsilon_m\delta_{ij}\qquad \varepsilon_m=\frac{1}{3}(\varepsilon_{11}+\varepsilon_{22}+\varepsilon_{33})$$

令 $G$ 和 $G'$ 分别表示弹性剪切模量和弹塑性剪切模量。当 $\bar{\varepsilon}<\sigma_{s0}/3G$ 时，材料处于弹性状态，此时

$$e_{ij}=e_{ij}^e=\frac{s_{ij}}{2G} \tag{15.3.68}$$

当 $\bar{\varepsilon}>\sigma_{s0}/3G$ 时，材料进入弹塑性状态，此时

$$e_{ij}=\frac{s_{ij}}{2G'}\qquad \bar{\sigma}=\sigma_s(\bar{\varepsilon}_p) \tag{15.3.69}$$

从(15.3.67)和(15.3.69)式可以得到

$$\frac{1}{2G'}=\frac{3}{2}\frac{\bar{\varepsilon}}{\bar{\sigma}}=\frac{3}{2}\frac{\bar{\varepsilon}}{\sigma_s}$$

或　　(15.3.70)

$$G'=\frac{\sigma_s}{3\bar{\varepsilon}}$$

2. 塑性应变表达式

因为 $e_{ij}$ 可表示为

$$e_{ij} = e_{ij}^e + e_{ij}^p = e_{ij}^e + \varepsilon_{ij}^p$$

所以得到塑性应变的表达式为

$$\varepsilon_{ij}^p = e_{ij} - e_{ij}^e = \left(\frac{1}{2G'} - \frac{1}{2G}\right)s_{ij} \tag{15.3.71}$$

3. 弹塑性全量应力应变关系[10]

弹性应力应变关系参见(15.3.41)式，可以表达为

$$\begin{aligned}\sigma_{ij} &= D_{ijkl}^e\,\varepsilon_{kl} = 2G\left(\delta_{ik}\delta_{jl} + \frac{\nu}{1-2\nu}\delta_{ij}\delta_{kl}\right)\varepsilon_{kl} \\ &= 2G\varepsilon_{ij} + 3\lambda\varepsilon_m\delta_{ij} = 2Ge_{ij} + 3K\varepsilon_m\delta_{ij}\end{aligned} \tag{15.3.72}$$

其中

$$\lambda = \frac{2G\nu}{1-2\nu} = \frac{E\nu}{(1+\nu)(1-2\nu)} \qquad K = \lambda + \frac{2}{3}G = \frac{E}{3(1-2\nu)}$$

弹塑性状态的 $e_{ij}^e$ 和 $\varepsilon_m$ 也应该服从以上关系，即上式应改写为

$$\sigma_{ij} = 2Ge_{ij}^e + 3K\varepsilon_m\delta_{ij}$$

因为由(15.3.68)和(15.3.69)式可知

$$2Ge_{ij}^e = s_{ij} = 2G'e_{ij}$$

所以，弹塑性的全量应力应变关系可表示为

$$\begin{aligned}\sigma_{ij} &= 2G'e_{ij} + 3K\varepsilon_m\delta_{ij} \\ &= 2G'\varepsilon_{ij} + 3\lambda'\varepsilon_m\delta_{ij} = D_{ijkl}^{ep}\varepsilon_{kl}\end{aligned} \tag{15.3.73}$$

其中

$$\lambda' = K - \frac{2}{3}G' = \lambda + \frac{2}{3}(G - G')$$

$D_{ijkl}^{ep}$ 是弹塑性全量本构张量，即

$$D_{ijkl}^{ep} = 2G'\delta_{ik}\delta_{jl} + \lambda'\delta_{ij}\delta_{kl} \tag{15.3.74}$$

和弹性本构张量 $D_{ijkl}^e$ 相比较，$D_{ijkl}^{ep}$ 中只是用 $G'$ 和 $\lambda'$ 代替了 $D_{ijkl}^e$ 中的 $G$ 和 $\lambda$。如果进一步将 $D_{ijkl}^{ep}$ 表示为如下形式，即

$$D_{ijkl}^{ep} = D_{ijkl}^e - D_{ijkl}^p$$

就可得到

$$D_{ijkl}^p = 2\widetilde{G}\delta_{ik}\delta_{jl} - \frac{2}{3}\widetilde{G}\delta_{ij}\delta_{kl} \tag{15.3.75}$$

其中

$$\widetilde{G} = G - G' = -\frac{3}{2}(\lambda - \lambda')$$

当 $\bar{\varepsilon}<\sigma_{s0}/3G$ 时，材料处于弹性状态，这时 $\bar{\varepsilon}_p=0, G'=G$，所以 $\widetilde{G}=0, D_{ijkl}^p=0$。

(15.3.73)式的矩阵形式是

$$\boldsymbol{\sigma}=\boldsymbol{D}_{ep}\,\boldsymbol{\varepsilon} \tag{15.3.76}$$

其中

$$\boldsymbol{D}_{ep}=\boldsymbol{D}_e-\boldsymbol{D}_p$$

和增量应力应变关系相类似，以下给出上述全量应力应变关系用于各种情形的具体形式。

(1) 三维空间问题

$$\boldsymbol{\varepsilon}_p=\left(\frac{1}{2G'}-\frac{1}{2G}\right)[s_x \quad s_y \quad s_z \quad 2\tau_{xy} \quad 2\tau_{yz} \quad 2\tau_{zx}]^{\mathrm{T}} \tag{15.3.77}$$

其中

$$\boldsymbol{\varepsilon}_p=[\varepsilon_x^p \quad \varepsilon_y^p \quad \varepsilon_z^p \quad \gamma_{xy}^p \quad \gamma_{yz}^p \quad \gamma_{zx}^p]^{\mathrm{T}}$$

$$\boldsymbol{D}_p=\widetilde{G}\begin{bmatrix}\frac{4}{3} & -\frac{2}{3} & -\frac{2}{3} & 0 & 0 & 0\\ & \frac{4}{3} & -\frac{2}{3} & 0 & 0 & 0\\ \text{对} & & \frac{4}{3} & 0 & 0 & 0\\ & & & 1 & 0 & 0\\ & & & & 1 & 0\\ & & \text{称} & & & 1\end{bmatrix} \tag{15.3.78}$$

(2) 平面应变问题和轴对称问题

对于平面应变问题，仅需划去以上三维空间问题的 $\boldsymbol{\varepsilon}_p$ 和 $\boldsymbol{D}_p$ 表达式中的最后两行和最后两列，即可得到平面应变问题的 $\boldsymbol{\varepsilon}_p$ 和 $\boldsymbol{D}_p$ 表达式。对于轴对称问题，$\boldsymbol{\varepsilon}_p$ 和 $\boldsymbol{D}_p$ 的表达形式与平面应变问题相同，只是其中的下标 $x,y,z$ 要用 $r,z,\theta$ 代替。

(3) 平面应力问题

$$\boldsymbol{\varepsilon}_p=\left(\frac{1}{2G'}-\frac{1}{2G}\right)[s_x \quad s_y \quad 2\tau_{xy}] \tag{15.3.79}$$

并且

$$\boldsymbol{\varepsilon}_p=[\varepsilon_x^p \quad \varepsilon_y^p \quad \gamma_{xy}^p]$$

$$\boldsymbol{D}_p=\widetilde{G}\begin{bmatrix}\frac{2(2-\nu)+c}{3(1-\nu)} & -\frac{2(1-2\nu)+c}{3(1-\nu)} & 0\\ -\frac{2(1-2\nu)+c}{3(1-\nu)} & \frac{2}{3}\,\frac{(2-\nu)+c}{(1-\nu)} & 0\\ 0 & 0 & 1\end{bmatrix} \tag{15.3.80}$$

其中

$$c=2(1+\nu)[3G\nu+\widetilde{G}(1-2\nu)]/[3G(1-\nu)-2\widetilde{G}(1-2\nu)]$$

在结束材料弹塑性本构关系讨论时还应指出，在本节的讨论中未涉及温度对材料本构关系的影响。在实际分析中，温度特别是高温对材料行为的影响常常是必须考虑的。关于这方面的内容将在本章15.7节的蠕变有限元分析中一并讨论。

# 15.4 弹塑性增量有限元分析

## 15.4.1 弹塑性问题的增量方程

由于材料和结构的弹塑性行为与加载以及变形的历史有关。在进行结构的弹塑性分析时，通常将载荷分成若干个增量，然后对于每一载荷增量，将弹塑性方程线性化，从而使弹塑性分析这一非线性问题分解为一系列线性问题。

假设对应于时刻 $t$ 的载荷和位移条件（${}^t\bar{F}_i$ 在 $V$ 内；${}^t\bar{T}_i$ 在 $S_\sigma$ 上；${}^t\bar{u}_i$ 在 $S_u$ 上）的位移${}^tu_i$，应变${}^t\varepsilon_{ij}$和应力${}^t\sigma_{ij}$已经求得，当时间过渡到 $t+\Delta t$（在静力分析且不考虑时间效应的情况下，$t$ 和 $t+\Delta t$ 都只表示载荷的水平），载荷和位移条件有一增量，即

$$\begin{aligned} {}^{t+\Delta t}\bar{F}_i &= {}^t\bar{F}_i + \Delta\bar{F}_i \qquad (\text{在 } V \text{ 内}) \\ {}^{t+\Delta t}\bar{T}_i &= {}^t\bar{T}_i + \Delta\bar{T}_i \qquad (\text{在 } S_\sigma \text{ 上}) \\ {}^{t+\Delta t}\bar{u}_i &= {}^t\bar{u}_i + \Delta\bar{u}_i \qquad (\text{在 } S_u \text{ 上}) \end{aligned} \tag{15.4.1}$$

现在要求解 $t+\Delta t$ 时刻的位移，应变和应力，即

$$\begin{aligned} {}^{t+\Delta t}u_i &= {}^tu_i + \Delta u_i \\ {}^{t+\Delta t}\varepsilon_{ij} &= {}^t\varepsilon_{ij} + \Delta\varepsilon_{ij} \\ {}^{t+\Delta t}\sigma_{ij} &= {}^t\sigma_{ij} + \Delta\sigma_{ij} \end{aligned} \tag{15.4.2}$$

它们应满足的方程和边界条件是

平衡方程：

$${}^t\sigma_{ij,j} + \Delta\sigma_{ij,j} + {}^t\bar{F}_i + \Delta\bar{F}_i = 0 \quad (\text{在 } V \text{ 内}) \tag{15.4.3}$$

应变和位移的关系：

$${}^t\varepsilon_{ij} + \Delta\varepsilon_{ij} = \frac{1}{2}({}^tu_{i,j} + {}^tu_{j,i}) + \frac{1}{2}(\Delta u_{i,j} + \Delta u_{j,i}) \quad (\text{在 } V \text{ 内}) \tag{15.4.4}$$

应力和应变关系（线性化表示）：

$$\Delta\sigma_{ij} = {}^\tau D_{ijkl}^{ep}\,\Delta\varepsilon_{kl} \quad (t \leqslant \tau \leqslant t+\Delta t) \quad (\text{在 } V \text{ 内}) \tag{15.4.5}$$

边界条件：

$${}^tT_i + \Delta T_i = {}^t\bar{T}_i + \Delta\bar{T}_i \quad (\text{在 } S_\sigma \text{ 上}) \tag{15.4.6}$$

$${}^tu_i + \Delta u_i = {}^t\bar{u}_i + \Delta\bar{u}_i \quad (\text{在 } S_u \text{ 上}) \tag{15.4.7}$$

(15.4.6)式中

$${}^tT_i = {}^t\sigma_{ij}n_j \quad \Delta T_i = \Delta\sigma_{ij}n_j \tag{15.4.8}$$

需要指出，在小变形的弹塑性分析中，除应力应变关系以外，其他方程和边界条件都是线性的。所以(15.4.3)～(15.4.8)式中除(15.4.5)式以外都未作进一步简化。如

果${}^t u_i$，${}^t\varepsilon_{ij}$和${}^t\sigma_{ij}$已精确地满足时刻$t$的各个方程和边界条件，则可以从上列方程和边界条件中消去它们。现在仍保留它们是由于考虑数值求解的结果，它们不一定精确地满足方程和边界条件。这样做相当于进行一次平衡校正的迭代，可以避免解的漂移。

至于应力应变关系表示成(15.4.5)式，这是一种线性化处理。因为$\Delta\sigma_{ij}$应通过对非线性关系进行积分得到，即

$$\Delta\sigma_{ij}=\int_t^{t+\Delta t}\mathrm{d}\sigma_{ij}=\int_t^{t+\Delta t}D_{ijkl}^{ep}\,\mathrm{d}\varepsilon_{kl} \tag{15.4.9}$$

式中，$D_{ijkl}^{ep}$是$\sigma_{ij}$，$\alpha_{ij}$，$\bar{\varepsilon}_p$等的函数，而它们本身都是待求的未知量，所以将$\Delta\sigma_{ij}$表示为(15.4.5)式是一种线性化处理。如果令${}^\tau D_{ijkl}^{ep}={}^t D_{ijkl}^{ep}$，则相当于最简单的欧拉方法。在弹塑性有限元分析中称为起点切线刚度法。当然，还可采用预测校正的方法确定$\tau$的取值，以提高计算的精度和效率。

## 15.4.2　增量有限元格式

首先建立增量形式的虚位移原理。如果$t+\Delta t$时刻的应力${}^t\sigma_{ij}+\Delta\sigma_{ij}$和体积载荷${}^t\bar{F}_i+\Delta\bar{F}_i$及边界载荷${}^t\bar{T}_i+\Delta\bar{T}_i$满足平衡条件，则此力系在满足几何协调条件的虚位移$\delta(\Delta u_i)$[在$V$内，$\delta(\Delta\varepsilon_{ij})=\frac{1}{2}\delta(\Delta u_{i,j}+\Delta u_{j,i})$；在$S_u$上，$\delta(\Delta u_i)=0$]上的总虚功等于零，即

$$\begin{aligned}&\int_V({}^t\sigma_{ij}+\Delta\sigma_{ij})\delta(\Delta\varepsilon_{ij})\mathrm{d}V-\int_V({}^t\bar{F}_i+\Delta\bar{F}_i)\delta(\Delta u_i)\mathrm{d}V-\\&\int_{S_\sigma}({}^t\bar{T}_i+\Delta\bar{T}_i)\delta(\Delta u_i)\mathrm{d}S=0\end{aligned} \tag{15.4.10}$$

将(15.4.5)式代入上式，则可得到

$$\begin{aligned}&\int_V{}^\tau D_{ijkl}^{ep}\Delta\varepsilon_{kl}\delta(\Delta\varepsilon_{ij})\mathrm{d}V-\int_V\Delta\bar{F}_i\delta(\Delta u_i)\mathrm{d}V-\int_{S_\sigma}\Delta\bar{T}_i\delta(\Delta u_i)\mathrm{d}S\\&=-\int_V{}^t\sigma_{ij}\delta(\Delta\varepsilon_{ij})\mathrm{d}V+\int_V{}^t\bar{F}_i\delta(\Delta u_i)\mathrm{d}V+\int_{S_\sigma}{}^t\bar{T}_i\delta(\Delta u_i)\mathrm{d}S\end{aligned} \tag{15.4.11}$$

或表示成矩阵形式如下

$$\begin{aligned}&\int_V\delta(\Delta\boldsymbol{\varepsilon})^{\mathrm{T}}\,{}^\tau\boldsymbol{D}_{ep}\Delta\boldsymbol{\varepsilon}\mathrm{d}V-\int_V\delta(\Delta\boldsymbol{u})^{\mathrm{T}}\,\Delta\bar{\boldsymbol{F}}\mathrm{d}V-\int_{S_\sigma}\delta(\Delta\boldsymbol{u})^{\mathrm{T}}\,\Delta\bar{\boldsymbol{T}}\mathrm{d}S\\&=-\int_V\delta(\Delta\boldsymbol{\varepsilon})^{\mathrm{T}}\,{}^t\boldsymbol{\sigma}\mathrm{d}V+\int_V\delta(\Delta\boldsymbol{u})^{\mathrm{T}}\,{}^t\bar{\boldsymbol{F}}\mathrm{d}V+\int_{S_\sigma}\delta(\Delta\boldsymbol{u})^{\mathrm{T}}\,{}^t\bar{\boldsymbol{T}}\mathrm{d}S\end{aligned} \tag{15.4.12}$$

上式实际上就是增量形式的最小势能原理。它的左端和全量的最小势能原理的表达式在形式上完全相同。只是将全量改为增量。上式的右端是考虑${}^t\boldsymbol{\sigma}$、${}^t\bar{\boldsymbol{F}}$及${}^t\bar{\boldsymbol{T}}$可能不精确满足平衡而引入的校正项，也可理解为不平衡力势能(相差一负号)的变分。

基于增量形式虚位移原理有限元表达格式的建立步骤和一般全量形式的完全相同，首先将各单元内的位移增量表示成结点位移增量的插值形式，即

$$\Delta \boldsymbol{u} = \boldsymbol{N} \Delta \boldsymbol{a}^e \tag{15.4.13}$$

再利用几何关系，则得到

$$\Delta \boldsymbol{\varepsilon} = \boldsymbol{B} \Delta \boldsymbol{a}^e \tag{15.4.14}$$

将以上两式代入(15.4.12)式，并由虚位移的任意性，就得到有限元的系统平衡方程：

$$^{\tau}\boldsymbol{K}_{ep} \Delta \boldsymbol{a} = \Delta \boldsymbol{Q} \tag{15.4.15}$$

其中，$^{\tau}\boldsymbol{K}_{ep}$，$\Delta \boldsymbol{a}$，$\Delta \boldsymbol{Q}$ 分别是系统的弹塑性刚度矩阵，增量位移向量和不平衡力向量。它们分别由单元的各个对应量集成，即

$$\begin{gathered} ^{\tau}\boldsymbol{K}_{ep} = \sum_e {}^{\tau}\boldsymbol{K}_{ep}^e \quad \Delta \boldsymbol{a} = \sum_e \Delta \boldsymbol{a}^e \\ \Delta \boldsymbol{Q} = {}^{t+\Delta t}\boldsymbol{Q}_l - {}^{t}\boldsymbol{Q}_i = \sum_e {}^{t+\Delta t}\boldsymbol{Q}_l^e - \sum_e {}^{t}\boldsymbol{Q}_i^e \end{gathered} \tag{15.4.16}$$

并且

$$\begin{aligned} ^{\tau}\boldsymbol{K}_{ep}^e &= \int_{V_e} \boldsymbol{B}^{\mathrm{T}}\, {}^{\tau}\boldsymbol{D}_{ep} \boldsymbol{B} \,\mathrm{d}V \\ ^{t+\Delta t}\boldsymbol{Q}_l^e &= \int_{V_e} \boldsymbol{N}^{\mathrm{T}}\, {}^{t+\Delta t}\overline{\boldsymbol{F}} \,\mathrm{d}V + \int_{S_{\sigma_e}} \boldsymbol{N}^{\mathrm{T}}\, {}^{t+\Delta t}\overline{\boldsymbol{T}} \,\mathrm{d}S \\ ^{t}\boldsymbol{Q}_i^e &= \int_{V_e} \boldsymbol{B}^{\mathrm{T}}\, {}^{t}\boldsymbol{\sigma} \,\mathrm{d}V \end{aligned} \tag{15.4.17}$$

上式中，$^{t+\Delta t}\boldsymbol{Q}_l$ 和 $^{t}\boldsymbol{Q}_i$ 分别代表 $t+\Delta t$ 时刻的外载荷向量和 $t$ 时刻的内力向量，所以 $\Delta \boldsymbol{Q}$ 称为不平衡力向量。如果 $^{t}\boldsymbol{Q}_l$ 和 $^{t}\boldsymbol{Q}_i$ 满足平衡的要求，则 $\Delta \boldsymbol{Q}$ 表示载荷增量向量。表示成现在的形式是为了进行平衡校正，以避免解的漂移。

从(15.4.15)式解出 $\Delta \boldsymbol{a}$ 以后，利用几何关系(15.4.14)式可以得到 $\Delta \boldsymbol{\varepsilon}$，再按照(15.4.9)式对本构关系进行积分就可以得到 $\Delta \boldsymbol{\sigma}$，并进一步得到 $^{t+\Delta t}\boldsymbol{\sigma} = {}^{t}\boldsymbol{\sigma} + \Delta \boldsymbol{\sigma}$。接着应将 $^{t+\Delta t}\boldsymbol{\sigma}$ 代入内力向量 $^{t+\Delta t}\boldsymbol{Q}_i$，以检查 $t+\Delta t$ 时刻的内力和外载是否满足平衡，具体是按下式计算不平衡向量。

$$\begin{aligned} ^{t+\Delta t}\boldsymbol{Q}_l - {}^{t+\Delta t}\boldsymbol{Q}_i &= \sum_e {}^{t+\Delta t}\boldsymbol{Q}_l^e - \sum_e {}^{t+\Delta t}\boldsymbol{Q}_i^e \\ &= \sum_e \left( \int_{V_e} \boldsymbol{N}^{\mathrm{T}}\, {}^{t+\Delta t}\overline{\boldsymbol{F}} \,\mathrm{d}V + \int_{S_{\sigma_e}} \boldsymbol{N}^{\mathrm{T}}\, {}^{t+\Delta t}\overline{\boldsymbol{T}} \,\mathrm{d}S \right) - \sum_e \int_{V_e} \boldsymbol{B}^{\mathrm{T}}\, {}^{t+\Delta t}\boldsymbol{\sigma} \,\mathrm{d}V \end{aligned} \tag{15.4.18}$$

发现上式在一般情况下并不等于0。这表明此时求得的应力 $^{t+\Delta t}\boldsymbol{\sigma}$ 和外载荷 $^{t+\Delta t}\overline{\boldsymbol{F}}$ 及 $^{t+\Delta t}\overline{\boldsymbol{T}}$ 尚未完全满足平衡条件，也即仍存在不平衡力向量 $\Delta \boldsymbol{Q}$。需要通过迭代，以求得新的 $\Delta \boldsymbol{a}$，$\Delta \boldsymbol{\varepsilon}$ 和 $\Delta \boldsymbol{\sigma}$ 及 $^{t+\Delta t}\boldsymbol{\sigma}$，直至(15.4.18)式的右端小于某个规定的小量，即求得和外载荷近似地满足平衡要求的应力状态为止。

从以上讨论可见，弹塑性增量有限元分析在将加载过程划分为若干增量步以后，对于

每一增量步包含下列 3 个算法步骤：

① 线性化弹塑性本构关系(如(15.4.5)式)，并形成增量有限元方程(如(15.4.15)式)。

② 求解增量有限元方程(每个增量步或每次迭代的${}^{\tau}\boldsymbol{K}_{ep}$都可能发生局部的变化)。

③ 积分本构方程(如(15.4.9)式)决定新的应力状态，检查平衡条件，并决定是否进行新的迭代。

上述每一步骤的算法方案和数值方法，以及载荷增量步长的选择关系到整个求解过程的稳定性、精度和效率，是有限元数值方法研究的重要课题之一。以下将对其中的几个问题进行必要的讨论。

# 15.5　弹塑性增量分析数值方法中的几个问题

## 15.5.1　非线性增量方程组的求解方案

利用 15.2 节所讨论的非线性方程组的一般解法对增量有限元方程(15.4.15)式求解时，根据具体问题的特点，可以组成不同的求解方案。通常采用的有下列几种：

1. 欧拉法及其改进形式

此解法是令每个载荷增量求解方程(15.4.15)式中${}^{\tau}\boldsymbol{K}_{ep}$的 $\tau=t$，这样一来，此解法就是(15.2.20)式所表述的欧拉算法。由于应力应变关系线性化带来近似性，因此为了得到足够精确的解答，显然必须采用足够小的载荷增量。改进的方法是在按照(15.2.20)式求得 $t+\Delta t$ 时刻的${}^{t+\Delta t}\boldsymbol{a}$ 以后，以它作为预测值，记为${}^{t+\Delta t}\boldsymbol{a}'$，然后按(15.2.21)式所表示的方法计算 $\tau(t\leqslant\tau\leqslant t+\Delta t)$时刻的${}^{\tau}\boldsymbol{a}$，并用它形成${}^{\tau}\boldsymbol{K}_{ep}$，从而求得 $t+\Delta t$ 时刻的改进解${}^{t+\Delta t}\boldsymbol{a}$。这样一来，每一增量步中需要 2 次重新形成和分解刚度矩阵，所以一般情况下，效率是不高的，同时计算精度也不好控制。

2. 变刚度迭代(N-R 迭代)

此解法就是将(15.2.24)和(15.2.25)式所表述的算法用于弹塑性增量分析。此时系统求解方程(15.4.15)式可以改写为

$$
{}^{t+\Delta t}\boldsymbol{K}_{ep}^{(n)}\Delta\boldsymbol{a}^{(n)}=\Delta\boldsymbol{Q}^{(n)}\quad(n=0,1,2,\cdots)\tag{15.5.1}
$$

其中 $n$ 是迭代次数，并有

$$
\begin{aligned}
{}^{t+\Delta t}\boldsymbol{K}_{ep}^{(n)}&=\sum_{e}\int_{V_e}\boldsymbol{B}^{\mathrm{T}}\,{}^{t+\Delta t}\boldsymbol{D}_{ep}^{(n)}\boldsymbol{B}\,\mathrm{d}V\\
{}^{t+\Delta t}\boldsymbol{D}_{ep}^{(n)}&=\boldsymbol{D}_{ep}({}^{t+\Delta t}\boldsymbol{\sigma}^{(n)},{}^{t+\Delta t}\boldsymbol{\alpha}^{(n)},{}^{t+\Delta t}\bar{\varepsilon}_{p}^{(n)})\\
\Delta\boldsymbol{Q}^{(n)}&={}^{t+\Delta t}\boldsymbol{Q}_{l}-\sum_{e}\int_{V_e}\boldsymbol{B}^{\mathrm{T}}\,{}^{t+\Delta t}\boldsymbol{\sigma}^{(n)}\,\mathrm{d}V
\end{aligned}\tag{15.5.2}
$$

以及

$$^{t+\Delta t}\boldsymbol{\sigma}^{(0)}={}^{t}\boldsymbol{\sigma}\qquad ^{t+\Delta t}\boldsymbol{\alpha}^{(0)}={}^{t}\boldsymbol{\alpha}\qquad ^{t+\Delta t}\bar{\varepsilon}_p^{(0)}={}^{t}\bar{\varepsilon}_p \tag{15.5.3}$$

当 $n=0$ 时，方程(15.5.1)式就是取 $\tau=t$ 的(15.4.15)式。具体的迭代步骤是

(1) 利用(15.5.2)式计算 $^{t+\Delta t}\boldsymbol{K}_{ep}^{(n)}$ 和 $\Delta\boldsymbol{Q}^{(n)}$，形成方程组(15.5.1)式。

(2) 求解方程组(15.5.1)式，得到本次迭代的位移增量修正量 $\Delta\boldsymbol{a}^{(n)}$，即

$$\Delta\boldsymbol{a}^{(n)}=({}^{t+\Delta t}\boldsymbol{K}_{ep}^{(n)})^{-1}\Delta\boldsymbol{Q}^{(n)} \tag{15.5.4}$$

于是得到

$$^{t+\Delta t}\boldsymbol{a}^{(n+1)}={}^{t+\Delta t}\boldsymbol{a}^{(n)}+\Delta\boldsymbol{a}^{(n)} \tag{15.5.5}$$

(3) 计算各单元应变增量和应力增量修正量，即

$$\Delta\boldsymbol{\varepsilon}^{(n)}=\boldsymbol{B}\Delta\boldsymbol{a}^{(n)} \tag{15.5.6}$$

$$\Delta\boldsymbol{\sigma}^{(n)}=m\boldsymbol{D}_e\Delta\boldsymbol{\varepsilon}+\int_0^{(1-m)\Delta\boldsymbol{\varepsilon}^{(n)}}\boldsymbol{D}_{ep}\,\mathrm{d}\boldsymbol{\varepsilon} \tag{15.5.7}$$

$\Delta\boldsymbol{\sigma}^{(n)}$ 的计算表示成如上形式是为了考虑应力点在 $t\sim t+\Delta t$ 的增量步中从弹性状态到达屈服面并继续弹塑性加载的情形。经历 $m\Delta\boldsymbol{\varepsilon}$（其中 $0\leqslant m\leqslant 1$），应力点到达屈服面；从 $m\Delta\boldsymbol{\varepsilon}$ 至 $\Delta\boldsymbol{\varepsilon}$，继续弹塑性加载。$m$ 称为弹性因子。$m=0$ 表示该应力点在 $t$ 时刻已在屈服面上。关于 $m$ 的确定和(15.5.7)式的积分计算将在15.5.3节中给出。从 $\Delta\boldsymbol{\sigma}^{(n)}$ 可以得到

$$^{t+\Delta t}\boldsymbol{\sigma}^{(n+1)}={}^{t+\Delta t}\boldsymbol{\sigma}^{(n)}+\Delta\boldsymbol{\sigma}^{(n)} \tag{15.5.8}$$

(4) 根据收敛准则检验解是否满足收敛要求。如果已经满足，则认为在此增量步内迭代已经收敛。依次对每个增量步执行上述迭代步骤，直至全部时间内的解均被得到。

常用的收敛准则有：

位移收敛准则：
$$\|\Delta\boldsymbol{a}^{(n)}\|\leqslant \mathrm{er}_D\|{}^{t}\boldsymbol{a}\| \tag{15.5.9}$$

平衡收敛准则：
$$\|\Delta\boldsymbol{Q}^{(n)}\|\leqslant \mathrm{er}_F\|\Delta\boldsymbol{Q}^{(0)}\| \tag{15.5.10}$$

能量收敛准则：
$$(\Delta\boldsymbol{a}^{(n)})^{\mathrm{T}}\Delta\boldsymbol{Q}^{(n)}\leqslant \mathrm{er}_E(\Delta\boldsymbol{a}^{(n)})^{\mathrm{T}}\Delta\boldsymbol{Q}^{(0)} \tag{15.5.11}$$

其中 $\mathrm{er}_D$，$\mathrm{er}_F$，$\mathrm{er}_E$ 是规定的容许误差。关于收敛准则的选择和容许误差的规定，需要考虑具体问题的特点和精度要求。

3. 常刚度迭代(mN-R迭代)

解法步骤和前一种迭代解法相同，只是刚度矩阵保持某时刻的数值。如保持为每个增量步开始时刻 $t$ 的数值，称为起点切线刚度，这时

$$^{t+\Delta t}\boldsymbol{K}_{ep}^{(n)}={}^{t+\Delta t}\boldsymbol{K}_{ep}^{(0)}={}^{t}\boldsymbol{K}_{ep}=\sum_e\int_{V_e}\boldsymbol{B}^{\mathrm{T}}\,{}^{t}\boldsymbol{D}_{ep}\boldsymbol{B}\,\mathrm{d}V \tag{15.5.12}$$

其中
$$^{t}\boldsymbol{D}_{ep}=\boldsymbol{D}_{ep}({}^{t}\boldsymbol{\sigma},{}^{t}\boldsymbol{\alpha},{}^{t}\bar{\varepsilon}_p)$$

如果刚度矩阵始终保持为弹性刚度矩阵，解法等效于一般的初应力法，这时

$$^{t+\Delta t}\boldsymbol{K}_{ep}^{(n)}=\boldsymbol{K}_e=\sum_e\int\boldsymbol{B}^{\mathrm{T}}\boldsymbol{D}_e\boldsymbol{B}\,\mathrm{d}V \tag{15.5.13}$$

对于后一种常刚度迭代，刚度矩阵在整个求解过程中只要形成和分解一次。对于前一种常刚度迭代也不限于起点切线刚度。例如可以先用前一增量步的刚度矩阵迭代 1～2 次以后，再形成本增量步的刚度矩阵。并且可以规定，经过一定迭代次数仍不满足收敛准则要求时，则重新形成和分解新的刚度矩阵。

以上讨论了变刚度迭代和常刚度迭代的基本步骤。但是具体采用哪一种求解方案，仍需根据具体问题的特点，综合考虑精度和效率两方面因素。变刚度迭代具有良好的收敛性，允许采用较大的时间步长，但每次迭代都要重新形成和分解新的刚度矩阵。而采用常刚度迭代可以省去一些重新形成和分解刚度矩阵的步骤，但缺点是收敛速度较慢，特别是在接近载荷的极限状况时，因此经常需要同时采用加速迭代的措施。基于上述考虑，在一个通用的计算程序中通常应设计若干控制参数，以便根据具体问题的特点选择合理的求解方案。

## 15.5.2　载荷增量步长的自动选择

在以上的讨论中都是假定载荷增量(或时间步长)是事先已经规定了的。这种事先将外加载荷分为若干个规定大小的增量步进行分析的方法是最简单的，也是常用的。但是在很多情况下，这种方法是不可行的。例如由理想弹塑性材料组成的结构，当载荷到达某一极限值时，结构将发生垮塌。表现在基于小变形理论的弹塑性分析中，当载荷到达极限值时，结构的位移将可无限增长。对应地，结构的载荷-位移曲线如图 15.15 所示。实际分析中，由于极限载荷 $P_{\lim}$ 正是待求的未知量，如果采用事先规定载荷增量步长的方法进行分析，当 ${}^{t+\Delta t}P > P_{\lim}$ 时，将会导致求解失败，这是由于在采用 N-R 迭代法求解时，遇到了 $\boldsymbol{K}$ 奇异的情况(如图 15.16(a)所示)。但如果采用 mN-R 迭代法求解，则又总不能收敛(如图 15.16(b)所示)。为了求得比较精确的极限载荷 $P_{\lim}$，可以采用的方法之一是将载

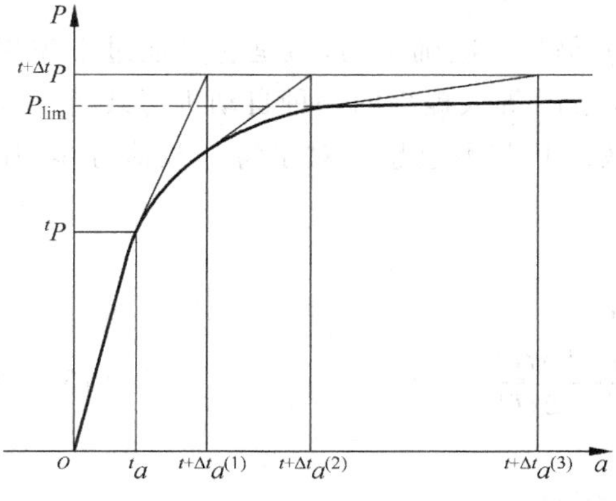


(a) N-R 迭代

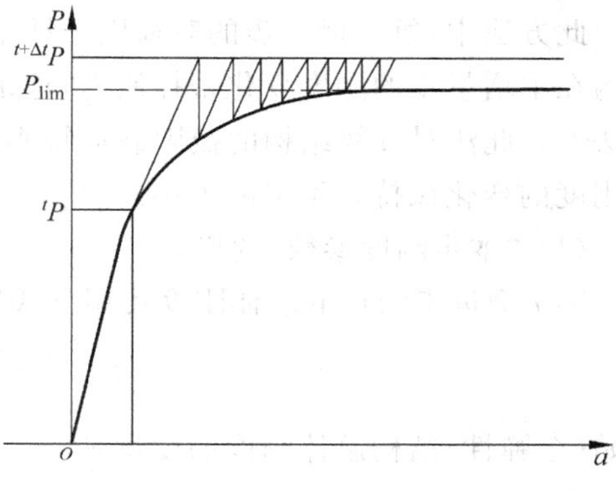


(b) mN-R 迭代

图 15.16　规定载荷增量条件计算结构的极限载荷

荷增量减小为原来的1/2,继续进行分析。如果再遇到上述求解失败情况,则再将载荷增量减小一半,再继续分析。这样逐步试探地逼近 $P_{\lim}$。无疑,该方法是一种既麻烦而效率又不高的方法,因此有必要研究载荷增量步长自动选择的方法。

在研究载荷增量步长自动选择的方法时,首先是假设载荷的分布模式是给定的,变化的只是它的幅值。在此情况下,外载荷可表示为:

$$\begin{aligned} {}^{t}\bar{\boldsymbol{F}} &= {}^{t}p\bar{\boldsymbol{F}}_0 \quad {}^{t}\bar{\boldsymbol{T}} = {}^{t}p\bar{\boldsymbol{T}}_0 \\ \Delta\bar{\boldsymbol{F}} &= \Delta p\bar{\boldsymbol{F}}_0 \quad \Delta\bar{\boldsymbol{T}} = \Delta p\bar{\boldsymbol{T}}_0 \end{aligned} \tag{15.5.14}$$

相应地,结构的等效结点载荷向量也表示为:

$${}^{t}\boldsymbol{Q}_l = {}^{t}p\boldsymbol{Q}_0 \quad \Delta\boldsymbol{Q}_l = \Delta p\boldsymbol{Q}_0 \tag{15.5.15}$$

以上式中,$\bar{\boldsymbol{F}}_0$,$\bar{\boldsymbol{T}}_0$ 和 $\boldsymbol{Q}_0$ 分别是体积力、表面力和结点载荷的模式;$p$ 是载荷幅值,或称载荷因子。载荷的分步实际就是 $p(t)$ 的分步。

假定对于 ${}^{t}p=p(t)$ 的解已求得,现在要确定 ${}^{t+\Delta t}p={}^{t}p+\Delta p$ 的大小。在载荷步长自动选择的求解过程中,通常 $\Delta p$ 不是一次给定,而是通过多次迭代不断修正再最后确定。现约定如下表示式

$${}^{t+\Delta t}p^{(n+1)} = {}^{t+\Delta t}p^{(n)} + \Delta p^{(n)} \quad (n = 0,1,2,\cdots,r) \tag{15.5.16}$$

且有

$$\Delta p = \sum_{n=0}^{r} \Delta p^{(n)} \tag{15.5.17}$$

其中 $n$ 是迭代次数,$r$ 是迭代收敛的次数,$\Delta p^{(n)}$ 是第 $n$ 次迭代确定的 $\Delta p$ 的修正值,${}^{t+\Delta t}p^{(n)}$ 是经 $n-1$ 次迭代修正后得到的 ${}^{t+\Delta t}p$ 的数值。

现具体讨论几种常用的自动选择载荷步长的方法。

1. 规定"本步刚度参数"的变化量以控制载荷增量

此方法中,每一增量步的载荷因子增量 $\Delta p$ 仍是一次确定的,但是它是通过事先规定结构在本增量步的刚度变化来控制的,这是 Bergan 等人提出的一种自动进行载荷分步的方法[1]。此法对计算结构的极限载荷特别有效。其基本思想是对于每一载荷分步,让结构刚度的变化保持差不多的大小。

(1)"本步刚度参数"的概念

第 $i$ 增量步结构的总体刚度可用下式度量

$$S_p^{(i)*} = \frac{\Delta\boldsymbol{Q}^{(i)\mathrm{T}}\Delta\boldsymbol{Q}^{(i)}}{\Delta\boldsymbol{a}^{(i)\mathrm{T}}\Delta\boldsymbol{Q}^{(i)}} \tag{15.5.18}$$

初始(全弹性)结构总体刚度的度量是

$$S_p^{(0)*} = \frac{\boldsymbol{Q}_e^{\mathrm{T}}\boldsymbol{Q}_e}{\boldsymbol{a}_e^{\mathrm{T}}\boldsymbol{Q}_e} \tag{15.5.19}$$

其中 $\boldsymbol{Q}_e$ 和 $\boldsymbol{a}_e$ 是载荷向量和按弹性分析得到的位移向量。若用无量纲参数 $S_p^i$ 作为第 $i$ 步

的结构刚度参数，则有

$$S_p^{(i)} = \frac{S_p^{(i)*}}{S_p^{(0)*}} \tag{15.5.20}$$

$S_p^{(i)}$ 称为第 $i$ 步的"本步刚度参数"，它代表结构本身的刚度性质，与载荷增量的大小无关。当结构处于完全弹性时，$S_p^{(i)}=1$。随着载荷的增加，结构中的塑性区逐渐扩大，结构逐渐变软，$S_p^{(i)}$ 也逐渐减小。当到达极限载荷时，$S_p^{(i)}=0$。

对于比例加载情况，如前所述，这时可记：

$$\boldsymbol{Q}_e = p_e \boldsymbol{Q}_0 \qquad \Delta\boldsymbol{Q}^{(i)} = \Delta p_i \boldsymbol{Q}_0$$

于是(15.5.20)式可以简化为

$$S_p^{(i)} = \frac{\Delta p_i}{p_e} \frac{\boldsymbol{a}_e^{\mathrm{T}}\boldsymbol{Q}_0}{\Delta\boldsymbol{a}^{(i)\mathrm{T}}\boldsymbol{Q}_0} \tag{15.5.21}$$

其中 $p_e$ 是弹性极限载荷参数，$\boldsymbol{Q}_0$ 是 $p=1$ 时的结点载荷向量(载荷模式)。

利用本步刚度参数可以使步长调整得比较合理，并可减少总的增量步数，特别适合于计算由理想弹塑性材料组成结构的极限载荷等情况。

(2) 增量步长的自动选择

以计算结构的极限载荷为例，利用"本步刚度参数"的规定变化量自动选择增量步长。具体的算法步骤是：

① 求弹性极限载荷参数 $p_e$

先施加任意的载荷 $p\boldsymbol{Q}_0$，假定结构为完全弹性求解，求出结构内的最大等效应力 $\bar{\sigma}_{\max}$，则有

$$p_e = p\frac{\sigma_{s0}}{\bar{\sigma}_{\max}} \tag{15.5.22}$$

其中 $\sigma_{s0}$ 是材料的初始屈服应力。

② 给定第一步载荷参数增量 $\Delta p_1$(例如取 $\Delta p_1 = p_e/N$，$N$ 的值可以事先给定)，用 $p_1 = p_e + \Delta p_1$ 求解第一增量步。

③ 给定第二及以后各增量步的刚度参数变化的预测值 $\Delta\widetilde{S}_p$(它的大小决定步长的大小，例如可在 0.05～0.2 之间选择)，并给定刚度的最小允许值 $S_p^{\min}$(到达极限载荷时 $S_p=0$，但在计算中如 $S_p=0$，则结构刚度矩阵奇异，所以 $S_p^{\min}$ 应为接近于零的小的正数)，则每步载荷参数的增量为

$$\Delta p_i = \Delta p_{i-1} \frac{\min\{\Delta\widetilde{S}_p, S_p^{(i-1)} - S_p^{\min}\}}{|\,S_p^{(i-2)} - S_p^{(i-1)}\,|} \quad (i=2,3,\cdots) \tag{15.5.23}$$

然后用 $p_i = p_{i-1} + \Delta p_i$ 求解第 $i$ 载荷增量步。

在第 $i$ 增量步的解答求得以后，利用(15.5.20)式计算本步刚度参数 $S_p^{(i)}$ 和它的变化值 $\Delta S_p^{(i)} = S_p^{(i)} - S_p^{(i-1)}$。$\Delta S_p^{(i)}$ 和预测值 $\Delta\widetilde{S}_p$ 会有一定差别，所以此算法是在保持本步刚

度参数变化值接近为常数条件下选择载荷增量的大小。算法的执行示意如图15.17。从图可见，$\Delta p_i$ 是在给定 $\Delta\widetilde{S}_p$ 情况下，利用 $\Delta p_{i-1}/|S_p^{(i-2)}-S_p^{(i-1)}|$ 线性外推得到。实际计算中，由于 $S_p\sim p$ 曲线不一定如图示那样规则，在给定 $\Delta\widetilde{S}_p$ 的情况下，可能使 $\Delta p_i$ 时而过大或时而过小，影响计算的执行。此时可以利用 $S_p^{(i-3)}$，$S_p^{(i-2)}$，$S_p^{(i-1)}$ 二次外推得到 $\Delta p_i$，实际计算表明，这样确定 $\Delta p_i$ 可避免上述现象，从而使最终计算结果有较大改进。

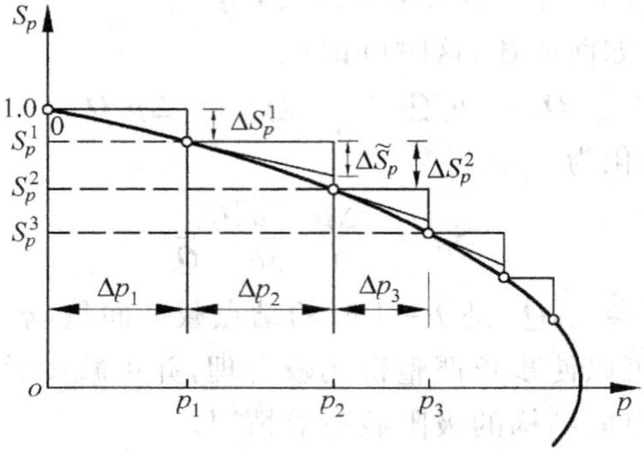


图 15.17 载荷的自动分步

2. 规定某个结点的位移增量以确定载荷增量

增量迭代的有限元求解方程在15.5.1节中已给出。以mN-R迭代为例，它可以表示为

$$ {}^{\tau}\boldsymbol{K}_{ep}\Delta\boldsymbol{a}^{(n)}=\Delta\boldsymbol{Q}^{(n)}\quad(n=0,1,2,\cdots) \tag{15.5.24}$$

在载荷增量步长自动控制的求解方法中，$\Delta\boldsymbol{Q}^{(n)}$ 可以表示成

$$\Delta\boldsymbol{Q}^{(n)}={}^{t+\Delta t}\boldsymbol{Q}_l^{(n+1)}-{}^{t+\Delta t}\boldsymbol{Q}_i^{(n)} \tag{15.5.25}$$

其中

$$ {}^{t+\Delta t}\boldsymbol{Q}_l^{(n+1)}={}^{t+\Delta t}\boldsymbol{Q}_l^{(n)}+\Delta\boldsymbol{Q}_l^{(n)}=({}^{t+\Delta t}p^{(n)}+\Delta p^{(n)})\boldsymbol{Q}_0 \tag{15.5.26}$$

$$ {}^{t+\Delta t}\boldsymbol{Q}_i^{(n)}=\sum_e\int_{V_e}\boldsymbol{B}^{\mathrm{T}}\,{}^{t+\Delta t}\boldsymbol{\sigma}^{(n)}\,\mathrm{d}V \tag{15.5.27}$$

以上两式中：

$$ {}^{t+\Delta t}p^{(0)}={}^{t}p\qquad {}^{t+\Delta t}\boldsymbol{\sigma}^{(0)}={}^{t}\boldsymbol{\sigma}$$

(15.5.25)式还可以改写为

$$\Delta\boldsymbol{Q}^{(n)}=\Delta\boldsymbol{Q}_u^{(n)}+\Delta\boldsymbol{Q}_l^{(n)}=\Delta\boldsymbol{Q}_u^{(n)}+\Delta p^{(n)}\boldsymbol{Q}_0 \tag{15.5.28}$$

其中 $\Delta\boldsymbol{Q}_u^{(n)}$ 是 $n-1$ 次迭代后得到的 ${}^{t+\Delta t}\boldsymbol{\sigma}^{(n)}$ 和外载荷 ${}^{t+\Delta t}p^{(n)}\boldsymbol{Q}_0$ 构成的不平衡结点力向量，即

$$\Delta\boldsymbol{Q}_u^{(n)}={}^{t+\Delta t}p^{(n)}\boldsymbol{Q}_0-{}^{t+\Delta t}\boldsymbol{Q}_i^{(n)} \tag{15.5.29}$$

$\Delta p^{(n)}$ 是在 $n$ 次迭代中由某个规定的约束条件来确定的载荷因子增量 $\Delta p$ 的第 $n$ 次修正

量。在现在的方法中,这约束条件就是某个结点的位移增量的大小。例如规定 $\Delta\boldsymbol{a}$ 中的最大分量 $\Delta a_g$ 是给定的,此条件可表示为

$$\Delta a_g^{(n)} = \boldsymbol{b}^{\mathrm{T}}\Delta\boldsymbol{a}^{(n)} = \begin{cases}\Delta l & (n=0)\\ 0 & (n=1,2,\cdots)\end{cases} \tag{15.5.30}$$

其中 $\Delta l$ 是 $\Delta a_g$ 的规定值,$\boldsymbol{b}$ 是除第 $g$ 个元素为 1,其余元素为零的向量。具体迭代的算法步骤如下:

(1) 计算对于结点载荷模式 $\boldsymbol{Q}_0$ 的位移模式 $\boldsymbol{a}_0$,即

$$\boldsymbol{a}_0 = {}^{\tau}\boldsymbol{K}_{ep}^{-1}\boldsymbol{Q}_0 \tag{15.5.31}$$

(2) 计算对于不平衡结点力向量 $\Delta\boldsymbol{Q}_u^{(n)}$ 的位移增量修正值 $\Delta\boldsymbol{a}_u^{(n)}$ 和 $n$ 次迭代后位移增量修正值的全量 $\Delta\boldsymbol{a}^{(n)}$,即

$$\Delta\boldsymbol{a}_u^{(n)} = {}^{\tau}\boldsymbol{K}_{ep}^{-1}\Delta\boldsymbol{Q}_u^{(n)} \tag{15.5.32}$$

$$\Delta\boldsymbol{a}^{(n)} = \Delta\boldsymbol{a}_u^{(n)} + \Delta p^{(n)}\boldsymbol{a}_0 \quad (n=0,1,2,\cdots) \tag{15.5.33}$$

其中 $\Delta p^{(n)}$ 是待定的载荷因子增量的修正值。

(3) 利用条件(15.5.30)式确定 $\Delta p^{(n)}$。由于

$$\Delta a_g^{(n)} = \boldsymbol{b}^{\mathrm{T}}\Delta\boldsymbol{a}^{(n)} = \boldsymbol{b}^{\mathrm{T}}\Delta\boldsymbol{a}_u^{(n)} + \Delta p^{(n)}\boldsymbol{b}^{\mathrm{T}}\boldsymbol{a}_0 = \begin{cases}\Delta l & (n=0)\\ 0 & (n=1,2,\cdots)\end{cases} \tag{15.5.34}$$

所以从上式可得

$$\Delta p^{(n)} = \frac{\Delta a_g^{(n)} - \boldsymbol{b}^{\mathrm{T}}\Delta\boldsymbol{a}_u^{(n)}}{\boldsymbol{b}^{\mathrm{T}}\boldsymbol{a}_0} \tag{15.5.35}$$

这样就确定了 $\Delta p^{(n)}$,从而得到 $\Delta\boldsymbol{a}^{(n)}$ 及 $\Delta\boldsymbol{Q}_l^{(n)} = \Delta p^{(n)}\boldsymbol{Q}_0$ 等。

(4) 计算 $\Delta\boldsymbol{\varepsilon}^{(n)}$,$\Delta\boldsymbol{\sigma}^{(n)}$,$\Delta\boldsymbol{Q}_u^{(n+1)}$ 等,并检验收敛准则的要求是否满足。如未满足,回到步骤(2)进行新的一次迭代,直至收敛准则的要求满足为止。本增量步的外载荷增量、位移增量及应力增量的结果是:

$$\begin{gathered}\Delta\boldsymbol{Q}_l = \sum_{n=0}^{r}\Delta\boldsymbol{Q}_l^{(n)} = \sum_{n=0}^{r}\Delta p^{(n)}\boldsymbol{Q}_0 \\ \Delta\boldsymbol{a} = \sum_{n=0}^{r}\Delta\boldsymbol{a}^{(n)} \qquad \Delta\boldsymbol{\sigma} = \sum_{n=0}^{r}\Delta\boldsymbol{\sigma}^{(n)}\end{gathered} \tag{15.5.36}$$

其中 $r$ 为迭代收敛时的次数。

关于每一个增量步某个指定结点位移增量 $\Delta l$ 本身的选择,通常的方法是第 1 个增量步可由某个给定的载荷因子增量 $\Delta p_1$(例如令 $\Delta p_1 = p_e/N$,其中 $p_e$ 是弹性极限载荷因子,$N$ 可取 5~10),通过求解得到 $\Delta l_1$。以后各增量步的 $\Delta l_i$ 可由下式确定,即

$$\Delta l_i = \sqrt{\frac{r_0}{r_{i-1}}}\Delta l_{i-1} \tag{15.5.37}$$

式中 $\Delta l_{i-1}$ 是前一增量步的规定位移增量,$r_{i-1}$ 是前一次增量步迭代收敛的次数,$r_0$ 是优

化的迭代次数，例如取 $r_0=4\sim6$。上式的倾向是使在严重非线性阶段，$\Delta l$ 缩短；而在接近线性阶段，$\Delta l$ 加长。

实际计算表明，采用规定某个结点的位移增量以确定载荷增量步长的方法，结合采用(15.5.37)式调节位移增量的大小，计算结构的极限载荷取得了相当满意的结果。

## 15.5.3 弹塑性状态的决定和本构关系的积分

从上节的讨论中可以看到，增量形式有限元格式中 ${}^t\boldsymbol{D}_{ep}$ 和 $\Delta\boldsymbol{Q}^{(n)}$ 的确定是基于已经求得上一增量步或迭代结束时的 ${}^t\boldsymbol{\sigma}$，${}^t\boldsymbol{\alpha}$ 和 $\bar{\boldsymbol{\varepsilon}}_p$，因此为了进行下一增量步或迭代的计算，需要根据本步或本次迭代计算得到的位移增量决定 $\Delta\boldsymbol{\sigma}$，$\Delta\boldsymbol{\alpha}$，$\Delta\bar{\boldsymbol{\varepsilon}}_p$ 等，从而得到本步或本次迭代结束时的弹塑性状态，即 $\boldsymbol{\sigma}$，$\boldsymbol{\alpha}$ 和 $\bar{\boldsymbol{\varepsilon}}_p$ 等。这一步骤称为状态决定，它和增量方程的建立（线性化步骤）以及方程组求解一起构成了非线性分析的基本算法过程。它不仅在计算中占相当大的工作量，而且对整个计算结果的精度有很大影响，因此应当给予足够的重视。

1. 决定弹塑性状态的一般算法步骤

在每一增量步或每次迭代，求得位移增量或其修正量 $\Delta\boldsymbol{a}$ 以后，决定新的弹塑性状态的基本步骤如下：

（1）利用几何关系计算应变增量（或其修正量），即

$$\Delta\boldsymbol{\varepsilon}=\boldsymbol{B}\Delta\boldsymbol{a}$$

（2）按弹性关系计算应力增量的预测值以及应力的预测值，即

$$\Delta\tilde{\boldsymbol{\sigma}}=\boldsymbol{D}_e\Delta\boldsymbol{\varepsilon} \tag{15.5.38}$$

$${}^{t+\Delta t}\tilde{\boldsymbol{\sigma}}={}^t\boldsymbol{\sigma}+\Delta\tilde{\boldsymbol{\sigma}} \tag{15.5.39}$$

其中的 ${}^t\boldsymbol{\sigma}$ 是上一增量步或迭代结束时的应力值。

（3）按单元内各个积分点计算本增量步或迭代结束时的 ${}^{t+\Delta t}\boldsymbol{\sigma}$，${}^{t+\Delta t}\boldsymbol{\alpha}$，${}^{t+\Delta t}\bar{\boldsymbol{\varepsilon}}_p$ 等状态量。

① 计算屈服函数值 $F({}^{t+\Delta t}\tilde{\boldsymbol{\sigma}},{}^t\boldsymbol{\alpha},{}^t\bar{\boldsymbol{\varepsilon}}_p)$，然后区分3种情况，即

i 若 $F({}^{t+\Delta t}\tilde{\boldsymbol{\sigma}},{}^t\boldsymbol{\alpha},{}^t\bar{\boldsymbol{\varepsilon}}_p)\leqslant0$，则该积分点为弹性加载，或由塑性按弹性卸载，这时均有

$$\Delta\boldsymbol{\sigma}=\Delta\tilde{\boldsymbol{\sigma}} \tag{15.5.40}$$

ii 若 $F({}^{t+\Delta t}\tilde{\boldsymbol{\sigma}},{}^t\boldsymbol{\alpha},{}^t\bar{\boldsymbol{\varepsilon}}_p)>0$，且 $F({}^t\boldsymbol{\sigma},{}^t\boldsymbol{\alpha},{}^t\bar{\boldsymbol{\varepsilon}}_p)<0$，则该积分点为由弹性进入塑性的过渡情况，应由

$$F({}^t\boldsymbol{\sigma}+m\Delta\tilde{\boldsymbol{\sigma}},{}^t\boldsymbol{\alpha},{}^t\bar{\boldsymbol{\varepsilon}}_p)=0 \tag{15.5.41}$$

来计算弹性因子 $m$。该式隐含着假设在增量过程中应变成比例的变化。计算 $m$ 是为了确定应力到达屈服面的时刻。采用 V. Mises 屈服准则时，$m$ 是下列二次方程的解

$$a_2m^2+a_1m+a_0=0 \tag{15.5.42}$$

其中

$$a_2=\frac{1}{2}\Delta\tilde{\boldsymbol{S}}^{\mathrm{T}}\Delta\tilde{\boldsymbol{S}}\quad a_1=({}^t\boldsymbol{S}-{}^t\boldsymbol{\alpha})^{\mathrm{T}}\Delta\tilde{\boldsymbol{S}}\quad a_0=\boldsymbol{F}({}^t\boldsymbol{\sigma},{}^t\boldsymbol{\alpha},{}^t\bar{\boldsymbol{\varepsilon}}_p) \tag{15.5.43}$$

对于各向同性硬化情况，$\boldsymbol{\alpha}=0$。因为${}^{t}\boldsymbol{\sigma}$总是在屈服曲面上或屈服曲面之内，所以常数 $a_0\leqslant 0$。同时 $a_2>0$，$m$ 必须取正值，所以

$$m=\left(-a_1+\sqrt{a_1^2-4a_0a_2}\right)/2a_2 \tag{15.5.44}$$

iii 若 $F({}^{t+\Delta t}\tilde{\boldsymbol{\sigma}},{}^{t}\boldsymbol{\alpha},{}^{t}\bar{\boldsymbol{\varepsilon}}_p)>0$ 且 $F({}^{t}\boldsymbol{\sigma},{}^{t}\boldsymbol{\alpha},{}^{t}\bar{\boldsymbol{\varepsilon}}_p)=0$，则该积分点为塑性继续加载，这时令 $m=0$。

② 对于 ii、iii 两种情况，均有对应于弹塑性部分的应变增量 $\Delta\boldsymbol{\varepsilon}'$，即

$$\Delta\boldsymbol{\varepsilon}'=(1-m)\Delta\boldsymbol{\varepsilon} \tag{15.5.45}$$

③ 计算弹塑性部分应力增量 $\Delta\boldsymbol{\sigma}'$，即

$$\Delta\boldsymbol{\sigma}'=\int_0^{\Delta\boldsymbol{\varepsilon}'}\boldsymbol{D}_{ep}(\boldsymbol{\sigma},\boldsymbol{\alpha},\bar{\boldsymbol{\varepsilon}}_p)\mathrm{d}\boldsymbol{\varepsilon} \tag{15.5.46}$$

一般情况下用数值积分方法进行此积分，在积分过程中可以同时得到 $\Delta\boldsymbol{\alpha}$ 和 $\Delta\bar{\boldsymbol{\varepsilon}}_p$。

④ 计算本增量步或迭代结束时刻的${}^{t+\Delta t}\boldsymbol{\sigma}$，${}^{t+\Delta t}\boldsymbol{\alpha}$ 和${}^{t+\Delta t}\bar{\boldsymbol{\varepsilon}}_p$，即

$$\begin{gathered}{}^{t+\Delta t}\boldsymbol{\sigma}={}^{t}\boldsymbol{\sigma}+m\Delta\tilde{\boldsymbol{\sigma}}+\Delta\boldsymbol{\sigma}'\\ {}^{t+\Delta t}\boldsymbol{\alpha}={}^{t}\boldsymbol{\alpha}+\Delta\boldsymbol{\alpha}\qquad {}^{t+\Delta t}\bar{\boldsymbol{\varepsilon}}_p={}^{t}\bar{\boldsymbol{\varepsilon}}_p+\Delta\bar{\boldsymbol{\varepsilon}}_p\end{gathered} \tag{15.5.47}$$

### 2. 本构关系的积分

关于本构关系的积分(15.5.46)式，对于其中的某些情况，已经获得了解析解或解析的近似解，例如 Key 得到了理想弹塑性本构关系的解析解[2]。运动硬化材料本构关系的解析解[3]和各向同性硬化材料本构关系的以 $E_p/(3G+E_p)$ 为小参数的渐近解[4]，近年来都已获得。它们用于实际计算取得较好的结果，即以较小的工作量得到较精确的结果。但是现有的计算程序中仍都采用数值积分方法，其中采用较多的是基于显式积分的切向预测径向返回的子增量法。另外，基于隐式积分的广义中点法近年来也受到较多的重视。下面对这两种方法作较为详细的介绍。

(1) 切向预测径向返回子增量法

所谓切向预测就是将欧拉方法用于(15.5.46)式，得到应力增量的预测值，即

$$\Delta\tilde{\boldsymbol{\sigma}}=\boldsymbol{D}_{ep}({}^{t}\boldsymbol{\sigma},{}^{t}\boldsymbol{\alpha},{}^{t}E_p)\Delta\boldsymbol{\varepsilon} \tag{15.5.48}$$

进一步得到应力的预测值

$${}^{t+\Delta t}\tilde{\boldsymbol{\sigma}}={}^{t}\boldsymbol{\sigma}+\Delta\tilde{\boldsymbol{\sigma}} \tag{15.5.49}$$

同时还可以得到

$$\Delta\bar{\boldsymbol{\varepsilon}}_p=\frac{2}{3}\Delta\lambda\sigma_s \tag{15.5.50}$$

$$\Delta\tilde{\boldsymbol{\alpha}}=\frac{2}{3}E_p(1-M)\Delta\lambda({}^{t}\boldsymbol{s}-{}^{t}\boldsymbol{\alpha})\quad\text{(Prager 法则)} \tag{15.5.51}$$

或

$$\Delta\tilde{\boldsymbol{\alpha}}=\frac{2}{3}E_p(1-M)\Delta\lambda({}^{t}\boldsymbol{\sigma}-{}^{t}\boldsymbol{\alpha})\quad\text{(Zeigler 法则)} \tag{15.5.52}$$

其中

$$\Delta\lambda = \frac{(\partial f/\partial \boldsymbol{\sigma})^{\mathrm{T}} \boldsymbol{D}_e \Delta \boldsymbol{\varepsilon}}{(\partial f/\partial \boldsymbol{\sigma})^{\mathrm{T}} \boldsymbol{D}_e (\partial f/\partial \boldsymbol{\sigma}) + (4/9)\sigma_s^2 E_p} \tag{15.5.53}$$

$$\sigma_s = \sigma_s({}^t\bar{\varepsilon}_p, M) = \sigma_{s0} + M[\sigma_s({}^t\bar{\varepsilon}_p) - \sigma_{s0}]$$

并且有

$${}^{t+\Delta t}\bar{\varepsilon}_p = {}^t\bar{\varepsilon}_p + \Delta\bar{\varepsilon}_p \qquad {}^{t+\Delta t}\tilde{\boldsymbol{\alpha}} = {}^t\boldsymbol{\alpha} + \Delta\tilde{\boldsymbol{\alpha}} \tag{15.5.54}$$

以上各式是对于混合硬化的一般情况给出的。对于各向同性硬化，$M=1$；对于运动硬化，$M=0$。

因为(15.5.50)式所表达的算法是显式的欧拉方法，其中的 $\boldsymbol{D}_{ep}({}^t\boldsymbol{\sigma}, {}^t\boldsymbol{\alpha}, {}^t\bar{\varepsilon}_p)$ 是起点切线刚度，所以 $\Delta\tilde{\boldsymbol{\sigma}}$ 是在加载曲面的切线方向。同时由于加载曲面是外凸的，因此 ${}^{t+\Delta t}\tilde{\boldsymbol{\sigma}}$ 总是在加载曲面之外。但是屈服准则要求应力 ${}^{t+\Delta t}\boldsymbol{\sigma}$ 只能在加载曲面之上或者之内，所以常需再采用径向返回的方法以求得满足屈服条件的 ${}^{t+\Delta t}\boldsymbol{\sigma}$ 和 ${}^{t+\Delta t}\boldsymbol{\alpha}$。具体做法是令

$${}^{t+\Delta t}\boldsymbol{\sigma} = r\,{}^{t+\Delta t}\tilde{\boldsymbol{\sigma}} \qquad {}^{t+\Delta t}\boldsymbol{\alpha} = r\,{}^{t+\Delta t}\tilde{\boldsymbol{\alpha}} \tag{15.5.55}$$

其中 $r$ 是比例因子，它由下式

$$F({}^{t+\Delta t}\boldsymbol{\sigma}, {}^{t+\Delta t}\boldsymbol{\alpha}, {}^{t+\Delta t}\bar{\varepsilon}_p) = 0 \tag{15.5.56}$$

得到，即

$$r = \left\{ \frac{2}{3}\sigma_s^2({}^{t+\Delta t}\bar{\varepsilon}_p, M) \Big/ \left[ ({}^{t+\Delta t}\tilde{\boldsymbol{S}} - {}^{t+\Delta t}\tilde{\boldsymbol{\alpha}})^{\mathrm{T}} ({}^{t+\Delta t}\tilde{\boldsymbol{S}} - {}^{t+\Delta t}\tilde{\boldsymbol{\alpha}}) \right] \right\}^{1/2} \tag{15.5.57}$$

应当指出，虽然经过校正以后得到的 ${}^{t+\Delta t}\boldsymbol{\sigma}$ 是位于屈服曲面上的，但因为假设应变增量 $\Delta\boldsymbol{\varepsilon}$ 和等效塑性应变 ${}^{t+\Delta t}\bar{\varepsilon}_p$ 均保持不变，所以这样的弹塑性状态并不是完全一致的。显然这种不一致性随增量步长的增加而增加。为了减小由于这种不一致引起的误差，可将上述方法和子增量法相结合。所谓子增量法，是将总的应变增量分成若干子增量。对于每个子增量可利用上述的状态决定方法。每一个子增量结束时的弹塑性状态作为下一个子增量的初始状态。子增量法的算法示意如图 15.18 所示。

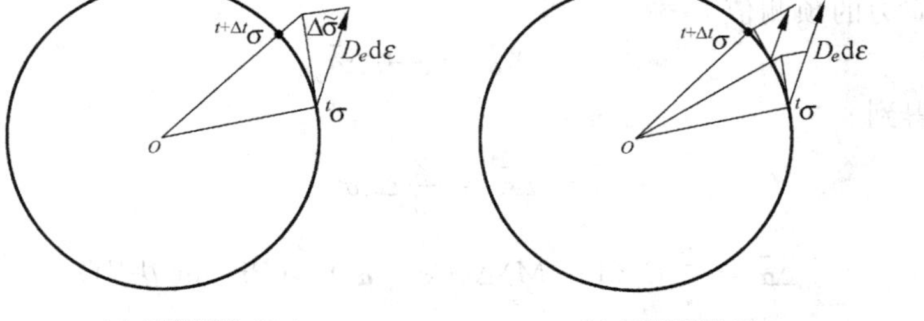


图 15.18 切向预测径向返回子增量法示意图

显然，子增量法将提高计算精度，并能加快后继迭代的收敛速度。但是子增量数目的增加也会使计算量相应地增加，因此恰当地确定子增量数目是很重要的。下面给出两种比较合理地确定子增量数目的方法。

① 根据弹性应变偏量增量的大小 $\Delta\bar{e}_e$ 确定子增量数 $N$，即

$$N = 1 + \frac{\Delta\bar{e}_e}{M} \tag{15.5.58}$$

式中 $M$ 根据计算精度的要求加以选择，Bushnell 的计算经验认为取 $M=0.000\,2$ 就可得到较满意的结果[5]。上式中的 $\Delta\bar{e}_e$ 由下式决定

$$\Delta\bar{e}_e = \left(\frac{2}{3}\Delta e_{ij}^e \Delta e_{ij}^e\right)^{1/2} \tag{15.5.59}$$

其中

$$\Delta e_{ij}^e = \Delta e_{ij} - \Delta\varepsilon_{ij}^p = \Delta e_{ij} - \Delta\lambda \frac{\partial f}{\partial \sigma_{ij}} \tag{15.5.60}$$

$$\Delta e_{ij} = \Delta\varepsilon_{ij} - \frac{1}{3}(\Delta\varepsilon_{11} + \Delta\varepsilon_{22} + \Delta\varepsilon_{33})\delta_{ij} \tag{15.5.61}$$

式内 $\Delta\lambda$ 是 $d\lambda$ 表达式中 $d\varepsilon_{ij}$ 改为 $\Delta\varepsilon_{ij}$ 的结果。$d\lambda$ 和 $f$ 根据材料硬化情况采用 15.3 节中的各自表达式。

② 根据此增量步开始时的应力偏量 $s_{ij}^c$ 和增量步结束时的弹性预测应力偏量 $s_{ij}^F$ 之间的夹角 $\psi$ 确定子增量数 $N$[6]，即

$$N = 1 + \frac{\psi}{k} \tag{15.5.62}$$

其中

$$\psi = \cos^{-1}\left[\frac{s_{ij}^c s_{ij}^F}{(s_{ij}^c s_{ij}^c)^{1/2}(s_{ij}^F s_{ij}^F)^{1/2}}\right] \tag{15.5.63}$$

(15.5.62)式中的 $k$ 根据计算精度的要求而定。我们的计算经验表明，当 $k=0.01$ 时，(15.5.46)式的积分精度可保持在 1%左右。

以上两种确定子增量数目的方法之所以比较合理，是因为它们的本质都是按应变偏量增量的弹性部分 $\Delta e_{ij}^e$ 的大小来决定子增量数的，而 $\Delta e_{ij}^e$ 是导致应力点偏离屈服面的主要原因。如果它是零，表明应变偏量增量全部是塑性，这时根据切向预测法计算出来的应力可以保持在屈服面上，因此不必将 $\Delta\varepsilon_{ij}$ 再划分为若干子增量和采用子增量法进行计算。

如上所述，切向预测是基于显式的欧拉方法，为使应力的结果保持在屈服面上，通常必须采用径向返回这种人为的强制方法，而和子增量法相结合，也仅是使人为强制方法所造成的不一致性尽量减小。虽然当子增量数无限增加时，切向预测径向返回子增量法可以逼近理论精确解，但毕竟会使计算量大量增加。因此近年来，基于隐式算法的广义中点法受到较多的重视。

(2) 广义中点法[7]

为一般化起见，仍以混合硬化材料的本构关系为例，导出广义中点法数值积分的算法步骤。现假定${}^t\sigma_{ij}$，${}^t\alpha_{ij}$，${}^t\bar{\varepsilon}_p$，$\Delta\varepsilon_{ij}$已知，决定${}^{t+\Delta t}\sigma_{ij}={}^t\sigma_{ij}+\Delta\sigma_{ij}$，${}^{t+\Delta t}\alpha_{ij}={}^t\alpha_{ij}+\Delta\alpha_{ij}$，${}^{t+\Delta t}\bar{\varepsilon}_p={}^t\bar{\varepsilon}_p+\Delta\bar{\varepsilon}_p$ 等状态量的基本公式是：

$$\Delta\sigma_{ij}=D^e_{ijkl}(\Delta\varepsilon_{kl}-\Delta\varepsilon^p_{kl}) \tag{15.5.64}$$

$$\Delta\varepsilon^p_{ij}=\Delta\lambda[(1-\theta)\,{}^tA_{ij}+\theta\,{}^{t+\Delta t}A_{ij}] \tag{15.5.65}$$

$$\begin{aligned}\Delta\bar{\varepsilon}_p&=\left(\frac{2}{3}\Delta\varepsilon^p_{ij}\Delta\varepsilon^p_{ij}\right)^{1/2}\\&=\Delta\lambda\left\{\frac{2}{3}[(1-\theta)\,{}^tA_{ij}+\theta\,{}^{t+\Delta t}A_{ij}][(1-\theta)\,{}^tA_{ij}+\theta\,{}^{t+\Delta t}A_{ij}]\right\}^{1/2}\end{aligned} \tag{15.5.66}$$

$$\Delta\alpha_{ij}=\frac{2}{3}E_p(1-M)\Delta\lambda[(1-\theta)\,{}^tA_{ij}+\theta\,{}^{t+\Delta t}A_{ij}] \tag{15.5.67}$$

$$F({}^{t+\Delta t}\sigma_{ij},\ {}^{t+\Delta t}\alpha_{ij},{}^{t+\Delta t}\bar{\varepsilon}_p,M)=\frac{1}{2}\,{}^{t+\Delta t}A_{ij}\,{}^{t+\Delta t}A_{ij}-\frac{1}{3}\sigma_s^2({}^{t+\Delta t}\bar{\varepsilon}_p,M)=0 \tag{15.5.68}$$

其中

$$A_{ij}=S_{ij}-\alpha_{ij}\quad 0\leqslant\theta\leqslant 1$$

当$\theta=0$，(15.5.65)～(15.5.68)各式右端将不包含未知量${}^{t+\Delta t}A_{ij}$，算法是显式的。此时它相当于前面讨论的切向预测径向返回方法。当$\theta>0$，算法是隐式的。当$\theta\geqslant 1/2$，算法是无条件稳定的，而且与屈服面的形状无关，所以这是通常采用的。$\theta$的具体取值，根据问题的载荷特点和应变增量的大小及方向的不同而与计算结果的精度关联着。对于小的应变增量，$\theta=1/2$可得到较高的精度，而一般情况，$\theta=0.7$或0.8可以得到较好的结果。

需要指出的是，以上各式中的未知量${}^{t+\Delta t}A_{ij}$实际上可以归结为一个待定的标量$\Delta\lambda$（现不同于(15.5.53)式中已是确定量的$\Delta\lambda$）。它最后通过一致性条件(15.5.68)式解出。为导出求解$\Delta\lambda$的方程，首先从(15.5.64)式可得

$$\Delta S_{ij}=2G(\Delta e_{ij}-\Delta\varepsilon^p_{ij}) \tag{15.5.69}$$

其中

$$\Delta e_{ij}=\Delta\varepsilon_{ij}-\frac{1}{3}(\Delta\varepsilon_{11}+\Delta\varepsilon_{22}+\Delta\varepsilon_{33})\delta_{ij}$$

又因为

$${}^{t+\Delta t}A_{ij}={}^{t+\Delta t}S_{ij}-{}^{t+\Delta t}\alpha_{ij}={}^tA_{ij}+\Delta S_{ij}-\Delta\alpha_{ij} \tag{15.5.70}$$

将(15.5.67)、(15.5.69)式代入(15.5.70)式，可以得到

$${}^{t+\Delta t}A_{ij}=\frac{{}^tA^*_{ij}-c_1\,{}^tA_{ij}\Delta\lambda}{1+c_2\Delta\lambda} \tag{15.5.71}$$

其中

$$
\begin{gathered}
{}^{t}A_{ij}^{*}={}^{t}A_{ij}+2G\Delta e_{ij} \\
c_1=c_3(1-\theta)\qquad c_2=c_3\theta \\
c_3=\left[2G+\frac{2}{3}E_p(1-M)\right]
\end{gathered}
$$

注意到(15.5.68)式中

$$
\begin{aligned}
\sigma_s({}^{t+\Delta t}\bar{\varepsilon}_p,M) &=\sigma_{s0}+M[\sigma_s({}^{t+\Delta t}\bar{\varepsilon}_p)-\sigma_{s0}] \\
&=(1-M)\sigma_{s0}+M\sigma_s({}^{t}\bar{\varepsilon}_p+\Delta\bar{\varepsilon}_p)
\end{aligned} \tag{15.5.72}
$$

将(15.5.71)和(15.5.72)式代入(15.5.68)式，就可得到用以确定 $\Delta\lambda$ 的非线性方程，即

$$
\left|\frac{{}^{t}A_{ij}^{*}-c_1{}^{t}A_{ij}\Delta\lambda}{1+c_2\Delta\lambda}\right|^2-\frac{2}{3}\left[(1-M)\sigma_{s0}+M\sigma_s\left({}^{t}\bar{\varepsilon}_p+\sqrt{\frac{2}{3}}\Delta\lambda\left|(1-\theta){}^{t}A_{ij}+\theta\frac{{}^{t}A_{ij}^{*}-c_1{}^{t}A_{ij}\Delta\lambda}{1+c_2\Delta\lambda}\right|\right)\right]^2=0 \tag{15.5.73}
$$

其中 $|x_{ij}|=(x_{ij}x_{ij})^{1/2}$，$\sigma_s({}^{t+\Delta t}\bar{\varepsilon}_p)$ 的函数形式由材料应力应变曲线确定。上述非线性方程通常需要利用数值方法求解，例如利用 N-R 方法或二分法迭代求解。由于方程只包含一个未知量 $\Delta\lambda$，计算工作量很小。当 $\Delta\lambda$ 求得以后，代回以前各式，可以得到新的状态量 ${}^{t+\Delta t}\boldsymbol{\sigma}$，${}^{t+\Delta t}\boldsymbol{\alpha}$，${}^{t+\Delta t}\bar{\boldsymbol{\varepsilon}}_p$ 等。

(15.5.73)式中 $M=1$ 或 $M=0$ 时，分别代表各向同性硬化和运动硬化情况，这时(15.5.73)式可以适当简化。对于某些进一步简化情况，从该式可以得到 $\Delta\lambda$ 的解析解。例如 $M=1,\theta=1$，并且材料呈线性硬化性质，$\sigma_s=\sigma_{s0}+k\bar{\varepsilon}_p$。这时从该式可以方便地得到

$$
\Delta\lambda=\frac{\bar{\sigma}^{*}-\sigma_{s0}-k{}^{t}\bar{\varepsilon}_p}{2G(\sigma_{s0}+k{}^{t}\bar{\varepsilon}_p)+\dfrac{2}{3}k\bar{\sigma}^{*}} \tag{15.5.74}
$$

其中

$$
\bar{\sigma}^{*}=\sqrt{\frac{3}{2}}\,|{}^{t}S_{ij}^{*}|=\sqrt{\frac{3}{2}}\,|{}^{t}S_{ij}+2G\Delta e_{ij}|
$$

如前所述，广义中点法是隐式算法，可以避免切向预测法中所包含的不一致性，因此不需要径向返回的步骤。同时在 $\theta\geqslant 1/2$ 的情况下，通常不需要采用子增量方法即可达到工程所要求的计算精度，因此广义中点法近年来受到广泛的重视，并被很多研究工作者所采用。但是也正如前面所指出的，它的计算精度不仅与 $\theta$ 的取值有关，而且与问题的载荷特点及载荷增量的大小有关。有时为达到一定的精度要求，需要通过多次的试验和比较，这是数值方法的共同特点。

由于本构方程的积分在每一个增量步的每一次迭代以后，对于单元内的每一个高斯积分点都要进行，不仅计算工作量很大，而且影响到整个解的稳定性和可靠性，因此本构方程积分方案的研究一直受到广泛的重视。例如文献[2]、[3]、[4]的工作中提出的理想弹塑性、运动硬化及各向同性材料本构方程的精确积分或渐近积分，可以在精度和效率上

显著改进现行的数值积分方法。有兴趣的读者可以查阅有关的刊物和文献。

### 15.5.4 单元刚度矩阵的数值积分

关于弹塑性刚度矩阵的数值积分，除了4.6节在讨论如何选择弹性刚度矩阵的数值积分的阶次时所提出的一般原则仍然适用外，还有一些新的因素需要考虑。例如单元进入塑性后的刚度矩阵$\int_{V_e} \boldsymbol{B}^{\mathrm{T}\,\tau}\boldsymbol{D}\,\boldsymbol{B}\,\mathrm{d}V$中的本构关系矩阵${}^{\tau}\boldsymbol{D}$不再是常数，这就提高了被积函数$\boldsymbol{B}^{\mathrm{T}\,\tau}\boldsymbol{D}\,\boldsymbol{B}$的阶次。为了保证积分的精度，数值积分的阶次应作相应的提高。通常弹塑性刚度矩阵的积分阶次要比弹性刚度矩阵的积分阶次高1～2阶。

### 15.5.5 线性方程组的求解

从前面的讨论已知，在利用切线刚度法进行结构弹塑性分析时，对于每一增量步，一般需要求解系数矩阵有所变化的线性代数方程组。但是这种变化通常只限于系数矩阵的局部区域。因为结构即使进入失效阶段，通常大部分区域还保持为弹性状态。针对这种特点，现已提出了不少旨在提高计算效率，降低计算工作量的算法。常用的方法是子结构法。

此算法的基本点是将结构在加载过程中保持为弹性的区域和可能进入塑性的区域划分为不同的子结构。各子结构内部自由度凝聚后组成的结构刚度矩阵的阶数将比原来整个结构的自由度数目少得多。对于每一个载荷增量，弹性子结构的刚度矩阵保持不变，计算工作量缩减为各个弹塑性子结构的刚度矩阵以及阶数较低的总体刚度矩阵的重新形成和分解。如果能对结构可能进入塑性的区域事先有较准确的估计，即使进入塑性的区域分散在结构的不同区域，采用此方法也是比较适宜的。但是如果事先对可能进入塑性的区域不能准确估计，为避免在计算中发生麻烦，往往会将可能进入塑性的区域，也即每次需要重新形成和分解刚度矩阵的子结构划得较大，当然这样做将影响计算效率。

**例15.1**[8] 分析一个轴向受到约束的承受内压作用的厚壁圆筒，见图15.19(a)。材料是弹性-理想塑性，并服从V. Mises屈服条件。几何尺寸和材料参数：$a=1.0\mathrm{cm}$，$b=2.0\mathrm{cm}$，$E=\dfrac{26}{3}\times10^4\mathrm{MPa}$，$\nu=0.4$，$\sigma_s=17.32\mathrm{MPa}$。有限元模型如图15.19(b)所示，在厚度方向有4个8结点轴对称单元。刚度矩阵采用$2\times2$高斯积分。此算例有解析解，所以为弹塑性有限元程序提供了一个很好的校核实例。

用于计算的加载方案有两种，即

(1) 在结构进入塑性后，内压按0.5MPa分级单调加载，直至塑性区达到厚度的3/4。

(2) 内压循环变化，具体是

$$p=0.0\rightarrow10.0\rightarrow12.5\rightarrow0.0\rightarrow-10.0\rightarrow-12.5\rightarrow0.0\mathrm{MPa}$$

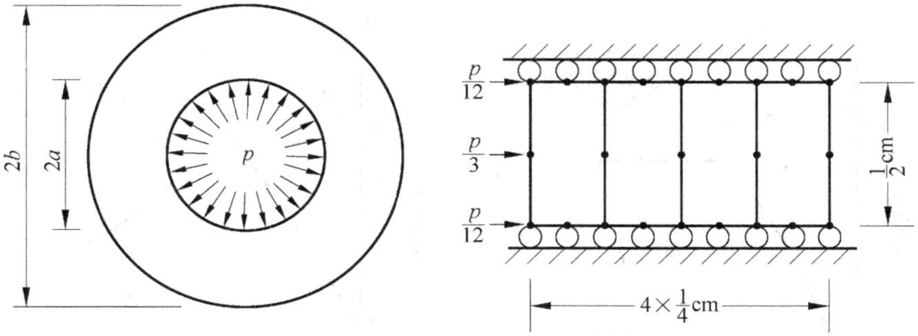


(a) 厚壁筒 (b) 有限元模型

图 15.19 厚壁圆筒的有限元模型

第一种加载方案得到的外表面径向位移如图 15.20 所示。用 Newton-Raphson 迭代和弹性常刚度迭代得到的结果都表示于图 15.20 中。这些结果实际上与 Hodge-White 的解析解是一致的。Newton-Raphson 迭代法平均每一步需要 1.6 次迭代，总共 17 次重新形成和分解刚度矩阵。常刚度迭代法平均每步需要 9 次迭代，但刚度矩阵只形成和分解一次。

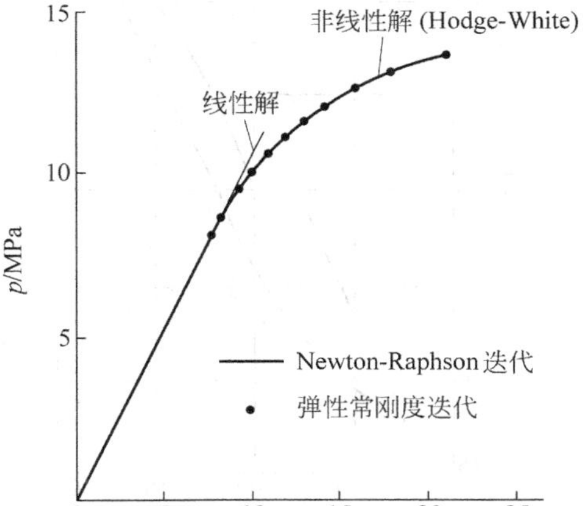


图 15.20 单调加载时的外表面径向位移($u$)

当 $p=12.5$MPa 时(塑性区达到厚度的 1/2)的应力分布如图 15.21 所示。再次表明有限元解与 Hodge-White 的解析解是一致的。

对于第二加载方案，只采用了弹性常刚度迭代，外表面的径向位移如图 15.22 所示。

此算例还采用规定“本步刚度参数”的变化量以控制载荷增量的方法(见 15.5.2 节)

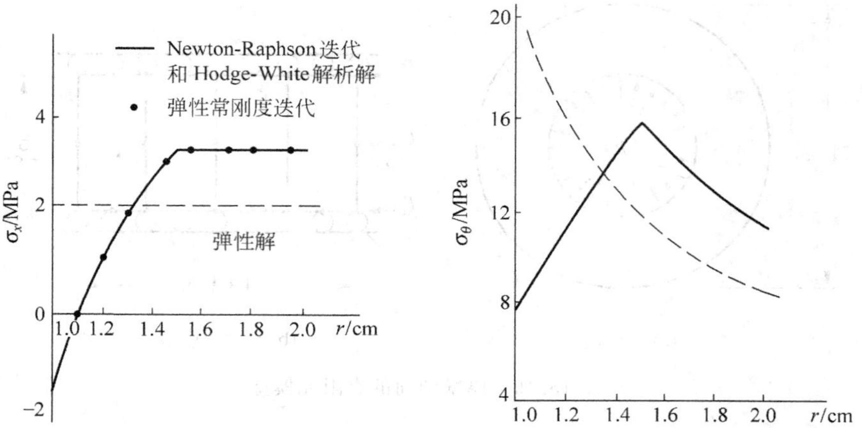


(a) 轴向应力分布 (b) 环向应力分布

图 15.21 沿壁厚方向的应力分布

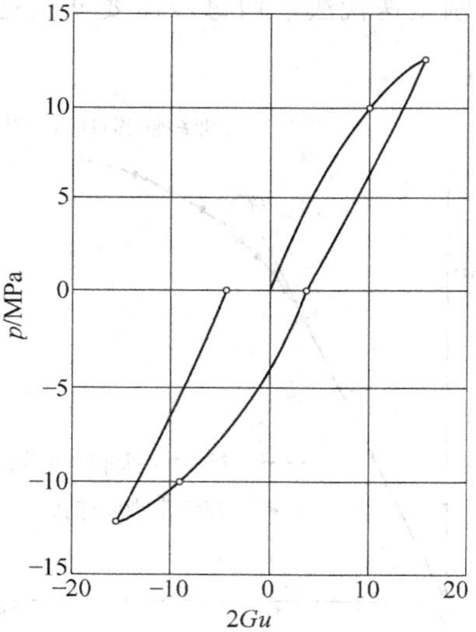


图 15.22 循环加载时的外表面径向位移

对单调加载方案进行了计算。只用了 5 个载荷增量步就算出极限载荷,计算结果与解析解相差仅 0.7%。而用事先规定的等步长加载则用了 36 个载荷增量步,且计算结果和解析解比较,相差为 1.4%。说明改进算法对非线性有限元分析是很重要的。

**例 15.2**[9] 图 15.23(a)所示为一具有接管受内压的球形压力容器。图 15.23(b)给出的是在接管与球壳联结附近区域的单元划分和塑性区分布。随着压力的升高,塑性区从接管和球壳的交界面附近逐步扩大，即两端分别向接管和球壳方向发展。计算采用规定“本步刚度参数”的变化量以自动选择载荷步长($\Delta p_1 = p_e/3, \Delta\widetilde{S}_p = 0.1$)，载荷增量逐步由大变小。每一增量步长开始时部分地重新形成和分解刚度矩阵，然后进行常刚度迭代，共进行 7 个增量步，总共 10 次常刚度迭代，就达到了极限载荷。

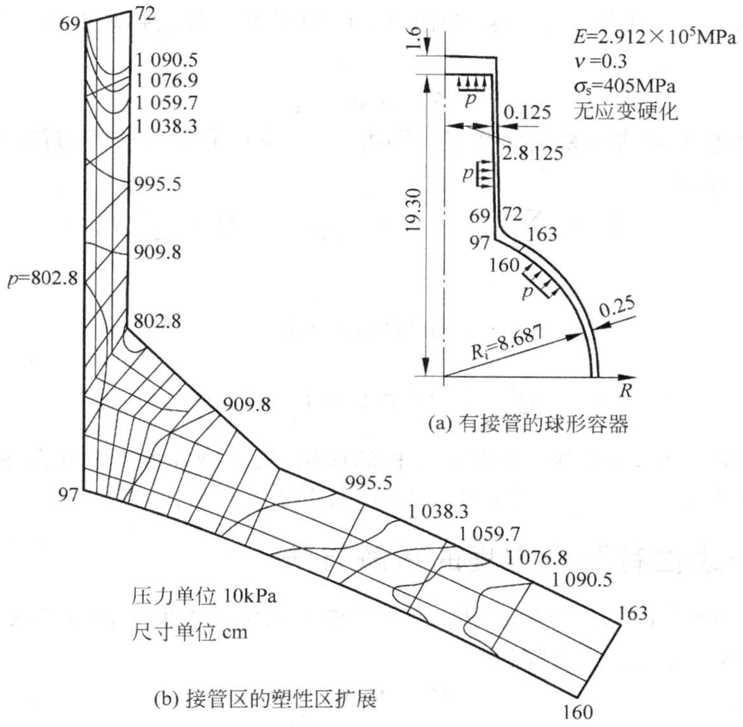


图　15.23

# 15.6　弹塑性全量有限元分析

## 15.6.1　弹塑性全量分析的有限元方程

弹塑性形变理论的基本方程和线弹性力学的基本方程相类似，唯一的区别是后者应力应变关系中的常系数的弹性矩阵 $\boldsymbol{D}_e$ 现在由依赖于变形状态的弹塑性矩阵 $\boldsymbol{D}_{ep}$ 所替代。

根据虚位移原理的表达式

$$\int_V (\delta \boldsymbol{\varepsilon}^{\mathrm{T}} \boldsymbol{\sigma} - \delta \boldsymbol{u}^{\mathrm{T}} \bar{\boldsymbol{f}}) \mathrm{d}V - \int_{S_\sigma} \delta \boldsymbol{u}^{\mathrm{T}} \bar{\boldsymbol{T}} \mathrm{d}S = 0 \qquad (1.4.42)$$

现将其中的$\boldsymbol{\sigma}$用弹塑性全量应力应变关系(15.3.76)式代入,则得到

$$\int_V \delta\boldsymbol{\varepsilon}\boldsymbol{D}_{ep}\boldsymbol{\varepsilon}\mathrm{d}V = \int_V \delta\boldsymbol{u}^{\mathrm{T}}\bar{\boldsymbol{f}}\mathrm{d}V + \int_{S_\sigma}\delta\boldsymbol{u}^{\mathrm{T}}\bar{\boldsymbol{T}}\mathrm{d}S \tag{15.6.1}$$

此式实际上就是弹塑性形变理论的最小势能原理。左端和右端分别是弹塑性应变能和外力势能的变分。

按照位移有限元法的标准步骤,利用(15.6.1)式可以得到弹塑性全量分析的有限元求解方程:

$$\boldsymbol{K}_{ep}(\boldsymbol{a})\boldsymbol{a} = \boldsymbol{Q} \tag{15.6.2}$$

其中,$\boldsymbol{K}_{ep}$,$\boldsymbol{a}$和$\boldsymbol{Q}$分别表示系统的弹塑性刚度矩阵,位移向量和载荷向量,它们分别由单元的对应量集成,即

$$\boldsymbol{K}_{ep} = \sum_e \boldsymbol{K}_{ep}^e \qquad \boldsymbol{a} = \sum_e \boldsymbol{a}^e \qquad \boldsymbol{Q} = \sum_e \boldsymbol{Q}^e$$

并且有

$$\boldsymbol{K}_{ep}^e = \int_{V_e}\boldsymbol{B}^{\mathrm{T}}\boldsymbol{D}_{ep}(\boldsymbol{a})\boldsymbol{B}\mathrm{d}V$$

$$\boldsymbol{Q}^e = \int_{V_e}\boldsymbol{N}^{\mathrm{T}}\bar{\boldsymbol{f}}\mathrm{d}V + \int_{S_{\sigma_e}}\boldsymbol{N}^{\mathrm{T}}\bar{\boldsymbol{T}}\mathrm{d}S$$

从以上各式可以看出,与线弹性有限元分析的区别,仅是现在的刚度矩阵$\boldsymbol{K}_{ep}$是待求量$\boldsymbol{a}$的函数。因此方程(15.6.2)式是非线性的,这时需要进行迭代求解。

## 15.6.2 非线性有限元方程的求解方法

由于$\boldsymbol{D}_{ep}(\boldsymbol{a})$是$\boldsymbol{a}$的显式函数,可以利用变刚度或常刚度的直接迭代法求解。为了求解方便,首先将(15.6.2)式改写为

$$(\boldsymbol{K}_e - \boldsymbol{K}_p)\boldsymbol{a} = \boldsymbol{Q} \tag{15.6.3}$$

其中

$$\boldsymbol{K}_e = \sum_e\int_{V_e}\boldsymbol{B}^{\mathrm{T}}\boldsymbol{D}_e\boldsymbol{B}\,\mathrm{d}V \qquad \boldsymbol{K}_p = \sum_e\int_{V_e}\boldsymbol{B}^{\mathrm{T}}\boldsymbol{D}_p\boldsymbol{B}\,\mathrm{d}V$$

### 1. 变刚度直接迭代法

利用15.2.1节所介绍的直接迭代法求解(15.6.3)式,这时的迭代方程可以表示为

$$\boldsymbol{K}_{ep}(\boldsymbol{a}^{(n)})\boldsymbol{a}^{(n+1)} = [\boldsymbol{K}_e - \boldsymbol{K}_p(\boldsymbol{a}^{(n)})]\boldsymbol{a}^{(n+1)} = \boldsymbol{Q} \quad (n=0,1,2,\cdots) \tag{15.6.4}$$

其中$n$是迭代次数,并令$\boldsymbol{a}^{(0)}=0$,$\boldsymbol{K}_p(0)=0$。

迭代的具体步骤如下:

**初始计算**

(1) 形成弹性刚度矩阵$\boldsymbol{K}_e$。

(2) 求解弹性问题,即求解

$$\boldsymbol{a}^{(1)} = \boldsymbol{K}_e^{-1}\boldsymbol{Q}$$

**每次迭代** $(n=1,2,\cdots)$

(3) 计算每个高斯积分点的等效应变 $\bar{\varepsilon}^{(n)}$。

(4) 从 $\sigma_s-\bar{\varepsilon}$ 曲线得到每个高斯积分点的 $\sigma_s(\bar{\varepsilon}^{(n)})$。

(5) 计算每个高斯积分点的 $\widetilde{G}^{(n)}$,即

$$\widetilde{G}^{(n)}=G-G'^{(n)}=G-\frac{\sigma_s(\bar{\varepsilon}^{(n)})}{3\bar{\varepsilon}^{(n)}}$$

(6) 形成塑性刚度矩阵 $\boldsymbol{K}_p^{(n)}$

(7) 求解弹塑性问题,即求解

$$\boldsymbol{a}^{(n+1)}=(\boldsymbol{K}_{ep}^{(n)})^{-1}\boldsymbol{Q}$$

(8) 检查是否收敛,收敛准则是

$$\frac{\|\boldsymbol{a}^{(n+1)}-\boldsymbol{a}^{(n)}\|}{\|\boldsymbol{a}^{(n+1)}\|}\leqslant \mathrm{er}$$

如果满足收敛准则,则转入下一步输出结果,否则返回(3)进行下一次迭代。

(9) 输出结果,即输出:

$$\boldsymbol{a}=\boldsymbol{a}^{(n+1)}\qquad \boldsymbol{\sigma}=\boldsymbol{D}_{ep}^{(n)}\varepsilon^{(n+1)}=\boldsymbol{D}_{ep}^{(n)}\boldsymbol{B}\boldsymbol{a}^{(n+1)}$$

**注释**

i 第一次迭代时,在第(3)步算出每个高斯积分点的等效应变 $\bar{\varepsilon}^{(1)}$ 后,如果所有点的 $\bar{\varepsilon}^{(1)}<\sigma_{s0}/3G$,表明问题是弹性的,则不必再进行后面的迭代计算。

ii 第(8)步中的 er 是判断解是否是收敛的小正数,通常取 $\mathrm{er}=10^{-3}\sim10^{-4}$ 即可得到比较满意的结果。

iii 此方法的每次迭代需要重新形成和分解弹塑性刚度矩阵 $\boldsymbol{K}_{ep}$。替代的方案是利用保持为常数的弹性刚度矩阵进行迭代。

2. 常刚度的直接迭代法

做法是将(15.6.4)式改写为如下形式

$$\boldsymbol{K}_e\boldsymbol{a}^{(n+1)}=\boldsymbol{Q}+\boldsymbol{K}_p(\boldsymbol{a}^{(n)})\boldsymbol{a}^{(n)}\quad(n=0,1,2\cdots)\tag{15.6.5}$$

和变刚度直接迭代情形相同,亦令 $\boldsymbol{a}^{(0)}=0$ 及 $\boldsymbol{K}_p(0)=0$。迭代的具体步骤也与变刚度直接迭代法相同,只是其中的步骤(7)改为求解弹性问题,即求解下式

$$\boldsymbol{a}^{(n+1)}=\boldsymbol{K}_e^{-1}(\boldsymbol{Q}+\boldsymbol{K}_p(\boldsymbol{a}^{(n)})\boldsymbol{a}^{(n)})\tag{15.6.6}$$

此算法的实质是将塑性应变引起的应力 $\boldsymbol{\sigma}_p=\boldsymbol{D}_e\boldsymbol{\varepsilon}_p$ 作为初应力处理并移入方程的右端。所以此算法又称为初应力法。此算法的迭代收敛速度比变刚度直接迭代法慢,但由于每次迭代不需要重新分解弹塑性矩阵,通常计算效率仍高于变刚度直接迭代法。为了提高迭代收敛的速度还可以引入 Aitken 加速法。为此可将(15.6.5)式进一步改写为

$$\boldsymbol{K}_e\Delta\boldsymbol{a}^{(n)}=\boldsymbol{Q}-[\boldsymbol{K}_e-\boldsymbol{K}_p(\boldsymbol{a}^{(n)})]\boldsymbol{a}^{(n)}\tag{15.6.7}$$

并有

$$\boldsymbol{a}^{(n+1)}=\boldsymbol{a}^{(n)}+\alpha^{(n)}\Delta\boldsymbol{a}^{(n)}\tag{15.6.8}$$

其中$\alpha^{(n)}$是加速因子，它可以利用(15.2.34)式算得，即

$$\alpha^{(n)}=\begin{cases}1 & (n=0,2,\cdots)\\ \dfrac{(\Delta a^{(n-1)}-\Delta a^{(n)})^{\mathrm{T}}\Delta a^{(n-1)}}{(\Delta a^{(n-1)}-\Delta a^{(n)})^{\mathrm{T}}(\Delta a^{(n-1)}-\Delta a^{(n)})} & (n=1,3,\cdots)\end{cases} \tag{15.6.9}$$

**例 15.3** 轴向受到约束的承受内压作用的厚壁圆筒，材料为弹性-理想塑性。尺寸和材料参数以及有限元模型与例 15.1 的相同。压力 $p=12.5\text{MPa}$。现用弹性常刚度的直接迭代法求解，经 10 次迭代得到的沿厚度的轴向应力和环向应力分布的计算结果如图 15.24 所示。计算结果和解析解符合得很好。而在例 15.1 中用增量法的 Newton-Raphson 迭代求解此问题时，需要进行 17 次重新形成和分解刚度矩阵，共 27 次迭代。特别是本例题的算法中，由于弹塑性全量有限元分析的每一个迭代步，不需要通过本构方程的积分来确定应力状态，而是直接通过全量应力应变关系式(15.3.73)计算出应力，因此计算效率得到显著的提高。

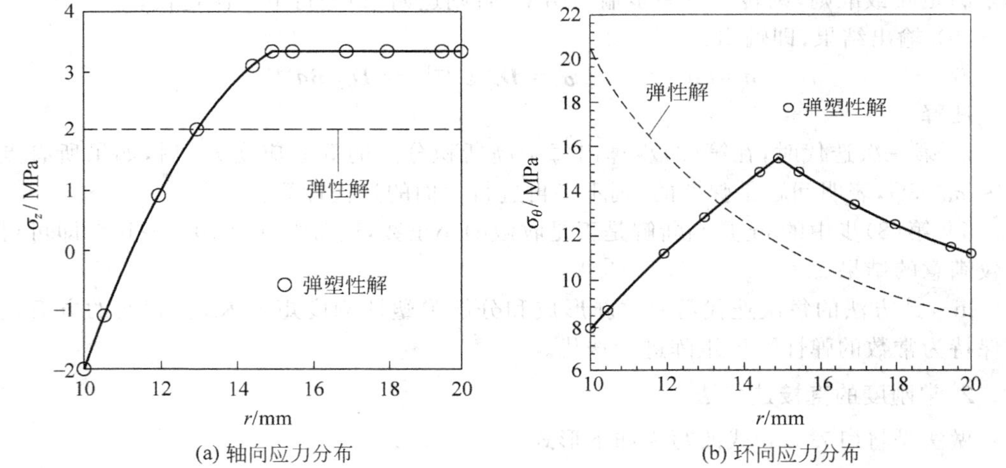


图 15.24 厚壁筒沿厚度方向的应力分布

**例 15.4**[10] 有一 T 型接管三通如图 15.25(a)所示。它的主管的内、外半径分别为 76cm 和 84cm，支管的内、外半径分别为 16.7cm 和 21.5cm。主管长 100cm，支管顶部距主管外表面为 50cm。承受内压 $p=14.7\text{MPa}$。材料参数是：$E=2.068\times10^5\text{MPa}$，$\nu=0.3$，$\sigma_{s0}=201.88\text{MPa}$，$\sigma_s(\bar{\varepsilon})$ 用 $\sigma_s(\bar{\varepsilon}_p)=\sigma_{s0}+E_p^{(0)}+\dfrac{\bar{\varepsilon}_p}{a\bar{\varepsilon}_p+b}$ 关系式表示，其中 $E_p^{(0)}=2\,051.14\text{MPa}$，$a=1.204\,1\times10^{-3}(1/\text{MPa})$，$b=1.535\,7\times10^{-5}(1/\text{MPa})$。由于结构具有对称性，故取 1/4 结构进行有限元离散，如图 15.25(b)所示。计算的允许误差 $\text{er}=10^{-3}$。为了进行比较，除采用常刚度直接迭代法计算外，还用划分为 16 个增量步的 mN-R 的增量有限元方法进行了计算。两种方法的迭代次数分别为 8 次和 27 次。利用增量解法时，

每个增量步需要重新形成和分解刚度矩阵，而且每次迭代均要在每个高斯点进行本构关系的积分。显而易见，增量解法的计算效率远低于常刚度迭代法。

这两种方法计算得到的沿三通轴向截面内边界的最大主应力分布和沿主管与支管内相贯线的应力强度（即最大主应力与最小主应力之差）分布分别表示于图 15.26 的(a)和(b)中。从图可见，两种解法的计算结果吻合得非常好。这表明对于通常工程中遇到的单参数加载情况，利用简便的弹塑性全量有限元分析方法是完全可行的。

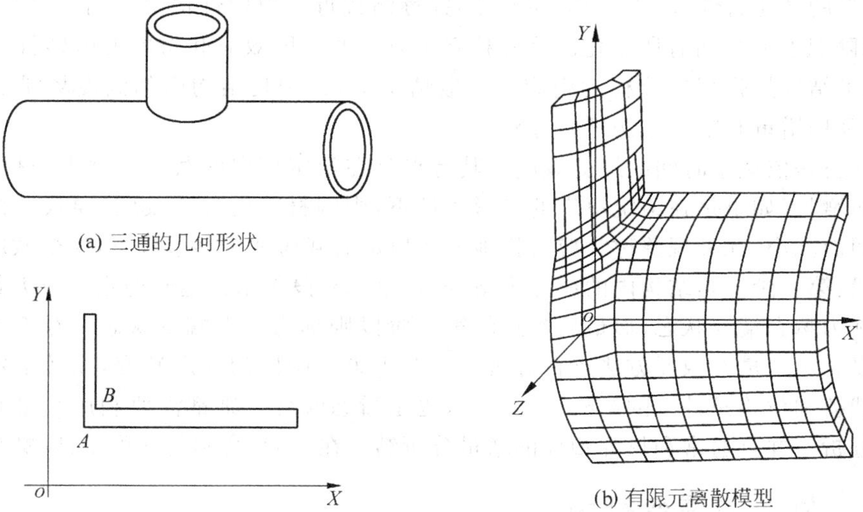


(a) 三通的几何形状

(b) 有限元离散模型

(c) Y-X 对称面

图 15.25　T 型接管三通

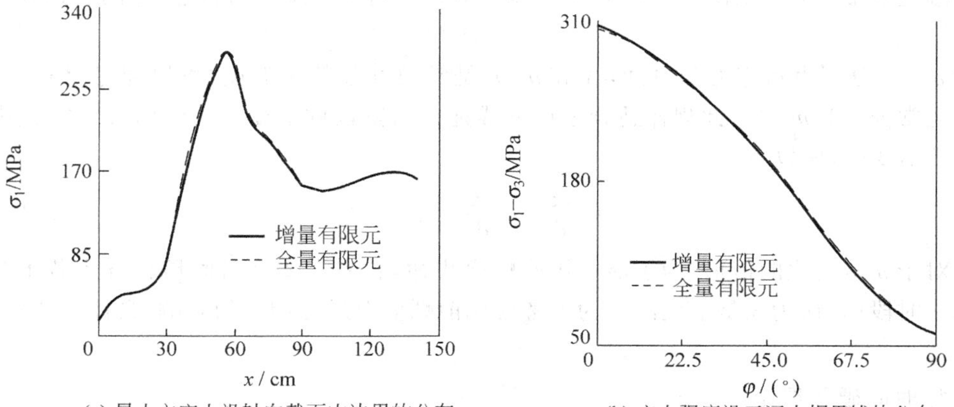


(a) 最大主应力沿轴向截面内边界的分布

(b) 应力强度沿三通内相贯线的分布

图 15.26　受内压 T 型三通的计算结果

## 15.7 热弹塑性-蠕变有限元分析

对于处于高温条件下工作的结构，必须考虑温度对材料行为和结构响应的影响。温度对材料行为的影响可以分为两类。

一类是独立于时间的瞬时效应，例如随着温度的升高，材料的初始屈服极限 $\sigma_{s0}$ 有所降低；材料的硬化特性，即 $E_p$ 也有所减小，并逐渐接近理想塑性情况。同时材料常数 $E$, $\nu$, $\alpha$ 等也随温度变化而有所变化。这种独立于时间的温度效应和材料的弹塑性行为相结合，构成了结构热弹塑性分析的内容。一般情况下，特别是结构内的温度场是瞬态情况时，需要采用增量有限元方法进行分析。

另一类是依赖于时间的蠕变效应。其特点是在给定恒定的载荷条件下，材料的变形随时间而增长；如果是在给定恒定的变形条件下，则因材料的蠕变效应，导致结构内部应力随时间而减小，此种现象称为应力松弛。在恒定的载荷和位移条件下，蠕变效应表现出两个阶段：第一阶段是结构内的应力重新分布；第二阶段是结构达到稳定的应力状态。第一阶段称为瞬态蠕变状态，而最后到达的第二阶段则称为稳态蠕变状态。对于稳态蠕变状态可以利用全量有限元方法进行分析。而对于第一阶段的瞬态蠕变，以及给定随时间变化的载荷和位移条件下的结构蠕变效应(也是瞬态蠕变)，则都需要利用增量有限元方法进行分析。并且通常和热弹塑性的增量分析结合在一起，合称为热弹塑性-蠕变分析。

### 15.7.1 材料的蠕变行为

材料的蠕变变形 $\varepsilon_c$ 可以表示为温度 $T$、应力 $\sigma$ 和时间 $t$ 的函数，即

$$\varepsilon_c = f(T, \sigma, t) \tag{15.7.1}$$

分析蠕变变形，通常采用 Bailey-Norton 蠕变规律。对于一维受力状态，它的表达式是

$$\varepsilon_c = A\sigma^m t^n \tag{15.7.2}$$

其中 $\sigma$ 和 $t$ 分别表示应力和时间，$A$ 和 $m$、$n$ 是常数并依赖于温度，可以通过材料试验确定。通常 $m>1$, $n<1$。此规律适合于用来描述初始阶段的蠕变。由于(15.7.2)式中，假定 $\sigma$ 是不变的，所以有

$$\dot{\varepsilon}_c = \frac{\mathrm{d}\varepsilon_c}{\mathrm{d}t} = \frac{\partial \varepsilon_c}{\partial t} = An\sigma^m t^{n-1} \tag{15.7.3}$$

对于 $\sigma$ 是变化的情形，为了能利用此蠕变规律，首先需要将时间历程分为若干时段，在每一时段内，认为 $\sigma$ 是不变的。为了考虑先前蠕变对后继蠕变的影响，具体做法有两种选择。

1. 时间硬化理论

做法是直接将(15.7.2)和(15.7.3)式用于每一时间分段。图 15.27 中给出的是利用

时间硬化理论预测材料蠕变应变历史的一个例子。当 $t=t_A$ 时，应力从 $\sigma_3$ 突然变化到 $\sigma_4$，而(15.7.2)和(15.7.3)式中的 $t$ 保持不变。将此行为显示于图 15.27 中，表明时间 $0\sim t_A$ 的蠕变应变曲线是沿 $\sigma=\sigma_3$ 的 $OA$ 段，时间 $t_A\sim t_B$ 的蠕变应变曲线 $AB$ 段是平行于 $\sigma=\sigma_4$ 的曲线上用相同时间间隔截取的 $A'B'$ 段。依照同样的方法可以得到蠕变曲线的 $BC$ 段和 $CD$ 段。由于蠕变应变曲线在不同应力的曲线间过渡时，$t$ 保持不变，所以此理论称之为时间硬化理论。

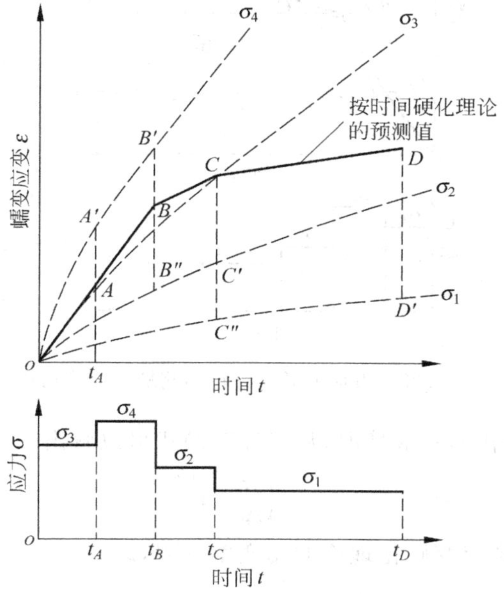


图 15.27　按时间硬化理论预测蠕变应变历史

2. 应变硬化理论

当应力发生突然变化时，根据当时的 $\varepsilon_c$ 计算出一个折算的时间值 $\bar{t}$，并以 $\bar{t}$ 作为后一时间分段的起始值。下面以图 15.28 给出的例子来讨论。当 $t=t_A$ 时，应力从 $\sigma_3$ 突然变化为 $\sigma_4$，此时的蠕变应变为

$$\varepsilon_c^A = A\sigma_3^m t_A^n \tag{15.7.4}$$

当应力突然变化时，认为此蠕变值保持不变，所以首先计算出折算的时间值 $\bar{t}_A$，即

$$\bar{t}_A = \left(\frac{\varepsilon_c^A}{A\sigma_4^m}\right)^{1/n} \tag{15.7.5}$$

并将 $\bar{t}_A$ 作为 $\sigma=\sigma_4$ 曲线上的时间初始值，然后再利用(15.7.2)和(15.7.3)式计算时间段 $t_A\sim t_B$ 内的 $\varepsilon_c$ 和 $\mathrm{d}\varepsilon_c/\mathrm{d}t$。由于应力变化时，蠕变应变曲线从一个应力的曲线过渡到另一个应力的曲线，蠕变应变值保持不变，所以此理论称为应变硬化理论。根据此理论，对本

例中预测的材料蠕变应变历史亦表示于图 15.28 中。一般情况下，根据应变硬化理论得到的预测结果和试验结果符合得较好，所以在实际分析中得到更多的应用。

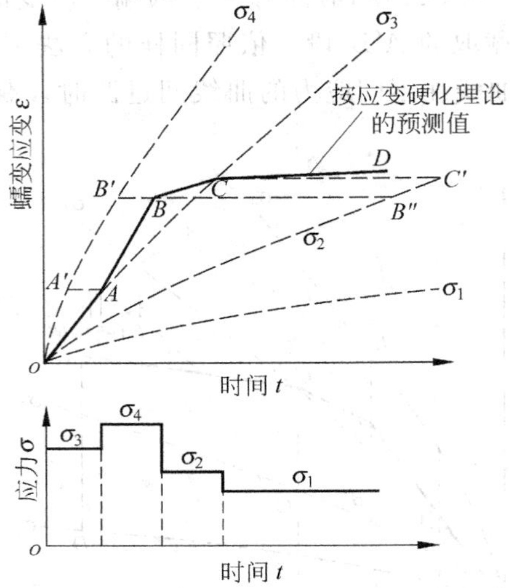


图 15.28 按应变硬化理论预测蠕变应变历史

为用于应力连续变化的一般情况，从(15.7.2)式可以解出

$$t=\left(\frac{\varepsilon_c}{A\sigma^m}\right)^{1/n} \tag{15.7.6}$$

代入(15.7.3)式，则得到应变硬化理论的蠕变率方程，即

$$\dot{\varepsilon}_c=\frac{\mathrm{d}\varepsilon_c}{\mathrm{d}t}=A^{1/n}n\sigma^{m/n}(\varepsilon_c)^{(n-1)/n} \tag{15.7.7}$$

这是一微分方程，如给定 $\sigma=\sigma(t)$，从上式可以解出 $\varepsilon_c(t)$。在实际结构分析中，通常 $\sigma(t)$ 需要和 $\varepsilon_c(t)$ 共同求解。这在以后将进一步讨论。

另一种可能采用的蠕变规律的表达式是

$$\varepsilon_c=h(\sigma,T)[1-\mathrm{e}^{-r(\sigma,T)t}]+g(\sigma,T)t \tag{15.7.8}$$

其中 $h,r,g$ 是简单的幂函数，由试验确定。上式表达的蠕变规律实际上已包括两个阶段的蠕变。在下面的讨论中，假定 $\sigma,T$ 不变，则可以得到

$$\dot{\varepsilon}_c=\frac{\mathrm{d}\varepsilon_c}{\mathrm{d}t}=\frac{\partial\varepsilon_c}{\partial t}=h(\sigma,T)r(\sigma,T)\mathrm{e}^{-r(\sigma,T)t}+g(\sigma,T) \tag{15.7.9}$$

与以前讨论相同，当应力或温度发生变化时，直接应用以上两式于不同的时间分段，是时间硬化理论。如计算出变化时的相当时间 $\bar{t}$ 作为下一时间分段的起始值，是应变硬化理论。同时也可导出应变硬化理论中蠕变应变率方程。

如果研究的是多维应力状态的蠕变问题，将以上讨论的一维情况的蠕变规律推广用

于多维情况的方法是首先将以上各式中的 $\varepsilon_c$ 和 $\sigma$ 代之以等效蠕变应变 $\bar{\varepsilon}_c$ 和等效应力 $\bar{\sigma}$。其次是假定蠕变应变率的各个分量和应力偏量成比例，即

$$\dot{\varepsilon}_{kl}^{c} = \frac{\mathrm{d}\varepsilon_{kl}^{c}}{\mathrm{d}t} = \frac{3}{2\bar{\sigma}}\frac{\mathrm{d}\bar{\varepsilon}_c}{\mathrm{d}t}s_{kl} = \frac{3}{2}\frac{\dot{\bar{\varepsilon}}_c}{\bar{\sigma}}s_{kl} \tag{15.7.10}$$

其中

$$\mathrm{d}\bar{\varepsilon}_c = \left(\frac{2}{3}\mathrm{d}\varepsilon_{ij}^{c}\ \mathrm{d}\varepsilon_{ij}^{c}\right)^{1/2} \qquad \bar{\sigma} = \left(\frac{3}{2}s_{ij}\ s_{ij}\right)^{1/2}$$

从上式可见，蠕变应变增量和塑性应变增量相类似，也是平行于偏斜应力 $s_{kl}$ 的，同时蠕变应变也是体积应变为零的应变。

以上讨论的蠕变规律以及两种硬化理论的应用实际上是限于不发生应力反向的情况。如果出现应力反向，还需引入辅助的规律，但它因超出了本书内容，这里不作进一步讨论。如有需要，建议参考 H. Kraus 的专著[11]。

## 15.7.2　稳态蠕变分析

1. 稳态蠕变分析的有限元方程

仍从虚位移原理出发，即

$$\int_V (\delta\boldsymbol{\varepsilon}^{\mathrm{T}}\boldsymbol{\sigma} - \delta\boldsymbol{u}^{\mathrm{T}}\bar{\boldsymbol{f}})\mathrm{d}V - \int_{S_\sigma}\delta\boldsymbol{u}^{\mathrm{T}}\bar{\boldsymbol{T}}\mathrm{d}S = 0 \tag{1.4.42}$$

对于包括蠕变应变在内的一般情形，应变 $\boldsymbol{\varepsilon}$ 可以表示为

$$\boldsymbol{\varepsilon} = \boldsymbol{\varepsilon}_e + \boldsymbol{\varepsilon}_p + \boldsymbol{\varepsilon}_T + \boldsymbol{\varepsilon}_c \tag{15.7.11}$$

其中的 $\boldsymbol{\varepsilon}_e$、$\boldsymbol{\varepsilon}_p$、$\boldsymbol{\varepsilon}_T$ 和 $\boldsymbol{\varepsilon}_c$ 分别表示弹性、塑性、温度和蠕变应变。对于稳态蠕变状态，应力 $\boldsymbol{\sigma}$、外载 $\bar{\boldsymbol{f}}$ 和 $\bar{\boldsymbol{T}}$ 及 $\boldsymbol{\varepsilon}_e$、$\boldsymbol{\varepsilon}_p$ 和 $\boldsymbol{\varepsilon}_T$ 都是不随时间变化的。同时考虑到应力 $\boldsymbol{\sigma}$ 可以表示为

$$\boldsymbol{\sigma} = \boldsymbol{S} + \sigma_m\boldsymbol{m} \tag{15.7.12}$$

其中，$\boldsymbol{S}$ 和 $\sigma_m$ 分别是偏斜应力和平均应力。对于三维问题，则有

$$\boldsymbol{m}^{\mathrm{T}} = [1\quad 1\quad 1\quad 0\quad 0\quad 0]^{\mathrm{T}}$$

将(15.7.11)和(15.7.12)式代入(1.4.42)式，并对它求时间的导数，则得到

$$\int_V (\delta\dot{\boldsymbol{\varepsilon}}_c)^{\mathrm{T}}\boldsymbol{S}\mathrm{d}V - \int_V \delta\dot{\boldsymbol{u}}^{\mathrm{T}}\bar{\boldsymbol{f}}\mathrm{d}V - \int_{S_\sigma}\delta\dot{\boldsymbol{u}}^{\mathrm{T}}\bar{\boldsymbol{T}}\mathrm{d}S = 0 \tag{15.7.13}$$

此式即稳态蠕变状态的虚速度原理。它的力学意义和虚位移原理相类似，只是将其中的位移改为现在的速度 $\dot{\boldsymbol{u}}$，同时在原来给定的位移边界上所对应的速度必须为零。

为了从(15.7.13)式导出用于有限元分析的变分原理，需将式中的 $\boldsymbol{S}$ 通过本构关系并用 $\dot{\varepsilon}_c$ 表示，此关系可方便地从(15.7.10)式得到。因为(15.7.10)式可以改写为

$$S_{kl} = \frac{2}{3}\frac{\bar{\sigma}}{\dot{\bar{\varepsilon}}_c}\dot{\varepsilon}_{kl}^{c} = 2\mu\dot{\varepsilon}_{kl}^{c} \tag{15.7.14}$$

其中

$$\mu = \frac{1}{3}\frac{\bar{\sigma}}{\dot{\varepsilon}_c} = f(\dot{\varepsilon}_c)$$

式中，函数 $f(\dot{\varepsilon}_c)$ 可以由具体的蠕变规律导出。进一步将上式改写为

$$\boldsymbol{S} = \boldsymbol{D}_c\dot{\boldsymbol{\varepsilon}}_c \tag{15.7.15}$$

其中的 $\boldsymbol{D}_c$ 称为蠕变本构矩阵。对于三维问题，$\boldsymbol{D}_c$ 的表达式是

$$\boldsymbol{D}_c = \mu\begin{bmatrix} 2 & & & & & \\ & 2 & & 0 & & \\ & & 2 & & & \\ & 0 & & 1 & & \\ & & & & 1 & \\ & & & & & 1 \end{bmatrix} \tag{15.7.16}$$

将(15.7.14)式代入(15.7.13)式，就得到

$$\delta\Pi_c(\dot{\boldsymbol{u}}) = 0 \tag{15.7.17}$$

其中，$\Pi_c(\dot{\boldsymbol{u}})$是稳态蠕变最小位能原理的泛函，并表示为

$$\Pi_c(\dot{\boldsymbol{u}}) = \int_V \frac{1}{2}(\dot{\boldsymbol{\varepsilon}}_c)^{\mathrm{T}}\boldsymbol{D}_c\dot{\boldsymbol{\varepsilon}}_c\mathrm{d}V - \int\delta\dot{\boldsymbol{u}}^{\mathrm{T}}\bar{\boldsymbol{f}}\mathrm{d}V - \int_{S_\sigma}\delta\dot{\boldsymbol{u}}^{\mathrm{T}}\bar{\boldsymbol{T}}\mathrm{d}S \tag{15.7.18}$$

$\Pi_c(\dot{\boldsymbol{u}})$的速度场 $\dot{\boldsymbol{u}}$ 除与 $\dot{\boldsymbol{\varepsilon}}_c$ 之间满足几何条件以及在给定位移边界上满足 $\dot{\boldsymbol{u}}=0$ 外，由于 $\dot{\boldsymbol{\varepsilon}}_c$ 是没有体积变形的，因此 $\dot{\boldsymbol{u}}$ 还应满足不可压缩条件，即

$$\dot{u}_{i,i} = \dot{u}_{1,1} + \dot{u}_{2,2} + \dot{u}_{3,3} = 0 \tag{15.7.19}$$

如果用罚函数方法将此条件引入泛函，则(15.7.17)式应改写为

$$\delta\Pi_c^*(\dot{\boldsymbol{u}}) = 0 \tag{15.7.20}$$

其中

$$\Pi_c^*(\dot{\boldsymbol{u}}) = \Pi_c(\dot{\boldsymbol{u}}) + \int_V \frac{1}{2}\lambda(\dot{u}_{i,i})^2\mathrm{d}V \tag{15.7.21}$$

式中的 $\Pi_c(\dot{\boldsymbol{u}})$是原泛函(15.7.18)式，$\lambda$ 是罚数。

对求解域进行有限元离散，并将单元内的速度 $\dot{\boldsymbol{u}}$ 表示成单元结点速度的插值形式 $\dot{\boldsymbol{u}}=N\dot{\boldsymbol{a}}^e$。这样一来，从(15.7.20)式就可以得到稳态蠕变分析的有限元求解方程，即(15.7.22)式。

$$\boldsymbol{K}(\dot{\varepsilon}_c)\dot{\boldsymbol{a}} = \boldsymbol{Q} \tag{15.7.22}$$

其中

$$\boldsymbol{K}(\dot{\varepsilon}_c) = \boldsymbol{K}_c(\dot{\varepsilon}_c) + \boldsymbol{K}_\lambda$$

$$\boldsymbol{K}_c(\dot{\varepsilon}_c) = \sum_e\int_{V_e}\boldsymbol{B}^{\mathrm{T}}\boldsymbol{D}_c\boldsymbol{B}\mathrm{d}V \qquad \boldsymbol{K}_\lambda = \sum_e\int_{V_e}\boldsymbol{B}^{\mathrm{T}}\boldsymbol{D}_\lambda\boldsymbol{B}\mathrm{d}V$$

$$\boldsymbol{Q} = \sum_e\boldsymbol{Q}^e = \sum_e\int_{V_e}\boldsymbol{N}^{\mathrm{T}}\bar{\boldsymbol{f}}\mathrm{d}V + \int_{S_{\sigma_e}}\boldsymbol{N}^{\mathrm{T}}\bar{\boldsymbol{T}}\mathrm{d}S$$

式中的 $\boldsymbol{D}_\lambda$ 是与泛函中罚函数相关的本构矩阵。对于三维问题，$\boldsymbol{D}_\lambda$ 的表达式是

$$\boldsymbol{D}_\lambda = \lambda \begin{bmatrix} 1 & 1 & 1 & & & \\ 1 & 1 & 1 & 0 & & \\ 1 & 1 & 1 & & & \\ & 0 & & 0 & & \\ & & & & 0 & \\ & & & & & 0 \end{bmatrix} \tag{15.7.23}$$

2. 有限元方程的求解方法

(1) 非线性方程的迭代求解方案

由于方程(15.7.22)式中 $\boldsymbol{D}_c$ 的系数 $\mu$ 是待求的等效蠕变率 $\dot{\varepsilon}_c$ 的函数，所以该有限元方程是非线性的。和上一节弹塑性全量有限元分析中求解方程(15.6.2)式相类似，可以采用变刚度的直接迭代法和常刚度的直接迭代法(包括结合采用 Aitken 加速收敛方法)求解(15.7.22)式。具体计算步骤，这里不再重复。需要指出的是如何选取变刚度迭代法中 $\mu$ 的初值或常刚度迭代法中的 $\mu$ 值问题，根据计算经验，建议选取结构弹性分析的最大等效应力的 2/3，即 $2\bar{\sigma}_{\max}/3$，作为稳态蠕变分析的应力初值(这意味着开始迭代时，初始的弹性最大应力已松弛了 1/3)。从具体的蠕变规律得到与其对应的等效蠕变率 $\dot{\varepsilon}_c$，再代入 $\mu=f(\dot{\varepsilon}_c)$ 关系式进一步得到 $\mu$ 的数值，从而形成迭代的刚度矩阵。具体的做法是：如果材料服从常用的 Bailey-Norton 蠕变规律(15.7.2)式，并且其中的 $n=1$，则应有

$$\varepsilon_c = A\bar{\sigma}^m t \qquad \dot{\varepsilon}_c = A\bar{\sigma}^m \tag{15.7.24}$$

$$\mu = \frac{1}{3}\frac{\bar{\sigma}}{\dot{\varepsilon}_c} = \frac{1}{3A\bar{\sigma}^{m-1}} = \frac{1}{3}\left(\frac{1}{A}\right)^{\frac{1}{m}}\left(\frac{1}{\dot{\varepsilon}_c}\right)^{\frac{m-1}{m}} \tag{15.7.25}$$

用 $\bar{\sigma}=\dfrac{2}{3}\sigma_{\max}$ 代入上式，则得到

$$\mu = \frac{1}{3A}\left(\frac{3}{2\sigma_{\max}}\right)^{m-1} \tag{15.7.26}$$

实际表明，用上述方法形成的常刚度矩阵在计算中是十分有效的。

(2) 刚度矩阵的数值积分方案

因为刚度矩阵 $\boldsymbol{K}$ 中的与罚函数相关的部分 $\boldsymbol{K}_\lambda$ 必须保持奇异性，所以对 $\boldsymbol{K}_\lambda$ 应当采用减缩积分。在满足 $\boldsymbol{K}$ 非奇异性要求的前提下，其中的 $\boldsymbol{K}_c$ 部分可以采用完全积分，也可以和 $\boldsymbol{K}_\lambda$ 一同采用减缩积分。至于罚数 $\lambda$ 的选取，数值试验表明，当 $\lambda$ 为刚度矩阵 $\boldsymbol{K}_c$ 中最大主元的 $10^4 \sim 10^6$ 倍时，可以较好地实现罚数的作用并得到合理的解答。

(3) 应力的计算

从泛函 $\Pi_c^*(\dot{\boldsymbol{u}})$ 的驻值条件 $\delta\Pi_c^*(\dot{\boldsymbol{u}})=0$ 可以得到欧拉方程和自然边界条件分别为

$$S_{ij,j} + \lambda(\dot{u}_{k,k})_{,j}\delta_{ij} + \bar{f}_i = 0 \quad (\text{在 } V \text{ 内}) \tag{15.7.27}$$

$$S_{ij}n_j + \lambda(\dot{u}_{k,k})n_j\delta_{ij} = \bar{T}_i \quad (\text{在 } S_\sigma \text{ 上}) \tag{15.7.28}$$

另一方面,已知平衡方程和力的边界条件分别为:

$$S_{ij,j} + \sigma_{m,j}\delta_{ij} + \bar{f}_i = 0 \quad (\text{在 } V \text{ 内}) \tag{15.7.29}$$

$$S_{ij}n_j + \sigma_m n_j \delta_{ij} = \bar{T}_i \quad (\text{在 } S_\sigma \text{ 上}) \tag{15.7.30}$$

并且以上两式存在如下关系,即

$$S_{ij} + \sigma_m\delta_{ij} = \sigma_{ij}$$

对比(15.7.27)和(15.7.29)式,以及对比(15.7.28)和(15.7.30)式,可以得到

$$\sigma_m = \lambda(\dot{u}_{k,k}) = 3\lambda\dot{\varepsilon}_m \tag{15.7.31}$$

此式和(15.7.14)结合在一起,可以用来在每次迭代得到 $\dot{\boldsymbol{u}}$ 以后计算应力,即

$$\sigma_{ij} = S_{ij} + \sigma_m\delta_{ij} = 2\mu\dot{\varepsilon}_{ij}^c + 3\lambda\dot{\varepsilon}_m\delta_{ij} \tag{15.7.32}$$

其中

$$\dot{\varepsilon}_{ij}^c = \frac{1}{2}(\dot{u}_{i,j} + \dot{u}_{j,i}) - \dot{\varepsilon}_m\delta_{ij}$$

$$\dot{\varepsilon}_m = \frac{1}{3}\dot{u}_{k,k} = \frac{1}{3}(\dot{u}_{1,1} + \dot{u}_{2,2} + \dot{u}_{3,3})$$

**例 15.5** 一轴向受约束并受内压作用的厚壁圆筒,内径 $a$=10cm,外径 $b$=20cm,内压 $p$=10MPa。材料服从 Bailey-Norton 蠕变规律,其中常数 $A=8.176\,7\times10^{-48}$,$m$=4.687 5。现用轴对称有限元进行稳态蠕变分析。壁厚方向用 6 个 8 结点单元离散,采用 2×2 高斯积分。此问题有解析解[11]。不同半径 $r$ 处,$\sigma_r$ 和 $\sigma_\theta$ 的有限元计算结果和解析解的比较见表 15.1。两者符合得很好。

**表 15.1 受内压厚壁圆筒的稳态蠕变应力计算结果和比较**

| 半径 $r$/cm | $\sigma_r$/MPa | | $\sigma_\theta$/MPa | |
|---|---|---|---|---|
| | 有限元解 | 解析解 | 有限元解 | 解析解 |
| 20.0 | 0.011 | 0.000 | 12.40 | 12.40 |
| 18.3 | −1.086 | −1.123 | 11.78 | 11.76 |
| 16.7 | −2.335 | −2.324 | 11.06 | 11.07 |
| 15.0 | −3.774 | −3.795 | 10.23 | 10.22 |
| 13.3 | −5.461 | −5.525 | 9.267 | 9.231 |
| 11.7 | −7.475 | −7.469 | 8.112 | 8.116 |
| 10.0 | −9.951 | −10.000 | 6.694 | 6.665 |

**例 15.6**[12] 计算受纯弯作用的正方形截面梁的稳态蠕变弯曲应力。梁的长度为 40cm,截面的高度和厚度均为 10cm,弯矩 $M$=1 960N·cm。利用结构的几何对称性,对长度和高度方向各取一半的梁进行离散,网格划分为 2×2 的 8 结点含内部自由度的三维

元。计算中采用 2×2×2 的高斯积分。为了考察蠕变常数 $m$ 对梁的稳态蠕变弯曲应力精度的影响,计算中还采用了不同的 $m$ 值。有限元计算结果和解析解的比较见表 15.2。两者符合得很好。

**表 15.2 纯弯梁稳态蠕变应力计算结果的比较**

| 蠕变常数 $m$ | 高斯积分点位置 $y$/cm | 有限元解 $\sigma$/MPa | 解析解 $\sigma$/MPa | 误差/% |
|---|---|---|---|---|
| 2.0 | 3.943 | 8.729 8 | 8.703 3 | 0.304 |
| | 4.436 | 9.235 6 | 9.231 3 | 0.047 |
| 4.0 | 3.943 | 8.292 6 | 8.272 3 | 0.245 |
| | 4.436 | 8.500 4 | 8.496 8 | 0.042 |

## 15.7.3 热弹塑性-蠕变增量分析

1. 应力、应变关系

为了一般化起见,现在讨论材料塑性服从混合硬化状态的情形,考虑温度影响的后继屈服函数和不考虑温度影响的后继屈服函数在形式上是相似的,即仍表示为

$$F(\sigma_{ij},\alpha_{ij},k) = f - k = 0 \tag{15.7.33}$$

其中

$$f = \frac{1}{2}(S_{ij} - \alpha_{ij})(S_{ij} - \alpha_{ij})$$

$$k = \frac{1}{3}\bar{\sigma}_s(\bar{\varepsilon}_p, T, M)$$

式中的 $\bar{\sigma}_s$ 表示为

$$\bar{\sigma}_s(\bar{\varepsilon}_p,\ T,\ M) = \sigma_{s0}(T) + \int M\mathrm{d}\sigma_s(\bar{\varepsilon}_p,\ T) \tag{15.7.34}$$

现在由于需要考虑温度的影响,所以 $\sigma_{s0}$ 和 $\sigma_s$ 还是温度 $T$ 的函数。对于同时考虑温度变形和蠕变变形的情况,应变增量可以表示为

$$\mathrm{d}\varepsilon_{kl} = \mathrm{d}\varepsilon_{kl}^e + \mathrm{d}\varepsilon_{kl}^p + \mathrm{d}\varepsilon_{kl}^T + \mathrm{d}\varepsilon_{kl}^c \tag{15.7.35}$$

式中右端各项分别是弹性、塑性、温度和蠕变应变增量。后 3 项各自按以下各式计算,即

$$\mathrm{d}\varepsilon_{kl}^p = \mathrm{d}\lambda(s_{kl} - \alpha_{kl}) \tag{15.7.36}$$

$$\mathrm{d}\varepsilon_{kl}^T = \alpha \mathrm{d}T\delta_{kl} \tag{15.7.37}$$

$$\mathrm{d}\varepsilon_{kl}^c = \frac{3}{2}\frac{\mathrm{d}\bar{\varepsilon}_c}{\bar{\sigma}}s_{kl} \tag{15.7.38}$$

已经知道弹性应力应变关系是

$$\sigma_{ij} = D^e_{ijkl}\varepsilon^e_{kl}$$

将弹性应力应变关系用到材料常数 $E$ 和 $\nu$ 也随温度变化的情形时，可以得到

$$d\sigma_{ij} = {}^tD^e_{ijkl}\,d\varepsilon^e_{kl} + dD^e_{ijkl}\varepsilon^e_{kl} \tag{15.7.39}$$

将(15.7.35)式代入上式，则得到以弹性张量 $D^e_{ijkl}$ 表示的增量应力应变关系，即

$$d\sigma_{ij} = {}^tD^e_{ijkl}(d\varepsilon_{kl} - d\varepsilon^p_{kl} - d\varepsilon^T_{kl} - d\varepsilon^c_{kl}) + dD^e_{ijkl}\varepsilon^e_{kl} \tag{15.7.40}$$

与不考虑温度影响时的弹性增量应力应变关系式(15.3.39)相比较，现在增加了以初应变项出现的 $d\varepsilon^T_{kl}$ 和 $d\varepsilon^c_{kl}$ 以及以初应力项出现的 $dD^e_{ijkl}\varepsilon^e_{kl}$。依照 15.3.3 小节导出弹塑性增量应力应变关系的相类似步骤，可以导出以弹塑性张量 ${}^tD^{ep}_{ijkl}$ 表示的增量应力应变关系，即

$$d\sigma_{ij} = {}^tD^{ep}_{ijkl}(d\varepsilon_{kl} - d\varepsilon^T_{kl} - d\varepsilon^c_{kl}) + d\sigma^0_{ij} \tag{15.7.41}$$

其中

$${}^tD^{ep}_{ijkl} = {}^tD^e_{ijkl} - {}^tD^p_{ijkl} \tag{15.7.42}$$

$${}^tD^p_{ijkl} = \frac{(S_{ij} - \alpha_{ij})(S_{kl} - \alpha_{kl})}{(\bar{\sigma}_s^2/9G^2)(3G + E_p)} \tag{15.7.43}$$

$$d\sigma^0_{ij} = \left[dD^e_{ijkl} - \frac{G(S_{ij} - \alpha_{ij})(S_{kl} - \alpha_{kl})\,dG}{(\bar{\sigma}_s^2/9)(3G + E_p)}\right]\varepsilon^e_{kl} + \frac{G(S_{ij} - \alpha_{ij})\frac{\partial\bar{\sigma}_s}{\partial T}dT}{(\bar{\sigma}_s/3)(3G + E_p)} \tag{15.7.44}$$

并且有

$$d\lambda = \frac{G(S_{ij} - \alpha_{ij})(d\varepsilon_{ij} - d\varepsilon^T_{ij} - d\varepsilon^c_{ij}) + dG(S_{ij} - \alpha_{ij})\varepsilon^e_{ij} - \frac{\bar{\sigma}_s}{3}\frac{\partial\bar{\sigma}_s}{\partial T}dT}{(2\bar{\sigma}_s^2/9)(3G + E_p)} \tag{15.7.45}$$

(15.7.41)式右端的第1项表示的是由应变引起的应力变化，第2项 $d\sigma^0_{ij}$ 则是因材料参数随温度变化而引起的应力变化，并以初应力形式表示。

2. 有限元方程的求解方法[13]

(1) 非线性方程的迭代方案

利用增量形式的虚位移原理(15.4.10)式，依据采用的应力应变关系是用弹性矩阵表示的(15.7.40)式，还是用弹塑性矩阵表示的(15.7.41)式，可以分别形成常刚度和变刚度的迭代求解方程。计算实践表明，采用与 Aitken 加速收敛方法相结合的常刚度迭代是一种方便而有效的方案。采用此方案时，首先将(15.7.40)式改写为如下的增量形式，即

$$\begin{aligned}\Delta\sigma_{ij} &= {}^tD^e_{ijkl}(\Delta\varepsilon_{kl} - \Delta\varepsilon^p_{kl} - \Delta\varepsilon^T_{kl} - \Delta\varepsilon^c_{kl}) + \\ &\quad ({}^{t+\Delta t}D^e_{ijkl} - {}^tD^e_{ijkl})\,{}^t\varepsilon^e_{kl} \\ &= {}^{t_0}D^e_{ijkl}\Delta\varepsilon_{kl} + ({}^tD^e_{ijkl} - {}^{t_0}D^e_{ijkl})\Delta\varepsilon_{kl} - \\ &\quad {}^tD^e_{ijkl}(\Delta\varepsilon^p_{kl} + \Delta\varepsilon^T_{kl} + \Delta\varepsilon^c_{kl}) + ({}^{t+\Delta t}D^e_{ijkl} - {}^tD^e_{ijkl})\,{}^t\varepsilon^e_{kl}\end{aligned} \tag{15.7.46}$$

其中，${}^{t_0}D^e_{ijkl}$，${}^tD^e_{ijkl}$，${}^{t+\Delta t}D^e_{ijkl}$ 分别是其材料常数 $E$，$\nu$，$G$ 取 $t_0$，$t$，$t+\Delta t$ 时刻数值时的弹性张量；${}^t\varepsilon^e_{kl}$ 是 $t$ 时刻的弹性应变。将上式代入有限元离散后的(15.4.10)式，则可得到用初始

弹性刚度矩阵表示的有限元方程，其矩阵形式如下：

$$
{}^{t_0}\boldsymbol{K}_e\Delta\boldsymbol{a} = \Delta\boldsymbol{Q} + \sum_e\int_{Ve}\boldsymbol{B}^{\mathrm{T}}[{}^{t}\boldsymbol{D}_e(\Delta\boldsymbol{\varepsilon}_p + \Delta\boldsymbol{\varepsilon}_T + \Delta\boldsymbol{\varepsilon}_c) - ({}^{t}\boldsymbol{D}_e - {}^{t_0}\boldsymbol{D}_e)\Delta\boldsymbol{\varepsilon} - ({}^{t+\Delta t}\boldsymbol{D}_e - {}^{t}\boldsymbol{D}_e){}^{t}\boldsymbol{\varepsilon}_e]\mathrm{d}V \tag{15.7.47}
$$

其中，${}^{t_0}\boldsymbol{K}_e$ 是结构初始时刻的弹性刚度矩阵，$\Delta\boldsymbol{Q}$ 是不平衡力向量。它们的表达式分别为：

$$
{}^{t_0}\boldsymbol{K}_e = \sum_e\int_{Ve}\boldsymbol{B}^{\mathrm{T}}\,{}^{t_0}\boldsymbol{D}_e\boldsymbol{B}\,\mathrm{d}V \tag{15.7.48}
$$

$$
\Delta\boldsymbol{Q} = \sum_e\left(\int_{Ve}\boldsymbol{N}^{\mathrm{T}}\,{}^{t+\Delta t}\bar{\boldsymbol{F}}\,\mathrm{d}V + \int_{S_{\sigma_e}}\boldsymbol{N}^{\mathrm{T}}\,{}^{t+\Delta t}\bar{\boldsymbol{T}}\,\mathrm{d}S\right) - \sum_e\int_{Ve}\boldsymbol{B}^{\mathrm{T}}\,{}^{t}\boldsymbol{\sigma}\,\mathrm{d}V \tag{15.7.49}
$$

由于(15.7.47)式右端的 $\Delta\boldsymbol{\varepsilon}$，$\Delta\boldsymbol{\varepsilon}_p$ 和 $\Delta\boldsymbol{\varepsilon}_c$ 都是待求的未知量，所以需要迭代求解。迭代方程如下：

$$
{}^{t_0}\boldsymbol{K}_e\delta\boldsymbol{a}^{(n+1)} = \Delta\boldsymbol{Q} - \sum_e\int_{Ve}\boldsymbol{B}^{\mathrm{T}}[{}^{t}\boldsymbol{D}_e(\Delta\boldsymbol{\varepsilon}^{(n)} - \Delta\boldsymbol{\varepsilon}_p^{(n)} - \Delta\boldsymbol{\varepsilon}_T - \Delta\boldsymbol{\varepsilon}_c^{(n)}) - ({}^{t}\boldsymbol{D}_e - {}^{t_0}\boldsymbol{D}_e)\Delta\boldsymbol{\varepsilon}^{(n)} - ({}^{t+\Delta t}\boldsymbol{D}_e - {}^{t}\boldsymbol{D}_e){}^{t}\boldsymbol{\varepsilon}_e]\mathrm{d}V \quad (n = 0,1,2,\cdots) \tag{15.7.50}
$$

式中的 $\Delta\boldsymbol{\varepsilon}^{(n)}$，$\Delta\boldsymbol{\varepsilon}_p^{(n)}$ 和 $\Delta\boldsymbol{\varepsilon}_c^{(n)}$ 是本增量步经过 $n$ 次迭代后的 $\boldsymbol{\varepsilon}$，$\boldsymbol{\varepsilon}_p$ 和 $\boldsymbol{\varepsilon}_c$ 的增量 $\Delta\boldsymbol{\varepsilon}$，$\Delta\boldsymbol{\varepsilon}_p$ 和 $\Delta\boldsymbol{\varepsilon}_c$；而左端的 $\delta\boldsymbol{a}^{(n+1)}$ 是本增量步 $\Delta\boldsymbol{a}$ 的 $n+1$ 次修正量。$\Delta\boldsymbol{\varepsilon}^{(0)}$ 和 $\Delta\boldsymbol{\varepsilon}_p^{(0)}$ 是本增量步开始迭代时的预测值，或者简单地取为零；而 $\Delta\boldsymbol{\varepsilon}_c^{(0)}$ 的计算公式是

$$
\Delta\boldsymbol{\varepsilon}_c^{(0)} = \frac{3}{2}\frac{{}^{t}\dot{\varepsilon}_c\Delta t}{{}^{t}\bar{\sigma}}\,{}^{t}\boldsymbol{S} \tag{15.7.51}
$$

其中，${}^{t}\bar{\boldsymbol{\sigma}}$ 和 ${}^{t}\boldsymbol{S}$ 分别是 $t$ 时刻的等效应力和偏斜应力；${}^{t}\dot{\varepsilon}_c$ 是由 ${}^{t}\bar{\sigma}$ 和 ${}^{t}T$ 决定的蠕变率，即

$$
{}^{t}\dot{\varepsilon}_c = \dot{\varepsilon}_c({}^{t}\bar{\sigma}, {}^{t}T)
$$

(15.7.50)式中，${}^{t_0}\boldsymbol{K}_e$ 只需在迭代开始时形成和分解一次，然后保持不变。为了加速常刚度迭代的收敛速度，可以采用 Aitken 加速收敛法。

(2) 每个高斯积分点的 $\Delta\boldsymbol{\varepsilon}_p^{(n+1)}$，$\Delta\boldsymbol{\varepsilon}_c^{(n+1)}$ 和 $\Delta\boldsymbol{\sigma}^{(n+1)}$ 的计算

在每次总体平衡迭代得到系统的位移增量 $\Delta\boldsymbol{a}$ 的修正量 $\delta\boldsymbol{a}^{(n)}$ 以后，进而利用几何关系可以得到 $\delta\boldsymbol{\varepsilon}^{(n)}$ 以及 $\Delta\boldsymbol{\varepsilon}^{(n+1)} = \Delta\boldsymbol{\varepsilon}^{(n)} + \delta\boldsymbol{\varepsilon}^{(n)}$。和弹塑性增量分析情况相同，在进行新的迭代之前，需要决定每一个高斯积分点的新的状态量，即由每一个高斯积分点的 $\Delta\boldsymbol{\varepsilon}^{(n+1)}$ 计算出该点的 $\Delta\boldsymbol{\varepsilon}_p^{(n+1)}$，$\Delta\boldsymbol{\varepsilon}_c^{(n+1)}$ 和 $\Delta\boldsymbol{\sigma}^{(n+1)}$。因为这三者构成了以下的非线性方程组：

$$
\Delta\boldsymbol{\sigma} = \int_0^{\Delta\boldsymbol{\varepsilon}_{ep}}\boldsymbol{D}_{ep}\,\mathrm{d}\boldsymbol{\varepsilon} \tag{15.7.52}
$$

（式中积分上限：$\Delta\boldsymbol{\varepsilon}_{ep} = \Delta\boldsymbol{\varepsilon} - \Delta\boldsymbol{\varepsilon}_T - \Delta\boldsymbol{\varepsilon}_c$）

$$
\Delta\boldsymbol{\varepsilon}_c = \int_t^{t+\Delta t}\mathrm{d}\boldsymbol{\varepsilon}_c = \int_t^{t+\Delta t}\frac{3}{2}\frac{{}^{\tau}\dot{\varepsilon}_c\,{}^{\tau}\boldsymbol{S}}{{}^{\tau}\bar{\sigma}}\mathrm{d}\tau \tag{15.7.53}
$$

$$
(t \leqslant \tau \leqslant t + \Delta t)
$$

$$
\Delta\boldsymbol{\sigma} = {}^{t}\boldsymbol{D}_e(\Delta\boldsymbol{\varepsilon} - \Delta\boldsymbol{\varepsilon}_p - \Delta\boldsymbol{\varepsilon}_T - \Delta\boldsymbol{\varepsilon}_c) + ({}^{t+\Delta t}\boldsymbol{D}_e - {}^{t}\boldsymbol{D}_e){}^{t}\boldsymbol{\varepsilon}_e \tag{15.7.54}
$$

而且上列非线性方程组的求解比较复杂，特别是由于 $\Delta\boldsymbol{\varepsilon}_c^{(n+1)}$ 强烈地依赖于应力状态 $\boldsymbol{\sigma}$，容易导致求解过程的不稳定。以下介绍一种常用的迭代求解方案(为了表达方便，下面介绍时略去了各个量的上标 $(n+1)$)。

(15.7.52)式所表示的弹塑性本构关系积分可采用15.5.3小节中讨论的方法进行。对于(15.7.53)式所表示的蠕变本构关系积分，为了保持数值稳定，宜采用隐式积分的广义中心法进行。在此情况下，以上非线性方程组可改写成以下迭代求解形式。

$$\Delta\boldsymbol{\sigma}_{(k)} = \int_0^{\Delta\boldsymbol{\varepsilon}_{ep(k)}} \boldsymbol{D}_{ep}\,\mathrm{d}\boldsymbol{\varepsilon} \quad (k = 0,1,2\cdots) \tag{15.7.55}$$

式中

$$\begin{aligned} &\Delta\boldsymbol{\varepsilon}_{ep(k)} = \Delta\boldsymbol{\varepsilon} - \Delta\boldsymbol{\varepsilon}_T - \Delta\boldsymbol{\varepsilon}_{c(k)} \\ &\Delta\boldsymbol{\varepsilon}_{c(k+1)} = \frac{3}{2}\,\frac{{}^{t+\theta\Delta t}\dot{\varepsilon}_{c(k)}\,\Delta t}{{}^{t+\theta\Delta t}\bar{\sigma}_{(k)}}\,{}^{t+\theta\Delta t}\boldsymbol{S}_{(k+1)} = {}^{t+\theta\Delta t}\beta_{(k)}\,\Delta t\,\boldsymbol{C}\,{}^{t+\theta\Delta t}\boldsymbol{\sigma}_{(k+1)} \\ &\qquad (k = 0,1,2,\cdots) \end{aligned} \tag{15.7.56}$$

式中

$$\begin{aligned} &{}^{t+\theta\Delta t}\dot{\varepsilon}_{c(k)} = (1-\theta)\,{}^{t}\dot{\varepsilon}_c + \theta\,{}^{t+\Delta t}\dot{\varepsilon}_{c(k)} \\ &{}^{t+\theta\Delta t}\bar{\sigma}_{(k)} = (1-\theta)\,{}^{t}\bar{\boldsymbol{\sigma}} + \theta\,{}^{t+\Delta t}\bar{\sigma}_{(k)} \\ &{}^{t+\theta\Delta t}\boldsymbol{S}_{(k+1)} = (1-\theta)\,{}^{t}\boldsymbol{S} + \theta\,{}^{t+\Delta t}\boldsymbol{S}_{(k+1)} \\ &{}^{t+\theta\Delta t}\boldsymbol{\sigma}_{(k+1)} = (1-\theta)\,{}^{t}\boldsymbol{\sigma} + \theta\,{}^{t+\Delta t}\boldsymbol{\sigma}_{(k+1)} \\ &{}^{t+\theta\Delta t}\beta_{(k)} = \frac{3}{2}\,\frac{{}^{t+\theta\Delta t}\dot{\varepsilon}_{c(k)}}{{}^{t+\theta\Delta t}\bar{\sigma}_{(k)}} \\ &\boldsymbol{C}\,{}^{t+\theta\Delta t}\boldsymbol{\sigma}_{(k+1)} = {}^{t+\theta\Delta t}\boldsymbol{S}_{(k+1)} \\ &\Delta\boldsymbol{\sigma}_{(k+1)} = \boldsymbol{D}_e(\Delta\boldsymbol{\varepsilon} - \Delta\boldsymbol{\varepsilon}_{p(k)} - \Delta\boldsymbol{\varepsilon}_T - \Delta\boldsymbol{\varepsilon}_{c(k+1)}) + ({}^{t+\Delta t}\boldsymbol{D}_e - {}^{t}\boldsymbol{D}_e)\,{}^{t}\boldsymbol{\varepsilon}_e \\ &\qquad (k = 0,1,2,\cdots) \end{aligned} \tag{15.7.57}$$

(15.7.55)式的 $\Delta\boldsymbol{\varepsilon}_{c(0)}$ 即有限元迭代方程(15.7.50)式中右端的 $\Delta\boldsymbol{\varepsilon}_c^{(n)}$。(15.7.55)式积分后可以得到 $\Delta\boldsymbol{\sigma}_{(k)}$，$\Delta\boldsymbol{\varepsilon}_{p(k)}$ 和 $\Delta\bar{\varepsilon}_{p(k)}$ 等，其中 $\Delta\boldsymbol{\varepsilon}_{p(k)}$ 用于(15.7.57)式右端项的计算。(15.7.56)式中的参数 $\theta$ 可在(0～1)之间选取，即满足 $0\leqslant\theta\leqslant1$。当 $\theta\geqslant1/2$ 时，算法是稳定的。式中 $\boldsymbol{C}=\left[I-\dfrac{1}{3}\boldsymbol{m}\,\boldsymbol{m}^{\mathrm{T}}\right]$，$\boldsymbol{m}$ 参见(8.5.4)式。将(15.7.56)式代入(15.7.57)式，则可以推导出求解 ${}^{t+\Delta t}\boldsymbol{\sigma}_{(k+1)}$ 的方程如下

$$\begin{aligned} &(\boldsymbol{I} + \theta\Delta t\,{}^{t+\theta\Delta t}\beta_{(k)}\,\boldsymbol{D}_e\,\boldsymbol{C})\,{}^{t+\Delta t}\boldsymbol{\sigma}_{(k+1)} \\ &= \boldsymbol{D}_e(\Delta\boldsymbol{\varepsilon} - \Delta\boldsymbol{\varepsilon}_T - \Delta\boldsymbol{\varepsilon}_{p(k)}) + [\boldsymbol{I} - (1-\theta)\Delta t\,{}^{t+\theta\Delta t}\beta_{(k)}\,\boldsymbol{D}_e\,\boldsymbol{C}]\,{}^{t}\boldsymbol{\sigma} + ({}^{t+\Delta t}\boldsymbol{D}_e - {}^{t}\boldsymbol{D}_e)\,{}^{t}\boldsymbol{\varepsilon}_e \end{aligned} \tag{15.7.58}$$

对于三维问题，此式是6阶的代数方程组。式中 ${}^{t+\theta\Delta t}\beta$ 也加了下标 $(k)$，这是因为它也包含着未知量 ${}^{t+\Delta t}\dot{\varepsilon}_c$ 和 ${}^{t+\Delta t}\bar{\sigma}$。为了便于求解，它们仍用上一次迭代的结果。当从该式解得 ${}^{t+\Delta t}\boldsymbol{\sigma}_{(k+1)}$ 以后，将其代回(15.7.56)式即可得到 $\Delta\boldsymbol{\varepsilon}_{c(k+1)}$。将 $\Delta\boldsymbol{\varepsilon}_{c(k+1)}$ 和 $\Delta\boldsymbol{\varepsilon}_{c(k)}$ 作比较，如果

满足收敛准则

$$\frac{\|\Delta \boldsymbol{\varepsilon}_{c(k+1)} - \Delta \boldsymbol{\varepsilon}_{c(k)}\|}{\|\Delta \boldsymbol{\varepsilon}_{c(k+1)}\|} \leqslant \text{er} \tag{15.7.59}$$

则结束该积分点的迭代。并令：

$$\Delta \boldsymbol{\varepsilon}_c^{(n+1)} = \Delta \boldsymbol{\varepsilon}_{c(k+1)} \qquad \Delta \boldsymbol{\varepsilon}_p^{(n+1)} = \Delta \boldsymbol{\varepsilon}_{p(k)} \tag{15.7.60}$$

如果不满足收敛准则(15.7.59)式，则将 $\Delta \boldsymbol{\varepsilon}_{c(k+1)}$ 代入(15.7.55)式，并继续对该积分点进行下一次本构关系的迭代。当所有积分点的本构关系迭代完成以后，则将各积分点的 $\Delta \boldsymbol{\varepsilon}_c^{(n+1)}$，$\Delta \boldsymbol{\varepsilon}_p^{(n+1)}$ 及 $\Delta \boldsymbol{\varepsilon}^{(n+1)}$ 代入(15.7.50)式的右端，并开始本增量步的系统平衡方程的下一次($n+2$)次的迭代。

**例 15.7** 两端受约束且有内压作用的厚壁圆筒的内、外半径分别为 $r_i = 4.064\text{mm}$，$r_o = 6.35\text{mm}$。内压 $p = 2.517\text{MPa}$，且保持不变。材料弹性常数为：$E = 1.379 \times 10^5 \text{MPa}$，$\nu = 0.49$。材料的单轴蠕变规律为 $\varepsilon_c = 3.131 \times 10^{-14} \sigma^{4.4} t$。考虑对称性，取圆筒的 1/4 进行分析。用 20 结点的三维元离散，厚度方向分 3 层，并采用 3×3×3 高斯积分。计算筒体内部应力因蠕变导致的重分布的过程。时间步长 $\Delta t = 0.2\text{h}$。因为此问题中未考虑塑性变形和材料常数的变化，所以使分析得到简化。每次平衡迭代后，每个积分点的本构关系迭代只需在(15.7.56)和(15.7.58)式之间进行。图 15.29 给出 $r = 4.22\text{mm}$ 和 $r = 6.20\text{mm}$ 处的等效应力 $\bar{\sigma}$ 随时间 $t$ 变化的过程。它们逐步趋向稳态蠕变解。稳态解和初始弹性解相比发生较大变化，从整个结构来看，应力趋于均匀。

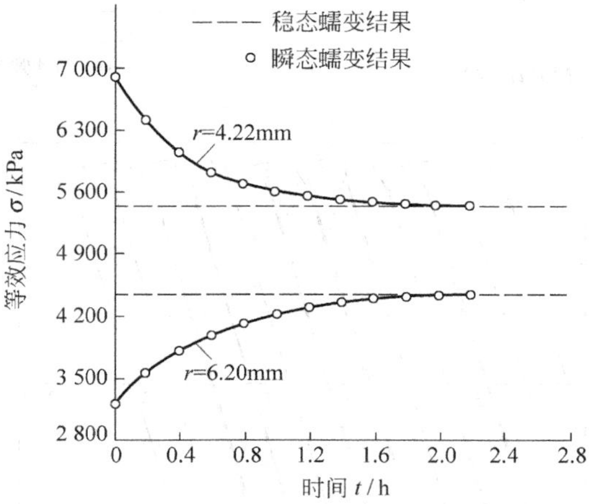


图 15.29 受内压厚壁圆筒的应力重分布过程

**例 15.8**[12] 一个受集中力 $P(t)$ 作用的简支梁，其长、宽、高分别为 60.96cm、2.54cm 和 5.08cm。由于对称性，取梁的一半长度进行分析，并划分为 12 个 16 结点单元，如图 15.30(a)所示。计算中采用 3×3×3 高斯积分。材料弹性常数 $E = 1.496 \times 10^5 \text{MPa}$，$\nu = 0.3$。初始屈服应力 $\sigma_{s0} = 49.65\text{MPa}$。材料的单轴蠕变应变率 $\dot{\varepsilon}_c = 8.137 \times 10^{-17} \sigma^{1.756}$。

材料塑性兼有循环硬化的非线性硬化性质(详见参考文献[12]),载荷 $P(t)$ 如图 15.30(a)所示。本例题分析的内容包括:(1)进行循环弹塑性分析;(2)进行循环弹塑性-蠕变分析。

图 15.30(b)和(c)分别给出梁内 $A$ 点对于分析内容(1)和(2)的等效应力-应变响应曲线。从图(b)可以看到,由于材料有循环硬化的性质,在非对称循环载荷的作用下,循环应力的平均应力有逐渐减小的趋势。从图(c)可以看到,由于载荷达到正向和反向的最大值后各保持 16h,分别产生较大的正向和反向的蠕变变形,且因正向载荷较大,蠕变变形也较大,因此循环作用的结果使总的正向变形不断地增长,这种现象称为"棘轮效应"。

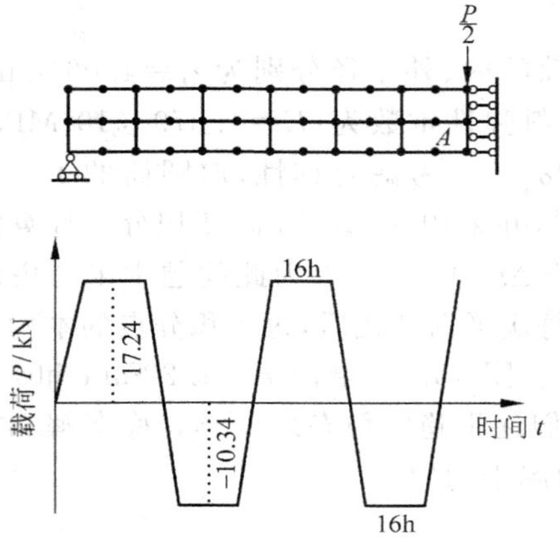


(a) 有限元模型和载荷 $P(t)$ 曲线

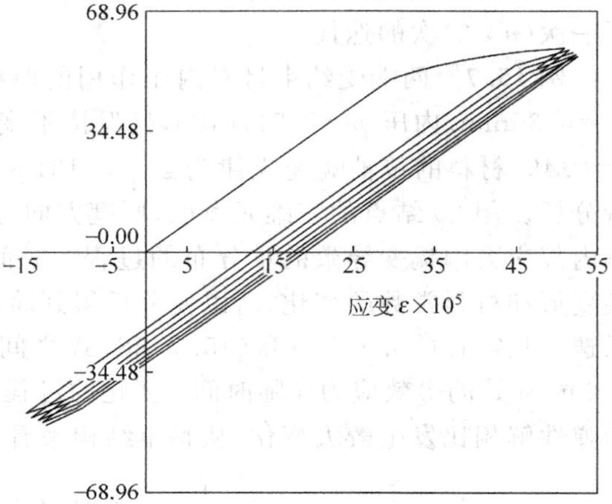


(b) 循环弹塑性应力-应变响应

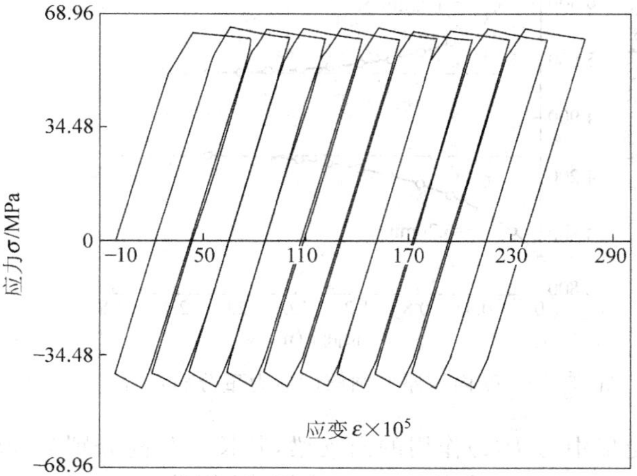


(c) 循环弹塑性-蠕变应力-应变响应

图 15.30　在周期性载荷作用下的简支梁

## 15.8 小结

材料非线性问题有限元分析的基本问题有两个方面，即材料本构关系的建立和非线性方程组的解法。材料本构关系通常分为两类，即全量型本构关系和增量型本构关系。前者适用于应力和应变之间存在不依赖于变形历史和路径的一一对应关系的情况。由于塑性变形和蠕变变形等是不可恢复的非弹性变形，应力状态通常不能由变形的当前状态确定，而必须由变形的路径和历史确定。为了适用这种一般情况，所以在有限元分析中通常采用的是增量型本构关系。

建立增量型弹塑性本构关系的过程中，重要的依据是塑性力学的基本法则(屈服准则、流动法则和硬化规律)，同时弹性变形仍应服从弹性的应力应变关系。至于增量型热弹塑性-蠕变本构关系的建立，除上述考虑以外，需要补充的是，蠕变变形应服从蠕变规律，同时材料常数可能会随温度的变化而变化。为了将材料本构关系用于有限元分析，需要进一步解决两个问题：一是将它们表达成适用于不同具体问题的矩阵形式；另一是在有限元方程迭代求解过程中，每次迭代求得位移增量并用几何关系求得各个高斯积分点的应变增量以后，仍需采用适当的算法求得相应的应力增量、塑性应变增量和蠕变增量等。这在数学上是非线性微分方程组的积分问题。在数值计算中，要达到高效率、高精度和数值稳定的目的，有众多的方案可以研究和选择，特别是对于包含蠕变变形在内的情况。本章介绍的仅是几种常用的可行方案。

对于在实际工程中常遇到的单参数加载并且塑性区域在结构中仅占较小部分的情况，可以近似地假设结构内各点的应力和应变的主方向相互平行且保持不变，因而可以采用基于塑性形变理论的全量型弹塑性本构关系。这样一来，不仅使问题的有限元分析避免了增量求解，而且每次迭代后也能比较方便地确定新的弹塑性状态，从而可以避免增量分析中的本构方程的积分，并使整个分析大大简化。这是在实际分析中值得推荐的方案。

本章 15.2 节讨论了非线性方程组的解法。非线性方程组的数值解法的基本点是，首先将非线性方程线性化，然后通过迭代求解一系列线性代数方程组，直至最后的解答满足原来的非线性方程组。在 15.2 节中具体讨论了全量型的直接迭代法，N-R 迭代法和 mN-R 迭代法，以及增量型的 N-R 迭代法和 mN-R 迭代法。同时还介绍了一种加速迭代收敛的方法-Aitken 加速法。应当指出，这小节讨论的解法是通用方法，它们同样适用于下一章讨论的包括几何非线性在内的一般非线性问题。

材料非线性有限元方程的求解本质上是上述解法的具体应用。具体做法涉及 3 个基本步骤，即求解(线性化)方案的选择，线性化方程组的求解，以及新的材料非线性状态的确定和收敛准则的检验。与第一个步骤相关的还有载荷步长自动选择的方法。

虽然材料非线性有限元分析从 20 世纪 60 年代开始研究和应用以来，至今已相当成熟。本章介绍的是常被应用的方案。但是为了提高分析的能力以及解的精度和效率，针对这些基本方案仍有很多研究工作在进行。

关于材料非线性动力学问题,因为刚度矩阵是非线性的,原则上说只能采用直接积分法求解其动力响应,并在每一时间步内进行迭代,以满足非线性的本构方程。这将在下一章包括几何非线性在内的一般非线性问题的动力分析中一并讨论。

## 关键概念

| | | | |
|---|---|---|---|
| 非线性方程 | 方程线性化 | 直接迭代法 | N-R 迭代法 |
| mN-R 迭代法 | 平衡校正 | 加速收敛 | 塑性变形 |
| 全量理论 | 增量理论 | 初始屈服准则 | 法向流动法则 |
| 硬化法则 | 各向同性硬化 | 运动硬化 | 混合硬化 |
| 蠕变变形 | 蠕变规律 | 时间硬化 | 应变硬化 |
| 本构关系 | 本构方程积分 | 切向预测径向返回子增量法 | |
| 广义中点法 | 步长自动控制 | | |

## 复习题

**15.1** 固体力学中有哪几类非线性问题?各由什么因素引起的?并举例说明。

**15.2** 什么是非线性弹性?什么是塑性?什么是蠕变?它们之间的共同点和不同点是什么?

**15.3** 非线性方程组数值解法的实质是什么?它的基本步骤是什么?

**15.4** 比较直接迭代法和 N-R 迭代法及 mN-R 迭代法的各自特点和应用条件。

**15.5** 什么是 Aitken 加速收敛方法?如何实施?

**15.6** 什么是增量解法中的平衡校正?有何意义?如何实施?

**15.7** 什么是塑性力学的全量理论和增量理论?它们的共同点和不同点是什么?各适用于什么条件?

**15.8** 什么是塑性力学的基本法则?它包括哪些内容?各回答什么问题?

**15.9** 什么是塑性硬化法则?它有哪几种常用形式?各适用于什么情况?什么情况下它们是相互等效的?

**15.10** 如何建立弹塑性的增量应力应变关系?依据什么?

**15.11** 如何建立弹塑性的全量应力应变关系?依据什么?

**15.12** 如何建立热弹塑性-蠕变应力应变关系?依据什么?

**15.13** 如何建立弹塑性增量分析的有限元方程?

**15.14** 弹塑性增量分析的有限元方程的求解是由哪几个基本步骤组成?每个步骤中的关键点是什么?

**15.15** 如何选择对上述方程的迭代求解方案?比较不同方案的优缺点,你有什么新的建议？

**15.16**　什么叫本构方程的积分？为什么要进行此积分？用什么方法进行此积分？

**15.17**　积分弹塑性本构方程的切向预测径向返回子增量法和广义中点法的名称各自代表什么意思？比较这两种方法的算法特点，你有什么看法和建议？

**15.18**　什么叫载荷增量的自动控制？它在分析中有何意义和作用？有哪些方法可以采用？各自如何实施？你有什么看法和建议？

**15.19**　对弹塑性全量分析和增量分析进行比较，它们在原理和计算步骤上的相同点和不同点是什么？

**15.20**　稳态蠕变分析用于什么情况？它的有限元方程具有哪些特点？为了得到合理的结果，在算法上应注意哪些问题？

**15.21**　对热弹塑性-蠕变有限元分析和弹塑性有限元分析进行比较，它们在方程和求解步骤上各有什么特点？

**15.22**　在弹塑性-蠕变有限元分析的每次迭代以后，如何确定每个高斯积分点的弹塑性-蠕变的应力应变状态？对于不考虑塑性的弹性-蠕变分析，此步骤如何进行？

## 练习题

**15.1**　一维弹塑性问题如图 15.31(a)所示，作用于中间截面的轴向力 $P=30$。材料性质如图 15.31(b)所示。分别用直接迭代法，N-R 法和 mN-R 法求解($A_1=A_2=1$)。

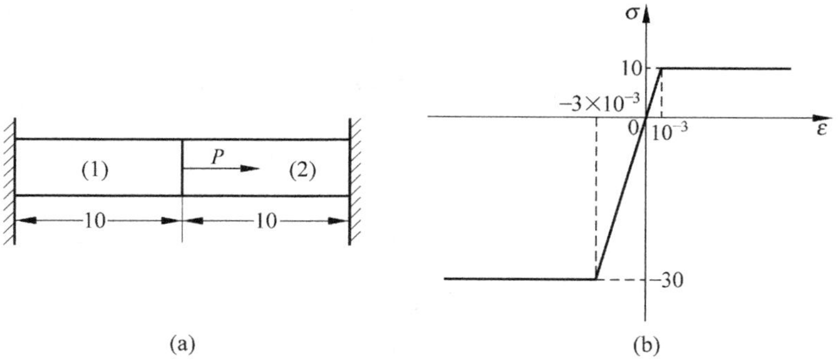


图 15.31　一维弹塑性问题

**15.2**　用增量法求解题 15.1。对于以下两种加载方案：

(1) 0→15→20→25→30

(2) 0→16→24→30

分别用有平衡校正和无平衡校正的欧拉法计算。

**15.3**　分别用有加速收敛和无加速收敛的常刚度迭代法求解题 15.2 的问题。每个增量步不采用平衡校正，但规定不平衡允许误差为0.1。

**15.4**　材料弹性阶段服从虎克定律，进入塑性后的硬化曲线用幂函数$\boldsymbol{\sigma}=A(\boldsymbol{\varepsilon}-\boldsymbol{\varepsilon}_c)^n$表示，即

$$\boldsymbol{\sigma}(\boldsymbol{\varepsilon})=\begin{cases}E\boldsymbol{\varepsilon} & \boldsymbol{\varepsilon}\leqslant\boldsymbol{\varepsilon}_s\\ A(\boldsymbol{\varepsilon}-\boldsymbol{\varepsilon}_s)^n & \boldsymbol{\varepsilon}>\boldsymbol{\varepsilon}_s\quad(0<n<1)\end{cases}$$

式中的$\boldsymbol{\varepsilon}_s$是屈服应变。为了保证$\boldsymbol{\sigma}$和$\dfrac{\mathrm{d}\boldsymbol{\sigma}}{\mathrm{d}\varepsilon}$在$\boldsymbol{\varepsilon}=\boldsymbol{\varepsilon}_s$处连续，试确定常数$A$和$\boldsymbol{\varepsilon}_c$。

**15.5**　上题表达式中的$n$应根据实验来确定。假设$\boldsymbol{\varepsilon}=5\boldsymbol{\varepsilon}_s$处，$\boldsymbol{\sigma}=1.2\boldsymbol{\sigma}_s=1.2E\boldsymbol{\varepsilon}_s$，试用(1)直接迭代法，(2)N-R法，(3)mN-R法来确定常数$n$。收敛准则是$\dfrac{n_{i+1}-n_i}{n_i}\leqslant 0.2\times 10^{-3}$(其中$i$是迭代次数)。建议编制程序计算，列出各次迭代结果，并画出$\boldsymbol{\sigma}(\boldsymbol{\varepsilon})$曲线。

**15.6**　利用上题得到的$\boldsymbol{\sigma}(\boldsymbol{\varepsilon})$曲线，并假设材料在拉伸和压缩方向的性质相同，计算题15.1。

**15.7**　材料性质同上题，计算题15.2。

**15.8**　证明(15.3.19)式。

**15.9**　证明(15.3.24)式。

**15.10**　导出平面应力问题运动硬化情况的本构矩阵$\boldsymbol{D}_{ep}$(15.3.60)式。

**15.11**　导出考虑温度对材料性质影响的本构矩阵$\boldsymbol{D}_{ep}$(15.7.41)～(15.7.45)式。

**15.12**　列出热弹塑性-蠕变增量有限元分析的求解步骤。

# 第 16 章　几何非线性问题

**本章要点**

- 几何非线性问题的基本特点，大变形情况下应变和应力的度量及不同定义度量之间的转换关系。
- 两种格式(T. L. 格式和 U. L. 格式)几何非线性分析有限元方程的建立方法和各自特点。
- 几何非线性有限元矩阵方程的形成，求解方法和平衡路径追踪。
- 大变形条件下本构关系的分类和各自的应用条件及表达形式。
- 线性稳定分析和非线性稳定分析有限元方程的建立方法，求解步骤和应用条件。

## 16.1　引言

在以前各章所讨论的问题中都是基于小变形的假设，即假定物体所发生的位移远小于物体自身的几何尺度，同时材料的应变远小于 1。在此前提下，建立物体或微元体的平衡条件时可以不考虑物体的位置和形状(简称位形)的变化。因此分析中不必区分变形前和变形后的位形，而且在加载和变形过程中的应变可用位移一次项的线性应变进行度量。

实际上，我们会遇到很多不符合小变形假设的问题，例如板和壳等薄壁结构在一定载荷作用下，尽管应变很小，甚至未超过弹性极限，但是位移较大，材料线元素会有较大的位移和转动。这时平衡条件应如实地建立在变形后的位形上，以考虑变形对平衡的影响。同时应变表达式也应包括位移的二次项。这样一来，平衡方程和几何关系都将是非线性的。这种由于大位移和大转动引起的非线性问题称为几何非线性问题。和材料非线性问题一样，几何非线性问题在结构分析中具有重要意义。例如在平板的大挠度理论中，由于考虑了中面内薄膜力的影响，可能使得按小挠度理论分析得到的挠度有很大程度的缩减。再例如在薄壳的稳定和过屈曲问题中，当载荷到达一定的数值以后，挠度和线性理论的预测值比较，将会快速地增加。

工程实际中还有另一类几何非线性问题，例如金属的成型以及橡胶型材料受载荷作用时都可能出现很大的应变,尽管橡胶型材料仍处于弹性状态。对于这类问题,除了采用非线性的平衡方程和几何关系外,还需要引入相应的应力应变关系。当然很多大应变问题是和材料的非弹性性质联系在一起的。

早期的几何非线性有限元分析基本上仍是线性分析的扩展,并针对各个具体问题进行分析。近年来基于非线性连续介质力学原理的有限元分析有了很大的发展,分析中可以包括所有非线性因素,同时结合等参元的应用,可以得到统一的一般非线性分析的表达格式,并且已经有效地应用于广阔的领域。

在涉及几何非线性问题的有限元方法中,通常都采用增量分析方法。它基本上可以采用两种不同的表达格式。第一种格式中,所有静力学和运动学变量总是参考于初始位形,即在整个分析过程中参考位形保持不变。这种格式称为完全拉格朗日格式。另一种格式中,所有静力学和运动学的变量参考于每一载荷增量或时间步长开始时的位形,即在分析过程中参考位形是不断被更新的。这种格式称为更新拉格朗日格式。在通用的有限元分析程序中,通常同时包括这两种格式,使用时可以根据所分析问题及材料本构关系的具体特点和形式选择最有效的格式。

本章的16.2～16.5节分别讨论大变形条件下应变和应力的度量,几何非线性问题的表达格式,有限元矩阵方程的具体形式和解法以及大变形情况下的本构关系等问题。由于结构稳定性和屈曲问题是几何非线性分析的重要应用领域,同时它本身具有重要的理论和实际意义,在本章16.6节专门对它的有限元分析方法进行了具体的讨论。本章最后列出若干算例,用以证实有限元分析所具有的广泛适用性,并对不同格式和算法进行了比较。

## 16.2 大变形条件下的应变和应力的度量

### 16.2.1 应变的度量

考虑一在固定的笛卡儿坐标系内的物体,在某种外力的作用下连续地改变其位形,如图16.1所示。用${}^0x_i$($i=1,2,3$)表示物体处于0时刻位形内任一点$P$的坐标,用${}^0x_i+\mathrm{d}{}^0x_i$表示和$P$点相邻近的$Q$点在0时刻位形内的坐标。其中左上标表示什么时刻物体的位形。

由于外力的作用,在以后的某个时刻,物体运动并变形到新的位形。用${}^tx_i$和${}^tx_i+\mathrm{d}{}^tx_i$分别表示$P$和$Q$点在$t$时刻位形内的坐标。我们可以将物体位形的变化看作是从${}^0x_i$到${}^tx_i$的一种数学上的变换。对于某一固定的时刻$t$,这种变换可以表示成

$$ {}^tx_i={}^tx_i({}^0x_1,{}^0x_2,{}^0x_3) \quad (i=1,2,3) \tag{16.2.1}$$

根据变形的连续性要求,这种变换必须是一一对应的,也即变换应是单值连续的,同

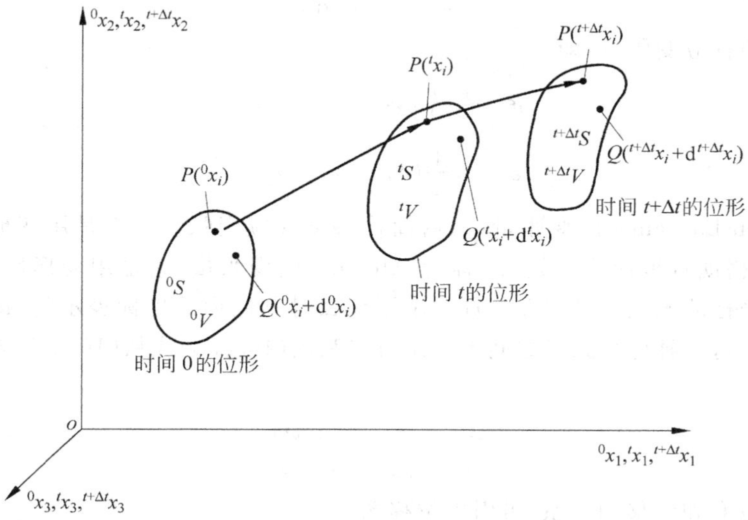


图 16.1　笛卡儿坐标系内物体的运动和变形

时上述变换应有唯一的逆变换，也即存在下列单值连续的逆变换

$$ {}^0x_i = {}^0x_i({}^tx_1, {}^tx_2, {}^tx_3) \tag{16.2.2}$$

利用上列变换，可以将 $\mathrm{d}^tx_i$ 和 $\mathrm{d}^0x_i$ 表示成：

$$\mathrm{d}^tx_i = \left(\frac{\partial^t x_i}{\partial^0 x_j}\right)\mathrm{d}^0x_j \quad \mathrm{d}^0x_i = \left(\frac{\partial^0 x_i}{\partial^t x_j}\right)\mathrm{d}^tx_j \tag{16.2.3}$$

引用符号：

$${}^t_0x_{i,j} = \frac{\partial^t x_i}{\partial^0 x_j} \quad {}^0_tx_{i,j} = \frac{\partial^0 x_i}{\partial^t x_j} \tag{16.2.4}$$

则(16.2.3)式可表示成：

$$\mathrm{d}^tx_i = {}^t_0x_{i,j}\,\mathrm{d}^0x_j \quad \mathrm{d}^0x_i = {}^0_tx_{i,j}\,\mathrm{d}^tx_j$$

其中左下标表示该量对什么时刻位形的坐标求导数，右下标“,”后的符号表示该量对之求偏导数的坐标号。

利用上式，可将 $P$，$Q$ 两点之间在时刻 0 和时刻 $t$ 的距离 ${}^0\mathrm{d}s$ 和 ${}^t\mathrm{d}s$ 表示为：

$$({}^0\mathrm{d}s)^2 = \mathrm{d}^0x_i\,\mathrm{d}^0x_i = {}^0_tx_{i,m}\,{}^0_tx_{i,n}\,\mathrm{d}^tx_m\mathrm{d}^tx_n \tag{16.2.5}$$

$$({}^t\mathrm{d}s)^2 = \mathrm{d}^tx_i\,\mathrm{d}^tx_i = {}^t_0x_{i,m}\,{}^t_0x_{i,n}\mathrm{d}^0x_m\,\mathrm{d}^0x_n \tag{16.2.6}$$

现在研究变形前后此线段长度的变化，即变形的度量，对此可有两种表示，即

$$\begin{aligned}({}^t\mathrm{d}s)^2 - ({}^0\mathrm{d}s)^2 &= ({}^t_0x_{k,i}\,{}^t_0x_{k,j} - \delta_{ij})\mathrm{d}^0x_i\,\mathrm{d}^0x_j \\ &= 2{}^t_0\varepsilon_{ij}\,\mathrm{d}^0x_i\,\mathrm{d}^0x_j \end{aligned} \tag{16.2.7}$$

$$({}^t\mathrm{d}s)^2 - ({}^0\mathrm{d}s)^2 = (\delta_{ij} - {}^0_tx_{k,i}\,{}^0_tx_{k,j})\mathrm{d}^tx_i\,\mathrm{d}^tx_j$$

$$= 2\,{}_t^t\varepsilon_{ij}\ \mathrm{d}^t x_i\ \mathrm{d}^t x_j \tag{16.2.8}$$

其中定义了两种应变张量，即

$${}_0^t\varepsilon_{ij} = \frac{1}{2}({}_0^t x_{k,i}\ {}_0^t x_{k,j} - \delta_{ij}) \tag{16.2.9}$$

$${}_t^t\varepsilon_{ij} = \frac{1}{2}(\delta_{ij} - {}_t^0 x_{k,i}\ {}_t^0 x_{k,j}) \tag{16.2.10}$$

${}_0^t\varepsilon_{ij}$ 称为 Green-Lagrange 应变张量(以后简称 Green 应变张量)，它是用变形前坐标表示的，即它是拉格朗日坐标的函数；${}_t^t\varepsilon_{ij}$ 称为 Almansi 应变张量，它是用变形后坐标表示的，即它是欧拉坐标的函数。其中左下标表示用什么时刻位形的坐标表示的，即相对于什么位形度量的。这两种应变张量之间的关系可以利用(16.2.3)式从(16.2.7)和(16.2.8)式导出：

$${}_t^t\varepsilon_{ij} = {}_t^0 x_{k,i}\ {}_t^0 x_{l,j}\ {}_0^t\varepsilon_{kl} \tag{16.2.11}$$

$${}_0^t\varepsilon_{ij} = {}_0^t x_{k,i}\ {}_0^t x_{l,j}\ {}_t^t\varepsilon_{kl} \tag{16.2.12}$$

为得到应变和位移的关系，可引入位移场

$${}^t u_i = {}^t x_i - {}^0 x_i \tag{16.2.13}$$

${}^t u_i$ 表示物体中一点从变形前(时刻 0)位形到变形后(时刻 $t$)位形的位移，它可以表示为拉格朗日坐标的函数，也可以表示为欧拉坐标的函数。从上式可得：

$${}_0^t x_{i,j} = \delta_{ij} + {}_0^t u_{i,j} \tag{16.2.14}$$

$${}_t^0 x_{i,j} = \delta_{ij} - {}_t^t u_{i,j} \tag{16.2.15}$$

将它们代入(16.2.9)和(16.2.10)式就可得到：

$${}_0^t\varepsilon_{ij} = \frac{1}{2}({}_0^t u_{i,j} + {}_0^t u_{j,i} + {}_0^t u_{k,i}\ {}_0^t u_{k,j}) \tag{16.2.16}$$

$${}_t^t\varepsilon_{ij} = \frac{1}{2}({}_t^t u_{i,j} + {}_t^t u_{j,i} - {}_t^t u_{k,i}\ {}_t^t u_{k,j}) \tag{16.2.17}$$

当位移很小时，上式中位移导数的二次项相对于它的一次项可以忽略，同时应变的度量可以忽略参考位形之间的差别。在此情况下，Green 应变张量 ${}_0^t\varepsilon_{ij}$ 和 Almansi 应变张量 ${}_t^t\varepsilon_{ij}$ 都简化为小位移情况下的无限小应变张量 $\varepsilon_{ij}$，它们之间的差别也消失了，即

$${}_0^t\varepsilon_{ij} = {}_t^t\varepsilon_{ij} = \varepsilon_{ij} \tag{16.2.18}$$

另外，从(16.2.7)和(16.2.8)式可以看到，在大变形情况下，$({}^t\mathrm{d}s)^2 - ({}^0\mathrm{d}s)^2 = 0$ 意味着 ${}_0^t\varepsilon_{ij} = 0$ 和 ${}_t^t\varepsilon_{ij} = 0$，反之亦然。即物体为刚体运动的必要而充分的条件是 ${}_0^t\varepsilon_{ij}$ 和 ${}_t^t\varepsilon_{ij}$ 的所有分量到处为零。

最后应指出，由于 Green 应变张量是参考于时间 0 的位形，而此位形的坐标 ${}^0 x_i\ (i=1,2,3)$ 是固结于材料的随体坐标，当物体发生刚体转动时，微线段的长度 $\mathrm{d}s$ 不变，同时 $\mathrm{d}^0 x_i$ 也不变，因此联系 $\mathrm{d}s$ 变化和 $\mathrm{d}^0 x_i$ 的 Green 应变张量的各个分量也不变。在连续介质力学中称这种不随刚体转动而变化的对称张量为客观张量。Green 应变张量的上述性

质还可以通过算例(练习题 16.2)加以进一步验证。此性质对今后建立本构关系是十分重要的。

## 16.2.2　应力的度量

在大变形问题中,是用从变形后的物体内截取出的微元体来建立平衡方程和与之相等效的虚功原理的。因此首先在从变形后物体内截取出的微元体(如图 16.2 右图所示)上面定义应力张量,此应力张量称为欧拉应力张量(又称 Cauchy 应力张量),用${}^t\tau_{ij}$表示,此应力张量有明确的物理意义,代表真实的应力。然而在分析过程中,必须联系应力和应变,如应变是用变形前坐标表示的 Green 应变张量,则需要定义与之对应的,即关于变形前位形的应力张量。

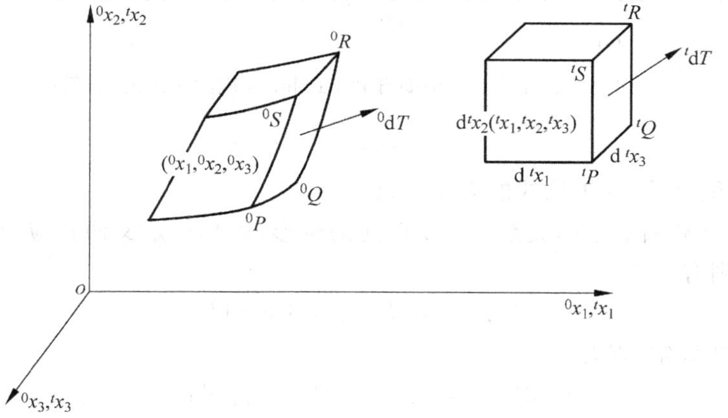


图 16.2　应力的度量

变形后位形${}^tP{}^tQ{}^tR{}^tS$ 面上的应力是${}^t\mathrm{d}\boldsymbol{T}/{}^t\mathrm{d}S$,假设相应的变形前位形的${}^0P\ {}^0Q\ {}^0R\ {}^0S$ 面上的虚拟应力是${}^0\mathrm{d}\boldsymbol{T}/{}^0\mathrm{d}S$,其中${}^0\mathrm{d}S$ 和${}^t\mathrm{d}S$ 分别是变形前和变形后的面积微元。${}^0\mathrm{d}\boldsymbol{T}$ 和${}^t\mathrm{d}\boldsymbol{T}$ 之间的相应关系可以任意规定,但是必须保持数学上的一致性,通常有以下两种规定(参看图 16.3)

(1) 拉格朗日规定:

$$ {}^0\mathrm{d}T_i^{(L)} = {}^t\mathrm{d}T_i \tag{16.2.19} $$

上式规定变形前面积微元上的内力分量和变形后面积微元上的内力分量相等。

(2) Kirchhoff 规定:

$$ {}^0\mathrm{d}T_i^{(K)} = {}^0_t x_{i,j}\, {}^t\mathrm{d}T_j \tag{16.2.20} $$

上式规定${}^0\mathrm{d}T^{(K)}$ 和${}^t\mathrm{d}T$ 应与变换 $\mathrm{d}^0x_i = {}^0_t x_{i,j}\ \mathrm{d}^t x_j$ 相同的规律相联系。

因为${}^t\tau_{ij}$是变形后位形的应力分量,所以有如下关系式

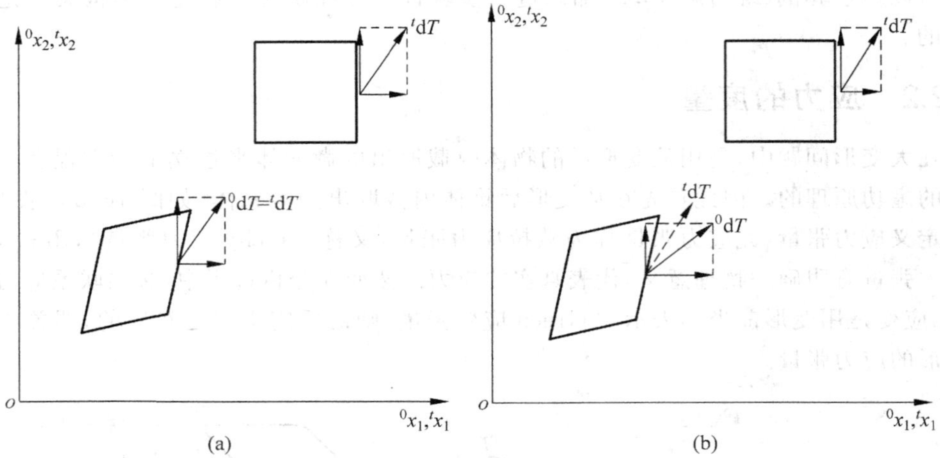


图 16.3 二维情况拉格朗日和 Kirchhoff 应力规定的示意图

$$^t\mathrm{d}T_i = {}^t\tau_{ji}\ {}^t\nu_j\ {}^t\mathrm{d}S \tag{16.2.21}$$

其中，${}^t\nu_j$ 是面积微元 ${}^t\mathrm{d}S$ 上法线的方向余弦。

将类似于上式所表示的关系用于变形前的位形，可具体定义两种应力张量。如用拉格朗日规定，则有

$$^0\mathrm{d}T_i^{(L)} = {}^t_0T_{ji}\ {}^0\nu_j\ {}^0\mathrm{d}S = {}^t\mathrm{d}T_i \tag{16.2.22}$$

如用 Kirchhoff 规定，则有

$$^0\mathrm{d}T_i^{(K)} = {}^t_0S_{ji}\ {}^0\nu_j\ {}^0\mathrm{d}S = {}^0_tx_{i,j}\ {}^t\mathrm{d}T_j \tag{16.2.23}$$

其中，${}^0\nu_j$ 是变形前面积微元 ${}^0\mathrm{d}S$ 上法线的方向余弦；${}^t_0T_{ij}$ 和 ${}^t_0S_{ij}$ 分别称为第一类和第二类 Piola-Kirchhoff 应力张量，有时又分别称为拉格朗日应力张量和 Kirchhoff 应力张量。左上标 $t$ 表示应力张量是属于变形后（时刻 $t$）位形的，左下标 0 表示此量是在变形前（时刻 0）位形内度量的。

为了得到 ${}^t\tau_{ij}$，${}^t_0T_{ij}$，${}^t_0S_{ij}$ 这些应力张量之间的关系，必须先确定 ${}^t\nu_j\,{}^t\mathrm{d}S$ 和 ${}^0\nu_j\,{}^0\mathrm{d}S$ 之间的关系。考虑变形后位形内的两条线元素 $\mathrm{d}^t\boldsymbol{x}(\mathrm{d}^tx_1, \mathrm{d}^tx_2, \mathrm{d}^tx_3)$ 和 $\delta^t\boldsymbol{x}(\delta^tx_1, \delta^tx_2, \delta^tx_3)$，变形前位形内和它们相应的是 $\mathrm{d}^0\boldsymbol{x}(\mathrm{d}^0x_1, \mathrm{d}^0x_2, \mathrm{d}^0x_3)$ 和 $\delta^0\boldsymbol{x}(\delta^0x_1, \delta^0x_2, \delta^0x_3)$。以 $\mathrm{d}^t\boldsymbol{x}$ 和 $\delta^t\boldsymbol{x}$ 为边的平行四边形的面积 ${}^t\mathrm{d}S$ 可借助于排列符号表示为

$$^t\nu_i\ {}^t\mathrm{d}S = e_{ijk}\ \mathrm{d}\,{}^tx_j\ \delta\,{}^tx_k \tag{16.2.24}$$

类似地 $\mathrm{d}^0\boldsymbol{x}$ 和 $\delta^0\boldsymbol{x}$ 形成的平行四边形面积 ${}^0\mathrm{d}S$ 可表示为

$$^0\nu_i\ {}^0\mathrm{d}S = e_{ijk}\ \mathrm{d}^0x_j\ \delta\,{}^0x_k = e_{ijk}\ {}^0_tx_{j,\alpha}\ {}^0_tx_{k,\beta}\ \mathrm{d}^tx_\alpha\ \delta^tx_\beta \tag{16.2.25}$$

其中，${}^t\nu_i\,{}^t\mathrm{d}S$ 和 ${}^0\nu_i\,{}^0\mathrm{d}S$ 分别表示面积向量 ${}^t\mathrm{d}\boldsymbol{S}$ 和 ${}^0\mathrm{d}\boldsymbol{S}$ 在 $x_i$ 方向的分量，$e_{ijk}$ 称为置换符号，它具有如下性质，即

$$e_{ijk}=\begin{cases}0 & (i=j\text{ 或 }j=k\text{ 或 }k=i)\\ 1 & (i,j,k=1,2,3\text{ 或 }2,3,1\text{ 或 }3,1,2)\\ -1 & (i,j,k=3,2,1\text{ 或 }2,1,3\text{ 或 }1,3,2)\end{cases}$$

将(16.2.25)式的两端乘以${}_t^0x_{i,\gamma}$，并利用行列式定义：

$$e_{ijk}\,{}_t^0x_{i,\gamma}\,{}_t^0x_{j,\alpha}\,{}_t^0x_{k,\beta}=e_{\gamma\alpha\beta}\det|{}_t^0x_{l,m}| \tag{16.2.26}$$

和质量守恒定律：

$$\int_{{}^tV}{}^t\rho\,{}^t\mathrm{d}V=\int_{{}^0V}{}^0\rho\,{}^0\mathrm{d}V=\int_{{}^tV}{}^0\rho\,\det|{}_t^0x_{l,m}|\,{}^t\mathrm{d}V$$

即

$$\frac{{}^t\rho}{{}^0\rho}=\det|{}_t^0x_{l,m}| \tag{16.2.27}$$

其中，${}^0\rho$ 和${}^t\rho$ 分别是变形前位形和变形后位形的材料密度，简化结果可以得到

$${}_t^0x_{i,\gamma}\,{}^0\nu_i\,{}^0\mathrm{d}S=\frac{{}^t\rho}{{}^0\rho}e_{\gamma\alpha\beta}\,\mathrm{d}^tx_\alpha\,\delta^tx_\beta=\frac{{}^t\rho}{{}^0\rho}\,{}^t\nu_\gamma\,{}^t\mathrm{d}S \tag{16.2.28}$$

从(16.2.22)，(16.2.21)及(16.2.28)式，可以得到

$${}_0^tT_{ji}=\frac{{}^0\rho}{{}^t\rho}\,{}_t^0x_{j,m}\,{}^t\tau_{mi} \tag{16.2.29}$$

类似地，从(16.2.23)，(16.2.21)及(16.2.28)式，可以得到

$${}_0^tS_{ji}=\frac{{}^0\rho}{{}^t\rho}\,{}_t^0x_{i,\alpha}\,{}_t^0x_{j,\beta}\,{}^t\tau_{\alpha\beta} \tag{16.2.30}$$

从(16.2.29)和(16.2.30)式可见

$${}_0^tS_{ij}={}_t^0x_{i,\alpha}\,{}_0^tT_{j\alpha} \tag{16.2.31}$$

又因为有以下等式，即

$$\delta_{ij}={}_t^0x_{i,p}\,{}_0^tx_{p,j}\qquad \delta_{ij}={}_0^tx_{i,p}\,{}_t^0x_{p,j} \tag{16.2.32}$$

所以可以得到上述 3 种应力张量之间关系的变换形式如下：

$$\begin{aligned}{}^t\tau_{ji}&=\frac{{}^t\rho}{{}^0\rho}\,{}_0^tx_{i,p}\,{}_0^tT_{pj}=\frac{{}^t\rho}{{}^0\rho}\,{}_0^tx_{i,\alpha}\,{}_0^tx_{j,\beta}\,{}_0^tS_{\beta\alpha}\\ {}_0^tT_{ij}&={}_0^tS_{ip}\,{}_0^tx_{j,p}\end{aligned} \tag{16.2.33}$$

从(16.2.29)式可见拉格朗日应力张量${}_0^tT_{ji}$是非对称的，所以它不适合用于应力应变关系，因为应变张量总是对称的。而从(16.2.30)式可见 Kirchhoff 应力张量${}_0^tS_{ij}$是对称的，所以更适用于此目的。从此式还可以看到，在小变形情况下，由于${}_t^0x_{i,j}\approx\delta_{ij}$及${}^0\rho/{}^t\rho\approx1$，这时可以忽略${}_0^tS_{ij}$和${}^t\tau_{ij}$之间的差别，它们都蜕化为工程应力 $\sigma_{ij}$。

还应指出，按 Kirchhoff 规定，联系变形前后面积微元${}^0\mathrm{d}S$ 和${}^t\mathrm{d}S$ 上的作用力${}^0\mathrm{d}T_i$和${}^t\mathrm{d}T_i$ 的关系式(16.2.20)与联系变形前后线段微元 $\mathrm{d}^0x_i$ 和 $\mathrm{d}^tx_i$ 的关系式(16.2.3)是相同的。因为物体发生刚体转动时，参考于时间 0 位形的 $\mathrm{d}^0x_i$，${}^0\nu_j$，${}^0\mathrm{d}S$ 不发生变化，因

此${}^{0}\mathrm{d}T_i^{(k)}$ 以及通过(16.2.23)定义的 Kirchhoff 应力张量 ${}_0^tS_{ij}$ 也不随刚体转动而变化。这就是说 ${}_0^tS_{ij}$ 和 ${}_0^t\varepsilon_{ij}$ 一样也是客观张量。它们构造成描述材料本构关系的一个适当的匹配。这将在 16.5 节进一步讨论。关于应力张量 ${}_0^tS_{ij}$ 的上述性质也可通过运算进一步加以验证(练习题 16.3)。

从前一章材料非线性问题的讨论中,已经知道,对于依赖于材料变形历史的非弹性问题,通常情况下需要采用增量理论进行分析。其中材料本构关系应采用微分型或速率型的。正由于此,在连续介质力学中还定义了一种其分量不随材料刚体转动而变化的速率型的应力张量。这就是以下引出的 Jaumann 应力速率张量 ${}^t\dot{\sigma}_{ij}^J$。

$$
{}^t\dot{\sigma}_{ij}^J = {}^t\dot{\tau}_{ij} - {}^t\tau_{ip}\,{}^t\Omega_{pj} - {}^t\tau_{jp}\,{}^t\Omega_{pi} \tag{16.2.34}
$$

其中上标"·"表示对时间的导数,$\Omega_{ij}$ 是旋转张量,它的物理意义是表示材料的角速度。$\Omega_{12}$,$\Omega_{23}$,$\Omega_{31}$ 分别代表微元绕 $x_3$,$x_1$,$x_2$ 轴转动的角速度。其表达式是

$$
{}^t\Omega_{ij} = \frac{1}{2}\left(\frac{\partial\,{}^t\dot{u}_j}{\partial\,{}^tx_i} - \frac{\partial\,{}^t\dot{u}_i}{\partial\,{}^tx_j}\right) = \frac{1}{2}({}^t\dot{u}_{j,i} - {}^t\dot{u}_{i,j}) \tag{16.2.35}
$$

从(16.2.34)式可见,Jaumann 应力速率张量是对称张量。同时可以验证它是不随材料微元的刚体旋转而发生变化的客观张量。它和 Kirchhoff 应力张量的不同点在于后者是全量型的,而它是速率型,因此适合于建立速率型本构关系的要求。和它对偶的应变速率张量是

$$
{}^t\dot{e}_{ij} = \frac{1}{2}\left(\frac{\partial\,{}^t\dot{u}_i}{\partial\,{}^tx_j} + \frac{\partial\,{}^t\dot{u}_j}{\partial\,{}^tx_i}\right) = \frac{1}{2}({}^t\dot{u}_{i,j} + {}^t\dot{u}_{j,i}) \tag{16.2.36}
$$

${}^t\dot{e}_{ij}$ 也是对称的,且为不随材料微元的刚体旋转而发生变化的客观张量。还应指出,${}^t\dot{\sigma}_{ij}^J$ 和 ${}^t\dot{e}_{ij}$ 在物理上分别代表真应力和真应变的瞬时变化率。

## 16.3 几何非线性问题的表达格式

在涉及几何非线性问题的有限元方法中,通常都采用增量分析的方法,这不仅是因为问题可能涉及依赖于变形历史的材料的非弹性,而且因为即使问题不涉及材料非弹性,但为了得到加载过程中应力和变形的演变历史,以及保证求解的精度和稳定,通常也需要采用增量方法求解。

考虑一个在笛卡儿坐标系内运动的物体(参见图 16.1),增量分析的目的是确定此物体在一系列离散的时间点 0,$\Delta t$,$2\Delta t$,…处于平衡状态的位移、速度、应变、应力等运动学和静力学参量。现在假定问题在时间 0 到 $t$ 的所有时间点的解答已经求得,下一步需要求解时间为 $t+\Delta t$ 时刻的各个力学量。这是一典型的步骤,反复使用此步骤,就可以求得问题的全部解答。

## 16.3.1 虚位移原理

现在分别用${}^0x_i, {}^tx_i, {}^{t+\Delta t}x_i (i=1,2,3)$描述物体内各点在时间 0,时间 $t$ 和时间 $t+\Delta t$ 的位形内的坐标。类似地用${}^tu_i$ 和${}^{t+\Delta t}u_i (i=1,2,3)$表示各质点在时间 $t$ 和时间$t+\Delta t$ 的位移,即

$$\begin{aligned} {}^tx_i &= {}^0x_i + {}^tu_i \\ {}^{t+\Delta t}x_i &= {}^0x_i + {}^{t+\Delta t}u_i \end{aligned} \tag{16.3.1}$$

所以从时间 $t$ 到时间 $t+\Delta t$ 的位移增量可表示为

$$u_i = {}^{t+\Delta t}u_i - {}^tu_i$$

为得到用以求解时间 $t+\Delta t$ 位形内各个未知变量的方程,首先需要建立虚位移原理。与时间 $t+\Delta t$ 位形内物体的平衡条件及力边界条件相等效的虚位移原理可表示为

$$\int_{{}^{t+\Delta t}V} {}^{t+\Delta t}\tau_{ij} \delta_{t+\Delta t}e_{ij} {}^{t+\Delta t}\mathrm{d}V = {}^{t+\Delta t}W \tag{16.3.2}$$

其中${}^{t+\Delta t}W$ 是时间 $t+\Delta t$ 位形的外载荷的虚功

$${}^{t+\Delta t}W = \int_{{}^{t+\Delta t}S} {}^{t+\Delta t}_{t+\Delta t}t_k \,\delta u_k \,{}^{t+\Delta t}\mathrm{d}S + \int_{{}^{t+\Delta t}V} {}^{t+\Delta t}\rho \,{}^{t+\Delta t}_{t+\Delta t}f_k \delta u_k \,{}^{t+\Delta t}\mathrm{d}V \tag{16.3.3}$$

以上两式中 $\delta u_k$ 是现时位移分量${}^{t+\Delta t}u_k$ 的变分,即从时间 $t$ 到时间 $t+\Delta t$ 的位移增量分量 $u_k$ 的变分;$\delta_{t+\Delta t}e_{ij}$是相应的无穷小应变的变分,即

$$\delta_{t+\Delta t}e_{ij} = \delta \frac{1}{2}({}_{t+\Delta t}u_{i,j} + {}_{t+\Delta t}u_{j,i}) \tag{16.3.4}$$

${}^{t+\Delta t}\tau_{ij}$是时间 $t+\Delta t$ 位形的欧拉应力,${}^{t+\Delta t}_{t+\Delta t}f_k$ 和${}^{t+\Delta t}_{t+\Delta t}t_k$ 分别是时间 $t+\Delta t$ 位形的,并在同一位形内度量的体积载荷和面积载荷,${}^{t+\Delta t}V$,${}^{t+\Delta t}S$ 和${}^{t+\Delta t}\rho$ 分别是物体在 $t+\Delta t$ 位形的体积、表面积和质量密度。

方程(16.3.2)式不能直接用来求解,因为它所参考的时间 $t+\Delta t$ 位形是未知的。为了得到解答,所有变量应参考一已经求得的平衡位形。原则上,时间 $0, \Delta t, 2\Delta t, \cdots, t$ 等任一已经求得的位形都可作为参考位形,但在实际分析中,只作以下两种可能的选择:

(1) 完全拉格朗日格式(Total Lagrange Formulation,简称 T. L. 格式),这种格式中所有变量以时间 0 的位形作为参考位形,即通常所谓的拉格朗日格式。

(2) 更新拉格朗日格式(Updated Lagrange Formulation 简称 U. L. 格式),这种格式中所有变量以时间 $t$ 的位形作为参考位形。因为求解过程中参考位移是不断改变的,所以称为更新拉格朗日格式。

## 16.3.2 完全拉格朗日格式

在此格式中,方程(16.3.2)和(16.3.3)式被转换为参考物体初始(时间 0)位形的等

效形式，也即方程中所有变量都是以初始位形为参考位形。

首先引入单位初始表面积上的等效载荷${}^{t+\Delta t}_{0}t_k$和单位初始质量上的等效载荷${}^{t+\Delta t}_{0}f_k$。现在先假定施加于物体的面积载荷和体积载荷是不依赖于物体位形的，即载荷是保守的，则有

$$
\begin{aligned}
{}^{t+\Delta t}_{t+\Delta t}t_k \, {}^{t+\Delta t}\mathrm{d}S &= {}^{t+\Delta t}_{0}t_k \, {}^{0}\mathrm{d}S \\
{}^{t+\Delta t}\rho \, {}^{t+\Delta t}_{t+\Delta t}f_k \, {}^{t+\Delta t}\mathrm{d}V &= {}^{0}\rho \, {}^{t+\Delta t}_{0}f_k \, {}^{0}\mathrm{d}V
\end{aligned}
\tag{16.3.5}
$$

因为质量守恒定律(16.2.27)式，所以从上式的后一式可以得到

$$
{}^{t+\Delta t}_{t+\Delta t}f_k = {}^{t+\Delta t}_{0}f_k
$$

它的物理意义是作用于单位质量的体积力在不同位形中保持不变。

再参照(16.2.9)式，并利用(16.3.1)、(16.3.4)等式可以得到

$$
\delta\, {}^{t+\Delta t}_{0}\varepsilon_{ij} = \delta\,\frac{1}{2}\left({}^{t+\Delta t}_{0}x_{k,i}\,{}^{t+\Delta t}_{0}x_{k,j} - \delta_{ij}\right) = \delta\left({}_{t+\Delta t}e_{rs}\right)\,{}^{t+\Delta t}_{0}x_{s,i}\,{}^{t+\Delta t}_{0}x_{r,j} \tag{16.3.6}
$$

又参照(16.2.30)式可以得到

$$
{}^{t+\Delta t}_{0}S_{ij} = \frac{{}^{0}\rho}{{}^{t+\Delta t}\rho}\,{}^{t+\Delta t}\tau_{rs}\,{}_{t+\Delta t}^{\;\;0}x_{i,s}\,{}_{t+\Delta t}^{\;\;0}x_{j,r} \tag{16.3.7}
$$

以上式中${}^{t+\Delta t}_{0}S_{ij}$，${}^{t+\Delta t}_{0}\varepsilon_{ij}$分别是时间$t+\Delta t$位形的 Kirchhoff 应力张量和 Green 应变张量，并都是参考于初始位形度量的。

将以上各式一并代入(16.3.2)和(16.3.3)式，则可得到和物体在时间$t+\Delta t$位形，但参考于初始位形的与平衡方程相等效的虚位移原理，即

$$
\int_{{}^{0}V} {}^{t+\Delta t}_{0}S_{ij}\,\delta\,{}^{t+\Delta t}_{0}\varepsilon_{ij}\,{}^{0}\mathrm{d}V = {}^{t+\Delta t}W \tag{16.3.8}
$$

其中${}^{t+\Delta t}W$按下式计算：

$$
{}^{t+\Delta t}W = \int_{{}^{0}S} {}^{t+\Delta t}_{0}t_k\,\delta u_k\,{}^{0}\mathrm{d}S + \int_{{}^{0}V} {}^{0}\rho\,{}^{t+\Delta t}_{0}f_k\,\delta u_k\,{}^{0}\mathrm{d}V \tag{16.3.9}
$$

为最后得到增量形式的求解方程，引入下列增量分解，即

$$
\begin{aligned}
{}^{t+\Delta t}_{0}S_{ij} &= {}^{t}_{0}S_{ij} + {}_{0}S_{ij} \\
{}^{t+\Delta t}_{0}\varepsilon_{ij} &= {}^{t}_{0}\varepsilon_{ij} + {}_{0}\varepsilon_{ij}
\end{aligned}
\tag{16.3.10}
$$

其中${}_{0}S_{ij}$和${}_{0}\varepsilon_{ij}$分别是从时间$t$位形到$t+\Delta t$位形的 Kirchhoff 应力和 Green 应变的增量，并都是参考于初始位形度量的。式中${}^{t}_{0}S_{ij}$及${}^{t}_{0}\varepsilon_{ij}$都是已知的量，所以从(16.3.10)式可得

$$
\delta\,{}^{t+\Delta t}_{0}\varepsilon_{ij} = \delta\,{}_{0}\varepsilon_{ij} \tag{16.3.11}
$$

进一步参照 Green 应变的位移表达式(16.2.16)，并利用(16.3.1)式，可得到

$$
{}_{0}\varepsilon_{ij} = {}_{0}e_{ij} + {}_{0}\eta_{ij} \tag{16.3.12}
$$

其中${}_{0}e_{ij}$和${}_{0}\eta_{ij}$分别是关于位移增量$u_i$的线性项和二次项，它们表示为

$$
{}_{0}e_{ij} = \frac{1}{2}\left({}_{0}u_{i,j} + {}_{0}u_{j,i} + {}^{t}_{0}u_{k,i}\,{}_{0}u_{k,j} + {}^{t}_{0}u_{k,j}\,{}_{0}u_{k,i}\right)
$$

$$ {}_0\eta_{ij} = \frac{1}{2}\, {}_0u_{k,i}\, {}_0u_{k,j} \tag{16.3.13}$$

这样一来，方程(16.3.8)式可以改写成

$$\int_{{}^0V} {}_0S_{ij}\, \delta_0\varepsilon_{ij}\, {}^0\mathrm{d}V + \int_{{}^0V} {}_0^tS_{ij}\, \delta_0\eta_{ij}\, {}^0\mathrm{d}V = {}^{t+\Delta t}W - \int_{{}^0V} {}_0^tS_{ij}\, \delta_0 e_{ij}\, {}^0\mathrm{d}V \tag{16.3.14}$$

上式给出了关于位移增量 $u_i$ 的非线性方程。因为左端第一个积分中在用${}_0\varepsilon_{ij}$表示${}_0S_{ij}$以后，将包含 $u_i$ 的四次项，为达到实际求解目的，尚需进一步进行线性化处理，这在 16.3.4 小节再进行讨论。

### 16.3.3　更新拉格朗日格式

在此格式中，方程(16.3.2)和(16.3.3)式中的所有变量是以时间 $t$ 位形，即物体更新了的位形为参考位形，利用和导出 T.L. 格式相类似的步骤，方程(16.3.2)式可以转换为

$$\int_{{}^tV} {}_t^{t+\Delta t}S_{ij}\, \delta\, {}_t^{t+\Delta t}\varepsilon_{ij}\, {}^t\mathrm{d}V = {}^{t+\Delta t}W \tag{16.3.15}$$

其中${}_t^{t+\Delta t}S_{ij}$和${}_t^{t+\Delta t}\varepsilon_{ij}$分别是时间 $t+\Delta t$ 位形的 Kirchhoff 应力张量，和 Green 应变张量，它们都是参考于时间 $t$ 位形。可以分别称为更新的 Kirchhoff 应力张量和更新的 Green 应变张量，它们和${}^{t+\Delta t}\tau_{rs}$和${}^{t+\Delta t}e_{rs}$有类似于(16.3.7)及(16.3.6)式的关系，即

$${}_t^{t+\Delta t}S_{ij} = \frac{{}^t\rho}{{}^{t+\Delta t}\rho}\, {}^{t+\Delta t}\tau_{rs}\, {}_{t+\Delta t}^{\ t}x_{i,r}\, {}_{t+\Delta t}^{\ t}x_{j,s} \tag{16.3.16}$$

$$\delta\, {}_t^{t+\Delta t}\varepsilon_{ij} = \delta\, {}^{t+\Delta t}e_{rs}\, {}_t^{t+\Delta t}x_{r,i}\, {}_t^{t+\Delta t}x_{s,j} \tag{16.3.17}$$

如果仍假定载荷不依赖于变形，则${}^{t+\Delta t}W$ 的计算同 T.L. 格式的(16.3.9)式。为建立增量方程，对于现在的情况，应力的增量分解为

$${}_t^{t+\Delta t}S_{ij} = {}^t\tau_{ij} + {}_tS_{ij} \tag{16.3.18}$$

关于应变增量，存在以下关系

$${}_t^{t+\Delta t}\varepsilon_{ij} = {}_t\varepsilon_{ij} \tag{16.3.19}$$

其中

$${}_t\varepsilon_{ij} = {}_te_{ij} + {}_t\eta_{ij}$$

并且有

$${}_te_{ij} = \frac{1}{2}({}_tu_{i,j} + {}_tu_{j,i}) \qquad {}_t\eta_{ij} = \frac{1}{2}\, {}_tu_{k,i}\, {}_tu_{k,j} \tag{16.3.20}$$

对比(16.3.20)和(16.3.13)式可以看到，${}_te_{ij}$中不包含初始位移项。这是由于增量应变${}_t\varepsilon_{ij}$是从时间 $t$ 位形开始计算并参考于时间 $t$ 位形。利用以上各式，(14.3.15)式可以改写为

$$\int_{{}^tV} {}_tS_{ij}\, \delta_t\varepsilon_{ij}\, {}^t\mathrm{d}V + \int_{{}^tV} {}^t\tau_{ij}\, \delta_t\eta_{ij}\, {}^t\mathrm{d}V = {}^{t+\Delta t}W - \int_{{}^tV} {}^t\tau_{ij}\, \delta_te_{ij}\, {}^t\mathrm{d}V \tag{16.3.21}$$

此式和(16.3.14)式一样，也给出了关于位移增量 $u_i$ 的非线性方程。

方程(16.3.21)和(16.3.14)式在理论上是等效的，如若采用数学上相一致的本构关系，它们将产生相同的结果。但在求解的有限元矩阵方程本身和求解步骤上仍是有一定差别的。

## 16.3.4 平衡方程的线性化

如前面所指出，无论是T.L.格式得到的方程(16.3.14)式，还是U.L.格式得到的方程(16.3.21)式都是非线性的。为了实际求解，需要预先对它们进行线性化处理。线性化处理包括以下两个方面：

(1) 物理方程的线性化。假定(16.3.14)和(16.3.21)式中的第一个积分内的应力增量${}_0S_{ij}$和${}_tS_{ij}$分别与应变增量${}_0\varepsilon_{ij}$和${}_t\varepsilon_{ij}$成线性关系。对于T.L.格式，有

$$ {}_0S_{ij} = {}_0D_{ijkl}\ {}_0\varepsilon_{kl} \tag{16.3.22}$$

对于U.L.格式，有

$$ {}_tS_{ij} = {}_tD_{ijkl}\ {}_t\varepsilon_{kl} \tag{16.3.23}$$

其中${}_0D_{ijkl}$和${}_tD_{ijkl}$是时间$t$的函数，并分别参考于时间0和时间$t$位形度量的切线本构张量。实际上，以上线性关系仅对线弹性材料是真实的。对于其他材料，例如非线性弹性以及上一章所讨论的弹塑性材料，线性关系仅能用于联系应力速率和应变速率，所以线性关系仅对无穷小步长才是真实的。对于有限时间步长，(16.3.22)和(16.3.23)式所表达的本构关系以及根据它们所建立的有限元求解方程只能是近似式，需要通过迭代方法求解。

(2) 求解格式的进一步线性化。对于T.L.格式，将(16.3.22)和(16.3.12)式代入(16.3.14)式的第一个积分，将得到

$$\int_{{}^0V} {}_0S_{ij}\,\delta_0\varepsilon_{ij}\,{}^0\mathrm{d}V = \int_{{}^0V} {}_0D_{ijkl}\ {}_0e_{kl}\,\delta_0 e_{ij}\,{}^0\mathrm{d}V + \int_{{}^0V} {}_0D_{ijkl}({}_0e_{kl}\,\delta_0\eta_{ij} + {}_0\eta_{kl}\,\delta_0 e_{ij} + {}_0\eta_{kl}\,\delta_0\eta_{ij})\,{}^0\mathrm{d}V$$

上式变分的结果，右端第一项关于$u_i$是线性的，而第二项是非线性的。对于U.L.格式，将(16.3.23)和(16.3.19)式代入(16.3.21)式，也将得到类似的结果。为了达到线性化方程的要求，对它们可能有两种处理方法：

① 将非线性项移至(16.3.14)或(16.3.21)式的右端作为虚拟载荷，在求解过程中与其他载荷项一起进行平衡迭代。

② 进一步将它们略去，这意味着对于T.L.格式，在(16.3.14)式的第一个积分中采用近似式$\delta_0\varepsilon_{ij}=\delta_0 e_{ij}$和在(16.3.22)式中采用近似式${}_0S_{ij}={}_0D_{ijkl}\,{}_0e_{kl}$；对于U.L.格式，在(16.3.21)式的第一个积分中近似地取$\delta_t\varepsilon_{ij}=\delta_t e_{ij}$和在(16.3.23)式中近似地采用${}_tS_{ij}={}_tD_{ijkl}\,{}_te_{kl}$。这样做的可能性是因为在一个增量步内，只要$\Delta t$足够小，忽略${}_0u_{i,j}$或${}_tu_{i,j}$的二阶及其更高阶项是允许的。经过这样的线性化处理以后，虚位移原理对于T.L.格

式是

$$\int_{{}^0V} {}_0D_{ijkl}\ {}_0e_{kl}\ \delta_0 e_{ij}\ {}^0\mathrm{d}V + \int_{{}^0V} {}_0^tS_{ij}\ \delta_0\eta_{ij}\ {}^0\mathrm{d}V$$

$$= {}^{t+\Delta t}W - \int_{{}^0V} {}_0^tS_{ij}\ \delta_0 e_{ij}\ {}^0\mathrm{d}V \tag{16.3.24}$$

对于 U. L. 格式是

$$\int_{{}^tV} {}_tD_{ijkl}\ {}_te_{kl}\ \delta_t e_{ij}\ {}^t\mathrm{d}V + \int_{{}^tV} {}^t\tau_{ij}\ \delta_t\eta_{ij}\ {}^t\mathrm{d}V$$

$$= {}^{t+\Delta t}W - \int_{{}^tV} {}^t\tau_{ij}\ \delta_t e_{ij}\ {}^t\mathrm{d}V \tag{16.3.25}$$

以上两个方程变分的结果将得到关于位移增量 $u_i$ 的线性方程组，这是有限元分析的基础。在此应该先行指出的是，当应用 U. L. 格式于非弹性大应变分析时，由于不便于直接采用联系${}_tS_{ij}$和${}_t\varepsilon_{kl}$的本构关系(16.3.23)式，而是采用联系 Jaumann $\dot{\sigma}_{ij}^J$应力速率张量和应变速率张量${}_t\dot{e}_{kl}$的本构关系，最后得到虚位移原理表达式将使(16.3.25)式略有变化，这将在 16.5 节再具体讨论。

# 16.4　有限元求解方程及解法

## 16.4.1　有限元求解方程

### 1. 静力分析问题

如果用等参元对求解域进行离散，每个单元内的坐标和位移可以用其结点值插值表示如下：

$$ {}^0x_i = \sum_{k=1}^{n} N_k\ {}^0x_i^k \qquad {}^tx_i = \sum_{k=1}^{n} N_k\ {}^tx_i^k \qquad {}^{t+\Delta t}x_i = \sum_{k=1}^{n} N_k\ {}^{t+\Delta t}x_i^k $$
$$(i = 1,2,3) \tag{16.4.1}$$

$$ {}^tu_i = \sum_{k=1}^{n} N_k\ {}^tu_i^k \qquad u_i = \sum_{k=1}^{n} N_k u_i^k \quad (i = 1,2,3) \tag{16.4.2}$$

其中${}^tx_i^k$ 是结点$k$ 在时间$t$ 的$i$ 方向坐标分量，${}^tu_i^k$ 是结点$k$ 在时间$t$ 的$i$ 方向位移分量，其他分量${}^0x_i^k$，${}^{t+\Delta t}x_i^k$，$u_i^k$ 的意义类似；$N_k$ 是和结点$k$ 相关联的插值函数；$n$ 是单元的结点数。

利用(16.4.1)和(16.4.2)式可以计算(16.3.24)和(16.3.25)式中各个积分所包含的位移导数项。从(16.3.24)式可以导出用于 T. L. 格式的矩阵求解方程①，即

$$({}_0^t\boldsymbol{K}_L + {}_0^t\boldsymbol{K}_{NL})\boldsymbol{u} = {}^{t+\Delta t}\boldsymbol{Q} - {}_0^t\boldsymbol{F} \tag{16.4.3}$$

其中 $\boldsymbol{u}$ 是结点位移增量向量；${}_0^t\boldsymbol{K}_L$，${}_0^t\boldsymbol{K}_{NL}$ 和${}_0^t\boldsymbol{F}$ 分别是各个单元的积分 $\int_{{}^0V} {}_0D_{ijrs}\ {}_0e_{rs}\ \delta_0 e_{ij}\ {}^0\mathrm{d}V$，

$\int_{^0V} {}_0^tS_{ij}\,\delta_0\eta_{ij}\,{}^0\mathrm{d}V$ 和$\int_{^0V} {}_0^tS_{ij}\delta_0 e_{ij}\,{}^0\mathrm{d}V$ 的集成，它们可以表示为：

$$ {}_0^t\boldsymbol{K}_L = \sum_e \int_{^0V_e} {}_0^t\boldsymbol{B}_L^{\mathrm{T}}\ {}_0\boldsymbol{D}\ {}_0^t\boldsymbol{B}_L\ {}^0\mathrm{d}V \tag{16.4.4} $$

$$ {}_0^t\boldsymbol{K}_{NL} = \sum_e \int_{^0V_e} {}_0^t\boldsymbol{B}_{NL}^{\mathrm{T}}\ {}_0^t\boldsymbol{S}\ {}_0^t\boldsymbol{B}_{NL}\ {}^0\mathrm{d}V \tag{16.4.5} $$

$$ {}_0^t\boldsymbol{F} = \sum_e \int_{^0V_e} {}_0^t\boldsymbol{B}_L^{\mathrm{T}}\ {}_0^t\hat{\boldsymbol{S}}\ {}^0\mathrm{d}V \tag{16.4.6} $$

(16.4.3)式中的结点载荷向量 ${}^{t+\Delta t}\boldsymbol{Q}$ 是按通常的方法由(16.3.9)式计算得到。在以上各式中${}_0^t\boldsymbol{B}_L$ 和${}_0^t\boldsymbol{B}_{NL}$分别是线性应变${}_0e_{ij}$和非线性应变${}_0\eta_{ij}$和位移的转换矩阵，${}_0\boldsymbol{D}$ 是材料本构矩阵，${}_0^t\boldsymbol{S}$ 和${}_0^t\hat{\boldsymbol{S}}$ 是第二类 Piola-Kirchhoff 应力矩阵和向量。所有这些矩阵或向量的元素是对应于时间 $t$ 位形并参考于时间 0 位形确定的。

为使${}_0^t\boldsymbol{K}_L$ 的物理意义更清楚，还可将${}_0^t\boldsymbol{B}_L$ 表示为

$$ {}_0^t\boldsymbol{B}_L = {}_0^t\boldsymbol{B}_{L0} + {}_0^t\boldsymbol{B}_{L1} \tag{16.4.7} $$

其中${}_0^t\boldsymbol{B}_L$ 和${}_0^t\boldsymbol{B}_{L1}$分别是应变 ${}_0e_{ij}$ 中$(1/2)({}_0u_{i,j}+{}_0u_{j,i})$项和$(1/2)({}_0^tu_{k,i}\ {}_0u_{k,j}+{}_0^tu_{k,j}\ {}_0u_{k,i})$项和位移的转换矩阵。这样一来，${}_0^t\boldsymbol{K}_L$ 可以表示成

$$ {}_0^t\boldsymbol{K}_L = {}_0^t\boldsymbol{K}_{L0} + {}_0^t\boldsymbol{K}_{L1} \tag{16.4.8} $$

其中

$$ {}_0^t\boldsymbol{K}_{L0} = \sum_e \int_{^0V_e} {}_0^t\boldsymbol{B}_{L0}^{\mathrm{T}}\ {}_0\boldsymbol{D}\ {}_0^t\boldsymbol{B}_{L0}\ {}^0\mathrm{d}V \tag{16.4.9} $$

$$ {}_0^t\boldsymbol{K}_{L1} = \sum_e \int_{^0V_e} ({}_0^t\boldsymbol{B}_{L0}^{\mathrm{T}}\,{}_0\boldsymbol{D}\ {}_0^t\boldsymbol{B}_{L1} + {}_0^t\boldsymbol{B}_{L1}^{\mathrm{T}}\ {}_0\boldsymbol{D}\ {}_0^t\boldsymbol{B}_{L0} + {}_0^t\boldsymbol{B}_{L1}^{\mathrm{T}}\ {}_0\boldsymbol{D}\ {}_0^t\boldsymbol{B}_{L1})\ {}^0\mathrm{d}V \tag{16.4.10} $$

${}_0^t\boldsymbol{K}_{L0}$就是通常小位移情况下的单元刚度矩阵，${}_0^t\boldsymbol{K}_{L1}$是由于初始位移${}_0^tu_i$ 引起的，通常又称为初位移矩阵。至于${}_0^t\boldsymbol{K}_{NL}$则是由于初始应力${}_0^tS_{ij}$引起的，所以通常称为初应力矩阵。

类似地，对于 U.L. 格式从(16.3.25)式可以得到下列矩阵方程

$$ ({}_t^t\boldsymbol{K}_L + {}_t^t\boldsymbol{K}_{NL})\boldsymbol{u} = {}^{t+\Delta t}\boldsymbol{Q} - {}_t^t\boldsymbol{F} \tag{16.4.11} $$

其中

$$ {}_t^t\boldsymbol{K}_L = \sum_e \int_{^tV_e} {}_t^t\boldsymbol{B}_L^{\mathrm{T}}\ {}_t\boldsymbol{D}\ {}_t^t\boldsymbol{B}_L\ {}^t\mathrm{d}V \tag{16.4.12} $$

$$ {}_t^t\boldsymbol{K}_{NL} = \sum_e \int_{^tV_e} {}_t^t\boldsymbol{B}_{NL}^{\mathrm{T}}\ {}^t\boldsymbol{\tau}\ {}_t^t\boldsymbol{B}_{NL}\ {}^t\mathrm{d}V \tag{16.4.13} $$

$$ {}_t^t\boldsymbol{F} = \sum_e \int_{^tV_e} {}_t^t\boldsymbol{B}_L^{\mathrm{T}}\ {}^t\hat{\boldsymbol{\tau}}\ {}^t\mathrm{d}V \tag{16.4.14} $$

以上各式中，${}_t^t\boldsymbol{B}_L$ 和${}_t^t\boldsymbol{B}_{NL}$分别是线性应变 ${}_te_{ij}$ 和非线性应变 ${}_t\eta_{ij}$ 与位移的转换矩阵，${}_t\boldsymbol{D}$ 是材料本构矩阵，${}^t\boldsymbol{\tau}$ 和${}^t\hat{\boldsymbol{\tau}}$ 是 Cauchy 应力矩阵和向量。所有这些矩阵或向量的元素都是对应时间 $t$ 的位形，并参考于同一位形确定的。

从(16.4.11)式可以看到,U.L.格式的切线刚度矩阵中不包含初位移矩阵。这是因为${}_te_{ij}$中不包含初始位移${}^tu_i$的影响,所以${}_t^t\boldsymbol{B}_L={}_t^t\boldsymbol{B}_{L0}$,即${}_t^t\boldsymbol{B}_{L1}=0$。需要指出,(16.4.3)~(16.4.14)各式中的矩阵或向量元素在积分前应先通过坐标转换,全部表示为自然坐标的函数,然后在自然坐标内进行积分,该步骤与线性分析中等参元的运算相同。

2. 动力分析问题

上列有限元方程是对于静力分析问题导出的,如果用于动力分析,则需要适当修正。动力分析中,结点位移向量是时间的函数,同时方程中还应包括惯性项和阻尼项。现在暂时忽略阻尼的影响,并认为物体的质量保持不变,则在两种格式中的质量矩阵都可以在时间积分以前,利用时间 $t=0$ 的位形作为参考位形进行计算,这与第 13 章所讨论的情况相同。这样一来,在 T.L.格式中,动力分析的增量平衡方程可表示为

$$\boldsymbol{M}^{t+\Delta t}\ddot{\boldsymbol{u}}+({}_0^t\boldsymbol{K}_L+{}_0^t\boldsymbol{K}_{NL})\boldsymbol{u}={}^{t+\Delta t}\boldsymbol{Q}-{}_0^t\boldsymbol{F} \tag{16.4.15}$$

在 U.L.格式中,动力分析的增量平衡方程则表示为

$$\boldsymbol{M}^{t+\Delta t}\ddot{\boldsymbol{u}}+({}_t^t\boldsymbol{K}_L+{}_t^t\boldsymbol{K}_{NL})\boldsymbol{u}={}^{t+\Delta t}\boldsymbol{Q}-{}_t^t\boldsymbol{F} \tag{16.4.16}$$

其中,${}^{t+\Delta t}\ddot{\boldsymbol{u}}$ 是时间 $t+\Delta t$ 的单元结点的加速度向量,$\boldsymbol{M}$ 是参考于时间 $t=0$ 的位形的单元质量矩阵。

## 16.4.2　用于几何非线性的单元及单元矩阵和向量举例

1. 实体元

为使以上列出的各个单元矩阵和向量具体化,现在以广泛应用的二维单元(平面应力、平面应变、轴对称单元)为例,给出它们在 T.L.格式和 U.L.格式中各个矩阵和向量的具体表达式。

(1) T.L.格式

① 应变增量

$$\begin{aligned}
{}_0\varepsilon_{11}&={}_0u_{1,1}+{}_0^tu_{1,1}\,{}_0u_{1,1}+{}_0^tu_{2,1}\,{}_0u_{2,1}+\frac{1}{2}[({}_0u_{1,1})^2+({}_0u_{2,1})^2]\\
{}_0\varepsilon_{22}&={}_0u_{2,2}+{}_0^tu_{1,2}\,{}_0u_{1,2}+{}_0^tu_{2,2}\,{}_0u_{2,2}+\frac{1}{2}[({}_0u_{1,2})^2+({}_0u_{2,2})^2]\\
{}_0\varepsilon_{12}&=\frac{1}{2}[{}_0u_{1,2}+{}_0u_{2,1}]+\frac{1}{2}[{}_0^tu_{1,1}\,{}_0u_{1,2}+{}_0^tu_{2,1}\,{}_0u_{2,2}+\\
&\quad {}_0^tu_{1,2}\,{}_0u_{1,1}+{}_0^tu_{2,2}\,{}_0u_{2,1}]+\frac{1}{2}[{}_0u_{1,1}\,{}_0u_{1,2}+{}_0u_{2,1}\,{}_0u_{2,2}]\\
{}_0\varepsilon_{33}&=\frac{u_1}{{}^0x_1}+\frac{{}^tu_1u_1}{({}^0x_1)^2}+\frac{1}{2}\left(\frac{u_1}{{}^0x_1}\right)^2\quad(\text{轴对称分析})
\end{aligned} \tag{16.4.17}$$

② 线性应变-位移转换关系

$$ {}_0\boldsymbol{e} = {}_0^t\boldsymbol{B}_L\,\boldsymbol{u} \tag{16.4.18}$$

其中

$$\begin{aligned}
{}_0\boldsymbol{e}^{\mathrm T} &= [{}_0e_{11}\ \ {}_0e_{22}\ \ 2{}_0e_{12}\ \ {}_0e_{33}] \\
\boldsymbol{u}^{\mathrm T} &= [u_1{}^1\ \ u_2{}^1\ \ u_1{}^2\ \ u_2{}^2\ \ \cdots\ \ u_1{}^n\ \ u_2{}^n] \\
{}_0^t\boldsymbol{B}_L &= {}_0^t\boldsymbol{B}_{L0} + {}_0^t\boldsymbol{B}_{L1}
\end{aligned}$$

且有

$$ {}_0^t\boldsymbol{B}_{L0} = \begin{bmatrix} {}_0N_{1,1} & 0 & {}_0N_{2,1} & 0 & \cdots & {}_0N_{n,1} & 0 \\ 0 & {}_0N_{1,2} & 0 & {}_0N_{2,2} & \cdots & 0 & {}_0N_{n,2} \\ {}_0N_{1,2} & {}_0N_{1,1} & {}_0N_{2,2} & {}_0N_{2,1} & \cdots & {}_0N_{n,2} & {}_0N_{n,1} \\ \dfrac{N_1}{{}^0\bar{x}_1} & 0 & \dfrac{N_2}{{}^0\bar{x}_1} & 0 & \cdots & \dfrac{N_n}{{}^0\bar{x}_1} & 0 \end{bmatrix} \tag{16.4.19}$$

$$ {}_0N_{k,j} = \frac{\partial N_k}{\partial\,{}^0x_j} \qquad u_j{}^k = {}^{t+\Delta t}u_j^k - {}^tu_j^k \qquad {}^0\bar{x}_1 = \sum_{k=1}^{n} N_k^0 x_1^k $$

以及

$$ {}_0^t\boldsymbol{B}_{L1} = \left[\begin{matrix} L_{11}\,{}_0N_{1,1} & L_{21}\,{}_0N_{1,1} & L_{11}\,{}_0N_{2,1} \\ L_{12}\,{}_0N_{1,2} & L_{22}\,{}_0N_{1,2} & L_{12}\,{}_0N_{2,2} \\ (L_{11}\,{}_0N_{1,2} + L_{12}\,{}_0N_{1,1}) & (L_{21}\,{}_0N_{1,2} + L_{22}\,{}_0N_{1,1}) & (L_{11}\,{}_0N_{2,2} + L_{12}\,{}_0N_{2,1}) \\ L_{33}\,\dfrac{N_1}{{}^0\bar{x}_1} & 0 & L_{33}\,\dfrac{N_2}{{}^0\bar{x}_1} \end{matrix}\right. $$

$$ \left.\begin{matrix} L_{21}\,{}_0N_{2,1} & \cdots L_{11}\,{}_0N_{n,1} & L_{21}\,{}_0N_{n,1} \\ L_{22}\,{}_0N_{2,2} & \cdots L_{12}\,{}_0N_{n,2} & L_{22}\,{}_0N_{n,2} \\ (L_{21}\,{}_0N_{2,2} + L_{22}\,{}_0N_{2,1}) & \cdots (L_{11}\,{}_0N_{n,2} + L_{12}\,{}_0N_{n,1}) & (L_{21}\,{}_0N_{n,2} + L_{22}\,{}_0N_{n,1}) \\ 0 & \cdots L_{33}\,\dfrac{N_n}{{}^0\bar{x}_1} & 0 \end{matrix}\right] \tag{16.4.20}$$

$$ L_{11} = \sum_{k=1}^{n} {}_0N_{k,1}\,{}^tu_1^k \qquad L_{12} = \sum_{k=1}^{n} {}_0N_{k,2}\,{}^tu_1^k \qquad L_{21} = \sum_{k=1}^{n} {}_0N_{k,1}\,{}^tu_2^k $$

$$ L_{22} = \sum_{k=1}^{n} {}_0N_{k,2}\,{}^tu_2^k \qquad L_{33} = \Big(\sum_{k=1}^{n} N_k\,{}^tu_1^k\Big)\Big/{}^0\bar{x}_1 $$

③ 非线性应变-位移转换矩阵

$$
{}_0^t\boldsymbol{B}_{NL}=\begin{bmatrix}
{}_0N_{1,1} & 0 & {}_0N_{2,1} & 0 & \cdots & {}_0N_{n,1} & 0\\
{}_0N_{1,2} & 0 & {}_0N_{2,2} & 0 & \cdots & {}_0N_{n,2} & 0\\
0 & {}_0N_{1,1} & 0 & {}_0N_{2,1} & \cdots & 0 & {}_0N_{n,1}\\
0 & {}_0N_{1,2} & 0 & {}_0N_{2,2} & \cdots & 0 & {}_0N_{n,2}\\
\dfrac{N_1}{{}^0\bar{x}_1} & 0 & \dfrac{N_2}{{}^0\bar{x}_1} & 0 & \cdots & \dfrac{N_n}{{}^0\bar{x}_1} & 0
\end{bmatrix}
\tag{16.4.21}
$$

④ 第二类 Piola-Kirchhoff 应力矩阵和向量

$$
{}_0^t\boldsymbol{S}=\begin{bmatrix}
{}_0^tS_{11} & {}_0^tS_{12} & 0 & 0 & 0\\
{}_0^tS_{21} & {}_0^tS_{22} & 0 & 0 & 0\\
0 & 0 & {}_0^tS_{11} & {}_0^tS_{12} & 0\\
0 & 0 & {}_0^tS_{21} & {}_0^tS_{22} & 0\\
0 & 0 & 0 & 0 & {}^tS_{33}
\end{bmatrix}\qquad
{}_0^t\hat{\boldsymbol{S}}=\begin{Bmatrix}{}_0^tS_{11}\\ {}_0^tS_{22}\\ {}_0^tS_{12}\\ {}_0^tS_{33}\end{Bmatrix}
\tag{16.4.22}
$$

(2) U. L. 格式

① 应变增量

$$
\left.\begin{aligned}
{}_t\varepsilon_{11}&={}_tu_{1,1}+\frac{1}{2}[({}_tu_{1,1})^2+({}_tu_{2,1})^2]\\
{}_t\varepsilon_{22}&={}_tu_{2,2}+\frac{1}{2}[({}_tu_{1,2})^2+({}_tu_{2,2})^2]\\
{}_t\varepsilon_{12}&=\frac{1}{2}[{}_tu_{1,2}+{}_tu_{2,1}]+\frac{1}{2}[{}_tu_{1,1}\,{}_tu_{1,2}+{}_tu_{2,1}\,{}_tu_{2,2}]\\
{}_0\varepsilon_{33}&=\frac{u_1}{{}^tx_1}+\frac{1}{2}\left(\frac{u_1}{{}^tx_1}\right)^2\quad\text{（轴对称分析）}
\end{aligned}\right\}
\tag{16.4.23}
$$

② 线性应变-位移转换关系

$$
{}_t\boldsymbol{e}={}_t^t\boldsymbol{B}_L\boldsymbol{u}
\tag{16.4.24}
$$

其中

$$
{}_t\boldsymbol{e}^{\mathrm{T}}=[{}_te_{11}\ \ {}_te_{22}\ \ 2{}_te_{12}\ \ {}_te_{33}]
$$

$$
\boldsymbol{u}^{\mathrm{T}}=[u_1^1\ \ u_2^1\ \ u_1^2\ \ u_2^2\ \ \cdots\ \ u_1^n\ \ u_2^n]
$$

$$
{}_t^t\boldsymbol{B}_L=\begin{bmatrix}
{}_tN_{1,1} & 0 & {}_tN_{2,1} & 0 & \cdots & {}_tN_{n,1} & 0\\
0 & {}_tN_{1,2} & 0 & {}_tN_{2,2} & \cdots & 0 & {}_tN_{n,2}\\
{}_tN_{1,2} & {}_tN_{1,1} & {}_tN_{2,2} & {}_tN_{2,1} & \cdots & {}_tN_{n,2} & {}_tN_{n,1}\\
\dfrac{N_1}{{}^t\bar{x}_1} & 0 & \dfrac{N_2}{{}^t\bar{x}_1} & 0 & \cdots & \dfrac{N_n}{{}^t\bar{x}_1} & 0
\end{bmatrix}
\tag{16.4.25}
$$

$$
{}_tN_{k,j}=\frac{\partial N_k}{\partial\,{}^tx_j}\qquad u_j^k={}^{t+\Delta t}u_j^k-{}^tu_j^k\qquad {}^t\bar{x}_1=\sum_{k=1}^{n}N_k\,{}^tx_1^k
$$

③ 非线性应变-位移转换矩阵

$$
{}_t^t\boldsymbol{B}_{NL}=\begin{bmatrix}
{}_tN_{1,1} & 0 & {}_tN_{2,1} & 0 & \cdots & {}_tN_{n,1} & 0\\
{}_tN_{1,2} & 0 & {}_tN_{2,2} & 0 & \cdots & {}_tN_{n,2} & 0\\
0 & {}_tN_{1,1} & 0 & {}_tN_{2,1} & \cdots & 0 & {}_tN_{n,1}\\
0 & {}_tN_{1,2} & 0 & {}_tN_{2,2} & \cdots & 0 & {}_tN_{n,2}\\
\dfrac{N_1}{{}^t\overline{x}_1} & 0 & \dfrac{N_2}{{}^t\overline{x}_1} & 0 & \cdots & \dfrac{N_n}{{}^t\overline{x}_1} & 0
\end{bmatrix} \tag{16.4.26}
$$

④ Cauchy 应力矩阵和向量

$$
{}^t\boldsymbol{\tau}=\begin{bmatrix}
{}^t\tau_{11} & {}^t\tau_{12} & 0 & 0 & 0\\
{}^t\tau_{21} & {}^t\tau_{22} & 0 & 0 & 0\\
0 & 0 & {}^t\tau_{11} & {}^t\tau_{12} & 0\\
0 & 0 & {}^t\tau_{21} & {}^t\tau_{22} & 0\\
0 & 0 & 0 & 0 & {}^t\tau_{33}
\end{bmatrix}\qquad {}^t\hat{\boldsymbol{\tau}}=\begin{Bmatrix}{}^t\tau_{11}\\ {}^t\tau_{22}\\ {}^t\tau_{12}\\ {}^t\tau_{33}\end{Bmatrix} \tag{16.4.27}
$$

典型的二维 4～8 结点单元的插值函数 $N_k(k=1,2,\cdots,n;n=4,5,\cdots,8)$ 以及总体坐标$({}^0x_1,{}^0x_2)$或$({}^tx_1,{}^tx_2)$和自然坐标$(\xi,\eta)$之间的转换均见第 4 章，这里不再重复。

现在可以通过上述单元矩阵的具体表达式，比较非线性有限元分析中采用 T. L. 格式和 U. L. 格式在算法上的一些区别：

① T. L. 格式中的${}_0^t\boldsymbol{B}_{L0}$，${}_0^t\boldsymbol{B}_{NL}$，${}_0^t\boldsymbol{S}$ 等矩阵和 U. L. 格式中的${}_t^t\boldsymbol{B}_L$，${}_t^t\boldsymbol{B}_{NL}$，${}^t\boldsymbol{\tau}$ 等矩阵是一一对应的，其中非零元素的分布情况也是相同的。不同的是 T. L. 格式中还包含初位移应变矩阵${}_0^t\boldsymbol{B}_{L1}$，并且它基本上是满阵，因此从这意义上说在 T. L. 格式中计算矩阵 ${}_0^t\boldsymbol{B}_L^{\mathrm{T}}\ {}_0\boldsymbol{D}\ {}_0^t\boldsymbol{B}_L$ 将比 U. L. 格式中计算矩阵${}_t^t\boldsymbol{B}_L^{\mathrm{T}}\ {}_t\boldsymbol{D}\ {}_t^t\boldsymbol{B}_L$ 的工作量要多一些。

② T. L. 格式中插值函数的求导是对于时间 0 位形的坐标，这些坐标的数值在整个分析过程中是保持不变的。而 U. L. 格式中插值函数的求导是对于时间 $t$ 位形的坐标，这些坐标的数值是随着时间 $t$ 而变化的。所以在 T. L. 格式中这些插值函数的导数只需要在加载前计算一次就可储存起来供以后各次加载时调用。而在 U. L. 格式中，对于各次加载都需重新计算插值函数的导数。

在二维分析中，两种格式用于求解的计算时间一般情况下相差不多。究竟选择哪种格式通常取决于所采用的本构关系的具体形式。关于本构关系将在下一节进一步讨论。

以上列出的二维等参单元的各个矩阵和向量的表达式不难推广到三维等参单元情形，这里就不一一给出了。只是对于大变形分析中的板壳类结构单元仍需作一定的讨论。

### 2. 板壳元

板壳类单元在大变形分析中有着广泛的应用，例如薄壁结构的大挠度、屈曲问题采用板壳类单元是合理的选择。应指出的是，在大挠度、屈曲问题中，由于结构的中面通常都要经受变形，所以应采用壳元进行离散。

从第 11 章的讨论中，已知在有限元分析中有两类壳元。一类是基于壳体理论的壳元，它们以中面的位移和转动作为场变量，通过壳体理论的几何方程和物理方程，得到壳体中面的广义应变和广义应力，最后利用在中面上积分的壳体能量方程，得到有限元的求解方程。由于壳体的几何方程和物理方程依赖于不同应用条件下的壳体理论中所作的简化和假设。也就是说，它们在不同的壳体理论中是有所不同的，这与有限元分析的通用性不太协调，因而不便于应用。所以从实际需要的通用性出发，现在人们更多的是采用从三维实体元蜕化而来的壳元。

(1) 超参壳元

用于线弹性分析的超参壳元已在 11.5 节中进行了比较详细的讨论。虽然它也是以中面结点的位移和转动作为结点参数，但不涉及具体的壳体理论，因而具有广泛的通用性。三维超参壳元内的位移场表达式如(11.5.7)式所示，即

$$\begin{Bmatrix} u \\ v \\ w \end{Bmatrix} = \sum_{i=1}^{n} N_i(\xi,\eta) \begin{Bmatrix} u_i \\ v_i \\ w_i \end{Bmatrix}_{\text{中面}} + \sum_{i=1}^{n} N_i(\xi,\eta)\zeta \frac{t_i}{2} \begin{bmatrix} l_{1i} & -l_{2i} \\ m_{1i} & -m_{2i} \\ n_{1i} & -n_{2i} \end{bmatrix} \begin{Bmatrix} \alpha_i \\ \beta_i \end{Bmatrix} \tag{11.5.7}$$

式中各个符号的定义已在 11.5.2 小节中给出，这里不再重复。需要指出的是上式成立的条件是 $\alpha_i$，$\beta_i$ 应是小量，也就是上式是以中面法线的小转动为条件，因为在导出上式时，采用了以下的近似关系式，即

$$\cos\alpha_i \approx 1 \qquad \cos\beta_i \approx 1 \qquad \sin\alpha_i \approx \alpha_i \qquad \sin\beta_i \approx \beta_i$$

在大变形分析中，应该允许中面法线有较大的转动。为使(11.5.7)式所示的位移表达式仍保持有效，应采用 U. L. 格式。每个增量步结束后更新参考位形，即重新确定单元结点的坐标和结点的中面法线方向$\boldsymbol{\nu}_{3i}$及与之垂直的两个向量$\boldsymbol{\nu}_{1i}$和$\boldsymbol{\nu}_{2i}$。同时限制载荷增量的步长，以使法线绕$\boldsymbol{\nu}_{1i}$和$\boldsymbol{\nu}_{2i}$的转动 $\beta_i$ 和 $\alpha_i$ 的增量，即 $\Delta\alpha_i$ 和 $\Delta\beta_i$ 足够小。这样就仍可采用(11.5.7)式的形式来表示单元内的位移增量，即有

$$\begin{Bmatrix} \Delta u \\ \Delta v \\ \Delta w \end{Bmatrix} = \sum_{i=1}^{n} N_i(\xi,\eta) \begin{Bmatrix} \Delta u_i \\ \Delta v_i \\ \Delta w_i \end{Bmatrix}_{\text{中面}} + \sum_{i=1}^{n} N_i(\xi,\eta)\zeta \frac{t_i}{2} \begin{bmatrix} {}^t l_{1i} & -{}^t l_{2i} \\ {}^t m_{1i} & -{}^t m_{2i} \\ {}^t n_{1i} & -{}^t n_{2i} \end{bmatrix} \begin{Bmatrix} \Delta\alpha_i \\ \Delta\beta_i \end{Bmatrix} \tag{16.4.28}$$

式中的结点坐标和${}^t\boldsymbol{\nu}_{1i}({}^t l_{1i} \quad {}^t m_{1i} \quad {}^t n_{1i})$及${}^t\boldsymbol{\nu}_{2i}({}^t l_{2i} \quad {}^t m_{2i} \quad {}^t n_{2i})$是在前一增量步结束时的位形中定义的。为使此种单元能用于每一增量步内允许 $\Delta\alpha_i$ 和 $\Delta\beta_i$ 较大的情况，可在上式中引入 $\Delta\alpha_i$ 和 $\Delta\beta_i$ 的两次项。这样一来，上式改写为[A2]

$$\begin{Bmatrix}\Delta u\\ \Delta v\\ \Delta w\end{Bmatrix}=\sum_{i=1}^{n}N_i(\xi,\eta)\begin{Bmatrix}\Delta u_i\\ \Delta v_i\\ \Delta w_i\end{Bmatrix}_{\text{中面}}+\sum_{i=1}^{n}N_i(\xi,\eta)\zeta\frac{t_i}{2}\left[\begin{bmatrix}{}^tl_{1i} & -{}^tl_{2i}\\ {}^tm_{1i} & -{}^tm_{2i}\\ {}^tn_{1i} & -{}^tn_{2i}\end{bmatrix}\begin{pmatrix}\Delta\alpha_i\\ \Delta\beta_i\end{pmatrix}-\frac{1}{2}(\Delta\alpha_i^2+\Delta\beta_i^2)\begin{bmatrix}{}^tl_{3i}\\ {}^tm_{3i}\\ {}^tn_{3i}\end{bmatrix}\right] \tag{16.4.29}$$

使超参元的位移场表达式摆脱小转动限制的另一种方案是采用以下表达式[2]

$$\begin{Bmatrix}u\\ v\\ w\end{Bmatrix}=\sum_{i=1}^{n}N_i(\xi,\eta)\begin{Bmatrix}u_i\\ v_i\\ w_i\end{Bmatrix}_{\text{中面}}+\sum_{i=1}^{n}N_i(\xi,\eta)\frac{\zeta t_i}{2}\boldsymbol{F}_i \tag{16.4.30}$$

其中 $\boldsymbol{F}_i$ 是 $\alpha_i,\beta_i$ 的三角函数，由于 $\alpha_i$ 和 $\beta_i$ 的次序不能互换，则对此非线性函数 $\boldsymbol{F}_i$，应区别下述两种情况：

情况 $A$：按 $\alpha_i\rightarrow\beta_i$ 次序转动

$$\boldsymbol{F}_i=\boldsymbol{F}_i^A=\sin\alpha_i\cos\beta_i\boldsymbol{v}_{1i}-\sin\beta_i\boldsymbol{v}_{2i}+(\cos\alpha_i\cos\beta_i-1)\boldsymbol{v}_{3i} \tag{16.4.31}$$

情况 $B$：按 $\beta_i\rightarrow\alpha_i$ 次序转动

$$\boldsymbol{F}_i=\boldsymbol{F}_i^B=\sin\alpha_i\boldsymbol{v}_{1i}-\cos\alpha_i\sin\beta_i\boldsymbol{v}_{2i}+(\cos\alpha_i\cos\beta_i-1)\boldsymbol{v}_{3i} \tag{16.4.32}$$

由于 $\alpha_i$ 和 $\beta_i$ 的次序不能互换，可能造成实际分析上的困难，因此引入第三种情况，即情况 $C$：这时

$$\boldsymbol{F}_i=\boldsymbol{F}_i^C=\frac{1}{2}(\boldsymbol{F}_i^A+\boldsymbol{F}_i^B) \tag{16.4.33}$$

实际计算表明，采用 $\boldsymbol{F}_i=\boldsymbol{F}_i^C$ 的方案，对于各种不同的结构和受力情况均能取得好的结果。而如采用 $\boldsymbol{F}_i=\boldsymbol{F}_i^A$ 或 $\boldsymbol{F}_i=\boldsymbol{F}_i^B$，则可能在某些特定情况，不能得到收敛的结果。

虽然位移表达式采用(16.4.29)或(16.4.30)式，可以用于大转动情况，但由于位移表达式是非线性的，使得整个分析的表达格式相当复杂，因而不太便于应用。

(2) 相对自由度壳元

鉴于超参壳元的结点参数中包含中面法线的转动，无论采用 U. L. 格式还是 T. L. 格式，都带来不便。因此采用 11.6 节讨论过的相对自由度壳元无疑是一种有实际意义的替代方案。因为它本质上仍是三维等参实体元，但未引入转动自由度，因此就不受转动大小的限制。实际的计算结果证实了这种单元在壳体结构大位移大转动分析中的有效性，详细可参见第 11 章文献[4]。

### 16.4.3 方程解法

1. 静力分析

基于线性化处理后的虚位移原理(16.3.24)式(T. L. 格式)或(16.3.25)式(U. L. 格

式)建立的有限元矩阵方程(16.4.3)或(16.4.11)式仅是对于每一时间步长应求解的非线性方程(16.3.14)或(16.3.21)式的近似。由于系统的非线性性质,线性化处理带来的误差可能会导致解的漂移或不稳定。因此前一章中所采用的 Newton-Raphson 迭代或修正 Newton-Raphson 迭代对于求解(16.4.3)和(16.4.11)式也将是必要的。如果采用修正 Newton-Raphson 迭代,则

在 T.L. 格式中,迭代按下式进行,即

$$({}_0^t\boldsymbol{K}_L + {}_0^t\boldsymbol{K}_{NL})\Delta\boldsymbol{u}^{(l)} = {}^{t+\Delta t}\boldsymbol{Q} - {}_0^{t+\Delta t}\boldsymbol{F}^{(l)} \quad (l = 0,1,2,\cdots) \tag{16.4.34}$$

其中

$${}^{t+\Delta t}\boldsymbol{u}^{(l+1)} = {}^{t+\Delta t}\boldsymbol{u}^{(l)} + \Delta\boldsymbol{u}^{(l)}$$

应当指出,对于 $l=0$,上式相当于(16.4.3)式,即

$$\Delta\boldsymbol{u}^{(0)} = \boldsymbol{u} \qquad {}^{t+\Delta t}\boldsymbol{u}^{(0)} = {}^t\boldsymbol{u} \qquad {}^{t+\Delta t}\boldsymbol{F}^{(0)} = {}_0^t\boldsymbol{F}$$

等效于单元应力的结点力向量 ${}_0^{t+\Delta t}\boldsymbol{F}^{(l)}$ 是由 $\int_{{}^0V} {}_0^{t+\Delta t}S_{ij}^{(l)}\ \delta\ {}_0^{t+\Delta t}\varepsilon_{ij}^{(l)}\ {}^0\mathrm{d}V$ 计算得到,上标 $(l)$ 表示应力和应变是按 ${}^{t+\Delta t}\boldsymbol{u}^{(l)}$ 计算的。因为

$$\delta\ {}_0^{t+\Delta t}\varepsilon_{ij} = \frac{1}{2}(\delta_0 u_{i,j} + \delta_0 u_{j,i} + {}_0^{t+\Delta t}u_{k,i}\,\delta_0 u_{k,j} + {}_0^{t+\Delta t}u_{k,j}\,\delta_0 u_{k,i})$$

所以

$${}_0^{t+\Delta t}\boldsymbol{F}^{(l)} = \int_{{}^0V} {}_0^{t+\Delta t}\boldsymbol{B}_L^{(l)\mathrm{T}}\ {}_0^{t+\Delta t}\hat{\boldsymbol{S}}^{(l)}\ {}^0\mathrm{d}V \tag{16.4.35}$$

其中 ${}_0^{t+\Delta t}\boldsymbol{B}_L^{(l)}$ 和 ${}_0^{t+\Delta t}\hat{\boldsymbol{S}}^{(l)}$ 对于二维单元分别相应于(16.4.18)和(16.4.22)式中的 ${}_0^t\boldsymbol{B}_L$ 和 ${}_0^t\hat{\boldsymbol{S}}$,但是它们是按 ${}^{t+\Delta t}\boldsymbol{u}^{(l)}$ 计算得到的。

在 U.L. 格式中,迭代按下式进行,即

$$({}_t^t\boldsymbol{K}_L + {}_t^t\boldsymbol{K}_{NL})\Delta\boldsymbol{u}^{(l)} = {}^{t+\Delta t}\boldsymbol{Q} - {}_{t+\Delta t}^{t+\Delta t}\boldsymbol{F}^{(l)} \quad (l = 0,1,2,\cdots) \tag{16.4.36}$$

其中 ${}_{t+\Delta t}^{t+\Delta t}\boldsymbol{F}^{(l)}$ 是由 $\int_{{}^{t+\Delta t}V^{(l)}} {}^{t+\Delta t}\tau_{ij}^{(l)}\ \delta_{t+\Delta t}e_{ij}^{(l)}\ {}^{t+\Delta t}\mathrm{d}V^{(l)}$ 计算得到,即

$${}_{t+\Delta t}^{t+\Delta t}\boldsymbol{F}^{(l)} = \int_{{}^{t+\Delta t}V^{(l)}} {}_{t+\Delta t}^{t+\Delta t}\boldsymbol{B}_L^{(l)\mathrm{T}}\ {}^{t+\Delta t}\hat{\boldsymbol{\tau}}^{(l)}\ {}^{t+\Delta t}\mathrm{d}V^{(l)} \tag{16.4.37}$$

其中 ${}_{t+\Delta t}^{t+\Delta t}\boldsymbol{B}_L^{(l)}$ 和 ${}^{t+\Delta t}\hat{\boldsymbol{\tau}}^{(l)}$ 分别相应于(16.4.25)和(16.4.27)式的 ${}_t^t\boldsymbol{B}_L$ 和 ${}^t\hat{\boldsymbol{\tau}}$。但是它们是按 ${}^{t+\Delta t}\boldsymbol{u}^{(l)}$ 计算得到的。

### 2. 动力分析

对于忽略阻尼影响的动力分析,T.L. 格式和 U.L. 格式的求解方程已在(16.4.15)和(16.4.16)式中给出。原则上说,线性动力分析问题的求解方法都可以用于现在的情况。但由于现在求解方程中刚度矩阵依赖于变形状态,因此带来了区别于线性动力分析的一些特点,现在此给予简要的讨论。

(1) 显式时间积分

应用中心差分法求解线性动力分析问题,由于方程建立于时间 $t$,所以刚度矩阵 $\boldsymbol{K}$ 仅

出现在时间递推公式(13.3.4)式的右端。用于现在的情况，T. L. 格式和 U. L. 格式的中心差分法的递推公式可分别表示如下：

T. L. 格式

$$\frac{1}{\Delta t^2}\boldsymbol{M}\,{}^{t+\Delta t}\boldsymbol{u} = {}^{t}\boldsymbol{Q} - {}^{t}_{0}\boldsymbol{F} + \frac{\boldsymbol{M}}{\Delta t^2}(2\,{}^{t}\boldsymbol{u} - {}^{t-\Delta t}\boldsymbol{u}) \tag{16.4.38}$$

U. L. 格式

$$\frac{1}{\Delta t^2}\boldsymbol{M}\,{}^{t+\Delta t}\boldsymbol{u} = {}^{t}\boldsymbol{Q} - {}^{t}_{t}\boldsymbol{F} + \frac{\boldsymbol{M}}{\Delta t^2}(2\,{}^{t}\boldsymbol{u} - {}^{t-\Delta t}\boldsymbol{u}) \tag{16.4.39}$$

以上两式中${}^{t}_{0}\boldsymbol{F}$和${}^{t}_{t}\boldsymbol{F}$是$t$时刻的内力向量，可以根据$t$时刻的状态量${}^{t}\boldsymbol{u}$等按(16.4.6)和(16.4.14)式分别算出。用显式时间积分方法求解非线性动力问题的优点是每一增量中不需要重新形成和分解非线性刚度矩阵，同时也不需要进行迭代。应注意的是由于每一增量步中，系统的刚度是变化的，因此用以确定中心差分法临界时间步长$\Delta t_{cr}$的系统最小特征周期$T_n$也是变化的。不过通常情况下，按弹性刚度矩阵计算得到的$T_n$偏小。所以由它确定的$\Delta t_{cr}$用于全求解过程可以偏于安全。

(2) 隐式时间积分

应用 Newmark 方法求解线性动力分析问题的递推公式已在(13.3.16)式给出。用于现在的情况，由于出现在方程左端的刚度矩阵是非线性的，需要迭代求解。当采用 mN-R 迭代法时，Newmark 方法的递推公式可以表示如下：

T. L. 格式

$$\left({}^{t}_{0}\boldsymbol{K}_L + {}^{t}_{0}\boldsymbol{K}_{NL} + \frac{1}{\alpha\Delta t^2}\boldsymbol{M}\right)\Delta\boldsymbol{u}^{(l)} = {}^{t+\Delta t}\boldsymbol{Q} - {}^{t+\Delta t}_{0}\boldsymbol{F}^{(l)} - \boldsymbol{M}\left[\frac{1}{\alpha\Delta t^2}({}^{t+\Delta t}\boldsymbol{u}^{(l)} - {}^{t}\boldsymbol{u}) - \frac{1}{\alpha\Delta t}\,{}^{t}\dot{\boldsymbol{u}} - \left(\frac{1}{2\alpha} - 1\right){}^{t}\ddot{\boldsymbol{u}}\right] \tag{16.4.40}$$

U. L. 格式

$$\left({}^{t}_{t}\boldsymbol{K}_L + {}^{t}_{t}\boldsymbol{K}_{NL} + \frac{1}{\alpha\Delta t^2}\boldsymbol{M}\right)\Delta\boldsymbol{u}^{(l)} = {}^{t+\Delta t}\boldsymbol{Q} - {}^{t+\Delta t}_{t+\Delta t}\boldsymbol{F}^{(l)} - \boldsymbol{M}\left[\frac{1}{\alpha\Delta t^2}({}^{t+\Delta t}\boldsymbol{u}^{(l)} - {}^{t}\boldsymbol{u}) - \frac{1}{\alpha\Delta t}\,{}^{t}\dot{\boldsymbol{u}} - \left(\frac{1}{2\alpha} - 1\right){}^{t}\ddot{\boldsymbol{u}}\right] \tag{16.4.41}$$

以上两式中${}^{t+\Delta t}_{0}\boldsymbol{F}^{(l)}$和${}^{t+\Delta t}_{t}\boldsymbol{F}^{(l)}$分别如(16.4.35)和(16.4.37)式所示。隐式时间积分的每一增步步中需要进行迭代，直至满足收敛准则。同时每一增量步(mN-R 迭代法)或每次迭代(N-R 迭代法)需要重新形成和分解刚度矩阵。这是区别于显式时间积分方法的。

(3) 振型叠加法

由于非线性系统中，刚度矩阵是依赖于变形的，因此系统的固有振型也是依赖于变形的。为将振型叠加法用于非线性分析，原则上应根据每一个增量步起点的刚度矩阵和质量矩阵，即${}^{t}\boldsymbol{K}$和${}^{t}\boldsymbol{M}$(通常可认为$\boldsymbol{M}$不依赖于变形)求出适用于此增量步的固有振型，然后对此增量步用振型叠加法求解。显然，这将显著增加了计算工作量，可能完全抵消了振型叠加法用于线性分析情况时带来的好处。所以对于非线性动力分析，只是在要求进行动力分析的持续时间较短，且动力响应中包含的振型相当少的情况，考虑采用振型叠加法才是适宜的。

### 16.4.4　平衡路径的追踪和载荷步长的选择

和材料非线性问题相比，几何非线性问题有更为复杂多样的载荷-位移的平衡路径。图 16.4 所示是形状和边界条件对称的扁壳（拱）类结构受对称压力时的一般特性表现。图中的 $B$ 点、$C$ 点和 $F$ 点称为载荷控制的极值点，其中 $B$ 点和 $F$ 点是不稳定的极值点。当载荷到达 $B$ 点后若继续增加，位移将疾速地突然跳跃到 $D$ 点。这种现象称为“疾速跳过”(snap-through)或位移跳跃。这是扁壳（拱）受压时的典型表现。在扁壳（拱）受压的试验中，当压力增加到一定的临界值（$B$ 点）时，扁壳（拱）将失去稳定，接着发生曲率反向过屈曲现象（中心点的垂直位移 $v$ 从 $B$ 点突变到 $D$ 点），然后随着载荷的增加，位移沿 $D \sim E$ 曲线继续增加。图中的 $G$ 点和 $H$ 点称为位移控制的极值点。这意味着如果利用位移控制的方法，使载荷-位移曲线越过 $F$ 点，则到达 $G$ 点以后载荷将疾速下降到 $I$ 点。这种现象也称为“疾速跳过”，或称为载荷跌落。它表明位移增加至其极值点 $G$ 点，载荷将疾速跌落到 $I$ 点，然后载荷-位移曲线沿 $I$-$J$ 路径发展。

在几何非线性分析中，虽然通常只需得到对应于 $B$ 点或 $F$ 点的临界载荷。但是如果能追踪完整的载荷-位移路径 $ABCDEFGHI$，将可以预测试验中的位移跳跃或载荷跌落等的“疾速跳过”现象，显然这有着重要的理论和实际意义。

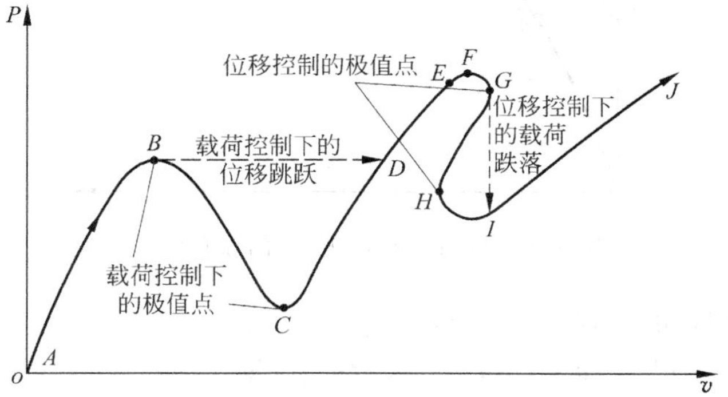


图 16.4　几何非线性问题载荷-位移路径的一般特性

面对几何非线性问题载荷-位移路径的复杂性，在 15.5.2 小节所讨论的载荷增量步长自动选择的方法，仍不能胜任追踪全路径的任务。虽然在规定“本步刚度参数”变化量以控制载荷增量的方法中，提出了用在增量步中不进行迭代的方法以绕过载荷控制极限点(因为该点刚度阵奇异,无法进行迭代),但将带来较大的误差。至于规定某个结点的位移增量以确定载荷增量的方法,虽然比较适合于计算极值载荷和由载荷控制的位移跳跃现象。但是对于由位移控制的载荷跌落现象,此法仍不能应用。为此在本章再介绍一种近十多年来被广泛研究和应用的方法:广义弧长法。现介绍其中一种较一般的形式。

此法所涉及符号及表达式和15.5.2小节“规定某个结点的位移增量以确定载荷增量”的方法基本上相同,只是控制载荷因子增量的约束条件是用下式代替前一方法中的(15.5.30)式,即

$$\alpha[({}^{t+\Delta t}p^{(n)}-{}^{t}p)+\Delta p^{(n)}]^2+[({}^{t+\Delta t}\boldsymbol{a}^{(n)}-{}^{t}\boldsymbol{a})+\Delta\boldsymbol{a}^{(n)}]^{\mathrm{T}}[({}^{t+\Delta t}\boldsymbol{a}^{(n)}-{}^{t}\boldsymbol{a})+\Delta\boldsymbol{a}^{(n)}]=(\Delta l)^2 \tag{16.4.42}$$

式中$\Delta l$是弧长,$\alpha$是比例因子,由它调节载荷增量和位移增量在弧长$\Delta l$中的作用,它对弧长法的总体性能有很大的影响。现推荐下述3种情况。

(1) $\alpha=1$,这时(16.4.42)式表示为

$$\{({}^{t+\Delta t}p^{(n)}-{}^{t}p)+\Delta p^{(n)}\}^2+[({}^{t+\Delta t}\boldsymbol{a}^{(n)}-{}^{t}\boldsymbol{a})+\Delta\boldsymbol{a}^{(n)}]^{\mathrm{T}}[({}^{t+\Delta t}\boldsymbol{a}^{(n)}-{}^{t}\boldsymbol{a})+\Delta\boldsymbol{a}^{(n)}]=(\Delta l)^2 \tag{16.4.43}$$

这就是Crisfield提出的球面弧长法[3],在$\Delta\boldsymbol{a}\sim p$自由度系统中上式代表广义的球面方程。对于单自由度系统,在用mN-R迭代求解时的示意如图16.5所示。

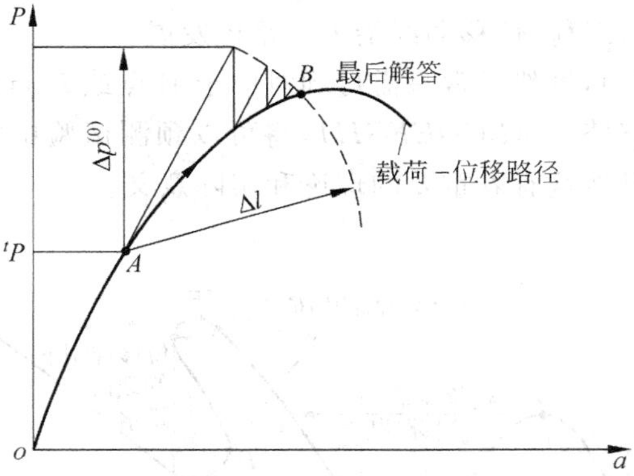


图16.5　和mN-R法相结合的球面弧长法

(2) $\alpha=0$,这时(16.4.42)式表示为

$$[({}^{t+\Delta t}\boldsymbol{a}^{(n)}-{}^{t}\boldsymbol{a})+\Delta\boldsymbol{a}^{(n)}]^{\mathrm{T}}[({}^{t+\Delta t}\boldsymbol{a}^{(n)}-{}^{t}\boldsymbol{a})+\Delta\boldsymbol{a}^{(n)}]=(\Delta l)^2 \tag{16.4.44}$$

这也是Crisfield提出的[4]。因为在$\Delta\boldsymbol{a}\sim p$自由度系统中上式代表广义的圆柱面的方程,所以此法又称柱面弧长法。

(3) $\alpha=S_p$,式中$S_p$是(15.5.20)式表示的Bergan的本步刚度参数。由于$S_p$在求解过程中是变化的,因此现在的弧长法将随结构刚度的变化,而可能趋近于球面弧长法或柱面弧长法。它又称为椭圆弧长法。

将(15.5.33)式表示的 $\Delta \boldsymbol{a}^{(n)}$，即

$$\Delta \boldsymbol{a}^{(n)} = \Delta \boldsymbol{a}_u^{(n)} + \Delta p^{(n)} \boldsymbol{a}_0$$

代入(16.4.42)式，可以得到求解 $\Delta p^{(n)}$ 的二次方程。解之，如出现虚根，则 $\Delta l$ 减半重新进行本增量步的计算。如得到两个实根，则应取使

$$\delta = [{}^{t+\Delta t}\boldsymbol{a}^{(n)} - {}^{t}\boldsymbol{a}]^{\mathrm{T}}[{}^{t+\Delta t}\boldsymbol{a}^{(n)} - {}^{t}\boldsymbol{a} + \Delta \boldsymbol{a}_u^{(n)} + \Delta p^{(n)} \boldsymbol{a}_0] \tag{16.4.45}$$

较大的 $\Delta p^{(n)}$。目的使本次迭代后的位移增量的方向和前一次迭代的结果尽量接近些，以保证解的可靠性。很多研究工作表明，虽然对于不同的结构和载荷情况，很难说以上 $\alpha$ 不同取值的 3 种情况中哪种方法具有绝对的优势，但是 $\alpha=0$ 的柱面弧长法具有较好的普遍适应性。

关于广义弧长法中每个增量步中 $\Delta l$ 的规定以及具体计算步骤，与 15.5.2 小节中的"规定某个结点的位移增量以确定载荷增量"的方法相类似，这里不再重复。需要指出的是，在应用广义弧长法时，如果对于某个给定的 $\Delta l$，在规定的迭代次数内迭代不收敛，可以取 $\frac{1}{2}\Delta l$ 作为新的 $\Delta l$ 重新开始迭代求解。

最后还应指出两点：

① 广义弧长法中，(16.4.42)式的左端各位移项 ${}^{t+\Delta t}\boldsymbol{a}^{(n)}$，${}^{t}\boldsymbol{a}$ 和 $\Delta \boldsymbol{a}^{(n)}$ 已经无量纲化处理，以保证与无量纲的载荷系数 ${}^{t+\Delta t}p^{(n)}$，${}^{t}p$ 和 $\Delta p^{(n)}$ 相协调。即原来的各位移项已被除以 $|\boldsymbol{a}_0| = (\boldsymbol{a}_0^{\mathrm{T}} \boldsymbol{a})^{1/2}$，其中的 $\boldsymbol{a}_0$ 是以 $\boldsymbol{Q}_0$ 作为初始载荷向量求解得到的位移向量。

② 图 16.4 所示的载荷-位移路径是仅包含极值型临界点的连续变化曲线。实际结构的载荷-位移路径常常还包含着分叉型的临界点。这涉及分叉临界点的寻找和分叉路径的处理问题。这将在 16.6 节结构稳定性和屈曲问题中进行讨论。

## 16.4.5 依赖于变形的载荷[1]

到现在为止，都是假设载荷是不依赖于物体的变形状态的。因此在实际计算中，每一时间分步的外载荷可以在增量分析开始之前就已经计算出来并储存于硬盘中。但是在结构产生大位移或大变形的情况下，有时需要考虑外加载荷是依赖于变形状态的"跟随载荷"。在这种载荷形式中，最常见的是压力载荷。相应于此种情况，时间 $t+\Delta t$ 位形的微面积 ${}^{t+\Delta t}\mathrm{d}S$ 上的载荷可以表示为

$$\mathrm{d}T_k = -{}^{t+\Delta t}p \; {}^{t+\Delta t}\nu_k \; {}^{t+\Delta t}\mathrm{d}S \tag{16.4.46}$$

其中，${}^{t+\Delta t}p$ 是时间 $t+\Delta t$ 位形的表面压力，${}^{t+\Delta t}\nu_k$ 是时间 $t+\Delta t$ 位形的外法线向量 $\boldsymbol{\nu}$ 的 $k$ 分量。

利用(16.2.28)式所示的转换关系，在 T. L. 格式中，载荷可表示为

$${}^{t+\Delta t}_{\ \ 0}t_k \; {}^{0}\mathrm{d}S = -\frac{{}^{0}\rho}{{}^{t+\Delta t}\rho} \; {}^{t+\Delta t}p \; {}_{t+\Delta t}^{\ \ 0}x_{i,k} \; {}^{0}\nu_i \; {}^{0}\mathrm{d}S \tag{16.4.47}$$

在 U. L. 格式中，载荷则可表示为

$$ {}^{t+\Delta t}_{\ \ t}t_k\ {}^t\mathrm{d}S = -\frac{{}^t\rho}{{}^{t+\Delta t}\rho}\ {}^{t+\Delta t}p\ {}_{t+\Delta t}^{\ \ \ t}x_{i,k}\ {}^t\nu_i\ {}^t\mathrm{d}S \tag{16.4.48}$$

需要指出，以上两式中都包含着${}^{t+\Delta t}\rho$和对$t+\Delta t$位形的坐标${}^{t+\Delta t}x_i$的导数，而${}^{t+\Delta t}\rho$和${}^{t+\Delta t}x_i$本身都是待求的未知量。因此实际计算中只能对它们采用平衡迭代，即在每次迭代中，将(16.4.47)和(16.4.48)式所表示的载荷项分别改写为

$$ -\frac{{}^0\rho}{{}^{t+\Delta t}\rho^{(l)}}\ {}^{t+\Delta t}p\ \frac{\partial\ {}^0x_i}{\partial\ {}^{t+\Delta t}x_k^{(l)}}\ {}^0\nu_i\ {}^0\mathrm{d}S \quad (\text{对于 T. L. 格式}) \tag{16.4.49}$$

和

$$ -{}^{t+\Delta t}p\ {}^{t+\Delta t}\nu_k^{(l)}\ {}^{t+\Delta t}\mathrm{d}S^{(l)} \quad (\text{对于 U. L. 格式}) \tag{16.4.50}$$

其中右上标$(l)$表示迭代的位形。虽然这两种格式的近似性是相同的，但考虑到在 U. L. 格式中，每一时间步长的迭代过程中本来就需要重新计算${}^{t+\Delta t}\nu_k^{(l)}$和${}^{t+\Delta t}\mathrm{d}S^{(l)}$，因此计算依赖于变形的面积载荷不至于增加太多的工作量。所以对于载荷依赖于变形的情形，采用 U. L. 格式通常更为有效。

## 16.5 大变形条件下的本构关系

上节导出的增量有限元求解方程(16.4.3)式(T. L. 格式)和(16.4.11)式(U. L. 格式)原则上可以用于任何一种类型的材料本构模型。当运用这些方程于具体问题时，首先需要确定用以联系应力和应变的材料本构张量${}_0D_{ijrs}$或${}_tD_{ijrs}$。正如在前一章的讨论中所见，在包含材料非线性的有限元分析中，在每一增量步的每次迭代前，需要计算出每一积分点本构张量的数值，以形成刚度矩阵。在从求解方程解得位移增量以后，需要根据应变增量，再利用本构张量计算出应力增量以及应力矩阵和应力向量，为转入下一增量或迭代做好准备。问题是在大变形情况下，本构关系的建立比单纯材料非线性情况需要给予更多的注意。

我们知道，在等温或绝热条件下的小变形线弹性情况，应力应变关系可以用以下 3 种等效的方法进行描述[6]。

① $\sigma_{ij}=D_{ijkl}\varepsilon_{kl}$ (16.5.1)

② $\sigma_{ij}=\dfrac{\partial W}{\partial\varepsilon_{ij}} \qquad W=\dfrac{1}{2}D_{ijkl}\,\varepsilon_{ij}\,\varepsilon_{kl}$ (16.5.2)

③ $\dfrac{\partial\sigma_{ij}}{\partial t}=D_{ijkl}\dfrac{\partial\varepsilon_{kl}}{\partial t}$ (16.5.3)

其中，$\varepsilon_{kl}$是工程(无穷小)应变，即$\varepsilon_{kl}=\dfrac{1}{2}(u_{k,l}+u_{l,k})$；$W$是应变能密度函数；本构张量$D_{ijkl}$是常数张量，它可以依赖于温度，但独立于应力或应变，对于各向同性的线弹性材料，则有

$$D_{ijkl} = 2G\left(\delta_{ik}\delta_{jl} + \frac{\nu}{1-2\nu}\delta_{ij}\delta_{kl}\right)$$

数学上将以上描述推广到小变形线弹性以外的情况，但仍保持“弹性”的概念，可以得到 3 种不再等效，实际上是 3 种具有不同程度普遍性的本构关系。连续介质力学中将它们分别称为弹性(elasticity)，超弹性(hyperelasticity)和拟弹性(hypoelasticity)。现结合实际结构变形，材料性质以及有限元分析的特点，对它们进行具体的讨论。

首先应该指出：在实际的分析中，从结构变形特点考虑，可以将大变形问题进一步区分为两类问题，即大位移、大转动、小应变问题和大位移、大转动、大应变问题。前者例如薄壁板壳结构的大挠度和后屈曲问题。其特点是尽管位移和截面的转动相当大，但应变很小，甚至还保持在材料的弹性应变范围之内。后一类问题区别于前者的特点是应变很大(以后简称这类问题为大应变问题)，例如金属的成型，橡胶型材料的受力等都属于这类问题(尽管橡胶型材料仍保持为弹性)。从材料特点考虑，实际问题又可以区分为弹性问题和非弹性问题。前者的应力和应变之间有一一对应的关系，而且不依赖于变形的历史。前一章讨论的包括卸载阶段的材料弹塑性变形和蠕变变形即是非弹性问题最经常遇到的两种具体情况。当对大变形情况下的结构变形和材料性质的不同特点了解了以后，就可以比较方便地具体建立适合不同条件下进行实际分析的本构关系。

## 16.5.1　大位移、大转动、小应变情况

前面的讨论指出，Kirchhoff 应力张量${}_0^tS_{ij}$和 Green 应变张量${}_0^t\varepsilon_{ij}$是不随材料微元的刚体转动而变化的客观张量。在小应变情况下，它们的数值就等于工程应力 $\sigma_{ij}$ 和工程应变 $\varepsilon_{ij}$。因此可以方便地利用它们来建立现在情况下的本构关系。而且可以进一步将以前各章中已建立的弹性本构关系和非弹性本构关系直接用于现在的情况，只需将其中的 $\sigma_{ij}$ 和 $\varepsilon_{ij}$ 用现在的${}_0^tS_{ij}$和${}_0^t\varepsilon_{ij}$代替即可。

1. 弹性

$${}_0^tS_{ij} = {}_t^0D_{ijkl}\ {}_0^t\varepsilon_{ij} \tag{16.5.4}$$

其中的${}_0^tD_{ijkl}$是弹性本构张量。和以前各章中已熟知的 $D_{ijkl}^e$ 相同，它包含的弹性常数仍是小变形条件下通过试验确定的 $E,\nu$ 等。由于现在的分析中，通常采用如(16.3.22)和(16.3.23)式所示的增量形式，此时需要利用切线本构张量。因为${}_0^tD_{ijkl}$是常数张量，所以有

$${}_0D_{ijkl} = {}_0^tD_{ijkl} = D_{ijkl}^e \tag{16.5.5}$$

2. 非弹性

为适应非弹性分析的一般情况，通常采用增量型的本构关系，即

$$\mathrm{d}\,{}_0^tS_{ij} = {}_0D_{ijkl}\ \mathrm{d}\,{}_0^t\varepsilon_{kl} \tag{16.5.6}$$

其中，$\mathrm{d}_0^tS_{ij}$ 和 $\mathrm{d}_0^t\varepsilon_{kl}$ 分别是 Kirchhoff 应力张量和 Green 应变张量的微分，${}_0D_{ijkl}$ 是时间 $t$ 位形的、并参考于时间 0 位形的切线本构张量，它是 Kirchhoff 应力张量和 Green 应变张量的函数。对于弹塑性变形情况 ${}_0D_{ijkl}$ 和前一章讨论的单纯材料非线性情况在形式上完全相同，只是用 ${}_0^tS_{ij}$ 和 ${}_0^t\varepsilon_{ij}$ 代替了其中的工程应力和工程应变。以各向同性硬化材料为例，它可以表示为

$$
{}_0D_{ijkl} = D_{ijkl}^e - {}_0D_{ijkl}^p \tag{16.5.7}
$$

其中

$$
D_{ijkl}^e = 2G\left(\delta_{ik}\,\delta_{jl} + \frac{\nu}{1-2\nu}\delta_{ij}\,\delta_{kl}\right)
$$

$$
{}_0D_{ijkl}^p = \begin{cases} \dfrac{{}_0^tS_{ij}'\ {}_0^tS_{kl}'}{(1/9)(\sigma_s^2/G)(3G+E_p)} & (\text{弹塑性加载}) \\ 0 & (\text{弹性加载或卸载}) \end{cases}
$$

上式中，${}_0^tS_{ij}'$ 是时间 $t$ 的 Kirchhoff 应力的偏斜张量，塑性模量 $E_p$ 是从材料单向受力试验得到的工程应力-应变曲线得到的。

和上述本构关系相应的屈服(加载)函数和流动法则也应表示成 Kirchhoff 应力张量和 Green 应变张量的函数，即

$$
{}^tF({}_0^tS_{ij}, {}^tk) = \frac{1}{2}\,{}_0^tS_{ij}'\ {}_0^tS_{ij}' - \frac{1}{3}\sigma_s^2({}_0^t\bar{\varepsilon}_p) = 0 \tag{16.5.8}
$$

$$
\mathrm{d}\,{}_0^t\varepsilon_{ij}^p = {}^t\mathrm{d}\lambda\,\frac{\partial\,{}^tF}{\partial\,{}_0^tS_{ij}} \tag{16.5.9}
$$

上式中 ${}_0^tS'_{ij}$ 是 ${}_0^tS_{ij}$ 的偏量。并且有

$$
{}_0^t\bar{\varepsilon}_p = \int_0^t \mathrm{d}\,{}_0^t\bar{\varepsilon}_p = \int_0^t\left(\frac{2}{3}\mathrm{d}\,{}_0^t\varepsilon_{ij}^p\ \mathrm{d}\,{}_0^t\varepsilon_{ij}^p\right)^{1/2}
$$

$$
{}^t\mathrm{d}\lambda = \frac{{}_0^tS_{ij}'\ \mathrm{d}\,{}_0^t\varepsilon_{ij}}{(2/9)(\sigma_s^2/G)(3G+E^p)}
$$

$$
{}_0^tS'_{ij} = {}_0^tS_{ij} - \frac{1}{3}\,{}_0^tS_{kk}\delta_{ij}
$$

对于其他硬化情况，可以列出和(16.5.7)～(16.5.9)各式相应的表达式，这里不一一列举。

从以上讨论可见，对于大位移、大转动、小应变情形，本构关系中的 ${}_0^tS_{ij}$ 和 ${}^t\varepsilon_{ij}$ 都是参考于时间 $t=0$ 的位形度量的，因此对于此种情况分析采用 T.L. 格式是一种既自然又合理的选择。也就是将(16.5.7)式所表达的本构张量代入 T.L. 格式经线性化后的虚位移原理(16.3.24)式，再进一步有限元离散，即可形成有限元求解方程(16.4.3)式。

3. 不同参考位形间本构关系的转换

如果在实际分析中，有必要采用 U.L. 格式，这时则应有与之相匹配的 ${}_t^tD_{ijkl}$ 和 ${}_tD_{ijkl}$。

它们可以通过对已知的${}_0^tD_{ijkl}$和${}_0D_{ijkl}$进行坐标转换得到。首先将${}_0^tS_{ij}$和${}^t\tau_{kl}$及${}_0^t\varepsilon_{ij}$和${}_t^t\varepsilon_{kl}$之间的关系式(16.2.30)和(16.2.12)式代入(16.5.4)式，即可得到联系欧拉应力张量${}^t\tau_{ij}$和Almansi应变张量${}_t^t\varepsilon_{kl}$的本构关系式

$$ {}^t\tau_{ij} = {}_t^tD_{ijkl}\ {}_t^t\varepsilon_{kl} \tag{16.5.10}$$

其中

$$ {}_t^tD_{ijkl} = \frac{{}^t\rho}{{}^0\rho}\ {}_0^tx_{i,m}\ {}_0^tx_{j,n}\ {}_0^tD_{mnpq}\ {}_0^tx_{k,p}\ {}_0^tx_{l,q} \tag{16.5.11}$$

反之，如果已知${}_t^tD_{mnpq}$，可以通过以下转换得到${}_0^tD_{ijkl}$

$$ {}_0^tD_{ijkl} = \frac{{}^0\rho}{{}^t\rho}\ {}_t^0x_{i,m}\ {}_t^0x_{j,n}\ {}_t^tD_{mnpq}\ {}_t^0x_{k,p}\ {}_t^0x_{l,q} \tag{16.5.12}$$

为得到 ${}_tD_{ijkl}$，可以根据导出${}_0^tS_{ij}$和${}^t\tau_{kl}$及${}_0^t\varepsilon_{ij}$和${}_t^t\varepsilon_{kl}$之间关系的原理，并利用(16.3.10)，(16.3.18)和(16.3.19)等式，导出以下关系式：

$$ \begin{aligned} {}_0\varepsilon_{ij} &= {}_0^tx_{k,i}\ {}_0^tx_{l,j}\ {}_t\varepsilon_{kl} \\ {}_t\varepsilon_{ij} &= {}_t^0x_{k,i}\ {}_t^0x_{l,j}\ {}_0\varepsilon_{kl} \end{aligned} \tag{16.5.13}$$

和

$$ \begin{aligned} {}_0S_{ij} &= \frac{{}^0\rho}{{}^t\rho}\ {}_t^0x_{i,k}\ {}_t^0x_{j,l}\ {}_tS_{kl} \\ {}_tS_{ij} &= \frac{{}^t\rho}{{}^0\rho}\ {}_0^tx_{i,k}\ {}_0^tx_{j,l}\ {}_0S_{kl} \end{aligned} \tag{16.5.14}$$

从以上各式可见，${}_0\varepsilon_{ij}$和${}_t\varepsilon_{kl}$及${}_0S_{ij}$和${}_tS_{kl}$之间存在着与${}_0^t\varepsilon_{ij}$和${}_t^t\varepsilon_{kl}$及${}_0^tS_{ij}$和${}^t\tau_{ij}$之间完全相同的转换关系，因此${}_0D_{ijkl}$和${}_tD_{mnpq}$之间也存在着与${}_0^tD_{ijkl}$和${}_t^tD_{mnpq}$之间完全相同的转换关系，即

$$ {}_tD_{ijkl} = \frac{{}^t\rho}{{}^0\rho}\ {}_0^tx_{i,m}\ {}_0^tx_{j,n}\ {}_0D_{mnpq}\ {}_0^tx_{k,p}\ {}_0^tx_{l,q} \tag{16.5.15}$$

$$ {}_0D_{ijkl} = \frac{{}^0\rho}{{}^t\rho}\ {}_t^0x_{i,m}\ {}_t^0x_{j,n}\ {}_tD_{mnpq}\ {}_t^0x_{k,p}\ {}_t^0x_{l,q} \tag{16.5.16}$$

需要指出，以上列出的转换关系式，是按大变形一般情况导出的。当用于小应变，由于${}^t\rho/{}^0\rho\approx 1$，以上各式仅反映材料发生刚体转动时引起的变化。如果材料是各向同性的，则本构关系不依赖于方向的变化，这时应有

$$ {}_t^tD_{ijkl} = {}_0^tD_{ijkl} \qquad {}_tD_{ijkl} = {}_0D_{ijkl} \tag{16.5.17}$$

并如果材料是线弹性的，本构关系是常数张量，可以进一步有

$$ {}_t^tD_{ijkl} = {}_0^tD_{ijkl} = {}_0D_{ijkl} = {}_tD_{ijkl} = D_{ijkl} \tag{16.5.18}$$

## 16.5.2　大应变(包含大位移、大转动)情况

1. 弹性

例如橡胶类型材料在受力过程中常常产生很大的弹性变形。对于此类大变形情况，

在连续介质力学中用超弹性来表征这种材料特性。此时假定材料的应变能密度函数为${}_0^tW$，它是 Green 应变张量${}_0^t\varepsilon_{ij}$的非线性函数，通常表示成应变不变量的函数形式。例如，常见的 Mooney-Rivlin 材料的应变能密度函数如下所示

$$ {}_0^tW = C_1({}_0^tI_1 - 3) + C_2({}_0^tI_2 - 3) \quad {}_0^tI_3 = 1 \tag{16.5.19} $$

其中，$C_1$ 和 $C_2$ 是材料常数，${}_0^tI_i(i=1,2,3)$是由 Cauchy-Green 应变张量的分量 $C_{ij}$ 表示的不变量，即

$$ {}_0^tI_1 = {}_0^tC_{kk} \quad {}_0^tI = \frac{1}{2}[({}_0^tI_1)^2 - {}_0^tC_{ij}C_{ij}] \quad {}_0^tI_3 = \det|{}_0^tC_{ij}| \tag{16.5.20} $$

式中

$$ C_{ij} = {}_0^tx_{k,i}\,{}_0^tx_{k,j} $$

${}_0^tI_3=1$ 表示材料是不可压缩的。按照与(16.5.2)式相同的形式，可以从${}^tW$ 导出 Kirchhoff 应力张量${}_0^tS_{ij}$，即

$$ {}_0^tS_{ij} = {}^0\rho\frac{\partial\,{}_0^tW}{\partial\,{}_0^t\varepsilon_{ij}} \tag{16.5.21} $$

为了得到切线本构张量${}_0D_{ijkl}$，可将上式在时间 $t$ 位形附近作 Taylor 展开，并取至一次近似，就可以得到

$$ {}_0S_{ij} = {}^0\rho\frac{\partial^{2\,t}W}{\partial\,{}_0^t\varepsilon_{ij}\;{}_t^0\varepsilon_{kl}}\,{}_0\varepsilon_{kl} \tag{16.5.22} $$

将此式和(16.3.22)式对比，可以得到

$$ {}_0D_{ijkl} = {}^0\rho\frac{\partial^{2\,t}W}{\partial\,{}_0^t\varepsilon_{ij}\,\partial\,{}_0^t\varepsilon_{kl}} \tag{16.5.23} $$

以上讨论的本构关系是建立于 Kirchhoff 应力张量${}_0^tS_{ij}$和 Green 应变张量${}_0^t\varepsilon_{kl}$或它们的增量${}_0S_{ij}$和${}_0\varepsilon_{kl}$之间的。在前面已经知道，在大变形情况下，${}_0^tS_{ij}$和${}_0^t\varepsilon_{kl}$都是不随材料微元刚体转动而变化的客观张量，因此在弹性分析中选用与上述本构关系相匹配的 T. L. 格式是一种自然且合理的选择。

2. 非弹性

前述大位移、大转动、小应变情况，对于非弹性材料例如塑性材料，通常是指累积塑性应变 ${}_0^t\bar{\boldsymbol{\varepsilon}}^p = \int_0^t\left(\frac{2}{3}\mathrm{d}\,{}_0^t\varepsilon_{ij}^p\,\mathrm{d}\,{}_0^t\varepsilon_{ij}^p\right)^{1/2} < 2\%$ 的情况。如果${}_0^t\bar{\boldsymbol{\varepsilon}}^p>2\%$，则应属于大应变情况，在此情况下，${}_0^tS_{ij}$和${}_0^t\varepsilon_{ij}$在数值上不等于工程应力和工程应变，也不便于直接度量，因而不便于用来确定本构关系中的材料常数。在大应变材料单轴试验中便于应用的是由真应力(即欧拉应力=力/现时面积)和真应变(即对数应变=ln(现时长度/原始长度))给出材料的弹塑性规律，如图 16.6 所示。

在前面已经指出，Jaumann 应力速率张量${}^t\dot{\sigma}_{ij}^J$和应变速率张量${}^t\dot{e}_{ij}$在物理上分别代表真应力速率张量和真应变速率张量，所以在大应变情况下，采用联系${}^t\dot{\sigma}_{ij}^J$和${}^t\dot{e}_{ij}$的本构关系是

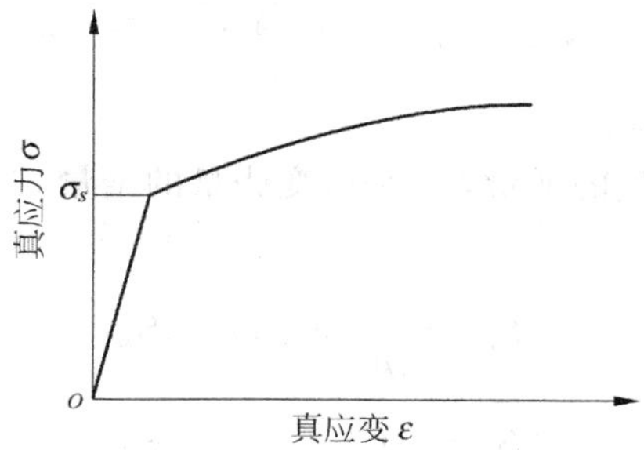


图 16.6　材料真应力-真应变曲线

一种合理的选择。它可以表示为

$$ {}^{t}\dot{\sigma}_{ij}^{J} = {}^{t}D_{ijkl}^{J}\ {}^{t}\dot{e}_{kl} \qquad (16.5.24)$$

和前面小应变情况列出的各式相类似，可以列出大应变情况的各个表达式，只是其中的 ${}_{0}^{t}S_{ij}$ 和 $\mathrm{d}\,{}_{0}^{t}\varepsilon_{ij}$ 被 ${}^{t}\tau_{ij}$ 和 $\mathrm{d}\,{}_{t}e_{ij}$ 所代替。对于各向同性硬化材料，有

$$ {}^{t}D_{ijkl}^{J} = {}^{t}D_{ijkl}^{e} - {}^{t}D_{ijkl}^{p} \qquad (16.5.25)$$

其中

$$ {}^{t}D_{ijkl}^{e} = 2G\left(\delta_{ik}\,\delta_{jl} + \frac{\nu}{1-2\nu}\delta_{ij}\,\delta_{kl}\right)$$

$$ {}^{t}D_{ijkl}^{p} = \begin{cases} \dfrac{{}^{t}\tau_{ij}'\ {}^{t}\tau_{kl}'}{(1/9)(\sigma_s^2/G)(3G+E_p)} & \text{(弹塑性加载)} \\ 0 & \text{(弹性加载或卸载)} \end{cases}$$

$$ {}^{t}F({}^{t}\tau_{ij}, {}^{t}k) = \frac{1}{2}\,{}^{t}\tau_{ij}'\ {}^{t}\tau_{ij}' - \frac{1}{3}\sigma_s^2({}^{t}\bar{e}_p) \qquad (16.5.26)$$

$$ \mathrm{d}\,{}^{t}e_{ij}^{p} = {}^{t}\mathrm{d}\lambda\,\frac{\partial\,{}^{t}F}{\partial\,{}^{t}\tau_{ij}} \qquad (16.5.27)$$

以上式中

$$ {}^{t}\bar{e}_p = \int_0^t\left(\frac{2}{3}\mathrm{d}\,{}^{t}e_{ij}^{p}\ \mathrm{d}\,{}^{t}e_{ij}^{p}\right)$$

$$ {}^{t}\mathrm{d}\lambda = \frac{{}^{t}\tau_{ij}'\,\mathrm{d}\,{}^{t}e_{ij}}{(2/9)(\sigma_s^2/G)(3G+E_p)}$$

以上式中，${}^{t}\tau_{ij}'$ 是时间 $t$ 的欧拉应力的偏斜张量，塑性模量 $E_p$ 是从材料单向受力试验得到真应力-真应变曲线导出的。

以上各式中 ${}^{t}\tau_{ij}$、$\mathrm{d}\,{}^{t}e_{ij}$ 等都是参考时间 $t$ 位形度量的，无疑与之相应的，在分析中采用 U. L. 格式是一种自然的选择。但考虑到 U. L. 格式的虚位移原理表达式(16.3.21)式中需要利用本构关系代入的是更新的 Kirchhoff 应力张量的增量 ${}_{t}S_{ij}$，因此在利用(16.5.24) 式于虚位移原理表达式前，需要先导出 ${}_{t}S_{ij}$ 和 $\sigma_{ij}^{J}$ 的关系。为此首先将(16.2.34)和(16.5.24)式表示的速率方程改写成近似的增量方程，即

$$\sigma_{ij}^{J} = \tau_{ij} - {}^{t}\tau_{ip}\ \frac{1}{2}({}_{t}u_{j,p} - {}_{t}u_{p,j}) - {}^{t}\tau_{pj}\ \frac{1}{2}({}_{t}u_{i,p} - {}_{t}u_{p,i}) \tag{16.5.28}$$

$$\sigma_{ij}^{J} = {}^{t}D_{ijkl}^{J}\ {}_{t}e_{kl} \tag{16.5.29}$$

其中 $\sigma_{ij}^{J}$ 是 Jaumann 应力张量的增量，${}_{t}e_{kl}$ 是应变张量的增量。

前面已经导出

$${}_{0}S_{ij} = \frac{{}^{0}\rho}{{}^{t}\rho}\ {}_{t}^{0}x_{i,k}\ {}_{t}^{0}x_{j,l}\ {}_{t}S_{kl} \tag{16.5.14}$$

$${}_{0}^{t}S_{ij} = \frac{{}^{0}\rho}{{}^{t}\rho}\ {}_{t}^{0}x_{i,k}\ {}_{t}^{0}x_{j,l}\ {}^{t}\tau_{kl} \tag{16.2.30}$$

对(16.2.30)式两端求物质导数，并利用(16.2.26)，(16.2.27)和(16.2.32)等式，就可以得到

$${}_{0}^{t}\dot{S}_{ij} = \frac{{}^{0}\rho}{{}^{t}\rho}\ {}_{t}^{0}x_{i,k}\ {}_{t}^{0}x_{j,l}({}^{t}\dot{\tau}_{kl} - {}^{t}\tau_{kp}\ {}_{t}^{t}\dot{u}_{l,p} - {}^{t}\tau_{pl}\ {}_{t}^{t}\dot{u}_{k,p} + {}^{t}\tau_{kl}\ {}_{t}^{t}\dot{u}_{p,p}) \tag{16.5.30}$$

将上式改写成增量近似式，则有

$${}_{0}S_{ij} = \frac{{}^{0}\rho}{{}^{t}\rho}\ {}_{t}^{0}x_{i,k}\ {}_{t}^{0}x_{j,l}(\tau_{kl} - {}^{t}\tau_{kp}\ {}_{t}u_{l,p} - {}^{t}\tau_{pl}\ {}_{t}u_{k,p} + {}^{t}\tau_{kl}\ {}_{t}u_{p,p}) \tag{16.5.31}$$

上式中最后一项反映体积变形增量的影响，在大变形非弹性变形中通常可以忽略。另一方面，略去此项可以使最后导出的刚度矩阵保持对称性，这对于实际计算是很有必要的。

对比(16.5.14)和(16.5.31)式，并忽略后一式中的最后一项，就得到

$${}_{t}S_{kl} = \tau_{kl} - {}^{t}\tau_{kp}\ {}_{t}u_{l,p} - {}^{t}\tau_{pl}\ {}_{t}u_{k,p} \tag{16.5.32}$$

将(16.5.28)和(16.5.29)式代入上式，并将下标 $kl$ 改写为 $ij$，则有

$${}_{t}S_{ij} = {}^{t}D_{ijkl}^{J}\ {}_{t}e_{kl} - {}^{t}\tau_{ip}\ {}_{t}e_{jp} - {}^{t}\tau_{jp}\ {}_{t}e_{ip} \tag{16.5.33}$$

将上式代入 U. L. 格式的虚位移原理表达式(16.3.21)式，并经整理，可以得到

$$\begin{aligned}&\int_{{}^{t}V}[{}^{t}D_{ijkl}^{J}\ {}_{t}e_{kl}\ \delta_{t}e_{ij} - {}^{t}\tau_{ij}\ \delta({}_{t}e_{pi}\ {}_{t}e_{pj} - \eta_{ij})]\ {}^{t}\mathrm{d}V + \\ &\int_{{}^{t}V}[{}^{t}D_{ijkl}^{J}\ {}_{t}e_{kl} - {}^{t}\tau_{ip}\ {}_{t}e_{jp} - {}^{t}\tau_{jp}\ {}_{t}e_{ip}]\delta\ \eta_{ij}\ {}^{t}\mathrm{d}V \\ &= {}^{t+\Delta t}\boldsymbol{Q} - \int_{{}^{t}V}{}^{t}\tau_{ij}\ \delta_{t}e_{ij}\ {}^{t}\mathrm{d}V\end{aligned} \tag{16.5.34}$$

上式中左端的第二个体积分是高阶非线性项，如16.3.4小节所述，对它有两种方法可以进行处理。一是将它移至方程的右端作为虚拟载荷，在求解过程中与其他载荷项一起进行平衡迭代；另一方法也是通常所采用的，将它略去。这样一来，非弹性大应变情况下的U. L. 格式的虚位移原理表达式可简化为

$$\int_{{}^{t}V}[{}^{t}D_{ijkl}^{J}\ {}_{t}e_{kl}\ \delta_{t}\ e_{ij} - {}^{t}\tau_{ij}\ \delta({}_{t}e_{pi}\ {}_{t}e_{pj} - \eta_{ij})]\ {}^{t}\mathrm{d}V$$

$$= {}^{t+\Delta t}\boldsymbol{Q} - \int_{{}^tV} {}^t\tau_{ij}\ \delta\ {}_te_{ij}\ {}^t\mathrm{d}V \tag{16.5.35}$$

将上式和(16.3.25)式比较，除${}_tD_{ijkl}$换为${}^tD_{ijkl}^J$而外，还在左端的积分中增加了一项${}^t\tau_{ij}\delta({}_te_{pi}\,{}_te_{pj})$，这是应予注意的。16.4.2 小节单元矩阵和向量举例是根据(16.3.25)式列出的。根据以上论证，当应用 U.L. 格式于非弹性大应变分析时，初应力${}_t^t\boldsymbol{K}_{NL}$(16.4.13)式应修改为

$${}_t^t\boldsymbol{K}_{NL} = {}_t^t\boldsymbol{K}_{NL1} - \boldsymbol{K}_{NL2} \tag{16.5.36}$$

其中${}_t^t\boldsymbol{K}_{NL1}$即原(16.4.13)式所示，是由非线性应变增量${}_t\eta_{ij}$引起的。${}_t^t\boldsymbol{K}_{NL2}$则是由${}_te_{pi}\,{}_te_{pj}$项引起的。有的文献中，将此项也忽略，其影响应进一步考察。由于(16.5.35)式所表达的 U.L. 格式有别于(16.3.25)式，所以又称之为 U.L.J. 格式。

应该指出：以上讨论认为，大应变情况下的弹性和非弹性分析，分别采用 T.L. 格式和 U.L.J. 格式是合理的选择。如果需要有不同的选择，也可按以前讨论的关于不同参考位形间本构张量转换的方法导出相应的表达格式。

## 16.6　结构稳定性和屈曲问题

在 16.4 节列出的静力平衡问题的非线性有限元方程，可以用于分析结构力学中的一类重要问题，即结构稳定性和屈曲问题。分析的目的是求解结构从稳定平衡过渡到不稳定平衡的临界载荷和失稳后的屈曲形态。结构的载荷临界点可分为两种类型，即分叉临界点和极值临界点。它们分别示意于图 16.7 和图 16.8。

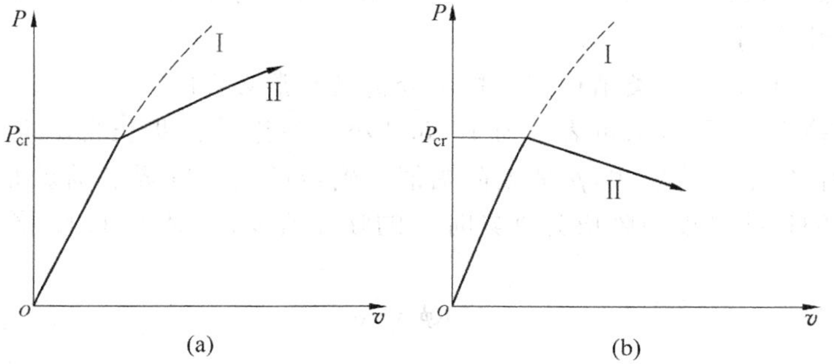


图 16.7　包含分叉临界点的载荷-位移平衡路径

分叉临界点的特征是：结构在基本的载荷-位移平衡路径(Ⅰ)的附近还存在另一分叉平衡路径(Ⅱ)。当载荷到达临界值 $P_{cr}$时，如果结构或载荷有一微小的扰动，载荷-位移将沿分叉平衡路径发展。对于图 16.7(b)所示的分叉路径，结构将发生很大的变形甚至破坏。发生在“完善”结构(结构几何上无初始缺陷，载荷无偏心)的理想状态条件下的失

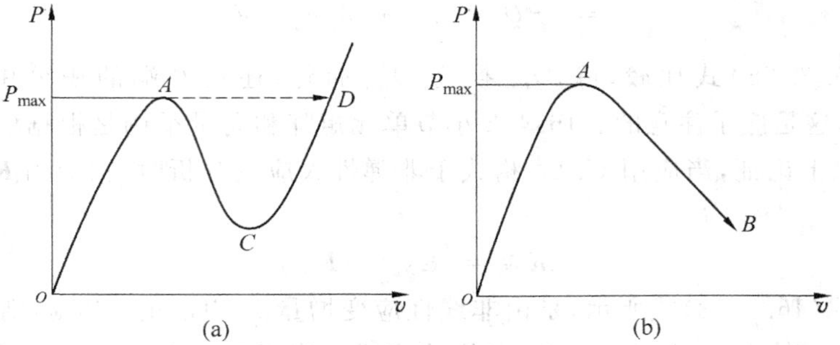


图 16.8 包含极值临界点的载荷-位移平衡路径

稳常属此种情况。例如直杆受精确沿中心线方向的压力作用，当载荷到达临界值时，杆子除平直的平衡路径(Ⅰ)以外，还存在横向屈曲的平衡路径(Ⅱ)，而前者是不稳定的。此外，中面内受均布压力或剪力作用的平板，以及中面内受均布轴向力或剪力或外压作用的圆柱壳等的失稳也属此种情况。由于实际结构和载荷不可能是完善的理想状态，因此载荷到达临界值附近，结构发生分叉失稳常是不可避免的，而且此时的失稳表现为临界失稳的形式。

极值临界点的特征是：当载荷到达临界(最大)值时，如果载荷或位移有微小变化，将分别发生位移的跳跃或载荷的快速下降，如图 16.8(a)和(b)所示。前者称为急速跳过(snap through)，例如受均匀压力作用的薄圆拱($h$(截面高度)/$L$(拱的跨度)很小)，当压力到达 $P_{max}$时位移将从 $A$ 点跳跃到 $D$ 点，这将可能导致结构因过大的变形而失效。后者称为垮塌(collapse)，仍以受均匀压力作用的圆拱为例，当 $h/L$ 较大，而压力到达 $P_{max}$时，结构将发生塑性垮塌。

综上所述，对杆、板、壳类结构进行稳定分析是非常必要的。

对于结构稳定问题，载荷可表示为 15.5.2 小节讨论载荷步长自动选择时所示形式，即 $\boldsymbol{Q}=p\bar{\boldsymbol{Q}}$，其中 $\bar{\boldsymbol{Q}}$ 是载荷模式，$p$ 是载荷幅值。确定结构的临界载荷就是寻找使结构几何非线性方程的切线刚度矩阵成为奇异时 $p$ 的临界值 $p_{cr}$。对于 T.L. 格式，即求解以下特征值问题：

$$ {}_0^{\tau}\boldsymbol{K}\boldsymbol{\phi} = 0 \tag{16.6.1}$$

其中

$$ {}_0^{\tau}\boldsymbol{K} = {}_0^{\tau}\boldsymbol{K}_{L0} + {}_0^{\tau}\boldsymbol{K}_{L1} + {}_0^{\tau}\boldsymbol{K}_{NL} \tag{16.6.2}$$

上标"$\tau$"代表对应于 $p_{cr}$的时刻。对于以上问题，根据失稳前变形状态的大小决定失稳前是用线性分析还是非线性分析，从而将结构稳定性分析区分为两种情况。

## 16.6.1 线性稳定分析

如果失稳前结构处于小变形状态，可以不考虑几何非线性对平衡方程和几何方程的

影响。如同时假定材料仍处于弹性状态，则失稳前可采用线弹性分析来求解结构内的位移和应力，即

$$ {}^{t}\boldsymbol{u} = {}^{t}p\bar{\boldsymbol{u}} \qquad {}^{t}\boldsymbol{\sigma} = {}^{t}p\bar{\boldsymbol{\sigma}} \tag{16.6.3} $$

其中

$$ \bar{\boldsymbol{u}} = \boldsymbol{K}_e^{-1}\bar{\boldsymbol{Q}} \qquad \bar{\boldsymbol{\sigma}} = \boldsymbol{D}\boldsymbol{B}_{L0}\bar{\boldsymbol{u}} $$

$$ \boldsymbol{K}_e = \int_V \boldsymbol{B}_{L0}^{\mathrm{T}}\boldsymbol{D}\boldsymbol{B}_{L0}\,\mathrm{d}V \tag{16.6.4} $$

其中 $\boldsymbol{K}_e$ 是结构的弹性刚度矩阵。

将(16.6.2)式用于现在的情况，则其中的${}_0^{\tau}\boldsymbol{K}_{L0}=\boldsymbol{K}_e$，${}_0^{\tau}\boldsymbol{K}_{NL}$ 中的${}_0^{t}\boldsymbol{S}={}_0^{\tau}\boldsymbol{\sigma}=p_{cr}\bar{\boldsymbol{\sigma}}$，并且

$$ {}_0^{\tau}\boldsymbol{K}_{NL} = \int_V \boldsymbol{B}_{NL}^{\mathrm{T}}\ {}_0^{\tau}\boldsymbol{\sigma}\boldsymbol{B}_{NL}\,\mathrm{d}V = p_{cr}\int_V \boldsymbol{B}_{NL}^{\mathrm{T}}\ \boldsymbol{\sigma}\boldsymbol{B}_{NL}\,\mathrm{d}V \tag{16.6.5} $$

在稳定性分析中，通常将${}_0^{\tau}\boldsymbol{K}_{NL}$ 用符号 $\boldsymbol{K}_G(\boldsymbol{\sigma})$ 表示，它是应力的线性函数。${}_0^{\tau}\boldsymbol{K}_{L1}$ 中的${}_0^{\tau}\boldsymbol{u}={}^{\tau}\boldsymbol{u}=p_{cr}\bar{\boldsymbol{u}}$。如果将${}_0^{\tau}\boldsymbol{K}_{L1}$ 中的 $p_{cr}\bar{\boldsymbol{u}}$ 的线性项和二次项分开，则可以表示为

$$ {}_0^{\tau}\boldsymbol{K}_{L1} = {}_0^{\tau}\boldsymbol{K}_{u1} + {}_0^{\tau}\boldsymbol{K}_{u2} \tag{16.6.6} $$

其中

$$ \begin{aligned} {}_0^{\tau}\boldsymbol{K}_{u1} &= \int_V (\boldsymbol{B}_{L0}^{\mathrm{T}}\boldsymbol{D}\boldsymbol{B}_{L1}({}^{\tau}\boldsymbol{u}) + \boldsymbol{B}_{L1}^{\mathrm{T}}({}^{\tau}\boldsymbol{u})\boldsymbol{D}\boldsymbol{B}_{L0})\,\mathrm{d}V \\ &= p_{cr}\int_V (\boldsymbol{B}_{L0}^{\mathrm{T}}\boldsymbol{D}\boldsymbol{B}_{L1}(\bar{\boldsymbol{u}}) + \boldsymbol{B}_{L1}^{\mathrm{T}}(\bar{\boldsymbol{u}})\boldsymbol{D}\boldsymbol{B}_{L0})\,\mathrm{d}V \\ {}_0^{\tau}\boldsymbol{K}_{u2} &= \int_V \boldsymbol{B}_{L1}^{\mathrm{T}}({}^{\tau}\boldsymbol{u})\boldsymbol{D}\boldsymbol{B}_{L1}({}^{\tau}\boldsymbol{u})\,\mathrm{d}V \\ &= p_{cr}^2\int_V \boldsymbol{B}_{L1}^{\mathrm{T}}(\bar{\boldsymbol{u}})\boldsymbol{D}\boldsymbol{B}_{L1}(\bar{\boldsymbol{u}})\,\mathrm{d}V \end{aligned} $$

由于失稳前是小变形状态，${}_0^{\tau}\boldsymbol{K}_{u1}$和${}_0^{\tau}\boldsymbol{K}_{u2}$相对于 $\boldsymbol{K}_e$ 分别是一阶小量和二阶小量。在线性稳定性分析中可以将它们全部忽略，或仅保留一阶小量的${}_0^{\tau}\boldsymbol{K}_{u1}$，并用 $\boldsymbol{K}_u(\bar{\boldsymbol{u}})$表示。如果是后一情况，临界载荷时刻 $\tau$ 的非线性切线刚度矩阵${}_0^{\tau}\boldsymbol{K}$ 表示为

$$ {}_0^{\tau}\boldsymbol{K} = \boldsymbol{K}_e + p_{cr}(\boldsymbol{K}_u(\bar{\boldsymbol{u}}) + \boldsymbol{K}_G(\bar{\boldsymbol{\sigma}})) \tag{16.6.7} $$

线性稳定分析归结为求解线性特征值问题，即

$$ (\boldsymbol{K}_e + p(\boldsymbol{K}_u + \boldsymbol{K}_G))\boldsymbol{\phi} = 0 \tag{16.6.8} $$

若 $\boldsymbol{K}_u$ 也被忽略，则得到经典稳定分析的特征方程，即

$$ (\boldsymbol{K}_e + p\boldsymbol{K}_G)\boldsymbol{\phi} = 0 \tag{16.6.9} $$

从(16.6.8)或(16.6.9)式可解得一系列的特征值 $p_1, p_2, \cdots$。最小的特征值 $p_1$ 就是结构线性稳定分析的临界载荷，相应的位移模态 $\phi_1$ 就是结构失稳的屈曲模态。

**注记：**

① 线性稳定性分析是假设结构失稳前处于小变形状态，可以忽略参考位形之间的区别。所以以上各式中的各个分量略去了表示参考位形的左下标“0”。

② 求解失稳前位移和应力的弹性矩阵 $\boldsymbol{K}_e$((16.6.4)式)和求解特征值问题中的$\boldsymbol{K}_e$((16.6.7)式)只有在两者都建立于同时包括屈曲前位移自由度和屈曲位移自由度的情况下才是一致的，否则应注意两者之间的区别。例如经典的直杆稳定分析中，屈曲前 $\boldsymbol{K}_e$ 是对应直杆拉压分析的刚度矩阵，而特征值分析中的 $\boldsymbol{K}_e$ 是直杆弯曲分析的刚度矩阵，两者是不同的。经典的板壳稳定分析也有类似的情况。

③ 特征方程(16.6.8)或(16.6.9)式可以用第13章讨论过的各种求解大型矩阵特征值问题的方法求解。由于稳定性分析通常只要求求解其临界载荷，即其最小特征解，所以采用反迭代法将是适当的选择。

最后应着重指出的是，线性稳定分析只能用于有限的实际情况。因为忽略了屈曲前变形的影响，常常导致过高估计了结构的临界载荷。特别是对于拱、壳类结构，用线性稳定分析得到的临界载荷通常比用非线性稳定分析得到的要高出许多。因此，对于大多数实际结构采用非线性稳定分析是必要的。

### 16.6.2 非线性稳定分析

此类分析是指失稳前结构处于大变形状态，这时结构的刚度矩阵是载荷幅值 $p$ 和位移向量 $\boldsymbol{u}$ 的非线性函数，(16.6.1)式表示的是一个非线性特征值问题。它的求解由以下步骤组成。

(1) 沿载荷-平衡路径进行追踪，以确定解的邻近区间。具体做法是对应于每个增量步的收敛解 ${}^{t+\Delta t}\boldsymbol{u}$ 和 ${}^{t+\Delta t}\boldsymbol{S}$，计算 ${}^{t+\Delta t}\boldsymbol{K}$(为了方便，这里的各个量均略去表示参考位形的左下标“0”，以后亦如此)。如果有：

$$\det({}^{t}\boldsymbol{K}) > 0 \quad \det({}^{t+\Delta t}\boldsymbol{K}) < 0 \tag{16.6.10}$$

则表明在区间$(t,t+\Delta t)$内的某个时刻 $\tau(t<\tau<t+\Delta t)$存在

$$\det({}^{\tau}\boldsymbol{K}) = 0$$

即 ${}^{\tau}\boldsymbol{K}$ 是奇异的，亦即平衡路径上对应于时刻 $\tau$ 的点是平衡从稳定过渡到不稳定的临界点(分叉临界点或极值临界点)。对应于该点的载荷是分叉失稳或极值失稳的临界载荷。可以指出的是，按照(16.6.10)式进行检查，实际上并不增加太多的工作量。因为每个增量步结束后，为了准备下一步的计算，通常要对 $\boldsymbol{K}$ 进行三角分解，例如

$${}^{t+\Delta t}\boldsymbol{K} = \boldsymbol{LDL}^{\mathrm{T}} \tag{16.6.11}$$

其中，$\boldsymbol{L}^{\mathrm{T}}$ 是对角元素为1的上三角阵；$\boldsymbol{D}$ 是对角阵，它的对角元素是 $d_{ii}(i=1,2,\cdots,n)$，$n$ 是矩阵维数。从而可以得到

$$\det({}^{t+\Delta t}\boldsymbol{K}) = \det(\boldsymbol{D}) = \prod_{i=1}^{n} d_{ii} \tag{16.6.12}$$

需要注意的是，在计算 $\det({}^{t+\Delta t}\boldsymbol{K})$的同时，还要检查每个对角元素 $d_{ii}$ 的正负号，因为负值 $d_{ii}$ 的个数为偶数时，仍是 $\det({}^{t+\Delta t}\boldsymbol{K})>0$。在区间$(t,t+\Delta t)$内，有相近的两个奇异点或多

重奇异点时就会出现上述情况。遇此情况则需要作算法上的处理[9]。以下讨论假设${}^{t}\boldsymbol{K}$分解后$d_{ii}$全为正值，${}^{t+\Delta t}\boldsymbol{K}$分解后$d_{ii}$中只有一个为负值。

(2) 将${}^{\tau}\boldsymbol{K}$表示成${}^{t+\Delta t}\boldsymbol{K}$和${}^{t}\boldsymbol{K}$的线性插值形式，即

$$ {}^{\tau}\boldsymbol{K} = {}^{t}\boldsymbol{K} + \frac{t_{cr} - t}{\Delta t}({}^{t+\Delta t}\boldsymbol{K} - {}^{t}\boldsymbol{K}) \tag{16.6.13} $$

其中$t$可以代表载荷水平，位移尺度或弧长等。将上式代入特征方程(16.6.1)式，则非线性稳定分析的特征方程表示为

$$ ({}^{t}\boldsymbol{K} + \lambda({}^{t+\Delta t}\boldsymbol{K} - {}^{t}\boldsymbol{K}))\boldsymbol{\varphi} = 0 \tag{16.6.14} $$

其中

$$ \lambda = \frac{t_{cr} - t}{\Delta t} $$

对该方程进行求解，可以得到一系列的特征值$\lambda_1,\lambda_2\cdots$和相应的特征位移模态$\boldsymbol{\phi}_1,\boldsymbol{\phi}_2,\cdots$。如果(16.6.13)式中$t$代表载荷水平，即线性插值表示的是基于载荷幅值$p$的，则与$\lambda_1$相对应的载荷幅值$p_{cr}$就是结构非线性稳定的临界值(近似值)；$\boldsymbol{\varphi}_1$是其相应的屈曲模态。这时有

$$ p_{cr} = {}^{t}p + \lambda_1({}^{t+\Delta t}p - {}^{t}p) \tag{16.6.15} $$

关于特征方程(16.6.14)式还可指出，如果特殊地令$t$和$t+\Delta t$分别对应于$p=0$和$p=1$的时刻，则它将蜕化为线性稳定分析的特征方程(16.6.8)式。

(3) 为了改进所求临界载荷$p_{cr}$的精度，可以回到时刻$t$，以小的步长$\Delta t/N$($N$是某个整数，例如4或5)重新步骤(1)和步骤(2)，直至两次所求得的$p_{cr}$之差满足规定的误差。

(4) 关于分叉临界点和极值临界点的判别以及过屈曲路径的选择。在找到临界点$\lambda_1$以后，可以按照以下准则区别它们的性质[8]，即对于极值临界点，应有

$$ \boldsymbol{\varphi}_1^{\mathrm{T}}\boldsymbol{Q}_0 \neq 0 \tag{16.6.16a} $$

对于分叉临界点，则是

$$ \boldsymbol{\varphi}_1^{\mathrm{T}}\boldsymbol{Q}_0 = 0 \tag{16.6.16b} $$

实际计算中，上式的右端应是某个小量。如果是极值临界点，则过屈曲的平衡路径仍沿失稳前的平衡路径连续变化，如图16.8所示。如果是分叉临界点，则后屈曲路径就是分叉路径，这时应引入适当的扰动，使平衡路径从失稳前的基本路径转换到分叉路径上。通常采用的是将$\alpha\boldsymbol{\varphi}_1$($\alpha$是某个小数，例如0.01～0.02)作为结构的缺陷引入结构对应$\lambda_1$的时刻$\tau$的位形，并从该时刻重新开始计算，则过屈曲路径将接近地沿分叉路径发展。

需要指出的是，由于实际结构不可能是理想的完善状态，常常用$\alpha\boldsymbol{\varphi}_1$来近似地描述结构的初始缺陷。这样一来，结构的载荷-位移平衡路径将不会出现明显的分叉点，曲线上的极值点就是实际结构的近似临界载荷。同时由于实际分析表明屈曲模态$\boldsymbol{\varphi}_1$和方程(16.6.14)式中的$t$和$t+\Delta t$的具体取值关系不大，通常取对应于较低载荷水平的$t$和

$t+\Delta t$ 即可，而且不必要求 $\det({}^{t+\Delta t}\boldsymbol{K})<0$（参见算例16.6）。

## 16.7 算例

**例 16.1** 悬臂梁的大位移静力分析[1]

图16.9所示是一受均布载荷作用的悬臂梁。用5个8结点平面单元对梁进行离散化。

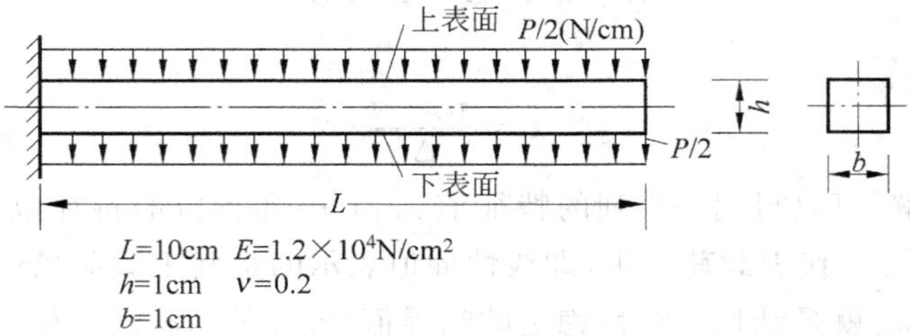


图16.9 均布载荷作用下的悬臂梁

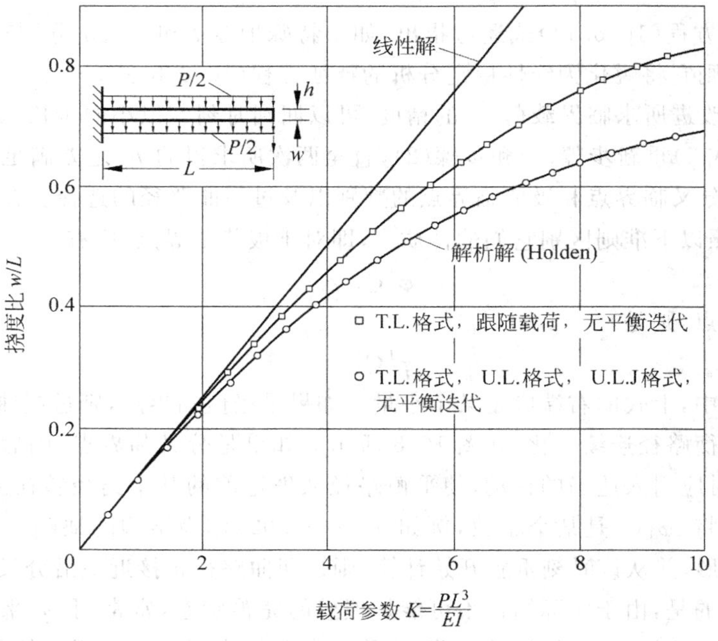


图16.10 悬臂梁的计算结果

现对两种载荷情况求解，一种是载荷保持铅垂方向，即不依赖于变形；另一种是载荷保持和梁的顶面及底面相垂直，即是跟随载荷。材料假设为线弹性。对于第一种载荷情况，同时用 T.L. 格式、U.L 格式和 U.L.J. 格式 3 种方案进行分析。由于材料是线弹性，3 种格式中本构张量都采用小应变的弹性张量，即(16.5.18)式。整个加载分成 100 个步长。因此步长相当小，每一步未进行平衡迭代。计算结果见图 16.10。从结果可以看到，由于考虑大位移的影响，结构呈现出比线性分析结果刚硬的性质；此外，由于应变很小，对于几种不同格式，采用同样的材料常数，结果仍是一致的。同时还可以看到，有限元分析的结果和 Holden 的解析解符合得很好。对于第二种依赖于变形的跟随载荷情况，只用 T.L. 格式进行了计算，也是分成 100 步加载，每步不用平衡迭代。从计算结果看，在此例中变形对载荷的影响是使结构表现得比不依赖于变形的载荷情况柔软一些。

**例 16.2**　圆柱壳大位移静力分析[3]

图 16.11 所示是 4 边简支的圆柱壳体，中心受集中载荷作用。考虑对称，取其 1/4 进行分析，并采用 5×5 的矩形薄壳单元进行离散。用结合球面弧长法的 mN-R 迭代法进行求解，追踪其载荷-位移曲线。整个分析中材料均处于小应变的弹性状态。图 16.11(a)和(b)分别是厚度 $t=12.7\text{mm}$ 和 $t=6.35\text{mm}$ 的计算结果。由于采用了弧长法，分析顺利地通过了载荷极值点和位移极值点。在路径中每个步长增量点，字母 $p$ 或 $n$ 标注该点的切线刚度矩阵是正定还是负定。$(i,j)$中的 $i$ 和 $j$ 分别代表采用和未采用加速收敛方法的 mN-R 法的迭代次数。结果显示采用加速收敛方法的效果是相当明显的。

需要指出的是，由于此例分析中考虑了结构的对称性，只取了 1/4 进行分析。这样一来，实际上限制结构必须沿着保持对称变形的载荷-位移路径上变化。但如果放弃对称性的限制，则在此载荷-位移路径上，可能在到达极值临界点以前就出现对应非对称变形的分叉临界点，即结构在到达图 16.11 中所示的载荷极值点之前可能已发生分叉失稳现象。

**例 16.3**　橡胶薄片的大位移大应变分析[1]

图 16.12(a)所示为一端部受拉伸的橡胶薄片，材料是 Mooney-Rivlin 型的超弹性不可压缩材料。有限元分析的网格如图 16.12(b)所示。载荷均匀分布在端部截面上，总的大小和方向保持不变，用 4 个分步达到最后载荷 $P=186\text{N}$。每个载荷分步平均进行 5 次平衡迭代。载荷作用端的载荷-位移曲线见图 16.13(a)。有限元解和试验结果非常吻合。最后在端部处的位移达到薄片原来长度的量级，最大的 Green-Lagrange 应变达到 1.81。为显示第二类 Piola-Kirchhoff 应力和 Cauchy 应力之间的区别，这两种应力在 $A$-$A$ 和 $B$-$B$ 两个截面上的分布也分别表示在图 16.13(b)和(c)中。应该指出，Cauchy 应力在现时截面上的积分必须等于所施加的载荷。而第二类 Piola-Kirchhoff 应力的总和则不等于所施加的载荷。

**例 16.4**　受轴向压力圆柱壳的稳定分析[7]

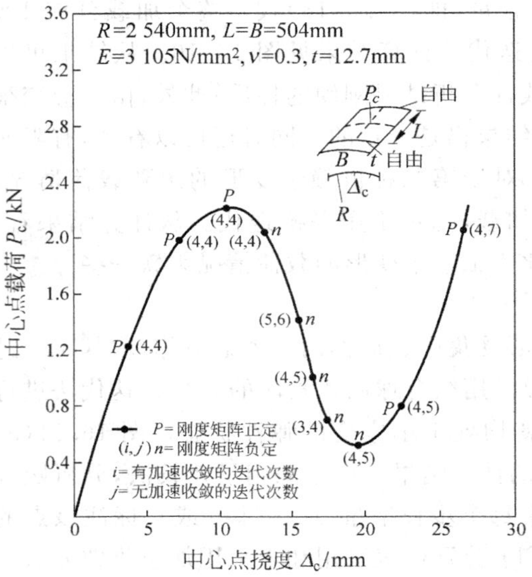


(a) 壳厚 $t$=12.7mm 的载荷－中心挠度曲线

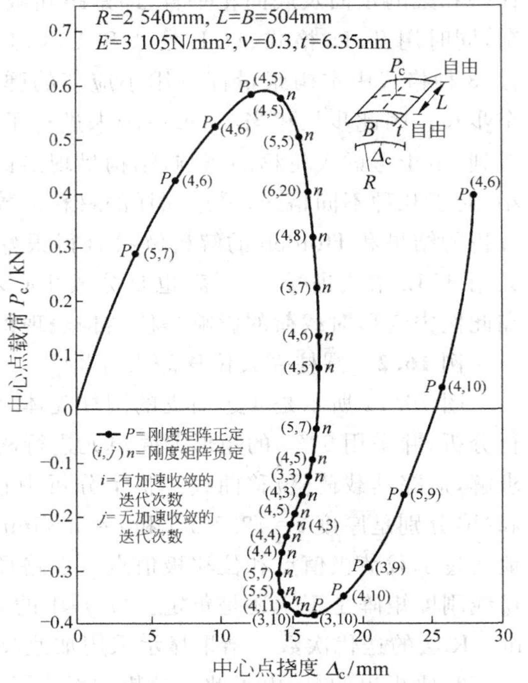


(b) 壳厚 $t$=6.35mm 的载荷－中心挠度曲线

图 16.11 受中心载荷作用的简支薄壳

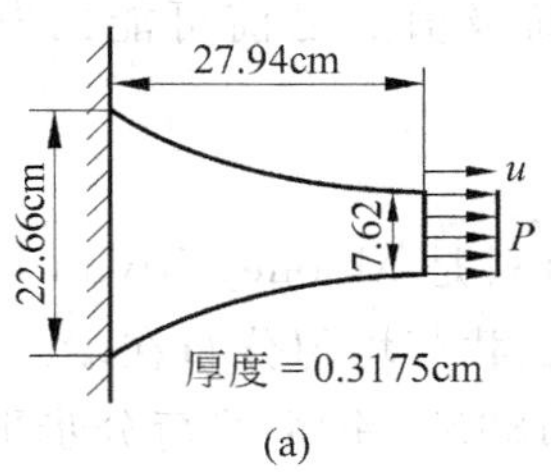


(a)

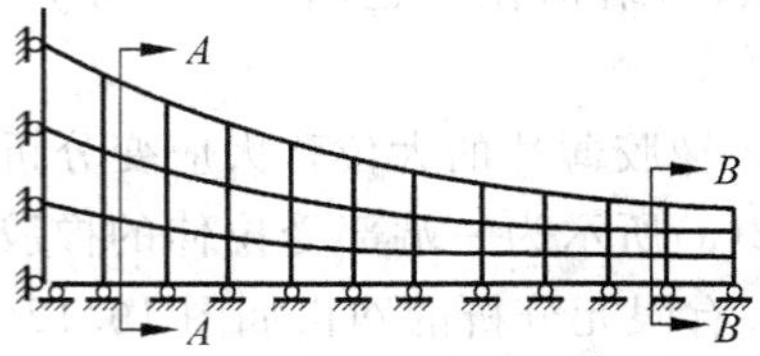


(b)

图 16.12 端部受拉橡胶薄片及有限元网格

受均匀轴向分布的圆柱壳如图 16.14(a)所示。两端的边界条件是：$v=w=\dfrac{\partial w}{\partial x}=0$。现计算其失稳的临界轴向压力。失稳是分叉型的。经典稳定分析的解析近似解是

$$\sigma_{\mathrm{cr}}=\frac{Eh}{R\sqrt{3(1-\nu^2)}}=121\mathrm{MPa}$$

屈曲形态在轴向是半个正弦波，在周向是 24 个全波。正由于此形态，有限元分析时可利

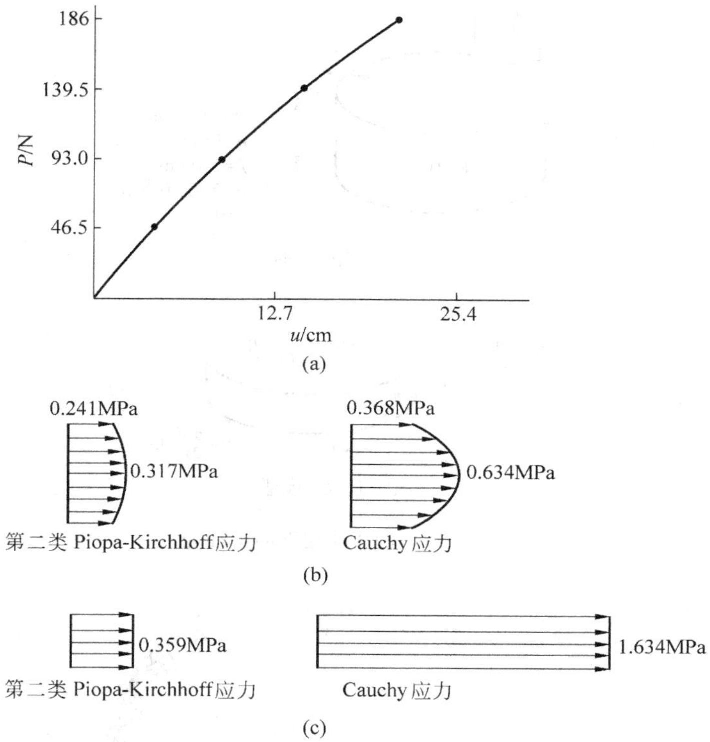


图 16.13　橡胶薄片的载荷-位移曲线和应力分布

用结构的对称性取结构的 1/4 建立计算模型，如图 16.14(b)所示。用线性稳定分析得到的临界轴向应力$(\sigma_{cr})_L=124.7$MPa，比经典解高出 3%。屈曲形态如图 16.15 所示，和经典解相同。进行非线性稳定分析时，载荷步长取 $\Delta\sigma=18.3$MPa。每步用 mN-R 法迭代求解。前 5 步的切线刚度矩阵是正定的，第 6 步的切线刚度矩阵是非正定的。最后得到的临界轴向应力是$(\sigma_{cr})_{NL}=104.2$MPa，比经典解低 14%。说明屈曲前的变形使结构刚度下降，从而导致稳定的临界应力减小。也说明非线性稳定分析是必要的。但屈曲形态和线性分析是一致的。

**例 16.5**　圆拱的屈曲和过屈曲分析[A2]

图 16.16(a)所示为两端固支并受均匀分布压力的圆拱。用 2 结点等参梁单元进行离散。图 16.16(b)所示是用弧长法进行载荷-位移路径追踪 60 个增量步的结果。由于结构和载荷均保持对称的理想状态，所以得到的载荷-中心挠度曲线是对应于对称变形的单调连续变化的曲线。再对结构进行 16.6.2 小节所述的非线性稳定分析，采用(16.6.14)式所示的线性化特征方程，其中 $t$ 位形对应于无应力的起始状态，$t+\Delta t$ 位形对

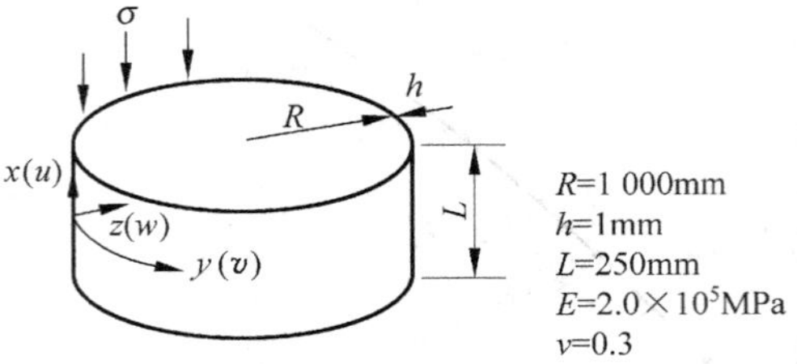


(a) 力学模型

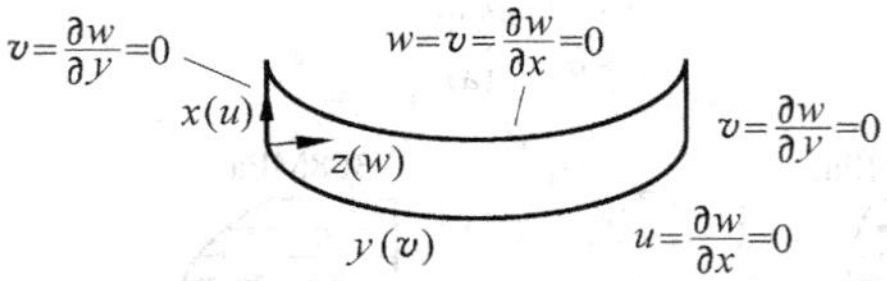


(b) 有限元模型

图 16.14 轴压作用下的圆柱壳

图 16.15 圆柱壳的屈曲模态

应于压力 $p=10$ 的应力状态。从特征方程解得前 2 阶特征压力 $p_{cr}$ 分别为 95 和 150。它们的特征位移模态分别为反对称形态和对称形态，如图 16.16(c)所示。这表明结构在到达对称变形的载荷临界值之前，就可能出现非对称变形的分叉失稳。

为得到结构对应于非对称形态的分叉失稳的临界压力，可以引入非对称特征模态作为结构的初始缺陷(分析中它的幅值小于 0.01$H$)，再次进行载荷-位移路径的追踪分析，得到的结果如图 16.16(d)所示。可以看出，现在得到的结构对应于非对称形态的分叉失稳压力的临界值显著低于图 16.16(b)所示的限制结构变形为对称形态时的临界值，而且还低于从上述线性化特征方程解出的第一阶特征值。

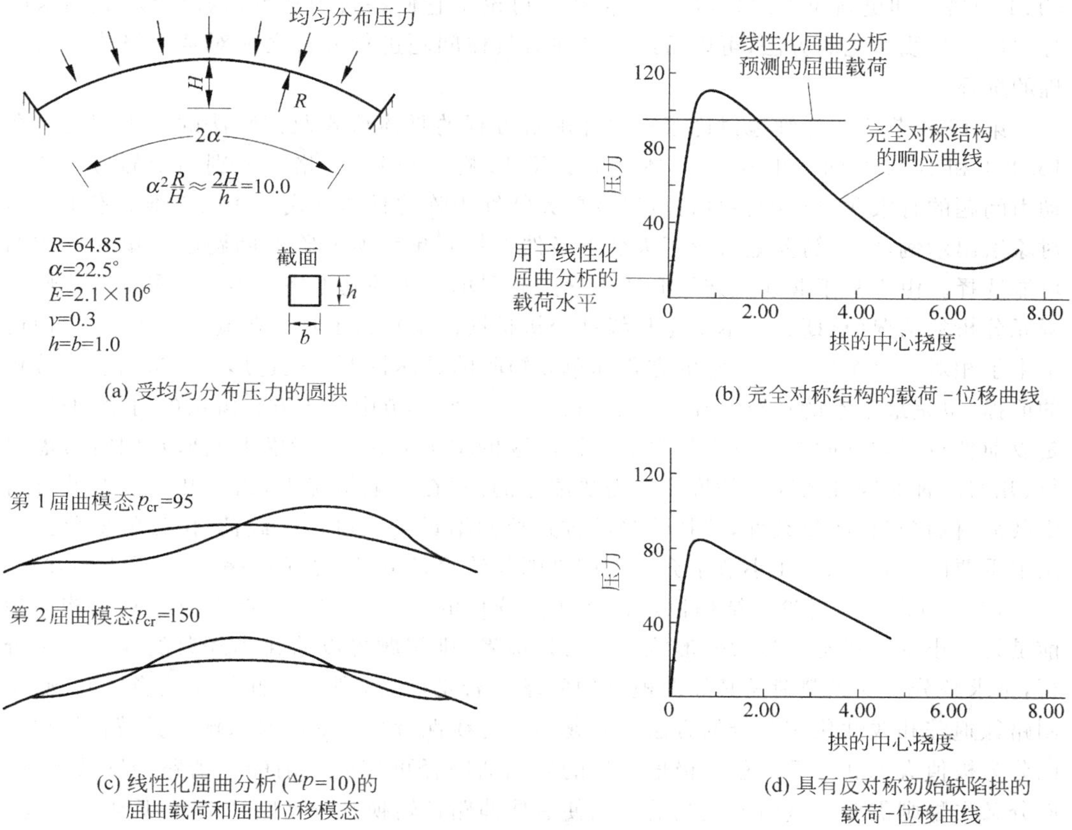


图 16.16　圆拱的屈曲和过屈曲分析

## 16.8 小结

本章讨论了建立于非线性连续介质力学基础上的非线性有限元分析的基本理论和方法。作为理论基础，本章在 16.2 节和 16.5 节分别讨论了大变形情况下应变和应力的度量及本构关系。关于前者，重要的是要明确不同参考位形下各个力学量的意义以及它们之间的转换关系。关于本构关系，在大变形总的前提下，首先应区分是大位移、大转动、小应变情况还是大应变情况；其次应区分是弹性变形还是非弹性变形。因为它们各自有不同的特点和表达形式，应根据不同情况采用合适的本构关系。本构关系是否合适，不仅关系到正确力学模型的建立，而且对求解方法和求解效率也有很大的影响。

在 16.3 节中，着重讨论了求解几何非线性问题的两种基本格式，即完全拉格朗日

(T. L.)格式和更新拉格朗日(U. L.)格式。讨论了它们各自的特点,以及所形成的求解方程进一步线性化的方法,可以帮助读者在对具体问题进行分析之前对基本格式作出合理的选择。

第16.4节比较详细地讨论了有限元求解方程的具体形式及其解法的若干问题。在16.4.1和16.4.2两个小节中,具体讨论了T.L.格式和U.L.格式分别用于静力问题和动力问题的有限元方程的各自特点以及单元特性矩阵的具体形式。并以二维等参单元为对象给出示例,同时简要地讨论了大变形条件下板壳单元所面临的问题以及单元形式的可能选择。由于基于非线性连续介质力学的有限单元法的基本格式不同于早期非线性有限元分析的情况(早期它基本上是从线性分析扩展而来),为了具有普遍的适用性,因而也带来了相对的复杂性。掌握它的方程和单元矩阵的具体特点和表达形式是进行实际分析的前提,也是最基本的环节。在16.4.3和16.4.4两小节中关于方程解法的讨论,原则上是以前各章线弹性问题或仅有材料非线性问题的求解方法,在考虑大变形及同时考虑材料、几何两种非线性情况下的推广。需要注意的是,在一般情况下,由于几何非线性分析中载荷-位移路径的复杂性,选择恰当的方式控制增量步长以追踪载荷-位移的变化路径是很重要的。在16.4.4小节中介绍的广义弧长法只是可供选择的一种较为适用的方法。

16.6节系统地讨论了结构稳定性和屈曲分析的有限元方法。首先应区别结构失稳前是处于小变形状态还是大变形状态。若是前者,则问题可以简化为经典的线性稳定分析,是求解分叉临界载荷及其屈曲模态的问题。若是后者,则要求解非线性稳定问题,采用路径追踪和线性化相结合的方法将问题转化为线性特征值问题来求解。其特征解可以区分为极值失稳和分叉失稳。极值失稳的后屈曲路径可按失稳前的平衡路径继续追踪,而分叉失稳则需要通过引入适当的扰动使后屈曲路径转换到分叉路径上,然后继续追踪。

16.7节对几个算例做了比较详细的阐述,可以帮助读者加深对几何非线性问题的特点和解法的了解和体会,同时能对非线性有限元分析的广泛应用性有进一步的认识。

## 关键概念

| | | | |
|---|---|---|---|
| 几何非线性 | 拉格朗日坐标 | 欧拉坐标 | 参考位形 |
| Green应变张量 | Almansi应变张量 | 应变速率张量 | 欧拉应力张量 |
| Kirchhoff应力张量 | Jaumann应力速率张量 | T.L.格式 | U.L.格式 |
| 方程线性化 | 初位移矩阵 | 初应力矩阵 | 平衡路径 |
| 基本路径 | 分叉路径 | 广义弧长法 | 跟随载荷 |
| 大转动小应变 | 大应变 | 平衡的稳定性 | 临界载荷 |
| 分叉点失稳 | 极值点失稳 | 完善结构 | 线性稳定分析 |
| 非线性稳定分析 | 非线性特征方程的线性化 | | |

## 复习题

**16.1**　什么是几何非线性问题？和线性问题相比较，有何区别？

**16.2**　工程实际常遇到的几何非线性问题有哪几种类型？并举例说明。

**16.3**　几何非线性分析为什么必须选定参考位形？常用的参考位形有哪几种？各自是如何定义的？

**16.4**　大变形情况下，不同参考位形间坐标是如何转换的？

**16.5**　大变形情况下，应变如何度量？常用的应变度量有哪几种？各自如何定义？相互之间如何转换？

**16.6**　大变形情况下，应力如何度量？常用的应力度量有哪几种？各自如何定义？相互之间如何转换？

**16.7**　什么叫客观张量？它在非线性分析中有何作用？哪些应变张量和应力张量是客观张量？

**16.8**　什么是几何非线性问题中的虚位移原理？它是如何建立的？

**16.9**　为什么要将现时位形中的虚位移原理转换到完全拉格朗日位形或更新拉格朗日位形？如何转换？转换后不同位形中对偶的应力张量和应变张量是什么？

**16.10**　为什么 T.L. 格式和 U.L. 格式中的虚位移原理需要经过线性化处理才能用来建立有限元求解方程？如何进行线性化处理？经过处理的这两种格式有什么相同和不同之处？

**16.11**　在 T.L. 格式中和 U.L. 格式中，有限元方程的刚度矩阵各由哪几部分组成？各自的表达式和力学意义是什么？两种格式有什么不同？

**16.12**　将小变形分析中应用的实体元和板壳元用于大变形分析是否会出现问题？如果出现问题，原因何在？如何解决？

**16.13**　将线性动力分析有限元方程的几种求解方法（直接积分法（显式、隐式），振型叠加法）用于非线性分析时，各自需要做哪些变化？为什么？

**16.14**　非线性分析的载荷-位移平衡路径上有哪些典型的特征？对增量算法的步长控制需要提出怎样的要求？

**16.15**　什么叫广义弧长法？它包括哪几种特定形式？如何利用它对增量分析的步长进行控制和调节？

**16.16**　什么叫依赖变形的载荷？在增量分析中，载荷向量的计算和通常的保守力系有何不同？试举例（例如受均匀分布压力作用的悬臂梁）定性地分析它对结构变形行为的影响。

**16.17**　在大变形情况下的本构关系按其自身的特点可以区分为哪几种形式？为什么要这样区分？有何意义？

**16.18** 大变形情况下不同形式的本构关系各自联系什么应力张量和应变张量？各自包含哪些材料常数？如何通过实验决定它们？

**16.19** 结构稳定性和屈曲分析研究什么问题？结构失稳有哪几种类型？通常各自发生在什么样的结构和载荷情况？

**16.20** 什么是线性稳定分析？它的特征方程如何形成？如何确定结构的临界载荷和屈曲形态？它属于哪种类型的失稳？为什么？

**16.21** 什么是非线性稳定分析？它的特征方程如何形成？如何确定结构的临界载荷和屈曲形态？

**16.22** 如何判定非线性稳定分析解得的临界点的类型？对于不同类型的临界点如何进行过屈曲路径的追踪？

## 练习题

**16.1** 经受大变形的 4 结点单元如图 16.17 所示。计算时间 $t$ 位形的变形梯度 ${}_0^t x_{i,j}$ 和质量密度 ${}^t\rho$。单元厚度为 1cm 并在变形过程中保持不变。$\left(\text{提示：}{}^t x_i = \sum_{k=1}^{4} N_k(\xi,\eta)\,{}^t x_i^k\right.$ $(i=1,2)$，对于当前情况，$\xi={}^0x_1$，$\eta={}^0x_2$；$\left.{}^t\rho={}^0\rho\det|{}_t^0 x_{i,j}|={}^0\rho/\det|{}_0^t x_{l,m}|\right)$。

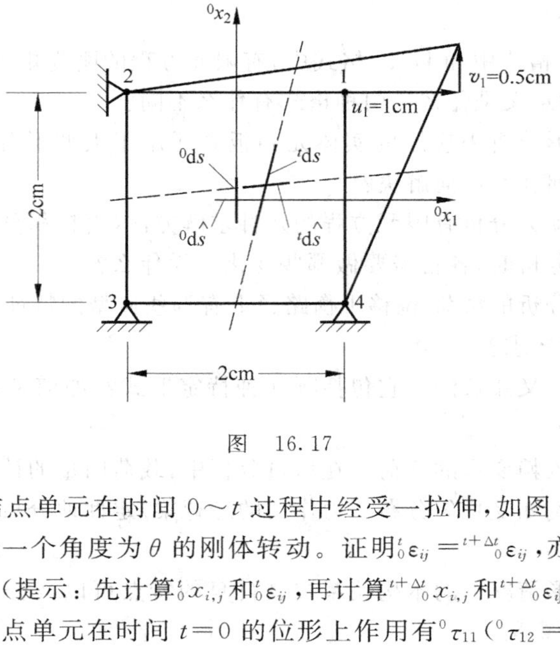


图 16.17

**16.2** 一个 4 结点单元在时间 $0\sim t$ 过程中经受一拉伸，如图 16.18 所示。在时间 $t\sim t+\Delta t$ 过程中经受一个角度为 $\theta$ 的刚体转动。证明 ${}_0^t\varepsilon_{ij}={}_0^{t+\Delta t}\varepsilon_{ij}$，亦即 ${}_0^t\varepsilon_{ij}$ 是不随刚体转动变化的客观张量。（提示：先计算 ${}_0^t x_{i,j}$ 和 ${}_0^t\varepsilon_{ij}$，再计算 ${}_0^{t+\Delta t}x_{i,j}$ 和 ${}_0^{t+\Delta t}\varepsilon_{ij}$）

**16.3** 一个 4 结点单元在时间 $t=0$ 的位形上作用有 ${}^0\tau_{11}$（${}^0\tau_{12}={}^0\tau_{21}={}^0\tau_{22}=0$），如图

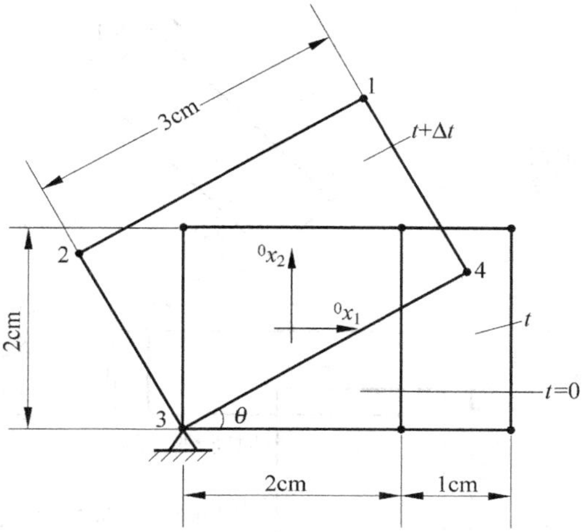


图 16.18

16.19 所示。在时间 $0\sim\Delta t$ 的过程中，单元经受一角度为 $\theta$ 的刚体转动。假设在随体坐标内应力状态不变，即 ${}^{\Delta t}\bar{\tau}_{11}={}^{0}\tau_{11}$（${}^{\Delta t}\bar{\tau}_{12}={}^{\Delta t}\bar{\tau}_{21}={}^{\Delta t}\bar{\tau}_{22}=0$），计算 ${}^{\Delta t}\tau_{ij}$（$i=1,2$），并证明 ${}^{\Delta t}_{0}S_{ij}={}^{0}\tau_{ij}$，即 ${}^{\Delta t}_{0}S_{ij}$ 是不随刚体转动而变化的客观张量。（提示：$t=0$ 时，${}^{0}_{0}S_{ij}={}^{0}\tau_{ij}$，利用转轴公式从 ${}^{\Delta t}\bar{\tau}_{ij}$ 得到 ${}^{\Delta t}\tau_{kl}$，再利用(16.2.33)式即可得到此证明）。

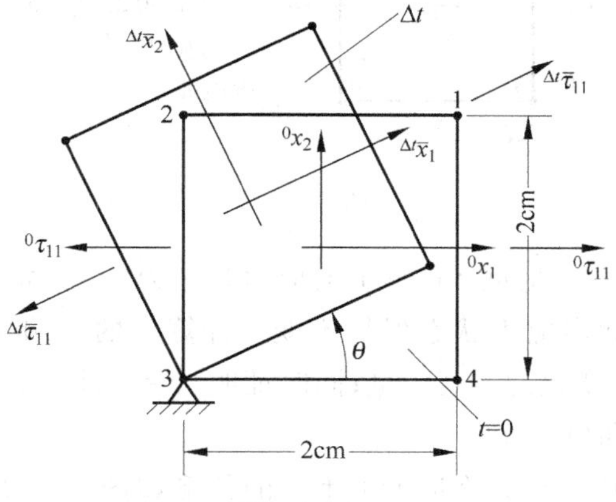


图 16.19

**16.4** 一个 4 结点平面应变单元在时间 $t=0,t,t+\Delta t$ 的位形如图 16.20 所示，并在图上给出了 ${}^{t}_{0}S_{ij}$ 的数值。试计算：(1) ${}^{t}\tau_{ij}$；(2) ${}^{t+\Delta t}S_{ij}$；(3) ${}^{t+\Delta t}\tau_{ij}$。

**16.5** 已知 4 结点平面单元的结点速度如图 16.21 所示。利用单元插值函数计算单元内的应变速率张量 $\dot{e}_{ij}$ 和旋转张量 $\Omega_{ij}$。

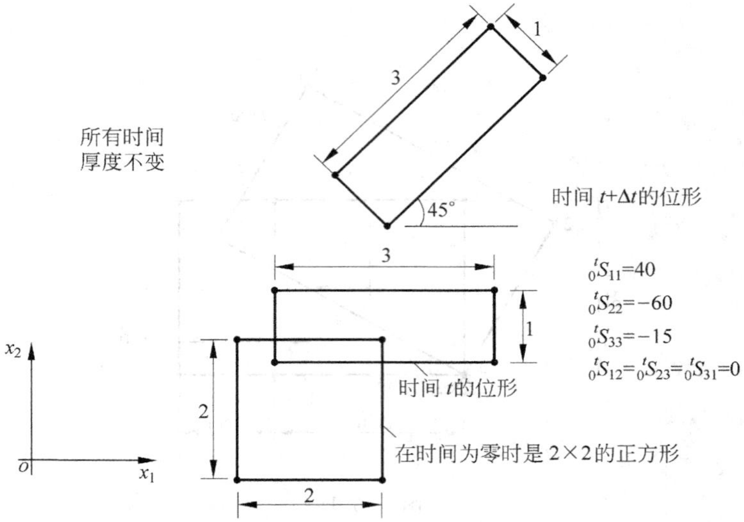


图 16.20

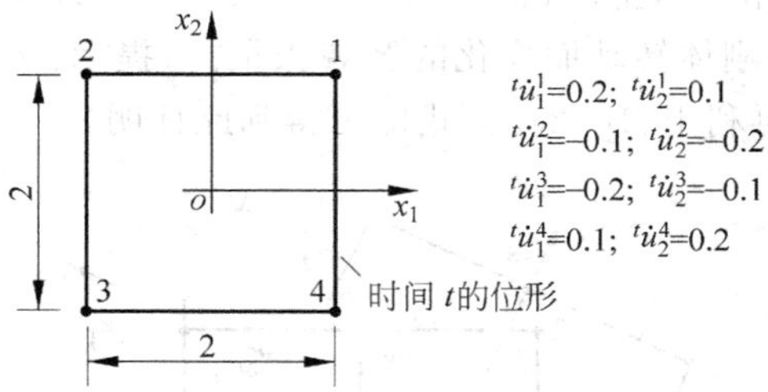


图 16.21

**16.6** 一正方形单元在时间 $t$ 位形上的应力状态为${}^t\tau_{ij}$，假定单元以角速度 $\omega$ 作刚体旋转，并假定在随体坐标内应力状态保持不变。计算它的${}^t\dot{\tau}_{ij}$和${}^t\Omega_{ij}$，并证明${}^t\dot{\sigma}_{ij}^J=0$，即证明${}^t\dot{\sigma}_{ij}^J$是不随刚体旋转而变化的客观张量；同时证明${}^t\dot{e}_{ij}=0$，即${}^te_{ij}$也是客观张量（提示：利用${}_0^tS_{ij}$是客观张量性质和(16.5.28)式）。

**16.7** 4 结点平面应变单元在时间 0 和 $t$ 的位形如图 16.22 所示。并已知${}^t\tau_{ij}$（未包括${}^t\tau_{33}$）为

$${}^t\boldsymbol{\tau}=\begin{bmatrix}5.849\times10^7 & 6.971\times10^7\\ 6.971\times10^7 & 1.514\times10^8\end{bmatrix}\text{Pa},$$

材料弹性模量为 $E$，$\nu=0.3$。计算${}_0^t\boldsymbol{K}$的第一个子块${}_0^t\boldsymbol{K}_{11}$。

**16.8** 列出 T. L. 格式和 U. L. 格式的算法步骤，并和小位移情况的算法步骤进行比

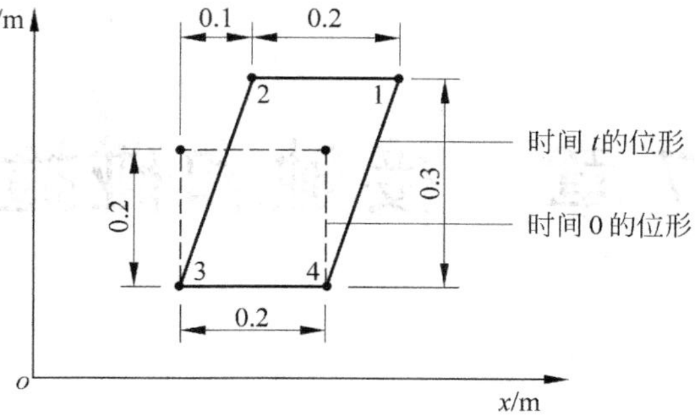


图　16.22

较，指出它们的相同和不同之处。

**16.9**　轴对称截锥壳元（参见图 11.4）在大位移情况下的几何关系为

$$\varepsilon_s = \frac{\mathrm{d}u}{\mathrm{d}s} + \frac{1}{2}\left(\frac{\mathrm{d}w}{\mathrm{d}s}\right)^2$$

$$\varepsilon_\theta = \frac{1}{r}(u\sin\phi + w\cos\phi) + \frac{1}{2}\left(\frac{w}{r}\cos\phi\right)^2$$

$$\kappa_s = -\frac{\mathrm{d}^2 w}{\mathrm{d}s^2} \quad \kappa_\theta = -\frac{\sin\phi}{r}\frac{\mathrm{d}w}{\mathrm{d}s}$$

导出此单元在承受侧向压力时 T.L. 格式的有限元方程和单元矩阵的表达式。

**16.10**　如果 16.9 题的轴对称截锥壳元承受外压作用 $p$，导出求解线性稳定分析和非线性稳定分析的有限元方程并给出求解临界压力的步骤。

**16.11**　导出(16.5.13)和(16.5.14)式。

**16.12**　导出(16.5.36)式中的 $\boldsymbol{K}_{NL2}$ 在二维单元情况时的矩阵表达式(参考(16.4.26)和(16.4.27)式)。

# 第 17 章　接触和碰撞问题

**本章要点**

- 接触和碰撞问题的力学特点及其求解的一般过程。
- 接触界面条件的力学意义和表达形式；将其引入求解过程的不同方法和各自特点。
- 接触界面的离散处理及接触和碰撞有限元求解方程的形成。
- 显式解法和隐式解法的各自特点，求解步骤和应用条件。
- 对接触和碰撞分析中几个问题（单元与网格，接触搜寻和时间步长等）的基本考虑。

## 17.1　引言

接触和碰撞是生产和生活中普遍存在的力学问题。例如汽车车轮和路面的接触，火车车轮和铁轨的接触，发动机活塞和气缸的接触，轴和轴承的接触，以及齿轮传动过程中齿面的相互接触等，可以说是无处不在。接触过程中两个物体在接触界面上的相互作用是复杂的力学现象，同时也是它们损伤直至失效和破坏的重要原因。现代生产和科技的发展提出了一系列有关接触和碰撞的重要课题，例如金属构件的冲压成型，汽车的碰撞，飞行物对结构的冲击等。前者关系到汽车、飞机、火箭等重要产业的产品质量；后两者还关系到生命财产的安全。

有限元法及计算技术的发展为分析接触和碰撞问题（以后一般情况下简称接触问题）提供了有力的工具，对接触的全过程进行计算机数值模拟，现在不仅可能实现，而且正逐步成为 CAE(CAD/CAM)的一个组成部分。

接触过程在力学上常常同时涉及三种非线性，即除大变形引起材料非线性和几何非线性以外，还有接触界面的非线性，这是接触问题所特有的。接触界面非线性来源于两个方面：

(1) 接触界面的区域大小和相互位置以及接触状态不仅事先都是未知的，而且是随时间变化的，需要在求解过程中确定。

(2) 接触条件的非线性。接触条件的内容包括：①接触物体不可相互侵入；②接触力的法向分量只能是压力；③切向接触的摩擦条件。这些条件区别于一般约束条件(例如第 8 章所讨论的)，其特点是单边性的不等式约束，具有强烈的非线性。

接触界面的事先未知性和接触条件的不等式约束决定了接触分析过程中需要经常插入接触界面的搜寻步骤。接触条件的强烈非线性需要研究比求解其他非线性问题更为有效的求解方案和方法。这些构成了本章讨论的重点。

本章 17.2 节接触界面条件中着重讨论它的力学意义和数学表达形式。17.3 节接触问题的求解方案中，首先将接触条件改写成符合非线性问题求解的增量迭代形式，重点讨论将它们引入求解方程的两种基本方案，即拉格朗日乘子法和罚函数法，用于分析接触问题时的特点。17.4 节接触问题的有限元方程中，主要讨论接触界面的离散处理和不同求解方案及不同接触状态下有限元方程的特点。17.5 节有限元方程的求解方法中，着重讨论显式和隐式两种解法的各自特点和求解步骤。17.6 节讨论与接触分析相关的一些数值问题。17.7 节列出若干应用算例。

## 17.2 接触界面条件

### 17.2.1 符号和定义

图 17.1 表示两个物体 $A$ 和 $B$ 相互接触的情形。${}^0V^A$ 和 ${}^0V^B$ 是它们接触前的位形，${}^tV^A$ 和 ${}^tV^B$ 是它们在 $t$ 时刻相互接触时的位形；${}^tS_c$ 是该时刻两物体相互接触的界面，此界面在两个物体中分别是 ${}^tS_c^A$ 和 ${}^tS_c^B$。通常称物体 $A$ 为接触体(contactor)，物体 $B$ 为目标体或靶体(target)；并称 $S_c^A$ 和 $S_c^B$ 分别为从接触面和主接触面。

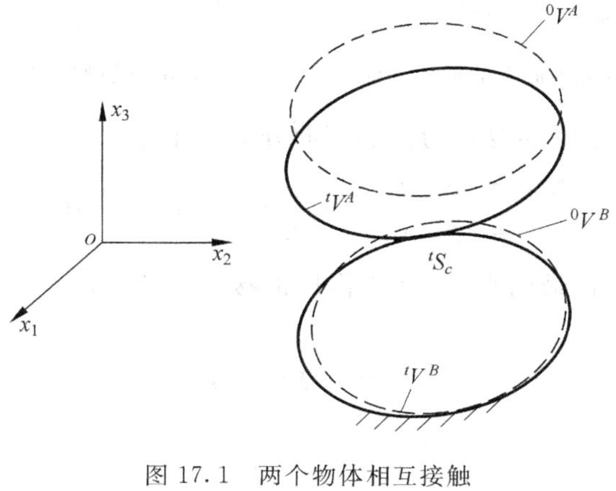


图 17.1　两个物体相互接触

为了进一步讨论接触界面上运动学和动力学的条件，需要在每一时刻接触界面${}^tS_c$上的每一点建立局部笛卡儿坐标系$x',y',z'$。通常是将此坐标系建立在主接触面${}^tS_c^B$上，具体方法可参见11.5.3小节。它的3个方向的单位向量分别是${}^t\boldsymbol{e}_1$，${}^t\boldsymbol{e}_2$和${}^t\boldsymbol{e}_3$，其中${}^t\boldsymbol{e}_1$和${}^t\boldsymbol{e}_2$位于${}^tS_c^B$的切平面内，${}^t\boldsymbol{e}_3$垂直于${}^tS_c^B$，并指向它的外法线方向，即${}^t\boldsymbol{e}_3$是${}^tS_c^B$的单位法向向量${}^t\boldsymbol{n}^B$，如图17.2所示。它们之间存在如下关系

$$ {}^t\boldsymbol{n}^B = {}^t\boldsymbol{e}_3 = {}^t\boldsymbol{e}_1 \times {}^t\boldsymbol{e}_2 \tag{17.2.1} $$

为使下面表述明显起见，将$t$时刻相互接触的两个物体分开一定距离如图17.3所示。接触面${}^tS_c^A$和${}^tS_c^B$上在${}^tS_c$相互接触的两个点(例如$P$和$Q$)称为接触点对，并习惯地分别称为从、主接触点，或分别称为击打点(hitting point)和目标点或靶点(target point)。作用于$P$点和$Q$点的接触力分别是${}^t\boldsymbol{F}_P^A$和${}^t\boldsymbol{F}_Q^B$(为简化起见，以后常省去点号$P$和$Q$)。接触点对的瞬时速度分别是${}^t\boldsymbol{v}^A$和${}^t\boldsymbol{v}^B$(此处也省去了下标$P$和$Q$)。上述接触力在该点的局部坐标系中可以表示为

$$ \begin{aligned} {}^t\boldsymbol{F}^r &= {}^tF_N^r\,{}^t\boldsymbol{n}^B + {}^tF_1^r\,{}^t\boldsymbol{e}_1 + {}^tF_2^r\,{}^t\boldsymbol{e}_2 \\ &= {}^t\boldsymbol{F}_N^r + {}^t\boldsymbol{F}_T^r \qquad (r = A,B) \end{aligned} \tag{17.2.2} $$

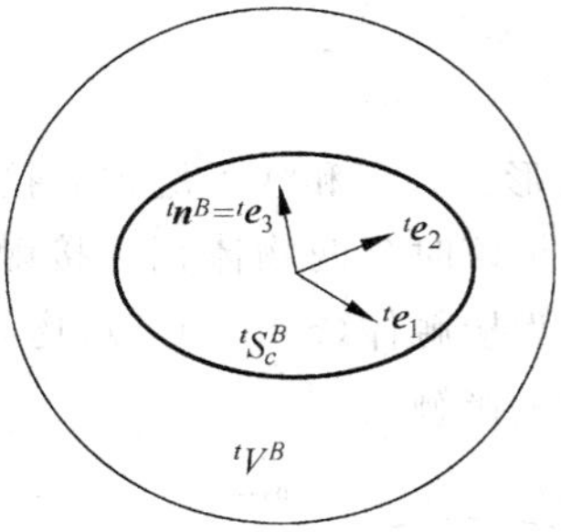


图17.2 接触界面上的局部坐标

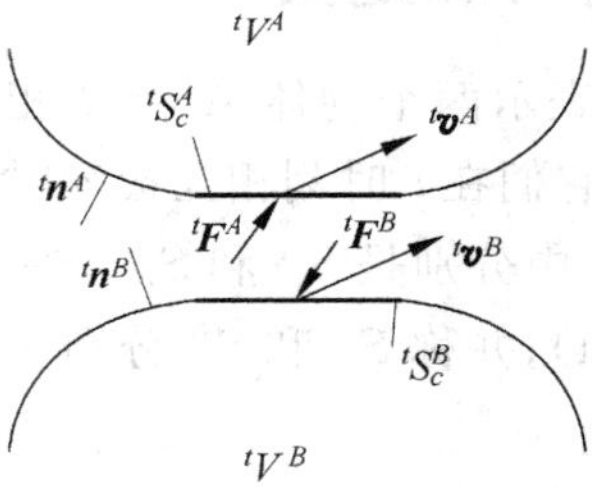


图17.3 接触界面上的力和位移

其中，${}^t\boldsymbol{F}_N^r$和${}^t\boldsymbol{F}_T^r$分别是${}^t\boldsymbol{F}^r$的法向分量和切向分量。并有

$$ \begin{aligned} {}^t\boldsymbol{F}_N^r &= {}^tF_N^r\,{}^t\boldsymbol{n}^B \\ {}^t\boldsymbol{F}_T^r &= {}^tF_1^r\,{}^t\boldsymbol{e}_1 + {}^tF_2^r\,{}^t\boldsymbol{e}_2 \end{aligned} \qquad (r = A,B) \tag{17.2.3} $$

对于在${}^tS_c$上已经处于接触的点对，互相作用的接触力${}^t\boldsymbol{F}^A$和${}^t\boldsymbol{F}^B$，根据作用和反作用原理，应有

$$ {}^t\boldsymbol{F}^A + {}^t\boldsymbol{F}^B = \boldsymbol{0} \tag{17.2.4} $$

或

$$ {}^t\boldsymbol{F}^B = -\,{}^t\boldsymbol{F}^A \tag{17.2.5} $$

用它们的分量表示，则有

$$ {}^t\boldsymbol{F}_N^B = -{}^t\boldsymbol{F}_N^A \qquad {}^t\boldsymbol{F}_T^B = -{}^t\boldsymbol{F}_T^A \tag{17.2.6}$$

或

$$ {}^tF_N^B = -{}^tF_N^A \qquad {}^tF_1^B = -{}^tF_1^A \qquad {}^tF_2^B = -{}^tF_2^A \tag{17.2.7}$$

同理，瞬时速度在局部坐标系中可以表示为

$$\begin{aligned} {}^t\boldsymbol{v}^r &= {}^tv_N^r\,{}^t\boldsymbol{n}^B + {}^tv_1^r\,{}^t\boldsymbol{e}_1 + {}^tv_2^r\,{}^t\boldsymbol{e}_2 \\ &= {}^t\boldsymbol{v}_N^r + {}^t\boldsymbol{v}_T^r \qquad (r = A, B) \end{aligned} \tag{17.2.8}$$

其中，${}^t\boldsymbol{v}_N^r$和${}^t\boldsymbol{v}_T^r$分别是${}^t\boldsymbol{v}^r$的法向分量和切向分量，并有

$$\left.\begin{aligned} {}^t\boldsymbol{v}_N^r &= {}^tv_N^r\,{}^t\boldsymbol{n}^B \\ {}^t\boldsymbol{v}_T^r &= {}^tv_1^r\,{}^t\boldsymbol{e}_1 + {}^tv_2^r\,{}^t\boldsymbol{e}_2 \end{aligned}\right\} \quad (r = A, B) \tag{17.2.9}$$

## 17.2.2 法向接触条件

法向接触条件是判定物体是否进入接触以及已进入接触应该遵守的条件。此条件包括运动学条件和动力学条件两个方面。

1. 不可贯入性

此条件是接触面间运动学方面的条件。不可贯入性(impenetrability)是指物体 $A$ 和物体 $B$ 的位形 $V^A$ 和 $V^B$ 在运动过程中不允许相互贯穿(侵入或覆盖)。为在分析中应用此性质，需要进一步的具体表述。

设${}^t\boldsymbol{x}_P^A$ 为${}^tS^A$ 上任一指定点 $P$ 在 $t$ 时刻的坐标，该点至${}^tS^B$ 面上最接近点 $Q({}^t\boldsymbol{x}^B)$的距离 $g$ 可表示如下(参见图 17.4)，即

$$\begin{aligned} {}^tg &= g({}^t\boldsymbol{x}_P^A, t) = |\,{}^t\boldsymbol{x}_P^A - {}^t\boldsymbol{x}_Q^B\,| \\ &= \min |\,{}^t\boldsymbol{x}_P^A - {}^t\boldsymbol{x}^B\,| \end{aligned} \tag{17.2.10}$$

式中，${}^t\boldsymbol{x}^B$ 表示${}^tS^B$ 面上任意点的坐标；距离${}^tg$ 表示成${}^tg({}^t\boldsymbol{x}_P^A, t)$是因为${}^tS^B$ 面上的最接近 $Q$ 点的位置${}^t\boldsymbol{x}_Q^B$ 是依据${}^tS^A$ 面上的 $P$ 点位置${}^t\boldsymbol{x}_P^A$ 而确定的(需要通过搜寻得到，具体方法以后讨论)。当${}^tS^B$ 是光滑曲面的情况下，$g$ 应沿${}^t\boldsymbol{n}^B$ 的方向，因此可以表示为以下形式，即

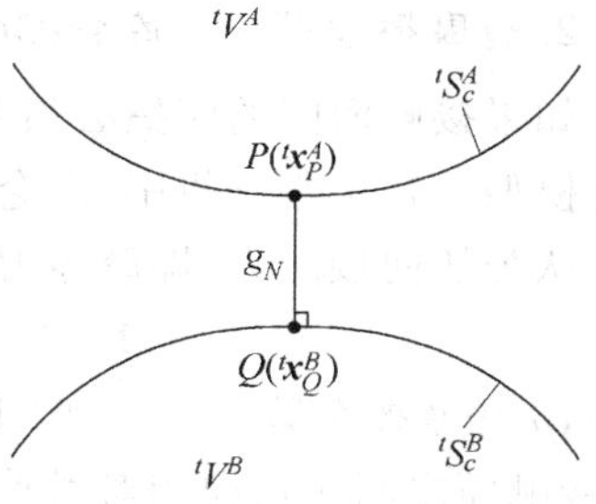


图 17.4　接触点对及点对间的距离

$$ {}^tg_N = g({}^t\boldsymbol{x}_P^A, t) = ({}^t\boldsymbol{x}_P^A - {}^t\boldsymbol{x}_Q^B) \cdot {}^t\boldsymbol{n}_Q^B \tag{17.2.11}$$

式中，${}^tg_N$ 的下标 $N$ 表示距离是沿法线方向${}^t\boldsymbol{n}_Q^B$ 度量的。

为了满足不可贯入性要求，对于${}^tS^A$ 面上任一指定点 $P$，应有

$$ {}^tg_N = g({}^t\boldsymbol{x}_P^A, t) = ({}^t\boldsymbol{x}_P^A - {}^t\boldsymbol{x}_Q^B) \cdot {}^t\boldsymbol{n}_Q^B \geqslant 0 \tag{17.2.12}$$

$g_N > 0$ 表示 $P$ 点和${}^tS^B$ 面分离，$g_N = 0$ 表示 $P$ 点已和${}^tS^B$ 面接触。而 $g_N < 0$ 则表示 $P$ 点已侵入${}^tS^B$ 面，也即${}^tV^A$ 和${}^tV^B$ 已相互贯穿。因为上式对于接触面上的任一点都应成立，

所以不可贯入性的要求可以一般性地表示为

$$ {}^{t}g_{N} = g({}^{t}\boldsymbol{x}^{A}, t) = ({}^{t}\boldsymbol{x}^{A} - {}^{t}\boldsymbol{x}^{B}) \cdot {}^{t}\boldsymbol{n}^{B} \geqslant 0 \qquad (17.2.13) $$

2. 法向接触力为压力

此条件是接触面间动力学方面的条件。在不考虑接触面间的粘附或冷焊的情况下，它们之间的法向接触力只可能是压力。因为从(17.2.7)式已知${}^{t}F_{N}^{A} = -{}^{t}F_{N}^{B}$，所以法向接触力为压力的条件应是

$$ {}^{t}F_{N}^{B} \leqslant 0 \qquad {}^{t}F_{N}^{A} = -{}^{t}F_{N}^{B} \geqslant 0 \qquad (17.2.14) $$

## 17.2.3 切向接触条件——摩擦力条件

切向接触条件是判断已进入接触的两个物体的接触面的具体接触状态，以及它们各自应服从的条件。

1. 无摩擦模型

如果两个物体的接触面是绝对光滑的，或者相互间的摩擦可以忽略，这时分析可采用无摩擦模型，即认为接触面之间的切向摩擦力为零。亦即

$$ {}^{t}\boldsymbol{F}_{T}^{A} = {}^{t}\boldsymbol{F}_{T}^{B} \equiv \boldsymbol{0} \qquad (17.2.15) $$

或写成分量形式，即

$$ {}^{t}F_{J}^{A} = {}^{t}F_{J}^{B} \equiv 0 \qquad (J = 1,2) \qquad (17.2.16) $$

这时两个物体在接触面的切向可以自由的相对滑动。

2. 有摩擦模型——库仑(Coulomb)摩擦模型

如果接触面间的摩擦必须考虑，则应采用有摩擦的模型。这时首先要考虑选择哪种摩擦模型。在工程分析中，库仑摩擦模型因其简单和适用性而被广泛地应用。库仑摩擦模型认为切向接触力，即摩擦力${}^{t}\boldsymbol{F}_{T}^{A}$的数值不能超过它的极限值$\mu|{}^{t}\boldsymbol{F}_{N}^{A}|$，亦即

$$ |{}^{t}\boldsymbol{F}_{T}^{A}| = [({}^{t}F_{1}^{A})^{2} + ({}^{t}F_{2}^{A})^{2}]^{1/2} \leqslant \mu |{}^{t}\boldsymbol{F}_{N}^{A}| \qquad (17.2.17) $$

其中，$\mu$是摩擦系数，$|{}^{t}\boldsymbol{F}_{T}^{A}|$和$|{}^{t}\boldsymbol{F}_{N}^{A}|$分别是切向和法向接触力的数值。当$|{}^{t}\boldsymbol{F}_{T}^{A}| < \mu|{}^{t}\boldsymbol{F}_{N}^{A}|$时，接触面之间无切向相对滑动，即

$$ {}^{t}\bar{\boldsymbol{v}}_{\mathrm{T}} = {}^{t}\boldsymbol{v}_{T}^{A} - {}^{t}\boldsymbol{v}_{T}^{B} = 0 \qquad \text{当} |{}^{t}\boldsymbol{F}_{T}^{A}| < \mu |{}^{t}\boldsymbol{F}_{N}^{A}| \qquad (17.2.18) $$

或者写成分量形式

$$ {}^{t}\bar{v}_{J} = {}^{t}v_{J}^{A} - {}^{t}v_{J}^{B} = 0 \quad (J = 1,2) \quad \text{当} |{}^{t}\boldsymbol{F}_{T}^{A}| < \mu |{}^{t}\boldsymbol{F}_{N}^{A}| \qquad (17.2.19) $$

上式中的${}^{t}\bar{\boldsymbol{v}}_{\mathrm{T}}$代表接触点对中的从接触点相对于主接触点沿接触面的滑动速度。而${}^{t}\bar{v}_{J}$是${}^{t}\bar{\boldsymbol{v}}_{\mathrm{T}}$沿$\boldsymbol{e}_{J}^{A}$方向的分量($J=1,2$)。

当$|{}^{t}\boldsymbol{F}_{T}^{A}| = \mu|{}^{t}\boldsymbol{F}_{N}^{A}|$时，接触面间将发生切向相对滑动，这时应有

$$ {}^{t}\bar{\boldsymbol{v}}_{\mathrm{T}} = {}^{t}\boldsymbol{v}_{T}^{A} - {}^{t}\boldsymbol{v}_{T}^{B} \neq 0 \qquad \text{当} |{}^{t}\boldsymbol{F}_{T}^{A}| = \mu |{}^{t}\boldsymbol{F}_{N}^{A}| \qquad (17.2.20) $$

并且

$$ {}^t\bar{\boldsymbol{v}}_T \cdot {}^t\boldsymbol{F}_T^A = ({}^t\boldsymbol{v}_T^A - {}^t\boldsymbol{v}_T^B) \cdot {}^t\boldsymbol{F}_T^A < 0 \tag{17.2.21} $$

(17.2.21)式表明切向相对滑动速度${}^t\bar{\boldsymbol{v}}_T$和作用于从接触点的摩擦力${}^t\boldsymbol{F}_T^A$的方向相反，摩擦力起着阻止相对滑动的作用。

有时为了更好地描述摩擦现象，(17.2.18)和(17.2.20)式中的摩擦系数$\mu$可以分别用静摩擦系数$\mu_s$和动摩擦系数$\mu_d$代替。而且一般情况下是$\mu_d<\mu_s$。不过为了简便起见，通常仍假设$\mu_s=\mu_d=\mu$，即不区别静、动摩擦系数。

# 17.3　接触问题的求解方案

## 17.3.1　接触问题求解的一般过程

接触过程通常是依赖于时间，并伴随着材料非线性和几何非线性的演化过程。特别是接触界面的区域和形状以及接触界面上运动学和动力学的状态也是事前未知的。这些特点决定了接触问题通常采用增量方法求解。在第 16 章的讨论中，已经给出大变形条件下的虚功原理((16.3.2)式)，以及它在采用完全拉格朗日格式或更新拉格朗日格式进行增量求解时的表达式((16.3.14)和(16.3.21)式)及其线性化处理后的形式((16.3.24)和(16.3.25)式)。以上各式同样适用于接触问题的求解。本节要处理的是如何将接触界面条件引入求解过程。

从上节讨论中可见，接触界面条件(不可贯入条件，法向接触力为压力的条件和切向摩擦力的条件)都是不等式约束，也称之为单边约束。关于包含等式约束的变分原理在第 8 章中已进行了详细的讨论。其中包括利用拉格朗日乘子法或罚函数法将约束条件引入泛函的广义变分原理，以及引入单元交界面上约束条件的修正变分原理。上述原理同样适用于接触问题，不同的是接触界面条件是单边的不等式约束条件。而且如前所述，接触面的范围和接触状态也是事先未知的。此特点决定了接触问题需要采用试探—校核的迭代方法进行求解。每一增量步的试探—校核过程可一般性地表述如下。

(1) 根据前一步的结果和本步给定的载荷条件，通过接触条件的检查和搜寻，假设此步第 1 次迭代求解时的接触面的区域和状态(这里是指物体 $A$ 和 $B$ 在接触界面上有无相对滑动。无相对滑动的接触状态称为“粘结”，有相对滑动的接触状态称为“滑动”)。

(2) 根据上述关于接触面区域和状态所作的假设，对于接触面上的每一点，将运动学或动力学上的不等式约束改为等式约束作为定解条件引入方程并进行方程的求解。

(3) 利用接触面上和上述等式约束所对应的动力学或运动学的不等式约束条件作为校核条件对解的结果进行检查。如果物体表面(包括原假设中尚未进入接触的部分)的每一点都不违反校核条件，则完成本步的求解并转入下一增量步的计算；否则回到步骤 1 再次进行搜寻和迭代求解，直至每一点的解都满足校核条件。然后再转入下一增量步的求解。

### 17.3.2 接触界面的定解条件和校核条件

为了应用增量方法求解，需要将上一节讨论的接触面条件加以适当的改写。现假设物体 $A$ 和 $B$ 在 $t$ 时刻的解已经求得，需求解 $t+\Delta t$ 时刻的解。在17.2.2和17.2.3小节讨论的接触条件，除将各表达式中的左上标 $t$ 改为 $t+\Delta t$ 外，还应将它们改写成适合增量分析的形式。这时需要着重指出的是：

(1) $t+\Delta t$ 时刻的不可贯入性条件(17.2.13)式应表示成

$$ {}^{t+\Delta t}g_N = ({}^{t+\Delta t}\boldsymbol{x}^A - {}^{t+\Delta t}\boldsymbol{x}^B) \cdot {}^{t+\Delta t}\boldsymbol{n}^B \geqslant 0 \tag{17.3.1}$$

其中

$$ {}^{t+\Delta t}\boldsymbol{x}^A = {}^{t}\boldsymbol{x}^A + \boldsymbol{u}^A \qquad {}^{t+\Delta t}\boldsymbol{x}^B = {}^{t}\boldsymbol{x}^B + \boldsymbol{u}^B \tag{17.3.2}$$

式中的 $\boldsymbol{u}^A$ 和 $\boldsymbol{u}^B$ 是 $t$ 至 $t+\Delta t$ 时间间隔内的位移增量，即

$$ \boldsymbol{u}^A = {}^{t+\Delta t}\boldsymbol{u}^A - {}^{t}\boldsymbol{u}^A \qquad \boldsymbol{u}^B = {}^{t+\Delta t}\boldsymbol{u}^B - {}^{t}\boldsymbol{u}^B \tag{17.3.3}$$

将(17.3.2)和(17.3.3)式代入(17.3.1)式，则不可贯入性条件可以改写为

$$ \begin{aligned} {}^{t+\Delta t}g_N &= (\boldsymbol{u}^A - \boldsymbol{u}^B) \cdot {}^{t+\Delta t}\boldsymbol{n}^B + ({}^{t}\boldsymbol{x}^A - {}^{t}\boldsymbol{x}^B) \cdot {}^{t+\Delta t}\boldsymbol{n}^B \\ &= u_N^A - u_N^B + {}^{t}\bar{g}_N \geqslant 0 \end{aligned} \tag{17.3.4}$$

其中

$$ u_N^A = \boldsymbol{u}^A \cdot {}^{t+\Delta t}\boldsymbol{n}^B \qquad u_N^B = \boldsymbol{u}^B \cdot {}^{t+\Delta t}\boldsymbol{n}^B \tag{17.3.5}$$

$$ {}^{t}\bar{g}_N = ({}^{t}\boldsymbol{x}^A - {}^{t}\boldsymbol{x}^B) \cdot {}^{t+\Delta t}\boldsymbol{n}^B \tag{17.3.6}$$

这里 $u_N^A$ 和 $u_N^B$ 分别是从、主接触点在 ${}^{t+\Delta t}\boldsymbol{n}^B$ 方向的位移增量。${}^{t}\bar{g}_N$ 是主、从接触点在 $t$ 时刻的位置在 ${}^{t+\Delta t}\boldsymbol{n}^B$ 方向度量的距离。在小位移分析中，忽略位形变化的影响，则可以近似地认为

$$ {}^{t+\Delta t}\boldsymbol{n}^B = {}^{t}\boldsymbol{n}^B = {}^{0}\boldsymbol{n}^B $$

相应地认为

$$ {}^{t}\bar{g}_N = {}^{t}g_N = ({}^{t}\boldsymbol{x}^A - {}^{t}\boldsymbol{x}^B) \cdot {}^{t}\boldsymbol{n}^B $$

而在一般情况下，${}^{t+\Delta t}\boldsymbol{n}^B$ 是依赖于位移而变化的。在以后的讨论中，采取近似计算的方法，即在每一次迭代过程中，对 ${}^{t+\Delta t}g_N$ 进行微分或变分时，假定 ${}^{t+\Delta t}\boldsymbol{n}^B$ 是常量，而在迭代求解后，根据新的位移值计算出新的 ${}^{t+\Delta t}\boldsymbol{n}^B$ 来代替原有的数值，以进行下次迭代的计算。

(2) 粘结接触时无相对滑动条件(17.2.18)式可改写为

$$ \bar{\boldsymbol{u}}_T = \boldsymbol{u}_T^A - \boldsymbol{u}_T^B = 0 \qquad \text{当} \ |{}^{t+\Delta t}\boldsymbol{F}_T^A| < \mu |{}^{t+\Delta t}\boldsymbol{F}_N^A| \tag{17.3.7}$$

其分量形式(17.2.19)式可改写为

$$ \bar{u}_J = u_J^A - u_J^B = 0 \quad (J=1,2) \qquad \text{当} \ |{}^{t+\Delta t}\boldsymbol{F}_T^A| < \mu |{}^{t+\Delta t}\boldsymbol{F}_N^A| \tag{17.3.8}$$

其中，$\boldsymbol{u}_T^A$ 和 $\boldsymbol{u}_T^B$ 分别是从、主接触点在 $t$ 至 $t+\Delta t$ 时间间隔内的切向位移增量，即是 $\boldsymbol{u}^A$ 和 $\boldsymbol{u}^B$ 的切向分量。$\bar{\boldsymbol{u}}_T$ 是从接触点相对于主接触点的相对切向位移增量。$\bar{u}_J$ 是 $\bar{\boldsymbol{u}}_T$ 沿 $\boldsymbol{e}_J^B$ 方

向的分量($J=1,2$)。

(3) 滑动接触时相对滑动条件(17.2.20)和(17.2.21)式可改写成

$$\bar{\boldsymbol{u}}_T = \boldsymbol{u}_T^A - \boldsymbol{u}_T^B \neq 0 \qquad \text{当} \ |{}^{t+\Delta t}\boldsymbol{F}_T^A| - \mu\,|{}^{t+\Delta t}\boldsymbol{F}_N^A| = 0 \tag{17.3.9}$$

并且

$$\bar{\boldsymbol{u}}_T \cdot {}^{t+\Delta t}\boldsymbol{F}_T^A = (\boldsymbol{u}_T^A - \boldsymbol{u}_T^B) \cdot {}^{t+\Delta t}\boldsymbol{F}_T^A < 0 \tag{17.3.10}$$

为了以后的具体应用,(17.3.9)式的摩擦力条件、利用(17.3.10)式可以表示成以下分量形式

$$^{t+\Delta t}F_J^A + \mu\,{}^{t+\Delta t}F_N^A \bar{u}_J / \bar{u}_T = 0 \quad (J=1,2) \tag{17.3.11}$$

其中 $\bar{u}_T$ 是相对切向位移的数值,并且有

$$\bar{u}_T = |\bar{\boldsymbol{u}}_T| = [(\bar{u}_1)^2 + (\bar{u}_2)^2]^{1/2} \tag{17.3.12}$$

至此,可以将求解有摩擦的接触问题时,接触界面上不同接触状态的定解条件和校核条件归结列于表 17.1。

**表 17.1　接触问题的定解条件和校核条件**

| 接触状态 | | 定 解 条 件 | 校 核 条 件 |
|---|---|---|---|
| 接触 | 粘结 | (1) $u_N^A - u_N^B + \bar{g}_N = 0$<br>(2) $\boldsymbol{u}_T^A - \boldsymbol{u}_T^B = 0$<br>或 $u_J^A - u_J^B = 0 \quad (J=1,2)$ | (1) $^{t+\Delta t}F_N^A > 0$<br>若不满足,则转为分离<br>(2) $\|{}^{t+\Delta t}\boldsymbol{F}_T^A\| - \mu\|{}^{t+\Delta t}\boldsymbol{F}_N^A\| < 0$<br>若不满足,则转为滑动 |
| 接触 | 滑动 | (1) $u_N^A - u_N^B + {}^t\bar{g}_N = 0$<br>(2) $\|{}^{t+\Delta t}\boldsymbol{F}_T^A\| - \mu\|{}^{t+\Delta t}\boldsymbol{F}_N^A\| = 0$<br>或 $^{t+\Delta t}F_J^A + \mu\,{}^{t+\Delta t}F_N^A \bar{u}_J / \bar{u}_T = 0$<br>$(J=1,2)$ | (1) $^{t+\Delta t}F_N^A > 0$<br>若不满足,则转为分离<br>(2) $(\boldsymbol{u}_T^A - \boldsymbol{u}_T^B) \cdot {}^{t+\Delta t}\boldsymbol{F}_T^A < 0$<br>且 $\|\boldsymbol{u}_T^A - \boldsymbol{u}_T^B\| > \varepsilon_s$<br>若不满足,则转为粘结<br>若满足,则搜寻新的接触位置 |
| 分离 | | $^{t+\Delta t}\boldsymbol{F}^A = {}^{t+\Delta t}\boldsymbol{F}^B = 0$<br>此条件是无接触力作用的自由边条件 | $({}^{t+\Delta t}\boldsymbol{x}^A - {}^{t+\Delta t}\boldsymbol{x}^B) \cdot {}^{t+\Delta t}\boldsymbol{n}^B > \varepsilon_d$<br>通过搜寻检查上列条件,若不满足,则转为粘结,并给出接触点对的位置 |

**说明**:① 粘结接触的定解条件(1)中包含 ${}^t\bar{g}_N$ 是为了考虑上一次计算结束时,接触点对之间可能存在间距或相互贯入量。

② 粘结接触的定解条件(2)中的相对切向位移($\boldsymbol{u}_T^A - \boldsymbol{u}_T^B$)可考虑从该点对的粘结接触开始起计算,以减小积累误差的影响。

③ 滑动接触的校核条件(2)中,增加了辅助的条件 $|\boldsymbol{u}_T^A - \boldsymbol{u}_T^B| > \varepsilon_s$($\varepsilon_s$ 是某个规定的小量),这是为避免小量误差影响对接触状态的判断。

④ 分离状态的校核条件的右端用 $\varepsilon_d$(某个规定小量)代替零,是预估该点对在下一次计算中可能进入接触,以提高计算效率。

⑤ 无摩擦的接触可看成摩擦系数 $\mu=0$ 的滑动摩擦。

### 17.3.3 接触问题的虚位移原理

如在 17.3.1 小节中所述，用增量方法求解接触问题时，16.3 节所导出的几何非线性问题的表达格式完全可以采用，区别仅在于增加了接触界面上的约束条件。我们将物体 $A$ 和 $B$ 作为两个求解区域，各自在接触面上的边界可以视为给定面力边界。这样一来，和时间 $t+\Delta t$ 位形内平衡条件相等效的虚位移原理可以表示为

$$
\begin{aligned}
&\int_{{}^{t+\Delta t}V} {}^{t+\Delta t}\tau_{ij}\,\delta\,{}_{t+\Delta t}e_{ij}\,{}^{t+\Delta t}\mathrm{d}V-{}^{t+\Delta t}W_L-{}^{t+\Delta t}W_I-{}^{t+\Delta t}W_c\\
&=\sum_{r=}^{A,B}\left[\int_{{}^{t+\Delta t}V^r} {}^{t+\Delta t}\tau_{ij}^r\,\delta\,{}_{t+\Delta t}e_{ij}^r\,{}^{t+\Delta t}\mathrm{d}V-{}^{t+\Delta t}W_L^r-{}^{t+\Delta t}W_I^r-{}^{t+\Delta t}W_c^r\right]\\
&=0
\end{aligned}
\tag{17.3.13}
$$

式中各个符号的定义同第 16 章。其中${}^{t+\Delta t}W_L$ 是作用于 $t+\Delta t$ 时刻位形上外载荷的虚功；${}^{t+\Delta t}W_I$ 是作用于 $t+\Delta t$ 时刻位形上惯性力的虚功，如果惯性力的影响可以忽略，则 $W_I=0$，问题变成静态接触问题；${}^{t+\Delta t}W_c$ 是作用于 $t+\Delta t$ 时刻接触面上接触力的虚功。它们分别表示如下。

$$
\begin{aligned}
{}^{t+\Delta t}W_L&=\sum_{r=}^{A,B}{}^{t+\Delta t}W_L^r=\sum_{r=}^{A,B}\int_{{}^{t+\Delta t}S_\sigma^r} {}^{t+\Delta t}_{t+\Delta t}T_i^r\,\delta u_i^r\,{}^{t+\Delta t}\mathrm{d}S+\\
&\quad\int_{{}^{t+\Delta t}V^r} {}^{t+\Delta t}\rho^r\,{}^{t+\Delta t}_{t+\Delta t}f_i^r\,\delta u_i^r\,{}^{t+\Delta t}\mathrm{d}V
\end{aligned}
\tag{17.3.14}
$$

$$
{}^{t+\Delta t}W_I=\sum_{r=}^{A,B}{}^{t+\Delta t}W_I^r=\sum_{r=}^{A,B}\int_{{}^{t+\Delta t}V^r}-{}^{t+\Delta t}\rho^r\,{}^{t+\Delta t}\ddot{u}_i^r\,\delta u_i^r\,{}^{t+\Delta t}\mathrm{d}V
\tag{17.3.15}
$$

$$
\begin{aligned}
{}^{t+\Delta t}W_c&=\sum_{r=}^{A,B}{}^{t+\Delta t}W_c^r=\sum_{r=}^{A,B}\int_{{}^{t+\Delta t}S_c^r} {}^{t+\Delta t}F_i^r\,\delta u_i^r\,{}^{t+\Delta t}\mathrm{d}S\\
&=\int_{{}^{t+\Delta t}S_c^A} {}^{t+\Delta t}F_i^A\,\delta u_i^A\,{}^{t+\Delta t}\mathrm{d}S+\int_{{}^{t+\Delta t}S_c^B} {}^{t+\Delta t}F_i^B\,\delta u_i^B\,{}^{t+\Delta t}\mathrm{d}S\\
&=\int_{{}^{t+\Delta t}S_c^A} {}^{t+\Delta t}F_J^A\,\delta u_J^A\,{}^{t+\Delta t}\mathrm{d}S+\int_{{}^{t+\Delta t}S_c^B} {}^{t+\Delta t}F_J^B\,\delta u_J^B\,{}^{t+\Delta t}\mathrm{d}S\\
&=\int_{{}^{t+\Delta t}S_c} {}^{t+\Delta t}F_J^A(\delta u_J^A-\delta u_J^B)\,{}^{t+\Delta t}\mathrm{d}S
\end{aligned}
\tag{17.3.16}
$$

式中${}^{t+\Delta t}F_i^A$ 和${}^{t+\Delta t}F_i^B$ 分别是${}^{t+\Delta t}S_c^A$ 和${}^{t+\Delta t}S_c^B$ 面上的接触力${}^{t+\Delta t}\boldsymbol{F}^A$ 和${}^{t+\Delta t}\boldsymbol{F}^B$ 沿总体坐标 $x$，$y$，$z$($i=x,y,z$)的分量，而${}^{t+\Delta t}F_J^A$ 和${}^{t+\Delta t}F_J^B$ 则是它们沿局部坐标 $\boldsymbol{e}_J^B$($J=1,2,3(=N)$)的分量。$\delta u_i$ 和 $\delta u_J$ 的意义相同。接触界面${}^{t+\Delta t}S_c$ 的区域和状态通过求解前的校核和搜寻，认为是已经给定的。接触力${}^{t+\Delta t}\boldsymbol{F}^A$ 和${}^{t+\Delta t}\boldsymbol{F}^B$ 则是未知量，需要通过求解确定，同时它的具体表达形式取决于如何将接触面上的定解条件引入求解方程的方法。

**注** 在(17.3.16)式中利用了总体坐标系 $x$，$y$，$z$ 和局部坐标系 $\boldsymbol{e}_1$，$\boldsymbol{e}_2$，$\boldsymbol{e}_3$ 之间的转换

关系，即 $F_i=F_J e_{Ji}$，$u_i=u_J e_{Ji}$，$F_i u_i=F_J u_J$。其中 $e_{Ji}$ 是 $\boldsymbol{e}_J(J=1,2,3)$ 在总体坐标 $x_i(x_i=x,y,z)$ 方向的分量。

## 17.3.4 拉格朗日乘子法

根据第 8 章 8.2.1 小节所讨论的拉格朗日乘子法的原理，对于包含接触界面的接触问题，泛函可以表示为

$$\Pi=\Pi_u+\Pi_{CL} \tag{17.3.17}$$

其中 $\Pi_u$ 是原问题中不包括接触约束条件的总位能，$\Pi_{CL}$ 是用拉格朗日乘子法引入接触约束条件的附加泛函。

为了一般化，首先讨论粘结接触状态，此时应引入的约束条件，就是表 17.1 中所列的对于此状态的定解条件。因此

$$\begin{aligned}\Pi_{CL}=&\int_{{}^{t+\Delta t}S_c}\left[{}^{t+\Delta t}\lambda_N(u_N^A-u_N^B+{}^t\bar{g}_N)+{}^{t+\Delta t}\lambda_1(u_1^A-u_1^B)+\right.\\&\left.{}^{t+\Delta t}\lambda_2(u_2^A-u_2^B)\right]{}^{t+\Delta t}\mathrm{d}S\end{aligned} \tag{17.3.18}$$

为了得到接触问题的求解方程，令 $\delta\Pi=0$，即

$$\delta\Pi=\delta\Pi_u+\delta\Pi_{CL}=0 \tag{17.3.19}$$

其中 $\delta\Pi_u$ 即是(17.3.13)式的前 3 项之和，即

$$\begin{aligned}\delta\Pi_u&=\int_{{}^{t+\Delta t}V}{}^{t+\Delta t}\tau_{ij}\,\delta\,{}_{t+\Delta t}e_{ij}\,{}^{t+\Delta t}\mathrm{d}V-{}^{t+\Delta t}W_L-{}^{t+\Delta t}W_I\\&=\sum_{r=}^{A,B}\left[\int_{{}^{t+\Delta t}V^r}{}^{t+\Delta t}\tau_{ij}^r\,\delta\,{}_{t+\Delta t}e_{ij}^r\,{}^{t+\Delta t}\mathrm{d}V-{}^{t+\Delta t}W_L^r-{}^{t+\Delta t}W_I^r\right]\end{aligned} \tag{17.3.20}$$

$$\delta\Pi_{CL}=(\delta\Pi_{CL})_u+(\delta\Pi_{CL})_\lambda \tag{17.3.21}$$

其中

$$\begin{aligned}(\delta\Pi_{CL})_u=&\int_{{}^{t+\Delta t}S_c}\left[{}^{t+\Delta t}\lambda_N(\delta u_N^A-\delta u_N^B)+{}^{t+\Delta t}\lambda_1(\delta u_1^A-\delta u_1^B)+\right.\\&\left.{}^{t+\Delta t}\lambda_2(\delta u_2^A-\delta u_2^B)\right]{}^{t+\Delta t}\mathrm{d}S\\=&\int_{{}^{t+\Delta t}S_c}{}^{t+\Delta t}\lambda_J(\delta u_J^A-\delta u_J^B)\,{}^{t+\Delta t}\mathrm{d}S\quad(J=1,2,3(=N))\end{aligned} \tag{17.3.22}$$

$$\begin{aligned}(\delta\Pi_{CL})_\lambda=&\int_{{}^{t+\Delta t}S_c}\left[\delta\,{}^{t+\Delta t}\lambda_N(u_N^A-u_N^B+{}^t\bar{g}_N)+\delta\,{}^{t+\Delta t}\lambda_1(u_1^A-u_1^B)+\right.\\&\left.\delta\,{}^{t+\Delta t}\lambda_2(u_2^A-u_2^B)\right]{}^{t+\Delta t}\mathrm{d}S\end{aligned} \tag{17.3.23}$$

$(\delta\Pi_{CL})_u$ 和 $(\delta\Pi_{CL})_\lambda$ 分别是 $\Pi_{CL}$ 对于位移增量和拉格朗日乘子进行变分而引起的部分。考虑到 $\delta u_J^A$，$\delta u_J^B$ 和 $\delta\lambda_J(J=1,2,3(=N))$ 变分的任意性，因而从 $\delta\Pi=0$ 可以得到

$$\delta\Pi_u+(\delta\Pi_{CL})_u=0 \tag{17.3.24}$$

$$(\delta\Pi_{CL})_\lambda=0 \tag{17.3.25}$$

(17.3.24)式可以具体表示为

$$\int_{^{t+\Delta t}V} {}^{t+\Delta t}\tau_{ij}\,\delta\,{}_{t+\Delta t}e_{ij}\,{}^{t+\Delta t}\mathrm{d}V - {}^{t+\Delta t}W_L - {}^{t+\Delta t}W_I + \int_{^{t+\Delta t}S_c} {}^{t+\Delta t}\lambda_J(\delta u_J^A - \delta u_J^B)\,{}^{t+\Delta t}\mathrm{d}S = 0 \tag{17.3.26}$$

(17.3.25)式具体表示为

$$u_N^A - u_N^B + {}^t\bar{g}_N = 0 \qquad u_1^A - u_1^B = 0 \qquad u_2^A - u_2^B = 0 \tag{17.3.27}$$

将(17.3.26)和已将(17.3.16)式代入后的(17.3.13)式进行对比，可以认识到用拉格朗日乘子法求解接触问题时，应有

$${}^{t+\Delta t}W_c = -(\delta\Pi_{CL})_u = \int_{^{t+\Delta t}S_c} -{}^{t+\Delta t}\lambda_J(\delta u_J^A - \delta u_J^B)\,{}^{t+\Delta t}\mathrm{d}S \qquad (J = 1,2,3(=N)) \tag{17.3.28}$$

从而可得到接触面${}^{t+\Delta t}S_c^A$和${}^{t+\Delta t}S_c^B$上的接触力为

$${}^{t+\Delta t}F_J^A = -{}^{t+\Delta t}\lambda_J \qquad {}^{t+\Delta t}F_J^B = {}^{t+\Delta t}\lambda_J \qquad (J = 1,2,3(=N)) \tag{17.3.29}$$

以上各式是对于粘结接触状态的结果。如果用于无摩擦的接触情况，由于切向运动不受约束，因此$\lambda_1=\lambda_2=0$，这时

$${}^{t+\Delta t}W_c = -(\delta\Pi_{CL})_u = \int_{^{t+\Delta t}S_c} -{}^{t+\Delta t}\lambda_N(\delta u_N^A - \delta u_N^B)\,{}^{t+\Delta t}\mathrm{d}S \tag{17.3.30}$$

如果用于有摩擦的滑动接触状态，因为

$$|\,{}^{t+\Delta t}\boldsymbol{F}_T^A\,| = \mu\,|\,{}^{t+\Delta t}\boldsymbol{F}_N^A\,|$$

或它的进一步表达式

$${}^{t+\Delta t}F_J^A = -\mu\,{}^{t+\Delta t}F_N^A\bar{u}_J/\bar{u}_T \qquad (J = 1,2) \tag{17.3.11}$$

将(17.3.11)式代入(17.3.29)式，则得到

$${}^{t+\Delta t}\lambda_J = -\mu\,{}^{t+\Delta t}\lambda_N\bar{u}_J/\bar{u}_T \qquad (J = 1,2) \tag{17.3.31}$$

将上式代回(17.3.28)式，则得到对于摩擦滑动接触状态的虚功表达式，即

$${}^{t+\Delta t}W_c = -(\delta\Pi_{CL})_u = \int_{^{t+\Delta t}S_c} -{}^{t+\Delta t}\lambda_N[(\delta u_N^A - \delta u_N^B) - \mu(\bar{u}_J/\bar{u})\cdot (\delta u_J^A - \delta u_J^B)]\,{}^{t+\Delta t}\mathrm{d}S \qquad (J = 1,2) \tag{17.3.32}$$

从以上的讨论可见，对于滑动接触状态不管有无摩擦，都只有一个独立的拉格朗日乘子$\lambda_N$，求解时只需要补充一个方程，即法向不可贯入性约束条件，也就是(17.3.27)式的第1式，即

$$u_N^A - u_N^B - {}^t\bar{g}_N = 0$$

用拉格朗日乘子法引入接触界面约束条件可以使约束条件得到精确的满足。不足之处在第8章中已指出，即(1)增加了方程的自由度数；(2)求解方程的系数矩阵中包含零对角元素，带来求解的不便。前一缺点带来的另一问题是使得包含惯性项的接触问题的有限元方程和显式时间积分的求解格式不协调(详见17.5.1小节)。

## 17.3.5　罚函数法

根据第 8 章 8.2.2 小节讨论的关于利用罚函数法将附加约束条件引入泛函以进行求解的原理，对于接触问题，可以将泛函表示为

$$\Pi = \Pi_u + \Pi_{CP} \tag{17.3.33}$$

其中 $\Pi_{CP}$是用罚函数引入接触定解条件的附加泛函。现在仍首先讨论粘结接触状态，这时引入约束条件（即表 17.1 所列的定解条件）的附加泛函和它的变分表达如下：

$$\Pi_{CP} = \int_{^{t+\Delta t}S_c} [\alpha_N (u_N^A - u_N^B + {}^t\bar{g}_N)^2 + \alpha_1 (u_1^A - u_1^B)^2 + \alpha_2 (u_2^A - u_2^B)^2] \, {}^{t+\Delta t}\mathrm{d}S \tag{17.3.34}$$

$$\delta\Pi_{CP} = \int_{^{t+\Delta t}S_c} [\alpha_N (u_N^A - u_N^B + {}^t\bar{g}_N)(\delta u_N^A - \delta u_N^B) + \alpha_1 (u_1^A - u_1^B)(\delta u_1^A - \delta u_1^B) + \alpha_2 (u_2^A - u_2^B)(\delta u_2^A - \delta u_2^B)] \, {}^{t+\Delta t}\mathrm{d}S \tag{17.3.35}$$

从 $\delta\Pi = \delta\Pi_u + \delta\Pi_{CP} = 0$ 可以得到接触问题的求解方程。将 $\delta\Pi = 0$ 和已将（17.3.16）式代入后的（17.3.13）式进行比较，可以得知，用罚函数法求解粘结接触问题时，应有

$$^{t+\Delta t}W_c = -\delta\Pi_{CP} = \int_{^{t+\Delta t}S_c} [-\alpha_N (u_N^A - u_N^B + {}^t\bar{g}_N)(\delta u_N^A - \delta u_N^B) - \alpha_1 (u_1^A - u_1^B)(\delta u_1^A - \delta u_1^B) - \alpha_2 (u_2^A - u_2^B)(\delta u_2^A - \delta u_2^B)] \, {}^{t+\Delta t}\mathrm{d}S \tag{17.3.36}$$

因此接触界面上的接触力应表达为

$$^{t+\Delta t}F_N^A = -{}^{t+\Delta t}F_N^B = -\alpha_N (u_N^A - u_N^B + {}^t\bar{g}_N) = -\alpha_N \, {}^{t+\Delta t}g_N \tag{17.3.37}$$

$$^{t+\Delta t}F_J^A = -{}^{t+\Delta t}F_J^B = -\alpha_J (u_J^A - u_J^B) \qquad (J = 1,2) \tag{17.3.38}$$

对于无摩擦的接触状态，则应是

$$^{t+\Delta t}F_J^A = -{}^{t+\Delta t}F_J^B = \alpha_J = 0 \qquad (J = 1,2) \tag{17.3.39}$$

这时

$$^{t+\Delta t}W_c = -\delta\Pi_{CP} = \int_{^{t+\Delta t}S_c} -\alpha_N (u_N^A - u_N^B + {}^t\bar{g}_N)(\delta u_N^A - \delta u_N^B) \, {}^{t+\Delta t}\mathrm{d}S \tag{17.3.40}$$

对于有摩擦的滑动状态，将（17.3.37）式代入（17.3.11）式，则得到

$$^{t+\Delta t}F_J^A = -{}^{t+\Delta t}F_J^B = -\alpha_J (u_J^A - u_J^B) = \mu\alpha_N (u_N^A - u_N^B + {}^t\bar{g}_N)\bar{u}_J / \bar{u}_T \qquad (J = 1,2) \tag{17.3.41}$$

这时

$$^{t+\Delta t}W_c = -\delta\Pi_{CP} = \int_{^{t+\Delta t}S_c} -\alpha_N (u_N^A - u_N^B + {}^t\bar{g}_N)[(\delta u_N^A - \delta u_N^B) - \mu(\bar{u}_J / \bar{u}_T)(\delta u_J^A - \delta u_J^B)] \, {}^{t+\Delta t}\mathrm{d}S \tag{17.3.42}$$

和拉格朗日乘子法相比较，用罚函数法引入接触界面约束条件的优缺点正好相反。

它的优点是不增加问题的自由度，而且使求解方程的系数矩阵保持正定。因为不增加问题的自由度，可以和用显式数值积分方法求解包含惯性项的接触问题时的求解方程相协调。由于系数矩阵保持正定，在静力接触问题求解时，可以避免由于系数矩阵非正定性可能出现的麻烦。因此，罚函数法得到较广泛的应用。罚函数法的缺点是，约束条件只能近似地被满足。理论上，增大罚参数 $\alpha$ 可使计算精度提高，但是接触问题中罚参数 $\alpha$ 的大小受到更为严格的限制。一是罚参数 $\alpha$ 愈大，显式解法的时间步长的临界值降低得愈多。二是罚参数 $\alpha$ 过大，可能使相互接触的两个物体的相对运动发生虚假的反向，从而使解的过程不稳定。因此罚参数 $\alpha$ 的具体取值是需要特别关注的问题，这将在 17.5.1 小节中作进一步的讨论。

## 17.4 接触问题的有限元方程

一般非线性问题的有限元方程和解法已在 16.4 节中进行了详细的讨论，这些内容都适用于接触问题。本节要讨论的是与对接触界面上的各个力学量进行有限元离散处理相关的问题，以形成问题的有限元求解方程。

### 17.4.1 接触界面的离散处理

1. 接触块和接触点对

在运动过程中，两个物体的接触界面不仅区域大小是变化的，而且可能发生相互滑动。因此在对物体 $A$ 和 $B$ 进行有限元离散后，接触界面两边 $S_c^A$ 和 $S_c^B$ 上的单元和结点的相互位置也是不断变化的。我们将单元处于接触面上的面(或边)称为**接触块**(或**线**)。图 17.5 表示二维接触问题在接触界面上，接触体的每一条接触线(称被动接触线)及靶体的每一条接触线(称主动接触线)，各与两条主动接触线及被动接触线相接触。三维接触问题则是每一个被(主)动接触块各与多个主(被)动接触块相接触。图 17.6 表示一个被动接触块和 4 个主动接触块相接触的情况。

现在以图 17.6 所示作为典型情况，讨论接触面的离散处理。通常的做法是将被动接触块上的结点 $P$ 和主动接触块上与其接触的 $Q$ 点构成一个**接触点对**。它们在 $t+\Delta t$ 时刻的坐标和位移分别是 ${}^{t+\Delta t}\boldsymbol{x}_P$，${}^{t+\Delta t}\boldsymbol{u}_P$ 和 ${}^{t+\Delta t}\boldsymbol{x}_Q$，${}^{t+\Delta t}\boldsymbol{u}_Q$。因为 $Q$ 点不是单元的结点，其坐标和位移可由所在接触块上结点的坐标和位移插值得到。现假设主动接触块是二维的 4 结点单元，则有

$$
\begin{aligned}
{}^{t+\Delta t}\boldsymbol{x}_Q &= \sum_{i=1}^{4} N_i(\xi_Q,\eta_Q)\ {}^{t+\Delta t}\boldsymbol{x}_i \\
{}^{t+\Delta t}\boldsymbol{u}_Q &= \sum_{i=1}^{4} N_i(\xi_Q,\eta_Q)\ {}^{t+\Delta t}\boldsymbol{u}_i
\end{aligned}
\qquad (17.4.1)
$$

且有

$$^{t+\Delta t}\boldsymbol{x}_Q = {}^t\boldsymbol{x}_Q + \boldsymbol{u}_Q \quad {}^{t+\Delta t}\boldsymbol{u}_Q = {}^t\boldsymbol{u}_Q + \boldsymbol{u}_Q \quad \boldsymbol{u}_Q = \sum_{i=1}^{4} N_i(\xi_Q, \eta_Q)\boldsymbol{u}_i \tag{17.4.2}$$

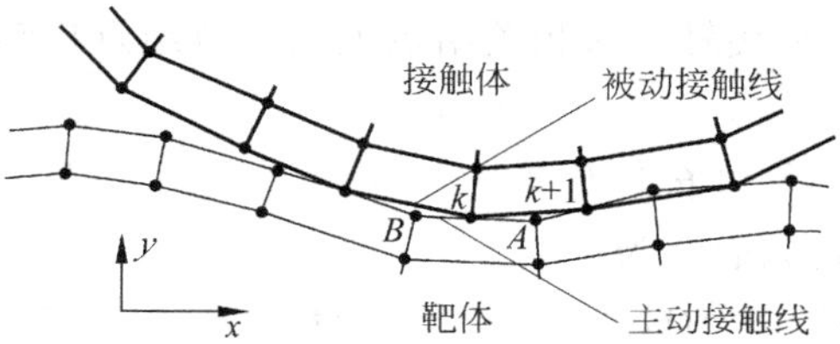


图 17.5　二维问题的主动接触线和被动接触线

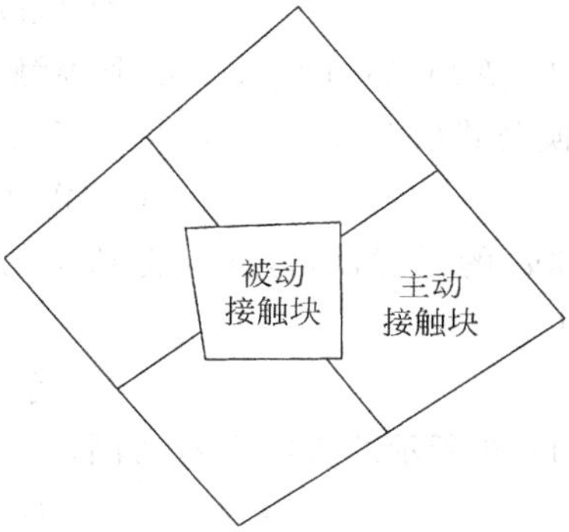


图 17.6　一个被动接触块和多个主动接触块相接触

(17.4.1)和(17.4.2)式中，$N_i$ 是二维 4 结点单元的插值函数，$\xi_Q$ 和 $\eta_Q$ 是 $Q$ 点在单元中的自然坐标。这样一来，对于接触点对 $P$ 和 $Q$ 间的相对位移可以表达为

$$\boldsymbol{u}_P - \boldsymbol{u}_Q = \boldsymbol{N}_c\boldsymbol{u}_c \tag{17.4.3}$$

其中

$$\boldsymbol{N}_c = [\boldsymbol{I} \quad -\boldsymbol{N}_1 \quad -\boldsymbol{N}_2 \quad -\boldsymbol{N}_3 \quad -\boldsymbol{N}_4]$$

$$\boldsymbol{u}_c = [\boldsymbol{u}_P^{\mathrm{T}} \quad \boldsymbol{u}_1^{\mathrm{T}} \quad \boldsymbol{u}_2^{\mathrm{T}} \quad \boldsymbol{u}_3^{\mathrm{T}} \quad \boldsymbol{u}_4^{\mathrm{T}}]^{\mathrm{T}}$$

$$\boldsymbol{I} = \boldsymbol{I}_{3\times 3} \qquad \boldsymbol{N}_i = \boldsymbol{I}N_i \quad (i = 1,2,3,4)$$

因为上式中 $\boldsymbol{u}_c$，$\boldsymbol{u}_P$ 和 $\boldsymbol{u}_Q$ 是在总体坐标系中定义的，为将它们引入接触条件，需将其转换到局部坐标系，即

$$\boldsymbol{u}^A - \boldsymbol{u}^B = {}^{t+\Delta t}\boldsymbol{\theta}^{\mathrm{T}}(\boldsymbol{u}_P - \boldsymbol{u}_Q) = {}^{t+\Delta t}\boldsymbol{\theta}^{\mathrm{T}}\boldsymbol{N}_c\boldsymbol{u}_c \tag{17.4.4}$$

上式左端位移项的右上标 $A$ 或 $B$ 表示是在接触点对的局部坐标系中定义的，为了方便起见，略去了右下标 $P$ 和 $Q$。式中 $\boldsymbol{\theta}$ 是两种坐标系之间的转换矩阵，它的表达式是

$$\boldsymbol{\theta} = [\boldsymbol{e}_1 \quad \boldsymbol{e}_2 \quad \boldsymbol{e}_3] = \begin{bmatrix} e_{1x} & e_{2x} & e_{3x} \\ e_{1y} & e_{2y} & e_{3y} \\ e_{1z} & e_{2z} & e_{3z} \end{bmatrix} \tag{17.4.5}$$

其中，$e_{Ji}(J=1,2,3, i=x,y,z)$ 是 $\boldsymbol{e}_J$ 在总体坐标系 $x, y, z$ 方向的分量。

2. 等效结点接触力

接触界面经离散处理后，原来作用于接触面上的分布接触力的虚功表达式(17.3.16)可以转换为离散形式，即

$$^{t+\Delta t}W_c = \sum_{k=1}^{n_c} ({}^{t+\Delta t}W_c)_k \tag{17.4.6}$$

其中，$n_c$ 是接触点对的数目；$({}^{t+\Delta t}W_c)_k$ 是每一个接触点对上等效接触力的虚功，即

$$({}^{t+\Delta t}W_c)_k = [{}^{t+\Delta t}F_J^A(\delta u_J^A - \delta u_J^B)]_k = [(\delta \boldsymbol{u}^A - \delta \boldsymbol{u}^B)^{\mathrm{T}}\ {}^{t+\Delta t}\boldsymbol{F}^A]_k \tag{17.4.7}$$

式中$({}^{t+\Delta t}F_J^A)_k$ 现在代表第 $k$ 个接触点对之间的等效接触力沿局部坐标的分量。现将位移转换公式(17.4.4)代入(17.4.7)式可以得到

$$({}^{t+\Delta t}W_c)_k = (\delta \boldsymbol{u}_c^{\mathrm{T}} \boldsymbol{N}_c^{\mathrm{T}}\ {}^{t+\Delta t}\boldsymbol{\theta}\ {}^{t+\Delta t}\boldsymbol{F}^A)_k \tag{17.4.8}$$

考虑 $\delta u_c$ 的任意性，这样就得到作用于第 $k$ 个接触点对相关结点上的等效结点接触力向量，即

$$({}^{t+\Delta t}\boldsymbol{Q}_c)_k = (\boldsymbol{N}_c^{\mathrm{T}}\ {}^{t+\Delta t}\boldsymbol{\theta}\ {}^{t+\Delta t}\boldsymbol{F}^A)_k \tag{17.4.9}$$

以图 17.6 所示的接触点对为例，$({}^{t+\Delta t}\boldsymbol{Q}_c)_k$ 可以表示为

$$({}^{t+\Delta t}\boldsymbol{Q}_c)_k = [{}^{t+\Delta t}\boldsymbol{Q}_P^{\mathrm{T}} \quad {}^{t+\Delta t}\boldsymbol{Q}_1^{\mathrm{T}} \quad {}^{t+\Delta t}\boldsymbol{Q}_2^{\mathrm{T}} \quad {}^{t+\Delta t}\boldsymbol{Q}_3^{\mathrm{T}} \quad {}^{t+\Delta t}\boldsymbol{Q}_4^{\mathrm{T}}]^{\mathrm{T}} \tag{17.4.10}$$

其中 $\boldsymbol{Q}_P, \boldsymbol{Q}_1, \cdots, \boldsymbol{Q}_4$ 是作用于各个相关结点上的等效接触力向量，它们各自的 3 个分量是沿总体坐标分解的。

从以上讨论可见，只要将接触点对之间的对应不同接触状况的接触力${}^{t+\Delta t}\boldsymbol{F}^A$ 代入(17.4.9)式，就可以得到有限元离散后的等效结点接触力向量${}^{t+\Delta t}\boldsymbol{Q}_c$。需要注意的是，${}^{t+\Delta t}\boldsymbol{F}^A$ 的表达形式和引入约束条件的方法有关，同时在求解前也是未知量，这在上一节已经指出。

## 17.4.2 拉格朗日乘子法的有限元求解方程

在 16.4.1 小节中，从虚位移原理出发，已经得到一般非线性动力问题增量形式的有限元求解方程。它的 T.L. 格式和 U.L. 格式的表达式分别如(16.4.15)和(16.4.16)式所示。将它们用于接触问题时，则需要补充等效结点接触力向量${}^{t+\Delta t}\boldsymbol{Q}_c$，即对于 T.L. 格式

$$\boldsymbol{M}\ {}^{t+\Delta t}\ddot{\boldsymbol{u}} + ({}_0^t\boldsymbol{K}_L + {}_0^t\boldsymbol{K}_{NL})\boldsymbol{u} - {}^{t+\Delta t}\boldsymbol{Q}_c = {}^{t+\Delta t}\boldsymbol{Q}_L - {}_0^t\boldsymbol{F} \tag{17.4.11}$$

对于 U.L. 格式

$$\boldsymbol{M}\ {}^{t+\Delta t}\ddot{\boldsymbol{u}} + ({}_t^t\boldsymbol{K}_L + {}_t^t\boldsymbol{K}_{NL})\boldsymbol{u} - {}^{t+\Delta t}\boldsymbol{Q}_c = {}^{t+\Delta t}\boldsymbol{Q}_L - {}_t^t\boldsymbol{F} \tag{17.4.12}$$

以上两式中各个矩阵和向量的定义见 16.4.1 小节。其中${}^{t+\Delta t}\boldsymbol{Q}_L$ 即原式中的${}^{t+\Delta t}\boldsymbol{Q}$，表示它是等效结点载荷向量。因为${}^{t+\Delta t}\boldsymbol{Q}_c$ 是未知量，所以移至方程左端。应指出的是，如果采用拉格朗日乘子法求解接触问题，还需要补充位移约束方程才能形成完整的求解方程。

1. 粘结接触状态

(1) 等效结点接触力向量

将(17.3.29)式代入(17.4.9)式就可得到对于第 $k$ 个接触点对的等效结点接触力向量，即

$$({}^{t+\Delta t}\boldsymbol{Q}_c)_k = -(\boldsymbol{N}_c^{\mathrm{T}}\ {}^{t+\Delta t}\boldsymbol{\theta}\ {}^{t+\Delta t}\boldsymbol{\lambda})_k \tag{17.4.13}$$

其中

$$({}^{t+\Delta t}\boldsymbol{\lambda})_k = [{}^{t+\Delta t}\lambda_1 \quad {}^{t+\Delta t}\lambda_2 \quad {}^{t+\Delta t}\lambda_N]_k^{\mathrm{T}}$$

利用(17.4.4)式，还可以将采用拉格朗日乘子法时的补充方程，即原约束方程(17.3.27)式改写为

$$({}^{t+\Delta t}\boldsymbol{\theta}^{\mathrm{T}}\boldsymbol{N}_c\boldsymbol{u}_c)_k = -({}^t\bar{\boldsymbol{g}})_k \tag{17.4.14}$$

其中

$$({}^t\bar{\boldsymbol{g}})_k = [0 \quad 0 \quad {}^t\bar{g}_N]^{\mathrm{T}}$$

将以上两式对所有 $n_c$ 个接触点对集成，就得到系统的等效结点接触力向量和系统的位移约束方程，即

$$ {}^{t+\Delta t}\boldsymbol{Q}_c = -\boldsymbol{K}_{c\lambda}\ {}^{t+\Delta t}\boldsymbol{\lambda} \tag{17.4.15}$$

$$\boldsymbol{K}_{c\lambda}^{\mathrm{T}}\boldsymbol{u}_c = -{}^t\bar{\boldsymbol{g}} \tag{17.4.16}$$

其中

$$ {}^{t+\Delta t}\boldsymbol{Q}_c = \sum_{k=1}^{n_c}({}^{t+\Delta t}\boldsymbol{Q}_c)_k \qquad \boldsymbol{u}_c = \sum_{k=1}^{n_c}(\boldsymbol{u}_c)_k$$

$$\boldsymbol{K}_{c\lambda} = \sum_{k=1}^{n_c}(\boldsymbol{K}_{c\lambda})_k = \sum_{k=1}^{n_c}(\boldsymbol{N}_c^{\mathrm{T}}\ {}^{t+\Delta t}\boldsymbol{\theta})_k$$

$$ {}^{t+\Delta t}\boldsymbol{\lambda} = [({}^{t+\Delta t}\boldsymbol{\lambda}^{\mathrm{T}})_1 \quad ({}^{t+\Delta t}\boldsymbol{\lambda}^{\mathrm{T}})_2 \quad \cdots \quad ({}^{t+\Delta t}\boldsymbol{\lambda}^{\mathrm{T}})_{n_c}]^{\mathrm{T}}$$

$$ {}^t\bar{\boldsymbol{g}} = [({}^t\bar{\boldsymbol{g}}^{\mathrm{T}})_1 \quad ({}^t\bar{\boldsymbol{g}}^{\mathrm{T}})_2 \quad \cdots \quad ({}^t\bar{\boldsymbol{g}}^{\mathrm{T}})_{n_c}]^{\mathrm{T}}$$

(2) 有限元求解方程

将(17.4.15)式代入方程(17.4.11)和(11.4.12)式，并和(17.4.16)式联立，组成拉格朗日乘子法的有限元求解方程如下：

对于 T. L. 格式

$$\boldsymbol{M}\ {}^{t+\Delta t}\ddot{\boldsymbol{u}} + \begin{bmatrix} {}_0^t\boldsymbol{K}_L + {}_0^t\boldsymbol{K}_{NL} & \boldsymbol{K}_{c\lambda} \\ \boldsymbol{K}_{c\lambda}^{\mathrm{T}} & 0 \end{bmatrix}\begin{pmatrix} \boldsymbol{u} \\ {}^{t+\Delta t}\boldsymbol{\lambda} \end{pmatrix} = \begin{pmatrix} {}^{t+\Delta t}\boldsymbol{Q}_L - {}_0^t\boldsymbol{F} \\ -{}^t\bar{\boldsymbol{g}} \end{pmatrix} \tag{17.4.17}$$

对于 U. L. 格式

$$\boldsymbol{M}\ {}^{t+\Delta t}\ddot{\boldsymbol{u}} + \begin{bmatrix} {}_t^t\boldsymbol{K}_L + {}_t^t\boldsymbol{K}_{NL} & \boldsymbol{K}_{c\lambda} \\ \boldsymbol{K}_{c\lambda}^{\mathrm{T}} & 0 \end{bmatrix}\begin{pmatrix} \boldsymbol{u} \\ {}^{t+\Delta t}\boldsymbol{\lambda} \end{pmatrix} = \begin{pmatrix} {}^{t+\Delta t}\boldsymbol{Q}_L - {}_t^t\boldsymbol{F} \\ -{}^t\bar{\boldsymbol{g}} \end{pmatrix} \tag{17.4.18}$$

2. 有摩擦滑动接触状态

(1) 等效结点接触力向量

将(17.3.31)式代入(17.4.13)式中，对于第 $k$ 个接触点对，就可以得到

$$({}^{t+\Delta t}\boldsymbol{Q}_c)_k = -\left[\boldsymbol{N}_c^{\mathrm{T}}\left(-\mu\frac{\bar{u}_1}{\bar{u}_T}\ {}^{t+\Delta t}\boldsymbol{e}_1 - \mu\frac{\bar{u}_2}{\bar{u}_T}\ {}^{t+\Delta t}\boldsymbol{e}_2 + {}^{t+\Delta t}\boldsymbol{e}_3\right){}^{t+\Delta t}\lambda_N\right]_k \tag{17.4.19}$$

或者写成

$$({}^{t+\Delta t}\boldsymbol{Q}_c)_k = -(\boldsymbol{K}_{c\lambda})_k({}^{t+\Delta t}\lambda_N)_k \tag{17.4.20}$$

其中

$$(\boldsymbol{K}_{c\lambda})_k = \left[\boldsymbol{N}_c^{\mathrm{T}}\left(-\mu\frac{\bar{u}_1}{\bar{\bar{u}}_T}{}^{t+\Delta t}\boldsymbol{e}_1 - \mu\frac{\bar{u}_2}{\bar{\bar{u}}_T}{}^{t+\Delta t}\boldsymbol{e}_2 + {}^{t+\Delta t}\boldsymbol{e}_3\right)\right]_k$$

此时，只有一个位移约束方程，即

$$({}^{t+\Delta t}\boldsymbol{e}_3^{\mathrm{T}}\boldsymbol{N}_c\boldsymbol{u}_c + {}^t\bar{g}_N)_k = 0 \tag{17.4.21}$$

或者写成

$$(\boldsymbol{K}_{cu})_k(\boldsymbol{u}_c)_k = -({}^t\bar{g}_N)_k \tag{17.4.22}$$

其中

$$(\boldsymbol{K}_{cu})_k = ({}^{t+\Delta t}\boldsymbol{e}_3^{\mathrm{T}}\boldsymbol{N}_c)_k$$

和粘结接触状态不同的是：对于摩擦滑动状态，以上两式中的系数矩阵不存在相对转置的关系，即

$$\boldsymbol{K}_{cu} \neq \boldsymbol{K}_{c\lambda}^{\mathrm{T}}$$

(2) 有限元求解方程

对所有 $n_c$ 个接触点对，集成(17.4.20)和(17.4.22)式，就可得到系统的等效结点接触向量${}^{t+\Delta t}\boldsymbol{Q}_c$ 和系统约束方程。它们是

$${}^{t+\Delta t}\boldsymbol{Q}_c = -\boldsymbol{K}_{c\lambda}\,{}^{t+\Delta t}\boldsymbol{\lambda}_N \tag{17.4.23}$$

$$\boldsymbol{K}_{cu}\boldsymbol{u}_c = -{}^t\bar{\boldsymbol{g}}_N \tag{17.4.24}$$

其中

$$\boldsymbol{K}_{c\lambda} = \sum_{k=1}^{n_c}\left[\boldsymbol{N}_c^{\mathrm{T}}\left(-\mu\frac{\bar{u}_1}{\bar{\bar{u}}_T}{}^{t+\Delta t}\boldsymbol{e}_1 - \mu\frac{\bar{u}_2}{\bar{\bar{u}}_T}{}^{t+\Delta t}\boldsymbol{e}_2 + {}^{t+\Delta t}\boldsymbol{e}_3\right)\right]_k$$

$$\boldsymbol{K}_{cu} = \sum_{k=1}^{n_c}({}^{t+\Delta t}\boldsymbol{e}_3^{\mathrm{T}}\boldsymbol{N}_c)_k$$

$${}^{t+\Delta t}\boldsymbol{\lambda}_N = [({}^{t+\Delta t}\lambda_N)_1 \quad ({}^{t+\Delta t}\lambda_N)_2 \quad \cdots \quad ({}^{t+\Delta t}\lambda_N)_{n_c}]^{\mathrm{T}}$$

$${}^t\bar{\boldsymbol{g}}_N = [({}^t\bar{g}_N)_1 \quad ({}^t\bar{g}_N)_2 \quad \cdots \quad ({}^t\bar{g}_N)_{n_c}]^{\mathrm{T}}$$

将(17.4.23)式代入(17.4.11)和(11.4.12)式，并和(17.4.24)式联立，组成摩擦滑动接触状态的有限元求解方程如下。

对于 T. L. 格式

$$\boldsymbol{M}\,{}^{t+\Delta t}\ddot{\boldsymbol{u}} + \begin{bmatrix} {}_0^t\boldsymbol{K}_L + {}_0^t\boldsymbol{K}_{NL} & \boldsymbol{K}_{c\lambda} \\ \boldsymbol{K}_{cu} & 0 \end{bmatrix}\begin{Bmatrix} \boldsymbol{u} \\ {}^{t+\Delta t}\boldsymbol{\lambda}_N \end{Bmatrix} = \begin{Bmatrix} {}^{t+\Delta t}\boldsymbol{Q}_L - {}_0^t\boldsymbol{F} \\ -{}^t\bar{\boldsymbol{g}}_N \end{Bmatrix} \tag{17.4.25}$$

对于 U. L. 格式

$$\boldsymbol{M}\,{}^{t+\Delta t}\ddot{\boldsymbol{u}} + \begin{bmatrix} {}_t^t\boldsymbol{K}_L + {}_t^t\boldsymbol{K}_{NL} & \boldsymbol{K}_{c\lambda} \\ \boldsymbol{K}_{cu} & 0 \end{bmatrix}\begin{Bmatrix} \boldsymbol{u} \\ {}^{t+\Delta t}\boldsymbol{\lambda}_N \end{Bmatrix} = \begin{Bmatrix} {}^{t+\Delta t}\boldsymbol{Q}_L - {}_t^t\boldsymbol{F} \\ -{}^t\bar{\boldsymbol{g}}_N \end{Bmatrix} \tag{17.4.26}$$

以上两式中，左端第 2 项的系数矩阵（广义刚度矩阵）是含有零对角元素的非对称矩阵。此矩阵的非对称性是由摩擦滑动接触的特性所决定的。

3. 无摩擦滑动接触状态

在(17.4.19)～(17.4.22)各式中令 $\mu=0$。这时有

$$\boldsymbol{K}_{c\lambda}=\boldsymbol{K}_{cu}^{\mathrm{T}} \tag{17.4.27}$$

因此，在求解方程(17.4.25)和(17.4.26)式中，左端第 2 项对应于 $\boldsymbol{u}$ 和 ${}^{t+\Delta t}\boldsymbol{\lambda}_N$ 的系数矩阵（广义刚度矩阵）恢复为对称矩阵。

### 17.4.3 罚函数法的有限元求解方程

1. 粘结接触状态

(1) 等效结点接触力向量

将接触力表达式(17.3.37)和(17.3.38)式改写成矩阵形式，即

$${}^{t+\Delta t}\boldsymbol{F}^A=-\boldsymbol{\alpha}_{st}(\boldsymbol{u}^A-\boldsymbol{u}^B)-\alpha_N\,{}^t\bar{\boldsymbol{g}} \tag{17.4.28}$$

其中

$$\boldsymbol{\alpha}_{st}=\begin{bmatrix}\alpha_1 & & \\ & \alpha_2 & \\ & & \alpha_N\end{bmatrix}\qquad {}^t\bar{\boldsymbol{g}}=\begin{bmatrix}0\\0\\{}^t\bar{g}_N\end{bmatrix}$$

将(17.4.4)式代入(17.4.28)式，即得到

$${}^{t+\Delta t}\boldsymbol{F}^A=-\boldsymbol{\alpha}_{st}\,{}^{t+\Delta t}\boldsymbol{\theta}^{\mathrm{T}}\boldsymbol{N}_c\boldsymbol{u}_c-\alpha_N\,{}^t\bar{\boldsymbol{g}} \tag{17.4.29}$$

进一步将此式代入(17.4.9)式，则可得到第 $k$ 个接触点对的等效结点接触力向量，即

$$({}^{t+\Delta t}\boldsymbol{Q}_c)_k=-[\boldsymbol{N}_c^{\mathrm{T}}\,{}^{t+\Delta t}\boldsymbol{\theta}(\boldsymbol{\alpha}_{st}\,{}^{t+\Delta t}\boldsymbol{\theta}^{\mathrm{T}}\boldsymbol{N}_c\boldsymbol{u}_c+\alpha_N\,{}^t\bar{\boldsymbol{g}})]_k \tag{17.4.30}$$

如果在计算中，取 $\alpha_1=\alpha_2=\alpha_N=\alpha$，则上式可以简化为

$$({}^{t+\Delta t}\boldsymbol{Q}_c)_k=-(\alpha\boldsymbol{N}_c^{\mathrm{T}}\boldsymbol{N}_c\boldsymbol{u}_c+\alpha\,{}^t\bar{g}_N\boldsymbol{N}_c^{\mathrm{T}}\,{}^{t+\Delta t}\boldsymbol{e}_3)_k \tag{17.4.31}$$

或者写成

$$({}^{t+\Delta t}\boldsymbol{Q}_c)_k=-(\boldsymbol{K}_{c\alpha})_k(\boldsymbol{u}_c)_k+({}^{t+\Delta t}\widetilde{\boldsymbol{Q}}_c)_k \tag{17.4.32}$$

其中

$$(\boldsymbol{K}_{c\alpha})_k=(\alpha\boldsymbol{N}_c^{\mathrm{T}}\boldsymbol{N}_c)_k$$

$$({}^{t+\Delta t}\widetilde{\boldsymbol{Q}}_c)_k=-(\alpha\,{}^t\bar{g}_N\boldsymbol{N}_c^{\mathrm{T}}\,{}^{t+\Delta t}\boldsymbol{e}_3)_k$$

从(17.4.32)式可见，$(\boldsymbol{K}_{c\alpha})_k$ 是对称矩阵。将$({}^{t+\Delta t}\boldsymbol{Q}_c)_k$ 对所有 $n_c$ 个接触点对集成，则得到系统的等效结点接触力向量，即

$${}^{t+\Delta t}\boldsymbol{Q}_c=-\boldsymbol{K}_{c\alpha}\boldsymbol{u}_c+{}^{t+\Delta t}\widetilde{\boldsymbol{Q}}_c \tag{17.4.33}$$

其中

$$\boldsymbol{K}_{c\alpha} = \sum_{k=1}^{n_c}(\boldsymbol{K}_{c\alpha})_k \qquad \boldsymbol{u}_c = \sum_{k=1}^{n_c}(\boldsymbol{u}_c)_k \qquad {}^{t+\Delta t}\widetilde{\boldsymbol{Q}}_c = \sum_{k=1}^{n_c}({}^{t+\Delta t}\widetilde{\boldsymbol{Q}}_c)_k$$

(2) 有限元求解方程

建立有限元求解方程时，和拉格朗日乘子法相类同，将(17.4.33)式代入(17.4.11)和(17.4.12)式。但(17.4.33)式右端的第2项${}^{t+\Delta t}\widetilde{\boldsymbol{Q}}_c$可作为已知量处理，故仍应移回到方程的右端，于是就得到如下求解方程，即

对于T.L.格式

$$\boldsymbol{M}\,{}^{t+\Delta t}\ddot{\boldsymbol{u}} + ({}_0^t\boldsymbol{K}_L + {}_0^t\boldsymbol{K}_{NL} + \boldsymbol{K}_{c\alpha})\boldsymbol{u} = {}^{t+\Delta t}\boldsymbol{Q}_L + {}^{t+\Delta t}\widetilde{\boldsymbol{Q}}_c - {}_0^t\boldsymbol{F} \tag{17.4.34}$$

对于U.L.格式

$$\boldsymbol{M}\,{}^{t+\Delta t}\ddot{\boldsymbol{u}} + ({}_t^t\boldsymbol{K}_L + {}_t^t\boldsymbol{K}_{NL} + \boldsymbol{K}_{c\alpha})\boldsymbol{u} = {}^{t+\Delta t}\boldsymbol{Q}_L + {}^{t+\Delta t}\widetilde{\boldsymbol{Q}}_c - {}_t^t\boldsymbol{F} \tag{17.4.35}$$

2. 摩擦滑动接触状态

利用(17.3.37)，(17.3.41)和(17.4.4)式，可将摩擦滑动接触状态的接触力${}^{t+\Delta t}\boldsymbol{F}_A$表示为如下形式，即

$${}^{t+\Delta t}\boldsymbol{F}^A = -\boldsymbol{\alpha}_{fs}(u_N^A - u_N^B + {}^t\bar{g}_N) = -\boldsymbol{\alpha}_{fs}({}^{t+\Delta t}\boldsymbol{e}_3^{\mathrm{T}}\boldsymbol{N}_c\boldsymbol{u}_c + {}^t\bar{g}_N) \tag{17.4.36}$$

其中

$$\boldsymbol{\alpha}_{fs} = \alpha\left[-\mu\frac{\bar{u}_1}{\bar{\bar{u}}_T} \quad -\mu\frac{\bar{u}_2}{\bar{\bar{u}}_T} \quad 1\right]^{\mathrm{T}}$$

将上式代入(17.4.9)式，则得到第$k$个接触点对的等效结点接触力向量为

$$\begin{aligned}({}^{t+\Delta t}\boldsymbol{Q}_c)_k &= -\left[\boldsymbol{N}_c^{\mathrm{T}}\,{}^{t+\Delta t}\boldsymbol{\theta}\,\boldsymbol{\alpha}_{fs}({}^{t+\Delta t}\boldsymbol{e}_3^{\mathrm{T}}\boldsymbol{N}_c\boldsymbol{u}_c + {}^t\bar{g}_N)\right]_k \\ &= -\alpha\left[\boldsymbol{N}_c^{\mathrm{T}}\left(-\mu\frac{\bar{u}_1}{\bar{\bar{u}}_T}\,{}^{t+\Delta t}\boldsymbol{e}_1 - \mu\frac{\bar{u}_2}{\bar{\bar{u}}_T}\,{}^{t+\Delta t}\boldsymbol{e}_2 + {}^{t+\Delta t}\boldsymbol{e}_3\right)\times\right. \\ &\qquad \left.({}^{t+\Delta t}\boldsymbol{e}_3^{\mathrm{T}}\boldsymbol{N}_c\boldsymbol{u}_c + {}^t\bar{g}_N)\right]_k\end{aligned} \tag{17.4.37}$$

上式可以进一步表示成类似(17.4.32)式的形式，即

$$({}^{t+\Delta t}\boldsymbol{Q}_c)_k = -(\boldsymbol{K}_{c\alpha})_k(\boldsymbol{u}_c)_k + ({}^{t+\Delta t}\widetilde{\boldsymbol{Q}}_c)_k \tag{17.4.38}$$

其中

$$(\boldsymbol{K}_{c\alpha})_k = \alpha\left[\boldsymbol{N}_c^{\mathrm{T}}\left(-\mu\frac{\bar{u}_1}{\bar{\bar{u}}_T}\,{}^{t+\Delta t}\boldsymbol{e}_1 - \mu\frac{\bar{u}_2}{\bar{\bar{u}}_T}\,{}^{t+\Delta t}\boldsymbol{e}_2 + {}^{t+\Delta t}\boldsymbol{e}_3\right)({}^{t+\Delta t}\boldsymbol{e}_3^{\mathrm{T}}\boldsymbol{N}_c)\right]_k \tag{17.4.39}$$

$$({}^{t+\Delta t}\widetilde{\boldsymbol{Q}}_c)_k = \alpha\left[\boldsymbol{N}_c^{\mathrm{T}}\left(\mu\frac{\bar{u}_1}{\bar{\bar{u}}_T}\,{}^{t+\Delta t}\boldsymbol{e}_1 + \mu\frac{\bar{u}_2}{\bar{\bar{u}}_T}\,{}^{t+\Delta t}\boldsymbol{e}_2 - {}^{t+\Delta t}\boldsymbol{e}_3\right){}^t\bar{g}_N\right]_k \tag{17.4.40}$$

因此，系统的等效结点接触力向量以及有限元求解方程仍可用(17.4.33)～(17.4.35)式来表示，只是其中的$(\boldsymbol{K}_{c\alpha})_k$和$({}^{t+\Delta t}\widetilde{\boldsymbol{Q}}_c)_k$必须用(17.4.39)和(17.4.40)式代入。还应注意到$\boldsymbol{K}_{c\alpha}$是非对称矩阵，这和拉格朗日乘子法用于摩擦滑动接触状态时的情况相同。

3. 无摩擦滑动接触状态

这时，$\mu=0$，代入(17.4.39)和(17.4.40)式，则有

$$(\boldsymbol{K}_{c\alpha})_k = \alpha[\boldsymbol{N}_c^{\mathrm{T}}\ {}^{t+\Delta t}\boldsymbol{e}_3\ {}^{t+\Delta t}\boldsymbol{e}_3^{\mathrm{T}}\boldsymbol{N}_c]_k \tag{17.4.41}$$

$$({}^{t+\Delta t}\widetilde{\boldsymbol{Q}}_c)_k = -\alpha[\boldsymbol{N}_c^{\mathrm{T}}\ {}^{t+\Delta t}\boldsymbol{e}_3\ {}^{t}\overline{g}_N]_k \tag{17.4.42}$$

从(17.4.41)式可见，此时 $\boldsymbol{K}_{c\alpha}$ 恢复为对称矩阵。

## 17.5　有限元方程的求解方法

### 17.5.1　显式解法

1. 中心差分法的逐步递推公式

在用显式方法求解接触问题时，通常采用二步形式的中心差分法(即在 Newmark 递推公式中令 $\alpha=0,\delta=1/2$)，此时应有

$$^{t+\Delta t}\boldsymbol{u} = {}^{t}\boldsymbol{u} + {}^{t}\dot{\boldsymbol{u}}\Delta t + \frac{1}{2}\,{}^{t}\ddot{\boldsymbol{u}}\Delta t^2 \tag{17.5.1}$$

$$^{t+\Delta t}\dot{\boldsymbol{u}} = {}^{t}\dot{\boldsymbol{u}} + \frac{1}{2}({}^{t}\ddot{\boldsymbol{u}} + {}^{t+\Delta t}\ddot{\boldsymbol{u}})\Delta t \tag{17.5.2}$$

(17.5.1)式表明，上一增量步的解 ${}^{t}\boldsymbol{u}$ 和 ${}^{t}\dot{\boldsymbol{u}}$ 及 ${}^{t}\ddot{\boldsymbol{u}}$ 求得以后，下一增量步的 ${}^{t+\Delta t}\boldsymbol{u}$ 是在求解前即可计算出的已知量。

2. 罚函数法的递推公式

将以上公式用于有限元方程(17.4.11)和(17.4.12)式，对于采用罚函数法的求解方案，可以得到以下的逐步递推公式，即

对于 T. L. 格式

$$\boldsymbol{M}\ {}^{t+\Delta t}\ddot{\boldsymbol{u}} = {}^{t+\Delta t}\boldsymbol{Q}_L + {}^{t+\Delta t}\boldsymbol{Q}_c - {}^{t+\Delta t}_{\ \ 0}\boldsymbol{F} \tag{17.5.3}$$

对于 U. L. 格式

$$\boldsymbol{M}\ {}^{t+\Delta t}\ddot{\boldsymbol{u}} = {}^{t+\Delta t}\boldsymbol{Q}_L + {}^{t+\Delta t}\boldsymbol{Q}_c - {}^{t+\Delta t}_{t+\Delta t}\boldsymbol{F} \tag{17.5.4}$$

其中，将 ${}^{t+\Delta t}\boldsymbol{Q}_c$ 也作为已知项放于方程的右端，这是由于在罚函数法中，无论哪种接触状态，${}^{t+\Delta t}\boldsymbol{Q}_c$ 都是已知量 ${}^{t+\Delta t}\boldsymbol{u}$ 的函数(见(17.4.33)和(17.4.38)等公式)，所以 ${}^{t+\Delta t}\boldsymbol{Q}_c$ 是已知量。以上两式中，右端第 3 项是 $t+\Delta t$ 时刻的结点内力向量，也是已知量，它们分别表示如下。

$$\begin{aligned}
{}^{t+\Delta t}_{\ \ 0}\boldsymbol{F} &= {}^{t}_{0}\boldsymbol{F} + ({}^{t}_{0}\boldsymbol{K}_L + {}^{t}_{0}\boldsymbol{K}_{NL})\boldsymbol{u} = \sum_e \int_{{}^0V} {}^{t+\Delta t}_{\ \ 0}\boldsymbol{B}_L^{\mathrm{T}}\ {}^{t+\Delta t}\hat{\boldsymbol{S}}\ {}^{0}\mathrm{d}V \\
{}^{t+\Delta t}_{t+\Delta t}\boldsymbol{F} &= {}^{t}_{t}\boldsymbol{F} + ({}^{t}_{t}\boldsymbol{K}_L + {}^{t}_{t}\boldsymbol{K}_{NL})\boldsymbol{u} = \sum_e \int_{{}^tV} {}^{t+\Delta t}_{t+\Delta t}\boldsymbol{B}_L^{\mathrm{T}}\ {}^{t+\Delta t}\hat{\boldsymbol{\tau}}\ {}^{t}\mathrm{d}V
\end{aligned} \tag{17.5.5}$$

等式中间的两项都是已知项，故合并成类似于(16.4.6)和(16.4.14)式的形式(式中的 $t$ 改为 $t+\Delta t$)的右端项，以简化计算。式中的 ${}^{t+\Delta t}_{0}\boldsymbol{B}_L^{\mathrm{T}}\ {}^{t+\Delta t}_{0}\hat{\boldsymbol{S}}$ 和 ${}^{t+\Delta t}_{t+\Delta t}\boldsymbol{B}_L^{\mathrm{T}}\ {}^{t+\Delta t}_{t+\Delta t}\hat{\boldsymbol{\tau}}$ 都可以利用已知的 ${}^{t+\Delta t}\boldsymbol{u}$ 计算得到。

3. 递推求解步骤

相对于一般非线性问题，接触问题的每一个增量步结束以后，需要增加接触面的搜寻步骤。若分析采用 U.L. 格式，则时间积分的计算步骤归纳如下：

(1) 令 $t=0$，并选择 $\Delta t$。

(2) 形成集中质量矩阵 $\boldsymbol{M}$，并计算 $\boldsymbol{M}^{-1}$。

(3) 计算 ${}^{t}\ddot{\boldsymbol{u}}=\boldsymbol{M}^{-1}({}^{t}\boldsymbol{Q}_L-{}^{t}_{t}\boldsymbol{F})$。

(4) 计算 ${}^{t+\Delta t}\boldsymbol{u}={}^{t}\boldsymbol{u}+{}^{t}\dot{\boldsymbol{u}}\Delta t+\dfrac{1}{2}{}^{t}\ddot{\boldsymbol{u}}\Delta t^2$。

(5) 计算 ${}^{t+\Delta t}\boldsymbol{Q}_L$。

(6) 计算应力 ${}^{t+\Delta t}\hat{\boldsymbol{\tau}}$ 和内力 ${}^{t+\Delta t}_{t+\Delta t}\boldsymbol{F}$。

(7) 计算接触力 ${}^{t+\Delta t}\boldsymbol{F}^{A}$。

(8) 搜寻接触点对 $(P,Q)_k$ $(k=1,2,\cdots,n_c)$。

(9) 判断每一个接触点对的接触状态 $(k=1,2,\cdots,n_c)$。

(10) 计算 ${}^{t+\Delta t}\boldsymbol{Q}_c=\sum\limits_{k=1}^{n_c}({}^{t+\Delta t}\boldsymbol{Q}_c)_k$。

(11) 计算 ${}^{t+\Delta t}\ddot{\boldsymbol{u}}=\boldsymbol{M}^{-1}({}^{t+\Delta t}\boldsymbol{Q}_L+{}^{t+\Delta t}\boldsymbol{Q}_c-{}^{t+\Delta t}_{t+\Delta t}\boldsymbol{F})$。

(12) 计算 ${}^{t+\Delta t}\dot{\boldsymbol{u}}={}^{t}\dot{\boldsymbol{u}}+\dfrac{1}{2}({}^{t}\ddot{\boldsymbol{u}}+{}^{t+\Delta t}\ddot{\boldsymbol{u}})\Delta t$。

(13) 令 $t=t+\Delta t$。

(14) 若 $t<T$，返回(4)，否则结束计算。

**注** 步骤(6)中，${}^{t+\Delta t}\hat{\boldsymbol{\tau}}$ 是 Cauchy 应力向量(参见第16章(16.4.27)式)。若分析中采用 T.L. 格式，则此处应改为第2类 Piola-Kirchhoff 应力分量 ${}^{t+\Delta t}_{0}\hat{\boldsymbol{S}}$(参见第16章(16.4.22)式)；同时步骤(6)中的 ${}^{t+\Delta t}_{t+\Delta t}\boldsymbol{F}$ 应被 ${}^{t+\Delta t}_{0}\boldsymbol{F}$ 所代替。

从以上求解步骤可以看到：

(1) 显式解法的求解方程及求解步骤和不包含接触作用的问题相比较，区别仅在于：①两个增量步之间增加了接触条件的校核和新的接触点对的搜寻以及接触状态的判断；②计算等效结点接触力向量，并将它增加到求解方程右端的载荷项中。

(2) 显式解法不仅可以避免每一增量步的迭代步骤，而且可以避免摩擦滑动接触状态时非对称刚度矩阵的求逆运算。这是由于内力向量和接触力向量都是可以根据前一个增量步结束时的位移等状态量计算出来的已知量，从而作为等效载荷的一部分放在递推方程的右端，这对于导致刚度矩阵非对称性以及使得迭代收敛困难的摩擦滑动接触状态特别有意义。

正是因为上述特点，对于接触问题，显式解法在实际分析中具有很强的吸引力。

4. 罚参数 $\alpha$ 的选取

从第 8 章 8.2.2 节的讨论中已知，原则上罚参数 $\alpha$ 越大，精度越高(虽然 $\alpha$ 过大，可能会造成方程的病态，但是 $\alpha$ 比 $\boldsymbol{K}$ 中的最大主元素大 $10^4 \sim 10^5$ 量级仍是无问题的)。对于接触问题，则增加了限制 $\alpha$ 取值的新因素。因素之一是，过大的 $\alpha$ 可能使 $\Delta t$ 过分减小，从而使计算量增加。这是因为显式解法是条件稳定算法，应服从 $\Delta t \leqslant \Delta t_{cr}$ ($\Delta t_{cr} = \min(T_n/\pi)$)的限制。罚函数法的力学解释是在应约束的位移自由度之间加上了刚硬的弹簧，因此提高了系统特别是接触区域的刚度，从而使系统的 $\min(T_n)$ 减小，也即 $\Delta t_{cr}$ 减小。因此为保证计算效率，$\alpha$ 的选择不应使 $\Delta t_{cr}$ 过分的减小。另一因素是过大的 $\alpha$ 可能导致计算过程的不稳定。这是因为接触力的大小和 $\alpha$ 成比例。当两个物体进入接触、特别是发生碰撞时，接触力过大，可能使两者的相对运动发生虚假的反向。从而使计算在接触和分离之间反复变化。通常推荐取 $\alpha = \gamma K_c$，其中 $K_c$ 是接触单元的刚度，$\gamma$ 是缩放因子。通常情况下，如果 $\gamma \approx 1$，则 $(\Delta t_{cr})_c \approx 0.7\Delta t_{cr}$，($\Delta t_{cr}$ 是未引入罚函数时系统的临界时间步长)。对于杆单元，可取 $K_c = EA/l$；对于实体单元和壳单元，可取 $K_c = KA^2/V$。其中 $A$ 和 $V$ 分别是 $S_c$ 上单元的面积和体积，$K$ 是材料体积模量。

5. 用于准静态分析

准静态问题其惯性力的影响很小但持续过程较长。显式解法用于此类问题时常因 $\Delta t$ 尺度的限制，使计算量大幅度增加。此时在数值计算中有两种方法可以提高计算效率：一是提高加载速率，因为计算效率的提高和加载速率的提高成正比；二是增加材料的质量密度，从而加大 $\Delta t_{cr}$，计算效率的提高和质量密度增加倍数的平方根成比例(因为音速 $c = \sqrt{E/\rho}$)。不管用哪种方法，共同的限制是不应该改变问题的性态和响应的结果。因为准静态问题的惯性效应很小，采用以上两种方法以后，系统的动能不应超过其应变能的 5%～10%。还需指出，对于包含阻尼项或材料有应变率效应的情况，只能采用增加质量密度的方法，因为提高加载速率将同时改变了阻尼力和应变率。

6. 用于静态分析

对于静态接触问题，以罚函数法的 T. L. 格式为例(参见(17.4.34)式)，求解方程是

$$({}_0^t\boldsymbol{K}_L + {}_0^t\boldsymbol{K}_{NL} + \boldsymbol{K}_{c\alpha})\boldsymbol{u} = {}^{t+\Delta t}\boldsymbol{Q}_L + {}^{t+\Delta t}\widetilde{\boldsymbol{Q}}_c - {}_0^t\boldsymbol{F} \tag{17.5.6}$$

此式只能用隐式求解。为了能将显式解法用于静态分析，可以采用动力松弛法，具体做法是将上式改写为

$$\boldsymbol{M}\,{}^{t+\Delta t}\ddot{\boldsymbol{u}} + \boldsymbol{C}\,{}^{t+\Delta t}\dot{\boldsymbol{u}} + ({}_0^t\boldsymbol{K}_L + {}_0^t\boldsymbol{K}_{NL} + \boldsymbol{K}_{c\alpha})\boldsymbol{u} = {}^{t+\Delta t}\boldsymbol{Q}_L + {}^{t+\Delta t}\widetilde{\boldsymbol{Q}}_c - {}_0^t\boldsymbol{F} \tag{17.5.7}$$

其中，$\boldsymbol{M}$ 和 $\boldsymbol{C}$ 是引入的质量矩阵和阻尼矩阵，后者比例于前者，即取

$$C = \beta M \tag{17.5.8}$$

其中比例因子 $\beta$ 可取值为系统基频 $\omega_1$ 的临界阻尼比($2\omega_1$)，因此

$$C = 2\omega_1 M \tag{17.5.9}$$

式中系统基频 $\omega_1$ 可用 13.6.1 小节的反迭代法方便地得到。

将中心差分法的基本公式(17.5.1)和(17.5.2)式代入(17.5.7)式，就可以得到逐步递推如下公式。

$$\left(M + \frac{1}{2}\Delta t C\right){}^{t+\Delta t}\ddot{u} = {}^{t+\Delta t}Q_L + {}^{t+\Delta t}Q_c - {}^{t+\Delta t}_{\ 0}F - \left({}^t\dot{u} + \frac{1}{2}\,{}^t\ddot{u}\Delta t\right)C \tag{17.5.10}$$

当取 $\beta=2\omega_1$ 时，并用此递推公式进行递推，系统的响应可以较快地趋于静态解。如果 $\beta<2\omega_1$，即阻尼小于临界阻尼，响应将出现振荡。如果 $\beta>2\omega_1$，即阻尼较大，这时虽然没有振荡，但需要较长的时间才能趋于静态解。图 17.7 是采用不同 $\beta$ 值时的位移响应示意图[1]。

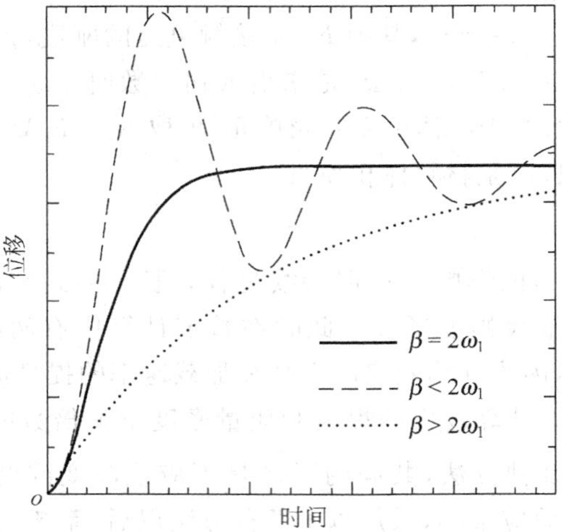


图 17.7　$\beta$ 不同取值时的结构位移响应示意图

最后指出的是，显式解法也有自身固有的缺点和不足，可以概括为：

(1) 能使约束条件得到精确满足的拉格朗日乘子法不能直接用于显式解法，这是因为其逐步递推公式左端的质量矩阵 $\boldsymbol{M}$ 是 $N_u$(位移自由度数)阶矩阵，而参与递推求解的右端项的自由度数为 $N_u+N_\lambda$($N_\lambda$ 是拉格朗日乘子数)，两者不匹配。

(2) 每个时间步长内没有误差检查和迭代步骤，因此计算误差不能控制。

(3) 由于刚度矩阵未进入递推公式的左端，因此不能用于求解屈曲问题，而在接触和碰撞过程中常常伴随结构屈曲的发生。

## 17.5.2　隐式解法

常用的隐式算法是 Newmark 方法，它的基本公式已在 13.3.2 小节中给出，为了便于理解现重新列出如下：

$$^{t+\Delta t}\boldsymbol{u} = {}^{t}\boldsymbol{u} + {}^{t}\dot{\boldsymbol{u}}\Delta t + \left[\left(\frac{1}{2}-\alpha\right){}^{t}\ddot{\boldsymbol{u}} + \alpha\, {}^{t+\Delta t}\ddot{\boldsymbol{u}}\right]\Delta t^2 \tag{17.5.11}$$

$$^{t+\Delta t}\dot{\boldsymbol{u}} = {}^{t}\dot{\boldsymbol{u}} + [(1-\delta)\, {}^{t}\ddot{\boldsymbol{u}} + \delta\, {}^{t+\Delta t}\ddot{\boldsymbol{u}}]\Delta t \tag{17.5.12}$$

$$^{t+\Delta t}\ddot{\boldsymbol{u}} = \frac{1}{\alpha\Delta t^2}({}^{t+\Delta t}\boldsymbol{u} - {}^{t}\boldsymbol{u}) - \frac{1}{\alpha\Delta t}\,{}^{t}\dot{\boldsymbol{u}} - \left(\frac{1}{2\alpha}-1\right){}^{t}\ddot{\boldsymbol{u}} \tag{17.5.13}$$

因为$^{t+\Delta t}\boldsymbol{u}$ 是依赖于$^{t+\Delta t}\ddot{\boldsymbol{u}}$的未知量，所以$^{t+\Delta t}\boldsymbol{Q}_c$ 作为$^{t+\Delta t}\boldsymbol{u}$ 的函数，当用隐式方法求解时，在(17.4.11)和(17.4.12)式中必须放在式的左端，一同进行迭代求解。

1. 罚函数法

用隐式求解非线性动力问题的递推迭代公式已在 16.4.3 小节中给出。现在只是在公式的左、右两端分别增加了 $\boldsymbol{K}_{c\alpha}\boldsymbol{u}$ 项和$^{t+\Delta t}\widetilde{\boldsymbol{Q}}_c$ 项，现在以 U. L. 格式为例，列出它结合 N-R 迭代的如下递推公式。

$$\left[\frac{1}{\alpha\Delta t^2}\boldsymbol{M} + {}^{t+\Delta t}_{t+\Delta t}\boldsymbol{K}_L^{(l)} + {}^{t+\Delta t}_{t+\Delta t}\boldsymbol{K}_{NL}^{(l)} + \boldsymbol{K}_{c\alpha}^{(l)}\right]\Delta\boldsymbol{u}^{(l)} = {}^{t+\Delta t}\boldsymbol{Q}_L + {}^{t+\Delta t}\widetilde{\boldsymbol{Q}}_c^{(l)} - {}^{t+\Delta t}_{t+\Delta t}\boldsymbol{F}^{(l)} - \boldsymbol{M}\,{}^{t+\Delta t}\ddot{\boldsymbol{u}}^{(l)} \tag{17.5.14}$$

其中

$$^{t+\Delta t}\ddot{\boldsymbol{u}}^{(l)} = \frac{1}{\alpha\Delta t^2}({}^{t+\Delta t}\boldsymbol{u}^{(l)} - {}^{t}\boldsymbol{u}) - \frac{1}{\alpha\Delta t}\,{}^{t}\dot{\boldsymbol{u}} - \left(\frac{1}{2\alpha}-1\right){}^{t}\ddot{\boldsymbol{u}} \quad (l=0,1,2,\cdots) \tag{17.5.15}$$

式中 $l$ 是迭代次数。这里的 $\boldsymbol{K}_{c\alpha}$ 和$^{t+\Delta t}\widetilde{\boldsymbol{Q}}_c$ 也写成迭代形式，这是因为它们的表达式中，除罚参数 $\alpha$ 和摩擦系数 $\mu$ 以外的各个量依赖于$^{t+\Delta t}\boldsymbol{u}$。此迭代计算公式中应用了位移的增量迭代表达式，即

$$^{t+\Delta t}\boldsymbol{u}^{(l+1)} = {}^{t+\Delta t}\boldsymbol{u}^{(l)} + \Delta\boldsymbol{u}^{(l)} \tag{17.5.16}$$

或者写成

$$^{t+\Delta t}\boldsymbol{u}^{(l+1)} = {}^{t}\boldsymbol{u} + \boldsymbol{u}^{(l)} \qquad \boldsymbol{u}^{(l)} = \sum_{i=0}^{l}\Delta\boldsymbol{u}^{(l)}$$

并有

$$^{t+\Delta t}\boldsymbol{u}^{(0)} = {}^{t}\boldsymbol{u} \qquad {}^{t+\Delta t}_{t+\Delta t}\boldsymbol{F}^{(0)} = {}^{t}_{t}\boldsymbol{F} \tag{17.5.17}$$

(17.5.14)式中，$\boldsymbol{K}_{c\alpha}$对于不同接触状态的具体表达式可以分别参见(17.4.32)，(17.4.39)和(17.4.41)各式。以下给出罚函数法递推迭代的计算步骤：

(1) 令 $t=0, l=0$，并选择 $\Delta t, \alpha$ 和 $\delta$。

(2) 形成 $\boldsymbol{M}$。

(3) 给定 ${}^{0}\boldsymbol{u}, {}^{0}\dot{\boldsymbol{u}}, {}^{0}\boldsymbol{Q}_L$ 和 ${}_{0}^{0}\boldsymbol{F}$。

(4) 计算 ${}^{0}\ddot{\boldsymbol{u}} = \boldsymbol{M}^{-1}({}^{0}\boldsymbol{Q}_L - {}_{0}^{0}\boldsymbol{F})$。

(5) 计算 ${}^{t+\Delta t}\boldsymbol{Q}_L$。

(6) 形成 $\hat{\boldsymbol{K}} = \dfrac{1}{\alpha \Delta t^2}\boldsymbol{M} + {}_{t+\Delta t}^{t+\Delta t}\boldsymbol{K}_L^{(l)} + {}_{t+\Delta t}^{t+\Delta t}\boldsymbol{K}_{NL}^{(l)}$。

(7) 计算 $\hat{\boldsymbol{Q}} = {}^{t+\Delta t}\boldsymbol{Q}_L - {}_{t+\Delta t}^{t+\Delta t}\boldsymbol{F}^{(l)} - \boldsymbol{M}\,{}^{t+\Delta t}\ddot{\boldsymbol{u}}^{(l)}$。

(8) 搜寻接触点对 $(P,Q)_k (k=1,2,\cdots,n_c)$。

(9) 判断每一接触点对的接触状态 $(k=1,2,\cdots,n_c)$。

(10) 计算 $\boldsymbol{K}_{c\alpha}^{(l)}$，并形成 $\boldsymbol{K}^* = \hat{\boldsymbol{K}} + \boldsymbol{K}_{c\alpha}^{(l)}$。

(11) 计算 ${}^{t+\Delta t}\widetilde{\boldsymbol{Q}}_c^{(l)}$，并形成 $\boldsymbol{Q}^* = \hat{\boldsymbol{Q}} + {}^{t+\Delta t}\widetilde{\boldsymbol{Q}}_c^{(l)}$。

(12) 求解 $\Delta\boldsymbol{u}^{(l)} = (\boldsymbol{K}^*)^{-1}\boldsymbol{Q}^*$。

(13) 更新 ${}^{t+\Delta t}\boldsymbol{u}^{(l+1)} = {}^{t+\Delta t}\boldsymbol{u}^{(l)} + \Delta\boldsymbol{u}^{(l)}$，并计算 ${}^{t+\Delta t}\ddot{\boldsymbol{u}}^{(l)}$ 和 ${}^{t+\Delta t}\dot{\boldsymbol{u}}^{(l)}$（分别按(17.5.13)和(17.5.12)式）。

(14) 更新应力 ${}^{t+\Delta t}\hat{\boldsymbol{\tau}}^{(l)}$ 和接触力 ${}^{t+\Delta t}\boldsymbol{F}^{A(l)}$。

(15) 校核接触条件，若发现不符合，则返回步骤(8)，否则进行下一步骤(16)。

(16) 校核收敛准则，若未满足，则令 $l=l+1$，返回步骤(6)，否则进行下一步骤(17)。

(17) 令 $t=t+\Delta t$。

(18) 若 $t<T$，则令 $l=0$，返回步骤(5)，否则结束计算。

2. 拉格朗日乘子法

因为在拉格朗日乘子法中，乘子 $\boldsymbol{\lambda}$ 也是基本未知量，所以仿照位移 $\boldsymbol{u}$ 也写成增量迭代形式，即

$$ {}^{t+\Delta t}\boldsymbol{\lambda}^{(l+1)} = {}^{t+\Delta t}\boldsymbol{\lambda}^{(l)} + \Delta\boldsymbol{\lambda}^{(l)} \tag{17.5.18} $$

或者写成

$$ {}^{t+\Delta t}\boldsymbol{\lambda}^{(l+1)} = {}^{t}\boldsymbol{\lambda} + \boldsymbol{\lambda}^{(l)} \qquad \boldsymbol{\lambda}^{(l)} = \sum_{i=0}^{l} \Delta\boldsymbol{\lambda}^{(i)} $$

将(17.5.16)～(17.5.18)式以及 Newmark 方法的基本公式应用于拉格朗日乘子法的有限元求解表达式就可以得到相应的递推迭代公式。以粘结接触状态的 U. L. 格式的方程(17.4.18)式为例，它的递推公式如下：

$$ \begin{bmatrix} \dfrac{1}{\alpha \Delta t^2}\boldsymbol{M} + {}_{t+\Delta t}^{t+\Delta t}\boldsymbol{K}_L^{(l)} + {}_{t+\Delta t}^{t+\Delta t}\boldsymbol{K}_{NL}^{(l)} & \boldsymbol{K}_{c\lambda}^{(l)} \\ \boldsymbol{K}_{c\lambda}^{\mathrm{T}(l)} & 0 \end{bmatrix} \begin{Bmatrix} \Delta\boldsymbol{u}^{(l)} \\ \Delta\boldsymbol{\lambda}^{(l)} \end{Bmatrix} $$

$$= \begin{Bmatrix} {}^{t+\Delta t}\boldsymbol{Q}_L + {}^{t+\Delta t}\boldsymbol{Q}_c^{(l)} - {}^{t+\Delta t}_{t+\Delta t}\boldsymbol{F}^{(l)} - \boldsymbol{M}\,{}^{t+\Delta t}\ddot{\boldsymbol{u}}^{(l)} \\ -{}^{t}\bar{\boldsymbol{g}}_N^{(l)} - {}^{t+\Delta t}\boldsymbol{g}^{(l)} \end{Bmatrix} \qquad l = 0,1,2,\cdots \qquad (17.5.19)$$

其中

$${}^{t+\Delta t}\boldsymbol{Q}_c^{(l)} = -\boldsymbol{K}_{c\lambda}^{(l)}\,{}^{t+\Delta t}\boldsymbol{\lambda}^{(l)} \qquad {}^{t+\Delta t}\boldsymbol{g}^{(l)} = \boldsymbol{K}_{c\lambda}^{\mathrm{T}(l)}\boldsymbol{u}^{(l)} \qquad (17.5.20)$$

对于摩擦接触状态，以上式中的 $\boldsymbol{K}_{c\lambda}^{\mathrm{T}}$ 应用 $\boldsymbol{K}_{cu}$ 代替。不同接触状态的 $\boldsymbol{K}_{c\lambda}$ 和 $\boldsymbol{K}_{cu}$ 等见 17.4.2 小节中的有关表达式。拉格朗日乘子法的递推迭代步骤和罚函数法的基本相同，这里不再重述。

关于隐式解法，最后还应指出：

(1) 在递推迭代公式(17.5.14)和(17.5.19)式中，若令 $\boldsymbol{M}=0$，就可以用于不考虑惯性力影响的静态接触问题。

(2) 隐式解法虽然是无条件稳定的，但 $\Delta t$ 的取值仍应考虑精度和收敛性的要求。例如：

① 在用给定的 $\Delta t$ 进行分析的迭代过程中，可能发现接触点对间的相互贯入超过某个允许值 $\varepsilon_d$(例如取 $\varepsilon_d$ 为最小单元边长的 5%和壳体厚度的 25%中的较小者)，为了提高计算精度，在程序中可引入 $\Delta t$ 自动剖分的算法，对这种现象进行处理。

② 当两个物体发生碰撞时，将激起高频的振动。如用隐式解法分析此类问题，为达到精度要求，仍应采用较小的 $\Delta t$。有时为了消除高频影响，还可以考虑引入数值阻尼(Newmark 方法中，取 $\delta>1/2$)。

# 17.6　接触分析中的几个问题

## 17.6.1　单元形式

原则上说，以前各章所讨论过的各种单元都可以用于接触分析，但是实际上通常采用低阶单元。因为高阶单元会导致等效结点接触力在角结点和边中结点之间的振荡(例如，在平面 8 结点单元的一个边界上和均匀分布的外力相等效的结点力，在角结点和边中结点上分别是外力总和的 1/6 和 2/3)，这对于接触状态的校核和判断是不利的。为此，一种改进的方法是采用变结点单元。例如在二维问题中改用在接触面上不保留边中结点的 7 结点单元。另一种替代方案就是采用 4 结点双线性单元，此种单元能够表现较大的形状变化，而且计算效率较高，故在实际分析中较多地采用。但是在积分方案的选择上要注意防止机动模式和剪切锁死的发生，特别是对于板壳单元更应注意。

## 17.6.2　接触点对的搜寻

接触点对的搜寻是指在接触面 $S_c^A$ 和 $S_c^B$ 上所有结点的位移和接触力已经更新的条

件下，为下一次计算找出所有的接触点对和相应的接触位置。具体可分两种情况：一种是接触前搜寻，这是针对前一次计算（显式解法的前一时间步长，隐式解法的同一时间步长内的前一次迭代或前一时间步长的最后一次迭代）中接触体（$A$）未处于接触状态的结点而言，目的是找出可能进入接触的结点（$P$），以及在靶体上与结点（$P$）相接触的接触块和接触位置（即 $Q$ 点）；另一种情况是接触后搜寻，这是针对前一次计算中 $S_c^A$ 已处于接触状态的结点（$P$）而言，目的是检查其是否已脱离接触，如果仍保持接触，且前一次计算中处于滑动接触，则应确定它在 $S_c^B$ 面上新的接触位置。

由于接触点对的搜寻是保证分析结果是否可靠的关键，而且其工作量在整个计算中占很大的比例，最高可达40%～50%，因此有很多研究工作致力于此，而且还涉及许多具体技术细节。以下仅就常用的主从接触搜寻法的原理作一介绍。

1. 接触前搜寻

从搜寻方法上，可以区分为全局搜寻和局部搜寻。前者更适用于接触分析的开始。图17.8是一个二维接触全局搜寻的示例。点50是从接触面上的一个结点（$P$），通过全局搜寻找到主接触面上距离它最近的结点100，此点称为主接触面上的追踪结点。在它的两边分别是单元9和10的一个面（接触块）。通过进一步计算，可以确定点50至单元10的面的距离更近，并可给出点50至该面的垂足（即 $Q$ 点）和距离量（即 $g_N$）。如果 $g_N<\varepsilon_c$（例如取 $\varepsilon_c$ 等于或小于前述的允许贯入量 $\varepsilon_d$），则认为结点50和 $Q$ 点构成一个接触点对。反之，若 $g_N>\varepsilon_c$，则认为结点50未和接触面接触，即保持自由。

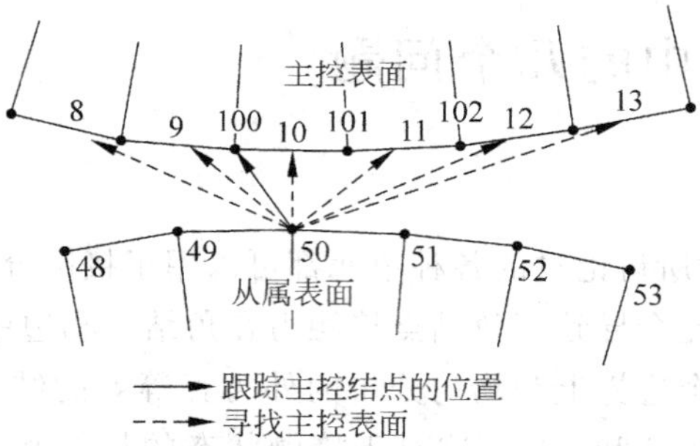


图17.8 二维全局接触搜寻

由于全局搜寻耗时过多，对于大多数时间步长则采用局部搜寻。此法中对于从接触面上的一个结点，搜寻从主接触面与之对应的前一个追踪结点开始，从而可以较快地达到目的。图17.9是二维局部搜寻的示意图。前一个时间步长使图17.8所示的模型的主、从接触面间发生一定的相对移动。前一时间步长中，从接触面上结点50所对应的主接触面上的追踪结点是100，与它相邻的是单元9和单元10的各一个面。在相对移动发生后，仍是单元10的面离结点50较近。进一步搜寻是从单元10的这个面上找出结点

101，它与结点 50 的距离比结点 100 与结点 50 的距离更近。这样一来，结点 101 就成为当前的追踪结点。依照上述方法继续进行局部搜寻，直至两次搜寻得到的追踪结点相同。此例中最后得到的是结点 102。以下的步骤和全局搜寻中找到与结点 50 距离最近的结点 100 后的做法相同，从而得到新的 $Q$ 点和距离量 $g_N$。

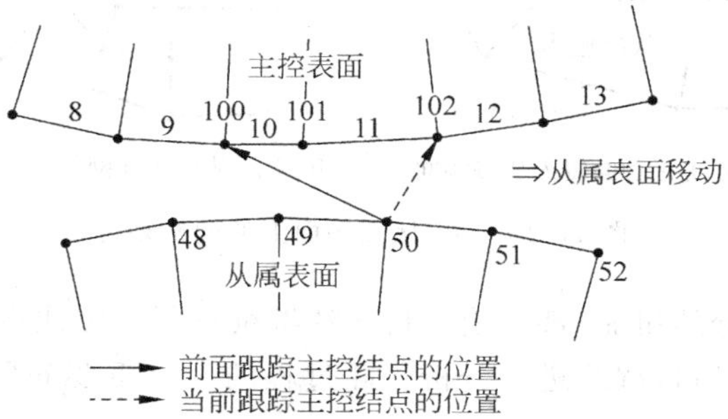


图 17.9　二维局部接触搜寻

2. 接触后搜寻

此搜寻相对比较简单，只需要对从接触面 $S_c^A$ 上原来和主接触面 $S_c^B$ 处于相对滑动接触且保持接触的接触点进行搜寻。方法和上述局部搜寻的方法相同。

以上的搜寻方法，不难推广到三维接触情形。需要指出的是，上述主从接触搜寻法，从理论上说，从接触面 $S_c^A$ 是不能侵入主接触面 $S_c^B$ 的，但主接触面可以侵入从接触面。解决的方法将在下一小节网格划分中讨论。

### 17.6.3 网格划分

和其他类型问题的分析相同，在接触问题的分析中，网格划分细密，同时单元形状良好，总是有利于计算精度的提高。这里需要指出以下两点：

1. 主、从接触面上网格的匹配

为防止发生主接触面过多的贯入从接触面，从接触面上的网格应适当的划细。特别是主接触面是刚体的情况，这时作为变形体的从接触面必须充分细划，以适应刚体的任何形状。图 17.10(a)所示是由于从接触面的网格比较粗糙，主接触面上的单元侵入了从接触面。而图 17.10(b)所示是从接触面的网格划细以后，就防止了主接触面的侵入，从而改进了计算精度。在有的商业软件中具有自适应细划网格的功能。

2. 网格的更新

在很多的接触问题中，物体从某个初始形状到最终形状经历了复杂的变化。例如金属成型中，工件从开始的简单形状，加工成复杂的形状。再如汽车碰撞问题则更加突出。

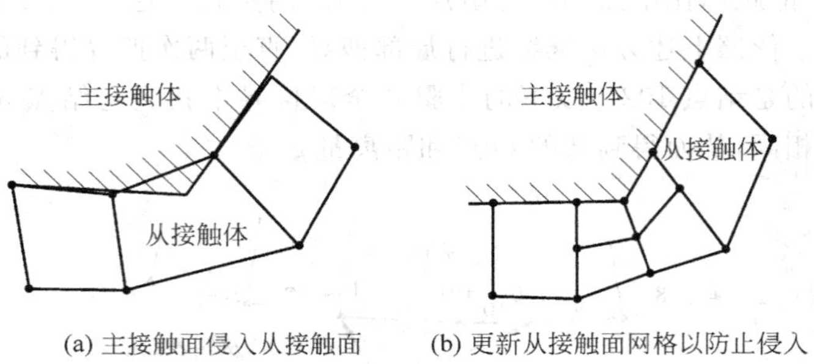


图 17.10 主、从接触面上的网格划分

这将造成单元形状过分的扭曲，甚至使分析无法继续进行。因此在一定阶段，应使分析停止并重新划分网格，然后再继续进行分析。此过程的一个重要问题是网格重新划分前后的数据转换。

### 17.6.4 摩擦模型的规则化

前面讨论的 Coulomb 摩擦模型是高度非线性的，如图 17.11 所示。当 $|\boldsymbol{F}_T| < \mu|\boldsymbol{F}_N|$ 时，是无相对滑动的粘结情况；而当 $|\boldsymbol{F}_T| = \mu|\boldsymbol{F}_N|$ 时，可以发生大小不受限制的相对滑动，特别是当相对滑动速度 $\boldsymbol{V}_T$ 反向时，$\boldsymbol{F}_T$ 也立即反转。这种突然变化将造成数值计算中迭代的收敛困难。因此提出改用经规则化也即光滑化的摩擦模型来代替 Coulomb 摩擦模型[9]，它的数学表达式为

$$\boldsymbol{F}_T = -\mu |\boldsymbol{F}_N| \frac{2}{\pi}\arctan\left(\frac{V_T}{c}\right)\cdot \boldsymbol{e}_T \tag{17.6.1}$$

其中

$$\boldsymbol{e}_T = \boldsymbol{V}_T / |\boldsymbol{V}_T|$$

$\boldsymbol{e}_T$ 是切向相对滑动的方向。$c$ 是一个控制规则化摩擦模型和 Coulomb 摩擦模型接近程度的重要参数。$c$ 愈小则两者愈接近，如图 17.12 所示。

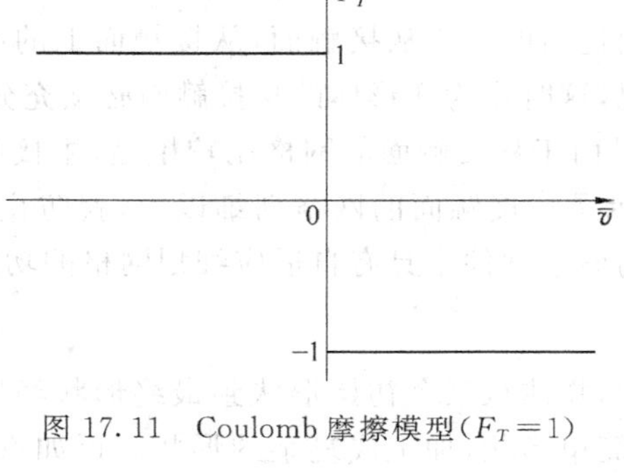


图 17.11 Coulomb 摩擦模型($F_T=1$)

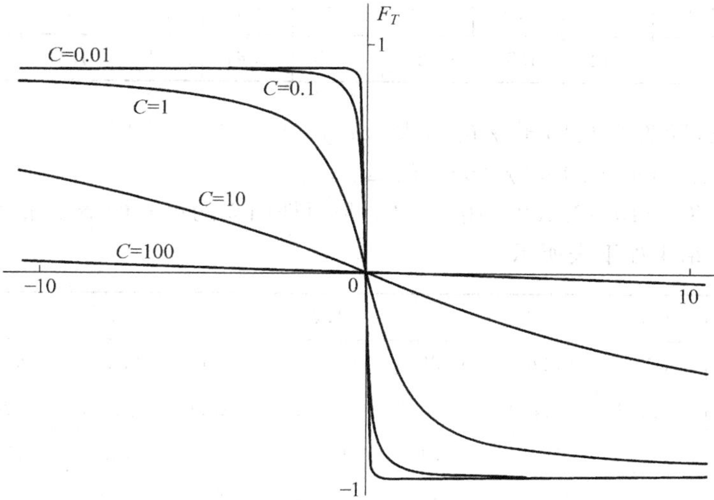


图 17.12 规则化后的摩擦模型(粘结-滑动近似)

当采用规则化摩擦模型时,在分析中不存在粘接状态,而是统一的应用(17.6.1)式这一数学描述进行接触分析。这在物理上可以更真实地描述实际摩擦现象,因为两个接触面上都存在一定的不平度,因此完全粘结接触状态是不存在的,只要有切向摩擦力存在,总要伴随发生一定的相对滑动。而规则化模型正好可以描述此类物理现象。

## 17.7 算例

**例 17.1** 两根具有相同截面积 $A$ 和相同长度 $l$ 的等截面直杆Ⅰ和Ⅱ,直杆Ⅰ以速度 $v=1.0\text{m/s}$ 沿水平方向轴向碰撞原来处于未受约束静止状态的直杆Ⅱ,如图 17.13 所示。用有限元法分析它们的碰撞过程。

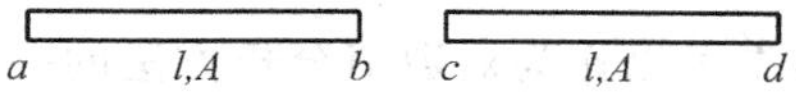


图 17.13 等截面直杆的轴向碰撞

设杆长 $l=2.0\text{m}$,截面积 $A=0.01\text{m}^2$,材料弹性模量 $E=2.0\times10^5\text{MPa}$,质量密度 $\rho=7.8\times10^3\text{kg/m}^3$。对两根直杆各用 5 个 2 结点杆单元进行离散。采用显式解法,罚参数 $\alpha=\gamma K_c=\gamma\dfrac{EA}{l}$。

(1) $\gamma$ 取不同数值时,临界时间步长 $\Delta t_{cr}$ 如下表所示:

| $\gamma$ | 0.0 | 0.5 | 0.8 | 1.0 | 1.2 | 1.5 | 2.0 | 3.0 | 5.0 | 10.0 |
|---|---|---|---|---|---|---|---|---|---|---|
| $\Delta t_{cr}/10^{-5}$ s | 7.90 | 7.02 | 6.51 | 6.21 | 5.95 | 5.61 | 5.15 | 4.49 | 3.69 | 2.74 |

从以上结果可见，随着缩放因子 $\gamma$ 的增大，$\Delta t_{cr}$ 减小。当 $\gamma=1$ 时，$\Delta t_{cr}=0.786(\Delta t_{cr})_0$。$(\Delta t_{cr})_0=7.90$ 是两杆间无约束($\gamma=0$)时的 $\Delta t_{cr}$。

(2) 取 $\Delta t=T_{min}/10=2.482\times10^{-5}$ s($T_{min}$是两杆间无约束时的最小振动周期)。$\gamma$ 取不同值时的计算结果如下表所示。

| $\gamma$ | 0.5 | 0.8 | 1.0 | 1.2 | 1.5 | 2.0 | 3.0 | 5.0 |
|---|---|---|---|---|---|---|---|---|
| $F_{max}^A$/MN | 0.233 | 0.263 | 0.293 | 0.319 | 0.359 | 0.401 | 0.541 | 0.843 |
| $\sigma_{max}^C$/MPa | −23.2 | −24.9 | −25.5 | −25.7 | −25.6 | −25.5 | −26.0 | −27.43 |
| $\sigma_{max}^P$/MPa | 6.3 | 5.8 | 9.1 | 13.7 | 10.7 | 10.5 | 17.3 | 15.5 |
| $n_c$ | 1 | 1 | 1 | 1 | 2 | 5 | 6 | 7 |
| $W_{max}/(kg\cdot m^2/s)$ | 78.2 | 78.3 | 78.2 | 78.5 | 78.6 | 78.9 | 80.5 | 84.3 |
| $M_{max}/(kg\cdot m/s)$ | 156 | 156 | 156 | 156 | 156 | 156 | 156 | 156 |

从以上结果可以看出：

① 随着 $\gamma$ 的增大，两杆间的最大接触力 $F_{max}^A$ 也增大。同时从 $\gamma=1.5$ 开始，两杆的碰撞次数($n_c$)也迅速增加。对于同一个碰撞过程，这是由于计算中 $\gamma$ 取值不同而引起的。

② 碰撞过程中的最大压应力 $\sigma_{max}^C$ 的变化不是很大，特别是当 $\gamma=1.0\sim2.0$ 时基本不变。而最大拉应力 $\sigma_{max}^P$ 虽有较大变化，但由于它不是控制应力，影响不大。

③ 表中最后两行列出的是碰撞过程中的最大能量 $W_{max}\left(=\frac{1}{2}\boldsymbol{u}^T\boldsymbol{K}\boldsymbol{u}+\frac{1}{2}\dot{\boldsymbol{u}}^T\boldsymbol{M}\dot{\boldsymbol{u}}\right)$和最大动量 $M_{max}(=\boldsymbol{M}\dot{\boldsymbol{u}})$。由于此问题的碰撞过程无外力作用，能量和动量应该守恒。即分别等于初始能量$\left(\frac{1}{2}\dot{\boldsymbol{u}}^T\boldsymbol{M}\dot{\boldsymbol{u}}=78\text{kg}\cdot\text{m}^2/\text{s}^2\right)$和初始动量($\boldsymbol{M}\dot{\boldsymbol{u}}=156\text{kg}\cdot\text{m/s}$)。因此表中所列的最大能量和动量的结果可以作为对数值分析方法的一种校核。表中给出的计算结果，特别是 $\gamma=1.0\sim2.0$ 时的结果是可以接受的。

**例 17.2** 两圆柱或两圆球之间的接触[5]如图 17.14(a)所示。这是典型的 Hertz 接触问题。两圆柱接触是平面应变问题，两圆球接触是轴对称问题，两者可以用同一网格进行离散。考虑对称性，取其 1/4(如图 17.14(a)阴影区所示)进行网格划分。图 17.14(b)所示是上圆柱(球)的网格，下圆柱(球)的网格与其相同，图中右方是接触区的网格细节。通过上圆柱(球)的位移进行加载。材料性质为无硬化的理想弹塑性。采用隐式解法求解。

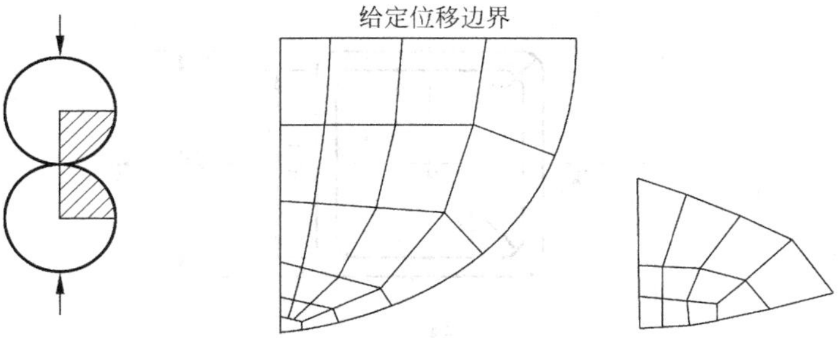


(a) 力学模型 (b) 有限元网格划分

图 17.14 Hertz 接触问题

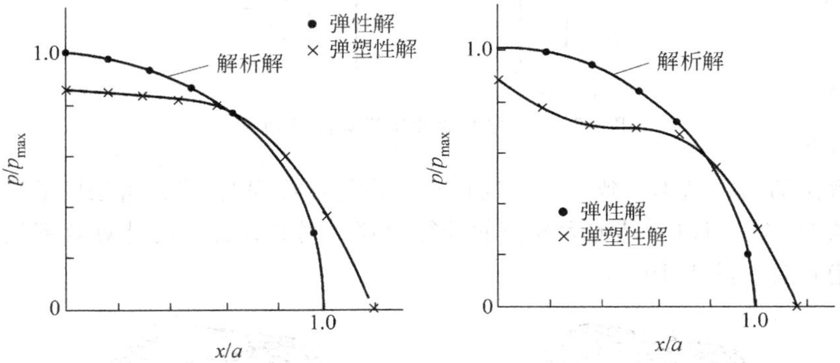


(a) 两个圆柱接触 (b) 两个圆球接触

图 17.15 Hertz 问题计算结果

图 17.15(a)和(b)分别给出两圆柱和两圆球接触界面上的压应力分布。图中的 $p_{max}$ 是弹性接触的最大压应力，$a$ 是相应的接触区宽度的一半。由图可见，对于弹性接触，有限元解和解析解符合得很好。在载荷不变的情况下，弹塑性解的最大压应力降低，但接触宽度加大。

**例 17.3** 方形盒深冲压成形[2]

图 17.16 所示为一成形系统，其中方形冲头的尺寸为 40mm×40mm，凹模口尺寸为 42.5mm×42.5mm。圆形板料直径为 90mm，板厚为 0.8mm。材料应力应变关系为 $\bar{\sigma}=508.79\bar{\varepsilon}^{0.24}$ (MPa)。材料与冲头角的摩擦系数 $\mu_p=0.24$，材料与凹模间的摩擦系数 $\mu_d=0.12$。压边力为 7 845N。板料上划分为 186 个膜单元。显式解法中冲头速度为 5m/s，将密度放大 50 倍以缩短计算时间。并用隐式解法进行计算以便相互比较。

图 17.17(a)和(b)给出冲头行程为35mm时的板料形状。计算结果表明显式和

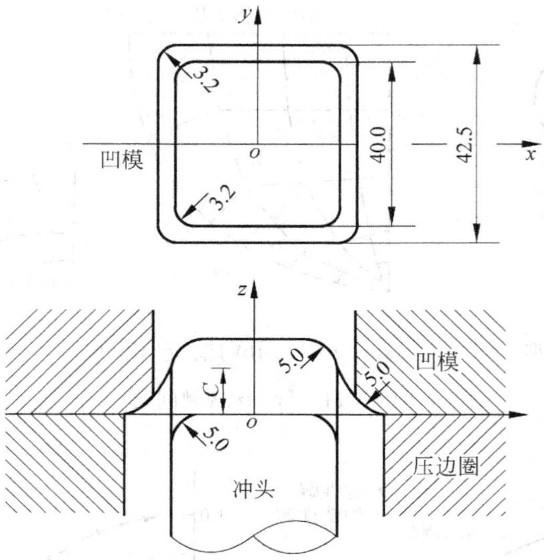


图 17.16 方形盒冲压模具的几何尺寸

隐式两种解法的结果基本一致。对于这种小规模的计算问题，隐式解法的效率较高，仅为显式解法的 30%。但对于其他大规模的计算问题。则显式解法的计算效率较高，个别算例中仅为隐式解法的 1/10。

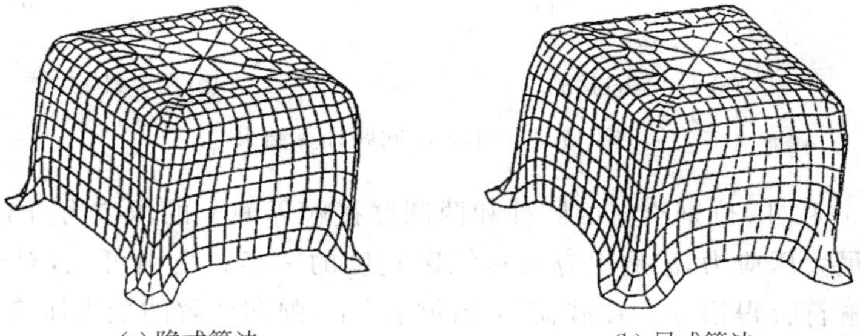

(a) 隐式算法　　(b) 显式算法

图 17.17 冲头行程为 35mm 时板料的形状

**例 17.4** 两个圆柱薄壳的相互碰撞[6]

图 17.18 所示是两个圆柱薄壳以相同的速度 $v=35\text{m/s}$ 对撞。两柱壳的尺寸和材料参数相同，即 $L=46\text{cm}$，$d=20\text{cm}$，$t=0.5\text{cm}$，$E=25\ 000\text{MPa}$，$\nu=0.3$，$\sigma_y=100\text{MPa}$，$E_p=230\text{MPa}$，$\rho=0.007\ 64\text{kg/cm}^3$。每个壳体用 456 个 4 结点壳元进行离散。时间步长取 $\Delta t=0.4\mu\text{s}$。图 17.19 给出不同时刻壳体的位形。

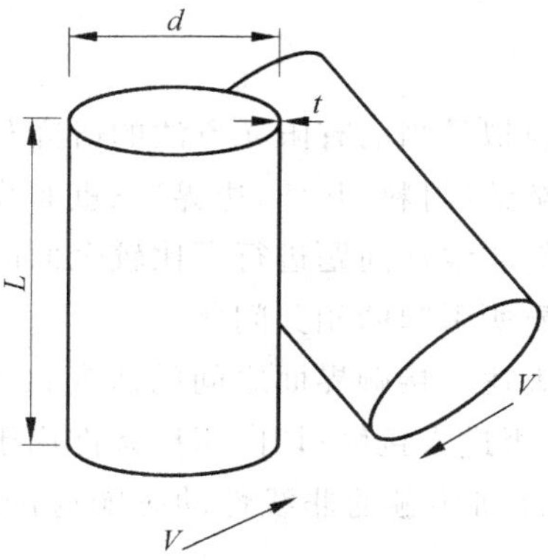


图 17.18 两个薄壁柱壳以相同速度对撞

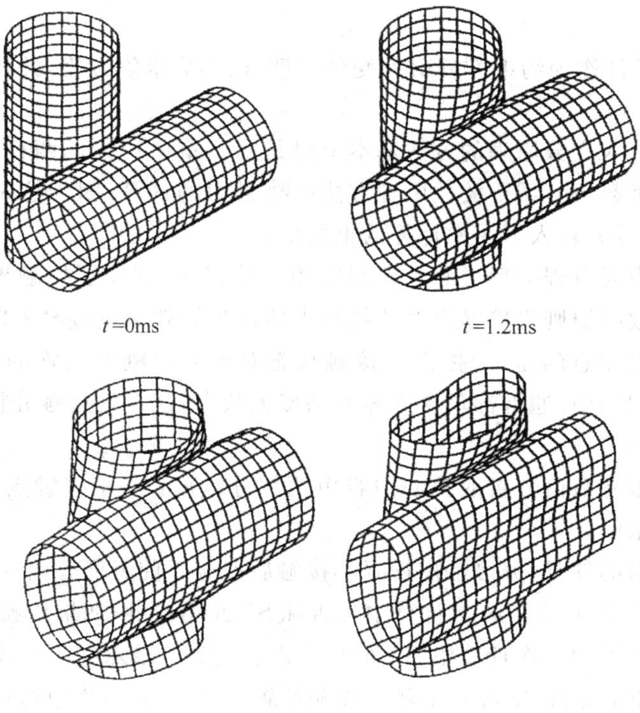


图 17.19 两个薄壁柱壳相撞时在不同时刻的位形

## 17.8 小结

接触和碰撞过程的数值模拟是当前有限元方法的研究和发展中所面临的重要课题之一。它在力学上涉及高度复杂的(材料、几何、边界)三重非线性问题。考虑到前面两章中已经对材料非线性问题和几何非线性问题进行了比较全面的讨论。本章着重讨论的是由于接触界面条件的非线性性质所引起的相关问题。

首先是接触条件的正确表述。接触界面之间的法向接触条件(不可贯入性和接触力为压力)用于确定两个物体是否进入接触;切向摩擦条件用于确定已进入接触的具体接触状态。其次是将接触条件耦合到接触的非线性动态响应的求解过程中。需要进行的工作是:

(1) 将接触条件改写成符合增量迭代求解的形式。

(2) 根据接触条件是单边的不等式约束的特点,明确不同接触状态的定解条件和校核条件。

(3) 将接触条件作为约束方程引入变分原理,以形成求解方程,并建立接触力的计算公式。

将接触条件引入变分原理的方法基本上仍是第8章中讨论的两种基本方法,即拉格朗日乘子法和罚函数法。需要关注两种方法中接触力的计算,因为这是每次计算后进行接触状态校核、搜寻和转入下一次计算的重要依据。

接触问题有限元方程的形成和其他问题相比较,只是增加了接触界面的离散。关键点是依据虚功等效的原则将接触点对的接触力转换为等效结点接触力向量。对于有限元求解方程本身需要注意的是,摩擦滑动接触状态对于系统刚度矩阵的贡献是非对称的。而在一般的接触问题中,通常都包含摩擦滑动接触状态,这也是接触分析中应给予的关注点之一。

接触过程有限元数值分析的核心内容由两部分组成:一是接触点对的搜寻,二是非线性方程本身的求解。

关于接触点对的搜寻,分接触前搜寻和接触后搜寻。前者回答前一次计算中,接触面 $S_c^A$ 上未进入接触的结点在下一次计算中是否和 $S_c^B$ 面相接触;如果接触,则应确定具体的接触位置。后者回答前一次计算中 $S_c^A$ 面上已处于接触的结点在下一次计算时是否仍和 $S_c^B$ 面保持接触;如果保持,则应确定新的接触位置。17.6.2小节中讨论的主从接触点搜寻法,虽然被不少商用软件所采用,但我们介绍它仅是为了说明接触搜寻法的基本概念,未涉及更多的技术细节。关于接触搜寻法的众多研究可参见文献。

接触问题有限元方程的求解,和其他动态响应问题相同,仍可分为显式和隐式两种解法。显式解法可以免去每一时间步内的迭代，且可绕开摩擦滑动接触对刚度矩阵非对称贡献带来的麻烦，因而使用方便。但应注意罚参数 $\alpha$ 的选取，以避免使 $\Delta t_{cr}$ 过分减小。在用于准静态分析和静态分析时，应分别采取必要的算法措施，以提高计算效率和能够应用显式解法。而且拉格朗日乘子法不能直接和显式解法相结合。隐式解法的优缺点和显式解法正好相反。需注意的是，虽然隐式解法是无条件稳定的，但是由于不同接触状态转换时，位移和速度以及接触力的变化具有强非线性，和其他问题的分析相比，$\Delta t$ 的选取受到更多的限制。

为了提高接触分析结果的可靠性和有效性，17.6 节补充讨论了单元选择，网格划分，摩擦模型等方面的几个问题。应注意的是，因为摩擦分析的重要性和复杂性，已进行和正在进行的研究工作是大量的，本章仍有不少问题未予涉及。17.7 节介绍了几个示范性算例，目的是增加读者对接触分析的特点和实际可应用性的理解。

### 关键概念

| | | |
|---|---|---|
| 接触和碰撞 | 接触点对 | 接触条件 |
| Coulomb 摩擦模型 | 不等式约束 | 定解条件和校核条件 |
| 接触搜寻 | 主从接触搜寻 | 准静态分析 |
| 动力松弛法 | | |

## 复习题

**17.1** 接触和碰撞分析在力学上有什么特点？在应用上有什么实际意义？

**17.2** 什么是接触界面的运动学条件和动力学条件？它们各自的全量和增量迭代的表达式是什么？

**17.3** 什么是 Coulomb 摩擦模型的力学意义和表达形式？

**17.4** 接触条件和摩擦条件与一般约束条件相比较有什么特点？这些特点对求解方程和求解过程带来什么影响？

**17.5** 将接触界面条件区分为定解条件和校核条件有何意义？对于不同接触状态它们的具体内容是什么？

**17.6** 如何应用拉格朗日乘子法将接触条件引入虚位移原理？所形成的求解方程有何特点？在此方法中如何计算接触面上的接触力？

**17.7** 如何应用罚函数法将接触条件引入虚位移原理？所形成的求解方程有何特点？在此方法中如何计算接触面上的接触力？如何选择罚参数 $\alpha$？

**17.8** 比较拉格朗日乘子法和罚函数法的优缺点和应用条件。

**17.9** 为什么要对接触面条件进行离散处理？对二维接触问题和三维接触问题如何进行离散处理？

**17.10** 对于不同接触状态，有限元求解方程有何区别？原因何在？

**17.11** 如何用显式解法进行接触和碰撞的有限元分析？与用于其他动态响应有限元分析相比较，相同点和不同点是什么？

**17.12** 显式解法有哪些优缺点？应用条件是什么？

**17.13** 将显式解法用于准静态分析和静态分析时，应采用哪些算法措施？采用这些措施时应注意哪些问题？

**17.14** 如何用隐式解法进行接触和碰撞的有限元分析？和显式解法相比较，相同点和不同点是什么？

**17.15** 接触搜寻的依据和目的是什么？接触前搜寻和接触后搜寻的区别何在？

**17.16** 主从接触面搜寻法的基本步骤是什么？如何用于接触前搜寻和接触后搜寻？

**17.17** 接触分析中，在单元形式的选择，网格划分和时间步长的确定方面，相对于其他分析有什么特殊的考虑？

**17.18** 如何对 Coulomb 摩擦模型进行规则化处理？意义何在？对求解方程有何影响？

## 练习题

**17.1** 从拉格朗日乘子法求解接触问题的泛函 $\Pi(=\Pi_u+\Pi_{CL})$ 的驻值条件(17.3.26)式出发，导出接触力的表达式(17.3.29)。

**17.2** 从罚函数法求解接触问题的泛函 $\Pi(=\Pi_u+\Pi_{CP})$ 的驻值条件出发，导出接触力的表达式(17.3.37)和(17.3.38)。

**17.3** 一端固定的2结点杆单元，杆长 $l$，截面积 $A$，弹性常数 $E$，质量密度 $\rho$。如果用罚函数方法$\left(\text{罚参数表示为：}\alpha=\gamma\dfrac{EA}{l}\right)$引入固定端条件。求解当质量矩阵分别用协调质量矩阵和集中质量矩阵时，参数 $\gamma$ 为不同取值时的固有频率和振型。并和直接引入法引入固定端条件时的解进行比较。

**17.4** 两杆碰撞问题，如图17.13所示。杆Ⅰ以初始速度 $v_0$ 碰撞杆Ⅱ。分别列出用罚函数法和拉格朗日乘子法求解的有限元方程。

**17.5** 问题同17.4。

(1) 列出对应于罚函数法的显式解法的求解步骤。

(2) 编制程序计算例17.1的问题，但杆Ⅱ的 $d$ 端固定。将结果仿照例17.1中的表进行列表,并和例 17.1 中杆Ⅱ的 $d$ 端为自由端的计算结果进行比较和分析。

**17.6**　问题同 17.4。

(1) 列出对应于拉格朗日乘子法的隐式解法的求解步骤。

(2) 编制程序计算例 17.1 的问题,但杆Ⅱ的 $d$ 端固定。将结果与 17.5 的结果进行比较和分析。

# 参考文献

## A 主要参考书


[A1] Bathe K J. Finite Element Procedures in Engineering Analysis. Prentice-Hall, Inc., 1982

[A2] Bathe K J. Finite Element Procedures. Prentice-Hall Inc., 1996

[A3] Zienkiewicz O C. The Finite Element Method, Third Edition. McGraw-Hill Inc., 1977

[A4] Zienkiewicz O C, Taylor R L. The Finite Element Method, Fourth Edition. McGraw-Hill Inc., 1987

[A5] Zienkiewicz O C and Taylor K L. The Finite Element Method, Fifth Edition. Butterworth Heinemann, 2000

[A6] Huebner K H, Thornton E A. Finite Element Method for Engineers. John Wiley & Sons Inc., 1995

[A7] Cook R D. Concepts and Applications of Finite Element Analysis. John Wiley & Sons Inc., 1982

[A8] 丁皓江，何福保等编．弹性和塑性力学中的有限单元法．北京：机械工业出版社，1989

[A9] 朱伯芳. 有限单元法原理和应用，第 2 版. 北京：中国水利电力出版社，1998

[A10] Washizu K. Variational Methods in Elasticity and Plasticity, Third Edition. Pergamon Press, 1982

[A11] Owen D R J, Hinton E. Finite Elements in Plasticity, Theory and Practice. Pineridge Press Limited, 1980

[A12] Belytschko T, Liu W K, Moran B. Nonlinear Finite Elements for Continua and Structures. John Wiley & Sons Inc., 2000

[A13] H. 卡德斯图赛主编. 诸德超，傅子智等译. 有限元法手册. 北京：科学出版社，1996


## B 各章的参考文献

### 绪论


[1] 何世江，杜建镔，王勖成. 水轮机转轮叶片系统动力分析. 清华大学学报（自然科学版），1998, 38：68～75

[2] Peric D, Owen D R J. Computational Model for 3-D Contact Problems with Friction Based on the Penalty Method. Int. J. Num. Meth. Eng., 1992, 35：1289～1309

[3] 钟志华. 汽车耐撞性分析的有限元法. 汽车工程，1994，16：1～6

[4] Courant R. Variational Method for Solutions of Problems of Equilibrium and Vibrations. Bull. Am. Math. Soc., 1943, 49：1～23

[5] Turner M J, Clough R W, Martin H C, Topp L C. Stiffness and Deflection Analysis of Complex Structures. J. Aero. Sci., 1956, 23：805～823

[6] Clough R W. The Finite Element Method in Plane Stress Analysis. Proc. 2nd ASCE Conference on Electronic Computation. Pittsburgh, PA., 345～378, Sept. 1960

[7] Clough R W. Original Formulation of the Finite Element Method. Finite Elements in Analysis and Design, 1991, 7: 89～110

[8] Wilson E L. Automation of the Finite Element Method: A Personal Historical Review. Finite Element in Analysis and Design, 1993, 13: 91～104

[9] Noor A K. New Computing Systems and Future High Performance Computing Environments and their Impact on Structural Analysis and Design. Computers & Structures, 1997, 64: 1～30

[10] Noor A K. Computional Structures Technology: Leap Frogging into the Twenty-first Century. Computers & Structures, 1999, 73: 1～32

[11] 胡平,王成国,庄茁主编.虚拟工程与科学.北京:气象出版社,2001

**第 1 章**

[A1]～[A10]

[1] 陆明万,罗学富.弹性理论基础.北京:清华大学出版社,1990

**第 2 章**

[A1]～[A10]

**第 3 章**

[A1]～[A5]

**第 4 章**

[A1]～[A5]

[1] Irons B M. Quadrature Rules for Brick Based on Finite Elements. Int. J. Num. Meth. Eng., 1971, 3: 293～294

[2] Hammer P C, Marlows O P, Stroud A H. Numerical Integration over Simplexes and Cones. Math. Tabels Aids Comp., 1956, 10: 130～137

**第 5 章**

[A2]～[A9]

[1] Logan D L. A First Course in the Finite Element Method Using Algor. PWS Publishing Company: 1997

[2] 王爱民,王勖成.有限元计算中疏密网格间过渡单元的构造.清华大学学报(自然科学版),1999, 39: 100～103

[3] Hinton E, Campbell J S. Local and Global Smoothing of Discontinuous Finite Element Functions Using A Least Square Method. Int. J. Num. Meth. Eng., 1974, 8: 461～480

[4] Zienkiewicz O C, Zhu J Z. The Superconvergent Patch Recovery and A Posteriori Error Estimates. Int. J. Num. Meth. Eng., 1992, 33: 1331～1382

[5] Zienkiewicz O C, Zhu J Z, Gong N G. Effective and Practical h-p-Version Adaptive Analysis Procedure for the Finite Element Method. Int. J. Num. Meth. Eng., 1989, 28: 879～892

[6] 郁吉仁,岑章志,王勖成.三通有限元自动分析.核动力工程,1982(2):92~98
[7] Ramamurti V, Balasubramanian P. Steady State Stress Analysis of Centrifugal for Impellers. Computers & Structures, 1987, 25: 129~135
[8] Balasubramanian P, Ramamurti V. An Equation Solver for Eigenvalue Problems of Cyclic Symmetric Structures. Computers & Structures, 1987, 26: 667~672
[9] Wilson E L, Taylor R L, Doherty W P et al. Incompatible Displacement Method. In: Fenves S J et al. Numerical and Computer Methods in Structural Mechanics. Academic Press, 1973

**第 6 章**

[A1],[A2]
[1] 刘万勋,刘长学,华伯浩等编.大型稀疏线性方程组的解法.北京:国防工业出版社,1981
[2] 李庆扬,易大义,王能超编.现代数值分析.北京:高等教育出版社,1995
[3] Jennings A. Matrix Computation for Engineers and Scientists. John Wiley & Sons Inc. ,1977
[4] Tan L H, Bathe K J. Studies of Finite Element Procedures—the Conjugate Gradient and GMRES Methods in ADINA and ADINA-F. Computers & Structures, 1991, 40: 440~449

**第 7 章**

[A1]~[A6],[A13]
[1] 庄茁等译.ABABUS/Explicit 有限元软件入门指南.北京:清华大学出版社,1999
[2] 庄茁等译.ABAQUS/Standard 有限元软件入门指南.北京:清华大学出版社,1998
[3] MENTAT 3.1 User's Guide. MSC. Software Corporation, 2001
[4] MSC. PATRAN 软件介绍.MSC. Software Corporation, 2001
[5] MSC. NASTRAN 软件介绍.MSC. Software Corporation, 2001
[6] Topping B H V, Khan A I. Parrallel Finite Element Computions. Saxe-Coburg Publications, 1996

**第 8 章**

[A1]~[A5]

**第 9 章**

[A1],[A2],[A9]

**第 10 章**

[A2],[A3],[A4],[A13]
[1] Timoshenko S, Woinowsky-Krieger S. Theory of Plates and Shells. McGraw-Hill Inc. , 1959
[2] Hinton E, Huang H C. A Family of Quadrilateral Mindlin Plate Elements with Substitute Shear Strain Fields. Computers & Structures, 1986, 23: 409~431
[3] Batoz J L, Bathe K J, Ho L W. A Study of Three-node Triangular Plate Bending Elements. Int. J. Num. Meth. Eng. , 1980, 15: 1771~1812
[4] Pian T H H. Element Stiffness Matrices for Boundary Compatibility and for Prescribed Boundary Stresses. Conf. on Matrix Methods in Structural Mechanics, AFEDL-TR-66-80, 1965, 457~477

[5] Lee S W, Pian T H H. Improvement of Plate and Shell Finite Elements by Mixed Formulations. AIAA. J., 1978, 16: 29～34

[6] Shimoaaira H. Equivalence Between Mixed Models and Displacement Models Using Reduced Integration. Int. J. Num. Meth. Eng., 1985, 21:89～104

**第 11 章**

[A1]～[A5]

[1] 平幼妹．旋转对称结构的温度和应力分析[学位论文]. 北京：清华大学工程力学系，1983

[2] Nukulchai W K. A Simple and Efficient Finite Element for General Shell Analysis. Int. J. Num. Meth. Eng., 1979, 14: 179～200

[3] Jang J, Pinsky P M. An Assumed Covariant Strain Based on 9-Node Shell Element. Int. J. Num. Meth. Eng., 1987, 24: 2389～2411

[4] Kanok-Nukulchal W, Taylor R L, Hughes T J R. A Large Deformation Formulation for Shell Analysis by the Finite Element Method. Computers & Structures, 1981, 13: 19～30

[5] Surana K S. Transition Finite Elements for Axi-Symmetric Stress Analysis. Int. J. Num. Meth. Eng., 1980, 15: 809～832

[6] Surana K S. Transition Finite Elements for Three-Dimensional Stress Analysis. Int. J. Num. Meth. Eng., 1980, 15: 991～1020

**第 12 章**

[A1]～[A6]

[1] Surana K S, Phillips R K. Three Dimensional Curved Shell Finite Element for Heat Conduction. Computers & Structures, 1987, 25:775～785

[2] 王勖成，唐永进．一般壳体温度场的有限元分析．清华大学学报，1989，29(5)：103～112

[3] 唐永进，王勖成．Wilson 非协调元在温度应力分析中的应用．力学与实践，1990，12(4)：35～37

**第 13 章**

[A1]～[A6]

[1] Wilson E L, Yuan M W, Dickens J M. Dynamic Analysis by Direct Superposition of Ritz Vectors. Earth. Eng. & Struct. Dynamics, 1982, 10: 813～821

[2] 杜瑞明，Wilson E L. 一个修正的 Ritz 向量直接叠加法—振型叠加法的理想的替换方法. 地震工程和工程振动，1984，4(2)：36～48

[3] Ojalvo I U. Proper Use of Lanczos Vectors for Large Eigenvalue Problems. Computers & Structures, 1985, 20: 115～120

[4] Nour-Omid B, Parlett B N, Taylor R L. Lanczos Versus Subspace Iteration for Eigenvalue Problem. Int. J. Num. Meth. Eng., 1983, 19: 859～871

[5] 王文亮，杜作润. 结构振动与动态子结构方法. 上海：复旦大学出版社，1985

[6] 谢耕. 动力子结构法及流固耦合问题数值方法的研究. [博士学位论文]. 北京：清华大学工程力学系，1989

[7] 何世江，杜建镔，王勖成. 水轮机转轮叶片系统动力分析. 清华大学学报（自然科学版），1998，38：68～75

**第 14 章**

[A3]～[A5]

[1] Zienkiewicz O C, Bettess P. Fluid-Structure Dynamic Interaction and Wave Forces, An Introduction to Numerical Treatment. Int. J. Num. Meth. Eng., 1978, 13: 1～16

[2] Kock E, Olson L. Fluid-Structure Interaction Analysis by Finite Element Method—A Variational Approach. Int. J. Num. Meth. Eng., 1991, 31: 463～491

[3] 戴大农. 流固耦合系统动力分析的若干基本问题与数值方法. [博士学位论文]. 北京：清华大学工程力学系，1988

[4] Rajasanker J, Iyer N R. A New 3-D Finite Element Method to Evaluate Added Mass for Analysis of Fluid-Structure Interaction Problems. Int. J. Num. Meth. Eng., 1993, 36: 997～1012

[5] Liu W K, Belytschko T, Zhang Y F. Implementation and Accuracy of Mixed-Time Implicit-Explicit Methods for Structural Dynamics. Computers & Structures, 1984, 19: 521～530

[6] 何世江，杜建镔，王勖成. 水轮机转轮叶片系统动力分析. 清华大学学报（自然科学版），1998，38：68～75

[7] 杜建镔，王勖成. 旋转周期性含液容器的流固耦合动力特性分析. 清华大学学报（自然科学版），1999，39：108～116

[8] 杜建镔. 旋转周期流固耦合系统动力分析的数值方法研究[博士学位论文]. 北京：清华大学工程力学系，1999

**第 15 章**

[A1]～[A5]

[1] Bergan P G, Holand I, Soreide T H. Use of Current Stiffness Parameter in Solution of Nonlinear Problems. In: R. Glowinski et al. Energy Methods in Finite Element Analysis. John wiley & Sons, 1979, 265～282

[2] Krieg R D, Krieg D B. Accuracies of Numerical Solution Methods for the Elastic-perfectly Plastic Model. J. Pressure Vessel Technology, 1977, 99: 510～515

[3] 王勖成，常亮明. 运动硬化材料的本构关系的精确积分及其推广应用. 力学学报，1986，18：226～234

[4] 王勖成，常亮明. 各向同性硬化材料弹塑性本构关系的渐近积分及其计算精度. 固体力学学报，1986，No. 1：69～77

[5] Bushnell D. A Strategy for Solution of Problems Involving Large Deflections, Plasticity and Creep. Int. J. Num. Meth. Eng., 1977, 11: 683～708

[6] Schreyer H L, et al. Accurate Numerical Solution for Elastic-Plastic Methods. J. Pressure Vessel Technology, 1979, 101: 226～234

[7] Ortiz M, Popov E P. Accuracy and Stability of Integration Algorithms for Elastoplastic Constitutive Relations. Int. J. Num. Meth. Eng., 1985, 21: 1561～1576

[8] Mondkar D P, Powell G H. Static and Dynamic Analysis of Nonlinear Structures. Report No. EERC 75～10, Earthquake Engineering Research Center, Univ. of Califonia, Berkeley, 1975

[9] 常亮明,王勖成.弹塑性有限元分析的有效数值方案.固体力学学报,1984,No.1：37～48

[10] Wang Xucheng, Wang Xiaoning. Simplified Method for Elasto-Plastic Finite Element Analysis of Hardening Materials. Computers & Structures, 1995,55：703～708

[11] Kraus H. Creep Analysis. John wiley & Sons. 1980

[12] 王小宁.高温结构热弹塑性—蠕变有限元分析简化方案的研究.[博士学位论文].北京：清华大学工程力学系,1994

[13] 唐永进.高温结构热弹塑性—蠕变问题的有限元分析.[博士学位论文].北京：清华大学工程力学系,1991

**第 16 章**

[A2]～[A5]

[1] Bathe K L, Ramm E, Wilson E L. Finite Element Formulations for Large Deformation Dynamic Analysis. Int. J. Num. Meth. Eng. ,1975,9：353～386

[2] Surana K S. Geometrically Nonlinear Formulation for the Curved Shell Elements. Int. J. Num. Meth. Eng. , 1983, 19：581～615

[3] Crisfield M A. A Fast Incremental/Iterative Solution Procedure that Handles "Snap-through". Computers & Structures, 1981, 13：55～62

[4] Bellini P X, Chulya A. An Improved Automatic Incremental Algorithm for the Efficient Solution of Nonlinear Finite Element Equations. Computers & Structures, 1987, 26：99～110

[5] Forde B W R, Stiemer S F. Improved Arc Length Orthogonality Methods for Nonlinear Finite Element Analysis. Computers & Structures, 1987, 27：625～630

[6] Fung Y C. Foundations of Solid Mechanics. Prentice-Hall. Inc. , 1965

[7] Fujikake M. A Simple Approach to Bifurcation and Limit Point Calculations. Int. J. Num. Meth. Eng. , 1985, 21：183～191

[8] Wriggers P, Simo J C. A General Procedure for the Direct Computation of Turning and Bifurcation Points. Int. J. Num. Meth. Eng. ,1990, 30：155～176

[9] Shi J. Computing Critical Points and Secondary Paths in Nonlinear Structural Stability Analysis by the Finite Element Method. Computers & Structures, 1996, 58：203～220

[10] Chan S L. A Nonlinear Numerical Method for Accurate Determination of Limit and Bifurcation Points. Int. J. Num. Meth. Eng. , 1993, 36：2779～2790

**第 17 章**

[A2],[A5],[A12]

[1] Zhong Z H. Finite Element Procedures for Contact-Impact Problems. Oxford University Press, 1993

[2] 钟志华,李光耀.薄板冲压成型过程的计算机仿真和应用.北京：北京理工大学出版社,1998

[3] Bathe K J, Chaudhary A. A Solution Method for Planar and Axisymmetric Contact Problems. Int.

J. Num. Meth. Eng., 1985, 21: 65～88

[4] Bathe K J, et al. Advances in Crush Analysis. Computers & Structures, 1999, 72: 31～47

[5] Wang X C, Chang L M, Cen Z Z. Effective Numerical Methods for Elasto-Plastic Contact Problems with Friction. Acta Mechanica Sinica, 1990, 6: 349～356

[6] 王福军.冲击接触问题有限元法并行计算及其工程应用.[博士学位论文].北京：清华大学工程力学系,2000

[7] Belytschko T, Neal M O. Contact-Impact by the Pinball Algorithm with Penalty and Lagrangian Method. Int. J. Num. Meth. Eng., 1991, 31: 547～572

[8] Peric D, Owen D R J. Computational Model for 3-D Contact Problems with Friction Based on the Penalty Method. Int. J. Num. Meth. Eng., 1992, 35: 1289～1309

[9] MARC Theory and User Information Version K7. MARC Analysis Research Corporation, 1997

[10] 庄茁等译.ABAQUS/Explicit有限元软件入门指南.北京：清华大学出版社,1999

# 附录A 有限元分析教学程序（FEATP）

## A1 有限元分析主体程序源代码

```
ccc
            PROGRAM   FEATP
C ==========================================================================
C       THIS PROGRAM CAN SOLVE THE ELASTIC PROBLEM OF PLANE STRESS,
C           PLANE STRAIN, AXISYMMETRIC SOLID AND MINDLIN PLATE
C ==========================================================================
C       7 SUBROUTINES (ALLOCAT,INPUT,ASSEM,STATIC_SOLVE,STRESS,DYNAM,
C           EIGEN) ARE CALLED BY THE MAIN PROGRAM.
C       BESIDES,ANOTHER 18 SUBROUTINES ARE CALLED BY ABOVE 7 SUBROUTINES.
C ==========================================================================
        IMPLICIT    REAL*8(A-H,O-Z)
        DIMENSION IZ(2000), AR(15000)
C                   ! IZ --MAXIMUM SPACE FOR DYNAMIC INTEGER ARRAY
C                   ! AR --MAXIMUM SPACE FOR DYNAMIC REAL ARRAY
         COMMON/COM1/MND,NUMEL,NUMPT,MBAND,NMATI
         COMMON/COMN/NFIX,NPC,GRAV
         COMMON/COM2/NF,NFSTR,MSOLV,MPROB,MTYPE,NVA
         COMMON/COM3/MND2,NUMPT2
         COMMON/ELEM/NODE,INTX,INTY
         COMMON/DYN/MUV,OMEGA,CC1,CC2,TT,DT,ALFA,DELTA
        OPEN(5,FILE='IN_DAT',STATUS='OLD')
        OPEN(6,FILE='OUT_DAT',STATUS='UNKNOWN')
        OPEN(10,FILE='OUT_MKP',STATUS='UNKNOWN')
        OPEN(14,FILE='OUT_DIS',STATUS='UNKNOWN')
        OPEN(15,FILE='OUT_STR',STATUS='UNKNOWN')
C ********************************************************************
C   ALLOCATE STORAGE SPACE FOR THE ARRAYS OF FE MODEL
C ********************************************************************
         CALL  ALLOCAT (M1,M2,M3,M4,M5,M8,M11,M12,N1,N2,N3,N4,N5,N6,N7,
```

```
     $        N8,N9,N10,N11,N12,N13,N14,N15,N16,N17,N18,N19,N20,N21,N22,
     $        N23,N24,N25,N26,N27,N31,N32,N33,N34,N35,N36,N37,N38)
C***********************************************************************
C      INPUT ALL THE DATA OF FE MODEL AT APPOINTED ADDRESS
C***********************************************************************
          CALL INPUT (IZ(M2),IZ(M3),IZ(M4),AR(N1),AR(N2),AR(N3),AR(N4))
C***********************************************************************
C   ASSEMBLE THE ELEMENT MATRIXES TO FORM GLOBAL MATRIXES:[M],[K],{P}
C***********************************************************************
          CALL   ASSEM (AR(N1),IZ(M2),AR(N2),IZ(M3),AR(N3),IZ(M4),
     $                  AR(N4),AR(N11),AR(N12),AR(N13),AR(N14),
     $                  IZ(M11),AR(N15),AR(N16),AR(N17))
C***********************************************************************
C     GET NODAL DISPLACEMENTS BY SOLVING EQUATION [K]{U}={P}
C           FOR STATIC PROBLEM (MSOLV=1)
C***********************************************************************
        IF(MSOLV.EQ.1) THEN
          CALL STATIC_SOLVE (AR(N12),AR(N13),AR(N14))
C***********************************************************************
C        COMPUTE   STRESSES AT THE INTEGRATION POINTS AND NODES
C***********************************************************************
          CALL STRESS( AR(N1),IZ(M2),AR(N2),AR(N14),AR(N15),IZ(M11),
     $                 AR(N18),AR(N9),AR(N10),IZ(M8),AR(N8))
        ENDIF
C***********************************************************************
C   SOLVE DYNAMIC RESPONSE PROBLEM BY CENTRAL-DIFFERENCE METHOD
C              (MSOLVE=2) AND BY NEWMARK METHOD (MSOLV=3)
C***********************************************************************
        IF(MSOLV.EQ.2.OR.MSOLV.EQ.3)
     $        CALL DYNAM (AR(N11),AR(N12),AR(N13),AR(N21),AR(N22),
     $                    AR(N23),AR(N24),AR(N25),AR(N26))
C***********************************************************************
C    SOLVE DYNAMIC CHARACTER PROBLEM BY THE INVERSE ITERATION METHOD
C          (MSOLV=4) AND BY THE SUBSPACE ITERATION METHOD (MSOLV=5)
C***********************************************************************
        IF(MSOLV.EQ.4.OR.MSOLV.EQ.5)
     $        CALL EIGEN (AR(N11),AR(N12),AR(N31),AR(N32),AR(N33),
     $                    AR(N34),AR(N35),AR(N36),AR(37))
        STOP
        END
C=======================================================================
C=====================   SUB: 1   ==================================
        SUBROUTINE ALLOCAT (M1,M2,M3,M4,M5,M8,M11,M12,N1,N2,N3,N4,N5,
```

```
     $      N6,N7,N8,N9,N10,N11,N12,N13,N14,N15,N16,N17,N18,N19,N20,N21,
     $      N22,N23,N24,N25,N26,N27,N31,N32,N33,N34,N35,N36,N37,N38)
C**********************************************************************
C       INPUT BASIC PARAMETERS FROM FILE 'IN_DAT'
C       ALLOCATE DYANMICAL STORAGE SPACE
C**********************************************************************
        IMPLICIT REAL * 8(A-H,O-Z)
          COMMON/COM1/MND,NUMEL,NUMPT,MBAND,NMATI
          COMMON/COM2/NF,NFSTR,MSOLV,MPROB,MTYPE,NVA
          COMMON/COMN/NFIX,NPC,GRAV
          COMMON/COM3/MND2,NUMPT2
C                 ! MND--MAXIMAL NODE NUMBER IN ALL ELEMENTS
C                 ! NUMEL- NUMBER OF GLOBAL ELEMENTS
C                 ! NUMPT--NUMBER OF GLOBAL NODES
C                 ! MBAND--HALF BANDWIDTH(INCLUDING DIAGONAL ELEMENT)
        READ(5,*)
        READ(5,*)  MND,NUMEL,NUMPT,MBAND
        READ(5,*)
        READ(5,*) NFIX,NPC,MPROB,MSOLV
C                 ! NFIX--NUMBER OF NODES SUBJECTED TO CONSTRIANT
C                 ! NPC--NUMBER OF NODES SUBJECTED TO EQUIVALENT LOAD
C======================================================================
C     MPROB=1--PLANE STRESS PROBLEM,    MPROB=2--PLANE STRAIN PROBLEM
C     MPROB=3--AXISYMMETRIC PROBLEM,    MPROB=4--MINDLIN PLATE PROBLEM
C----------------------------------------------------------------------
C     MSOLV=1--STATIC ANALYSIS
C     MSOLV=2--DYNAMIC RESPONSE ANALYSIS BY CENTRAL DIFFERENCE METHOD
C     MSOLV=3--DYNAMIC RESPONSE ANALYSIS BY NEWMARK METHOD
C     MSOLV=4--DYNAMIC CHARACTER ANALYSIS BY INVERSE ITERATION METHOD
C     MSOLV=5--DYNAMIC CHARACTER ANALYSIS BY SUBSPACE ITERATION METHOD
C======================================================================
      READ(5,*)
      IF(MSOLV.NE.4.OR.MSOLV.NE.5) READ(5,*) NMATI,GRAV,MTYPE
      IF(MSOLV.EQ.4.OR.MSOLV.EQ.5) READ(5,*) NMATI,GRAV,MTYPE,NVA
C                 ! NMATI--KIND OF MATERIALS
C                 ! GRAV--GRAVITY ACCELERATION
C                 ! NVA--NUMBER OF EIGENVALUES
C----------------------------------------------------------------------
C     MTYPE--CONTROL KEY FOR OUTPUT RESULTS
C     MTYPE=0--OUTPUT RESULTS INCLUDE GLOBAL MATRIXES AND STRESS AT
C              GAUSS POINTS
C     MTYPE=1--OUTPUT RESULTS INCLUDE GLOBAL MATRIXES
C     MTYPE=2--OUTPUT RESULTS INCLUDE STRESSES AT GAUSS POINTS
```

```
C -------------------------------------------------------------------------
      IF(MPROB. EQ. 1. OR. MPROB. EQ. 2)  THEN
      NF=2                   ! NF--NUMBER OF NODAL FREEDOMS(DISPLACEMENT COMPONENTS)
      NFSTR=3                ! NFSTR--NUMBER OF STRESS COMPONENTS
      ENDIF
      IF(MPROB. EQ. 3) THEN
      NF=2
      NFSTR=4
      ENDIF
      IF(MPROB. EQ. 4) THEN
      NF=3
      NFSTR=5
      ENDIF
C ************************************************************************
C       ALLOCATE STORAGE SPACE FOR INPUT DATA
C ************************************************************************
      M1=1
      M2=M1
      M3=M2+NUMEL * 14    ! IELEM(NUMEL,14)--CODE OF MATERIAL AND NODES
      M4=M3+NFIX * 4      ! IFIXD(NFIX,4)--CODE OF NODES HAVING CONSTRIANT
      M5=M4+NPC * 4       ! ILOAD(NPC,4)--CODE OF NODES HAVING LOAD
      N1=1
      N2=N1+NMATI * 4     ! VAMATI(NMATI,4)--PARAMETERS OF MATERIALS
      N3=N2+NUMPT * 2     ! VCOOD(NUMPT,2)--GLOBAL NODE COORDINATES
      N4=N3+NFIX * 3      ! VFIXD(NFIX,3)--CONSTRIANED DISPLACEMENTS
      N5=N4+NPC * 3       ! VLOAD(NPC,3)--VALUES OF EQUIVALENT LOAD

C ************************************************************************
C   ALLOCATE STORAGE SPACE FOR ELEMENTAL MATRIXES AND GLOBAL MATRIXES
C ************************************************************************
      MND2=MND * NF            ! MND2--NUMBER OF FREEDOMS IN A ELEMENT
      NUMPT2=NUMPT * NF        ! NUMPT2--NUMBER OF GLOBAL FREEDOMS
      M8=M5
      M11=M8+NUMPT             ! IADD(NUMPT)--USED FOR NODAL STRESS
      M12=M11+MND              ! IEL(MND)--NODE CODE IN A ELEMENT
      N6=N5
      N7=N6+NFSTR * MND2       ! VSG(NFSTR,MND2)--ELEMENT STRESS MATRIX AT
                               !                 INTEGRATION POINTS
      N8=N7+NFSTR * MND2       ! VSN(NFSTR,MND2)--ELEMENT STRESS AT NODES
      N9=N8+NUMPT * NFSTR      ! SSN(NUMPT,NFSTR)--STRESS AT NODES
      N10=N9+9 * NFSTR         ! SSS(9,NFSTR)--STRESSES AT INTEGRATION POINTS
      N11=N10+4 * NFSTR        ! VSS(4,NFSTR)--STRESSES AT DESIGNATED
                               !              INTEGRATION POINTS
```

```
      N12=N11+NUMPT2*MBAND    ! GMM(NUMPT2,MBAND)--GLOBAL MASS
                              !        MATRIX
      N13=N12+NUMPT2*MBAND    ! GKK(NUMPT2,MBAND)--GLOBAL STIFFNESS
                              !        MATRIX
      N14=N13+NUMPT2        ! GP(NUMPT2)--GLOBAL LOAD VECTOR
      N15=N14+NUMPT2        ! GU(NUMPT2)--GLOBAL DISPLACEMENT VECTOR
      N16=N15+MND*2         ! VXY(MND,2)--NODE COORDINATE IN ELEMENT
      N17=N16+MND2*MND2     ! VMM(MND2,MND2)--ELEMENT MASS MATRIX
      N18=N17+MND2*MND2     ! VKK(MND2,MND2)--ELEMENT STIFFNESS MATRIX
      N19=N18+MND2          ! VU(MND2)--NODE DISPLACEMENTS IN A ELEMENT
      N20=N19+4             ! VMAE(4)--MATERIAL PARAMETERS IN A ELEMENT
C*******************************************************************
C     ALLOCATE STORAGE SPACE FOR DYNAMIC RESPONSE ANALYSIS
C*******************************************************************
      IF(MSOLV.EQ.2.OR.MSOLV.EQ.3) THEN
      N21=N20
      N22=N21+NUMPT2*MBAND           ! DAMP(NUMPT2,MBAND)--DAMPLING MATRIX
      N23=N22+NUMPT2                 ! U0(NUMPT2)--INITIAL DISPLACEMENT VECTOR
      N24=N23+NUMPT2                 ! V0(NUMPT2)--INITIAL VELOCITY VECTOR
      N25=N24+NUMPT2                 ! A(NUMPT2)--INITIAL ACCELERATION VECTOR
      N26=N25+NUMPT2*MBAND           ! AW(NUMPT2,MBAND)--WORKING ARRAY
      N27=N26+NUMPT2                 ! B(NUMPT2)--WORKING ARRAY
      ENDIF
C*******************************************************************
C     ALLOCATE STORAGE SPACE FOR DYNAMIC CHARACTER ANALYSIS
C*******************************************************************
      IF(MSOLV.EQ.4.OR.MSOLV.EQ.5) THEN
      IF(NVA.EQ.0) THEN
      WRITE(*,11)
11    FORMAT(' PLEASE READ THE NUMBERS OF EIGENVALUE--NVA=')
      READ(*,*) NVA
      ENDIF
      N31=N20
      N32=N31+NUMPT2*NVA             ! AA(NUMPT2,NVA)--INITIAL ITERATION VECTOR
      N33=N32+NUMPT2*NVA             ! BB(NUMPT2,NVA)--WORKING ARRAY
      N34=N33+NVA*NVA                ! GM(NVA,NVA)--MASS MATRIX IN SUBSPACE
      N35=N34+NVA*NVA                ! GK(NVA,NVA)--STIFFNESS MATRIX IN SUBSPACE
      N36=N35+NVA*NVA                ! V(NVA,NVA)--EIGENVECTORS IN SUBSPACE
      N37=N36+NVA                    ! W1(NVA)--WORKING ARRAY
      N38=N37+NVA                    ! W2(NVA)--EIGENVALUES IN SUBSPACE
      ENDIF
      RETURN
      END
```

```
C ======================  SUB: 2  ===============================
      SUBROUTINE  INPUT (IELEM,IFIXD,ILOAD,VMATI,VCOOD,VFIXD,VLOAD)
C ****************************************************************
C         INPUT ALL THE INFORMATION OF FE MODEL
C ****************************************************************
      IMPLICIT   REAL * 8(A-H,O-Z)
       COMMON/COM1/MND,NUMEL,NUMPT,MBAND,NMATI
       COMMON/COMN/NFIX,NPC,GRAV
       COMMON/COM2/NF,NFSTR,MSOLV,MPROB,MTYPE,NVA
       COMMON/DYN/MUV,OMEGA,CC1,CC2,TT,DT,ALPHA,DELTA
      DIMENSION  IELEM(NUMEL,14),IFIXD(NFIX,4),ILOAD(NPC,4),
     $           VCOOD(NUMPT,2),VFIXD(NFIX,3),VLOAD(NPC,3),
     $           VMATI(NMATI,5)
      WRITE( * ,101)
101   FORMAT(/6X,'# #  INPUT DATA FROM FILE <IN_DAT> TO MEMORY  #')
C ================================================================
      READ(5, * )
      READ(5, * )         ! INPUT NODAL COORDINATES
      READ(5, * ) (II,(VCOOD(I,J),J=1,2),I=1,NUMPT)
      READ(5, * )
      READ(5, * )         ! INPUT ELEMENT INFORMATION
      READ(5, * ) (II,(IELEM(I,J),J=1,4+MND),I=1,NUMEL)
      READ(5, * )
      READ(5, * )         ! INPUT CONSTRAIN INFORMATION
      READ(5, * ) (II,(IFIXD(I,J),J=1,NF+1),
     $                (VFIXD(I,J),J=1,NF),I=1,NFIX)
      IF(NPC. GT. 0) THEN
      READ(5, * )
      READ(5, * )         ! INPUT EQUIVALENT LOAD AT NODES
      READ(5, * ) (II,(ILOAD(I,J),J=1,NF+1),(VLOAD(I,J),J=1,NF),
     $           I=1,NPC)
      ENDIF
      READ(5, * )
      READ(5, * )         ! INPUT MATERIAL PARAMETERS
      READ(5, * ) (II,(VMATI(I,J),J=1,4),I=1,NMATI)
      IF(MSOLV. EQ. 2. OR. MSOLV. EQ. 3) THEN
      READ(5, * )
      READ(5, * )
      READ(5, * ) MUV,FREQ,CC1,CC2,TT,DT,ALPHA,DELTA
C       ! MUV--INPUT CONTROL OF INITIAL DISPLACEMENT AND VELOCITY
C             (MUV=1:INPUT DISPLACEMENT; MUV=2:INPUT VELOCITY;
C              MUV=3:INPUT BOTH OF THEM)
C       ! OMEGA--FREQUENCE OF LOAD
```

```
C         ! CC1,CC2--CONSTANTS TO COMPUTE DAMPLING MATRIXS
C         ! TT--TOTAL TIME
C         ! DT--TIME STEP LENGTH
C         ! ALPHA,DELTA--CONSTANTS USED IN THE NEWMARK METHOD
      ENDIF
C***********************************************************************
C      OUTPUT ABOVE INPUT DATA
C***********************************************************************
      WRITE(*,102)
102   FORMAT(/5X,' %%  OUTPUT INPUT-DATA TO < OUT_DAT >  %%.')
      WRITE(6,10)
10    FORMAT(/8X,'MAXIMAL ELEM-NODES, ELEMENTS, NODES, BANDWIDTH')
      WRITE(6,11)  MND,NUMEL,NUMPT,MBAND
11    FORMAT(10X,I10,I11,I9,I9)
      WRITE(6,12)
12    FORMAT(/8X,'FIXED-NODES, EQUIVALENT-LOADS, MATERIAL-KINDS,',
     $          2X,'GRAVITY' )
      WRITE(6,13)  NFIX,NPC,NMATI,GRAV
13    FORMAT(11X,I9,2(3X,I9),2X,F16.5)
      WRITE(6,14)
14    FORMAT(/8X,'PROBLEM-KIND, SOLVING-KIND, OUTPUT-KEY')
      WRITE(6,15) MPROB,MSOLV,MTYPE
15    FORMAT(11X,I9,2(3X,I9))
      WRITE(6,16)
16    FORMAT(/8X,'NODAL-FREEDOMS , STRESS-COMPONENTS')
      WRITE(6,17)  NF,NFSTR
17    FORMAT(11X,I9,3X,I10)
      WRITE(6,18)                      !  OUTPUT NODAL COORDIATES
18    FORMAT(/8X,'NODAL COORDINATES'/9X'NO.',15X,'X-',11X,'Y- ')
      DO 19 I=1,NUMPT
19    WRITE(6,20) I,(VCOOD(I,J),J=1,2)
20    FORMAT(5X,I5,5X,3F15.6)
      WRITE(6,21) (I,I=1,9)            !  OUTPUT ELEMENT INFORMATION
21    FORMAT(/8X,'ELEMENT  INFORMATION'/3X,'NO.',1X,'NODES',1X,
     $         'MATERIAL',1X,'INTX',1X,'INTY',1X,9(2X,2HN-,I1))
      DO 22 I=1,NUMEL
22    WRITE(6,23) I,(IELEM(I,J),J=1,MND+4)
23    FORMAT(1X,I5,2I5,3X,2I5,3X,9(1X,I4))
      WRITE(6,24)                      ! OUTPUT CONSTRAINT INFORMATION
24    FORMAT(/8X,'CONSTRAINT INFORMATION ON NODES'/
     $          11X,'NO.',2X,'NODE NO.',2X,'X-',1X,'Y-',1X,'Z-',
     $          5X, 'X-VALUE',2X,'Y-VALUE',2X,'Z-VALUE')
      DO 25 I=1,NFIX
```

```
25        WRITE(6,26) I,(IFIXD(I,J),J=1,4),(VFIXD(I,J),J=1,3)
26        FORMAT(10X,I4,4X,I3,3X,3I3,3X,3E10.3)
          IF(NPC.NE.0) THEN
          WRITE(6,27)                        ! OUTPUT EQUIVALENT LOAD AT NODES
27        FORMAT(/8X,'EQUIVALENT LOAD ON NODES'/12X,'NO.',1X,
     $         ' NODE NO.',2X,'X-',1X,'Y-',1X,'Z-',5X,'X-VALUE',2X,
     $         'Y-VALUE',2X,'Z-VALUE')
          DO 28 I=1,NPC
28        WRITE(6,29) I,(ILOAD(I,J),J=1,4),(VLOAD(I,J),J=1,3)
29        FORMAT(10X,I4,4X,I3,4X,3I3,3X,3E10.3)
          ENDIF
          WRITE(6,33)
33        FORMAT(/8X,'MATERIAL PARAMETERS'/5X,'NO.'3X,'E(MODULUS)',2X,
     $        'V(POISSON RATIO)',2X,'DENS(DENSITY)',2X,'TH(THICKNESS)')
          DO 34 I=1,NMATI
34        WRITE(6,35) I,(VMATI(I,J),J=1,4)
35        FORMAT(5X,I2,4E14.3)
C***
C********OUTPUT THE INPUT PARAMETERS FOR DYNAMIC REPONSE COMPUTATION
C***
          IF(MSOLV.EQ.2.OR.MSOLV.EQ.3)
     $            WRITE(6,40) MUV,OMEGA,CC1,CC2,TT,DT,ALPHA,DELTA
40        FORMAT(/8X,'PARAMETERS FOR DYNAMIC RESPONSE COMPUTATION:'/
     $  5X,'INPUT CONTROL FOR INITIAL DISPLACE AND VELOCITY--MUV=',I3/
     $  5X,'FREQUENCE OF LOAD--OMEGA=',E10.3/
     $  5X,'DAMPING COEFFICIENTS--CC1=',E10.3,8X,'CC2=',E10.3/
     $  5X,'TOTAL TIME--TT=',E12.6,10X,'STEP LENGTH--DT=',E12.6/
     $  5X,'PARAMETERS OF NEWMARK--ALPHA=',E10.3,8X,'DELTA=',E10.3)
C***
C*********OUTPUT THE INPUT PARAMETER FOR CHARACTER VALUE COMPUTATION
C***
          IF(MSOLV.EQ.4.OR.MSOLV.EQ.5)  WRITE (6,45) NVA
45        FORMAT(/8X,'PARAMETER FOR DYNAMIC CHARACTER COMPUTATION:'/
     $     10X,' NUMBERS OF EIGENVALUES--NVA=',I3)
          WRITE(6,301)
301        FORMAT(/'C***************************************************',
     $             '******************',/)
          RETURN
          END
C======================   SUB:3  ==============================
          SUBROUTINE ASSEM (VMATI,IELEM,VCOOD,IFIXD,VFIXD,
     $                   ILOAD,VLOAD,GMM,GKK,GP,GU,IEL,VXY,VMM,VKK)
C*****************************************************************
```

```
C        ASSEMBLE THE GLOBAL MATRIXES: [M], [K], AND {P}
C          CALL ELEMENT_MATRIX
C*****************************************************************
         IMPLICIT   REAL*8(A-H,O-Z)
           COMMON/COM1/MND,NUMEL,NUMPT,MBAND,NMATI
           COMMON/COMN/NFIX,NPC,GRAV
           COMMON/COM2/NF,NFSTR,MSOLV,MPROB,MTYPE,NVA
           COMMON/COM3/MND2,NUMPT2
           COMMON/ELEM/NODE,INTX,INTY
         DIMENSION  IELEM(NUMEL,MND+4),VCOOD(NUMPT,2),IFIXD(NFIX,4),
     $              VFIXD(NFIX,3),ILOAD(NPC,4),VLOAD(NPC,3),
     $              GMM(NUMPT2,MBAND),GKK(NUMPT2,MBAND),GP(NUMPT2),
     $              GU(NUMPT2),VXY(MND,2),IEL(MND),VMATI(NMATI,4),
     $              VMAE(4),VMM(MND2,MND2),VKK(MND2,MND2)
         WRITE(*,101)
101      FORMAT(/5X,' ##   ASSEMBLE GLOBAL MATRIX [GKK], [GMM] ##')
C***
C**********  CLEAR THE MEMORY FOR GLOBAL MATRIX: [M] AND [K]
C***
         DO 10 I=1,NUMPT2
         DO 10 J=1,MBAND
         GKK(I,J)=0.0
         GMM(I,J)=0.0
10         CONTINUE
C***
C*********LOOP OVER EACH ELEMENT
C***
         DO 320 IE=1,NUMEL        ! NUMEL--NUMBER OF ELEMENTS
C***
C*******  FORM INFORMATION OF EACH ELEMENT FROM THE INPUT DATA
C***
         DO 11 I=1,MND            ! MND--MAXIMUM NODE NUMBER IN ALL ELEMENTS
         IEL(I)=IELEM(IE,I+4)
         DO 11 J=1,2
         VXY(I,J)=0.0
         IF(IEL(I).GT.0) VXY(I,J)=VCOOD(IEL(I),J)
11         CONTINUE
         NODE=IELEM(IE,1)
         INTX=IELEM(IE,3)
         INTY=IELEM(IE,4)
         IMATI=IELEM(IE,2)
         DO 13 J=1,4
         VMAE(J)=VMATI(IMATI,J)
```

```
13        CONTINUE
C ****************************************************************
C     COMPUTE ELEMENTAL MASS MATRIX [VMM] AND STIFFNESS MATRIX [VKK]
C         FOR THE ELEMENTS WITH 3--6,4--8,9 NODES
C ****************************************************************
C
          CALL ELEMENT_MATRIX (IE,VXY,IEL,VMM,VKK,VMAE)
C
C ****************************************************************
C   ASSEMBLE ELEMENT MATRIXES TO FORM THE GLOBAL MASS MATRIX [GMM]
C             AND GLOBAL STIFFNESS MATRIX [GKK]
C ****************************************************************
         DO 20 I=1,MND
         DO 20 J=1,MND
         DO 25 II=1,NF
         DO 25 JJ=1,NF
         IH=NF * (I-1)+II
         IV=NF * (J-1)+JJ
         IHH=NF * (IEL(I)-1)+II
         IVV=NF * (IEL(J)-1)+JJ
         IVV=IVV-IHH+1
         IF(IHH. GT. 0. AND. IVV. GT. 0)
     $               GKK(IHH,IVV)=GKK(IHH,IVV)+VKK(IH,IV)
         IF(IHH. GT. 0. AND. IVV. GT. 0)
     $               GMM(IHH,IVV)=GMM(IHH,IVV)+VMM(IH,IV)
25       CONTINUE
20       CONTINUE
320      CONTINUE
         WRITE( * ,102)
102      FORMAT(/6X,'## DRAW BOUNDARY COMNDITIONS TO FORM [GP] ##')
C ******************************************************************
C           FORM THE GRAVITY LOADING  [P]
C ******************************************************************
         DO 30 I=1,NUMPT
         DO 30 J=1,NF
         GP(NF * (I-1)+J)=0.0
         GU(NF * (I-1)+J)=0.0
         IF(J. EQ. NF)  GU(NF * (I-1)+J)=GRAV     ! GRAV--GRAVITY ACCELERATION
30        CONTINUE
         DO 31 I=1,NUMPT2
         GP(I)=GMM(I,1) * GU(I)
         DO 31 K=I+1,I+MBAND-1
         IF(K. LE. NUMPT2) GP(I)=GP(I)+GMM(I,K-I+1) * GU(K)
```

```
      IF(2 * I-K. GE. 1) GP(I)=GP(I)+GMM(2 * I-K,K-I+1) * GU(2 * I-K)
31      CONTINUE
      IF(GRAV. NE. 0. 0) THEN
      WRITE(6, * ) 'LOAD UNDER GRAVITY :'
      DO 32 I=1,NUMPT
32    WRITE(6,74) I,(GP(NF * (I-1)+J),J=1,NF)
      WRITE(6,301)
      ENDIF
C *****************************************************************
C          ADD THE NODAL LOAD VECTOR [P]
C *****************************************************************
      DO 40 I=1,NPC
      DO 40 J=1,NF
      IF(ILOAD(I,J+1). NE. 0) THEN
      II=NF * (ILOAD(I,1)-1)+J
      GP(II)=GP(II)+VLOAD(I,J)
      ENDIF
40      CONTINUE
C ***************************************************************
C          DRAW THE NODAL CONSTRAINT
C ***************************************************************
      IF(MSOLV. EQ. 1) THEN
      DO 42 I=1,NFIX
      DO 42 J=1,NF
      IF(IFIXD(I,J+1). NE. 0) THEN
      II=NF * (IFIXD(I,1)-1)+J
      GP(II)=VFIXD(I,J) * 1E10
      GKK(II,1)=GKK(II,1) * 1E10
      IF(GKK(II,1). LE. 1E-20) GKK(II,1)=1E-20
      ENDIF
42      CONTINUE
      ENDIF
      IF(MSOLV. GT. 1) THEN
      DO 50 I=1,NFIX
      DO 50 J=1,NF
      IF(IFIXD(I,J+1). NE. 0) THEN
      II=NF * (IFIXD(I,1)-1)+J
      GP(II)=0.
      GKK(II,1)=1. 0
      GMM(II,1)=1. 0
      IF(MSOLV. EQ. 4. . OR. MSOLV. EQ. 5)   GMM(II,1)=0. 0
      DO 60 K=2,MBAND
      GKK(II,K)=0. 0
```

```
      GMM(II,K)=0.0
      IF(II.LT.K) GOTO 60
      GKK(II-K+1,K)=0.0
      GMM(II-K+1,K)=0.0
60      CONTINUE
      ENDIF
50      CONTINUE
      ENDIF
C*****************************************************************
C     OUTPUT THE MATRIXES: [M], [K] AND {P} TO FILE 'OUT_MKP'
C          ( WHEN MTYPE=0 OR MTYPE=1 )
C*****************************************************************
        CLOSE(10,STATUS='DELETE')
      IF(MTYPE.EQ.0.OR.MTYPE.EQ.1) THEN
      WRITE(*,105)
105   FORMAT(/6X,'%% OUTPUT GLOBAL MATRIX INTO <OUT_MKP> %% ')
C***
C**********OUTPUT THE GLOBAL MASS MATRIX: [M]
C***
      OPEN(10,FILE='OUT_MKP',STATUS='UNKNOWN')
      WRITE(10,301)
      WRITE(10,*) ' GLOBAL MASS MATRIX ( GMM ) :'
      DO 70 I=1,NUMPT
      DO 70 J=1,NF
      II=NF*(I-1)+J
      WRITE(10,71) I,II,(GMM(II,K),K=1,MBAND)
70      CONTINUE
71    FORMAT(2I5,20(3X,2E15.6))
C***
C************OUTPUT THE GLOBAL STIFFNESS MATRIX [K]
C***
      WRITE(10,301)
      WRITE(10,*)  'GLOBAL STIFFNESS MATRIX (GKK):'
      DO 72 I=1,NUMPT
      DO 72 J=1,NF
      II=NF*(I-1)+J
      WRITE(10,71) I,II,(GKK(II,K),K=1,MBAND)
72      CONTINUE
C***
C**************OUTPUT THE GLOBAL LOADING {P}
C***
      WRITE(10,301)
      WRITE(10,*)  '   GLOBAL LOADING (GP):'
```

```
      DO 73 I=1,NUMPT
      WRITE(10,74) I,(GP(NF*(I-1)+J),J=1,NF)
73     CONTINUE
74    FORMAT(5X,I6,4X,3E15.6)
      WRITE(10,301)
301   FORMAT(/3X,'**********************',
     $ '****************************************',/)
       CLOSE(10)
      ENDIF
      RETURN
      END
C========================  SUB: 3-1  ============================
      SUBROUTINE  ELEMENT_MATRIX (IE,VXY,IEL,VMM,VKK,VMAE)
C****************************************************************
C    FORM THE ELEMENT MATRIXES: [M],[K] AND [S]
C    CALL SUBROUTINES OF ELEMENT_VD,GAUSS_INTEGRATION OR
C        HAMMER_INTEGRATION,SHAPE_QUADRANGLE_8 OR SHAPE_QUADRANGLE_9
C        OR SHAPE_TRIANGLE, ELEMENT_VB,ELEMENT_JOCABI
C****************************************************************
      IMPLICIT  REAL*8 (A-H, O-Z)
       COMMON/COM1/MND,NUMEL,NUMPT,MBAND,NMATI
       COMMON/COM2/NF,NFSTR,MSOLV,MPROB,MTYPE,NVA
       COMMON/COM3/MND2,NUMPT2
       COMMON/ELEM/NODE,INTX,INTY
      DIMENSION  VXY(MND,2),IEL(MND),VMAE(4),VMM(MND2,MND2),
     $           VKK(MND2,MND2),VSG(NFSTR,MND2)
      DIMENSION  VN(9),VDN(3,9),VD0(3,9),VD(5,5),VB(5,27)
C***
C*********  FORM THE [D] MATRIX ACCORDING TO TYPE OF THE PROBLEM
C***
       CALL ELEMENT_VD (MPROB,VD,VMAE)      ! VD--ELASTIC MATRIX
C***
C********  CLEAR THE MEMORY FOR ELEMENT MATRIXES [M] AND [K]
C***
      DO 10 I=1,MND2
      DO 10 J=1,MND2
      VMM(I,J)=0.0
      VKK(I,J)=0.0
10     CONTINUE
C****************************************************************
C  COMPUTE SHAPE FUNCTION VN AND ITS LOCAL DERIVATIVE VDN AT EACH
C        INTEGRATION POINTS IN ELEMENTS
C****************************************************************
```

```
      IF(NODE.EQ.3.OR.NODE.EQ.6) INTY=1
      DO 302 I=1,INTX       ! INTX--INTEGRATION POINTS IN X DIRECTION
      DO 302 J=1,INTY       ! INTY--INTEGRATION POINTS IN Y DIRECTION
      IF(NODE.EQ.4.OR.NODE.EQ.8) THEN
       CALL GAUSS_INTEGRATION (INTX,INTY,I,J,X,Y,WXY)
       CALL SHAPE_QUADRANGLE_8 (NODE,X,Y,IEL,VN,VDN)
C                                    ! VN--SHAPE FUNCTION
C                                    ! VDN--LOCAL DERIVATE OF VN
      ENDIF
      IF(NODE.EQ.9) THEN
       CALL GAUSS_INTEGRATION (INTX,INTY,I,J,X,Y,WXY)
       CALL SHAPE_QUADRANGLE_9 (NODE,X,Y,IEL,VN,VDN)
      ENDIF
      IF(NODE.EQ.3.OR.NODE.EQ.6) THEN
       CALL HAMMER_INTEGRATION (INTX,I,X,Y,Z,WXY)
       CALL SHAPE_TRIANGLE (NODE,X,Y,Z,IEL,VN,VDN)
      ENDIF
C***
C***************  FORM THE JACOBI MAXTRIX [J] AT INTEGRATION POINTS
C***
       CALL   ELEMENT_JACOBI (MND,VXY,VDN,SJ,VD0)
C                                     ! SJ = |J|
C                                     ! VD0--GLOBAL DERIVATIVE OF VN
C                                     ! VDN--LOCAL DERIVATE OF VN
      IF(SJ.LE.0.0) THEN
      WRITE(*,99) IE,I,J,SJ
99    FORMAT(/3X,'***SJ .LE. 0.0 IN ELEMENT=',I4,3X,'INTX=',I2,
     $         3x,'INTY=',I2, 3X,'SJ=',E10.4 )
      STOP 111
      ENDIF
C***
C***************  FORM THE [B] MATRIX AT INTEGRATION POINTS
C***
       CALL   ELEMENT_VB (MPROB,MND,VXY,VN,VD0,VB,SR)
                                      ! VB--ELEMENT STRAIN MATRIX
C***                                  ! SR--PARAMETER OF INTEGRATION
C***********  FORM THE ELEMENT STRESS MATRIX [S]=[D]*[B]
C***
      DO 20 II=1,NFSTR
      DO 20 JJ=1,MND2
      VSG(II,JJ)=0.0
C          ! VSG--ELEMENT STRESS MATRIX AT INTEGRATION POINT
      DO 20 KK=1,NFSTR
```

```
      VSG(II,JJ)=VSG(II,JJ)+VD(II,KK)*VB(KK,JJ)
20       CONTINUE
C***
C***********FORM ELEMENT STIFFNESS MATRIX: [K]=[B]*[S]
C***
      DO 22 II=1,MND2
      DO 22 JJ=1,MND2
      DO 22 KK=1,NFSTR
      VKK(II,JJ)=VKK(II,JJ)+VB(KK,II)*VSG(KK,JJ)*WXY*SJ*SR
C                             ! VKK--ELEMENT STIFFNESS MATRIX
 22      CONTINUE
C***
C**************   FORM THE ELEMENT MASS MATRIX [M]
C***
      DENS=VMAE(3)            ! DENS--MASS DENSITY OF THIS ELEMENT
      DO 25 II=1,MND
      DO 25 JJ=1,MND
      DO 25 KK=1,NF
      II1=NF*(II-1)+KK
      JJ1=NF*(JJ-1)+KK
      VMM(II1,JJ1)=VMM(II1,JJ1)+DENS*VN(II)*VN(JJ)*WXY*SJ*SR
C                             ! VMM -- ELEMENT MASS MATRIX
25       CONTINUE
302       CONTINUE
      RETURN
      END
C=========================  SUB: 3-1-1 ============================
      SUBROUTINE  GAUSS_INTEGRATION (INTX,INTY,I,J,X,Y,WXY)
C*****************************************************************
C        GET THE INFORMATION OF GAUSS INTEGRATION POINT
C*****************************************************************
      IMPLICIT  REAL*8 (A-H,O-Z)
      DIMENSION  GXY(3,3),WG(3,3)
C***
C*********GAUSS INTEGRATION CONSTANTS FOR 1, 2 AND 3 POINTS
C***
      GXY(1,1)= 0.0
      WG(1,1)= 2.0
      GXY(1,2)=-0.577350269189626
      GXY(2,2)= 0.577350269189626
      WG(1,2)= 1.0
      WG(2,2)= 1.0
      GXY(1,3)=-0.774596669241483
```

```
      GXY(2,3)= 0.0
      GXY(3,3)= 0.774596669241483
      WG(1,3)= 0.555555555555556
      WG(2,3)= 0.888888888888889
      WG(3,3)= 0.555555555555556
C***
C**********GET PARAMETERS OF INTEGRATION POINT
C***
      X=GXY(I,INTX)
      Y=GXY(J,INTY)
      WXY=WG(I,INTX)*WG(J,INTY)
      RETURN
      END
C=======================  SUB: 3-1-2  =============================
      SUBROUTINE  SHAPE_QUADRANGLE_8(NODE,X,Y,IEL,VN,VDN)
C*******************************************************************
C  COMPUTE SHAPE FUNCTION OF QUADRANGLE ELEMENT AT INTEGRATION POINT
C*******************************************************************
      IMPLICIT  REAL*8(A-H,O-Z)
      DIMENSION  IEL(NODE),VN(9),VDN(3,9)
C***
C*******CLEAR THE MEMORY FOR SHAPE FUNCTION AND ITS DERIVATIVES
C***
      DO 10 I=1,9
      VN(I)=0.0               ! VN--SHAPE FUNCTION
      DO 10 J=1,3
      VDN(J,I)=0.0            ! VDN--LOCAL DERIVATIVE OF VN
10      CONTINUE
C***
C*********SET FUNCTION VALUE FOR QUADRANGLE ELEMENT OF 4 NODES
C***
      VN(1)=(1+X)*(1+Y)/4
      VN(2)=(1-X)*(1+Y)/4
      VN(3)=(1-X)*(1-Y)/4
      VN(4)=(1+X)*(1-Y)/4
      VDN(1,1)=(1+Y)/4
      VDN(1,2)=-(1+Y)/4
      VDN(1,3)=-(1-Y)/4
      VDN(1,4)=(1-Y)/4
      VDN(2,1)=(1+X)/4
      VDN(2,2)=(1-X)/4
      VDN(2,3)=-(1-X)/4
      VDN(2,4)=-(1+X)/4
```

```
C ***
C ****** SET FUNCTION VALUE FOR QUADRANGLE ELEMENT OF THE 5--8 NODES
C ***
        IF(NODE. EQ. 8) THEN
        VN(5)=(1-X * X) * (1+Y)/2
        VN(6)=(1-Y * Y) * (1-X)/2
        VN(7)=(1-X * X) * (1-Y)/2
        VN(8)=(1-Y * Y) * (1+X)/2
        VDN(1,5)=(-2 * X) * (1+Y)/2
        VDN(1,6)=(1-Y * Y) * (-1)/2
        VDN(1,7)=(-2 * X) * (1-Y)/2
        VDN(1,8)=(1-Y * Y) * (+1)/2
        VDN(2,5)=(1-X * X) * (+1)/2
        VDN(2,6)=(-2 * Y) * (1-X)/2
        VDN(2,7)=(1-X * X) * (-1)/2
        VDN(2,8)=(-2 * Y) * (1+X)/2
        DO 30 I=1,4
        IF(IEL(4+I). EQ. 0) VN(4+I)=0.0      ! IEL--NODE CODE IN A ELEMENT
        IF(IEL(4+I). EQ. 0) VDN(1,4+I)=0.0
        IF(IEL(4+I). EQ. 0) VDN(2,4+I)=0.0
30       CONTINUE
        VN(1)=VN(1)-(VN(5)+VN(8))/2
        VN(2)=VN(2)-(VN(5)+VN(6))/2
        VN(3)=VN(3)-(VN(6)+VN(7))/2
        VN(4)=VN(4)-(VN(7)+VN(8))/2
        DO 40 I=1,2
        VDN(I,1)=VDN(I,1)-(VDN(I,5)+VDN(I,8))/2
        VDN(I,2)=VDN(I,2)-(VDN(I,5)+VDN(I,6))/2
        VDN(I,3)=VDN(I,3)-(VDN(I,6)+VDN(I,7))/2
        VDN(I,4)=VDN(I,4)-(VDN(I,7)+VDN(I,8))/2
40       CONTINUE
        ENDIF
        RETURN
        END
C =======================    SUB: 3-1-3   ================================
        SUBROUTINE  SHAPE_QUADRANGLE_9 (NODE,X,Y,IEL,VN,VDN)
C *****************************************************************
C   COMPUTE SHAPE FUNCTION OF QUADRANGLE ELEMENT ON INTEGRATION POINT
C *****************************************************************
        IMPLICIT  REAL * 8 (A-H, O-Z)
        DIMENSION  IEL(NODE),VN(9),VDN(3,9)
        DIMENSION  IX(9),IY(9), VL0X(3),VL1X(3),VL0Y(3),VL1Y(3)
        DATA  IX/1,-1,-1, 1, 0,-1, 0, 1, 0/
```

```
      DATA  IY/1, 1,-1,-1, 1, 0,-1, 0, 0/
C***
C*********CLEAR THE MEMORY FOR SHAPE FUNCTION AND ITS DERIVATIVES
C***
      DO 10 I=1,9
      VN(I)=0.0             ! VN--SHAPE FUNCTION
      DO 10 J=1,3
      VDN(J,I)=0.0          ! VDN--LOCAL DERIVATIVE OF VN
10      CONTINUE
C***
C***********SET THE VALUE OF LAGRANGE FUNCTION AND ITS DERIVATIVES
C***
      VL0X(1)=0.5*X*(X-1)
      VL0X(2)=1-X*X
      VL0X(3)=0.5*X*(X+1)
      VL1X(1)=X-0.5
      VL1X(2)=-2*X
      VL1X(3)=X+0.5
      VL0Y(1)=0.5*Y*(Y-1)
      VL0Y(2)=1-Y*Y
      VL0Y(3)=0.5*Y*(Y+1)
      VL1Y(1)=Y-0.5
      VL1Y(2)=-2*Y
      VL1Y(3)=Y+0.5
C***
C**********SET SHAPE FUNCTION FOR QUADRANGLE ELEMENT OF 9 NODES
C***
      DO 20 I=1,9
      IIX=IX(I)+2
      IIY=IY(I)+2
      VN(I)=VL0X(IIX)*VL0Y(IIY)
      VDN(1,I)=VL1X(IIX)*VL0Y(IIY)
      VDN(2,I)=VL0X(IIX)*VL1Y(IIY)
20      CONTINUE
      IF(IEL(1).EQ.0) RETURN
      END
C====================   SUB: 3-1-4   ================================
      SUBROUTINE  HAMMER_INTEGRATION (INTX,I,X,Y,Z,WX)
C*******************************************************************
C      GET THE INFORMATION OF HAMMER INTEGRATION POINT
C*******************************************************************
      IMPLICIT    REAL*8 (A-H, O-Z)
      DIMENSION   HXY(3,5),WH(5),INDEX(7)
```

```
C                       ! HXY--COORDINATE OF HAMMER INTEGRATION POINT
C                       ! WH--WEIGHT OF HAMMER INTEGRATION POINT
      INDEX(1)=1
      INDEX(3)=2
      INDEX(4)=3
      INDEX(7)=4
C***
C**********  INTEGRATION CONSTANTS OF ONE POINT
C***
      HXY(1,1)=1.0/3.0
      HXY(2,1)=1.0/3.0
      HXY(3,1)=1.0/3.0
      WH(1)=1.0
C***
C**********  INTEGRATION CONSTANTS OF 3 POINTS
C***
      HXY(1,2)=2.0/3.0
      HXY(2,2)=1.0/6.0
      HXY(3,2)=1.0/6.0
      WH(2)=1.0/3.0
C***
C**********  INTEGRATION CONSTANTS OF 4 POINTS
C***
      HXY(1,3)=0.6
      HXY(2,3)=0.2
      HXY(3,3)=0.2
      WH(3)=25.0/48.0
C***
C**********  INTEGRATION CONSTANTS OF 7 POINTS
C***
      A1=0.0597158717
      B1=0.4701420641
      A2=0.7974269853
      B2=0.1012865073
      HXY(1,4)=A1
      HXY(2,4)=B1
      HXY(3,4)=B1
      WH(4)=0.1323941527
      HXY(1,5)=A2
      HXY(2,5)=B2
      HXY(3,5)=B2
      WH(5)=0.1259391805
C***
```

```
C **********GET PARAMETERS OF INTEGRATION POINTS
C ***
      X=HXY(I+0-(I-1)/3*3,INDEX(INTX))
      Y=HXY(I+2-(I+1)/3*3,INDEX(INTX))
      Z=HXY(I+1-(I+0)/3*3,INDEX(INTX))
      WX=WH(INDEX(INTX))/2.0
CCCCC
      IF(INTX.EQ.7.AND.I.GE.4) THEN
      J=I-3
      X=HXY(J+0-(J-1)/3*3,5)
      Y=HXY(J+2-(J+1)/3*3,5)
      Z=HXY(J+1-(J+0)/3*3,5)
      WX=WH(5)/2.0
      ENDIF
CCCCCC
      IF(INTX.EQ.4.AND.I.EQ.4) THEN
      X=HXY(I+0-(I-1)/3*3,1)
      Y=HXY(I+1-(I+0)/3*3,1)
      Z=HXY(I+2-(I+1)/3*3,1)
      WX=-27.0/48.0/2.0
      ENDIF
CCCCC
      IF(INTX.EQ.7.AND.I.EQ.7) THEN
      X=HXY(1,1)
      Y=HXY(2,1)
      Z=HXY(3,1)
      WX=0.9/8.0
      ENDIF
      RETURN
      END
C ========================  SUB: 3-1-5  ==========================
      SUBROUTINE  SHAPE_TRIANGLE (NODE,X,Y,Z,IEL,VN,VDN)
C ******************************************************************
C  COMPUTE SHAPE FUNCTION OF TRIANGLE ELEMENT AT INTEGRATION POINT
C ******************************************************************
      IMPLICIT     REAL*8 (A-H, O-Z)
      DIMENSION    IEL(NODE),VN(9),VDN(3,9)
C ***
C ********CLEAR THE MEMORY FOR SHAPE FUNCTION AND ITS DERIVATIVES
C ***
      DO 10 I=1,9
      VN(I)=0.0                     ! VN--SHAPE FUNCTION
      DO 10 J=1,3
```

```
        VDN(J,I)=0.0                    ! VDN--LOCAL DERIVATIVE OF VN
10       CONTINUE
C ***
C *****SET THE FUNCTION VALUE FOR 3-NODE TRIANGLE ELEMENT
C ***
        VN(1)=X
        VN(2)=Y
        VN(3)=Z
        VDN(1,1)=1.0
        VDN(1,2)=0.0
        VDN(1,3)=0.0
        VDN(2,1)=0.0
        VDN(2,2)=1.0
        VDN(2,3)=0.0
        VDN(3,1)=0.0
        VDN(3,2)=0.0
        VDN(3,3)=1.0
C ***
C *****SET THE FUNCTION VALUE FOR TRIANGLE ELEMENT OF 4-6 NODES
C ***
        IF(NODE.EQ.6) THEN
        VN(4)=4*X*Y
        VN(5)=4*Y*Z
        VN(6)=4*Z*X
        VDN(1,4)=4*Y
        VDN(1,5)=0.0
        VDN(1,6)=4*Z
        VDN(2,4)=4*X
        VDN(2,5)=4*Z
        VDN(2,6)=0.0
        VDN(3,4)=0.0
        VDN(3,5)=4*Y
        VDN(3,6)=4*X
        DO 20 I=1,3
        IF(IEL(3+I).EQ.0) VN(3+I)=0.0
        IF(IEL(3+I).EQ.0) VDN(1,3+I)=0.0
        IF(IEL(3+I).EQ.0) VDN(2,3+I)=0.0
        IF(IEL(3+I).EQ.0) VDN(3,3+I)=0.0
20       CONTINUE
        VN(1)=VN(1)-(VN(4)+VN(6))/2
        VN(2)=VN(2)-(VN(4)+VN(5))/2
        VN(3)=VN(3)-(VN(5)+VN(6))/2
        DO 30 I=1,3
```

```
      VDN(I,1)=VDN(I,1)-(VDN(I,4)+VDN(I,6))/2
      VDN(I,2)=VDN(I,2)-(VDN(I,4)+VDN(I,5))/2
      VDN(I,3)=VDN(I,3)-(VDN(I,5)+VDN(I,6))/2
30      CONTINUE
      ENDIF
      DO 40 I=1,NODE
      VDN(1,I)=VDN(1,I)-VDN(3,I)
      VDN(2,I)=VDN(2,I)-VDN(3,I)
40      CONTINUE
      RETURN
      END
C======================== SUB: 3-1-6 ==========================
      SUBROUTINE  ELEMENT_VD (MPROB,VD,VMAE)
C****************************************************************
C****FORM  ELEMENT ELASTIC MATRIX [D] ACCORDING TO TYPE OF PROBLEM
C****************************************************************
      IMPLICIT  REAL*8 (A-H, O-Z)
      DIMENSION  VD(5,5),VMAE(4)
      E = VMAE(1)                   ! E--ELASTIC MODULUS
      V = VMAE(2)                   ! V--POSSION'S RATIO
C***
C************CLEAR MEMORY FOR THE MATRIX: [D]
C***
      DO 30 I=1,5
      DO 30 J=1,5
      VD(I,J)=0.0                   ! VD--ELASTIC MATRIX
30      CONTINUE
C***
C*****COMPUTE [D] MATRIX FOR PLANE STRESS OR PLANE STRAIN PROBLEM
C***
      IF(MPROB.EQ.1.OR.MPROB.EQ.2)  THEN
      IF(MPROB.EQ.2)  E = E/(1-V*V)
      IF(MPROB.EQ.2)  V = V/(1-V)
      D0 = E/(1-V*V)
      VD(1,1)=D0                    ! MPROB=1--PLANE STRESS
      VD(2,2)=D0
      VD(3,3)=D0*(1-V)/2            ! MPROB=2--PLANE STRAIN
      VD(1,2)=D0*V
      VD(2,1)=D0*V
      ENDIF
C***
C*********COMPUTE [D] MATRIX FOR AXISYMMETRIC PROBLEM
C***
```

```
      IF(MPROB.EQ.3) THEN
      D0=E*(1-V)/(1+V)/(1-2*V)
      VD(1,1)=D0
      VD(2,2)=D0
      VD(3,3)=D0*(1-2*V)/2/(1-V)
      VD(4,4)=D0
      VD(2,1)=D0*V/(1-V)              ! MPROB=3--AXISYMMETRIC
      VD(1,2)=D0*V/(1-V)
      VD(4,1)=D0*V/(1-V)
      VD(1,4)=D0*V/(1-V)
      VD(4,2)=D0*V/(1-V)
      VD(2,4)=D0*V/(1-V)
      ENDIF
C***
C*********COMPUTE [D] MATRIX FOR MINDLIN PLATE PROBLEM
C***
      IF(MPROB.EQ.4) THEN
      TH = VMAE(4)
      D0 = E*TH*TH*TH/12/(1-V*V)
      VD(1,1) = D0
      VD(2,2) = D0                    ! MPROB=4--MINDLIN PLATE
      VD(3,3) = D0*(1-V)/2
      VD(1,2) = D0*V
      VD(2,1) = D0*V
      VD(4,4) = E/2/(1+V)*TH/(6.0/5.0)
      VD(5,5) = E/2/(1+V)*TH/(6.0/5.0)
      ENDIF
      RETURN
      END
C========================  SUB: 3-1-7  ==  ===========================
      SUBROUTINE  ELEMENT_JACOBI (MND,VXY,VDN,SJ,VD0)
C*******************************************************************
C   GET THE DETERMINANT OF JACOBI MATRIX AND CARTESIAN DERIVATIVES
C*******************************************************************
      IMPLICIT  REAL*8 (A-H, O-Z)
      DIMENSION  VXY(MND,2),VDN(3,9),VD0(3,9)
      DIMENSION  VJJ(2,2),VJ1(2,2)
C***
C*************FORM JACOBI MATRIX
C***
      DO 11 II=1,2
      DO 11 JJ=1,2
      VJJ(II,JJ)=0.0                  ! VJJ--JACOBI MATRIX [J]
```

```
      DO 11 KK=1,MND
      VJJ(II,JJ)=VJJ(II,JJ)+VDN(II,KK)*VXY(KK,JJ)
11      CONTINUE
C***
C************FORM THE DETERMINANT OF JACOBI MATRIX
C***
      SJ=VJJ(1,1)*VJJ(2,2)-VJJ(1,2)*VJJ(2,1)        ! SJ--|J|
C***
C************COMPUTE THE INVERSE OF JACOBI MATRIX
C***
      VJ1(1,1)=+VJJ(2,2)/SJ
      VJ1(1,2)=-VJJ(1,2)/SJ             ! VJ1--INVERSE OF [J]
      VJ1(2,1)=-VJJ(2,1)/SJ
      VJ1(2,2)=+VJJ(1,1)/SJ
C***
C************COMPUTE THE CARTESIAN DERIVATIVES OF SHAPE FUNCTION
C***
      DO 51 II=1,2
      DO 51 JJ=1,9
      VD0(II,JJ)=0.0                    ! VD0--GLOBAL DERIVATIVE OF VN
      DO 51 KK=1,2
      VD0(II,JJ)=VD0(II,JJ)+VJ1(II,KK)*VDN(KK,JJ)
51      CONTINUE
      RETURN
      END
C====================   SUB:3-1-8   === ===========================
      SUBROUTINE   ELEMENT_VB (MPROB,MND,VXY,VN,VD0,VB,SR)
C******
*****************************************************************
C     FORM ELEMENT STRAIN MATRIX [B] ACCORDING TO TYPE OF PROBLEM
C*****************************************************************
      IMPLICIT   REAL*8(A-H,O-Z)
      DIMENSION   VXY(MND,2),VN(9),VD0(3,9),VB(5,27)
                                        ! VXY--NODAL COORDINATES OF ELEMENT
                                        ! VN--SHAPE FUNCTION
                                        ! VD0--GLOBAL DERIVATIVE OF VN
                                        ! VB--ELEMENTAL STRAIN MATRIX
C***
C*************CLEAR MEMORY FOR THE MATRIX [B]
C***
      DO 30 II=1,27
      DO 30 JJ=1,5
      VB(JJ,II)=0.0
```

```
30        CONTINUE
C ***
C ****COMPUTE [B] MATRIX FOR PLANE STRESS OR PLANE STRAIN PROBLEM
C ***
      IF(MPROB.EQ.1.OR.MPROB.EQ.2) THEN
      SR=1.0
      DO 40 II=1,9
      VB(1,(II-1)*2+1)=VD0(1,II)    ! MPROB=1--PLANE STRESS
      VB(2,(II-1)*2+2)=VD0(2,II)
      VB(3,(II-1)*2+1)=VD0(2,II)    ! MPROB=2--PLANE STRAIN
      VB(3,(II-1)*2+2)=VD0(1,II)
40        CONTINUE
      ENDIF
C ***
C ************COMPUTE [B] MATRIX FOR AXISYMMETRIC PROBLEM
C ***
      IF(MPROB.EQ.3) THEN
      SR=0.0
      DO 45 II=1,MND
      SR=SR+VXY(II,1)*VN(II)
45        CONTINUE                  ! MPROB=3--AXISYMMETRIC
      DO 50 II=1,9
      VB(1,(II-1)*2+1)=VD0(1,II)
      VB(2,(II-1)*2+2)=VD0(2,II)
      VB(3,(II-1)*2+1)=VD0(2,II)
      VB(3,(II-1)*2+2)=VD0(1,II)
      IF(ABS(SR).LT.1E-20) VB(4,(II-1)*2+1)=0.0
      IF(ABS(SR).GE.1E-20) VB(4,(II-1)*2+1)=VN(II)/SR
50        CONTINUE
      SR=SR*2*3.14159265
      ENDIF
C ***
C ***********COMPUTE [B] MATRIX FOR THE MINDLIN PLATE PROBLEM
C ***
      IF(MPROB.EQ.4) THEN
      SR = 1.0                      ! MPROB=4--MINDLIN PLATE
      DO 70 II=1,9
      VB(1,(II-1)*3+1)=-VD0(1,II)
      VB(2,(II-1)*3+2)=-VD0(2,II)
      VB(3,(II-1)*3+1)=-VD0(2,II)
      VB(3,(II-1)*3+2)=-VD0(1,II)
      VB(4,(II-1)*3+1)=-VN(II)
      VB(4,(II-1)*3+3)= VD0(1,II)
```

```
        VB(5,(II-1) * 3+2)=-VN(II)
        VB(5,(II-1) * 3+3)= VD0(2,II)
70        CONTINUE
        ENDIF
        RETURN
        END
C ====================  SUB: 4  ===================================
C ******************************************************************
C     SOLVE STATIC PROBLEM TO GET THE NODE DISPLACEMENTS
C      CALL SUBROUTINES: DECOMPOS AND BACKSUBS
C ******************************************************************
        SUBROUTINE STATIC_SOLVE (GKK,GP,GU)
        IMPLICIT   REAL * 8(A-H,O-Z)
         COMMON/COM1/MND,NUMEL,NUMPT,MBAND,NMATI
         COMMON/COM2/NF,NFSTR,MSOLV,MPROB,MTYPE,NVA
         COMMON/COM3/MND2,NUMPT2
         COMMON/ELEM/NODE,INTX,INTY
        DIMENSION  GKK(NUMPT2,MBAND),GP(NUMPT2),GU(NUMPT2)
        WRITE( * ,101)
101     FORMAT(/5X,' ## SOLVE EQUATION [GKK]{GU} = {GP} ##')
C ***
C ********** TRIANGLE DECOMPOSITION  OF THE MATRIX: [GKK]
C ***
         CALL DECOMPOS (NUMPT2,MBAND,GKK)
C ***
C ********** SUBSTITUTE BACK TO GET THE VECTOR {GU}
C ***
         CALL BACKSUBS (NUMPT2,MBAND,GKK,GP)
        DO 30 I=1,NUMPT2
30      GU(I)=GP(I)
C *********************************************************************
C        OUTPUT THE NODAL DISPLACEMENT
C *********************************************************************
        WRITE( * ,103)
103     FORMAT(/6X,'# OUTPUT NODAL DISPLACEMENT TO FILE <OUT_DIS> #')
        IF(MPROB. EQ. 4) THEN
        WRITE(14,40)
        ELSE
        WRITE(14,39)
        ENDIF
39      FORMAT(10X,'NODAL DISPLACEMENTS'/2X,'NO. OF NODES', 10X,
     $        'X-',15X,'Y-')
40      FORMAT(10X,'NODAL DISPLANCEMENTS'/2X,'NO. OF NODES',5X,
```

```
     $          'THETA-X',7X,'THETA-Y',10X,'W-Z')
        DO 41 I=1,NUMPT
        IF(NF.EQ.2) WRITE(14,42) I,(GU(NF*(I-1)+J),J=1,NF)
        IF(NF.EQ.3) WRITE(14,43) I,(GU(NF*(I-1)+J),J=1,NF)
41        CONTINUE
42      FORMAT(2X,I5,4X,2E18.8)
43      FORMAT(2X,I5,4X,3E16.8)
          CLOSE(14)
        RETURN
        END
C=====================   SUB: 4-1   == ===========================
        SUBROUTINE DECOMPOS (NUMPT2,MBAND,ARRAY)
C***************************************************************
C           TRIANGLE DECOMPOSITION OF MATRIX
C***************************************************************
        IMPLICIT  REAL*8(A-H,O-Z)
        DIMENSION ARRAY(NUMPT2,MBAND)
        DO 10 J=1,NUMPT2
        MJ=J-MBAND+1
        IF(MJ.LT.1) MJ=1
        DO 20 I=MJ,J
        DO 30 M=MJ,I-1
        ARRAY(I,J-I+1)=ARRAY(I,J-I+1)-ARRAY(M,J-M+1)*ARRAY(M,I-M+1)
     $                  /ARRAY(M,1)
30        CONTINUE
20        CONTINUE
10        CONTINUE
        RETURN
        END
C=====================   SUB: 4-2    ==========================
        SUBROUTINE BACKSUBS (NUMPT2,MBAND,ARRAY1,ARRAY2)
C************************************************************
C           BACKSUBSTITUTION OF TRIANGLE DECOMPOSITION
C************************************************************
        IMPLICIT  REAL*8(A-H,O-Z)
        DIMENSION ARRAY1(NUMPT2,MBAND),ARRAY2(NUMPT2)
        DO 10 I=1,NUMPT2
        MI=I-MBAND+1
        IF(MI.LT.1) MI=1
        DO 11 M=MI,I-1
        ARRAY2(I)=ARRAY2(I)-ARRAY1(M,I-M+1)*ARRAY2(M)/ARRAY1(M,1)
11        CONTINUE
10        CONTINUE
```

```
      DO 20 I=NUMPT2,1,-1
      MI=I+MBAND-1
      IF(MI.GT.NUMPT2) MI=NUMPT2
      DO 21 J=I+1,MI
      ARRAY2(I)=ARRAY2(I)-ARRAY1(I,J-I+1)*ARRAY2(J)
21      CONTINUE
      ARRAY2(I)=ARRAY2(I)/ARRAY1(I,1)
20      CONTINUE
      RETURN
      END
C========================  SUB: 5  ===============================
      SUBROUTINE  STRESS(VMATI,IELEM,VCOOD,GU,VXY,IEL,VU,SSS,
     $                 VSS,IADD,SSN)
C*************************************************************
C         COMPUTE STRESSES AT THE INTEGRATION POINTS AND NODES
C         CALL SUBROUTINE STRESS_MATRIX
C*************************************************************
      IMPLICIT  REAL*8(A-H,O-Z)
       COMMON/COM1/MND,NUMEL,NUMPT,MBAND,NMATI
       COMMON/COM2/NF,NFSTR,MSOLV,MPROB,MTYPE,NVA
       COMMON/COM3/MND2,NUMPT2
       COMMON/ELEM/NODE,INTX,INTY
      DIMENSION  IELEM(NUMEL,MND+4),VCOOD(NUMPT,2),GU(NUMPT2),
     $           VXY(MND,2),IEL(MND),VU(MND2),VSS(4,NFSTR),
     $           SSS(9,NFSTR),IADD(NUMPT),VMATI(NMATI,4),
     $           SSN(NUMPT,NFSTR),VSNN(9,NFSTR),VMAE(4)
C
      DO 20 I=1,NUMPT
      IADD(I)=0
      DO 20 J=1,NFSTR
      SSN(I,J)=0.0
20     CONTINUE
      WRITE(*,101)
101    FORMAT(/6X,'# OUTPUT ELEMENT STRESS TO FILE <OUT_STR> #')
      IF(MTYPE.EQ.0.OR.MTYPE.EQ.2) THEN
      IF(MPROB.EQ.1.OR.MPROB.EQ.2) WRITE(15,21)
      IF(MPROB.EQ.3) WRITE(15,22)
      IF(MPROB.EQ.4) WRITE(15,23)
      ENDIF
21    FORMAT(10X,'STRESS ON EACH INTEGRATION POINT'/'ELEM-NO.',1X,
     &        'INTEG-NO.', 5X,'SIGMA-X',7X,'SIGMA-Y',9X,'TAO-XY')
22    FORMAT(10X,'STRESS ON EACH INTEGRATION POINT'/'ELEM-NO.',1X,
     $       'INTEG-NO.',3X,'SIGMA-X',8X,'SIGMA-Y',8X,'TAO-XY',10X,
```

```
     $          'ROTATION')
23     FORMAT(10X,'STRESS ON EACH INTEGRATION POINT'/'ELEM-NO.',1X,
     $          'INTEG.',5X,'M-X',10X,'M-Y',9X,'M-XY',7X,'TAO-XZ',
     $          7X,'TAO-YZ')

      DO 320 IE=1,NUMEL
C***
C*********FORM ALL THE ELEMENT INFORMATION FROM THE INPUT DATA
C***
      DO 30 I=1,MND
      IEL(I)=IELEM(IE,I+4)
      DO 30 J=1,2
      VXY(I,J)=0.0
      IF(IEL(I).GT.0) VXY(I,J)=VCOOD(IEL(I),J)
30      CONTINUE
      NODE=IELEM(IE,1)        ! NODE--NUMBER OF NODES IN THE ELEMENT
      INTX=IELEM(IE,3)        ! INTX--INTEGRATION POINTS IN X-DIRECEION
      INTY=IELEM(IE,4)        ! INTY--INTEGRATION POINTS IN Y-DIRECTION
      IF(NODE.EQ.3.OR.NODE.EQ.6) INTY=1
      INTXY=INTX*INTY
      IMATI=IELEM(IE,2)
      DO 31 J=1,4
31    VMAE(J)=VMATI(IMATI,J)
      DO 40 I=1,MND
      DO 40 J=1,NF
      IF(IEL(I).GT.0) VU(NF*(I-1)+J)=GU(NF*(IEL(I)-1)+J)
40      CONTINUE
C***
C********  COMPUTE STRESS AT THE INTEGRATION POINTS
C***
        CALL STRESS_MATRIX (VXY,IEL,VMAE,VU,SSS,VSS)
C***
C**********OUTPUT STRESS AT THE INTEGRATION POINT
C***
      IF (MTYPE.EQ.0.OR.MTYPE.EQ.2) THEN
      DO 70 I=1,INTXY
      IF (MPROB.EQ.1.OR.MPROB.EQ.2)
     $          WRITE(15,71) IE,I,(SSS(I,J),J=1,NFSTR)
      IF (MPROB.EQ.3) WRITE(15,72) IE,I,(SSS(I,J),J=1,NFSTR)
      IF (MPROB.EQ.4) WRITE(15,73) IE,I,(SSS(I,J),J=1,NFSTR)
70      CONTINUE
      ENDIF
71    FORMAT(1X,I5,1X,I5,1X,3(2X,E15.6))
```

```
72      FORMAT(1X,I5,1X,I5,1X,4(1X,E15.6))
73      FORMAT(1X,I5,1X,I4,1X,5E13.6)
C***
C*****COMPUTE NODAL STRESS FROM STRESS MATRIX<VSN> BY ELEMENT SMOOTHING
C***
        DO 83 J=1,NFSTR
        IF(NODE.EQ.3.OR.NODE.EQ.6) THEN
        A1=5.0/3.0
        B1=1.0/3.0
        VSNN(1,J)= VSS(1,J)*A1-VSS(2,J)*B1-VSS(3,J)*B1
        VSNN(2,J)=-VSS(1,J)*B1+VSS(2,J)*A1-VSS(3,J)*B1
        VSNN(3,J)=-VSS(1,J)*B1-VSS(2,J)*B1+VSS(3,J)*A1
        VSNN(4,J)= (VSNN(1,J)+VSNN(2,J))/2.0
        VSNN(5,J)= (VSNN(2,J)+VSNN(3,J))/2.0
        VSNN(6,J)= (VSNN(3,J)+VSNN(1,J))/2.0
        ELSE
        A=1.8660254
        B=-0.5
        C=0.1339746
        VSNN(1,J)=VSS(1,J)*C+VSS(2,J)*B+VSS(3,J)*B+VSS(4,J)*A
        VSNN(2,J)=VSS(1,J)*B+VSS(2,J)*A+VSS(3,J)*C+VSS(4,J)*B
        VSNN(3,J)=VSS(1,J)*A+VSS(2,J)*B+VSS(3,J)*B+VSS(4,J)*C
        VSNN(4,J)=VSS(1,J)*B+VSS(2,J)*C+VSS(3,J)*A+VSS(4,J)*B
        VSNN(5,J)=(VSNN(1,J)+VSNN(2,J))/2
        VSNN(6,J)=(VSNN(2,J)+VSNN(3,J))/2
        VSNN(7,J)=(VSNN(3,J)+VSNN(4,J))/2
        VSNN(8,J)=(VSNN(4,J)+VSNN(1,J))/2
        VSNN(9,J)=(VSNN(5,J)+VSNN(7,J))/2
        ENDIF
83      CONTINUE
C***
C************COMPUTE THE AVERAGE VALUE OF NODAL STRESSES
C***
        DO 89 I=1,MND
        IH=IEL(I)
        IF(IH.GT.0) THEN
        IADD(IH)=IADD(IH)+1
        DO 90 J=1,NFSTR
        SSN(IH,J)=(SSN(IH,J)*(IADD(IH)-1)+VSNN(I,J))/IADD(IH)
90      CONTINUE
        ENDIF
89       CONTINUE
320      CONTINUE
```

```
C ***
C ************  OUTPUT STRESS AT THE NODES
C ***
        IF(MPROB. EQ. 1. OR. MPROB. EQ. 2) WRITE(15,91)
        IF(MPROB. EQ. 3) WRITE(15,92)
        IF(MPROB. EQ. 4) WRITE(15,93)
91      FORMAT(/10X,'STRESSES AT EACH NODE'/2X,'NODE-NO. ',8X,
     $          'SIGMA-X',10X,'SIGMA-Y',10X,'TAO-XY')
92      FORMAT(/10X,'STRESSES AT EACH NODE'/2X,'NODE-NO. ',8X,
     $         'SIGMA-X',10X,'SIGMA-Y',10X,'TAO-XY',10X,'ROTATION')
93      FORMAT(/10X,'STRESSES AT EACH NODES'/2X,'NODE-NO. ',5X,'M-X',
     $          10X, 'M-Y',10X,'M-XY',8X,'TAO-XZ',9X,'TAO-YZ')
        DO 95 I =1,NUMPT
        IF(MPROB. EQ. 1. OR. MPROB. EQ. 2)
     $            WRITE(15,96) I,(SSN(I,J),J=1,NFSTR)
        IF(MPROB. EQ. 3) WRITE(15,97) I,(SSN(I,J),J=1,NFSTR)
        IF(MPROB. EQ. 4) WRITE(15,98) I,(SSN(I,J),J=1,NFSTR)
95      CONTINUE
96      FORMAT(2X,I5,2X,3(2X,E15.6))
97      FORMAT(2X,I5,2X,4(2X,E15.6))
98      FORMAT(1X,I5,1X,5E14.6)
        CLOSE(15)
        RETURN
        END
C =======================  SUB: 5-1  ============================
        SUBROUTINE  STRESS_MATRIX (VXY,IEL,VMAE,VU,SSS,VSS)
C *****************************************************************
C       FORM THE ELEMENT STRESS MATRIXES: [VSG] AND [VSN]
C *****************************************************************
        IMPLICIT    REAL * 8 (A-H, O-Z)
         COMMON/COM1/MND,NUMEL,NUMPT,MBAND,NMATI
         COMMON/COM2/NF,NFSTR,MSOLV,MPROB,MTYPE,NVA
         COMMON/COM3/MND2,NUMPT2
         COMMON/ELEM/NODE,INTX,INTY
        DIMENSION  VXY(MND,2),IEL(MND),VMAE(5),VU(MND2),VSS(4,NFSTR),
     $              SSS(9,NFSTR),VSG(NFSTR,MND2),VSN(NFSTR,MND2)
        DIMENSION  VN(9),VDN(3,9),VD0(3,9),VD(5,5),VB(5,27)
C ***
C *********  FORM THE [D] MATRIX ACCORDING TO TYPE OF THE PROBLEM
C ***
         CALL ELEMENT_VD (MPROB,VD,VMAE)      ! VD--ELASTIC MATRIX

C *****************************************************************
```

```
C            LOOP OVER THE NUMERICAL INTEGRATION POINTS(INTX,INTY)
C*****************************************************************
      IF(NODE.EQ.3.OR.NODE.EQ.6) INTY=1
      DO 32 I=1,INTX
      DO 32 J=1,INTY
      IF(NODE.EQ.4.OR.NODE.EQ.8) THEN
       CALL GAUSS_INTEGRATION (INTX,INTY,I,J,X,Y,WXY)
       CALL SHAPE_QUADRANGLE_8 (NODE,X,Y,IEL,VN,VDN)
      ENDIF
      IF(NODE.EQ.9) THEN
       CALL GAUSS_INTEGRATION (INTX,INTY,I,J,X,Y,WXY)
       CALL SHAPE_QUADRANGLE_9 (NODE,X,Y,IEL,VN,VDN)
      ENDIF                        ! VN--SHAPE FUNCTION
      IF(NODE.EQ.3.OR.NODE.EQ.6) THEN
       CALL HAMMER_INTEGRATION (INTX,I,X,Y,Z,WXY)
       CALL SHAPE_TRIANGLE (NODE,X,Y,Z,IEL,VN,VDN)
      ENDIF                        ! VDN--LOCAL DERIVATIVE OF[VN]
       CALL  ELEMENT_JACOBI (MND,VXY,VDN,SJ,VD0)     ! SJ = |J|
                                   ! VD0--GLOBAL DERIVATIVE OF [VN]
       CALL  ELEMENT_VB (MPROB,MND,VXY,VN,VD0,VB,SR)
                                   ! VB--ELEMENT STRAIN MATRIX
C***                               ! SR--PARAMETER OF INTEGRATION
C******** FORM ELEMENT STRESS MATRIX [VSG] AT INTEGRATION POINTS
C***              ( [VSG]=[D]*[B] )
      DO 20 II=1,NFSTR
      DO 20 JJ=1,MND2
      VSG(II,JJ)=0.0
      DO 20 KK=1,NFSTR
      VSG(II,JJ)=VSG(II,JJ)+VD(II,KK)*VB(KK,JJ)
20     CONTINUE
      K=(I-1)*INTY+J
      DO 30 II=1,NFSTR
      SSS(K,II)=0.0
      IF(INTX.EQ.3.AND.INTY.EQ.1) VSS(K,II)=0.0
      IF(INTX.EQ.2.AND.INTY.EQ.2) VSS(K,II)=0.0
      DO 30 JJ=1,MND2
      SSS(K,II)=SSS(K,II)+VSG(II,JJ)*VU(JJ)
      IF(INTX.EQ.3.AND.INTY.EQ.1) VSS(K,II)=SSS(K,II)
      IF(INTX.EQ.2.AND.INTY.EQ.2) VSS(K,II)=SSS(K,II)
30     CONTINUE
32     CONTINUE
C*****************************************************************
C     FORM ELEMENT STRESS MATRIX [VSN] AT OPTIMAL STRESS POINTS
```

```
C                  ( [VSN]=[D] * [B] )
C ***********************************************************************
        IF(NODE. EQ. 3. OR. NODE. EQ. 6) THEN
        INTR=3
        INTS=1
        IF(INTX. EQ. 3. AND. INTY. EQ. 1) GOTO 46
        ELSE
        INTR=2
        INTS=2
        IF(INTX. EQ. 2. AND. INTY. EQ. 2) GOTO 46
        ENDIF
        DO 45 I=1,INTR
        DO 45 J=1,INTS
        IF(NODE. EQ. 4. OR. NODE. EQ. 8) THEN
          CALL GAUSS_INTEGRATION (INTR,INTS,I,J,X,Y,WXY)
          CALL SHAPE_QUADRANGLE_8 (NODE,X,Y,IEL,VN,VDN)
        ENDIF
        IF(NODE. EQ. 9) THEN
          CALL GAUSS_INTEGRATION (INTR,INTS,I,J,X,Y,WXY)
          CALL SHAPE_QUADRANGLE_9 (NODE,X,Y,IEL,VN,VDN)
        ENDIF
        IF(NODE. EQ. 3. OR. NODE. EQ. 6) THEN
          CALL HAMMER_INTEGRATION (INTR,I,X,Y,Z,WXY)
          CALL SHAPE_TRIANGLE (NODE,X,Y,Z,IEL,VN,VDN)
        ENDIF
          CALL ELEMENT_JACOBI (MND,VXY,VDN,SJ,VD0)
          CALL ELEMENT_VB (MPROB,MND,VXY,VN,VD0,VB,SR)
        DO 42 II=1,NFSTR
        DO 42 JJ=1,MND2
        VSN(II,JJ)=0.0
        DO 42 KK=1,NFSTR
        VSN(II,JJ)=VSN(II,JJ)+VD(II,KK) * VB(KK,JJ)
42        CONTINUE
        K=(I-1) * INTS+J
        DO 43 II=1,NFSTR
        VSS(K,II)=0.0
        DO 43 JJ=1,MND2
        VSS(K,II)=VSS(K,II)+VSN(II,JJ) * VU(JJ)
43        CONTINUE
45        CONTINUE
46        CONTINUE
        RETURN
        END
```

```
C ========================== SUB: 6 ==============================
      SUBROUTINE DYNAM(GMM,GKK,GP,DAMP,U0,V0,A,AW,B)
C ****************************************************************
C  SOLVE THE DYNAMIC PROBLEM BY CENTRAL DIFFERENCE METHOD
C         OR NEWMARK METHOD
C   CALL SUBROUTINES: DECOMPOS,BACKSUBS,CENTER OR NEWMARK
C ****************************************************************
      IMPLICIT REAL * 8(A-H,O-Z)
       COMMON/COM1/MND,NUMEL,NUMPT,MBAND,NMATI
       COMMON/COM2/NF,NFSTR,MSOLV,MPROB,MTYPE,NVA
       COMMON/COM3/MND2,NUMPT2
       COMMON/DYN/MUV,OMEGA,CC1,CC2,TT,DT,ALPHA,DELTA
      DIMENSION GMM(NUMPT2,MBAND),GKK(NUMPT2,MBAND),GP(NUMPT2),
   $        A(NUMPT2),U0(NUMPT2),V0(NUMPT2),AW(NUMPT2,MBAND),
   $        B(NUMPT2),DAMP(NUMPT2,MBAND)
C ***
C **************  COMPUTE DAMPLING MATRIX (DAMP)
C ***
      DO 50 I=1,NUMPT2
      DO 50 J=1,MBAND
      DAMP(I,J)=CC1 * GMM(I,J)+CC2 * GKK(I,J)
50     CONTINUE
C ***
C ************FORM INITIAL DISPLACEMENT (U0) AND VELOCITY (V0)
C ***
      DO 60 I=1,NUMPT2
      U0(I)=0.0
      V0(I)=0.0
60     CONTINUE
      IF(MUV.EQ.1.OR.MUV.EQ.3) THEN
      READ(5,*)
      READ(5,*) (U0(I),I=1,NUMPT2)
      ENDIF
      IF(MUV.EQ.2.OR.MUV.EQ.3) THEN
      READ(5,*)
      READ(5,*) (V0(I),I=1,NUMPT2)
      ENDIF
      WRITE(6,*)' INITIAL DISPLACEMENTS--U0:'
      WRITE(6,62) (U0(I),I=1,NUMPT2)
      WRITE(6,*)' INITIAL VELOCITIES--V0:'
      WRITE(6,62) (V0(I),I=1,NUMPT2)
62    FORMAT(2X,4E15.6)
C ****************************************************************
```

```
C             COMPUTE INITIAL ACCELERATION--A(NUMPT2)
C ******************************************************************
      DO 71 I=1,NUMPT2
71    A(I)=GP(I)
      DO 70 I=1,NUMPT2
      IK=I-MBAND+1
      IF(IK.LT.1) IK=1
      DO 70 J=IK,I
      A(I)=A(I)-GKK(J,I-J+1)*U0(J)-DAMP(J,I-J+1)*V0(J)
70     CONTINUE
      DO 72 I=1,NUMPT2
      IK=I+MBAND-1
      IF(IK.GT.NUMPT2) IK=NUMPT2
      DO 72 J=I+1,IK
      A(I)=A(I)-GKK(I,J-I+1)*U0(J)-DAMP(I,J-I+1)*V0(J)
72     CONTINUE
      DO 73 I=1,NUMPT2
      DO 73 J=1,MBAND
      AW(I,J)=GMM(I,J)
73     CONTINUE
       CALL DECOMPOS (NUMPT2,MBAND,AW)
       CALL BACKSUBS (NUMPT2,MBAND,AW,A)
C ***
C **********BY USING CENTRAL DIFFERENCE METHOD WHEN MSOLV=2
C ***
      IF(MSOLV.EQ.2) CALL CENTER (GMM,GKK,DAMP,GP,U0,V0,A,AW,B)
C ***
C ************  BY USING NEWMARK METHOD WHEN MSOLV=3
C ***
      IF(MSOLV.EQ.3) CALL NEWMARK (GMM,GKK,DAMP,GP,U0,V0,A,AW,B)
      RETURN
      END
C ========================  SUB: 6-1  ==============================
      SUBROUTINE CENTER (GMM,GKK,DAMP,GP,U0,V0,A,AW,B)
C ******************************************************************
C          SOLVE DYNAMIC RESPONSE BY CENTRAL DIFFERENCE METHOD
C            CALL SUBROUTINES: DECOMPOS, BACKSUBS
C ******************************************************************
      IMPLICIT  REAL*8(A-H,O-Z)
       COMMON/COM1/MND,NUMEL,NUMPT,MBAND,NMATI
       COMMON/COM2/NF,NFSTR,MSOLV,MPROB,MTYPE,NVA
       COMMON/COM3/MND2,NUMPT2
       COMMON/DYN/MUV,OMEGA,CC1,CC2,TT,DT,ALPHA,DELTA
```

```
      DIMENSION GMM(NUMPT2,MBAND),GKK(NUMPT2,MBAND),
     $          DAMP(NUMPT2,MBAND),GP(NUMPT2),U0(NUMPT2),
     $          V0(NUMPT2),AW(NUMPT2,MBAND),A(NUMPT2),B(NUMPT2)
       CLOSE(30,STATUS='DELETE')
      OPEN(30,FILE='OUT_CEN',STATUS='UNKNOWN')
      WRITE(30,*)'DYNAMIC RESPONSE RESULT BY CENTRAL DIFFERENCE'
      WRITE(30,*) ' TOTAL TIME=',TT
      WRITE(*,101)
101   FORMAT(/6X,'# SOLVE DYNAMIC RESPONSE BY CENTRAL DIFFERENCE')
      WRITE(*,102)
102   FORMAT(/6X,'% OUTPUT DYNAMIC DISPLACEMENT IN FILE<OUT_CEN>')
C***
C****************INITIAL COMPUTATIONS
C***
       C0=1./(DT*DT)
       C1=0.5/DT
       C2=2.*C0
       C3=1./C2
      DO 30 I=1,NUMPT2
      A(I)=U0(I)-DT*V0(I)+C3*A(I)
30     CONTINUE
      DO 40 I=1,NUMPT2
      B(I)=GP(I)
      DO 40 J=1,MBAND
      AW(I,J)=GMM(I,J)
40    GMM(I,J)=C0*GMM(I,J)+C1*DAMP(I,J)
C***
C**************** COMPUTATIONS FOR EACH TIME STEP
C***
       CALL DECOMPOS (NUMPT2,MBAND,GMM)
      DO 300 Y=0,TT,DT
      IF(OMEGA.GT.0.0) AP=SIN(OMEGA*Y)
      IF(OMEGA.LT.0.0) AP=COS(OMEGA*Y)
      DO 41 I=1,NUMPT2
      GP(I)=B(I)
      IF(OMEGA.NE.0.0) GP(I)=GP(I)*AP
41     CONTINUE
      DO 50 I=1,NUMPT2
      IK=I-MBAND+1
      IF(IK.LT.1) IK=1
      DO 50 J=IK,I
      GP(I)=GP(I)-(GKK(J,I-J+1)-C2*AW(J,I-J+1))*U0(J)-
     $            (C0*AW(J,I-J+1)-C1*DAMP(J,I-J+1))*A(J)
```

```
50      CONTINUE
      DO 60 I=1,NUMPT2
      IK=I+MBAND-1
      IF(IK.GT.NUMPT2) IK=NUMPT2
      DO 60 J=I+1,IK
      GP(I)=GP(I)-(GKK(I,J-I+1)-C2*AW(I,J-I+1))*U0(J)-
     $            (C0*AW(I,J-I+1)-C1*DAMP(I,J-I+1))*A(J)
60      CONTINUE
        CALL BACKSUBS (NUMPT2,MBAND,GMM,GP)
      NSTEP=Y/DT+1
      WRITE(30,61) NSTEP,DT,Y+DT
      IF(MPROB.EQ.4) THEN
      WRITE(30,73)
      WRITE(30,74) (GP(I),I=1,NUMPT2)
      ELSE
      WRITE(30,71)
      WRITE(30,72) (GP(I),I=1,NUMPT2)
      ENDIF
      DO 70 I=1,NUMPT2
      A(I)=U0(I)
      U0(I)=GP(I)
70      CONTINUE
300       CONTINUE
61    FORMAT(2X,'NO.OF STEP=',I5,3X,'STEP LENGTH=',E15.6,3X,
     $        'AT TIME=',E15.6)
71    FORMAT(2X,'DISPLACEMENT:'/ 2(13X,'X-',13X,'Y-'))
72    FORMAT(4X,4E16.8)
73    FORMAT(2X,'DISPLACEMENT:'/11X,'THETA-X',11X,'THETA-Y',
     $        12X,'W-Z')
74    FORMAT(6X,3E16.8)
        CLOSE(30)
      RETURN
      END
C======================  SUB:6-2  ===================================
      SUBROUTINE NEWMARK (GMM,GKK,DAMP,GP,U0,V0,A,AW,B)
C*******************************************************************
C          SOLVE DYNAMIC RESPONSE BY NEWMARK METHOD
C             CALL SUBROUTINES:DECOMPOS,BACKSUBS
C*******************************************************************
      IMPLICIT REAL*8(A-H,O-Z)
        COMMON/COM1/MND,NUMEL,NUMPT,MBAND,NMATI
        COMMON/COM2/NF,NFSTR,MSOLV,MPROB,MTYPE,NVA
        COMMON/COM3/MND2,NUMPT2
```

```
      COMMON/DYN/MUV,OMEGA,CC1,CC2,TT,DT,ALPHA,DELTA
      DIMENSION  GMM(NUMPT2,MBAND),GKK(NUMPT2,MBAND),
     $           AW(NUMPT2,MBAND),DAMP(NUMPT2,MBAND),GP(NUMPT2),
     $           U0(NUMPT2),V0(NUMPT2),A(NUMPT2),B(NUMPT2)
      CLOSE(31,STATUS='DELETE')
      OPEN(31,FILE='OUT_NMK',STATUS='UNKNOWN')
      WRITE(31,*)' DYNAMIC RESPONSE RESULT BY NEWMARK METHOD'
      WRITE(31,*)' TOTAL TIME=',TT
      WRITE(*,101)
101   FORMAT(/6X,'# SOLVE DYNAMIC RESPONSE BY NEWMARK METHOD ##')
      WRITE(*,102)
102   FORMAT(/6X,'% OUTPUT DYNAMIC DISPLACEMENT IN FILE<OUT_NMK>')
C***
C**************INITIAL COMPUTATIONS
C***
      C0=1.0/(ALPHA*DT*DT)
      C1=DELTA/(ALPHA*DT)
      C2=1.0/(ALPHA*DT)
      C3=0.5/ALPHA-1.0
      C4=DELTA/ALPHA-1.0
      C5=DT/2.0*(DELTA/ALPHA-2.0)
      C6=DT*(1.0-DELTA)
      C7=DELTA*DT
C****************************************************************
C          COMPUTE   K'=K+C0*M+C1*C
C****************************************************************
      DO 40 I=1,NUMPT2
      B(I)=GP(I)
      DO 40 J=1,MBAND
      AW(I,J)=GKK(I,J)
40    GKK(I,J)=GKK(I,J)+C0*GMM(I,J)+C1*DAMP(I,J)
C*******************************************************
C     TRIANGLE DECOMPOSITION  OF THE MATRIX:[GKK]
C*******************************************************
      CALL DECOMPOS (NUMPT2,MBAND,GKK)
C***
C************** COMPUTATIONS FOR EACH TIME STEP
C***
      DO 300 Y=0,TT,DT
      IF(OMEGA.GT.0.0) AP=SIN(OMEGA*Y)
      IF(OMEGA.LT.0.0) AP=COS(OMEGA*Y)
      DO 41 I=1,NUMPT2
      GP(I)=B(I)
```

```
      IF(OMEGA.NE.0.0) GP(I)=GP(I)*AP
41      CONTINUE
      DO 50 I=1,NUMPT2
      IK=I-MBAND+1
      IF(IK.LT.1) IK=1
      DO 50 J=IK,I
      GP(I)=GP(I)+GMM(J,I-J+1)*(C0*U0(J)+C2*V0(J)+C3*A(J))+
     $           DAMP(J,I-J+1)*(C1*U0(J)+C4*V0(J)+C5*A(J))
50      CONTINUE
      DO 60 I=1,NUMPT2
      IK=I+MBAND-1
      IF(IK.GT.NUMPT2) IK=NUMPT2
      DO 60 J=I+1,IK
      GP(I)=GP(I)+GMM(I,J-I+1)*(C0*U0(J)+C2*V0(J)+C3*A(J))+
     $           DAMP(I,J-I+1)*(C1*U0(J)+C4*V0(J)+C5*A(J))
60      CONTINUE
        CALL BACKSUBS (NUMPT2,MBAND,GKK,GP)
      NSTEP=Y/DT+1
      WRITE(31,61) NSTEP,DT,Y+DT
      IF(MPROB.EQ.4) THEN
      WRITE(31,73)
      WRITE(31,74) (GP(I),I=1,NUMPT2)
      ELSE
      WRITE(31,71)
      WRITE(31,72) (GP(I),I=1,NUMPT2)
      ENDIF
      DO 70 I=1,NUMPT2
      AI=A(I)
      A(I)=C0*(GP(I)-U0(I))-C2*V0(I)-C3*A(I)
      V0(I)=V0(I)+C6*AI+C7*A(I)
      U0(I)=GP(I)
70      CONTINUE
300      CONTINUE
61    FORMAT(2X,'NO. OF STEP=',I5,3X,'STEP LENGTH=',E15.6,3X,
     $        'AT TIME=',E15.6)
71    FORMAT(2X,'DISPLACEMENT:'/2(13X,'X-',13X,'Y-'))
72    FORMAT(4X,4E16.8)
73    FORMAT(2X,'DISPLACEMENT:'/11X 'THETA-X',11X,'THETA-Y',
     $        12X,'W-Z')
74    FORMAT(6X,3E16.8)
        CLOSE(31)
      RETURN
      END
C========================== SUB: 7 ===========================
```

```
      SUBROUTINE   EIGEN (GMM,GKK,AA,BB,GM,GK,V,W1,W2)
C*****************************************************************
C          SOLVE EIGENVALUE PROBLEM BY INVERSE OR SUBSPACE METHODS
C            CALL SUBROUTINE INVERSE OR SUBROUTINE SUBSPACE
C*****************************************************************
      IMPLICIT REAL*8(A-H,O-Z)
       COMMON/COM1/MND,NUMEL,NUMPT,MBAND,NMATI
       COMMON/COM2/NF,NFSTR,MSOLV,MPROB,MTYPE,NVA
       COMMON/COM3/MND2,NUMPT2
      DIMENSION GMM(NUMPT2,MBAND),GKK(NUMPT2,MBAND),AA(NUMPT2,NVA),
     $          BB(NUMPT2,NVA),GM(NVA,NVA),GK(NVA,NVA),V(NVA,NVA),
     $          W1(NVA),W2(NVA)
C***
C************BY USING INVERSE METHOD WHEN MSOLV=4
C***
      IF(MSOLV.EQ.4) CALL INVERSE (GMM,GKK,AA,BB)
C***
C*************BY USING SUBSPACE METHOD WHEN MSOLV=5
C***
      IF(MSOLV.EQ.5) CALL SUBSPACE (GMM,GKK,AA,BB,GM,GK,V,W1,W2)
      RETURN
      END
C==================== SUB: 7-1 ================================
      SUBROUTINE INVERSE (GMM,GKK,AA,BB)
C*****************************************************************
C     SOLVE EIGENVALUE BY INVERSE ITERATION METHOD
C       CALL SUBROUTINES: DECOMPOS,BACKSUBS
C*****************************************************************
      IMPLICIT REAL*8(A-H,O-Z)
       COMMON/COM1/MND,NUMEL,NUMPT,MBAND,NMATI
       COMMON/COM2/NF,NFSTR,MSOLV,MPROB,MTYPE,NVA
       COMMON/COM3/MND2,NUMPT2
      DIMENSION GKK(NUMPT2,MBAND),GMM(NUMPT2,MBAND),AA(NUMPT2,NVA),
     $          BB(NUMPT2)
       CLOSE(32,STATUS='DELETE')
      OPEN(32,FILE='OUT_VERS',STATUS='UNKNOWN')
      WRITE(32,*) ' DYNAMIC CHARACTER RESULTS BY INVERSE METHOD'
      WRITE(*,101)
101   FORMAT(/6X,'# SOLVE EIGENVALUE BY INVERSE METHOD #')
      WRITE(*,102)
102   FORMAT(/6X,'% OUTPUT EIGENVALUE AND MODE IN FILE<OUT_VERS>')
C***
C***************FORM INITIAL ITERATION VECTORS A(I,J)
```

```
C ***
        DO 5 I=1,NUMPT2
        DO 5 J=1,NVA
        AA(I,J)=RAN(I+J)
5       CONTINUE
C ***
C ********  TRIANGLE DECOMPOSITION OF STIFFNESS MATRIX
C ***
          CALL DECOMPOS (NUMPT2,MBAND,GKK)
        DO 100 II=1,NVA
        W1=-1.0
        GK=0.0
        GM=0.0
C ***
C ********  COMPUTE   Y=MX
C ***
333       CONTINUE
        DO 8 I=1,NUMPT2
  8     BB(I)=0.0
        DO 10 I=1,NUMPT2
        IK=I-MBAND+1
        IF(IK.LT.1) IK=1
        DO 10 J=IK,I
        BB(I)=BB(I)+GMM(J,I-J+1)*AA(J,II)
10      CONTINUE
        DO 12 I=1,NUMPT2
        IK=I+MBAND-1
        IF(IK.GT.NUMPT2) IK=NUMPT2
        DO 12 J=I+1,IK
        BB(I)=BB(I)+GMM(I,J-I+1)*AA(J,II)
12      CONTINUE
C ***
C ***************SOLVE   KX=Y
C ***
111       CONTINUE
        NSTEP=NSTEP+1
        IF(NSTEP.GT.500) THEN
        WRITE(*,*) 'NO.=', II,'   STEP=',NSTEP
        WRITE(32,*)'NO.=',II,'   STEP=',NSTEP
        RETURN
        ENDIF
        DO 20 I=1,NUMPT2
20      AA(I,II)=BB(I)
```

```
      CALL BACKSUBS (NUMPT2,MBAND,GKK,AA(I,II))
C***
C****************** COMPUTE  W**2=K'/M'
C***
      DO 24 I=1,NUMPT2
      GK=GK+AA(I,II)*BB(I)
      BB(I)=0.0
24    CONTINUE
      DO 25 I=1,NUMPT2
      IK=I-MBAND+1
      IF(IK.LT.1) IK=1
      DO 25 J=IK,I
      BB(I)=BB(I)+GMM(J,I-J+1)*AA(J,II)
25    CONTINUE
      DO 26 I=NUMPT2,1,-1
      IK=I+MBAND-1
      IF(IK.GT.NUMPT2) IK=NUMPT2
      DO 26 J=I+1,IK
      BB(I)=BB(I)+GMM(I,J-I+1)*AA(J,II)
26    CONTINUE
      DO 27 I=1,NUMPT2
27    GM=GM+AA(I,II)*BB(I)
      W2=GK/GM
      W1=ABS((W1-W2)/W2)
      IF(W1.GT.1.0E-6) THEN
      W1=W2
C***
C************** GRAM-SCHMIDT ORTHOGONIGATION
C***
      IF(II.EQ.1) GOTO 222
      IF(II.NE.1) THEN
      DO 30 JJ=1,II-1
      S=0.0
      DO 40 I=1,NUMPT2
      IK=I-MBAND+1
      IF(IK.LT.1) IK=1
      DO 40 J=IK,I
      S=S+AA(I,JJ)*GMM(J,I-J+1)*AA(J,II)
40    CONTINUE
      DO 50 I=1,NUMPT2
      IK=I+MBAND-1
      IF(IK.GT.NUMPT2) IK=NUMPT2
      DO 50 J=I+1,IK
```

```
      S=S+AA(I,JJ) * GMM(I,J-I+1) * AA(J,II)
50    CONTINUE
      DO 51 K=1,NUMPT2
      AA(K,II)=AA(K,II)-AA(K,JJ) * S
51    CONTINUE
30    CONTINUE
      S=0.0
      DO 52 I=1,NUMPT2
      IK=I-MBAND+1
      IF(IK.LT.1) IK=1
      DO 52 J=IK,I
      S=S+AA(I,II) * GMM(J,I-J+1) * AA(J,II)
52    CONTINUE
      DO 54 I=1,NUMPT2
      IK=I+MBAND-1
      IF(IK.GT.NUMPT2) IK=NUMPT2
      DO 54 J=I+1,IK
      S=S+AA(I,II) * GMM(I,J-I+1) * AA(J,II)
54    CONTINUE
      DO 55 K=1,NUMPT2
      AA(K,II)=AA(K,II)/S
55    CONTINUE
      GK=0.0
      GM=0.0
      GOTO 333
      ENDIF
222   DO 80 I=1,NUMPT2
      W2=SQRT(GM)
      BB(I)=BB(I)/W2
80    CONTINUE
      GK=0.0
      GM=0.0
      GOTO 111
      ELSE
C ***
C ********  COMPUTE FREQUENCY,PERIOD,EIGENVECTOR
C ***
      WW=SQRT(W2)
      PD=2 * 3.1415926/WW
      WRITE(32,93) II,NSTEP,WW,PD
      DO 90 I=1,NUMPT2
      W2=SQRT(GM)
      AA(I,II)=AA(I,II)/W2
```

```
90      CONTINUE
        IF(MPROB.EQ.4) THEN
        WRITE(32,92)
        WRITE(32,95) (AA(I,II),I=1,NUMPT2)
        ELSE
        WRITE(32,91)
        WRITE(32,94) (AA(I,II),I=1,NUMPT2)
        ENDIF
        ENDIF
        NSTEP=0
100      CONTINUE
91     FORMAT(2X,'VIBRATION MODE:'/ 2(13X,'X-',13X,'Y-'))
92     FORMAT(2X,'VIBRATION MODE:'/11X,'THETA-X',11X,'THETA-Y',
     $          12X,'W-Z')
93     FORMAT(' * * * ',2X,'NO. OF EIGENVALUE=',I5,4X,'ITERATION TIMES=',
     $          I5/ 5X,'FREQUENCE=',F16.4,4X,'PERIOD='E16.6)
94     FORMAT(2X,4E16.8)
95     FORMAT(4X,3E16.8)
          CLOSE(32)
        RETURN
        END
C======================   SUB: 7-2    ===============================
        SUBROUTINE SUBSPACE (GMM,GKK,AA,BB,GM,GK,V,W1,W2)
C*******************************************************************
C          SOLVE EIGENVALUE BY SUBSPACE ITERATION METHOD
C          CALL SUBROUTINES: DECOMPOS,BACKSUBS,JOCOBI,ARRANGE
C*******************************************************************
        IMPLICIT  REAL*8(A-H,O-Z)
        COMMON/COM1/MND,NUMEL,NUMPT,MBAND,NMATI
        COMMON/COM2/NF,NFSTR,MSOLV,MPROB,MTYPE,NVA
        COMMON/COM3/MND2,NUMPT2
        DIMENSION  GMM(NUMPT2,MBAND),GKK(NUMPT2,MBAND),AA(NUMPT2,NVA),
     $          BB(NUMPT2,NVA),GM(NVA,NVA),GK(NVA,NVA),V(NVA,NVA),
     $          W2(NVA),GMK(NUMPT2),W1(NVA)
        CLOSE(33,STATUS='DELETE')
        OPEN(33,FILE='OUT_SUBS',STATUS='UNKNOWN')
        WRITE(*,101)
        WRITE(33,*)' RESULTS OF EIGENVALUES BY SUBSPACE METHOD:'
101     FORMAT(/6X,'# SOLVE EIGENVALUE BY SUBSPACE METHOD #')
        WRITE(*,102)
102     FORMAT(/6X,'% OUTPUT EIGENVALUE AND MODE INTO FILE<OUT_SUBS>')
C***
C************** FORM INITIAL ITERATION VECTORS
```

```
C ***
      DO 5 I=1,NUMPT2
      GMK(I)=GMM(I,1)/GKK(I,1)
      AA(I,1)=1.0
5     CONTINUE
      DO 7 I=1,NUMPT2
      DO 7 J=2,NVA
7     AA(I,J)=0.0
      DO 8 J=2,NVA
      QQ=0.0
      DO 9 I=1,NUMPT2
      IF(GMK(I).GT.QQ) THEN
      QQ=GMK(I)
      K=I
      ENDIF
9     CONTINUE
      GMK(K)=0.0
      AA(K,J)=1.0
8     CONTINUE
C ***
C ************** TRIANGLE DECOMPOSITION OF STIFFNESS MATRIX
C ***
        CALL DECOMPOS(NUMPT2,MBAND,GKK)
C ***
C ********  COMPUTE   Y=MX
C ***
       DO 10 K=1,NVA
       DO 11 I=1,NUMPT2
       IK=I-MBAND+1
       IF(IK.LT.1) IK=1
       DO 11 J=IK,I
       BB(I,K)=BB(I,K)+GMM(J,I-J+1)*AA(J,K)
11     CONTINUE
       DO 12 I=1,NUMPT2
       IK=I+MBAND-1
       IF(IK.GT.NUMPT2) IK=NUMPT2
       DO 12 J=I+1,IK
       BB(I,K)=BB(I,K)+GMM(I,J-I+1)*AA(J,K)
12     CONTINUE
C ***
C ******** SOLVING EQUATION   KX=Y
C ***
       DO 20 I=1,NUMPT2
```

```
20      AA(I,K)=BB(I,K)
10      CONTINUE
        NSTEP=0
111     CONTINUE
        NSTEP=NSTEP+1
        DO 30 J=1,NUMPT2
        DO 30 K=1,NVA
30      BB(J,K)=AA(J,K)
        DO 32 K=1,NVA
          CALL BACKSUBS (NUMPT2,MBAND,GKK,AA(1,K))
32      CONTINUE
C***
C*************** COMPUTE  K1=XT*Y
C***
        DO 40 I=1,NVA
        DO 40 J=1,NVA
        GK(I,J)=0.0
        DO 40 K=1,NUMPT2
        GK(I,J)=GK(I,J)+AA(K,I)*BB(K,J)
40      CONTINUE
        DO 41 I=1,NUMPT2
        DO 41 J=1,NVA
        BB(I,J)=0.0
41      CONTINUE
C***
C*************COMPUTE Y1=M*X1
C***
        DO 45 K=1,NVA
        DO 50 I=1,NUMPT2
        IK=I-MBAND+1
        IF(IK.LT.1) IK=1
        DO 50 J=IK,I
        BB(I,K)=BB(I,K)+GMM(J,I-J+1)*AA(J,K)
50      CONTINUE
        DO 60 I=1,NUMPT2
        IK=I+MBAND-1
        IF(IK.GT.NUMPT2) IK=NUMPT2
        DO 60 J=I+1,IK
        BB(I,K)=BB(I,K)+GMM(I,J-I+1)*AA(J,K)
60      CONTINUE
45      CONTINUE
C***
C*************COMPUTE  M1=XT*Y1
```

```
C ***
        DO 70 I=1,NVA
        DO 70 J=1,NVA
        GM(I,J)=0.0
        DO 70 K=1,NUMPT2
        GM(I,J)=GM(I,J)+AA(K,I) * BB(K,J)
70      CONTINUE

C ****************************************************************
C           SOLVE GENERAL EIGENVALUE PROBLEM
C ****************************************************************
          CALL JACOBI(GK,GM,V,W2,NVA)
          CALL ARRANGE(W2,V,NVA)
C ***
C *************CHECK IF THE CONVERGENT CONDITION IS SATISFIED
C ***
        IF(NVA.EQ.NUMPT2) GOTO 222
        DO 80 J=1,NVA
        IF(ABS((W2(J)-W1(J))/W2(J)).GT.1.E-4) THEN
        DO 82 I=1,NUMPT2
        DO 82 K=1,NVA
        AA(I,K)=0.0
        DO 82 M=1,NVA
        AA(I,K)=AA(I,K)+BB(I,M) * V(M,K)
82      CONTINUE
        DO 85 K=1,NVA
85      W1(K)=W2(K)
        GOTO 111
        ENDIF
80      CONTINUE
222     CONTINUE
        DO 88 I=1,NUMPT2
        DO 88 J=1,NVA
        BB(I,J)=0.0
        DO 88 K=1,NVA
        BB(I,J)=BB(I,J)+AA(I,K) * V(K,J)
88      CONTINUE
        DO 90 J=1,NVA
        WW=SQRT(W2(J))
        PD=2 * 3.1415926/WW
        WRITE(33,91) J,NSTEP,WW,PD
        IF(MPROB.EQ.4) THEN
        WRITE(33,93)
```

```
      WRITE(33,95) (BB(I,J),I=1,NUMPT2)
      ELSE
      WRITE(33,92)
      WRITE(33,94) (BB(I,J),I=1,NUMPT2)
      ENDIF
90    CONTINUE
91    FORMAT(' * * * ',2X,'NO. OF EIGENVALUE=',I5,4X,'ITERATION TIMES=',
     $        I5/ 5X,'FREQUENCY=',F16.4 ,4X,'PERIOD=',E16.6)
92    FORMAT(2X,'VIBRATION MODE:'/ 2(13X,'X-',13X,'Y-'))
93    FORMAT(2X,'VIBRATION MODE:'/11X,'THETA-X',11X,'THETA-Y',
     $        12X,'W-Z')
94    FORMAT(2X,4E16.8)
95    FORMAT(5X,3E16.8)
      CLOSE(33)
      RETURN
      END
C ====================  SUB: 7-2-1  ===============================
      SUBROUTINE JACOBI(GK,GM,V,EIGV,N)
C ****************************************************************
C          SOLVE EIGENVALUE BY JACOBI METHOD
C ****************************************************************
      IMPLICIT  REAL * 8(A-H,O-Z)
      DIMENSION GK(N,N),GM(N,N),V(N,N),EIGV(N),D(N)
      RTOL=1.E-12
      NSMAX=15
      DO 10 I=1,N
      D(I)=0.0
      D(I)=GK(I,I)/GM(I,I)
10    EIGV(I)=D(I)
      DO 30 I=1,N
      DO 20 J=1,N
20    V(I,J)=0.0
30    V(I,I)=1.0
      NSWEEP=0
      NN=N-1
40    NSWEEP=NSWEEP+1
      EPS=(0.01 * * NSWEEP) * * 2
      DO 110 J=1,NN
      JJ=J+1
      DO 110 K=JJ,N
      EPTOLA=(GK(J,K) * GK(J,K))/(GK(J,J) * GK(K,K))
      EPTOLB=(GM(J,K) * GM(J,K))/(GM(J,J) * GM(K,K))
      IF((EPTOLA.LT.EPS).AND.(EPTOLB.LT.EPS)) GOTO 110
```

```
      AKK=GK(K,K)*GM(J,K)-GM(K,K)*GK(J,K)
      AJJ=GK(J,J)*GM(J,K)-GM(J,J)*GK(J,K)
      AB=GK(J,J)*GM(K,K)-GK(K,K)*GM(J,J)
      CHECK=(AB*AB+4.0*AKK*AJJ)/4.0
      IF(CHECK) 50,51,51
50    STOP 222
51    SQCH=SQRT(CHECK)
      D1=AB/2.+SQCH
      D2=AB/2.-SQCH
      DEN=D1
      IF(ABS(D2).GT.ABS(D1)) DEN=D2
      IF(DEN) 55,57,55
57    CA=0.0
      CG=-GK(J,K)/GK(K,K)
      GOTO 60
55    CA=AKK/DEN
      CG=-AJJ/DEN
60    IF(N-2) 61,90,61
61    JP1=J+1
      JM1=J-1
      KP1=K+1
      KM1=K-1
      IF(JM1-1) 63,62,62
62    DO 68 I=1,JM1
      AJ=GK(I,J)
      BJ=GM(I,J)
      AK=GK(I,K)
      BK=GM(I,K)
      GK(I,J)=AJ+CG*AK
      GM(I,J)=BJ+CG*BK
      GK(I,K)=AK+CA*AJ
68    GM(I,K)=BK+CA*BJ
63    IF(KP1-N) 64,64,66
64    DO 65 I=KP1,N
      AJ=GK(J,I)
      BJ=GM(J,I)
      AK=GK(K,I)
      BK=GM(K,I)
      GK(J,I)=AJ+CG*AK
      GM(J,I)=BJ+CG*BK
```

```
      GK(K,I)=AK+CA*AJ
65    GM(K,I)=BK+CA*BJ
66    IF(JP1-KM1) 70,70,90
70    DO 80 I=JP1,KM1
      AJ=GK(J,I)
      BJ=GM(J,I)
      AK=GK(I,K)
      BK=GM(I,K)
      GK(J,I)=AJ+CG*AK
      GM(J,I)=BJ+CG*BK
      GK(I,K)=AK+CA*AJ
80    GM(I,K)=BK+CA*BJ
90    AK=GK(K,K)
      BK=GM(K,K)
      GK(K,K)=AK+2.*CA*GK(J,K)+CA*CA*GK(J,J)
      GM(K,K)=BK+2.*CA*GM(J,K)+CA*CA*GM(J,J)
      GK(J,J)=GK(J,J)+2.*CG*GK(J,K)+CG*CG*AK
      GM(J,J)=GM(J,J)+2.*CG*GM(J,K)+CG*CG*BK
      GK(J,K)=0.0
      GM(J,K)=0.0
      DO 91 I=1,N
      XJ=V(I,J)
      XK=V(I,K)
      V(I,J)=XJ+CG*XK
91    V(I,K)=XK+CA*XJ
110    CONTINUE
      DO 92 I=1,N
      IF(GK(I,I).GT.0.0.AND.GM(I,I).GT.0.0) GOTO 92
      STOP 333
92    EIGV(I)=GK(I,I)/GM(I,I)
      DO 93 I=1,N
      TOL=RTOL*D(I)
      DIF=ABS(EIGV(I)-D(I))
      IF(DIF.GT.TOL) GOTO 97
93    CONTINUE
      EPS=TOL**2
      DO 94 J=1,NN
      JJ=J+1
      DO 94 K=JJ,N
      EPSA=(GK(J,K)*GK(J,K))/(GK(J,J)*GK(K,K))
```

```
      EPSB=(GM(J,K)*GK(J,K))/(GM(J,J)*GM(K,K))
      IF((EPSA.LT.EPS).AND.(EPSB.LT.EPS)) GOTO 94
      GOTO 97
94    CONTINUE
      DO 95 I=1,N
      DO 95 J=1,N
      GK(J,I)=GK(I,J)
95    GM(J,I)=GM(I,J)
      DO 96 J=1,N
      BB=SQRT(GM(J,J))
      DO 96 K=1,N
96    V(K,J)=V(K,J)/BB
      RETURN
97    DO 98 I=1,N
98    D(I)=EIGV(I)
      IF(NSWEEP.LT.NSMAX) GOTO 40
      GOTO 94
      RETURN
      END
C==================== SUB:7-2-2 ===================================
      SUBROUTINE ARRANGE(W,V,N)
C*****************************************************************
C        ARRANGE   EIGENVALUE INTO ORDER
C*****************************************************************
      IMPLICIT   REAL*8(A-H,O-Z)
      DIMENSION   W(N),V(N,N)
      DO 13 I=1,N-1
      K=I
      P=W(I)
      DO 11 J=I+1,N
      IF(W(J).LT.P) THEN
      K=J
      P=W(J)
      ENDIF
11    CONTINUE
      IF(K.NE.I) THEN
      W(K)=W(I)
      W(I)=P
      DO 12 J=1,N
      P=V(J,I)
```

```
      V(J,I)=V(J,K)
      V(J,K)=P
12    CONTINUE
      ENDIF
13    CONTINUE
      RETURN
      END
```

# A2 前处理程序使用说明

## A2.1 程序功能

本程序利用等参变换的方法可以对任意的平面四边形进行有限元网格的自动生成，并进一步选定单元类型，引入材料参数、约束条件、载荷条件，给定问题及求解类型和相关参数，从而得到利用主体程序对不同类型问题进行有限元分析的数据输入文件(详见 7.2.3 节)。对于复杂的平面结构则首先将它分割成若干个四边形，进行上述处理，并集合成整个问题有限元分析的数据输入文件。

## A2.2 使用说明

(1) 输入四边形结构的几何参数

执行此程序，开始运行界面，点击“画图”菜单，选择“结构”，弹出如图 A1 所示对话框。

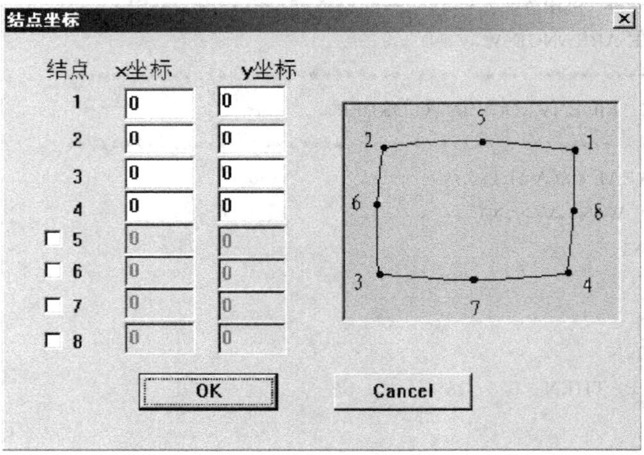


图 A1 结构数据

填写好需处理的结构坐标后，点击 OK。在此处如果不选中 5、6、7、8 点则认为相应的边为直边；如果选中 5 或 6 或 7 或 8，则相应的边按二次曲线处理。

(2) 输入材料参数

下拉“环境设定”菜单，选择“材料常数”，弹出如图 A2 所示对话框，填写材料常数(图中数据是默认值)。

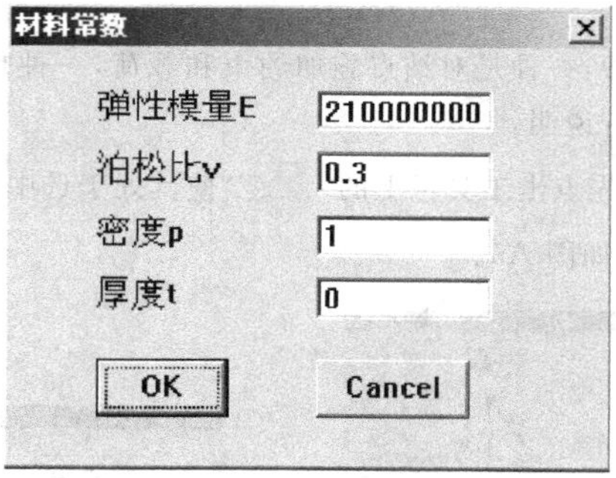


图 A2　材料常数

(3) 划分网格和选择单元

下拉“结构”菜单,选择“划分网格”弹出对话框如图 A3。如图所示,在此对话框上可以选择 $x$ 和 $y$ 方向网格划分的份数,划分可采用平均、等差和等比三种方法,对于后两者给定差值和比值。点击“单元选择”则弹出如图 A4 的对话框,选择单元类型,默认为 4 结点单元。

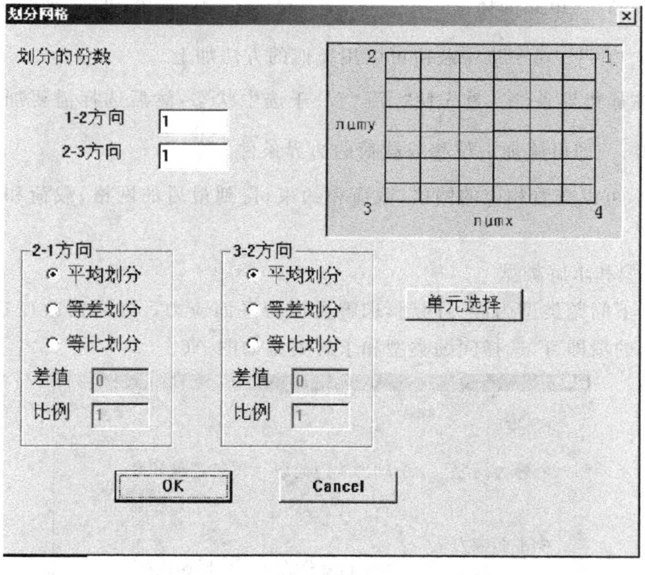


图 A3　网格划分

选好单元后,程序画出网格(参看附录例 A.1)。

如果结构由几块四边形构成,可按上面相同的步骤画好结构和网格。在此需注意的是新的结构连接边的网格点应与原结构的网格点一一对应,而且新结构的 2、3 点最好是与原结构的 1、4 点的坐标分别相同,因为此时的半带宽最小。具体实现将在使用实例中看到。

(4) 给定边界条件

给定边界条件的方法有两种:一种是对结点施加约束和载荷,一种是对单元边界施加约束或载荷。下面分别对两种方法的实现进行说明。

① 对结点加边界条件。首先点击工具栏上的“”使其处于选中状态,然后移动鼠标到相应的结点上单击,程序弹出约束对话框如图A5。

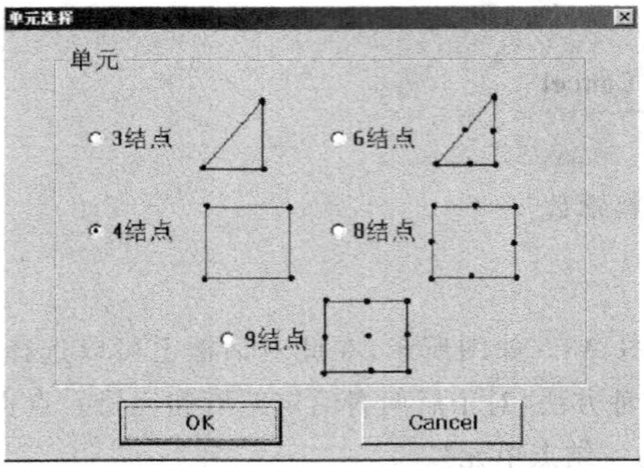


图A4 单元选择

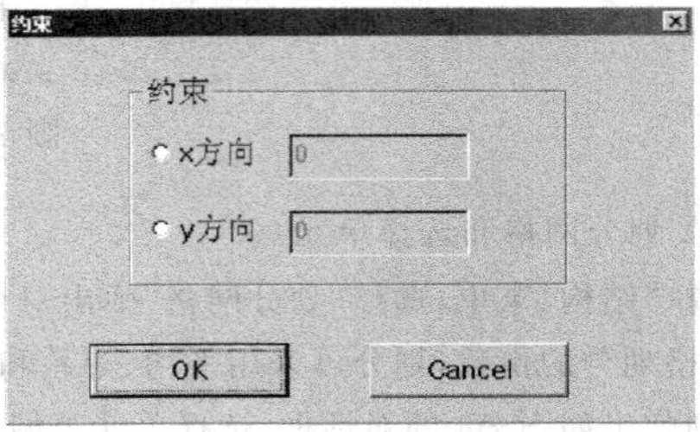


图A5 加约束

选好约束后点击“OK”。对于集中载荷可以用类似的方法加上。

② 对单元边界施加边界条件。首先使“”处于选中状态,然后选择需要加边界条件的区域,然后点击“”或“”即可施加上位移或载荷的边界条件。

下拉“查看”菜单,可以查看相应的网格、载荷和约束,得到最后的网格、载荷和约束图(参见附录A例A.1)。

(5) 给定问题类型和求解类型

本程序默认情况下问题类型为静力问题,求解类型为平面应力。如果需改变这些参数,下拉“环境设定”菜单,修改相应的项即可,选择问题类型和求解类型如图A6。

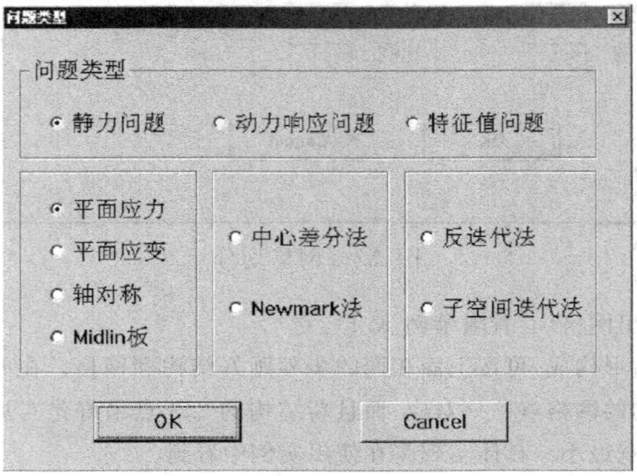


图A6 问题类型

选择动力响应问题时,除选择数值积分方法外,还需要填写图A7所示的参数。选择特征值问题时,除选择求解方法外,还应填写图A8所示的需计算的特征值的个数。

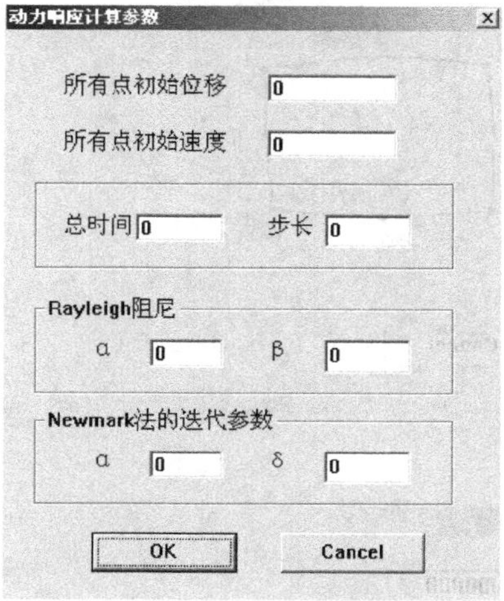


图A7 动力响应问题的参数

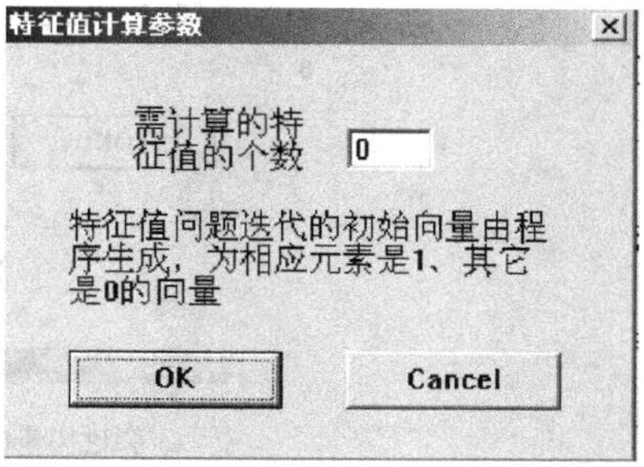


图A8 特征值问题的参数

上述前处理工作完成后,可下拉“文件”菜单,选择“输出数据文件”,即可得到有限元主体程序所需的数据输入文件“in_dat”。

## A3 后处理程序

本程序将主体程序计算得到的数据输出文件转换成选定通用的后处理程序所需的文件格式,就可利用通用的后处理程序显示变形图、等值线图和应力云图等,例如转换成Tecplot所需的文件格式,可以画出等值线图、应力云图等,具体的见例A.1和例A.2。

**例A.1** 具有中心圆孔方板的应力分析

板边长 $L=8.0\text{cm}$,中心孔半径 $r=1.0\text{cm}$。板上下对边受 $y$ 方向均匀拉伸载荷 $q=100\text{N/cm}^2$,材料常数 $E=2.1\times10^5\text{MPa}$,$\nu=0.3$。

由于对称,取板右上的四分之一建立有限元模型。边界条件:$x=0$ 边界上,$\nu=0$;$y=0$ 边界上,$u=0$;$y=4.0$ 边界上受均布载荷 $q$ 作用。

(1) 前处理

① 几何造型。将板的四分之一划分为两个四边形。先画一个四边形,填写如图A9后点击“OK”。

② 材料常数,如图A10填写材料常数。

③ 网格划分,例如图A11填写,5×5网格划分,采用8结点单元。$x$ 方向均匀划分,$y$ 方向等比划分,比值为0.9。

完成后网格如图A12所示:

④ 重复①、②和③步骤,划分另一部分四边形,其中四边形结构填写如图A13。仍采用5×5网格划分。$x$ 方向等比划分,比值为0.9,$y$ 方向均匀划分。

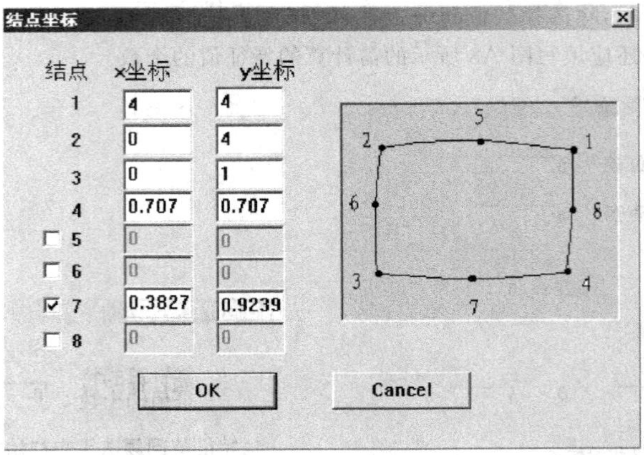


图 A9

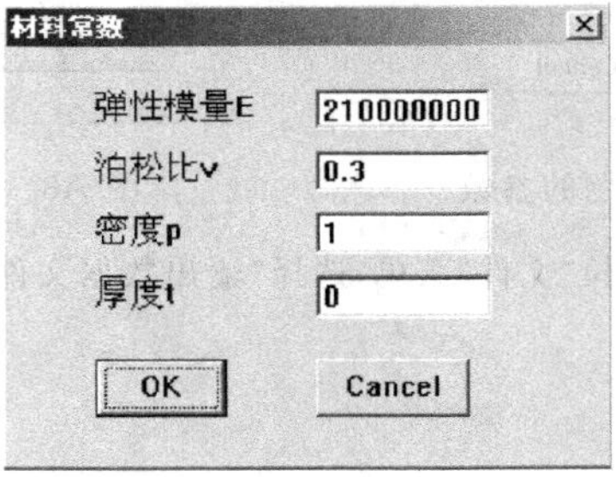


图 A10

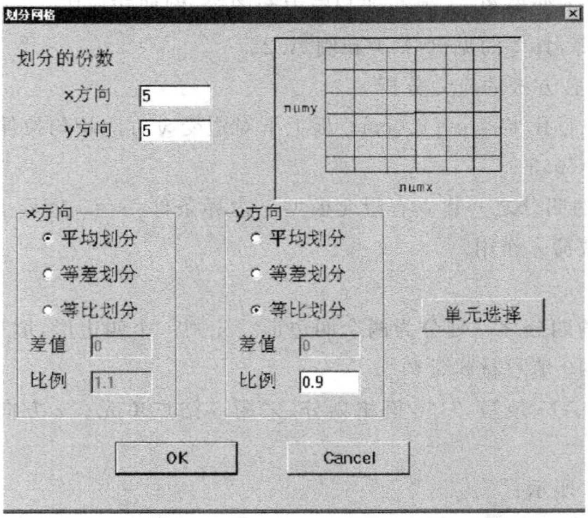


图 A11

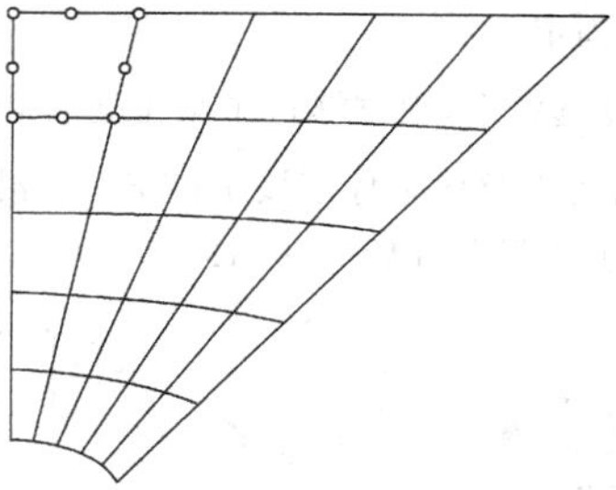

图 A12

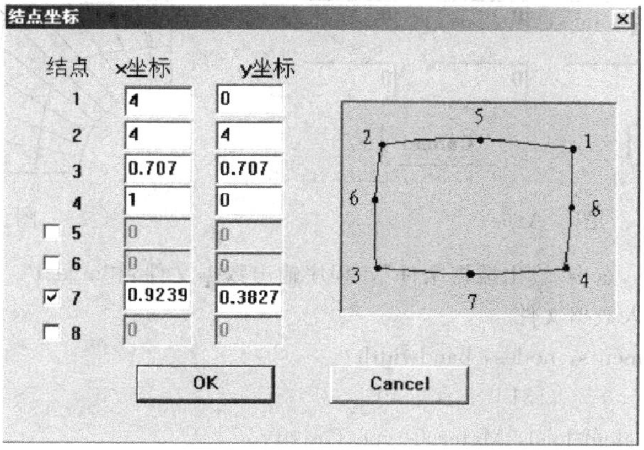


图 A13

完成后网格如图 A14 所示：

⑤ 约束条件。点击“□”，使其处于复选状态，用鼠标左键画一个方框左边界。然后点击“△”，弹出对话框，填写如图 A15 以固定左边界后单击“OK”。

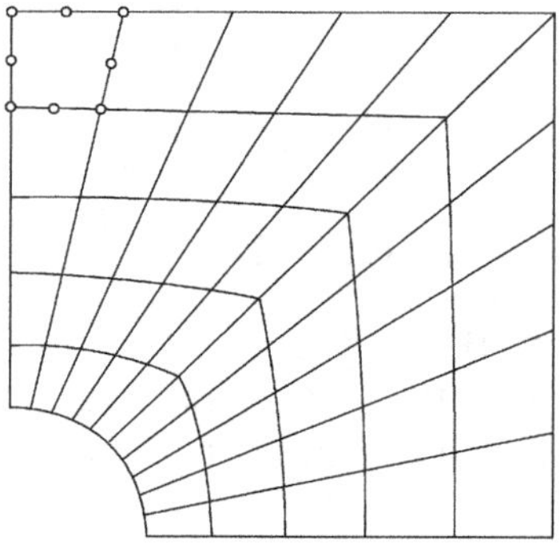

图 A14

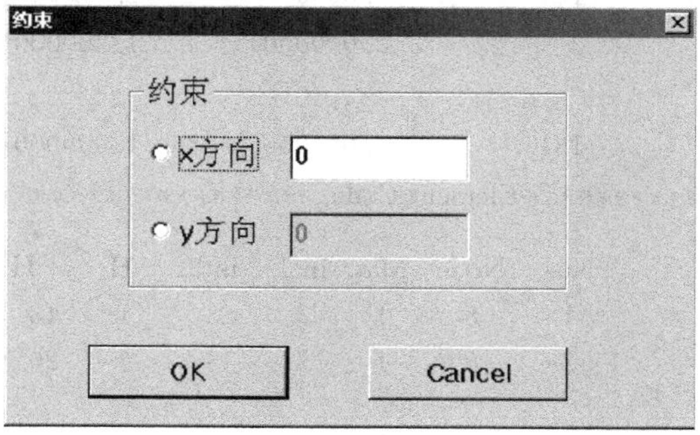


图 A15

用相同方法将下边界的 $y$ 方向固定。

⑥ 载荷条件。使“□”处于复选状态，用方框选中梁上边界，后点击“ m ”，弹出对话框填写如图 A16。(图中参数 $a$、$b$、$c$ 表示载荷可在整体坐标下按 $a+bx+cy$ 沿边界线性分布)

⑦ 最后得到结构划分网格，加上边界条件后的图 A17。

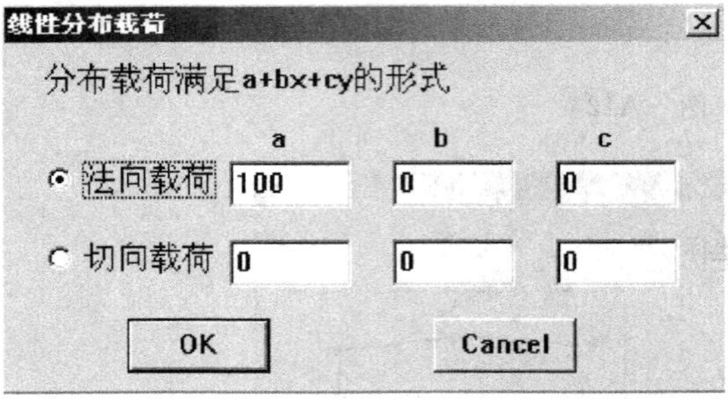


图　A16

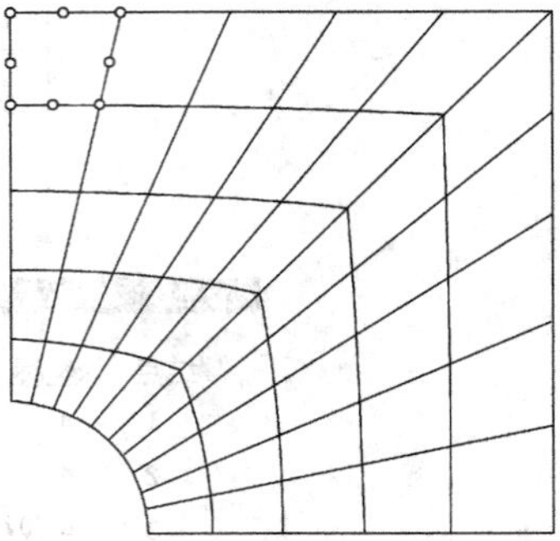

图　A17

⑧ 下拉“文件”菜单，点击“输出数据文件”。程序输出数据文件到“in_dat”。

(2) 主体程序的输入数据文件

```
Maximal-node, elements, nodes, bandwidth
          8         50     181         40
Fixed-points, equivalent-load, Material-type,Gravity
          22        11                1             0
Problem-type, solve-type , gravity-key, output-key
          1         1      0             0
c *******Nodal coordinates ********************************
          No.                 X-                  Y-
          1              0.000000            1.000000
          2              0.000000            1.300000

          181            4.000000            4.000000
c *********Element Code *****************************************
         No.   Node   Mat.  int1   int2    H-    H-    H-    H-
          1      8     1     3      3      1     18    20    3     12    19    13    2
          2      8     1     3      3      3     20    22    5     13    21    14    4

          50     8     1     3      3     162   179   181   164   169   180   170   163

c ***********Displacement constrains ******************************
```

| No. | Npoint | X- | Y- | X-Value | Y-Value |
|---|---|---|---|---|---|
| 1 | 1 | 1 | 0 | 0.000000 | 0.000000 |
| 2 | 2 | 1 | 0 | 0.000000 | 0.000000 |
| 22 | 181 | 0 | 1 | 0.000000 | 0.000000 |

c **************** Equivalent load at nodes ******************************

| No. | Npoint | X- | Y- | X-Value | Y-Value |
|---|---|---|---|---|---|
| 1 | 11 | 1 | 1 | 0.000000 | 13.333333 |
| 2 | 17 | 1 | 1 | 0.000000 | 53.333333 |
| 11 | 96 | 1 | 1 | 0.00000 | 13.333333 |

c **************** Matieral parameters *********************************

| No. | E | v | th(thick) |
|---|---|---|---|
| 1 | 2.100e+011 | 3.000e-001 | 0.000e+000 |

c ************** dynamicity problem ***************************

| Nva(mu) | cc1 | cc2 | tt | dt | alfa | delta |
|---|---|---|---|---|---|---|
| 0 | 0.00 | 0.00 | 0.000e+000 | 0.000e+000 | 0.0 | 0.0 |

(3) 执行主体程序。

(4) 后处理

根据主体程序的输出文件 out_str 对应力处理。以 Tecplot 为例,从 in_dat 中取出节点坐标、单元节点编号以及 out_str 中的节点应力值按 Tecplot 格式存为 *.dat 文件。经处理后输出应力等值线图和应力云图,并用 Origin 程序画出 $x=0$ 和 $y=0$ 边界上的应力分布曲线。

① 应力等值线图

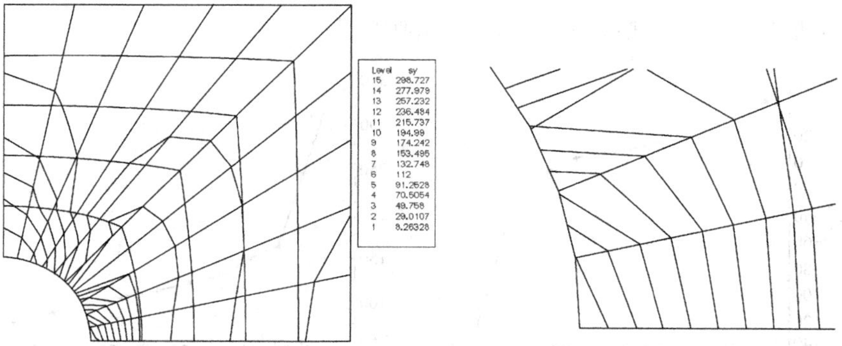


(a) $\sigma_y$等值线　　(b) 应力集中区放大

图　A18

② 应力云图

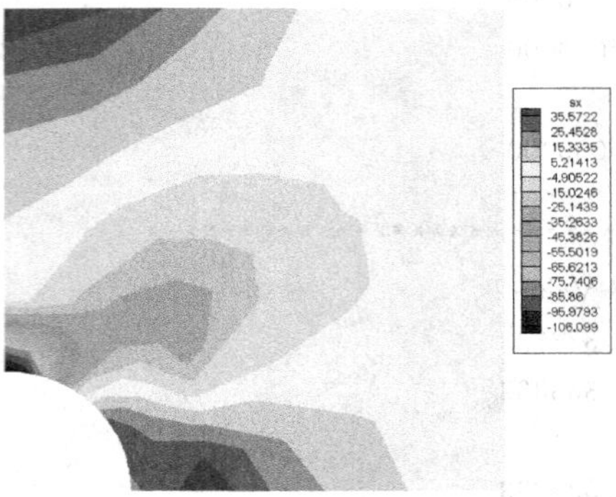


(a) $\sigma_x$ 应力分布

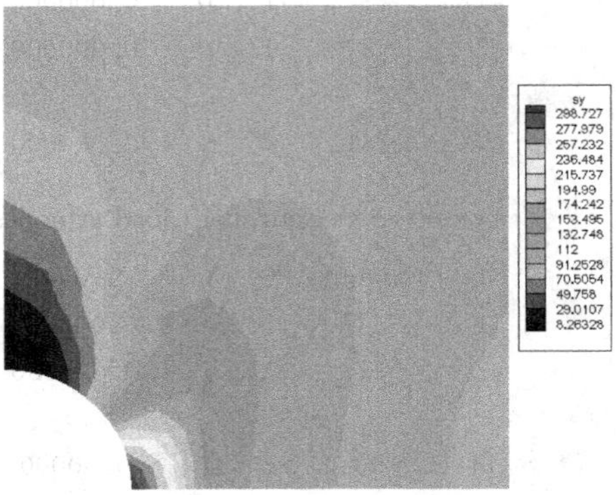


(b) $\sigma_y$ 应力分布

图 A19

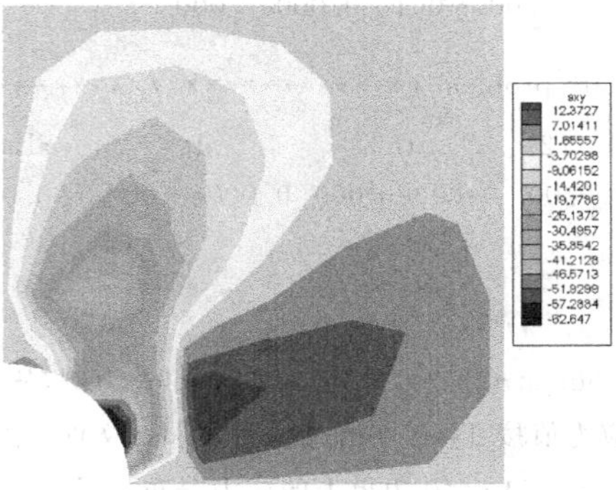


图 A20 $\tau_{xy}$ 应力分布

③ $x=0$ 边界上 $\sigma_x\sim y$ 曲线；$y=0$ 边界上 $\sigma_y\sim x$ 曲线

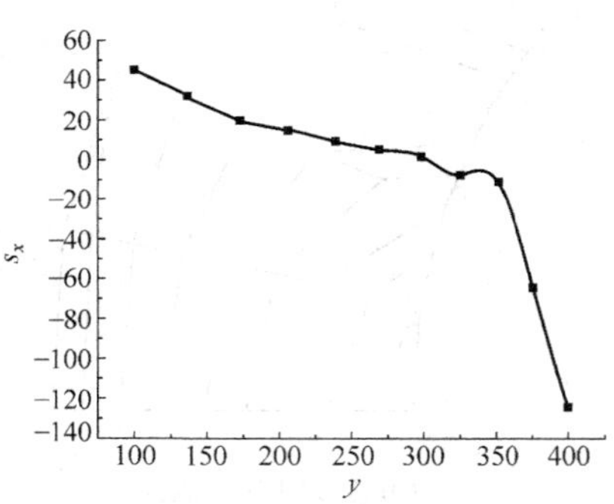


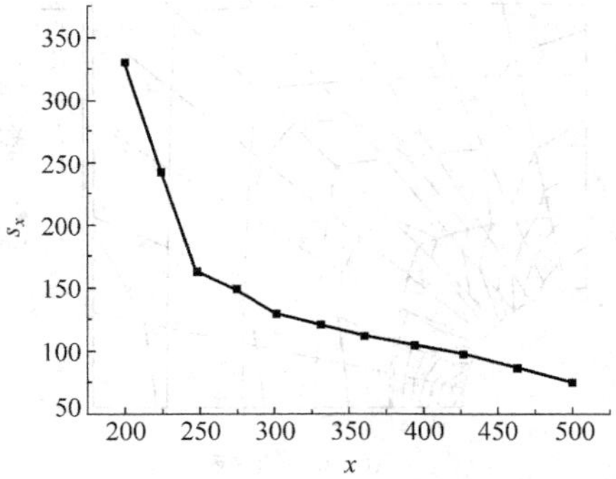


图 A21

④ 用不同密度网格计算得到的孔边应力集中系数列表如下：

| 网格密度 | 5×5 | 10×10 |
|---|---|---|
| $\sigma_x$ | 1.243 | 1.429 |
| $\sigma_y$ | 3.299 | 3.542 |

**例 A.2**　悬臂梁的动力特性和动态响应分析

梁长 $L=10.0\text{cm}$，高 $h=2.0\text{cm}$，厚 $t=1.0\text{cm}$。材料常数：$E=2.1\times10^5\text{MPa}$，$\nu=0.3$；支承条件：左端固支；载荷条件：顶部分布载荷 $q=100\text{N/cm}^2$。采用 5×1 网格的 8 结点单元进行分析。

1）动力响应分析

(1) 前处理

① 几何造型。可按图 A22 填写。

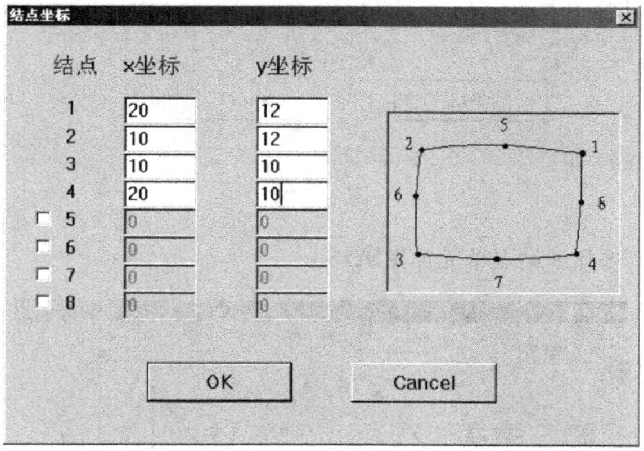


图　A22

② 材料常数。填写如图 A23。

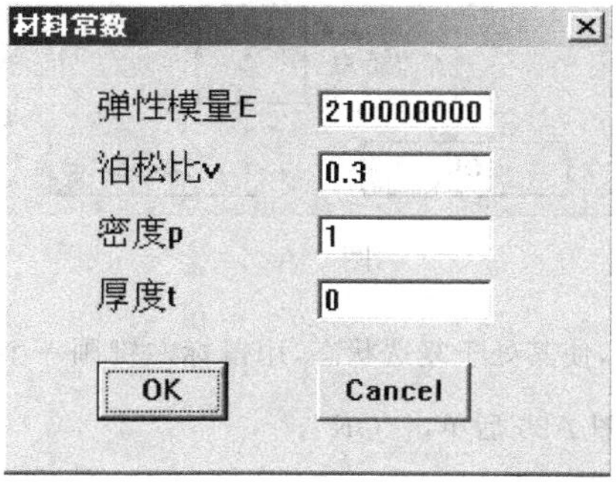


图　A23

③ 划分网格。5×1 平均网格划分，填写如图 A24。

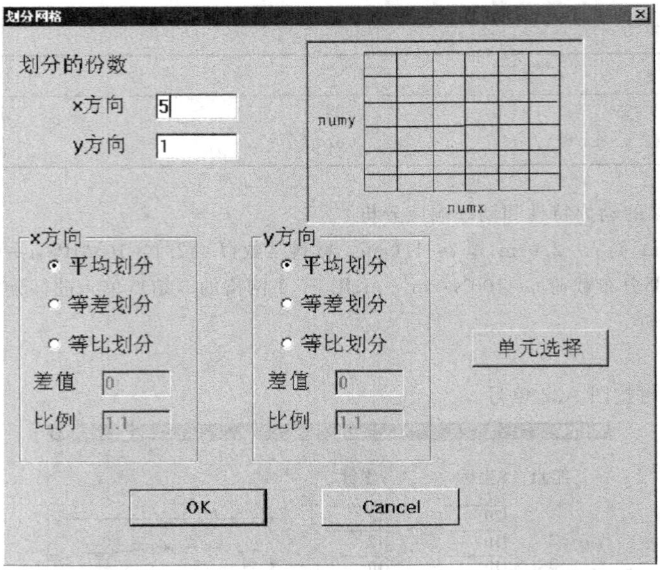


图 A24

④ 点击“单元选择”,选择8结点单元如图A25。

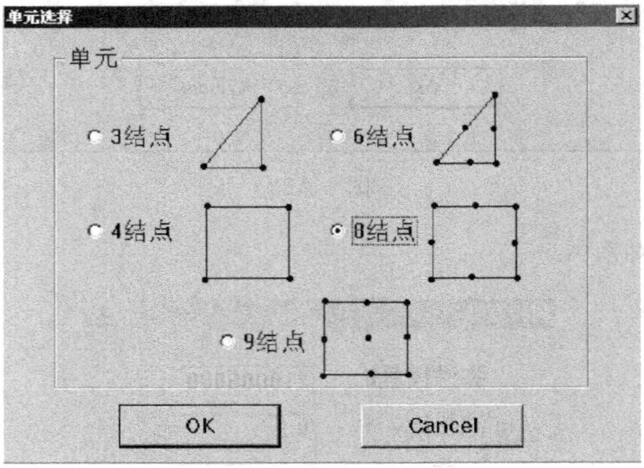


图 A25

⑤ 约束条件。点击“”,使其处于复选状态,用鼠标左键画一个方框选中左边的结点。然后点击“”,弹出对话框,填写如图A26后单击“OK”。

⑥ 加载载荷。使“”处于复选状态,用方框选中梁上面的所有结点,后点击“”,弹出对话框填写如图A27。

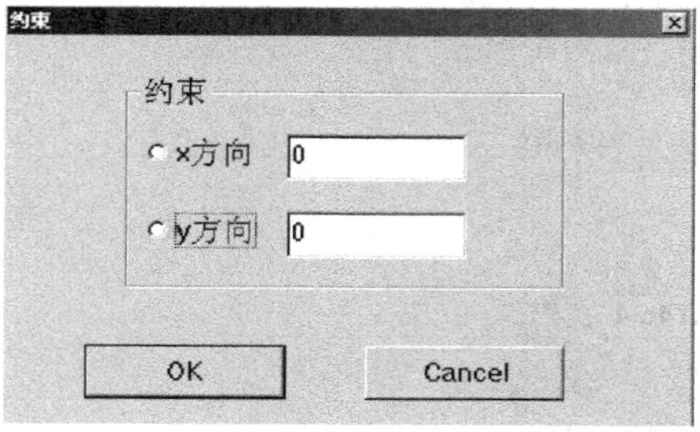


图 A26

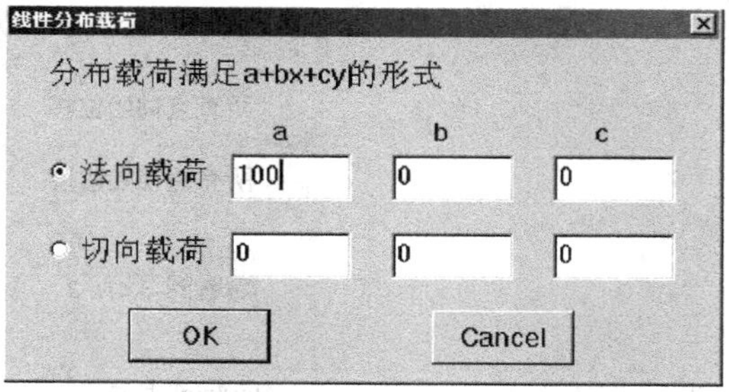


图 A27

⑦ 最后得到结构划分网格,加上边界条件后的图 A28。

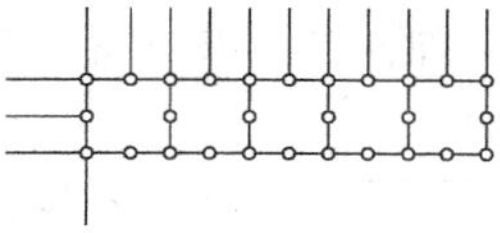

图 A28

⑧ 下拉"环境设定"菜单,选择"问题类型"。弹出如下对话框(图 A29,图 A30)。选中"动力响应问题"及"中心差分法"或"Newmark 法",并填写相关计算参数。

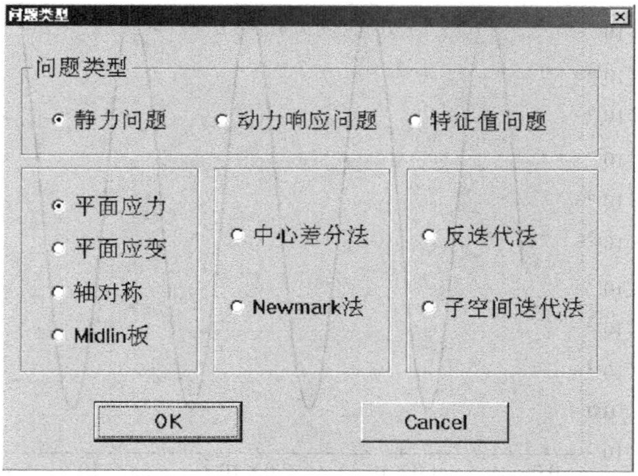


图 A29

⑨ 下拉"文件"菜单,点击"输出数据文件"。程序输出数据文件到"in_dat"。

(2) 执行主体程序。

(3) 后处理

根据主体程序的输出文件 out_nmk(按时间排列的各个节点的位移信息)处理,从中取出相应点的位移即可得到梁端中点竖直方向的位移动力响应如图 A31:

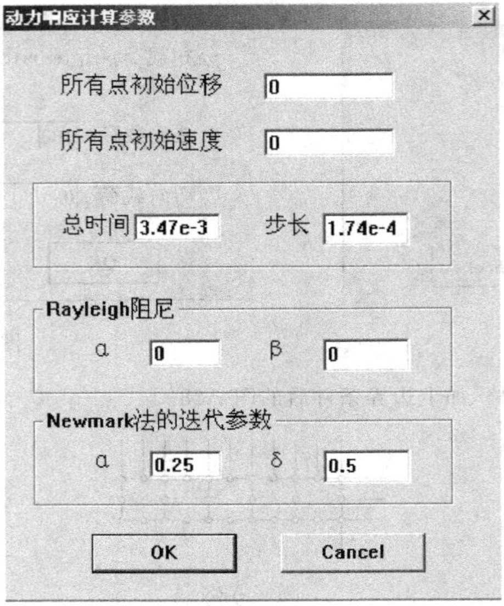


图 A30

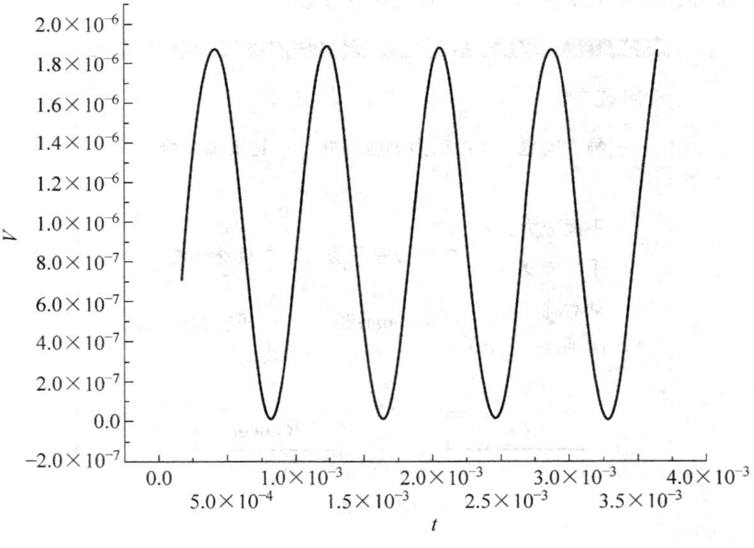


图 A31

2）动力特性分析

网格划分同前，选用反迭代法和子空间迭代法进行动力特性分析，前8阶固有频率列表如下，表中还给出了通用程序 Ansys 以及梁振动解析解的结果。

根据主体程序的 out_vers 和 out_subs 处理,此梁的特征值如下表( * 10e6):

| 阶数 | 1 | 2 | 3 | 4 | 5 | 6 | 7 | 8 |
|---|---|---|---|---|---|---|---|---|
| 反迭代 | 0.9031 | 4.9203 | 7.1957 | 11.929 | 20.465 | 21.540 | 30.680 | 35.851 |
| 子空间 | 0.9031 | 4.9203 | 7.1957 | 11.929 | 20.465 | 21.540 | 30.680 | 35.851 |
| ANSYS解 | 0.9031 | 4.9202 | 7.1953 | 11.928 | 20.464 | 21.540 | 30.679 | 35.850 |
| 解析解 | 0.9301 | 5.8296 | 7.1983 | 16.325 | 31.990 | 21.595 | 52.877 | 35.992 |

梁中面的振型如图 A32:

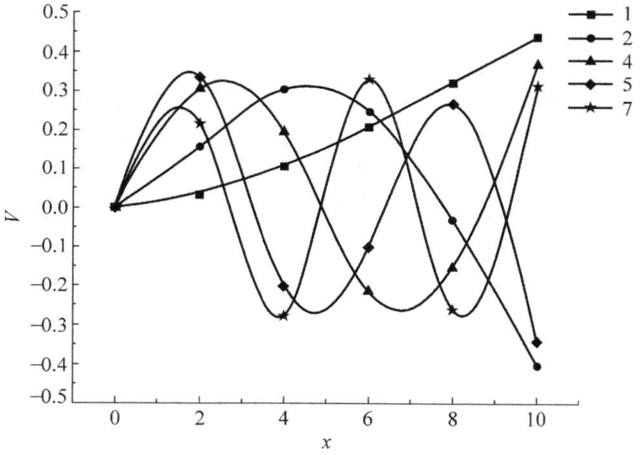


(a)

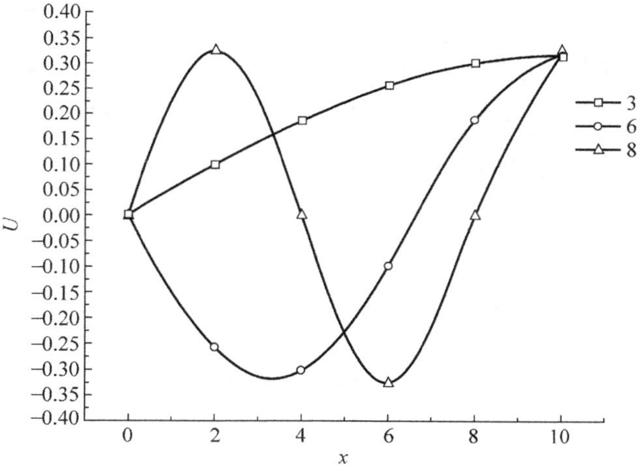


(b)

图 A32

从图中可以看出，前8阶频率中1、2、4、5、7的振型主要是$y$方向的，对应于悬臂梁弯曲振动的1～5阶振型；3、6、8的振型主要是$x$方向的，对应于一端固定等直杆轴向振动的1～3阶振型。表中的解析解就是梁弯曲振动和杆轴向振动的结果。从结果的对比可见，用平面应力有限元分析和杆轴向振动的结果一致，而和梁弯曲振动的结果比较，两者相差随振动阶次的增加而愈来愈大。这是由于随阶次增大，梁的直法线假设导致的误差愈来愈大。从表中结果还可看出本程序的计算结果与通用程序ANSYS的结果是一致的。